中国科学院科学出版基金资助出版

# 微量元素地球化学原理

（第二版）

赵振华　著

科　学　出　版　社

北　京

# 内 容 简 介

本书以地球化学过程中的物理化学理论为基础，系统论述微量元素作为地球化学示踪剂，在各种成岩作用的定量理论模型及成岩、成矿作用的物理、化学条件（如温度、压力、氧逸度、盐度等），成岩成矿物质来源识别及构造背景判别，地球主要圈层（地壳、地幔）间相互作用，地球历史中的地壳、地幔地球化学演化规律等研究中的应用。概要论述微量元素地球化学研究的方法论。本书理论与实际紧密相结合，既有理论模型论述，又有大量应用实例。

本书可供地球化学、矿床学、岩石学等学科的科研人员、教师、研究生及高等院校地学高年级学生参考。

**图书在版编目（CIP）数据**

微量元素地球化学原理 / 赵振华著 . —2 版 . —北京：科学出版社，2016.3
ISBN 978-7-03-047496-4

Ⅰ.①微⋯  Ⅱ.①赵⋯  Ⅲ.①微量元素-元素地球化学  Ⅳ.①P595

中国版本图书馆 CIP 数据核字（2016）第 044158 号

责任编辑：王 运 陈姣姣 / 责任校对：李 影
责任印制：徐晓晨 / 封面设计：耕者设计工作室

科 学 出 版 社 出版
北京东黄城根北街 16 号
邮政编码：100717
http://www.sciencep.com

北京虎彩文化传播有限公司 印刷
科学出版社发行 各地新华书店经销

\*

2016 年 3 月第 一 版 开本：889×1194 1/16
2024 年 1 月第七次印刷 印张：34 1/4 插页：4
字数：1 080 000
定价：258.00 元
（如有印装质量问题，我社负责调换）

# 第二版前言

2013 年年末，终于基本完成了《微量元素地球化学原理》一书的修改、增订工作。从原书 1997 年 7 月出版起算，已过去 16 年了。原书出版发行后很受读者喜欢而供不应求，科学出版社曾准备再版，但笔者考虑到地球化学，特别是微量元素地球化学的迅速发展，原书在内容上已远远赶不上要求，因此决定对原书进行修改和增订。由于科研工作繁忙，修改工作只能在业余时间进行，常常是写写停停。在出版社多次催促下，无奈将原书放在网络上供读者阅读下载，以缓解压力。

这次修改、增订的基本原则是重点增加近 20 年来微量元素地球化学在理论、应用、研究方法和分析测试技术方面的研究成果和重要进展，概括为以下两个方面。

在微观基础理论方面：由于微量元素分析精度，特别是微区、激光原位、定量技术的发展和数据迅速积累，火成岩成岩的微量元素定量模型有了新的发展，例如，提出了能量限制的分离结晶混染模型（EC-AFC），给出了用于该模型的相关参数和取值，并应用于多种火成岩成岩模型研究；简单、精确的矿物微量元素地质温度计，如火成岩全岩锆饱和温度计、锆石 Ti 温度计；变价微量元素不同价态离子含量比值的定量测定，使原来仅根据推算（内插）不同价态离子浓度比值估计氧化还原状态，进入到定量计算氧逸度；不同成分岩浆体系中大离子亲石元素、高场强元素、相容元素的矿物/熔体、流体/熔体分配行为及分配系数研究；定量确定不同地球化学过程中微量元素活动性；地幔交代作用、壳幔相互作用的方式及微量元素地球化学标志等。

在宏观基础理论研究方面：化学地球动力学的迅速发展，提出了地壳的形成、生长（侧向与垂相增生）不同模型；地质历史中地壳化学成分的演化；地幔不均一性相关的不同地幔端元的微量元素和同位素组成及成因模型；全部地质历史（包括冥古宙）中地幔的地球化学演化（包括地壳与岩石圈厚度、氧逸度、碱度变化、大气圈及地幔大氧化事件等），例如，来自最古老锆石的稀土元素和同位素组成研究证据及来自 70000 个火成岩微量元素同位素组成资料统计分析；壳幔相互作用的宏观形式及微观机制，如俯冲带工厂地幔楔的流体-熔体交代、熔体交代的微量元素与同位素组成标志；下地壳拆沉、幔源物质底侵作用；大火成岩省及地幔柱等。

基于上述重要进展和成果，在保留原书基本结构的基础上，对全书章节作了如下调整。

1）考虑到微量元素在化学地球动力学的迅速发展和板块学说及大陆动力学发展中的重要作用，将原书第三章微量元素与成岩成矿作用分解为两章，分别为微量元素与成岩成矿作用（第三章）和微量元素与构造背景判别（第四章）。在新第四章构造背景中强调了构建不同岩石类型构造背景判别图解的板块与板内动力学的微量元素地球化学基础；构造背景判别图解应用的原则和限制。增加了地幔柱、拆沉作用、底侵作用、洋中脊俯冲及通道流等动力学背景的岩石组合与地球化学识别标志。

2）在新第三章中，大幅度增加了微量元素与氧化还原状态、矿石与脉石矿物微量元素的矿床地球化学研究方法和成果。

3）在新第五章中，大幅度增加了地壳与大气圈化学演化、地幔化学组成及地球化学演化的微量元素制约的研究成果。

4）由于环境地球化学的快速发展，原书中的微量元素环境地球化学内容已难以概括当今环境地球化学的各个方面，应单独成书，因此，本次修改中删去了该章内容。

本次修改过程中重点增加了我们学科组（熊小林、王强、唐功建等）近年来有关微量元素地球化学的研究成果，并综合了国内外该领域的重要研究成果和进展。

乔玉楼研究员参与全书图表绘制和文稿编辑校核，梁跃龙副编审、宋楠、杨武斌、李宁波和严爽等协助编辑和绘制部分图表。没有他们的辛勤工作，本书是难以完成的，在此表示衷心感谢！

本书的出版得到中国科学院科学出版基金、中国科学院广州地球化学研究所同位素地球化学国家重点实验室、中国科学院广州地球化学研究所矿物学与成矿学重点实验室和中国科学院先导专项 XDB 03010600 以及国家自然科学基金 41025006、41202041、41421062 联合资助，在此一并感谢！

本书虽然在上述各方面进行了修改、补充，但肯定未能反映迅速发展的微量元素地球化学全貌，对一些重要进展的认识、解读必然存在不足，恳请读者批评指正。

愿本书能作为一引玉之砖，在 21 世纪崭新的地球化学发展中做微薄贡献！

作　者

2013 年 12 月 31 日于广州

# 第 一 版 序

在过去30年固体地球科学发展的道路上，地球化学算是跑得较快的，而在地球化学诸分支领域中，微量元素地球化学的成就引起了人们普遍的注目。原因之一是在丰富多彩、错综复杂、千变万化的长期地质过程中，微量元素可以起示踪作用。另外，一些微量元素在高新技术快速发展中获得了新的应用，这就自然激发了人们对微量元素地球化学性质与行为的兴趣。

说到底，10多年来议论热烈的地幔不均一性主要是微量元素含量及分布的不均一性所导致的，而白垩纪—第三纪界线恐龙与海洋浮游生物大量灭绝事件与天体撞击的联系也是由于此界线分布的黏土层含异常高的微量元素（特别是铱）所引起的。微量元素和同位素所能起到的示踪作用，是探索看不见、摸不着的自然过程的有力武器。

这本书，《微量元素地球化学原理》，是迄今为止最全面而系统地讨论微量元素地球化学性质和行为的专著。它涉及了诸如各种成岩成矿作用、地球各圈层发育演化、近地天体以及环境中的微量元素地球化学。

由赵振华教授执笔写这本专著是很合适的。他从事微量元素，特别是其中的稀土元素研究已有20余年不曾间断的历史，他的研究对象结合各项课题与任务，包括了花岗岩类、变质岩、沉积岩及不同成因矿床。他跑野外、作剖面、取样品、看薄片，并在可能条件下亲自做一些仪器分析测试工作，因此，积累了丰富的第一手资料。另外，他通过博览群书，参加会议，获取了国内外的有关新信息、新资料。作者将自己的科研成果与他人材料有机地融合在一起，既有理论，又有实际应用，形成了本书的一个特点。

相信本书的出版将会推动微量元素地球化学的发展和有助于微量元素的工业开拓。

涂光炽

1995 年 11 月 14 日

# 第一版前言

近年来，微量元素地球化学在理论和应用方面均取得了迅速发展，成为近代地球化学研究须臾不可缺少的一部分。

二十几年来，我一直从事有关微量元素，特别是稀土元素地球化学研究工作，取得了一些成果，也积累了不少资料，为此，有些同行和前辈曾多次鼓励我撰写一本阐述"微量元素地球化学原理"的书。20世纪80年代中期，根据我和同事们多年的研究工作和参考国内外文献，我曾为中国科学院地球化学研究所研究生开设微量元素地球化学课程并编写了教材，这是本书的雏形。我下决心写这本书则是在1989年。5年多来，在工作之余断续编写，也不断补充着新的成果和资料。

本书的基础是我和我的同事们多年的科研成果，并综合了国内外在该领域不断发表的新资料和重要成果。为加深读者对描述微量元素地球化学行为的理论、公式或模式的了解，本书尽可能采用图表，并结合实例予以说明。作者期望本书对科研、教学和生产人员有一定的参考价值，对我国微量元素地球化学学科的发展有所裨益。

由于水平所限，本书对微量元素地球化学原理的阐述和应用可能有许多不足之处，敬请读者批评指正。

本书的出版得到中国科学院科学出版基金的资助和"国家科学技术委员会攀登项目"与"寻找超大型矿床有关的基础研究"项目的支持。在本书编写过程中得到了我所同行们的大力帮助；涂光炽教授审阅全书并为本书作序；乔玉楼副研究员编写了第五章微量元素环境地球化学，并负责统编、校对等工作；陆宝林高级工程师清绘了全部图件。没有他们的工作，本书是难以完成的，作者对他们的支持与帮助表示衷心的感谢！

正如矿物包裹体研究的创始人索比所说，事物的大小和价值之间并没有必然的联系，……，尽管描述的对象十分微小，但所获得的结论却相当重大。作者深信，随着分析测试技术的提高和计算机在地学中的广泛应用，微量元素地球化学在近代地球化学发展中将发挥越来越重要的作用。希望本书能对我国微量元素地球化学的发展做一点微薄的贡献。

赵振华

1995年10月

# 目　　录

# 第一章 绪 论

微量元素，也称痕量元素，是指在地质体中含量一般在 1% 或 0.1% 以下的元素，单位常用 μg/g（$10^{-6}$）或 ng/g（$10^{-9}$）表示。当今，微量元素已不再是陌生的名词，它不仅广泛应用于地球科学，而且深入到与人类生存环境和健康相关的科学和技术领域。微量元素地球化学是地球化学的重要分支学科之一，顾名思义，微量元素地球化学是研究微量元素在地球（包括部分天体）各圈层的分布、化学作用及化学演化的学科。在地球化学研究中，由于微量元素的特殊性质，其被广泛作为一种地球化学指示剂、示踪剂或监控器，在成岩、成矿作用及地球（包括部分天体）的形成、演化及人类生存环境变化等研究中发挥了重要作用。与整个地球化学领域一样，微量元素地球化学在 20 世纪 80 年代以后，特别是近 20 年来取得了突飞猛进的发展，成为地球化学领域中举足轻重的分支学科，也是近代地球化学发展中非常活跃、发展最快的分支学科之一。

地球化学是地学与化学交叉的边缘学科，它用化学的理论和方法探讨地球的形成和演化等问题。长期以来，地球化学的定义是关于元素（同位素）在地球系统的分布和迁移规律研究。在今天，它重点强调的是示踪，是一门关于示踪的科学，这是其他学科不能代替的。"地球系统及各子系统具有比一般化学系统更高的复杂性及不可比拟的时间及空间尺度，而且多数地球化学作用过程或发生在地球深部，或在地质历史时期中已经完成。对于这些作用过程不能像化学研究那样由作用过程的始终态直接进行观察，而只能根据地球化学作用过程的产物和遗留在地质体的痕迹（地球化学记录）追索过程机制和探讨地球的演化，也就是说地球化学研究主要是反序性质的。"（张本仁、傅家谟，2005）。在地球化学研究中，微量元素（尤其是稀土元素）起着可与稳定同位素相比拟的重要作用，学者们将之誉为地球化学指示剂（indicator）、示踪剂（tracer）、探途元素（pathfinder）、指纹（fingerprint）、监测器（monitor）和代表（proxy）等。可以毫不夸张地说，微量元素已成为当代地球化学研究中必不可少的组成部分。没有微量元素地球化学的发展，近代地球化学的形成和发展是不可能的。例如，对于地球演化过程中的新灾变论的提出和地幔不均一性的发现，微量元素地球化学的研究成果做出了重要贡献。

地球历史中的白垩纪末期，陆地上大量恐龙和海洋中大量浮游生物灭绝，造成这种重大事件的原因一直是地球科学研究中的热门课题之一。1980 年，美国学者阿尔瓦兹父子（Alvarez 和 Alvarez）用中子活化方法分析了白垩纪—古近纪界线的黏土层中的微量元素含量，发现铂族元素 Ir 有明显异常（含量达几个 $10^{-9}$），Co、Ni、As、Sb 等也比沉积岩平均含量高十多倍到数十倍。根据这些微量元素地球化学研究的已有资料，它们的异常含量不可能在地表由地球本身产生，最大可能是来自球外物体（ET），如陨石、小行星或彗星等对地球的冲击作用。这种基于微量元素地球化学资料所提出的灾变说给已被人们淡漠的旧灾变说注入了新的生机，在古生物、地球化学和宇宙化学等领域掀起了新的波澜。人们已将注意力扩展到地球历史中生物发展的多个重要转折期（如寒武纪与前寒武纪，二叠纪与三叠纪界线等）。尽管对于这些重要时期生物灭绝原因提出了各种假说，但有关这些时期地层中微量元素地球化学的研究始终是重要的研究内容。

长期以来，人们一直认为地幔是均一体。地幔不均一性的发现是 20 世纪 80 年代地球化学突破性成果之一，通过对来自上地幔不同部位的各种岩石的微量元素（特别是稀土元素）和 Pb、Sr、Nd 等同位素组成的研究，发现它们之间存在明显差异，这种差异表明它们的源区——地幔，存在着区域不均一和层状不均一性。已识别出多个地幔端元，如亏损的洋中脊地幔（DMM）；Ⅰ型和Ⅱ型富集地幔 EMⅠ，

EMⅡ；高 U/Pb 值的 HIMU 地幔及不同地幔端元混合形成的 FOZO 型地幔（Zindler and Hart，1986；Hart et al.，1992）。

# 第一节　微量元素地球化学的发展历程

微量元素地球化学的迅速发展是从 20 世纪 80 年代开始的。回顾其发展历程，大致可划分为四个阶段。

第一阶段：20 世纪 50 年代以前，主要是研究微量元素在地球各种矿物、岩石和地质体中的分布。这个时期微量元素地球化学的建立和发展，是和著名地球化学家克拉克（Clarke）、戈尔德施密特（Goldschmidt）和费尔斯曼（Ферсман）的杰出工作分不开的。它们的工作可概括为以下几个方面。

1）研究地球各部分的化学组成。为元素丰度（克拉克值）的建立提供了微量元素地球化学的基本资料。

2）研究自然界中元素含量与元素周期表之间的关系，从而产生了戈尔德施密特和费尔斯曼的元素地球化学分类，如亲铜元素、亲铁元素和亲石元素，这种分类至今仍在地球化学研究中应用。

3）戈尔德施密特将晶体化学的基本原理广泛应用于微量元素地球化学研究，并对离子或原子半径赋予了特殊意义。在 1923~1937 年的 15 年间，他发表了一系列关于晶体化学的研究成果，其中有关于元素分布的地球化学规则的系统论文，如《定量地球化学基础》《岩石和矿物中化学元素的分布原理》等。他特别强调“地球化学的基本目的，一方面是要定量地确定地球及其组成部分的成分，另一方面又要发现支配个别元素的分布规律”。这些成果为微量元素地球化学发展奠定了比较坚实的基础。

4）费尔斯曼等率先将元素地球化学研究应用于矿床勘探，他结合苏联国民经济发展的需求，广泛应用地球化学理论和方法，解决找矿和利用矿物原料有关的各种实际问题，促进了地球化学找矿法的发展。在研究过程中，费尔斯曼和戈尔德施密特都把微量元素地球化学行为和岩浆过程的总特征结合在一起。

概括起来，这个阶段微量元素地球化学的发展，在理论上主要是晶体化学，在方法上主要采用常规化学分析法。

第二阶段：20 世纪 50~60 年代中期，微量元素作为地球化学指示剂或示踪剂，在研究自然界复杂的成岩成矿作用中得到初步应用。大约在 1950 年，光谱分析的发展使地球化学家可以用一块样品同时测定许多元素。在这种情况下，一些地球化学家开始将微量元素运用于岩浆房的结晶过程研究，例如，Wager 和 Mitchell（1951）给出了著名的斯卡尔加德（Skaergaard）层状岩体中微量元素的分布资料，Neuman 等（1954）首次定性地将微量元素模型用于地球化学研究，他们运用分配定律计算了岩浆分离结晶作用期间的微量元素变化。在这个时期，对某些微量元素地球化学行为有了定性了解，例如，在基性岩浆分异过程中，Ni、Co 明显富集于固相中，Rb、Th、U 等则富集在残余熔体中。

此外，数学中的统计分析方法（分布函数、相关分析）开始引入元素地球化学研究，微量元素在各种岩石和地壳不同部位的分布资料也更为精确。这方面最为突出的工作是 Ahrens（1954）进行的，他根据元素在岩石中分布的大量资料，提出了元素浓度分布的对数正态规律，指出这是元素在岩石中浓度分布的基本定律。而依据元素浓度的算术平均值与几何平均值的关系，不仅可判断其分布类型，而且可以给出该元素在岩石中存在状态（分散还是富集）的信息。Ahrens（1954）开创的统计分析方向对地球化学的发展产生了重要影响。

第三阶段：微量元素定量理论模型建立发展阶段。20 世纪 60 年代中期至 90 年代，微量元素地球化学飞跃发展，突出的标志是定量理论模型的建立；分配系数概念的建立和其大量数据的积累；微量元素与同位素地球化学研究的密切结合，其中稀土元素地球化学的发展尤为突出。在这个时期，Masuda（1962）、Masuda 和 Kushiro（1970）、Gast（1968a，1968b）、Allegre 和 Treuil（1977）、Allegre 和 Minster（1978）、Frey 等（1968）、Frey（1969）和 Shaw（1970，1978）等对微量元素地球化学的发展做出了突出贡献。

1962 年，日本著名地球化学家增田彰正（Akimasa Masuda）、美国麻省理工学院的 Coryell 等（1963），对稀土元素地球化学行为进行了定量解释，他们分别提出了稀土元素的球粒陨石标准化（Chondrite-Normalized）作图法，即增田彰正-克里尔图解，在这种图解中，样品的稀土元素含量对球粒陨石标准化后的比值是原子序数的函数，地球上各种岩石的稀土元素含量在这种图解中构成对数平滑直线。这种作图法揭示了稀土元素之间相似的地球化学性质及某些稀土元素，如 Eu、Ce 的特殊地球化学行为。而后，Masuda 和 Matsui（1966）根据地球原始成分相当于球粒陨石和地球岩石圈在某一时期曾发生了广泛熔融等假设，利用稀土元素在固相-液相间分配系数的基本规律，对地壳、地幔的形成机理作了理论上的分析，进行了壳幔分异的定量计算，提出了"固体型"和"液体型"稀土元素分布模式。

这个时期的另一著名工作是由 Gast（1968a，1968b）完成的，他的著名论文《微量元素的分异与拉斑玄武岩和碱性岩浆的成因》以及他的其他工作，对微量元素地球化学发展做出了突出贡献，主要可归纳为以下三方面：①首次提出矿物/熔体分配系数概念并将其引进部分熔融模型中，在此之前，如增田彰正等采用的都是总分配系数。矿物/熔体分配系数的引入不仅使分配系数的测定成为可能，而且使岩石成因的定量模型计算成为现实。②将微量元素与同位素联合应用讨论地球化学问题，这对于 20 世纪 70 年代至今的同位素地球化学和微量元素地球化学研究产生了重要影响。稀土元素（REE）、Rb、Sr、Ti、Nb 等及 Rb/Sr、Sm/Nd、$Al_2O_3/TiO_2$、U/Pb、La/Yb、Eu/Eu*、La/Nb 等值已广泛应用于各种不同的同位素体系中。学者们一致认为，不了解微量元素的行为，就不能正确认识同位素组成的变化。③将同位素稀释法应用于微量元素的分析测试，使微量元素含量数据更为精确。

微量元素地球化学在这个时期的迅速发展，还表现为它作为一个独立的分支学科开始活跃在国际地球科学舞台。1967 年，国际地球化学与宇宙化学协会在巴黎召开了元素成因和分布学术讨论会，并于 1968 年出版了会议论文专辑。在专辑中许多文章涉及关于地球物质和陨石中微量元素研究，并列出了大量文献。1964 年苏联科学院稀有元素矿物学、地球化学和结晶化学研究所出版了《稀有元素地球化学》，对 Li、Be、Nb、Ta、Rb、Cs、REE、Zr、Hf 等微量元素在自然界的分布及在各种地质作用中的地球化学行为进行了系统总结。1969 年德国著名地球化学家 Wedepohl 主编的《地球化学手册》，系统总结了上述微量元素地球化学资料。保加利亚学者 Алексиев（1974）和苏联学者 Балашов（1976）相继分别出版了《稀土元素地球化学》专著，这两部著作对稀土元素的化学性质、分析方法、矿物学及在自然界中的分布和各种地质作用中的地球化学行为进行了较全面总结。《科学》《宇宙化学和地球化学学报》等刊物出版了月岩样品微量元素地球化学研究专刊。在这个时期，发表了大量有关岩石、矿物中微量元素地球化学的研究论文。

微量元素地球化学的迅速发展，表现在理论上逐渐成熟。1976 年，Arth 较系统地总结了微量元素的理论模型以及矿物/熔体分配系数的系统资料。Allegre 等 1977~1978 年发表了一系列应用微量元素研究岩浆过程中分离结晶、部分熔融等理论模型的论文，其中，1978 年在纪念著名地球化学家 Gast 的论文集中，Allegre 和 Minster（1978）对微量元素地球化学的发展、理论模型等重要问题进行了系统总结，并将拓扑学方法引入到定量模型研究中，这在微量元素地球化学发展史上是一篇非常重要的文献，它标志着微量元素的发展已进入成熟阶段。1984 年 Henderson 主编的《稀土元素地球化学》（*REE Geochemistry*）及 Linpin 和 Mckay（1989）主编的《稀土元素地球化学和矿物学》（*Geochemistry and Mineralogy of Rare Earth Elements*）更为微量元素地球化学百花园增添了绚丽之花。进入 21 世纪，著名地球化学家 Holland 和 Turekian 主编的地球化学论丛 *Treatise on Geochemistry* 于 2003 年出版，该书共十卷，由地球化学各分支学科的世界著名科学家编写，包括第一卷：陨石、彗星和行星；第二卷：地幔和地核地球化学；第三卷：地壳；第四卷：大气圈地球化学；第五卷：淡水地球化学；第六卷：海洋和海洋地球化学；第七卷：沉积物、成岩作用和沉积岩；第八卷：生物地球化学；第九卷：环境地球化学；第十卷：索引。

时隔十年，2014 年出版了该丛书的第二版，新版在原十卷的基础上增加了六卷，包括大气圈历史、矿床地球化学、考古学与人类学、有机地球化学、分析地球化学等新卷，原陨石、彗星和行星卷拆分为陨石和行星两卷。原有各卷也更新了 66% 的内容，增加了 126 个新章。该系列论著系统展示了地球化学各分支学科的最新发展，其中，微量元素地球化学在地球化学各分支领域的成果非常引人注目。

还应指出的是环境地球化学的发展为微量元素地球化学开辟了一个广阔的新领域，这是因为微量元素与人体健康有非常密切的关系。在组成人体的 60 多种元素中，除占人体重量 99.95% 的 11 种主要元素外，其余 50 多种元素均属微量元素，且只占人体重量的 0.05%。微量元素在生命过程中具有重要功能，如促进酶的催化作用，参与激素的分泌和新陈代谢等，是遗传物质核酸的构成部分。研究表明，许多地方性疾病与人居环境中某些微量元素含量异常直接相关。对于生命来讲，微量元素比维生素更重要，因为它们的唯一来源是地壳中的各种岩石和水，不能像维生素一样人工合成。没有微量元素，生命将不复存在！研究人类赖以生存的地表中各种微量元素的分布，特别是某些微量元素的富集，已成为当今环境地球化学的重要课题之一。近年来兴起了农业地质学，我国一些地区已完成了 1∶5 万的 K、P（有效态）、Cu、Zn、B、S 各单元素的地球化学分布及丰缺值图和农业地质图等，这些研究成果在农业合理区划与布局、发展优势农作物、改造低产区等方面发挥了重要作用。

第四阶段：微量元素的化学地球动力学阶段。20 世纪 90 年代至今，微量元素分析测试技术发生了"质"的飞跃，激光技术的发展和引入，如激光剥蚀等离子质谱（LA-ICP-MS）和离子探针质谱分析，实现了微量元素的分析灵敏度和精度呈数量级提高，特别是实现了微区（单颗粒矿物）、原位微量元素（部分稳定同位素组成）定量分析。分析技术的飞速发展使其与同位素实现了密切结合，探讨地球及其各圈层相互作用、过程及演化，形成了地球化学的一个重要领域——化学地球动力学研究。具体表现在以下几方面。

1）由对各种幔源岩石（海岛拉斑玄武岩、碱性玄武岩、洋中脊玄武岩、科马提岩、地幔橄榄岩包体等）的研究，发现了亏损（DMM）、交代（富集）（EM I 和 EM II）及 HIMU 和 FOZO 等不同地幔端元的存在，提出了地幔的区域和层状不均一性，结合 Sm-Nd、Pb 同位素地球化学资料，开始进行地幔地球化学区划研究。由此发展的"岩石探针"研究，如典型地幔岩石科马提岩以及橄榄玄粗岩（shoshonite）、碱性（A 型）花岗岩、高镁安山岩（HMA）及埃达克岩（adakite）的微量元素地球化学研究，为探讨构造背景及上地幔和地壳成分演化、其相互作用提供了重要信息。

2）根据玄武岩类微量元素组合研究恢复古板块构造背景（Pearce and Cann, 1973; Wood, 1979, 1980, 1990; Wood et al., 1979a, 1979b; Fujitani and Masuda, 1981; Pearce, 1982），受到地球化学、岩石学和大地构造学研究者的普遍关注，随后，这项研究扩展到花岗岩类（Pearce et al., 1984）和沉积岩（Bhatia and Crook, 1986）。

3）根据不同时代沉积岩的稀土分布资料探讨地壳化学演化（Taylor, 1964, 1979a, 1979b; Nance and Taylor, 1976），提出了地壳演化的两阶段模型。通过条带状铁矿（BIF）的稀土元素、过渡族金属 Ni、Fe、Mn 及 S、C 同位素研究成果，发现了约 24 亿年前地球大气圈中氧明显增加的大氧化事件（great oxidation event-GOE）（Zahnle et al., 2006; Konhauser, 2009; Saito, 2009）。同时，根据陨石和月球岩石样品的微量元素组合，探索太阳星云的化学分异特征等。

4）根据白垩纪—古近纪界线黏土层中贵金属含量异常，提出了恐龙及浮游生物灭绝的地球外物体冲击的灾变说，微量元素地球化学已成为目前全球事件研究中的重要内容之一。

5）微量元素继续在各种岩浆岩、变质岩和沉积岩成因模型研究中发挥重要作用，20 世纪 70 年代末至今，又扩展到研究成矿作用，如与斑岩、花岗岩、火山岩等有关的各种矿床、层控矿床成因模式（成矿物质来源、搬运方式和途径、成矿溶液性质、围岩蚀变等）的探讨，建立在微量元素组合特征基础上的找矿标志等。目前，在矿床地球化学研究中，微量元素已成为重要组成部分（Fryer, 1979; Moller et al., 1974, 1976, 1979, 1983, 1984; Morteani et al., 1981; 涂光炽, 1984, 1987, 1989, 2003; 涂光炽等, 1985, 2003; 赵振华等, 1974, 1976, 1979, 1983, 1984; 赵振华, 1982, 1984, 1985, 1988a, 1988b, 1989a, 1989b, 1989c, 1993a, 1993b, 2005, 2007）。

显然，从微观角度研究宏观问题是当前微量元素地球化学发展的重要特征。

我国微量元素地球化学的发展与国民经济的需求密切相关。20 世纪 50 年代末期，我国国民经济发展需要大量稀有金属，如 Nb、Ta、Li、Be 及稀土（REE）金属，因而对这些元素的资源分布研究提到了科研工作的日程。研究这些元素在自然界各种岩石中的分布，以及在各种地质作用中的地球化学行为乃是查明其资源分布的关键，在这种情况下，我国微量元素地球化学研究就从稀有元素研究起步了。一些科学研究部门设立了稀有元素地球化学或矿床学研究室或研究组，一些大学开设了稀有元素地球化学课程并设立了相应专业。1963 年，中国科学院地质研究所对我国 Li、Be、Nb、Ta 及稀有元素地质、地球化学进行了系统总结，出版了专题研究报告：《中国锂铍矿床、矿物及地球化学》《中国铌钽稀土矿床、矿物及地球化学》。1972 年召开了全国稀有稀土元素科研交流会议并出版了论文集。1978 年成立的中国矿物岩石地球化学学会设立了元素地球化学专业委员会。1979 年中国科学院地球化学研究所出版的《华南花岗岩类的地球化学》和南京大学地质系的《华南不同时代花岗岩类及其与成矿关系》专著，都对花岗岩类中微量元素地球化学行为进行了较系统研究。稀土元素地球化学研究在我国也迅速发展起来，除对储量居世界之最的白云鄂博 Fe-RE-Nb 矿床进行了 20 多年地质学、矿物学、矿床学和地球化学综合研究外，对于各类岩石，特别是花岗岩的稀土元素地球化学开展了广泛研究。1985 年召开了全国首届稀土元素地球化学讨论会，1990 年出版了《稀土元素地球化学》专著。用于微量元素分析的原子吸收光谱分析、X 荧光光谱分析、等离子体光谱分析、中子活化分析以及同位素稀释法等分析仪器和分析方法，特别是激光剥蚀等离子质谱、离子探针质谱等已迅速在各不同实验室相继建立，高质量分析测试数据呈爆炸式积累。目前，我国微量元素地球化学已进入快速、稳步发展阶段。微量元素地球化学已广泛、深入应用于成岩、成矿作用研究，快速跨入世界先进行列。

# 第二节　微量元素地球化学的发展趋势

纵观微量元素地球化学的发展过程，其理论上的发展可归结为晶体化学和理论模式两个阶段。

晶体化学阶段主要是依据元素的原子或离子半径，讨论元素在岩石和矿物中的分布规律及控制元素存在形式、类质同象置换和在自然界迁移、富集规律等，运用归纳、统计方法建立微量元素在自然界分布的基本资料。

理论模式阶段建立在微量元素在岩石、矿物中分布资料的基础上，并用演绎法建立理论模型。主要研究工作集中在岩浆过程，包括固相经部分熔融形成岩浆及岩浆固化的分离结晶作用过程。随着研究的深入，由简单到复杂，由单阶段到多阶段，平衡到不平衡，封闭到开放体系等复杂的熔融和结晶模型逐渐建立并日趋完善，如混合模型、混染模型、交代模型、不平衡部分熔融或分离结晶、分离结晶混染（AFC）模型等。矩阵和拓扑反演方法开始应用于与部分熔融或分离结晶作用有关的岩套的定量模型，Allegre 和 Treuil（1977）、Minster 等（1977）、Allegre 和 Minster（1978）提出了如何根据共生成因岩套中微量元素丰度数据反演成岩过程和源区特征的定量方法。将火成岩数据库微量元素和同位素比值资料用统计学中的分类和回归树（classification and regression-CART）方法研究沉积岩源区和玄武岩构造环境判别（Vermeesch，2006a，2006b），这也是地球化学学科成熟的标志。

20 世纪 60 年代创立的耗散结构和协同理论在 80 年代开始引入地质学领域。有序结构和动态演变是地球化学系统的基本特征之一。常用的微量元素定量模型是建立在平衡基础上的，必须采用耗散结构理论来处理自然界大量存在的非平衡的、不可逆的过程，这是近代元素地球化学正在开辟的新研究领域。如成岩成矿过程中元素活化、传输动力学过程；矿物、岩石、矿床和构造形迹中自组织及自模式现象等。

随着理论研究的深入，对微量元素的地球化学分类也愈加合理，大离子亲石元素（LIL）、不相容元素、高场强元素（HFS）、亲湿岩浆元素（HYG）、长期不相容元素（LTE）和短期不相容元素（STE）等分类系统，比传统的亲石、亲铁、亲气元素等更能真实地反映微量元素地球化学行为特点。

微量元素在理论上的迅速发展，关键因素之一依赖于分析测试技术。由于微量元素含量低、微，对其进行准确测定就是首要问题。20 世纪 50 年代，对微量元素的测定主要是采用光谱半定量分析法。60

年代以来，分析方法有了突飞猛进的发展，原子吸收光谱分析可对多种微量元素进行定量分析。Chappell 等（1969）对 X 射线荧光光谱法（XRF）进行了改进，代替了湿化学分析，并在自动完成样品中常量元素分析的同时，对许多微量元素，如 Rb、Sr、Ba、Nb、Zr 及部分稀土元素的分析达到 $10^{-6}$，即百万分之一。中子活化分析不仅可以在一份样品中同时测定许多微量元素，而且是不破坏样品的无损分析，尤其是高分辨探测器（Ge、Li）和多道能谱仪的应用，更大大提高了分析精度，一些元素的分析灵敏度可达 $10^{-9}$，即十亿分之一。电子探针、离子探针的问世，不仅可在 $1\mu m$ 区内测定多种微量元素含量，而且可以查明微量元素的赋存状态：分散（类质同象）或富集（单矿物）。同位素稀释法（质谱分析）、火花源质谱分析、等离子体光谱（ICP-AES）、等离子体质谱（ICP-MS）、激光剥蚀等离子质谱（LA-ICP-MS）、离子探针质谱以及同步辐射光源的 X 射线分析等，也相继在各分析实验室广泛应用于微量元素测定，实现了微区（单颗粒矿物）、原位微量元素含量、不同价态变价元素含量定量分析，如同步辐射光源技术的迅速发展使 X 射线技术取得了突破性进步，如 X 射线吸收精细结构（XAFS），可以定量测定矿物中变价元素，如 $Fe^{2+}$、$Fe^{3+}$、$Eu^{2+}$、$Eu^{3+}$ 的比值。与之同时快速发展的高分辨、原位同位素年龄测定技术，如锆石等矿物的高灵敏高分辨离子探针（sensitive high resolution ion microprobe，SHRIMP）和 CAMECA 及化学剥蚀–同位素稀释–热离子质谱分析（CA-ID-TIMS）等，更使同位素定年和同位素地球化学的发展进入了一个全新的时代。总之，分析方法的进步可概括为八个字：量微、原位、快速、准确。

分析方法的进步至少在两个方面对微量元素地球化学的发展产生了重大影响。第一，快速、准确分析方法的建立和不断完善，使得微量元素在自然界分布的资料在数量和质量上都大大提高，从而使对微量元素地球化学行为的认识建立在更坚实的基础上。同时也揭示了一些特殊的分布规律，例如，稀土元素地球化学研究中著名的增田彰正–克里尔图解（Masuda-Coryell）表明，岩石中稀土元素浓度的球粒陨石标准化对数值与原子序数成直线关系，但在海水和某些特殊类型岩石（如稀有金属花岗岩）中则出现四分组效应（tetrad effect），这些样品的稀土元素含量常低于球粒陨石（Masuda and Ikeuchi，1979；赵振华，1988a，1988b）。如果没有同位素稀释法和等离子体质谱分析，稀土元素的四分组效应是不可能被发现的。第二，使许多微量元素分配系数的测定更为准确成为可能。分配系数是研究微量元素定量模式的关键，微量元素定量模型计算的真正发展是在 Schnetzler 和 Philpotts（1968）测定了 REE、K、Rb、Sr、Ba 的分配系数之后。没有分配系数的可靠资料就不可能建立岩石成因定量模型。20 世纪 70 年代以前，微量元素分配系数资料大量来自天然物质测定。即由实测火山岩中斑晶矿物和基质的微量元素含量而获得。但这种途径对于了解温度、压力、体系成分等对分配系数的影响，了解作为晶体和熔体结构函数的微量元素行为显然是不可能的，只有通过实验室的模拟实验研究才能获得有关上述特征的资料。20 世纪 70 年代以来开始进行了大量实验研究，包括简单的模拟成分到复杂的天然样品的多种体系中晶体、熔体和气相间分配系数测定。实验过程所形成的产物数量很少，只有用高精度分析方法（中子活化、电子探针和激光等离子质谱等分析）才有可能获得分配系数资料。因此，没有分析方法的进步，就没有今天的微量元素地球化学。

由上述微量元素地球化学的发展过程可以看出，其研究领域经历了从宏观→微观→宏观的过程。在初级阶段，主要研究微量元素在宏观范围（地壳各种岩类、地壳、地球）的分布规律，重点是获得微量元素在自然界分布的基本资料。进入 20 世纪 70 年代后，微量元素地球化学研究进入微观领域，重点研究微量元素在矿物中的分配（分配系数），建立了成岩作用的各种定量理论模型（部分熔融、分离结晶、混合作用等模型）。20 世纪 70 年代末至 80 年代，微量元素地球化学研究从微观返回到宏观领域——化学地球动力学。

国际自然科学发展的大环境也为地球科学的发展，特别是多学科交叉、合作搭建了良好平台。

第二次世界大战后逐渐兴起了"大科学"（big science，megascience，large science），它在 20 世纪 60 年代由美国社会学家 Price（1961 年）首次提出（1963 年出版），指的是科学研究总的社会规模大的科学，核物理学家 Weinberg（1968）提出大科学是指项目尺度大。投资强度大、多学科交叉是大科学的突出特点。国与国之间、科学研究机构之间和科学家之间的国际合作是其运行的重要方式。按科学装置和项目目标，可将大科学划分为两类，一是大科学工程，它需投入巨资建设运行和维护，如国际空间站计划；欧洲核子研究计划；美国 Apollo 月球计划等；二是跨学科合作的大规模、大尺度的前沿性研究计划，它一般围绕一个总体研究目标，由众多科学家有组织、有分工，协作开展研究，如人类基因组谱计划、全球变化等。自 20 世纪 90 年代以来，各国政府、国际性组织在各学科领域组织实施的具有代表性的大科学合作研究计划有 50 多个，我国参与了其中的 20 多个，主要集中在全球变化、生态、环境和地学领域。例如，1974 年由联合国教科文组织与国际地质科学联合会组织实施的国际对比计划（IGCP）是固体地球科学领域最成功的计划，它涉及了全球范围各类基础地质问题、自然资源等，是我国地学界参与人数最多、领域最广的国际地学多学科合作交流渠道。类似的还有国际地圈生物圈计划（IGBP）、从 1968 年开始的深海钻探计划（DSDP），到大洋钻探计划（ODP），再到综合大洋钻探计划（IODP），它们对提高我国地学研究水平，促进我国地球科学家走向世界，均取得明显成效。

互联网技术的发展使各种数据量以每两到三年翻一番，人类开始进入"大数据"（big data）时代，它使我们可以从大量信息中得到从少量数据难以获取的认识。早在 1980 年，著名未来学家阿尔文·托夫勒在《第三次浪潮》一书中就将大数据称赞为"第三次浪潮的华彩乐章"。大约从 2009 年开始，"大数据"被称为互联网信息技术行业的流行热词汇，它的巨大数据量（volume）、数据量的类型多样（variety）、价值密度低，商业价值高（value），或称为精确（veracity）、处理速度快（velocity），被称为大数据的"4V"（徐子沛，2012）。在大数据时代，数据已成为驱动创新的重要因素，数据科学作为一门新的学科开始蓬勃发展。地球科学的各种类型数据库显然具有"大数据"的许多特点，它的数据获得和处理没有计算机是不可能完成的，可以预料，大数据的研究和处理方法也必将为微量元素地球化学提供许多重要借鉴。例如，全球洋中脊玄武岩 MORB 数据库有约 13900 个玄武岩玻璃的主、微量元素分析数据。又如，约 25 亿年前出现的大氧化事件（GOE）形成机制研究是近些年地球科学，特别是地球化学研究的热点之一。最新的研究成果是从地球深部岩浆活动探讨大气圈大氧化事件形成机制。Keller 和Schoene（2012）建立了一个包括约 70000 个大陆火成岩样品地球化学资料的数据库，这些样品有产出位置、结晶年龄（含误差），将这些资料叠加在地球物理模型上，计算现代地壳和岩石圈参数，用地球化学统计学方法（蒙特卡洛法，Monte-Carlo）加权平均计算火成岩平均地球化学参数（La/Yb，$Eu/Eu^*$，$Na_2O/K_2O$，Ni）随时间的变化（平均的时间间隔为 100Ma），给出了保存的地壳和岩石圈厚度、地幔平均熔融程度在地质历史中随时间的变化曲线，并与大气圈氧化事件对比，发现它们之间在时间上存在明显的一致性（详见本书第五章第四节）。但必须指出，海量数据给数据分析带来了机遇，也构成了新的挑战。这是因为从统计学角度这些样本是高维的，增加了出现欺骗性关联的风险，因而可导致错误的推断或结论。美国《科学新闻》（2013 年 11 月 26 日）认为，为了应对大数据带来的挑战，需要新的统计思路和计算方法。

进入 21 世纪的另一特点是，全新的地球系统观——地球系统科学，在全球尺度上把地球看成是相互作用的各组成部分集成的综合整体系统，它包括了无数个相对独立、相互作用、相互依赖的不同层次、不同类型和不同作用的系统。显然，从微观角度研究宏观问题、由定量化向信息化（数字化、网络化、智能化）转变是当前微量元素地球化学发展的重要特征。一年一度的以地球化学奠基者 Goldshimidt 命名的世界地球化学大会至 2014 年已召开了 24 届，每年都有超过 2000 名的世界各地的地球化学科研、教学的科学家参会，足见地球化学学科的繁荣。

总之，微量元素地球化学在优越的大环境下继续朝着更为完善的模式化发展，为各种类型岩石和矿床成因及地球演化模型提供重要约束，其发展趋势可概括为：①采用更为精确、快速的分析手段，获得大量高精确的数据；②把理论模型建立在坚实的热力学、地质学、岩石学和矿物学等学科基础上，使模型更接近于实际天然过程；③与同位素地球化学相结合，丰富并发展自己。理论的逐渐完善、研究手段精度的提高和研究领域的不断扩大，使微量元素地球化学发展之势方兴未艾，在近代地球化学研究和地球系统科学——地球不同圈层、不同单元相互作用研究中显示了广阔前景，也将为地球科学研究从提高资源保障向资源-环境并重、从定量化向信息化以及在大数据时代中的数字地球（Digital Earth）的转型做出重要贡献。

# 第二章  微量元素地球化学基本概念及有关理论问题

在微量元素地球化学发展过程中，逐渐形成一些重要的基本概念，并依据物理化学和热力学方法逐渐建立了微量元素地球化学的基本理论，了解并掌握这些基本概念及有关理论是成功运用微量元素解决地质、地球化学问题的关键。

## 第一节  微量元素的概念及分类

在理想状态下，一个科学的分类必须符合两个原则，一是包容性，即所有的研究对象都必须包括在分类中，不应有一个对象放不到任何一类中；二是不可重叠性，即一个对象不能同时分属于两个或多个分类。在常见的地球化学文献中，人们常将地壳中 O、Si、Al、Fe、Ca、Mg、Na、K、Ti 九种元素（它们的总重量丰度共占99%左右）以外的其他元素统称为微量元素，或痕量元素、杂质元素、副元素、稀有元素、次要元素等。它们在岩石或矿物中的含量一般在 1% 或 0.1% 以下，含量单位常以 $10^{-6}$（$\mu g/g$，ppm）或 $10^{-9}$（$ng/g$，ppb）表示。O'Nions 和 Pankhurst（1974）将含量等于或小于 $1000 \times 10^{-6}$（$\mu g/g$）的任何一种元素称为痕量元素。考虑到目前多数地球化学论文的习惯用法，本书采用微量元素一词，它包括痕量元素和微量元素。然而，主要元素与微量元素的区分是相对的，常因具体的研究对象而异。例如，Fe 在石英中为微量元素，但在磁铁矿、辉石中就是主要元素了。多数情况下 Zr 是微量元素，但在锆石中是主要元素。在陨石中 K 常被视为微量元素，而 Ni 则往往成了主要元素。因此 Gast（1968a，1968b）认为，微量元素是指不作为体系中任何相的主要组分（化学计算）存在的元素。在化学作用过程中实际起作用的是物质的量（摩尔）浓度。因此，在地球化学中对微量元素概念的严格定义应是：只要元素在所研究的客体（地质体、岩石、矿物等）中的含量低到可以近似地用稀溶液定律描述其行为，该元素可称为微量元素。

微量元素的低浓度（或活度），使得它们难以形成一种独立相，而是以次要组分存在于矿物固溶体、熔体或其他流体相中。在矿物中，微量元素主要以下列三种形式存在：一是在快速结晶过程中陷入囚禁带内；二是在主晶格的间隙缺陷中；三是在固溶体中替代主要相的原子。

Goni 和 Guillemin（1968）认为，可以把矿物中微量元素按分布分成两组：

1）可以取代某一矿物晶格中的其他元素（类质同象置换）的微量元素；

2）晶格以外的元素（晶间位置，如晶粒边界；晶内位置，如解理、裂隙等）。

目前，还没有建立对微量元素进行地球化学分类的统一标准，分类方案常因研究对象和研究目的不同而异。20 世纪 60 年代以前，一般沿用戈尔德施密特的分类系统，如亲石元素、亲铁元素、亲铜元素、亲气元素等。有时则按它们在元素周期表中的位置，以化学性质进行分类，如碱碱金属 Li、Rb、Cs 等；稀有元素 Be、Nb、Ta、Zr、Hf 等；稀土元素（La 系、Y）；过渡族元素 TME（Fe、Co、Ni、V、Ti、Cr、Cu 等）。Jedwab（1953）将微量元素分为两类：一是结晶化学元素的结合，仅受结晶化学因素控制；二是标型化学元素，它们对供给条件和共生条件很敏感。

近年来，随着微量元素分配理论和定量模型的发展，应用微量元素的研究领域的不断扩大，对微量元素地球化学分类也发生了较大变化。概括起来可大致分为四套系统，即从四种不同角度进行分类。

# 一、以微量元素在固相-液相（气相）间分配特征的分类

随着矿物/熔体分配系数概念的建立，特别是矿物分配资料的大量积累，人们对微量元素在岩浆作用过程中的地球化学行为有了较深入了解，相继提出了如下分类概念。

### 1. 不相容元素（incompatible elements）和相容元素（compatible elements）

这种分类概念是基于许多地球化学作用过程常常存在液相和结晶相（固相）共存的体系。例如，含矿溶液的成矿过程；地幔或地壳通过熔融形成岩浆的过程；岩浆的结晶分异过程。在这些体系的地球化学过程中微量元素在液相和固相间进行分配，一般情况下，这种分配是不均匀的。由于微量元素晶体化学性质和地球化学行为的差异，有些元素容易进入结晶相，而在液相中浓度迅速降低。例如，Ni、Co易进入橄榄石，V易进入磁铁矿，Cr易进入尖晶石，Yb易进入石榴子石，Eu易进入斜长石。在岩浆结晶过程（或由固相部分熔融）中易进入或保留在固相中的微量元素，统称为相容元素。相反，在这些过程中不易进入固相，而保留在与固相共存的熔体或溶液中，因而在液相中浓度逐渐增加，如Li、Rb、Cs、Be、Nb、Ta、W、Sn、Pb、Zr、Hf、B、P、Cl、REE、U、Th等，这些元素统称为不相容元素。显然，在任何固-液-气相平衡体系中，相容元素总是"喜欢"固相，而不相容元素则总是"喜欢"液相或气相。

从分配系数的概念出发，相容元素的总分配系数大于1，而不相容元素的总分配系数小于1。按总分配系数（$D_0$）的大小，不相容元素又可分为两组：

1）$D_0 < 0.1$，如K、Rb、U、Th、Pb、LREE；

2）$0.1 < D_0 < 1$，如Zr、Nb、Ta、HREE。

$D_0$值范围为0.02~0.06的微量元素称为强不相容元素。当总分配系数与1比较可忽略不计时，称为岩浆元素（magmatophile，简称M元素），代表性元素如HREE、Zr、Hf等；而与0.2~0.5比较可忽略不计时称为超岩浆元素（hypermagmatophile，简称H元素），代表性元素如Ta、Th、La、Ce等。Wood等（1979a，1979b）则提出了亲湿岩浆元素（hygromagmatophile elements，简称HYG）来代替不相容元素和大离子亲石元素。亲湿岩浆元素是指分配系数小于1的微量元素，它们在熔融过程中进入液相，在结晶过程中进入残余相。它又可分出强亲湿岩浆元素（more-hygromagrnatophle），它们的分配系数小于0.01，如Rb、Cs、K、U、Th、Ta、Nb、Ba、La、Ce等。

应当注意的是元素的相容性不是一成不变的，而与所存在的体系有关，例如，P在地幔部分熔融过程中是不相容的，但在花岗岩中是相容的，主要进入磷灰石中。

### 2. 大离子亲石元素（large ion lithophile elements）和高场强元素（high field strength）

元素的电荷/离子半径值称为场强或离子电位。许多不相容元素常具有特殊的离子半径或离子电荷（很小或很大），如K、Rb、Nb、Ta、W、Sr、Ba、Pb、LREE等的离子半径很大或电荷很高，这些亲石的大离子半径元素称为大离子亲石元素（large ion lithophile elements，简称LIL）。在这种概念下，可以将不相容元素分为两组：一为大离子亲石元素（LIL），二为高场强元素（high field strength，简称HFS）。前者指K、Rb、Sr、Ba、Cs等，它们的特点是离子电位<3，易溶于水，地球化学性质活泼，Rollinson（1993）将其称为低场强元素（LFS）。高场强元素具有较高的离子电荷，离子电位>3，不易溶于水，如Th、Nb、Ta、P、Zr、Hf、HREE等。图2-1是按元素的离子电位划分的元素分类（Tatsumi and Kogiso，2003）。

Hofmann（1988）提出了两种确定壳-幔分异过程中亲石元素相容性顺序的方法。第一种方法是根据元素在大陆地壳中的平均浓度与其在原始地幔（primitive mantle）中浓度的比值，即以元素在原始地幔中的平均浓度为标准，将大陆壳中元素平均浓度标准化，标准化数值的大小即为元素相容性的顺序，数值最大的相容性最低，反之，相容性最强。陆壳中最富集的元素的标准化值为50~100（Cs、Rb、Ba、Th），它们是最强不相容元素。元素相容性实质上是总分配系数大小的顺序，因此，只要能得到总

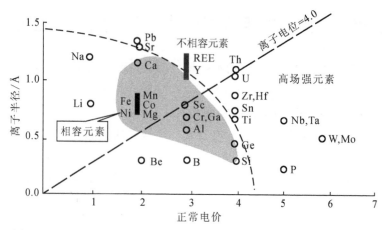

图 2-1　按元素的离子电位划分的元素分类（Tatsumi and Kogiso，2003）

分配系数的计算值，就可将元素相容性定量化。这种要求可通过下述方法达到，强不相容元素的总分配系数可视为零，在这种情况下，由部分熔融公式可得出熔体中某微量元素与源区中该元素浓度比值：

$$C^*_{熔体} = \frac{1}{F} \tag{2-1}$$

可据此式计算出 $F$ 值。根据质量平衡原理，可以计算出总分配系数 $D$。

$$D = \frac{C^*_{残留}}{C^*_{熔体}} = \frac{1 - C^*_{熔体} F}{(1 - F) C^*_{熔体}} \tag{2-2}$$

式中，$F$ 为原始地幔形成大陆壳时熔体的比例，由强不相容元素的浓度计算出 $F = 0.016$；$C^*_{熔体}$ 为陆壳中元素浓度相对于原始地幔浓度的标准化值。

由式（2-2）计算出的 $D$ 值的大小即是元素相容性的量度，$D$ 值大的相容性强，反之则相容性低。亲石元素相容性增加排列顺序如下：Rb、Pb、U、Th、Ba、K、La、Ce、Nb、Pr、Sr、Nd、Zr、Na、Sm、Eu、Gd、Tb、Dy、Ho、Yb、Er、Y、Tm、Ti、Lu、Cu、Sc、Co、Mg、Ni。这种计算方法是假设在陆壳和洋壳形成过程中元素总分配系数相同（或至少近似相同）。

第二种方法仅是根据海洋玄武岩的化学特征，不考虑陆壳。该方法用两元素浓度比值对其中一元素的浓度的斜率来确定相容性顺序。当斜率为零时，这两个元素的相容性是相同的；如果斜率大于零，则分子中的元素是更不相容的。

由上述两种方法所得出的元素相容性顺序基本相同，但 Pb、Nb、Ta 等出现异常。这是因为 Pb、Nb、Ta 在地幔熔融的不同阶段相容性有明显改变：在陆壳形成阶段，Nb、Ta 是中等不相容的（不相容性与 Ce 相近），但在洋壳形成阶段则为强不相容元素（不相容性与 U、K 相似）。Pb 的行为恰恰与 Nb、Ta 相反，在陆壳形成时为高度不相容元素（与 Ba 相似），但在洋壳形成时则为中等不相容元素（与 Ce 相似）。

由上述方法所得出元素相容性顺序基本上概括了壳-幔形成的总体过程中元素在地幔、陆壳、洋壳之间分配的特点。由于元素相容性实质上是其总分配系数大小的顺序，而分配系数明显受体系成分、温度和压力等因素控制，因此，在具体的地质地球化学作用过程中相容性会发生改变。例如，稀土元素在多数情况下为不相容元素，但在酸性体系中由于岩浆结晶过程中熔体结构的变化，使得稀土元素不易保留在残余熔体中而大部分进入富稀土的副矿物（如独居石、褐帘石、磷钇矿等）相中，成为相容元素。基于这种情况，Bonen（1980）把不相容元素分为长期不相容元素（long term incompatible elements，简称 LTE）和短期不相容元素（short term incompatible elements，简称 STE），前者指从玄武质岩石到中性岩类（它们的分异指数 DI<63），均保持不相容特征的元素，如 La、Ce、Ta、Th、Hf；后者则指在玄武质岩石范围内（Ni<200×10⁻⁶，P₂O₅<75×10⁻⁶），或玄武质岩石范围外（分异指数 DI>50）保持不相容性的元素，如 U、Sr、Ba、P 等。

## 二、以微量元素在熔融过程中挥发与难熔程度的分类

在宇宙化学及地球形成与演化研究中，常常涉及星云凝聚、熔融及硅酸盐熔体，因此 Ringwood（1966）提出了挥发元素及难熔元素的分类。由于在行星形成和演化过程中存在过一个高温阶段，元素的挥发与难熔程度就是一个很重要的特性，它可以从一个角度解释元素在地球中富集与亏损的规律，也可根据挥发性金属的含量计算太阳系各行星的形成温度，如根据 Bi、Tl、In 等挥发性金属的含量计算出地球的形成温度为 560K，月球为 650~700K，火星为 400K，金星为 900K，水星为 1400K，木星为220K；普通球粒陨石 H 型为 570K，L 型为 455K，LL 型为 450K，碳质球粒陨石小于或等于 400K。

挥发与难熔元素的区分往往有某些随意性，一般说来，挥发性元素是指那些在1300~1500℃、适度还原条件下通常能从硅酸盐熔体中挥发出来的元素，而难熔元素（或非挥发性元素）则是在这种条件下不能挥发的元素。

在宇宙化学研究中，除分出难熔元素与挥发元素外，还分出了易熔元素，并将它们分出五个亚组，即：难熔元素（亲石元素、亲铁元素），易熔元素（亲硫元素），挥发元素（亲气元素、太阳元素）。

McDonough 和 Sun（1995）提出的元素分类是在压力为 $10^{-4}$ 大气压下 50% 凝聚的温度（K）下划分的，所指的难熔元素的温度 ≥1400K，难熔与挥发的过渡温度为 1350~1250K，中等挥发的温度为1250~800K，高度挥发的温度 <800K（表 2-1）。Palme 和 O'Neill（2003）按元素在不同温度的挥发性给出了类似的元素的宇宙化学和地球化学分类（表 2-2）。

**表 2-1　按凝聚温度的元素分类表**（McDonough and Sun，1995）

| 亲石元素 | |
| --- | --- |
| 难熔的 | Be, Al, Ca, Sc, Ti, V*, Sr, Y, Zr, Nb, Ba, REE, Hf, Ta, Th, U |
| 过渡的 | Mg, Si, Cr* |
| 中等挥发的 | Li, B, Na, K, Mn*, Rb, Cs* |
| 高度挥发的 | F, Cl, Br, I, Zn |
| 亲铁元素 | |
| 难熔的 | Mo, Ru, Rh, W, Re, Os, Ir, Pt |
| 过渡的 | Fe, Co, Ni, Pd |
| 中等挥发的 | P, Cu, Ga, As, Ag, Sb, Au |
| 高度挥发的 | Tl, Bi |
| 亲铜元素 | |
| 高度挥发的 | S, Se, Cd, In, Sn, Te, Hg, Pb |
| 亲气元素 | |
| 高度挥发的 | H, He, C, N, O, Ne, Ar, Ke, Xe |

＊在高压情况下，这些元素可具有亲铁行为，进入地核。

**表 2-2　微量元素分类**（McDonough and Sun，1995；Palm and O'Neill，2003）

| 亲石元素 | |
| --- | --- |
| 难熔元素（RLE） | Be, Al, Ca, Sc, Ti, V[①], Sr, Y, Zr, Nb, Ba, REE, Hf, Ta, Th, U |
| 过渡型元素 | Mg, Si, Cr[①] |
| 中等挥发的元素 | Li, B, Na, K, Mn[①], Rb, Cs[①], P |
| 高度挥发的元素 | F, Cl, Br, I, Zn（Cs, Tl） |

续表

| 亲铁元素 | |
|---|---|
| 难熔元素（RSE） | Mo, Ru, Rh, W, Re, Os, Ir, Pt |
| 过渡型元素 | Fe, Co, Ni, Pd |
| 中等挥发的元素 | P, Cu, Ga, Ge, As, Ag, Sh, Au |
| 高度挥发的元素 | Tl, Bi |
| **亲铜元素** | |
| 高度挥发的元素 | S, Se, Cd, In, Sn, Te, Hg, Pb |
| **亲气元素** | |
| 高度挥发的元素 | H, He, C, N, O, Ne, Ar, Kr, Xe |
| **在 $10^{-4}$ atm[②] 下，50%凝聚温度/K** | |
| 难熔元素 | ≥1400（1850~1400） |
| 过渡型元素 | ~1350 和 ~1250 |
| 中等挥发的元素 | ~1250 和 800（1230~640） |
| 高度挥发的元素 | <800（<600） |

注：① 在高压情况下，这些元素可具有亲铁行为，进入地核。

② 1atm＝1.01325×$10^5$Pa，标准大气压。

## 三、以微量元素在地球（地壳）形成和演化过程中分散与富集特点的分类

在地球的形成和演化过程中，似乎很多元素在从地核到地壳的垂直方向上发生过分离作用，例如，大离子亲石元素有明显从下地幔及地核向上地幔，甚至向地壳富集的趋势。Shcherakov（1979）发现，元素在超基性岩、玄武岩、花岗岩、页岩中分布，相对于陨石的浓度系数与其核电荷及半径分布的趋势呈非线性依赖关系，元素在地球外圈（如岩石圈）的富集程度，即"离心力"随其化学活动性增加而增加，而随其活动性化合物的密度及丰度的减少而增加。陨石是地球的初始物质，元素在陨石中的丰度 $\mu$ 代表了其初始浓度。玄武岩是地幔熔融的产物，元素在玄武岩中的丰度 $V$ 也是元素离心程度的基本参数。页岩是地壳中分布较广的沉积岩，一般常把页岩中元素丰度 $C$ 作为地壳丰度的代表。因此，$\mu$、$V$、$C$ 这三个参数是划分元素在地球形成演化过程中的基本参数，根据 $V/\mu$、$C/V$ 值的关系可将化学元素划分出下列四组。

1）向心元素 $C_1$（centripetal elements）：$V/\mu<1$、$C/V<1$

包括 Mg、Cr、Fe、Co、Ni、Cu、Ru、Rh、Pt、Os、Ir、Pd、Au。

2）最小离心元素 $C_2$（minimal centrifugal elements）：$C/\mu>1$，$C/V<1$

包括 P、Na、Ca、Sc、Ti、V、Mn、Zn、C、N、CI、Br、I。

3）弱离心元素 $C_3$（deficiency-centrifugal elements）：$V/\mu<1$，$C/V>1$

包括 Ga、Ge、As、Se、Sn、Te、Bi、Re、Mo。

4）离心元素 $C_4$（centrifugal elements）：$V/\mu>1$、$C/V>1$

包括 Li、Rb、Cs、Sr、Ba、Y、RE、Zn、Hf、Nb、Ta、Th、B、Al、In、Tl、Si、Pb、Sb、U、F、O。

此外还有最大离心元素，是指在水圈、气圈和有机质中的丰度高于陨石、玄武岩和页岩中丰度的那些元素。

这种分类有助于了解元素的成矿作用以及地壳化学演化特点。例如，从海洋地壳到大陆地壳，从洋中脊→俯冲带→碰撞造山带→克拉通的地球化学特点是离心元素越来越富集；富集向心元素 $C_1$ 的矿床与超基性岩有关；富集离心元素和弱离心元素的矿床与花岗岩类有关；富集最小离心元素、向心元素和部分弱离心元素的矿床与辉长岩类有关。

另一分类是聚集元素与分散元素（Tischendorf and Harff，1985），这种分类是根据元素的丰度、形成矿物种数及聚集分散程度所进行的（图2-2）。分散元素是指对一级近似而言，不形成矿物或只能形成少数矿物的元素，不存在它们的独立矿床。而聚集元素是指优先形成矿物的元素，是典型的形成矿床的元素。以元素的地壳丰度 $X$ 为横坐标，以该元素所形成的矿物种数 $Y$ 为纵坐标，可见它们之间存在的线性关系可以下列函数式表示：

$$lgY = 0.214lgX + 0.941 \tag{2-3}$$

或

$$Y = 10^{0.941} \times X^{0.214} \tag{2-4}$$

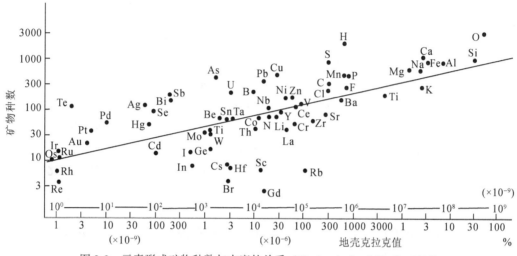

图2-2　元素形成矿物种数与丰度的关系（Tischendorf and Harff，1985）

相关系数为0.66。如果一个元素与回归直线成正偏离（即所形成的矿物种数大于回归直线预测值），则该元素呈聚集趋势，反之则呈分散趋势。为定量表示元素的聚集与分散程度，以每个元素相对于回归直线的距离为横坐标，元素数目为纵坐标（图2-3），可将元素划分为强分散元素、弱分散元素、弱聚集元素和强聚集元素。能形成324种以上矿物的为亲矿元素，不到12种矿物的为疏矿元素。这种分类是建立在元素的丰度与所形成矿物的种数上，对于探讨元素的成矿作用有一定帮助。

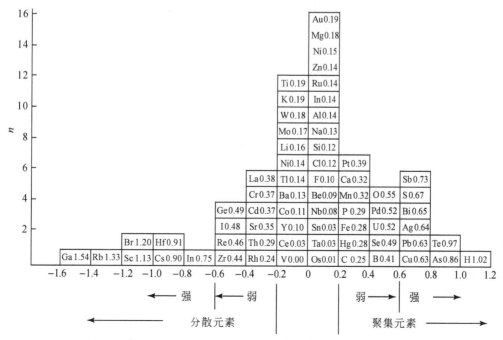

图2-3　分散元素与聚集元素的定量分类（Tischendorf and Harff，1985）

# 四、以硬、软酸碱理论为基础的分类

由于成矿作用必然涉及流体及蚀变作用，因此，研究元素，特别是成矿元素在成矿流体中的存在形式和迁移特点（如络合物或配合物型式），对研究成矿作用并指导找矿有重要意义。Pearson（1963）提出了硬、软酸碱理论 HSAB（hard and soft acids and bases）。该理论建立在刘易斯（Lewis）酸碱理论和Schwarzenbach（1961）的金属阳离子分类基础上。根据刘易斯（Lewis）酸碱理论，凡能给出电子对者称为碱，凡能接受电子对者称为酸。络合物的中心原子是电子对接受者，可认为是酸，配位体是电子对提供者，可认为是碱（转引自陈骏、王鹤年，2004）。根据电子构型，金属阳离子划分为三类（Schwarzenbach，1961）：A 类金属阳离子具有惰性气体构型，球状对称，极化性质低，刚性，趋向形成静电键；B 类金属阳离子具有 $Ni^0$、$Pd^0$ 的电子构型，含 10 个或 12 个外层电子，负电性低，极化性高，软性，在络合物中常形成共价键；C 类为过渡金属阳离子，具有 1~9 个外层电子，非球状对称。Pearson（1963）根据上述理论和分类，将正电荷高、半径（体积）小和变形弱（不易被极化）的作为电子对接受者的中心原子（离子）称为硬酸，它包含了 Schwarzenbach 分类中所有 A 类阳离子，如 $H^+$、$Li^+$、$Mg^{2+}$ 和 $Al^{3+}$ 等，还有 $Cr^{3+}$、$Mn^{3+}$、$Fe^{3+}$、$UO_2^{2+}$ 和 $VO^{2+}$ 以及 $OH^-$、$F^-$ 和 $PO_4^-$ 等。将形成硬酸的阳离子称为硬阳离子。将正电荷低或等于零、体积大、变形性强、有易于被激发的外层电子（多为 d 电子）的中心原子（离子）称为软酸，如 $Cu^+$、$Ag^+$、$Au^+$ 等。将变形性弱、负电性高、难被氧化（失去外层电子）的电子提供者（配体）称为硬碱，如 $F^-$、$OH^-$ 等。将变形性强、负电性低、易被氧化（易失去外层电子）的配体称为软碱，如 $I^-$、$CN^-$ 等。处于上述两者之间的为中间酸和中间碱。

可见，阳离子的硬度可用其离子电位度量，REE 均属硬阳离子，但 $Eu^{2+}$ 比其他 REE 硬度低，而 $Ce^{4+}$ 则是最硬的 REE。根据硬软酸碱理论，强酸强烈地与强碱结合，软酸强烈地与软碱结合；过渡型阳离子与软/硬酸，过渡型碱离子与软/硬阴离子都能结合；但强酸与软碱，软酸与强碱不能结合。

Schwazenbach（1961）的金属阳离子分类与 Pearson（1963）的硬软酸碱分类列于表 2-3，Railsback（2003）进一步发展了硬软酸碱理论，他按电价并综合元素和离子从地幔到土壤、到海水的多维尺度的普遍地球化学型式和趋势，提出了一张地球科学家的元素和离子周期表，对上述分类进行了补充。该表从左向右将地球元素和离子划分为惰性气体、硬阳离子或 A 型阳离子（其外壳层没有电子，配位优先顺序为：F>O>N=Cl>Br>I>S）、过渡型阳离子、软阳离子或 B 型阳离子、元素单质型式、阴离子、惰性气体。表中的硬阳离子包括了 Pearson 分类中的硬阳离子，并增加了 $Rb^+$、$Cs^+$、$Fr^+$、$Ac^+$、$Ba^{2+}$、$C^{4+}$、$N^{5+}$、$P^{5+}$、$V^{5+}$、$Nb^{5+}$、$Ta^{5+}$、$S^{6+}$、$Cr^{6+}$、$Mo^{6+}$、$U^{6+}$、$Mn^{7+}$ 和 $Re^{7+}$。软阳离子中增加了 $Hg^+$、$Au^{3+}$。过渡型阳离子还包括 $Ti^{4+}$、$V^{3+}$、$V^{4+}$、$U^{4+}$、$Mo^{4+}$、$Mo^{2+}$、$Cr^{3+}$、$Mn^{4+}$、$Re^{4+}$、$Ru^{3+}$、$Ru^{4+}$、$Ir^{4+}$、$Ni^{3+}$、$Pt^{2+}$、$Ga^{3+}$、$S^{4+}$、$Sn^{4+}$、$Ge^{4+}$、$As^{5+}$、$As^{3+}$、$Sb^{5+}$、$Sb^{3+}$、$Pb^{4+}$、$Bi^{5+}$、$Se^{6+}$、$Te^{6+}$ 和 $I^{5+}$。

表 2-3　**Schwarzenbach**（1961）的金属阳离子分类和 **Pearson**（1963）的硬软酸碱分类

| Schwarzenbach（1961）的金属阳离子分类 | | |
| --- | --- | --- |
| A 类金属阳离子（硬） | C 类金属阳离子 | B 类金属阳离子（软） |
| $H^+$、$Li^+$、$Na^+$、$K^+$、$Be^+$、$Mg^{2+}$、$Ca^{2+}$、$Sr^{2+}$、$Al^{3+}$、$Sc^{3+}$、$La^{3+}$、$Si^{4+}$、$Ti^{4+}$、$Zr^{4+}$、$Th^{4+}$ 等 | $V^{2+}$、$Cr^{2+}$、$Mn^{2+}$、$Fe^{2+}$、$Co^{2+}$、$Ni^{2+}$、$Cu^{2+}$、$Ti^{3+}$、$V^{3+}$、$Cr^{3+}$、$Mn^{3+}$、$Fe^{3+}$、$Co^{3+}$ 等 | $Cu^+$、$Ag^+$、$Au^+$、$Tl^+$、$Ga^+$、$Zn^{2+}$、$Cd^{2+}$、$Hg^{2+}$、$Pb^{2+}$、$Sn^{2+}$、$Tl^{3+}$、$Au^{3+}$、$In^{3+}$、$Bi^{3+}$ 等 |
| Pearson（1963）的硬软酸碱分类 | | |
| 硬酸 | 过渡酸 | 软酸 |
| 所有 A 类金属阳离子，加上 $Cr^{3+}$、$Mn^{3+}$、$Fe^{3+}$、$Co^{3+}$、$UO_2^{2+}$、$VO^{2+}$ 等 | 所有二价过渡金属阳离子，加上 $Zn^{2+}$、$Pb^{2+}$、$Bi^{3+}$ 等 | 所有 B 类金属阳离子，减去 $Zn^{2+}$、$Pb^{2+}$、$Bi^{3+}$ 等 |
| 硬碱 | 过渡碱 | 软碱 |
| $H_2O$、$OH^-$、$F^-$、$PO_4^{3-}$、$Cl^-$、$CO_3^{2-}$、$NH_3$ 等 | $Br^-$、$NO_2^-$、$SO_3^{2-}$ 等 | $I^-$、$SCN^-$、$S_2O_3^{2-}$、$CN^-$ 等 |

上述不同类型阳离子的络合分类如下。

1）硬阳离子可分为四类。

A：与 $H_2O$ 或 $CO_3^{2-}$、$SO_4^{2-}$ 络合的 $H^+$、$Li^+$、$Na^+$、$K^+$、$Rb^+$、$Cs^+$、$Mg^{2+}$、$Ca^{2+}$、$Sr^{2+}$、$Ba^{2+}$。

B：在溶液中与 $OH^-$ 或 $H_2O$ 络合的 $Be^{2+}$、$Al^{3+}$、$Ti^{4+}$、$Y^{3+}$、$Zr^{4+}$、$Se^{3+}$。

C：在溶液中与 $OH^-$ 或 $O^{2-}$ 络合的 $B^{3+}$、$C^{4+}$、$Si^{4+}$、$P^{5+}$、$V^{5+}$、$Nb^{5+}$。

D：在溶液中与 $O^{2-}$ 络合的 $N^{5+}$、$S^{6+}$、$Cr^{6+}$、$P^{5+}$、$Mo^{6+}$、$W^{6+}$、$U^{6+}$。

2）过渡阳离子分为两类。

A：$S^{6+}$（$SO_3^{2-}$）、$As^{5+}$（$AsO_4^{3-}$）、$Sb^{5+}$（$SbO_4^{3-}$）、$As^{3+}$（$AsO_2^-$）、$Se^{6+}$（$SeO_4^{2-}$）、$Te^{6+}$（$TeO_4^{2-}$）、$Se^{4+}$（$SeO_3^{2-}$）、$Te^{4+}$（$TeO_3^{2-}$）和 $I^{5+}$（$IO_3^-$）。

B：可与 S 或 O 配位的 $Ti^{3+}$、$Ti^{2+}$、$V^{4+}$、$V^{4+}$、$Cr^{3+}$、$Cr^{2+}$、$Mo^{4+}$、$Mo^{2+}$、$W^{4+}$、$U^{4+}$、$Mn^{4+}$、$Mn^{3+}$、$Mn^{2+}$、$Fe^{3+}$、$Fe^{2+}$、$Ru^{4+}$、$Ru^{3+}$、$Os^{4+}$、$Co^+$、$Co^{2+}$、$Rh^{2+}$、$Ni^{3+}$、$Ni^{2+}$、$Pd^{2+}$、$Pt^{2+}$、$Cu^{2+}$、$Cu^+$、$Ag^+$、$Au^{3+}$、$Au^+$、$Zn^{2+}$、$Cd^{2+}$、$Hg^{2+}$、$Hg^+$、$Ga^+$、$In^{3+}$、$Tl^{3+}$、$Tl^+$、$Ge^{4+}$、$Sn^{2+}$、$Pb^{2+}$、$Pb^{4+}$、$Bi^{3+}$ 和 $Bi^{5+}$。

地球元素和离子周期表中给出了离子电位等值线，它提供了一个了解地球系统和预测地球化学关系的框架。由于该表篇幅较大，本书略去其全表，全文参见 Railsback（2003）文献，金持跃（2006）对该表有详细介绍。

应当指出，元素的分类系统不仅限于上述几类，往往因研究目的和对象不同而异。

# 第二节　稀溶液与亨利定律

## 一、亨利定律

微量元素最基本的行为是符合稀溶液定律。溶液由溶质（占比例小的部分）和溶剂（占比例大的部分）组成。一种微量元素作为一种次要成分存在于一个体系中时，可将之看作为溶质，由于其含量低，可作稀溶液对待，可以用稀溶液定律描述其行为。在理想溶液中没有混合焓，即 $H_{混合}=0$。在实际溶液中，溶质之间、溶质与溶剂之间彼此相互作用，$H_{混合}\neq0$，活度对理想溶液的混合曲线发生不同程度偏离（图2-4）。该图是对一微量元素溶液中行为的说明，$\alpha_i$ 为在液相或固相中的活度，$X_i$ 是实际的摩尔分数。活度的定义是在相 $j$ 中组分 $i$ 在给定 $P$、$T$ 和组成时的化学势 $\mu_i^j$ 与在标准状态时化学势 $\mu_i^0$ 之差：

$$\alpha_i^j = \exp\frac{\mu_i^j - \mu_i^0}{RT} \tag{2-5}$$

在稀溶液中，溶质（微量组分）之间的作用是微不足道的，溶质与溶剂之间的相互作用制约溶质的性质。在无限稀释的极限情况下，一切溶质（微量组分）呈相同行为，在图2-4中为直线关系（$X_i \to 0$），即微量组分活度与其浓度成正比，这就是亨利（Henry）定律，即在极稀薄溶液中，溶质的活度正比于溶质的摩尔分数：

$$\alpha_{溶质} = KX_{溶质} \tag{2-6}$$

式中，$K$ 为亨利常数，它代表在高度稀释时溶质的活度系数与组分浓度 $X_i$ 无关，而受 $P$、$T$ 及体系性质控制。

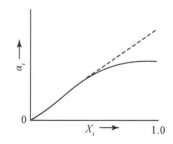

图2-4　微量组分的溶液行为
（O'Nions and Powell，1977）

## 二、亨利定律的适用范围

在微量元素地球化学研究中亨利定律是一基本理论问题。由图2-4可以看出，在微量组分浓度增加时其行为会逐渐偏离亨利定律（图中右半部实线）。因此，亨利定律的适用范围，或者说一种元素在什么浓度范围内服从亨利定律，是微量元素地球化学研究的基本问题之一。从理论上讲，如果在不同浓度范围的一系列固-液相分配实验表明，可以将实验结果外推通过固-液相浓度投影的原点，即在固-液相之间的分配系数保持恒定，就可以认为该元素在实验浓度范围内符合亨利定律，所获得的分配系数可以有把握地用于自然环境。在 20 世纪 70~90 年代，许多学者致力于用实验方法确定元素在硅酸盐中亨利定律行为的最高浓度限制，例如，Drake 和 Hollway（1978）研究了 Sm、Sr、Ba 在斜长石/熔体系统中的亨利定律行为，目的是研究在体系压力、温度和总成分恒定条件下，Sm 在斜长石和熔体之间分配系数与 Sm 浓度的关系。实验结果表明，对于在液相线上保持 1h 的样品，Sm 在斜长石和熔体之间分配系数随 Sm 浓度降低而增加，偏离亨利定律；而将样品在液相线上保持 24h，分配系数与 Sm 浓度无关，Sm 的浓度在 $3\times10^{-6}$~$50000\times10^{-6}$ 其分配系数保持恒定（服从亨利定律，图 2-5），这个浓度范围包括了自然界绝大多数体系的浓度。Sr 和 Ba 服从亨利定律的浓度范围更大（图 2-5）。Grutzeck 等（1973）研究了九个稀土元素（La、Ce、Nd、Sm、Eu、Gd、Dy、Er、Lu）在透辉石和硅酸盐体之间的分配系数，发现稀土元素浓度可达 2%，其分配系数基本保持不变。Green 和 Pearson（1983）指出，实验中所掺入的微量元素，只要其浓度足够大，以使晶体中缺陷的位置饱和，并且进入"正常"结晶学位置的微量元素控制了所观察到的分配行为，那么亨利定律对于微量元素重量浓度高达百分之几的体系似乎也是适用的。

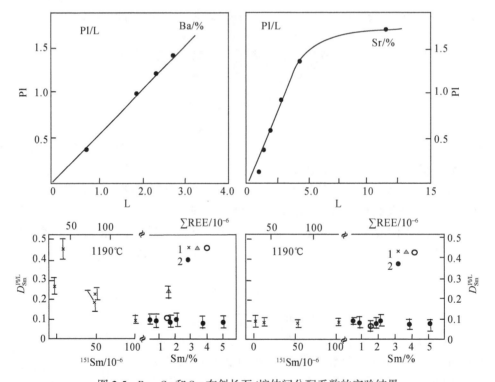

图 2-5　Ba、Sr 和 Sm 在斜长石/熔体间分配系数的实验结果

Pl. 斜长石；L. 熔体；1. Drake and Hollway，1978；2. Drake，1975；Sr、Ba 分配系数据 Drake and Weill，1975

　　不同学者对微量元素在硅酸盐固相中符合亨利定律行为的浓度上限实验结果综合于表 2-4 中（Ottonello，1983），表中一些数据在极大程度上是近似值，有的未给出微量元素的浓度限制，只是给出了微量元素与携带元素比值的临界值。

**表 2-4　硅酸盐固相中实验测定的微量元素亨利定律的浓度限制**（Ottonello，1983）

| 平衡 | 温度和压力 | 微量元素 | 携带元素 | 固相中亨利定律的浓度限度 |
| --- | --- | --- | --- | --- |
| 钠长石 Ab-热液 | | | | |
| 溶液 | 600℃，2kbar[①] | Rb | Na | $(Rb/Na)_{Ab}=3\times10^{-4}$ |

续表

| 平衡 | 温度和压力 | 微量元素 | 携带元素 | 固相中亨利定律的浓度限度 |
|---|---|---|---|---|
| 溶液 | 600℃，1kbar | Rb | Na | $(Rb)_{Ab} = 3.3 \times 10^{-5}$ |
| 溶液 | 600℃，880bar | Rb | Na | $(Rb)_{Ab} = 1.6 \times 10^{-1}$ |
| 溶液 | 600℃，2kbar | Cs | Na | $(Cs/Na)_{Ab} = 3 \times 10^{-5}$ |
| 溶液 | 600℃，1kbar | Cs | Na | $(Cs)_{Ab} = 5 \times 10^{-6}$ |
| 溶液 | 600℃，880bar | Rb | Na | $(Cs)_{Ab} = 5 \times 10^{-4}$ |
| 溶液 | 600℃，1kbar | Sr | Na | $(Sr)_{Ab} = 1.34 \times 10^{-3}$ |
| 溶液 | 600℃，1kbar | Cs | Na | $(Ca)_{Ab} = 9.14 \times 10^{-4}$ |
| 溶液 | 600℃，880bar | K | Na | $(K)_{Ab} = 1.5 \times 10^{-4}$ |
| 透长石 Sa-热液 | | | | |
| 溶液 | 800℃，1kbar | Cs | K | $(Cs/K)_{Sa} = 10^{-2}$ |
| 溶液 | 700℃，1kbar | Cs | K | $(Cs)_{Sa} = 6 \times 10^{-5}$ |
| 溶液 | 600℃，1kbar | Cs | K | $(Cs)_{Sa} = 7.16 \times 10^{-4}$ |
| 溶液 | 500℃，1kbar | Cs | K | $(Cs/k)_{Sa} = 5 \times 10^{-3}$ |
| 溶液 | 400℃，1kbar | Cs | K | $(Cs/K)_{Sa} = 10^{-2}$ |
| 溶液 | 600℃，800bar | Cs | K | $(Cs)_{Sa} = 4.8 \times 10^{-4}$ |
| 溶液 | 600℃，1kbar | Rb | K | $(Rb)_{Sa} = 3.23 \times 10^{-2}$ |
| 溶液 | 600℃，800bar | Rb | K | $(Rb)_{Sa} \approx 1 \times 10^{-2}$ |
| 溶液 | 600℃，1kbar | Ba | K | $(Ba)_{Sa} = 4.92 \times 10^{-3}$ |
| 溶液 | 600℃，1kbar | Sr | K | $(Sr)_{Sa} = 1.57 \times 10^{-4}$ |
| 溶液 | 600℃，1kbar | Na | K | $(Na)_{Sa} = 8.3 \times 10^{-3}$ |
| 溶液 | 600℃，800bar | Na | K | $(Na)_{Sa} = 8.5 \times 10^{-3}$ |
| 溶液 | 600℃，1kbar | Ca | K | $(Ca)_{Sa} = 7.2 \times 10^{-5}$ |
| 斜长石 Pl-硅酸盐液体 | | | | |
| 液体 | 1190℃，1atm | Sm | Ca | $(Sm)_{Pl} = 3.8 \times 10^{-3}$ |
| 液体 | 1190℃，1atm | Sm | Ca | $(Sm)_{Pl} \approx 5 \times 10^{-3}$ |
| 液体 | 1190℃，1atm | Ba | Ca | $(Ba)_{Pl} = 1.45 \times 10^{-2}$ |
| 液体 | 1190℃，1atm | Sr | Ca | $(Sr)_{Pl} = 7.02 \times 10^{-2}$ |
| 碱性长石 Fel-硅酸盐液体 | | | | |
| 液体 | 780℃，8kbar | Rb | K | $(Rb)_{Fel} \approx 4 \times 10^{-3}?$ |
| 液体 | 780℃，8kbar | Sr | K?，Ca? | $(Sr)_{Fel} \approx 3 \times 10^{-3}?$ |
| 液体 | 780℃，8kbar | Ba | K?，Ca? | $(Ba)_{Fel} \approx 4 \times 10^{-2}?$ |
| 铷长石 Rb-Fel-热液 | | | | |
| 溶液 | 600℃，800bar | Na | Rb | $(Na)_{Rb-Fel} = 4 \times 10^{-3}$ |
| 溶液 | 600℃，800bar | K | Rb | $(K)_{Rb-Fel} = 1.2 \times 10^{-2}$ |
| 溶液 | 600℃，800bar | Cs | Rb | $(Cs)_{Rb-Fel} = 4 \times 10^{-4}$ |
| 霞石 Ne-热液 | | | | |
| 溶液 | 600℃，2kbar | Rb | Na | $(Rb/Na)_{Ne} = 10^{-3}$ |
| 溶液 | 600℃，2kbar | Cs | Na | $(Cs/Na)_{Ne} = 10^{-4}$ |
| 白云母 Mu-热液 | | | | |
| 溶液 | 600℃，1kbar | Li | K | $(Li/K)_{Mu} = 7 \times 10^{-3}$ |

续表

| 平衡 | 温度和压力 | 微量元素 | 携带元素 | 固相中亨利定律的浓度限度 |
|---|---|---|---|---|
| 溶液 | 400℃，1kbar | Cs | K | $(Cs/K)_{Mu} = 10^{-2}$ |
| 橄榄石 Ol-硅酸盐液体 | | | | |
| 液体 | 1184℃，1atm | Ni | Mg | $(Ni)_{OL} \approx 4.7 \times 10^{-2}$ |
| 液体 | 1350℃，1atm | Ni | Mg | $(Ni)_{OL} \approx 1.8 \times 10^{-2}$ |
| 液体 | 1025℃，20kbar | Ni | Mg | $(Ni)_{OL} \approx 7 \times 10^{-4}$ [②] |
| 液体 | 1075℃，10kbar | Ni | Mg | $(Ni)_{OL} \approx 1 \times 10^{-3}$ [②] |
| 液体 | 1025℃，20kbar | Sm | Mg | $(Sm)_{OL} \approx 0.7 \times 10^{-6}$ ? |
| 透辉石 Di-硅酸盐液体 | | | | |
| 液体 | 1300℃，1atm | Co | Mg | $(Co)_{Di} \approx 3 \times 10^{-2}$ |
| 单斜辉石 Cpx-硅酸盐液体 | | | | |
| 液体 | 1025℃，1kbar | Ni | Mg | $(Ni)_{Cpx} \approx 2 \times 10^{-5}$ |
| 液体 | 950℃，10kbar | Sm | Mg | $(Sm)_{Cpx} \approx 1.7 \times 10^{-5}$ |
| 斜方辉石 Opx-硅酸盐液体 | | | | |
| 液体 | 1025℃，20kbar | Ni | Mg | $(Ni)_{Opx} \approx 1 \times 10^{-4}$ ? |
| 液体 | 1075℃，10kbar | Sm | Mg | $(Sm)_{Opx} \approx 1 \times 10^{-6}$ |
| 角闪石 Amp-硅酸盐液体 | | | | |
| 液体 | 1000℃，15kbar | Ni | Mg | $(Ni)_{Amp} \approx 4 \times 10^{-4}$ ? |
| 韭闪石 Far-硅酸盐液体 | | | | |
| 液体 | 1000℃，15kbar | Sm | ? | $(Sm)_{Far} = 1.8 \times 10^{-6}$ |
| 石榴子石 Ga-硅酸盐液体 | | | | |
| 液体 | 1025℃，20kbar | Ni | ? | $(Ni)_{Ga} \approx 5 \times 10^{-5}$ |
| 液体 | 950℃，20kbar | Sm | ? | $(Sm)_{Ga} \approx 8 \times 10^{-6}$ |
| 金红石 IL-硅酸盐液体 | | | | |
| 液体 | 1128℃，1atm | Zr | ? | $(Zr)_{IL} = 0.5 \times 10^{-6}$ |
| 液体 | 1127℃，1atm | Nb | ? | $(Zr)_{IL} = 1.5 \times 10^{-6}$ |
| 镁铁钛矿 Arm-硅酸盐液体 | | | | |
| 液体 | 1127℃，1atm | Zr | ? | $(Zr)_{Arm} = 2 \times 10^{-6}$ |
| 液体 | 1127℃，1atm | Nb | ? | $(Nb)_{IL} = 2.5 \times 10^{-6}$ |
| 透闪石 Sa-金云母 Phl | | | | |
| 液体 | 700℃，1.5kbar | Na | K | $(Na)_{Sa} = 1.9 \times 10^{-3}$ |
| 液体 | 700℃，1.5kbar | Na | K | $(Na)_{Phl} = 1.8 \times 10^{-3}$ |
| 液体 | 700℃，1.5kbar | Rb | K | $(Rb)_{Sa} = 3.3 \times 10^{-3}$ |
| 液体 | 700℃，1.5kbar | Rb | K | $(Rb)_{Phl} = 5.5 \times 10^{-4}$ |
| 液体 | 700℃，1.5kbar | Tl | K | $(Tl)_{Sa} = 6.3 \times 10^{-4}$ |
| 液体 | 700℃，1.5kbar | Tl | K | $(Tl)_{Phl} = 6.5 \times 10^{-4}$ |

注：≈表示平均近似值；? 表示推荐值。

①1bar = $10^5$Pa = 1dN/mm², 巴。

②据 Drake 和 Hollway (1981) 实验未确定值。

Ottonello（1983）从热力学能量因素讨论了微量元素在高浓度时的亨利定律行为。微量元素 A 和携带元素 B 在晶体和理想水溶液之间的分配可表示如下。

$X^s = \dfrac{X_A}{X_B}$，为 A、B 在固相中的分子比；$V^{aq} = \dfrac{m_A}{m_B}$，为 A、B 在理想溶液中的分子比，在符合亨利定律

的条件下，A、B 在两相间的平衡分配可由下式给出

$$V^{aq} = K_{(P,T)} X^s \tag{2-7}$$

式中，$K_{(P,T)}$ 为能斯特（Nernst）定律的常数（见本章下节）。

将该式用对数表示可得到一截距为 $K$ 的直线（图 2-6）。在固相中对亨利定律的偏离可由在给定 $X^s$ 值时对直线的偏离（$\Delta$ 值）来表示，$\Delta$ 值是 $X^s$ 的函数：

$$\lg\Delta = \lg V^{aq} - \left[ \lg K_{(P,T)} + \lg X^s \right] \tag{2-8}$$

研究表明，导致偏离亨利定律的混合过程的过剩自由能主要来自过剩熵。一些学者对此提出了两种模型。

1）两种理想位置。如果微量元素在晶体结构的两个不同位置都能稳定，则其在固相和液相之间的分配关系，可以用对应于这两个理想位置（Ⅰ和Ⅱ）有效的值来代替：

$$X^s_{\mathrm{I}} = K_{\mathrm{I}} V^{aq}$$

$$X^s_{\mathrm{II}} = K_{\mathrm{II}} V^{aq}$$

如果 $m$ 和 $n$ 是两个理想位置 Ⅰ 和 Ⅱ 在晶体结构中的相对比例（$m+n=1$），则 $K$ 与 $K_{\mathrm{I}}$ 和 $K_{\mathrm{II}}$ 之间的关系为

$$\begin{aligned}
K &= \frac{mK_{\mathrm{I}} + nK_{\mathrm{II}} + V^{aq}K_{\mathrm{I}}K_{\mathrm{II}}}{1 + V^{aq}(nK_{\mathrm{I}} + mK_{\mathrm{II}})} \\
&= \frac{1}{2}K_0 \left[ 1 - aX^s + \sqrt{(1-aX^s)^2 + bX^s} \right]
\end{aligned} \tag{2-9}$$

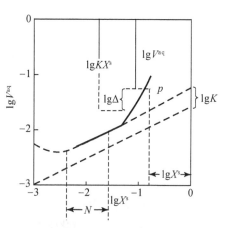

图 2-6　在固体溶液和理想溶液之间微量元素和携带元素的分布对能斯特定律的偏离
（Ottonello，1983）
$\Delta$. 固相中对亨利定律条件的偏离；
$N$. 能斯特定律的范围

式中，$K_0 = mK_{\mathrm{I}} + nK_{\mathrm{II}}$；$a = (mK_{\mathrm{II}} + nK_{\mathrm{I}})/K_0$；$b = K_{\mathrm{I}}K_{\mathrm{II}}/K^2$。

$K_{\mathrm{I}}$ 和 $K_{\mathrm{II}}$ 差别越大，或 $X^s$ 越接近于 $m/n$，偏离亨利定律就越明显。

2）网状变形模型。假设外来离子 A 置换了在一给定位置上的正常网状结构位置的离子，产生了结构畸变。微量元素和携带元素之间性质差别越大（体积、电荷），变形也越重要，从而出现了不可能进行进一步置换的禁区带。禁区带的形成改变了固体溶液的混合熵。

假设固体溶液是不导热的，则在（B/A）M 固体溶液中 AM 组分活度的最终表达式中为

$$\ln\gamma_{AM} = \frac{\partial G}{\partial n_A} = \frac{-\gamma}{\gamma+1}\ln(X_B - X_A) \tag{2-10}$$

式中，$\gamma$ 为对每一个被置换的元素的禁止位置数。

正如图 2-6 所示，对于能斯特定律的限制是禁区越大，固相中符合亨利定律浓度范围越有限。在透长石热液平衡中的 Ba-K，Sr-K（Liyama，1974）；白云母-热液平衡中的 Li-K（Volfinger，1970）；霞石-热液平衡中 Rb-Na（Roux，1971），分配行为都可用网状变形模型来考虑。

上面所讨论的模型应看作理论上描述亨利定律的限制条件，实际的固体溶液也不能作为不导热的和规则溶液，导致偏离能斯特分配的过剩自由能是由过剩熵和焓构成的。

应该指出的是，一些实验结果表明，在某些矿物相中（如石榴子石），在极端稀释情况下（主要是重稀土元素）也出现偏离亨利定律的现象，即当微量元素浓度很低时其分配系数随浓度降低而增加。Morlotti 和 Ottonello（1982）认为这是微量元素与周围介质相互反应机制所产生的。Irving（1978）也认为亨利定律浓度极限本身是压力、温度、$H_2O$ 活度和体系成分等变量的函数。

# 第三节　能斯特定律和分配系数

在上节有关自然界亨利定律适用的范围已涉及微量组分在两相间的分配问题，自然界中最常见的"相"是岩石中的各种矿物及流体。微量元素在矿物中的存在形式可以是固溶体（类质同象）、显微晶

体或吸附。能斯特定律是描述微量组分在两相间分配关系的。

在稀溶液中，溶质 $i$（微量组分）在溶液中两相 $\alpha$ 和 $\beta$（如液相和晶体相）之间的平衡分配一般是不均匀的，其关系由相平衡条件 $\mu_i^\alpha = \mu_i^\beta$ 所决定，$\mu_i^\alpha$ 和 $\mu_i^\beta$ 分别为微量元素 $i$ 在 $\alpha$ 相和 $\beta$ 相的化学势，$\mu_i^\alpha = \mu_i^\beta$ 可改写为

$$\mu_i^{0 \cdot \alpha} + RT\ln X_i^\beta = \mu_i^{\alpha \cdot \beta} + RTX_i^\beta \tag{2-11}$$

变换上式可得

$$\frac{X_i^\alpha}{X_i^\beta} = \exp\left(\frac{\mu_i^{0 \cdot \beta} - \mu_i^{0 \cdot \alpha}}{RT}\right) = K_D \tag{2-12}$$

这就是能斯特定律表达式，它表明：在恒温恒压条件下，溶质在两平衡相间的平衡浓度比为一常数（$K_D$），$K_D$ 称为分配系数，或能斯特分配系数。由亨利定律，稀溶液中微量组分的活度与浓度呈正比关系，可以得出 $K_D = \dfrac{a_i^\alpha}{a_i^\beta}$，即平衡活度比为一常数，这表明能斯特分配系数中包含有亨利常数 $K$。

# 一、分 配 系 数

在微量元素地球化学研究中，分配系数是其核心问题之一，没有分配系数资料，微量元素的定量模型是无法建立的。一般地球化学文献中所引用或讨论的是上述能斯特分配系数或称简单分配系数，它是指在恒温恒压下，微量元素在两相（多数情况下是晶体相-矿物和液相-熔体）之间的平衡浓度比〔式（2-12）〕。

一体系中所有矿物的简单分配系数加权和称为总分配系数 $D^i$，表达式为

$$D^i = \sum_{j=i}^n K_D^i X_j \tag{2-13}$$

式中，$n$ 为含元素 $i$ 的矿物数；$X_j$ 为第 $j$ 种矿物的质量分数；$K_D^i$ 为第 $j$ 种矿物对元素 $i$ 的简单分配系数。

在微量元素定量模式中，要计算的重要参数之一是总分配系数。

除了常用的能斯特分配系数之外，Henderson 和 Kracek（1927）提出了复合分配系数或交换分配系数，在这种概念中引入了"载体"（carrier）或"参考物"（reference）元素，即被微量元素所置换的常量元素，复合分配系数的表达式为

$$D_{\text{tr/cr}} = \frac{C_{\text{tr}}^s}{C_{\text{cr}}^s} \bigg/ \frac{C_{\text{tr}}^l}{C_{\text{cr}}^l} \tag{2-14}$$

式中，s、l 分别代表固相（晶体）和液体相（熔体）；tr 为微量元素；cr 为被置换的常量元素。

例如，Sr 在斜长石和熔体之间的分配系数可用 Ca 为载体元素而表示为复合分配系数：

$$D_{\text{Sr/Ca}} = \frac{(C_{\text{Sr}}/C_{\text{Ca}})^{斜长石}}{(C_{\text{Sr}}/C_{\text{Ca}})^{熔体}} \tag{2-15}$$

这种表达方法相当于考虑了下述交换反应：

$$CaAl_2Si_2O_8 + SrAl_2Si_2O_8 \Longleftrightarrow SrAl_2Si_2O_8 + CaAl_2Si_2O_8 \tag{2-16}$$
　　斜长石　　熔体　　　　斜长石　　　熔体
　　（大量）　（痕量）

因此，这种分配系数又称交换分配系数，或亨德森分配系数。

复合分配系数可减小体系成分的影响。

在实际天然体系中，微量元素在熔体所形成的黏性层中的分配受扩散作用控制，在这种条件下微量元素分配系数称为有效分配系数（Burton *et al.*，1953），表达式为

$$K_D^i = \frac{K_D^i}{K_D^i + (1-K_D^i)\exp(-R_s\delta/J_l^i)} \tag{2-17}$$

式中，$K_D^i$ 为简单分配系数；$R_s$ 为晶体生长速率；$J_1^i$ 为微量元素 $i$ 在熔体中的扩散系数；$\delta$ 为元素 $i$ 浓度恒定时熔体层厚度。

在目前的地球化学文献中，重点讨论和应用的是能斯特分配系数。分配系数成功应用于地球化学的问题是美国地球化学家 Gast（1968a，1968b）提出矿物/熔体分配系数概念，即在天然熔体结晶或天然物质熔融形成熔体过程中，微量元素在晶出的矿物（或在熔融过程中残留的矿物）和残留熔体（或熔融所形成的熔体）之间分配，才使分配系数的理论直接用于地球化学问题的讨论。

## 二、分配系数的测定

根据能斯特定律，分配系数应由两部分组成：平衡体系中固相（结晶相）和液相（基质）的微量元素浓度。为测得这两相中的微量元素浓度，获得分配系数，目前最常采用的有两种方法——直接测定法和实验测定法。

直接测定法即斑晶-基质法，这种方法是直接对天然岩浆（火山岩）样品进行微量元素含量测定，火山岩中斑晶矿物代表了熔体结晶过程中的固相，基质代表了液相-岩浆。两相中微量元素的浓度比值即为该元素的分配系数。Schnetzler 和 Philpotts（1968）首次用这种方法报道了稀土元素的分配系数。表 2-5 是 Brooks 等（1981）用斑晶-基质法测定的褐帘石的分配系数。

**表 2-5 珍珠黑曜岩中褐帘石的稀土元素含量与分配系数**

| 元素 | 褐帘石 | 玻璃/$10^{-6}$ | 分配系数 |
|---|---|---|---|
| La | 4.92% | 60 | 820 |
| Ce | 10.45% | 165 | 635 |
| Nd | 3.47% | 75 | 463 |
| Sm | 0.41% | 20 | 205 |
| Eu | $108\times10^{-6}$ | 1.33 | 81 |
| Gd | $2590\times10^{-6}$ | 20 | 130 |
| Tb | $195\times10^{-6}$ | 2.75 | 71 |
| Yb | $87\times10^{-6}$ | 9.8 | 8.3 |
| Lu | $10\times10^{-6}$ | 1.3 | 77 |

与斑晶-基质法类似的有：Frey（1969）根据部分熔融过程中熔体相与残留相关系，将英国康瓦尔的天然高温橄榄岩作为残留相，附近出露的辉长岩作为部分熔融时形成的液相-岩浆，分别测定稀土元素含量，获得了稀土元素分配系数。Paster 等（1974）研究了斯卡尔加德（Skaergaard）层状侵入体的矿物和残余液相稀土元素浓度（该岩体由一完整的序列堆积物组成，最早期为辉长苦橄岩和钙长辉长岩，最晚期则为花斑岩）。Haskin（1979）从研究无斑非晶质玄武岩（月海玄武岩）入手，用封闭模型计算获得稀土元素分配系数。

斑晶-基质法简单易行，它提供了在自然界所观测的微量元素（主要为稀土元素）分配系数的近似的限度范围，测得的分配系数值变化范围较大，但数量级保持不变。这种方法存在问题较多，主要问题是：

1) 这种方法假设岩石代表了淬火平衡，但这是不确切的；

2) 淬火温度未知，不能区分温度和总成分影响；

3) 用手工或磁选方法难以获得纯矿物；

4) 在一矿物晶体范围内常遇到晶体生长作用造成的成分的带状分布。

激光剥蚀等离子体质谱（LA-ICP-MS）的发展使得对单矿物颗粒原位微量元素的定量分析成为现实，可在一定程度上改进上述方法获得的分配系数精确度，如西班牙中部 Pena Negra 杂岩体为低压过铝质混合岩，其中产出有浅色体，Bea 等（1994）认为混合岩的熔融经历了 5～10Ma，浅色体与黑云母处于平衡态，据此，用 LA-ICP-MS 分别分析了黑云母和浅色体的微量元素含量，获得了黑云母的微量元素分配系数。

基于上述原因，从 20 世纪 60 年代末开始，许多学者致力于用实验方法测定分配系数。实验测定法基本可以分为两类，主要区别是初始物质的选择。一是化学试剂合成法，即用化学试剂合成不同成分的玻璃物质（与天然岩浆岩成分相当，如安山质体系、玄武质体系）。例如，Nicholls 和 Harris（1980）所作的安山岩和玄武岩成分体系中的石榴子石、单斜辉石和角闪石的分配系数测定，按天然的斐济安山岩和玄武岩（洋壳玄武岩）主元素成分，用分析纯氧化物和碳酸盐制成混合物，并加入光谱纯稀土元素氧化物（加入的稀土元素包括轻、中、重三部分，如 La、Sm、Dy、Ho、Yb）。上述物质熔化后制成玻璃，实验温度 900～1500℃，压力 10～35kbar，实验结果如表 2-6 所示。

表 2-6　安山质和玄武质体系中石榴子石稀土元素含量与分配系数测定值

| 样号 | 石榴子石/$10^{-6}$ | | | | 液体/$10^{-6}$ | | | | 分配系数 | | | |
|---|---|---|---|---|---|---|---|---|---|---|---|---|
| | Sm | Dy | Ho | Yb | Sm | Dy | Ho | Yb | Sm | Dy | Ho | Yb |
| 1 | 1630±90 | 8250±470 | — | 7580±190 | 850±150 | 330±70 | — | 170±10 | 2.0±0.5 | 25.0±6.4 | — | 44.6±4.2 |
| 2 | 1620±30 | 12850±310 | — | 22600±1900 | 950±30 | 770±40 | — | 650±30 | 1.7±0.1 | 16.3±1.3 | — | 34.9±4.8 |
| 3 | 1040±70 | 10920±520 | — | 24720±620 | 930±20 | 620±80 | — | 660±30 | 1.1±0.1 | 13.4±1.9 | — | 37.6±3.0 |
| 4 | 950±60 | 7460±430 | — | 10260±430 | 930±20 | 540±40 | — | 280±40 | 1.0±0.1 | 13.9±1.7 | — | 37±7 |
| 5 | 1420±50 | 10950±530 | — | 20700±1500 | 1990±90 | 1160±50 | — | 880±120 | 0.7±0.1 | 9.5±0.9 | — | 23.5±4.9 |
| 6 | 1900±160 | 未测 | — | 13200±1000 | 1920±30 | 未测 | — | 630±20 | 1.0±0.1 | — | — | 20.9±2.2 |
| 7 | 960±80 | — | — | — | 1750±110 | — | — | — | 1.3±0.3 | — | — | — |
| 8 | 580±80 | — | — | 未测 | 430±30 | — | — | 未测 | 1.3±0.3 | — | — | — |
| 9 | 400±6 | — | — | 未测 | 470±40 | — | — | 未测 | 0.9±0.2 | — | — | — |
| 10 | 300±30 | — | — | 3770±270 | 510±30 | — | — | 360±40 | 0.6±0.1 | — | — | 10.6±2.0 |
| 11 | 970±20 | — | — | — | 1280±80 | — | — | — | 0.8±0.1 | — | — | — |
| 12 | — | — | 4560±180 | — | — | — | 830±90 | — | — | — | 5.5±0.8 | — |
| 13 | — | — | — | 9690±600 | — | — | — | 970±80 | — | — | — | 10.0±1.4 |
| 14 | 610±70 | 未测 | — | 7520±170 | 980±20 | 未测 | — | 650±70 | 0.6±0.1 | — | — | 11.7±1.5 |
| 15 | 700±120 | 2580±370 | — | 5820±640 | 700±10 | 660±40 | — | 670±80 | 1.0±0.2 | 3.9±0.8 | — | 8.7±2.0 |
| 16 | 760±80 | 3090±150 | — | 6630±300 | — | — | — | 830±20 | 0.7±0.1 | 3.5±0.4 | — | 8.0±0.6 |
| 17 | — | 3440±300 | — | 4000±520 | — | — | — | 680±100 | — | 3.3±0.4 | — | 5.9±1.6 |
| 18 | — | — | — | 4320±530 | — | — | — | 780±40 | — | — | — | 5.6±1.0 |
| 19 | — | — | — | 2140±50 | — | — | — | 470±20 | — | — | — | 4.6±0.3 |

注：1～14 号为安山质体系，15～19 号为玄武质体系。

第二类实验是直接采用天然物质作为实验初始物质，如增田彰正用拉斑玄武岩（高铝玄武岩和碱性玄武岩），在 20kbar 压力下加热到 1400℃，淬火后产物（玻璃相和结晶相）用二碘甲烷分离，用同位素稀释法测定两相中稀土含量。Flynn 和 Burnham（1978）则用天然伟晶岩为初始物质，研究挥发分对分配系数影响。

在上述两类实验中控制熔融后的时间至关重要，一方面要保证获得供分析微量元素含量的足够大的晶体；另一方面又要避免出现带状晶体，在一般情况下，结晶程度最大值不超过 10%。

在实验中，要使形成的矿物之间或矿物与熔体之间达到真正平衡是困难的，一般仅达到亚稳平衡。实验中加入水可保证较快速达到平衡。

在某些情况下，为了研究微量元素在熔体与流体间的分配，可在水存在情况下合成硅酸盐等矿物，并加入微量元素，这对研究岩浆晚期演化有特殊意义（Cullers *et al.*，1970，1973）。

为了检验合成实验的合理性，每次实验必须辅以反平衡和再平衡实验。

## 三、影响分配系数的因素

早在 1937 年，地球化学的奠基人 Goldshimidt 就认为矿物中元素的浓度是了解和预测结晶过程中元素行为的工具，并提出了元素分配的三原则，或称元素置换定律：任何两个具有相同电荷和相近离子半径的离子（半径差在 15% 以内），可以在晶格中相互置换，即具有基本相同的晶体–流体分配系数；如果离子半径差异小，则离子半径小的优先进入晶体，例如，$D_{HREE^{3+}} > D_{LREE^{3+}}$；$D_{Mg^{2+}} > D_{Fe^{2+}}$；$D_{K^+} > D_{Rb^+} > D_{Cs^+}$；对于离子半径相近、但离子电荷不同的离子，具有电荷高的离子优先进入晶体，如，$D_{Sc^{3+}} > D_{Mg^{2+}} > D_{Li^+}$；$D_{Ca^{2+}} > D_{Na^+}$；$D_{Ba^{2+}} > D_{K^+}$。然而应该注意的是，这些规则并非适用所有情况，而且不是定量的。

### 1. 离子半径、电荷对分配系数的控制——以锆石为例

Masuda（1965）最早注意到了元素在硅酸盐与熔体之间的分配系数与离子半径大小有关，Onuma 等（1968）将元素的固相 s 与熔体 m 之间的分配系数 $D_i^{s-m}$ 与元素的离子半径作图（图 2-7），称为 Onuma 图解，在该图中电价相同的离子在矿物中的分配系数与离子半径构成一条简单抛物线，由该图可得出分配系数与离子半径的关系：

1）一个矿物具有一个或多个最佳分配系数的结构位置，例如，在辉石与玄武质熔体间分配系数的最大值对应的离子半径是 0.79Å 和 1.01Å，相当于其晶体结构中的 M1 和 M2 位置；

2）避开分配系数的最大值，分配系数与离子半径呈直线关系；

3）分配系数的对数 $\lg D_i^{s-m}$ 与晶体位置上的离子半径差的平方有关，如 REE 在古铜辉石和玄武质熔体间分配系数与 REE 和 Mg 的离子半径差的平方呈负相关（图略）；

4）根据投影形成的抛物线，可计算某个已知其离子半径和电价元素的未知元素分配系数。

Nagasawa（1966）给出了一元素 $i$ 在固相 s 与熔体 m 之间的分配系数 $D_i^{s-m}$ 与该元素的离子半径的定量关系，他推测，一个微量元素 I 置换一矿物晶体结构中一主元素 Y（$Y^{2+}$），可以用将一个半径为 $\gamma_0$（1+e）的球进入半径为 $\gamma_0$ 的位置所需的弹性能模拟。元素 I（$I^{2+}$）的分配系数 $D_i$ 可定量地表示为：$D_i = D_0 \exp(\Delta G)$，式中 $\Delta G$ 是在无限大体积的纯 $YSi_xO_z$ 中 1mol 的 $Y^{2+}$ 被 1mol $I^{2+}$ 置换后晶体中的变形自由能变化，由于 $\Delta G$ 总是大于 0，根据上述 Goldshimidt 元素分配原则，由此产生的分配系数将随离子半径增加而降低。Brice（1975）根据对进行置换的离子小于或大于结构位置半径 $\gamma_0$ 所产生的效应的调查，将介质视为弹性各向同性，获得了晶体变形所产生的自由能变化的简化表达式：

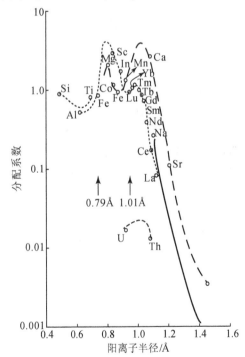

图 2-7　微量元素在辉石与玄武质熔体间分配系数与离子半径之间的关系（Onuma *et al.*，1968）

$$\Delta G = -4\pi E_s N_A \left[ \frac{\gamma_0}{2} (\gamma_0 - \gamma_i)^2 - \frac{1}{3} (\gamma_0 - \gamma_i)^3 \right] \tag{2-18}$$

式中，$N_A$ 为阿伏伽德罗常数；$E_s$ 为晶体位置的杨氏模量。

Blundy 和 Wood（1994，2003）发展了晶体结构形变模型，将抛物线与晶体相关结构位置的弹性性质联系起来。将式（2-18）带入 Nagasawa（1966）的公式，得出了晶格不发生形变的离子置换时的分配系数为

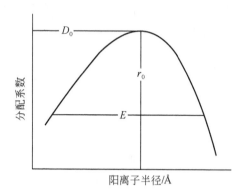

图 2-8　分配系数与离子半径关系的
理论简图（Wood and Blundy, 2003）

$$D_i = D_0 \exp\left\{-4\pi E_s N_A\left[\frac{\gamma_0}{2}(\gamma_0-\gamma_i)^2 - \frac{1}{3}(\gamma_0-\gamma_i)^3/RT\right]\right\}$$

$$(2\text{-}19)$$

分配系数对离子半径的依赖关系的理论图形如图 2-8 所示，图中显示了式（2-19）中的参数。该图表明，最适合的离子具有半径为 $\gamma_0$ 和相应的在抛物线顶端的分配系数为 $D_0$，当一离子的半径 $\gamma_i$ 向正或负方向偏离 $\gamma_0$，其分配系数都将降低，离子半径的偏离程度 $\partial D/\partial D\gamma$ 或抛物线的紧密度，随晶格位置 $D_0$ 的杨氏模量 $E_s$ 的增加而增加。Goldshimidt 元素分配中的第二原则值适用于当元素 $i$ 的离子半径 $\gamma_i$ 比 $\gamma_0$ 大时，对于离子半径小的分配系数 $D_i$ 应随离子半径降低而降低（Wood and Blundy, 2003）。图 2-9 是上述 Brice（1975）模型对单斜辉石-玄武质熔体不同价态微量元素分配系数实验资料的拟合。

稀土元素在锆石中的分配系数研究是有关离子半径及电荷对其影响的典型实例。锆石中稀土元素的进入是基于"磷钇矿式"置换：$Zr^{4+}+Si^{4+} \longrightarrow REE^{3+}+P^{5+}$。在稀土元素中重稀土元素 $Lu^{3+}$ 离子半径为 0.0977nm，$Y^{3+}$ 为 0.1019nm；轻稀土元素 La 的离子半径为 0.116nm，而 8 配位的 $Zr^{4+}$ 离子半径为 0.084nm，因此，重稀土元素离子与 $Zr^{4+}$ 离子半径更接近，更容易进入锆石晶格，导致锆石中强烈富集重稀土，这明显反映在分配系数上。Hanchar 和 Westren（2007）综合了自然界火山岩和熔体包裹体样品及由高温高压实验研究所获得的锆石的稀土分配系数（图 2-10），可以看出锆石对稀土元素的分配系数有以下特点：重稀土（HREE）分配系数明显高于轻稀土（LREE），在一个样品中 $D_{Lu}$ 比 $D_{La}$ 高 1~5 个数量级；不同类型岩石之间锆石稀土分配系数差别大，对于轻稀土变化达 4 个数量级，而重稀土变化相对较小，为 2 个数量级；稀土分配系数明显与形成锆石的岩浆成分有关，以硅不饱和碱性岩中锆石的稀土分配系数最高，而基性岩最低。

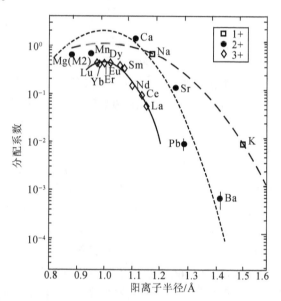

图 2-9　单斜辉石-玄武质熔体微量元素分配系数-离子半径关系的 Onuma 图解（Wood and Blundy, 2003）
实验资料据 Hauri et al., 1994，实验条件：1.7GPa，1405℃。
1+、2+ 和 3+ 分别代表 1 价、2 价和 3 价阳离子

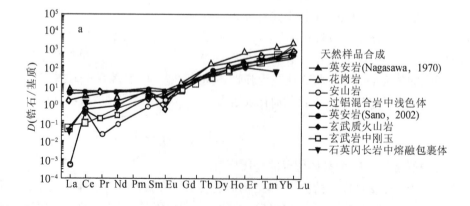

天然样品合成
▲ 英安岩(Nagasawa, 1970)
△ 花岗岩
○ 安山岩
◇ 过铝混合岩中浅色体
◆ 英安岩(Sano, 2002)
◆ 玄武质火山岩
□ 玄武岩中刚玉
▼ 石英闪长岩中熔融包裹体

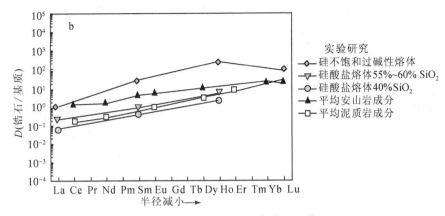

图 2-10　自然界（a）和实验合成（b）锆石的稀土元素分配系数（Hanchar and Westren，2007）

　　不同稀土元素之间的差异可从其离子半径及相关晶格变化得到解释。在分配系数对离子半径的 Onuma 图解中，从 Lu 到 La 构成简单抛物线（图 2-11），该曲线顶部是最佳被置换的 $Zr^{4+}$ 的位置，从曲线上稀土元素的排列顺序可以看出，重稀土特别是 Lu 最先置换 $Zr^{4+}$。从图中还可以看出 Ce 明显偏离抛物线，反映在锆石 Ce 的分配系数 $D_{Ce}$ 明显高于其他轻稀土元素，Ce 具有显著正异常。这是由于在氧化条件下 $Ce^{3+}$ 氧化成 $Ce^{4+}$，它与 $Zr^{4+}$ 电价相同，在置换时不需电价补偿，而且，$Ce^{4+}$ 的半径（6 配位为 0.087nm，8 配位为 0.097nm）比 $Ce^{3+}$ 更近于 $Zr^{4+}$，因而容易比其他 LREE 进入锆石晶格而形成 Ce 正异常。此外，$D_{Ce}$ 偏离抛物线的程度可作为锆石生长过程氧化状态的指标。

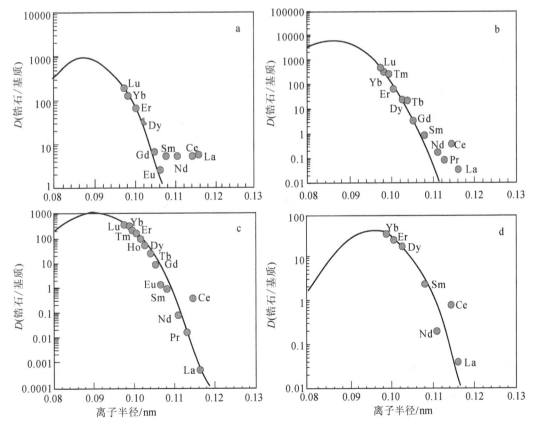

图 2-11　锆石-熔体稀土元素分配系数的 Onuma 图解（Hanchar and Westren，2007）

a. 安山岩（Fujimaki，1986）；b. 玄武质角砾岩筒（Hinton and Upton，1991）；

c. 英安岩（Sano et al.，2002）；d. 石英闪长岩（Thomas et al.，2002）

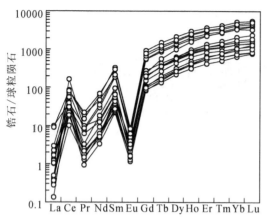

图 2-12　内蒙古巴尔哲钠闪石花岗岩岩浆锆石稀土
元素组成

根据近年来对锆石的稀土元素分析，岩浆锆石的稀土元素含量从 La 到 Lu 急剧增加，强烈富集重稀土，稀土元素分布呈陡左倾型。我们对内蒙古巴尔哲钠闪石花岗岩锆石稀土元素组成进行了系统分析，其成矿与未成矿岩体中锆石的稀土组成明显不同，其中未成矿的花岗岩如图 2-12 所示，可见其具有岩浆锆石典型的富重稀土、明显 Ce 正异常特点。而成矿岩体中锆石具有热液锆石的典型稀土组成。综合岩浆锆石的稀土组成，其典型参数为 $(Sm/La)_N$ 为 22~110；Ce 呈明显正异常，$Ce/Ce^*$ 为 32~49，并呈明显 Eu 负异常；热液锆石 $(Sm/La)_N$ 降低，为 1.5~4.4；Ce 正异常降低，$Ce/Ce^*$ 为 1.8~3.5。据此，可用 $Ce/Ce^*$-$(Sm/La)_N$ 和 $(Sm/La)_N$-La 区分岩浆与热液锆石（Hoskin，2005；详见本书第三章图 3-158）。

### 2. 体系总成分的影响

近代地球化学开展了大量有关体系的总成分、温度、压力影响分配系数值的实验工作。将目前文献中不同成分体系中同一矿物的分配系数加以比较，可清楚看出，酸性或中酸性体系中的分配系数明显高于基性或中基性。例如，斜长石、石榴子石在酸性岩体系中分配系数大约为基性或中性岩体系的 2 倍，石榴子石的轻稀土元素分配系数增加了 10 倍。

目前，许多学者认为硅酸盐熔体的结构是影响微量元素分配系数的关键因素，而熔体结构取决于熔体成分。Watson（1977）认为，Si：O 分子比率是硅酸盐熔体结构特征的指示剂，它决定熔体中桥氧与非桥氧阴离子的比例和 Si-O 网格的聚合作用程度。Nicholls 和 Harris（1980）关于安山质和玄武质体系中稀土元素分配系数的实验中，Si：O 分别约为 0.31 和 0.36。在 1220~1420℃，安山质体系中石榴子石对 Yb 的分配系数比玄武岩中高 1.5~2 倍。在不混溶的基性和酸性熔体中，Cs、Ba、Sr、La、Sm、Dy、Lu、Cr、Ti、Ta、Zr、P 的分配实验表明（Watson，1976；Ryerson and Hess，1978），分配在酸性熔体中的 Cs 是基性熔体的 3 倍；而其他元素分配在基性熔体中的比酸性熔体高（Ba、Sr 为 1.5 倍，除 P 外其他元素为 2.3~4.3 倍），P 强烈进入基性熔体（为 10~15 倍），当无 P 时，进入基性熔体的稀土元素将减少 2/3。

CaO、MgO 和 FeO 含量增加可使熔体聚合度降低，导致分配系数值降低。本章第二节中关于亨利定律适用的浓度范围的各种实验研究，也是体系成分对分配系数影响的实例。

矿物系列中微量元素分配的系数研究是成分对分配系数影响的又一实例，例如，斜长石牌号越小，对 Eu 的分配系数越大，以碱性长石为最高，其他稀土元素则影响不大（图 2-13）。在镁铝榴石-铁铝榴石-钙铝榴石系列中，3 价稀土离子进入到 8 次配位位置的控制因素，可用 $D_{REE}^{石榴子石-液体}$ 与占据 8 次配位位置的 Mg、Fe、Ca 原子之间相关关系表示。例如，石榴子石对 Sm 的分配系数取决于钙铝榴石的含量，重稀土元素优先进入富含镁铝榴石和铁铝榴石的石榴子石族结构中。

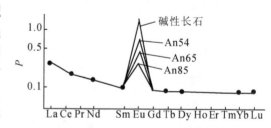

图 2-13　不同成分斜长石对稀土元素分配
系数的影响（Zielinski，1975）

上述不同类型岩浆岩岩石（从硅不饱和碱性岩到基性岩）之间锆石稀土元素分配系数的显著差异是体系成分对分配系数控制的典型实例，并得到实验资料证实（图 2-10b）。

熔体中挥发分的种类和含量对分配系数也有明显影响。水的存在使硅酸盐熔体中 $SiO_4$ 四面体聚合作用程度降低，因此，水含量增加导致分配系数降低。在岩浆条件下，许多微量元素，如稀土，可与氯化物形成络合物，使稀土元素在气相/熔体之间分配系数随氯化物物质的量（摩尔）浓度增加而增加。例如，实验证明 3 价稀土元素在水蒸气相和恒定成分熔体之间分配是含水相中氯化物浓度立方的函数；3 价稀土元素在熔体相和恒定成分的气相之间分配是熔体中 OH⁻ 物质的量（摩尔）浓度立方的函数（Flynn *et al.*，1978）。

不同挥发分对分配系数的影响程度不同，就稀土元素而言，氟化物体系的分配系数比氯化物低两个数量级，不同挥发分对稀土元素的亲合能力顺序为；$CO_3^{2-} \geqslant F^- \geqslant O^{2-} \gg OH^-$（$H_2O$）$\approx Cl^-$。

### 3. 温度的影响

由能斯特定律可导出，当热焓变化 $\Delta H$ 可视为常数时，分配系数值与体系温度的倒数成线性关系。由此可用实验方法获得不同温度条件下的分配系数，用线性回归得出分配系数与温度的定量关系式，这是微量元素地质温度计的理论基础，详见本书第三章第五节。

### 4. 压力的影响

压力对分配系数的影响与下述反应平衡的体积变化有关，式中 $n$ 为元素 M 的价态（Right and Drake，2003）：

$$M(金属)+(n/4)O_2(气体)\Longrightarrow MO_{n/2}(硅酸盐液体)$$

与分配系数对温度的关系类似，在恒温条件下，分配系数 $K$ 与压力的关系为

$$\left(\frac{\partial \ln K}{\partial P}\right)_T = \frac{-\Delta V^0}{RT} \tag{2-20}$$

在压力较低情况下，$\Delta V$ 变化较小，分配系数变化也较小。

有关压力对分配系数的影响已开展了多种实验，以地幔乃至地核压力及成分状态的实验较多，例如，在相当于上地幔压力条件下，稀土在富水的蒸气和石榴子石、单斜辉石、斜方辉石、橄榄石之间的分配系数为 1~200，分配系数随压力（$P_{H_2O}$）增加而迅速增加，Sm 在压力分别为 5、10、20kbar 时，它在蒸气与单斜辉石之间的分配系数分别为 0.01、3.4 和 2.0（图 2-14a；Mysen，1979）。压力和温度对分配系数的影响趋于相互抵消，即温度和压力对分配系数的影响是相反的。

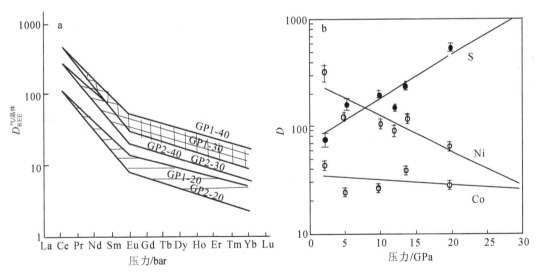

图 2-14　压力对分配系数的影响

a. 石榴子石橄榄岩中分配系数与压力的关系（Mysen，1979）；b. Ni、Co、S 合金液体/硅酸盐液体分配系数与压力的关系（Li and Agee，1996）

由于离子半径的明显差异，压力对不同微量元素分配系数的影响是不同的。对稀土元素来说，低压条件下从硅酸盐熔体中分出的富碳酸盐流体中，重稀土元素比轻稀土元素络合物稳定。但在下地壳和地幔压力下（如 5~20kbar），与熔体平衡的富 $CO_2$ 和 $H_2O$ 的流体中，轻稀土元素比重稀土元素更易溶解。刘丛强等（1992）发现，玄武岩中巨晶石榴子石、辉石的稀土元素分配系数随压力增加明显向重稀土元素方向移动，即重稀土元素分配系数增长高于轻稀土元素。

在低压条件下，稀土在富 $H_2O$ 流体中的溶解度比硅酸盐熔体低，当流体上升到浅部时，稀土大部

分回到硅酸盐熔体中，使富 $H_2O$ 流体相中稀土元素浓度降低。

但在高压条件下，如 Ni、Co 在 2 ~ 20GPa，2000℃（Li and Agee，1996）；1.2 ~ 12GPa，1850 ~ 2477℃（Thibault and Walter，1995）的高压试验表明，随压力增加，Ni、Co 的亲铁性降低，在金属和硅酸盐相间的分配系数降低，Ni 比 Co 更明显（图 2-14b），如，压力从 1.2GPa 增加到 12.0GPa，Ni 的分配系数从 43.0 降低到 16.4，Co 从 11.38 降低到 5.53（表 2-7）。在高压条件下分配系数 $D$ 与压力 $P$ 的关系（Li and Agee，1996）如下：

$$\lg D = aP + b \tag{2-21}$$

式中，$a$、$b$ 为常数。

表 2-7　高压条件下 Ni 的分配系数（Thibault and Walter，1995）

| 压力/GPa | 温度/K | 氧逸度 $\lg f_{O_2}$（ΔIW） | 分配系数 $D_{Ni}$ |
|---|---|---|---|
| 1.2 | 2123 | -1.9 | 43.0（+4.0，-3.5） |
| 3.0 | 2500 | -1.9 | 31.8（+2.1，-1.9） |
| 5.0 | 2300 | -1.8 | 30.3（+2.8，-2.5） |
| 5.0 | 2300 | -1.9 | 27.5（+1.8，-1.7） |
| 5.0 | 2300 | -1.9 | 29.3（+3.5，-3.1） |
| 5.0 | 2300 | -1.9 | 23.4（+1.7，-1.6） |
| 5.0 | 2500 | -1.8 | 26.1（+1.7，-1.6） |
| 5.0 | 2750 | -1.9 | 26.6（+2.6，-2.3） |
| 7.0 | 2500 | -1.9 | 17.6（+1.0，-0.9） |
| 12.0 | 2500 | -1.5 | 16.4（+7，-0.6） |

注：$D_{Ni} = (X_{Ni}^{金属}/X_{NiO}^{硅酸盐})(X_{FeO}^{硅酸盐}/X_{Fe}^{金属})$，式中 $X$ 代表物质的量；IW. 自然铁-方铁矿缓冲剂。

由上述可见，从一个大气压的实验或天然的浅层的斑晶-基质法测定的分配系数，从理论上讲不能用于晶体分离或熔融过程的地球化学模型，应按所模拟的地质环境是上地壳、下地壳或上地幔而采用不同的分配系数。

**5. 氧逸度的影响**

体系氧逸度的变化对于一些变价微量元素的分配系数有明显影响，最明显的是稀土元素 Eu，在空气和自然铁-方铁矿（IW）缓冲剂氧逸度范围之间，斜长石的 $D_{Eu}$ 相差超过一个数量级，随 $f_{O_2}$ 降低，Eu 异常增加（图 2-15；Drake and Weill，1975；Irving，1978）。其他一些微量元素分配系数随 $f_{O_2}$ 从 $10^{-8}$ atm 到 $10^{-14}$ atm 呈现与 Eu 相似变化（Sun et al.，1974）。斜长石 $D_{Eu}$ 的不同实验资料如第三章第五节图 3-74a 所示，由 $Eu^{2+}/Eu^{3+}$ 计算的氧逸度如表 3-18 所示。

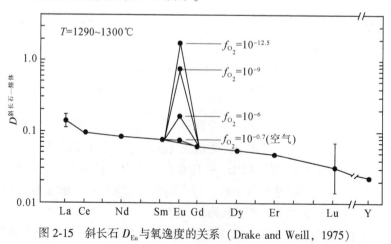

图 2-15　斜长石 $D_{Eu}$ 与氧逸度的关系（Drake and Weill，1975）

与 Eu 类似的是 Ce，对锆石中 Ce 的分配系数与氧逸度的实验研究表明，由于 $Ce^{4+}$ 的电价与 $Zr^{4+}$ 相同，半径相近，因此 $Ce^{4+}$ 比 $Ce^{3+}$ 及相邻稀土元素 La 和 Pr 更容易进入锆石晶格而形成锆石明显的 Ce 正异常。实验给出的在不同氧逸度条件从熔体中晶出锆石的 Ce 的分配系数资料见本书第五章第五节表 5-27，其关系式见式（5-12）和式（5-13）（Trail *et al.*，2011）。

对大别-苏鲁超高压变质带榴辉岩的金红石 V、Nb 含量分析（Liu *et al.*，2014a），发现氧逸度对不同价态 V 分配系数有明显控制作用，进入金红石的顺序为 $V^{4+} > V^{3+} > V^{5+}$（详见本书第五章第五节）。

分配系数受 $f_{O_2}$ 控制的另一极端实例是亲铁元素在液态金属与硅酸盐之间的分配，例如，W 在液态金属与硅酸盐之间的分配系数随 $f_{O_2}$ 增加的变化达 4 个数量级（Schmidt *et al.*，1989），这些资料对研究地球早期演化有重要意义。

**6. 晶体场效应的影响**

晶体场理论是解释过渡族金属阳离子在阴离子配位多面体构成的晶体场中行为的理论，可解释过渡族金属元素在矿物中的晶体化学性质（Burns，1970）。处于晶体场中心的过渡族金属阳离子，在周围配位阴离子作用下可以调节其能级，原来能量相同的 5 个 3d 轨道分成能量不同的两组，即晶体场分裂。一般情况下，过渡族金属离子进入四面体和八面体的次序可用八面体位置优先能 OSPE（octahedral site prefenrence energy）大小判断，该值越大，进入八面体位置的可能性越大。例如，尖晶石族矿物（见本书第三章第六节关于磁铁矿的讨论图 3-108），由于受晶体场效应作用，其中的磁铁矿具有反尖晶石结构，其 $Fe^{3+}$ 的八面体位置优先能为 0，8 个 $Fe^{2+}$ 可优先占据 16 个八面体位置的一半，16 个 $Fe^{3+}$ 只能充填剩余 8 个八面体和另外 8 个四面体位置，这种特点使微量元素在磁铁矿和尖晶石中的分配发生差异，由此，可解释过渡族金属元素在岩浆过程中的分配系数。但是 Philpotts（1978）对此提出疑问。

综上所述，微量元素分配系数是一个较复杂的问题，离子半径和电荷、体系的温度、压力、氧逸度与成分都对其有不同程度的影响，Xiong 等（2011）在金红石的 Nb、Ta 分配系数实验研究中，综合考虑了上述因素的影响，得出温度和体系 $H_2O$ 含量对其影响最明显，并给出了金红石 Nb、Ta 分配系数与温度、压力和 $H_2O$ 含量关系的定量公式［见本书第五章第五节式（5-16）～式（5-18）］。因此，在用分配系数讨论具体地球化学问题时，只能近似地将它看作常数。由于体系成分对分配系数的影响，在选用分配系数时应尽量选择与所研究的岩石（体系）成分相近的体系的分配系数值。

为便于应用，本书第三章表 3-3 和表 3-4 及本书附表 7-1～附表 7-6 和附表 8-1～附表 8-10 给出了不同体系中常见矿物的分配系数值。它们的测定误差往往较大，不同作者给出的数值差别较大，表中常给出数值范围或中值。

# 第四节　岩浆形成和演化过程的微量元素地球化学模型

岩浆岩在地壳形成、演化及各种矿产形成中都起着重要作用，因此，岩浆岩的形成和演化是岩石学和近代地球化学研究中最"热门"的课题之一。岩浆是一个物理化学的体系，由上述分配系数的研究可以看出，在岩浆形成及演化过程中，微量元素组分如不强烈地富集于结晶相中，就以"不相容"元素进入熔体。于是，微量元素浓度在由固相转变成岩浆（部分熔融）或岩浆结晶作用过程中就会发生数量级的变化，根据这种变化特点，通过已知的分配系数就可建立描述岩浆过程的微量元素定量模型。这些定量模型是地球化学向定量发展的重要组成部分，也是近代地球化学"成熟"的重要标志之一。在岩浆系统中，最主要的有三类模型：一是由固相形成岩浆的部分熔融模型；二是由岩浆形成固相的结晶作用模型；三是不同成分的源岩混合部分熔融或不同成分的岩浆混合形成新岩浆的混合作用模型。

## 一、部分熔融模型

固体岩石在加热、减压、挥发分加入或加压等条件下可发生熔融，但在地幔和地壳条件下固体岩石全部熔融是难以发生的，岩浆的形成都是由固体岩石经部分熔融（partial melting）形成的。在岩石相平衡图中，在固相线（solidus）之下，岩石保持固相；在液相线（liquidus）之上，岩石全部熔融；在固相线与液相线之间，岩石发生部分熔融。自然界发生的熔融作用绝大多数是部分熔融过程，这种过程有两种极端情况：一是平衡部分熔融或批式熔融（equilibrium fusion 或 betch melting），另一种是分离熔融（fractional melting 或 fractional fusion）。前者是在整个熔融过程中，微量元素在固相与熔体之间一直保持平衡，直到有足够的熔体聚集从熔融带移出。后者是在熔融发生时，从固相中连续地移出所形成的熔体。除此极端情况外，还有收集熔融（collection melting），是指连续地从残余固相中产生熔体，而后这些熔体聚集在一个单一的完全混合的岩浆房内。还有带状熔融（zone melting），指源区岩石从下部被加热，在底部产生熔融，而后向顶部逐渐加热熔融的过程。

在实际应用过程中，最常用的是平衡部分熔融模型。它又分实比熔融（modal partial melting）和非实比熔融（non-modal partial melting）。前者指按源岩中实际矿物比例（$X_0^\alpha$）进行熔融，整个熔融过程中残余固相中矿物的含量比例（$X_{RS}^\alpha$）保持不变，$X_0^\alpha = X_{RS}^\alpha = X_1^\alpha$，式中 $\alpha$ 为某矿物，$X_1^\alpha$ 为进入熔体的 $\alpha$ 矿物所占的比例。非实比熔融则指不按源岩实际矿物比例熔融，而是按矿物的热力学性质不同顺序熔融，在不同熔融阶段，残余固相中矿物的比例是变化的，可表示为 $X_0^\alpha \neq X_{RS}^\alpha \neq X_1^\alpha$。部分熔融过程中矿物比例改变的方式有两种，一是矿物比例改变，但没有某一矿物消失；二是在部分熔融过程中某一矿物消失，而使矿物比例改变。不同矿物在熔融过程中完全熔出（消失）的时间各不相同，如 Mysen 和 Kushiro（1977）的实验表明，在 3.5GPa，部分熔融程度小于30%时，橄榄石、斜方辉石、单斜辉石、石榴子石始终与液体共存，当熔融程度增高时，含水矿物、富铝矿物（尖晶石、石榴子石）、单斜辉石和斜方辉石依次熔融消失，可以使饱满的二辉橄榄岩逐渐变为不含单斜辉石的方辉橄榄岩和纯橄岩。有时，在分离熔融过程中有些矿物从熔体中形成，这种情况下其进入熔体中的含量为负值，如 Johnson（1998）给出了尖晶石橄榄岩和石榴子石橄榄岩部分熔融过程中初始矿物相含量及进入熔体的矿物相含量，其中，在尖晶石橄榄岩分离熔融时橄榄石从熔体中晶出，含量为-6%；而在石榴子石橄榄岩分离熔融时斜方辉石晶出，含量为-16%（表2-8）。

表 2-8　地幔岩石非实比部分熔融参数（Johnson，1998）

| 尖晶石橄榄岩 | 实际矿物含量/% | 进入熔体的矿物含量/% |
|---|---|---|
| 橄榄石 | 53 | -6 |
| 斜方辉石 | 27 | 28 |
| 单斜辉石 | 17 | 67 |
| 尖晶石 | 3 | 11 |
| 石榴子石橄榄岩 | 实际矿物含量/% | 进入熔体的矿物含量/% |
| 橄榄石 | 60 | 3 |
| 斜方辉石 | 20 | -16 |
| 单斜辉石 | 10 | 88 |
| 石榴子石 | 10 | 9 |

在平衡部分熔融过程中，某一微量元素 $i$ 在固相和液相中的浓度可由质量平衡关系获得

$$C_0^i = FC_1^i + (1-F)C_s^i \tag{2-22}$$

式中，$F$ 为熔体比例；$C_0^i$ 为元素 $i$ 在初始固相源岩物质中的浓度；$C_1^i$ 为元素 $i$ 在熔体中的浓度；$C_s^i$ 为元素 $i$ 在熔融后残余固相中的浓度。

部分熔融也可以看做是微量元素在固相和熔体相之间的分配过程，可以用总分配系数 $D^i$ 表示：

$$D^i = \frac{C_s^i}{C_1^i} = \sum_\alpha X^\alpha K_i^{\alpha/1} = X^\alpha K_i^{\alpha/1} + X^\beta K_i^{\beta/1} + X^\gamma K_i^{\gamma/1} + \cdots \tag{2-23}$$

此式表明元素 $i$ 在部分熔融过程中的总分配系数等于组成固相源岩各矿物对元素 $i$ 分配系数的加权和，

式中，$X$ 为各矿物相（α，β，γ，…）在固相源岩中的含量；$K$ 为矿物对元素 $i$ 的分配系数。将式（2-23）代入式（2-22），整理后即得

$$\frac{C_i^l}{C_0^i} = \frac{1}{D(1-F)+F} \tag{2-24}$$

这是常见的实比平衡部分熔融模型。对于非实比熔融则有

$$P = \sum_\alpha P^\alpha K_i^{\alpha/l} = P^\alpha K_i^{\alpha/l} + P^\beta K_i^{\beta/l} + P^\gamma K_i^{\gamma/l} + \cdots \tag{2-25}$$

式中，$P^{\alpha,\beta,\gamma}$ 为每个矿物相提供给熔体的份数，这种情况下的部分熔融表达式为

$$\frac{C_L^i}{C_0^i} = \frac{1}{D+F(1-P)} \tag{2-26}$$

式（2-24）和式（2-26）表明，部分熔融过程中元素 $i$ 在熔体中的浓度依赖于初始浓度（$C_0^i$）、总分配系数（$D^i$）和部分熔融程度（$F$），图 2-16a 给出了它们之间的关系。可以看出，对任何一个给定程度的部分熔融，元素 $i$ 的最大富集作用不能超过 $D^i = 0$ 的曲线所限定的范围。

根据质量平衡方程，在部分熔融后残余固相中微量元素 $i$ 的浓度比可表示为

$$C_{RS}^i = \frac{C_{0s}^i}{1-F}\left[\frac{D_0 - FP}{D_0 + F(1-P)}\right] \tag{2-27}$$

或用残余固相中的总分配系数 $D_{RS}^i$，表达式为

$$C_1^i = \frac{C_{0s}^i}{D_{RS}^i + F(1-D_{RS}^i)} \tag{2-28}$$

式中

$$D_{RS}^i = \sum_\alpha D^{\alpha/l} X_{RS\alpha} \tag{2-29}$$

式中，$X_{RS\alpha}$ 为残留相中矿物 α 所占比例。当一个矿物相在部分熔融时消失掉后，它不再对液相成分起作用。式（2-28）在以残留相作为源岩的部分熔融模型中常常被应用，例如，A 型花岗岩的一种可能的成因模型就是以 I 型花岗岩形成后的残余相部分熔融形成的。

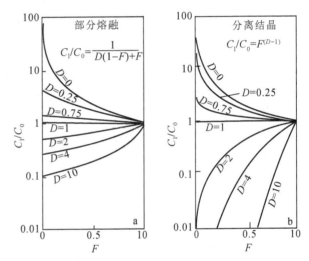

图 2-16 部分熔融（a）和分离结晶（b）作用过程中微量元素浓度与部分熔融程度 $F$、结晶程度 $F$ 及总分配系数 $D$ 的关系（Hanson，1978）

## 二、分离熔融模型

在自然界熔融过程中，多数情况是达不到无限小量的熔体从固相中移出的。但部分熔融程度<1% 就可以从熔融区分离出来，因此，许多地幔熔融过程近似于分离熔融（fractional melting）。对于极限情况，分离熔融的表达式为（Shaw，2006）

$$\frac{C_1^i}{C_0^i} = \frac{1}{D^i}\left(1-\frac{PF}{D^i}\right)^{\frac{1}{P}-1} \tag{2-30}$$

残余熔体中微量元素的浓度为

$$C^s = \frac{C_0}{1-F}\left(1-\frac{PF}{D_0}\right)^{\frac{1}{P}} \tag{2-31}$$

对于实比熔融上式变为

$$\frac{C_1^i}{C_0^i} = \frac{1}{D^i}(1-F)^{\frac{1}{D^i}-1} \tag{2-32}$$

所有上述模型均是假定元素的分配系数在熔融过程中保持不变而导出的，实际过程中分配系数随温

度（$T$）、压力（$P$）和体系成分而变化，Shaw（1970）、Hertogen 和 Gijbels（1976）分别给出了考虑这些因素的不同表达式，但由于这些表达式需要了解相平衡以及分配系数与 $T$、$P$ 及体系成分的函数关系，而有关这方面的实验材料是很少的，因此，在实际应用中，式（2-24）和式（2-26）是常用的。

Hardarson 和 Fitton（1991）用分离熔融模型讨论了冰岛 Snaefellsjokull 火山熔岩岩浆的形成，他们采用 Ce/Y 对 Zr/Nb 作图，根据该图，Snaefellsjokull 火山熔岩为亏损的尖晶石二辉橄榄岩源区<2%的熔融形成（详见本章第七节图 2-34）。

# 三、结晶作用模型

矿物从一岩浆房岩浆中晶出的过程有以下几种情况。

1）矿物与熔体不断再平衡，形成无环带晶体，这是平衡结晶作用。用于描述平衡部分熔融（或批式部分熔融）的公式［式（2-27）和式（2-28）］也适用于描述结晶作用。

2）分离结晶作用，矿物和熔体之间只具有表面平衡。这种平衡包括两种情况，一是微量元素在结晶体中扩散比熔体中慢得多，或者矿物不断地从熔体中晶出；二是微量元素在熔体中的扩散比晶体中慢得多。

在实际过程中，大多数情况是微量元素在矿物晶体中扩散很慢，或者是矿物不断地从熔体中通过沉淀被移出，以此来达到矿物表面与熔体的平衡。这种表面平衡可以用瑞利（Rayleigh，1896）所发展的描述蒸馏过程的模型来建立定量模型。瑞利分离作用描述的是溶液中晶体的生长，这种规律首先由 Neuman（1948）、Holland 和 Kulp（1949）、Neuman 等（1954）应用于岩浆分离过程，Greenland（1970）、Albarede 和 Bottingar（1972）又进行了修正。根据 Greenland（1970）所修正的公式，在岩浆分离结晶作用过程中微量元素 $i$ 的行为可用下式描述：

$$C_1^i = C_{0,1}^i F^{D^i-1} \tag{2-33}$$

这就是我们常说的分离结晶作用方程，或瑞利分离定律的数学表达式。式中，$C_1^i$ 为微量元素 $i$ 在熔体中的浓度；$C_{0,1}^i$ 为微量元素 $i$ 在原始熔体中的浓度；$F$ 为原始熔体分离结晶作用后剩余的部分（或称为结晶度，固结程度）；$D^i$ 为元素 $i$ 在结晶相与熔体之间的总分配系数，它由下式计算：

$$D^i = X_\alpha K_i^{\alpha/1} + X_\beta K_i^{\beta/1} + \cdots \tag{2-34}$$

式中，$X_\alpha$ 为结晶相中 $\alpha$ 矿物的百分含量；$K_i^{\alpha/1}$ 为矿物 $\alpha$ 对 $i$ 元素的分配系数。

根据上述瑞利分离定律，在岩浆结晶作用过程中，任一时间时微量元素 $i$ 在熔体中的浓度可用式（2-33）描述。以 $C_1^i$ 对 $F$ 在不同的 $D^i$ 值时作图（图 2-16b），当总分配系数 $D^i \approx 0$ 时，即微量元素 $i$ 在分离结晶作用过程中几乎全部保留在残余熔体中而不进入结晶相时，这时它在残余熔体中的浓度 $C_1^i$ 可用下式描述：

$$C_1^i = C_{0,1}^i F^{-1} = \frac{C_{0,1}^i}{F} \tag{2-35}$$

即其浓度与结晶度的倒数成正比，这就给出了微量元素 $i$ 在分离结晶作用过程中的浓度上限值，也就是说，如果一岩体是由岩浆经分离结晶作用而形成，其微量元素浓度不可能超过原始岩浆中微量元素浓度与结晶度的比值。这是考虑某一岩体形成机制的重要依据。

对于分离结晶作用时所晶出的固相中的微量元素平均浓度 $C_s^i$，可用下式计算：

$$\overline{C_s^i} = \frac{C_0^i - F C_1^i}{1-F} \tag{2-36}$$

对于瞬时固相中的微量元素浓度，根据分配系数定义，也可表示为

$$C_s^i = D^i C_{0,1}^i \cdot F^{D^i-1} \tag{2-37}$$

而式（2-37）也可写为

$$\overline{C_s^i} = C_{0,1}^i \frac{1-F^{D^i}}{1-F} \tag{2-38}$$

可以看出 $C_1^i$ 或 $C_s^i$ 与 $F$ 之间呈对数线性关系［式（2-33），式（2-37），式（2-38）］。

除上述最简单的情况外，还有一些较复杂的情况，如多系列的分离结晶作用。这种情况是有一些连续的矿物集合体被包括在分离结晶作用过程中，对于每一组矿物集合体，假定总分配系数 $D_n^i$ 为常数。那么，在第 $n$ 步分离结晶作用过程的液体中微量元素 $i$ 的浓度为（Allegre and Minster，1978）

$$C_1^i = C_{0,1}^i F_1^{D_1^i - D_2^i} F_2^{D_2^i - D_3^i} \cdots F_n^{D_n^i - 1} \tag{2-39}$$

式中，$F_1$、$F_2$、…为每一步结束时的结晶程度；$D_1^i$、$D_2^i$、…为每一步期间的总分配系数。

对于在分离结晶作用中同时有流体相溢出的分离结晶作用，由于流体相（气相或液体）在固体中的溶解度比在岩浆中低得多，因而分离结晶作用就导致了一个独立的相向上逃逸。由于一些元素的挥发性高于它们在流体相中的溶解度，如 K；或形成络合物，如 Zn、Mn，使得它们富集在这些相中。在这种情况下，一元素在岩浆和流体之间的分离可以用流体/岩浆的分配系数，元素在岩浆中的浓度服从瑞利定律，其总分配系数 $D^i$ 为

$$D^i = D_{s/1}^i + \sum_f D_{f/1}^i \cdot G_f \tag{2-40}$$

式中，$D_{s/1}^i$ 为 $i$ 元素的固/液分配系数；$D_{f/1}^i$ 为 $i$ 元素在流体成分和岩浆之间的分配系数；$G_f$ 为岩浆中流体成分 f 的溶解度，可视为常数。Holland（1972）给出了花岗质熔体中某些元素的流体/液体分配系数。

对于在一个对流的岩浆房中的分离结晶作用，在岩浆房壁附近，岩浆可形成一黏性的边界层，通过这个边界层，微量元素的分布受扩散的控制。在这种情况下，微量元素的分布可用有效分配系数描述（Burton *et al.*，1953）：

$$D^i = \frac{D^i}{D^i + (1 - D^i) \exp(-R_s \delta / J_1^i)} \tag{2-41}$$

式中，$D^i$ 为平衡分配系数；$R_s$ 为晶体生长速度；$J_1^i$ 为微量元素 $i$ 在岩浆中的扩散系数；$\delta$ 为厚度，在这个厚度以外，元素 $i$ 的浓度为常数，近似等于 $C_1^i$。

如果取斜长石在橄榄玄武岩浆中的生长速度在 1160℃ 时为 $5 \times 10^{-6} \mathrm{cm}^2/\mathrm{s}$，Sr 在这种熔体中的扩散速度为 $10^{-8} \mathrm{cm}^2/\mathrm{s}$（Kirkpatrick，1976），则

$$J_1^{Sr} / R_{斜长石} \approx 2$$

Allegre 和 Minster（1978）指出，该值对于微量元素是近于平衡的，当 $\delta = 1 \mathrm{cm}$ 时，$D_{斜长石}^{Sr} = 2$，则有效分配系数 $D'_{斜长石}^{Sr} = 1.5$。然而 $D$ 值是变化的，因而难以测定，而且生长速度和扩散系数强烈地受温度和成分的控制。

在分离结晶的堆积体中常常圈闭了一些晶体间的岩浆流体。在分析堆积体中的微量元素浓度时应考虑这种情况，这种分配系数可表示为

$$D^i = D_a^i + (1 - \alpha) \tag{2-42}$$

式中，$D^i$ 为固相总分配系数；$(1 - \alpha)$ 为堆积体中所圈闭的流体的质量分数。

对于岩浆房中分离结晶作用，在物理作用方面应考虑扩散对平衡作用的影响和对流体和堆积体的作用。根据年代学和热流的计算，一个岩浆房的分异时间尺度为 $0.5 \times 10^6 \sim 1 \times 10^6$ 年（McDougall，1964；Allegre and Condomines，1976），在 1100℃ 时一个晶体中典型扩散系数为 $10^{-13} \sim 10^{-11} \mathrm{cm}^2/\mathrm{s}$，在固相中的特征迁移距离 $\sqrt{Dt}$ 为 $1 \sim 10 \mathrm{cm}$（Allegre and Minster，1978）。

一个岩浆房的大小为几立方千米（根据火山所喷出的熔岩的体积计算或直接测量侵入体的大小），岩浆的典型黏度为 $10^8 \mathrm{Pa \cdot s}$，这种岩浆是对流的。由于液体中的扩散系数很大，为 $10^{-7} \mathrm{cm}^2/\mathrm{s}$，因此岩浆液体是均匀的。这样的条件是符合瑞利分馏定律的。在一个独立的晶体的范围内，扩散距离的计算表明，在玄武岩中结晶的固相与液相是平衡的，在基性堆积体中也很少有带状晶体，但在花岗岩中，则可发现分带（甚至对微量元素）。在这种情况下，酸性岩浆与总固相是不平衡的（Allegre and Minster，1978）。

对流对岩浆液体的影响表现在一些结晶的矿物在岩浆中可以发生再分布、再吸收，甚至可产生反应关系。这可使富集在固相中的元素发生局部变化。然而对于大的侵入体，由于有等温的分布，使得再吸

收作用影响减小（Neuman *et al.*，1954）。

# 四、混合模型

部分熔融作用和分离结晶作用是描述岩浆岩形成和演化过程的最基本模型。但是，在自然界的岩浆系统是一个开放的体系，在其形成或上升过程中常发生混合或围岩的同化混染，即混合（mixing）-混染（assimilation）-储存（storage）-均一化（homogenisation），或岩浆（magma）-分凝（segregation）-均一化（homogenisation），均简称 MASH 过程。下面讨论的是岩浆混合模型，目前对于描述岩浆岩形成和演化过程更多地采用了混合模型，混合是部分熔融和分离结晶相反的作用，是两个（或两个以上）不同的母体源经过混合作用形成均一的岩石，因此，一般是二元（两种母体物质或两个岩浆源）混合模型，随后发展了多元混合模型。混合模型的普遍表达式为（Vollmer，1976）：

$$AX+BXY+CY+D=0 \tag{2-43}$$

式（2-43）形成的混合线是双曲线，式中 $A$、$B$、$C$、$D$ 为变量 $X$、$Y$ 的参数，$X$、$Y$ 是沿横坐标和纵坐标的普遍变量，两个端元（端元 1 和端元 2）混合时的参数 $A$、$B$、$C$、$D$ 的表达式为

$$\left.\begin{array}{l}
A=a_2b_1Y_2-a_1b_2Y_1 \\
B=a_1b_2-a_2b_1 \\
C=a_2b_1X_1-a_1b_2X_2 \\
D=a_1b_2X_2Y_1-a_2b_1X_1Y_2 \\
\gamma=a_1b_2/a_2b_1
\end{array}\right\} \tag{2-44}$$

式中，$X_i$、$Y_i$ 为数据 $i$ 的坐标（元素、同位素或它们的比值）；$a_i$ 为 $Y_i$ 变量中的分母（如果 $Y$ 为元素，

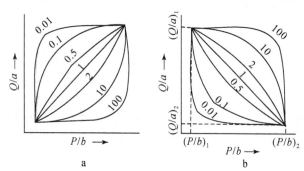

图 2-17　混合作用过程的成分变异（Langmuir *et al.*，1978）
$Q/a$、$P/b$ 为元素或同位素比值；曲线上数字为 $\gamma$ 值；$a$ 图、$b$ 图显示了对于端元 1 和端元 2 的不同位置

则 $b_i=1$）；$b_i$ 为 $X_i$ 变量的分母（如果 $X_i$ 为元素，则 $b_i=1$）。$A$、$B$、$C$、$D$ 为投影类型（比值或元素）的函数，例如，比值-比值图可以用元素比值，如 K/Rb-Ba/Sr，也可以用同位素比值，如 $^{87}Sr/^{86}S$-$^{143}Nd/^{144}Nd$。$\gamma$ 为相对于系数 $B$ 的比值，它代表了双曲线的曲率范围，是曲线上两点之间曲率范围和总曲率的函数，当 $\gamma=1$ 时，双曲线为一直线（即为元素-元素作图），当 $\gamma$ 值逐渐大于或小于 1 时，双曲线形态变得越明显。图 2-17 显示了两个端元混合的实例，图中曲线上的数字为 $\gamma$ 值。

## 1. 比值-比值图

在比值-比值作图时，如果式中 $X$ 为 $^{87}Sr/^{86}Sr$，$Y$ 为 $^{143}Nd/^{144}Nd$，式（2-44）可表示为

$$\left.\begin{array}{l}
A=\left(^{143}Nd/^{144}Nd\right)_2Nd_2Sr_1-\left(^{143}Nd/^{144}Nd\right)_1Nd_1Sr_2 \\
B=Nd_1Sr_2-Nd_2Sr_1 \\
C=\left(^{87}Sr/^{86}Sr\right)_1Nd_2Sr_1-\left(^{87}Sr/^{86}Sr\right)_2Nd_1Sr_2 \\
D=\left(^{143}Nd/^{144}Nd\right)_1\left(^{87}Sr/^{86}Sr\right)_2Nd_1Sr_2-\left(^{143}Nd/^{144}Nd\right)_2\left(^{87}Sr/^{86}Sr\right)_1Nd_2Sr_1
\end{array}\right\} \tag{2-45}$$

式中，Sr、Nd 为两个混合端元中 Sr 和 Nd 的含量，下角 1、2 分别为端元 1 和 2。

## 2. 比值-元素图

当纵坐标为元素，横坐标为比值时（如 K/Rb-Sr、$^{87}Sr/^{86}Sr$-Sr），$b=1$，上述参数为

$$\left.\begin{array}{l} A=a_2Y_2-a_1Y_1 \\ B=a_1-a_2 \\ C=a_2X_1-a_1X_2 \\ D=a_1X_2Y_1-a_2X_1Y_2 \\ \gamma=a_1/a_2 \end{array}\right\} \qquad (2\text{-}46)$$

这仍是双曲线方程，端元组分的元素浓度或比值的最大值和最小值可根据在不同投影上的截距和渐近线来决定。

### 3. 元素-元素图

这是混合模型的最简单形式。$a=b=1$，$\gamma=1$，模型图为一直线：

$$A=Y_2-Y_1\,;\,B=0\,;\,C=X_1-X_2\,;\,D=X_2Y_1-X_1Y_2$$

在上述混合模型中，如果将两个混合端元（1，2）的混合比例 $f$ 及混合端元的元素 $X$ 浓度和该元素的同位素比值 $R^X$ 同时考虑，则混合产物的同位素比值 $R_M^X$ 可表示为本章第七节式（2-91）。

应该指出的是，必须区分混合过程是发生在岩浆分出之前的源区（源区混合），还是岩浆分出之后（岩浆混合），这两种过程之间是有差别的。因为部分熔融和分异作用不影响不相容元素，特别是强不相容元素的比值，但可抵消或改变弱不相容元素与不相容元素的比值，如果用不相容元素或同位素比值-比值作图时显示混合过程，而用弱不相容元素与不相容元素比值作图不显示混合过程，则应该是源区混合，而不是岩浆混合；若用不相容元素与不相容元素比值作图呈直线关系，则为岩浆混合，不是源区混合（Langmuir *et al.*，1978）。

在实际过程中可能在岩浆分离结晶作用之前或之后发生混合作用，如果混合作用发生在分离结晶作用之前，则可以下式描述：

$$C_M^i=[\,C_{0,1}^i\alpha+C_c^i(1-\alpha)\,]\,F^{i-1} \qquad (2\text{-}47)$$

式中，$\alpha$ 为混合比例；$C_M^i$ 为混合后产物中微量元素 $i$ 的浓度；$C_c^i$ 为致混物中微量元素 $i$ 的浓度；$C_{0,1}^i$ 为未受混合岩浆中微量元素 $i$ 的浓度。

如果在岩浆分离结晶后混合，则表达式为

$$C_M^i=C_{0,1}^iF^{i-1}\alpha+(1-\alpha)C_c^i \qquad (2\text{-}48)$$

在天然过程中，"单纯"的部分熔融或分离结晶作用是很少见的，最为多见的是混合作用。因此，研究混合作用的特点，如两个源混合比例 $\alpha$，混合成分特点（元素浓度或同位素组成）以及混合过程的鉴别，识别岩浆岩的形成过程是其岩浆上升过程中受到陆壳混染，还是在其岩浆源区发生混合（见本章第五、七节），是微量元素和同位素地球化学的重要研究内容之一。

## 五、围岩混染和分离结晶联合作用（AFC）的模型

围岩混染或同化作用（assimilation）是指岩浆在上升或在浅部岩浆房内通过熔化或熔解了围岩，而使岩浆本身成分发生改变的过程。DePaolo（1981）提出了描述岩浆演化过程中围岩混染和分离结晶联合作用的模型（assimilation and fractional crystallization，简称 AFC）。图 2-18 是在一岩浆房中这两种作用联合作用的图解，图中 $\dot{M}_a$、$\dot{M}_c$ 分别为单位时间内混染和分离结晶速率，$M_m$ 为岩浆的质量，$C_a$、$C_m$ 分别

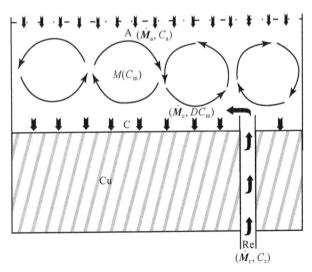

图 2-18　岩浆岩的同化、混染和结晶分异作用示意图（DePaolo，1985）

A. 混染；C. 结晶；Cu. 堆积；Re. 补给；$M$（$C_m$）. 元素在岩浆中的浓度

为微量元素在混染围岩和岩浆中的浓度，$D$ 为该元素在分离结晶固相与岩浆之间的固/液总分配系数，$\gamma$ 为混染速率与结晶速率的比值，$\gamma = \dfrac{\dot{M}_a}{\dot{M}_c}$。

微量元素浓度在岩浆中的瞬间变化可表示为

$$\frac{d\mu}{dt} = \dot{M}_a C_a - \dot{M}_c D C_m = C_m \frac{dM_m}{dt} + M_m \frac{dC_m}{dt}$$

整理上式可得

$$\frac{dC_m}{dt} = \frac{\dot{M}_a}{M_m}(C_a - C_m) - \frac{\dot{M}_c}{M_m}(D-1)C_m \tag{2-49}$$

当 $\dot{M}_a = \dot{M}_c$ 时（即混染和结晶速率相等时），上式简化为

$$\frac{dC_m}{dt} = \frac{\dot{M}_a}{M_m}(C_a - DC_m) \tag{2-50}$$

设 $D$、$C_a$ 为常数，对上式积分后为

$$\frac{C_m}{C_m^0} = \frac{C_a}{DC_m^0}\left[1 - \exp\left(-D\frac{M_a}{M_m}\right)\right] + \exp\left(-D\frac{M_a}{M_m}\right) \tag{2-51}$$

式中，$C_m^0$ 为元素在岩浆中的初始浓度；$M_a$ 为混染物质总量，$M_a = \int_0^t \dot{M}_a dJ$，在自然界中，多数情况是 $\dot{M}_a \neq \dot{M}_c$，引入参数 $Z$ 和 $F$，$Z = \dfrac{\gamma + D - 1}{\gamma - 1}$，$F = \dfrac{M_m}{M_m^0}$，$M_m^0$ 为原始岩浆质量，$F$ 为残留岩浆的相对量，则式（2-50）可写为

$$\frac{dC_m}{d\ln F} = \frac{\gamma}{\gamma - 1}C_a - ZC_m \tag{2-52}$$

将式（2-50）积分可得到

$$\frac{C_m}{C_m^0} = F^{-Z} + \frac{\gamma}{\gamma - 1}\frac{C_a}{ZC_m^0}(1 - F^{-Z}) \tag{2-53}$$

式（2-53）是围岩混染和分离结晶联合作用模型（AFC）的常用表达式，图 2-19 给出了这种模型中微量元素与同位素比值在不同 $D$ 值时元素浓度与残余熔体量的关系（$\gamma = 0.2 \sim 1.5$），图中虚线为单一分离结晶作用模型。

当总 $\dot{M}_c = \dot{M}_a$，总分配系数 $D \ll 1$ 时，式（2-51）可简化为

$$\frac{C_m}{C_m^0} = 1 + \frac{M_a C_a}{M_m C_m^0} \tag{2-54}$$

而当 $D \gg 1$ 时，则式（2-51）变为 $C_m \approx C_a / D$；而适于更普遍形式的式（2-53），当 $D \ll 1$ 时为

$$\frac{C_m}{C_m^0} = F^{-1}\left(1 - \frac{C_a}{C_m^0}\frac{\gamma}{\gamma - 1}\right) \tag{2-55}$$

当 $\gamma = 0$ 时，则为单一的分离结晶作用模型，即没有发生混染作用，是分离结晶作用最简单的形式 $C_m = C_m^0 F^{-1}$，当 $\gamma \to \infty$ 时则为简单的二元（围岩与岩浆）混合模型，它相当于没有分离结晶作用发生。可见，$\gamma = 0$ 和 $\gamma \to \infty$ 是分离结晶围岩混染模式（AFC 模型）的极限情况。

同位素比值在上述模型中的变化可用类似的表达式，当 $\gamma = 1$ 时

$$\frac{\varepsilon_m - \varepsilon_m^0}{\varepsilon_a - \varepsilon_m^0} = 1 - \frac{C_m^0}{C_m}\exp\left(-D\frac{M_a}{M_m}\right) \tag{2-56}$$

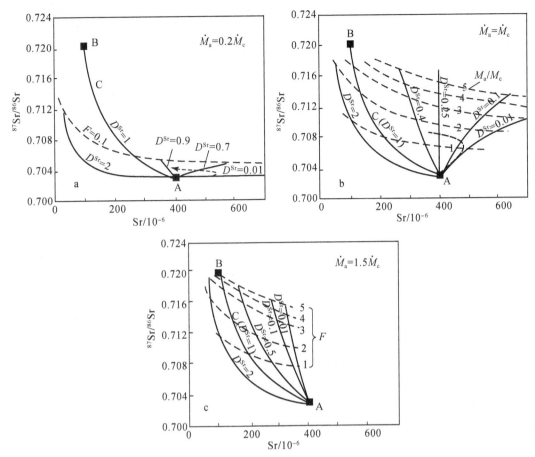

图 2-19　受围岩混染和分离结晶作用（AFC 模型）的岩浆中 $^{87}Sr/^{86}Sr$ 和 Sr 浓度变化关系（DePaolo，1981）

A. 原始岩浆；B. 围岩；C. 简单混合；a、b、c 分别为不同混染比例

$\gamma \neq 1$ 时

$$\varepsilon_m = \frac{\dfrac{\gamma}{\gamma-1} \cdot \dfrac{C_a}{Z} \ (1-F^{-Z}) \ \varepsilon_a + C_m^0 F^{-Z} \varepsilon_m^0}{\dfrac{\gamma}{\gamma-1} \cdot \dfrac{C_a}{Z} \ (1-F^{-Z}) \ + C_m^0 F^{-Z}} \qquad (2\text{-}57)$$

式中，$\varepsilon_m$ 和 $\varepsilon_a$ 分别为岩浆和围岩中某同位素（如 Sr、Nd、Pb、Hf 等）的比值，其他符号意义同前。

在上述情况下，分离结晶相保持了与岩浆相同的同位素比值。对于轻同位素（如 O、H），结晶相与岩浆之间的同位素比值可能发生变化，$\Delta = \delta_{结晶相} - \delta_{岩浆}$，与上述类似，也同样可从 $\gamma = 1$ 和 $\gamma \neq 1$ 分别进行讨论，本书不予详细介绍。图 2-19 分别为 $\dot{M}_a = \dot{M}_c$ 和 $\dot{M}_a \neq \dot{M}_c$ 情况下的 AFC 模型中同位素比值和微量元素浓度的变化关系。

## 六、能量限制-分离结晶混染（EC-AFC）模型

上述分离结晶混染（AFC）模型（DePaolo，1981）较好地刻画了岩浆的地球化学演化，对描述岩浆上升过程起到了很好的作用，但该模型的明显缺点是仅考虑了混染围岩和岩浆质量及种类（species），未考虑能量保存、围岩部分熔融和熔体被提取及岩浆混合。据此，Spera 和 Bohrson（2001）、Bohrson 和 Spera（2001）提出了能量限制的补给-分离结晶混染（Energy-Constrained Recharge-Assimilation Fractional Crystallization，简称 EC-RAFC）模型。该模型将岩浆房的热和化学性质联系起来，考虑了岩浆的冷却、

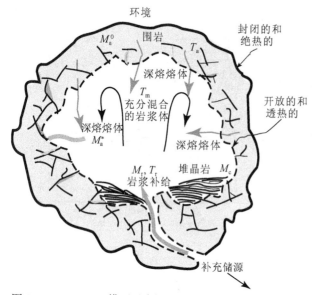

图 2-20　EC-RAFC 模型示意图 （Spera and Bohrson，2001）

$M_a^0$. 围岩质量；$M_a^*$. 深熔熔体；$M_r$. 补给岩浆；$M_c$ 堆晶体

结晶以及围岩加热升温和部分熔融（深熔）。图 2-20 是岩浆的 EC-RAFC 模型示意图，图中标出了模型的相关参数。当岩浆的补给为零时，即为能量限制-分离结晶混染模型（energy-constrained-assimilation fractional crystallization，简称 EC-AFC），本节将对此予以重点介绍。该模型与 AFC 模型的不同主要包括以下四个方面：①模型中所包含的能量提供了直接的和重要的热参数和火山或地质资料之间的联系；②模拟了岩浆体的质量、化学和热特性，使开放体系的岩浆储源的能量与地球化学演化相联系；③模型可以很清楚地显示由能量保存和围岩部分熔融所产生的非线性的地球化学趋势；④能示踪开放的岩浆体系的成分变化趋势。

能量限制-分离结晶混染模型中包含的参数可划分为两部分：岩浆和混染物的热参数及岩浆和混染物的成分参数。热参数为岩浆的等压比热、混染物的等压比热，结晶热熵，岩浆的原始和液相线温度、混染物的原始和液相线温度、固相线温度、平衡温度。成分参数为原始岩浆的元素含量、同位素比值，元素在岩浆和在混染物中的总分配系数。表 2-9 列出了 EC-AFC 模型参数定义及相应的符号 （Bohrson and Spera，2001）。

EC-AFC 模型中 （Bohrson and Spera，2001） 所涉及的主要公式为

围岩分离熔融模型：

$$\overline{C}_a = \frac{C_a}{C_a^0} = \frac{1}{D_a}\left[1 - f_a(\overline{T}_a)\right] \tag{2-58}$$

式中，$D_a$ 为微量元素在深熔围岩的熔体与残留体之间的平衡分配系数，它与反应温度的函数关系为

$$D_a = D_a^0 \exp\frac{-\Delta H_a}{RT_{lm}} \cdot \frac{1}{\overline{T}_a} \tag{2-59}$$

表 2-9　能量限制-分离结晶混染模型中的主要参数 （Spera and Bohrson，2001）

| 符号 | 定义 | 单位 | 符号 | 定义 | 单位 |
| --- | --- | --- | --- | --- | --- |
| $T_m^0$ | 原始岩浆温度 | K | $C_a$ | 微量元素在围岩中的含量 | $10^{-6}$ |
| $T_{l,m}$ | 岩浆液体温度 | K | $C_m^0$ | 微量元素在熔体中的原始含量 | $10^{-6}$ |
| $T_{eq}$ | 平衡温度 | K | $D_a$ | 微量元素在围岩和深熔熔体间的总分配系数 | |
| $T_{l,a}$ | 围岩液体温度 | K | $D_m$ | 微量元素在堆晶岩和熔体间的总分配系数 | |
| $T_a^0$ | 围岩原始温度 | K | $\varepsilon_m$ | 岩浆中的同位素比值 | |
| $\Delta h_{fus}$ | 扩散热熵 | J/kg | $\varepsilon_a$ | 混染物中的同位素比值 | |
| $\Delta h_{cry}$ | 结晶热熵 | J/kg | $\overline{M}_m = \dfrac{M_m}{M_0}$ | 岩浆体中的熔体份数 | 无量纲 |
| $C_{p,m}$ | 岩浆等压比热容 | J/(kg·K) | $\overline{C}_a = \dfrac{C_a}{C_a^0}$ | 微量元素在围岩深熔熔体中的浓度 | 无量纲 |
| $C_{p,a}$ | 混染物等压比热容 | J/(kg·K) | $\overline{C}_m = \dfrac{C_m}{C_m^0}$ | 微量元素在熔体中的浓度 | 无量纲 |

微量元素在堆晶岩和熔体间的总分配系数 $D_m$ 为

$$D_{\mathrm{m}} = D_{\mathrm{m}}^0 \exp\left(\frac{-\Delta H_m}{RT_{\mathrm{lm}}} \cdot \frac{1}{T_{\mathrm{m}}}\right)$$ (2-60)

式中，$\Delta H_a$ 和 $\Delta H_m$ 分别为控制微量元素在围岩深熔的熔体与残留体之间，以及在岩浆房熔体与堆晶岩之间总分配系数的反应的有效焓。

EC-AFC 模型中的 $\Delta H_a$ 和 $\Delta H_m$ 是根据与分离结晶过程中受到的总成分和温度相近似的相平衡独立选择的，当设 $\Delta H_a$ 和 $\Delta H_m$ 为 0 时，总分配系数为常数。加上这些附加条件，与温度呈函数关系的熔体中微量元素的浓度 $C_m$ 可表示为

$$\frac{\mathrm{d}\,\overline{C}_{\mathrm{m}}}{\mathrm{d}\,\overline{T}_{\mathrm{m}}} = \frac{1}{\overline{M}_{\mathrm{m}}}\left[\overline{M}_{\mathrm{a}}^0(s\,\overline{C}_{\mathrm{a}} - \overline{C}_{\mathrm{m}})f_{\mathrm{a}}'(\overline{T}_{\mathrm{a}})\frac{\mathrm{d}\,\overline{T}_{\mathrm{a}}}{\mathrm{d}\,\overline{T}_{\mathrm{m}}} + \overline{C}_{\mathrm{m}}(D_{\mathrm{m}} - 1)f_{\mathrm{m}}'(\overline{T}_{\mathrm{m}})\right]$$ (2-61)

式中，$s = C_{\mathrm{a}}^0 / C_{\mathrm{m}}^0$。

熔体中同位素的演化是忽略放射性生长，并假设岩浆熔体与堆晶岩之间达到平衡。同位素平衡的表示为

$$\frac{\mathrm{d}\varepsilon_{\mathrm{m}}}{\mathrm{d}\,\overline{T}_{\mathrm{m}}} = \frac{1}{\overline{M}_{\mathrm{m}}}\left[s\,\frac{\overline{C}_{\mathrm{a}}}{\overline{C}_{\mathrm{m}}}(\varepsilon_{\mathrm{a}} - \varepsilon_{\mathrm{m}})\overline{M}_{\mathrm{a}}^0 f_{\mathrm{a}}'(\overline{T}_{\mathrm{a}})\frac{\mathrm{d}\,\overline{T}_{\mathrm{a}}}{\mathrm{d}\,\overline{C}_{\mathrm{m}}}\right]$$ (2-62)

式中，$\varepsilon_{\mathrm{a}}$ 和 $\varepsilon_{\mathrm{m}}$ 分别为围岩深熔熔体和岩浆房熔体的同位素比值。

用 EC-AFC 模型模拟岩浆岩的形成可概括为两步：第一步，根据所研究的岩浆岩的稳定同位素（如 Sr、Nd）比值和地球化学特点，选择 EC-AFC 模型中原始参数的合理范围以及有关上地幔和研究区地壳的可能成分（如本章第七节表 2-17 和表 2-18）；第二步，将选择的参数范围，用 EC-AFC 模型程序进行迭代（iterative）计算，在参数范围内逐渐改变参数值，直到获得对所研究岩浆岩微量元素和同位素比值的最佳拟合，EC-AFC 模型程序可从网站 http：//magma. geolucsb. edu 下载。

本章第七节给出了 EC-AFC 模型的计算实例。

## 七、与时间相关的分离结晶混染模型

在板块汇聚带形成岛弧岩浆过程中，铀系核素可能发生分异，熔体的铀系不平衡成为俯冲带岩浆岩的时间尺度和过程的有效工具。很多年轻岛弧岩浆岩都显示了铀系不平衡（Huang et al.，2008）：大多数年轻岛弧岩浆岩 $^{238}$U 相对于 $^{230}$Th 过剩，约三分之一样品 $^{230}$Th 相对于 $^{238}$U 过剩；几乎所有年轻岩浆岩 $^{231}$Pa 相对 $^{235}$U 过剩；绝大多数岩浆岩 $^{236}$Ra 过剩，$^{236}$Ra/$^{230}$Th 与 SiO$_2$ 呈负相关，与 Sr/Th 或 Ba/Th 呈负相关；俯冲带岩浆岩 U/Th 平均比值高于 MORB（洋中脊玄武岩）。造成岛弧岩浆中铀系不平衡的原因可能是由于元素在流体中相对活动性的差异，U-Ra-Ba-Sr 等活动性强，富集在富水流体中，而 Pa-Th 活动性低，保留在俯冲板片中，而在富水流体中亏损，使流体具有高 Ra/Th、U/Th、Ba/Th 和 Sr/Th 值，地幔源区发生 $^{236}$Ra 和 $^{238}$U 过剩，地幔熔融则产生了 $^{231}$Pa 过剩。可以看出，铀系的不平衡明显受俯冲板片脱水到地幔熔融再到岩浆喷出的时间控制。针对岩浆演化对铀系不平衡的影响，Huang 等（2008）提出了和时间相关的分离结晶混染模型（time-dependent AFC），该模型沿用了上述 DePaolo（1981）AFC 模型的基本公式，但参数中增加了铀系元素的母体、子体的参数：$m_P$ 母体原子量、$m_D$ 子体原子量、$C_{m,D}$ 岩浆中子体核浓度、$C_{m,P}$ 岩浆中母体核浓度、$C_{a,D}$ 混染物中子体核浓度、停留时间 $\Gamma = 1/(\gamma_a + \gamma_r + \gamma_c)$、$D_D$ 子体总分配系数、$D_P$ 母体总分配系数。模型计算采用 METALAB 进行数字模拟，计算熔体中 $^{230}$Th 或 $^{231}$Pa、$^{226}$Ra 的浓度。Huang 等（2008）的研究结果表明，$^{236}$Ra/$^{230}$Th 与 Sr/Th、Ba/Th、$^{10}$Be/Be 和 $^{238}$U/$^{230}$Th 等流体指标的相关性不一定是流体加入地幔直接的结果，更可能是受到交代地幔长时间部分熔融的结果，熔体在地幔楔中熔融和上升是一更长时间的过程，其中地幔楔熔融的过程至少要超过 $^{231}$Pa 半衰期（3. 28 万年）。

## 八、分离部分熔融和结晶作用的联合模型

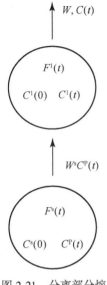

图 2-21　分离部分熔融–分离结晶作用过程微量元素浓度变化（Wetzel et al.，1989）

Wetzel 等（1989）提出了综合考虑分离部分熔融和结晶作用的模型（fractional partial melting and crystallization，FPMC），其过程如图 2-21 所示。

图 2-21 下部的圆圈代表由部分熔融所形成的岩浆岩区。$C^s(0)$ 代表发生部分熔融的岩石中微量元素浓度，$C^p(t)$ 为部分熔融产物中微量元素浓度，此时残余的岩石与未发生部分熔融时岩石的体积比为 $F^s(t)$，$W^s$ 为岩石熔融后进入岩浆房的量。图上部为岩浆房，$C^l(0)$ 和 $C^l(t)$ 分别代表结晶作用开始时残余熔体与初始熔体之比为 $F^l(t)$ 时的熔体中微量元素浓度，$W$ 为熔体的结晶量，$C(t)$ 为熔体晶出固相中的微量元素浓度。假设 $W^s$ 和 $W$ 均为常数，岩浆房的岩浆补给率 $\rho = W^s/W$。部分熔融和结晶作用的固/液总分配系数为 $D$，对于分离结晶和部分熔融的计时可假设一级过程为

$$F^l(t) = 1 - K^l t$$

$$F^s(t) = 1 - K^s t$$

式中，$K^l$ 和 $K^s$ 为常数，分别为部分熔融和分离结晶的时间率的系数，消去 $t$ 可得到

$$F^s(t) = 1 - K[1 - F^l(t)] \tag{2-63}$$

式中，$K = \dfrac{K^s}{K^l}$，则 $\dfrac{\mathrm{d}\ln F^l(t)}{\mathrm{d}t} = \dfrac{\dot{F}^l(t)}{F^l(t)}$。

对于总分配系数 $D$ 有如下关系：

$$Z = \frac{\rho + D - 1}{\rho - 1} \tag{2-64}$$

当 $K \neq 1$ 时，由分离部分熔融和结晶共同作用所形成的岩石中微量元素浓度可用下式描述：

$$C^l(t) = \frac{1}{F^l(t)^Z} \frac{\rho}{\rho - 1} \frac{C^s(0)}{D} \int_0^t \left( \frac{\dot{F}^l(t)}{F^l(t)} F^l(t)^Z \times \left\{ 1 - K[1 - F^l(t)] \right\} \right) \cdot \mathrm{d}t + C^l(0) \tag{2-65}$$

当 $K = 1$ 时（即 $K^s = K^l$），则可得下式：

$$\frac{C^l(t)}{C(0)} = F^l(t)^{-Z} + \frac{\rho}{\rho - 1} \frac{C^s(0)}{D \cdot \left( Z - \dfrac{D-1}{D} \right)} \times \frac{1}{C^l(0)} \left[ F^l(t)^{-(D-1)/D} - F^l(t)^{-Z} \right] \tag{2-66}$$

对于岩浆房中不同程度的岩浆补给率 $\rho$ 以及不同结晶和部分熔融速率（$K$），不同总分配系数 $D$ 的条件，由分离部分熔融和结晶共同作用所形成的岩石中微量元素浓度与 $F^l$（残余熔体与初始熔体体积比）的关系绘于图 2-22 中。很明显，当 $\rho = 0$ 时，则为单一的分离结晶作用；当与岩浆演化时间相比较，岩浆的形成时间较长时，$C^0(t)$ 可视为常数，这时式（2-66）可转换为 DePaolo（1981）所描述的围岩混染和分离结晶作用模拟（AFC 模型）。

应该指出的是，上面所提到的各种模型均是指的平衡状态。在实际过程中则往往是不平衡的，因此，研究不平衡状态下部分熔融或分离结晶作用模型是现代微量元素地球化学的重要研究内容之一。

平衡主要受控于微量元素的扩散系数、被熔融矿物的颗粒大小和岩浆形成的速率。许多学者测定了微量元素在矿物和熔体间的扩散系数，扩散系数明显受压力和成分的控制。例如，在 1200℃，在硅酸盐熔体中扩散系数典型数值为 $10^{-7}\,\mathrm{cm}^2/\mathrm{s}$ 和 $10^{-12}\,\mathrm{cm}^2/\mathrm{s}$。对于一个 $0.7 \sim 1\mathrm{cm}$ 的矿物颗粒，在熔体和晶体间达到平衡需要 $4 \times 10^2 \sim 4 \times 10^4\mathrm{a}$。在 1000℃时 K 和 Rb 在正长石，Sr 在金云母（颗粒径 1cm）中达到平衡需 $10^3\mathrm{a}$。在一般情况下（扩散系数为 $10^{-12} \sim 10^{-4}\mathrm{cm}^2/\mathrm{s}$），达到平衡状态需 $10^4\mathrm{a}$ 左右。岩浆在上地幔

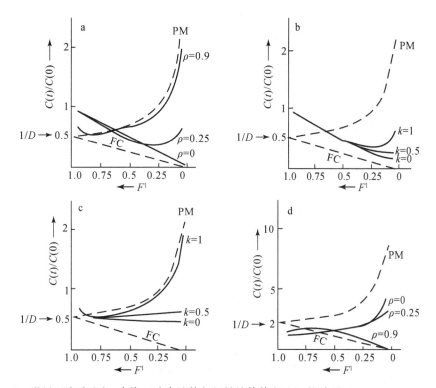

图2-22　微量元素浓度与 $F^l$ 值（残余熔体与初始熔体体积比）的关系（Wetzel *et al.*，1989）

a. $\rho=W^s/W$，$D=2$，$K=1$；b. $k=K^s/K^l$，$D=2$，$\rho=0.25$；c. $\rho=0.9$；d. $D=0.5$，$K=1$。

PM. 简单分离部分熔融；FC. 分离结晶

停留时间一般为 $10^3\sim10^4$a，U-Th 同位素组成表明岩浆在上地幔停留时间约 $10^3$a，因此，要达到平衡是困难的。一些学者开始致力于非平衡状态下微量元素模型的研究。覃振蔚[①]提出了描述不平衡程度的表达式：

$$P_c=W\gamma^2/d \tag{2-67}$$

式中，$W$ 为熔融速率；$\gamma$ 为被熔矿物半径；$d$ 为扩散系数。

$P_c$ 值越大，偏离平衡态越远，当 $P_c$ 为零时即为平衡态。计算表明，对高度不相容元素，当 $d\gg$ $10^{-13}$ 时可以忽略不平衡效应，但当 $d<10^{-13}$ 时则不能忽略。因此，在部分熔融过程中控制微量元素浓度的除了源岩中初始浓度 $C_0$，分配系数 $K$ 和部分熔融程度 $F$ 外，还有 $d$、$\gamma$ 和 $W$ 三个参数。在不平衡状态下不相容元素的不相容性降低，而相容元素可忽略不平衡状态的影响。

不平衡状态是一较复杂的问题，因此，描述不平衡过程的微量元素模型在逐渐完善中。

## 第五节　岩浆岩成岩过程的鉴别

在应用微量元素定量模型过程中，当我们获得了一批岩浆岩的微量元素分析数据后，至少有两个问题需要考虑，第一是这些岩石在成因上是否有关，如果有关，是由哪种成岩过程形成的？是部分熔融还是分离结晶或混合作用？在这方面，宏观的地质观察往往可给出过程性质的重要线索。例如，在区域变质作用强烈或深大断裂附近出露的岩浆岩，往往是部分熔融的产物，而复式岩基中呈小岩株产出，或在一钙碱性岩套中的中酸性岩浆岩（如英云闪长岩、闪长岩等）则往往是岩浆分离结晶的产物。堆晶岩的存在是分离结晶作用的最直观证据，如在玄武岩浆体系中，随温度降低，早期结晶的密度大的矿物，由于玄武岩浆黏度较低而在岩浆房底部形成镁铁质–超镁铁质堆晶岩。典型实例是南非 Bushveld 层状侵

---

①　覃振蔚. 1990. 非平衡部分熔融时微量元素的演化（报告）.

入体，其底部为古铜辉石岩、斜方辉石岩和纯橄榄岩等堆晶岩，向上变为二辉辉长岩、苏长岩，最上部为含少量花岗斑岩的低镁闪长岩（Carmichael *et al.*，1974）。第二是确定与这些过程有关的参数，如初始物质（源区）、部分熔融或结晶程度等。这两个问题是密切相关的，常常需要同时回答，本节重点讨论的是如何根据微量元素组合鉴别岩浆岩成岩过程。

目前用于成岩过程鉴别的方法可归纳为直接法、反演法和拓扑法（Allegre and Minster，1978）。

**1. 直接法**（direct method）

直接法是直接对各种可能的模型进行模拟计算，将结果与已有数据进行对比，决定选择一最合适的模型对地质观察进行合理解释，即选出能最好拟合已有数据的模型。该方法要研究有限数目的模型，模型的选择受岩石学特征组合等限制，不可能对所有模型进行系统检验，计算结果与数据的对比是定性的。一般用蒙特卡洛（Monte-Carlo）法（一种用概率模型进行近似计算的方法）进行处理，该方法要检验大量模型，有关模型参数是随机选用的，随后将结果与实际数据对比，这种方法困难而费时。

**2. 反演法**（inverse approach）

反演法是由分析数据导出模型参数，然后对数据拟合进行统计计算，即进行 $x^2$ 检验给出过程的后验（posteriori）鉴别，即从岩石样品的成分分析数据，确定导致所观察到的岩浆岩套形成和演化的原始条件及物理机制问题。反演法的有效步骤是：构筑一个最原始模型，即识别引起微量元素含量变化的可能物理过程，其初始浓度与最原始熔岩的微量元素含量接近；通过选择一个可采用的模型或固定某些参数值，将上述的信息用于一比较限制性的反演中，如元素的分配系数、初始物质成分。上述步骤可概括为：构筑数据组、对数据组进行反演、对数据进行拟合。反演法的要点是对均匀岩浆岩系列进行仔细、全面取样，保证取样的代表性；详细的岩相学研究，消除岩石中的堆积岩；高精度的微量元素含量分析。在反演过程中，采用的是一组微量元素浓度或其浓度矢量来表征一类岩石，各种地质过程是作用于这些矢量的算子，我们要研究的就是鉴定一种算子，它可以从一个单独的源岩（初始物质）和各种变化的参数而产生这套岩石，并且确定演化和参数。在这种反演过程中不是利用少数几种关键元素，而是利用一套所有样品的全部数据，对于所定模型和数据之间拟合程度的估计，可使用统计检验法将计算模式和实例数据进行比较。例如，用稀土元素模型对中美洲熔岩的部分熔融成岩过程进行了反演（Feigensen and Carr，1993）。

**3. 拓扑法**（topological approach）

拓扑学是研究几何图形在连续变形下保持不变的性质，目前已发展成为研究连续现象的数学分支，主要依赖代数工具解决问题。对于成岩过程的识别，拓扑法是基于对不同岩浆过程的微量元素数据点总是限制于一定坐标空间的某一给定区域内，其坐标变量的选择原则是使与每一模型相应的区域与其他模型不同。

应该强调的是，不管用哪种方法，都必须注意两点：一是分析的样品要有充分代表性，二是微量元素含量的分析精度要高。

# 一、部分熔融和分离结晶过程鉴别

在瑞利分离公式和部分熔融公式中（本章第四节），可根据微量元素的行为对成岩过程进行鉴别。Allegre 和 Minster（1978）提出应考虑分配系数明显不同的几类微量元素。

1）固-液分配系数高的元素（相容元素），如 Ni、Cr，在分离结晶作用过程中它们的浓度变化很大，但在部分熔融过程中则变化缓慢。

2）固-液分配系数很低的元素，如亲湿岩浆元素（H 元素），总分配系数很低，近于 0。在部分熔融过程中这些元素浓度变化很大，但在分离结晶作用过程中则变化缓慢。

综合上述两种类型微量元素浓度变化，Hanson（1978）用固-液分配系数很低的强不相容微量元素

Ce（分配系数近于 0）和另一高分配系数的微量元素 R（分配系数为 4）作图（图 2-23），可见部分熔融和分离结晶作用在图中构成趋势形态明显不同的两条曲线。图中两种火成岩是来自均匀的同一母体，其 Ce 含量为 $25×10^{-6}$，R元素含量为 $100×10^{-6}$。岩套 1 由该均匀母体经 10%~40% 部分熔融形成，而岩套 2 是在上述母体经 40% 部分熔融后形成的岩浆，而后经历了 0~50% 的分离结晶作用。

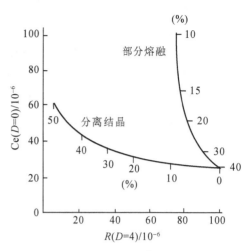

图 2-23　部分熔融和分离结晶作用过程中微量元素浓度的变化（Hanson，1978）

3）固-液分配系数中等的元素（亲岩浆元素、M 元素），这些元素的总分配系数在部分熔融过程中可与熔融程度相比较，当部分熔融程度低时，分配系数与部分熔融程度相比不可以忽略不计，这两类元素的浓度比值不保持恒定，而比值的变化在分离熔融过程中比平衡部分熔融大，但在分离结晶作用过程中可以忽略不计。由此，Gast（1968a，1968b）和 Shimizu（1974）曾提出用 K/Rb 值区分分离结晶和批式部分熔融。

在分离结晶作用过程中，亲湿岩浆元素（H 元素）的浓度是残余熔体比例（F）的量度，其浓度变化可作为度量分异作用的指标：

$$F = C_{0,1}^{H}/C_{1}^{H} \tag{2-68}$$

式中，$C_{0,1}^{H}$ 为 H 元素在原始熔体中的浓度；$C_{1}^{H}$ 为经历分离结晶作用熔体中 H 元素的浓度，该值越高，残余熔体的比例 F 越低。在总分配系数 D 保持不变的情况下，用一总分配系数<1 的微量元素 $i$ 对 H 元素作图，可构成斜率为 1-D 的直线，若 D 很小，斜率最大为 1，如果斜率大于 1，则过程中应存在非分离结晶作用。

Treuil 和 Joron（1975）利用 H 和 M 元素对平衡部分熔融（betch partial melting）和分离结晶作用进行了图解和理论推导，亲岩浆元素 M 的总分配系数与 1 相比可以忽略，即 $D^{M}-1 \approx -1$，如 Nd、Sm、Sr、Zr、Hf 等；亲湿岩浆元素（H）的总分配系数与 0.2~0.5 相比可忽略不计，即 $D^{H}-0.2 \approx 0.2$，如 Rb、Ba、Th、U、Ta、Th、La、Ce 等。因此，在分离结晶作用过程中：

$$\left.\begin{aligned} C_{1}^{H} = \frac{C_{0,1}^{H}}{F} \quad C_{1}^{M} = \frac{C_{0,s}^{M}}{F} \\ \frac{C_{1}^{H}}{C_{1}^{M}} = \frac{C_{0,1}^{H}}{C_{0,s}^{M}} = 常数 \end{aligned}\right\} \tag{2-69}$$

上式表明，分离结晶过程中 M 和 H 元素在熔体中的浓度保持恒定。在平衡部分熔融过程中：

$$\frac{1}{C_{1}^{M}} = \frac{D_{0}^{M}+F(1-P^{M})}{C_{0}^{M}} \tag{2-70}$$

$$\frac{C_{1}^{H}}{C_{1}^{M}} = \frac{D_{0}^{H}-D_{0}^{M}\dfrac{1-P^{M}}{1-P^{H}}}{C_{0}^{M}}C_{1}^{H} + \frac{C_{0}^{H}}{C_{0}^{M}}\frac{1-P^{M}}{P^{H}} \tag{2-71}$$

当 $D_{0}^{M} \gg D_{0}^{H}$ 时，

$$\frac{C_{1}^{H}}{C_{1}^{M}} = \frac{D_{0}^{M}}{C_{0}^{M}}C_{1}^{H} + \frac{C_{0}^{H}}{C_{0}^{M}}(1-P^{M}) \tag{2-72}$$

因此，由式（2-69）和式（2-72）可以看出，当用 $C_{1}^{H}/C_{1}^{M}$ 对 $C_{1}^{H}$ 作图时，即用某亲湿岩浆元素（H）与亲岩浆元素（M）浓度比值对亲湿岩浆元素浓度作图，平衡部分熔融的轨迹是一斜率为 $D_{0}^{M}/C_{0}^{M}$ 的斜线，而分离结晶作用则为一水平线。图 2-24a 是用 La/Sm 对 La 作图，冰岛雷克雅内斯山脊火山岩在图中为一斜直线，表明是由部分熔融形成，而冰岛地表火山岩为一水平线，表明是经分离结晶形成。类似的，也可用 Rb/Nd-Rb、Th/

Nd-Th 等图解识别成岩过程。

　　用两个强不相容元素作图，如 H 元素（$H_1$、$H_2$），两元素之间的关系也可以区分平衡部分熔融与分离结晶模型（Schiano *et al.*，2010），如 Rb-Th、La-Rb 等图解，在这种图解中，经不同程度分离结晶后产生的熔体构成一具有线性关系〔$C^{H_1} = （C_0^{H_1}/C_0^{H_2}）C^{H_2}$〕、陡斜率（$C^{H_1}/C^{H_2}$）的通过原点的直线，而平衡部分熔融构成的直线斜率小，不过原点；混合作用模型构成双曲线（图 2-24b）。

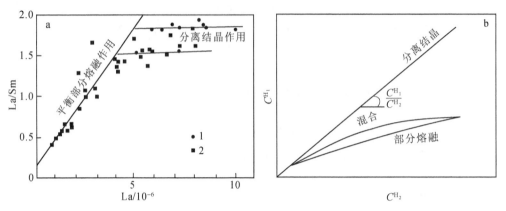

图 2-24　区分平衡部分熔融作用与分离结晶作用 La/Sm-La（a）
（Allegre and Minster，1978）和 $H_1$-$H_2$（b）图解（Schiano *et al.*，2010）
1. 冰岛样品；2. 雷克雅内斯山脊样品

　　也可以选择两种分配特点完全不同的微量元素，如强相容元素（A）和强不相容元素（B），前者如过渡组元素 Cr、Co、Ni、Sc 等，后者如 U、Th、Ta、Hf、Rb、Cs、LREE 等。在分离结晶过程中，前者浓度明显降低，而后者浓度变化缓慢，在由它们的浓度对数构成的 lgA-lgB 图解中，分离结晶模型构成陡倾斜的负斜率"直"线。相反，在部分熔融过程中，强相容元素变化缓慢，而强不相容元素变化明显，在上述图解中，部分熔融过程形成近水平的直线（Cocherine，1986；赵振华，1993a，199b）（详见本章第六节图 2-31、图 2-36a、b、c）。

　　应该指出的是，在上述 $C^{H_1}/C^{H_2}$ 对 $C^{H_2}$ 作图时（图 2-24b），两个端元（源区）混合过程可形成双曲线，因此，应采用其他方法进行区分（详见下述混合作用过程的识别，图 2-27b、c）。

　　在上述双变量图解中，矿物矢量也可以显示分离结晶或部分熔融过程的趋势，如在一花岗质岩浆分离结晶过程中，斜长石、钾长石、黑云母、角闪石、单斜辉石、斜方辉石等结晶后引起的残余熔体的

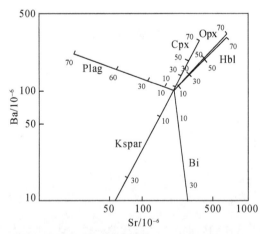

图 2-25　花岗质岩浆分离结晶过程的矿物矢量
图解（Rollinson，1993）

Plag. 斜长石；Kspar. 钾长石；Bi. 黑云母；Cpx. 单斜辉石；
Opx. 斜方辉石；Hbl. 角闪石；图中数字为分离结晶 *F* 值

Sr、Ba 浓度的变化，可由矿物矢量图（图 2-25）表示（Rollinson，1993）。图中结晶的花岗质初始熔体 Sr、Ba 含量分别为 $200×10^{-6}$ 和 $100×10^{-6}$，可见，钾长石的分离结晶（图中直线上的数字）将引起残余熔体 Sr、Ba 含量的明显降低，相反，单斜辉石、斜方辉石和角闪石的分离结晶则使残余熔体 Sr、Ba 含量增加。据此，可根据岩石样品在上述图解的投影判断其成岩过程和结晶相的组成矿物。Ni、Cr 对区分部分熔融与分离结晶也很灵敏，这是因为 Ni 对尖晶石、橄榄石、单斜辉石和斜方辉石是强相容元素，分配系数≫1，分别为 600、14、7 和 5，因此，强烈倾向进入这些矿物，顺序为尖晶石≫橄榄石>单斜辉石>斜方辉石；Cr 也为相容元素，对单斜辉石、斜方辉石和橄榄石的分配系数分别为 34、10 和 0.7，其进入这些矿物的顺序为单斜辉石>斜方辉石≫橄榄石。因此，Ni/Cr 值可以用来区分部分熔融和分离

结晶过程中橄榄石和辉石的相对影响，Ni、Cr 高度富集暗示岩石母岩为地幔橄榄岩，如果岩石显示 Ni 逐渐降低（或 Co），预示橄榄石的分离结晶，而 Cr 的逐渐降低则预示尖晶石或单斜辉石的分离结晶。

由上述不难看出，我们进行的讨论是根据天然岩石的成分，特别是微量元素组合特点来判断天然岩石形成和演化的初始条件和物理机理，这就是反演问题。在反演过程中，采用的是一组微量元素浓度或其浓度矢量来表征一类岩石，各种地质过程是作用于这些矢量的算子，我们要研究的就是鉴定一种算子，它可以从一个单独的源岩（初始物质）和各种变化的参数而产生这套岩石，并且确定演化和参数。在这种反演过程中不是利用少数几种关键元素，而是利用一套所有样品的全部数据，对于所定模型和数据之间拟合程度的估计，可使用统计检验法将计算模式和实例数据进行比较。Minster 等（1977）已将这种反演方法从理论上进行了阐述，并用于亚速尔群岛和格林纳达火山岩的成岩过程讨论。

# 二、混合作用与过程鉴别

## （一）混合作用

Bowen（1928）反应系列是封闭岩浆体系的特征，但大量地质观察和研究发现岩浆是一个开放的体系。早在 1976 年，Anderson 就发现在火山碎屑内大晶体中的玻璃包裹体的化学组成变化范围较大，橄榄石和富钙斜长石中玻璃包裹体为玄武质，某些富铁橄榄石中为安山质，而中长石和辉石大晶体中为英安质，表明这些大晶体来自成分不同的岩浆，据此，他提出岩浆房内同时存在几种不同的岩浆，它们在喷发前或喷发时发生了混合作用。1984 年在美国新墨西哥州召开的"开放的岩浆体系学术讨论会"提出了"开放的岩浆体系"概念，它包括（转引自邓晋福等，2004）：①产生玄武岩岩浆的地幔源对于从俯冲带地壳或深部地幔上升的流体或熔体是开放的；②由不均一地幔各部分产生的熔体之间的混合；③幔源岩浆上升时对通道附近地壳和最上部地幔内局部熔融产生的熔体的同化作用；④岩浆分异作用造成几种岩浆之间，包括不同压力下分离作用产生的岩浆之间的混合、与地壳的深熔作用产生的岩浆的混合；⑤相对原生的岩浆注入已演化的岩浆房导致的岩浆房内岩浆的混合。

自然界的混合作用是很复杂的，除了简单机械混合外，混合源的部分熔融、分异、混染及交代作用等都使过程复杂化。在野外岩浆岩调查中，岩浆岩，特别是花岗岩类常含有暗色微粒包体（mafic microganular enclaves，简称 MME 或暗色包体），它们是岩浆形成或上升过程中围岩的捕虏体，或花岗岩形成后的难熔残留体，或同源岩浆早期结晶的析离体或堆晶体，或是岩浆混合产物。因此，在野外调查中，根据寄主岩浆岩的捕虏体（或析离体）数量和形态可粗略判断（定性的）岩浆是否受到了混染或混染程度，如果它们的形态很整齐、与岩浆岩的界线很清楚，则岩浆岩受到的混染应是很弱的；反之，则混染较强。

火成岩中锆石的原位 U-Pb 定年及 Hf 同位素组成分析可以详细记录岩浆混合或分异演化过程，有效区分寄主岩石与暗色微粒包体的 Hf 同位素差异。例如，对广西里松花岗岩的寄主花岗岩与暗色包体的锆石进行了锆石原位定年和 Hf 同位素组成分析（蒋少涌等，2008），发现它们的年龄很一致，分别为 162±3Ma 和 162±2Ma，但它们的 $\varepsilon_{Hf}(T)$ 明显不同，分别为-2.3~+0.3 和+2.6~+7.4，表明里松花岗岩形成于性质完全不同的岩浆混合-亏损地幔与地壳岩浆的混合。

岩浆混合的成因机制可概括为三种（王德滋等，1992）。①层状岩浆房对流（Vernon，1983）：岩浆房中较长英质和较镁铁质的上、下两层岩浆，由于成分、温度的不均衡导致大规模对流作用，上部长英质岩浆层的对流使下层镁铁质岩浆团被带上并淬火冷凝；下部镁铁质岩浆层对流拖下条纹状长英质岩浆并很快均一化混合。②岩浆喷泉机制（Turner and Campbell，1986；Frost and Mahood，1987）：一股新的较镁铁质的岩浆以射流或喷泉型式注入长英质熔体中，混合程度主要与温度、黏度差及注入熔体的流速有关。③富气岩浆上浮机制（Eichelberger，1980）：镁铁质岩浆作为补给岩浆与长英质岩浆接触，在接触面附近形成富气、低密度镁铁质岩浆，呈球形液滴上浮，进入长英质岩浆中并结晶形成包体。

**1. 混合作用鉴别的矿物学标志**

双峰式斜长石斑晶表明曾发生两种岩浆混合。富镁的橄榄石斑晶与富铁辉石斑晶共生，富镁的正环带辉石与富铁的反环带辉石斑晶共生，这种不平衡斑晶组合是源于不同岩浆之间的混合作用（邓晋福等，2004）。

**2. 混合作用鉴别参数的选择**

更确切和定量地鉴别一组火成岩样品是否经混合作用形成的简单途径是根据微量元素或同位素数据投影图中相互关系和"形态"（如直线、双曲线等），如在有 Sr、Nd 同位素组成资料时，$(^{87}Sr/^{86}Sr)_i$-$SiO_2$ 关系呈正相关，或 $(^{143}Nd/^{144}Nd)_i$-$SiO_2$ 呈负相关，均表明随着岩浆分异岩浆岩受到了陆壳混染作用，如果均呈弱相关或不相关，则混染很弱或未发生混染。

如本章第四节所述，当采用比值-比值（元素或同位素的比值）或比值-元素作图时，符合混合过程的数据应沿双曲线分布。但当所有数据的两个浓度比值的分母相同时，即 $\gamma=1$，则数据在作图时构成一条直线，如 $^{87}Sr/^{86}Sr$-$^{87}Rb/^{86}Sr$、$^{87}Sr/^{86}Sr$-$1/^{86}Sr$、$^{207}Pb/^{204}Pb$-$^{206}Pb/^{204}Pb$ 等，分母 $^{86}Sr$ 和 $^{204}Pb$ 是相同的，因此，这些图解中直线代表了混合作用。这种直线关系对于判断混合作用是很有效的，因为在实际作图时我们不能仅根据比值-比值的双曲线来判断混合作用，还应进行辅助作图，即用原始比值中的一个分母对两个原始数据作图进行检验。例如，在 $P/a$-$Q/b$ 作图时可采用 $P/a$-$b/a$ 或 $Q/b$-$a/b$ 作图，如在这种图解中所研究的数据点构成直线关系，则这种双曲线反映的混合作用是确定的，因此，在两个坐标轴上具有相同分母的作图是检验混合作用的最佳途径。

**3. 岩浆源区混合与岩浆上升过程陆壳混染**

在一般情况下，常笼统地说发生了混合作用，但详细分析，应指出混合作用发生在源区（源区混合）还是发生在岩浆形成之后的上升过程，这可根据相容性质不同的微量元素判断。在部分熔融或分离结晶作用过程中，一般不影响不相容元素（特别是强不相容元素）的比值，因此，仅由不相容元素构成的比值-比值图应显示岩浆混染和源区混合。部分熔融和分离结晶可抵消弱相容元素对不相容元素比值的变化，如果不相容元素同位素比值-比值图显示混合趋势，而弱相容元素与不相容元素比值未显示混合趋势，这种混合是源区混合而不是岩浆混合。因此，简单的鉴别方法是用不相容元素-不相容元素作图，如是岩浆混合应为线性排列，而源区混合则不呈线性。要检验作为源区混合作用的元素比值，可将每一元素分别对第三种不相容元素标准化。例如，对于 K/Rb 值，可对 Ba 进行标准化，即 K/Ba-Rb/Ba 作图，这种图解对源区及岩浆混染都显示线性排列。对造岩矿物，特别是辉石环带微量元素组成的研究为岩浆混合提供了证据（详见本章第七节）。

**4. 混合端元组分的限制**

一旦混合曲线确定后，最佳混合双曲线可用符合线性数据的最小二乘法来计算（在分母相同的比值-比值图上）。端元组分可由双曲线图上的渐近线和截距或同分母的比值-比值图上的截距获得。

### （二）混合过程特征识别

目前的地球化学研究常常是系统测定微量元素和同位素数据，这为研究自然界岩浆混合作用提供了充足依据。根据最简单化的混合方程，在二元（A 和 B）源区物质中 $X$、$Y$ 分别由元素和同位素组成，即 $X_A$、$X_B$、$Y_A$、$Y_B$，这时混合产物中 $Y$ 元素（或同位素）浓度可表示为

$$Y_M = X_M \frac{Y_A - Y_B}{X_A - X_B} + \frac{Y_B X_A - Y_A X_B}{X_A - X_B} \tag{2-73}$$

如果 $Y$ 为 Sr 同位素比值 $^{87}Sr/^{86}Sr$，$X$ 为元素 Sr 含量，上式即为（Faure，1986）

$$(^{87}Sr/^{86}Sr)_M = \frac{Sr_A Sr_B \left[ (^{87}Sr/^{86}Sr)_B - (^{87}Sr/^{86}Sr)_A \right]}{Sr_M (Sr_A - Sr_B)} + \frac{Sr_A (^{87}Sr/^{86}Sr)_A - Sr_B (^{87}Sr/^{86}Sr)_B}{Sr_A - Sr_B} \tag{2-74}$$

即

$$\left({}^{87}\mathrm{Sr}/{}^{86}\mathrm{Sr}\right)_{\mathrm{M}}=\frac{a}{\mathrm{Sr}_{\mathrm{M}}}+b$$

式中，$a$、$b$ 为两端元 A、B 中 Sr 浓度和同位素比值所决定的常数。

如果用 $\left({}^{87}\mathrm{Sr}/{}^{86}\mathrm{Sr}\right)_{\mathrm{M}}$ 对 $\mathrm{Sr}_{\mathrm{M}}$ 作图可得双曲线，而对 $1/\mathrm{Sr}_{\mathrm{M}}$ 作图则为直线，表明这种过程符合混合作用。上述端元的成分如为 ${}^{143}\mathrm{Nd}/{}^{144}\mathrm{Nd}$ 和 Nd 可得同样形式的表达式。用 $\varepsilon_{\mathrm{Nd}}$-1/Nd 作图检验云南腾冲火山岩的形成过程，发现不同系列的岩石在该图上具有明显线性关系，构成三条直线，表明腾冲火山岩至少存在着三个不同的物质源区，三个岩浆源之间可能存在某种程度混合关系（朱炳泉、毛存孝，1983）。

在式（2-74）中，如果端元 A 中 ${}^{87}\mathrm{Sr}/{}^{86}\mathrm{Sr}=0.725$，$\mathrm{Sr}_{\mathrm{A}}=200\times10^{-6}$，端元 B ${}^{87}\mathrm{Sr}/{}^{86}\mathrm{Sr}=0.704$，$\mathrm{Sr}_{\mathrm{B}}=450\times10^{-6}$，则式中 $a=7.56$，$b=0.687$，混合方程为

$$\left({}^{87}\mathrm{Sr}/{}^{86}\mathrm{Sr}\right)_{\mathrm{M}}=\frac{7.56}{\mathrm{Sr}_{\mathrm{M}}}+0.678 \tag{2-75}$$

Faure 等（1967）通过 Sr 和其同位素组成研究了加拿大休伦湖北水道水体的混合过程。休伦湖北缘为加拿大地盾，来自该地盾的水主要由圣玛丽河（在其西端）流入苏必利尔湖。北水道水体苏必利尔湖水和休伦湖水的 Sr 和其同位素组成分析资料在 ${}^{87}\mathrm{Sr}/{}^{86}\mathrm{Sr}$-Sr 图解上构成双曲线，而在 ${}^{87}\mathrm{Sr}/{}^{86}\mathrm{Sr}$-1/Sr 图上变为直线，北水道水体成分恰处于苏必利尔湖和休伦湖之间，表明水道水体水是这两个湖水不同比例混合的产物。

岩浆源区混合与岩浆上升过程陆壳混染的识别：选择不同的同位素比值对于判断混合过程也很有效，如在板块俯冲带，地壳与上地幔岩石的氧含量差异不明显，但 Sr 含量差别较大，因此，在源区混合条件下（壳幔源混合），少量高 Sr 地壳物质加入就会引起混合物 Sr 同位素组成 ${}^{87}\mathrm{Sr}/{}^{86}\mathrm{Sr}$ 很大变化，而氧同位素组成（$\delta^{18}\mathrm{O}$）变化小。在 $\delta^{18}\mathrm{O}$-${}^{87}\mathrm{Sr}/{}^{86}\mathrm{Sr}$ 同位素关系图上，其混合轨迹为下凹曲线，如用直线近似该曲线，则其"斜率"较小。相反，当由地幔部分熔融形成的岩浆上升受到地壳物质混染，同化的地壳物质 Sr 含量一般低于幔源岩浆，氧含量仍差异不大，这种混合则形成上凸曲线，如用直线近似该曲线，则其"斜率"较大（图 2-26）。如采用 Sr、Nd 同位素，由于地壳物质 Nd 含量很高，因此在地壳混染时 $\varepsilon_{\mathrm{Nd}}$-${}^{87}\mathrm{Sr}/{}^{86}\mathrm{Sr}$ 同位素关系图上形成下凹曲线，而在源区混合时则可能为凸曲线，也可能为凹曲线，可见用 O-Sr 同位素体系判断混合过程较为有效（James，1981；James and Murcia，1984）。

除用同位素比值-比值或同位素-元素作图判断混合作用外，根据上述过程鉴别原理，还可采用微量元素的比值-比值图，在这种图解的坐标中，两对比值的分母是相同的，如 Ce/Yb-Eu/Yb 图解，Hart 等（1980）曾用此图解讨论了奎瑞古特地块花岗岩类的混合成因。

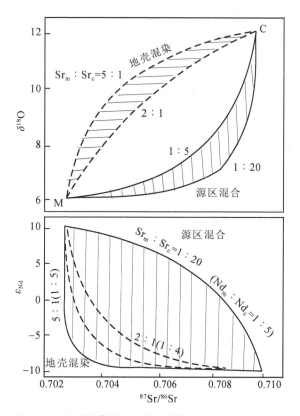

图 2-26　识别岩浆源区混合与岩浆上升过程陆壳混染的 $\delta^{18}\mathrm{O}$、${}^{87}\mathrm{Sr}/{}^{86}\mathrm{Sr}$、$\varepsilon_{\mathrm{Nd}}$ 同位素体系二元混合理想模式

（James，1981）

　　用上述图解讨论长江中、下游和西藏冈底斯岩带中酸性侵入岩的混合成因，在这种图解中，同一岩体的数据投影点构成直线（赵振华等，1987；图 2-27a）。这种混合是岩浆混合还是源区混合，暗色包体的研究对比提供了证据。西藏冈底斯岩带曲水花岗岩基由花岗闪长岩、辉长闪长岩和浅色花岗岩组成，杂岩体中分布有大量暗色包体，在岩体中含量一般在百分之几，密集处可达 15% 左右。对暗色包体的岩石学、矿物学和地球化学研究表明，它们主要为基性，主、微量及稀土元素组成均具有与辉长岩和花岗闪长岩之间过渡特点。暗色包体的这些特征提供了曲水花岗杂岩是由基性与酸性两种岩浆混合形成的证据，计算表明，花岗闪长岩中基性端元占 35%，辉长闪长岩中基性端元占 65%（莫宣学等，2009）。

　　选择两种相容性差别大的元素 $C^i$（不相容元素，如 H 或 M 元素，Rb），$C^c$（相容元素，如 V），用 $C^i$ 对 $C^i/C^c$ 和 $1/C^c$ 对 $C^i/C^c$ 作图（如 Rb 对 Rb/V 和 $1/V$ 对 Rb/V），在 $C^i$ 对 $C^i/C^c$ 图解（如 Rb 对 Rb/V）中，混合模型或分离结晶过程形成双曲线，而部分熔融过程形成直线（Schiano et al.，2010；图 2-27b），在 $1/C^c$ 对 $C^i/C^c$ 图解中混合过程形成直线，而部分熔融或分离结晶过程形成双曲线（图 2-27c）。可见，在上述图解中近似的直线关系使得与混合过程相混淆，因此，这种图解不能区分部分熔融与分离结晶过程，只能确定无疑地识别混合过程。用 Rb-Rb/V 和 $1/V$-Rb/V 图解对厄瓜多尔安第斯火山熔岩（700 多个全岩分析）的成因过程进行了识别，它们在该图解中分别形成双曲线和直线（图 2-27b、c），表明它们是由两个端元混合形成——富 Si 的英安岩岩浆与低 Si 的玄武岩浆（Schiano et al.，2010）。

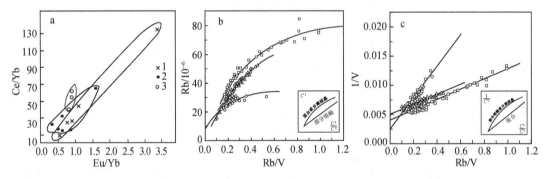

图 2-27　识别混合模型的 Ce/Yb-Eu/Yb（a）和 Rb-Rb/V（b）、1/V-Rb/V（c）图解

a. 西藏冈底斯岩带（1. 甲格，2. 曲水）和江西富家坞（3）中酸性侵入岩（赵振华等，1987）；

b、c. 厄瓜多尔安第斯熔岩（Schiano et al.，2010）

　　在比值-比值 $^{87}Sr/^{86}Sr$-Ce/Yb 图中，冰岛玄武岩的数据投影沿双曲线分布。但在辅助作图中 $^{87}Sr/^{86}Sr$-Yb/$^{86}Sr$ 数据点则很分散，不构成直线，表明该区玄武岩不是由岩浆混合形成（在这种图解中 Yb 属弱相容元素，因为石榴子石、单斜辉石和斜方辉石作为残留相），但在 $^{87}Sr/^{86}Sr$-La/Ce 图解中（La 和 Ce 均为不相容元素），数据点沿双曲线分布，在辅助作图 $^{87}Sr/^{86}Sr$-Ce/$^{86}Sr$ 中构成明显的直线分布，表明本区玄武岩是经源区混合形成（Langmuir et al.，1978）。

　　对岩浆岩及岩体中暗色微粒包体的年代学及地球化学研究也可提供岩浆岩形成过程的资料：围岩捕虏体或析离体的年龄应老于寄主的岩浆岩，当年龄一致时，应指示寄主的岩浆岩形成经历了岩浆混合。

# 三、岩浆岩成岩过程模型识别方法

　　综合上述，岩浆岩成岩过程模型的识别主要应包括三种方法或途径：微量元素投影几何图形，矿物成分的带状分布和熔融包体成分，岩体中暗色微粒包体。

## 1. 微量元素投影几何图形

　　不同成岩过程模型的几何图形可概括于表 2-10。微量元素投影的几何图形仅与模型类型有关，与岩浆源区成分、微量元素的总分配系数及体系中的液体比例无关（Mac Caskie，1984）。

**表 2-10　不同成岩过程模型的微量元素投影几何图形**（Mac Caskie，1984）

| 成岩过程模型 | 元素比值-比值投影图 | 元素-元素投影图 |
|---|---|---|
| 瑞利结晶 | 指数曲线 | 指数曲线 |
| 平衡结晶 | 双曲线 | 双曲线 |
| 批式部分熔融 | 双曲线 | 双曲线 |
| 分离熔融（实比） | 指数曲线 | 指数曲线 |
| 聚集熔融 | 似双曲线或指数曲线（取决于 $D$ 值）[1] | 类似双曲线或直线（取决于 $D$ 值）[2] |
| 混合作用 | 双曲线 | 直线 |

注：①两元素总分配系数均>1 时为指数曲线。

②当 $0.4 \leqslant D_x/D_y \leqslant 2.5$ 时为直线。

应该指出的是，表中的几何图形是不同成岩过程最基本的理想形态，不难看出对于同一种作图方法，不同成岩过程常形成相同形态的几何线条，在使用过程中必须采用多种图解，并结合矿物和暗色包体等研究。下面仅对混合过程做一小结。由表 2-10 可见，一般情况下，元素比值-比值形成双曲线，元素-元素图形成直线的岩石经历了混合过程，但要确定是岩浆混合还是源区混合，则需选择不同类型的同位素与微量元素结合的图解，并做辅助图。对于岩浆混合，采用 $^{87}Sr/^{86}Sr$ 对强不相容元素 Ce 与弱相容元素 Yb 比值（Ce/Yb）作图，辅以 $^{87}Sr/^{86}Sr$ 对弱相容元素 Yb 与 $^{86}Sr$ 比值（Yb/$^{86}Sr$）作图，前者构成双曲线，后者构成直线，指示岩石经历岩浆混合过程。而对于源区混合，则采用同位素比值与不相容元素比值联合作图，如 $^{87}Sr/^{86}Sr$ 对 La/Ce，辅以 $^{87}Sr/^{86}Sr$ 对 Ce/$^{86}Sr$ 作图，前者形成双曲线，后者形成直线，指示岩石形成经历源区混合。更为有效的是采用 O-Sr 同位素作图，即 $\delta^{18}O$ 对 $^{87}Sr/^{86}Sr$ 作图，当随 $^{87}Sr/^{86}Sr$ 明显增加，而 $\delta^{18}O$ 增加缓慢时，指示源区混合（如本节图 2-26，第七节图 2-40）。

**2. 矿物成分的带状分布和熔融包体成分**

岩石中某一矿物，如辉石的成分，特别是微量元素或稀土元素，呈环带分布（由核部到边部），指示岩浆混合（见第七节岩浆混合论述）；成分为双峰式斜长石斑晶表明曾发生两种岩浆混合；富镁的橄榄石斑晶与富铁辉石斑晶共生，富镁的正环带辉石与富铁的反环带辉石斑晶共生，这种不平衡斑晶组合是源于不同岩浆之间的混合作用。火山碎屑内橄榄石、富钙斜长石、富铁橄榄石等大晶体中的玻璃包裹体的化学组成变化范围较大，如从玄武质到安山质，甚至到英安质，表明这些大晶体来自成分不同的岩浆，在岩浆房内同时存在几种不同的岩浆，它们在喷发前或喷发时发生了混合作用。当磷灰石的稀土球粒陨石标准化型式与寄主岩石明显不同时，也指示岩浆形成过程发生了岩浆混合、地壳混染或其源区不均一。

**3. 岩体中暗色微粒包体**

主要包括暗色微粒包体的形态、成分（主、微量元素，同位素）及同位素定年，如果寄主岩石与暗色微粒包体的成分差异大，同位素年龄不同，同位素组成［如它们的 $\varepsilon_{Hf}(T)$］不同，则表明它们形成于性质完全不同的岩浆混合，如本节中讨论的西藏冈底斯岩带的曲水花岗杂岩。

# 第六节　岩浆岩成岩定量模型中地球化学参数的确定方法

在对一岩浆岩确定了其形成模型（部分熔融、分离结晶、混合作用等）后，确定模型中的地球化学参数便成为解决成岩过程的关键。在上述描述各种成岩过程的参数中最重要的是下述几种：源岩（或混合端元）类型及微量元素浓度 $C_0^i$，岩浆形成过程中残余相（或结晶相）矿物组成（用以计算总分配系数），部分熔融或分离结晶程度 $F$，混合比例等。这些参数确定后，模型便迎刃而解。上述参数的确定主要依据于实际地质观察、薄片鉴定以及实验岩石学和地球化学资料。

# 一、源区物质成分

岩浆岩源区物质成分（$C_0^i$）对部分熔融和分离结晶过程都是重要参数。源区物质的选择是根据地质观察，综合考虑岩石化学、微量元素、残留体、同位素组成等资料。如目前常用的 Sr、Nd、O、Pb、Hf 同位素组成（$^{87}Sr/^{86}Sr$ 初始值、$\varepsilon_{Nd}$、$\varepsilon_{Hf}$、$\delta^{18}O$ 等）是物质来源的重要依据。

## 1. 不同类型岩浆岩源区物质成分经验估计

### （1）基性岩、超基性岩

一般取上地幔为其源区物质时，尖晶石橄榄岩和石榴子石橄榄岩是主要岩石类型，其中，尖晶石橄榄岩存在于地幔最上部，两种岩石之间存在尖晶石向石榴子石过渡。对于地幔柱岩浆岩，根据其苦橄岩中橄榄石 Ni 的高含量，由再循环洋壳熔体与橄榄石反应形成的辉石岩被认为是地幔柱岩浆岩的源区（Sobolev et al.，2005，2007）。地幔橄榄岩的微量元素含量常以两倍左右球粒陨石元素丰度作为 $C_0^i$ 值。例如，Johnson（1998）在进行地幔岩（尖晶石橄榄岩、石榴子石橄榄岩）部分熔融计算时，其源区地幔微量元素含量 $C_0^i$ 值对 CI 型球粒陨石的倍数分别为 Ce×1.5、Nd×1.6、Zr×1.7、Sm×1.8、Eu×1.9、Ti×2.0、Dy×2.0、Er×2.0、Yb×2.0。而源区是尖晶石橄榄岩还是石榴子石橄榄岩可根据微量元素比值的组合图解判断，如 La/Yb-Sm/Yb（Johnson，1998；Xu et al.，2005），或 La/Sm-Sm/Yb（Lassiter and DePaolo，1997）。选择这些稀土元素是基于在地幔源区尖晶石和石榴子石对它们的分配系数明显不同，石榴子石强烈富集重稀土元素，如对 Yb 的分配系数≫1；而对轻稀土元素则为强不相容元素，如对 La 的分配系数≪1。相反，轻、重稀土元素对尖晶石均为不相容元素。轻稀土元素 La 在多数地幔矿物中的不相容性均高于中稀土元素 Sm，因此，Sm 相对于重稀土元素 Yb 的富集程度 Sm/Yb，依赖于地幔熔融过程中石榴子石是否为残留相。基于上述特点，在 La/Yb-Sm/Yb 或 La/Sm-Sm/Yb 图解中，尖晶石橄榄岩和石榴子石橄榄岩的部分熔融显示了明显不同的变化趋势，在石榴子石稳定区发生部分熔融将使 La/Yb 与 Sm/Yb 发生明显分异；相反，在尖晶石稳定区发生部分熔融，La/Yb 与 Sm/Yb 分异很小。La/Sm-Sm/Yb 图解有相似特点。因此，在 La/Yb-Sm/Yb 图解中，石榴子石橄榄岩为源的部分熔融形成很陡的直线，而尖晶石橄榄岩为源的部分熔融形成与 La/Yb 近平行的直线（图 2-28a），图中数据点为对西天山高钾火山岩的模拟计算值。在 La/Sm-Sm/Yb 图解中，尖晶石橄榄岩为源区和石榴子石橄榄岩为源区的部分熔融分别形成近于与 La/Sm 和 Sm/Yb 平行的直线（图 2-28b）。

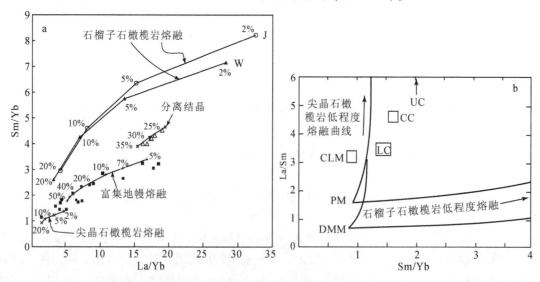

图 2-28　尖晶石橄榄岩和石榴子石橄榄岩部分熔融的 La/Yb-Sm/Yb 和 La/Sm-Sm/Yb 图解

a. La/Yb-Sm/Yb（Johnson，1998；Xu et al.，2005；本书），W 和 J 分别为根据 Waleter，1998 和 Johason，1998 给出的地幔岩成分计算；

b. La/Sm-Sm/Yb（Lassiter and DePaolo，1997）。UC. 上地壳；CC. 大陆壳；LC. 下地壳；CLM . 大陆岩石圈地幔；PM . 原始地幔；

DMM. 亏损地幔

（2）岛弧岩浆岩

源区较为复杂，涉及地幔楔橄榄岩、俯冲洋壳、俯冲洋壳上的沉积岩、俯冲洋壳脱水产生的流体等多种组分。对于地幔楔橄榄岩、俯冲洋壳将在第四章第二节的埃达克岩讨论，本节仅讨论如何识别源区中俯冲沉积物和俯冲板片流体的加入。微量元素在含水流体中的活动性研究表明（详见本书第三章第一节），稀土元素，如 Yb，以及高场强元素（HFSE），如 Th、Nb、Ta、Zr 等，均是不活动性的，或活动性很弱，而 B 和大离子亲石元素（LILE）Pb、Rb、Sr、Ba、U 等活动性很强。因此，岛弧岩浆岩的显著特点是 LILE/HFSE 值高。全球俯冲沉积物（globle subducting sediment，简称 GLOSS）的 Th 含量为 $6.91 \times 10^{-6}$（Plank and Langmuir，1998），计算表明，弧岩浆中 90% 的 Th 来自俯冲的沉积物（Hawkesworth et al.，1997）。全球俯冲沉积物平均主、微量元素成分及 Sr、Nd、Pb 同位素组成见本书附表 12。

根据上述，选择这些元素对比值作图，如 Th/Yb-Ta/Yb、Th/Yb-Ba/La 可以清楚识别岛弧岩浆岩源区中沉积物和流体加入的程度。在 Th/Yb-Ta/Yb 图解中（图 2-29a），高 Th/Yb 指示源区中有明显的俯冲沉积物加入，如印度尼西亚的巽他弧、拉丁美洲的 Lesser Antillies 弧。而洋中脊玄武岩 MORB 的 Th/Yb 和 Ta/Yb 均很低，表明其源区中没有沉积物加入。图中还显示了地幔楔与沉积物二端元混合曲线。在 Th/Yb-Ba/La 图解中（图 2-29b），高 Th/Yb 也指示了源区中沉积物或沉积物熔体的加入，而高 Ba/La 值则指示了源区中俯冲板片析出的流体的加入（Woodhead et al.，2001）。

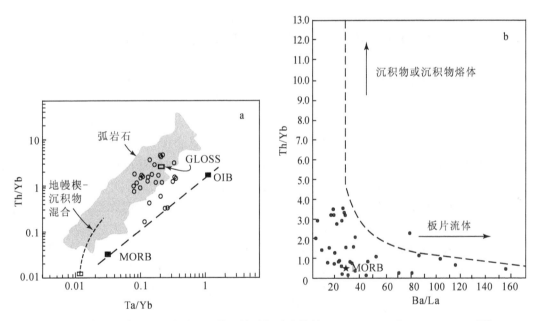

图 2-29　岛弧岩浆岩源区俯冲沉积物和俯冲板片流体的 Th/Yb-Ta/Yb 和 Th/Yb-Ba/La 图解

a. Hawkesworth et al.，1997；b. Woodhead et al.，2001；GLOSS. 全球俯冲沉积物

（3）花岗岩类

源区物质要复杂得多，S 型花岗岩一般来源于上地壳，可用杂砂岩平均成分代表源区物质，而 I 型花岗岩源区则常为下地壳和上地幔物质混合。花岗岩中堇青石、白云母、电气石和石榴子石等矿物的存在指示其源区为高铝的、主要来自上陆壳的泥质岩，如西藏南喜马拉雅带浅色花岗岩。在钙碱性火成岩岩套中，分异程度最低的往往被看作为初始岩浆成分。

（4）碱性岩

多沿板块内部裂谷或深大断裂分布，结合 Sr 同位素组成（$^{87}Sr/^{86}Sr$ 初始值<0.710）表明它们的源区物质应为上地幔。而某些碱性岩强烈富集轻稀土元素和某些高场强元素（Zr、Nb 等），根据部分熔融模型，即使在总分配系数为 0、极低的部分熔融程度（$F<0.01$）的条件下，也不能达到碱性岩中微量元素浓度。因此，这些碱性岩的源区应为交代富集地幔，某些碱性花岗岩也有类似的特点（赵振华、周玲棣，1994）。

**2. 冷凝边岩石、矿物与镁铁质岩浆岩原始岩浆**

镁铁质岩浆岩原始岩浆的确定一般有两种方法，第一种是全岩法，选择岩体的冷凝边（chilled margin）岩石代表原始岩浆，它是岩浆侵入或喷出后快速冷却的产物（在 MORB 中常形成玻璃），或者选择同时形成的镁铁质岩席或岩墙。选择的标准是不应受到热液或交代蚀变作用，没有堆晶矿物（Wager and Michell，1951；Wager，1960；Hoover，1989）。Wager 和 Michell（1951）对格陵兰著名的 Skaergaad（斯卡尔嘎德）层状侵入体不同相中微量元素分布进行了详细研究，从最早期的辉长苦橄岩和钙长辉长岩、橄榄辉长岩、无橄榄辉长岩、铁辉长岩、钙铁辉石花斑岩到最晚期的花斑岩，微量元素呈有规律的变化。该层状侵入岩体的冷却边辉长岩的成分被作为原始岩浆成分，将各岩石中微量元素与原始岩浆进行对比，并按岩石在岩体中所占比例作图，显示微量元素的富集趋势与理论曲线非常相似，表明 Skaergaad 侵入体中的各种岩石是经不同程度的分离结晶作用而成的。Hoover（1989）对 Wager 所选择的冷凝边辉长岩作了更详细的研究，认为真正能代表原始岩浆的冷凝边辉长岩是有限的，在接触带并不普遍存在，许多样品受到热液蚀变，必须严格挑选。Hoover 选择该侵入体顶部及东、西边缘的冷凝边辉长岩进行分析，其成分相当于铁玄武岩，其 $Mg^{\#}$ 为 0.51~0.54，未见比接触带其他未变化改造的岩石明显富集 Fe、K 和 P。Hoover 用岩体边缘边界岩石中的堆晶体进行部分熔融实验，形成的熔体的玻璃成分与上述冷凝边岩石很相似，据此提出该侵入体顶部及东、西边缘的冷凝边，而不是 Wager 所选择的冷凝边样品，才适合作为 Skaergaard 岩体原始岩浆的代表，其原始岩浆成分类似于铁玄武岩。

南非 Bushiweild 层状超镁铁质岩体的原始岩浆的研究也采用了岩体冷凝边（Sharp，1981），选择分别与下部带、临界带和主带组合的三套边缘岩石 B1、B2 和 B3 为代表，它们呈岩席状分布在杂岩体底部，成分明显不同，为细粒的边缘岩石。B1 和 B2、B3 成分的明显不同，表明 Bushiweild 层状超镁铁质岩体的原始岩浆来自至少两种岩浆的混合（见本章第七节讨论）。

应指出的是，应对岩体全岩进行 $\varepsilon_{Nd}(T)$ 及 $(Nb/La)_{PM}$ 对 MgO、$SiO_2$，$(Nb/La)_{PM}$ 对 Nb/Th 等作图检验，排除岩体基本未受围岩混染后，这种岩体的冷凝边岩石才适合作为原始岩浆代表。

第二种探讨原始岩浆的方法是分析造岩矿物或副矿物，辉石、橄榄石和磷灰石是这两类矿物的代表。在获得辉石的微量或稀土元素含量后，可根据这些元素的辉石/熔体分配系数计算平衡熔体成分（Bernstein et al.，1996；Maier and Barnes，1998）。我们对新疆中天山骆驼沟辉长岩单斜辉石进行了系统激光等离子体质谱分析（Tang et al.，2012），发现从单颗粒辉石核部到边部的微量和稀土元素含量呈有规律变化。辉石的主化学成分主要为普通辉石和透辉石，其核部 $Mg^{\#}$、Cr 高，Na、Ti 低，而边部 $Mg^{\#}$、Cr 低，Na、Ti 高。选择 Cr 含量 $>3000 \times 10^{-6}$ 单斜辉石核部成分代表原始岩浆，根据单斜辉石/玄武岩浆的稀土分配系数，计算与之平衡的熔体成分，进而与辉长岩分析对比，检验原始岩浆选择的合理性。结果表明，骆驼沟辉长岩原始岩浆属混合岩浆（详见本章第七节二）。

含橄榄岩包体、$Mg^{\#} = 0.68 \sim 0.72$，$NiO > 0.03\%$ 被作为玄武岩原始岩浆的标志（Frey and Green，1978）。关键参数是 MgO，而橄榄石是 MgO 的最主要矿物。根据质量平衡法，Herzberg 及其合作者（2002，2007，2008）先后提出了基于关键参数 MgO 的计算方法和相关程序，计算过程是不断加入橄榄石（相当于岩浆分离结晶的反过程）。张招崇和王福生（2003）用橄榄石和熔体的 Fe、Mg 分配系数，李永生等（2012）用类似于 Herzberg 和 Asimov（2008）的方法研究了峨眉山玄武岩的原始岩浆。

磷灰石是岩浆中结晶较早的副矿物，在岩浆结晶过程中具有稳定性，其微量元素、稀土元素组成是母岩浆类型的灵敏指标，例如，其 Sr 含量与母岩浆类似，可用于岩浆类型识别；其完全配方型稀土球粒陨石标准化分布型式，也是其母岩浆类型的标志（见第三章第六节图 3-136）。

**3. 岩浆初始成分的理论估计**

根据分配系数的概念和岩浆形成的模型，可以看出对亲岩浆元素（M 元素），特别是亲湿岩浆元素（H），由于它们的分配系数很小，在形成岩浆过程中，将有很大部分进入岩浆，因此这些元素的浓度比值应与源区相同或相近似，如 Rb/Cs、K/Ba、Zr/Nb、Sm/Nd、U/Pb、Rb/Sr 等，这是一种很简单的估计岩浆岩源区成分特点的方法。实际情况要复杂得多。比如，在形成岩浆过程中，分配系数并非保持不变，有实比与非实比熔融、挥发分影响等。

Allegre 和 Treuil（1977）曾系统从理论上探讨源区物质元素浓度。他们指出，某些元素特别是所有的亲湿岩浆元素（H 元素，$D \ll 1$），可以给出源区物质微量元素浓度比值，但不是源区物质中该元素的浓度，这是由于：

$$C_1^i = C_{0,1}^i \left( \frac{C_{0,1}^i}{C_1^*} \right)^{D_i - 1} \tag{2-76}$$

或 $\lg C_1^i = \lg C_{0,1}^i + (D_i^0 - 1) \lg C_{0,1}^* - (D_i - 1) \lg C_1^*$。

当两种 H 元素（$i$、$j$）在 $\lg C_1^i$ 对 $\lg C_1^*$ 图上平行时，它们的截距之差为 $\lg C_{0,1}^i / C_{0,1}^j$，即得出了初始浓度之比。对于非实比平衡部分熔融模型，两种高度不相容元素（$X$、$Y$）的浓度比值表达式为

$$\frac{C_1^X}{C_1^Y} = \frac{D_0^Y - D_0^X \frac{1 - P^Y}{1 - P^X}}{C_0^Y} C_1^X + \frac{C_0^X (1 - P^Y)}{C_0^Y (1 - P^X)} \tag{2-77}$$

式中，符号意义同式（2-26）。

在平衡部分熔融过程中，$D$、$P$ 保持不变，式（2-77）为直线方程，对于高度不相容元素或地球化学性质极其相似的元素对，$P^X \sim P^Y$（或 $P^X$、$P^Y \rightarrow 0$），$D^X \sim D^Y$（或 $D^X$、$D^Y \rightarrow 0$），式（2-77）的斜率为 0，截距即为源区两元素的含量比值 $C_0^X / C_0^Y$。例如，La、Ce、Ta、Y、Nb、Zr 等的比值 La/Ce、La/Ta、Ta/Y、Zr/Ta、Ta/Nb 等，一般在玄武质岩浆形成过程中不发生分离，它们可代表源区这些元素浓度比值。对于稀土元素，可利用相邻两元素比值，如 La/Ce、Sm/Nd、Yb/Lu 来说明源区特点。而离子性质明显不同、分配系数不同的稀土元素比值，如 Ce/Yb、La/Yb 等，在岩浆分异过程中是变化的，可反映岩浆成因和演化特点。对于地幔成分的研究常采用的比值还有 Ba/Rb、K/U、Cs/Rb、Zr/Hf 等，它们的地球化学行为相似，在岩浆分异过程中仍保留地幔源区的比值。

用上述原理和方法，对江苏六合-仪征古近纪大陆碱性玄武岩的地幔源区性质进行了研究，获得了碱性玄武岩中不相容元素的回归方程（支霞臣，1990）：

$$\text{La/Ce} = 9.7 \times 10^{-4} \text{La} + 0.486 (\gamma = 0.91) \tag{2-78}$$

$$\text{Ce/Pr} = 1.2 \times 10^{-2} \text{Ce} + 7.94 (\gamma = 0.90) \tag{2-79}$$

$$\text{Pr/Nd} = 3.1 \times 10^{-3} \text{Pr} + 0.229 (\gamma = 0.81) \tag{2-80}$$

$$\text{Nd/Sm} = 4.0 \times 10^{-2} \text{Nd} + 3.44 (\gamma = 0.94) \tag{2-81}$$

可见上述元素对回归线斜率均较小，截距可近似代表地幔源区轻稀土元素含量比值，由此可以得到地幔源区球粒陨石标准化的数值。例如，$(\text{La/Ce})_N = (\text{La/La}_N) / (\text{Ce/Ce}_N) = (\text{La/La}_N) \times (\text{Ce}_N / \text{Ce}) = (\text{La/Ce}) \times (\text{Ce}_N / \text{La}_N)$，式中 $\text{La}_N$ 和 $\text{Ce}_N$ 分别为球粒陨石中的含量，本式前半部分为源区微量元素含量，后半部分为球粒陨石的比值，将上述各式比值代入，可得出本区地幔源区的球粒陨石标准化值分别为 $(\text{La/Ce})_N = 1.25$，$(\text{Ce/Pr})_N = 1.20$，$(\text{Pr/Nd})_N = 1.13$，$(\text{Nd/Sm})_N = 1.11$。这些特点表明本区碱性玄武岩地幔源区是富轻稀土元素的非球粒陨石型（图 2-30）。

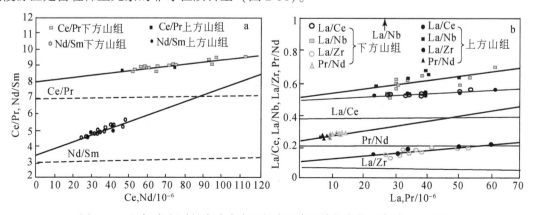

图 2-30　六合-仪征碱性玄武岩中不相容元素比值的变化（支霞臣，1990）

如果要得到初始浓度，需采用强相容元素 g（如 Ni、Cr），在 $\lg C_1^i$ 对 $\lg C_1^*$ 图上截距为

$$A = \lg C_{0,1}^g + (D^g - 1)\lg C_{0,1}^* \tag{2-82}$$

由 $C_{0,1}^g$ 的估计值就可以求出 $C_{0,1}^*$ 的估计值。例如，对亚速尔群岛的 Terceira 火山岩（玄武岩-粗面岩），用 Ni-Ta 作图，当 Ni 为（300~450）$\times 10^{-6}$ 时，可估计 Ta 的含量为（1.15±0.1）$\times 10^{-6}$（图 2-31；Allegre and Treuil，1977）。

## 二、分离结晶过程的 D 与 F 值计算

一般情况下总分配系数 $D$ 是根据分离结晶相中各矿物的比例和对微量元素的分配系数值计算的。Cocherine（1986）采用相容元素和亲湿岩浆元素的 lg-lg 图解进行了计算，所研究的对象是钙碱性基性岩套，岩套由堆积体（粒状橄长岩、辉长苏长岩）和非堆积体（辉长岩-闪长岩）组成。相容元素取 Ni、Cr，亲湿岩浆元素取 La、Th、Ta、Hf、U、Rb、Cs。在 lg-lg 图解中，相容元素（$C_1$）与亲湿岩浆元素（$C_2$）之间构成直线（图 2-31）。Cocherine（1986）的研究表明，不需假设原始岩浆 $C_0$ 和与熔体平衡的矿物组成，也不需给出各微量元素的矿物/熔体分配系数，根据图解即可求出各微量元素的总分配系数 $D$ 和残留熔体比例 $F$（或结晶度）。在分离结晶作用过程中，如果两元素 1 和 2 的总分配系数保持恒定，则用 $\lg C_1^l$ 对 $\lg C_2^l$ 作图给出一斜率为 $\alpha$ 的直线（图 2-31 中实线）。$\alpha = \dfrac{D_1 - 1}{D_2 - 1}$，晶出的固相（堆积体）$\lg C_1^s$ 对 $\lg C_2^s$ 作图也形成同样斜率的直线（图 2-31 虚线）。采用连续近似法可以由式（2-85）和式（2-86）解出 $D_1$、$D_2$ 值（表 2-11）。

$$\lg C_1^s = f(\lg C_2^s),\ \lg C_1^l = f(\lg C_2^l) \tag{2-83}$$

$$b = \lg C_2^l - \lg C_2^s = \frac{D_2 - 1}{D_1 - 1}\lg D_1 - \lg D_2 \tag{2-84}$$

$$D_1 = \alpha(D_2 - 1) + 1 \tag{2-85}$$

$$D_2 = \exp\left(\frac{1}{\alpha}\lg D_1 - b\right) \tag{2-86}$$

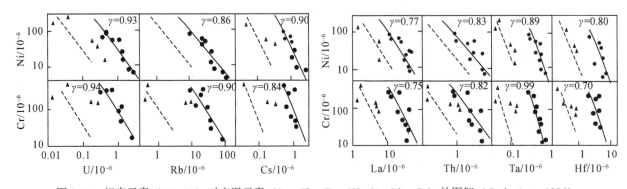

图 2-31　相容元素（Ni、Cr）对亲湿元素（La、Th、Ta、Hf、U、Rb、Cs）的图解（Cocherine，1986）

在得出 $D$ 值后，可由瑞利分离定律的公式解出 $F$ 值，式中的 $C_0$ 值可由未分异的或分异很弱的岩石中微量元素浓度代替（表 2-11 中 $C_i$），而 $C^l$ 可用强分异的岩石中相应的微量元素浓度代替（表 2-11 中 $C_f$）。

表 2-11 列出了根据上述九种微量元素浓度对分离结晶作用过程中的总分配系数和残余熔体比例的计算结果，Ni、Cr 各有七个 $D$ 值，La 等七种元素各有两个 $D$ 值，表 2-11 下部分别为它们的平均值，由各元素所得出的 $F$ 值平均为 0.173，表明其结晶度为 83%。

**表 2-11　用微量元素的 lg-lg 图解计算的总分配系数 $D$ 和残留熔体比例 $F$**（Cocherine，1986）

| 项目 | Cr | Ni | La | Th | Hf | Ta | Cs | Rb | U |
|---|---|---|---|---|---|---|---|---|---|
| Cr-La | 2.647 | | 0.091 | | | | | | |
| Ni-La | | 2.285 | 0.171 | | | | | | |
| Cr-Th | 2.227 | | | 0.075 | | | | | |
| Ni-Th | | 1.195 | | 0.173 | | | | | |
| Cr-Hf | 3.374 | | | | 0.091 | | | | |
| Ni-Hf | | 3.161 | | | 0.114 | | | | |
| Cr-Ta | 3.970 | | | | | 0.065 | | | |
| Ni-Ta | | 3.397 | | | | 0.083 | | | |
| Cr-Cs | 3.180 | | | | | | 0.047 | | |
| Ni-Cs | | 2.880 | | | | | 0.079 | | |
| Cr-Rb | 2.437 | | | | | | | 0.023 | |
| Ni-Rb | | 2.041 | | | | | | 0.085 | |
| Cr-U | 2.492 | | | | | | | | 0.030 |
| Ni-U | | 2.186 | | | | | | | 0.054 |
| $D_{平均}$ | 2.904 | 2.555 | 0.131 | 0.124 | 0.103 | 0.074 | 0.063 | 0.054 | 0.042 |
| $C_{i平均}$ | 341 | 92 | 11 | 0.95 | 2.7 | 0.46 | 0.55 | 9.7 | 0.37 |
| $C_{f平均}$ | 14.1 | 5.2 | 60 | 105 | 0.8 | 1.35 | 2.1 | 105 | 3.2 |
| $F$（残留熔体比例） | 0.188 | 0.158 | 0.142 | 0.064 | 0.268 | 0.313 | 0.239 | 0.081 | 0.105 |

注：$D_{平均}$为每一微量元素的平均总分配系数；$C_{i平均}$为分异最差的岩石微量元素 $i$ 的平均浓度；$C_{f平均}$为强分异的岩石微量元素 $i$ 的平均浓度。

　　岛弧岩浆源区部分熔融程度 $F$ 值可根据其 Ti 的含量估计，这是因为 Ti 是中等不相容元素，在流体中基本不活动，在原始弧岩浆中含量受交代作用影响小，因此可作为定性反演 $F$ 值的指标。Le 和 Lee（2004）用这种方法估算拉斑质弧岩浆是由饱满的尖晶石二辉橄榄岩约 6% ~ 10% 熔融形成（见第三章图 3-69）。

## 三、分离结晶与部分熔融固相矿物组成的确定

### 1. 分离结晶

　　在瑞利分离结晶公式中总分配系数是由各结晶矿物的分配系数和相对百分含量计算的。由于确定 $F$ 值及结晶固相的矿物组成有一定困难，使得分离结晶公式应用常遇到麻烦。Allegre 和 Treuil（1977）提出了一种计算结晶固相矿物组成的方法。对于 $n$ 种微量元素，可以将总分配系数以矩阵形式写出 $n$ 个线性方程：

$$\begin{bmatrix} \overline{D^1} \\ \overline{D^2} \\ \vdots \\ \overline{D^n} \end{bmatrix} = \begin{bmatrix} D^1_{\alpha/1} & D^1_{\beta/1} & \cdots \\ D^2_{\alpha/1} & D^2_{\beta/1} & \cdots \\ \vdots & \vdots & \vdots \\ D^n_{\alpha/1} & D^n_{\beta/1} & \cdots \end{bmatrix} \cdot \begin{bmatrix} X_\alpha \\ X_\beta \\ \vdots \end{bmatrix} \tag{2-87}$$

　　如果上述各微量元素（$1-n$）的矿物/熔体分配系数已知，即已知分配系数矩阵 $[D^i_{\alpha/1}]$，则可以解线性方程组得出 $X_\alpha$，即分离结晶相的平均矿物组成。

　　Barca 等（1988）进一步发展了瑞利分离定律，提出了与 Allegre 和 Treuil（1977）相类似的方法。他们引入了变量 $Y_i$ 代表矿物相 $i$ 相对于原始质量的比例，$W_i$ 为矿物相 $i$ 在固相中的质量，$X_i$ 为矿物相 $i$

在结晶的矿物集合体中的相对比例，$\sum X_i = 1$，当体系封闭时，可得出下述条件：

$$X_i = \frac{W}{\sum W_i} \qquad Y_i = \frac{X_i \sum W_i}{L_0} \tag{2-88}$$

由于 $\sum W_i = L_0 - L$，$\sum Y_i = \frac{\sum W_i}{L_0} = 1 - F$。因此可得

$$X_i = \frac{Y_i}{\sum Y_i}, F = 1 - \sum Y_i \tag{2-89}$$

不难看出，由 $Y_i$ 就可以得出残余熔体的比例 $F$ 和结晶相中各矿物相的相对比例，瑞利分离结晶公式可写成：

$$\frac{C_1}{C_0} = (1 - \sum Y_i)^{\frac{\sum Y_i D_i}{\sum Y_i} - 1} \tag{2-90}$$

对于不同微量元素 $i$，只要知道 $C_1/C_0$ 和矿物/熔体的分配系数 $D_i$，就可根据上述公式用回归方法解出 $Y_i$。在研究自然过程时，应把多数重要微量元素包括在计算中，利用 $m$ 种微量元素建立 $m$ 个方程（$m$ 个 $C_1/C_0$ 值和 $D_i$ 值），编制计算程序即可解出 $F$ 值和结晶的各矿物比例。

**2. 部分熔融**

根据硅酸盐熔体的相平衡实验体系，可以较容易地确定部分熔融过程中残留相矿物成分。例如，在镁橄榄石-透辉石-石英三元体系中，可以由这三组分之间相平衡关系确定在不同熔体比例（部分熔融程度）时残留相中橄榄石、斜方辉石和单斜辉石的比例，当部分熔融程度高于25%时，残留相中只有斜方辉石和橄榄石。DePaolo（1988）根据大量实验资料，对具有橄榄岩和玄武岩成分的岩石在不同压力下发生部分熔融时残留相的矿物比例进行了概括。在所有上地幔的压力条件下，橄榄岩（地幔的主要岩石类型）主要由橄榄石、斜方辉石和单斜辉石组成，但第四种重要的矿物相，当压力增加时从斜长石变为尖晶石或石榴子石。洋壳和部分下部大陆壳具有玄武岩组分，随压力增加，其矿物组成也发生变化，矿物组成相当于辉长岩、石榴子石麻粒岩或榴辉岩。在中等压力条件下，当 $H_2O$ 存在时可变为角闪岩，图2-32给出了尖晶石橄榄岩、石榴子石橄榄岩、榴辉岩、角闪岩、辉长岩和石榴子石麻粒岩等不同程度部分熔融时残留相中矿物

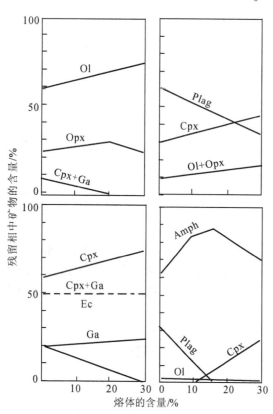

图 2-32　尖晶石橄榄岩、石榴子石橄榄岩、榴辉岩、角闪岩、辉长岩和石榴子石麻粒岩等不同程度部分熔融时残留相中矿物的含量变化（总固相＝100%）

（DePaolo，1988）

Ol. 橄榄石；Opx. 斜方辉石；Cpx. 单斜辉石；Ga. 石榴子石；Plag. 斜长石；Amph. 角闪石；Ec. 榴辉岩

的含量。这些资料是基于大量实验资料并进行了简化和近似得出的。

为便于在实际应用中较方便地确定残留相矿物组成，下面给出了地幔、陆壳、沉积岩在不同条件下发生部分熔融时的残留相矿物组成。

（1）地幔熔融

地幔成分可用尖晶石二辉橄榄岩或石榴子石二辉橄榄岩代表，其稀土组成模式与球粒陨石相平行，但丰度略高，一般为球粒陨石的1.5~2倍。在较浅部的条件下，地幔熔融时残留相成分为橄榄石±斜方辉石±单斜辉石，这些矿物的含量（%）可分别为55（或25）；25（或25）；25（或50）。在较深部条

件下，残留相中应有石榴子石出现，这时的残留相矿物组成可为橄榄石（55）、斜方辉石（25）、单斜辉石（15）、石榴子石（5）。

（2）玄武质母体的熔融

在高水压条件下，700℃就可以使玄武岩发生熔融，在洋壳向大陆边缘俯冲时，沿消减地体可产生玄武岩的熔融。玄武岩在不同条件下熔融后产生的熔体和残留相是不同的。

在较浅和湿的条件下：生成英安岩熔体，残留相为角闪岩相；

在较浅和干的条件下：生成安山岩熔体，残留相为麻粒岩相；

在中等深度条件下：生成辉长、斜长岩熔体，残留相为麻粒岩；

在较深条件下：生成英安岩熔体，残留相为榴辉岩。

在上述各种情况中，残留相的不同必然造成所产生的熔体稀土元素组成的差异。当残留相为角闪岩相时，相对于母体（玄武岩）来说，熔体富集 Eu，形成 Eu 正异常，中、重稀土元素中等亏损。这种熔体是近于饱和水的，主要形成英云闪长岩和花岗闪长岩等侵入体，而不形成喷出岩。当残留相为麻粒岩时，熔体的稀土元素模式相对富轻稀土元素，水中等富集，可形成侵入岩（闪长岩、辉长岩或斜长岩杂岩体）或喷出岩（安山岩）。当残留相为榴辉岩时，熔体的稀土模式强烈亏损重稀土元素，这种熔体是相对干的，可在浅部侵入或喷出。

由上述不难看出，熔融发生前母体的矿物成分不是控制熔体稀土元素模式的主要因素，熔体形成并移出时与之共存的残留相矿物成分才是控制熔体稀土元素组成的主要因素，这时的矿物成分与母体矿物成分可能完全不同，例如，母体是角闪岩，但残留相可以是麻粒岩或榴辉岩。残留相的矿物成分主要依赖于残留相的主元素成分，玄武岩的部分熔融可以产生亏损 $SiO_2$ 和碱金属，以及富集 Ca、Fe、Mg 的残余相。

（3）沉积岩和大陆壳的熔融

花岗岩类的母体物质中有相当部分（或全部）为沉积岩或大陆壳。由于花岗岩类常以岩基状产出，因此，它的母体物质分布范围较大，可能同时包括了几种类型的沉积岩。例如，一个延伸范围 5km 的花岗岩体，其体积约为 $125km^3$，如果是由基底 20% 部分熔融形成，则其母体体积应是 $625km^3$，即 8.5km 范围内的沉积岩或大陆壳。尽管母体所包括的岩石分布范围较大，但由于部分熔融总是发生在母体物质的易熔组分，因此发生熔融的部分应具有相似的成分。在沉积岩和大陆壳中，杂砂岩、页岩分布最广，它们的稀土元素组成很相似，可以作为沉积岩或大陆壳的代表组分。如果部分熔融发生在高水压条件，残留相为角闪岩，低水压时则为麻粒岩。

# 第七节　岩浆岩成岩模型计算实例

为便于深入理解各种岩浆岩的成岩模型，本节分别给出了识别不同类型岩石成岩模型的微量元素选择及模型参数选择和计算实例（如源区物质 $C_0$、矿物组成及分配系数 $D$、部分熔融或分离结晶程度 $F$ 等）。应当说明的是，由于地质作用的复杂性，所给出的实例仅是最可能的模型，它不是唯一的，仅供理解微量元素如何用于岩浆岩的成岩过程模拟。对于具体的岩浆岩，可能有不止一种模型可以模拟其成岩过程。

# 一、部分熔融模型

## 1. 地幔岩部分熔融——玄武岩成岩模型

近代实验岩石学研究表明玄武岩浆起源于上地幔，上地幔岩石主要包括尖晶石二辉橄榄岩和石榴子石二辉橄榄岩，它们在适当条件下发生部分熔融，形成的岩浆聚集、分离或分异，可形成各种玄武岩，如拉斑玄武岩、碱性玄武岩。以尖晶石二辉橄榄岩为例，其矿物组成比例为橄榄石 Ol 0.53，斜方辉石

Opx 0.23，单斜辉石 Cpx 0.17，尖晶石 Sp 0.03，用非实比熔融模型，假设这些组成矿物的熔融比例分别为 Ol 0.20，Opx 0.25，Cpx 0.53，Sp 0.02。由于是非实比部分熔融，在熔融过程中残留矿物的比例将发生变化，相应的总分配系数也会发生变化，对于每一熔融增量均需重新计算残留相矿物比例和总分配系数，然后用非实比熔融总分配系数公式［式（2-25）］和非实比熔融公式［式（2-26）］分别计算。例如，选择主要稀土元素进行上述计算，源岩尖晶石二辉橄榄岩的稀土元素含量（即 $C_0^i$）为 C1 型球粒陨石的 1.5~2.0 倍（Johnson，1998）：Ce 为 $1.5 \times 0.6032 = 0.9048$（$\times 10^{-6}$）；Nd 为 $1.6 \times 0.4524 = 0.7238$（$\times 10^{-6}$）；Sm 为 $1.8 \times 0.1471 = 0.2648$（$\times 10^{-6}$）；Eu 为 $1.9 \times 0.056 = 0.1064$（$\times 10^{-6}$）；Dy 为 $2.0 \times 0.2427 = 0.4854$（$\times 10^{-6}$）；Yb 为 $2.0 \times 0.1625 = 0.325$（$\times 10^{-6}$）。设部分熔融程度 $F = 0 \sim 40\%$，$D_0$、$P$ 及 $C_1^i$ 的计算结果分别列于表 2-12 和表 2-13。计算结果表明，地幔橄榄岩低程度部分熔融（约 5%）形成的岩浆与碱性玄武岩相当，这与实验岩石学资料和认识一致（Gast，1968a；Ringwood，1975）。

**表 2-12　尖晶石二辉橄榄岩不同熔融程度 $F$（%）时的矿物含量**

| 矿物 \ $F$ | 0 | 5 | 15 | 20 | 30 | 40 |
|---|---|---|---|---|---|---|
| 橄榄石 Ol/% | 53 | 54.7 | 58.8 | 61.3 | 67.1 | 75 |
| 斜方辉石 Oxp/% | 27 | 27.1 | 27.4 | 27.5 | 27.9 | 28.3 |
| 单斜辉石 Cpx/% | 17 | 15.1 | 10.6 | 8.0 | 1.6 | −7.0* |
| 尖晶石 Sp/% | 3 | 3.1 | 3.2 | 3.2 | 3.4 | 3.7 |

\* 部分熔融程度>30%后，斜方辉石消失。

**表 2-13　尖晶石二辉橄榄岩不同熔融程度（$F$）时 $D$、$P$ 与 $C_1^i$**

| 元素 | | Ce | Nd | Sm | Eu | Dy | Yb |
|---|---|---|---|---|---|---|---|
| $D_0$ | | 0.01216 | 0.03275 | 0.05560 | 0.06302 | 0.08297 | 0.18733 |
| $P$ | $F=5$ | 0.01084 | 0.02937 | 0.05351 | 0.05699 | 0.07588 | 0.10022 |
| | $F=15$ | 0.00769 | 0.02139 | 0.03697 | 0.04272 | 0.05912 | 0.09022 |
| | $F=20$ | 0.00587 | 0.01678 | 0.02939 | 0.03445 | 0.05320 | 0.07374 |
| | $F=30$ | 0.00140 | 0.00543 | 0.01076 | 0.01415 | 0.02556 | 0.04989 |
| | $F=40$ | 0.00027 | 0.00244 | 0.00579 | 0.00861 | 0.01870 | 0.04268 |
| $C_1^i/10^{-6}$ | $F=5$ | 14.68 | 8.90 | 2.57 | 0.966 | 3.76 | 2.13 |
| | $F=15$ | 5.62 | 4.03 | 1.32 | 0.515 | 2.17 | 1.33 |
| | $F=20$ | 4.29 | 3.16 | 1.06 | 0.415 | 1.78 | 1.11 |
| | $F=30$ | 2.90 | 2.19 | 0.751 | 0.297 | 1.29 | 0.828 |
| | $F=40$ | 2.20 | 1.68 | 0.584 | 0.232 | 1.02 | 0.663 |

**2. 地壳岩石熔融——花岗岩类成岩模型**

广西大容山堇青石花岗岩：该花岗岩是华南典型的 S 型或陆壳重熔型花岗岩，作者对该岩体进行了较系统的稀土及微量元素分析，结合 Sr、Nd 同位素组成资料研究了它们的成岩模型。

源区物质：该岩体的 $(^{87}Sr/^{86}Sr)_i$ 为 0.7253~0.7280，Nd 模式年龄 $T_{DM}$ 为 1939Ma。这些特点与扬子陆块元古宙变质岩（江西双桥山群、湖南冷家溪群、广西四堡群等片岩、板岩、千枚岩、片麻岩等平均值）相似，因此可作为大容山花岗岩源岩（$C_0$）。

成岩过程判别：根据微量元素组合的比值–元素图 Rb/Sr-Sr 为一典型双曲线（图 2-33），可认为其成岩过程可用平衡部分熔融模拟。

残留相矿物组成：根据对大容山花岗岩中包体类型的研究，包体主要由黑云母及石榴子石和（或）董青石组成，不含角闪石，显示了母体物质富 Al。残相矿物组成为斜长石 0.30，钾长石 0.25，石英 0.25，紫苏辉石 0.10，黑云母 0.05，磷灰石 0.002。

部分熔融程度：大容山花岗岩岩石化学成分与基底变质岩非常相近，显示了高程度部分熔融特点，取 $F = 0.60 \sim 0.80$。

根据上述参数，采用实比平衡部分熔融方程［式（2-24）］和总分配系数计算式［式（2-23）］，可得出以下计算结果（表 2-14）。

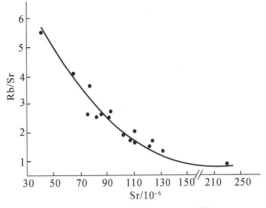

图 2-33 大容山的 Rb/Sr-Sr 图解

**表 2-14 广西大容山董青石黑云母花岗岩成岩模型计算**

| 元素 | Ce | Nd | Sm | Eu | Gd | Yb |
|---|---|---|---|---|---|---|
| 源区成分* $C_0/10^{-6}$ | 73.98 | 30.24 | 6.45 | 1.33 | 5.41 | 2.71 |
| 总分配系数（$D$） | 0.20 | 0.22 | 0.21 | 1.03 | 0.20 | 0.18 |
| $F = 0.60$ 时熔体浓度 $C_1/10^{-6}$ | 109.43 | 44.21 | 9.48 | 1.32 | 8.05 | 4.13 |
| $F = 0.80$ 时熔体浓度 $C_1/10^{-6}$ | 88.288 | 88.28 | 35.91 | 7.68 | 1.32 | 6.47 |
| 样品实测平均浓度/$10^{-6}$ | 82.26 | 34.32 | 7.44 | 1.14 | 6.02 | 3.27 |
| 样品实测浓度范围/$10^{-6}$ | 53.23~110.30 | 25.00~45.31 | 5.7~9.14 | 0.80~1.52 | 4.80~8.01 | 1.42~5.56 |

\* 源区成分为江西双桥山群、湖南冷家溪群、广西四堡群等片岩、板岩、千枚岩、片麻岩等平均值（Zhao, 1992）。

计算的模式浓度与实测浓度范围基本一致，因此，可以认为大容山花岗岩由基底变质岩经 60% ~ 80% 部分熔融形成。

# 二、分离熔融模型

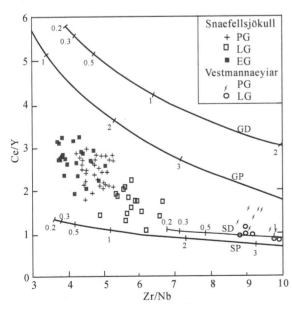

图 2-34 冰岛 Snaefellsjökull 玄武岩形成的非实比分离熔融模型（Hardarson and Fitton, 1991）

图中缩写说明见正文

冰岛晚更新世 Snaefellsjökull 玄武岩的形成可用分离熔融模型模拟（Hardarson and Fitton, 1991）。冰岛大多数玄武岩沿大西洋洋中扩张脊分布，最大程度的熔融发生在扩张中心轴下面，形成较厚的火山活动带，其成分为拉斑质。但 Snaefellsjökull 玄武岩偏离洋中扩张脊 150km 分布，属轻度（mildly）碱性岩浆［$SiO_2$ 46.44% ~ 47.14%；（$Na_2O + K_2O$）3.21% ~ 4.24%］。Snaefellsjökull 玄武岩可划分为三期：早冰期组 EG、晚冰期组 LG 和后冰期组 PG。晚冰期组在气候快速变化期喷出，其成分与其他两组玄武岩有明显差别，不相容元素含量约为其 1/2。用相容性明显不同的微量元素组合作图，Ce/Y-Zr/Nb 图解（图 2-34）对低压结晶分异不灵敏，Snaefellsjökull 玄武岩样品在该图解中的投影反映了玄武岩地幔源区熔融程度的不同和/或源区成分的差异。由于 Snaefellsjökull 玄武岩喷发量小，成分偏于碱性，因此可用分离熔融模型模拟其岩浆形成。

图 2-34 中显示的源区成分和熔融程度的变化是分别用亏损的石榴子石二辉橄榄岩 GD、原始的石榴子石二辉橄榄岩 GP 和亏损的尖晶石二辉橄榄岩 SD、原始的尖晶石二辉橄榄岩 SP，按非实比（non-modal）分离熔融模型计算的熔融曲线，曲线上的数字为熔体的百分含量。图中显示，Snaefellsjökull 玄武岩源区处于石榴子石和尖晶石二辉橄榄岩之间，其岩浆是源区经 <2% 的分离熔融形成，其晚冰期组（LG）的岩浆成分变化（不相容元素含量明显降低）可用原始地幔源区熔融程度在 1% 以下的短暂增加解释，同时伴随有熔融深度变浅（进入尖晶石二辉橄榄岩区）。对于亏损地幔源区，需要的熔融增量约 0.5%。

# 三、分离结晶模型

选择新疆西天山尼勒克县群吉沟橄榄玄粗岩（shoshonite）和阿尔泰布尔根碱性花岗岩，分别作为分离结晶和多阶段分离结晶作用的示例。

### 1. 初始岩浆熔体成分

对于玄武质岩浆的初始岩浆熔体成分一般可选取所研究岩石中 MgO 含量 >8% 的岩石（Lee et al.，2005），或选取其中的玄武质玻璃物质（Webber et al.，2013）。在著名的斯卡尔加德层状岩体中，边缘相被作为初始岩浆的代表，因为它是初始岩浆迅速冷却、未经历分异作用的产物。新疆西天山尼勒克县群吉沟橄榄玄粗岩分布于较大面积的橄榄玄粗岩系火山岩中，研究表明，该富碱火山岩系是富集地幔中等程度部分熔融形成（Zhao et al.，2009），由于群吉沟橄榄玄粗岩与其空间上的密切关系，用富集地幔 20% 非实比部分熔融形成的熔体为初始熔体成分（表 2-15）。

阿尔泰布尔根钠闪石碱性花岗岩（$^{87}Sr/^{86}Sr$）$_i$ 为 0.7048，$^{143}Nd/^{144}Nd$ 为 0.512555~0.512672，$\varepsilon_{Nd}(T)$ 为 +0.62~+3.40（赵振华，1993a，1993b；赵振华等，1993），在空间上密切与碱性辉长岩、花岗闪长岩、碱性正长岩组合，这些特点决定了其母岩浆形成与亏损地幔部分熔融产物密切相关。因此，选择亏损地幔 10% 部分熔融产物，即洋壳玄武岩 10% 部分熔融产物为其母岩浆（表 2-16）。

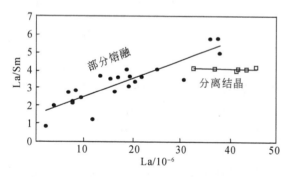

图 2-35　西天山尼勒克县群吉沟橄榄玄粗岩成岩过程的 La/Sm-La 图解

图中正方形块为尼勒克县群吉沟橄榄玄粗岩；实心黑原点为西天山橄榄玄粗质火山岩

### 2. 成岩过程判别

根据本章第五节成岩模型的识别图解（图 2-24），选择亲湿岩浆元素（H）La 与亲岩浆元素（M）Sm 浓度比值对亲湿岩浆元素 La 的浓度作图，西天山橄榄玄粗质火山岩在该图中呈斜直线，符合部分熔融模型，而尼勒克县群吉沟橄榄玄粗岩在图中呈水平线分布，表明其成岩经历了分离结晶过程（图 2-35）。对于阿尔泰布尔根碱性花岗岩，选择强不相容元素 Rb 和相容元素 Sr 或强相容元素 Cr、Ni 作元素–元素的 lg-lg 图（图 2-36），可见阿尔泰布尔根碱性花岗岩均构成负陡倾斜线，符合分离结晶作用模型。又根据强烈 Eu 亏损的稀土元素组成模式（Eu/Eu* 为 0.04），

表明其经历了多阶段分离结晶作用。因此，采用分离结晶作用和多阶段（n=2）分离结晶作用模型［分别为本章第四节式（2-33）和式（2-39）］分别模拟西天山尼勒克县群吉沟橄榄玄粗岩和阿尔泰布尔根碱性花岗岩成岩过程。

### 3. 结晶相矿物组成

上述西天山尼勒克县群吉沟橄榄玄粗岩具有低 Rb/Sr 值（0.04~0.09，平均 0.06）、高 Ba/Rb 值（7.58~27.6，平均 15.7），指示角闪石作为结晶相；其 Nb、Ta 和 Ti 负异常的存在指示尖晶石作为分离结晶相，因为尖晶石对 Nb、Ta、Ti 的分配系数高；高 La/Yb 值（16.1~18.9，平均 17.4）指示石榴子石作为分离结晶相。因此，分离结晶相矿物组成为：橄榄石 Ol 0.35，单斜辉石 Cpx 0.35，斜方辉石 Opx 0.20，石榴子石 Grt 0.08，尖晶石 Sp 0.117，磷灰石 Ap 0.003。

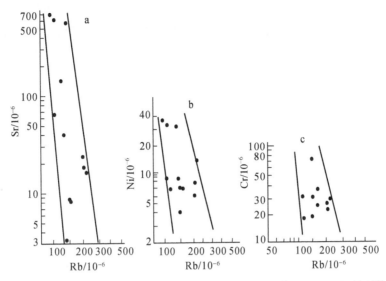

图 2-36 阿尔泰布尔根碱性花岗岩 Rb-Sr（a）、Ni-Rb（b）和 Cr-Rb（c）的对数图解

　　根据与布尔根碱性花岗岩空间密切组合的中酸性岩类矿物组合观察，碱性花岗岩形成过程中的分离结晶相矿物组成为：第一阶段斜长石 0.50，钾长石 0.35，角闪石 0.10；第二阶段为斜长石 0.50，钾长石 0.35，黑云母 0.10。

**4. 分离结晶程度**

　　西天山尼勒克县群吉沟橄榄玄粗岩分离结晶程度的变化为 75%~70%~65%（$F$ 值分别为 0.25，0.30，0.35），用分离结晶作用模型［式（2-33）］模拟计算，结果如表 2-15 所示。

表 2-15　西天山尼勒克县群吉沟橄榄玄粗岩分离结晶成岩模型计算

| 元素与比值 | La | Sm | Yb | La/Yb | Sm/Yb |
|---|---|---|---|---|---|
| 初始熔体* $C_{0,1}/10^{-6}$ | 12.59 | 4.02 | 1.75 | 7.19 | 2.30 |
| $D_i$ | 0.0752 | 0.283 | 0.791 | | |
| $F=0.25$ 时残余熔体 $C_1/10^{-6}$ | 45.38 | 10.87 | 2.34 | 19.39 | 4.64 |
| $F=0.30$ 时残余熔体 $C_1/10^{-6}$ | 38.34 | 9.53 | 2.25 | 17.03 | 4.24 |
| $F=0.35$ 时残余熔体 $C_1/10^{-6}$ | 33.24 | 8.54 | 2.18 | 15.25 | 3.91 |
| 样品中元素实测含量/$10^{-6}$ | 32.49~45.70 | 7.82~10.79 | 1.95~2.60 | 16.10~18.9 | 4.00~4.52 |

＊初始熔体由富集地幔 20% 非实比部分熔融形成。

　　阿尔泰布尔根碱性花岗岩成岩第一阶段分离结晶程度为 60%（$F_1=0.40$）；第二阶段为 50%（$F_2$ 为第一阶段分离结晶后 $F_1×0.5=0.20$）。计算时采用式（2-39），模拟计算结果如表 2-16 所示。

表 2-16　阿尔泰布尔根碱性花岗岩分离结晶成岩模型计算（赵振华，1993a，1993b；赵振华等，1993）

| 元素 | Ce | Nd | Sm | Eu | Gd | Yb |
|---|---|---|---|---|---|---|
| 初始熔体成分* $C_0/10^{-6}$ | 41.34 | 20.03 | 4.35 | 1.22 | 3.42 | 1.32 |
| 第一阶段总分配系数 $D_1$ | 0.14 | 0.38 | 0.47 | 1.79 | 0.60 | 0.53 |
| 残余熔体浓度 $C_1/10^{-6}$ | 90.91 | 35.35 | 7.07 | 0.59 | 4.93 | 2.03 |
| 第二阶段总分配系数 $D_2$ | 0.18 | 0.14 | 0.10 | 1.49 | 0.08 | 0.07 |
| 残余熔体浓度 $C_2/10^{-6}$ | 160.49 | 64.16 | 13.19 | 0.42 | 9.33 | 3.87 |
| 样品实测浓度范围/$10^{-6}$ | 73.75~133.59 | 29.23~53.90 | 6.23~10.52 | 0.14~0.035 | 6.08~9.79 | 5.91~8.34 |

＊初始熔体为亏损地幔 10% 部分熔融产物。

　　上述计算的模式浓度与实测浓度范围基本一致（图2-37a、b），因此，可以认为尼勒克县群吉沟橄榄玄粗岩成岩经历了65%～75%分离结晶形成，阿尔泰布尔根碱性花岗岩是洋壳部分熔融产物经60%和50%两阶段分离结晶作用而形成。

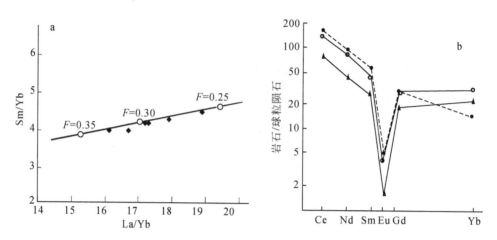

图2-37　西天山尼勒克县群吉沟橄榄玄粗岩（a）和阿尔泰布尔根碱性花岗岩（b）
成岩模型模拟计算（虚线）的稀土元素分布型式比较

# 四、混合作用模型

　　在本章第五节较详细论述了不同特点的混合过程的识别标志，它包括了野外地质观察、岩石学、同位素和微量元素地球化学及矿物学等标志。本节列举几个混合作用形成的岩浆岩实例。

## （一）两个端元混合

　　如果混合作用有两个端元参与，两个端元组分的同位素和元素组成已知，由这两个端元以不同比例 $f$ 混合的产物的同位素和元素组成就可以计算出来；反之，由端元组分和混合产物的同位素组成也可以计算两个端元的混合比例 $f$。

　　如果 A、B 代表两端元，$R_M^X$、$R_A^X$、$R_B^X$ 是 X 在混合产物 M 和端元 A、B 中的同位素比值，$X_A$ 和 $X_B$ 分别是在两个端元 A、B 中的同位素对应的微量元素浓度（如 $^{87}Sr/^{86}Sr$ 对应于 Sr），$f$ 为 A 端元所占混合比例 $[f = A/(A+B)]$，则有（Faure，1986）

$$R_M^X = \frac{R_A^X X_A f + R_B^X X_B (1-f)}{X_A f + X_B (1-f)} \tag{2-91}$$

混合比例 $f$ 的表达式为

$$f = \frac{X_B (R_B^X - R_M^X)}{R_M^X (X_A - X_B) - R_A^X X_A + R_B^X X_B} \tag{2-92}$$

以阿尔泰片麻状黑云母花岗岩为例。

### 1. 成岩过程判别

　　根据 Sr 同位素组成 $^{87}Sr/^{86}Sr$ 对 Sr 含量协变图（Sr 浓度及浓度倒数作图），可见 $^{87}Sr/^{86}Sr$-Sr 构成双曲线，而 $^{87}Sr/^{86}Sr$-1/Sr 则为直线（图2-38），因此，其成岩过程可用两端元（不同成分源岩）混合作用模拟。

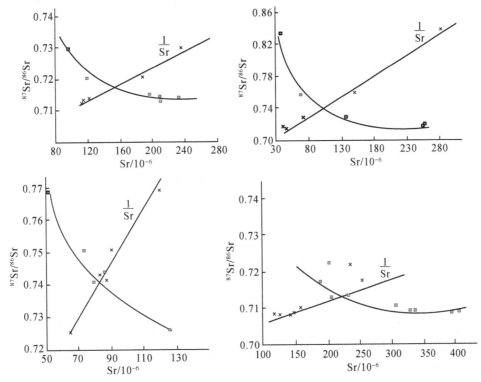

图 2-38　阿尔泰片麻状黑云母花岗岩$^{87}Sr/^{86}Sr$-Sr 和$^{87}Sr/^{86}Sr$-1/Sr 协变图解

（赵振华等，1993）

### 2. 源岩物质

在 $\varepsilon_{Nd}(T)$ -$\varepsilon_{Sr}(T)$ 图解中，阿尔泰片麻状黑云母花岗岩均分布于亏损地幔（DM）和年轻地壳分布区之间（图2-39），表明其源区物质应为这两种组分端元不同比例的混合产物。采用二元混合公式，两端元组成如下：

亏损地幔$^{87}Sr/^{86}Sr$ = 0.703, $^{143}Nd/^{144}Nd$ = 0.513114, $Sr = 10 \times 10^{-6}$, $Nd = 1.28 \times 10^{-6}$，年轻地壳$^{87}Sr/^{86}Sr$ = 0.720, $^{143}Nd/^{144}Nd$ = 0.5125, $Sr = 350 \times 10^{-6}$, $Nd = 32 \times 10^{-6}$。

计算结果如图 2-39 所示。图中数字为年轻地壳所占混合比例，可见阿尔泰片麻状黑云母花岗岩源区物质中年轻地壳与亏损地幔比例大约为 3：2。

根据本章第四节混合模型的普遍表达式 ［式 (2-43)］，上述实例的双曲线方程为

$$AR_M^X + BR_M^X R_M^Y + CR_M^Y + D = 0 \qquad (2-93)$$

以两个混合端元的 Sr、Nd 同位素和 Sr、Nd 元素表示，上述双曲线方程的系数表达式分别为

$A = (^{143}Nd/^{144}Nd)_B Nd_B Sr_A - (^{143}Nd/^{144}Nd)_A Nd_A Sr_B$

$B = Nd_A Sr_B - Nd_B Sr_A$

$C = (^{87}Sr/^{86}Sr)_A Nd_B Sr_A - (^{87}Sr/^{86}Sr)_B Nd_A Sr_B$

$D = (^{143}Nd/^{144}Nd)_A (^{87}Sr/^{86}Sr)_B Nd_A Sr_B - (^{143}Nd/^{144}Nd)_B (^{87}Sr/^{86}Sr)_A Nd_B Sr_A$

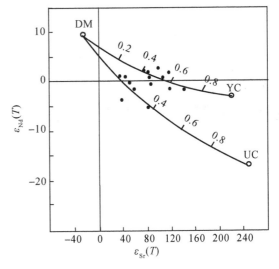

图 2-39　阿尔泰片麻状黑云母花岗岩 $\varepsilon_{Nd}(T)$ -$\varepsilon_{Sr}(T)$

图解（赵振华等，1993）

DM. 亏损地幔；YC. 年轻地壳；UC. 上地壳

将 Sr、Nd 同位素比值和 Sr、Nd 元素含量代入上述参数可得出：

$$A = -65.88, \quad B = 128, \quad C = -97.6, \quad D = 50.21$$

上述混合曲线曲率 $\gamma = \dfrac{(Nd/Sr)_A}{(Nd/Sr)_B} = 1.4$，可见两端元组分的比值控制了曲线形态，如果 $\gamma = 1$，$B = 0$，则曲线变为直线。

根据式（2-92），上述两个端元的混合比例 $f$ 的表达式为

$$f = \frac{Sr_B\left[\left(^{87}Sr/^{86}Sr\right)_B - \left(^{87}Sr/^{86}Sr\right)_M\right]}{\left(^{87}Sr/^{86}Sr\right)_M(Sr_A - Sr_B) - \left(^{87}Sr/^{86}Sr\right)_A Sr_A + \left(^{87}Sr/^{86}Sr\right)_B Sr_B} \tag{2-94}$$

如果已知阿尔泰某花岗岩的 $^{87}Sr/^{86}Sr = 0.718$，则由上式可计算出 $f = 0.82$，表明该花岗岩源区是由年轻地壳以 18% 与亏损地幔（82%）混合组成。上式也可换成 Nd、Pb 等同位素和元素。根据对新疆北部区域地质构造演化特点，在古生代可能发生了较广泛的幔源岩浆底侵作用（韩宝福等，1999），因此，由同位素和微量元素组成所模拟的花岗岩类，其源区成分以亏损地幔为主，应是底侵作用的产物，未经历充分的地壳循环，仍基本保留了地幔的地球化学特点，我们将其总称为不成熟的（juvenile）年轻地壳，由这种源区形成的阿尔泰花岗岩类显示了较明显的"幔源"特点，如 $\varepsilon_{Nd} > 0$（赵振华等，1993，1996，2006）。

根据野外观察，阿尔泰片麻状黑云母花岗岩一部分可能为上述源岩原地整体被改造（花岗岩化）而形成，另一部分则是由部分熔融形成，其残留相矿物组成为斜长石 0.50，单斜辉石 0.25，角闪石 0.20，石榴子石 0.05。部分熔融程度为 10%~40%（$F = 0.10~0.40$）。据此，对阿尔泰片麻状黑云母花岗岩的成岩过程计算如表 2-17 所示，计算的模式浓度与实测浓度基本一致。

**表 2-17　阿尔泰片麻状黑云母花岗岩的成岩模型计算**（赵振华，1993a，1993b；赵振华等，1993）

| 元素 | Ce | Nd | Sm | Eu | Gd | Yb |
|---|---|---|---|---|---|---|
| 母体成分 $C_0/10^{-6}$ | 28.19 | 15.13 | 4.19 | 1.29 | 4.49 | 2.04 |
| 总分配系数 $D$ | 0.19 | 0.36 | 0.37 | 0.56 | 0.43 | 0.84 |
| $F = 0.10$ 时熔体浓 $C_1/10^{-6}$ | 104.02 | 46.49 | 9.67 | 2.19 | 9.22 | 2.38 |
| $F = 0.40$ 模式浓度 $/10^{-6}$ | 54.84 | 27.94 | 6.33 | 1.75 | 6.82 | 2.26 |
| 实测浓度范围 $/10^{-6}$ | 32.68~113.57 | 14.42~49.35 | 3.11~8.78 | 0.95~2.16 | 2.84~7.50 | 0.63~2.69 |

应当指出的是，端元的组分可能有一定变化范围，所研究的岩石在混合后也可能受到随后发生的各种地质作用的影响，如部分熔融、分离结晶、第三组分混杂、热液蚀变或风化作用等，因而实际样品可能有某种偏离混合曲线（上、下），这种情况仍属混合作用（Faure，1986）。Langmuir 等（1978）则提出，在这种情况下采用高精度的同位素和元素测定资料，而不应采用平均值，并指出对于源于地幔的岩石，地幔的不均一性（亏损与富集）对岩石的微量元素和同位素组成有一定影响，因而其成因模型也具有一定的复杂性（"多解"）。例如，冰岛玄武岩有三种可能形成途径：两个混合系列的变化结果；一个混合系列的变化结果；不是由混合作用形成，而是由在几亿年前就发生不均一的地幔的每一部分分别独立地"卷入"了该区玄武岩而形成。

## （二）岩浆岩源区混合

### 1. 南美安第斯北部和印度尼西亚中爪哇的晚新生代火山岩

南美安第斯北部 Galeras 火山岩的 $\delta^{18}O$ 为 6.62‰~7.84‰，$^{87}Sr/^{86}Sr$ 为 0.70410~0.70477，$^{143}Nd/^{144}Nd$ 为 0.512728~0.512847；Ruiz 火山岩的 $\delta^{18}O$ 为 6.80‰~7.35‰，$^{87}Sr/^{86}Sr$ 为 0.70426~0.70443，$^{143}Nd/^{144}Nd$ 为 0.512737~0.512842（James and Murcia，1984）。这两个火山岩系列的 $\delta^{18}O$ 分别集中于 6.6‰ 和 7.1‰，即 $\delta^{18}O$ 随 $^{87}Sr/^{86}Sr$ 变化很小（斜率低），另外，在 $^{87}Sr/^{86}Sr$-$^{143}Nd/^{144}Nd$ 投影图中（图略）位于地幔排列的右

侧。综合考虑这两个因素，特别是 $\delta^{18}O$ 随 $^{87}Sr/^{86}Sr$ 变化很小（斜率低），根据第五节图 2-26，表明两个火山岩系列形成过程发生了岩浆源区混合，陆壳物质随俯冲洋壳进入火山岩源区（James et al.，1984）。

对印度尼西亚中爪哇 Merapi 第四纪火山岩的研究也给出了岩浆源区混合的结论（Gertisser and Keller，2003），该火山岩由中 K 和高 K 钙碱性系列组成。中 K 钙碱性系列 $\delta^{18}O$ 为 6.3‰~8.3‰，$^{87}Sr/^{86}Sr$ 为 0.705014~0.705392，$^{143}Nd/^{144}Nd$ 为 0.512712~0.512774，富大离子亲石元素和轻稀土；高 K 钙碱性系列 $\delta^{18}O$ 为 6.0‰~7.5‰，$^{87}Sr/^{86}Sr$ 为 0.705536~0.705826，$^{143}Nd/^{144}Nd$ 为 0.512671~0.512735，富大离子亲石元素和轻稀土，但比中 K 钙碱性系列略亏损重稀土和高场强元素。这两个系列的 $\delta^{18}O$ 均较低，随岩浆演化未呈现较明显的增加，在 $\delta^{18}O$-$^{87}Sr/^{86}Sr$ 图中呈近水平分布（图 2-40），这些特点排除了这两个系列岩浆在上升过程中受到明显地壳混染，而显示了俯冲陆壳物质在其岩浆源区发生混合。

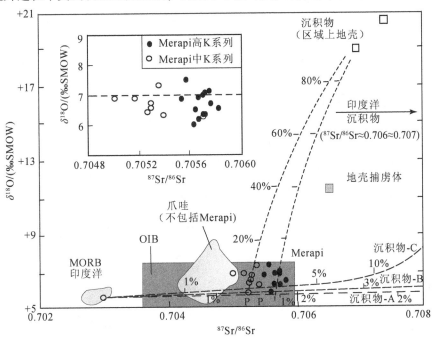

图 2-40　印度尼西亚中爪哇 Merapi 第四纪火山岩 $\delta^{18}O$-$^{87}Sr/^{86}Sr$ 关系（Gertisser and Keller，2003）

### 2. 长江中下游埃达克质岩石

长江中下游埃达克质岩石（二长闪长岩、花岗闪长岩、石英二长岩）的显著特点是富 K，$K_2O/Na_2O$ = 0.6~1.3；高 $(^{87}Sr/^{86}Sr)_i$，为 0.7054~0.7085；低 $\varepsilon_{Nd}(T)$，为 -7.7~-3.9；针对这些不同于典型埃达克的特点，对该区的埃达克岩形成过程提出了多种模型：地壳型（C 型）钾质埃达克岩（张旗，2001）；加厚下地壳拆沉在地幔熔融（Xu et al.，2002；Wang Q et al.，2004；Xiao and Clemens，2007）。对该区埃达克岩进行了锆石 O 和 Hf 同位素分析（Li et al.，2013），$\delta^{18}O$ = 6‰~9‰，$\varepsilon_{Hf}(T)$ = 0~11。$\delta^{18}O$-$^{87}Sr/^{86}Sr$ 关系表明，随 $^{87}Sr/^{86}Sr$ 初始值 $I_{Sr}$ 明显增加，$\delta^{18}O$ 增加较缓慢（图 2-41），这表明有明显沉积物熔体加入到埃达克岩的地幔源区，在源区发生交代作用形成埃达克岩岩浆。这些特点与太古宙赞岐岩（Sanukitoids）和日本濑户内高 Mg 安山岩相似（Bindeman et al.，2005）。结合区域地质资料，Li 等（2013）认为这些特点表明本区埃达克岩不

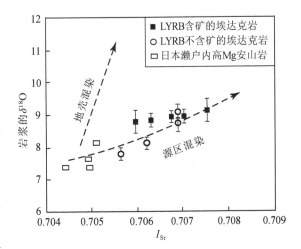

图 2-41　长江中下游埃达克质岩石（LYRB）源区混合的 $\delta^{18}O$-$I_{Sr}$ 关系图（Li et al.，2013）

是由加厚地壳和/或拆沉的下地壳或蚀变洋壳熔融形成，而是由一平缓俯冲板片拆沉、脱水交代形成的富集地幔源区熔融形成，是源区混合作用，而地壳的混染作用很小。

### （三）岩浆混合

第五节中提供了我国西藏冈底斯花岗岩类和长江中下游岩浆岩的岩浆混合的岩石地球化学证据，随着单矿物微区、微量元素原位定量分析技术的提高，单颗粒造岩矿物环带的微量元素组成为岩浆混合提供了证据。

我们对新疆中天山骆驼沟辉长岩单斜辉石进行了系统激光等离子体质谱分析（Tang *et al.*，2012b），发现从其核部到边部的微量和稀土元素含量呈有规律变化。辉石的主化学成分为 $Wo_{38.5\sim47.4}En_{31.9\sim48.4}$ $Fs_{7.3\sim22.9}$，主要为普通辉石和透辉石，属亚碱性拉斑系列。其核部 $Mg^\#$、Cr 高，Na、Ti 低，而边部 $Mg^\#$、Cr 低，Na、Ti 高。从核部到边部，稀土元素球粒陨石标准化型式相似，核部与边部均明显亏损轻稀土，$(La/Sm)_N=0.16\sim0.42$，重稀土略亏损，$(Dy/Yb)_N=1.0\sim1.7$，Eu 弱异常，$Eu/Eu^*=0.65\sim1.04$；但边部与核部相比，稀土总含量高。微量元素的原始地幔标准化型式均呈 Nb、Zr、Ti 明显负异常，但核部微量元素含量较边部低，边部 Nb、Zr 呈明显负异常，Sr 呈无或负异常，而核部 Sr 异常明显（表2-18；图2-42a、b；图版I-2）。辉长岩 Sr、Nd 同位素呈弱亏损，$(^{87}Sr/^{86}Sr)_i=0.70401\sim0.70586$，$\varepsilon_{Nd}(T)=+2.1\sim+7.8$，Nb 呈负到正异常，$(Nb/La)_N=0.70\sim1.81$，$(Nb/LaTh)_N=0.47\sim1.86$。上述辉石成分结合辉长岩地球化学特点一致表明，骆驼沟辉长岩的原始岩浆为富集岩石圈地幔与软流圈地幔熔体的混合。

表 2-18　新疆中天山骆驼沟辉长岩单斜辉石（样品号 WXT783）微量

与稀土元素分析（Tang *et al.*，2012b）　　　　　　（单位：$10^{-6}$）

| 分析点 | 1 | 2 | 3 | 4 | 5 | 6 | 7 | 8 | 9 | 10 | 11 | 12 | 13 | 14 |
|---|---|---|---|---|---|---|---|---|---|---|---|---|---|---|
| 位置 | 核 | 边 | 核 | 核 | 边 | 核 | 核 | 核 | 边 | 边 | 边 | 核 | 边 | 边 |
| Sc | 110 | 105 | 124 | 112 | 99.1 | 110 | 114 | 114 | 122 | 120 | 118 | 126 | 141 | 142 |
| Ti | 3767 | 5595 | 5171 | 3624 | 5627 | 3460 | 3974 | 5563 | 6992 | 8194 | 6681 | 5698 | 8283 | 11233 |
| V | 337 | 439 | 434 | 332 | 446 | 310 | 345 | 445 | 556 | 589 | 514 | 464 | 591 | 703 |
| Cr | 1029 | 58.8 | 1336 | 1078 | 40.8 | 2009 | 545 | 106 | 46.5 | 34.4 | 61.4 | 1070 | 171 | 20.8 |
| Co | 47.5 | 60 | 41.2 | 49.1 | 64.4 | 42.8 | 52.5 | 57.3 | 52.2 | 53 | 59.9 | 44 | 50.8 | 56.7 |
| Ni | 118 | 64.8 | 111 | 120 | 58.6 | 132 | 107 | 70.9 | 58.8 | 54.6 | 57.8 | 108 | 65.9 | 44.4 |
| Ga | 4.26 | 5.19 | 5.8 | 4.26 | 7.27 | 4.19 | 3.63 | 5.04 | 8.12 | 7.71 | 6.46 | 6.43 | 7.64 | 9.87 |
| Rb | 0.632 | 0.256 | <0.046 | 0.935 | 0.893 | 0.285 | 0.051 | <0.040 | 0.738 | 0.083 | 0.352 | 0.196 | 0.096 | 0.064 |
| Sr | 13.9 | 14.5 | 15.1 | 12.8 | 40.2 | 15.6 | 13 | 14.1 | 21.2 | 18.1 | 31.2 | 16.3 | 17.6 | 19.4 |
| Y | 16.5 | 22.4 | 18.7 | 15 | 22.4 | 13.9 | 17.3 | 21.4 | 27.7 | 27.1 | 25.6 | 20.6 | 27 | 33.5 |
| Zr | 14.3 | 20.4 | 21.8 | 12.7 | 25 | 16.4 | 13.3 | 20 | 30.1 | 33.1 | 23.9 | 27.7 | 37.3 | 49.8 |
| Nb | 0.147 | 0.212 | 0.037 | 0.024 | 0.306 | 0.370 | <0.0181 | 0.035 | 0.055 | 0.089 | 0.045 | 0.158 | 0.093 | 0.118 |
| Cs | <0.039 | 0.062 | <0.038 | 0.375 | 1.2 | 0.123 | 0.148 | 0.05 | 0.356 | 0.076 | 0.232 | 0.18 | 0.065 | 0.176 |
| Ba | 1.31 | 1.95 | 0.093 | 15.6 | 80.3 | 12.9 | 3.35 | 0.909 | 7.57 | 2.05 | 9.89 | 2.43 | 0.468 | 1.7 |
| La | 0.941 | 0.926 | 0.569 | 0.469 | 0.694 | 0.582 | 0.44 | 0.576 | 0.865 | 0.974 | 0.844 | 0.732 | 0.965 | 1.32 |
| Ce | 2.96 | 3.57 | 2.67 | 2 | 2.92 | 2.34 | 2.05 | 2.81 | 4.07 | 4.59 | 3.54 | 3.26 | 4.19 | 5.97 |
| Pr | 0.534 | 0.703 | 0.598 | 0.417 | 0.631 | 0.461 | 0.476 | 0.623 | 0.924 | 0.979 | 0.764 | 0.703 | 0.901 | 1.31 |
| Nd | 3.38 | 4.63 | 4.14 | 3.05 | 4.66 | 3.13 | 3.34 | 4.83 | 6.5 | 6.93 | 5.78 | 4.53 | 6.22 | 8.97 |
| Sm | 1.46 | 2.03 | 1.85 | 1.42 | 2.2 | 1.48 | 1.53 | 2.17 | 2.87 | 2.89 | 2.53 | 2.06 | 2.92 | 3.76 |
| Eu | 0.585 | 0.803 | 0.721 | 0.574 | 0.783 | 0.502 | 0.604 | 0.792 | 1.01 | 0.998 | 0.98 | 0.759 | 1 | 1.29 |
| Gd | 2.44 | 3.43 | 3.11 | 2.17 | 3.22 | 2.03 | 2.62 | 3.27 | 4.6 | 4.35 | 4.13 | 3.42 | 4.52 | 5.72 |
| Tb | 0.415 | 0.578 | 0.515 | 0.403 | 0.573 | 0.345 | 0.452 | 0.595 | 0.749 | 0.76 | 0.686 | 0.579 | 0.701 | 0.977 |

续表

| 分析点 | 1 | 2 | 3 | 4 | 5 | 6 | 7 | 8 | 9 | 10 | 11 | 12 | 13 | 14 |
|---|---|---|---|---|---|---|---|---|---|---|---|---|---|---|
| 位置 | 核 | 边 | 核 | 核 | 边 | 核 | 核 | 核 | 边 | 边 | 边 | 核 | 边 | 边 |
| Dy | 3.08 | 4.2 | 3.57 | 2.83 | 4.24 | 2.81 | 3.6 | 4.26 | 5.19 | 5.36 | 5.04 | 3.93 | 5.31 | 6.63 |
| Ho | 0.621 | 0.864 | 0.781 | 0.594 | 0.896 | 0.564 | 0.661 | 0.877 | 1.1 | 1.08 | 0.95 | 0.831 | 1.1 | 1.33 |
| Er | 1.77 | 2.48 | 2.12 | 1.6 | 2.52 | 1.54 | 1.91 | 2.43 | 3.09 | 2.97 | 2.78 | 2.2 | 3.02 | 3.77 |
| Tm | 0.248 | 0.336 | 0.32 | 0.232 | 0.354 | 0.204 | 0.298 | 0.324 | 0.436 | 0.396 | 0.368 | 0.329 | 0.414 | 0.519 |
| Yb | 1.64 | 2.47 | 2.01 | 1.65 | 2.63 | 1.41 | 1.79 | 2.12 | 2.69 | 2.9 | 2.65 | 1.95 | 2.64 | 3.46 |
| Lu | 0.245 | 0.3 | 0.26 | 0.241 | 0.359 | 0.202 | 0.255 | 0.325 | 0.395 | 0.385 | 0.372 | 0.291 | 0.359 | 0.486 |
| Hf | 0.635 | 0.913 | 1.1 | 0.66 | 1.09 | 0.693 | 0.687 | 0.999 | 1.44 | 1.63 | 1.13 | 1.35 | 1.92 | 2.47 |
| Ta | <0.012 | 0.024 | <0.010 | <0.011 | 0.037 | 0.019 | <0.010 | <0.009 | 0.013 | 0.010 | <0.011 | <0.011 | 0.024 | 0.017 |
| Pb | 0.789 | 1.190 | 0.073 | 1.120 | 23.600 | 0.567 | 1.320 | 0.477 | 1.780 | 1.170 | 3.350 | 0.325 | 0.222 | 1.100 |
| Th | 0.064 | 0.089 | <0.011 | 0.018 | 0.028 | 0.071 | <0.011 | <0.010 | 0.013 | 0.016 | <0.011 | 0.031 | 0.012 | <0.014 |
| ΣREE | 20.319 | 27.320 | 23.234 | 17.650 | 26.680 | 17.600 | 20.026 | 26.002 | 34.489 | 35.562 | 31.414 | 25.574 | 34.260 | 45.512 |
| $(La/Sm)_N$ | 0.405 | 0.287 | 0.193 | 0.208 | 0.198 | 0.247 | 0.181 | 0.167 | 0.190 | 0.212 | 0.210 | 0.224 | 0.208 | 0.221 |
| $(Dy/Yb)_N$ | 1.219 | 1.104 | 1.153 | 1.113 | 1.046 | 1.294 | 1.305 | 1.304 | 1.252 | 1.200 | 1.234 | 1.308 | 1.306 | 1.244 |
| $Eu/Eu^*$ | 0.948 | 0.930 | 0.919 | 1.000 | 0.900 | 0.886 | 0.922 | 0.909 | 0.850 | 0.861 | 0.927 | 0.874 | 0.842 | 0.851 |

| 分析点 | 15 | 16 | 17 | 18 | 19 | 20 | 21 | 22 | 23 | 24 | 25 | 26 | 27 | 28 |
|---|---|---|---|---|---|---|---|---|---|---|---|---|---|---|
| 位置 | 边 | 核 | 核 | 核 | 边 | 核 | 核 | 核 | 核 | 核 | 边 | 边 | 核 | 核 |
| Sc | 134 | 114 | 139 | 140 | 123 | 142 | 162 | 139 | 114 | 154 | 124 | 150 | 109 | 131 |
| Ti | 6144 | 3467 | 6206 | 6448 | 6901 | 6475 | 6795 | 4647 | 4424 | 6363 | 8511 | 7161 | 5128 | 5423 |
| V | 494 | 313 | 481 | 480 | 526 | 490 | 509 | 400 | 383 | 499 | 641 | 540 | 424 | 429 |
| Cr | 325 | 1760 | 1449 | 1479 | 194 | 1408 | 5347 | 1781 | 1071 | 2294 | 52.7 | 918 | 159 | 491 |
| Co | 49 | 46.6 | 40.1 | 39.8 | 47.6 | 44.9 | 38.9 | 48.2 | 52.7 | 44.4 | 57.8 | 47.3 | 62.4 | 52.7 |
| Ni | 78.9 | 137 | 106 | 110 | 74.5 | 110 | 134 | 128 | 124 | 119 | 50.7 | 93.7 | 72.6 | 91.2 |
| Ga | 6.29 | 3.91 | 6.32 | 6.93 | 7.08 | 6.82 | 6.8 | 4.9 | 6.9 | 6.43 | 9.76 | 7.57 | 4.5 | 5.14 |
| Rb | 0.373 | 0.132 | 0.165 | 0.357 | 0.263 | 0.291 | 0.085 | <0.045 | 0.353 | 0.212 | 0.213 | 1.59 | <0.044 | <0.037 |
| Sr | 17.1 | 12.3 | 17.8 | 27 | 17.4 | 15.6 | 15.9 | 13.3 | 19.7 | 14.8 | 35.1 | 16.9 | 13.5 | 14.2 |
| Y | 23.7 | 14.2 | 20.1 | 20 | 22.1 | 21.2 | 20 | 18.7 | 16.3 | 20 | 34.3 | 24.1 | 21.3 | 20.8 |
| Zr | 28.3 | 11.9 | 28.1 | 30.1 | 28.6 | 28.3 | 33.6 | 19.9 | 29.6 | 29.7 | 55.3 | 31.8 | 15.3 | 21.3 |
| Nb | 0.061 | 0.040 | 0.069 | 0.061 | 0.134 | 0.102 | 0.109 | 0.042 | 0.940 | 0.085 | 0.148 | 0.070 | 0.030 | 0.051 |
| Cs | 0.238 | 0.096 | 0.126 | 0.281 | 0.042 | 0.235 | <0.045 | <0.045 | 0.104 | 0.115 | 0.387 | 0.944 | <0.040 | <0.041 |
| Ba | 2.73 | 2.77 | 0.892 | 7.75 | 0.406 | 14.3 | 0.255 | 0.105 | 3.34 | 1.48 | 31.3 | 7.14 | 2.11 | 0.738 |
| La | 0.979 | 0.509 | 0.776 | 0.727 | 0.841 | 0.601 | 0.669 | 0.468 | 1.15 | 0.568 | 1.48 | 0.675 | 0.543 | 0.557 |
| Ce | 3.82 | 2.05 | 3.35 | 3.13 | 3.6 | 2.95 | 3.05 | 2.26 | 3.9 | 2.7 | 5.92 | 3.42 | 2.49 | 2.7 |
| Pr | 0.802 | 0.429 | 0.692 | 0.671 | 0.807 | 0.639 | 0.658 | 0.527 | 0.705 | 0.622 | 1.32 | 0.785 | 0.59 | 0.624 |
| Nd | 5.81 | 2.92 | 4.87 | 4.73 | 5.55 | 4.41 | 4.66 | 3.6 | 4.33 | 4.34 | 8.8 | 4.82 | 4.01 | 4.4 |
| Sm | 2.52 | 1.49 | 2.2 | 1.96 | 2.31 | 2.07 | 2.14 | 1.72 | 1.8 | 2.09 | 3.39 | 2.64 | 2.15 | 2.21 |
| Eu | 0.871 | 0.526 | 0.803 | 0.747 | 0.857 | 0.781 | 0.777 | 0.668 | 0.616 | 0.718 | 1.21 | 0.872 | 0.69 | 0.783 |
| Gd | 3.86 | 2.27 | 3.4 | 3.31 | 3.41 | 3.28 | 3.32 | 2.86 | 2.54 | 3.21 | 5.22 | 3.52 | 3.22 | 3.15 |
| Tb | 0.659 | 0.385 | 0.566 | 0.557 | 0.656 | 0.563 | 0.58 | 0.521 | 0.45 | 0.526 | 0.956 | 0.67 | 0.595 | 0.563 |
| Dy | 4.61 | 2.69 | 3.8 | 3.93 | 4.66 | 4.16 | 3.96 | 3.56 | 3.38 | 3.99 | 6.61 | 4.62 | 4.03 | 4.06 |

续表

| 分析点 | 15 | 16 | 17 | 18 | 19 | 20 | 21 | 22 | 23 | 24 | 25 | 26 | 27 | 28 |
|---|---|---|---|---|---|---|---|---|---|---|---|---|---|---|
| 位置 | 核 | 边 | 核 | 核 | 边 | 核 | 核 | 核 | 边 | 边 | 边 | 核 | 边 | 边 |
| Ho | 0.943 | 0.562 | 0.814 | 0.817 | 0.918 | 0.824 | 0.857 | 0.722 | 0.675 | 0.795 | 1.35 | 1.01 | 0.872 | 0.836 |
| Er | 2.57 | 1.44 | 2.18 | 2.23 | 2.48 | 2.31 | 2.27 | 2.19 | 1.85 | 2.19 | 3.84 | 2.61 | 2.38 | 2.37 |
| Tm | 0.351 | 0.215 | 0.295 | 0.319 | 0.33 | 0.303 | 0.305 | 0.296 | 0.29 | 0.311 | 0.554 | 0.375 | 0.326 | 0.297 |
| Yb | 2.51 | 1.53 | 2.07 | 1.91 | 2.38 | 2.07 | 2.03 | 1.85 | 1.6 | 1.99 | 3.8 | 2.47 | 2.25 | 2.09 |
| Lu | 0.343 | 0.19 | 0.27 | 0.293 | 0.307 | 0.283 | 0.277 | 0.271 | 0.238 | 0.297 | 0.598 | 0.341 | 0.325 | 0.327 |
| Hf | 1.36 | 0.609 | 1.36 | 1.61 | 1.35 | 1.4 | 1.73 | 1.09 | 1.14 | 1.49 | 2.58 | 1.62 | 0.726 | 1 |
| Ta | 0.016 | <0.010 | 0.020 | 0.024 | 0.018 | 0.021 | 0.033 | 0.019 | 0.054 | 0.029 | 0.027 | 0.020 | <0.0101 | <0.011 |
| Pb | 0.683 | 1.540 | 0.223 | 2.700 | 0.390 | 5.170 | 0.153 | <0.050 | 0.544 | 0.430 | 8.320 | 1.620 | 1.020 | 0.336 |
| Th | 0.068 | <0.012 | 0.022 | <0.011 | 0.015 | <0.013 | 0.016 | <0.012 | 0.245 | <0.012 | 0.066 | <0.012 | 0.013 | 0.018 |
| ΣREE | 30.648 | 17.206 | 26.086 | 25.331 | 29.106 | 25.244 | 25.553 | 21.513 | 23.524 | 24.347 | 45.048 | 28.828 | 14.471 | 24.967 |
| (La/Sm)$_N$ | 0.244 | 0.215 | 0.222 | 0.233 | 0.229 | 0.183 | 0.197 | 0.171 | 0.402 | 0.171 | 0.275 | 0.161 | 0.159 | 0.159 |
| (Dy/Yb)$_N$ | 1.192 | 1.141 | 1.192 | 1.336 | 1.271 | 1.304 | 1.266 | 1.249 | 1.371 | 1.301 | 1.129 | 1.214 | 1.163 | 1.261 |
| Eu/Eu* | 0.854 | 0.874 | 0.898 | 0.897 | 0.934 | 0.916 | 0.891 | 0.921 | 0.881 | 0.848 | 0.879 | 0.875 | 0.802 | 0.907 |

　　对吉林省延边埃达克质岩石中单斜辉石斑晶环带的研究表明（Guo *et al.*，2007），从单斜辉石斑晶的核部到边部微量元素组成发生系统变化（图2-42c~f）：核部为富铁普通辉石，Sr低，Y、HREE高，Eu强负异常，REE分异弱（La/Yb低）。斑晶的幔和边部为透辉石、顽火辉石，Sr高，Y、HREE低，弱Eu负异常，REE分异强（La/Yb高）。这些特点表明，本区埃达克质安山岩岩浆是由地壳来源的低Mg、Sr，高Y、HREE岩浆与地幔来源的高Mg、Sr，低Y、HREE岩浆混合形成。

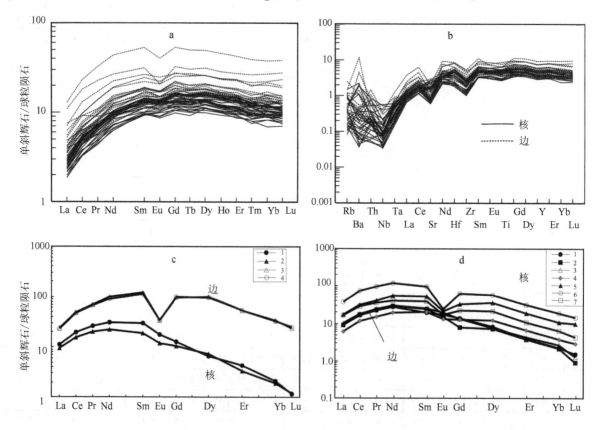

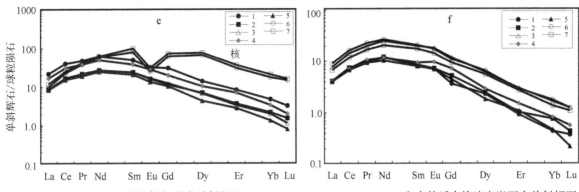

图 2-42　新疆中天山骆驼沟辉长岩中单斜辉石（a、b）（Tang *et al*.，2012b）和吉林延吉埃达克岩石中单斜辉石斑晶（c~f）的微量和稀土元素组成变化（Guo *et al*.，2007）

采用岩体冷凝边（chilled margin）岩石研究类南非 Bushveld 层状超镁铁质岩体的原始岩浆（Sharp，1981），选择分别与下部带、临界带和主带组合的三套边缘岩石 B1、B2 和 B3 为代表，它们呈岩席状分布在杂岩体底部，成分明显不同，为细粒的边缘岩石。研究表明，它们代表了与该杂岩堆晶岩同源岩浆的冷凝岩浆。B1 为富 LREE 的硅质高镁玄武岩（类似玻安岩），为 Irving 和 Sharp（1982）提出的 U 型岩浆，是富陆壳成分的、难熔的浅部岩石圈部分熔融产物。B2 和 B3 为铝质拉斑玄武岩，代表 Irving 和 Sharp（1982）提出的 A 型岩浆。B1、B2 和 B3 的主、微量和稀土成分很相似，但 B2 富集稀土（其 Ce/Sm 与 B3 相似）。这种拉斑质岩浆来自明显受陆壳混染的地幔，或来自镁铁质下地壳的部分熔融。对 Bushveld 杂岩体中的硅酸盐岩石进行了系统的稀土元素分析（Maier and Barnes，1998），它们的稀土元素含量随岩体层高度呈明显变化，下部带（Lower）和临界（Critical）带富 LREE 和 Th，Ce/Sm = 10~25，球粒陨石标准化值（Ce/Sm）$_N$ = 3.65，（Th/Sm）$_N$ = 6~17；主带（Main）Ce/Sm = 4~10，（Ce/Sm）$_N$ ~2，（Th/Sm）$_N$ = 1~57。上述成果一致说明，Bushveld 杂岩体至少是两种成分明显不同的岩浆混合形成，下部带和下部临界带的母岩浆 Sr 同位素初始值低，LREE 和 Th 富集，而主带与之相反，Sr 同位素初始值高，LREE 和 Th 含量低，这两种岩浆在形成较早的下部带发生混合，促进了铬铁矿的沉淀。

## 五、分离结晶混染模型（AFC 模型）

在新疆阿尔泰乌伦古河分布有碱性正长岩，它们在空间上密切与钠闪石花岗岩共生，其稀土元素分布模式呈明显 Eu 正异常，与钠闪石花岗岩的强烈 Eu 亏损成“互补”关系。由前述，本区钠闪石花岗岩是经分离结晶作用形成，因而，碱性正长岩的母体物质应为形成钠闪石花岗岩过程中分离结晶。由碱性正长岩的 Nd、Sr 同位素分析资料，$^{143}$Nd/$^{144}$Nd 为 0.512323±5，$\varepsilon_{Nd}(T)$ 为−3.81；$^{87}$Sr/$^{86}$Sr 为 0.705971±11，$\varepsilon_{Sr}(T)$ 为+2.40（赵振华等，1993），这些特点显示碱性正长岩在形成过程中可能受到了地壳物质的混染。

综合上述稀土元素以及 Nd、Sr 同位素组成资料表明，碱性正长岩的形成可以用分离结晶混染模型（AFC）模拟。

由前述，当总分配系数≪1 时，则应用式（2-55），式中 $C_a$ 为混染源成分，本处取下地壳成分代表；$C_m^0$ 为分离结晶岩浆初始成分，本处取形成钠闪石的分离结晶过程中的结晶相 $C_S$；$\gamma = \dot{M_a}/\dot{M_c}$，为单位时间内混染与分离结晶速率之比，本处取 $\gamma = 0.5$；$F$ 为分离结晶程度，本处取值为 0.8。

根据上述参数计算的分离结晶混染作用产物的稀土元素浓度列于表 2-19 中，将模型计算结果与实测结果的稀土元素分布绘制成图 2-43 进行比较，可见模型浓度与实测浓度基本一致，可以认为本区碱性正长岩是经分离结晶混染作用形成。

**表 2-19    碱性正长岩成岩模型计算**

(赵振华等，1993)

| 元素 | AFC 模式熔体浓度 $C_1/10^{-6}$ | 实测浓度范围/$10^{-6}$ |
|------|------|------|
| Ce | 47.91 | 37.225 |
| Nd | 18.18 | 18.55 |
| Sm | 4.69 | 4.48 |
| Eu | 2.33 | 3.22 |
| Gd | 4.54 | 4.27 |
| Yb | 2.61 | 2.40 |

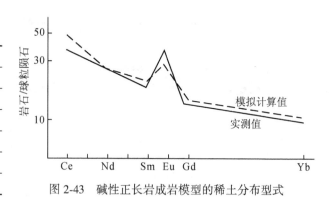

图 2-43    碱性正长岩成岩模型的稀土分布型式

阿拉斯加山脉古新世环状复式侵入体由超镁铁岩、中性岩和花岗岩等组成，用 AFC 模型研究了其形成机理（Reiners *et al.*，1996），以其中的超镁铁岩为原始岩浆，区内的 Kahiltna 复理石为混染围岩，AFC 模型模拟计算采用的参数列于表 2-20。

**表 2-20    阿拉斯加山脉古新世环状复合侵入体 AFC 模型参数**（Reiners *et al.*，1996）

| | 原始岩浆 | Kahiltna 复理石平均 | |
|------|------|------|------|
| Sr/$10^{-6}$ | 550 | 130.44 | |
| Nd/$10^{-6}$ | 14 | 24.82 | |
| $(^{87}Sr/^{86}Sr)_i$ | 0.7058 | 0.7087 | |
| $\varepsilon_{Nd}(T)$ | 0.0 | −6.26 | |
| | | AFC 1 | AFC 2 |
| AFC 比率（$\gamma = M_a/M_c$） | | 0.9 | 0.3 |
| Sr 总分配系数 $D_{Sr}$ | | 0.3 | 1.2 |
| Nd 总分配系数 $D_{Nd}$ | | 0.11 | 0.06 |
| 残留熔体比例 $F$ | | 95% | 35% |
| 混染物总量 $M_a$ | | 45% | 28% |
| 结晶物总量 $M_c$ | | 50% | 93% |

# 六、能量限制-分离结晶混染模型（EC-AFC）

EC-AFC 模型模拟岩浆岩的形成可概括为两步：第一步，根据所研究的岩浆岩的稳定同位素（如 Sr、Nd）比值和地球化学特点选择 EC-AFC 模型中原始参数的合理范围以及有关岩浆岩源区，如上地幔和岩浆房围岩，如研究区地壳的可能成分；第二步，将选择的参数范围，用 EC-AFC 模型程序进行迭代（interative）计算，在参数范围内逐渐改变参数值，直到获得对所研究岩浆岩微量元素和同位素比值的最佳拟合，EC-AFC 模型程序可从网站 http：//magma.geolucsb.edu 下载。

以玄武质岩浆分别侵入上地壳和下地壳为例，可以理解如何用 EC-AFC 模型进行玄武质岩浆形成过程的模拟计算。Bohrson 和 Spera（2001）选择液相线温度为 1280℃ 的玄武质岩浆侵入到上地壳，周围的温度为 300℃（大致相当 10km 深）。上地壳的成分相当于花岗质，其液相线温度为 1000℃，表明围岩发生深熔时的水含量为百分之几，局部的固相线温度（$T_s$）为 900℃。以更原始的温度为 1320℃ 的玄武质岩浆侵入下地壳，温度为 600℃（深度 ~20km），成分为镁铁质，液相线温度为 1100℃，局部温度为 950℃。上地壳和下地壳的微量元素和地球化学参数均取自（Taylor and McLennan，1985）。为便于比较，平衡温度均取为 980℃。上述物理（热）和化学（成分）参数列于表 2-21 和表 2-22。图 2-44 是按上述参数用 EC-AFC 模型的 Sr 含量对 $^{87}Sr/^{86}Sr$ 作图，图中分标准上地壳、非线性上地壳、标准下地壳和传统（即 AFC 模型）上地壳、传统下地壳五种类型。该图显示了三个 EC-AFC 模型，第一和第二个分别为标准上地壳和非线性上地壳，在标准和非线性上地壳发生深熔时，Sr 在熔体和围岩中均为相容元素，$D_m$ 和 $D_a$ 均为 1.5。第三个模型是标准下地壳，在此模型中 Sr 在围岩中为不相容元素，$D = 0.05$。图中的箭头指示了随岩浆温度（$T_m$）降低（间隔约为 30℃）的 EC-AFC 模型中的变化趋势。由图 2-44 可见，与传统的 AFC 模型明显不同的是，在 $^{87}Sr/^{86}Sr = 0.7035$ 时的下地壳，AFC 明显缺乏平坦的变化轨迹和非线性的变化轨迹。

**表 2-21　以标准上地壳和非线性上地壳为围岩的能量限制–分离结晶混染模型的主要参数**（Bohrson and Spera，2001）

| 热参数 | | | |
|---|---|---|---|
| 岩浆液体温度 $T_{1,m}$ | 1280℃ | 结晶热焓 $\Delta h_{cry}$ | 396000J/kg |
| 原始岩浆温度 $T_m^0$ | 1280℃ | 岩浆等压比热容量 $C_{p,m}$ | 1484J/(kg·K) |
| 围岩混染液体温度 $T_{1,a}$ | 1000℃ | 扩散热焓 $\Delta h_{fus}$ | 270000J/kg |
| 混染围岩原始温度 $T_{2,a}$ | 300℃ | 混染物等压比热容量 $C_{pa}$ | 1370J/(kg·K) |
| 固相线温度 $T_s$ | 900℃ | | |
| 平衡温度 $T_{eq}$ | 980℃ | | |

| 成分参数 | | | |
|---|---|---|---|
| | Sr | Nd | Th |
| 微量元素在岩浆中原始含量/$10^{-6}$ | 700 | 35 | 5 |
| 岩浆中 Sr、Nd 同位素比值 $\varepsilon_m$ | 0.7035 | 0.5130 | — |
| 岩浆中微量元素总分配系数 $D_m$ | 1.5 | 0.25 | 0.1 |
| 混染物中微量元素原始含量 $C_a^0$/$10^{-6}$ | 350 | 26 | 10.7 |
| 混染物的同位素比值 $\varepsilon_a$ | 0.7220 | 0.5118 | — |
| 混染物中微量元素总分配系数 $D_a$ | 1.5 | 0.25 | 0.1 |

**表 2-22　以标准下地壳为围岩的能量限制–分离结晶混染模型的主要参数**（Bohrson and Spera，2001）

| 热参数 | | | |
|---|---|---|---|
| 岩浆液体温度 $T_{1,m}$ | 1320℃ | 结晶热焓 $\Delta h_{cry}$ | 396000 J/kg |
| 原始岩浆温度 $T_m^0$ | 1320℃ | 岩浆等压比热容量 $C_{p,m}$ | 1484J/(kg·K) |
| 围岩混染液体温度 $T_{1,a}$ | 1100℃ | 扩散热焓 $\Delta h_{fus}$ | 354000J/kg |
| 混染围岩原始温度 $T_2^0$ | 600℃ | 混染物等压比热容量 $C_{pa}$ | 1388J/(kg·K) |
| 固相线温度 $T_s$ | 950℃ | | |
| 平衡温度 $T_{eq}$ | 980℃ | | |

| 成分参数 | | | |
|---|---|---|---|
| | Sr | Nd | Th |
| 微量元素在岩浆中原始含量/$10^{-6}$ | 700 | 35 | 5 |
| 岩浆中 Sr 同位素比值 $\varepsilon_m$ | 0.7035 | 0.5130 | — |
| 岩浆中微量元素总分配系数 $D_m$ | 1.5 | 0.25 | 0.1 |
| 混染物中微量元素原始含量 $C_a^0$/$10^{-6}$ | 230 | 12.7 | 1.06 |
| 混染物的 Sr、Nd 同位素比值 $\varepsilon_a$ | 0.7100 | 0.5122 | — |
| 混染物中微量元素总分配系数 $D_a$ | 0.05 | 0.25 | 0.1 |

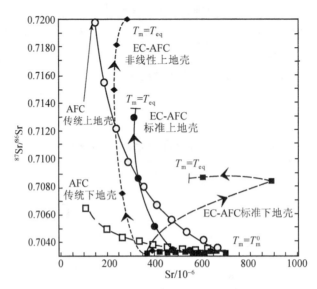

图 2-44　用 EC-AFC 模型模拟玄武质岩浆侵入上地壳和下地壳时 Sr 含量对$^{87}$Sr/$^{86}$Sr 变化（Bohrson and Spera，2001）

图中对于 EC-AFC 趋势，箭头指示 $T_m$ 降低方向，曲线上每个点代表标准化的温度增量为 0.02（~30℃）；对于传统的 AFC 趋势，曲线上的每一个点代表融体的分数（$F$），增量为 0.1，终点为 $F=0.05$。在平衡温度 $T_{eq}=980℃$ 时，图中"非线性"上地壳实例的$^{87}$Sr/$^{86}$Sr 和 Sr 含量分别为 0.7200 和 310×10$^{-6}$，对于"标准"上地壳实例分为 0.7135 和 318×10$^{-6}$

对西藏北部北羌塘、松潘-甘孜和北昆仑近东西向展布的新生代钾质-超钾质岩浆岩的形成也采用了 EC-AFC 模型（Guo *et al.*，2006），模型中混染物分别为：Q 为北羌塘地体中地壳麻粒岩混染物；S1、S2 和 S3 分别为松潘-甘孜和北昆仑三个地体的不同上地壳泥质岩（S1 和 S2）和钙质泥质岩（S3）成分。M1、M2、M3 和 M4 为原始岩浆的成分（研究区 MgO 含量大于 6% 的岩浆岩）。根据大离子亲石微量元素和 Sr、Nd、Pb 同位素组成特点，北羌塘地体的原始岩浆受到中地壳混染，松潘-甘孜和北昆仑的原始岩浆受到上地壳混染。用 EC-AFC 模型分别模拟了北羌塘（图 2-45a）、松潘-甘孜和北昆仑（图 2-45b）地体中钾质-超钾质岩浆岩 Sr 含量对$^{87}$Sr/$^{86}$Sr 变化，模拟的相关参数列于表 2-23 和表 2-24。图 2-45a 中 M1-Q、M2-Q 和 M3-Q 是 EC-AFC 模型对分异程度最低的不同成分玄武岩的模拟计算曲线，箭头方向指示了岩浆温度（$T_m$）降低的方向。可以看出，图中 R 曲线（虚线）是北羌塘地体的钾质-超钾质玄武岩 M1 与成分为 Sr 6000×10$^{-6}$，$^{87}$Sr/$^{86}$Sr 0.7094 的地壳混染的最佳拟合的模型曲线。图 2-45b 中的 S1、S2 和 S3 曲线代表不同成分的地壳与原始岩浆 M4 的混染，箭头指示岩浆温度（$T_m$）降低的方向。

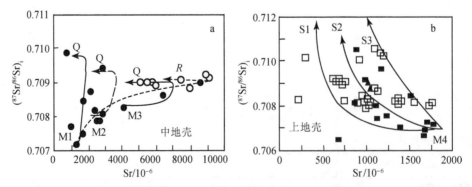

图 2-45　EC-AFC 模型模拟西藏北部钾质-超钾质岩浆岩的 Sr-$^{87}$Sr/$^{86}$Sr 变化（Guo *et al.*，2006）

a. 北羌塘地体，●○. 北羌塘地体样品；b. 松潘-甘孜和北昆仑地体，□■. 松潘-甘孜地体样品

**表 2-23 西藏北部钾质-超钾质岩浆岩能量限制-分离结晶混染模型的主要参数** （Guo *et al.*，2006）

| 参数 | 羌塘北 | | 松潘-甘孜和北昆仑 | |
|---|---|---|---|---|
| 热参数 | | | | |
| 岩浆等压比热容量 $C_{p,m}$/[J/(kg·K)] | 1484 | | 1484 | |
| 混染物等压比热容量 $C_{pa}$/[J/(kg·K)] | 1370 | | 1370 | |
| 结晶热焓 $\Delta h_{cry}$/(J/kg) | 396000 | | 396000 | |
| 扩散热焓 $\Delta h_{fus}$/(J/kg) | 270000 | | 396000 | |
| 成分参数 | | | | |
| | 镁铁质麻粒岩 Q | 泥质岩 S1 | 泥质岩 S2 | 钙质泥质岩 S3 |
| 混染物 Sr 含量 $C_a^0$/$10^{-6}$ | 200 | 250 | 250 | 350 |
| 混染物的同位素比值 $\varepsilon_a$ | 0.725 | 0.720 | 0.725 | 0.730 |

**表 2-24 西藏北部钾质-超钾质岩浆岩能量限制-分离结晶混染最佳拟合计算结果** （Guo *et al.*，2006）

| 模拟过程 | 北羌塘 | | | 松潘-甘孜和北昆仑 | | |
|---|---|---|---|---|---|---|
| | M1/Q | M2/Q | M3/Q | M4/S1 | M4/S2 | M4/S3 |
| 热参数/℃ | | | | | | |
| 岩浆液相线温度 $T_{1,m}$ | 1300 | | | 1280 | | |
| 原始岩浆温度 $T_m^0$ | 1300 | | | 1280 | | |
| 混染物液相线温度 $T_{1,a}$ | 1150 | | | 1000 | | |
| 热参数/℃ | | | | | | |
| 混染物原始温度 $T_a^0$ | 600 | | | 300 | | |
| 平衡温度 $T_{eq}$ | 1100 | | | 900 | | |
| 成分参数 | | | | | | |
| 岩浆中 Sr 原始含量/$10^{-6}$ | 1000 | 2000 | 4000 | 1800 | 1800 | 1800 |
| 岩浆中 Sr 同位素比值 $\varepsilon_m$ | 0.70720 | 0.70805 | 0.70835 | 0.7070 | 0.7070 | 0.7070 |
| 岩浆中 Sr 总分配系数 $D_m$ | 0.06 | 0.006 | 0.00001 | 1.5 | 1.0 | 0.9 |
| 混染物中 Sr 总分配系数 $D_a$ | 0.05 | 0.05 | 0.05 | 1.5 | 1.0 | 1.0 |

# 第三章　微量元素与成岩成矿作用

成岩成矿作用过程及机理研究是地质学、地球化学研究中的重要课题之一，除采用传统的岩石化学、矿物学等方法外，微量元素示踪或同位素示踪方法在近年来得到广泛应用。

本章的讨论重点从微量元素在地质体中的存在形式及在地球化学过程中的活动性开始，它是进行火成岩科学分类的重要标准和探讨沉积岩、岩浆岩源区及变质岩原岩的重要依据。由于微量元素服从亨利定律的行为及其价态变化等特殊性质，又为成岩成矿作用的物理化学条件，如温度、压力及氧化还原的定量研究提供了重要手段。

## 第一节　微量元素在地质体中的存在形式及在地球化学过程中的活动性

在用微量元素作为地球化学示踪剂时，对它们在地质体中的存在形式及在地球化学过程中的活动性研究是很重要的。本节将重点介绍有关理论和研究方法。

### 一、微量元素在地质体中的存在形式及分配

微量元素在地质体中的存在形式主要有以下几种。

1) 独立矿物：微量元素是矿物中的主要元素，并在矿物晶格中占据一定位置，如 Zr 在各种岩石中常见的存在形式是独立矿物锆石（$ZrSiO_4$）；Nb 则一部分或大部分呈铌（钽）铁矿、褐钇铌矿等形式；REE 与之类似，一部分或大部分呈独居石、磷钇矿等独立矿物形式。

2) 类质同象混入物：微量元素以分散状态赋存于寄主矿物晶格中，置换某一晶体化学性质与之相似的主元素，形成混晶。例如，长石中 Rb 以类质同象置换 K，很少形成 Rb 的单矿物，仅在少数情况下形成天河石；Ta 主要以类质同象置换 Nb 而存在于 Nb 的独立矿物铌铁矿中。

3) 非类质同象混入物：包括固熔体分凝物，或称规则连晶混入物；机械混入物，以显微矿物颗粒，甚至纳米级（$10^{-9}$m）包裹于寄主矿物中；或以离子、分子及气体、液体状态存在于矿物晶体内错位构造的间隙或其他空隙内。例如，在铜镍硫化物矿床中，铂族元素矿物常以细小包裹体（几十微米或更小）包裹在黄铜矿等硫化物中；在稀有金属花岗岩中，Nb、Ta、Sn 等也可呈细小矿物存在于造岩矿物的包裹体中。

4) 吸附：微量元素以离子状态吸附于矿物颗粒表面，典型实例是我国华南离子吸附型重稀土矿床，这种矿床产于花岗岩的风化壳中。长石类矿物风化形成黏土类矿物，由于黏土矿物硅氧-铝氧单位边缘的破键或晶体结构中 $Al^{3+}$ 置换 $Si^{4+}$，或外露 $OH^-$ 基等因素，使得黏土矿物可以吸附稀土阳离子而形成离子吸附型稀土矿床。电渗析、电泳及人工膜吸附模拟实验证明，这种矿床中稀土元素主要以简单阳离子 $RE^{3+}$ 形式被黏土矿物吸附。

在上述微量元素存在形式中，类质同象是指在矿物结晶时，某个结构位置的元素、离子或离子团，部分或全部被其他元素、离子或离子团置换，形成固溶体，这称为替代式固溶体。就理想状态的完美晶体而言，其晶体中的所有原子或离子都在各自平衡位置，处于能量最低状态。但自然界的矿物晶格构造

并非是完整、规则的，或者是完整、规则的，却或多或少存在离开理想状态，出现不完整性，通常将这种偏离完整性的区域称为晶体缺陷（crystal defect），其主要形态有空位和位错。晶体缺陷可分为三类，第一是点缺陷，三个方向的尺寸都很小，不超过几个原子间距，如空位、间隙原子，还有空位和间隙原子等缺陷的复合体；第二是线缺陷，缺陷在两个方向上尺寸很小，第三个方向尺寸大，甚至穿过整个晶体；第三是面缺陷，缺陷在一个方向尺寸很小，其他方向很大。在晶体出现缺陷时，微量元素的存在呈间隙式固溶体（interstitial solid solution），即在晶体结构中元素、离子或离子团充填在晶间空隙位置。此外，还有缺位式固溶体，即当较高电价阳离子为保持电价平衡置换两个或多个离子时会出现空位，如在磷灰石中，$3Ca^{2+} \longleftrightarrow 2REE^{3+}+\square_{Ca}$（式中$\square_{Ca}$代表 Ca 位置的空位）；$Be^{2+}$、$Fe^{2+}$进入石英晶格主要通过占据晶格空缺并需三价离子（如$Al^{3+}$）电荷补偿：$Be^{2+}(Fe^{2+})+2Al^{3+} \longrightarrow 2Si^{4+}+\square$；在天河石中$Pb^{2+}$置换$K^+$也出现空位$K^++K^+ \Longleftrightarrow Pb^{2+}+\square$（陈骏、王鹤年，2004）。

确定微量元素在地质体中的存在形式主要采用下述方法：用偏（反）光显微镜观察可对微量元素的存在状态进行初步研究。电子探针、扫描电镜及激光拉曼光谱仪等是研究微量元素存在状态的有效手段。例如，在电子探针分析时，面扫描的浓度分布均匀者，表明微量元素以类质同象分布；而局部富集或射线扫描强度出现局部峰值者，表明呈包裹体或独立矿物存在，进一步的扫描电镜及激光拉曼光谱仪分析则可确定矿物类型。吸附状态的确定则采用电渗析仪、电泳等。目前广泛用于矿物中微量元素分析的激光剥蚀等离子质谱（LA-ICP-MS）可以给出微量元素是均匀、不可见，或纳米级包体，或以大的独立微米级包体形式存在，但不能区分微量元素是以纳米级颗粒还是固溶体形式存在。质子激发 X 射线荧光分析（PIXE-proton induced X-ray emission）可对包裹体成分及微量元素在矿物中占位进行分析。

单矿物平衡法是研究元素在地质体中分布特征的好方法，这种方法的结果给出一张微量元素含量分配平衡表，对元素在岩石中的分布，可从表中一目了然，其计算步骤如下。

1）分别测定某微量元素在全岩及其所含各种矿物中的含量。

2）测定各矿物在岩石中的质量百分比。

3）根据每一种矿物中某微量元素含量及各矿物在岩石中的质量百分比，计算单位质量岩石内各矿物中该微量元素含量。

4）由 3）所得数据除以单位质量岩石中该微量元素总含量，得出整个岩体中各矿物所分配的该微量元素的比例。

我们在研究西华山花岗岩体中稀土元素赋存状态时，采用上述单矿物平衡法进行了计算，结果如表3-1 所示。由表可清楚看出在西华山花岗岩体中，稀土元素主要以硅铍钇矿、磷钇矿、氟碳钇钙矿等矿物存在，占稀土元素总含量的 72%，而长石是稀土元素的主要携带矿物。对福建魁岐和内蒙古巴尔哲富重稀土碱性钠闪石花岗岩的副矿物稀土分析表明，锆石和独居石是魁岐岩体的主要含稀土矿物，全岩约50% 的稀土分配这两种矿物中，而兴安石和锆石占巴尔哲岩体稀土的 40%~90%；碱性岩（$SiO_2$不饱和、含副长石）与花岗岩明显不同，山西紫金山二长岩和正长岩榍石和磷灰石是主要赋存稀土的矿物，它们分配了岩体的 20%~90% 的稀土（赵振华、周玲棣，1994）。

表 3-1 江西西华山黑云母花岗岩中稀土元素的分配

| 矿物名称 | 矿物在岩石中的含量/% | 矿物中 $RE_2O_3$ 的含量/% | 相当于 1g 岩石中各矿物含 $RE_2O_3$ 量/$10^{-6}$ | $RE_2O_3$ 在各矿物中的分配量/% |
|---|---|---|---|---|
| 长石 | 52.15 | 0.01 | 52.15 | 15 |
| 石英 | 43.3 | 0.005 | 21.05 | 6 |
| 黑云母 | 1.3 | 0.15 | 19.5 | 5 |
| 白云母 | 2.0 | 0.015 | 3.0 | 1 |
| 石榴子石 | 0.00 | 1.00 | 9.0 | 2 |
| 菱铁矿 | 0.025 | 0.04 | 0.1 | |

| 矿物名称 | 矿物在岩石中的含量/% | 矿物中 RE$_2$O$_3$ 的含量/% | 相当于 1g 岩石中各矿物含 RE$_2$O$_3$ 量/10$^{-6}$ | RE$_2$O$_3$ 在各矿物中的分配量/% |
|---|---|---|---|---|
| 黑钨矿 | 0.005 | 0.08 | 0.04 | |
| 硫化物 | 0.08 | 0.03 | 0.24 | |
| 硅铍钇矿 | 0.0236 | 47.5 | 113.1 | 30 |
| 磷钇矿 | 0.0166 | 62.0 | 102.9 | 29 |
| 氟碳钇钙矿 | 0.0106 | 43.85 | 46.48 | 13 |
| 合计 | 99.0008 | | 367.56 | |
| 岩石中 RE$_2$O$_3$ 的含量/10$^{-6}$ | | | 333 | |

# 二、微量元素的活动性

在成岩成矿作用研究中，特别是岩浆岩类型划分及命名、变质岩原岩恢复、交代蚀变作用等过程，对微量元素活动性特点的了解是非常重要的。有关微量元素活动性的研究可概括为三部分，一是微量元素活动性的识别方法，二是实验方法，三是应用研究。

## （一）微量元素活动性的识别方法

Maclean 和 Kranidiotisp（1987）在研究加拿大块状硫化物矿床时，提出了用双变量投影分析确定元素活动性的方法（图 3-1）：在一直角坐标系中用一个相容元素对另一个不相容元素作图，当它们都是不活动元素时，就会构成一条相关线，即它们的浓度保持恒定比值，这条相关线通过总成分点和原点。这种图解提供了一种鉴别元素活动性的有力手段。由相容元素活动性引起的变化，可在图解中用一些不同途径区分出来。当图解中一元素是活动的，另一元素是不活动的时候，投影点不构成过原点的直线。图 3-1 中 BD′ 和 BD 代表了在质量为常数时活动组分的加入或丢失。图中通过总成分和原点的回归线的相关系数，可用于选择不活动的元素对。图中岩浆趋势线和蚀变线的截距可用于确定未知的原始岩石。

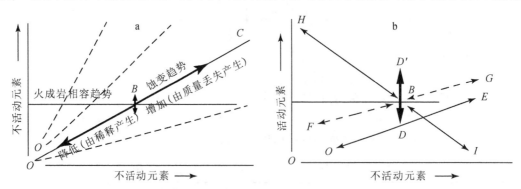

图 3-1　活动和不活动元素的蚀变趋势（Maclean and Kranidiotisp, 1987）

a. 两个元素均为不活动性元素，蚀变趋势通过原点（O）和总成分（B）。对于火成岩不相容元素对，蚀变和火成岩趋势相一致（OBC），而对于相容-不相容元素对则偏离，后者蚀变趋势的斜率依赖于原始成分，蚀变趋势仅仅由获得或丢失其他组分而产生。b. 相容-不相容元素对。蚀变趋势 BD′ 和 BD 代表在质量恒定时活动组分的加入或丢失。当一元素从 B 到 D 是活动性的而随后是不活动的，则产生 ODE 线，即它通过新的总成分和原点。HBI 代表活动组分 H 的加入或提取，FBG 代表由于一矿物的获得或丢失所产生的活动组分的变化。这种活动组分是该矿物中的一种成分

检验元素的活动性还可以采用其他方法，如 H$_2$O 和 Fe$_2$O$_3$/FeO 值可作为蚀变程度的指数，如果它们与一元素有明显相关性，则该元素是活动的。还可以检查不相容元素的相关系数，如果某对元素的相关系数高，则它们受蚀变作用影响小；相反，如果不具明显的相关性，则说明至少有一个元素被活化迁

移了。一个元素与另一个已知不活动元素的比值作图，如 Ti/Zr-Zr 图、可较灵敏地检验变质作用过程中一元素的获得与丢失。

用两个不活动的不相容元素作图，获得一条过原点的直线。当体系中有附加物质加入时，稀释了它们的浓度，投影点靠近原点，而当体系中物质被抽提（如被溶解），则这些元素发生富集，投影点远离原点。

在俯冲带，由于有俯冲板片析出物质的加入，使在以 MORB 为标准的岛弧火山岩微量元素标准化图解常呈锯齿状，根据这些锯齿可以判断元素的活动性。Pearce 等（2005）从理论上探讨其识别原理：岛弧火山岩中某元素 $X$ 的含量 $X_T$ 来自地幔楔 $X_m$ 和俯冲板片 $X_s$，$X_T$ 是可以测定的，$X_T = X_m + X_s$，俯冲板片的贡献 $X_s = X_T - X_m$。俯冲板片的贡献率为

$$sz\% = X_s/X_T = (X_T - X_m)/X_T \tag{3-1}$$

地幔楔属亏损地幔，$X_m$ 可通过亏损地幔部分熔融形成的大洋玄武岩确定"地幔趋势线"，通过与俯冲过程中最不活动元素（如 Nb、Ta、Yb 等）进行对比计算获得，根据微量元素分离结晶公式可得

$$\lg(X/Yb)_m = a\lg(Ta/Yb) + b \tag{3-2}$$

式中，$a$、$b$ 可由大洋玄武岩数据拟合获得，$a$ 为斜率，取决于 $X$ 与 Ta 的不相容性，当 $X$ 比 Ta 更不相容时，$a>1$，反之，$a<1$；$b$ 为截距。

由上述公式可得出地幔楔的贡献率为：$(X/Yb)_m = 10^{a\lg(Ta/Yb)+b}$，变换后为

$$sz\% = [(X/Yb)_T - (X/Yb)_m]/(X/Yb) \tag{3-3}$$

Pearce 和 Peat（1995）用 M/Yb-Nb/Yb 元素对方法探讨微量元素在俯冲洋壳中的保留特点，元素对中 M 为所研究的活动性元素。将弧火山岩的微量元素含量投影在这种图解中（图 3-2），如果一个元素 M 在洋壳俯冲中是保留的（conservative），即不活动的，则将投影在图中的洋中脊玄武岩（MORB）排列内；相反，当一元素 M 是非保留的（nonconservative），即活动的，则偏离图中的 MORB 排列。可以看出，在多数弧玄武岩中，Zr、Hf、Ti、HREE（重稀土）、Y、Sc、Ga、Ni、Cr 和 Co 是不活动的。将

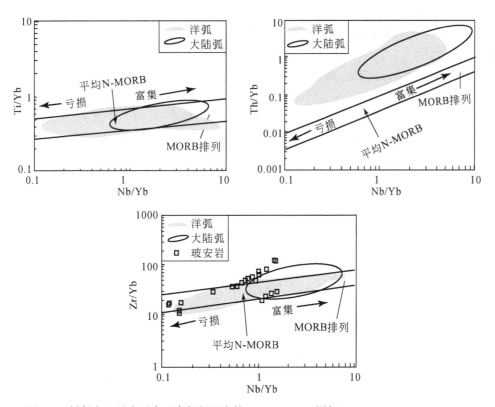

图 3-2 判断火山弧岩石中元素保留程度的 M/Yb-Nb/Yb 图解（Pearce and Peat，1995）

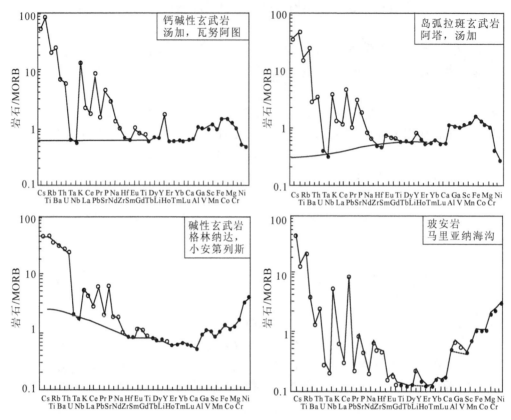

图 3-3　判断火山弧岩石中元素保留程度的微量元素蛛网图（Pearce and Peat, 1995）

弧火山岩对 MORB 作微量元素蛛网图（spidergram）（图 3-3），将图中比值近于 1 的保留元素连结并外推，可获得一条基准线，元素偏离基线的程度反映了它的保留度，即活动性。对于多数火山弧岩浆，元素的保留程度可划分为

高度不保留的（sz%>80）：Rb、Ba、K、Pb、Th、U、Sr、B、Sb、Au

中度不保留的（sz% = 40~80）：P、LREE（轻稀土）、Be

弱不保留的（sz% = 基线~40）：MREE（中稀土）、Na、Cu

保留的（sz%<基线）：Zr、Hf、Ti、HRE、Y、Sc、Ga、Ni、Cr、Co、Zn，除 K、Na、P 以外的主要和少量元素。

Grant（1986）、Hofstra（2000）等提出了活动性元素的定量研究方法——等浓度线法（isocon），该方法选择蚀变或变质岩石与未蚀变或未变质岩石进行微量元素分析，然后作图。横坐标为未蚀变或未变质岩石，纵坐标为蚀变或变质岩石，在图中可给出一最优近似线，即等地球化学浓度连线，称为等浓度线（isocon，见下述，图 3-11），其表达式为

$$C_i^A = (M^0/M^A) C_i^0 \tag{3-4}$$

式中，$C_i^A$ 和 $C_i^0$ 分别为蚀变或变质和未蚀变或未变质岩石中某元素 $i$ 的浓度；$M^0$ 和 $M^A$ 分别为该元素的质量。

对于不活动元素，$\Delta C_i = 0$，等浓度线过原点。对于活动元素，可表示为

$$C_i^A = (M^0/M^A)(C_i^0 + \Delta C_i) \tag{3-5}$$

蚀变或变质后的元素 $i$ 的变化可表示为

$$\Delta C_i/C_i^0 = (M^0/M^A)(C_i^A/C_i^0) - 1 \tag{3-6}$$

图 3-11 中等浓度线的斜率 $M^0/M^A$ 为蚀变或变质后的质量变化，某元素相对于等浓度线的偏离代表该元素的浓度变化，在线之上为富集，之下为亏损。

（二）微量元素活动性的实验研究

在表生条件下，元素的活动性可用其离子电位定性表示。一般情况下元素的活动性可以用离子电位-电价与离子半径比值（$W/\gamma$）度量，具有中、低离子电位（$W/\gamma<3$）的元素，如 K、Rb 等是活动性元素，在很广泛条件下它们容易受水合作用而溶解，但在碱性条件下可形成沉淀并易被黏土颗粒吸附。而高离子电位（$W/\gamma=3\sim10$）的元素，如高场强元素 Ti、Zr、Hf、Nb 等一般为不活动元素，一些元素，如 Fe 易形成氢氧化物沉淀。这些元素对变质作用、交代蚀变作用呈惰性。离子电位（$W/\gamma>10$）的元素易形成易溶的络合物，但可与碱性元素一起形成沉淀。图 3-4 是表生条件下一些离子在水溶液中的相对活动性（Robb，2005）。

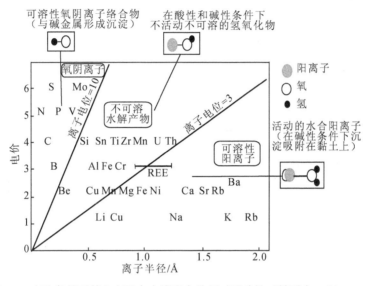

图 3-4　表生条件下某些离子在水溶液中的相对活动性（转引自 Robb，2005）

20 世纪 80 年代以来，围绕在俯冲带的岛弧岩浆形成作用、过程，开展了大量有关微量元素活动性研究，其中包括从绿片岩相到榴辉岩相过程。Pearce（1983）的洋中脊玄武岩标准化蛛网图解中（图略），是按元素的离子电位确定横坐标微量元素排列顺序，也是元素活动性的度量。图中离子电位在 3 以上（图中虚线以下）的一般是不活泼的（Th、Ta、Nb、Ce、P、Zr、Hf、Sm、Ti、Y、Yb），而虚线上的均是活泼的（Sr、K、Rb、Ba）。表 3-2 是俯冲带主要含挥发分相矿物及其含量（体积百分比）。Tatsumi 等（1986）给出了在蛇纹岩脱水实验过程中微量元素的活动性（图 3-5），图中

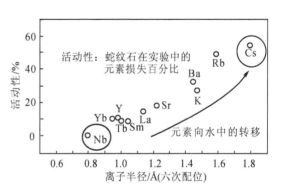

图 3-5　蛇纹岩脱水过程中元素活动性
（Tatsumi *et al.*，1986，略有修改）

纵坐标为元素在脱水过程中损失的百分比，可见，元素活动性随其离子半径增加而增强，在蛇纹岩脱水反应中约有 60% 的 Cs 从蛇纹岩中转移进水相，而 Nb 几乎不活动。对于亲 Cu 元素，它们与 S 有较强的亲和力，常呈硫化物或复杂硫化物沉淀（如温度降低或 pH 及还原硫增加时则形成方铅矿、闪锌矿沉淀）。实验表明它们易与 Cl 呈络合物形式迁移，只有当系统总硫很高时才呈硫络合物迁移。同一络合物中同一价态的不同金属相对能量水平或热力学稳定性 $D$ 值决定了其稳定性，$D$ 值降低顺序如下（Barnes，1962）：Hg（227）→Cd（156）→Pb（154）→Cu（134）→Zn（132）→Sn（126）→Ni（83）→Fe（82）→Co（78）→Mn（78）。随生成自由能降低，其活动性顺序降低。活动性相近的元素在成矿作用过程中常形成共生组合。

**表 3-2　俯冲带主要含挥发分相矿物及其含量**（体积百分比）（Schimidt and Poli，2003）

| 矿物 | | 化学式 | 水/% | 泥质岩杂砂岩 | 玄武岩 | Mg-辉长岩 | 橄榄岩 |
|---|---|---|---|---|---|---|---|
| 多硅白云母 | phe | $K(Mg, Fe)_{0.5}Al_2Si_{3.5}O_{10}(OH)_2$ | 4.3 | +++ | + | — | — |
| 黑云母/金云母 | bt-phl | $K(Mg, Fe)_{2.8}Al_{1.4}Si_{2.8}O_{10}(OH)_2$ | 4.1 | ++ | + | — | + |
| 钠云母 | par | $NaAl_3Si_3O_{10}(OH)_2$ | 4.6 | + | ++ | + | — |
| K-钠透闪石 | K-rich | $KCa(Mg, Fe)_4AlSi_8O_{22}(OH)_2$ | 2.0 | — | — | — | — |
| 蓝闪石-亚蓝闪石 | amp | $NaCa(Mg, Fe)_3Al_3Si_7O_{22}(OH)_2$ -$Na_2(Mg, Fe)_3Al_2Si_8O_{22}(OH)_2$ | 2.2 | + | +++ | +++ | — |
| 角闪石-韭闪石 | amp | $Ca_2(Mg, Fe)_4Al_2Si_7O_{22}(OH)_2$ -$NaCa_2(Mg, Fe)_4Al_3Si_6O_{22}(OH)_2$ | 2.2 | — | +++ | +++ | + |
| 硬柱石 | law | $CaAl_2Si_2O_7(OH)_2 \cdot H_2O$ | 11.2 | + | ++ | ++ | — |
| 沸石/绿帘石 | zo-epi | $CaAl_2(Al, Fe^{3+})Si_3O_{12}(OH)$ | 2.0 | + | ++ | ++ | — |
| 硬绿泥石 | cid | $(Mg, Fe)_2Al_4Si_2O_{10}(OH)_4$ | 7.5 | ++ | + | ++ | — |
| 绿泥石 | chl | $(Mg, Fe)_5Al_2Si_3O_{10}(OH)_8$ | 12.5 | ++ | +++ | +++ | + |
| 滑石 | tc | $(Mg, Fe)_3Si_4O_{10}(OH)_2$ | 4.8 | ++ | + | ++ | + |
| 富 Si 脉中的滑石 | | | | | | | +++ |
| 蛇纹石 | serp | $(Mg, Fe)_{48}Si_{34}O_{85}(OH)_{62}$ | 12.3 | — | — | + | +++ |
| 相 A | "A" | $(Mg, Fe)_7Si_2O_8(OH)_6$ | 11.8 | — | — | ? | +++ |
| 相 E | "E" | $(Mg, Fe)_{2.2}Si_{1.1}O_{2.8}(OH)_{3.2}$ | 11~18 | — | — | ? | ++ |
| 10Å 相 | 10Å | $(Mg, Fe)_3Si_4O_{10}(OH)_2 \cdot H_2O$ | 8~14 | 可能 | — | 可能 | + |
| 文石/方解石 | ara/Cc | $CaCO_3$ | | + | + | + | — |
| 白云母 | dol | $CaMg(CO_3)_2$ | | + | + | + | + |
| 菱镁矿 | mgs | $MgCO_3$ | | + | + | + | + |

注：+. <5%；++. 5%~20%；+++. >20%。

Kogiso 等（1997）在地幔温度压力条件下用实验方法研究了角闪岩脱水作用，以检验俯冲洋壳脱水过程中微量元素的活动性（图 3-6），图中纵坐标为微量元素在俯冲洋壳脱水流体中的溶解度，即被带出的比例，是其活动性的定量表示：

$$活动性=[(C_{STM}-C_{RP})/C_{STM}]×100\% \tag{3-7}$$

式中，$C_{STM}$ 与 $C_{RP}$ 分别为某元素在实验初始物质和实验产物中的含量。

可以看出，Pb 的活动性最高，可达 90%，轻稀土 La、Ce 也较高，可达 50%~60%，而高场强元素 Nb、Ta、Ti 和重稀土 Yb、Y 活动性很低，为 5% 左右，U 活动性中等，为 50%。洋壳脱水流体交代上覆地幔楔可造成 Pb 正异常，Ce/Pb 值低，Nb 形成负异常，Nb/U 值低。Moriss 和 Ryan（2003）根据俯冲带不同深度上岛弧火山岩中微量元素的含量变化，计算了从海沟向弧后方向洋壳俯冲过程中微量元素带出比例（活动性）的排列顺序：

$$B>Cs,As,Sb>Pb>Rb>Ba,Sr,Be~U>Th \tag{3-8}$$

以 B 带出率为 100%，微量元素的带出率及排列顺序为

$$B(100\%)>Cs>As,Sb>Pb(50\%~75\%?)>Rb>$$
$$Ba,Sr,Be(20\%~30\%)~U>Th,Ce,Sm,Nd,Lu,Hf \tag{3-9}$$

因此，在俯冲过程中首先在浅部释放出的是 B、Cs，而后是 K、Ba，最后是流体中活动性最小的 Th、LREE，它们在很深处才能释放（Becker et al.，2000；Savov et al.，2005）。在安山质熔体与流体中的分配系数资料也给出了类似的结果，挥发分 Cl 对微量元素在流体和熔体间的分配起了重要作用，由表 3-3 可以看出，在无氯化物的流体与熔体间的所有微量元素分配系数均≪1，但在含氯化物（0.5mol）的流体中，大离子亲石元素的分配系数明显增加，如 K、Rb、Pb、B 和 Zn 等分配系数>1，U、Sr 和 Ba

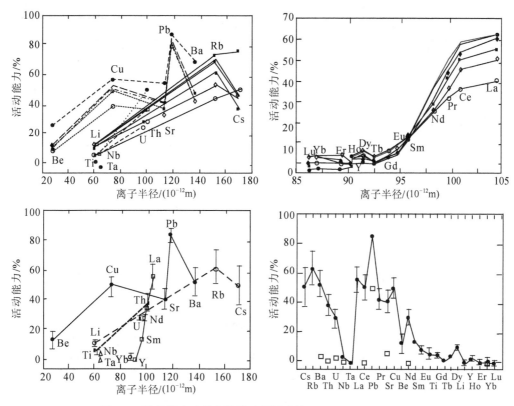

图 3-6　洋壳俯冲过程中微量元素活动性（Kogiso *et al.*，1997）

等近于 1，增加近一个数量级，但高场强元素 Nb、Ta 和 Ti 分配系数变化很小。微量元素在矿物与流体之间的分配系数列于表 3-4，可以看出，不同矿物之间的微量元素分配系数差异较大，不活动元素，如 Nb、Zr、Sm、Tm 和 Y 强烈保持在俯冲板片中。

表 3-3　安山质熔体和流体间微量元素分配及计算的单斜辉石/熔体、流体分配系数 $D$

| 元素 | 流体/$10^{-6}$ | 熔体/$10^{-6}$ | $D^{流体/熔体}$ | $D^{Cpx/熔体}$ | $D^{流体/Cpx}$ |
|---|---|---|---|---|---|
| 无氯化物的含水流体 | | | | | |
| K | <300 | 12000（0.1） | <0.02 | 0.0072 | <3 |
| Rb | 2167（3） | 6793（0.4） | 0.32（3） | 0.002 | 160（3） |
| Sr | 12（10） | 740（1） | 0.016（11） | 0.13 | 0.12（11） |
| Ba | 29（10） | 924（1） | 0.031（11） | 0.00068 | 46（11） |
| La | <10 | 587（1） | <0.02 | 0.054 | <0.4 |
| Nb | <3 | 713（0.1） | <0.004 | 0.0077 | <0.5 |
| | | | | 0.06 | <0.07 |
| Ti | 24（1） | 911（0.3） | 0.026（1） | 0.384 | 0.068（1） |
| U | <10 | 2962（1） | <0.03 | 0.01 | <0.3 |
| Pb | 287（1） | 3263（1） | 0.088（2） | 0.072 | 1.2（2） |
| Th | 49（2） | 2103（1） | 0.023（3） | 0.003 | 7.7（3） |
| Zn | 12（1） | 635（1） | 0.019（2） | 1 | 0.019（2） |
| +5mol（Na，K）Cl 流体 | | | | | |
| K | 80000（0.5） | 30000（0.5） | 2.7（1） | 0.0072 | 370（1） |
| Rb | 6521（6） | 2460（6） | 2.7（12） | 0.002 | 1300（12） |

续表

| 元素 | 流体/$10^{-6}$ | 熔体/$10^{-6}$ | $D^{流体/熔体}$ | $D^{Cpx/熔体}$ | $D^{流体/Cpx}$ |
|---|---|---|---|---|---|
| Sr | 186 (0.6) | 679 (0.6) | 0.27 (1) | 0.13 | 2.1 (1) |
| Sr | 296 (0.2) | 528 (0.2) | 0.56 (0.4) | 0.13 | 4.3 (0.4) |
| Ba | 245 (0.2) | 790 (0.3) | 0.31 (0.5) | 0.00068 | 460 (0.5) |
| Ba | 305 (0.4) | 549 (0.8) | 0.55 (1) | 0.00068 | 809 (1) |
| La | 45 (1) | 802 (0.7) | 0.056 (2) | 0.054 | 1.0 (2) |
| La | 42 (1.4) | 792 (0.1) | 0.053 (1) | 0.054 | 1.0 (1) |
| Gd | 49 (2) | 943 (0.8) | 0.052 (3) | 0.36 | 0.14 (3) |
| Lu | 51 (0.4) | 1094 (0.1) | 0.047 (0.5) | 0.43 | 0.11 (0.5) |
| Nb | <3 | 764 (0.5) | <0.005 | 0.0077 | <0.6 |
| | | | | 0.06 | <0.08 |
| Nb | <5 | 2554 (0.9) | <0.002 | 0.0077 | <0.3 |
| Ta | <4 | 1013 (1.5) | <0.004 | ~Nb | ~Nb |
| Ti | <5 | 878 (0.2) | <0.005 | 0.384 | <0.01 |
| Zr | <6 | 1230 (0.7) | <0.005 | 0.123 | <0.04 |
| U | 1321 (2) | 3671 (0.5) | 0.36 (2) | 0.01 | 36 (2) |
| U | 1628 (0.8) | 2343 (0.5) | 0.69 (1) | 0.01 | 69 (1) |
| Pb | 3204 (0.7) | 760 (1.2) | 4.2 (2) | 0.072 | 58 (2) |
| Th | 30 (3) | 2409 (0.1) | 0.012 (3) | 0.003 | 4 (3) |
| Zn | 587 (0.7) | 77 (0.8) | 7.6 (1) | 1 | 7.6 (1) |
| B | 101 (0.4) | 92 (0.3) | 1.1 (0.7) | 0.12 | 9.1 (0.7) |
| Be | 0.04 (10) | 291 (0.5) | 0.0001 (10) | — | — |

**表 3-4　微量元素的矿物/流体及岩石/流体分配系数 $D^{矿物/流体}$ 和 $D^{岩石/流体}$**（Ayers *et al.*，1997）

| 元素 | 橄榄石 Ol | 斜方辉石 Opx | 单斜辉石 Cpx | 金红石 Rut | 钛铁矿 Ilm | 石榴子石 Gt | 板片[1]Slab | 地幔楔[2]Wedge |
|---|---|---|---|---|---|---|---|---|
| 样品数 | (n=5) | (n=3) | (n=3) | (n=2) | (n=2) | (3.0GPa) | | |
| Rb | 0.0116 | 0.030 | 0.0077 | 0.016 | 0.0022 | 0.162 | 0.126 | 0.018 |
| Th | 0.007 | 0.007 | 2.00 | 0.100 | 0.100 | 0.050 | 0.831 | 0.068 |
| U | 0.008 | 0.008 | 0.200 | 89.0 | 1.00 | 0.700 | 1.38 | 0.023 |
| Nb | 0.0256 | 4.23 | 0.127 | 3400 | 186 | 0.316 | 34.2 | 2.98 |
| La (Ce) | 0.0039 | 0.050 | 4.72 | 3.12 | 0.124 | 0.501 | 2.21 | 0.159 |
| Pb | 0.001 | 0.001 | 0.040 | 0.014 | 0.005 | 0.0014 | 0.017 | 0.002 |
| Sr | 0.0046 | 0.020 | 1.57 | 0.014 | 0.005 | 0.013 | 0.636 | 0.056 |
| Sm | 0.0107 | 0.245 | 106 | 0.557 | 0.339 | 273 | 203 | 3.25 |
| Zr | 0.0170 | 0.533 | 2.10 | 399 | 33.7 | 58.7 | 39.5 | 0.550 |
| Tm | 0.610 | 2.41 | 117 | 2.24 | 20.8 | 459 | 275 | 4.77 |
| Y | 0.132 | 1.33 | 94.0 | 0.379 | 2.89 | 1560 | 960 | 3.29 |

注：条件为 2.0GPa，900~1100℃。

①板片成分：59% 石榴子石，40% 单斜辉石，1% 金红石。

②地幔楔成分：70% 橄榄石，26% 斜方辉石，3% 单斜辉石，1% 钛铁矿。

（三）微量元素活动性应用研究实例

对加拿大魁北克 Phelp Dodge 块状硫化物矿床的流纹英安岩–绿泥岩单元样品的各种微量元素或常量元素对 Zr 作图（图 3-7；Maclean and Kranidiotis，1987），可见 $Al_2O_3$、$TiO_2$、Nb、Y 与 Zr 有很高的相关系数，并构成过原点的直线，因此，它们属较典型的不活动元素，而 Fe、Mg、Si 等均不通过原点，属活动性元素。

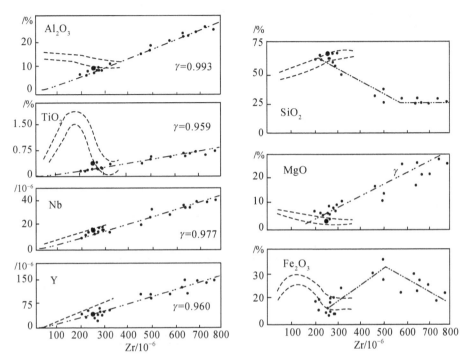

图 3-7　表示元素活动性的哈克图解（Maclean and Kranidiotis，1987）

γ 为相关系数（回归线），圆点代表最小蚀变的流纹英安岩样品

以印度洋洋中脊玄武岩样品（新鲜的和受蚀变的 K、Ti、Zr）分别作图（图 3-8），可以看出无论在新鲜的还是蚀变的玄武岩中 Ti、Zr 均具有相似的比值，相关系数很高，而 K 和 Zr 只在新鲜岩石中呈正相关，在蚀变岩石中 K 与 Zr 不具有明显相关性，表明 K 是相对活动的，而 Ti、Zr 是不活动的。

在实际应用过程中，一般是通过比较变质岩石和未变质岩石，或者未蚀变岩石与蚀变岩石中某些微量元素含量的变化，来鉴别元素活动性。对于那些受变质或蚀变作用影响小的元素，通常作为不活动元素处理，如目前常将 Ti、Zr、Y、Cr、Hf、Ta、Th 等视为不活动元素。

Rösler 和 Beuge（1983）采用实测地质剖面的方法确定元素的活动性。他们选择泥岩样品组成八个不同的成岩–变质阶段剖面，包括黏土泥岩、黏土、黏土岩、页岩和黏土页岩、千枚岩、云母片岩、片麻岩和麻粒岩，八个阶段共包括 71 个样品，每一个样品符合下述要求：样品或其原始物质具有纯黏土质特征，它们取自海相软泥相；均未受火山或浅成过程影响；所有样品取自不同区域。用最佳分析手段分析了上述样品中 38 种微量元素含量，如表 3-5 所示。

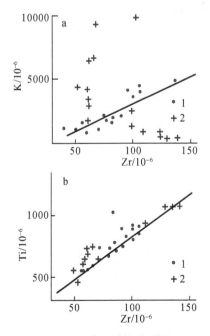

图 3-8　元素活动性鉴别图

1. 新鲜玄武岩；2. 蚀变玄武岩；

a. K-Zr 图解；b. Ti-Zr 图解

表 3-5　成岩和变质过程中微量元素行为的综合资料

| 元素 | 泥岩 | 黏土 | 黏土岩 | 页岩 | 千枚岩 | 云母片岩 | 片麻岩 | 麻粒岩 |
|---|---|---|---|---|---|---|---|---|
| As | 1.2 | — | 10 | 9 | (1.7) | 0.6 | 1.4 | — |
| Au | 7.5 | — | — | 4.3 | 4.3 | 4.0 | 4.2 | 3.5 |
| B | 120 | 96 | 91 | 73 | 82 | 63 | 40 | — |
| Ba | 970 | 360 | 480 | 567 | 320 | 930 | 624 | 900 |
| Be | 4.8 | 2.5 | — | 2.8 | 1.5 | 3.1 | 2.5 | 1.6 |
| Bi | 60 | 425 | (385) | 1900 | — | (8000) | 40 | — |
| Cd | 570 | 290 | (1000) | 650 | — | (1000) | 120 | — |
| Ce | — | (253) | 65 | 83 | 71 | 97 | 55 | 56 |
| Cr | 135 | 129 | 110 | 90 | 58 | 115 | 104 | 61 |
| Cs | (4.3) | 4.6 | 5.5 | 4.8 | (6.0) | 10 | 4.4 | (0.3) |
| Cu | 59 | 168 | 45 | 37 | 27 | 30 | 35 | (39) |
| F | 965 | 610 | 830 | 760 | 630 | 910 | 580 | 600 |
| Ga | 18 | 17 | 21 | 15 | 15 | 19 | 20 | (14) |
| Ge | 2.6 | 1.7 | (1.8) | 1.9 | 1.6 | 2.3 | 1.6 | 1.5 |
| Hg | 915 | — | — | 153 | 73 | 73 | 125 | (214) |
| In | — | 71 | (280) | 57 | 125 | 104 | (275) | 23 |
| La | — | (52) | (36) | 45 | 34 | 51 | 27 | (32) |
| Li | — | 84 | 103 | 70 | 71 | 63 | 45 | (10) |
| Mo | 12 | 3.3 | — | 3.0 | 1.3 | 2.1 | 2.5 | — |
| N | 1620 | 385 | (325) | 1700 | (326) | 297 | (36) | — |
| Nb | (8.5) | 18 | — | 19 | — | 14 | 6 | 4 |
| Ni | 64 | 140 | 51 | 53 | 43 | 60 | 55 | (17) |
| Pb | 30 | 16 | 32 | 22 | 20 | 28 | 27 | 14 |
| Pt | 32 | 20 | — | 28 | — | 39 | — | — |
| Rb | 100 | 132 | 162 | 163 | (150) | 103 | 87 | 47 |
| Sb | 1.7 | 1.0 | — | 1.6 | (1.0) | — | — | — |
| Sc | (18.3) | 15.0 | 11.1 | 16.3 | 12.2 | 17.5 | 21.0 | — |
| Se | — | 325 | (1800) | 350 | — | 205 | 155 | — |
| Sn | 10 | 3 | 30 | 6 | 5 | 4 | 3 | (7) |
| Sr | 136 | 91 | 162 | 107 | 170 | 173 | 307 | 670 |
| Th | 9.0 | 18.0 | 11.8 | 12.0 | 9.4 | 8.6 | 11.6 | 7.3 |
| Tl | (130) | 525 | 1300 | 1290 | 553 | 877 | 1040 | 190 |
| U | 2.3 | 3.2 | 2.3 | 3.2 | 2.3 | 3.5 | 2.1 | 1.3 |
| V | 123 | 138 | 111 | 123 | 65 | 115 | 152 | (58) |
| W | 4.4 | 5.6 | 3.8 | 2.3 | 3.6 | 2.0 | 3.6 | — |
| Y | (57) | (30) | (31) | 30 | 27 | 34 | 22 | 6 |
| Zn | 110 | 86 | 82 | 88 | 95 | 93 | 82 | (94) |
| Zr | (128) | 54 | 241 | 167 | 110 | 190 | 167 | 189 |

注：表中 Se、Cd、In、Au、Tl、Hg、Bi 的含量单位为 $10^{-9}$，其余均为 $10^{-6}$。括号中为参考值。

　　根据在八个不同的成岩-变质阶段中微量元素浓度变化，并与花岗岩类相比较，可以将微量元素划分为八种类型（图 3-9）。

Ⅰ.B 型：包括 Au、B、Hg、I，它们在成岩-变质阶段明显降低；

Ⅱ.Cl 型：包括 Ag、Br、Cl、C$_{有机}$、Mo；

Ⅲ.N 型：Cs、Cu、N、Nb、Ne、Pb、Se、Sn、V 等，在成岩阶段不变，在变质阶段降低；

Ⅳ.F 型：Be、F、Mn、Th、U、Zn、Cd，在成岩-片麻岩阶段浓度保持恒定，在高级变质阶段（麻粒岩）降低；

Ⅴ.Ta 型：Hf、Pt、Ta、Ti、Zr、Ba，在整个成岩-变质阶段保持恒定；

Ⅵ.RE 型：Sc 和 REE，在成岩阶段稀土元素具有相似行为，但在高级变质作用阶段轻稀土与重稀土元素之间出现差异（轻稀土元素变化不大，重稀土元素有一定丢失）；

Ⅶ.As 型：As、Li、Ni、Rb、(Be)、(Co)，在高级变质阶段亏损；

Ⅷ.Sr 型：Sr、(Na) 在成岩-变质各阶段逐渐增加。

不难看出，Ta 型元素是较典型的不活动元素，F 型元素除麻粒岩阶段外也是不活动元素。

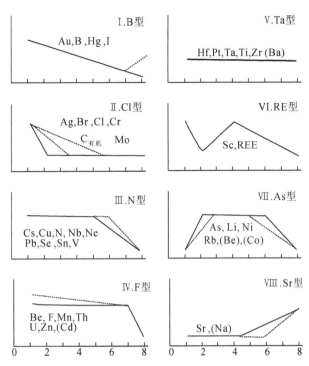

图 3-9 微量元素在成岩-变质剖面中相对
行为的最初类型分类（Rosler and Beuge，1983）

REE 在成岩-变质作用过程中虽有一定程度的活动性，但作为一组元素，在成岩-变质阶段之间显示了平行变化的行为，虽然绝对浓度发生变化，但其分布形式基本保持平行。由上述可以看出，Ta 型、F 型和 RE 型元素对变质岩原岩恢复具有重要意义。此外，由于它们的不活动性，在岩石和矿床形成构造背景判别研究中也得到了广泛应用。

Bao 等（2004）对贵州著名的烂泥沟卡林型金矿及该区其他三个产于沉积岩中的浸染型金矿（SRHDG，Sedimentary Rockhosted Disseminated Gold）成矿过程中的元素活动性进行了研究，对矿石和赋矿沉积岩中的微量元素进行相关分析（表 3-6），并以不活动元素 Zr 为对比作图（图 3-10），可见 Nb、Ta 与 Zr 有很好的相关性，相关系数>0.90，在图中相关直线通过原点，表明它们是不活动的，La、Yb 与 Zr 的相关系数略低（>0.80），相关线略偏离原点，表明它们活动性较弱。W、Th、U、Mo、Sr、Ba 和 Zn 等与 Zr 的相关系数较低，表明它们是活动的。

Bao 等（2004）还对贵州省烂泥沟卡林型金矿的硅化和黄铁矿化粉砂岩和未蚀变粉砂岩样品进行了等浓度线研究［式（3-4），图 3-11］，其斜率为 1.49（图 3-11a），即 $M^A/M^0$ 为 0.67，相当于蚀变过程质量丢失为 33%。从该等浓度线可以得出，轻稀土质量丢失，如 La（-9.5%）、Ce（-8.6%）、Pr（-5.9%）；重稀土质量增加，如 Gd（19%）、Tb（17%）、Dy（14%）、Ho（9.2%）、Er（8.5%）；而 Nd、Tm、Yb 和 Lu 变化较小，分别为-2.3%、3.4%、7.4% 和 2.2%。

在元素活动性研究中，稀土元素是最引人注目的一组元素。一般认为，在变质或交代作用过程中稀土元素是很稳定的，原含量的大部分仍滞留于原岩中，并且在达到近岩浆或岩浆状态之前稀土元素分布型式保持不变。但目前对此认识有分歧（表 3-7），例如，Frey 等（1968）、Philpotts 等（1969）认为，蚀变的与新鲜的洋底玄武岩在稀土元素丰度上没有差异，并断定海水的初始蚀变作用对稀土元素丰度没有影响。但后来 Frey 等（1974）发现，海底玄武岩的玄武质玻璃的钠云母化可引起 La 及重稀土元素的亏损，结晶玄武岩的蚀变则产生轻稀土元素富集。Wood 等（1976）发现熔岩中的轻稀土元素浓度在沸石化过程中有很大变化。蛇纹岩杂岩中变玄武岩常亏损轻稀土元素。Dostal 和 Capedris（1979）研究意大利阿尔卑斯西部高级变质岩时发现，原岩相同的沉积岩，经受变质作用程度不同，稀土元素的分异也

表3-6 贵州烂泥沟卡林型金矿围岩与金矿石中微量元素相关系数

| | Sc | TiO₂ | Cu | Zn | Y | Zr | Nb | Mo | Sb | La | Ce | Pr | Nd | Sm | Eu | Gd | Tb | Dy | Ho | Er | Tm | Yb | Lu | Hf | Ta | W | Pb | Th | U |
|---|---|---|---|---|---|---|---|---|---|---|---|---|---|---|---|---|---|---|---|---|---|---|---|---|---|---|---|---|---|
| Sc | 1 | | | | | | | | | | | | | | | | | | | | | | | | | | | | |
| TiO₂ | 0.98 | 1 | | | | | | | | | | | | | | | | | | | | | | | | | | | |
| Cu | 0.82 | 0.86 | 1 | | | | | | | | | | | | | | | | | | | | | | | | | | |
| Zn | 0.65 | 0.65 | 0.40 | 1 | | | | | | | | | | | | | | | | | | | | | | | | | |
| Y | 0.89 | 0.94 | 0.95 | 0.54 | 1 | | | | | | | | | | | | | | | | | | | | | | | | |
| Zr | 0.90 | 0.95 | 0.90 | 0.71 | 0.97 | 1 | | | | | | | | | | | | | | | | | | | | | | | |
| Nb | 0.98 | 1.00 | 0.86 | 0.66 | 0.95 | 0.96 | 1 | | | | | | | | | | | | | | | | | | | | | | |
| Mo | 0.90 | 0.83 | 0.75 | 0.49 | 0.76 | 0.73 | 0.82 | 1 | | | | | | | | | | | | | | | | | | | | | |
| Sb | -0.19 | -0.22 | 0.05 | 0.18 | -0.09 | -0.02 | -0.22 | 0.05 | 1 | | | | | | | | | | | | | | | | | | | | |
| La | 0.99 | 0.99 | 0.85 | 0.61 | 0.92 | 0.92 | 0.99 | 0.85 | -0.25 | 1 | | | | | | | | | | | | | | | | | | | |
| Ce | 0.99 | 0.99 | 0.86 | 0.61 | 0.92 | 0.93 | 099 | 0.86 | -0.23 | 1.00 | 1 | | | | | | | | | | | | | | | | | | |
| Pr | 0.99 | 0.99 | 0.86 | 0.60 | 0.93 | 0.92 | 0.99 | 0.85 | -0.25 | 1.00 | 1.00 | 1 | | | | | | | | | | | | | | | | | |
| Nd | 0.98 | 0.99 | 0.87 | 0.59 | 0.94 | 0.93 | 0.99 | 0.85 | -0.24 | 1.00 | 1.00 | 1.00 | 1 | | | | | | | | | | | | | | | | |
| Sm | 0.95 | 0.98 | 0.92 | 0.59 | 0.98 | 0.97 | 0.98 | 0.82 | -0.15 | 0.98 | 0.98 | 0.98 | 0.99 | 1.00 | | | | | | | | | | | | | | | |
| Eu | 0.94 | 0.97 | 0.94 | 0.56 | 0.98 | 0.97 | 0.98 | 0.82 | -0.12 | 0.97 | 0.97 | 0.97 | 0.98 | 0.99 | 1 | | | | | | | | | | | | | | |
| Gd | 0.89 | 0.94 | 0.96 | 0.56 | 0.99 | 0.98 | 0.95 | 0.78 | -0.03 | 0.93 | 0.93 | 0.93 | 0.94 | 0.98 | 0.99 | 1.00 | | | | | | | | | | | | | |
| Tb | 0.87 | 0.93 | 0.96 | 0.55 | 1.00 | 0.97 | 0.93 | 0.76 | -0.02 | 0.90 | 0.91 | 0.91 | 0.93 | 0.97 | 0.98 | 1.00 | 1 | | | | | | | | | | | | |
| Dy | 0.89 | 0.94 | 0.96 | 0.56 | 1.00 | 0.97 | 0.95 | 0.77 | -0.06 | 0.92 | 0.92 | 0.93 | 0.94 | 0.98 | 0.98 | 0.99 | 1.00 | 1 | | | | | | | | | | | |
| Ho | 0.89 | 0.95 | 0.95 | 0.70 | 1.00 | 0.97 | 0.95 | 0.77 | -0.09 | 0.93 | 0.93 | 0.94 | 0.95 | 0.98 | 0.98 | 0.99 | 1.00 | 1.00 | 1.00 | | | | | | | | | | |
| Er | 0.90 | 0.95 | 0.95 | 0.56 | 1.00 | 0.97 | 0.96 | 0.77 | -0.10 | 0.93 | 0.93 | 0.94 | 0.95 | 0.98 | 0.99 | 0.99 | 1.00 | 1.00 | 1.00 | 1.00 | | | | | | | | | |
| Tm | 0.92 | 0.96 | 0.94 | 0.57 | 1.00 | 0.97 | 0.97 | 0.80 | -0.10 | 0.94 | 0.94 | 0.95 | 0.96 | 0.99 | 0.99 | 0.99 | 0.99 | 1.00 | 1.00 | 1.00 | 1.00 | | | | | | | | |
| Yb | 0.91 | 0.96 | 0.94 | 0.56 | 1.00 | 0.97 | 0.97 | 0.79 | -0.11 | 0.94 | 0.94 | 0.95 | 0.96 | 0.99 | 0.99 | 0.99 | 0.99 | 1.00 | 1.00 | 1.00 | 1.00 | 1 | | | | | | | |
| Lu | 0.93 | 0.97 | 0.93 | 0.59 | 0.99 | 0.97 | 0.98 | 0.79 | -0.14 | 0.96 | 0.96 | 0.96 | 0.97 | 0.98 | 0.99 | 0.99 | 0.99 | 0.99 | 0.99 | 1.00 | 1.00 | 1.00 | 1 | | | | | | |
| Hf | 0.91 | 0.96 | 0.91 | 0.70 | 0.97 | 1.00 | 0.97 | 0.76 | -0.04 | 0.94 | 0.94 | 0.94 | 0.95 | 0.98 | 0.98 | 0.98 | 0.98 | 0.98 | 0.98 | 0.98 | 0.98 | 0.98 | 0.98 | 1 | | | | | |
| Ta | 0.98 | 1.00 | 0.85 | 0.67 | 0.94 | 0.95 | 1.00 | 0.83 | -0.10 | 0.99 | 0.99 | 0.99 | 0.99 | 0.97 | 0.98 | 0.94 | 0.93 | 0.94 | 0.95 | 0.95 | 0.96 | 0.96 | 0.97 | 0.96 | 1 | | | | |
| W | 0.68 | 0.76 | 0.92 | 0.39 | 0.91 | 0.88 | 0.77 | 0.62 | 0.15 | 0.74 | 0.74 | 0.75 | 0.78 | 0.87 | 0.88 | 0.93 | 0.93 | 0.92 | 0.90 | 0.90 | 0.88 | 0.89 | 0.87 | 0.87 | 0.75 | 1 | | | |
| Pb | 0.94 | 0.98 | 0.88 | 0.70 | 0.97 | 0.99 | 0.98 | 0.79 | -0.10 | 0.96 | 0.96 | 0.96 | 0.97 | 0.99 | 0.98 | 0.98 | 0.97 | 0.97 | 0.97 | 0.97 | 0.98 | 0.98 | 0.99 | 0.99 | 0.98 | 0.85 | 1 | | |
| Th | 0.99 | 1.00 | 0.85 | 0.65 | 0.93 | 0.94 | 0.99 | 0.86 | -0.20 | 1.00 | 1.00 | 1.00 | 1.00 | 0.98 | 0.97 | 0.93 | 0.91 | 0.93 | 0.93 | 0.94 | 0.95 | 0.95 | 0.96 | 0.95 | 0.99 | 0.75 | 0.97 | 1 | |
| U | 0.86 | 0.93 | 0.94 | 0.42 | 0.97 | 0.92 | 0.93 | 0.70 | -0.26 | 0.92 | 0.92 | 0.92 | 0.94 | 0.96 | 0.96 | 0.96 | 0.96 | 0.97 | 0.97 | 0.97 | 0.97 | 0.97 | 0.97 | 0.93 | 0.92 | 0.85 | 0.93 | 0.91 | 1 |

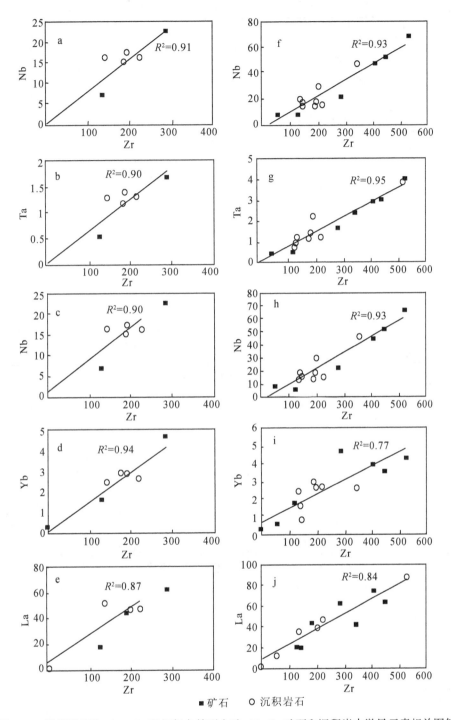

图 3-10 贵州烂泥沟 (a~e) 和相邻卡林型金矿 (f~j) 矿石和沉积岩中微量元素相关图解

不同。角闪岩相岩石相对富轻稀土元素，麻粒岩相相对富重稀土元素。又如苏联米亚-阿勃恰特斯基地区混合岩，从未混合岩化的黑云母角闪斜长片麻岩→中等强度混合岩化（钠交代）的黑云角闪斜长混合岩→强烈混合岩化（钾交代）的阴影混合岩，稀土元素总含量增加，其中轻稀土元素增加最明显，其次是中稀土元素，重稀土元素变化不大。在混合岩化过程中，造岩矿物和副矿物的稀土元素含量变化随矿物不同而异。

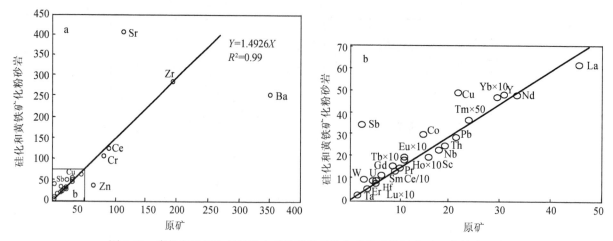

图 3-11　贵州省烂泥沟卡林型金矿粉砂岩硅化和黄铁矿化蚀变过程中等浓度线

b 为 a 中小方块区域的放大

**表 3-7　不同学者对变质作用过程中 REE 活动性的认识**

| REE 是活动的 | REE 是不活动的 | REE 是活动的 | REE 是不活动的 |
|---|---|---|---|
| 低温过程 | | Sun *et al.*，1978 | |
| Church，1987 | Frey *et al.*，1969 | Vocke *et al.*，1987 | |
| Coodie *et al.*，1977 | Kay *et al.*，1976 | Wood *et al.*，1976 | |
| Hellman *et al.*，1977 | Masuda *et al.*，1971 | 高温变质作用 | |
| Humphyis *et al.*，1978 | Menzies *et al.*，1979 | Collerson *et al.*，1978 | Bernaard-Griffiths *et al.*，1985 |
| Ludden *et al.*，1978 | Philpotts *et al.*，1969 | Stahle *et al.*，1987 | Dostal *et al.*，1979 |
| 低–中温变质过程 | | | Green *et al.*，1972 |
| Bartley，1986 | Cullers *et al.*，1974 | | O'Nions *et al.*，1974 |
| Cerny *et al.*，1987 | Garmann *et al.*，1975 | | Rollinson *et al.*，1980 |
| Dickin，1988 | Heleaci *et al.*，1983 | 热液和交代过程 | |
| Hellman *et al.*，1977，1979 | Herrmann *et al.*，1974 | Alderton *et al.*，1980 | Hajash，1984 |
| Jahn *et al.*，1979 | Smewing *et al.*，1976 | Leron *et al.*，1988 | Muecke *et al.*，1979 |
| Lusch *et al.*，1974 | | Maclean，1988 | |
| Mensies *et al.*，1977 | | Martin *et al.*，1978 | |
| Nystrom，1984 | | Whitford *et al.*，1988 | |

　　Hellman 和 Smith（1979）通过对澳大利亚、加拿大和美国等多处基性到中酸性熔岩流的研究发现，在含水埋藏变质作用过程中稀土元素具一定的活动性，按其程度不同可划分出四种类型。

　　1）总稀土元素和轻稀土元素的选择性富集。表现为样品的稀土元素球粒陨石标准化型式平行增长，有时轻稀土元素选择性富集。造成稀土元素富集的主要原因是吸附作用和玄武岩中玻璃含量及其稀土元素含量。

　　2）稀土元素围绕原始平均值重新分布，原因是结构的不均匀性和流体的活动。

　　3）稀土元素总含量亏损。稀土元素总含量的亏损至少由三种过程产生：热液淋滤，矿物相的稀释，体积增加。这三种过程可能联合起作用，特别是前两种过程很重要。矿物相的稀释是指沸石、葡萄石和方解石等充填到结构中的空隙，但并不取代基质。

　　4）稀土元素选择性的活动。包括有五种情况：La 富集，Ce 亏损，Ce 富集，Eu 的多变性，Yb 富集。Ce 和 Eu 选择性活动，主要是由于它们不同于其他稀土元素的价态。La 的富集是轻稀土元素富集的反映，而 Yb 在变质过程中的富集原因还不清楚。

由上述，在低级变质作用过程中稀土元素的活动性均涉及水或流体。即在这种情况下实质上是蚀变或交代作用。识别稀土元素的活动性可通过检查其他典型不活动元素（如 Ti、Zr、Nb 等）之间的相关性：直线关系表明稀土元素是不活动的，否则是活动的。

在中级及高级变质作用过程中，一般未发现稀土元素有明显活动性。作者和同事在对我国华南混合岩、阿尔泰片麻状黑云母花岗岩（赵振华等，1993）及其中变质岩残留体的稀土元素组成对比研究中发现，花岗岩、混合岩均保留了与变质岩完全相同的稀土组成（图 3-12、表 3-8）。国外的研究也不乏其例，如 Green 等（1972）根据挪威角闪岩相和麻粒岩相片麻岩的稀土元素丰度及分布型式的相似性，认为麻粒岩相变质作用对稀土元素基本没有影响。Haskin 等（1968）曾报道过北美变质页岩组合的稀土元素丰度与北美页岩组合很相似。Cullers 等（1974）对从绿片岩到上角闪岩相渐近变质的泥片岩研究表明，稀土元素组成没有明显变化。Kay 等（1970）、Masuda 和 Nakamura（1971）曾注意到洋底片状变辉长岩及角闪岩和成分上与之相同的变质岩在稀土元素丰度及型式上相似。Garmann 等（1975）认为，挪威片麻岩中榴辉岩稀土元素分布型式与未变质的拉斑玄武岩相似。但一些研究认为在榴辉岩相变质过程中大离子亲石元素和 LREE 会有显著丢失（Arculus et al.，1999；Becker et al.，2000；Scambelluri et al.，2001；John et al.，2004；Bebout，2007）。上述这些研究成果的差异表明，在高压蓝片岩相向榴辉岩相转变过程中，变质脱水与元素迁移之间可能存在脱耦现象，这取决于不同地热梯度和原岩性质条件下富水流体和元素传输的机制和程度（Zheng，2012）。在冷俯冲带可能直至地幔深度，主要含水矿物脱水反应发生之前，岩石不会释放显著量的富水流体，在高压榴辉岩相变质条件下，这些岩石处于相对封闭条件，产生脱耦现象（Spandler et al.，2004）。在热俯冲带，岩石俯冲到下地壳深度时流体就会释放出来，导致水溶性元素的显著迁移。在超高压条件下甚至可产生超临界流体，这些流体的产生对变质脱水和元素迁移之间的耦合有决定性作用，能溶解和迁移更多水溶性和水不活动性元素（Mibe et al.，2011；Zheng et al.，2011；Hermann et al.，2006；Kessel et al.，2005a）。

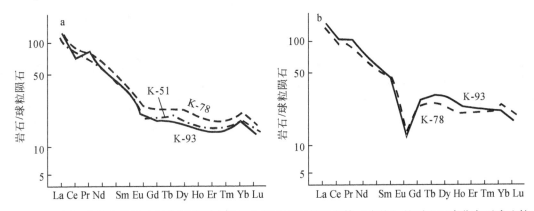

图 3-12　阿尔泰片麻状黑云母花岗岩（实线）与其中变质岩残留体（虚线）的稀土元素分布型式比较

实线为花岗岩，虚线为微变质岩残留体，K-51 等为样品号

**表 3-8　阿尔泰花岗岩及其中变质岩残留体稀土元素组成（$10^{-6}$）比较**

| 岩石类型 | La | Ce | Pr | Nd | Sm | Eu | Gd | Tb | Dy | Ho | Er | Tm | Yb | Lu | Y | δEu | $(La/Yb)_N$ |
|---|---|---|---|---|---|---|---|---|---|---|---|---|---|---|---|---|---|
| 1 | 36.37 | 74.05 | 9.66 | 32.32 | 6.40 | 1.36 | 5.20 | 0.78 | 4.65 | 1.00 | 2.76 | 0.45 | 2.89 | 0.43 | 27.38 | 0.71 | 8.30 |
| 2 | 40.49 | 57.50 | 10.41 | 39.90 | 8.62 | 1.75 | 7.15 | 1.16 | 6.78 | 1.32 | 3.68 | 0.57 | 3.60 | 0.52 | 34.73 | 0.67 | 7.42 |
| 3 | 50.34 | 99.57 | 13.36 | 45.31 | 9.72 | 0.85 | 7.88 | 1.30 | 7.10 | 1.68 | 4.46 | 0.72 | 4.59 | 0.66 | 42.92 | 0.29 | 7.24 |
| 4 | 41.36 | 80.62 | 11.81 | 39.39 | 9.52 | 0.93 | 8.56 | 1.59 | 9.41 | 1.80 | 4.93 | 0.72 | 4.15 | 0.56 | 49.09 | 0.31 | 8.58 |

注：1. 片麻状黑云母花岗岩；2. 片麻状黑云母花岗岩中残留体；3. 似斑状黑云母花岗岩；4. 片麻状黑云母花岗岩中残留体。

Willams-Jones 等（2012）根据 Pearson（1963）硬软酸碱理论（详见本书第二章第一节）讨论了

REE 的热液活动作用。REE 均属硬阳离子（但 $Eu^{2+}$ 比其他 REE 硬度低，而 $Ce^{4+}$ 则是最硬的 REE），它们与不同配位阴离子形成的络合物的稳定性，如一价阴离子按下列顺序排列：$F^- > Cl^- > Br^- > I^-$，与二价阴离子形成的络合物稳定性顺序为：$CO_3^{2-} > SO_4^{2-} > P_2O_5^{2-}$。Willams-Jones 等（2012）认为，在 20 世纪 90 年代中期 REE 稳定性的研究资料与 Pearson 理论预测是一致的，即 REE 与硬配位体 $F^-$、$CO_3^{2-}$ 形成的络合物稳定性比中等硬度的配位体 $Cl^-$ 形成的络合物稳定性高一个数量级，但 REE 与 $SO_4^{2-}$（硬度在 $F^-$、$CO_3^{2-}$ 之后）形成的络合物稳定性变化小，与 $Cl^-$ 形成的络合物稳定性随 REE 硬度增加（即从 La-Lu）而降低（Luo et al.，2001）。在某些地质条件下 REE 是高度活动的，可与 $F^-$ 形成最强的键，HREE 的络合物比 LREE 络合物更稳定（Wood，1990；Haas et al.，1995），这表明，REE 在富集成矿或形成有成矿潜力的环境中是以氟化物络合物迁移的（Willams-Jones et al.，2012）。近年来，有关 REE 在高温条件下的实验资料与理论推测有明显差异（Migdisov et al.，2009），实验资料显示 LREE 与 F 形成的离子 $LREEF^{2+}$ 在温度升高时比 $HREEF^{2+}$ 更稳定，这种转变发生在 150℃。实验测定的 REE 氯化物稳定常数与氟化物相似，在 150℃ 以上它们的稳定性从 Ce 到 Lu 降低，这种效应随温度增加而增强。Haas 等（1995）的资料预测从 LREE 到 HREE 稳定性变化很小。实验表明，所有 REE 的硫酸盐络合物稳定性相似，这与 REE 的氟化物和氯化物恰恰相反。在高温条件下，电解常数降低，阻止了电子迁移，促进了离子的软化（Cardenas et al.，2011），因此，REE 的超硬性随温度增加而降低，但相对硬度不受影响。在高温条件下氯化物离子比 25℃ 时软，造成 REE 氯化物稳定性随 REE 硬度增加而降低的程度甚至比 25℃ 时更大。Willams-Jones 等（2012）认为，REE 元素容易被热液迁移、富集，LREE 的热液活动性比 HREE 强。在高温下，REE 与 $F^-$ 和 $Cl^-$ 形成稳定络合物（类似的有硫酸盐、碳酸盐和磷酸盐），LREE 与这些配位体形成的络合物比 HREE 稳定。然而，只有氯化物络合物能使 REE 较大量活化。因此，REE 的热液富集只是在含有这些络合物的流体与较冷的、pH 呈中性的岩石相互作用时，或与较冷的、pH 为中性的流体混合时才能发生。

本书第三章对贵州省烂泥沟卡林型金矿粉砂岩硅化和黄铁矿化蚀变（Bao et al.，2004）、对河北东坪金矿正长岩钾长石化、硅化蚀变过程中（包志伟、赵振华，1998）元素富集亏损的研究，表明稀土元素发生了不同程度的丢失或富集（图 3-10，图 3-11 及相关正文）。

20 世纪 80 年代以来，自然界岩石中稀土四分组效应的发现和研究成果（Masuda and Ikeuchi，1979；Masuda et al.，1987，1994；赵振华等，1988，1992，1999，2002，2010；Irber，1999；Monecke et al.，2002，2011；Veksler et al.，2005），充分揭示了稀土元素在不同地球化学过程中的活动性（详见本书第三章第七节稀土元素四分组效应的论述），在富水流体存在的条件下，稀土，特别是轻稀土元素的活动性是明显的。

# 三、元素活动性的定量计算方法

在变质作用研究中，最早是用巴尔特法（Barth，1952）定量计算变质过程中元素的带入（增加）带出（减少），该方法基于构成硅酸盐岩石的化学成分特点和硅酸盐矿物晶体结构特点，以及岩石在交代蚀变前后体积基本不变为依据，大多数岩石中 O 约占岩石体积的 94%，其他阳离子约占 6%。在计算中，以占岩石主要体积的 O 原子数基本不变，以含有 160 个 O 原子的体积作为比较岩石化学成分的单位——标准体积单位（标准岩胞），计算出与 160 个 O 原子相结合的各种金属的原子数 [为避免阳离子出现小数，契特维里科夫（1956）将 O 原子数修改为 1600]，并表示为岩石公式或图解，对比原岩与蚀变岩的岩石公式，即可获得元素带入带出的定量信息。该方法的缺陷是对于强烈蚀变的酸性岩岩石，不仅阳离子发生丢失，O 离子也会发生丢失，即不能保持 O 原子为 1600。

以不活动的高场强元素如 Zr 为基准（Maclean and Barrett，1993），计算交代蚀变岩石的元素获得（带入）或丢失，其基本原理如图 3-13 所示，以原岩（未蚀变岩石）元素总含量为 100（图中左第一直方柱），蚀变作用后活动性元素发生丢失或加入，当加入活动性元素时，不活动元素的相对含量减小

（图中左第二直方柱），要计算活动性元素的加入量，需以原岩（未蚀变岩石）中不活动元素的含量为基准，重建蚀变岩石中活动性元素的含量 RC（图中右第一直方柱）：

$$RC = Zr_{原岩}/Zr_{蚀变岩} \times MeO_{蚀变岩}$$

(3-10)

蚀变作用造成的活动性元素的质量"得失"：

$$\Delta MeO = RC - MeO_{原岩}$$

(3-11)

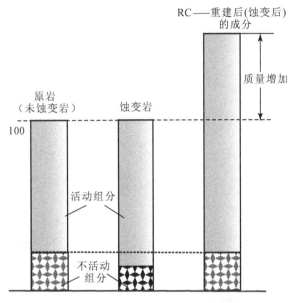

图 3-13　蚀变岩中活动性元素质量变化
计算原理图（Maclean and Barrett，1993）

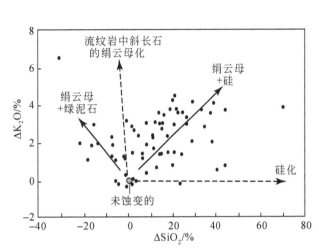

图 3-14　加拿大 Noranda Horme 含铜长英质
火山岩蚀变过程一些活动性元素的质量变化
（Maclean and Barrett，1993）

图 3-14 为加拿大魁北克 Noranda Horme 块状硫化物矿床含铜长英质火山岩蚀变后一些活动性元素的质量变化。与上述巴尔特法相比，这种方法的优点是简便、准确。

# 第二节　不活动元素在火成岩分类命名中的应用

在岩浆岩的分类命名中，采用常量元素，如 K、Na、$SiO_2$ 等的（$K_2O+Na_2O$）-$SiO_2$，即 TAS 图和 $K_2O$-$SiO_2$ 图等，已被广泛用于火山岩及侵入岩。但上述图解仅适用于新鲜的岩石，不能用于蚀变或变质岩石，因为在风化、蚀变及变质作用过程中 K、Na、Si 被活化转移。也不能用于富 Mg 的岩石，如苦橄岩、科马提岩、高（富）镁安山岩等。随着微量元素分析测试技术的快速发展，如 X 荧光光谱、等离子质谱和激光剥蚀等离子质谱的广泛应用，微量元素被广泛应用到火成岩的分类命名中，特别是不活动微量元素发挥了重要作用。此外，一些新类型岩石的确定，如埃达克岩、A 型花岗岩，更广泛采用了微量元素。

## 一、火山岩命名

在火山岩分类命名中，（$K_2O+Na_2O$）-$SiO_2$，即 TAS 图和 $K_2O$-$SiO_2$ 图解发挥了重要作用，已被用作常规方法，但当岩石受到蚀变或变质时，由于 K 是活动元素，Si 是中度活动元素而使上述图解的应用受到限制。不活动元素，特别是高场强元素的图解被广泛应用。Winchester 和 Floyd（1977）提出了用 Ti、Zr、Y、Nb、Ce、Ga 和 Sc 区分不同岩浆系列（碱性和亚碱性系列）和岩石定名，包括 Nb/Y-$SiO_2$（图 3-15）、Nb/Y-Zr/$TiO_2$（图 3-16）、Zr/$TiO_2$-Ce（图 3-17）和 Zr/$TiO_2$-Ga、Ga/Sc-Nb/Y（图 3-18）。图中区域的划定是依据大量新鲜的未蚀变或变质的火山岩微量元素分析数据。其中 Zr/$TiO_2$ 值是很有意义的参数。一方面反映岩浆分异程度，另一方面反映岩浆岩的碱度，Nb/Y 则只受碱度影响而与分异作用无关。Sc 含量在碱性和亚碱性系列中随分异作用增强而增加，而 Ga 含量只在碱性系列中随分异作用增强而增加，在亚碱性系列中变化不大。因此，Ga/Sc 值可作为分异程度指标，Nb/Y 作为碱度指标。

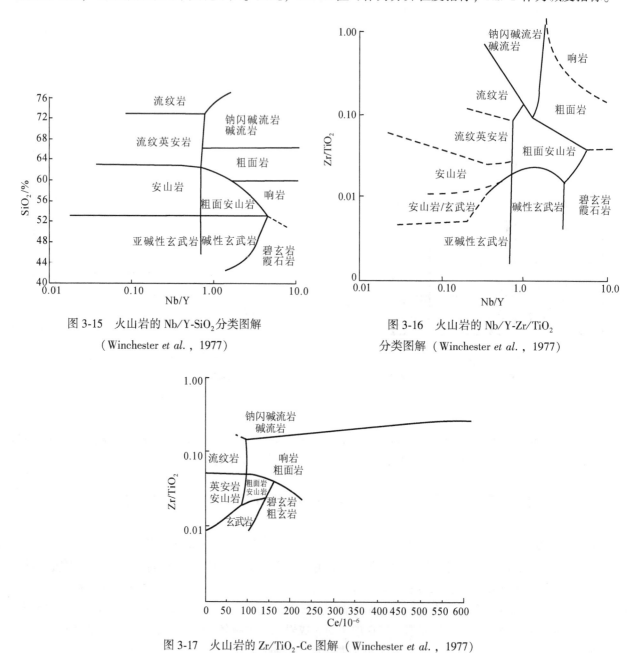

图 3-15　火山岩的 Nb/Y-SiO₂ 分类图解
（Winchester *et al.*，1977）

图 3-16　火山岩的 Nb/Y-Zr/TiO₂
分类图解（Winchester *et al.*，1977）

图 3-17　火山岩的 Zr/TiO₂-Ce 图解（Winchester *et al.*，1977）

　　Pearce（1982）提出了用于划分弧熔岩系列的 Ta/Yb-Th/Yb 图解（图 3-19）。1996 年他在 Winchester 等（1977）图解基础上发表了代替火山岩 TAS 图解的 Nb/Y-Zr/TiO₂ 图（图 3-20）。

　　Hastie 等（2007）提出了用在俯冲带过程及在地表风化过程中均不活动的元素 Th 和 Co 代替（K₂O+Na₂O）-SiO₂，即 TAS 分类图。在角闪岩相以上变质作用过程中，Th 开始活动，而在绿片岩及其以下是不活动的。在俯冲带存在两种流体，一种是来自蚀变洋壳的富水流体，另一种是来自沉积物的硅酸盐熔体。K 在这两种流体中都是活动的，而 Th 只被超临界流体搬运。在"温"到冷的俯冲过程中只有 K 被地壳流体搬运到浅部，只有在更深部 K 和 Th 才被沉积物熔体搬运。上述特点表明，大部分 Th 在达到弧下深度时被带到地幔楔，因此，很大部分 Th 可以代替分类图中的 K。最适合替代 SiO₂ 的不相容元素

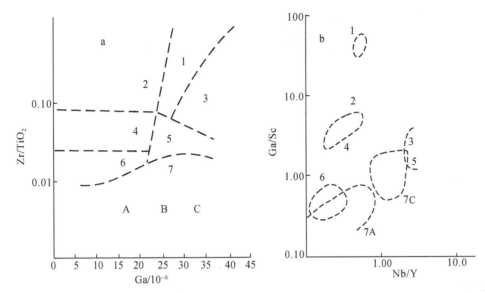

图 3-18　火山岩分类的 $Zr/TiO_2$-Ga 与 Ga/Sc-Nb/Y 图解（Winchester et al., 1977）

1. 碱流岩；2. 流纹岩；3. 响岩、粗面岩；4. 流纹英安岩、英安岩；5. 粗面安山岩；6. 安山岩；

7. A-亚碱性玄武岩，B-玄武岩，C-碱性玄武岩

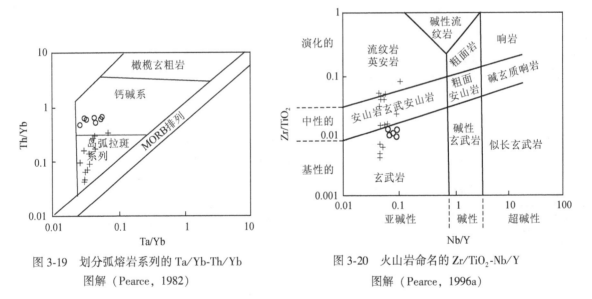

图 3-19　划分弧熔岩系列的 Ta/Yb-Th/Yb
图解（Pearce, 1982）

图 3-20　火山岩命名的 $Zr/TiO_2$-Nb/Y
图解（Pearce, 1996a）

是 Co，因为它具有类似于 $SiO_2$ 的从基性到酸性岩的规律变化，同时在原始岩浆中变化小。它比 $Zr/TiO_2$ 的优势是受 Fe-Ti 氧化物堆积及锆石结晶作用影响小。据此，Hastie 等依据 1095 个古近纪—现代岛弧火山岩建立了 Th-Co 分类图（图 3-21），图中划分出岛弧拉斑玄武岩、钙碱及高钾钙碱和橄榄玄粗岩（shoshonite）系列，以及玄武岩、玄武安山岩/安山岩、英安岩/流纹岩。该分类图适用于受到蚀变的火山弧熔岩。

### 1. 高 Ti 与低 Ti 玄武岩

在大火成岩省研究中，发现峨眉山玄武岩的 $Mg^{\#}$（岩浆分异指数）、Sm/Yb（重稀土分异指数，岩浆起源深度）和 $\varepsilon_{Nd}(T)$（岩浆源区特征或岩石圈混染程度）均与其 $TiO_2$ 含量呈很好的相关关系，可用 $TiO_2$ 和 Ti/Y 将玄武岩划分为高 Ti 和低 Ti 两种类型（徐义刚等，2001；Xu et al., 2001），以 $TiO_2$ 高于 2.5% 和 Ti/Y 值 500 为界限，将峨眉山玄武岩划分为高 Ti 和低 Ti 两类。不同学者的划分标准有差异，Zhang 和 Wang（2002）根据 $TiO_2$ 和 $P_2O_5$ 具有明显正相关，将峨眉山玄武岩划分为高 Ti 高 P 和低 Ti 低 P 两类。

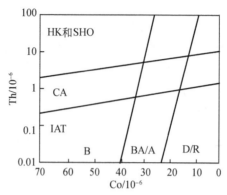

图 3-21　火山岩的 Th-Co 分类图（Hastie *et al.*，2007）

HK、SHO. 高钾钙碱和橄榄玄粗岩系列；CA. 钙碱系列；IAT. 岛弧拉斑玄武岩系列；
B. 玄武岩；BA/A. 玄武安山岩/安山岩；D/R. 英安岩/流纹岩（安粗岩和粗面岩也落入此区）

### 2. 埃达克岩

埃达克岩由 Defant 等（1990）以最初在阿留申群岛的埃达克岛（Adak）发现命名，是一种在以大陆为基底和岛弧环境中喷发的、具有特殊化学组成的安山岩、英安岩和钠质流纹岩中酸性火山岩及相应的侵入岩，缺失基性端元。其主要特征为（表 3-9，表 3-10）：在矿物组成上，一般含有斜长石、角闪石和黑云母斑晶，斜方辉石非常少，但没有单斜辉石，常见钛磁铁矿、磷灰石、锆石和榍石。在化学成分上，$SiO_2 \geqslant 56\%$，富 $Al_2O_3$（$\geqslant 15\%$），富 $Na_2O$（$Na_2O > K_2O$）。与正常岛弧安山岩-英安岩-流纹岩的区别是明显富 Sr（$>400 \times 10^{-6}$），强烈亏损重稀土元素 Yb 和 Y（$Yb \leqslant 1.9 \times 10^{-6}$；$Y \leqslant 18 \times 10^{-6}$），相对富集 Eu，Eu 为正异常。Sr/Y 和 La/Yb 值高，在 Sr/Y-Y 图解中埃达克岩与普通岛弧火山岩分布在两个明显不同的区域（图 3-22a）（Defant *et al.*，1990；Le Maitre，2002）。目前，该图已广泛应用于埃达克岩的研究，成为识别埃达克岩的重要标志之一。上述特征的地球化学特点表明，埃达克岩的成因不同于由俯冲板片脱水交代地幔楔部分熔融形成的普通岛弧火山岩，它是由俯冲洋壳板片在角闪-榴辉岩相条件下部分熔融形成，其熔体在上升过程中可与地幔楔发生反应。

表 3-9　新疆西天山阿吾拉勒埃达克质岩石的主量元素（%）和微量元素（$10^{-6}$）

| 岩性 | 英安岩 | 石英钠长斑岩 | 钠长斑岩 | 石英钠长斑岩 | 埃达克岩[*] |
|---|---|---|---|---|---|
| 样品数 | 4 | 3 | 3 | 3 | |
| $SiO_2$ | 66.02 | 66.88 | 62.63 | 71.10 | $\geqslant 56\%$ |
| $TiO_2$ | 0.44 | 0.37 | 0.38 | 0.19 | |
| $Al_2O_3$ | 15.44 | 15.88 | 16.02 | 15.48 | $\geqslant 15\%$ |
| $Fe_2O_3$ | 1.99 | 1.42 | 3.62 | 0.98 | |
| FeO | 1.07 | 1.06 | 0.74 | 0.91 | |
| MnO | 0.06 | 0.04 | 0.06 | 0.05 | |
| MgO | 1.76 | 1.19 | 1.80 | 1.06 | $<3\%$ |
| CaO | 2.89 | 1.58 | 2.85 | 0.76 | |
| $Na_2O$ | 5.37 | 5.63 | 6.55 | 6.69 | |
| $K_2O$ | 2.48 | 4.21 | 2.49 | 1.80 | |
| $P_2O_5$ | 0.21 | 0.14 | 0.22 | 0.10 | |

续表

| 岩性 | 英安岩 | 石英钠长斑岩 | 钠长斑岩 | 石英钠长斑岩 | 埃达克岩* |
|---|---|---|---|---|---|
| 样品数 | 4 | 3 | 3 | 3 | |
| $H_2O$ | 1.69 | 1.34 | 2.02 | 0.90 | |
| 总计 | 99.42 | 99.73 | 99.38 | 100.03 | |
| $Na_2O+K_2O$ | 7.85 | 9.83 | 9.04 | 8.49 | |
| $Na_2O/K_2O$ | 2.17 | 1.35 | 2.63 | 3.72 | |
| NK/A | 0.74 | 0.86 | 0.84 | 0.83 | |
| A/NKC | 0.92 | 0.96 | 0.86 | 1.08 | |
| Rb | 33.54 | 69.28 | 26.67 | 22.92 | |
| Cs | 1.77 | 1.33 | 0.79 | 0.57 | |
| Ba | 712.92 | 656.33 | 605.33 | 364.31 | |
| Sr | 1278.81 | 529.33 | 610.67 | 329.82 | 正异常 |
| Ta | 0.17 | 0.14 | 0.17 | 0.40 | |
| Nb | 2.98 | 1.90 | 2.47 | 5.27 | |
| Hf | 2.75 | 2.20 | 2.34 | 2.56 | |
| Zr | 111.26 | 68.67 | 81.00 | 81.02 | |
| Y | 4.85 | 4.00 | 6.67 | 5.64 | $\leqslant 18$ |
| Th | 1.36 | 2.13 | 2.57 | 1.82 | |
| U | 0.22 | 0.91 | 0.98 | 0.23 | |
| Sr/Y | 264 | 132 | 91.35 | 58.83 | $>20\sim40$ |
| La | 16.87 | 14.67 | 20.16 | 12.48 | |
| Ce | 33.86 | 30.40 | 42.06 | 23.09 | |
| Pr | 4.04 | 3.75 | 5.32 | 2.87 | |
| Nd | 14.67 | 14.20 | 20.62 | 10.07 | |
| Sm | 2.22 | 2.18 | 3.16 | 1.67 | |
| Eu | 0.69 | 0.71 | 0.99 | 0.50 | |
| Gd | 1.41 | 1.36 | 2.08 | 1.22 | |
| Tb | 0.19 | 0.18 | 0.29 | 0.19 | |
| Dy | 0.89 | 0.83 | 1.39 | 0.98 | |
| Ho | 0.16 | 0.14 | 0.25 | 0.19 | |
| Er | 0.43 | 0.41 | 0.74 | 0.53 | |
| Tm | 0.06 | 0.05 | 0.09 | 0.08 | |
| Yb | 0.38 | 0.33 | 0.62 | 0.56 | $\leqslant 1.9$ |
| Lu | 0.06 | 0.05 | 0.09 | 0.09 | |
| ΣREE | 75.93 | 69.28 | 97.87 | 54.51 | |
| La/Yb | 43.88 | 44.06 | 32.59 | 22.39 | $>20$ |
| Eu/Eu* | 1.19 | 1.27 | 1.18 | 1.06 | 正异常 |

\*引自 Defant *et al.*, 1990, 1993。

表 3-10　新疆阿拉套山埃达克岩、富 Nb 岛弧玄武质岩石的主量元素（%）、稀土和微量元素（$10^{-6}$）

| 样品号 | XT-28 | XT-27 | XT-30 | XT-26 | XT-29 | XT012-1 | XT012 | XT014 | XT017 | P154-3 | P201 |
|---|---|---|---|---|---|---|---|---|---|---|---|
| 岩石 | 埃达克岩 | | | | | 富 Nb 玄武岩 | | | | | |
| $SiO_2$ | 61.9 | 62.39 | 63.64 | 61.23 | 72.36 | 54.67 | 53.62 | 50.34 | 53.28 | 46.07 | 51.37 |
| $TiO_2$ | 0.6 | 0.66 | 0.5 | 0.69 | 0.32 | 3.61 | 3.21 | 2.97 | 3.56 | 2.5 | 2 |
| $Al_2O_3$ | 16.71 | 17.37 | 17.4 | 18.25 | 13.6 | 12.59 | 14.23 | 16.59 | 15.16 | 14.43 | 15.27 |
| $Fe_2O_3$ | 2.76 | 4.03 | 2.24 | 2.72 | 1.5 | 4.22 | 5.73 | 2.92 | 5.37 | 4.29 | 4.71 |
| FeO | 1.7 | 0.9 | 1.5 | 1.85 | 1.8 | 8 | 7.03 | 7.96 | 8.5 | 9.1 | 6.36 |
| MnO | 0.07 | 0.03 | 0.06 | 0.04 | 0.04 | 0.14 | 0.2 | 0.03 | 0.27 | 0.3 | 0.23 |
| MgO | 2.71 | 3.32 | 2.72 | 2.67 | 0.35 | 2.15 | 2.43 | 6.56 | 3.18 | 5.39 | 2.47 |
| CaO | 5.8 | 2.62 | 4.42 | 2.31 | 0.96 | 5.05 | 5.24 | 5.66 | 2.59 | 8.9 | 7.29 |
| $Na_2O$ | 3.74 | 4.38 | 4.11 | 4.23 | 4.67 | 2.96 | 3.58 | 2.78 | 3.26 | 2.9 | 3.4 |
| $K_2O$ | 1.58 | 1.32 | 1.34 | 1.78 | 3.07 | 1.46 | 1.59 | 0.59 | 1.41 | 0.36 | 0.55 |
| $P_2O_5$ | 0.1 | 0.05 | 0.07 | 0.08 | 0.06 | 0.42 | 0.48 | 0.33 | 0.41 | 0.42 | 0.57 |
| $H_2O$ | 2.07 | 2.65 | 1.71 | 3.18 | 1.01 | 1.78 | 2.29 | 4.04 | 1.83 | 2.8 | 2.78 |
| $CO_2$ | 0.05 | 0.05 | 0.07 | 0.79 | 0.02 | 2.83 | | | | 1.88 | 2.76 |
| LOI | | | | | | | | | 1.35 | | |
| Σ | 99.79 | 99.77 | 99.78 | 99.82 | 99.76 | 99.88 | 99.63 | 100.78 | 100.16 | 99.34 | 99.76 |
| $Mg^{\#}$ | 0.54 | 0.57 | 0.58 | 0.53 | 0.17 | 0.25 | 0.26 | 0.53 | 0.3 | 0.43 | 0.29 |
| $Na_2O/K_2O$ | 2.37 | 3.32 | 3.07 | 2.38 | 1.52 | 2.03 | 2.25 | 4.71 | 2.3.2 | 8.06 | 6.18 |
| Rb | 43 | 37 | 39 | 57 | 69 | 26 | 3 | 5 | 4 | N.D. | N.D. |
| Sr | 493 | 432 | 540 | 379 | 486 | 368 | 293 | 409 | 354 | N.D. | N.D. |
| Ba | 463 | 618 | 550 | 347 | 863 | 382 | 312 | 91 | 309 | 296 | 179 |
| Y | 13 | 10 | 10 | 13 | 7 | 46 | 16 | 33 | 17 | 44 | 38 |
| Zr | 130 | 134 | 119 | 134 | 124 | 306 | 356 | 203 | 336 | 277 | 271 |
| Nb | 4.74 | 4.94 | 3.56 | 5.01 | 3.64 | 10.33 | 10 | 5.87 | 10 | 12.9 | 11.1 |
| Hf | 3.7 | 3.59 | 3.12 | 3.49 | 3.2 | 7.79 | 7.1 | 4.74 | 6.74 | N.D. | N.D. |
| Ta | 0.67 | 0.52 | 0.38 | 0.49 | 0.38 | 0.72 | 0.61 | 0.4 | 0.58 | N.D. | N.D. |
| Pb | 7.79 | 6.85 | 8.96 | 4.97 | 5.63 | 6.49 | 4.92 | 1.63 | 4.59 | N.D. | N.D. |

续表

| 样品号 | XT-28 | XT-27 | XT-30 | XT-26 | XT-29 | XT012-1 | XT012 | XT014 | XT017 | P154-3 | P201 |
|---|---|---|---|---|---|---|---|---|---|---|---|
| 岩石 | | | | 埃达克岩 | | | | | 富Nb玄武岩 | | |
| Th | 4.01 | 4.11 | 3.37 | 3.84 | 3.88 | 2.41 | 0.38 | 0.71 | 0.43 | N.D. | N.D. |
| U | 1.28 | 1.21 | 1.1 | 0.88 | 1.03 | 0.61 | 0.67 | 0.23 | 0.58 | N.D. | N.D. |
| La | 11.34 | 7.89 | 10.08 | 8.44 | 11.75 | 17.36 | 8.33 | 9.34 | 7.49 | 11.25 | 17.5 |
| Ce | 23.3 | 16.55 | 20.58 | 22.35 | 20.68 | 43.63 | 23.82 | 26.03 | 21.7 | 31.56 | 42.13 |
| Pr | 2.96 | 2.05 | 2.51 | 2.9 | 2.21 | 6.58 | 3.91 | 4.09 | 3.61 | 5.27 | 6.42 |
| Nd | 11.72 | 8.08 | 9.89 | 11.76 | 7.96 | 30.12 | 19.18 | 20.1 | 17.78 | 24.7 | 26.59 |
| Sm | 2.49 | 1.71 | 1.99 | 2.31 | 1.38 | 7.43 | 4.81 | 5.10 | 4.60 | 6.95 | 6.80 |
| Eu | 0.85 | 0.78 | 0.73 | 0.74 | 0.39 | 2.5 | 1.55 | 1.69 | 1.53 | 2.38 | 1.82 |
| Gd | 2.36 | 1.83 | 1.97 | 2.24 | 1.12 | 8.58 | 5.22 | 6.2 | 5 | 7.98 | 7.92 |
| Tb | 0.41 | 0.32 | 0.33 | 0.39 | 0.19 | 1.45 | 0.98 | 1.04 | 0.94 | 1.41 | 1.24 |
| Dy | 2.38 | 1.94 | 1.91 | 2.36 | 1.19 | 8.61 | 6.09 | 6.19 | 5.84 | 8.47 | 6.96 |
| Ho | 0.49 | 0.39 | 0.38 | 0.47 | 0.24 | 1.74 | 1.32 | 1.25 | 1.26 | 1.80 | 1.50 |
| Er | 1.34 | 1.16 | 1.08 | 1.35 | 0.71 | 4.75 | 3.79 | 3.36 | 3.55 | 5.24 | 4.47 |
| Tm | 0.21 | 0.18 | 0.17 | 0.21 | 0.11 | 0.74 | 0.55 | 0.51 | 0.52 | 0.78 | 0.66 |
| Yb | 1.39 | 1.27 | 1.10 | 1.37 | 0.80 | 4.89 | 3.34 | 3.31 | 3.14 | 4.67 | 4.09 |
| Lu | 0.24 | 0.21 | 0.18 | 0.24 | 0.14 | 0.79 | 0.52 | 0.52 | 0.48 | 0.72 | 0.60 |
| ΣREE | 61.46 | 44.36 | 52.89 | 57.12 | 48.86 | 139.18 | 83.4 | 88.74 | 77.45 | 113.18 | 128.7 |
| Sr/Y | 38.43 | 43.42 | 52.78 | 29.04 | 72.42 | 8.00 | 18.31 | 12.42 | 20.82 | | |
| Eu/Eu* | 1.07 | 1.34 | 1.14 | 1 | 0.95 | 0.96 | 0.95 | 0.92 | 0.98 | 0.98 | 0.76 |
| δSr | 2.15 | 2.68 | 2.71 | 1.69 | 2.63 | 0.74 | 1.01 | 1.31 | 1.32 | | |
| (La/Nb)$_{PM}$ | 2.48 | 1.66 | 2.94 | 1.75 | 3.35 | 1.74 | 0.86 | 1.65 | 0.78 | 0.91 | 1.64 |
| Nb/U | 4 | 4 | 3 | 6 | 4 | 17 | 15 | 26 | 17 | | |
| Ce/Pb | 3 | 2 | 2 | 4 | 4 | 7 | 5 | 16 | 5 | | |

注：P154-3 和 P201 引自 Chen et al., 2004；$Mg^{\#} = 100 \times Mg^{2+} / [Mg^{2+} + Fe^{2+}（全铁）]$；$\delta Sr = 2 \times Sr_{PM} / （Ce_{PM} + Nd_{PM}）$，$Sr_{PM}$、$Ce_{PM}$、$Nd_{PM}$ 为原始地幔标准化值；$（La/Nb）_{PM}$ 为原始地幔标准化值。

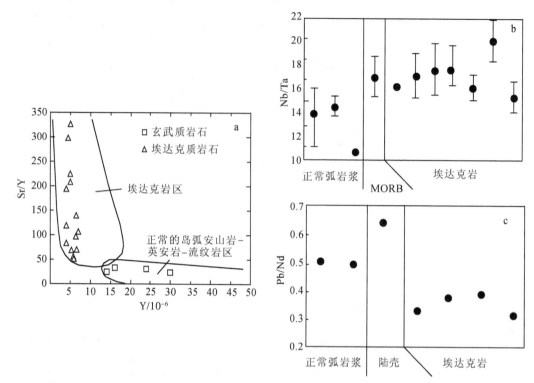

图 3-22　埃达克岩浆的 Sr/Y-Y（a）及埃达克岩浆与陆壳、MORB 和正常弧岩浆的对比（b、c）图解

a. 据 Defant *et al.*，1990；Drummond and Defant，1990，图中数据点为新疆阿吾拉勒埃达克岩；

b、c. 据 Kamber *et al.*，2002

　　此外，由俯冲板片熔融形成的埃达克岩浆，其活动元素（B、Be、Pb）及不活动元素（Nd、Nb、Ta）比值，如 B/Be、Pb/Nd 和 Nb/Ta 等比值与岛弧岩浆也明显不同：埃达克岩浆 B/Be 值低，平均为 6.76±1.01，而岛弧岩浆富 B，B/Be 值高，如钙碱性熔岩为 11.3±6.1，中美火山弧岩石为 36.5±30.2；埃达克岩浆 Pb/Nd 低，为 0.329～0.390，而弧岩浆为 0.499±0.280（汤加），0.494±0.161（新不列颠岛弧）。但埃达克岩浆 Nb/Ta 值较高（图 3-22b、c）（Kamber *et al.*，2002）。

　　Martin 等（2005）将埃达克岩划分为高硅型（HSA）和低硅型（LSA）两个亚类，前者 $SiO_2>60\%$，后者 $SiO_2<60\%$。与高硅型相比，低硅型富 MgO、LREE、Sr、Nb、Cr 和 Ni，贫 Rb。据此，在 MgO-$SiO_2$、Sr-（CaO+$Na_2O$）、Sr/Y-Y、K-Rb、Cr/Ni-$TiO_2$、Nb-$SiO_2$（图 3-23）及 K/Rb-$SiO_2$/MgO 和 Sr-（$SiO_2$/MgO）×100-K/Rb 等图解中（图 3-24），可明显区分两种类型的埃达克岩。

　　在上述识别埃达克岩的地球化学标志研究中，一般将具有高 Sr 低 Y 或高 Sr/Y、La/Yb 值的，由俯冲洋壳部分熔融形成的岛弧岩浆岩称为埃达克岩，而具有相似于埃达克岩的地球化学特征，但是由加厚或拆沉下地壳部分熔融形成的埃达克岩称为埃达克质岩（adakitic rock）。此外，需要强调的是，一些研究论文简单地将高 Sr 低 Y 或高 Sr/Y 值作为鉴别埃达克岩的标准，使埃达克岩的概念扩大化。He 等（2011）较系统地研究了形成高 Sr 低 Y 或高 Sr/Y 值的成岩过程，指出形成埃达克岩的成岩过程本质是高压下含石榴子石和贫斜长石、含少量金红石的玄武质源区部分熔融形成，形成高 Sr 低 Y 或高 Sr/Y 和 La/Yb 值的成岩过程可包括以下多种岩浆过程。

　　板片熔融（Defant and Drummond，1990）；加厚/拆沉下地壳熔融（Atherton and Petford，1993；Xu *et al.*，2002）；由这两种岩浆过程形成的岩浆岩分别为埃达克岩和埃达克质岩。下列岩浆过程形成的岩浆岩虽然具有高 Sr 低 Y 或高 Sr/Y 和 La/Yb 值的特征，但属假埃达克岩（pseudo adakite），这些过程包括：分离结晶（Macpherson *et al.*，2006；Richards *et al.*，2007）；岩浆混合（Chen *et al.*，2004；Guo *et al.*，2007）；麻粒岩熔融（Jiang *et al.*，2007）；高 Sr/Y 源区熔融（Kamei *et al.*，2009；Zhang *et al.*，2009；Moyen，2009）；富集地幔熔融（Martin *et al.*，2005）。He 等（2011）选择典型的地壳加厚

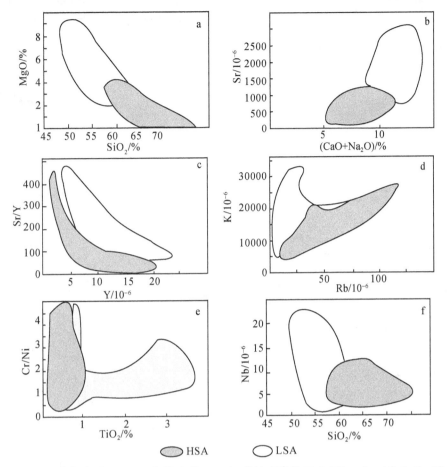

图 3-23 区分高硅型（HSA）和低硅型（LSA）埃达克岩的 MgO-SiO$_2$、Sr-（CaO+Na$_2$O）、
Sr/Y-Y、K-Rb、Cr/Ni-TiO$_2$ 和 Nb-SiO$_2$ 图解（Martin et al.，2005）

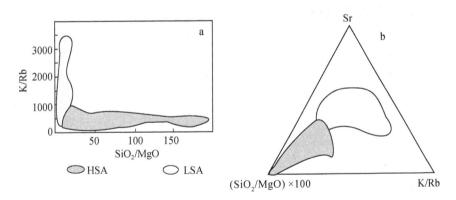

图 3-24 区分高硅型（HSA）和低硅型（LSA）埃达克岩的 K/Rb-SiO$_2$/MgO（a）
和 Sr-（SiO$_2$/MgO）×100-K/Rb（b）图解（Martin et al.，2005）

地区——大别造山带的高 Sr 低 Y 或高 Sr/Y 和 La/Yb 值的花岗岩（HSG）和普通花岗岩（NG），大多数
大别山 HSG 来自于加厚地壳部分熔融，残留相矿物中贫斜长石、含石榴子石，并含少量金红石。用埃
达克岩地球化学标志元素组合对该区的花岗岩类进行检验，提出了区分真假埃达克岩的标志，包括在
Sr-Si 和 Sr-Ca 图解中形成负相关趋势，并形成独立的高 Sr 趋势，具有更高 Sr 含量和更陡的斜率，这与
高压下分离结晶趋势相反，所有的暗色包体落在低 Sr 趋势上，可以排除简单岩浆混合；Sr/Y 和 La/Yb，

Gd/Yb 和 Nb/Ta 呈正相关耦合并升高（图 3-25），由图可见，加厚大陆地壳熔融形成的高 Sr 低 Y 或高 Sr/Y 和 La/Yb 值的花岗岩（HSG）和普通花岗岩（NG）在图中形成明显不同的分布趋势。

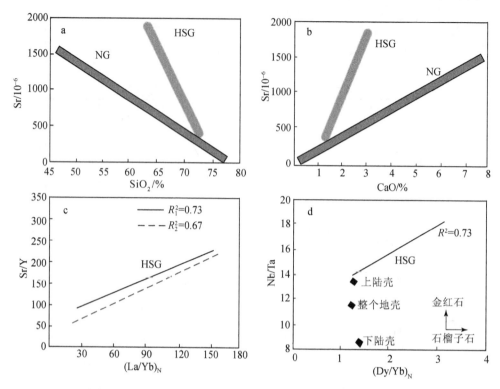

图 3-25　加厚大陆地壳熔融的地球化学特征（He *et al.*，2011）

### 3. 富（高）镁安山岩

高镁安山岩一般由俯冲带上方的亏损的残留地幔在含水条件下部分熔融形成，在文献中，富（高）镁安山岩［magnesian 或 high magnesian andesite-（H）MA］还包括玻安岩（boninite）、赞岐岩（sanukite 或 sanukitoid）和巴哈岩（bajite）。玻安岩是高镁的、含有单斜顽火辉石的安山岩，$SiO_2$ 为 52%～63%，MgO>8%，$TiO_2$<0.5%。其共同特点是 $TiO_2$ 很低，贫高场强元素和 REE，大离子亲石元素含量低。Crawford 等（1989）将 $SiO_2$>53%，$Mg^\#$>60 的安山岩定名为玻安岩。Jenner 等（1981）将去掉挥发分后的 $SiO_2$ 为 57%～58%，MgO 为 11%～20% 的火山岩定名为高镁安山岩，并根据其 REE 含量将其划分为两个亚类，一是 C 型，稀土元素球粒陨石标准化分布型式为凹型，$(La/Yb)_N$<2，Zr/Nb≈35；二是 E 型，稀土元素球粒陨石标准化分布型式为富集型，$(La/Yb)_N$ 为 3～7，Zr/Nb 值低，为 19。McCarro 等（1998）用 $SiO_2$-MgO 图解给出了划分高镁安山岩与普通安山岩的界限，其范围约为 $SiO_2$ 为 52%～60%，MgO 为 2.8%～6.5%。

### 4. 赞岐岩（sanukite）

赞岐岩通常出现于太古宙，其现代类似物为中新世产于日本西南四国岛的濑户内（Setouchi）火山岩带，含有针状古铜辉石斑晶，它包括了成分上相同的侵入体或太古宙高镁石英二长闪长岩（张旗等，2005），富集 LILE 和 LREE，亏损 HREE，富含 MgO、Cr 和 Ni（Stevenson *et al.*，1999）。赞岐岩由地幔橄榄岩与俯冲洋壳板片和/或沉积物部分熔融形成的硅质熔体平衡反应形成。

### 5. 巴哈岩（bajite）

巴哈岩是玻安岩的变种，由于发现于墨西哥 Baja California 而被命名为 bajite。其 MgO 约为 8%，$SiO_2$ 为 56%，Sr 非常高（>1000×$10^{-6}$）、Ba（>1000×$10^{-6}$）和高的 K/Rb 值（>1000），通常认为巴哈岩质 HMA 是地幔橄榄岩与来自消减板片部分熔融的富 Si 质熔体不平衡反应形成。

根据 $TiO_2$-MgO/（MgO+FeO*）、Sr/Y-Y 和（La/Yb）$_N$-Yb$_N$ 等图解将 HMA 分为四类：玻安质、埃达克质、巴哈质和赞岐质 HMA（Kamei et al.，2004；图 3-26）。

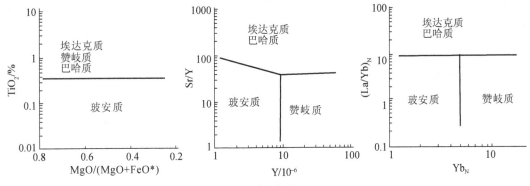

图 3-26　不同类型 HMA 的判别图解（Kamei et al.，2004）

上述埃达克岩、赞岐岩的主、微量元素平均值列于本书附表 10-2 中。

# 二、碱性（A 型）花岗岩

Loiselle 与 Wones（1979）提出 A 型花岗岩概念，它包括三个 A：碱性（Alkaline）、贫水（Anhydrous）和非造山（Anorogeny）。其特点是富碱，（$K_2O$+$Na_2O$）/$Al_2O_3$ 一般>0.90，常含碱性暗色矿物（如钠闪石）。富含高场强元素 Zr、Nb 及 Ga、HREE，贫 Eu、Sr 和 Ba。自 A 型花岗岩提出以来，引起了岩石学家和地球化学家的广泛关注，对该类型花岗岩的划分标准也存在较大分歧，例如，根据 A 型花岗岩富 Fe 的特点，即高 $FeO^T$/（$FeO^T$+MgO）值，将其命名为铁质花岗岩［ferroan（A-type）granitoid］（Frost et al.，2011）。对于含碱性暗色矿物，如钠（铁）闪石或霓（辉）石的花岗岩无疑属碱性（A 型）花岗岩，但在不含碱性暗色矿物时则需采用岩石化学和微量元素指标，本书根据文献和我们对该类型花岗岩的研究选择了最常用的划分标准。Whalen 等（1987）根据 A 型花岗岩富 Ga 低 Al（$Al_2O_3$ 一般低于 12%）特点，统计了澳大利亚 148 个 A 型花岗岩和 421 个长英质 I 型、205 个长英质 S 型花岗岩的主、微量元素资料（数据见本书附表 10-4），提出了以 Zr、Nb、Ce、Y、Zn 含量和碱性指数［agpaitic index =（$Na_2O$+$K_2O$）/$Al_2O_3$，分子比］分别对 Ga/Al×10000 作图（图 3-27）；FeO/Mg 和（$K_2O$+$Na_2O$）/CaO 分别对（Zr+Nb+Ce+Y）作图（图略）；Rb/Ba 对（Zr+Ce+Y）作图（图 3-28）。图中

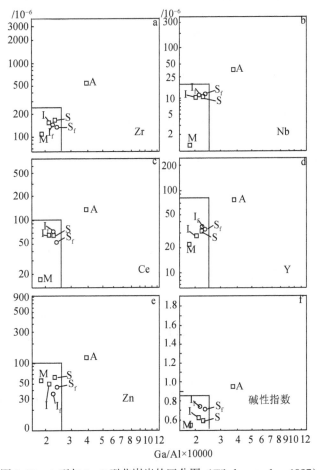

图 3-27　A 型与 I、S 型花岗岩的区分图（Whalen et al.，1987）
A. A 型花岗岩石平均；M. M 型花岗岩平均；S. S 型花岗岩平均；S$_f$. 长英质 S 型花岗岩平均；I. I 型花岗岩平均；I$_f$. 长英质 I 型花岗岩平均

还给出了 I 型和 S 型花岗岩的分布区。

　　Eu 强烈亏损和重稀土（HREE）的明显富集使得 A 型花岗岩常常形成近水平的 "V" 型稀土分布型式，它明显不同于 I 型和 S 型花岗岩的富轻稀土的右倾斜、Eu 中度亏损的稀土分布型式（图 3-29），是识别 A 型花岗岩的重要标志之一。

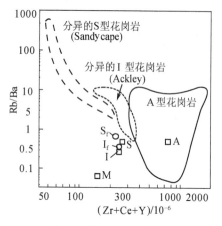

图 3-28　区分 A 型与 I、S 型化岗岩的 Rb/Ba-
（Zr+Ce+Y）图（Whalen et al.，1987）

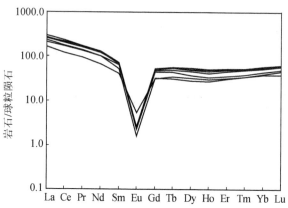

图 3-29　新疆阿尔泰布尔根钠闪石花岗岩
稀土球粒陨石标准化分布型式

　　应该指出的是这些图解不适于受到蚀变的 A 型花岗岩，另外，一些高演化的 S 型或 I 型花岗岩也常具有上述特点而落入 A 型花岗岩区。因此，详细的野外地质调查，如岩石组合，以及碱性暗色矿物 [钠（铁）闪石、霓（辉）石、花岗岩] 和温度的计算（如锆石饱和温度或锆石 Ti 温度计，详见本章第五节微量元素地质温度计），是识别 A 型或碱性花岗岩非常重要的标志。碱性（A 型）花岗岩具有明显高于 S 型或 I 型花岗岩的形成温度 [前者高于 800℃，平均 891℃，King et al.，1997；后两者低于 800℃，分别为 800℃和 770℃（本书据澳大利亚 Lahlan 褶皱带资料计算）]。阿尔泰的钠闪石花岗岩锆石饱和温度更高，范围为 858~1025℃。本书末附表 10-4 给出了 A 型及 I 型、S 型花岗岩平均成分。

# 第三节　变质岩的原岩恢复与沉积岩物源

## 一、变质岩原岩恢复

　　变质岩原岩恢复对重建变质地区的地壳演化和成矿作用有重要意义，其原岩的恢复一般是进行综合研究，主要包括地质产状和岩石组合、岩相学、岩石化学和地球化学及副矿物研究，本节重点介绍微量元素地球化学在变质岩原岩恢复中的应用。

　　变质岩原岩恢复的理论基础是，除伴有强烈交代作用的变质岩和各种交代蚀变岩和混合岩外，所有变质岩都是某种原岩在相对封闭条件下变质作用的产物。在变质作用过程中，其成分变化，除挥发组分（$H_2O$、$CO_2$）外，Si、Ti、Al、Fe、Mg、Mn、Ca、K 等一般是作为等化学（isochemical）处理的，这是应用地球化学方法研究变质岩属性的前提条件。在变质岩原岩恢复研究中，主要包括区分正、副变质岩，以及区分原岩类型。在原岩类型区分时不仅是简单地区分为正、负变质岩，而是要区分出不同的原岩类型，如区分沉积岩是砂岩、泥质岩和碳酸盐岩，区分火山岩是基性、中性和酸性。在变质岩原岩恢复的传统方法中常量元素发挥了重要作用，如正变质岩 MgO 一般<30%（包括超基性岩），CaO<17%，CaO+MgO 绝大多数<30%（个别也不高于 47%），而负变质岩 CaO 最大可达 56%，MgO 可达 47%。正变质岩一般 $Na_2O$>$K_2O$，绝大多数 CaO>MgO，而负变质岩 $Na_2O$ <$K_2O$，$K_2O/Na_2O$ 可达 2~3，MgO>CaO，特别是黏土质变质岩（贺同兴等，1988）。除用主元素含量直接对比外，还常采用一些岩石化学参数和以这些参数构建的岩石化学图解，如尼格里（Niggli）参数。此外，由主元素建立的判别函数也常用于变质岩的原岩识别，如 Shaw 和 Kudo（1965）在对 29 个正角闪岩和 21 个副角闪岩样品主元素分析基础上，用 $TiO_2$、$Al_2O_3$ 等九种主元素氧化物进行判别分析，建立了正、副角闪岩判别函数：

$$X_3 = 7.07lgTiO_2 + 1.91lgAl_2O_3 - 3.29lgFe_2O_3 + 8.48lgFeO + 2.97lgMnO + 4.81lgMgO$$
$$+ 7.80lgCaO + 3.92lgP_2O_5 + 0.15lgCO_2 - 15.08 \tag{3-12}$$

当该值>0 时为正角闪岩，该值<0 则为副角闪岩，该公式判别的重叠误差为 5.7%。

Shaw（1972）提出了变质岩原岩恢复的主元素判别函数（DF）公式：

$$DF = 10.44 - 0.21SiO_2 - 0.32Fe_2O_3(全Fe) - 0.98MgO$$
$$+ 0.55CaO + 1.46Na_2O + 0.54K_2O \tag{3-13}$$

该公式适用于石英长石质岩石，MgO<6%，$SiO_2$<90%，该值为正值时，原岩为火成岩；为负值时，原岩为沉积岩。

泥质岩石的进变质作用过程中 17 种微量元素的行为研究表明（Shaw，1954），主元素化学上没有明显差异，多数微量元素浓度保持恒定，但 Ni、Cu 降低，Li、Rb 增加。后来许多学者致力于探索变质作用过程中微量元素的行为。确定变质作用前岩石的微量元素组成是较困难的，只可能比较变质和未变质岩石中同一种微量元素的变化。一般是将活动性较低或基本不活动的元素作为原岩恢复的标志；而随变质作用进行其浓度呈有规律变化的元素，可作为变质作用特征的标志。例如，Ti、Zr、Ni 是常见不活动性元素，常常用于变质岩原岩恢复。

（1）$TiO_2$-$SiO_2$ 图解（图 3-30a）

沉积岩和火成岩中 $TiO_2$ 和 $SiO_2$ 含量呈负相关，但在 $SiO_2$ 含量相同的情况下沉积岩一般比火成岩含有较高的 $TiO_2$（Tarney，1976，转引自贺同兴等，1988）。$TiO_2$-$SiO_2$ 图解较多应用于前寒武纪长英质片麻岩（灰色片麻岩）成因研究，判断属于变质沉积岩或变质火成岩。该图对于区分碎屑沉积岩与中酸性火成岩效果较好，但对部分变质基性火山岩和杂砂岩及变质泥岩误差较大。也不适宜于含碳酸盐较多的岩石。

（2）$Zr/TiO_2$-Ni 图解（Wichester，1980，图 3-30b）

图中 $TiO_2$ 为百分含量，Zr、Ni 为 $10^{-6}$ 级；图中分界线是根据大量未变质火成岩和沉积岩的投影点划分的，利用三种相对不活泼元素，该图能比较准确地区分变质沉积岩和变质火成岩。但变质的火山碎屑-沉积岩可能分布在分界线近火成岩区，且对钙质岩石区分效果也差。

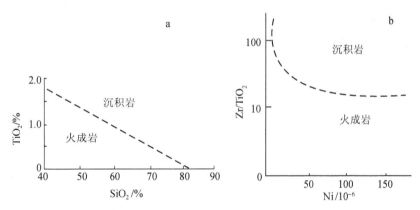

图 3-30　区分沉积岩和火成岩的 $TiO_2$-$SiO_2$（a）和 $Zr/TiO_2$-Ni（b）图解

a. Tarney，1976，转引自贺同兴等，1988；b. Wichester，1980

正、副角闪岩的微量元素判别函数如下（Shaw and Kudo，1965）：

$$X_1 = -2.69lgCr - 3.18lgV - 1.25lgNi + 10.57lgCo + 7.73lgSc$$
$$+ 7.54lgSr - 1.95lgBa - 1.99lgZr - 19.58 \tag{3-14}$$

当该值>0 时为正角闪岩，该值<0 则为副角闪岩，该公式判别的重叠误差为 5.4%。

$$X_2 = 3.89\lg Co + 3.99\lg Sc - 8.63 \tag{3-15}$$

当该值>0 时为正角闪岩，该值<0 则为副角闪岩，该公式判别的重叠误差为 11.9%。

（3）La/Yb-REE 图解（图 3-31）

常用于角闪岩成因类型的划分标志，也常用于变质岩原岩识别。

在基性火成岩和火山沉积岩的区域变质作用过程中，稀土元素的重新分配具有等化学性质，不同类型斜长角闪岩的稀土元素组成差别较大。根据角闪岩稀土元素组成特征，将其划分为四种成因类型（Балашов и друг，1972）。

1）绿泥石-阳起石正变质岩：主要由橄榄岩-橄榄辉长岩-苏长岩系列的超基性岩变质而来，特点是稀土元素含量低。

2）正角闪岩，由大陆拉斑玄武岩、辉长岩、岛弧与洋壳拉斑玄武岩及碱性和亚碱性玄武岩变质而成，特点是轻稀土元素富集时，稀土元素含量高。

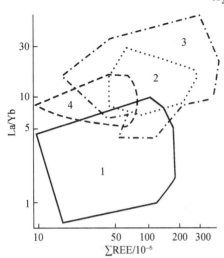

图 3-31　造山带角闪岩与沉积岩的
La/Yb-ΣREE 图解

1. 角闪岩区；2. 砂质岩和杂砂岩区；
3. 页岩和泥质岩区；4. 碳酸盐岩区

3）副角闪岩，由凝灰质砂岩、泥质或碳酸盐胶结的基性副矿物或少量矿物砂岩变质而成，特点是富轻稀土元素，稀土元素含量高。

4）交代角闪岩，由不同成分和成因的区域变质岩交代形成，稀土元素组成随被交代岩石类型而变化。

据此，Балашов 等（1972）用 La/Yb-REE 绘制了不同成因的角闪岩分区。

总之，正角闪岩稀土元素含量略低，相对富重稀土元素，而副角闪岩恰恰相反。

用同一图解，Allegre 等（1978）给出了地壳不同类型岩石的分区。目前，该图也常用于识别变质岩的原岩（图 3-32）。在运用该图解时应注意变质过程中没有或流体蚀变作用较弱，因为如前所述，在这种条件下稀土元素发生丢失，另外由于火成岩和沉积岩的稀土组成有一定幅度的变化，在进行比较时应尽可能就近与同一区域的岩石对比。

除上述图解外，正副角闪岩、原岩识别图还有 Zr-MgO、Cr-TiO$_2$；Cr-mg 和 Ni-mg 等图解，mg 为尼格里特殊值（镁在镁铁中的相对含量）。

根据过渡族元素之间的相关程度也可区分正、副角闪岩。例如，正角闪岩富 Cr、Ni 和 Ti 及特殊尼格里"$k$"值（$k$ 在碱金属中相对含量）低，Cr/Ni 弱正相关，该比值稳定且>1，而副角闪岩 Cr/Ni 为弱负相关，变化大且<1。但以

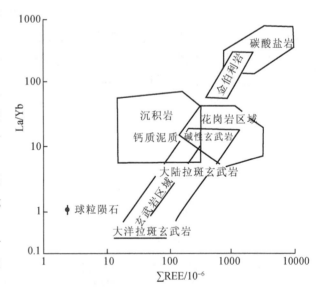

图 3-32　地壳不同类型岩石的 La/Yb-ΣREE
图解（Allegre et al.，1978）

Cr/Ni>1 作为识别正角闪岩的标准并不总是成立。李曙光等（1989）指出，由于 Ni 在橄榄石中分配系数高，而 Cr 在尖晶石中分配系数高，在岩浆经过分离结晶的晚期，由于尖晶石和辉石的大量结晶，岩浆的 Cr/Ni 值可能<1，对于中酸性岩 Cr/Ni<1 的可能性更大，并与沉积岩有很大重叠。因此，Cr、Ni 相关性更重要，火成岩比沉积岩 Cr、Ni 相关性高。

V/Ba 在正角闪岩为负相关，在副角闪岩则不相关；V/Ti 在正角闪岩不相关，而在副角闪岩为弱相

关等。基性岩 Sr/Ba 平均值为 1.4，黏土岩和页岩为 0.56（Vinogradov，1962），因此，Sr/Ba>1 为正角闪岩，Sr/Ba<1 为副角闪岩。含 Li、Rb、Cs、B 高的属副角闪岩。

常用不活动微量元素划分前寒武纪变质火山岩类型（详见本章第二节图 3-15 ~ 图 3-21），在这些图解中，不同类型火山岩有不同的分布区。

对河北迁西麻粒岩的原岩恢复采用了稀土元素与岩石化学结合方法（Jahn and Zhang，1984），首先采用上述 Shaw（1972）主元素判别函数计算了不同类型的麻粒岩，它们大部分的原岩属火成岩，然后结合它们的稀土元素组成，均具有分异型、富轻稀土的特点(图 3-33)，酸性麻粒岩还具有 Eu 正异常。这些特点表明迁西麻粒岩原岩属两个系列，拉斑和钙碱性系列，与太古宙 TTG 中英云闪长岩和花岗闪长岩相似。

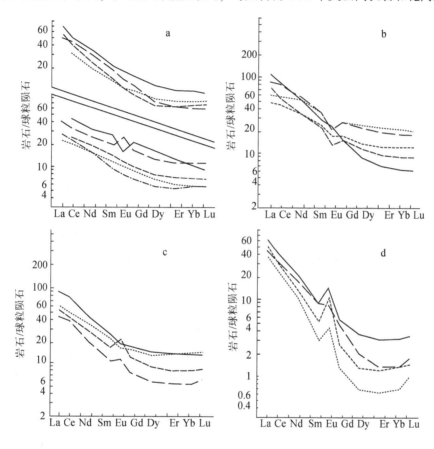

图 3-33　河北迁西麻粒岩的稀土组成（据 Jahn and Zhang，1984）

a. 基性麻粒岩；b. 中性麻粒岩；c. 酸性麻粒岩；d. 酸性麻粒岩

# 二、沉积岩物质来源

沉积岩，特别是碎屑岩的物质来源是一个复杂的问题，它涉及源区的成分和环境参数，如地表出露的各种岩石，如火成岩、变质岩和沉积岩；化学风化作用；水力分选；成岩作用等。而且沉积岩的形成不是一次的，常常是经历了多阶段循环、混合的结果，因此，确定其物质来源较困难。目前常用岩石学对比分析、古地理环境恢复及重矿物组合和特征矿物化学组成分析等方法。近年来又发展了用元素活动性识别及稳定副矿物中微量元素含量分布对比分析方法。由于杂砂岩是不成熟的沉积物，含有大量石质碎屑，能够保留近似源区的化学成分，因此，其微量元素丰度和比值被广泛用于源区识别研究。

## （一）基于元素活动性的源区识别

一些大离子亲石元素，如 K、Rb 对识别沉积物源区很敏感，以地壳 K/Rb 值平均为 230（Shaw，

1968）的主趋势线为标准，高 Rb 含量（>40×10⁻⁶）指示源自中-酸性火成岩，图 3-34 中虚线将砂岩的源区划分为基性和酸性+中性两个区域（Floyd et al.，1989）。

La、Th、Zr、Nb、Y、Sc、Co 和 Ti 等不活动元素对判别碎屑岩源区是常用的。弧和活动陆缘火山岩中不活动大离子亲石元素的含量和比值是变化的，如 La、Th 和 Hf，源自酸性岩为主的弧火山岩的沉积岩具有低的 La/Th 值和较高含量的 Hf（3×10⁻⁶~7×10⁻⁶），随着弧的不断被切割和其侵入体根部和基底古老变质岩的被剥蚀，Hf 含量将逐渐增加。图 3-35 是浊积砂岩的不同源区识别图解（Floyd et al.，1987）。

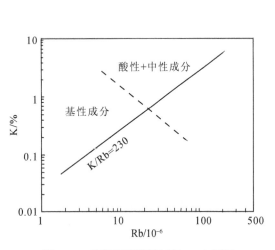

图 3-34　碎屑沉积岩源区的 K-Rb 图解
（Floyd et al.，1989）

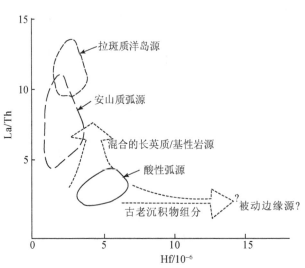

图 3-35　浊积砂岩的不同源区识别的
La/Th-Hf 图解（Floyd et al.，1987）

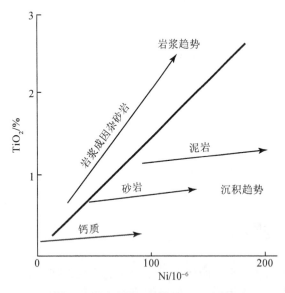

图 3-36　砂岩源区的的 TiO₂-Ni 图解
（Floyd et al.，1989）

TiO₂-Ni 图解可以区分砂岩的源区（图 3-36），Ti 含量高和 TiO₂/Ni 值高指示来源于岩浆岩，其中 Ti、Ni 含量高的来源于基性岩，Ti、Ni 含量低的来源于酸性岩。相反，Ti 含量低和 TiO₂/Ni 值低的来源于沉积岩（Floyd et al.，1989）。

不活动元素 La、Th、Sc 和 Co 在不同源区中的丰度明显不同，La 和 Th 在长英质岩石中比基性岩高，而 Sc 和 Co 在基性岩中高，因此，源自不同源区的砂级沉积物中 La、Th、Ba、Co、Mg、Fe、Ti 和 Ca 的丰度以及 La/Sc、Th/Sc、Th/Co、La/Co、Ba/Sc 和 Ba/Co 的比值有明显区别，这些元素的丰度和比值可区分源自镁铁质、中性（或基性-硅质混合）及花岗质岩石的砂级沉积物。例如，来自角闪岩的沉积物 Th/Co 值为 0.12，而来自英云闪长岩的为 0.84，其他花岗岩的为 1.8~31.3。La/Sc、Th/Sc、Th/Co、La/Co、Ba/Sc 和 Ba/Co 的比值按下列顺序依次降低：源自火成花岗岩的沉积物>源自混合源区的沉积物>源自英云闪长片麻岩的沉积物>源自角闪岩与某些硅质岩石混合的沉积物（Cullers et al.，1988）。

根据细碎屑岩的岩石学和地球化学特征研究，可以剖析不同沉积过程，如风化、成岩、分选等作用和沉积循环等的岩石学和地球化学特征，并探讨沉积源区（表 3-11；McLennan et al.，1993）。

**表 3-11　沉积过程和源区的岩石学、地球化学剖析**（McLennan *et al.*，1993）

| 过程/源区 | 岩石学特点 | 地球化学特点 |
|---|---|---|
| 沉积过程 | | |
| 1. 风化作用 | 不确定，有某些矿物效应（例如，长石/黏土值） | 在合适条件下，可能是大量的主元素（如化学蚀变指数 CIA），Rb/Sr（Sr 同位素） |
| 2. 成岩作用 | 相关的年代学和矿物反应，交叉生长，钠长石化，蒙脱石/伊利石转变 | 有潜力但研究少。主元素（化学蚀变指数 CIA），氧化还原元素（如 $Fe^{3+}/Fe^{2+}$），各种同位素（Rb/Sr、U/Pb） |
| 3. 分选作用 | 结构成熟度，重矿物含量和变化 | 主元素（Si/Al），大量重矿物分离，如锆石（Zr、Hf）和独居石（REE） |
| 4. 沉积循环 | 石英含量，沉积岩碎块 | 各种地球化学途径（CIA、Zr、Hf、Th/U），Nd 同位素 |
| 沉积源区 | | |
| 1. 岩石类型 | 岩石碎块，石英形态 | 少或没有直接信息 |
| 2. 地体类型 | Q-F-L（大陆块，岩浆弧，循环造山带） | 微量元素与 Nd 同位素结合（古老上地壳，年轻的分异弧，年轻的未分异弧） |
| 3. 地块识别 | 少或没有直接信息 | 长石和全岩的 Pb 同位素组成 |
| 4. 源区年龄 | 合适堆积体中组分的相对年龄 | 平均年龄（Nd 模式年龄）；组分年龄（锆石和石英等的 U-Pb 年龄） |
| 5. 地壳/地幔特点 | 少或没有信息 | 地壳/地幔熔融的特点（Eu 异常，HREE 亏损）；地壳/地幔源区性质（Th/U，$\mu$ 值） |

在沉积过程中，化学蚀变指数（CIA-chemical index of alteration）可作为风化作用程度的指标（Nesbitt and Young，1982）：

$$CIA = Al_2O_3/(Al_2O_3+K_2O+Na_2O+CaO^{\#})\times100 \tag{3-16}$$

式中，氧化物为摩尔分数；$CaO^{\#}$ 为硅酸盐中的 CaO（扣除化学沉积的 CaO）。

成岩作用一般不会明显改变全岩的稀土元素球粒陨石标准化型式，虽然在有些情况下风化剖面中稀土元素组成可发生变化，但风化后伴随的剥蚀和沉积过程 Sm、Nd 很少有加入或丢失，因此，Nd 同位素组成不能透视风化过程（McLennan *et al.*，1993）。风化和成岩过程中多数样品的 Rb/Sr 值增加，这是由于 $Rb^{+}$ 是大的碱性微量元素，很容易保留在黏土中，可以交换较小的 $Sr^{2+}$。Rb/Sr 值的明显变化提供了用 Sr 同位素评价沉积过程的机会。

成分变异指数 ICV 可判断沉积再循环对沉积成分的改造：

$$ICV = (Fe_2O_3+K_2O+Na_2O+CaO^{\#}+MgO+MnO+TiO_2)/Al_2O_3 \tag{3-17}$$

式中，氧化物为摩尔分数；$CaO^{\#}$ 为硅酸盐中的 CaO（扣除化学沉积的 CaO）；$K_2O$ 是经过对钾化蚀变校正的。

$$K_2O = K_2O_{样品}-K_2O_{加入} \tag{3-18}$$

ICV>1，表明黏土矿物很少，反映是在活动的构造带首次沉积，沉积再循环影响很小。ICV<1，表明沉积物含有大量黏土矿物，是经历了再循环或是在强烈化学风化条件下首次沉积。

对加拿大 Labrador 约 19 亿年的杂砂岩-灰色页岩和黑色页岩主、微量元素研究表明，其源区与太古宙片麻岩有关（Hayashi *et al.*，1997），杂砂岩和页岩中的 Al/Ti 值一般保留了源区的特征，并与单个元素之间有很好的相关关系，通过 Al/Ti 值与单个元素之间的拟合关系式，（如与 $SiO_2$%），可以计算出源区的 $SiO_2$ 含量，其他主元素含量也可用同样方法计算。计算结果表明，该区黑色页岩的源区是长英质的，而杂砂岩-灰色页岩的源区是双峰式的。

研究沉积分选作用的直接方法——岩相学能表述沉积物结构的成熟度，即沉积物的颗粒大小、形态和矿物学特征。化学成分对评价沉积分选的影响也有帮助，随砂岩中结构成熟度增加，消耗在原始黏土级物质的石英增加，结果是 $SiO_2/Al_2O_3$ 值增加，多数微量元素含量降低。对不同构造环境中的深海浊积岩研究表明，沉积分选作用使砂的 Eu/Eu* 值高于共存的泥岩 0.10。沉积分选作用过程对 REE 的影响效应研究表明，物源区的 REE 组成型式可以完全用沉积岩中的黏土部分来代替，含黏土的岩石比其他沉积岩具有更高的 REE 含量，基于此，许多学者用砾岩沉积岩的黏土部分的 REE 含量或含黏土沉积岩来确定沉积过程，识别物源区（Cullers *et al.*，1987）。

沉积岩的成分是火成岩/变质岩/沉积岩的集合体。根据全岩的主、微量成分和 Nd 同位素组成特点，确定与特征源区有关的地球化学方法最主要的是挑选尽可能多的、主要由源区过程所决定的地球化学信号。McLennan 等（1993）概括出五种源区成分：古老上陆壳（OUC）、循环沉积岩石（RSR）、年轻未分异弧（YUA）、年轻分异弧（YDA）和外来组分，它们的地球化学特点概括于表 3-12 中。在确定源区类型的这些特点中，最重要的是 Nd 同位素组成（反映源区平均年龄），Eu 异常（反映壳内火成岩分异过程），大离子亲石元素 LIL 富集（源区成分），碱性和碱土元素亏损（风化和蚀变），Zr、Hf 富集（重矿物富集）以及 Cr 丰度高（超镁铁岩源区）。古老上陆壳（OUC）的实例是古老稳定克拉通和活动构造边缘的古大陆基底。受壳内部分熔融和/或结晶分异组成的壳内地球化学分异影响，但都包括了斜长石的明显分异，因而影响了上地壳的 Eu 异常。源自古老上陆壳的沉积物的地球化学特点是成分均一，反映了是一个广泛、均匀混合的源区，高程度的循环。明显的 Eu 异常（$Eu/Eu^\# = 0.60 \sim 0.70$）、演化的主成分、$SiO_2/Al_2O_3$ 和 $K_2O/Na_2O$ 值高，化学蚀变指数 CIA 值高，反映了主要是上地壳花岗岩源和较强烈的风化（和循环）历史。不相容元素相对于相容元素的富集（如 LREE 富集，高 Th/Sc 和 La/Sc 值），反映了成分相对为长英质源区。高 Rb/Sr（>0.5）、Th/U（>3.8）值反映了风化和沉积循环。表中 $\varepsilon_{Nd}$ 为现代沉积物值。不同地体类型的差异对较老沉积岩仍可保留，但随年龄有不太明显的增加。

表 3-12　地体（源区）类型的地球化学和 Nd 同位素组成特点（McLennan *et al.*，1993）

| 地体类型 | $\varepsilon_{Nd}$ | $Eu/Eu^*$ | Th/Sc | Th/U | 其他 |
|---|---|---|---|---|---|
| 古老上部地壳（OUC） | ≤−10 | 0.60~0.70 | ≈1.0 | >3.8（页岩） | 演化的主元素成分（如 Si/Al 值高，CIA 值高）；LIL 丰度高，成分均一 |
| 循环的沉积岩岩石（RSR） | ≤−10 | 0.60~0.70 | ≥1.0 | | 重矿物富集的微量元素证据（如 Zr、Hf 对锆石，REE 对独居石） |
| 年轻的未分异弧（YUA） | ≥+5 | ≈1.0 | <1.0 | <3.0 | 未分异的主元素成分（如 Si/Al 值低，CIA 值高），LIL 丰度低；变化的成分 |
| 年轻的分异弧（YDA） | ≥+5 | 0.50~0.90 | 变化的 | 变化的 | 演化的主成分（如 Si/Al 值高，CIA 值高）；LIL 丰度高；变化的成分 |
| 外来组分 | 化学组成和同位素组成依赖于组分的特点，如 Mg、Cr、Ni 和 V 含量非常高，Cr/V 值高，表明是蛇绿岩源 | | | | |

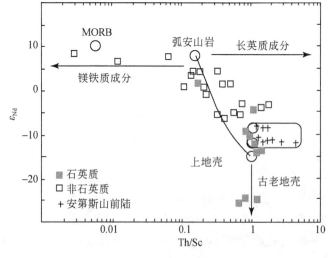

图 3-37　不同现代沉积物的 $\varepsilon_{Nd}$-Th/Sc
图解（McLennan *et al.*，1993）

图 3-37 为现代浊积岩 $\varepsilon_{Nd}$-Th/Sc 图解，图中 Th/Sc 对沉积物总成分变化灵敏，Th 在多数火成岩过程中是相对不相容的，在沉积过程中 Th 和 Sc 都以陆源成分被搬运。McLennan 等（1993）将样品划分为石英质和非石英质，石英质样品采自后缘边缘及大陆碰撞和少量采自日本和爪哇活动背景，该处古老陆壳存在于活动陆缘或弧附近。非石英质样品主要是活动陆缘，$\varepsilon_{Nd}$ 值高，表明源区物质年轻；Th/Sc 值低、变化大，表明源区不均匀、分异弱。相反，石英质浊积岩 $\varepsilon_{Nd}$ 低、Th/Sc 值低（约为 1.0）、均匀，与上地壳值接近。图中安第斯前陆盆地数据主要来自古生代—中生代上地壳。

　　Wei 等（2012）利用 Nd、Sr 同位素组成和 La-Th-Sc 元素的分异特征，探讨了我国南海沉积物的源区，其源区有三个主要来源：岛弧、华夏陆块和扬子陆块。对大洋钻探 ODP1148 站记录的中新世（约 23Ma）之前的南海沉积物，与现今南海东南部巴拉望微陆块的源区相似，主要由华夏陆块上部盖层剥蚀物质组成，23Ma 以后南海北部沉积物主要来自华夏和扬子陆块。

　　与前述判断元素活动性原理一致，Fralick 和 Kronberg（1997）在碎屑沉积岩源区讨论时采用了岩石地球化学法（lithogeochemical approah）检验碎屑沉积岩中元素的不活动性。在分析过程中主要考虑赋存不活动元素的矿物相的特点。在理论上，用富集于黏土矿物中的不活动元素作图，当体系受到风化作用时，活动元素发生获取或丢失，代表初始成分的点 1 将沿一穿过原点的连线移动。当成分为 2 的沉积物被水力分选到砂（图 3-38 中 sst）和黏土（图 3-38 中 sh）中时，代表黏土成分的坐标点在上方，而代表砂的点在下方，其连线将通过原点（图 3-38a 的实线）。如果在沉积后蚀变过程中元素 A、B 仍保持不活动，矿物相砂（sst）和黏土（sh）的坐标将沿 1-2 连线移动，不会发生偏离，但如果在一个矿物相蚀变过程中元素是活动的，则将偏离 1-2 连线，其一种可能是沿图 a 中的点线移动。如果不活动元素 A 和 B 都集中在砂中，可以用图 a，但砂 sst 和黏土 sh 的坐标将互换。如果用活动元素-不活动元素作图（图 3-38b），活动元素从系统中的丢失将使原始成分 1 的坐标移动到 2，随后，2 成分的沉积物的水力分选将产生砂 sst 和黏土 sh，并沿过原点的连线排列（图 3-38b）。如果用活动元素-活动元素作图（图 3-38c），这种假设是赋存元素 A 和 B 的主矿物相具有相似的水动力行为。图中还给出了沉积演化过程中沉积物成分浓度变化的情况，如元素 A 富集于砂中，元素 B 富集于黏土中的不活动元素-不活动元素作图为图 3-38d，活动元素-不活动元素作图为图 3-38e，活动元素-活动元素作图为图 3-38f。

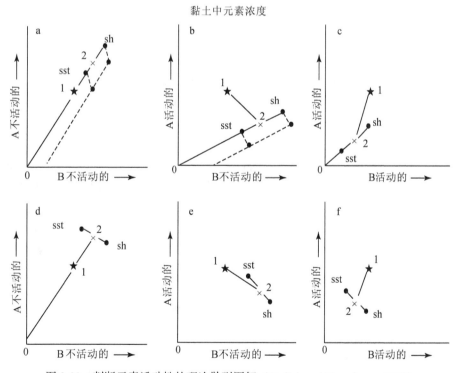

图 3-38　判断元素活动性的理论散列图解（Fralick and Krongberg，1997）
A. 富集在砂中的元素；B. 富集在黏土中的元素

　　用上述方法作图的条件是从选定的不同源区剥蚀的沉积物具有类似的成分，或在进入盆地前已均匀混合。

　　第二种方法是以 $SiO_2$ 为纵坐标轴（$y$ 轴）对不活动元素或活动元素作图，检验元素的活动性及含该矿物相的矿物相的水动力行为。当元素 A 为不活动元素并富集于黏土中时，代表沉积物成分的受水动力分选和化学蚀变的起始成分 1 将形成由黏土 sh 和砂 sst、其坐标为负斜率、在 $y$ 轴截距为 $SiO_2$ 100% 的线（图 3-39a）。相反，不活动元素 A 集中于砂中，则沿 $y$ 轴上截距为 0 的线分布（图 3-39b）。图中箭头指示在后期蚀变过程中 A 变为活元素时的运动方向，图 3-39c～f 分别描述了 A 为活动元素时的情况，投影点均形成散点分布。

由上述，碎屑岩中具有相似水动力行为的不活动元素的比值应与其源区加权平均成分中这些不活动元素的比值相同，据此，Fralick 和 Kronberg（1997）探讨了加拿大 Superior Province 太古宙变砂岩的源区（见下面应用实例）。

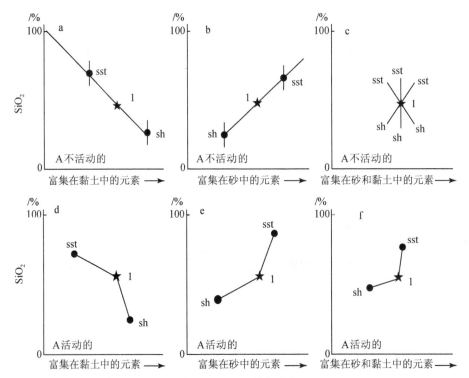

图 3-39　SiO₂ 浓度对不同类型元素浓度的理论散点分布（Fralick and Kronberg，1997）

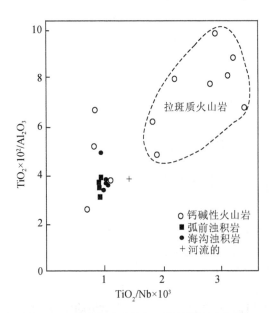

图 3-40　太古宙变砂岩与可能的源区火山岩
TiO₂/Al₂O₃-TiO₂/Nb 图（Fralick and Kronberg，1997）

加拿大 Superior Province 太古宙变砂岩的源区：Fralick 和 Kronberg（1997）选择加拿大 Superior Province 太古宙变砂岩为对象，探讨其源区。这些岩石受到绿片岩相变质作用，主要组成矿物为石英、斜长石和绿泥石、角闪石，用 X 荧光光谱仪 XRF 和等离子体光谱仪 ICP-AES 分析主、微量元素含量，用上述岩石地球化学方法，分别用元素-元素作图（图略），图中 Al₂O₃、TiO₂ 和 Nb 构成过原点的线性排列，表明它们是不活动元素。以 SiO₂ 为纵坐标轴（y 轴）对 Al、Ti、Zr、Ca、Rb 作图表明（图略），Al 和 Ti 富集在黏土中，Nb 类似，Zr 和 Ca 富集在砂中。根据这些特点，将太古宙变砂岩和区内 6 种不同类型的火山岩相关成分投影在 TiO₂/Al₂O₃-TiO₂/Nb 图解中（图 3-40），可以看出区内 4 种拉斑系列的火山岩与太古宙变砂岩明显分开，而 2 种钙碱系列（长英质-中性-碱性）的火山岩-侵入岩与太古宙变砂岩紧密分布。用 Zr/Al₂O₃ 对 TiO₂/Zr 作图得到相同结果（图 3-41），太古宙变砂岩成分线穿过区内钙碱系列火山岩区。这一致表明区内钙碱系列火山岩是太古宙变砂岩的源区，而非拉斑系列的火山岩。

## （二）基于稳定造岩矿物和副矿物微量元素组成的源区识别

不同类型的源区岩石有不同的矿物组成，经风化、剥蚀、搬运后会形成不同的矿物组合，如源区为酸性火成岩，其矿物组合为黑云母、普通辉石、磷灰石、电气石、榍石、金红石、独居石、锆石等。而中性岩则主要为普通辉石、紫苏辉石、普通角闪石、透辉石、磁铁矿、钛铁矿等。更为重要的是其中一些具有明确指示意义的特征副矿物的化学成分分析，对识别沉积岩源区更为重要。

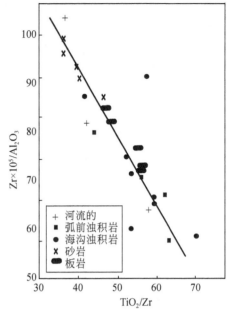

图 3-41 太古宙变砂岩与可能的源区火山岩 $Zr/Al_2O_3$-$TiO_2/Zr$ 图

### 1. 石英

石英成分简单、结构稳定，抗风化能力强，其微量元素组成可用于识别源区。早在 1967 年，Dennan 就开展了碎屑岩石英中 Al、Ca、Fe、Li 和 Ti 含量的研究，所研究的对象为沉积盆地中的玄武岩-碎屑岩建造，从上向下由玄武岩-砂岩-玄武岩-砾岩组成，在盆地北部有花岗岩出露，岩体中东南部为角闪石花岗岩，而西北部为黑云母花岗岩。分别对砾岩、砂岩、角闪石花岗岩和黑云母花岗岩中的石英用光谱法进行了微量元素分析，发现石英的 Ca/Fe 值差异明显，建造下部砾岩和角闪石花岗岩的石英 Ca/Fe 值在分析误差范围内相近，分别为 0.43 和 0.23，而上部砂岩和黑云母花岗岩的石英 Ca/Fe 值相近，分别为 1.35 和 0.90，由此提出用石英的 Ca/Fe 值识别沉积岩的源区，下部砾岩的源区为角闪石花岗岩，上部砂岩源区为黑云母花岗岩。Gofze 等（1997）对德国 Weferlinger、Frechen 和 Haltern 三个石英砂矿床中的石英用顺磁共振（EPR）进行了研究，分析了用 γ 射线照射的石英中 $[AlO_4]^0$、$[TiO_4]^-$、$[TiO_4/Li^+]^0$、$[TiO_4/H^+]^0$ 和 $Fe^{3+}$ 等顺磁中心的含量和分布，发现 Weferlinger 矿床中石英的这些顺磁中心的含量明显与其他两个矿床不同，特别是 $Fe^{3+}$，它们的高浓度反映该矿床源自火成岩的石英含量高，其阴极发光特点也证明其源自火山岩的石英含量高。这三个矿床石英的微量元素含量区别不明显，Weferlinger 矿床的石英的特点是 Li 含量高，Ba 含量低，与 EPR 分析结论一致。

### 2. 电气石

电气石有两个连续的固溶体序列：锂电气石（Al-Li 端元）-黑电气石（Fe 端元）；黑电气石-镁电气石、钙镁电气石（Mg 端元）。花岗岩和伟晶岩中主要为 Al、Li、Fe 电气石，而变沉积岩和交代岩中主要为 Mg 电气石（Hengry and Guidotti, 1985）。

### 3. 独居石

独居石的 La/Nd 值可灵敏指示其源区岩石组成，花岗岩和伟晶岩的独居石 La/Nd 值一般较低，为 1.23 和 1.00，碱性岩和大理岩独居石该值较高，为 3.11（Fleisher and Alteschuler, 1969）。

### 4. 角闪石

钙质角闪石的 Nb/Zr 和 Ba/Y 值可以识别河流干流和支流碎屑角闪石来源、估计不同源区对河流沙的贡献，如 Lee 等（2003）对印度河的研究。

### 5. 锆石

以砂岩为例，岩石中最稳定的矿物——锆石和钛铁矿是探讨砂岩物质来源较为理想的副矿物，其特点是在砂岩中分布较广，即在各种砂岩中都有不同含量的分布；与其他矿物比较，它们也最为稳定，在源岩物质经风化、剥蚀、搬运和成岩作用过程中均能保留下来并很少受蚀变作用。而它们的微量元素含量，如锆石中的 Hf 及稀土元素，钛铁矿中的 Cr、Ni、V、Cu、Mn、Mg 等对于不同岩石是较灵敏的指示剂。不同类型岩石中，锆石中的 Hf 含量，特别是 Zr/Hf 值有明显差异，同一成因类型的不同侵入体之间也有差别。特别是近些年来单颗粒矿物同位素定年与微量元素分析技术（LA-ICP-MS）的发展，为根据锆石或钛铁矿中微量元素含量和同位素年龄结合进行源区探索提供了重要依据。

从地壳岩石到地幔包体，月岩及陨石中都有锆石存在。锆石在风化、搬运过程，甚至在变质和深熔过程中都可保持化学上的稳定，因此，根据岩石中锆石的微量元素组成可判断其源区。

由于锆石产在各种火成岩、变质岩和碎屑沉积岩中，在受到多期沉积作用、岩浆作用和（或）变质作用后仍基本保留其年龄和化学成分信息，因此可研究现代和古老沉积环境中的碎屑锆石的源区。然而，由于锆石对重稀土元素的强烈选择性，很多岩石中锆石的稀土含量发生明显重叠，而难以区分开不同源区的锆石。Grimes 等（2007）将锆石中微量元素 U 和稀土元素相结合，对采自缓慢扩张中的大西洋和南印度洋洋脊的 36 个辉长岩中的 300 个锆石颗粒和 1700 多个采自大陆太古宙到显生宙花岗岩类、金伯利岩和阿拉斯加 Talkeetna 岛弧石英闪长岩和英云闪长岩岩墙的锆石进行了微量元素和 REE 元素分析，采用 U-Yb、U/Yb-Hf 或 U/Yb-Y、Th-Yb、Th/Yb-Hf 或 Y、P 对上述锆石作图（图 3-42），可以看出，采自洋壳辉长岩的锆石与采自大陆岩石中的锆石可明显地区分开。虽然对于同一样品中的 U、Th、Yb 的绝对含量可以有数量级的变化，然而从图中可以看到它们的系统变化，洋壳岩石的锆石 U/Yb 值平均为 0.18，而大陆岩石锆石平均为 1.07，金伯利岩为 2.1。这种变化与含这些锆石的全岩 U/Yb 值一致，洋中脊幺武岩 MORB 平均为 0.01~0.1（Klein，2003），大陆壳 U/Yb 值平均为 0.7（Rudnick and Gao，2003），金伯利岩为 4~6（Farmer，2003）。采自阿拉斯加岛弧岩石的锆石与洋壳岩石的锆石明显不同，但与大陆岩石锆石重叠，一些海洋岛弧熔岩全岩与 MORB 明显重叠，由此推测大陆溢流玄武岩和大洋岛弧玄武岩中的锆石与洋壳岩石锆石相似。

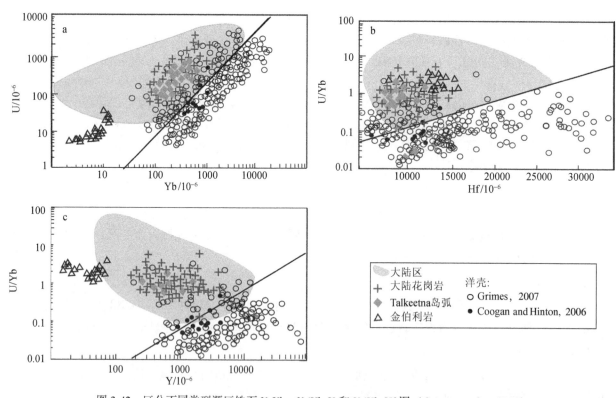

图 3-42　区分不同类型源区锆石 U-Yb、U/Yb-Y 和 U/Yb-Hf 图（Grimes *et al.*，2007）

HREE 的离子半径（如八配位的 $Yb^{3+}$）为 0.985Å，与 Zr（0.84Å）相近，而 LREE 离子半径（如八配位 $La^{3+}$ 为 1.16Å）比 $Zr^{4+}$ 大，因此，锆石中富 HREE 而亏损 LREE。$Th^{4+}$ 与 $Zr^{4+}$ 电价相同，八配位 $Th^{4+}$ 离子半径为 1.0Å，八配位的 U 更大，离子半径为 1.04Å，因此，它们的相容性比 $Hf^{4+}$ 低。锆石对 U 和 Yb 的分配系数相近，分别为 254 和 278，但在岩浆系统中 U 和 Yb 的行为有明显差异，在弧岩浆和大陆壳岩石中 U 和 Th 比 MORB 中富集，而 HREE（如 Yb）及 Hf 和 Y 在弧岩浆中轻度亏损。据此，锆石中 U/Yb 值可以反映熔体结晶时间，在锆石生长过程中，榍石、独居石和磷钇矿的结晶会与锆石争夺 U、Yb，导致 U/Yb 值改变。U、Th 和其他大离子亲石元素的富集部分是由于俯冲沉积物、俯冲洋壳或弧下地壳的重熔以及洋壳的脱水，这均造成 U、Th 和 LREE 比 HREE 更容易活化，因此，弧岩浆和相关锆石的地球化学特点反映的仅是地壳形成的某些过程，而 MORB 仅是代表了上升软流圈地幔产生的熔体。

　　上述方法是区分现代锆石是从大陆还是从洋壳结晶的有效方法。现代洋壳锆石的低 U/Yb 值继承了形成岩浆的亏损地幔特点，它与所知各种不同年龄的大陆锆石明显不同。Grimes 等（2007）认为，Nd、Hf 同位素的研究表明，亏损地幔储库的硅酸盐分解和演化可以在原始地球形成后很短时间（<150Ma）内发生（Caro et al.，2003，Harrison et al.，2005），如果在冥古代（Hadean）存在似 MORB 的储库，上述判别图解也可以研究最古老岩石的源区。将产于 3.9Ga 和 4.2Ga 的最古老岩石中的锆石用 U/Yb-Hf、U/Yb-Y 作图（图 3-43），可见它们主要投影在大陆锆石区中，因此，这种最古老的锆石是由大陆壳形成的岩浆中结晶析出的，不是源自类似于现代的 MORB 型亏损地幔，这也为在原始地球形成后约 150Ma 形成大陆壳的认识提供了依据。

　　综合上述特点，锆石的 U/Yb-Hf 和 U/Yb-Y 图解已用于不同源区锆石的识别。

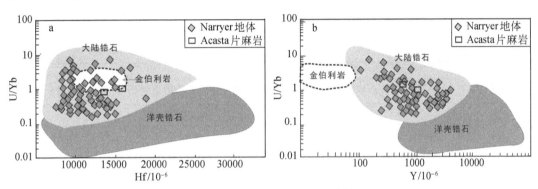

图 3-43　区分大陆和海洋锆石的 U/Yb-Hf 和 U/Yb-Y 图解（Grimes et al.，2007）

### 6. 锆石成分对砂岩源区的识别

　　以砂岩为例，可以设想一砂岩是经过两阶段形成，在一个流域盆地中，第一阶段的砂来自盆地中的火成岩、变质岩和沉积岩，每一种岩石的锆石都有它们自己特征的 Hf 浓度分布，三种岩石以不同的比例混合构成了第一阶段砂的锆石中 Hf 的分布谱。当第一阶段砂被埋藏、成岩并上升，然后被剥蚀，将产生第二种砂，这种砂中所含 Hf 的成分与第一种砂相似（图 3-44），第一种砂称为第二种砂的直接源，流域盆地的有关岩石为其源岩。如果第二种砂在不同的沉积环境中沉积，如一部分在三角洲，一部分在深海，则可以通过比较这两种砂中锆石的成分来揭示它们之间的成因联系。两种相似的砂在锆石成分中应有相似的统计分布。成因上无关的砂岩所含锆石的 Hf 的分布谱应不同，因为它们来自不同的直接源和源岩。

　　Owen（1987）对美国阿肯色州上杰克福克（Upper Jackfork）砂岩来源进行了研究，从不同露头采集标本选出碎屑锆石，对锆石中 Hf 的频率分布进行统计分析并进行 Kruskal-Wallis 非参数检验。将统计结果与阿拉巴马州帕克伍德（Parkwood）建造的砂岩进行了对比（表 3-13，表 3-14）。根据 Kruskal-Wallis 非参数检验，在 $\alpha = 0.1$ 时，$H$ 显著水平值为

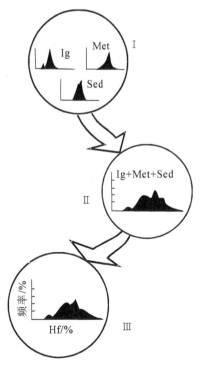

图 3-44　砂岩中锆石的 Hf 分布与物质来源
Ⅰ. 流域盆地；Ⅱ. 第一种砂；Ⅲ. 第二种砂；
Ig. 火成岩；Met. 变质岩；Sed. 沉积岩

2.71，即当两组对比样品的 $H<2.71$ 时，表明它们来自同一数据群组，或同一源。由表 3-14 可见，上杰克福克砂岩与帕克伍德砂岩的 $H$ 为 2.66，满足 $H<2.71$ 的要求（从统计来说当 $H>2.71$ 时，表明两组样品明显不同），因此，这两组砂岩是来自一个单一的、均匀的共同源区。相反，上杰克福克砂岩与其他砂岩 $H$ 值明显不同，即使在更宽容条件下，$\alpha=0.01$，这时 $H=6.63$，即 $H<6.63$ 可认为来源相同，但由表 3-14 可见，它们之间的 $H$ 值仍大于 6.63，表明它们来源不同。然而，伊利诺伊州（IL）密西西比与凯斯维尔（Caseyville）砂岩进行同样的分析并进行非参数检验，$H=1.98$，表明了它们来源的同一性。应该指出的是，要提供这种方法的可靠性，应分析较大量锆石，一般在几百颗粒。

表 3-13　不同地区砂岩中碎屑锆石的 Hf 含量分析（Owen，1987）

| 组 | 颗粒数/个 | Hf 平均含量/% | 标准偏差 | 最小值 | 最大值 |
|---|---|---|---|---|---|
| 上杰克福克 | 353 | 1.37 | 0.24 | 0.68 | 2.32 |
| 帕克伍德 | 215 | 1.34 | 0.19 | 0.79 | 1.83 |
| 波茨维尔 | 322 | 1.18 | 0.27 | 0.46 | 1.95 |
| IL 密西西比 | 595 | 1.31 | 0.23 | 0.46 | 2.01 |
| 凯斯维尔 | 110 | 1.27 | 0.20 | 0.82 | 1.76 |
| 合计 | 1595 | 1.30 | 0.24 | 0.46 | 2.32 |

表 3-14　上杰克福克砂岩与其他砂岩锆石中 Hf 含量统计分布参数值对比（Owen，1987）

| 参数 | 上杰克福克层与下列各层的对比 | | | |
|---|---|---|---|---|
| | 帕克伍德 | 波茨维尔 | IL 密西西比 | 凯斯维尔 |
| $H$ | 2.66 | 74.2 | 7.79 | 14.2 |

强烈富集重稀土和明显的 Ce 正异常是岩浆锆石的典型特征，但不同类型岩浆岩中锆石的稀土与微量元素含量和组成有明显区别，金伯利岩中的锆石稀土总含量低，低于 $50\times10^{-6}$，重稀土富集程度较低，$(Yb/Sm)_N$ 为 3~30，但花岗岩中锆石稀土含量可达百分之几，重稀土富集程度很高，$(Yb/Sm)_N>100$，因此，可根据锆石稀土元素组成特点区分源区的特征（表 3-15）。

表 3-15　不同类型火成岩锆石的稀土元素组成

| 岩石 | REE/$10^{-6}$ | $(Yb/Sm)_N$ | 岩石 | REE/$10^{-6}$ | $(Yb/Sm)_N$ |
|---|---|---|---|---|---|
| 金伯利岩 | <50 | 3~30 | 镁铁质岩 | 2000 | >100 |
| 碳酸岩，煌斑岩 | 600~700 | 3~30 | 花岗岩，伟晶岩 | $\sim n\times10^4$ | >100 |

更有效的是运用多变量统计分析的递归分割法（recursive partitioning），简称 RP 法（Belousova et al.，2002）。该方法关键是选择节点，或称根节点、终端节点、叶节点，进而建立决策树或决定树。其方法是根据锆石的稀土与微量元素含量和组成构建判别不同类型岩浆岩的分类树（classification and regression trees），简称 CART，分析的结果是形成一个 CART 树，它像一把植物学的钥匙，根据由元素含量或比值确定的二进制开关（binary switches）构建，容易运用和解释。对于单颗粒锆石的微量元素分析资料，Belousova 等（2002）用元素含量或比值组成九个二元分割点，这些元素开关包括在起始 CART 分类树图中，按 Lu→Ta→Lu 和 Lu→U→Ta→Hf→Ce/Ce*→Nb→Th/U 含量或比值大小顺序区分出不同类型的岩浆岩（图 3-45），在矮 CART 树（short CART tree）图中采用 Lu→Hf→Y→U 含量高低顺序区分出不同类型的岩浆岩（图 3-46）。对于一个未知岩石类型的锆石颗粒，应用上述 CART 分类树，在其终端节点，给出预测的岩石类型，计算其可信概率。一般来说，用锆石的微量元素确定其母岩类型的置信水平为 75% 或更高（Belousova et al.，2002）。该方法迅速、方便，提高了

锆石在区域地壳研究中的应用。

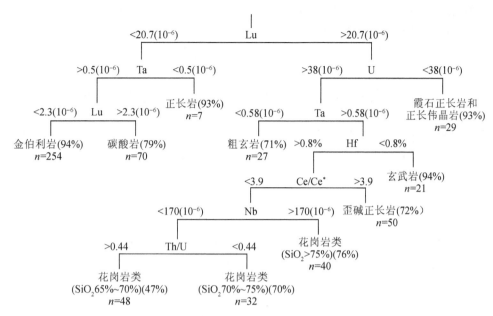

图 3-45　识别来自不同类型岩石的锆石的 CART 树（Belousova *et al.*，2002）

岩石名称后面括号中的百分数为计算的概率，*n* 为样品数

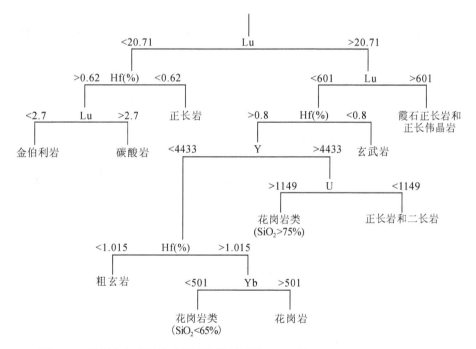

图 3-46　识别来自不同类型岩石的锆石的矮 CART 树（Belousova *et al.*，2002）

# 第四节　岩浆分异演化程度

确定岩浆分异、演化程度，是探讨成岩过程和含矿潜力的重要内容。复杂成分的硅酸盐岩浆通过结晶分异形成富硅和碱的岩浆，表现在常量元素上是富 $SiO_2$、$K_2O$、$Na_2O$ 和 FeO/MgO 值高，因此，计算岩浆分异程度的传统方法是用常量元素，即用 CIPW 方法，将常量元素换算为六种标准矿物：石英 Q、正长石 Or、钠长石 Ab、霞石 Ne、白榴石 Lc 和六方钾霞石 Kp，分异指数 DI 等于它们之和，即 DI = Q+Or+Ab+Ne+Lc+Kp。玄武岩的 DI 一般在 35 左右，安山岩为 50~65，流纹岩>80。DI 值越大，表明岩浆

结晶分异作用越强烈。与此相对应的是固结指数 SI，又称凝固指数或硬化指数，它是基于岩浆一般是向 MgO 降低方向演化，而且 MgO 变化比用 $SiO_2$ 更显著，因此，在研究玄武岩浆演化时用固结指数比用 $SiO_2$ 好，其计算公式为 $SI=100MgO/（MgO+FeO+Fe_2O_3+Na_2O+K_2O）$，式中氧化物含量均为%。大多数原生玄武岩 SI 在 40 左右，SI 值越大，岩浆分异越差；SI 值越小，分异程度越高。

## 一、岩浆分异演化指标微量元素与元素对的选择

微量元素含量与组合特点为岩浆分异程度提供了简单有效的重要信息，基本原则是选择晶体化学性质相似的常量元素与微量元素对、微量元素对及稀土元素。在这些元素对中，尽管它们的地球化学性质很相似，但随岩浆分异作用加强，它们的地球化学行为出现了一定差异，元素对中一元素含量增加，另一元素含量降低或增加缓慢，因此，这些元素对含量比值的变化反映了岩浆分异演化的程度。一般常用的元素对有 K/Rb、Li/Mg、Ga/Al、Ga/Sc、Ba/Rb、Rb/Sr、Nb/Ta、Zr/Hf、Zr/TiO$_2$、Ni/Co、U/Th 等，常用稀土元素对有 $(La/Yb)_N$ 和 $Eu/Eu^*$。这些元素对在元素晶体化学性质上很相似，常在矿物中发生类质同象置换，Rb、Ta、Hf、Ga 等含量随岩浆分异演化程度增强而增加，因而造成上述比值的规律性变化。

## 二、碱金属及高场强元素

1）K/Rb：各种火成岩中 K/Rb 值列于表 3-16 中，随岩浆分异作用加强，Rb 明显富集，K/Rb 值明显降低（图 3-47）。我们研究的湖南香花铺浅色花岗岩是一典型实例，随岩浆分异作用加强，K/Rb 值明显降低（图 3-48）。

表 3-16　火成岩类典型的 K/Rb 值

| 岩石类型 | K/Rb | 岩石类型 | K/Rb |
|---|---|---|---|
| 花岗岩、花岗闪长岩 | 50~350 | 玄武岩（拉斑玄武岩、大陆玄武岩） | 150~1000 |
| 流纹岩等 | 100~350 | 玄武岩（拉斑玄武岩、海洋玄武岩） | 450~2000 |
| 正长岩 | 250~700 | 超基性岩类（阿尔卑斯型、大陆超基性岩） | 200~400 |

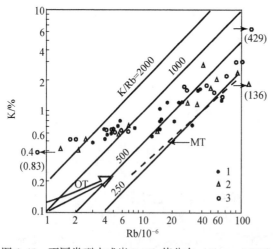

图 3-47　不同类型火成岩 K/Rb 值分布（Shaw，1970）
1. 基性；2. 中性；3. 酸性；OT. 海洋趋势；MT. 主趋势

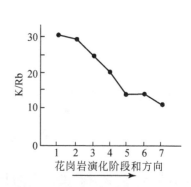

图 3-48　湖南香花铺浅色花岗岩
不同演化阶段 K/Rb 值

2）Rb/Sr：Sr 主要在岩浆早期阶段富集，Rb 恰相反，因此，火成岩中 Rb/Sr 值随分异程度 [（1/3Si+K）-（Ca+Mg）] 增加而增加。对美国南加利福尼亚岩基的研究表明（Nockolds and Allen，

1953），在岩浆早期演化阶段，Rb/Sr 值近于常数，平均值略小于 0.5，随着分异作用增强，Rb/Sr 值迅速增加到 10 以上（图 3-49）。

3）Ba/Rb：$Ba^{2+}$ 与 $K^+$ 大小相似，Ba—O 键比 K—O 键更具有共价特征。在岩浆演化过程中 Ba 趋于富集在晶出的高温钾矿物中，与挥发分 F 关系微弱；Sr 有类似特点；但 Rb 与 F 关系密切，随 F 一起迁移。因此，在分异程度高的岩浆中 Ba 减少而 Rb 增加，因而 Ba/Rb 值可作为分异作用的指标，也是区分含矿与不含矿岩浆岩的指标之一。

4）Ba/Sr：随岩浆分异加强，该比值降低。

5）Ni/Co：在岩浆分异过程中，Ni 比 Co 能较快地从熔体中析出进入固相，Co 则相对富集于残留相中。因此，随岩浆分异作用加强，Ni/Co 值降低。

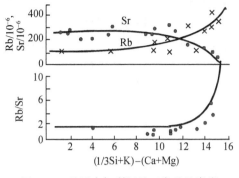

图 3-49　美国南加利福尼亚岩基花岗岩中 Rb、Sr 含量、Rb/Sr 值与岩浆分异程度关系（Nockolds and Allen, 1953）

6）Nb/Ta：Nb 和 Ta 含量随超基性岩→酸性岩→碱性岩的演化而增大。在所有岩石类型中，Nb 含量均高于 Ta，但在岩浆结晶作用晚期，Ta 趋向富集，花岗岩中尤为明显，从早期相到晚期相（黑云母花岗岩Ⅰ→二云母花岗岩Ⅱ→白云母花岗岩Ⅲ→含锂云母花岗岩Ⅳ→锂云母花岗岩Ⅴ），Nb/Ta 值逐渐减小（图 3-50）。

7）Ga/Sc：Sc 含量随碱性和亚碱性系列中分异作用增强而增加，但 Ga 含量只随碱性系列分异作用增强而增加，在亚碱性系列中变化不大，因此，Ga/Sc 值可作为分异程度指标（图 3-18b）。

# 三、稀 土 元 素

稀土元素也常应用于岩浆分异演化的研究。在一般情况下，稀土元素均属不相容元素，在岩浆演化晚期阶段富集，但不同的稀土元素分配系数有差异，特别是轻稀土元素与重稀土元素，随岩浆分异作用增强，它们富集的程度不同。因此，以轻稀土元素中典型元素 La 或 Ce 与重稀土中典型元素 Yb 的比值为参数，$(La/Yb)_N$ 或 $(Ce/Yb)_N$，常作为岩浆分异演化程度的指标。在一般基性、中基性体系中随岩浆分异作用加强，$(La/Yb)_N$ 和 $(Ce/Yb)_N$ 增加，即稀土球粒陨石标准

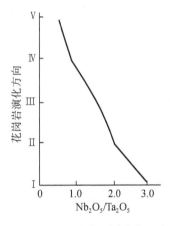

图 3-50　江西宜春不同演化程度花岗岩的 $Nb_2O_5/Ta_2O_5$ 值

化分布型式呈顺时针变化。Eu 亏损程度（$Eu/Eu^*$ 或 $\delta Eu$）常用作岩浆分异程度的指标。在一般情况下，随岩浆分异作用增强 Eu 亏损愈加明显（$Eu/Eu^*$ 或 $\delta Eu$ 值降低）。$Eu/Eu^*$ 与分异指数 DI 的关系（图 3-51）清楚地显示了这一特点（赵振华等，1982）。

然而，水在岩浆中的含量直接影响到矿物的结晶顺序，从而对微量元素的分异产生重要影响。斜长石是 Eu 的主要携带矿物，在富水条件下（$H_2O$ 含量>3%），斜长石的分离结晶将受到明显抑制作用，其结晶晚于角闪石和石榴子石，造成残留熔体缺少 Eu 负异常，甚至出现正异常（Muntener et al., 2001；Grove et al., 2002）。因此，具有弱 Eu 正异常的富 Mg 闪长岩与斜长石的推迟结晶一致，暗示流体参与交代的地幔源区。

在中酸性和酸性岩浆体系中则出现复杂景象，随岩浆演化程度增强，花岗质岩浆演化为熔体-流体共存的岩浆与热液过渡阶段，随后是

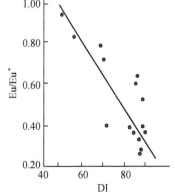

图 3-51　Eu 亏损与分异指数 DI 关系

热液–气相共存。REE 在不同的流体与熔体之间的分配系数实验资料较少、分散。已有资料表明（Webster et al.，1989；张辉等，2009；Borchert et al.，2010）稀土元素在流体与熔体间的分配主要进入熔体中，即 $D^{流体/熔体}<1$，但实验的初始流体和熔体成分对稀土在流体中的分配系数影响大，其中，富 Cl 流体比富水流体高 1~2 个数量级。而花岗质熔体 Al 饱和指数（ASI）对稀土元素流体/熔体分配系数影响也较大，随该指数增加稀土分配系数增加。例如，在 ASI 为 0.8 时，La 和 Y 的 $D^{流体/熔体}$ 为 0.002；在 ASI 为 1.2 时，La 和 Y 的 $D^{流体/熔体}$ 为 0.1；而在同一 ASI 范围，Yb 的 $D^{流体/熔体}$ 达到最大值 0.02。对高演化花岗岩，当富挥发分流体出熔时，伴随长石、石英和云母的分离结晶，可使稀土在残留熔体中富集。在这种过程中稀土与 $Cl^-$、$F^-$、$CO_3^{2-}$ 等配位基形成络合物而在流体中富集，形成与花岗岩有关的热液 REE 矿化（Borchert et al.，2010）。已有实验资料表明，不同稀土元素在富 Cl 流体中分配系数有明显差异，在富 Cl 流体–熔体之间 REE 的分配系数为：Ce 0.032，Nd 0.030，Eu 0.07，Gd 0.025，Dy 0.023，Yb 0.022（Flynn and Burnham，1978），可见 LREE 在流体与熔体之间的分配系数高于 HREE，$D_{Ce}>D_{Gd}>D_{Yb}$，Eu 的分配系数明显高于相邻元素，在富 Cl 流体中形成 Eu 正异常，使熔体中 Eu 亏损（负异常）进一步增加。而富 F 流体中 REE 的分配系数无明显差异。由此，在富 Cl 等挥发分流体存在的花岗质岩浆体系中，尽管稀土在流体中的分配系数较低，但可使残留熔体中 LREE 进一步降低。

因此，对于流体–熔体共存的高演化的花岗质岩浆体系的标志，除 Eu 负异常明显增加外（稀土球粒陨石标准化分布型式呈"V"形），$(La/Yb)_N$ 和 $(Ce/Yb)_N$ 不是增加，而是降低，$(La/Yb)_N$ 近于 1，甚至出现 <1，如江西西华山花岗岩 $(La/Yb)_N$ 为 0.20~0.48，湖南柿竹园千里山花岗岩为 0.64~0.84，瑶岗仙花岗岩为 0.26~0.63。这在华南许多 W、Sn、Nb、Ta 成矿花岗岩，特别是浅色花岗岩最为显著，并常出现典型稀土四分组（tetrad effect）效应（详见本章第七节有关稀土四分组讨论）。

流体与气相体系实验资料表明（Shmulovich et al.，2002），稀土在气相与流体之间的分配系数在临界点随压力降低而迅速降低。在岩浆去气过程中，稀土元素由于气体逃逸也发生分异，相对于 LREE，HREE 在气相中富集，因此，在沸腾的热液系统中，卤水中相对亏损 HREE。

# 四、云母类矿物

与上述岩浆分异演化的微量元素地球化学特点有关，某些富集上述微量元素的造岩矿物也成为岩浆分异演化的重要标志，其中以云母类矿物较为典型，特别是对于花岗岩类。以华南花岗岩类为例，等粒或似斑状黑云母花岗岩大面积分布，但随着岩浆分异演化程度的加强，会依次出现黑鳞云母花岗岩、铁锂云母花岗岩、白云母花岗岩、锂白云母花岗岩，甚至出现锂云母花岗岩，如江西宜春花岗岩型 Ta、Nb 矿床，成矿岩体即为锂云母花岗岩。长石类矿物也随岩浆分异演化过程呈现特征变化，例如，在高演化花岗岩中出现天河石（富 Rb 的微斜长石），成为天河石花岗岩，如新疆阿尔泰、东天山白石头泉和福建云霄等地均有天河石花岗岩产出。

黑云母 Rb/Ba 值也可作为岩浆分异演化程度的指标。花岗质岩浆中 Rb、Ba 主要以类质同象置换存在于黑云母和钾长石中，Rb 置换 K，Ba 置换 K 或 Ca（Bea et al.，1994）。在岩浆演化早期，Ba 主要赋存在黑云母中，而晚期主要在钾长石中。例如，用 LA-ICP-MS 分析西藏北羌塘新近纪粗面安山岩中单颗粒黑云母，Rb 平均为 $397\times10^{-6}$，Ba 平均为 $6570\times10^{-6}$（赖少聪等，2002）；西班牙中部 Pena Negra 混合岩中黑云母 Rb 平均为 $713\times10^{-6}$，Ba 平均为 $292\times10^{-6}$，钾长石 Rb 平均为 $337\times10^{-6}$，Ba 平均为 $2446\times10^{-6}$。随岩浆演化程度增强，黑云母的 Rb 含量增加，而 Ba 含量由于钾长石的晶出而降低，造成黑云母的 Rb/Ba 值明显增加，因此，可以将黑云母的 Rb/Ba 值作为岩浆演化程度的指标。例如，南岭广东佛冈花岗岩岩基中的白石岗黑云母花岗岩和龙窝黑云母花岗闪长岩的黑云母 Rb/Ba 值清楚显示了两个花岗岩体的演化程度差异（胡建等，2006），白石岗岩体中黑云母 Rb/Ba 值为 6.78~49.4，平均为 24.5，而龙窝岩体黑云母 Rb/Ba 值为 0.38~1.97，平均为 0.85，明显低于白石岗黑云母花岗岩，表明白石岗岩体的演化程度明显高于龙窝岩体。两岩体岩石地球化学特点也表明了同样的特点：白石岗岩体锆石

U-Pb 年龄为 157.8±2.3Ma，龙窝岩体为 169.1±2.5Ma，前者在形成时间上晚于后者；前者缺少或很少含暗色包体，而后者含较多暗色闪长质包体，均显示前者演化程度高于后者。

# 第五节　成岩成矿作用的物理化学条件

岩浆岩成岩成矿作用的物理化学条件中最主要的参数是温度、压力和氧逸度（$f_{O_2}$）等。对于沉积岩主要是氧化还原及古盐度（海陆相）。这些参数可以通过多种方法，如矿物对、包裹体测温和成分测定、稳定同位素组成（如氧、硫等）等获得，而微量元素含量与组合不失为一重要途径。这些参数的获得，也为成矿物质来源提供了重要依据。近些年来，随着原位、微区微量元素定量分析技术的快速发展，岩石副矿物，如锆石、金红石、石榴子石等的微量元素组成，在成矿物理化学参数确定和成矿物质来源研究中得到了快速发展。

# 一、微量元素地质温度计

## （一）基本原理

如第二章有关分配系数控制因素所述，分配系数与温度密切相关。由能斯特定律可知，在恒温恒压条件下微量元素 $i$ 在两相 α、β 间的分配是一常数，将第二章式（2-12）取对数可得

$$\ln K = \frac{\mu_i^{0\cdot\beta} - \mu_i^{0\cdot\alpha}}{RT} \tag{3-19}$$

在恒压下对温度取偏微商得

$$\left(\frac{\partial \ln K}{\partial T}\right)_p = \frac{1}{R}\left[\frac{\partial(\mu_i^{0\cdot\beta}/T)}{\partial T} \frac{\partial \mu_i^{0\cdot\alpha}/T}{\partial T}\right] \tag{3-20}$$

式中，

$$\frac{\partial(\mu_i^{0\cdot\beta}/T)}{\partial T} = -\frac{\overline{H_i^\beta}}{T^2}, \frac{\partial(\mu_i^{0\cdot\alpha}/T)}{\partial T} = -\frac{\overline{H_i^\alpha}}{T^2}$$

$\overline{H_i^\alpha}$，$\overline{H_i^\beta}$ 为微量元素 $i$ 在 α 和 β 相中偏摩尔焓，$\Delta H = \overline{H_i^\alpha} - \overline{H_i^\beta}$，故可得下式

$$\left(\frac{\partial \ln K}{\partial T}\right)_p = \frac{\Delta H}{RT^2} \tag{3-21}$$

积分后得

$$\ln K = -\frac{\Delta H}{RT} + B \tag{3-22}$$

当在讨论范围内焓变化 $\Delta H$ 可视为常数时，分配系数 $K$ 与温度的倒数成线性关系，式（3-22）为微量元素在共存矿物之间分配作为地质温度计提供了理论依据。一个理想的地质温度计应具有尽可能大的 $\Delta H$。

## （二）造岩矿物微量元素地质温度计

### 1. 辉石等温度计

在实际应用中，往往是用实验方法测得式（3-22）中的 $\Delta H$ 和 $B$ 值（由不同温度条件测得分配系数值。用最小二乘法计算 $\Delta H$ 和 $B$ 值）。实例如下：

Ni 在辉石–橄榄石间的分配系数 $K$ 有下述关系：

$$\ln K = 8.45/T + 7.65 \tag{3-23}$$

Cr 在单斜辉石（Cpx）–橄榄石（Ol）间的分配可得出下述关系（Stosch，1981）：

$$T = 11.934/(\ln K + 4.92)$$

Herving （1982） 将其修正为

$$T = 8.787/(\ln K + 2.87)$$

Cr 在斜方辉石(Opx)-橄榄石 （Ol） 间的分配可得出下述关系 （Herving，1982）：

$$T = 5.540/(\ln K + 1.86)$$

Rb 在金云母和透长石中的分配系数与温度关系式 （Beswick，1973）：

$$\ln K = 406/T + 0.091 \tag{3-24}$$

F-OH 在磷灰石(Ap)-金云母 （Phl） 间的分配系数与温度关系式 （Чернышева，1981）：

$$\lg K = -1324/T + 0.6 \tag{3-25}$$

式中，$K = (X_F/X_{OH})^{Phl} \times (X_{OH}/X_F)^{Ap}$，$X_{OH}$ 与 $X_F$ 分别为 OH 与 F 在磷灰石和金云母中的摩尔分数。

该温度计的应用条件是金云母中 Mg 的摩尔分数 $X_{Mg}$ 需大于 0.7，这是因为云母中如有较多的铁，对云母的形成温度会有较大影响 （Ludington，1978）。

稀土元素在造岩矿物中的分配行为也获得了定量关系资料，如在安山质和玄武质体系中石榴子石分配系数与温度的关系有

玄武质体系： $$\ln K_{Yb}^{石/液} = 1970/T - 0.39 \tag{3-26}$$

其他稀土元素也获得了与 Yb 类似的定量关系式。

在一个大气压下，1150~1400℃斜长石的稀土分配系数与温度的关系 （Drake，1975） 为

$$\lg K_{La}^{斜/液} = 7000/T - 6.40$$

$$\lg K_{Nd}^{斜/液} = 2900/T - 4.22$$

$$\lg K_{Eu}^{斜/液} = -2360/T - 1.54$$

$$\lg K_{Y}^{斜/液} = -7700/T - 1.16$$

$$\lg K_{Lu}^{斜/液} = 3200/T - 5.40 \tag{3-27}$$

### 2. 石英中 Al 温度计

Al 可置换石英中 Si—O 四面体中的 Si 而进入石英晶格 （详见本章第五节有关石英中微量元素），对天然的和人工合成的石英中 Al 含量与结晶温度的关系研究表明 （Dennen et al.，1970），石英中的 Al 含量是其形成的化学环境达到最后平衡时的温度和压力的函数，结晶温度与 Al 含量呈线性关系，用最小二乘法获得温度 $y$ （℃） 与石英中 Al 含量 （$10^{-6}$） 关系式：$y = 3.6$ （±0.07） $x + 33.0$ （±3.0）。

这表明石英中 Al 含量变化 $1 \times 10^{-6}$，其温度改变 3.6℃。Perry （1971） 发现在石英二长岩接触带中的石英 Al 含量随距岩体的距离而呈规律变化，随距离增加 Al 含量呈线性降低，其热梯度为 25℃/kbar。上述石英中的 Al 含量是用发射光谱法测定，温度计的精度有限。Rusk 等 （2008） 用高分辨电子探针分析发现，在低温热液条件下形成的石英中的 Al 含量不能准确反映石英的形成温度。近几年已提出了石英中 Ti 温度计 （详见本节石英与锆石的 Ti 温度计）。但石英中的 Al 含量与热液的 pH 有关，在 pH 为 1.5 时 Al 在热液中溶解度 $\approx 10^{-2}$，pH 为 3.5 时 $\approx 10^{-8}$，高约 6 个数量级，因此，石英中的 Al 含量可用于探讨金属硫化物矿床成矿作用特点。

### （三） 副矿物微量元素地质温度计

随着原位、微区微量元素定量分析技术的快速发展，岩石中副矿物，如锆石、金红石、石榴子石、榍石等微量元素地质温度计得到了快速发展。

### 1. 锆石及相关矿物温度计

（1） 锆石饱和温度计 $T_{Zr}$ （Zircon saturation thermometry）

计算形成侵入体的岩浆温度是困难的，因为缺乏对温度灵敏的交换反应和冷却过程中再平衡的合适矿物对。Watson 和 Harrison （1983） 用实验 （$T$ 为 750~1020℃，$P$ 为 1.2~6kbar，初始物质为合成的安山质岩石、泥质岩石及天然黑耀岩） 测定了锆石在地壳深熔熔体中的饱和行为，结果表明，锆石的饱和

度对熔体温度和成分可以定量地表示为

$$\ln D_{Zr}^{锆石/熔体} = [-3.80-0.85(M-1)]+12900/T \tag{3-28}$$

式中，$T$ 为绝对温度；$D$ 为 Zr 在由化学计算的锆石中的浓度（$\sim 476000\times10^{-6}$）与熔体中的浓度比值；$M$ 为岩石中某些阳离子比值，表示为 $M = [(Na+K+2Ca)/(Al\times Si)]$。式（3-28）可变换为（Miller *et al.*，2003）

$$T_{Zr} = 129000/[2.95+0.85M+\ln(496000/Zr_{熔体})] \tag{3-29}$$

式（3-29）中温度为绝对温度。对该公式有如下要求（Miller *et al.*，2003）：①在适合条件下进行适当的校正。该温度计适用于较广泛的条件和成分。溶解度对压力不敏感，但干的岩浆（$\sim 1.5\%$ $H_2O$）或过碱性岩浆会偏离温度计式（3-29）。因此，该温度计适用于地壳中多数中性到长英质的岩浆。②锆石在熔体中是饱和的。结构上的证据可用于确定早期的饱和，继承锆石的存在表明在母岩浆全过程中锆石是饱和的。③对熔体成分（主元素和 Zr 浓度）的恰当计算。火成岩，特别是侵入体，是由晶体和液体混合物形成的，很少能代表淬火的熔体。用于指示饱和度的锆石晶体的存在表明岩石中测定的某些 Zr 不是在熔体中。但是，由于锆石的溶解度强烈依赖于温度，据此就形成了很可靠的地质温度计。在 $T_{Zr}$ 计算时，Zr 和主元素浓度 $M$ 计算的误差所产生的影响较小（图 3-52），由图可见，熔体成分 $M$ 的较大变化对锆石溶解度影响很小，因此，熔体相成分的变化对温度计算所产生的误差很小。此外，锆石核部所占质量比例远小于 50%，因此，由富集晶体的组分所产生的误差可以忽略。

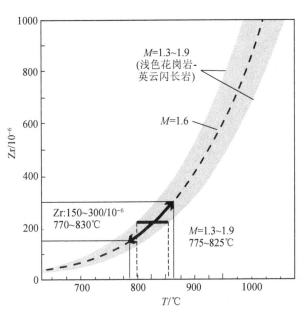

图 3-52　锆石的溶解度与温度和熔体成分的关系（Miller *et al.*，2003）

　　锆石是由岩浆（或热液-热液锆石，见后述）中结晶的，是少有的可以颗粒形式在熔体中搬运的矿物，即作为固相进入熔体未被全部溶解（来自被混染的围岩或深部源区的继承锆石）。Miller 等（2003）从三方面解释了锆石饱和温度 $T_{Zr}$ 的意义：①对于长英质岩浆，$T_{Zr}$ 近似于熔体分离的温度，是原始侵位岩浆的最低计算温度，这是因为 $T_{Zr}$ 最适合中性到长英质岩浆，特别是长英质岩浆是经历了高程度分异，其成分中锆石已达饱和，不再改变。这种熔体已将继承的及早期结晶的锆石全部包括了，即绝大部分 Zr 已在熔体中了。②对于缺乏继承锆石或早期结晶锆石的岩石，表明熔体中锆石未达饱和，这种情况下的 $T_{Zr}$ 代表的是广泛结晶前的最小温度，可能对侵位更有效。没有继承锆石表明在源区锆石未达饱和，$T_{Zr}$ 代表了源区原始岩浆的最低温度。③富含继承锆石的侵入体表明其源区中锆石是饱和的，由于其 Zr 含量一部分是在继承锆石中，而不全在熔体中，因此，$T_{Zr}$ 代表了岩浆温度的上限。

　　对产于不同构造背景（俯冲的，碰撞的，后碰撞的）、富含或贫继承锆石的花岗岩进行了 $T_{Zr}$ 计算（Miller *et al.*，2003），富含继承锆石的花岗岩 Zr 含量为（$80\sim150$）$\times10^{-6}$，均一致低于贫继承锆石的花岗岩（$200\sim800$）$\times10^{-6}$。据此计算的富继承锆石的花岗岩类的 $T_{Zr}$ 为 $730\sim780℃$，平均 $766\pm24℃$；贫继承锆石的花岗岩类 $T_{Zr}>800℃$，平均 $837\pm48℃$，这类花岗岩源区中锆石可能是不饱和的，其 $T_{Zr}$ 低于原始岩浆温度。上述结果表明长英质岩浆具有最低的继承性，需要有平流热加入才能发生熔融，熔体贫晶体，容易喷出，属"热"岩浆。而富继承锆石的岩浆是"冷"的，需要有流体加入才能发生熔融，熔体富含晶体，不易喷出。"冷"和"热"岩浆 $T_{Zr}$ 相差 > 70℃。由此，根据 $T_{Zr}$ 值可划分出两类不同类型的花岗岩："冷"的富继承锆石的花岗岩（$T_{Zr}<800℃$），"热"的贫继承锆石的花岗岩（$T_{Zr}>800℃$）。Chappell 等（1998）将 I 型花岗岩划分为两类，一为低温型，二为高温型，后者不含继承锆石，是全熔的或近于全熔的。随后，他们对这两类花岗岩进行了较系统的岩石和地球化学研究（White，2003；Chappell *et al.*，2004）。

目前，在有关花岗岩及相关岩浆岩地球化学研究中，$T_{Zr}$ 已成为一常见的重要参数，在测定全岩的主元素和 Zr 含量后即可按式（3-29）进行 $T_{Zr}$ 计算。

（2）锆石-金红石温度计

1）锆石 Ti 与金红石 Zr 温度计

与金红石或其他含 Ti 矿物共存的锆石中的 Ti 含量，以及与锆石或其他富 Zr 矿物共存的金红石中的 Zr 含量强烈地依赖于温度（Degeling，2003；Troitzsch and Ellis，2004，2005；Zack *et al.*，2004；Watson *et al.*，2006）。Watson 等（2006）开展了高温、高压实验（1~2GPa，675~1450℃；初始物质为多组分含 $ZrO_2$ 的硅酸盐熔体和热液），实验结果结合天然锆石和金红石的分析显示，锆石中的 Ti 和金红石中的 Zr 含量均与温度关系密切，其关系呈对数线性变化，形成了两个地质温度计，即锆石 Ti 与金红石 Zr 温度计，对于后者，要求体系中存在锆石和石英。

对于锆石 Ti 温度计，其表达式为

$$lgTi_{锆石} = (6.01\pm0.03) - (5080\pm30)/T(K)$$
$$T(℃) = (5080\pm30)/[(6.01\pm0.03) - lgTi_{锆石}] - 273 \tag{3-30}$$

对于金红石的 Zr 温度计，其表达式为

$$lgZr_{金红石} = (7.36\pm0.10) - (4470\pm120)/T(K)$$
$$T(℃) = (4470\pm120)/[(7.36\pm0.10) - lgZr_{金红石}] - 273 \tag{3-31}$$

上述温度计对压力的变化不灵敏，特别是锆石中的 Ti 温度计。Page 等（2007）认为，对于压力 > 10kbar 的榴辉岩相和地幔岩石将导致计算的温度降低（见本节"压力对锆石和金红石温度计的影响"）。当将上述温度计用于源区物质和生长条件均不清楚的锆石和金红石时，对锆石温度计误差为 ±10℃，对金红石温度计为 ±20℃（温度范围 400~1000℃）。对于出现环带的单颗粒矿物，由分析方法不同所产生的误差 < ±5℃。

地球岩石中锆石的 Ti 含量一般为 $20\times10^{-6}$ 左右，镁铁质火成岩中锆石 Ti 含量高于长英质岩石中的锆石（Fu *et al.*，2008）。锆石中的 $Ti^{4+}$ 通过置换 $Si^{4+}$ 进入锆石晶格，这与 Ti 进入石英是一致的。上述温度计可由热力学解释，对于锆石 Ti 温度计（Watson *et al.*，2006）：

$$TiO_2(金红石) = TiO_2(锆石) \tag{3-32}$$

其反应平衡常数 $K$ 为

$$K = \alpha_{TiO_2}^{锆石}/\alpha_{TiO_2}^{金红石}$$

式中，$\alpha$ 为 $TiO_2$ 在锆石和金红石中的活度，由于金红石几乎为纯 $TiO_2$，所以 $\alpha_{TiO_2}^{金红石} \sim 1$，由此，$K \approx \alpha_{TiO_2}^{锆石}$。

$$\alpha_{TiO_2}^{锆石} = \gamma_{TiO_2}^{锆石} X_{TiO_2}^{锆石} = exp-(\Delta G_T^0/RT) \tag{3-33}$$

式中，$\gamma$ 为活度系数；$X$ 为 $TiO_2$ 在锆石中的摩尔分数；$\Delta G_T^0$ 为反应式（3-32）自由能变化；$T$ 为绝对温度；$R$ 为气体常数。如果 $\gamma$ 为常数，显然，锆石中的 Ti 含量与 $T^{-1}$ 呈线性关系。

对于金红石中的 Zr 同样可得到类似关系，不同的是 $\alpha_{ZrO_2}^{金红石}$ 不等于 1，而为常数 $C$，$K_2 \approx \alpha_{ZrO_2}^{金红石}/C$。

$$\alpha_{ZrO_2}^{金红石} = \gamma_{ZrO_2}^{金红石} X_{ZrO_2}^{金红石} = Cexp\frac{-\Delta G_2^0}{RT} \tag{3-34}$$

由于金红石作为原生矿物可出现在碱性侵入岩和从绿片岩相-榴辉岩相变质岩中，它的形成通常是有锆石存在并有石英，因此，体系中 $ZrO_2$ 的化学势在许多情况下是基本固定的。自然界金红石晶体中大部分或所有 Zr 含量的变化都是由温度不同造成的，这就是金红石中 Zr 温度计比锆石中 Ti 温度计的优越性。对于在 500℃ 以上结晶的金红石中的 Zr 含量很容易用电子探针测定，而在 450℃ 以下则需要用激光等离子质谱 LA-ICP-MS 或者离子探针 IMP 测定。它与岩石的锆石饱和温度计不同，只需测定锆石中的 Ti 含量（$10^{-6}$）和金红石中 Zr 含量。由于这两种矿物是很普通的副矿物，而电子探针和激光等离子体质谱分析技术已较普及，因此这两个温度计的应用前景广阔。

Harrison 等（2007）将锆石中 Ti 温度计应用于侵入体研究。在解释碎屑锆石结晶温度时，假设由锆石饱和温度计所计算的温度可以与可能的母岩相对比。计算表明，形成温度>750℃的多数火成岩，其锆石 Ti 温度 $T_{Ti}^{锆石}$在湿花岗岩固相线以上，这种预测可以由西藏东南的 Dala（44±1Ma）火成杂岩得到证实，不同锆石颗粒的 Ti 含量变化较大，其 $T_{Ti}^{锆石}$（587~877℃）变化范围达 300℃，比全岩锆石饱和温度 $T_{饱和}^{锆石}$平均 760±10℃高 100℃。而产于西澳大利亚年龄>4.0Ga 的最古老锆石，其锆石 Ti 温度 $T_{Ti}^{锆石}$峰值为~680℃，如此低的温度表明其源区是湿的、在水近饱和条件下发生熔融的岩浆，而不是来源于中性和镁铁质岩浆。Harrison 等（2007）认为，锆石饱和温度计 $T_{饱和}^{锆石}$比岩浆中锆石开始结晶温度低。

Fu 等（2008）对不同年龄（约1Ma~4.0Ga）、不同类型的火成岩（45 个样品）中 365 个锆石以及金伯利岩中 84 个锆石巨晶，进行了系统的 Ti 含量分析，用锆石中 Ti 温度计（Watson *et al.*，2006）计算了岩石的表观温度（apparent temperature），计算中未进行氧化物活度（如 $TiO_2$，$SiO_2$，$\alpha_{TiO_2}=1$，$\alpha_{SiO_2}=1$）和压力变化校正。对于长英质中性岩石（见本章石英与锆石的 Ti 温度计），平均温度为 654±124℃（60 个锆石）；镁铁质岩石平均为 758±111℃（261 个锆石）；金伯利岩平均为 758±98℃（84 个锆石）。上述温度低于花岗岩中锆石饱和温度计的温度，也低于用约 15% 残留熔体所预测的镁铁质岩石结晶温度（称为 MEIT 计算，即镁铁质岩浆在最后阶段可以演化出 10%~15% 的含水的残留熔体，这种熔体的结晶温度比主体岩石低），一些岩浆锆石的确是从这种晚期含水熔体中形成的。表观温度低的锆石包裹在巨晶或玻璃中，因此，它们不是从这种演化的残留熔体中晶出的。用活度 $\alpha_{TiO_2}$ 或 $\alpha_{SiO_2}$ 的降低、压力变化导致偏离亨利定律，以及低于固相线时 Ti 的交换均不足以解释火成岩中显然很低的锆石结晶温度。Fu 等（2008）认为可能还有其他因素控制了锆石中 Ti 的含量。他们的分析发现，从锆石核部到边部，或者说对于锆石颗粒的环带，没有发现 Ti、U 含量以及 U-Pb 一致年龄的系统变化。在有限的区域内（如美国西海岸 Sierra Nevada 岩基），锆石的 Ti 温度计温度与岩石的 $SiO_2$ 含量呈负相关（图 3-53a），与锆石中的 $HfO_2$ 含量也呈负相关（图 3-53b）。而碎屑锆石中 Ti 含量和相关的 Ti 温度计不能独立地识别其岩浆的成分。

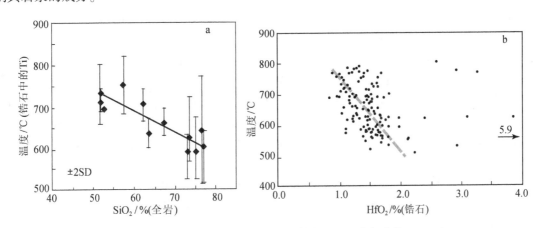

图 3-53　美国西海岸 Sierra Nevada 岩基中锆石 Ti 温度与全岩 $SiO_2$（a）
及与锆石 $HfO_2$ 含量关系（b）（Fu *et al.*，2008）

Watson 等（2006）指出，锆石 Ti 温度计的封闭温度很高，因为 $Hf^{4+}$、$Th^{4+}$、$U^{4+}$ 等四价阳离子在可能地质条件下基本是不活动的，并不太可能倒退重置。由此，如果能将变质岩的温度与其 U-Pb 年龄联系起来，就可以在 *P-T* 轨道上建立温度-时间关系。

Baldwin（2007）讨论了锆石 Ti 温度计在超高温（UHT）变质作用中的应用。他们研究了巴西一新元古代（640Ma）的麻粒岩和南非晚太古代（2690Ma）的下地壳包体。巴西的新元古代的麻粒岩变质锆石的 Ti 温度计温度为 965~811℃，而南非下地壳包体记录了两种锆石的生长，温度分别是 1024~878℃ 和 936~839℃。上述温度比由相平衡所计算的温度（>1000℃）低，但比 Fu 等（2008）用锆石 Ti 温度计所给出镁铁质-长英质火成岩温度范围<800~850℃高。这表明上述温度是真实的变质温度，没有

受到继承温度的影响。

南非下地壳包体中锆石 Ti 温度计温度表明，在前进变质、超高温变质峰期 2720～2715Ma 形成第一种类型锆石（878～1024℃），随后是在高温高压峰后冷却条件下，在 2690Ma 形成第二类锆石（839～936℃）。最大冷却速率为~7℃/Ma，而由相平衡计算的冷却速率为>10℃/Ma。在这种高温条件下，未发现 Ti 的扩散问题，这是由于在变质过程中 Ti 活动性低，或在前进变质作用过程中从锆石核到边部 Ti 相应增加。

2）锆石 Ti 和金红石 Zr 温度计的热力学模型

Ferry 和 Watson（2007）后来发现，Watson 等（2006）提出的 Ti 在锆石中和 Zr 在金红石的溶解度对温度的关系是将 $TiO_2$ 和 $ZrO_2$ 视为等化学势存在于共存相中，这种过于简化的方法导致要用图解，但不能代表在相关置换反应中所包括的所有组分的变化。这个问题可以由确定 $TiO_2$ 和 $ZrO_2$ 不是锆石中的有效组分来解决，因为在锆石固溶体中 $ZrO_2$ 和 $TiO_2$ 不是独立变化相，$ZrSiO_4$、$ZrTiO_4$ 和 $TiSiO_4$ 才是有效组分。另外，Watson 等（2006）的温度计中是假设 $ZrO_2$ 的活度由于锆石和石英的共存而受到缓冲，但这种情况并不常见。为此，Ferry 和 Watson（2007）根据锆石中独立变化的相成分提出了校正的新热力学模型，该模型认为，与锆石共存的金红石中 Zr 的含量依赖于 $SiO_2$ 的活度（$\alpha_{SiO_2}$）和温度 $T$，而锆石中 Ti 的含量不仅依赖于温度和 $\alpha_{TiO_2}$，也依赖于 $\alpha_{SiO_2}$。温度对 $\alpha_{SiO_2}$ 的依赖已由实验获得。经过修正的锆石 Ti 和金红石 Zr 温度计可以扩展到没有石英存在的体系，对于锆石温度计可以扩展到没有金红石的体系。

新的实验资料表明，金红石中 Zr 含量随 $\alpha_{SiO_2}$ 降低而增加，锆石中的 Ti 含量也随 $\alpha_{SiO_2}$ 降低而增加。当假设压力效应为恒定时，单位 $\alpha_{ZrSiO_4}$、$\alpha_{ZrO_2}$ 和 $\alpha_{ZrTiO_4}$ 与金红石中的 Zr 和锆石中的 Ti 的含量（$10^{-6}$）成比例，即

$$lgZr_{金红石} + lg\alpha_{SiO_2} = A_1 + B_1/T(K)$$

$$lgTi_{锆石} + lg\alpha_{SiO_2} - lg\alpha_{TiO_2} = A_2 + B_2/T(K)$$

式中，$A$ 和 $B$ 为常数，它们可由实验资料得出：

$$A_1 = 7.420 \pm 0.105, B_1 = -4530 \pm 111; A_2 = 5.711 \pm 0.072, B_2 = -4800 \pm 86$$

经整理后，对于锆石 Ti 温度计为（Ferry and Watson，2007）

$$lgTi_{锆石} = (5.711 \pm 0.072) - (4800 \pm 111)/T(K) - lg\alpha_{SiO_2} + lg\alpha_{TiO_2} \qquad (3-35)$$

对于金红石 Zr 温度计为（Ferry and Watson，2007）

$$lgZr_{金红石} = (7.420 \pm 0.105) - (4530 \pm 111)/T(K) - lg\alpha_{SiO_2} \qquad (3-36)$$

当岩石中存在锆石与金红石，锆石与金红石包裹体，金红石与锆石包裹体时，即锆石-金红石平衡，$\alpha_{TiO_2} \approx 1$，同时应用上述式（3-35）和式（3-36），则可消除锆石和金红石温度计对 $SiO_2$ 活度 $\alpha_{SiO_2}$ 的依赖。由式（3-35）减去式（3-36），可以得到

$$lg(Zr_{金红石}/Ti_{锆石}) = (1.709 \pm 0.127) + (270 \pm 140)/T(K) \qquad (3-37)$$

$$T(K) = (270 \pm 140)/lg(Zr_{金红石}/Ti_{锆石}) - (1.709 \pm 0.127) \qquad (3-38)$$

在式（3-37）和式（3-38）中，$Zr_{金红石}/Ti_{锆石}$ 对温度的依赖很小，因而妨碍了锆石-金红石温度计有意义的应用，锆石中 Ti 和金红石中 Zr 的测定值的误差将造成式（3-37）和式（3-38）所计算的温度 $T$ 误差>1000℃。然而，锆石-金红石平衡温度计仍然是有用的。当金红石存在时，$\alpha_{TiO_2} \approx 1$，金红石 Zr 含量与锆石 Ti 含量在平衡时是相关的，其关系可表达为

$$lgZr_{金红石} = 0.944 lgTi_{锆石} + 2.030 - 0.056 lg\alpha_{SiO_2} \qquad (3-39)$$

当 $\alpha_{SiO_2} \geqslant 0.5$ 时，式（3-39）在一致线图中构成单一线（图 3-54），该图可直接评价在压力近似为 1GPa 时锆石和金红石是否达到平衡。落在一致线外的锆石与金红石矿物对得到的锆石 Ti 和/或金红石 Zr 温度是不正确的。对于在误差范围内落在该单一线上的锆石-金红石矿物对样品，即使在 $\alpha_{SiO_2}$ 未知的情况下，温度也可以近似计算。

3）压力对锆石和金红石温度计的影响

如前所述，锆石中 Ti 温度计是基于 $Ti^{4+}$ 置换 $Si^{4+}$ 进入锆石，反应式为

TiO$_2$+ZrSiO$_4$=ZrTiO$_4$+SiO$_2$

金红石+锆石=Ti$^{4+}$-锆石+石英

该反应的体积变化 $\Delta Vr$ 反映了压力对该温度计的影响。在中到下地壳范围形成的锆石，压力<10kbar，其对温度影响很小，可以忽略。但在压力>10kbar 的榴辉岩和地幔岩石，压力对温度影响较大（Page et al.，2007），Ti 在高压下对 Si 的置换较小，随压力增加 Ti 在锆石中的溶解度降低，在750℃时压力校正为～5℃/kbar（Ferry and Watson，2007）。

对于金红石 Zr 温度计，由于是离子半径大的 Zr$^{4+}$（0.72Å）置换较小的 Ti$^{4+}$（0.6Å），所以可以预料压力的增加将导致金红石中 Zr 的降低。Tomkins 等（2007）用实验方法研究了 10kbar、20kbar 和 30kbar

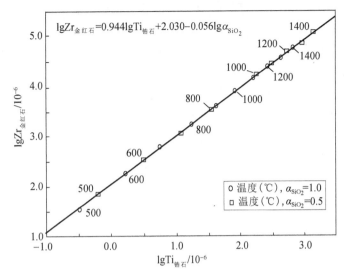

图 3-54　$\alpha_{TiO_2} \approx 1$ 和 $P \approx 1GPa$ 平衡时锆石中 Ti 与金红石中 Zr 含量与温度关系（Ferry and Watson，2007）

和一个大气压条件下 ZrO$_2$-TiO$_2$-SiO$_2$ 体系中的压力效应，该实验的端元反应 ZrSiO$_4$=SiO$_2$+ZrO$_2$（金红石中）的热力学特点由实验获得，结果表明，金红石 Zr 含量首先依赖于温度，其次是压力。

在 α 石英区，温度与压力的关系式为

$$T(℃) = \frac{83.9+0.410p}{0.1428-Rln\phi} - 273 \tag{3-40}$$

在 β 石英区，

$$T(℃) = \frac{85.7+0.473p}{0.1453-Rln\phi} - 273 \tag{3-41}$$

在柯石英区，

$$T(℃) = \frac{88.1+0.206p}{0.1412-Rln\phi} - 273 \tag{3-42}$$

式中，$\phi$ 为 Zr 的含量，10$^{-6}$；$p$ 为压力，kbar；$R$ 为气体常数，0.0083144kJ/K。

在超高压条件下，如在大别山，值得考虑的是 Ti 在锆石中的置换也会受到其他微量元素的影响，如 Hf。

由上述 ZrO$_2$ 在金红石中的溶解度实验，Tomkins 等（2007）认为，在金红石和石英均存在的前进变质作用过程中，锆石将趋向被再吸收，特别是高温时溶解度将明显增加。这将伴随在麻粒岩相高峰变质时，变质锆石不会大量形成，而是在退变质时生长。因此，对含石英的、含前进变质形成的金红石的高级变质岩中，变质锆石的同位素分析不能给出高峰变质的时间。

（3）石英与锆石的 Ti 温度计

Ti 可系统地进入石英和锆石中，形成了两个作为地壳岩石的新的地质温度计。这种温度计需要通过与石英或锆石共存的金红石进行校准，但它们很少能共同产于适于这种温度计的熔体中，因此，需要限定金红石在不含金红石的含水硅质熔体中的饱和度，以便能更好地确定 TiO$_2$ 实际活度。

Hayden 和 Watson（2007）用实验方法（压力 $P=1GPa$，温度 650～1000℃，体系成分为英安质）测定了金红石在含水硅质熔体中的溶解度。金红石在 TiO$_2$ 不饱和熔体中的溶解度提供了 TiO$_2$ 溶解度和 Ti 的扩散资料，实验结果表明，TiO$_2$ 溶解度强烈依赖于温度和熔体成分，但并不依赖总 H$_2$O 压，熔体从 H$_2$O 饱和（～12%）下降到～2% H$_2$O 时，TiO$_2$ 溶解度没有实质性变化。在一给定温度下，TiO$_2$ 含量随熔体变为更英安质而降低，其溶解度表达式为

$$lgTi(10^{-6}) = 7.95-5305/T+0.124FM \tag{3-43}$$

式中，$T$ 为绝对温度，K；FM 为熔体成分参数，$FM = 1/Si \times [Na+K+2(Ca+Mg+Fe)]/Al$；化学符号代表阳离子数。

显然，由于金红石不常产于火成岩体系中而使 Hayden 等（2007）的实验结果很少直接用作温度计，但对近年来基于 Ti 进入石英和锆石而发展的地质温度计有很重要用途。试验确定了各矿物中 Ti 的含量与绝对温度倒数间存在对数线性关系，石英和锆石中 Ti 温度计即以此实验为基础（White et al.，2003），它是在金红石存在条件下进行校正，即 $\alpha_{TiO_2} = 1$（$TiO_2$ 活度为 1）。当要准确将此温度计应用于没有金红石的体系时，应考虑 $\alpha_{TiO_2} < 1$（经验值为 0.58~0.60），这需要用 Hayden 等（2007）的实验资料，适合没有金红石的体系中石英的 Ti 温度计表达式为

$$T(℃) = [-3765/lg(X_{Ti}^{Q}/\alpha_{TiO_2}) - 5.69] - 273 \tag{3-44}$$

式中，$X_{Ti}^{Q}$ 为石英中 Ti 含量，$10^{-6}$。

适合没有金红石的体系中锆石的 Ti 温度计表达式为

$$T(℃) = [-4800/(lgX_{Ti}^{Zr} + lg\alpha_{SiO_2} - lg\alpha_{TiO_2}) - 5.711] - 273 \tag{3-45}$$

$TiO_2$ 活度 $\alpha_{TiO_2}$ 经验值一般为 0.58~0.60，当有其他含 Ti 矿物如榍石或钛铁矿存在时，表明 $TiO_2$ 活度 $\alpha_{TiO_2}$ 是相当高的，如果假定 $\alpha_{TiO_2} = 1$，对于不含金红石的地壳岩石或碎屑锆石所计算温度误差比实际 $\alpha_{TiO_2} = 0.5$ 低约 70℃。

准确的金红石溶解度模型不仅可以使对特殊体系的 $\alpha_{TiO_2}$ 计算更准确，而且当用于更大成分范围的岩石时，可确定现今存在的多数火成岩和变质岩 $\alpha_{TiO_2}$ 一般 $\geq 0.5$（表 3-17）。

**表 3-17　一些岩石中 TiO₂ 的活度**（Wark and Watson, 2006；Hayden and Watson, 2007；Wark et al., 2007）

| 样品 | TiO₂ 玻璃/10⁻⁶ | FM | $T$ 温度范围/℃ | TiO₂ 活度 $\alpha_{TiO_2}$ |
|---|---|---|---|---|
| Taylor Creek 流纹岩 | 1103 | 1.45 | 775~840 | 0.66±0.28 |
| Taupo 熔结凝灰岩 | 3000 | 2.01 | 810~860 | 1.16±0.34 |
| Alid 近地表火成岩 | 1200 | 1.91 | 840~900 | 0.34±0.11 |
| 黄石熔体包裹体 | 1567 | 1.64 | 800~900 | 0.58±0.38 |
| Bishop 凝灰岩 流纹岩 | 425 | 1.5 | 730 | 0.60 |
| Bishop 凝灰岩 流纹岩 | 900 | 1.5 | 800 | 0.58 |
| Lund | 890 | 1.4 | 754~814 | 0.70±0.28 |
| Fraction | 497 | 1.4 | 734~786 | 0.51±0.18 |
| Toiyabe | 656 | 1.4 | 754~762 | 0.69±0.03 |
| Hika | 844 | 1.6 | 748~763 | 0.86±0.08 |
| Fish Canyon | 802 | 1.5 | 746~772 | 0.81±0.13 |
| Vista 熔岩 | 648 | 1.5 | 739~783 | 0.64±0.19 |

### 2. 石榴子石与相关矿物温度计

（1）石榴子石 Ni 温度计

Ni 在石榴子石（Gt）和橄榄石（Ol）间的分配系数 $D^{Gt/Ol}$ 强烈依赖于温度。Canil（1994）、Ryan（1996）分别用经验法给出了 $D^{Gt/Ol}$ 与 $1/T$ 的关系，但这两种方法之间在 1400℃ 以上和 900℃ 以下时差别较大：

$$T(K) = -10210(\pm114)[lnD^{Gt/Ol} - 3.59(\pm67)] \tag{3-46}$$

Canil（1999）用返转实验方法（1200℃，3GPa；1300℃，3.5~7GPa；1500℃，5GPa）测定了 Ni 在石榴子石和橄榄石间的分配系数 $D^{Gt/Ol}$，并检查了实验法与经验法之间所得结果差别的原因。经验法

所依据的是不同压力条件下形成的天然样品，由于分配系数与压力有关，应该进行压力校正。该实验获得了新的 Ni 在石榴子石和橄榄石间的分配系数 $D^{Gt/Ol}$ 与温度的关系式：

$$T(K) = 8772/(2.53 - \ln D^{Gt/Ol}) \tag{3-47}$$

式中，$D^{Gt/Ol}$ 为 Ni 在石榴子石和橄榄石中的含量（$10^{-6}$）的比值，实验表明，当 Ni 在石榴子石的含量达 $3000 \times 10^{-6}$ 时仍服从亨利定律。Canil（1994）认为石榴子石 Ni 温度计比尖晶石中 Zn 温度计更准确。与此相关，根据石榴子石 Ni 经验温度计所给出的镁铝榴石 Cr 压力计需做重大修正。

（2）石榴子石-磷钇矿经验温度计

Pyle 和 Spear（2000）给出了石榴子石（钇铝榴石 YAG）-磷钇矿经验温度计，该温度计是在对变质岩中石榴子石、磷钇矿的微量和稀土元素定量分析基础上得出的。应用石榴子石-黑云母 FeMg 地质温度计和石榴子石-铝硅酸盐-斜长石-石英地质温度计计算了变质泥岩形成的温度和压力，发现在含磷钇矿的变质泥岩中石榴子石的 Y 含量与其形成的温度的倒数明显相关，在 150℃ 变化范围内，石榴子石的 Y 含量变化达两个数量级，关系式为

$$Y_{Gt} = 1603(\pm 182)/T - 13.25(\pm 1.12) \tag{3-48}$$

其相关系数 $R^2 = 0.97$，上式整理后为

$$\left. \begin{array}{l} T(K) = 1603(\pm 182)/(Y_{Gt} + 13.25) \\ T(℃) = 1603(\pm 182)/(Y_{Gt} + 13.25) - 273 \end{array} \right\} \tag{3-49}$$

式中，$Y_{Gt}$ 为石榴子石中 Y 的含量，$10^{-6}$。

（3）独居石-石榴子石温度计

独居石$(Ce,La,Th)PO_4$ 在研究火成岩和变质岩成岩作用中起着重要作用。独居石最重要的是用于测定成岩系列中的特殊事件，一般情况下，岩石中大部分稀土元素集中在独居石中，独居石对熔体成分的演化有重要影响，它所含的 Pb 几乎都是放射成因的，因此可用独居石进行定年（Suzuki and Adachi，1991）。Pyle 等（2001）研究了采自不同变质程度的变质岩样品，用电子探针定量分析了其中的石榴子石、独居石、磷灰石的稀土和微量元素含量。对硅酸盐矿物，如黑云母、白云母、十字石、夕线石、斜长石等用 LA-ICP-MS 分析，确定石榴子石-磷钇矿-独居石之间已达平衡，在此基础上计算了 $YPO_4$、$GdPO_4$ 和 $DyPO_4$ 在独居石和磷钇矿之间的分配。与磷钇矿平衡生长的独居石比没有磷钇矿的富集 Y、Dy。与磷钇矿共存的独居石中 Y 和重稀土含量随温度升高而增加。Y-Gd、Y-Dy 在独居石和磷钇矿之间的分配随变质程度呈系统变化，变质级别增加，分配系数增加。这表明独居石和磷钇矿矿物对近于平衡。而独居石和石榴子石矿物对在含磷钇矿和不含磷钇矿的集合体中均显示出在温度倒数和平衡常数（$\ln K$）之间强烈的正相关（$R^2 = 0.94$），其平衡反应式为

$$YAG + OH_{Ap} + (25/4)Qtz \Longrightarrow (5/4)Grs + (5/4)An + 3YPO_4 - Mnz + 1/2H_2O$$

式中，YAG 为钇铝榴石；Ap 为磷灰石；An 为斜长石；Qtz 为石英；Grs 为石榴子石；Mnz 为独居石；$YPO_4$ 为磷钇矿。

上述平衡反应可得出

$$T(℃) = [-1.45P(bar) + 447772(\pm 32052)]/[567(\pm 40) - R\ln K] - 273.15 \tag{3-50}$$

式中，$R = 8.314 J/(mol \cdot K)$。

上式温度误差为 $\pm 30℃$。Pyle 等（2001）在其论文中给出了钇铝榴石-独居石温度计回归计算时采用的参数（表略）。

独居石中的成分分带记录了岩石中多次反应事件，它不是一个惰性的时间标志，而是参与主要矿物和副矿物都被卷入的反应中。

**3. 榍石 Zr 温度压力计**

榍石中 Zr 含量变化对温度压力灵敏，可作为温压计，详见地质压力计。

## （四）矿石矿物微量元素地质温度计

Se 在方铅矿和闪锌矿间分配，关系式为

$$\ln K = 2857.1/T - 1.26 \tag{3-51}$$

一些分散元素在硫化物中分配与温度的关系式列于表 3-18 中。

**表 3-18　分散元素在硫化物中分配与温度的关系**

| 编号 | 分配系数 | 地质温度计（绝对温度） | | 温度范围 /℃ |
|---|---|---|---|---|
| | | 按摩尔分数 | 按 wt% | |
| 1 | $K_{CdS}^{Sp\text{-}gn} = \dfrac{CdS_{Sp}}{CdS_{gn}}$ | $\lg K = \dfrac{2080}{T} - 1.47$ | $\lg K = \dfrac{2080}{T} - 1.08$ | 600~890 |
| 2 | $K_{CdS}^{Wz\text{-}gn} = \dfrac{CdS_{Wz}}{CdS_{gn}}$ | $\lg K = \dfrac{2580}{T} - 1.83$ | $\lg K = \dfrac{2080}{T} - 1.54$ | 600~890 |
| 3 | $K_{MnS}^{Sp\text{-}gn} = \dfrac{MnS_{Sp}}{MnS_{gn}}$ | $\lg K = \dfrac{1410}{T} - 0.40$ | $\lg K = \dfrac{1410}{T} - 0.01$ | 600~850 |
| 4 | $K_{MnS}^{Wz\text{-}gn} = \dfrac{MnS_{Wz}}{MnS_{gn}}$ | $\lg K = \dfrac{1890}{T} - 0.74$ | $\lg K = \dfrac{1890}{T} - 0.35$ | 660~850 |
| 5 | $K_{Se}^{Sn\text{-}Sp} = \dfrac{PbSe_{gn}ZnS_{Sp}}{PbS_{gn}ZnSe_{Sp}}$ | $\lg K = \dfrac{2850}{T} - 1.24$ | $\lg K = \dfrac{2850}{T} - 1.33$ | 600~890 |
| 6 | $K_{Se}^{gn\text{-}ccp} = \dfrac{PbSe_{gn}}{Cu_{0.526}Fe_{0.526}Se_{ccp}}$ | $\lg K = \dfrac{3410}{T} - 2.85$ | $\lg K = \dfrac{3410}{T} - 3.10$ | 300~595 |
| 7 | $K = \dfrac{Co_{po}\%}{Co_{py}\%} \times 0.75$ | | $T = \dfrac{1859}{\lg K + 3.544}$ | 600~300 |
| 8 | $K = \dfrac{Ni_{po}\%}{Ni_{py}\%} \times 0.75$ | | $T = \dfrac{2808}{\lg K + 3.69}$ | 500~300 |
| 9 | $K = \dfrac{Co_{cp}\%}{Co_{py}\%} \times 1.53$ | | $T = \dfrac{774}{\lg K + 1.844}$ | 500~300 |
| 10 | $K = \dfrac{CdS_{sp}}{CdS_{gn}}$ | | $T = \dfrac{1663}{\lg K + 0.702}$ | 890~350 |
| 11 | $K = \dfrac{MnS_{sp}}{MnS_{gn}}$ | $T = \dfrac{1663}{\lg K + 1.092}$ | $T = \dfrac{1299}{\lg K + 0.099}$ | 890~350 |
| 12 | $K = \dfrac{Co_{po}\%}{Co_{cp}\%} \times 0.48$ | $T = \dfrac{1299}{\lg K + 0.921}$ | $T = \dfrac{1087}{\lg K + 1.704}$ | 600~300 |

Sp. ZnS；gn. PbS；Wz. 纤锌矿；Cp. CuFeS；Po. FeS；Py. FeS$_2$；ccp. CuFes$_2$；1~6 据 Bethke *et al.*，1971；7~11 据 Бадашов идруг，1972）

## （五）用于俯冲带板片表面温度计算的微量元素温度计

俯冲板片的热结构决定了其释放到地幔楔的流体的通量和成分，热的板片可以有效地脱水，进而俯冲产生的挥发分可通过弧岩浆作用回到地表。同时，冷的板片可阻止脱水反应，使挥发分保留到较大深度，并使地幔水化。因此，板片温度影响弧岩浆的地球化学特点。如何准确计算俯冲板片表面温度成为近些年来俯冲带地球化学研究的热点，发展了多种微量元素地质温度计和数字模拟模型（Peacock *et al.*，1994；Hermann and Spandler，2008；Klemm *et al.*，2008；Plank *et al.*，2009；Cooper *et al.*，2012）。

### 1. H₂O/Ce 温度计

传统的推测俯冲板片脱水反应的温度集中在对弧岩浆中一套微量元素的组成或比值讨论，如微量元素的原始地幔标准化蛛网图或一些元素对比值。Michael（1995）发现现代大洋中脊玄武岩 MORB 的 $H_2O/Ce$ 值呈有规律变化，同一区域内 N-MORB 和 E-MORB 的 $H_2O/Ce$ 值比较均一，不同区域内的这两类玄武岩差异较大，例如，美洲-南极洲洋脊（AAR）、西南印度洋洋脊（SWIR）、太平洋-纳兹卡洋脊（PNR）、东太平洋洋脊（EPR）、开曼中部隆起扩张中心的开拓者洋脊（MCR）以及加拉帕戈斯扩张中心（GSC）的 N-MORB 和 E-MORB 的 $H_2O/Ce$ 值范围为 155～213（对于每一区域±40），而 22°N 大西洋中脊（NMAR）N-MORB 和 E-MORB 为 240～280（对于每一区域±50）。上述特点表明，不同构造环境中的玄武岩 $H_2O/Ce$ 值变化小，为 200±100（Michael，1995；Dixon et al.，2002）。在地幔熔融过程中，由于 $H_2O$ 和 Ce 在无水橄榄岩中的分配系数相似，它们的比值分异较小。$H_2O/Ce$ 值与温度呈负相关关系，这是基于两个独立的温度计（Cooper et al.，2012）：其一是流体中 $H_2O$ 的浓度是温度的函数，在低温（<700℃）的含水流体中，90% 的 $H_2O$ 在含水硅酸盐熔体中，在高温超临界流体中，$H_2O$ 含量<20%；其二是稀土矿物独居石和褐帘石在板片流体中的溶解度是温度的函数，温度对轻稀土元素 LREE 含量的控制从～600℃到1000℃，溶解度增加几个数量级，伴随水含量的增加浓度降低近90%，这表明 $H_2O$ 和 LREE 比值对于温度变化具有非常高的灵敏度。相关实验表明（Hermann and Rubatto，2009），低温（～600℃，近于纯水）$H_2O/Ce$ 值数量级为 $10^6$，高温时（700～900℃，有水存在的熔融区）降低到 $10^3～10^4$ 数量级。据此，Plank 等（2009）提出一个确定板片流体的新温度计，即 $H_2O$ 与 LREE 中的 Ce 比值 $H_2O/Ce$，选择 Ce 是由于 Ce 是 LREE 的代表性元素，并广泛用于多种比值中，Ce 有 $Ce^{3+}$ 和 $Ce^{4+}$，在地幔熔融过程中它们的分配系数虽然不完全与 $H_2O$ 相同，但氧化作用对 Ce 含量影响不大。在 4±0.5GPa（$H_2O$ 饱和沉积物固相线）以上的温度关系式为

$$\ln(H_2O/Ce) = 16.81 - 0.0109T_{4GPa} \tag{3-52}$$

式中，$T_{4GPa}$ 是指在压力为 4GPa 时的温度，℃。

图 3-55 是根据实验资料绘制的板片流体的 $H_2O/Ce$ 及 $K_2O/H_2O$ 值与温度关系，图中 $H_2O/Ce$ 值为来自实验合成的高压流体与熔体，$T_{sol}$ 为 $H_2O$ 饱和沉积物固相线以上的温度，图中黑色直线由 Hermann 和 Rubatto（2009）实验资料拟合，相关压力为 3.5～4.5GPa。

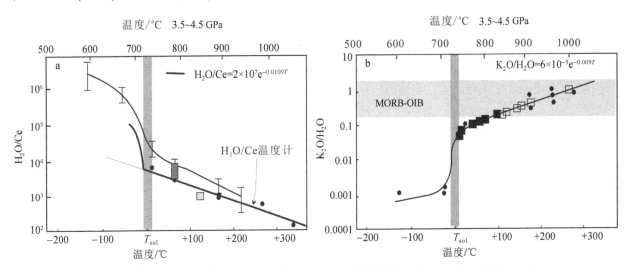

图 3-55　板片流体的 $H_2O/Ce$ 值和 $K_2O/H_2O$ 值温度计（Plank et al.，2009）

横坐标为 3.5～4.5GPa 压力下相对于水饱和沉积物固相线温度 $T_{sol}$ 的温度差。

a 中纵坐标为实验合成高压流体和熔体的 $H_2O/Ce$ 值；带误差的细线为实验资料拟合线，粗线为沉积物熔融实验给出的拟合线温度计。b 中黑圆点为多硅白云母在 3.5～4.5GPa 液相线；黑白方块分别为汤加和墨西哥熔融包裹体 $H_2O/Ce$ 值计算的最佳温度

表 3-19　弧喷发岩和板片流体成分与温度（据 Cooper et al., 2012 年资料整理）

| 弧 | | 弧喷发岩 | | | | | | | | | 板片流体 | | | | 地球物理热模型 | | |
|---|---|---|---|---|---|---|---|---|---|---|---|---|---|---|---|---|---|
| | | $H_2O$/% | $K_2O$/% | Ce/$10^{-6}$ | Nb/$10^{-6}$ | Nb/Ce/($10^{-6}/10^{-6}$) | $H_2O$/Ce/($10^{-6}/10^{-6}$) | T/°C($H_2O$) | $K_2O/H_2O$/[%/%] | T/°C①($K_2O/H_2O$) | $H_2O$/Ce H-DMM② | $H_2O$/Ce E-MORB② | T/°C②($H_2O$/Ce) | T/°C③校正 | T/°C D80④ | h/km | Φ/(km/$10^2$) |
| 汤加 | 范围 | 2.43~4.66 | 0.17~0.71 | 2.24~8.21 | 0.100~0.876 | 0.039~0.121 | 4409~20804 | 730~772 | 0.04~0.20 | 730~825 | 4824~21400 | | 730~764 | | | | |
| | 平均 | 3.52 | 0.30 | 5.16 | 0.354 | 0.064 | 8272 | 744 | 0.09 | 752 | 9539 | | 735 | 733 | 733 | 123 | 143.2 |
| 马里亚纳 | 范围 | 3.45~6.14 | 0.25~0.50 | 6.95~17.5 | 0.52~1.65 | 0.068~0.113 | 3805~6460 | 737~814 | 0.05~0.14 | 730~795 | 3564~8135 | | 730~789 | | | | |
| | 平均 | 4.87 | 0.39 | 12.8 | 1.08 | 0.083 | 4139 | 783 | 0.09 | 747 | 5690 | | 760 | 873 | 827 | 169 | 63.5 |
| 勘察加 | 范围 | 2.91~7.09 | 0.16~0.77 | 6.41~17.8 | 0.515~2.34 | 0.080~0.116 | 1764~5538 | 752~857 | 0.05~0.23 | 730~841 | | 2035~5994 | 744~843 | | | | |
| | 平均 | 4.11 | 0.56 | 14.1 | 1.48 | 0.100 | 3282 | 810 | 0.15 | 793 | | 3642 | 799 | 767 | 749 | 111 | 54.1 |
| 阿留申 | 范围 | 2.37~6.70 | 0.27~2.43 | 7.76~31.8 | 0.829~6.17 | 0.068~0.194 | 745~4420 | 772~936 | 0.07~0.69 | 733~954 | | 979~5052 | 773~911 | | | | |
| | 平均 | 3.78 | 0.89 | 19.5 | 2.69 | 0.128 | 2317 | 845 | 0.27 | 829 | | 2671 | 830 | 783 | 764 | 105 | 25.4 |
| 卡斯卡迪亚 | 范围 | 1.81~3.59 | 0.29~0.96 | 20.2~46.5 | 1.40~14.0 | 0.054~0.307 | 551~1777 | 856~963 | 0.09~0.38 | 741~892 | | 658~2489 | 825~947 | | | | |
| | 平均 | 2.68 | 0.67 | 30.6 | 6.19 | 0.192 | 988 | 919 | 0.27 | 848 | | 1309 | 894 | 809 | 888 | 90 | 1 |
| 墨西哥 | 范围 | 2.90~5.20 | 0.59~1.72 | 15.7~113 | 2~16 | 0.018~0.378 | 460~3631 | 790~980 | 0.11~0.42 | 764~903 | | 449~4502 | 771~938 | | | | |
| | 平均 | 4.04 | 0.92 | 40.5 | 5.91 | 0.184 | 1529 | 891 | 0.24 | 837 | | 2152 | 862 | 752 | 780 | 80 | 4 |
| 危地马拉 | 范围 | 2.69~3.76 | 0.95~1.37 | 18.3~29.5 | 3.24~5.02 | 0.165~0.177 | 1.051~1.485 | 872~904 | 0.28~0.44 | 861~909 | | 1340~2021 | 844~882 | | | | |
| | 平均 | 3.25 | 1.18 | 23.7 | 4.03 | 0.170 | 1.393 | 879 | 0.37 | 888 | | 1798 | 856 | 901 | 885 | 142 | 9.7 |
| 尼加拉瓜 | 范围 | 1.86~5.08 | 0.10~0.59 | 6.88~9.94 | 1.88~2.57 | 0.189~0.311 | 2703~5855 | 746~817 | 0.05~0.14 | 730~793 | | 5508~11487 | 730~752 | | | | |
| | 平均 | 3.69 | 0.33 | 8.50 | 2.20 | 0.265 | 4237 | 781 | 0.09 | 751 | | 7590 | 743 | 856 | 878 | 169 | 11 |
| 哥斯达黎加 | 范围 | 3.18~3.91 | 0.48~2.03 | 18.3~96.2 | 3.03~23.0 | 0.166~0.239 | 331~2137 | 839~1010 | 0.12~0.64 | 778~946 | | 413~3764 | 815~990 | 723~897 | | | |
| | 平均 | 3.55 | 1.26 | 57.3 | 13.0 | 0.202 | 1234 | 925 | 0.38 | 862 | | 1589 | 902 | 810 | 695 | 87 | 10.1 |
| 小安的列斯 | | 4.88 | 0.27 | 8.86 | 2.89 | 0.326 | 5508 | 752 | 0.06 | 730 | | 12205 | 730 | 773 | 838 | 141 | 10.4 |

注：①$K_2O/H_2O$ 温度为在 4GPa，用公式 $K_2O/H_2O=6\times10^{-5}e^{0.0098T}$ 计算（Hermann and Spandler, 2008）。

②地幔校正的流体 $H_2O$/Ce 成分，是由弧所在的地幔源区校正到 Nb/Ce 为 0.04（Nb/Ce=0.533）；H-DMM. 高度亏损地幔（Nb/Ce=0.205）。

③将 $H_2O$/Ce 温度计温度到调整到板下板片表面的深度 h [用式（3-53）]。

④用 Syracase 等（2010）的模型计算的弧下板片表面温度，假定板片和地幔黏合深度为 80km。

表 3-19 列出了在全球范围选择汤加等 10 个俯冲带的弧喷发岩的 $H_2O/Ce$ 值，以及用式（3-52）计算的俯冲板片的表面温度（Cooper et al.，2012）。表中 $H_2O$ 含量由喷发岩中熔融包体用离子探针或红外光谱仪测定，Ce 和其他元素含量来自喷发岩全岩或熔融包体。由于熔体去气、晶体扩散、交换、地壳混染、$CO_2$ 气体稀释等，都可导致 $H_2O$ 含量和 $H_2O/Ce$ 值降低，因此，上述温度计应是板片表面的最大计算温度。为尽可能获得熔体原始 $H_2O$ 含量，选择混染程度最低、最原始和未脱气的岩石——玄武岩和玄武安山岩，包体的选择是圈闭在高 Fo 值（≥89）的橄榄石中的熔体包体。微量元素应是地幔的原始比值，并假设未受地壳过程的影响。由于全岩微量元素的分析质量一般比熔体包体高，表中给出的是最小去气的熔体包体寄主岩全岩 Ce 含量。全岩与熔体包体之间 Ce 含量差异一般为 5%~20%，由于 $H_2O/Ce$ 值温度计是用对数计算，该差异对温度计算影响较小。

由于弧喷发岩的 $H_2O/Ce$ 值会受弧下地幔影响，弧下地幔微量元素成分可从高度亏损变化到高度富集。在俯冲带，$H_2O$ 和 Ce 都可从俯冲板片加入到弧下地幔中，因此，需选择一种在流体中含量最低的元素 Nb 评价混合过程。Cooper 等（2012）用 $H_2O$/Ce 对 Nb/Ce 作图（图 3-56），该图解由于分母相同，均为 Ce，因此投影为直线。图 3-56 是拓扑学结果，可以看出，对于给定的弧岩浆成分，一高度亏损的、Nb/Ce 值很低的地幔源（H-DMM），将导致板片流体投影在比富集地幔（高 Nb/Ce 值，E-MORB）具有高 $H_2O/Ce$ 值线（图 3-56 中实线）。而在给定地幔成分和弧的 $H_2O/Ce$ 值时，具有高 Nb/Ce 值的弧将投影在比低 Nb/Ce 弧高 $H_2O/Ce$ 值线（图 3-56 中发自 N-MORB 的实线和长虚线）。在给定地幔源成分和弧的 Nb/Ce 值时，具有高 $H_2O/Ce$ 值的喷发岩的板片流体将投影在高 $H_2O/Ce$ 值线（图 3-56 中发自 N-MORB 的实线和短虚线）。根据上述拓扑学结果进行的地幔成分对 $H_2O/Ce$ 温度计校正也列于表中，可以看出，地幔成分对板片流体温度的校正很小，平均为 20℃左右。

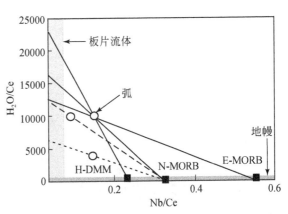

图 3-56　$H_2O/Ce$ 对 Nb/Ce 的拓扑图解
（Cooper et al.，2012）

由于 $H_2O/Ce$ 值温度计是以 4GPa 为标准，因此在其他压力条件下（即到弧下板片表面的深度）的校正是根据熔体中 $H_2O$ 与压力关系的实验曲线（Hermann and Rubatto，2009）：

$$T_d = T_{4GPa} + 2.5(d-124) \tag{3-53}$$

式中，$d$ 为深度，km；124 为与 4GPa 相当的深度（假设地幔密度为 $3.3g/cm^3$）；2.5 为 $H_2O$ 等值线的斜率（2.5℃/km，或 ~80℃/GPa）。

由表 3-19 可见，在所选择的 10 个俯冲带中，$H_2O/Ce$ 值最高值（4000~8000）是在汤加、小安的列斯、尼加拉瓜和马里亚纳，中等值（2000~3000）是在堪察加和阿留申，最低值（1000~1500）是在墨西哥、危地马拉、哥斯达黎加和卡斯卡迪亚。上述俯冲带弧下板片表面温度（sub-arc slab surface temperature，SASST，4GPa）范围为 730~990℃，这些数据与下述 $K_2O/H_2O$ 温度计计算值一致。

$H_2O/Ce$ 值温度计的基本前提是板片流体是饱和褐帘石和独居石的，在 ~900℃ 时，沉积物 40% 的部分熔融是饱和褐帘石和独居石的（Plank，2009）。然而，新的实验表明（Tropper et al.，2011），流体成分对独居石的控制不依赖温度，而与流体中的 NaCl 有关，富 Ce 的独居石在流体中 NaCl 含量 $X_{NaCl}$ 为 0.1~0.5 时，当温度为常数时可使 $H_2O/Ce$ 值降低 90%，然而，这种中等盐度对变质作用是不普遍的（Cooper et al.，2012）。

### 2. $K_2O/H_2O$ 温度计

许多研究表明（Condie，1973；Dickinson，1975；Whitford et al.，1979；Fujitani and Masuda，1981），弧熔岩的 $K_2O$ 含量与弧下俯冲带深度有关，即 K-h 或钾-深度关系（见第四章第一节）。

Hermann 和 Spandler（2008）用实验研究了俯冲沉积物熔体的 $K_2O$ 和 $H_2O$ 含量与俯冲板片温度与压力的关系。实验的初始物为泥质岩，成分与全球俯冲沉积物（GLOSS）平均成分相当，实验压力 2.5~4.5GPa，温度 600~1050℃。在流体存在下，实验产物为石榴子石-多硅白云母-单斜辉石-柯石英-蓝晶石。实验产生的熔体的 $H_2O$ 含量随温度升高而降低，熔体的 $K_2O$ 含量被多硅白云母缓冲，随温度增加 $K_2O$ 含量从 2.5% 增加到 10%，$Na_2O$ 含量则从 7% 降低到 2.3%，随温度增加，熔体成分从奥长花岗岩变化到花岗岩。由此可见，$K_2O/H_2O$ 值是温度和流体相性质的函数，在含水流体中，该比值为 0.0004~0.002，随后在含水熔体中，该比值逐渐从 750~800℃时的 0.1 增加到 1000℃时的 1 左右。这表明含水熔体可以有效地从俯冲沉积物中提取 K 和其他大离子亲石元素。由于与俯冲有关的岩浆的 $K_2O/H_2O$ 典型比值为 ~（0.1~0.4），因此，含水的熔体（不是含水流体）才是俯冲带大离子亲石元素的搬运剂。根据实验资料，在弧下深度的板片顶部温度范围为 700~900℃。Plank（2009）将上述实验的 $K_2O/H_2O$ 值与温度关系参数化（图 3-55b 中的范围），温度计表达式为

$$K_2O/H_2O = 6 \times 10^{-5} e^{-0.0098T}$$
（3-54）

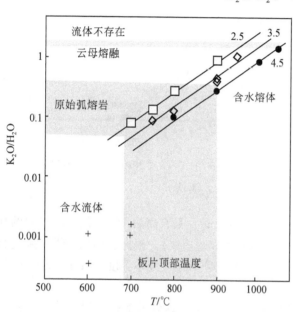

图 3-57　不同压力条件下含水流体、含水熔体中 $K_2O/H_2O$ 值与温度关系（Hermann and Spandler, 2008）

表 3-19 中列出了用 $K_2O/H_2O$ 值温度计计算的不同俯冲带板片流体的温度，图 3-57 是实验给出的不同压力条件下 $K_2O/H_2O$ 值与温度关系。

$K_2O/H_2O$ 值温度计不仅给出了俯冲板片产生的流体的温度，它还是识别俯冲带板片流体的指标，它包括三种情况：一是含水流体，$K_2O/H_2O$ 值很低（≪0.002），元素被富水流体搬运；二是含水的熔体，$K_2O/H_2O$ 值增加到 0.1~1，元素被含水熔体搬运；三是流体不存在时的熔融，此时是在弧下深度多硅白云母在高温下熔融，$K_2O/H_2O$ 值与多硅白云母（$K_2O$ 10.5%，$H_2O$ 4.5%）相当，为 1~2，元素被熔体搬运。由于在弧下深度的温度、压力范围（950℃，3.5GPa；1000℃，4.5GPa）下多硅白云母是稳定的，因此，在流体不存在时多硅白云母不发生分解，也不会释放出 K。另外，推测亏损地幔的 $K_2O$ 含量为 0.007%，$H_2O$ 为 0.01%，因此，对弧岩浆的 $K_2O/H_2O$ 值影响很小，可以认为原始弧岩浆的 $K_2O/H_2O$ 值主要来自俯冲板片的贡献（Hermann and Spandler, 2008）。在将含水实验结果与原始弧玄武岩的 $K_2O/H_2O$ 值对比后认为，从俯冲板片到地幔楔的元素循环的重要过程是在流体存在条件下沉积物的熔融，板片顶部的温度应在 700~900℃（Hermann and Spandler, 2008）。

### 3. LREE/Ti 温度计

在上述 $H_2O/Ce$ 温度计中，元素 Ce 涉及富集轻稀土元素 LREE 的副矿物褐帘石及独居石，为探讨微量元素在俯冲带水饱和条件下 MORB 熔融过程中的分配与副矿物相平衡关系，Klemm 等（2008）进行了实验研究，实验压力为 2.5GPa，温度 750~900℃，氧逸度 $f_{O_2}$ = NNO。实验结果表明，褐帘石与角闪石在 800℃ 以下存在；石榴子石、绿辉石质单斜辉石和金红石在所有条件下均存在；在 750℃ 以上褐帘石以残留相存在。与许多实验结果一致的是，残留相矿物对俯冲玄武岩释放的流体中的微量元素起控制作用，如石榴子石控制重稀土 HREE，金红石控制 Ti、Nb、Ta，褐帘石可缓冲 LREE 并控制 Th。可见，褐帘石在俯冲过程中对选择性地保存于板片中的微量元素起着关键作用。Klemm 等（2008）结合火山岩中褐帘石的微量元素分析及已发表的实验资料，提出了褐帘石在硅酸盐熔体中溶解度模型，其溶解度是压力、温度、无水流体成分和 LREE 中 La、Sm 含量的函数，尤其是 LREE/Ti 值强烈依赖于温度

（图 3-58），由此可提供一个限制板片温度的手段——LREE/Ti 温度计。这是因为被缓冲的微量元素浓度比值变化对温度很敏感，LREE 被褐帘石缓冲，Ti 被金红石缓冲。

### （六）古海洋温度计-珊瑚的 Sr-U 体系

环境科学最早引人注意的微量元素地球化学问题是饮水、食物、空气和土壤中微量元素含量和分布。某些微量元素含量的过剩或亏损常常引发一些特殊的疾病，这在 20 世纪 70 年代曾极具轰动效应。90 年代以来，"过去全球变化"或古环境研究成为全球变化研究中的一个重要内容，如通过对深海沉积和陆地上诸如黄土、古土壤、冰芯、湖泊沉积、树木年轮、珊瑚、岩溶产物等所记录的气候与环境变化信息的高分辨率研究，重建不同时间尺度的全球变化历史，以期预测未来。

边缘海沉积物及珊瑚等的微量元素和同位素地球化学特征具有典型的"气候效应"，尤其是对晚第四纪冰期与间冰期地球化学变异规律的研究，为探讨全球变化

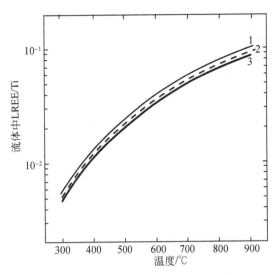

图 3-58 流体中 LREE/Ti 值与温度的关系
（Klemm et al., 2008）
实验条件：压力 3GPa，流体中褐帘石和金红石饱和。
1. 据 Klemm et al., 2008；2. Johnson and Plank, 1999；3. Kessel et al., 2005

提供了重要依据。珊瑚具有与树木类似的年轮，其定年可以很准确，分辨率可达到一周或数天。珊瑚中微量元素是珊瑚形成（钙化）过程中直接从海水进入珊瑚骨骼中，其含量由微量元素在海水和珊瑚（文石）之间的分配系数以及海水中这些元素的浓度所决定，而微量元素的分配系数主要受温度控制，因此，珊瑚中微量元素成为灵敏的温度计。Sr/Ca 值温度计超过同位素方法，Sr/Ca、Ba/Ca、Cd/Ca、Pb/Ca、Mn/Ca 等比值是海洋气候环境变化的灵敏指标，可显示盐度、水均衡、径流、人为输入、营养循环等特征。有孔虫壳体的 Cd/Ca 值和硅藻壳体中的 Ba/Si 值可以反映古生产力。如青海湖近代沉积物岩心中介形虫壳体的 Mg/Ca、Sr/Ca 值反映了湖区 1.2 万年以来气候的变化。

建立高分辨率海洋表面温度（sea surface temperature，即 SST）记录的研究需要大量高精度的元素含量分析。珊瑚 Sr/Ca 温度计主要建立在 ICP-MS 分析方法的基础上，而低含量的 U、Ba 则必须应用同位素稀释（ID）与 ICP-MS 技术相结合。

对新喀里多尼亚（New Caledonia）和塔希提岛（Tahiti）的珊瑚获得的 U/Ca 温度计分别为（Min et al., 1995）

$$t(\text{℃}) = 48.8 - 21.5 \times 10^6 (\text{U/Ca}) \quad 和 \quad t(\text{℃}) = 49.2 - 23.3 \times 10^6 (\text{U/Ca}) \tag{3-55}$$

式中，U/Ca 为原子比。

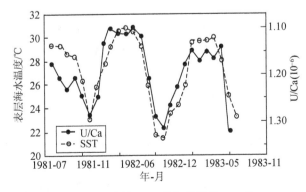

图 3-59 珊瑚 U/Ca 值与月平均 SST 的
对应关系（韦刚健等，1998a）

用 ID-ICP-MS 技术测定了南海北部 28 个滨海珊瑚样品中的微量 U，建立了南海北部近岸海域的珊瑚 U/Ca 温度计，海洋表面平均温度 $t$ 的关系式为：$t$（℃）= [（75.4±3.0）-（41.1±1.37）]× $10^6 R_{\text{U/Ca}}$（韦刚健等，1998a）。式中 $R_{\text{U/Ca}}$ 为珊瑚中 U/Ca 原子比。以此关系式获得了南海北部的海洋表面平均温度变化（图 3-59），该温度计精度为 ±0.5℃。U/Ca 温度计优点是灵敏度高，相对变化率为（-2%～-4%）/℃。

与此类似的还有 Sr/Ca 和 Mg/Ca 温度计。Sr/Ca 值随温度变化很小，相对变化率为 -0.75%/℃，

因此需要用高精度分析法 ID-ICP-MS。珊瑚 Mg 含量较高（~1000×10⁻⁶），可用 ICP-MS 精确测定。韦刚健等（1998a，1998b）测定了南海北部滨海珊瑚的高分辨 Mg/Ca 温度计：

$$Mg/Ca = (10.25 \pm 0.40) \times 10^{-5} t(℃) + (0.002001 \pm 0.000100) \tag{3-56}$$

该温度计精度为 ±0.4~±0.5℃，适用范围 20~32℃。

此外，根据底栖的有孔虫的 Mg/Ca 值可确定深部海水的温度，Lear 等（2002）根据对混合的拟面包虫属 *Cibicidides* 的 Mg/Ca 测定，获得了温度关系式为 $(Mg/Ca)_{有孔虫} = 0.867e^{0.1097T}$。目前，对有孔虫的 Mg/Ca 与海水温度的研究已达到近 50Ma 前（始新世），随年龄变年轻，有孔虫的 Mg/Ca 值降低，表明新生代以来深部海水温度逐渐变低。

### （七）挥发性元素

在天体化学研究中，挥发性元素 Bi、Tl、In 等含量特征可给出各类陨石、月球和地球的形成温度（见第五章第一节）。

# 二、微量元素地质压力计

## （一）基本原理

与分配系数对温度的关系类似，在恒温条件下，分配系数与压力的关系为

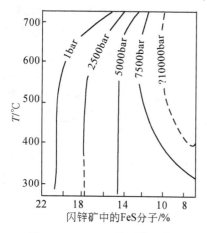

图 3-60　Fe-Zn-S 体系中压力、
温度和 FeS 的关系

$$\left(\frac{\partial \ln K}{\partial P}\right)_T = \frac{-\Delta V^0}{RT} \tag{3-57}$$

该式是微量元素地质压力计的基础。在理论上微量元素压力计应基于焓变化 $\Delta H$ 小和体积变化 $\Delta V$ 大的反应。与地质温度计类似，分配系数与压力的关系式也是通过实验测得。例如，实验证明，在 300~700℃，闪锌矿中 FeS 含量是压力的函数：压力越高，FeS 含量越低（图 3-60）。压力对与黄铁矿和六方磁黄铁矿平衡的闪锌矿成分的影响可由下式表示：

$$\frac{\partial N_{FeS}^{闪锌矿}}{\partial P} = \frac{1}{\gamma_{FeS}^{闪锌矿}}\left(\frac{d\alpha_{FeS}}{dP} - \alpha_{FeS}\frac{d\ln\gamma_{FeS}^{闪锌矿}}{dP}\right) \tag{3-58}$$

式中，$N$ 为 FeS 分子百分数；$\gamma$ 为活度系数；$\alpha$ 为活度；$P$ 为压力。

在测得闪锌矿中 FeS 含量后，可在图 3-60 中查出闪锌矿形成时的压力。

## （二）矿物压力计

矿物，特别是矿物对常常被用作地质压力计，在变质岩中，一些矿物的出现明确指示了岩石经历了高压过程，如蓝闪石、柯石英等矿物，石榴子石–单斜辉石、石榴子石–斜方辉石及橄榄石–单斜辉石等矿物对，广泛用于地幔压力计。

### 1. 榴辉岩中 Li 压力计

Li 离子半径与 6 配位的 $Mg^{2+}$ 和 $Fe^{2+}$ 相近，它可能与 $P^{5+}$ 一起置换 Al 和 Si 而进入石榴子石。Li 在石榴子石与单斜辉石间的分配与压力有关，因此，可作为双矿物榴辉岩的压力计。Hanrahan 等（2009）用实验方法给出了这个压力计的定量表达式，实验的初始物质取自南非 Roert Victor 金伯利岩岩筒中的富 Mg 榴辉岩包体。实验压力为 4~13GPa，温度为 1100~1500℃。实验结果表明，Li 在单斜辉石和石榴子石间的分配系数 $D^{Cpx-Gar}$ 与压力有关，随压力增加，$D$ 值减小。在 $P \geqslant 12GPa$ 时，石榴子石比单斜辉石能稳定地分配更多的 Li。根据实验资料的线性回归分析，获得 Li 分配系数与压力的关系式为

$$P = (0.000963 \times T - \ln D^{Cpx\text{-}Gar} + 1.581)/0.252 \tag{3-59}$$

式中，$P$ 单位为 GPa；$T$ 单位为℃；$D$ 为 Li 在单斜辉石与石榴子石间的分配系数，可由这两个矿物的 Li 含量分析测定获得，$T$ 可由石榴子石-单斜辉石 Fe-Mg 交换温度计获得。

该压力计适用于压力范围 3.5~13GPa，富 Mg 的榴辉岩包体和金刚石中包裹体。由于单斜辉石易被破坏，并在短暂的变质过程中优先吸收 Li，为此，应选择未蚀变的单斜辉石做分析。由于造山带中榴辉岩冷却慢，并受变质流体作用，因而不适于应用本压力计。

**2. 单斜辉石中 Cr 压力计**

在 0~60kbar、850~1500℃条件下的 CMS 和 CMAS-Cr 体系（CMS＝CaO-MgO-SiO$_2$）及复杂的二辉橄榄岩体系中合成单斜辉石（Nims and Taylor, 2000），根据 Cr 在单斜辉石与石榴子石之间的交换，获得了单斜辉石 Cr 压力计，其关系式为

$$P = \frac{T}{126.9} \ln a_{CaCrTs}^{Cpx} + 15.483 \ln \frac{Cr_{\#}^{Cpx}}{T} + \frac{T}{71.38} + 107.8 \tag{3-60}$$

式中，$T$ 为绝对温度，K；$P$ 单位为 kbar；$a_{CaCrTs}^{Cpx} = Cr - 0.81 Cr_{\#}^{Cpx}(Na+K)$；$Cr_{\#}^{Cpx} = Cr/(Cr+Al)$，CaCrTs 为辉石族中不作为独立矿物存在的端元组分钙铬契尔马克分子（CaCrAlSiO$_6$）；元素为单斜辉石成分以 6 个氧为基础的原子数。该压力计的误差为±2.3kbar，由温度引起的误差为（1.2~2.4kbar）/50℃。

由式（3-60）可见，压力与温度和单斜辉石成分有关，该压力计可用于广泛的成分变化范围，从极其难熔的到非常饱满的橄榄岩，它可以替代斜方辉石 Al 压力计。

上述实验资料还给出了单斜辉石中顽火辉石温度计：

$$T = \frac{23166 + 39.28P}{13.25 + 15.35Ti + 4.50Fe - 1.55(Al+Cr-Na-K) + (\ln \alpha_{Gn}^{Cpx})^2} \tag{3-61}$$

式中，$T$ 为绝对温度，K；$\alpha_{Gn}^{Cpx} = (1 - Ca - Na - K)\left[1 - \dfrac{1}{2(Al+Cr+Na+K)}\right]$；该温度计误差±30℃（$1\sigma$）；元素为单斜辉石成分以 6 个氧为基础的原子数。

**3. 榍石温度压力计**

榍石和锆石是各种地质环境中不同成分火成岩和变质岩的副矿物，它们的基本结构成分 Ti 和 Zr 可在一定程度上互相置换。通过高温高压实验并结合自然界榍石晶体的分析，发现温度、压力和榍石中 Zr 含量之间存在系统变化，经校正后，它们之间的关系可以作为温度压力计，Hayden 等（2008）对此做了较详细研究。

榍石是含 Ti 矿物，分子式为 CaTiO$_5$，它与其他含 Ti 矿物，如金红石、钛铁矿广泛存在于火成岩和变质岩中。榍石具有很强的离子置换能力，特别是对稀土和高场强元素。因此，它在指示成岩作用以及对其 U、Th 含量进行定年均有很大潜力。与锆石共存的榍石中 Zr 含量受以下平衡反应控制：

$$CaTiO_{5榍石} + ZrSiO_{4锆石} \rightleftharpoons CaZrSiO_{5榍石} + TiO_{2金红石} + SiO_{2石英}$$

该式平衡常数 $K = (\alpha_{CaZrSiO_5} \cdot \alpha_{TiO_2} \cdot \alpha_{SiO_2})/(\alpha_{CaZrSiO_5} \cdot \alpha_{ZrSiO_4})$。式中，$\alpha$ 为活度。当榍石中 Zr 很低时，应用亨利定律 $\alpha_{CaZrSiO_5} \approx K_1$［榍石中 Zr 含量（$10^{-6}$）］，$\alpha_{ZrSiO_4} \approx 1$，可得到下式（Hayden et al., 2008）：

$$\lg Zr_{榍石} = \Delta S_i^0/2.303R + \lg \alpha_{榍石} - \lg \alpha_{TiO_2} - \lg \alpha_{SiO_2} - [(\Delta H_i^0 + \lg K_1 + P\Delta V_i^0)/(2.303RT)]$$

$$\tag{3-62}$$

当 $\alpha_{榍石} \approx 1$，$\alpha_{TiO_2} \approx 1$，$\alpha_{SiO_2} \approx 1$ 时，榍石中 Zr 含量与 $1/T$ 和 $P/T$ 成线性关系。

用实验方法（Suzuki and Adachi, 1997）在 1~2GPa，800~1000℃和锆石、石英、金红石存在的热液中合成榍石，用电子探针和离子探针（IMP）对实验合成的与自然界七种类型岩石中的榍石的 Zr 含量进行分析，得出榍石中 Zr 含量与温度 $T$ 倒数和压力 $P$ 之间的关系为

$$\lg Zr_{榍石} = 10.52(\pm 0.10) - 7708(\pm 101)/T - 960(\pm 10)P/T - \lg \alpha_{TiO_2} - \lg \alpha_{SiO_2} \tag{3-63}$$

式中，$T$ 为绝对温度；$P$ 单位为 GPa；误差为 $2\sigma$。

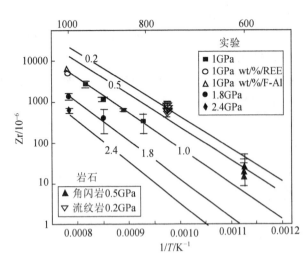

图 3-61　实验合成的与自然界岩石中的榍石的
Zr 含量与温度最小二乘法拟合关系
(Hyden *et al.*, 2008)

式（3-63）重新整理后为

$$T(℃) = (7708+960P)/(10.52-\lg\alpha_{TiO_2}$$
$$-\lg\alpha_{SiO_2}-\lg Zr_{榍石})-273 \qquad (3-64)$$

上式的假设是 $\alpha_{TiO_2}=\alpha_{SiO_2}=\alpha_{榍石}=1$，即金红石、石英和榍石的活度均为 1。

图 3-61 是由实验合成的与自然界岩石中的榍石的 Zr 含量与温度之关系，可看出榍石中 Zr 含量对压力很灵敏，压力增加 1GPa，Zr 含量降低 80%。这是因为 $Zr^{4+}$ 半径 0.92Å 大于 $Ti^{4+}$ 0.605Å。在低压、高温条件下，Zr 容易进入榍石晶格。Zr 含量对温度反应也明显，在 400℃ 实验的温度变化范围中，Zr 含量随温度增加而增加，变化达两个数量级。

榍石温度压力计用于自然界岩石温度计算（温度范围 600~1000℃）时的误差为 ±20℃，与金红石中 Zr 温度计结合可计算温度和压力。用式（3-64）计算的不含金红石的流纹岩结晶温度不会高出 35℃，对于不含石英或不含石英和金红石的体系不会高出 75℃，榍石温度压力计仍可给出很有价值的信息。

榍石可记录热历史，与 Fe-Ti 氧化物和长石比较，榍石中阳离子扩散率很慢（750℃ 时约为 $10^{-22}m^2/s$）。REE 可置换榍石中的 Ca，但实验证明 REE 含量对 Zr 含量影响不大（Suzuki and Adachi，1997），不影响该温度计的应用。

### （三）矿床剥蚀深度

矿床的剥蚀深度也反映在矿床中矿物的微量元素组成上，这是基于矿物中微量元素组成随岩体的深度而有规律变化，随深度减小或随深度增加其含量变化具有明显差异的元素比值可用于指示矿体剥蚀深度。

例如，锡石随形成深度增加 In 含量降低，Nb 增加，可将 In/Nb 值作为判断指标，该值越低，剥蚀深度越大。在多金属矿床中，方铅矿中 Sb 含量随深度增加而降低，Bi 则相反，Sb/Bi 值可作为指标，Ag/Au 值也有同样作用。在钾长石中，Rb 含量随深度增加而减少，Ba 则增加，Rb/Ba 值是一标志。在黑云母中则为 Li/Sc 值。

在矿床某些矿物中，随深度增加而含量增加或减少的元素往往不是一种，而是多种，为了提高判别效果，可采用多种元素含量相加或相乘作为指标。例如，在稀有金属黑云母花岗岩中，随深度增加含量降低的元素有 Li、Rb、Cs，含量增加的元素有 Sc、Zn，因此采用(Li+Rb+Cs)/(Sc+Zn) 或 (Li×Rb×Cs)/(Zn×Sc) 值来判断。黑云母中 F 含量也可估计稀有金属花岗岩的剥蚀强度。

黄铁矿中的 As、Sb、Hg 和 Ba 含量与温度和产出标高有关，特别是 As 最明显。As、Sb 置换 $S_2^{2-}$ 在低温下有利，随温度降低 As 含量和 As/Sb 值增加，随标高增加 As 含量和 As/Sb 值增加。在山东玲珑金矿该规律较明显（陈光远等，1989）：该矿东山 55 号脉标高从 375m 到 130m，黄铁矿 As 含量从 2130×$10^{-6}$ 降低到 531×$10^{-6}$。因此，浅成的、剥蚀程度浅的 As、Sb 等元素含量高，相反，深成的、剥蚀程度高的 As、Sb 等元素含量低。

# 三、氧化还原状态

从本质上讲，氧逸度是在已知温度下真实（非理想态）气体氧相对于理想气体的校正压力值。一个体系的氧化还原状态依赖于其氧逸度 $f_{O_2}$，氧逸度 $f_{O_2}$ 是某一系统中氧化还原强度的度量，它是该系统中 $O_2$ 的活度，略等于 $O_2$ 的分压，是衡量该体系在平衡状态下发生氧化还原可能性的量度（Carmichael，

1991；Frost，1991；Kress and Carmichael，1991）。

## （一）表示氧逸度$f_{O_2}$的元素选择原则

氧逸度的研究可以划分为岩浆-热液体系和沉积体系，可通过测定其所形成的矿物中变价元素的价态来确定。在研究体系氧化还原状态时，定量地确定体系的氧逸度$f_{O_2}$是最为重要的。变价元素，如稀土元素 Eu（$Eu^{2+}$，$Eu^{3+}$）和 Ce（$Ce^{4+}$，$Ce^{3+}$）、U（$U^{4+}$，$U^{6+}$）、V（$V^{5+}$，$V^{3+}$）、Mo（$Mo^{6+}$，$Mo^{4+}$）、S（$S^{6+}$，$S^{2-}$）、$Fe_T$（$Fe^{3+}$，$Fe^{2+}$）、Mn（$Mn^{2+}$，$Mn^{4+}$）等，它们的不同价态（氧化环境呈高价，还原环境呈低价）、元素含量比值变化以及一些对氧化还原敏感的矿物，如黄铁矿中不同形态变价元素的含量或含量比值，在定量地确定体系的氧逸度中得到广泛应用。

除了对氧化还原灵敏的具有多个价态的元素外，近年来一些元素对比值也被用于地幔体系的氧逸度（$f_{O_2}$）度量，如 V/Sc、$Zn/Fe_T$（Canil，2002；Lee *et al.*，2005，2010）。这些元素对选择的原理是元素对中包括一个有不同价态的元素，其不同价态在源区物质部分熔融过程中的分配行为对氧化还原是灵敏的，而另一个元素对氧化还原是不灵敏的，且在源区$f_{O_2}$范围内只有一个价态。当这两个元素在岩浆早期分异结晶相是不相容的（或有相似的相容性），它们的比值在岩浆分异过程中将不会改变，因而可保留其源区的$f_{O_2}$信息。如对氧化还原灵敏的元素 V 和对氧化还原不灵敏的元素 Sc 或 Ga 的比值$V_T/Sc$、$V_T/Ga$（$V_T$是体系中所有价态 V 的总含量）。这些元素对均对源区（如地幔）部分熔融过程的$f_{O_2}$是灵敏的，但对早期分离结晶作用不灵敏，因为元素对中的两个元素对橄榄石都是不相容的。

地质体氧化还原状态的变化对成矿具有重要控制作用，在花岗岩类有关成矿作用研究中已积累了较多的资料（见本章第七节二，$Fe_2O_3/FeO$ 与岩浆岩类成矿作用）。

## （二）氧化还原缓冲剂（redox buffer）

可将地质体氧逸度的定量表示为氧逸度的对数，即$\lg f_{O_2}$，但在氧逸度研究中通常用相对于某个氧化还原缓冲剂表示，如$\lg f_{O_2} = \lg(f_{O_2}, \text{FMQ}) + 2$，简称 FMQ+2，即比 FMQ（铁橄榄石-磁铁矿-石英）缓冲剂高 2 个对数级。式中的 FMQ 即为氧化还原缓冲剂（redox buffer），它是指包括水在内的固体（金属、氧化物和硅酸盐）组合，在固定温度和压力下能产生恒定的氧逸度，即氧化还原缓冲剂能限制和调节系统的氧逸度，使该系统在一定温度和压力下的氧逸度为一常数。凡含有变价元素的矿物组合或化学物种组合都可考虑作为氧化还原缓冲剂，不同的缓冲剂在相同温度下控制的氧逸度有不同数值（图 3-62），常见的缓冲剂的种类、名称（缩写）和相应的反应式如下：

| | | |
|---|---|---|
| 1）磁铁矿-赤铁矿（MH） | $4Fe_3O_4 + O_2 =\!=\!= 6Fe_2O_3$ | (3-65) |
| 2）方锰矿-黑锰矿（MH） | $6MnO + O_2 =\!=\!= 2Mn_3O_4$ | (3-66) |
| 3）镍-氧化镍（NNO） | $2Ni + O_2 =\!=\!= 2NiO$ | (3-67) |
| 4）铁橄榄石-磁铁矿-石英（FMQ） | $3Fe_2SiO_4 + O_2 =\!=\!= 2Fe_3O_4 + 3SiO_2$ | (3-68) |
| 5）方铁矿-磁铁矿（WM） | $FeO + O_2 =\!=\!= 2Fe_3O_4$ | (3-69) |
| 6）自然铁-磁铁矿（IM） | $3Fe + O_2 =\!=\!= Fe_3O_4$ | (3-70) |
| 7）自然铁-方铁矿（IW） | $2Fe + O_2 =\!=\!= 2FeO$ | (3-71) |
| 8）铁-石英-铁橄榄石（IQF） | $2Fe + SiO_2 + O_2 =\!=\!= Fe_2SiO_4$ | (3-72) |
| 9）自然铜-赤铜矿（CC） | $2Cu + 1/2O_2 =\!=\!= Cu_2O$ | (3-73) |
| 10）黑锰矿-方铁锰矿（HB） | $4Mn_3O_4 + O_2 =\!=\!= 6Mn_2O_3$ | (3-74) |
| 11）磁黄铁矿-黄铁矿-磁铁矿（PPM） | $6FeS + 2O_2 =\!=\!= 3FeS_2 + Fe_3O_4$ | (3-75) |

## （三）岩浆-热液体系氧逸度

### 1. 全岩中的元素对比值与氧逸度$f_{O_2}$

（1）$Zn/Fe_T$值

$Zn/Fe_T$（$Fe_T = Fe^{2+} + Fe^{3+}$总含量）元素对是一个对氧化还原状态灵敏的示踪剂，能保存 Fe 在原始弧

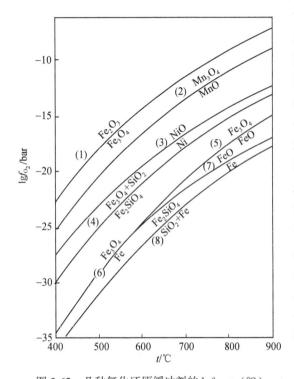

图 3-62　几种氧化还原缓冲剂的 $\lg f_{O_2}$-$t$（℃）

图解（Ernst，1976）

（1）～（8）表示式（3-65）～式（3-72）表达的反应

玄武岩和其地幔源区中的价态（Lee et al.，2010）。在地幔熔融过程中 $Fe^{2+}$ 和 Zn 的行为是相似的，但 $Fe^{3+}$ 比 $Fe^{2+}$ 更不相容，因此，在氧化环境形成的熔体具有低的 $Zn/Fe_T$ 值。在一很大 $f_{O_2}$ 范围内（相对于铁橄榄石-磁铁矿-石英 FMQ-3 到 FMQ+4），Fe 以 $Fe^{2+}$ 和 $Fe^{3+}$ 两种价态存在（在橄榄岩中 $Fe^{3+}/Fe^{2+} < 0.03$），而 Zn 只以 $Zn^{2+}$ 存在，Zn 和 $Fe^{2+}$ 行为较相似，因为 $Zn/Fe^{2+}$ 在橄榄石、斜方辉石和玄武质熔体之间是不分异的，$K_{D(橄榄石/斜方辉石)}^{Zn/Fe^{2+}} \approx 1$，$K_{D(橄榄石/熔体)}^{Zn/Fe^{2+}} = 0.8 \sim 0.9$。橄榄岩中大部分 Zn 和 Fe 集中在橄榄石和斜方辉石中，单斜辉石和尖晶石具有补偿性。在与洋中脊和弧岩浆有关的所有温度和压力范围，$Zn/Fe^{2+}$ 在橄榄岩和熔体之间的总交换系数 $K_{D(橄榄石/熔体)}^{Zn/Fe^{2+}} \approx 1$。在低 $f_{O_2}$ 时（低 $Fe^{3+}/Fe_T$），橄榄岩的熔融和橄榄石的结晶不能有效地将 Zn 与 Fe 分离。洋中脊的状态与此相似，$Fe^{3+}/Fe_T$ 低达 0.1。对文献中不同洋中脊系统中的玄武岩统计表明（Lee et al.，2010），洋中脊玄武岩和橄榄岩具有相同的 $Zn/Fe_T$，近于常数，质量比为 $(9.0 \pm 1) \times 10^{-4}$（图 3-63）。在高 $f_{O_2}$ 时，$Fe^{3+}/Fe_T$ 高，由于 $Fe^{3+}$ 在结晶的硅酸盐中是不相容的，$Zn/Fe_T$ 将发生分异，橄榄岩的熔融或橄榄石的结晶将熔体向低 $Zn/Fe_T$ 演化。橄榄岩比共存熔体具有更低的 $Fe^{3+}/Fe_T$。Lee 等（2010）提出了下述表达式：$(Fe^{3+}/Fe_T)_{熔体} \approx 1 - (Zn/Fe_T)_{熔体}/(Zn/Fe_T)_{橄榄岩}$，由于橄榄石的结晶不会使 $Zn/Fe_T$ 发生明显的分异，原始岩浆的 $Zn/Fe_T$ 可以用来计算原始岩浆的 $Fe^{3+}/Fe_T$。用上述表达式，采用不同的 $Zn/Fe_T$ 和 $K_{D(橄榄石/熔体)}^{Zn/Fe^{2+}}$ 计算了原始岩浆中的 $Fe^{3+}/Fe_T$ 及相当的 $f_{O_2}$ 值（图 3-64，图 3-65），并统计了不同类型的火山弧玄武岩及侵入岩的 $Zn/Fe_T$ 系统资料，将 $Fe_T$ 和 $Zn/Fe_T$ 对 MgO 作图（图 3-65），可见到原始岩浆的 $Zn/Fe_T$（MgO>8%）集中在 $(8 \sim 11) \times 10^{-4}$，相当的 $Fe^{3+}/Fe^{2+}$ 值为 $0.1 \sim 0.15$。上述统计显示有两种情况，一是在高 MgO 时，$Zn/Fe_T$ 和 $Fe_T$ 大部分保持恒定，表明 Zn 和 $Fe_T$ 行为相似，也表明橄榄石是从低 $Fe^{3+}/Fe_T$ 岩浆中晶出，但单斜辉石或角闪

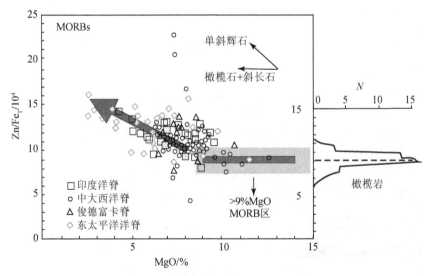

图 3-63　不同洋脊系统 MORB 的 $Zn/Fe_T$ 值（Lee et al.，2010）

N 为橄榄岩样品数

石没有强烈分异。二是直到岩浆分异点，$Zn/Fe_T$明显增加，同时 $Fe_T$ 降低。$Zn/Fe_T$ 的增加要求强烈与 Fe 分离，造成这种分离的机制是 $Fe^{3+}$ 在 Zn 和 $Fe^{2+}$ 保持中等不相容时在结晶分离的矿物中变得相容，磁铁矿和角闪石是唯一能同时降低 $Fe_T$ 和增加 $Zn/Fe_T$ 的矿物相（Lee et al.，2010）。

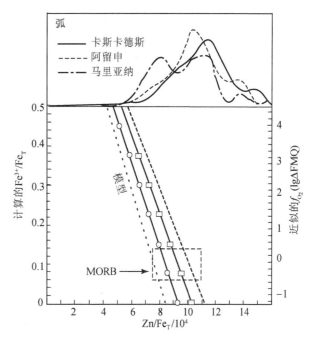

图 3-64　计算的原始玄武岩中 $Fe^{3+}/Fe_T$ 对 $Zn/Fe_T$ 图解（Lee et al.，2010）

根据上述资料，Lee 等（2010）认为，最上部地幔的 $f_{O_2}$ 是相对恒定的。海洋岩石圈的俯冲不能系统地氧化弧下的地幔楔，其原因可能是俯冲的海洋岩石圈和沉积物总体上不是氧化的，或海洋岩石圈是氧化的，但氧化的组分在板片熔融或脱水过程中被保存。更可能的是从板片进入地幔楔的氧化组分的输入，未能高到足以超过上地幔的氧化还原缓冲能力，也不能排除地幔楔或交代作用有关的岩石圈地幔的局部氧化。氧化的地壳物质的俯冲作用不能明显地改变地幔楔的氧化还原状态。在弧岩浆分异过程中可能发生氧化，一是由于 $Fe^{3+}$ 从早期结晶的硅酸盐中（如橄榄石）被排出，岩浆中的 $Fe^{3+}/Fe_T$ 随橄榄石分离而增加（橄榄石 50% 的分离，可使岩浆中 $Fe^{3+}/Fe_T$ 成倍增加），此外，由去气过程卷入的自氧化过程也是其原因。因此，弧熔岩的高氧化状态应部分是浅部分异过程的结果（Lee et al.，2010）。

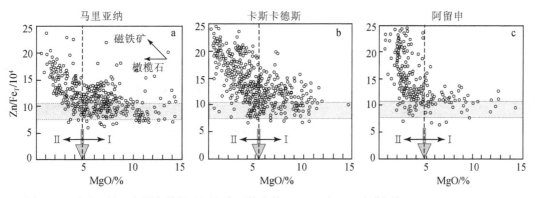

图 3-65　马里亚纳、卡斯卡德斯及阿留申弧熔岩的 $Zn/Fe_T$ 对 MgO 变化图解（Lee et al.，2010）

目前普遍认为，许多弧熔岩比洋中脊玄武岩更氧化，俯冲作用将氧化组分带入到地幔（Christie et al.，1986；Carmichael，1991；Bezos and Humler，2005；Kelley and Cottrell，2009）。与此相关，最重要的两大岩浆系列——拉斑质和钙碱性系列的重要区别之一是前者的氧逸度低于后者。

（2）$Fe^{3+}/\sum Fe$ 值

在用于表示地球特点的物理和化学参数中，地幔的氧化状态是特别重要的。它控制了矿物集合体的性质、岩浆分异过程和元素以何种形态进行分配。例如，C-O-H-S 在气相饱和岩浆中的平衡，以及它们在去气过程中的行为密切与岩浆的氧化状态有关（Bezos and Humler，2005）。大量资料表明，地球上最大量分布的两种岩浆分异系列——拉斑质和钙碱性岩浆系列的重要区别之一是它们的 $f_{O_2}$ 不同，前者是随岩浆分异 Fe 含量增加，而后者相反。这种区别可能主要是由于在钙碱性系列中相对氧化的氧化还原状态（高 $f_{O_2}$，高于 FMQ 缓冲剂）使含 $Fe^{3+}$ 的氧化物以稳定矿物相分离，而使 Fe 含量降低。而拉斑系列岩浆中低的 $f_{O_2}$ 抑制了含 Fe 氧化物的分离。在硅酸盐熔体中 Fe 的氧化反应式为：$2FeO^{熔体}+1/2O_2^{气体}$

$\Longleftrightarrow Fe_2O_3^{熔体}$。对涵盖自然界已发现的大部分岩浆成分范围、在一个大气压下的上述反应进行的校正表明，Fe 的氧化还原状态在硅酸盐熔体中的平衡是体系成分、温度、$f_{O_2}$ 和压力的函数（Sack *et al.*，1980；Kress and Carmichael，1991）。一个在 3GPa 和 FMQ 缓冲剂条件下平衡的封闭硅酸盐熔体体系，在绝热、减压上升过程中，$f_{O_2}$ 将保持在近于 0.5FMQ 对数单位。因此，对氧封闭的、贫晶体的原始玻璃状熔体的 $Fe_2O_3$ 和 FeO 含量，可用经验公式计算体系的氧逸度（Kress and Carmichael，1991）。在一个大气压下的经验公式为

$$\ln(X_{Fe_2O_3}/X_{FeO}) = a\ln f_{O_2} + b/T + c + \sum d_i x_i \tag{3-76}$$

式中，$a$、$b$、$c$、$d$ 为实验测定的常数；$T$ 为绝对温度；$x_i$ 为体系中氧化物，如 $SiO_2$、$Al_2O_3$、$Na_2O$、CaO 的分子数（表 3-20）。该公式可以扩展到高温（>1630℃）：

$$\ln(X_{Fe_2O_3}/X_{FeO}) = a\ln f_{O_2} + b/T + c + \sum d_i x_i + e\left[1 - T_0/T - \ln(T/T_0)\right]$$
$$+ f(p/T) + g\left[(T-T_0)p/T\right] + h(p^2/T) \tag{3-77}$$

式中相关参数见表 3-20。

**表 3-20　天然熔体与 $f_{O_2}$ 有关的参数**（Kress and Carmichael，1991）

| 参数 | 数值 | 单位 | 参数 | 数值 | 单位 |
|---|---|---|---|---|---|
| $a$ | 0.196 | | $d_{Na_2O}$ | 5.854 | |
| $b$ | $1.1492\times10^4$ | K | $d_{K_2O}$ | 6.215 | |
| $c$ | -6.675 | | $e$ | -3.36 | |
| $d_{Al_2O_3}$ | -2.243 | | $f$ | $-7.01\times10^{-7}$ | K/Pa |
| $d_{FeO}$ * | -1.828 | | $g$ | $-1.54\times10^{-10}$ | Pa$^{-1}$ |
| $d_{CaO}$ | 3.201 | | $h$ | $3.85\times10^{-17}$ | K/Pa$^2$ |

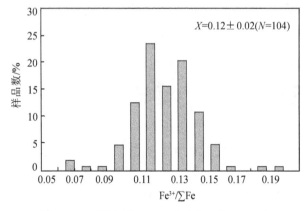

图 3-66　不同大洋 MORB 玻璃的 $Fe^{3+}/\sum Fe$ 值直方图（Bezos and Humler，2005）

表 3-20 中 $a$、$b$、$c$ 和 $d_i$ 是根据 228 个成分从暗橄白榴岩到安山岩、氧逸度在 IW（自然铁-方铁矿）与空气之间、温度 1200~1630℃ 平衡时，淬火资料的加权逐步回归计算的参数值。

为了研究地幔的氧化还原状态，Bezos 和 Humler（2005）系统研究了太平洋、大西洋、印度洋和红海扩张中心的洋中脊玄武岩 MORB 玻璃的 $Fe^{3+}/\sum Fe$ 值。由于 $Fe^{3+}/\sum Fe$ 值随 Mg 含量的降低而增加，为消除分异作用的影响，只考虑 MgO≥8% 的样品。为避免样品研磨和样品分析过程中 $Fe^{2+}$ 可能被氧化，$Fe^{2+}$ 的含量用湿化学方法分析（返滴定和直接滴定法），$FeO_T$ 用电子探针测定。测定结果显示太平洋、大西洋、印度洋和红海 MORB 的 $Fe^{3+}/\sum Fe$ 值几乎没有差别，分别为 0.13±0.02、0.12±0.02、0.12±0.02 和 0.12±0.02，$Fe^{3+}/\sum Fe$ 值总平均为 0.12±0.02（1$\sigma$，$N=104$，图 3-66）。将 $Fe^{3+}/\sum Fe$ 值用上述 Kress 和 Carmichael（1991）提出的经验公式，在给定的岩浆温度和主要元素成分条件下，计算体系的 $f_{O_2}$。为避免温度的强烈影响，采用在 1200℃，相对氧逸度 $\Delta FMQ = \lg f_{O_2}$（样品）$-\lg f_{O_2}$（FMQ）。98 个 MORB 的计算平均 $\Delta FMQ = -0.41\pm0.43$ 对数单位，其中太平洋为 $-0.24\pm0.33$（$N=17$），大西洋为 $-0.47\pm0.24$（$N=19$），印度洋为 $-0.44\pm0.51$（$N=58$），红海为 $-0.37\pm0.33$（$N=5$）。可见，这些大洋区之间的相对氧逸度 $\Delta FMQ$ 非常接近，没有明显差异。各大洋的 MORB 的 $Fe^{3+}/\sum Fe$ 值资料表明，其 $f_{O_2}$ 比 FMQ 缓冲剂低 0.41±0.43 对数单位。由于分离结晶和部分熔融过程都不能改变 MORB 的 $Fe^{3+}/\sum Fe$ 值，在 $Fe^{3+}/\sum Fe$ 值对能反映部分熔融程度的 Na（Na 是强不相容元素）的

图解中产生的分散现象，表明 MORB 的 $Fe^{3+}/\sum Fe$ 值与部分熔融过程无关（图 3-66），可能是由源区效应产生。但用最能反映源区成分和 MORB 的 Fe 关系的 $(La/Sm)_N$ 作图，未显示源区富集与 Fe 氧化状态之间的关系（图 3-67）。与能示踪源区特点的其他元素对，如 Ba/La、Ba/Nb 或 Sr-Nb-Pb 同位素也同样没有关系，这说明，MORB 玻璃的氧化状态对源区的地球化学异常（如 DUPAL 异常，即一种 Pb、Sr 同位素组成异常的地幔区）不敏感。因此，MORB 的氧化状态反映了一个"缓冲的地幔熔融过程"，这导致了部分熔融过程中 $Fe^{3+}$ 明显的相容行为和在广泛的熔融范围内出乎意料的相对恒定的 $Fe^{3+}/\sum Fe$ 值，据此，Bezos 和 Humler（2005）提出了一个模型：部分熔融过程中熔体 $Fe^{3+}/\sum Fe$ 值是缓冲的。MORB 的 $Fe^{3+}/\sum Fe$ 值系统可以用 FMQ-1 的氧逸度解释。

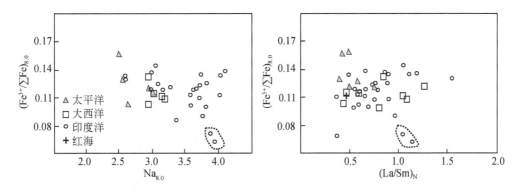

图 3-67　不同大洋 MORB 玻璃的 $(Fe^{3+}/\sum Fe)_{8.0}$ 值与 $Na_{8.0}$ 和 $(La/Sm)_N$（Bezos and Humler，2005）

图中 $(Fe^{3+}/\sum Fe)_{8.0}$ 值与 $Na_{8.0}$ 分别为 MgO 含量 ≥8% 的样品

对产于大西洋洋中脊、东太平洋洋中脊、胡安德富卡脊和加拉加帕戈斯扩张中心，马里亚纳海沟的弧后盆地等不同构造背景玄武岩边缘玻璃，以及在近地表喷发的火山渣和火山碎屑中橄榄石中的熔体包裹体的 $H_2O$ 含量和 $Fe^{3+}/\sum Fe$ 值进行了测定（Kelley and Cottrell，2009），其中对氧化还原灵敏的 $Fe^{3+}/\sum Fe$ 值用显微 X 射线吸收近边结构谱测定（μ-XANES），结果表明，在俯冲带的岩浆 $Fe^{3+}/\sum Fe$ 值呈规律性变化，在洋中脊为 0.13～0.17，在弧后为 0.15～0.19，在弧为 0.18～0.32，并且，该比值与 $H_2O$ 含量及代表板片流体的 Ba/La 值呈线性关系（图 3-68）。Ba 在流体中是高度活动性元素，而 La 在流体中是不活动的，因此，Ba/La 值代表板片流体的影响程度，它受岩浆过程影响很小，可真实反映玄武岩的地幔源区。图 3-68 显示 Ba/La 值随 $Fe^{3+}/\sum Fe$ 值增加而不断增加，表明氧化状态直接与源自俯冲板片的 $H_2O$ 的加入有关。综合上述结果表明，俯冲板块的质量传输和地幔楔氧化作用之间存在直接联系。

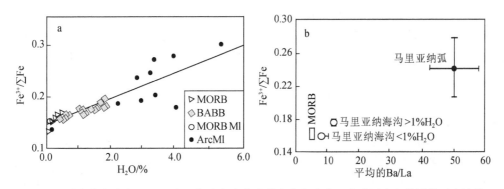

图 3-68　洋中脊玄武岩、弧后盆地玄武岩玻璃及洋中脊玄武岩和全球弧火山的橄榄石中熔体

包裹体 $Fe^{3+}/\sum Fe$ 与 $H_2O$ 含量（a）和 Ba/La 值（b）的关系（Kelley and Cottrell，2009）

用 $Fe^{3+}/\sum Fe$ 值可将花岗岩类划分为五种不同的氧化还原类型，并将其应用于花岗岩类成矿潜力的评价（见本章第七节二中 $Fe_2O_3/FeO$ 与花岗岩类相关成矿作用）。

（3）V/Sc 值

通过测定矿物和/或玻璃中对氧化还原敏感的不同价态元素的活度对应的 $O_2$ 热气压可间接确定 $f_{O_2}$。在均一系统（单一相）中，如熔体，冷却前岩浆的 $f_{O_2}$ 可用实验校正的玻璃中 $Fe^{3+}$ 和 $Fe^{2+}$ 活度与 $f_{O_2}$ 之间的关系获得。在非均一的系统中（多相），最后平衡作用的 $f_{O_2}$ 记录在不同体系相中的 $Fe^{3+}$ 分布，例如，与橄榄岩地幔岩石圈有关的反应式（Lee *et al.*，2005）：

$$6Fe_2SiO_{4(橄榄石)} + O_{2(流体)} = 2Fe_3O_{4(尖晶石)} + 3Fe_2Si_2O_{6(斜方辉石)} \tag{3-78}$$

在该反应中，铁橄榄石、磁铁矿和铁硅酸盐是分别作为与橄榄石、尖晶石和斜方辉石共存的固熔体成分存在的，它可以间接测量直到封闭温度冷却之前橄榄岩的 $f_{O_2}$，这种计算最后平衡时的 $f_{O_2}$ 的方法称为"气压 $f_{O_2}$"（barometric $f_{O_2}$）。该方法已广泛应用于地幔包体和熔岩，例如，洋中脊玄武岩（MORB）的 $f_{O_2}$ 系统地低于弧熔岩，相对于铁橄榄石-磁铁矿-石英（FMQ）缓冲剂，MORB 的 $f_{O_2}$ 为 -2~0 个对数单位，即 FMQ-2-FMQ，而弧熔岩 $f_{O_2}$ 范围为 FMQ-FMQ+6（Christie *et al.*，1986；Carmichael，1991）。

一个替代的方法是研究地幔包体来确定软流圈的 $f_{O_2}$，对产自不同地区的与弧岩浆有关的地幔包体得出的 $f_{O_2}$ 值明显低于大多数弧岩浆。这就产生了一个自相矛盾的问题，它们的 $f_{O_2}$ 值是否确实不如弧熔岩高，这可能是由于目前几乎所有橄榄岩包体都是来自岩石圈地幔，它们中一部分来自或本身受到过弧岩浆或流体的影响，或受到了一定程度的部分熔融，而且，大多数地幔包体的最后平衡温度和压力是次固相线。此外，岩石圈地幔的 $f_{O_2}$ 受到后期、主要是具有氧化特点的交代事件的叠加，因此，与弧有关的地幔包体的气压 $f_{O_2}$ 是它们的软流圈地幔 $f_{O_2}$ 的最大边界值（Lee *et al.*，2005）。

综合上述，弧熔岩和地幔包体气压 $f_{O_2}$ 给出的是 $f_{O_2}$ 最大值计算，它们记录的仅是最后平衡态熔体的 $f_{O_2}$，不能给出已过去的平衡态熔体的 $f_{O_2}$。因此，用气压 $f_{O_2}$ 确定已经离开源区的岩浆，或在固相线温度下冷却，并受到后期交代作用叠加的地幔包体的软流圈 $f_{O_2}$ 是不可能的（Lee *et al.*，2005）。

研究还表明，岩浆在上升、侵位或岩浆分异过程中 $f_{O_2}$ 会发生变化。地壳产生的流体的混染、岩浆中挥发分的分离、岩浆分离结晶作用和热液蚀变作用都能改变岩浆的 $f_{O_2}$，也就是说，气压 $f_{O_2}$ 方法受到这些因素的制约。Holloway（2004）假定快速结晶的岩浆会受到自氧化过程，在这种过程中 $Fe^{2+}$ 被 $H_2O$ 氧化形成磁铁矿和 $H_2$，$H_2$ 可以流体形式自由离开系统。

$$3FeO_{(熔体)} + H_2O_{(玻璃)} = FeO \cdot Fe_2O_{3(磁铁矿-钛铁晶石)} + H_{2(流体)}$$

$H_2$ 的丢失将增加 $Fe^{3+}$ 的含量，使结晶玄武岩中 $Fe^{3+}/Fe^{2+}$ 值明显高于岩浆态，结果，结晶的玄武岩的气压 $f_{O_2}$ 也将高于岩浆态。

玄武岩中 V/Sc 值可作为其地幔源区 $f_{O_2}$ 的稳定、灵敏指标（Li and Lee，2004），这是由于 V 为中等挥发的对氧化还原敏感的亲铜元素，有四种价态：$V^{2+}$、$V^{3+}$、$V^{4+}$ 和 $V^{5+}$，在地球系统氧逸度条件下的熔体中主要以 $V^{3+}$、$V^{4+}$ 和 $V^{5+}$ 存在，$V^{4+}$ 和 $V^{5+}$ 的丰度低，$V^{3+}$ 的比例或 $V^{3+}/\sum V$ 随 $f_{O_2}$ 增加而降低（Canil，2002）。Sc 与 V 不同，为难熔亲石元素，也为非挥发性元素。V 和 Sc 在地幔部分熔融过程中的地球化学行为比其他元素更为相似。它们都是不挥发、中等不相容元素，在陆壳中均不富集，相对于原始地幔，V 和 Sc 在弧岩浆和 MORB 中均有类似的富集。在岩浆上升过程中，V 和 Sc 在很大程度上是封闭的。V 和 Sc 在橄榄石中是高度不相容的，橄榄石的分离结晶不会改变原始岩浆的 V/Sc 值。因此，玄武岩的 V/Sc 值可以"看清"（seeing through）早期岩浆的分异过程，并提供一个了解地幔的稳定窗口。此外，与氧化还原敏感的元素的价态不同，V 和 Sc 的丰度不受风化或变质作用影响，除了高度开放的风化和变质作用，V 和 Sc 一般是不活动的，这可在高度蛇纹石化橄榄岩中 V 和 Sc 未出现活动而得到检验。但是，V 和 Sc 地球化学行为也有差异，V 的分配系数对系统的氧化还原状态很敏感，随体系氧逸度增加，$V^{3+}/\sum V$ 值降低，V 变得更不相容（Canil，2002），但 Sc 则不同。原始岩浆的 V/Sc 值在很大范围内受部分熔融过程中氧逸度的控制，保留了岛弧橄榄岩和熔岩部分熔融过程和其他地幔源区的 $f_{O_2}$，在受去气作用的岩浆系统中，也不发生 V 和 Sc 的冷交换，因此，该比值是与 $f_{O_2}$ 变化相关的岩浆过程的重要标志，可以计算地幔熔融过程的原始 $f_{O_2}$。

如何能记录原始地幔或岩浆的 $f_{O_2}$，透视洋中脊玄武岩（MORB）、弧玄武岩和橄榄岩的源区 $f_{O_2}$ 的变化，Lee 等（2005）提出用这些岩浆岩中的 V/Sc 值系统变化来探讨其源区的 $f_{O_2}$，条件如下。

1）在等温 1410℃，等压 1.5GPa 条件下发生部分熔融，由此，温度和压力变化对矿物分配系数和熔融化学计量的影响是可忽略的；

2）MORB 和弧岩浆大量来自尖晶石稳定区，可用饱满的尖晶石橄榄岩（橄榄石+斜方辉石+单斜辉石+尖晶石）在 1.5GPa 时的熔融化学计量；

3）饱满的对流地幔的 V/Sc 值是均一的。

上述假设 1）带来的误差不大，因为 V 和 Sc 的分配对压力的依赖很小，而且超过发生部分熔融时的温度<200℃。假设 2）也不会带来大的误差，因为 MORB 中缺乏明显的石榴子石迹象，而多数弧玄武岩来自石榴子石稳定区的可能性较小。

假设在熔体抽提之前的地幔中，V 和 Sc 在源区的原始浓度 $V_0$ 和 $Sc_0$ 等于已知的总硅酸盐地球（BSE），由于 Sc 和 Al 都是难熔的亲石元素，因此它们在 BSE 中保留了其球粒陨石比值，由此可得出 $Sc_0$ 为 $16.5×10^{-6}$（McDonough and Sun，1995）。与 Sc 和 Al 不同，V 是中等挥发性元素和中等亲石元素，部分 V 挥发了或进入到地幔中，因此，V 的浓度不能直接从球粒陨石推导出。应考虑橄榄岩熔体亏损趋势，用地幔包体和逆冲的蛇绿岩的 V/Sc 对 MgO 和 $Al_2O_3$ 作图，由回归线与 BSE 的 Sc 的截距可得到 $V_0/Sc_0$ 为 4.9，由此得出 $V_0$ 为 $83×10^{-6}$（McDonough and Sun，1995）的数值应为 $82×10^{-6}$。

由于大陆壳形成，地幔已被提取了高度不相容元素，现代地幔已不是原始地幔，但这对主元素和中等不相容元素的影响可忽略不计，因为大陆壳仅占 BSE 总质量的 0.6%，可以认为亏损的上地幔的 V 和 Sc 含量基本与 BSE 相同。

给定 $f_{O_2}$ 值，用 1.5GPa 时熔体的 V/Sc 对作为部分熔融程度标志的 1/Na 和 1/Ti 作图（图 3-69），可以看出 $f_{O_2}$ 和部分熔融程度 F 均控制 V/Sc 值。在低 $f_{O_2}$ 时，V 的相容性大于 Sc，因此，熔体中 V/Sc 值低。在高 $f_{O_2}$ 时，V 比 Sc 变得更不相容，导致熔体中 V/Sc 值高，V/Sc-$f_{O_2}$ 熔融等值线间的分离在 F 低时最大，但是在 F 非常高时，由于质量平衡而发生汇聚。在中等 F 值（F≈10%）V/Sc 值对 F 值是不灵敏的。根据高度不相容元素的相对富集，MORB 代表了约 10% 的熔体的聚集。由于源区可以受到流动流体不同的交代作用，用这种方法来探讨弧熔岩的平均熔融程度是困难的，可靠的方法是用 Ti，Ti 是中等不相容元素，它在原始岩浆，包括原始弧熔岩，可以作为定性反演 F 值的指标。因为 Ti 在流体中是不活动的，因此它在弧源区中的浓度受流体交代作用影响小。用这种方法，拉斑型弧熔岩为饱满的尖晶石二辉橄榄岩的 6%~10% 熔融形成，这与 MORB 类似。对比全球的弧熔岩和 MORB 的 MgO 和 $f_{O_2}$，可以看出 MgO>8% 的原始弧玄武岩和 MORB 非常相似。

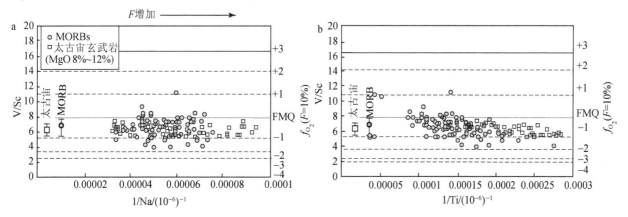

图 3-69　MORB 与太古宙玄武岩（MgO 含量 8%~12%）的 V/Sc 值与
部分熔融程度有关的 1/Na 和 1/Ti 的关系（Li and Lee，2004）

a. V/Sc 对 1/Na；b. V/Sc 对 1/Ti；图解中的 $f_{O_2}$ 等值线是 F=10%、V/Sc 为常数 5

（地幔值）时的计算值，在图中左边给出太古宙玄武岩和 MORB V/Sc 平均值（1σ）

（4）弧熔岩的$f_{O_2}$

Lee 等（2005）系统汇总了世界弧熔岩的 V/Sc 数据，一类是在中美洲和墨西哥弧，它代表了年轻的、热的岩石圈地幔正在俯冲，相反，在西太平洋的弧是老的、冷的岩石圈正在俯冲。用 V/Sc 对 MgO 作图（图 3-70），在图中弧熔岩分为三个部分：MgO>8%，在 MgO 含量范围内 V/Sc 值大致恒定；MgO 为 3%~8%，V/Sc 值的分散明显增加，V/Sc 平均值增加；MgO 约为 3%，V/Sc 值明显直线下降，这是由于 Fe-Ti 氧化物大量晶出。在图中，MgO>8% 的弧熔岩基本代表了原始弧熔岩 V/Sc 值，最佳计算值为 7.09±2.5（$1\sigma$）。在 MgO>8% 时，多数弧熔岩的 V/Sc 值与 MORB 重合，这些样品提供了确定地幔$f_{O_2}$的窗口。

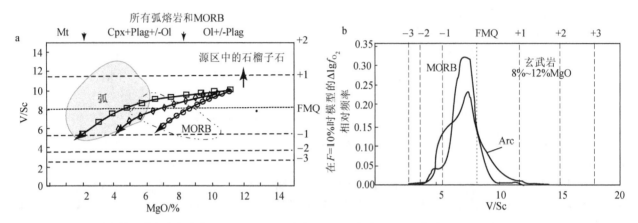

图 3-70　世界各地洋中脊玄武岩（MORB）和弧熔岩（Arc）全岩的 V/Sc 值对 MgO 图解（Lee $et\ al.$，2005）

图 a 中水平线代表了部分熔融程度 $F=10\%$ 时的标准$f_{O_2}$-V/Sc 等值线，顶部水平轴分出三部分，分别相当于不同结晶相出现（橄榄石 Ol，斜长石 Plag，单斜辉石 Cpx 和磁铁矿 Mt）。从左到右三条粗曲线分别代表具有高初始 V/Sc 值的熔岩与大陆上地壳平均、大陆地壳和大陆下地壳的混合，混合线上的间隔为 10%。垂直箭头显示了在石榴子石稳定区发生熔融时，V/Sc 值将增加。图 b 为对 MORB 和 MgO 含量 8%~12% 的弧熔岩的 V/Sc 标准化频率直方图，垂直虚线代表 $F=10\%$ 时$f_{O_2}$-V/Sc 等值线

由 V/Sc 值法所得出的弧熔岩地幔源的$f_{O_2}$比由气压$f_{O_2}$法得出的$f_{O_2}$值明显低（图 3-71），前者所得出的弧熔岩的岩石圈地幔为 FMQ-2—FMQ，而气压给出的$f_{O_2}$为 FMQ-2—FMQ+3，V/Sc 值给出软流圈地幔 FMQ-1.25—FMQ+0.25。对于洋中脊玄武岩的岩石圈地幔，两种方法所给出的$f_{O_2}$值相近，均为 FMQ-2—FMQ，而由 V/Sc 值法给出的 MORB 软流圈地幔和弧熔岩的软流圈地幔的$f_{O_2}$值是相同的，均为 FMQ-1.25—FMQ+0.50。正如前面所提到的地幔包体的气压$f_{O_2}$反映的是岩石圈地幔固有的$f_{O_2}$，熔岩气压$f_{O_2}$反映的是岩浆固有的$f_{O_2}$。而熔岩和橄榄岩 V/Sc 值法给出的才是发生部分熔融时软流圈的$f_{O_2}$值。

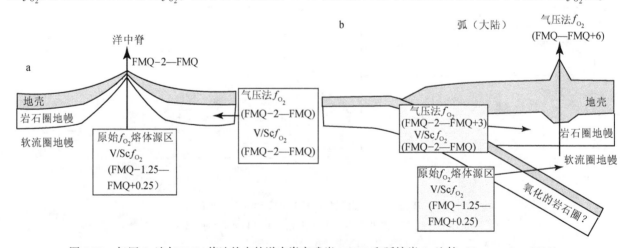

图 3-71　气压$f_{O_2}$法与 V/Sc 值法给出的洋中脊玄武岩 MORB 和弧熔岩$f_{O_2}$比较（Lee $et\ al.$，2005）

Zhao 等（2009）用 ICP-MS 对新疆北部晚古生代的富 Mg 安山岩（magnesium andesites-MAs）的 V、Sc 含量进行了定量测定，其 V 含量范围（72~305）×10⁻⁶，Sc（7~51.5）×10⁻⁶，V/Sc 范围 3.79~7.85，平均 5.96。MgO 含量范围 2.37%~9.72%，平均 5.22%。在 V/Sc-MgO 氧逸度图解中（图 3-72），其对应的 $f_{O_2}$ 为 FMQ-1，这与 Lee 等（2005）给出的弧熔岩 $f_{O_2}$（FMQ-1.25—FMQ+0.5）以及世界玻安岩（Kelemen *et al.*，2003）很相似。此外，在图 3-72 中，还可以看出，新疆北部晚古生代的富 Mg 安山岩 $f_{O_2}$ 靠近于下部大陆地壳的混合线，结合其 Sr-Nd 同位素组成特点：($^{87}$Sr/$^{86}$Sr)$_i$ 为 0.7029~0.7065，$\varepsilon_{Nd}(T)$ 为 +0.28~+7.2，表明在其岩浆源区有来自弧前增生楔（forearc accretionary prison）的不成熟地壳物质加入（juverile crust）。

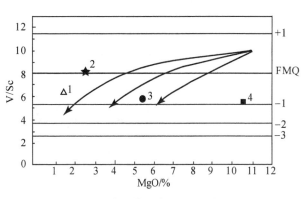

图 3-72　新疆北部晚古生代的富 Mg 安山岩 V/Sc-MgO 图解
（Zhao *et al.*，2009）

1. 全球 473 个安山岩、英安岩和流纹岩平均；2. 全球 140 个新生代埃达克岩平均；3. 新疆北部富镁安山岩平均；4. 全球 70 个玻安岩平均

### 2. 矿物中元素对比值与氧逸度 $f_{O_2}$

一些变价元素，如稀土元素中的 Ce、Eu 在某些造岩或副矿物中的含量变化可灵敏地反映岩浆或热液体系的氧逸度状态（赵振华，1993b）。

（1）斜长石 Eu²⁺/Eu³⁺

在熔体中，稀土元素 Eu 异常是由于 Eu 呈 Eu²⁺ 和 Eu³⁺ 形式存在，其氧化还原反应可表示为下式（Moller and Muecke，1984）：

$$4Eu^{3+}_{(m)}+2O^{2-}_{(m)} \rightleftharpoons 4Eu^{2+}_{(m)}+O_{2(V)} \tag{3-79}$$

式中，m 和 V 分别代表熔体相和气相，该式的平衡常数为

$$K=\frac{\alpha^4_{Eu^{2+}_{(m)}} \cdot f_{O_{2(V)}}}{\alpha^4_{Eu^{3+}_{(m)}} \cdot \alpha^2_{O^{2-}_{(V)}}} \tag{3-80}$$

可见，在硅酸盐熔体及结晶产物中，Eu²⁺/Eu³⁺ 值明显与氧逸度有关，因而 Eu²⁺/Eu³⁺ 值可作为氧的计量计。温度、压力和成分对 Eu²⁺/Eu³⁺ 值也有影响，当该式写成浓度形式时：

$$\lg\frac{[Eu^{2+}]_m}{[Eu^{3+}]_m}=-\frac{1}{4}\lg f_{O_2}+\frac{1}{4}E^*_{Eu} \tag{3-81}$$

$E^*_{Eu}$ 在给定 $T$、$P$ 和熔体成分时是一常数，可视为相对还原电位：

$$E^*_{Eu}=\frac{4F\Delta E^0_{Eu}}{2.3RT}-\lg \beta_{Eu}+2\lg\alpha_{O^{2-}} \tag{3-82}$$

式中，$\Delta E^0_{Eu}$ 为在熔体中以氧为标准 Eu 的标准还原电位；$\beta_{Eu}$ 为 Eu 离子活度和溶解度系数的比值。

当以 $\lg(X_{Eu^{2+}}/X_{Eu^{3+}})$ 对 $\lg f_{O_2}$ 作图时，可以得到一条直线，直线的斜率为 -0.25，截距为 $\frac{1}{4}E^*_{Eu}$。温度和体系成分（$\beta_{Eu}$，$\alpha_{O^{2-}}$）影响 Eu，结果使截距改变而形成一组相似的互相平行的直线（图 3-73）。

在 20 世纪 70 年代，直接测定 Eu²⁺ 和 Eu³⁺ 的浓度在技术上是有困难的，Philpotts 等（1970）提出了计算矿物和熔体 Eu²⁺ 和 Eu³⁺ 浓度的方法。如果 Eu 在两个共存相（$i$、$j$）中达到平衡，则 Eu²⁺ 和 Eu³⁺ 浓度可由分配系数得出。Eu³⁺ 的分配系数 $D^{i/j}_3$ 可用其相邻稀土元素 Sm、Gd 分配系数经内插求得，Eu²⁺ 的分配系数 $D^{i/j}_2$ 可用 Sr 的分配系数代替。由此可计算 $j$ 相中 Eu³⁺ 的浓度 $C_{j.3}$。

$$C_{j.3}=\frac{C_{j.Eu}-D^{i/j}_{Sr} \cdot C_{j.Eu}}{D^{i/j}_3-D^{i/j}_{Sr}} \tag{3-83}$$

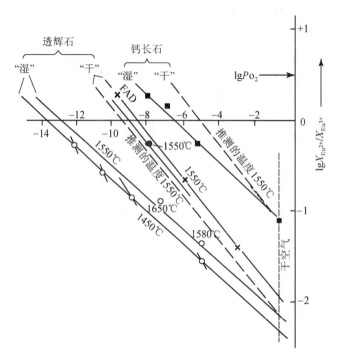

图 3-73　钙长石和透辉石熔体在淬火玻璃中 $Eu^{2+}/Eu^{3+}$ 与氧分压和

温度的关系（Möller and Muecke, 1984）

图中长虚线为理论斜率和推测温度的依赖关系；FAD. 富透辉石玻璃合成线（透辉石 69.5%；镁橄榄石

24.4%；钙长石 6.2%）。$X_{Eu^{2+}}$ 和 $X_{Eu^{3+}}$ 分别代表 $Eu^{2+}$ 及 $Eu^{3+}$ 的克分子比，$[X_{Eu^{2+}} = Eu^{2+}/(Eu^{2+}+Eu^{3+})]$

例如，当斜长石与熔体平衡时，上式可写为

$$C_{m \cdot 3} = \frac{C_{Pl \cdot Eu} - D_{Sr}^{Pl/m} \cdot C_{m \cdot Eu}}{D_3^{Pl/m} - D_{Sr}^{Pl/m}} \tag{3-84}$$

式中，$C_{i \cdot Eu}$、$C_{j \cdot Eu}$、$C_{Pl \cdot Eu}$、$C_{m \cdot Eu}$ 分别为相 $i$、$j$、斜长石和熔体中 Eu 的总浓度，可以直接测定。

由上式计算得出玄武岩基质的 $Eu^{2+}/Eu^{3+}$ 值为 0.03~2.6，长石斑晶为 1.8~8.5。

Eu 在斜长石和共存熔体之间的分配也受氧逸度和温度的控制。Drake（1975）根据实验资料导出了斜长石和岩浆熔体中 $Eu^{2+}/Eu^{3+}$ 值的经验氧逸度计。实验表明用 Sr 的分配系数代替 $Eu^{2+}$ 的分配系数，由 Sm 和 Gd 的分配系数内插求得 $Eu^{3+}$ 的分配系数是可靠的。

在硅酸盐熔体中 $Eu^{2+}/Eu^{3+}$ 值与氧逸度具有以下平衡关系：

$$EuO_{液} + \frac{1}{4}O_{2气} = EuO_{1.5液} \tag{3-85}$$

将该反应的平衡常数 $K_1$ 整理后可得

$$\lg f_{O_2} = -4\lg \frac{[EuO_{液}]}{[EuO_{1.5液}]} - 4\lg K_1 \tag{3-86}$$

在这种硅酸盐熔体中晶出的斜长石，其平衡关系为

$$EuO + SiO_{2液} + EuAl_3SiO_{8斜} \rightleftharpoons EuO_{1.5液} + AlO_{1.5液} + EuAl_2Si_2O_{8斜} \tag{3-87}$$

其平衡常数为 $K_2$，由上述两式可得出

$$\lg f_{O_2} = -4\lg \frac{[EuAl_2Si_2O_{8斜}]}{[EuAl_2SiO_{8斜}]} + 4\lg \frac{SiO_{2液}}{AlO_{1.5液}} - 4\lg \frac{K_1}{K_2} \tag{3-88}$$

Drake（1975）根据月海玄武岩 $SiO_2/AlO_{1.5}$ 摩尔分数比计算表明，由 $SiO_2/AlO_{1.5}$ 变化对氧逸度造成的影响和氧逸度测定方法误差相比是可以忽略不计的。另外，熔体中 $EuO/EuO_{1.5}$ 活度比和斜长石 $EuAl_2Si_2O_8/EuAl_3SiO_8$ 活度比，正比于两相中 $Eu^{2+}/Eu^{3+}$ 活度比，因此，式（3-88）可简化为

$$\lg f_{O_2} = -4\lg\frac{Eu^{2+}}{Eu^{3+}} + A \tag{3-89}$$

实验结果得出了 $Eu^{2+}/Eu^{3+}$ 与氧逸度的回归方程为（Drake，1975）

液体中 $\lg f_{O_2} = -4.55$（±0.17）$\lg(Eu^{2+}/Eu^{3+})$ $-10.89$（±0.19）

斜长石 $\lg f_{O_2} = -4.60$（±0.18）$\lg(Eu^{2+}/Eu^{3+})$ $-3.86$（±0.27） $\tag{3-90}$

对于斜长石，氧逸度对 Eu 的分配系数的控制是非常明显的（图 3-74a），氧逸度越低，斜长石对 Eu 的分配系数越大，在铁-方铁矿（IW）缓冲剂范围内，$D_{Eu}$ 相差超过一个数量级。

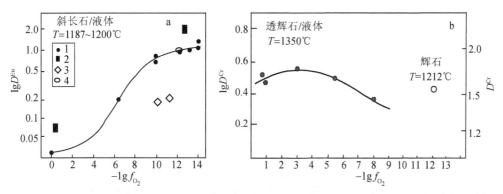

图 3-74　斜长石的 $\lg D^{Eu}$ 对 $\lg f_{O_2}$（a）和钙单斜辉石的 $\lg D^{Cr}$ 对 $\lg f_{O_2}$（b）图（Irving，1978）

1. Well and Mckay，1975；2. Drake，1975；3. Sun et al.，1974；4. Ringwood，1970

根据这个关系式对月球及地球上许多岩石形成的氧逸度（$\lg f_{O_2}$）进行了计算（表 3-21）。

表 3-21　由 $Eu^{2+}/Eu^{3+}$ 值计算的氧逸度（Drake，1975）

| 岩石类型 | $T/℃$ | $(Eu^{2+}/Eu^{3+})_{液}$ | $\lg f_{O_2液}$ | $(Eu^{2+}/Eu^{3+})_{斜}$ | $\lg f_{O_2斜}$ | $\Delta\lg f_{O_2}$ |
|---|---|---|---|---|---|---|
| 碱性玄武岩 | 1284 | 0.16 | −7.3 | 3.2 | −6.2 | +1.1 |
| 碱性玄武岩 | — | 0.064 | −5.5 | — | — | — |
| 安山岩 | 1302 | 0.11 | −6.5 | 4.7 | −7.0 | −0.5 |
| 安山岩 | — | 0.85 | −10.6 | — | — | — |
| 玄武岩 | 1302 | 0.23 | −8.0 | 2.0 | −5.2 | +2.8 |
| 玄武岩 | 1358 | 0.19 | −7.6 | 12.0 | −8.8 | −1.2 |
| 英安岩 | 1167 | 2.6 | −12.8 | 69.0 | −12.3 | +0.5 |
| 碱性玄武岩 | 1175 | 0.15 | −7.1 | 16 | −9.4 | −2.3 |
| 碱性玄武岩 | — | 0.13 | −6.9 | — | — | — |
| 安山岩 | 1369 | 0.40 | −9.1 | — | — | — |
| 安山岩 | 1379 | 0.029 | −3.9 | 1.8 | −5.0 | 1.1 |
| 流纹英安岩 | | 0.30 | −8.5 | — | — | — |
| 安山岩 | 1276 | 0.75 | −10.3 | 13 | −9.0 | +1.3 |
| 朱维纳斯 | — | 33 * | −17.8 | 190 | −14.3 | +3.5 |
| 月海玄武岩 | — | 2.2 * | −12.4 | 43 | −11.4 | +1.0 |
| 月海玄武岩 | — | 2.1 * | −12.4 | 34 | −10.9 | +1.5 |
| 穆尔县 | — | — | — | 490 | −16.2 | — |
| 火成碎屑英安岩 | 1014 | 0.40 | −9.1 | 21.7 | −10.0 | −0.9 |
| 火成碎屑英安岩 | 1069 | 0.24 | −8.1 | 8.21 | −8.1 | 0.0 |
| 火成碎屑英安岩 | 994 | 0.25 | −8.2 | 12.0 | −8.8 | −0.6 |

| 岩石类型 | $T/℃$ | $(Eu^{2+}/Eu^{3+})_{液}$ | $\lg f_{O_2液}$ | $(Eu^{2+}/Eu^{3+})_{斜}$ | $\lg f_{O_2斜}$ | $\Delta\lg f_{O_2}$ |
|---|---|---|---|---|---|---|
| 火成碎屑英安岩 | 986 | 0.098 | -6.3 | 5.34 | -2.2 | -0.9 |
| 火成碎屑英安岩 | 8.00 | 0.20 | -2.7 | 23.1 | -10.1 | -2.4 |
| 火成碎屑英安岩 | 1000 | 0.27 | -8.3 | 13.6 | -9.1 | -0.8 |
| 火成碎屑英安岩 | 1073 | 1.09 | -11.0 | 48.0 | -11.6 | -0.6 |
| 火成碎屑英安岩 | 1340 | 1.27 | -11.4 | 47.1 | -11.6 | -0.2 |
| 碱性玄武岩 | 1165 | 0.11 | -6.5 | 8.21 | -8.1 | -1.6 |

\* 根据斜长石—"全岩"资料。

对于其他变阶元素，如 Cr、V，也发现其分配系数与氧逸度有密切关系，如 Cr 在低钙辉石中分配系数随氧逸度降低而减小（图 3-74b）。

（2）锆石中 $Ce^{4+}/Ce^{3+}$

岩浆岩中长石的 Eu 及沉积岩中的 Ce 已较广泛用于探讨体系的氧化-还原状态，这是基于 Eu 在不同氧逸度条件下可呈二价和三价，Ce 常呈三价和四价。$Ce^{4+}$ 与 $Zr^{4+}$ 的半径相近，使得锆石中出现明显的 Ce 正异常，该异常的程度是形成锆石的岩浆或热液体系氧化-还原状态的反映。Ballard 等（2002）将北智利超大型 Chuquicamada-El Abra 斑岩铜矿带 7 个含矿和 17 个不含矿的钙碱性侵入岩为研究对象，以锆石中的 $Ce^{4+}/Ce^{3+}$ 值探讨斑岩铜矿成矿的氧化状态。锆石晶格特点使其轻稀土强烈亏损。Ce 价态的变化更能反映锆石形成时体系的氧化还原状态，锆石中 $Ce^{4+}/Ce^{3+}$ 的关系表达式为

$$[Ce^{4+}/Ce^{3+}]_{锆石} = \frac{Ce_{熔体} - \dfrac{Ce_{锆石}}{D^{锆石/熔体}_{Ce^{3+}}}}{\dfrac{Ce_{锆石}}{D^{锆石/熔体}_{Ce^{4+}}} - Ce_{熔体}} \qquad (3-91)$$

$Eu^{2+}$ 和 $Eu^{3+}$ 也有相似的表达式。锆石中 Ce 的浓度可用 LA-ICP-MS 进行原位分析，假设熔体与全岩的 Ce 浓度相同，$Ce^{3+}$ 与 $Ce^{4+}$ 的分配系数 $D$ 可根据晶体化学的限制进行计算，即等价元素的矿物/熔体的分配系数与其离子半径有关的晶格张力（Lattice-Strain）呈对数线性关系。假定八配位的 Zr 的 $\gamma_0 = 0.84$Å，对于四价和三价离子的矿物/熔体的分配系数将形成线性排列，如果 Ce 为三价，它应落在三价稀土元素所确定的线上，为四价时则应落在由 Zr、Hf、U、Th 所确定的线上。实际上，由于 Ce 在锆石中既有三价也有四价，因而它均偏离上述两种排列。据此可计算 $Ce^{3+}$ 和 $Ce^{4+}$ 的分配系数 $D^{矿物/熔体}_{Ce^{3+}}$ 和 $D^{矿物/熔体}_{Ce^{4+}}$（图略）。

将 $D$ 值代入式（3-91）即可计算出锆石中的 $Ce^{4+}/Ce^{3+}$（Plain M 已给出了计算程序，个人通信）。Ballard 等（2002）的结果表明，$Ce^{4+}$ 和 $Ce^{3+}$ 的锆石/熔体分配系数范围为 $(0.5 \sim 1.2) \times 10^{-3}$。$Ce^{4+}/Ce^{3+}$ 值的范围变化大（6~2341），该值随侵入体从老到新，从镁铁质到长英质而逐渐增加，并且与锆石 Eu 异常值（$Eu/Eu^*$）呈正相关趋势。更有意义的是，具有斑岩铜矿化的 $Ce^{4+}/Ce^{3+} > 300$，$Eu/Eu^* > 0.4$，不含矿的小于此值。这种趋势是由于硅酸盐岩浆中的氧逸度和硫的存在形式及溶解度之间的相互关系。据此，可根据锆石中 $Ce^{4+}/Ce^{3+}$ 值评价其所在侵入体的 Cu±Au 成矿潜力。

对我国玉龙超大型斑岩 Cu 矿含矿与不含矿斑岩体中单颗粒锆石进行了系统的稀土分析（Liang et al., 2006），结果表明，含矿斑岩体的 $Ce^{4+}/Ce^{3+}$ 平均值范围为 201~334，不含矿斑岩体为 93~112（表 3-22），含矿斑岩体氧逸度明显高于不含矿斑岩体，这与智利斑岩 Cu 矿的研究结论一致。

高氧逸度也是江西德兴超大型斑岩 Cu 成矿的重要控制因素，其赋矿斑岩中锆石的 $Ce^{4+}/Ce^{3+}$ 和 $(Eu/Eu^*)_N$ 分别为 495~1922 和 0.51~0.82，在斑岩中还大量发育硬石膏和磁铁矿-赤铁矿共生，均反映了高氧逸度达到了磁铁矿-赤铁矿临界位置（Zhang et al., 2013）。

**表 3-22　西藏东部含矿与不含矿斑岩中锆石的 $Ce^{4+}/Ce^{3+}$ 值**（Liang et al.，2006）

| 斑岩 | 地点 | 年龄/Ma | 分析数目 | $Ce^{4+}/Ce^{3+}$ 范围 | 平均 $\pm 2\sigma$ |
|---|---|---|---|---|---|
| 含矿 | 玉龙 | 41.2±0.2 | 77 | 5~756 | 204±37 |
| 含矿 | 扎纳嘎 | 38.5±0.2 | 47 | 26~729 | 334±72 |
| 含矿 | 芒宗 | 37.6±0.2 | 24 | 18~1230 | 201±104 |
| 含矿 | 多下松多 | 37.5±0.2 | 47 | 10~1314 | 250±73 |
| 含矿 | 马拉松多 | 36.9±0.4 | 38 | 17~1304 | 258±94 |
| 不含矿 | 83-810* | 38.5±0.2 | 27 | 3~295 | 112±34 |
| 不含矿 | 81-862* | 34.3±0.4 | 18 | 24~281 | 93±28 |
| 不含矿 | 83-634* | 36.0±0.4 | 23 | 23~244 | 93±30 |

\* 表示样品编号。

对地球上发现的最古老的冥古宙锆石的稀土元素组成进行了研究，根据其 Ce 的异常探讨了地球形成初始阶段 43.5 亿年地幔的氧逸度（Trail et al.，2011），认为在 43.5 亿年前地幔已达到现代的氧化状态（详见本书第五章第五节三）。

（3）锆石 Ce、Eu 异常与氧逸度关系的实验研究

近年来开展了实验研究定量确定锆石中 Ce、Eu 异常与氧逸度的关系。Burnham 和 Berry（2012）的实验体系成分为合成的安山质熔体，温度 1300℃，压力一个大气压，氧逸度的变化范围为 14 个对数单位，即从缓冲剂 QFM-8 变化到 QFM+6，测定分配系数的元素为 P、Sc、Sr、Y、Nb、REE、Hf、Ta、Th 和 U 等。实验结果表明，Ce 和 Eu 的分配系数明显受氧逸度的控制，但与压力无关。相对于其他 REE，产生的 Ce、Eu 异常与自然界火成岩锆石相似。U 的分配也显示与氧逸度有关，表明 U 呈不同价态 $U^{4+}$、$U^{5+}$、$U^{6+}$。

所获得的 Ce、Eu 与氧逸度的定量关系的表达式为

$$\frac{M^{m+}}{\sum M}=\frac{1}{1+10^{(-0.25nlgf_{O_2})}+lgK'}\tag{3-92}$$

式中，$n$ 为参加反应的电子的摩尔数，对于 Eu 和 Ce，$n=1$，上式可转化为

$$\frac{Eu^{3+}}{\sum Eu}=\frac{1}{1+10^{(-0.25lgf_{O_2})}+lgK'}\tag{3-93}$$

式中，$lgK'$ 为与熔体成分有关的参数。

将 ICP-MS 测定的分配系数代入上式，得到的 $n=0.25$，与预测值一致，相应的 $lgK'=-2.1$，将 SIMS 的测定分配系数值代入上式，$n=0.21$，$lgK'=-1.7$。

Trail 等在同一年（2012 年）也对锆石的 Ce 和 Eu 异常进行了实验研究，不同的是该实验体系成分为过碱花岗质（ASI 0.50~0.85），压力为 10kbar，温度为 800~1300℃，氧逸度从 IW（铁-方铁矿）到 >MH（磁铁矿-赤铁矿），实验产物的 Ce、Eu 含量用电子探针测定，获得分配系数。结果表明，Ce 异常随氧逸度升高和温度降低而增加，其关系为

$$\ln(Ce/Ce^*)_D=(0.1156\pm0.0050)\times\ln(f_{O_2})+(13860\pm708)/T(K)-(6.125\pm0.484)\tag{3-94}$$

式中，$(Ce/Ce^*)_D$ 为由分配系数计算的 Ce 异常；$T$ 为锆石结晶温度，K。

由锆石给出的氧逸度的标准误差为 1~3 个对数单位。从同一熔体成分中产生的 Eu 异常可用下述经验公式表示：

$$(Eu/Eu^*)_D=1/[(1+10^{(-0.14\pm0.01)\times\Delta NNO+(0.47\pm0.04)}]\tag{3-95}$$

式中，$(Eu/Eu^*)_D$ 为 Eu 分配系数异常；$\Delta NNO$ 为氧逸度缓冲剂（Ni-NiO）对数单位差。

如果锆石中 Eu 和 Ce 异常可作为形成锆石熔体中 Ce 和 Eu 氧化状态的代表，则 $Eu^{2+}$ 和 $Ce^{4+}$ 可共存在多数锆石饱和的岩浆中，这说明在锆石结晶前或结晶过程中不需要由长石分离结晶产生 Eu 亏损。因

此，锆石 Eu 异常是氧逸度和熔体 Eu 异常的函数，上式中未表明 Eu 异常与温度的关系，说明没有锆石的结晶温度也可能获得氧逸度信息。而自然界没有亏损 Ce 的主要造岩矿物或富集 Ce 的岩浆，因此，$(Ce/Ce^*)_D$ 可用于限制天然熔体的氧化还原状态（Trail *et al.*，2012）。

在上述计算中，Ce、Eu 异常是用分配系数计算的，这与常用 Ce、Eu 含量的球粒陨石标准化值计算明显不同。自然界锆石中 $(Ce/Ce^*)_D$ 总是>1、<300。

与 Ce、Eu 类似，锆石中多价阳离子 Fe、Mn、V、Mo 和 U 等都可成为探测氧逸度的"传感器"（Trail *et al.*，2012）。

（4）尖晶石中的 Cr

相对于海洋和古老克拉通地幔，地幔楔到处都是氧化的，其 $f_{O_2}$ 高于铁橄榄石-磁铁矿-石英（FMQ）缓冲剂 0.3~2.0 对数单位。氧逸度 $f_{O_2}$ 与含 $H_2O$ 相无关（Parkinson and Arculus，1999）。

地幔氧逸度 $f_{O_2}$ 对确定固相线以上或以下的相关系、挥发分的性质、微量元素分配、扩散、电导率和力学性质是一个很重要的参数。在陆地岩石中氧逸度变化超过 9 个数量级，变化之大超过任何其他参数，如温度、压力和成分。20 世纪 90 年代确定 $f_{O_2}$ 主要采用的方法是准确测定尖晶石中 $Fe^{3+}$ 含量，最普遍应用的反应式是

$$6Fe_2SiO_4+O_2 \Longrightarrow 3Fe_2Si_2O_6+2Fe_3O_4$$
$$\text{橄榄石}\qquad\quad\text{斜方辉石}\quad\text{尖晶石}$$

虽然已经认识到俯冲带一般是氧化的，但对地幔楔中氧化还原的空间分布或 $f_{O_2}$ 是否直接与地幔楔熔融过程有关知道的却不多。很明显，熔融量、氧化作用及流体活动性元素的富集之间存在强烈的依赖性。

Wood 和 Virgo（1989）认为用电子探针分析对计算 $f_{O_2}$ 是不够精确的，这是因为尖晶石中 $Fe^{3+}$ 含量是用电价平衡和假设 $AB_2O_4$ 化学计量计算的，而 $Al_2O_3$ 含量分析误差对计算影响大，解决方法是用穆斯鲍尔谱测定 $Fe^{3+}$ 与 $Fe^{2+}$ 含量比值，或用具有特征 $Fe^{3+}/\sum Fe$ 值的尖晶石标样对电子探针分析进行校正。

Cr 指数 $Cr^\#[Cr/(Cr+Al)$原子比$]$ 与 $Fe^{3+}/\sum Fe$ 有明显线性关系：

$$Fe^{3+}/\sum Fe_{\text{穆斯鲍尔谱}}-Fe^{3+}/\sum Fe_{\text{探针}}=A+B[Cr/(Cr+Al)] \tag{3-96}$$

式中，$A$ 和 $B$ 为常数。

Parkinson 等的实验结合文献资料表明 $Cr^\#$ 与 $f_{O_2}$ 呈弱正相关（图 3-75）。$Cr^\#$ 是橄榄岩中熔体亏损程度的指标，表明随 $Cr^\#$ 增加橄榄岩受到高程度部分熔融，它也可作为熔体反应的标志。

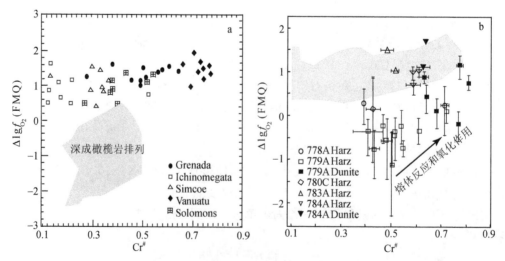

图 3-75　不同类型橄榄岩氧逸度与 $Cr^\#$ 的关系（Parkinson and Arculus，1999）

a. 各种弧橄榄岩中的尖晶石；b. 伊豆-小笠原-马里亚纳前弧橄榄岩中的尖晶石

俯冲带的氧化状态可以使 V、U 和铂族元素 PGE 等变价元素比在其他构造环境以高价状态存在。在弧环境中 U 比 Th 富集，是由于 $U^{6+}$ 比 $U^{4+}$ 和 $Th^{6+}$ 容易在富水流体和熔体中搬运。在地幔楔氧逸度范围 V 变得更不相容。在多数构造背景中地幔的普遍氧逸度范围，PGE 是呈低价态 $M^0$ 或 $M^+$。但在氧化的地幔楔中，PGE 可呈现不相容和溶于流体中两种截然不同的性质。Parkinson 和 Arculus（1999）认为造成地幔楔氧化的是水化的俯冲板片，熔体与地幔的反应可进一步使浅部上地幔氧化。

橄榄石、斜方辉石、单斜辉石和尖晶石的 V 的分配系数与 $f_{O_2}$ 的关系如图 3-76 所示（Canil，2002）。实验表明，对不同 Cr 指数 [Cr/(Cr+Al)]，在给定 $f_{O_2}$ 条件下，V 在 Cr 含量高的尖晶石中更为不相容。由图还可以看出，尖晶石二辉橄榄岩的 V 总分配系数是氧逸度的函数，而 Sc 与氧逸度无关。温度对 V 分配系数的影响可不考虑，因为 $f_{O_2}$ 的变化影响明显大于温度效应（Cani，2002）。Sc 的分配系数用所发表的相对于橄榄石和斜方辉石的 $D_{MgO}$ 的经验参数，对单斜辉石用 $D_{Sc}$ 为 1.2（为 1380℃、1405℃ 和 1430℃ 的平均值），对于尖晶石，由于 Sc 是高度不相容的，$D_{Sc}$ 约为 0。

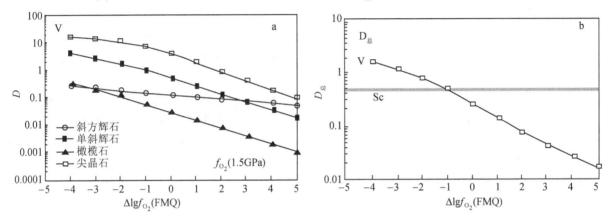

图 3-76　不同矿物的 V、Sc 分配系数与氧逸度关系（Canil，2002）
a. 单斜辉石、斜方辉石、橄榄石和尖晶石；b. 尖晶石二辉橄榄岩的 V、Sc 总分配系数

（5）石榴子石的 $Fe^{3+}/\Sigma Fe$

石榴子石是地幔岩、变质岩及夕卡岩中重要的组成矿物，特别是单个石榴子石晶体常出现明显的环带结构，它是石榴子石成分对结晶环境变化的响应。对地幔岩石中石榴子石环带的变价元素的含量变化定量测定为探讨地幔氧逸度变化提供了依据。用 X 射线吸收近边结构（X-ray adsorption near-edge structure，XANES）谱仪对南非 Wesselton 金伯利岩中的石榴子石环带 $Fe^{3+}/\Sigma Fe$ 值进行了原位测定（Berry et al.，2013），发现该比值从石榴子石晶体核心向边缘呈规律变化，核心为 0.075，而边缘为 0.125（见图版Ⅷ）。该石榴子石的边缘为交代成因，这反映了金伯利岩形成过程中岩石圈地幔发生了氧化交代事件。

**3. 作为氧化还原标志的副矿物**

*（1）岩浆型硬石膏*

磁铁矿和钛铁矿是划分花岗岩类型的标志副矿物，前者代表了还原性，后者代表氧化性。在内生矿床中，一些标志性副矿物的出现指示了矿床形成时的氧化还原状态，如岩浆型硬石膏的出现表明成矿系统的高氧化状态。近年来在产于岛弧或陆缘弧的斑岩型铜矿床中发现了硬石膏，这些硬石膏的地球化学特点证明其属岩浆成因，如美国新墨西哥州的 Santa Rita，智利的 El Teniente 等斑岩铜矿（Audetat et al.，2004；Stern et al.，2007）。在我国青藏高原东部玉龙斑岩 Cu 矿带的含矿斑岩体的岩浆成因石英斑晶的富水和 $CO_2$ 包裹体中发现了硬石膏子矿物，未见硫化物子矿物（Liang et al.，2006），其均一化温度 <680℃，$f_{O_2}>$SSO（硫化物-硫-氧化物）缓冲剂。在成矿早期阶段钾硅酸盐蚀变带的含矿石英脉富 $CO_2$ 包裹体中，发现硬石膏与黄铜矿，反映了成矿发生在 $S^{6+}$ 向 $S^{2-}$ 转变过程，即由氧化环境向还原环境转变。而在主成矿期，则仅见黄铜矿为代表（$S^{2-}$）的硫化物，表明主成矿期为还原环境。上述 S 矿物

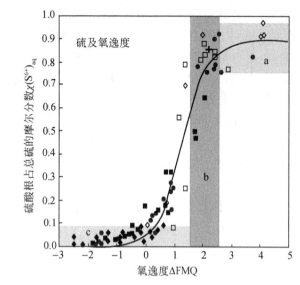

图 3-77　玉龙斑岩 Cu 矿中 S 的种类与氧逸度关系

（Liang *et al.*，2009）

a. 岩浆阶段；b. 成矿前磁铁矿化阶段；c. 主成矿阶段

种类的变化特点表明，玉龙斑岩 Cu 矿的成矿系统经历了从早期岩浆阶段以硫酸盐为主（S 以 $S^{6+}$——$SO_4^{2-}$ 为主）的高氧逸度氧化环境，转化为以硫化物为主（S 以 $S^{2-}$ 为主）的还原性主成矿阶段。玉龙斑岩 Cu 矿成矿过程的氧化还原环境的变化可用 S 的种类与氧逸度关系图解表示（图 3-77），可见玉龙斑岩的氧逸度 $f_{O_2}$ 与 S 从氧化向还原条件转变相近，$f_{O_2}$ 的少量降低即可形成大量还原态 S，斑岩岩浆的 $\lg f_{O_2}$ 为 ΔFMQ（铁橄榄石+磁铁矿+石英）+2 或更高（Liang *et al.*，2009）。

在西藏冈底斯成矿带的驱龙巨型斑岩 Cu-Mo 矿床中也发现了大量岩浆成因硬石膏（肖波等，2009），这些硬石膏的产出特点、矿物成分及地球化学特点均一致证明它们是岩浆成因的。形成于中新世的驱龙斑岩 Cu-Mo 矿床中，硬石膏主要发育于成矿的二长花岗斑岩和花岗闪长斑岩中，与岩石中石英、长石等矿物呈平整接触，同时结晶，或以不等粒斑晶产出，或在长石中呈包裹体产出。而热液硬石膏呈脉状或在爆破角砾岩中呈脉状物产出。在微量元素特征成分上，岩浆成因硬石膏 Sr 含量明显低于热液硬石膏（图 3-78），SrO 含量均在 $1200×10^{-6}$ 以下，这可能与岩浆结晶过程中 Sr 主要进入斜长石中有关（$D_{Sr}>2.5$，Shaw，2006）。此外，肖波等（2009）还在驱龙斑岩 Cu-Mo 矿床中发现与硬石膏共生的富 S 氟磷灰石，$SO_3$ 含量为 0.11%～0.44%，属于含矿斑岩体的磷灰石中 $SO_3$ 含量标准，$SO_3>0.1\%$（Imai，2002，2004）。

上述岩浆成因硬石膏及富 S 磷灰石的存在，表明驱龙斑岩 Cu-Mo 矿床具有富 S、高 $f_{O_2}$ 特点，这种高氧逸度 $f_{O_2}$ 岩浆具有很大的携带 Cu、Mo 等成矿元素的潜力（肖波等，2009）。

在岩浆和热液系统中，S 的种类强烈受氧逸度 $f_{O_2}$ 控制，$f_{O_2}$ 的高低还决定了 S 在岩浆中的溶解度，当 $f_{O_2}>NNO$ 缓冲剂时，稳定相为含硫酸盐的岩浆相（Carroll *et al.*，1987；Luhr，1990），当 $\lg f_{O_2}$ 在 NNO-1 与 NNO+1.5 之间时，稳定相从 $S^{2-}$ 为主转变为 $SO_4^{2-}$ 为主（Matthews *et al.*，1999）。由于 Cu、Mo 是亲硫化物的，因此在低 $f_{O_2}$ 时，它们与 $S^{2-}$ 形成硫化物沉淀，即在硫化物饱和岩浆中 Cu、

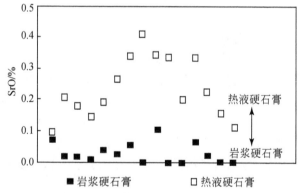

图 3-78　西藏驱龙斑岩 Cu-Mo 矿床中岩浆与
热液硬石膏的 SrO 含量对比（肖波等，2009）

Mo 含量降低，不利于成矿。而只有在高 $f_{O_2}$ 时，$S^{6+}$ 在岩浆中溶解度大，S 不易达到饱和。实验表明，饱和硫酸盐的玄武质熔体所含 S 比饱和硫化物的玄武质熔体高 10 倍（Jugo *et al.*，2005），这说明高氧化岩浆 S 不易饱和，Cu、Mo 等均呈不相容元素，而形成含矿岩浆。

在美国 Bingham 超大型斑岩 Cu 矿有关的 Last Chance 岩株中发现了含大量斑铜矿和黄铜矿包体（Core *et al.*，2006），表明该矿床形成与异常富 Cu 岩浆有关。但包体中缺乏雌黄铁矿，这表明成矿的 Last Chance 岩株中雌黄铁矿是不饱和的。该岩株的 $\lg f_{O_2}$ 为 NNO+1.7，在高 $f_{O_2}$ 的岩浆温度条件下，可在雌黄铁矿不存在时结晶出斑铜矿和黄铜矿。即高 $f_{O_2}$ 可使该岩株在受到强结晶分异时避免雌黄铁矿饱和，而形成富 Cu 的岩浆。

在智利西北的 Bajo de la Alumbrera 斑岩 Cu-Au 矿床的安山岩火山杂岩中发现了硅酸盐和硫化物熔体

包裹体（Halter et al., 2005），硫化物熔体包裹体的 S/Cu 值很高（约为40），这要求在混合形成的安山岩质熔体中的 S 浓度近于 $4000 \times 10^{-6}$，该浓度已超出任何一种硅酸盐熔体中 S 的溶解度，超出的 S 应来自含有硬石膏的流纹英安质熔体。由此认为，异常富 S 的岩浆，而不是富 Cu 的岩浆，是形成斑岩 Cu 矿的关键因素。

（2）磁铁矿

在上述含矿岩浆体系的 $f_{O_2}$ 变化过程中，磁铁矿也是一个标志性矿物。在岩浆系统中，氧化还原电位受氧化还原敏感元素（如 C、H、S 和 Fe）与镁铁质矿物和氧化物（主要是含 Fe 的）反应控制而被缓冲。Fe 是岩浆中最丰富的氧化还原剂，当角闪石和黑云母被磁铁矿替代时，需要大量 $Fe^{2+}$ 氧化成 $Fe^{3+}$，因此，在磁铁矿形成时 $Fe^{2+}$ 可作为还原剂将体系中氧化的硫转化为还原硫（Liang et al., 2009）：

$$12FeO + H_2SO_4 = 4Fe_3O_4 + H_2S \quad (\text{Carmichael and Ghiorso, 1986; Sun, 2004})$$

玉龙斑岩 Cu 矿与钾化关系密切：

$$8KFe_3AlSi_3O_{10}(OH)_2 + 2H_2SO_4 = 8KAlSi_3O_8 + 8Fe_3O_4 + 8H_2O + 2H_2S \quad (3\text{-}97)$$

在高压条件下，Fe 可被低密度水蒸气或流体在岩浆–热液环境中（Simon et al., 2004）搬运。磁铁矿也可由被岩浆富水流体搬运的 Fe 氧化作用形成：$12FeCl_2 + 12H_2O + H_2SO_4 = 4Fe_3O_4 + 24HCl + H_2S$（Field et al., 2005）。

由上述反应，磁铁矿的形成提供了还原 S 到成矿系统中，促进了硫化物矿物（如黄铜矿）的沉淀而成矿。因此，磁铁矿的结晶促进了硫酸盐的还原，是含 Cu、Au 硫化物沉淀的关键，也可作为斑岩 Cu 矿勘查的标志矿物（Liang et al., 2009）。

## （四）地表水（河流、湖泊、海洋）体系

在地表水（河流、湖泊、海洋）体系中，可根据底部水中 $O_2$ 的浓度将氧化还原程度划分为氧化、次氧化、缺氧和静海四种类型（表3-23；Tyson and Pearson, 1991）。氧化还原条件的变化使变价元素呈不同价态出现，而同一变价元素的不同价态的地球化学性质，特别是其溶解、沉淀的能力明显不同，因而明显影响了它们的迁移、沉淀和共生特点。例如，在氧化条件下，一些呈高价的元素（$U^{6+}$、$V^{5+}$、$Mo^{6+}$、$S^{6+}$）易溶解迁移，但在还原条件下的低价态（$U^{4+}$、$V^{3+}$、$Mo^{4+}$、$S^{2-}$）易沉淀；而 Fe、Mn、Cu、Eu 的氧化高价态（$Fe^{3+}$、$Eu^{3+}$、$Ce^{4+}$）易沉淀，还原条件下的低价（$Fe^{2+}$、$Eu^{2+}$、$Ce^{3+}$）易迁移。因此，当氧化还原条件改变时，将导致这些元素含量、比值及共生组合的改变。图3-79 是某些对氧化还原敏感元素的变化图示（Yarincik et al., 2000）。

**表3-23　沉积环境的氧化还原分类**（Tyson and Pearson, 1991）

| 氧化还原分类 | 氧化 | 次氧化 | 缺氧（海水柱中无游离 $H_2S$） | 静海（海水柱中存在游离 $H_2S$） |
|---|---|---|---|---|
| 底部水中的 $O_2$ 浓度 / $[mL(O_2)/L(H_2O)]$ | $[O_2] > 2$ | $2 > [O_2] > 0.2$ | $[O_2] < 0.2$ | $[O_2] = 0$ |

### 1. 变价元素比值

（1）$Ce^{4+}/Ce^{3+}$ 值

Ce 有 $Ce^{4+}$、$Ce^{3+}$ 两种价态，在弱碱性条件下，$Eh = 0.3V$ 时，$Ce^{3+}$ 氧化为 $Ce^{4+}$，这种条件相当于大多数天然水溶液。图3-80 为 25℃、1bar 时有关 Ce 的 Eh-pH 图解。在海水的 Eh-pH 范围内，$Ce^{3+}$ 很容易转变成 $Ce^{4+}$，$Ce^{4+}$ 的化学性质明显不同于其他三价稀土离子，易形成难溶的 $Ce(OH)_4$ 而与其他稀土离子分离，形成海水中特征的 Ce 亏损。$Ce(OH)_4$ 对海水中 $Ce^{3+}$ 氧化的控制基本原理和公式为（Sprin, 1965；Ehridch, 1968）

$$Ce^{3+} \longrightarrow Ce^{4+} + e^-, \quad K = 10^{-21.6}; \quad Ce^{4+} + 4OH^- \longrightarrow Ce(OH)_4, \quad K = 10^{+50.6}$$

$$Ce^{3+} + 4OH^- \longrightarrow Ce(OH)_4 \qquad K = 10^{+29.0}, E^0 = -1.7V \quad (3\text{-}98)$$

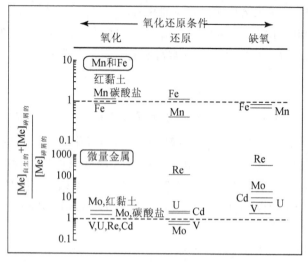

图 3-79　海洋沉积中氧化还原敏感元素的富集-亏损因素（Yarincik *et al.*，2000）

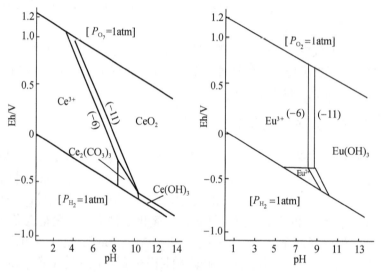

图 3-80　25℃、1bar 时 Ce、Eu 的 Eh-pH 图（Brooking，1989）

Liu 等（1988）提出了 Ce 的磷酸盐模式，认为 $PO_4^{3-}$ 对 Ce 起重要作用，是海水中络合 Ce 的主要阴离子。根据 $CePO_4$ 与海水 pH、$P_{O_2}$-$P_{CO_2}$ 等关系式，Ce 与 $OH^-$ 结合发生沉淀后海水中仍保有 Ce，Ce 与 $PO_4^{3-}$ 结合，$CePO_4$ 的稳定常数是 $10^{-18.5}$，由此可得到

$$Ce^{3+} \longrightarrow Ce^{4+} + e^-,\ K = 10^{-21.6};\ \ CePO_4 \longrightarrow Ce^{3+} + PO_4^{3-},\ K = 10^{-18.5};$$
$$Ce^{3+} + 4OH^- \longrightarrow Ce(OH)_4,\ K = 10^{+50.6};$$
$$CePO_4 + 4OH^- \longrightarrow Ce(OH)_4 + PO_4^{3-} + e^-, K = 10^{+10.5}, E^0 = -0.62V$$

（3-99）

海水是一复杂体系，纯水的标准氧化还原电位 1.23V 是不适用的，一般情况下海水表面平均温度为 10℃，pH=8.1，$P_{O_2}=0.2$。计算表明，海水中所观察到的 Ce 总浓度可以用 $a_{CePO_4}$ 近似，由此可得到关系式：

$$\lg C_{Ce} \approx \lg a_{CePO_4} = 13.2 - 0.25\lg P_{O_2} - 3.0pH$$

（3-100）

pH 与 $P_{CO_2}$ 有关，现代海洋 $P_{CO_2}=0.00032atm$。由 $P_{CO_2}=K[H^+]^2/[Ca^{2+}]$ 关系，可以得出下式：

$$pH = 5.05 - 0.50\lg P_{CO_2} - 0.50\lg Ca^{2+}$$

（3-101）

将式（3-101）代入式（3-100）中可得出

$$\lg C_{Ce} \approx \lg a_{CePO_4} = -1.95 - 0.25\lg P_{O_2} + 1.5P_{CO_2} + 1.50\lg Ca^{2+}$$

（3-102）

式（3-100）和式（3-102）给出了海水中 Ce 的浓度与海水的氧分压、二氧化碳分压的定量关系。

对深海钻探计划所采大西洋和太平洋沉积物的 Ce 浓度分布研究表明（Liu et al., 1988），南大西洋在 56Ma 时从还原环境变为氧化环境，而北大西洋这种变化发生在132~148Ma。在太平洋白垩纪—古近纪界线上下 1Ma 范围内没有发生明显氧化还原变化。由于 Ce 的浓度与海水的 pH、$P_{CO_2}$有关，因此，由海相碳酸盐 Ce 浓度测量可给出古环境，如计算表明 240Ma（早三叠世）的 $P_{CO_2}$ 为现代 $P_{CO_2}$ 的 1.9 倍。

对深海钻探计划的燧石样品和大陆上出露的燧石样品进行了稀土分析（图 3-81，Shimizu and Masuda，1977），可以看出所有深海钻探燧石样品均出现较明显 Ce 亏损（Ce/Ce* 为 0.2~0.3）。取自加拿大安大略（年龄 2.0~2.4Ga）和日本中部三叠纪—侏罗纪的燧石则恰相反，都有小的 Ce 正异常或无 Ce 异常。对现代海洋中 Ce 的分布研究表明，在一些相对封闭的海洋，如黑海，没有发现 Ce 异常，而深海 Ce 亏损是较明显的。上述结果表明，加拿大和日本陆地的燧石是在沿海、边缘海或被陆地封闭的海中沉积的。

对南非斯瓦施兰系（巴布顿地区）早前寒武纪（太古宙）燧石进行稀土分析（Nagasawa and Sawa，1987），发现其稀土元素含量都很低，均没有明显 Ce 亏损，轻、重稀土元素含量比（La/Yb）$_N$ 随年龄变年轻而增加，表明本区燧石是在还原或弱氧化环境下形成的。现代海洋中 $Ce^{4+}/Ce^{3+}$ 浓度比为 $10^{-17}$ 数量级，$Ce^{3+}$ 的浓度可表示为

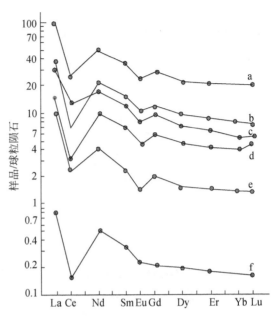

图 3-81　深海燧石（a、b、c、d）和从深海钻孔放射虫软泥中分离出的硅质微体化石（e、f）的稀土元素分布型式（Shimizu and Masuda，1977）

$$[Ce^{3+}] = 2.3 P_{O_2}^{-1/4} \exp(0.44-3pH) \qquad (3-103)$$

当 $[Ce^{3+}]$ 增加 100 倍时，可以消除海水中 Ce 亏损，这需要 $P_{O_2}$ 降低 8 个数量级。由于现代 $P_{O_2}$ = 0.2atm，因此在 $P_{O_2}$ = $10^{-9}$atm 条件下形成的燧石不出现 Ce 亏损。地球早期气圈 $P_{O_2}$ 值的数量级一般为 $10^{-13}$ 左右，看来 $10^{-9}$ 这个值是基本合适的，表明太古宙燧石是在还原的沉积环境中形成的。

对生物成因磷灰石 Ce 异常的研究开创了古海洋环境研究的新领域（Wright et al., 1984，1987），其基本原理是显生宙海洋生物的有机作用以磷酸盐形式从海水中吸收稀土元素，形成的生物成因磷灰石是海洋中稳定的磷酸盐矿物。由于 REE 与磷灰石中 $Ca^{2+}$ 离子半径相近而使其明显富集 REE，特别是中稀土元素 MREE 富集，形成帽子型（hat-type）或钟型（bell-type）REE 分布型式（见本书第五章图 5-36和图 5-39）。由于上述 Ce 的变价所产生的海水 Ce 亏损和富集必然在磷灰石的稀土组成有所响应，使磷灰石中的 Ce 异常成为古海洋氧化还原的重要指标。Wright 等（1987）以北美页岩组合样（NASA）稀土含量为标准，给出了 Ce 异常计算公式：

$$Ce_{异常} = \lg[3Ce_N/2(La_N+Nd_N)] \qquad (3-104)$$

以 $Ce_{异常}$ 值-0.10 为环境氧化还原的临界值，当 $Ce_{异常}$ 值<-0.10 时为氧化环境，>-0.10 时为缺氧环境（详见本书第五章第四节有关元素（化学）地层学图 5-36 及讨论）。

Ce 异常作为古海洋环境的指标应满足以下条件（German and Elderfield，1990）：海水中 Ce 的氧化状态应该是水柱中氧化还原条件改变的响应；海水 Ce 的正或负异常应代表保持在海水中氧化/缺氧条件的即时记录；固相所记录的 Ce 异常与海水源有关；在沉积后，固相记录的 Ce 异常在成岩过程中不改变。然而，与 $Ce^{4+}$ 还原为可溶性的 $Ce^{3+}$ 不同，深海中可溶性的 $Ce^{3+}$ 氧化成不溶的 $Ce^{4+}$ 是在其速率低于海水的混合速率时才发生。因此，样品记录的 Ce 异常不能提供其所在周围的氧化还原条件的即时记录，相反，所测定的 Ce 异常是所测定水体氧化还原历史的累计记录（German and Elderfield，1990）。产生 Ce 异常的原因是复杂的，海水中 Ce 亏损程度不仅依赖于氧化电位，海水 pH（Brookings，1989；Tricca et al., 1999；Still et al., 2000）、深度（Piepgras and Jacobsen，1992），水体年龄（German and Elderfield，1990）也对 Ce 异常有影响，微生物的活动可促进 Ce$^{3+}$ 的氧化（Moffett，1990）。海水的分层也对磷块岩的 Ce 异常有影响，浅部 Ce 亏损，深部 Ce 富集。在对前寒武纪条带状铁建造（BIF）的 REE 地球化学研究中，Bau 和 Dulski（1996）提出了识别 Ce 异常的图解法，他们认为，在计算 Ce 异常时，与 Ce 相邻的 La 和 Pr 的异常可造成附加影响。现代海水的（La/Nd）$_N$ 变化范围较大，为 0.8~2（De Baar et al.，1985a，1985b；Piepgras and Jacobsen，1992；Shimizu et al.，1994），这一般比从 Sm→Nd→Pr 向后外推（back-extrapolation）的 La 值高，在太古宙和现代海洋含金属沉积物及洋中脊高温热液流体中也有 La 富集。因此，在计算 Ce 异常时 [2Ce$_N$/（La$_N$+Pr$_N$）或式(3-104)]，由于 La 的异常富集而产生 Ce 异常的过度计算（overestimation），Ce 异常不单是由 Ce 本身的行为异常而产生。为解决这种困境，Bau 和 Dulski（1996）提出计算 Pr 的异常（Pr/Pr$^*$）$_N$ = 2Pr$_N$/（Ce$_N$+Nd$_N$）（N 表示以太古宙后澳大利亚页岩 PAAS 为标准），这是基于在化学上没有理由出现 Pr 和 Nd 异常，由 Ce 化学行为变化而产生的真实的 Ce 负异常必然导致（Pr/Pr$^*$）$_N$>1，Ce 正异常则（Pr/Pr$^*$）$_N$<1，用（Ce/Ce$^*$）$_N$ 对（Pr/Pr$^*$）$_N$ 作图（图 3-82），可给出不同情况的 Ce 异常，图中 Ⅲb 区为由 Ce 化学行为变化而产生的真实的 Ce 负异常，Ⅲa 区为 Ce 正异常，而 Ⅱa 区（Pr/Pr$^*$）$_N$ 约为 1，结合（Ce/Ce$^*$）$_N$<1，指示存在 La$_N$ 异常，表明 Ce 异常是不真实的。

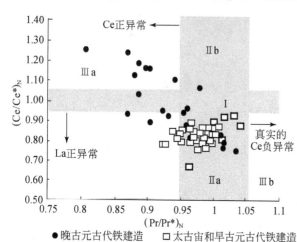

图 3-82　区分不同类型 Ce 异常的 Ce/Ce$^*$-Pr/Pr$^*$ 图解
（Bau and Dulski，1996）

Ce/Ce$^*$ = Ce$_N$/0.5（Pr$_N$+La$_N$）；Pr/Pr$^*$ = Pr$_N$/0.5（Ce$_N$+Nd$_N$）

对世界范围寒武纪 105 个化石磷灰石和晚新元古代磷酸盐结核的 REE 分析表明（Morad and Felitsyn，2001），MREE 富集与 Ce 异常 [lg(Ce/Ce$^*$)$_N$] 之间存在密切关系。在 lg(Ce/Ce$^*$)-(La/Sm)$_N$ 图解中，以（La/Sm）$_N$ 值为 0.35 为界（以北美页岩组合样 NASC 为标准），上述样品可划分为两个区域，（La/Sm）$_N$ 为 0.01~0.35 样品的 Ce 异常与（La/Sm）$_N$ 值呈明显正相关，而 0.35~1.1 的样品两参数不相关。Morad 和 Felitsyn（2001）认为，Ce 异常与（La/Sm）$_N$ 值呈明显正相关的样品是由于早期成岩作用造成 MREE 富集，特别是 Nd 的富集导致 Ce 异常不真实，这些样品的 Ce 异常不能用于海洋古环境识别。因此，（La/Sm）$_N$ 值为 0.35 是临界值，它是识别埋藏前或早期成岩作用过程中生物成因磷灰石形成的 Ce 异常与由计算产生的人为 Ce 异常的临界值，REE 标准化型式为平坦型、（La/Sm）$_N$>0.35 的磷灰石的 Ce 异常可作为海洋缺氧的标志。

根据上述必须强调的是，在应用 Ce 异常探讨古环境时必须注意所分析的对象，海水和其底部的沉积物是海洋的一个相互作用的系统，在海水处于氧化环境时，Ce 发生沉淀进入下面的沉积物，海水中 Ce 亏损，呈负异常。而富铁氧化物的沉积物，如红黏土 Ce 则富集，呈正异常。因此，生活于氧化海水中的生物，通过有机作用提取海水中的 P，形成生物磷灰石，如牙形石和鱼骨骼等化石，其 Ce 呈现负异常。相反，在缺氧环境下，沉积物中 Ce 可溶解进入海水，沉积物 Ce 亏损，呈负异常，在这种环境下形成的生物成因磷灰石，如牙形石和鱼骨骼化石等则富集 Ce（Wright et al.，1987；Grandjean-Lecuyer，1993）。

根据上述特点，海水沉积物系统中的牙形石和鱼骨骼化石 Ce 异常应与富铁沉积物的 Ce 异常呈互补关系。

在一些详细研究的显生宙层型剖面中，沉积物，如页岩的全岩 Ce 异常可用于海平面变化的详细研究（Wilde et al.，1996；详见第五章第四节）。

（2）Th/U 值

U、Th 是地球化学性质相似的元素对，但 U 有 U$^{4+}$、U$^{6+}$ 两种价态，U$^{4+}$ 较稳定，而 U$^{6+}$ 较活泼，易形成络离子迁移。在缺氧还原条件或在富有机质的沉积物中 $U^{4+}$ 易形成不溶化合物沉淀，U 明显富集，但 Th 受影响小，使 Th/U 值降低，而在氧化条件下 Th/U 值增加。图 3-83 是 25℃条件下的 $UO_2$-$CO_2$-$H_2O$ 体系的 Eh-pH 图解，可以看出 U 在不同氧逸度条件下的 $U^{4+}$、$U^{6+}$ 不同价态的易溶程度，$U^{6+}$ 易形成不同型式的易溶络合物。因此，沉积物的 Th/U 值系统变化可反映环境的氧化还原特征。Th/U 值<2.0 为缺氧环境，Th/U 值>2.0 为氧化环境（Arthur and Sageman，1994），强氧化环境的 Th/U 值可达 8（Kimura et al.，2001）。δU 值也用于判断沉积环境的氧化还原特征，$δU = 6U/(3U+Th)$，该值>1.0 指示缺氧环境，该值<1.0 则指示正常海水环境。与热液有关的硅质岩 U/Th>1，非热液硅质岩<1（Rona，1978）。

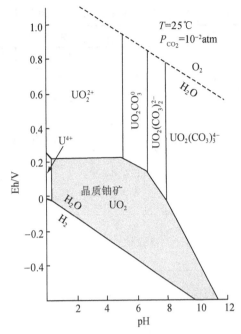

图 3-83 25℃条件下的 $UO_2$-$CO_2$-$H_2O$ 体系的 Eh-pH 图解

（3）V/（V+Ni）

与 Ni 相比，V 更容易在缺氧环境下富集，因此，高 V/（V+Ni）值代表强还原的缺氧环境。根据该比值可将水体环境划分为四种类型：氧化环境<0.45；贫氧环境 0.45~0.60；缺氧环境 0.60~0.85；硫化环境>0.85（Lewan et al.，1984）。Hatch 等（1992）将 0.54~0.82 划为缺氧，0.46~0.60 为贫氧（dysoxic，即处于缺氧与低氧性缺氧 hypoxic 之间）。

（4）V/Cr 与 V/Sc

Cr 与 Sc 常出现在沉积物的碎屑中，V 易与有机质结合，在缺氧还原环境下富集。V/Cr>2 指示水体为贫氧-缺氧环境；V/Sc>10 指示水体为缺氧环境（Jones and Manning，1994）。

（5）Re/Mo 与 Cd/U

Re 和 Mo 均可保留在海水中，甚至强烈富集在还原性的沉积物中，由于其金属$_{海水}$/金属$_{地壳}$ 值高，Re 和 Mo 在地壳中浓度的自生富集能力高于许多其他元素。Crusius 等（1996）对日本海、巴基斯坦、智利、秘鲁边缘海，Santa Babara 等盆地，用$^{210}$Pb 法测定沉积物的沉积速率，用同位素稀释法测定它们的沉积物的 Re、Mo 含量，取 $ReO_4^-$ 和 $MoO_4^{2-}$ 的扩散系数（在底部水温 3~4℃）为 $5×10^{-6}$ cm²/s。Crusius 等用 Fick 定律，追算（hindcasting）Re 和 Mo 在沉积物中相对富集的深度 $Z_{Re}$ 和 $Z_{Mo}$，结合沉积物中 Re/Mo 值，即可算得历史上的水柱剖面或沉积物的氧化还原状态。由图 3-84 可以看出，在富氧（oxic）条件下，Re 和 Mo 接近于它们的地壳丰度，Re 在低氧条件（suboxic，无 $O_2$ 和 $H_2S$）下富集，Mo 在更还原沉积物（$H_2S$ 出现）中富集。

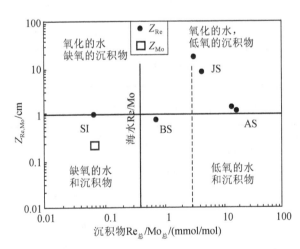

图 3-84 Re 和 Mo 初始富集深度 $Z_{Re}$ 和 $Z_{Mo}$ 对沉积物 Re/Mo 值图解（Crusius et al.，1996）

图中垂直虚线为黑海底部水的 Re/Mo 值；SI. Saanich 入口；BS. 黑海；AS. 阿拉伯海；JS. 日本海

对海水及其沉积物的研究表明（Nameroff et al.，2002；Tribovillard et al.，2006），Re 和 Mo 同时富集指示缺氧环境，Re/Mo 值高指示低氧环境，在氧化环境，Mo 和 U 在海水中均呈保存状态并长期停留（Mo~80 万年；U~40 万年）。在还原性沉积物中，Cd 比 U 富集，Cd 在沉积物表面富集，但 U 在向下岩心（Downcore）明显富集。Re、Mo、Cd、U、Cu、Ba、Ni 和 V 等在海水及沉积物氧化还原环境中的地球化学行为与基本地球化学资料概括于表 3-24~表 3-26。

**表 3-214　在富氧、低氧和缺氧条件下预测的金属浓度和示踪比值**（转引自 Nameroff *et al.*，2002）

| 环境 | Re | Mo | Cd | U | Re/Mo | Cd/U |
|---|---|---|---|---|---|---|
| 富氧 | 低 | 高（伴随 Mn） | 低 | 低 | 低（≤地壳） | 中等（～地壳） |
| 低氧 | 非常高 | 低 | 低 | 低 | 非常高（>地壳） | 低 |
| 缺氧 | 高 | 非常高（无 Mn） | 非常高 | 高 | =海水 | =海水 |

**表 3-25　用于描述沉积环境的氧化还原状态的微量元素地球化学资料**（转引自 Nameroff *et al.*，2002）

| 元素 | 在富氧海水中的氧化态 | 在富氧海水中的化合物类型 | 在富氧海水中控制分布的主要过程 | 被还原的氧化态 | 还原环境中的化合物类型 | 控制在沉积物中富集的主要过程 |
|---|---|---|---|---|---|---|
| Cd | Cd（Ⅱ） | $CdCl^+$（aq） | 营养物循环 | Cd（Ⅱ） | CdS（s） | 在有机质成岩过程中释放，强烈与二硫化物络合。在少量游离硫化物存在时沉淀 |
| Cu | Cu（Ⅱ） | $CuCl^+$（aq） | 营养物循环，净化 | Cu（Ⅱ），CuCl | CuS（s），$Cu_2S$ | 在有机质成岩过程中释放，以分散状硫化物沉淀 |
| Mo | Mo（Ⅵ） | $MoO_4^{2-}$（aq） | 保存的行为 | Mo（Ⅴ）Mo（Ⅳ） | $MoO^{2+}$（aq）$MoS_2$ | 穿过沉积物-水界面沉淀到深部。游离硫化物堆积，在～0.1μmol/L 硫化物时开始以 Mo-Fe-S 混合形式析出，在 100μmol/L 以上时直接以硫化物沉淀 |
| Re | Re（Ⅶ） | $ReO^-$（aq） | 保存的行为 | Re（Ⅳ） | $ReO_2$?，$ReS_2$（s）$Re_2S_7$（s） | 穿过沉积物-水界面沉淀到深部，对析出机制了解甚少 |
| U | U（Ⅵ） | $UO_2(CO_3)^{4-}$（aq） | 保存的行为 | U（Ⅳ） | $UO_2$（s） | 穿过沉积物-水界面沉淀到深部，析出过程看似是受动力学因素控制 |
| V | V（Ⅴ） | $HVO_4^{2-}$（aq）$H_2VO_4^-$（aq） | 几乎是保存的，可能有某些营养物循环 | V（Ⅳ）V（Ⅲ）？ | $VO^{2+}$（aq）$VO(OH)_3^-$（aq）$V(OH)_3$（s） | 穿过沉积物-水界面的扩散作用在缺氧沉积物中堆积而转移到深部。还原态 V（Ⅳ）强烈被清除 |

**表 3-26　海水中不同氧化还原状态的微量元素地球化学资料**（Tribovillard *et al.*，2006）

| 元素 | 氧化海水中主要元素种类和氧化态 | 海水中的平均浓度/(nmol/kg) | 在海水中停留的时间/($10^3$a) | 还原条件中的化学形态 | 上陆壳平均丰度/$10^{-6}$[①] | 澳大利亚后太古代平均页岩/$10^{-6}$[②] | 平均页岩/$10^{-6}$[③] |
|---|---|---|---|---|---|---|---|
| Mn | $MnO_2$，$Mn^{2+}$/Mn（Ⅳ）和 Mn（Ⅱ） | 0.36 | 0.06 | 见正文 | 600 | 1400 | 850 |
| Ba | $Ba^{2+}$ | 109 | 10 | 见正文 | 550 | 650 | 650 |
| Cd | $CdCl^+$/Cd（Ⅱ） | 0.62 | 50 | CdS/Cd（Ⅱ） | 0.1 | 0.1 | 0.3 |
| Co | $Co^{2+}$/Co（Ⅱ） | 0.02 | 0.34 | CoS/Co（Ⅱ） | 17 | 20 | 19 |
| Cr | 主要为：$CrO_4^{2-}$/Co(Ⅵ)+$Cr(OH)_2^+$ 和 $Cr(OH)_3$/Cr（Ⅲ） | 4.04 | 8 | $Cr(OH)_2^+$，$Cr(OH)_3$，$(Cr,Fe)(OH)_3$/Cr（Ⅲ） | 83 | 100 | 90 |
| Cu | $CuCl^+$/Cu（Ⅱ） | 2.36 | 5 | CuS $CuS_2$/Cu（Ⅰ） | 25 | 75 | 45 |
| Mo | $(MoO_4)^{2-}$/Mo（Ⅵ） | 105 | 800 | 硫代钼酸根 | 1.5 | 1 | 1.3 |

续表

| 元素 | 氧化海水中主要元素种类和氧化态 | 海水中的平均浓度/（nmol/kg） | 在海水中停留的时间/（10³a） | 还原条件中的化学形态 | 上陆壳平均丰度/10⁻⁶① | 澳大利亚后太古代平均页岩/10⁻⁶② | 平均页岩/10⁻⁶③ |
|---|---|---|---|---|---|---|---|
| Ni | NiCl⁺，NiCO₃，Ni²⁺/Ni（Ⅱ） | 8.18 | 6 | NiS/Ni（Ⅱ） | 44 | 60 | 68 |
| U | [UO₂（CO₃）₃]⁴⁻/U（Ⅵ） | 13.4 | 400 | UO₂，U₃O₇或U₃O₈ | 2.8 | 0.91 | 3 |
| V | （HVO₄）²⁻和（H₂VO₄）⁻/V（Ⅴ） | 39.3 | 50 | VO²⁻，VO(OH)₃⁻，VO(OH)₂/V（Ⅳ）V₂O₃，V(OH)₃/V（Ⅲ） | 107 | 140 | 130 |
| Zn | Zn²⁺ ZnCl⁺/Zn（Ⅱ） | 5.35 | 50 | ZnS，(Zn，Fe)S | 71 | 80 | 95 |
| Al | | | | | 80400 | 84000 | 88900 |

注：①McLennan，2001；②Taylor and McLennan，1985；③Wedepohl，1971，1991。

　　不同环境下微量元素的富集程度与总有机碳（TOC）有密切关系（图3-85）：氧化-次氧化环境，微量元素之间缺乏相关性，主要靠碎屑输入供给。缺氧环境时（anoxic），有机质供给 Ni 和 Cu，有机质部分或全部分解后，Ni、Cu 被圈闭在铁硫化物中，形成 Ni、Cu 与总有机碳的明显正相关。V 和 U 扩散进入沉积物，并在氧化还原界面以自生相沉积。Mo 在氧化还原界面沉积有限。微量元素的摄取受合适的有机质可利用性控制，Mo、U 和 V 的富集系数较低，与总有机碳也有较好的相关性。在封闭环境（euxinic），不溶的金属硫化物和氢氧化物可大量直接从水柱中或在水-沉积物界面沉淀，造成 U 和 V 富集，并与总有机碳呈弱相关关系，这是由于 U 和 V 主要以自生相存在，而不是有机相，这与以有机相存在并可穿过黄铁矿的 Ni、Cu 相反。Mo 由于与黄铁矿和富 S 有机质有关而高度富集。

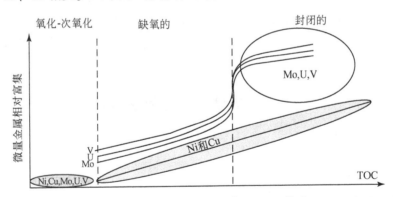

图3-85　Ni、Cu、Mo、U 和 V 在不同环境下与总有机碳（TOC）关系（Tribovillard *et al*.，2006）

　　海洋古环境的研究越来越受到重视，微量金属，特别是 Mo 和 U 作为海洋古环境得到广泛应用，2011 年在美国田纳西州诺士威尔召开的第二十届戈尔德施密特大会设立了"微量金属作为海洋古环境指标的新应用"专题，著名地球化学杂志 *Chemical Geology* 于 2012 年 9 月出版了该专题的专辑。

**2. 对沉积氧化还原环境敏感的矿物**

　　对沉积自生矿物（如黄铁矿、海绿石等）及化石中变价元素（如 Fe、Ce、U、Th）的分析，对恢复沉积物古氧化还原环境是很典型的指标。

　　海绿石是较典型的自生矿物，它与鳞绿泥石常产于氧化与还原过渡相。分别选择潮湿和干燥条件下的典型地层中的海绿石进行稀土元素分析（Kazakov，1983），可以发现海绿石中 Ce 分布主要有两种不同的类型，在潮湿岩性带海绿石 Ce 含量最高。而在干燥岩性带海绿石 Ce 含量最低。这主要是由于在干燥条件下风化作用造成 Ce 呈四价，其氢氧化物易沉淀而不易迁移进入海盆所造成的。在干燥地区海绿石中稀土元素总含量平均值比潮湿地区相对减少，因此，用吸附作用（Nd-Sm 较为特征）、溶解度（Y-

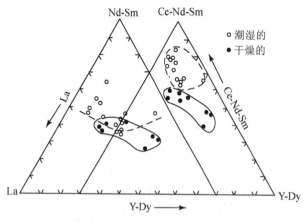

图 3-86　潮湿和干燥条件下海绿石中稀土元素的关系

Dy 较为特征）和对这两种作用较为惰性的 La，以及在吸附作用中增加的元素 Ce（Ce-Nd-Sm）构成三角图解（图 3-86），可以较清楚地将干燥和潮湿条件下的海绿石区分开。这对于判断前寒武纪时期沉积环境特点更有意义。

### （五）　变价元素测定的新方法

近几年来，同步辐射光源技术的迅速发展使 X 射线技术取得了突破性进步，如 X 射线吸收精细结构（XAFS）、X 射线荧光（XRF）、X 射线光电子能谱（XPS），许多同步辐射装置上建立了专用于 X 射线吸收精细结构（XAFS）研究的试验站，这些技术的发展为变价元素的定量测定提供了重要手段。例如，X 射线吸收精细结构（XAFS）是研究电子结构及近邻配位环境的有力工具，X 射线吸收近边结构（X-ray adsorption near-edge structure，XANES）对吸收原子的氧化-还原状态很敏感（如对于 Fe，在 K 边前 10eV 的边前特点对 Fe 的价态很敏感），同时具有微米量级的空间分辨率、元素选择性、不破坏样品及样品制备简单等优点。例如，Wilke 等（2004）用 K 边（K-edge）XANES 测定了玄武质玻璃中 Fe 的价态。Berry 等（2008）运用此技术研究了津巴布韦太古宙 Belingwe 绿岩带橄榄石中的科马提岩熔融包体，其 Fe 的 K 边 X 射线吸收近边结构光谱测定获得 $Fe^{3+}/\Sigma Fe$ 值为 $0.10\pm0.02$，这样低的比值是不可能在含水高的条件下形成。该值与具有类似氧化状态的现代洋中脊玄武岩源区近于无水熔融一致，表明太古宙科马提岩是异常热地幔熔融形成。Takahashi 等（2005）用 XANES 研究了含变价稀土元素 Eu 较高的热液矿物磷灰石［Eu 含量$(39\sim64)\times10^{-6}$］和氟铈矿（Eu 含量 $282\times10^{-6}$）的 $L_{\text{Ⅲ}}$ 边的 X 射线吸收近边结构光谱，结合矿物的 Eu 异常程度，给出了计算 $Eu^{2+}/Eu^{3+}$ 值的图解方法。类似的还有 Brugger 等（2008）对澳大利亚卡尔古里金矿中白钨矿的 $Eu^{2+}/Eu^{3+}$ 值分布研究。

# 四、古盐度及海相和陆相

### （一）　古盐度

古盐度是指保存于古沉积物中所有可溶盐的质量分数（重量百分比）。古盐度的恢复方法包括古生物、古地理、沉积磷酸盐及自然矿物法等。正常海洋的盐度为 35‰，也用氯离子千分含量表示盐度，称为氯度，正常海洋的氯度为 19.4‰。微量元素在定量计算古盐度上发挥了重要作用，所涉及的元素包括 B、Ga、P、Sr、Ba、Rb、K、Fe、Mn 等。

#### 1. B

B 是易溶的轻微量元素，在地表各类岩石及水体中都有分布，特别是黏土矿物中 B 的含量与古盐度有关，可以指示其形成时水介质的古盐度，其基本原理是自然界水体中 B 的含量与盐度呈线性关系，矿物从水体中吸收的 B 含量与水体的盐度呈双对数关系，即佛伦德利希等温线（Freundlich odsorption isotherm）（Couch，1971）：

$$\lg B_{k} = C_{1}\lg S_{p} + C_{2} \tag{3-105}$$

式中，$B_{k}$ 为高岭土的 B 含量，$10^{-6}$；$S_{p}$ 为古盐度，‰；$C_{1}$ 与 $C_{2}$ 为常数。

该公式是用黏土矿物和 B 计算古盐度的基础。

由于岩石类型、黏土矿物成分和岩石粒度等都影响 B 的含量，特别是不同黏土矿物对 B 的吸收有明显差别，因此，对样品 B 含量进行适用于古盐度计算的校正成为计算古盐度的关键。它包括以下几种方法：

（1）相当 B 法

Walker（1968）以 $K_2O=5\%$ 时的 B 含量为相当 B 含量。相当 B 含量与古盐度有关，可作为古盐度的指标。该方法的依据是伊利石是对 B 吸收最强的黏土矿物，因此，伊利石中的 B 可作为古盐度的指标。Walker 方法步骤如下：①纯伊利石的 $K_2O$ 含量为 8.5%，沉积物中若无其他含钾矿物，则其纯伊利石的含量= $K_2O_{样品}/8.5$；②由此，纯伊利石中的 B 含量即为校正 B 含量：校正 B 含量= $8.5\times B_{样品}/K_2O_{样品}$；③根据校正 B 含量求出相当 B 含量，一是根据样品 $K_2O$ 和校正 B 含量作图（图 3-87），在图上查出相当 B 含量。二是由公式计算。

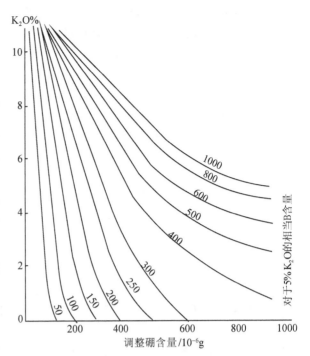

图 3-87　计算相当 B 含量的离散图（Walker，1968）

$$相当 B 含量 = \frac{11.8\times 校正 B 含量}{1.70(11.8-K_2O\%)} \quad (3-106)$$

若相当 B 含量范围为 $(300\sim400)\times10^{-6}$，则为正常海相；$(200\sim300)\times10^{-6}$ 为半咸水相；$<200\times10^{-6}$ 时为低盐度。可以看出，该方法实质上通过相当 B 含量的计算划分盐度区间，并不给出盐度数值。

（2）Couch 法

Couch（1971）针对不同黏土矿物对 B 吸收强度的差异进行校正，$B^*=B_{样品}/(4X_i+2X_m+X_k)$，式中，$B^*$ 为校正 B 含量；$X_i$、$X_m$ 和 $X_k$ 分别为实测伊利石、蒙脱石和高岭石的含量（质量分数），实验资料显示它们所吸收 B 的强度比为 4：2：1，即为校正式中的系数，Couch 校正后的佛伦德利希公式为

$$\lg S_p = (\lg B - 0.11)/1.28 \quad (3-107)$$

Couch 方法的优点是考虑了多种黏土矿物的存在及其吸附能力的差异，适应的盐度范围较广，为 1‰~35‰。实际应用时，一些学者结合所研究地区沉积岩成岩后黏土组分的变化，引入了成岩系数。如计算山东微山湖样品的古盐度为

$$\lg S_p = (\lg B_i - 1.375)/0.49 \quad (3-108)$$

式中，$B_i$ 为黏土伊利石中 B 含量（钱凯，1982）。

李宝利（1995）以全岩 B 含量换算成黏土 B 含量，并考虑了绿泥石对 B 的吸附能力，得出古盐度计算公式：

$$\lg S_p = (\lg B_i - 2.0272)/0.2428 \quad (3-109)$$

**2. Sr/Ca**

海洋和内陆湖泊中含钙质介壳的生物（双壳类、腹足类、珊瑚等）的壳体生长过程中，除必需的 Ca 以外，还有少量的 Mg、Sr。Mg、Sr 的含量随水体中这些离子浓度的变化而变化，即与水体盐度有关（Deckker et al.，1988）。这种特点涉及 $Mg^{2+}$、$Sr^{2+}$ 在介形类壳体与水体间的分配系数 $K_d$。

$$K_d(Sr) = (Sr/Ca)_{介形类}/(Sr/Ca)_{湖水} \quad (3-110)$$

式中，湖水的 $(Sr/Ca)_{湖水}$ 与湖水盐度呈正相关（Williams，1966），$(Sr/Ca)_{湖水} = AS+B$，$S$ 为盐度，$A$、$B$ 为常数，相应的盐度表达式为

$$S = 1/\{A[(Sr/Ca)_{介形类}/K_d(Sr) - B]\} \quad (3-111)$$

因此，由介形类壳体的 Sr、Ca 含量恢复古盐度需要获得 Sr 的分配系数 $K_d$ 及常数 $A$、$B$。沈吉等（2000）用上述方法研究了内蒙古岱海的古盐度，他们用等离子体质谱测定了表层沉积物中活体介形类壳体及湖水中的 Sr/Ca 值，介形类壳体为 0.0156~0.0204，湖水为 0.0162~0.0182，由式（3-110）获得

Sr 的分配系数 $K_d$（Sr）为 0.963~1.121，平均为 1.064。按不同水深测定湖水中 Sr/Ca 值和盐度，用 Sr/Ca 对盐度作图，用最小二乘法拟合获得直线斜率 $A$ 为 0.005879，截距 $B$ 为 -0.008399，由此获得岱海湖水的古盐度 $S$ 与 Sr/Ca 关系式为

$$Sr/Ca = 0.005879S - 0.008399 \tag{3-112}$$

对岱海沉积物岩心（150cm）按一定间隔取样，分离出介形类壳体进行 Sr/Ca 测定和 $^{14}C$ 年龄测定，获得了距今 5000 年以来岱海湖水的古盐度变化。

综合上述，古盐度的计算必须与古地理、古气候研究相结合，应该综合运用不同微量元素方法，结合 C、O、S 等同位素方法，避免其局限性。

### （二）海相与陆相

沉积相是指一定的沉积环境及在此环境中沉积的沉积岩（沉积物）特征的综合。岩石的岩性特征（如岩石类型、颜色、成分、结构等）以及古生物、地球化学特征，它们被称为相标志，用以区别不同的相类型。根据海水和淡水中含量差异显著的微量元素，可以区别海相和陆相沉积物。

#### 1. B

现代海水中 B 为 $4.7 \times 10^{-6}$，淡水中一般不含 B，内陆盐湖中 B 含量较高。因此，海相沉积物 B 含量高（$100 \times 10^{-6}$ 或更高），湖相沉积物 B 含量最低。成盐潟湖相中含盐黏土 B 含量可达 $100 \times 10^{-6}$ 以上。Degens（1958）曾用 B、Ga、Rb 含量关系来区分海相与淡水相沉积岩（图 3-88）。Potter 等（1969）则利用 V、B 含量区分海相与淡水相。图 3-89 是河北卢龙寒武系—奥陶系剖面沉积岩的 B、V 含量关系，它们明显分布于海相区。

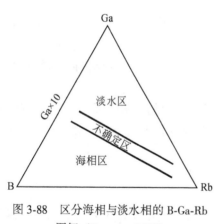

图 3-88　区分海相与淡水相的 B-Ga-Rb
图解（Degens，1958）

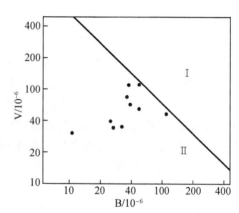

图 3-89　区分海相与淡水相的 V-B 图解
（河北卢龙为例）（赵振华等，1987）
Ⅰ. 陆相区；Ⅱ. 海相区

一般情况下古盐度可作为区分海陆相的指标。由上述古盐度计算中 Walker（1968）提出的相当 B 含量，该值在 $(300 \sim 400) \times 10^{-6}$ 时为海相沉积；$(200 \sim 300) \times 10^{-6}$ 为半咸水相沉积；小于 $200 \times 10^{-6}$ 为淡水沉积。

#### 2. B/Ga

B 和 Ga 化学性质不同，B 溶解度大，易迁移，而 Ga 为亲铜元素，活动性低，与 S、Se、Fe 结合，易于沉淀。海成黏土或泥岩中 B 含量高，大陆或淡水泥岩和页岩中 Ga 含量高（刘宝珺，1980；刘英俊、曹励明，1984），因此，海相沉积的 B/Ga 值高于淡水沉积，在陆相盆地中随湖水盐度增加 B/Ga 值也增加。该比值可指示古盐度，该值大于 4 为淡水，大于 7 或 20 为海水（王益友等，1979），但也有资料认为，该比值小于 3.3 为淡水相，3~4.5 为半咸水相，4.5~5 为海相，并提出不能简单地以 B/Ga 值作为区分海相陆相的指标，而应看作是古盐度的指标（孙镇城等，1997）。

#### 3. Sr/Ca

由于海相和内陆湖泊中钙质介壳生物壳体中的 Mg 和 Sr 含量与水体的盐度有关，因此，地层中化石

的 Mg/Sr、Sr/Ca 可判别海相和陆相，海相页岩中 Sr/Ca 值低，淡水页岩中 Sr/Ca 值高。

### 4. Sr/Ba

Sr 与 Ba 化学性质较相似，但在溶液中 Sr 的迁移能力及其硫酸盐化合物溶度积大于 Ba，可以迁移到大洋深处。在不同沉积环境中，如淡水与海水相混时，Ba 易成 $BaSO_4$ 沉淀，它们的地球化学行为差异造成了 Sr 与 Ba 的分离，造成在海洋中从河流到洋盆 Sr/Ba 值增加（汪凯明、罗顺社，2010），即在海相沉积中 Sr/Ba>1。在淡水湖泊介质中，水介质酸性强、矿化度（即盐度）低，Sr 和 Ba 均以重碳酸盐、氯化物形式保留在湖水中。当湖水或海水不断咸化，矿化度（盐度）逐渐增高时，Ba 首先以 $BaSO_4$ 形式沉淀，形成蒸发岩，因此，沉积物中 Sr 含量和 Sr/Ba 值与古盐度呈正相关可作为定量确定水体盐度的有效标志（王益友等，1979；汪凯明、罗顺社，2010）。当 Sr/Ba>1.0 时，为海相沉积；当 Sr/Ba <0.6 时，为陆相沉积；当 0.6~1.0 时，为半咸水相（王益友等，1979）。但笼统地以 Sr、Ba 含量或 Sr/Ba 值划分海陆相有局限性，有可能把富 Sr 的咸化湖泊误判入海相或海陆过渡相（孙镇城等，1997）。

### 5. Fe/Mn

Fe/Mn 值与盐度有关。一般认为，Fe/Mn 值越小，盐度越高。海洋锰结核中，Fe/Mn 值低于淡水锰铁结核中 Fe/Mn 值，海相泥岩的 Fe/Mn 值低于淡水泥岩。

### 6. Rb/K

K 含量与泥岩中碎屑矿物含量关系密切，并与黏土矿物中伊利石含量有关；Rb 大部分呈悬浮胶体搬运，容易被黏土矿物及有机质吸附，因此，含盐盆地中 Rb 含量高，Rb/K 值随盐度增加而增加（李进龙、陈东敏，2003）。正常海相页岩 Rb/K>0.006，微咸水页岩 Rb/K>0.004，河流相沉积物 Rb/K 为 0.0028。海相 Rb/K 值和 V/Ni 值均高于淡水相。

对美国西部三个盆地二叠系盐类沉积物的研究结果显示，对于内陆区海相和非海相盐类沉积的判别关键是石盐中溴化物含量，正常海相蒸发岩中石盐含（50~100）×$10^{-6}$或更多的溴化物，而在溶液二次循环中重结晶和再沉淀的石盐（即非海相），其溴化物含量为 20×$10^{-6}$或更少，特别是当再循环水是非海相水时更是如此（Wilgus et al.，1984）。

除上述微量元素对以外，Sr，Ni、Co、Mn、Ba 等可作为区分礁相和非礁相灰岩的指标元素。一般情况下非礁相灰岩中 Sr 含量比礁相灰岩高得多（表3-27）。

**表3-27 礁相和非礁相灰岩中 Sr 含量对比** （单位：$10^{-6}$）

| 礁复合体灰岩 | 盆地灰岩 | 礁复合体灰岩 | 盆地灰岩 |
|---|---|---|---|
| 300~400 | 1800 | 67 | 500 |
| 200 | 600 | 100~200 | 500~3000 |

对加拿大阿尔伯塔泥盆纪灰岩研究表明，非礁灰岩中 Sr、Ba、Ni、Co、Cr、V 含量比礁灰岩高得多。对日本高知县佐川地区灰岩研究也有类似结果，在上、中、下三层不同的灰岩中，中层为礁灰岩，微量元素含量最低；下层靠近陆侧形成，微量元素含量高；上层靠海形成，富 Sr 和 K（表3-28）。

**表3-28 佐川地区灰岩中微量元素组成** （单位：$10^{-6}$；括号中为样品数）

| 层 | 上 | 中 | 下 | 层 | 上（33） | 中（41） | 下（10） |
|---|---|---|---|---|---|---|---|
| 基质 | 微晶 | 亮晶 | 微晶 | 基质 | 微晶 | 亮晶 | 微晶 |
| 样品数/个 | 33 | 41 | 10 | Ba | 39 | 11 | 50 |
| $TiO_2$ | 400 | 200 | 600 | Zn | 12.7 | 8.2 | 15.2 |
| Mn | 23 | 64 | 83 | Na | 148 | 89 | 245 |
| Sr | 1220 | 400 | 628 | K | 909 | 29.6 | 1033 |

### 7. 单矿物

一些单矿物可以作为海陆相识别的标志。如单独出现的化石甲藻几乎是海相环境的确切标志，海绿石和鲕绿泥石是正常海相的标志矿物。

某些磷酸盐矿物是海相的重要标志之一，可以用沉积磷酸盐法（S、P、M）提取它们。海相沉积中主要是磷灰石 $Ca_{10}(PO_4)_5(CO_3)(F,OH)_2$，非海相土壤中主要是磷铝石 $AlPO_4·2H_2O$、红磷铁矿 $FePO_4·2H_2O$ 及羟磷灰石 $Ca_{10}(PO_4)_5(OH)_2$，它们都是难溶的物质。在海洋沉积物中，Nelson（1967）发现沉积磷酸盐中 Ca 盐与 Fe 盐的相对比值与盐度密切相关，他用 0.5N[①]$NH_4F$ 提取磷铝石，0.1N 的 NaOH 提取红磷铁矿，0.5N 的 $H_2SO_4$ 提取羟磷灰石，$F_{Cap}$（磷酸钙比值）= 磷酸钙/（磷酸铁+磷酸钙），该比值与盐度 S 呈线性关系：$F_{Cap} = 0.09 ± 0.026S$。该方法有局限性，当有碎屑磷灰石存在时，或矿化有机磷酸盐存在，或磷酸铁还原等，会掩盖任何局部沉积作用，例如，对区别半咸水环境有效，但在研究黏土岩时其认识常常与地质资料不符（Muller，1969）。

# 五、成矿物质来源

成矿物质来源始终是矿床学和矿床地球化学研究的重点，它包括了成矿流体及成矿元素。已建立的研究方法主要是通过矿物包裹体同位素（如 H、O、C 及稀有气体 He、Ar 等），研究成矿流体性质和来源。但对于成矿元素则主要是研究形成矿石矿物的 S、Pb、Nd 等同位素组成，它们给出的信息往往不能指示成矿金属元素的直接来源，而直接测定成矿金属元素同位素组成的非传统同位素组成（如 Fe、Cu、Mo 等）研究还处于建立方法和资料积累阶段，资料的多解性较大，这些都表明成矿物质来源研究的难度大。微量元素地球化学研究，特别是与同位素地球化学结合，为成矿物质来源研究开辟了另一个途径。

## （一）稀土元素

一般认为成矿金属来源于岩浆岩的分异作用及热流体与岩石相互作用（水/岩相互作用），由于蚀变作用而从岩石中获取金属。微量元素，特别是稀土元素可以作为水热体系中发生的蚀变反应的示踪剂。蚀变（水/岩相互作用）的特点可由溶液的微量元素比值或稀土元素分布型式反映出来，而溶液又会影响矿床的稀土元素分布型式。在水热体系中，与岩石起反应的水热溶液的稀土元素浓度受岩石中的稀土元素浓度、岩石与溶液之间稀土元素的分离习性和发生蚀变反应的类型所控制。因此，溶液的稀土元素组成可反映原始岩石的矿物学、被溶液所蚀变的岩石相和溶液的化学成分的特征。当溶液发生沉淀形成化学沉积物（如硫化物、含铁建造等）时，这种化学沉积物的稀土元素组成就可以提供形成它的水热体系历史的指标。

对斑岩型 Cu、Mo 矿床，热液铀矿床和深海沉积铁锰矿床的稀土元素地球化学研究，可作为成矿溶液性质探索［热液体系历史、迁移金属离子的阴离子种属（$Cl^-$、$F^-$、$CO_3^{2-}$）等］的实例。

### 1. 斑岩型 Cu、Mo、Sn 矿床

Taylor（1982）对斑岩型 Cu、Mo、Sn 矿床不同阶段蚀变作用过程中的稀土元素组成特点进行了研究，发现矿化的钾质蚀变花岗闪长斑岩与未矿化的花岗闪长斑岩相比，轻稀土元素和中稀土元素富集而重稀土元素亏损（图 3-90）。当岩浆体系比例下降，大气降水比例增加时，即大气降水-水热溶液体系出现青磐岩化和绢英岩化叠加，体系的温度、pH 降低，流体/岩石比例增加，这时所有稀土元素发生淋滤。大气降水-热溶体系的继续发展产生了

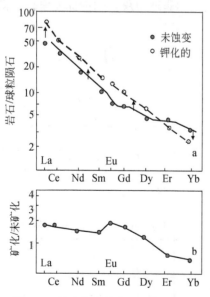

图 3-90　蚀变与未蚀变、矿化与未矿化花岗闪长斑岩稀土元素组成比较（Taylor，1982）

---

① 1N =（1mol/L）÷离子价数，物质的量浓度。

绢英岩化叠加在先前组合之上，导致所有稀土元素逐渐淋失，特别是最轻和最重稀土元素及 Eu 淋失（图 3-91）。这种特点表明，当活化的成矿元素沉淀时，应伴有开始阶段被淋滤的最轻和最重稀土元素的同时富集，如对美国科罗拉多斑岩钼矿的研究，将矿化样品与围岩相比较，轻稀土元素中等富集，重稀土元素强烈富集（图 3-92），也表明存在 $F^-$ 和 $CO_3^{2-}$ 的络合作用。在斑岩矿床中引起绢英质蚀变的大气降水-热液体系对所有稀土元素的淋滤和活化作用，表明这种流体也可引起 Cu、Mo、Sn、W 等成矿金属活化和富集。

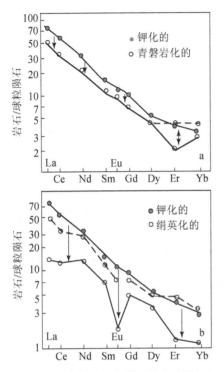

图 3-91　钾化、青磐岩化和绢英岩化花岗闪长斑岩
的球粒陨石标准化 REE 分布（Taylor，1982）

a. 花岗闪长斑岩钾化蚀变并具青磐岩化叠加；b. 绢英岩化
叠加在早期钾化和钾化-青磐岩化组合

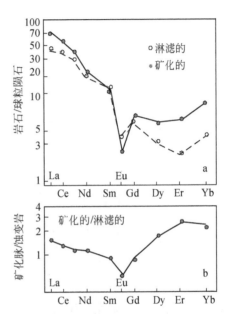

图 3-92　美国科罗拉多克莱梅克斯斑岩
Mo 矿蚀变作用的 REE 组成变化
（Taylor，1982）

a. 强绢英化蚀变斑岩围岩和邻近强矿化辉钼矿脉；

b. 矿化脉和相邻的绢英岩化蚀变围岩之间的 REE 比率

## 2. 热液 U 矿床

在低温热液体系中，重稀土元素和 U 明显相关，U 的沉积伴随着重稀土元素的明显富集，Tb、Dy 尤为富集，轻稀土元素强烈亏损，表明 $CO_3^{2-}$ 是 U 迁移的唯一重要的阴离子，$[UO_2(CO_3)_3]^{4-}$ 和 $[RE(CO_3)_3]^{3-}$ 等络离子是最可能的。

以在高温条件下可能与长英质火山活动有关的铀矿化为例，矿带与相邻的未矿化流纹质火山岩相比较，所有稀土元素（Eu 除外）都富集了 2.5~3.5 倍。如上所述，重稀土元素的富集可以碳酸盐络合作用解释，而对于轻稀土元素的富集需要用 $Cl^-$ 的存在解释，即在高温环境中 $CO_3^{2-}$、$Cl^-$ 等阴离子都是热液流体中重要的组分，这已被高盐度包裹体的存在所证明。

## 3. 硫化物矿床

对加拿大新不伦瑞克含铁建造及块状硫化物矿床的研究表明（Graf，1977），矿体的稀土元素分布型式与海水不同，这表明它不单纯是由海水沉积物的沉积作用产生的，必须涉及某些外部来源，最可能的是热水溶液，这种溶液通过水/岩相互作用从岩石中提取金属。这种反应以一种逐步方式改变岩石，稀土元素分布型式和溶液的金属含量随时间"和谐"地改变，因此，可用电子计算机模拟来估计溶液-岩石所形成的稀土元素分布型式。

在判断成矿流体性质或来源时，应用稀土元素也取得了有意义的成果。著名的澳大利亚布罗肯希尔（Brocken Hill）超大型 Pb-Zn 矿的成矿流体来源一直存在争议，有火山热液、建造水、下降对流海水、地慢热液等不同认识。Lottermoser（1989）对该矿床的喷气岩进行了稀土元素分析，其稀土元素组成特点是富 Eu 和轻稀土元素，贫重稀土元素（图 3-93a），这种特点与太平洋中脊的热液流体很相似（图 3-93b 中的 1），而与海水和建造水明显不同（贫轻稀土元素、Eu、Ce，富重稀土元素，图 3-93b 中的 2）。这些特点排除了海水和建造水作为成矿流体的可能。

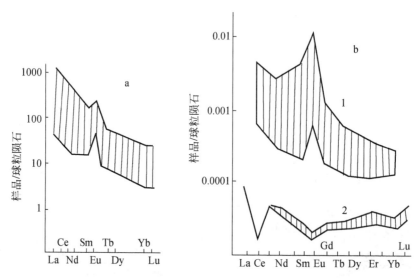

图 3-93　布罗肯希尔超大型 Pb-Zn 矿与洋中脊的热液和
海水稀土元素组成对比（Lottemser，1989）
a. 布罗肯希尔矿体附近喷气岩；b. 1-东太平洋中脊热液，2-海水

### 4. 前寒武纪条带状铁建造（BIF）

前寒武纪条带状铁建造（BIF）中的 REE：前寒武纪条带状铁建造可划分为两种类型，一是苏必利尔型，产于稳定陆缘碎屑岩-碳酸盐建造中，以加拿大苏必利尔湖地区及澳大利亚哈默斯利等地区的铁矿床为代表；二是阿尔戈马型，产于太古宙—早元古代火山-沉积建造中，以加拿大阿比提比绿岩带中铁建造为代表，在我国为鞍山式铁矿和冀东铁矿。选择分别代表这两种类型铁矿的澳大利亚哈默斯利和加拿大安大略 Michipicotten 铁矿进行了稀土元素 Nd 及其同位素和 Al、P 等元素关系研究（Jacobsen et al.，1988）。它们的 Sm、Nd 含量都很低，哈默斯利 BIF 的 Sm 为（$0.033 \sim 2.488$）$\times 10^{-6}$，Nd 为（$0.09 \sim 13.02$）$\times 10^{-6}$，Michipicotten BIF 的 Sm 为（$0.045 \sim 2.835$）$\times 10^{-6}$，Nd 为（$0.23 \sim 15.45$）$\times 10^{-6}$（图 3-94）。它们的 $\varepsilon_{Nd}(T)$ 值均主要为正值，哈默斯利 BIF 为 $-0.6 \sim +4.1$，Michipicotten BIF 为 $+0.5 \sim +4.0$。选择能代表海水中碎屑组分的 Al 和代表化学组分的 P（磷酸盐）对 $\varepsilon_{Nd}(T)$ 作图（图 3-95），探讨 BIF 的 REE 和 Fe 的来源。可见，在 Al-Nd 和 P-Nd 图解中（图 3-94），哈默斯利 BIF 样品均很分散，P 和 Nd 及 Al 和 Nd 均不存在相关性，Al/Nd 值约为 800，远低于代表细碎屑岩的页岩，多数样品的 P/Nd 值也高于页岩值，这表明哈默斯利 BIF 中 REE 和 Fe 均与碎屑岩和磷酸盐无关，这是因为如果它们相关，则 Nd 与 P 和 Al 应是线性关系，大致沿页岩的 Al/Nd 值分布。在 $\varepsilon_{Nd}(T)$ 与 Al/Nd、P/Nd 及 1/Nd 关系图解中（图 3-95），哈默斯利和 Michipicotten BIF 样品的分布均很分散，不存在线性关系，表明碎屑组分或富 P（磷酸盐，磷灰石）均不是控制 $\varepsilon_{Nd}(T)$ 值变化的重要因素。Michipicoten BIF 样品在 Nd-Al 及 Nd-P 图解中分布在页岩线的左上方，表明大量 REE 是由蚀变碳酸盐和硫化物碎屑相供给的。综合上述特点，这两类 BIF 铁矿的正 $\varepsilon_{Nd}(T)$ 值（与地幔相似）均与显生宙海水的负 $\varepsilon_{Nd}(T)$ 值（与大陆壳相似）明显不同，这表明在 $2.5 \sim 2.7$Ga 沉积 BIF 时的海水中的 REE 来源不是河水，而是通过洋中脊玄武岩循环形成的热液，原因是太古宙时高温热液海水（$>375$℃）的 Nd 含量高，热液/河水质量通量值高。另

外，BIF 和现代热液的 Fe/Nd 值均约为 $10^5$，表明 BIF 的大部分 Fe 来源于通过太古宙洋中脊玄武岩循环形成的热液（Jacobsen *et al.*，1988）。

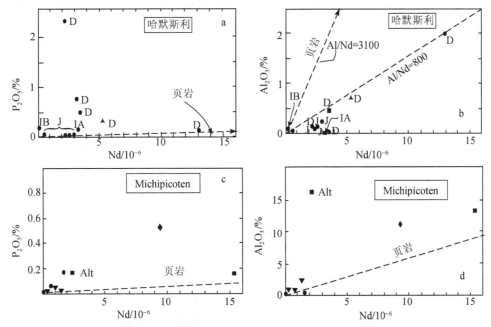

图 3-94　苏必利尔型（a）和阿尔戈马型（b）BIF 的 Nd 对 $P_2O_5$ 和 Nd 对 $Al_2O_3$ 图解（Jacobsen *et al.*，1988）

IA、IB、D、J. 哈默斯利组铁建造样品；Alt. 蚀变碳酸盐相样品

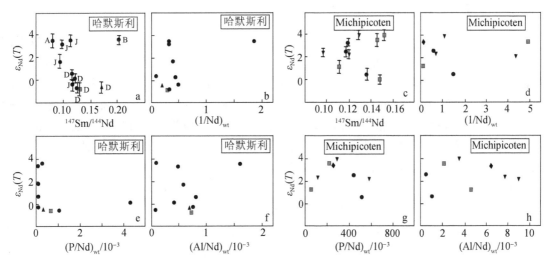

图 3-95　苏必利尔型（哈默斯利）和阿尔戈马型（Michipicoten）BIF 的 $\varepsilon_{Nd}(T)$

对 $^{147}Sm/^{144}Nd$、Al/Nd、P/Nd 及 1/Nd 关系图解（Jacobsen *et al.*，1988）

## （二）K/Rb 值

K/Rb 值不仅可以作为岩浆演化程度和花岗岩类矿床成矿作用的指标，对于火山成因的块状硫化物矿床也可作为水热流体来源的标志。加拿大不列颠哥伦比亚省森内卡块状硫化物矿床就是一个实例。对斑岩铜矿中 Rb 的分布特征研究为此提供了依据。研究表明 Rb 在不同蚀变带中分布不均匀，Rb 的正异常存在于遭受钾质蚀变、绢云母蚀变或青磐岩蚀变带内，而 K 的异常只出现在钾质蚀变带及绢云母蚀变带内，Rb 的异常范围超越矿体界限。这样就造成了在蚀变岩石中 K/Rb 值明显低于背景值，这是由于富 Rb 的水溶液相造成了蚀变及矿化，这种水溶液是由结晶的岩浆分离出来的。实验表明，花岗岩熔体

K/Rb 值和与其共存的水溶液相的 K/Rb 值相似，自一富 Rb 的残余熔体中分离出来的水溶液相也应该具有低的 K/Rb 值。相反，在海水中由于吸附和阳离子交换作用，Rb 比 K 更牢固地吸附在黏土颗粒上，因此，海水的 K/Rb 值高达 3167。对于火山成因的块状硫化物矿床，其下盘地层通常由多孔的海底泥石流和爆发角砾岩组成。如果下盘蚀变是由灼热海水与其反应而产生的，则在蚀变的碎屑岩石中就会形成高的 K/Rb 值，因而可利用 K/Rb 值区别是与岩浆水反应造成的蚀变还是由灼热的海水与其反应造成的蚀变。

在受水热蚀变的岩石中，K/Rb 值的变化很大程度上依赖于岩石/水比例、温度、pH 及反应时间的长短等因素，以及新鲜岩石和水溶液相中 K 和 Rb 的相对含量。由岩浆分离结晶产生的流体，Rb 含量比母岩浆高，具有低的 K/Rb 值，受这种流体蚀变的岩石 K/Rb 值也低。

当岩石孔隙度较低时，大气水受热与岩石作用，岩石/水比例很大，Rb 显著被淋滤，形成低 K/Rb 值的水溶液相，这时就难以用 K/Rb 值来区分由岩浆水形成的和由受热大气降水所形成的矿床。而对于海底爆发角砾岩，岩石/水比例很小，即使 Rb 大量被淋滤，海水的高 K/Rb 值仍得以保留，蚀变岩石必然具有高的 K/Rb 值，表明水热流体大部分由海水组成。

应该指出的是，在成矿流体研究中开始应用放射成因同位素 Sr 和 Nd，这是因为长期以来矿床学家们采用的是氢氧稳定同位素，它们所监视的实质上是成矿溶液中溶剂的行为和流体的来源。而且，尽管 $\delta^{18}O$-$\delta D$ 图解确定大气降水的存在较容易，但区分变质水和岩浆水是困难的，因为它们的投影区相互重叠，并由于化学反应和冷却所产生再平衡而使流体失去原始同位素特征。而 Sr、Nd 同位素适于讨论成矿流体中溶质（成矿元素）的来源，因为它们与成矿元素同作为溶质存在于成矿流体中，故 Sr、Nd 的来源可作为成矿元素来源的重要指示。目前常用的是矿床中富 Sr 的矿物（磷灰石、萤石、方解石、钠长石）和富稀土矿物（萤石、磷灰石、方解石）（赵振华，1993a，1993b）。

### （三）Ge/Si 值

Ge/Si 值可用于探讨前寒武纪条带状铁建造中 Fe 和 Si 的来源（Hamade et al.，2003），这是因为保存在铁建造硅中的 Ge/Si 值反映了沉积这种铁建造的水体的比值，因而可反映其源区。在低温过程中，无机 Ge 的地球化学行为与 Si 的重同位素相似，在自然界水体中无机 Ge 以与 Si 同样的化学形式存在。由于原子半径相似（Si 为 1.46Å，Ge 为 1.52Å），Si—O 和 Ge—O 键长也相似（分别为 1.63Å 和 1.64Å），因此，Ge 可置换 $SiO_2$ 晶格中的 Si。现代海水中的 Ge/Si 值为 $0.7 \times 10^{-6}$，代表了 Ge 和 Si 在海洋中相对通量，虽然海洋中 Si 和 Ge 在垂向和侧向的浓度有变化，但 Ge/Si 值可以保持。海洋中 Si 有两个成分明显不同的来源，一是洋中脊玄武岩蚀变产生的热液流体，其 Ge/Si 值平均为 $(8 \sim 14) \times 10^{-6}$，二是大陆径流，其 Ge/Si 值约为 $0.6 \times 10^{-6}$。在铁氧化物和硫化物沉积期间的富铁沉积物中，Ge 应有另外的汇。Hamade 等（2003）先用激光等离子质谱分析了西澳大利亚哈默斯利铁矿光片（300μm）中燧

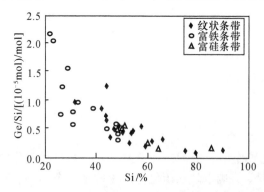

石的 Ge，然后用化学-等离子质谱分析了中等条带粉末的 Ge，其 Fe 和 Si 用 X 荧光光谱分析。结果显示富 Si 中等条带的 Ge/Si 值（分子比，下同）平均为 $3.22 \times 10^{-6}$，富 Fe 中等条带 Ge/Si 值平均为 $9.77 \times 10^{-6}$，纹状条带 Ge/Si 值平均为 $4.74 \times 10^{-6}$（图 3-96），用激光等离子质谱分析的纯燧石 Ge/Si 值平均为 $(0.82 \pm 0.16) \times 10^{-6}$，最富 Si 中等条带 Ge/Si 值与此接近。纯燧石 Ge/Si 值平均为 $0.82 \times 10^{-6}$，与现代海洋 Ge/Si 值 $0.7 \times 10^{-6}$ 相近，富 Si 中等条带 Ge/Si 值平均 $(3 \times 10^{-6} \sim 22 \times 10^{-6})$ 趋于与大陆相

图 3-96 条带状铁建造中不同类型条带的 Ge/Si 值与 Si 含量关系（Hamade et al.，2003）

近。上述结果表明，在条带状铁建造沉积过程中 Si 和 Fe 的来源是分开的，Si 主要来源于风化的陆地，Fe 来源于扩张的洋中脊产生的热液，这与 Nd 同位素研究结论一致（Jacobsen et al.，1988）。

## （四）PGE 和 Os 同位素

超大型矿床成矿元素的来源及巨量堆积的形成机制，一直是矿床学和地球化学关注的热点之一。巴布亚新几内亚 Ladolam 超大型金矿位于 Lihir 岛，其 Au 储量约 570t，赋矿岩石为二长岩、安粗岩和粗面玄武岩，成岩年龄为 0.342~0.917Ma，成矿年龄为 0.10~0.35Ma，属碱性岩浆-橄榄玄粗岩系（shoshonite）浅成低温热液型（Muller and Groves，1997）金矿。与紧临 Ladolam 超大型金矿的 Tulaf 海山的俯冲有关，矿区分布有丰富的地幔橄榄岩包体，这些地幔岩包体代表了洋内汇聚边缘海洋岩石圈完整剖面的样品，有尖晶石二辉橄榄岩、方辉橄榄岩、斜方辉石岩、单斜辉石岩、二辉岩、正长岩、辉长岩、角闪辉长岩、辉绿岩、玄武岩、远洋深海沉积物和珊瑚灰岩等。超镁铁岩包体中尖晶石方辉橄榄岩占多数。Mclnnes 等（1999）对五个方辉橄榄岩和一个斜方辉石中的 Pt 组元素（PGE）和 Au、Ni、Cu、Re 进行了分析，发现其 Ru、Rh、Ir 和 Ni 含量在交代的与未交代的方辉橄榄岩（代表弧下地幔）中是相似的，表明这些元素在富水流体中是相对不溶的。相反，贵金属在交代的方辉橄榄岩和斜方辉石岩中以下列顺序富集（在流体中溶解度降低顺序）：Pd>Au>Pt>Re>Cu>Os，其含量比未交代的方辉橄榄岩（亏损的弧地幔）富集 2~800 倍（图 3-97）。这表明俯冲产生的富水流体使受交代的地幔的 Os、Cu、Pt、Au 和 Pd 增加，等于和超过原始地幔。这些交代脉的部分熔融产生了富集 Pd、Au、Re 和 Cu 成矿的饱满碱性弧熔岩。

由于 Re 和 Os 具有与斑岩矿床中成矿元素相似的地球化学特点，但这两元素的相容性有差异，在地幔部分熔融过程中两元素发生分离，Re 高度富集在地壳中，而 Os 富集在地幔中，因此，Re 和 Os 是在汇聚边缘金属成矿的很好的示踪剂。该同位素体系可用于定量确定岛弧环境中成矿元素的通量，在岛弧环境，金属元素有两个储源——俯冲的地壳和地幔楔橄榄岩。对 Ladolam 超大型金矿中丰富的地幔岩样品的 Re-Os 同位素系统和 O 同位素系统研究表明，Lihir 岛的橄榄岩包体可由 $Os_{地幔}/Os_{板片流体}$ 以 30∶1 和 11∶1 混合形成（图 3-98），其中 11∶1 的二元混合线（亏损的弧下地幔和俯冲板片产生的流体两个端元）可模拟斜方辉石岩，表明该样品中 9% Os 来自俯冲板片，交代的方辉橄榄岩 $Os_{地幔}/Os_{板片流体}$ 混合比为 30∶1。而 Ladolam 金矿石的 $^{187}Os/^{188}Os$ 值与碱性弧熔岩及其母岩的被交代的地幔相重叠，表明该超大型金矿矿石的 Os 同位素组成与其下面的受俯冲改造的地幔橄榄岩相似，而地壳 Os 对地幔楔的贡献很小

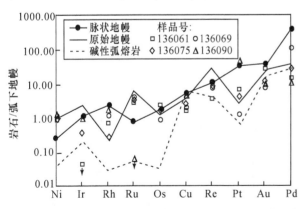

图 3-97　脉状地幔岩石（交代方辉橄榄岩）和原始地幔岩与弧下地幔蚀变方辉橄榄岩的贵金属含量比较
（Mclnnes et al.，1999）
图中元素按对数平均值增加顺序排列，箭头指示其含量低于检测限

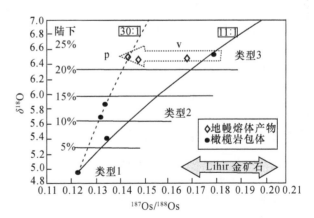

图 3-98　亏损的海洋弧下地幔与俯冲形成的流体两端元 Os 和 O 同位素混合图解（Mclnnes et al.，1999）
亏损的地幔端元由未交代的方辉橄榄岩代表（$\delta^{18}O=4.9‰$，$^{187}Os/^{188}Os=0.1217$）；俯冲板片流体来自白垩纪太平洋板片蚀变洋壳（$\delta^{18}O=12‰$，$^{187}Os/^{188}Os=2.117$）；类型 1：未交代；类型 2：交代；类型 3：斜方辉石岩；p. 碱性弧岩浆；v. 火山岩；箭头指示部分熔融过程中地幔 Os 的混染

（<10%），指示该矿种金属的原始来源是地幔。该矿床下面脉状橄榄岩包体的 Cu、Au、Pt 和 Pd 比周围

亏损的弧地幔富集 2~800 倍，这种交代地幔的优先部分熔融使贵金属进一步分异，形成富亲铜元素（Cu、Au、Pt 和 Pd）的碱性弧岩浆。因此，能够提高金属在流体中的溶解度及平流搬运和富集的构造过程，对形成 Ladolam 型的斑岩-浅成低温热液金矿床是必需的条件。

应当指出的是，铂族元素（特别是 Pt）在热液中可发生明显富集并形成热液矿床，如美国怀俄明州 New Ramber 矿床，南非 Transvaal Waterberg 矿床，澳大利亚 Coronation Hill 矿床等（Wilde，2005）。铂族元素在热液中的富集，可能是由富 Cl 的流体将分散在侵入体中的 PGE 富集在流体中，当流体的 pH 或氧化还原状态由于围岩的化学改变而发生突变时，PGE 富集沉积。在总压力为 1.5kbar，$f_{O_2}$ 等于 N-NiO 缓冲剂，600~800℃ 条件下，NaCl 卤水可溶解大量 Pt，在 Pt 饱和的卤水（相当于 NaCl 含量为 20%）中，Pt 的浓度可达（1000~3000）×$10^{-6}$。Pt 的溶解度随温度升高而增加，但随 NaCl 浓度增加而降低，表明在这些条件下主要的配位体是羟基。在未变质的黑色岩系经热液蚀变后也可使 Pt 含量升高，例如，美国内华达州黑色岩系 Pt、Pd 可达 500×$10^{-9}$。澳大利亚不整合脉型 U 矿床成矿温度一般为 200℃ 左右，其 Jabiluca 矿床 Pd 含量可达 100×$10^{-6}$，加拿大的同类矿床也有类似特点（涂光炽，1991）。

# 六、特殊成矿作用的微量元素地球化学标志

除了传统的成矿作用外，近年来在一些大型-超大型矿床中发现了一些具有重要意义的特殊成矿作用，如生物成矿、地外天体撞击成矿、地幔交代作用成矿和热水沉积成矿及分散元素成矿等。这些特殊成矿作用的识别，常借助于微量元素地球化学，特别是微量元素与同位素地球化学相结合（赵振华，1993a）。

## （一）分散元素成矿

分散元素包括 Ga、Ge、Se、Cd、In、Te、Re 和 Tl 等。之所以称它们为分散元素是由于其在地壳中含量很低，多为 $\mu g/g \sim ng/g$（$10^{-6} \sim 10^{-9}$）级，而且在岩石中以极为分散为特征，它们中多数形成独立矿物的几率很低，而且产地稀少。它们主要以伴生元素产出在与之地球化学性质相似的成矿主元素矿床中，这已成为矿床学界的共识。20 世纪 90 年代，我们在开展低温地球化学研究中，涂光炽（1994）提出了分散元素可以形成独立矿床，并认为这是一个有待开拓深化的新矿床领域。目前，在全球范围已发现并做了评价的分散元素矿床很少，如独立 Te 矿床仅发现四川石棉的大水沟一处，独立 Tl 矿床仅发现在贵州滥木厂和云南南华两处；Ga 和 Ge 在非洲纳米比亚的楚梅布（Tsumeb），在我国云南临沧褐煤中发现超大型规模的 Ge 矿床；独立 Se 矿床产在扬子克拉通边缘的四川拉尔玛和湖北恩施的渔塘坝。

分散元素超常富集形成独立矿床的机制可概括为三方面（涂光炽等，2003）：一是分散元素主要以独立矿物的大量形成和堆积而富集成矿，如贵州滥木厂 Tl 矿、四川拉尔玛 Se 矿床及大水沟 Te 矿床；二是分散元素主要以被吸附方式富集成矿，如临沧 Ge 矿；三是较多的分散元素以类质同象代替主成矿元素，虽然以此方式很难形成分散元素独立矿物，但可以达到超常富集，有利于综合回收，如云南会泽 Pb、Zn 矿中 Ge，贵州牛角塘 Pb、Zn 矿床中的 Cd，贵州黔中一水铝矿中的 Ga。在上述分散元素超常富集形成独立矿床的机制中，其富集方式可包括单一方式和多种方式，单一方式富集的实例是 Te 和 Ge，Te 常以形式多样的 Te 矿物（辉碲铋矿、楚碲铋矿、硫碲铋矿及碲铋矿等）成矿（四川大水沟 Te 矿、河北东坪 Au 矿），Ge 以有机络合物形式被吸附在褐煤中成矿（临沧）。以多种方式富集成矿的实例是贵州滥木厂和云南南华独立 Tl 矿，Tl 既形成独立矿物（滥木厂：红铊矿、斜硫砷汞铊矿；南华：铊黄铁矿、硫砷铊铅矿）堆积，也呈其他富集态存在于热液矿物辰砂、雄黄、雌黄中。在独立 Se 矿床中，（如拉尔玛），不仅出现罕见 Se 矿物，如硒汞矿（HgSe）、硒铜矿（$Cu_2Se$）、灰硒铅矿（PbSe）、硒镍矿（$NiSe_2$）、硒锑矿（$Sb_2Se_3$）等，部分 Se 还以类质同象进入辉锑矿等硫化物，大部分 Se 被黏土矿物和有机质吸附。上述分散元素富集成矿机制与主要控制机理可概括为：低温成矿作用（<200℃）；在一定地层层位富集成矿-层控型矿床；成矿流体为还原性、弱酸-弱碱性；成矿时代新（晚中生代—新生

代），成岩成矿时差大等。

虽然分散元素具有地壳丰度低和呈分散状态的共同特点，但分散元素之间缺乏共同之处和内在联系，一些分散元素，如 Se、Te 与 S 同族，Tl 在高温氧化条件下的地球化学性质与 Rb、Cs、Ga 类似；Ge 在一定条件下与主元素 Al、Si 密切共生；In、Cd 亲 S 和 Fe。但一些分散元素具有多亲和性，如 Ga，主要存在于沉积成因的一水硬铝石和中低温 Pb、Zn 矿床中的闪锌矿中，前者显示其亲石，后者则为亲硫，显示了 Ga 的双重亲和性。又如 Tl 在低温热液矿床中以独立硫化物和硫盐矿物（如红铊矿等）形式存在，与辰砂、雄黄、雌黄等矿物共生，也可以超常富集于辰砂等矿物中，显示其亲硫性。但在地表环境中高价 $Tl^{3+}$ 的地球化学行为与 K、Rb、Cs 等相似，显示其亲石性。$Ge^{4+}$ 与 $Si^{4+}$ 性质相似，$GeO_2$ 可以交代 $SiO_2$，显示其亲石性，Ge 还具有亲有机质性（如临沧 Ge 矿），在低温热液 PbZn 矿中也可见 Ge 富集，显示其亲硫性。

## （二）地外天体撞击成矿

地外天体撞击地球，造成地球生物大灭绝，这已是地学界普遍关注的课题。地外天体撞击地球产生岩浆活动而形成矿床，发现的实例已引起矿床学界的关注，其中特别重要的是微量元素与同位素地球化学的密切结合，确证地外天体撞击地球引发的成矿作用。著名的加拿大萨德伯里（Sudbury）超大型铜镍矿床，产于层状杂岩体中。传统认为该矿床是由来自地幔的岩浆分异作用形成。Dietz（1964）根据杂岩体周围震裂锥地形，其轴部朝向侵入体中心部位，以及岩体下盘存在角砾岩化带等特点，提出该矿床的形成源于一含铜的铁陨石对地球的冲击，形成直径约 50km 的陨石坑，冲击作用使下地壳发生熔融，Cu、Ni 来自地外天体。这一种观点在时隔 24 年后由 Faggart（1985）等再次提出，他们获得的 Sm-Nd 同位素组成及稀土元素组成资料表明，除了由于陨石冲击造成外，其他任何原因都难以解释。他们采集的全岩和矿物样品的 Sm-Nd 同位素组成，给出等时线年龄为 1840 ±21Ma，该年龄值与锆石 U-Pb 年龄非常一致。由此获得的 $\varepsilon_{Nd}(T)$ 值为 −7.54±1.1，在 Nd 同位素演化线上，萨德伯里所有测定样品均落在地壳趋势线上（图 3-99）。另外，萨德伯里杂岩体的稀土元素组成也显示了与典型地壳平均样品北美页岩 NASC 完全相似（图 3-100），即富轻稀土元素，Eu 中等亏损。上述特点表明，萨德伯里杂岩来源于地壳，15 个测定样品的 Nd 模式年龄 $T_{DM}$ 范围为 2.41～2.79Ga，平均为 2.56±0.13Ga。这个年龄与萨德伯里下部基底的变质火山岩和沉积岩一致。萨德伯里杂岩体 Nd 模式年龄与成岩年龄这样大的时间差（近 820Ma）也不能用"直接由地幔熔融产生"解释。因此，由上述资料，合理的解释是在 1.8Ga 时，由于陨石冲击地壳，2.5Ga 左右年龄的变质火山岩和沉积岩（上部陆壳）发生熔融，形成萨德伯里杂岩体而成矿。对其矿石的 Os 同位素组成研究表明，在 1.85Ga 时 $^{187}Os/^{188}Os$ 初始值集中于 0.60（未受扰动

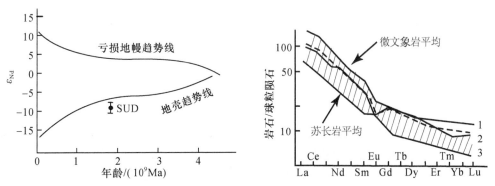

图 3-99　萨德伯里杂岩（SUD，15 个样品）在 Nd 同位素演　图 3-100　萨德伯里杂岩稀土元素组成
化线上的位置（Faggart，1985）　　　　　　　　　　　　　　　　（Faggart，1985）

1. 北美页岩；2. 半岛山脉岩基混合物；
3. 萨德伯里杂岩范围

的矿石为 0.59～0.61，受扰动的为 0.47～0.57），其附近围岩为 0.45～0.66，而相对应的地幔值为 0.10。

这些比值表明萨德伯里矿床的铂族元素（PGE）完全来源于地壳，没有地幔的贡献（Dickin et al.，1992）。1992年和1997年国际地质科学联合会召开了大陨星撞击及行星演化国际讨论会，会中讨论了著名的加拿大萨德伯里超大型铜镍矿的撞击成因新成果。萨德伯里矿区的冲击构造和近年来的Re-Os和氧同位素组成研究，均支持萨德伯里超大型铜镍矿陨石冲击成因说。Becker等（1994）在萨德伯里Onaping建造中找到含量达$10^{-6}$级的$C_{60}$（即富勒烯或碳笼-fullerences），两年后他们在$C_{60}$中发现地外来源的$^3He/^4He$值。在Onaping建造中还找到形态与其他陨石坑所见相似的金刚石。

地外天体撞击成矿的另一典型实例是俄罗斯西伯利亚波皮盖（Popigai）陨石坑金刚石矿床，2012年9月俄罗斯科学院西伯利亚分院报道了该区波皮盖（Popigai）陨石坑中产出"冲击金刚石"，储量为几万亿克拉（据《参考消息》2012年9月17日报道），为一巨大的金刚石矿床，其金刚石的硬度可能为普通金刚石的两倍。实际上，早在20世纪70年代苏联科学家就发现了这处矿藏，但一直未勘探，这处矿藏一直是保密的。对波皮盖（Popigai）陨石坑的研究（Masaitis，1994；Vishnevsky and Montanari，1999；Whitehead et al.，2002；Kettrup et al.，2003；Koeberl et al.，2012）表明，该陨石坑直径约100km，中心凹地深2.0~2.5km，是地球上最大的陨石坑之一。形成年龄为35.7±0.2Ma（$^{40}Ar$-$^{39}Ar$，Bottomley et al.，1997），属晚始新世，因此，它又是新生代最大的陨石坑。该陨石坑冲击结构保存完好，所有受冲击的岩石类型都在坑中出露，主要由太古宙和元古宙不同类型片麻岩组成。冲击坑被角砾、角砾岩及冲击熔融岩石充填，计算的保存下来的冲击熔体达约1.75km$^3$。对其铂族元素组成的系统分析研究表明（Tangle and Claeys，2005），在陨石坑熔融岩石的Ru/Rh-Pt/Pd、Ru/Rh-Pd/Ir、Pt/Pd-Ru/Ir及Ru/Rh-Rh/Ir等比值图解中，波皮盖（Popigai）陨石坑冲击熔体的分布与普通球粒陨石（L型）重叠（图3-101），该结果也与Cr同位素资料一致，表明它形成于普通球粒陨石的撞击作用，可能的源区为S型小行星（Tangle and Claeys，2005；Koeberl et al.，2012），（鉴别原理和方法详见本书第五章第六节）。

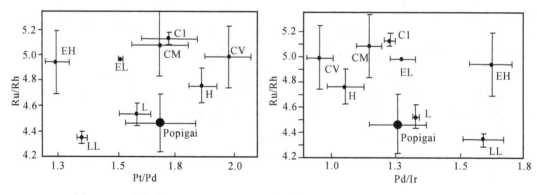

图3-101　波皮盖（Popigai）陨石坑冲击熔体Ru/Rh-Pt/Pd及Ru/Rh-Pd/Ir与
不同类型陨石的对比（Tangle and Claeys，2005）

（三）暴发成矿

暴发成矿是涂光炽（1997）提出的，它是指某一元素或物质在一定地质时期之前几乎不成矿而在此后突然成矿，且常常形成超大型矿床，它在一定程度上反映了矿床类型的时控性。暴发成矿最典型的是Pb和REE，在太古宙和古元古代，没有出现有意义的Pb和稀土矿化，出现的是Zn并与Cu共同形成矿床（我国辽宁红透山、张家堡子，加拿大Kidd Creek矿床、瑞典Bergslagen矿床等），缺乏Pb，而且缺少超大型矿床。但在距今1.8~1.4Ga的中元古代早期，在世界范围特别是中国北方、澳大利亚中部出现Pb和REE的超大型矿床（白云鄂博、东升庙、Olymic Dam、Broken Hill和McArthur River等）。这种暴发性成矿显然是与地球演化中的重大事件，可能与地壳的化学演化有关，Pb和REE间也可能存在某种内在联系。

从太古宙到中元古代岩石类型的最大变化是从广泛分布的TTG岩浆活动（奥长花岗岩、英云闪长岩、花岗闪长岩)，即低 K 高 Na 的岩浆组合，发展到中元古代全球性碱性（富钾）岩浆活动，如环斑花岗岩和富 K 火山岩，Pb 和 REE 的暴发成矿与之同步。Sawkins（1989）认为，中元古代 Pb 成矿之前，世界上一些地方发生非造山期富 Pb 的长英质岩浆大量侵入和喷发（Pb 含量>30×10$^{-6}$)，它们为 Pb 的大量成矿提供了物质基础。Pb 与 K 密切相关。裴愉卓等（2003）从不同时代、不同类型火成岩、变质岩中分离出 104 个造岩矿物并进行 Pb 含量分析，其中钾长石是含 Pb 最高的矿物（62~355）×10$^{-6}$，其次为黑云母（30~40）×10$^{-6}$。时代越新，钾长石含 Pb 量越高。姜齐节（1994）对全球火山岩含钾性与有关矿产统计表明，全球与 Cu、Zn 矿床有关的酸性火山岩 $K_2O$ 含量为 0.5% ~ 1.74%，基性火山岩为 0.05% ~ 0.8%；与 Pb、Zn 有关的酸性火山岩为 2.03% ~ 4.38%，个别高达 10.72%，基性火山岩为 0.83% ~ 1.94%，可见后者明显高于前者。对花岗斑岩中钾长石蚀变作用的研究表明（裴愉卓等，2003)，弱绢云母化后，钾长石含 Pb 降低近一半，强绢云母化后 Pb 降低 3/4 左右；弱硅化后，Pb 含量降低约 2/3。强硅化后，Pb 仅剩余 1/4~1/6。

国内外大量研究表明，太古宙和后太古宙地壳的 REE 含量和组成明显不同，后者 REE 含量高，富轻稀土（Taylor et al.，1985）。中元古代开始出现的碱性花岗岩及碱性岩（如内蒙古）稀土总含量达（705~1039）×10$^{-6}$，这在古元古代以前是少见的。其他类型岩石也有类似的规律（裴愉卓等，2003）。从太古宙到古元古代至中元古代，地壳岩石的 $SiO_2$、$K_2O$ 含量增高，Pb 和 REE 含量也升高，Zn 却相反，111 个中国北方早前寒武纪岩石分析结果明显显示了此规律（裴愉卓等，2003）。

因此，中元古代全球富碱（K）岩浆的广泛发育，以及 Pb、REE 与碱金属的密切关系，可能是中元古代 Pb、REE 暴发成矿的重要原因之一。

### (四) 地幔及地幔交代作用与成矿

除传统的与基性、超基性岩浆岩有关的矿床，如铬铁矿、铜镍硫化物矿床外，一些稀土、稀有金属，甚至有色金属矿床也有幔源物质的重要贡献。地幔的不均一性表明，上地幔在物质成分上表现为不同的地球化学端元，有亏损的，也有富集的，其中那些富集并易被析出某些金属的富集上地幔区，很可能成为某些金属大型-超大型矿床的源区。地幔在成矿中的作用越来越受到关注，1988 年 28 届国际地质大会设立了"地幔在成矿中的作用"专题，第 8 届国际矿床成因协会讨论的重点课题之一是"上地幔成分及结构在大矿床、矿床群和矿带成因分布中的可能作用"。

因此，识别富集地幔是近代地球化学研究的引人注目的课题。富集地幔是地幔发生交代作用的地区，除了具有特征的 Nd、Sr、Pb 和 Hf 同位素组成外，在微量元素组成上也很有特征（详见本书第五章第五节）。表 5-21~表 5-24 及附表 3 和附表 4 列出了原始地幔、交代地幔等不同地幔端元的微量元素组合及同位素组成，可见，交代地幔富含不相容元素 K、Rb、Sr、Ba、LREE、Nb、P、U、Th、Zr 等含水相矿物（金云母、角闪石等）和无水相矿物（锆石、磷灰石、金红石等）。

地幔流体是 C-H-O-S 体系，以 $CO_2$、$H_2O$、$H_2$ 等形式存在，我国辽宁复县金刚石中流体包裹体气相成分以 $CO_2$ 为主，其次有 $H_2O$、$H_2S$ 和 $CH_4$（郑建平等，1994）。实验表明，高压下富水地幔流体是不相容元素有效的搬运介质，形成充足的成矿物质储源。因此，许多超大型矿床与地幔交代作用有关。例如，澳大利亚布罗肯希尔（Brocken Hill）超大型 Pb、Zn 矿床就是一例，其矿石含大量碳酸盐、萤石和氟磷灰石；富含大离子亲石元素 U、Th，而 Fe、S 含量低；富轻稀土元素（LREE）和 Eu，贫重稀土元素（HREE）；方解石、萤石、磷灰石的 $^{87}Sr/^{86}Sr$ 为 0.716±3；显示非均质来源；与海底喷气矿床有相似的垂直分带，即由底盘向上、向外 Cu、Ca、Zn、P 降低，Pb、As、Mn、F 增加。这些特点表明，布罗肯希尔下面是一个交代的早元古代地幔。西澳大利亚 Yilgang 地块的太古宙金矿的形成与地幔流体搬运金和从围岩中淋滤金密切相关（Groves，1993）。我国白云鄂博超大型 Fe-REE-Nb 矿床的形成也与地幔交代作用有关，其主要特点是：强烈富轻稀土元素、Nb、碱质、挥发分（F、P）和其他不相容元素，Sm/Nd 值异常低（0.066~0.168，平均 0.107）。不相容元素的异常富集难以与普通地幔源相联系。特殊的同位素组成也指示了地幔交代作用的存在，例如，其矿物（独居石、黄河矿、易解石、氟碳铈矿、钠闪石、褐帘石、霓石、磷灰石等）的 $^{147}Sm/^{144}Nd$ 范围为 0.02949~0.1401，平均为 0.06171，明显低于地壳平均值 0.12。稀土氟碳酸盐的碳、氧同位素组成明显不同于寄主的白云岩（$\delta^{13}C$ 为 -5.33‰~-3.9‰，$\delta^{18}O$ 为 +6.39‰~+12.71‰，平均 10.46‰），这些特征表明其成矿流体非传统概念上的地壳热液，而是富含 $CO_2$ 的地幔流体，白云鄂博稀土矿的成因与地幔流体交代作用（富集地幔）有关（曹荣龙，1993）。与此类似的还有内蒙古巴尔哲超大型稀土-铌-锆矿床，该矿床与钠闪石碱性花岗岩有关，在面积仅 0.35km$^2$ 的小岩株中富集了近百万吨稀土，数百万吨 Zr，数十万吨 Nb 和数万吨 Be、Ta，金属的这种超常富集不可能用普通地幔熔融产生的岩浆作用解释。稀土及同位素的组成特点：稀土元素总含量高，最高达 $4000×10^{-6}$，相对富含重稀土元素，$(La/Yb)_N$ 为 1.4~8.9，在强矿化部位 $(La/Yb)_N$ 为 ~1，Eu 强烈亏损，$Eu/Eu^*$ 为 0.03~0.04，形成较典型的稀土四分组模式。Sr 同位素比值异常低，$^{87}Sr/^{86}Sr$ 初始值为 0.698；Nd 同位素 $^{143}Nd/^{144}Nd$ 值高，为 0.512706~0.512761；$\varepsilon_{Nd}(T)$ 值为 +1.90~+2.05；$\delta^{18}O$ 为 -4.5‰~0‰，明显低于花岗岩平均值。这些特点表明，巴尔哲超大型稀土、稀有金属矿床的形成与地幔交代作用有关。白云鄂博及巴尔哲超大型矿床的分布与产出很可能受大陆板内热点控制。

我国湘南柿竹园超大型钨铋多金属矿床的地球化学特点表明，壳幔相互作用对其成矿有重要贡献，与相邻的瑶岗仙大型钨矿相对比（表 3-29），可以看出，柿竹园超大型钨铋多金属矿床有明显的壳幔相互作用，其幔源元素 Cr、Ni 含量明显高于相邻的瑶岗仙大型钨矿。辉钼矿的 Re 含量可指示其物质来源，从地幔、壳幔过渡带到地壳，辉钼矿的 Re 含量显著降低（Mao et al.，1999），柿竹园超大型钨铋多金属矿床的辉钼矿 Re 含量高于瑶岗仙大型钨矿。此外，挥发性元素 F 含量更高，萤石储量已达超大型规模，有大量纯 $CO_2$ 包裹体。Nd 同位素组成 $\varepsilon_{Nd}(T)$ 值明显高于华南 S 型花岗岩。这些特点均一致表明，在湘南柿竹园超大型钨铋多金属矿床成矿过程中有明显地幔物质或底侵的新生地壳物质参与（赵振华等，2000）。

表 3-29　柿竹园、瑶岗仙、西华山钨矿相关花岗岩地质地球化学特征差异

| 地质背景 | 柿竹园拗陷区深断裂中 | 瑶岗仙、西华山隆起区 |
| --- | --- | --- |
| 围岩类型 | 碳酸盐 | 碎屑岩 |
| 成矿类型 | 云英岩型，夕卡岩型、（网）脉型 | （网）脉型、夕卡岩型 |
| 成矿元素 | W、Bi（超大）Sn、Mo、Be（大型） | W、Ag |
| $K_2O/Na_2O$ | 1.15~1.95 | 1.13 |
| $F/10^{-6}$ | 3295~9899 | 400~2200（2096） |
| $Ga/(Al×10^{-6})$ | 3.41~4.52 | 2.78 |
| K/Rb | 65.1 | 33.5 |
| Rb/Sr | 22.3 | 255.7 |
| Nb/Ta | 3.5 | 1.6 |
| $(La/Yb)_N$ | 1.6 | 0.38 |
| $Sr/10^{-6}$ | 124 | 4.7 |
| $Ba/10^{-6}$ | 206.7 | 12.9 |
| $Cr/10^{-6}$ | 14 | 7.5 |
| $Ni/10^{-6}$ | 16 | <4 |
| $C/10^{-6}$ | 36.2 | 21.9 |
| $^{87}Sr/^{86}Sr$ 初始值 | 0.7032~0.7290 | 0.7159~0.7318（瑶岗仙）；0.78343，0.7163~0.7169（西华山） |
| $^{143}Nd/^{144}Nd$ | 0.51211~0.51234 | 0.512225~0.512312（瑶岗仙）*；0.51205~0.51219（西华山） |
| $\varepsilon_{Nd}(T)$ | -8.5~-6.6 | -11.3~-8.5 平均 -10.3（10 个样品）（瑶岗仙）*；-10.7~-11.4（西华山） |
| $\delta^{18}O/‰$ | 2.8~14.4（峰值 5.7） | 11.22~11.59（11.4） |

*瑶岗仙 Nd 同位素数据据董少花等，2014；孙健等，2009。

对我国冈底斯斑岩型 Cu（Mo）矿床的 Nd、Hf 同位素组成与矿床储量之间关系进行的分析表明，

矿床储量与新生下地壳内幔源物质的贡献成正比，即 $\varepsilon_{Nd}(T)$ 与 $\varepsilon_{Hf}(T)$ 值越大（正），Cu（Mo）储量越大。如驱龙等大型-超大型斑岩 Cu（Mo）矿床的 $\varepsilon_{Nd}(T)$ 变化范围大（-6.2~+2.2），贫矿的均为负值（-8.1~-2.9）；含矿岩浆锆石 $\varepsilon_{Hf}(T)$ 值均为正值（+6.4~+12.2），贫矿的有正也有负值（-4.2~+4.5）；含矿岩浆 $\varepsilon_{Nd}(T)+\varepsilon_{Hf}(T)$ >-4[①]。基于此，$\varepsilon_{Hf}(T)$ 填图可为区域成矿潜力评价提供依据。

近几年我国在下扬子地区的赣西北武宁-靖安交界的大湖塘及景德镇朱溪等地相继发现了超大型钨矿，并伴生大型 Cu 矿，初步的矿床地球化学研究资料显示，如大湖塘钨矿的 $\varepsilon_{Nd}(T)$ >-10（-7.78~-7.47），朱溪钨矿钻孔中发现属橄榄玄粗质的二长岩，W-Cu 组合、赋矿岩性、时代（侏罗纪—早白垩世）及区域内德兴超大型 Cu 矿床［成矿时代为侏罗纪（Wang et al.，2006）和早白垩世（Jiang et al.，2013）］，这些特点均表明幔源物质可能对成矿有重要贡献。

### （五）与地幔柱相关的成矿作用

地幔柱的显著作用是形成大火成岩省，全球从晚元古代到新生代的大火成岩省在大陆与海洋均有广泛分布，约占全球表面积的 1/8。Schissel 和 Smail（2001）对与深地幔柱有关的矿床进行了总结。大规模的基性和超基性岩浆活动将大量成矿物质和能量由深部向地表迁移，特别是亲铁元素和铂族元素形成超常富集，形成 Cu-Ni、V-Ti 硫化物矿床，自然铜-氧化物矿床，铂-钯等矿床、Nb-Ta-Zr-REE 矿床等。徐义刚等（2013）认为，地幔柱形成不同的岩浆系列显示了特有的成矿专属性，镁铁-超镁铁质层状岩体与钒钛磁铁矿矿床和铜镍硫化物矿床；科马提岩与铜镍硫化物矿床；斜长岩与钒钛磁铁矿矿床；过碱性花岗岩与 Nb-Ta-Zr-REE 矿床；金伯利岩与金刚石矿床等。这在我国峨眉山和塔里木大火成岩省、西伯利亚大火成岩省最为典型。如西伯利亚地幔柱中 Noril'sk 超大型铜镍铂钯矿；美国中部大陆地幔柱中基韦诺型（Keweenaw）自然 Cu 矿床；南非的含金刚石金伯利岩与地幔柱有关。这些矿床类型相对较为单一，大多为铜镍硫化物矿床及少数自然 Cu 矿床。与峨眉山大火成岩省玄武岩有关发育了四大类型矿床（胡瑞忠等，2011）：V-Ti 磁铁矿矿床（攀枝花），其储量在世界上排名第二，其形成与高 Ti 玄武岩（$TiO_2$>2.5%）有关；Cu、Ni、Pt、Pd 矿等矿床（白马寨、金宝山、杨柳坪），形成与低 Ti 玄武岩（$TiO_2$<2.5%）有关，规模为中小型；自然铜-氧化铜矿床（滇黔边境）（朱炳泉，2003）；攀西地区的炉库、白草 Nb、Ta、Zr 矿床（255.6~257.9Ma）（王汾连等，2013）。这些资料已初步揭示峨眉山玄武岩是继美洲基韦诺裂谷大陆溢流玄武岩之后又一个具有较完整的岩浆-热液成矿系统的大火成岩省。

在新疆北部东天山-北山地区分布有 20 多处镁铁-超镁铁岩和 Cu-Ni 矿床，如黄山-井儿泉地区的大量镁铁-超镁铁质岩体以铜镍硫化物矿化为主，在香山西地区也发现了钒钛磁铁矿体。这些镁铁-超镁铁岩的形成时代集中在早二叠世（269~289Ma），与塔里木二叠纪地幔柱溢流玄武岩时代（280Ma）一致，Qin 等（2011）认为，它们之间的关系与峨眉山大火成岩省溢流玄武岩及镁铁-超镁铁岩相似，进而认为东天山-北山地区分布镁铁-超镁铁岩和 Cu-Ni 矿床与塔里木二叠纪地幔柱活动有关。在塔里木盆地北缘，与波孜果尔钠铁闪石有关的特大型 Nb、Ta 矿床、钒钛磁铁矿床形成均与塔里木地幔柱活动同期（290Ma）。

大量地壳物质混染造成岩浆硫化物饱和，是形成与地幔柱有关的以 Cu、Ni 为主的 Cu-Ni 硫化物矿床的关键因素之一，据此，徐义刚等（2013）提出了识别具经济价值的成矿岩体的三条地球化学指标：一是铂族元素相对 Ni、Cu 的强烈亏损。当岩浆达到硫化物饱和、发生硫化物熔离时，铂族元素会强烈富集在硫化物中，造成残余岩浆强烈亏损铂族元素。因此，成矿岩体中不含矿的岩石常表现为铂族元素相对于 Cu、Ni 的强烈亏损。硫化物矿石也呈同样趋势；二是 $(Th/Yb)_{PM}$-$(Nb/Th)_{PM}$ 图解和 $^{187}Re/^{188}Os$-$^{187}Os/^{188}Os$ 等时线，具有经济价值的含矿岩体一般形成于非常动态的岩浆通道中，$(Th/Yb)_{PM}$-$(Nb/Th)_{PM}$ 图解可估算地壳的混染程度，特别是 $(Th/Yb)_{PM}$。地幔与地壳物质的充分混合可使矿石构成一条很好的 $^{187}Re/^{188}Os$-$^{187}Os/^{188}Os$ 假等时线；三是岩石的 $\gamma_{Os}$ 值和 $\varepsilon_{Nd}$ 值，如果硫化物饱和发生在浅部岩

---

①侯增谦，等 . 2011. 大陆碰撞环境斑岩 Cu 矿系统中新生下地壳内幔源组分的贡献（内部报告）.

浆房，并由地壳 S 加入所致，岩石具有变化较大的 $\gamma_{Os}$ 值，而 $\varepsilon_{Nd}$ 值相对不变。此外，橄榄石中的 Ni，单斜辉石中的 Cr 含量特征也可作为成矿的地球化学标志。

与地幔柱有关的热点相关，也发育了热点锡矿、铀矿和金矿床。

热点锡矿：Sillitoe（1974）提出尼日利亚焦斯高原侏罗纪的含锡钠闪石碱性花岗岩是地幔热点活动的产物，该类矿床还富含 Nb（铌铁矿）。巴西朗多尼亚 Sn 矿以及美国密苏里州东南部 Sn 矿也都与地幔热点相关的晚元古代花岗质环状杂岩有关（Mitchell and Keays，1981）。

热点型 U 矿：阿拉斯加东南 Bokan 山 U 矿，该矿产于中生代钠闪石碱性花岗岩中，赋矿花岗岩及 U 均源自地幔（Rogers *et al.*，1978）。广泛发育在我国南岭中生代花岗岩中的 U 矿床分布在白垩—古近纪岩石圈伸展背景下形成的断陷盆地中，幔源基性岩脉发育，成矿作用与来自地幔富 $CO_2$ 流体有关，U 以 $[UO_2(CO_3)_2]^{2-}$ 或 $[UO_2(CO_3)_3]^{4-}$ 形式迁移（胡瑞忠等，2007）。

地幔柱有关金超常富集：地幔柱事件越来越多地被归结为地球原始高 Au 区域的 Au 源区，但对地幔柱活动造成的洋壳富 Au 的过程了解很少。Webber 等（2013）对大西洋洋壳中 Au 的富集与冰岛地幔柱的关系进行了较系统研究，发现 Au 的富集与地幔柱中心和大西洋洋脊的距离呈函数关系，冰岛地幔柱对大西洋洋脊的不断影响使洋壳沿 Reykjanes 洋脊发生 Au 的富集，其含量高达正常水平的 13 倍，范围超过约 600km。这种富集可归因于地幔柱的特殊组分，表明深部地幔的上涌与主要的 Au 矿化之间有成因联系。

Webber 等（2013）沿 Reykjanes 洋脊采集了 20 个玄武岩玻璃，用超低含量 Au（~$10\times10^{-12}$）的精密分析技术（Pitcairn *et al.*，2006）进行了分析，其含量范围（0.21~4.22）$\times10^{-9}$，Au 的含量变化与不受岩浆演化作用影响的 $^{87}Sr/^{86}Sr$ 和 $^{143}Nd/^{144}Nd$ 值呈明显正相关（图 3-102a），而与指示玄武岩浆演化的 $Mg^{\#}$，Fe [8]，Na [8]（标准化到 MgO=8% 时的 Fe、Na 含量）无关，这表明 Au 的含量变化不受玄武岩浆演化影响，而是由地幔源区的混合造成的（图 3-102a）。Au 含量与 Pb 同位素组成比较（图 3-102b）以及与不相容元素比值（如 La/Sm）关系显示源区至少有三个端元的混合，即一个富集地幔组分和两个亏损微量元素比值的组分，其中一个比另一个的 Au 含量高，即图中的 RRE（富集的冰岛端

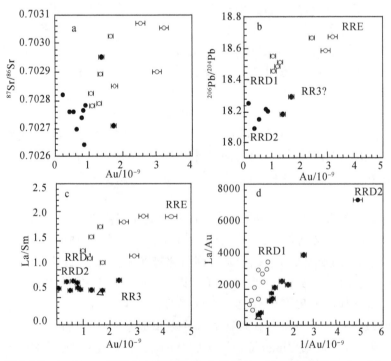

图 3-102　Reykjanes 洋脊火山岩玻璃 Au 含量与 Sr、Pb 同位素组成（a，b）

及 La/Sm-Au（c）、La/Au-1/Au（d）关系（Webber *et al.*，2013）

元）-RRD1（更亏损的冰岛端元）及 RRD2（亏损微量元素比值）-RR3［中等$^{206}$Pb/$^{204}$Pb，较高的 $\Delta^{208}$Pb 和 $\Delta^{207}$Pb，$\Delta^{208}$Pb 和 $\Delta^{207}$Pb 为$^{208}$Pb 和$^{207}$Pb 相对于北半球参数线（NHRL）的偏差］之间的混合（图 3-102c）。图 3-102d 确定源区存在第四个端元 RR3。这些特点并结合 Reykjanes 洋脊 Au 含量与冰岛地幔柱的空间关系，表明是地幔柱头与大西洋背景的上地幔混合控制了该洋脊 Au 含量的空间变化，即从地幔柱中心向外，Au 含量降低为 MORB 的 1/5~1/3 倍。

因此，由冰岛地幔柱控制的 Au 的富集表明，具有成矿潜力的目标应包括：被地幔柱富集的洋壳；受地幔柱影响的裂谷环境，如冰岛和东非；受地幔柱富集的俯冲的地壳或地幔影响的弧。

此外，地幔柱系统对石油的生烃和未熟油的形成也起着重要作用。

## （六）洋脊俯冲（ridge subduction）成矿作用

越来越多的研究表明，洋脊俯冲是较普遍的（详见本书第四章第三节五洋脊俯冲）。洋中脊蕴涵巨大的能量，因此，洋脊俯冲的显著特点是产生高热，进而形成一系列与俯冲洋壳板片熔融及与地幔楔和软流圈相互作用、熔融有关的埃达克岩、高镁安山岩和富铌玄武岩等高温、富镁岩浆岩组合，这些特殊的岩浆有强大的物质传输能力。洋脊俯冲效应对内陆的影响可达 500~1000km，可以影响陆内 500~1000km 的广大地区。洋中脊俯冲为软流圈上涌打开了通道，异常的高温促进了壳幔间的物质交换，加速了多种金属元素的活化运移，对一些矿床，尤其是 Cu-Au-Zn-Mo-U 等矿床的形成起着十分关键的作用，具备巨大的成矿潜能，促进了大型和超大型金属矿床的形成。例如，太平洋东海岸的南美大陆边缘，经历了太平洋板块长达 200Ma 的俯冲过程，但主要斑岩铜矿的形成仅集中在 10Ma，智利拥有 10 个千万吨以上的世界级大型斑岩铜矿，探明储量达 3.5 亿 t 以上，占全球铜探明储量的近 40%，其形成主要和洋脊的俯冲有关。晚白垩世（50~60Ma）期间出现在阿拉斯加的洋脊俯冲事件，形成了大量的 Au、Zn、Ni、Mo 及 U 矿床。可见，洋脊俯冲是寻找大型、超大型矿床的重要线索。我们研究发现，在西准噶尔晚古生代（315~290Ma）发生洋脊俯冲，形成板片窗，软流圈上涌并减压熔融，导致地壳伸展、玄武质岩浆底侵，形成 MORB 型玄武岩、I 型花岗岩、A 型花岗岩、紫苏花岗岩、高镁安山岩（Zhao et al.，2009；Tang et al.，2012）。与上述晚石炭世特殊的岩石组合相关，形成了丰富的 Cu、Au 矿床，成为中亚造山带成矿密度和规模最大的哈萨克斯坦环巴尔喀什湖成矿带及对应的大磁环延伸的重要组成部分。我国长江中下游白垩纪火成岩和相关的 Fe、Cu 多金属成矿带与太平洋和 Izanagi 板块之间的洋脊俯冲有关（Ling et al.，2009）。

## （七）热水沉积成矿

### 1. 海底热液及热水沉积

在地球内部，以水为主的循环对流流体体系，当达到地表附近时所发生的沉积、交代、充填作用和热动力作用称为热水作用。若热水系统注入海、湖盆地中，由热水介质（海水、湖水、热泉等，水温在 70~350℃或更高）所控制和引发的沉积作用，以及其对沉积盆地基底的蚀变作用，则称为热水沉积作用，所形成的矿床为热水沉积矿床（涂光炽，1987，1989）。

2010 年报道，在全球各大洋及地中海、红海发现海底热液地点至少有 319 处，它包括了正在活动的 192 处，已停止热液活动的 62 处，其中有 131 处含金属沉积物、富含 Fe 或 Mn 的沉积物、Fe 或 Mn 的结壳、脉状及浸染状硫化物（转引自曾志刚，2011）。在深水湖泊（东非大裂谷、贝加尔湖）和近岸海底也发现了黑烟囱和热液硫化物。自 2000 年后，海洋调查发现典型热液活动区的平均数大于 2 处/年。

海底热液活动在大洋元素循环中起了重要作用，它的成分特点对了解大陆上地质历史时期与海相有关的成矿作用有重要意义。已发表的资料表明，海底热液的成分与它们的产出位置（深水还是浅水）、温度、时代等都有密切关系。

海底热液活动所产生的硫化物与陆地上的火山成因块状硫化物矿床（volcanogenic massive sulphides，VMS）和沉积喷流块状硫化物矿床（sedimentaru exhalative massive sulphides，SEDEX）有很明显的相似性，因此，对海底热液硫化物地球化学的研究，可为揭示这两类重要 Cu、Pb、Zn 矿床的成因提供重要参考资料。

20 世纪 80 年代以来大规模海洋调查所发现的海底热液活动，形成的金属堆积不仅具有重大的潜在经济价值，也可成为解释古代类似矿床成因的钥匙，被认为是继板块学说之后重大的地质成果。热水沉积矿床的主体以沉积方式形成于水-岩界面之上的水体中，也包括此界面之下可能存在的，以交代和充填方式形成的筒状、锥状或面型热液含矿蚀变体，二者可共生或分期出现（涂光炽，2003）。

### 2. 热水沉积的地球化学标志

目前，已获得了一系列识别热水沉积的地球化学标志。Hekinian（1985）分析现代太平洋中脊各类型热水沉积物的 Ag、As 含量高，Ag（$5 \sim 186$）$\times 10^{-6}$，平均 $37 \times 10^{-6}$，As（$45 \sim 1253$）$\times 10^{-6}$，平均 $252 \times 10^{-6}$。Sb 和 As 可作为区别热水沉积物与正常沉积物的标志（Marching et al.，1982），热水沉积物 As 含量 $200 \times 10^{-6}$，Sb $7 \times 10^{-6}$，而远海沉积物和成岩富金属层分别为 $10 \times 10^{-6}$ 和（$2 \sim 3$）$\times 10^{-6}$。Набоко 等（1983）测定堪察加 $1975 \sim 1976$ 年裂隙喷发玄武岩火山锥的喷气冷凝物中微量元素含量（$10^{-6}$），As：$150 \sim 250$；Ag：$20 \sim 60$；Sb：$2060 \sim 38800$；Sn：$1100 \sim 1300$；喷气交代岩中 As：$0 \sim 1000$；Sb：$0 \sim 200$；Sn：$0 \sim 350$。对洋底热泉进行分析（Rona et al.，1983），并用海水在 350℃ 与玄武岩反应，将热水与普通海水对比发现，Si、Ba、Cu、Zn、$H_2S$、Mn 发生强烈富集（富集系数 $>10^2$），Rb、Li 富集 $10 \sim 100$ 倍。Crerar 等（1982）的研究表明，热水沉积物相对富集 Cu、Ni，贫 Co。Al/（Al+Fe+Mn）（质量百分数比值）是衡量沉积物中热水沉积物含量多少的标志，该比值随热水沉积物含量增加而减少，低的 $TiO_2$、$Al_2O_3$ 是热水沉积硅质岩的典型特征（Adachi et al.，1986）。Al-Fe-Mn 三角图解可将热水沉积物与其他沉积物区分开（图 3-103）。

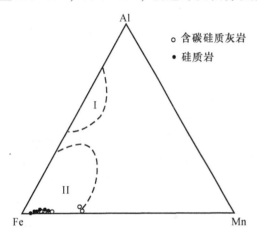

图 3-103　区分热水沉积的 Al-Fe-Mn 三角图解
（Adachi et al.，1986；涂光炽等，2003）
Ⅰ. 非热液燧石区；Ⅱ. 热液燧石和瓷状岩区

硅质岩是热水沉积的重要产物，常温海水中 $SiO_2$ 含量很低（$<10 \times 10^{-6}$）（Calvert，1983），但随海水温度增高 $SiO_2$ 溶解度剧增，150℃ 海水中 $SiO_2$ 含量可达 $600 \times 10^{-6}$，200℃ 海水中 $SiO_2$ 含量是 50℃ 海水的 10 倍（Holland，1967）。因此，当富 $SiO_2$ 的热水流体遇到冷海水后，$SiO_2$ 含量出现过饱和而沉淀形成硅质岩（Rona et al.，1980）。Ba、As、Sb、B、Ag、Hg 和 U 等元素在热水沉积硅质岩中一般都较高（Adachi et al.，1986；Herzig et al.，1988），其中 Ba 与 $SiO_2$ 含量呈正相关关系（Corliss，1979），这与生物成因硅质岩不同（王忠诚等，1995）。

稀土元素组成也很特别，已有资料表明，多数海底热液流体，如中大西洋洋脊 MAR 和东太平洋隆起 EPR，以及劳（Lau）盆地，流经不同岩石类型的洋壳，从玄武安山岩、安山岩及超镁铁岩的喷口系统热液，其 REE 含量高于海水，喷口流体中 $\Sigma$REE 为 $2.1 \times 10^{-9} \sim 2.3 \times 10^{-7}$ mol/L（海水为 $92.6 \times 10^{-12}$ mol/L）（曾志刚，2011），具有明显均一的稀土组成，其球粒陨石标准化型式相对富 LREE，Eu 呈正异常（图 3-104a、b；Michard et al.，1983；Michard and Albarede，1986；Douville et al.，1999）。但对弧后和岛弧系统中海底热液显示了较复杂的稀土组成型式，除具有相对富 LREE 和 Eu 正异常的共同特点外，有的喷口流体相对富中稀土，Eu 为负异常，有的稀土型式呈平坦的未分异型。这些特点可能是由于喷口岩石中蚀变矿物的稀土元素淋滤特点及其氯化物络合物稳定性的差异（图 3-104c、d；Cole et al.，2014）。

沉积环境对热水沉积物的微量组分也有控制作用，一般情况下，陆相热水沉积物富含 Sr、W、Rb、Cs、Ba、U 和 Th，而海相热水沉积物中这些元素含量低。海相热水沉积物由于沉积堆积快而不能充分吸取海水中的 Th 而相对富集 U，因此，热水沉积的相关岩石一般是 U/Th>1（Rona，1978；Girty et al.，1996），该比值显示了沉积物来源中热水充分参与的程度。

综上所述，Ag、As、Hg、Sb、Ba、REE 可作为判别热水沉积的标志元素。例如，凡口、栖霞、银

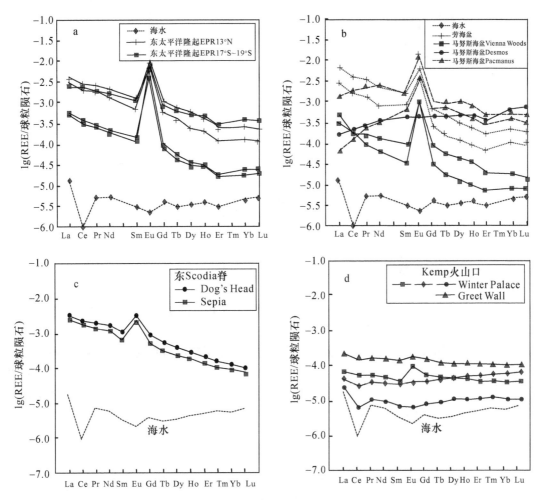

图 3-104　海底不同构造背景热液喷口流体稀土元素组成

(a, b 据 Douville *et al.*, 1999; c, d 据 Cole *et al.*, 2014)

硐子等矿床中 Ba、Ag、As、Sb、Hg 富集，出现独立银矿床，重晶石、锑、砷硫化物或硫酸盐普遍发育，广东凡口 Pb、Zn 矿床中 Hg 达综合利用标准；云南金顶超大型 Pb、Zn 矿出现辰砂；甘肃西成型 Pb、Zn 矿的 Ag、Sb、Hg、As、Ba 含量明显高，比本底高几倍到几十倍。上述特征指示了这些矿床的热水沉积作用。对我国湖南新晃重晶石矿的围岩藻硅岩稀土元素组成分析显示与现代大洋型热水沉积相似（图 3-105a），在 Cr-Zr 关系图上分布于热水沉积趋势线上（图 3-105b），这些特点说明藻硅岩属热水沉积成因（涂光炽，1987）。

周永章（1990）根据 As、Sb、Ag 富集（分别为 $16 \times 10^{-6}$、$90 \times 10^{-6}$、$0.8 \times 10^{-6}$），分别为沉积岩的 1.8、90、11.4 倍，以及稀土元素亏损（$\Sigma REE \ 13 \times 10^{-6}$）的特点，论证了广西丹池盆地相硅岩属典型热水沉积，并认为主要成矿元素 Sn 部分来源于含 $SiO_2$ 的热水溶液，而在广东河台金矿田前寒武纪矿源岩中包含了古地热系热水沉积，热水沉积参加了 Au 在矿源岩形成阶段的初步富集。

云南临沧超大型独立 Ge 矿床是热水沉积成矿的又一实例，基底二云母花岗岩中的分散元素 Ge 由与褐煤层同时的、形成硅质岩和含碳硅质灰岩的热水带入，区内同沉积断裂活动所导致的热水活动携带大量 Ge 进入成煤盆地，溶液中的 Ge 被煤中腐殖酸等吸附形成有机络合物成矿（涂光炽等，2003）。

涂光炽（1989）认为，在我国，太古宙和古元古代形成的沉积岩与沉积矿床可能大量是热水沉积岩和热水沉积矿床，它们主要有：前寒武纪早期形成的硅铁建造和条带状铁矿；火山岩与沉积岩中的块状硫化物矿床；较厚大的硅质岩；重晶石岩；一些地区的电气石岩、钠长岩、两透岩（透闪石-透辉石

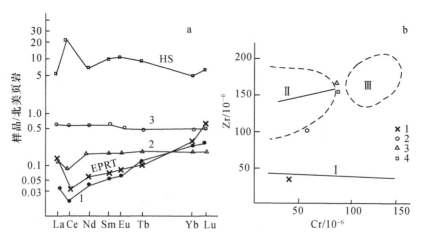

图 3-105　重晶石层围岩的稀土元素分布型式及 Cr-Zr 关系（涂光炽，1987）

a. EPRT-现代热水沉积物；HS-现代水成沉积物（Fleet, 1983）；1. 藻硅岩；2. 白云岩；3. 黑色页岩；b. I-现代热水沉积物趋势线；II-现代水成沉积物趋势线及集中区；III-现代水成岩含金属沉积物分布区；1-藻硅岩；2-黑色页岩；3-页岩平均值；4-深海沉积黏土平均值

岩）；石碌、大红山、镜铁山、莫托沙拉及式可布台等铁矿及共生的多金属矿化、锰矿化、萤石、重晶石等；显生宙锰矿；沉积萤石矿；华南下二叠统滑石矿；一些 Mn-Pb-Zn 矿床（如栖霞山）。

除上述特殊成矿作用外，对寒武纪底部及侏罗—白垩纪多层黑色岩系的研究也越来越引起人们的极大关注，这是基于它的全球性分布、特殊的元素组合（Ni-Mo-U-V-Au-Ag-Cu-PGE-REE-Cd-Se-Tl-Re），以及赋存超大型矿床（Pb、Zn、P、Mn 等）和作为环境变化的重要标志——大洋缺氧事件（OAE, Ocean Anoxic Event）。正因为如此，1998~2003 年执行的国际岩石圈计划（ILP）将其作为七大研究内容之一。

# 第六节　矿石和脉石矿物中微量元素分布的矿床地球化学意义

在矿床地球化学研究中，除对全岩（矿体围岩、矿石）进行微量元素分析外，对组成矿石的矿石矿物和脉石矿物分别进行微区微量元素含量、分布及组合研究，可提供有关矿质来源、矿液性质、矿床成因、矿体剥蚀深度等许多重要的地球化学信息，成为当今矿床地球化学研究的重要内容。

# 一、矿石矿物

许多常见的金属硫化物（如黄铁矿、闪锌矿、方铅矿）及稀有元素矿物（如铌铁矿、独居石等）中微量元素分布特征具有重要的矿床地球化学意义。下面仅以黄铁矿、磁铁矿-赤铁矿和辉钼矿为例予以说明。

## （一）黄铁矿

黄铁矿（$FeS_2$）是许多矿床中的遍在性矿物，属 NaCl 型结构，等轴晶系，Fe—S 之间为共价键。据统计，黄铁矿中微量元素达 50 多种，根据其结构特点，这些微量元素主要呈四种形式（陈光远等，1989；Thomas et al., 2011）：类质同象置换 Fe，主要有 Ti、V、Cr、Mn、Co 和 Ni；呈阴离子或阴离子团置换 $S_2^{2-}$，主要为 As、Sb、Bi、Se 和 Te；呈微米级、可见微粒硫化物、硅酸盐或碳酸盐矿物包体，如 Au、Cu、Pb 和 Zn，常呈微粒自然金、黄铜矿、方铅矿和闪锌矿等存在于黄铁矿中；以不可见的硫化物或元素的纳米级包体存在。

黄铁矿中最显著特征是 Co 和 Ni 置换 $Fe^{2+}$ 进入黄铁矿，$CoS_2$、$NiS_2$ 和黄铁矿 $FeS_2$ 是等结构的，但由于离子半径差异，Co、Ni 类质同象置换铁可使黄铁矿晶胞参数发生变化，单位晶胞加大（$FeS_2$ 为 5.42Å，$CoS_2$ 为 5.53Å，$NiS_2$ 为 5.69Å），$FeS_2$ 与 $CoS_2$ 可形成连续固熔体，而与 $NiS_2$ 所形成的固熔体是不连续的。如果把 Co、Ni 置换 Fe 而引起黄铁矿晶胞参数发生的变化称为晶胞系数，则在高温条件下，晶胞系数小的 Co 比大的 Ni 优先进入黄铁矿晶格，使之富集 Co，Co/Ni>1，而低温下 Ni 则比 Co 较易进入黄铁矿晶格，Co/Ni<1。宋学信等（1986）指出：斑岩型铜矿或金矿中黄铁矿 Co、Ni 含量高，分别为 $(184\sim630) \times10^{-6}$ 和 $(56\sim330) \times10^{-6}$，Co/Ni 1.1~4.6。夕卡岩铁矿中的黄铁矿 Co、Ni 含量也高，分别为 $(1900\sim5500) \times10^{-6}$ 和 $(150\sim1100) \times10^{-6}$，Co/Ni 值高，为 3~23.5。

Se 在黄铁矿中可部分置换 S，Se 在热液中含量一般较高，在内生条件下 Se 置换 S 较容易，因此，与火山活动有关的矿床中黄铁矿 S/Se 值明显降低。

根据上述黄铁矿中 Co、Ni、Se 等微量元素地球化学特征，它们在黄铁矿中的含量及 Co/Ni、S/Se 值已被广泛用于矿床地球化学研究，沉积成因矿床 Co、Ni、Se 含量均较低，Se 含量一般为 $(0.5\sim2) \times 10^{-6}$，Co/Ni<1，S/Se 值很高（几万到十几万）。而与火山活动有关的矿床或岩浆矿床，Co、Se 含量增加（Se 含量一般 $>20\times10^{-6}$），Co/Ni 值增加，一般情况下大于 1，S/Se 值明显降低（<15000）。在变质矿床中也有类似的情况，随变质程度增加 Co、Ni、Se 含量增加，Co/Ni>1，S/Se 值降低。赵振华（1984，1987）曾系统研究了我国层控黄铁矿矿床，宋学信、张景凯（1986）及陈光远等（1989）研究了我国不同类型矿床黄铁矿的 Co、Ni 含量特征，并划分了它们的成因类型（图 3-106）。

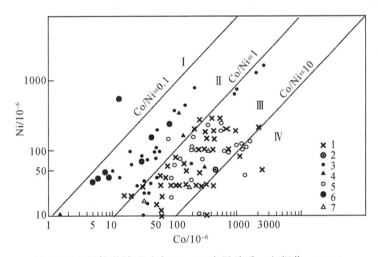

图 3-106　层控黄铁矿矿床 Co、Ni 含量关系（赵振华，1987）

1. 陆相火山岩型；2. 海相火山岩型；3. 沉积改造型；4. 沉积-变质-混合岩化；5. 岩浆热液型；6. 煤系和页岩中的黄铁矿；7. 沉积-岩浆气液叠加；Ⅰ、Ⅱ. 沉积和沉积改造区；Ⅲ、Ⅳ. 岩浆和热液区

根据黄铁矿中 As-Co-Ni 三角图解（相对质量或原子百分比）可划分黄铁矿成矿类型（宋学信、张景凯，1986；钱让清等，2002）。

黄铁矿中的稀土元素分析资料随激光等离子质谱的发展开始积累了较多资料。我们用 ICP-MS 对河北省东坪金矿钾质蚀变岩型金矿石（1264 中段）中的黄铁矿进行了稀土分析（表 3-30），可见黄铁矿的 ΣREE 含量较低，变化范围较大，为 $(0.75\sim30.58) \times10^{-6}$，球粒陨石标准化稀土元素分布型式可划分为两种类型，主要为 "M" 与 "W" 复合型稀土四分组效应（样品 B-2~B-8）（图 3-107），即第一组元素 La-Ce-Pr-Nd 构成明显 M 型四分组效应的第一亚组（1/2M），第二组元素 Pm-Sm-Eu-Gd 处于 M 型与 W 型四分组过渡，第三组 Gd-Tb-Dy-Ho 与第四组元素 Er-Tm-Yb-Lu 构成典型 W 型四分组效应。该特点与所赋存的钾质蚀变岩型金矿石的稀土组成型式相同（赵振华等，2010）。另一种为 "W" 型稀土四分组效应（样品 B-1）（图 3-107）。第一种类型 LREE 相对富集，$(La/Yb)_N$ 比值为 3.79~65.5，Eu 弱负异常到正异常，δEu 值主体在 0.74~1.22（一个样品除外），总体无 Ce 异常。第二种类型的黄铁矿稀土含量很低，ΣREE 为 $0.75 \times 10^{-6}$，球粒陨石标准化稀土元素分布型式为 W 型四分组效应，$(La/Yb)_N$ 值为 3.79、7.96，Eu 为正异常，δEu 为 3.50（图 3-107）。

REE$^{3+}$ 替换闪锌矿或黄铁矿矿物晶格中的阳离子是比较困难的，因此，多数学者认为硫化物中的 REE 可能主要赋存在流体包裹体中，硫化物的 REE 组成特征应该可以用来反映成矿流体的 REE 组成以及沉淀时的温度、压力、pH、Eh 等物理化学条件的影响。

表 3-30　东坪金矿钾质蚀变岩型金矿石（1264 中段）中黄铁矿的稀土元素含量　（单位：$10^{-6}$）

| 元素及参数 | B-1 | B-2 | B-3 | B-4 | B-5 | B-6 | B-7 | B-8 |
|---|---|---|---|---|---|---|---|---|
| La | 0.111 | 0.934 | 2.760 | 0.548 | 4.900 | 5.480 | 0.195 | 0.139 |
| Ce | 0.195 | 2.600 | 7.600 | 1.250 | 12.40 | 13.80 | 0.471 | 0.683 |
| Pr | 0.032 | 0.353 | 1.020 | 0.146 | 1.620 | 1.830 | 0.063 | 0.166 |
| Nd | 0.33 | 1.480 | 3.870 | 0.586 | 6.190 | 7.290 | 0.314 | 1.090 |
| Sm | 0.011 | 0.262 | 0.508 | 0.036 | 0.715 | 0.868 | 0.033 | 0.319 |
| Eu | 0.017 | 0.093 | 0.117 | 0.016 | 0.215 | 0.258 | 0.005 | 0.161 |
| Gd | 0.02 | 0.206 | 0.282 | 0.037 | 0.424 | 0.533 | 0.013 | 0.391 |
| Tb | 0.002 | 0.038 | 0.021 | 0.004 | 0.036 | 0.051 | 0.002 | 0.066 |
| Dy | 0.01 | 0.229 | 0.066 | 0.019 | 0.159 | 0.212 | 0.013 | 0.431 |
| Ho | 0.003 | 0.042 | 0.010 | 0.003 | 0.021 | 0.029 | 0.003 | 0.084 |
| Er | 0.006 | 0.126 | 0.032 | 0.005 | 0.055 | 0.080 | 0.005 | 0.266 |
| Tm | 未检出 | 0.015 | 0.004 | 未检出 | 0.009 | 0.013 | 未检出 | 0.042 |
| Yb | 0.01 | 0.177 | 0.033 | 0.006 | 0.066 | 0.108 | 0.003 | 0.269 |
| Lu | 0.004 | 0.028 | 0.007 | 0.003 | 0.015 | 0.023 | 0.001 | 0.055 |
| Y |  | 1.320 | 0.294 | 0.057 | 0.626 | 0.900 | 0.071 | 3.130 |
| ΣREE | 0.75 | 6.583 | 16.33 | 2.659 | 26.83 | 30.58 | 1.121 | 4.162 |
| δEu | 3.50 | 1.224 | 0.945 | 1.340 | 1.194 | 1.160 | 0.738 | 1.394 |
| $(La/Yb)_N$ | 7.96 | 3.785 | 59.99 | 65.51 | 53.25 | 36.40 | 46.62 | 0.371 |
| δCe | 0.80 | 1.110 | 1.111 | 1.083 | 1.079 | 1.068 | 1.042 | 1.102 |
| Co |  | 170.0 | 120.0 | 41.3 | 96.3 | 133.0 | 76.4 | 81.9 |
| Co/Ni |  | 1.53 | 1.88 | 1.21 | 1.21 | 1.37 | 1.48 | 0.97 |

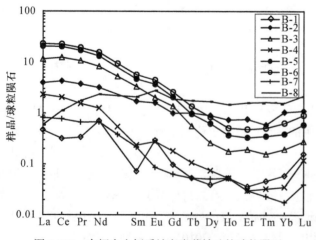

图 3-107　东坪含金钾质蚀变岩黄铁矿的球粒陨石标准化稀土元素组成型式（赵振华等，2010）

上述黄铁矿中 Co 含量相对较高，为（41~170）$\times 10^{-6}$，而 Ni 含量为（34~111）$\times 10^{-6}$，Co/Ni 比值基本上在 1~1.5，在 Co-Ni 图解中（图略），这些黄铁矿主要落在热液成因的黄铁矿的范围内，表明其主要为热液成因。

综合上述，本区黄铁矿的稀土元素组成特征明显指示了这些黄铁矿形成于岩浆熔体结晶与热液流体叠加作用，为钾质蚀变岩型金矿石形成机理提供了依据（详见本章第七节中稀土四分组效应的讨论）。

应该指出的是，在一些金矿的含金黄铁矿中稀土含量很高，如江西金山金矿的含金黄铁矿，其 ΣREE 范围为（56.1~339.4）$\times 10^{-6}$，

平均 $171.7\times10^{-6}$，对其进行相分析表明，稀土总含量的 $82\%\sim95\%$ 集中在黄铁矿的硅酸盐相包体中（毛光周等，2006a，2006b）。因此，对黄铁矿的稀土元素分析，应采用单颗粒、激光原位分析，特别是稀土高含量的样品。

黄铁矿中 Au 与 As 的关系：许多 Au 矿床中 Au 与黄铁矿有密切关系，大量研究表明，黄铁矿中 Au 的含量与 As 含量呈线性正相关关系（Reich et al.，2005），其关系式为：$C_A=0.02\times C_{As}+4\times10^{-5}$，在黄铁矿 Au-As 图解中，由该方程式给出的折线称为黄铁矿中 Au 饱和线（图略，Reich et al.，2005，Large et al.，2009），在饱和线之上，Au 在黄铁矿中呈游离 Au 存在，在饱和线之下，Au 存在于黄铁矿晶格中。

用激光剥蚀等离子质谱对沉积岩为主岩的卡林型、沉积变质型、石英脉型及造山型金矿中的黄铁矿微量元素进行了原位、定量分析（Large et al.，2007，2009；Scott et al.，2009；Thomas et al.，2011），研究结果表明，黄铁矿中的微量元素含量及在单颗粒黄铁矿中的分布特点提供了 Au 的可能源区和成矿时间及相关流体的成矿过程。对俄罗斯 Lena Au 成矿省中 Sukhoi Log 超大型 Au 矿的黄铁矿研究表明，它们形成于多阶段沉积和变质作用，按其形成早晚和微量元素组成特点将黄铁矿划分为五种类型：最早期的以微米级晶体、草莓状和细粒自形状呈层状产出，它们是与早期成岩阶段同沉积形成，称为 $py_1$ 和 $py_2$；黄铁矿 $py_3$ 为粗粒、平行条带状，富含自然 Au 和砷黄铁矿及碲化物包体；粗粒自形黄铁矿为 $py_4$，是 $py_1$ 和 $py_3$ 的增生产物；$py_5$ 为晚期阶段产物，交代早期黄铁矿和硫化物，晚于变质或与之同期。$py_1$ 的不可见 Au 含量最高（$0.4\times10^{-6}\sim12.1\times10^{-6}$，平均 $3.22\times10^{-6}$），富含 Mo、Sb、Ni、Co、Se、Te、Ag、Cu、Pb、Zn、Mn、Ba、Cr、U 和 V 等微量元素，这与富有机质、静海沉积环境类似。从 $py_2$ 到 $py_5$ 不可见 Au 含量降低，其他微量元素含量也降低，但变质的和后变质的黄铁矿含游离 Au、砷黄铁矿、磁黄铁矿及闪锌矿等微包体。这些特点表明，Sukhoi Log 超大型 Au 的成矿与两个关键因素有关，一是 Au 在早期同生沉积和成岩富集，溶解在富有机质黑色页岩的砷黄铁矿中；二是变质作用将早期砷黄铁矿中的 Au 释放出来，以游离 Au 和金碲化物富集在晚期成岩和变质黄铁矿及黄铁矿-石英脉中。对造山型金矿和卡林型金矿的黄铁矿研究也得出类似的结论，Au 有两个明显的成矿期，一是早期同沉积期黄铁矿，明显富集不可见 Au 及 As、Ni、Pb、Zn、Ag、Mo、Te、V 和 Sc 等微量元素；第二成矿期为晚期热液，Au 呈游离态存在于增生变质黄铁矿，或呈窄的富 Au、As 环带存在于增生和热液黄铁矿中。早期，在沉积盆地的黑色页岩中，含 As、同成岩成因黄铁矿中 Au 的富集是卡林型和造山型 Au 矿床形成的决定性条件（Large et al.，2009）（图版 I-1）。

### （二）磁铁矿与赤铁矿

磁铁矿属尖晶石族矿物。尖晶石族矿物的共同分子式为 $XY_2O_4$，式中 $X$ 为二价阳离子，$Y$ 为三价阳离子。根据式中的三价阳离子可划分出三个亚族：尖晶石亚族 $(Mg,Fe)Al_2O_4$，铬铁矿亚族 $(Mg,Fe)Cr_2O_4$ 和磁铁矿亚族 $FeFe_2O_4$。如考虑二价和三价阳离子置换，还可以再分出三个亚族：钛铁晶石亚族（$Fe_2TiO_4$），斜方镁黑镁铁锰亚族（Mn，Mg）$(Mn，Fe)_2O_4$ 和黑晶石亚族（$Mg_5Al_{18}O_{32}$）（王濮等，1982）。在磁铁矿亚族中，磁铁矿与镁铁矿（$MgFe_2O_4$）和钛铁晶石（$Fe_2TiO_4$）可形成完全固熔体。磁铁矿与锌铁尖晶石（$ZnFe_2O_4$）、锰尖晶石（$MnFe_2O_4$）和铁镍矿（$NiFe_2O_4$）形成部分固熔体。$V^{3+}$、$Ca^{2+}$、$Co^{2+}$ 可广泛置换进入磁铁矿结构。$Cr^{3+}$ 与铬铁矿（$FeCr_2O_4$）、镁铬铁矿（$MgCr_2O_4$）形成铬铁矿系列。赤铁矿在高温下（$>1050℃$）与钛铁矿可形成完全固熔体，与磁铁矿、刚玉及方铁锰矿（$Mn_2O_3$）形成有限固熔体（Deer et al.，1992）。图3-108是尖晶石族矿物的固熔体成分简图。

磁铁矿与赤铁矿是许多矿床类型中的主要或微量矿物，它们在岩浆岩、沉积岩和变质岩中均可出现。在许多火成岩中磁铁矿是副矿物，但局部由于岩浆熔离而富集，或由于晶体沉淀而形成富磁铁矿条带。磁铁矿中具有指标意义的微量元素是 Ti、Al、Mg、Mn、V、Cr、Co 和 Ni 等。对不同矿床类型的3000个磁铁矿进行了成分分析，划分出六种不同的成因类型：岩浆中副矿物型、岩浆熔离铁矿型、火山-次火山型、热液型、夕卡岩型和沉积变质型（林师整，1982）。在磁铁矿的 $Al_2O_3$-$TiO_2$-$MgO$ 三角图

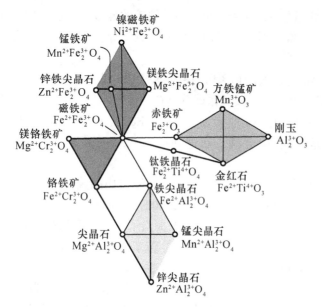

图 3-108　尖晶石族矿物的固熔体成分简图（Dupuis et al.，2011）
粗线代表矿物间形成完全固熔体，细线代表矿物间形成部分固熔体

铁氧化物铜金矿床（IOCG）中磁铁矿富 Sn、Mn，贫 V、Ti、Mg、Si、Cr 和 Zn（Carew，2004）。热液角砾岩中磁铁矿与含矿的磁铁矿相比富 V 贫 Mn（Rusk et al.，2009）。VMS 型、夕卡岩型、IOCG 型和布罗肯希尔碎屑岩型 Pb、Zn 矿床等矿床类型中磁铁矿的微量元素分析表明（Singoyi et al.，2006），微量元素可划分为三组，A 组：Mg、Al、Ti、Mn、Co、Ni、Zn、Ga、Sn，它们的含量在 ICP-MS 分析检测线之上；B 组：Cr、As、Zr、Nb、Mo、REE、Ta、W、Pb，含量低，分布不均匀；C 组：Cu、Ag、Se、Tl、Te、Bi、Au，在 ICP-MS 分析测控线之下。根据上述特点，可用 Sn/Ga-Al/Co 图解区分上述矿床类型。

Beaudoin 等（2005，2007）和 Dupuis 等（2011）对世界各地 13 种矿床类型，111 个矿床中的代表性样品的磁铁矿和赤铁矿进行了微量元素分析，这些矿床类型包括：铁氧化物铜金矿床（IOCG 型）、基鲁纳型磷灰石-磁铁矿矿床、条带状铁矿床 BIF、斑岩型铜矿床型矿床、太古宙 Au-Cu 斑岩型矿床、太古宙 Opemiska 型 Cu 矿床、夕卡岩型 Fe-Cu-Pb-Zn 矿床、Ni-Cu-PGE 块状硫化物矿床、Cu-Zn 块状硫化物矿床、碎屑岩型 Pb-Zn 矿床、Cr 矿床、Fe-Ti 矿床和 V 矿床。

解中划分出 11 个区域，分别对应于不同类型岩浆岩及相关矿床（图 3-109）。在美国、苏联和我国内蒙古、广东均发现夕卡岩型铁锡矿床，研究发现，这些矿床中的磁铁矿均普遍富 Sn 和 Zn，Sn 主要呈类质同象置换 Fe，但晚期磁铁矿中 Sn 呈锡石显微包裹体存在。

进入 21 世纪以来，高分辨电子探针以及等离子质谱（ICP-MS）的发展对磁铁矿与赤铁矿的化学组成，特别是微量元素组成（含量和比值）的应用，使磁铁矿与赤铁矿成为区分矿床类型的重要指纹矿物（fingerprint mineral）（Gosselin et al.，2006；Singoyi et al.，2006；Beaudoin et al.，2007；Nadoll et al.，2009；Rusk et al.，2009），它们的微量元素含量与所产出的矿床类型有关。

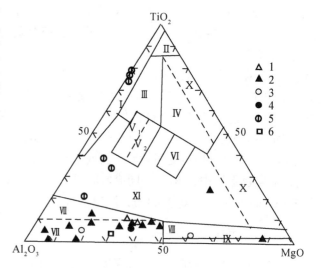

图 3-109　不同类型岩浆岩及相关矿床磁铁矿的 $Al_2O_3$-$TiO_2$-MgO 三角图解（转引自张德全，1992）

1、2. 黄岗矿床；3~5. 浩布高矿床；6. 白音诺矿床。
I. 花岗岩区；II. 玄武岩区；III. 辉长岩区；IV. 橄榄岩区；V. 角闪岩区；VI. 金伯利岩区；VII. 热液及夕卡岩区虚线以上为深成热液，以下为热液及钙夕卡岩；VIII. 热液及镁夕卡岩区；IX. 沉积变质、热液叠加区；X. 碳酸盐岩区（靠上部与超基性岩有关，下部与围岩交代有关）；XI. 过渡区

对上述分析资料和收集的相关资料进行了标准非参数 Kaplan-Meier（简称 K-M）计算磁铁矿和赤铁矿中微量元素的平均含量（Dupuis et al.，2011），建立了区分矿床类型的铁氧化物矿物微量元素判别图和判别流程。图 3-110 是判别流程。图 3-111~图 3-113 是矿床类型判别图。

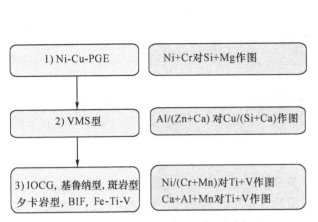

图 3-110 矿床类型的铁氧化物判别流程
（Dupuis et al., 2011）

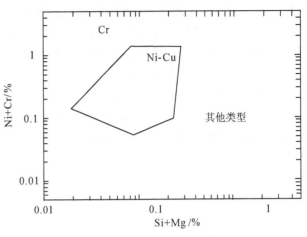

图 3-111 铁氧化物矿物平均成分判别 Ni-Cu 矿床的
（Ni+Cr）-（Si+Mg）图解（Dupuis et al., 2011）

第一步，由（Ni+Cr）-（Si+Mg）（图 3-111）区分出 Ni-Cu 矿床；第二步，将投影在图 3-111 中 Ni-Cu 矿床区外的样品投影在 [Al/（Zn+Ca）]-[Cu/（Si+Ca）]图中（图 3-112），区分出火山岩型块状硫化物（VMS）及可能与碎屑为主的 Pb-Zn 矿床；第三步对其余样品用（Ti+V）-[Ni/（Cr+Mn）]（图 3-113a）和（Ti+V）-（Cu+Al+Mn）（图 3-113b）划分出铁氧化物铜金矿床（IOCG）、基鲁纳型磷灰石-磁铁矿矿床；条带状铁矿床（BIF）、斑岩 Cu 矿床、夕卡岩型矿床和 Fe-Ti-V 矿床。

磁铁矿中稀土资料较少。稀土进入磁铁矿是由于 $Ca^{2+}$ 置换磁铁矿结构中的铁离子，磁铁矿中 $Ca^{2+}$ 一般可达 6.67%，相当的成分为 $Ca_{0.2}Fe_{2.8}O_4$

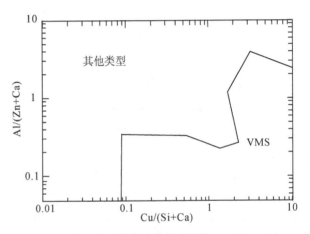

图 3-112 火山岩型块状硫化物矿床的 Al/（Zn+Ca）-
Cu/（Si+Ca）判别图（Dupuis et al., 2011）

（De Sitter et al., 1977）。对地中海玄武岩（Schock, 1979）和 Isua 铁建造（Paster et al., 1974；Appel, 1983）中的磁铁矿研究发现，磁铁矿的稀土元素分布与其赋存岩石相同，但洋底玄武岩中钛磁铁矿均显示明显 Eu 负异常。Frietsch 和 Perdahl 等（1995）对瑞典北部基鲁纳型铁矿和元古宙其他类型铁矿床中

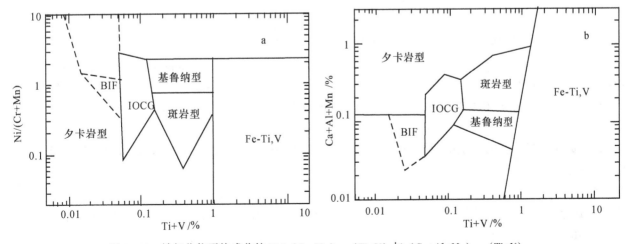

图 3-113 铁氧化物平均成分的 Ni/（Cr+Mn）-（Ti+V）与（Ca+Al+Mn）-（Ti+V）
判别 IOCG 等矿床类型图解（Dupuis et al., 2011）

的磷灰石和磁铁矿的稀土元素用发射光谱法进行了分析，误差较大［在 5 倍检测限（$0.1×10^{-6}$）相对标准偏差 10%］。上述研究结果表明，不同类型矿床中的磁铁矿的稀土元素分布型式与所赋存的岩石相似，其差别仅是稀土元素含量不同，但球粒陨石标准化分布型式相似。基鲁纳型铁矿中磁铁矿稀土含量较高（$<100×10^{-6}$），轻、重稀土分异较明显（La/Yb$)_N \leqslant 61$，轻稀土分异较明显（La/Sm$)_N$ 为 $1 \sim 18$，但 HREE 分异不明显，呈平坦状。元古宙其他类型铁矿中磁铁矿稀土含量低（$<2×10^{-6}$），稀土分异弱，在与热液蚀变有关的矿床中，磁铁矿的稀土变化主要发生在 LREE，这可能与 LREE 易被热液淋失有关。基鲁纳型铁矿中磁铁矿稀土元素组成特点，为其形成与火山岩的晚期分异和分凝（segragation）有关提供了依据。

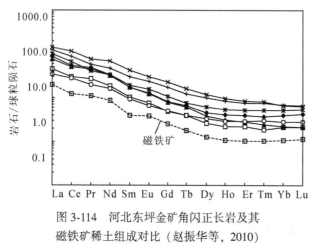

图 3-114　河北东坪金矿角闪正长岩及其
磁铁矿稀土组成对比（赵振华等，2010）

我们对河北东坪金矿赋矿的角闪正长岩中的磁铁矿进行了单矿物稀土分析（溶液-ICP-MS 分析），发现其稀土总含量较高，为 $25.53×10^{-6}$，轻稀土明显富集，（La/Yb$)_N$ 为 18.42，Eu 富集，呈正异常，Eu/Eu$^*$ 为 1.19，其特点与所赋存的角闪正长岩全岩相似［Eu/Eu$^*$ 为 $0.98 \sim 1.08$；（La/Yb$)_N$ 为 $17.85 \sim 34.96$］（图 3-114）。对安徽铜陵凤凰山铜多金属矿矿体底板、顶板和中部的磁铁矿用等离子质谱进行的稀土含量分析结果表明（雷源保等，2011），从矿体底板到中部再到顶板，磁铁矿的稀土元素总含量增高（$11.3×10^{-6} \to 29.34×10^{-6} \to 86.15×10^{-6}$），均富轻稀土（个别样品除外），顶板轻、重稀土分异较明显；Eu 亏损程度略有增加（$2.04 \to 1.23 \to 0.62$），底板磁铁矿 Eu 富集明显。矿区内超覆于矿体之上的花岗闪长岩稀土总含量 $17624×10^{-6}$，稀土组成呈富轻稀土、Eu 无亏损分布型式，矿体的三叠纪围岩灰岩稀土含量低，$\Sigma$REE $110.84×10^{-6}$，Eu 中度亏损。由上述资料可以看出，矿体中磁铁矿的稀土组成介于矿区内花岗闪长岩和矿体三叠纪围岩灰岩之间，反映了矿体的形成是花岗闪长岩与灰岩相互作用（接触交代）的结果，稀土元素组成从底板向顶板的系统变化明显与花岗闪长岩体的超覆有关。

目前还未见流体中磁铁矿的稀土分配系数资料。1992 年 Nielsen 等发表了基性-中性熔体中的磁铁矿稀土分配系数：La $0.0029±15$；Sm $0.0072±15$；Gd $0.0055±12$；Ho $0.0079±17$；Lu $0.023±4$；Y $0.0039±17$，可见，在岩浆体系中磁铁矿相对富集重稀土。

（三）辉钼矿

不同矿床类型的辉钼矿中 Re 的含量可提供成矿物质来源的参考信息（Stein et al.，1997；Mao et al.，1999；李诺等，2007；陈衍景等，2012），由地幔底侵、交代形成的镁铁-超镁铁质岩石部分熔融形成的岩浆热液 Mo 矿床，比壳源岩浆热液矿床具有高得多的 Re 含量（Stein et al.，1997）。从地幔、壳幔过渡带到地壳，辉钼矿的 Re 含量从 $n×10^{-4} \to n×10^{-5} \to n×10^{-6}$，呈数量级降低（Mao et al.，1999）。对我国东北地区不同类型、不同时代的 Mo 矿床中辉钼矿 Re 进行了较系统对比分析研究（陈衍景等，2012），成矿年龄最大的多宝山-铜山 Cu（Mo）矿床，辉钼矿的 Re 含量为 $n×10^{-4}$，表明其成矿物质来源于地幔或以地幔为主；东户沟 Cu-Mo 矿（245Ma），辉钼矿 Re 含量（$48.21 \sim 113.3$）$×10^{-6}$，显示壳幔混源；华北克拉通北缘成矿带和南大兴安岭成矿带多数 Mo 矿床的辉钼矿 Re 含量 $n×10^{-6}$，反映成矿物质以壳源为主；在北大兴安岭成矿带，除多宝山-铜山 Cu（Mo）矿床外，乌奴格吐山 Cu、Mo 矿床的辉钼矿 Re 含量为 $n×10^{-5} \sim n×10^{-4}$，显示壳幔混合源。辉钼矿的 Re 含量分析与 Re-Os 同位素组成结合，可对成矿物质来源给出更合理的解释。

此外，黄铜矿（Co/Ni、Se/Te）、方铅矿、闪锌矿、辉钼矿（Re、Se）、黑钨矿（Nb、Ta）等矿物中微量元素含量、组合均可提供矿床成因特征的重要信息。

### （四）磷钇矿

磷钇矿是花岗岩、伟晶岩中较普遍的矿物，在硅质碎屑沉积岩中也较普遍。由于其 U、Th 含量较高，特别是其普通 Pb 含量低，以及封闭温度较高，为 650℃，甚至 >750℃，因此，磷钇矿可提供各种地质过程的年代学资料。基于此，对磷钇矿的成因研究显得越来越重要。U、Th 进入磷钇矿是通过下述类质同象置换：

$$(REE,Y)^{3+}+P^{5+}\longleftrightarrow(Th,U)^{4+}+Si^{4+} \tag{3-113}$$

$$2(REE,Y)^{3+}\longleftrightarrow(Th,U)^{4+}+Ca^{2+} \tag{3-114}$$

研究表明，不同成因的磷钇矿的微量元素组成有明显差异（Kositcin et al.，2003；Vielreicher et al.，2003；Aleinikoff et al.，2012）。稀土元素，特别是中稀土 MREE 和重稀土 HREE 的含量、代表重稀土球粒陨石标准化型式的斜率（Gd/Yb）$_N$、Eu 异常，以及 U、Th 含量都是区分不同成因磷钇矿的重要标志。热液磷钇矿与火成岩中、火成碎屑或沉积成岩形成的磷钇矿的明显区别是 U、Th 含量低，U 含量低于 $1000\times10^{-6}$，U/Th<1，MREE 相对富集，呈驼峰型分布型式；火成岩中、火成碎屑磷钇矿 Eu、Gd 和 Dy 含量较低，Eu 为明显负异常，$Eu_N<2\times10^{-4}$，（Gd/Yb）$_N$<1.35。图 3-115 给出了区分不同成因磷钇矿的稀土及微量元素图解。

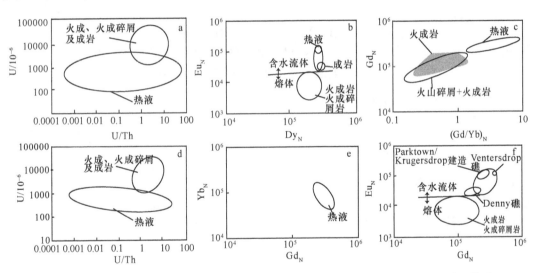

图 3-115 区分不同成因磷钇矿的稀土及微量元素图解（据 Kositcin et al.，2003，略有修改）

林振文（2014）对南秦岭铧厂沟金矿中的磷钇矿稀土及微量元素组成进行了研究，并进行了 SHRIMP U-Pb 定年，认为其为热液成因，成矿年龄为 209±5Ma。Li 等（2014）对江西西华山钨矿中磷钇矿定年为 159～157Ma。

# 二、脉石矿物

矿石矿物中成矿金属元素含量高，给许多微量元素分析带来困难。近年来，许多与矿石矿物密切共生的脉石矿物的微量元素分布特征越来越受到关注，主要研究对象是石英、方解石、萤石、长石、磷灰石等。分析的微量元素有 Li、Rb、Sr、Ba、Co、Ni、Ge、Se、Ti、REE 等，其中以稀土元素积累的资料较多，涉及的范围也较广。

### （一）石英

石英是一种遍在性矿物，由于其强稳定性的架状 Si—O 四面体结构只能允许少量微量元素进入其晶格中，因此，石英中微量元素含量很低，难以定量准确测定，微量元素地球化学资料缺乏。在 1970 年，Dennan 等发现 Al 饱和的岩浆岩和接触变质岩中石英的形成温度与其晶格中 Al 的含量存在线性关系，可作为地质温度计，但在低温热液条件下形成的石英中的 Al 含量不能准确反映其形成温度（Muller *et al.*，2002）。随着高精度快速分析测试技术的发展，石英中微量元素地球化学资料逐渐积累，目前已知能进入石英晶格的微量元素有：Al、P、Li、Ti、Ge 和 Na，它们约占微量元素含量的 95%，多数样品中这些元素含量 $>1\times10^{-6}$，而 K、Fe、Be、B、Ba 和 Sr 等含量约占 5%。其中，Al 和 P 含量最高，一般为 $n\times10^{-5}$，其次是 Li 和 Ti 为 $1.n\times10^{-5}$，Ge、Fe、K 一般为 $n\times10^{-6}$，Be、B、Ca、Sr 为 $n\times10^{-8}\sim1\times10^{-6}$，其他微量元素有 Ca、Cr、Cu、Mg、Mn、Pb、Rb、U 等（Hervig and Peacock，1989；Larsen *et al.*，2004）。Flem 等（2002）认为，Ca、Cr、Cu、Mg、Mn、Pb、Rb、U 等是以微小固体或流体包裹体存在于石英中。

微量元素在石英原子晶格中的结构构型如图 3-116 所示（Larsen *et al.*，2004），其 50% 以上的键为共价键，五价的 P 与三价离子 $Al^{3+}$、$Fe^{3+}$ 和 $B^{3+}$ 置换相邻的两个 Si—O 四面体中的 Si 而进入石英晶格。

$$P^{5+}+Al^{3+}(Fe^{3+}、B^{3+})\longrightarrow 2Si^{4+}（图 3\text{-}116c）\tag{3-115}$$

四价的 $Ti^{4+}$ 和 $Ge^{4+}$ 置换 Si—O 四面体中的 Si：

$$Ti^{4+}(Ge^{4+})\longrightarrow Si^{4+}（图 3\text{-}116b）\tag{3-116}$$

三价离了（$Al^{3+}$、$Fe^{3+}$、$B^{3+}$）置换 $Si^{4+}$ 进入石英晶格需一价离子（$Li^+$、$Na^+$、$K^+$、$H^+$）作为电荷补偿离子：

$$Al^{3+}(Fe^{3+}、B^{3+})+Li^+(Na^+、K^+、H^+)\longrightarrow Si^{4+}\tag{3-117}$$

二价离子如 $Be^{2+}$、$Fe^{2+}$ 进入石英晶格主要提供占据晶格空缺并需三价离子（如 $Al^{3+}$）电荷补偿：

$$Be^{2+}(Fe^{2+})+2Al^{3+}\longrightarrow 2Si^{4+}+空缺（图 3\text{-}116d）\tag{3-118}$$

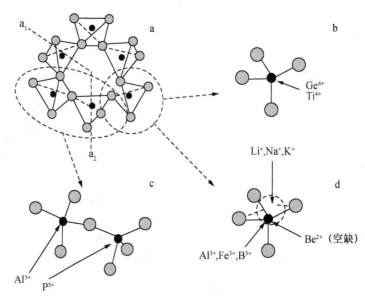

图 3-116　微量元素在石英原子晶格中的结构构型简图（据 Larsen *et al.*，2004）

一价离子是伴随在与 *C* 轴平行旋转的原子通道或晶格缺陷中。因此，石英中微量元素可按其在晶格中的主要位置进行分类，Ti 和 Ge 是在 Si 后面呈简单置换存在，P 和一个等价摩尔的 Al 组成一对置换，Li+Na+K+Be+Fe+B+Sr+Rb+Ba 和过剩的 Al（与 P 配对后）组成填充衍生物（stuffed derivatives）。Al、Fe、B 均可呈三价离子存在于双重结构位置，即成配对置换或作为填充衍生物。在安排微量元素在石英结构中的位置时，首先应分配 Al，并与 P 配对达到电价平衡（Larsen *et al.*，2004）。

对南挪威伟晶岩田的石英研究表明（Larsen *et al.*，2004），石英结构键上的微量元素对成岩过程非常灵敏，特别是 Ge、P、Ti 和 Be 记录了花岗质岩浆的成因和演化特点，能有效区分不同成因的熔体。

与钾长石相比，石英对区分不同成岩历史的火成岩更有效。K、Fe、Be 和 Ti 呈最相容的元素在早期石英中富集，P 是相容与不相容元素的过渡，Ge、Li 和 Al 主要呈不相容元素，在晚期低温石英中富集。在火成岩石英的固相线以下结晶期间，Ge 和 Ti 是不活动的，Li 易进入渗滤的流体中，Na 易进入石英。在识别火成岩过程和伟晶岩田中的成岩关系时，可以利用 Ge/Ti、Ge/Be、P/Ti、P/Be 中的任何一个比值，其中，Ge/Ti 值对火成岩系统中的固相线以下过程最有效。

　　例如，对于热液石英，其微量元素组成可推测热液体系的特点。用扫描电镜–石英阴极发光（SEM-CL）可揭示石英的生长环带，用高分辨率电子探针测定生长环带中的 Ti、Al、Ca、K 和 Fe 等微量元素。

　　Ti：Rusk（2006，2008）用电子探针对 5 个斑岩 Cu（Mo，Au）矿床中（形成温度 500 ~ 700℃）的脉状石英的生长环带中 Ti 含量与阴极发光结构的关系进行了研究，发现石英的阴极发光强度与 Ti 含量呈正相关（图 3-117），表明 >400℃形成的石英中 Ti 是阴极发光强度的催化剂，这与在 >600℃的石英中 Ti 是温度的函数的实验结果一致。斑岩 Cu 矿床中多数含金红石的脉石英中的 Ti 可用作石英 Ti 温度计（TitaniQ），计算的石英形成温度 <750℃［详见本章石英 Ti 温度计，式（3-44）］。对密西西比河谷型 Pb-Zn 矿、卡林型 Au 矿、浅成热液 Au-Sb-Hg 矿床及产于页岩中的 Pb-Zn 矿床等七个低温热液矿床中的石英研究表明，低温石英中 Ti 含量很低，多在检测限

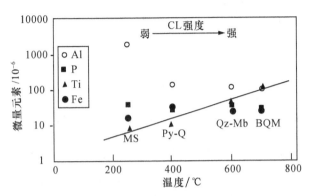

图 3-117　加拿大蒙大拿州 Butt 斑岩铜矿中不同产状石英的微量元素含量与阴极发光（CL）强度的关系（Rusk et al.，2006）

MS. 主矿期；Py-Q. 黄铁矿–石英脉；Qz-Mb. 石英–辉铜矿脉；BQM. Butt 石英二长岩

之下，这些矿床中所有脉状石英的 Ti 含量 $<10×10^{-6}$，其温度 <350℃。

　　Al：在上述形成温度 <350℃的低温矿床中，石英的 Al 含量呈双峰式，一些生长环 $<50×10^{-6}$，另一些则 $>2000×10^{-6}$，但在高温的斑岩矿床中，石英 Al 含量范围一致为几百 $×10^{-6}$（$80×10^{-6}$ ~ $400×10^{-6}$）。石英中 Al 的浓度反映了 Al 在热液中的溶解度，它强烈依赖于热液的 pH，因此，石英中 Al 是流体 pH 变化的指标，特别是低温的石英，在石英环带之间 Al 的变化不是由温度引起的，这表明石英的 Al 温度计在低温时不适用。流体的 pH 变化与水/岩比例有关，在 200℃，pH 为 1.5 时（高岭石是唯一的含 Al 矿物），Al 在热液流体中的溶解度比 pH 为 3.5 时（出现白云母）高 6 个数量级，但在 500℃时，pH 和 Al 溶解度均基本保持恒定，在多数情况下略高于 200℃、相同 pH 时的 Al 的溶解度。在高温条件下（典型的斑岩铜矿床温度），不论平衡矿物组合如何，Al 的溶解度和 pH 处于中等，变化很小。

　　Al 的溶解度对 pH 的依赖，可以解释上述低温石英中 Al 含量的双峰式分布以及高温石英中 Al 的中等含量，低温矿床中石英 Al 的高含量（$>2000×10^{-6}$），以及它们普遍含有蚀变的高岭石，表明低温矿床形成的某些阶段 pH 为酸性。从早期富 Al 到晚期贫 Al，石英中 Al 浓度的强烈变化（可达 6 个数量级），反映了酸性流体向中性化变化，而石英生长环带中 Al 浓度的交替变化，反映了流体在酸性和中性间交替变化。而酸性流体的中性化是引起金属硫化物沉淀的原因。

　　REE：随着分析方法精度的提高，对石英中含量很低的微量元素，如稀土和 Rb、Sr 等的地球化学意义的认识也更加深入。

　　对浅成和深成的金矿床矿石的稀土元素分布进行的初步研究资料表明（Пётровская，1985），不同深度的矿床中石英的稀土元素含量有明显差异：深成建造矿脉的石英稀土元素含量最低，并与 Au 和一系列基性型元素（Fe、Cr 等）的含量有明显相关性。在浅成条件下形成的矿床中的石英，以相对高含量的稀土元素为特征，具 Au、Ag 矿化，稀土元素与 Au 成负相关关系。对于多建造矿床的石英，稀土元素含量是变化的，平均为 $3.04×10^{-6}$。在花岗闪长岩中，金–石英网状脉范围里，辉铜矿–黄铜矿矿化地段的石英，稀土元素含量较高，而同一网脉中含金细脉石英则以稀土元素含量低为特征。在多建造矿

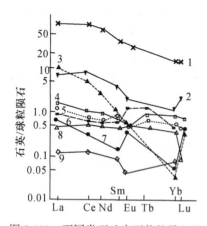

图 3-118　不同类型矿床石英的稀土元素组成（Пётровская，1985）

1. 地壳；2. 浅成矿床；3. 细脉浸染型金–硫化物矿化；4. 阿尔卑斯型超基性岩；5、6. 深成矿床；7. 中深成矿床；8. 含金夕卡岩；9. 中深成矿床重结晶石英

床中，稀土元素与 Au 之间的相关关系明显消失。

在球粒陨石标准化图中，所有样品都分布在花岗岩类曲线下面，大多数样品在球粒陨石曲线下面（与球粒陨石比值<1），反映含金石英普遍贫稀土元素。根据球粒陨石标准化的曲线形态，可以看出（图 3-118），浅成矿床中石英几乎完全重复花岗岩型的分布曲线，以 La/Yb 值为指标，浅成矿床中石英为 9.0，与泥质沉积岩、片麻岩、中酸性花岗岩和正常序列的壳型花岗岩等典型地壳岩石的计算值（7.4~13.2）很接近。这种特点表明 $SiO_2$ 来源于地壳，并在浅成带聚集成矿。但这并不排除包括 Au 在内的金属来源于深部，如浅成矿床石英中稀土元素与 Au 成负相关可作为间接证据之一。

深成矿床石英的稀土元素分布型式几乎完全与阿尔卑斯超基性岩的曲线一致，稀土元素分异很弱，La/Yb 值为 3.5 左右，这可以设想为成矿物质通过基性岩浆或深部流体运移时，稀土元素是由地幔源带入的。在中深部条件下沉淀的含金石英中，稀土元素之间的关系不同于深成和浅成，比较接近地壳地质体特征：分异程度高，La/Yb 值比浅成高两倍或更高，Eu 异常明显。

用仪器中子活化方法（INNA）对与碱性杂岩有关的河北东坪大型金矿中石英进行了稀土元素分析（表 3-31，图 3-119；宋国瑞、赵振华，1996）。由表可见，其稀土元素组成主要特点是：稀土元素总含量低，Σ9REE（9 个稀土元素）为 $0.26 \times 10^{-6} \sim 1.21 \times 10^{-6}$；Eu 相对富集，$Eu/Eu^*$ 0.90~2.31，为无亏损或富集型；重稀土元素相对富集，$(La/Yb)_N$ 1.99~6.81。这些特点显示了该矿床 Au 来源于深部。

**表 3-31　河北东坪金矿石英稀土元素组成**（宋国瑞、赵振华，1996）　　　　（单位：$10^{-6}$）

| 样号/元素 | La | Ce | Nd | Sm | Eu | Gd | Tb | Yb | Lu | Σ9REE | Eu/Eu* | (La/Yb)_N |
|---|---|---|---|---|---|---|---|---|---|---|---|---|
| DP-14 | 0.078 | 0.093 | 0.060 | 0.013 | 0.007 | 0.027 | 0.005 | 0.008 | 0.001 | 0.29 | 1.15 | 6.81 |
| DP-13 | 0.078 | 0.182 | 0.096 | 0.009 | 0.007 | 0.013 | 0.002 | 0.011 | 0.002 | 0.40 | 2.02 | 4.67 |
| DP-259 | 0.165 | 0.255 | 0.130 | 0.028 | 0.011 | 0.043 | 0.009 | 0.033 | 0.006 | 0.68 | 1.00 | 3.35 |
| HT-8 | 0.094 | 0.228 | 0.137 | 0.031 | 0.018 | 0.031 | 0.007 | 0.032 | 0.006 | 0.57 | 2.31 | 1.99 |
| DP-230 | 0.235 | 0.489 | 0.242 | 0.062 | 0.025 | 0.079 | 0.012 | 0.054 | 0.009 | 1.21 | 1.09 | 2.92 |
| DP-227 | 0.041 | 0.098 | 0.066 | 0.019 | 0.007 | 0.013 | 0.002 | 0.013 | 0.002 | 0.28 | 0.90 | 2.17 |
| DP-235 | 0.087 | 0.148 | 0.087 | 0.021 | 0.007 | 0.024 | 0.004 | 0.028 | 0.005 | 0.41 | 0.94 | 2.96 |
| XY-3 | 0.074 | 0.094 | 0.045 | 0.009 | 0.008 | 0.013 | 0.002 | 0.008 | 0.002 | 0.26 | 2.18 | 5.60 |

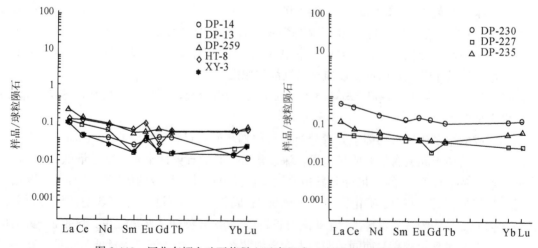

图 3-119　河北东坪金矿石英稀土元素组成（宋国瑞、赵振华，1996）

含金建造与铜钼矿化的石英在稀土元素组成上有明显差异，前者特点是轻稀土元素作用急剧增长，La/Yb 值超出所有被测含金石英 1~2 个数量级。

在 ΣLa-Nd-ΣSm-Ho-ΣEr-Lu 三角图解中，深成和浅成矿床石英的稀土元素组成特点与地幔和地壳建造的分布相似，ΣSm-Ho/ΣEr-Lu 是成矿介质碱度的标志，由此可以得出，浅成金矿和铜钼矿化的石英介质溶液碱度较高，而中深建造金矿床的成矿介质碱度低。

上述特点表明，含金石英中的稀土元素可作为成矿物质来源的指示剂：深成矿床中石英的稀土元素组成为球粒陨石型，表明成矿物质来源于壳下，浅成矿床的石英稀土元素组成与地壳相似，表明围岩物质参与成矿；不同深度矿床的石英稀土元素含量明显不同，可利用稀土元素作深度参考指标。

对德国 Erzgebirg Sn 矿床、捷克 Kaspersk Hory 石英脉型 Au 矿床及乌兹别克斯坦穆龙套（Muruntau）和 Myutenbai Au 矿床中的石英的稀土和微量元素含量进行了分析（Monecke *et al.*，2002a，2002b），其方法是将挑选出的石英单矿物溶解，然后用等离子体质谱（ICP-MS）对溶液进行分析。分析结果表明，变质矿床比热液脉石英中微量元素含量低，特别是 Li、Al、K、Rb、Sr 和 Y 含量低。变质石英相对富 LREE，Eu 无异常，Ce 异常是变化的，而热液石英相对富 HREE，Eu 呈正异常。因此，可根据微量和稀土元素区分变质和热液石英（图 3-120）。Au 矿床中石英 Eu 的正异常与 Au 矿床围岩长石蚀变有关（Monecke *et al.*，2002a，2002b）。

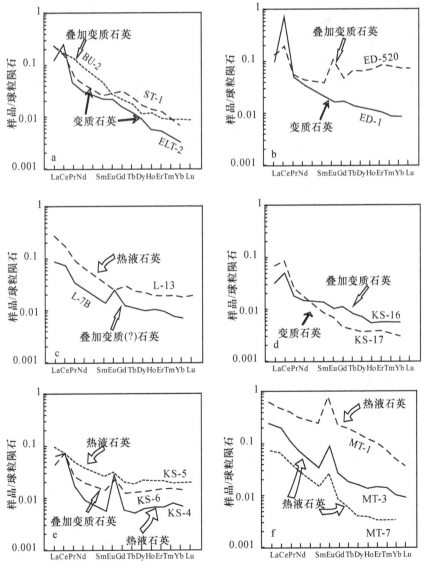

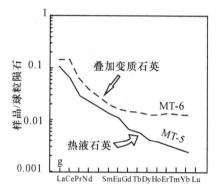

图 3-120　与不同类型 Au 矿和 Sn 矿有关的石英的稀土元素组成（据 Monecke et al.，2002a）

a、b、c. 德国 Erzgebirge Sn 矿床；d、e. 捷克 Kaspeske Hory Au 矿床；f、g. 乌兹别克斯坦穆龙套和 Myutenbai Au 矿床

　　蚀变变质的石英和热液脉中的石英中的微量元素含量可以区分与 Sn 或 Au 矿床有关的石英，与 Sn 矿床有关的蚀变变质的石英 Rb 含量高，$\geq 250 \times 10^{-9}$，而与 Au 矿床有关的蚀变变质的石英和热液脉中的石英 Sr 含量高，分别为 $\geq 0.5 \times 10^{-6}$ 和 $\geq 0.6 \times 10^{-6}$，Au 矿床中石英 Sr 的高含量与 Au 矿床围岩长石蚀变释放出 Sr 有关（Monecke et al.，2002a，2002b）。此外，成矿溶液中 K/Rb 参数也可通过金属矿脉中石英测定而获得。显然，石英的结构是不利于 K 和 Rb 进入的，石英中存在的 K 和 Rb 主要与气液包裹体有关，K 和 Rb 的绝对含量随包体数量多少而变化，而 K/Rb 值只与形成石英的热液本身的该参数值有关。对乌拉尔地区不同类型锡矿床中石英的 K/Rb 值分析表明，锡石-石英型的 K/Rb 值（39）明显低于锡石-硫化物型（174）。这种特征反映了这两类锡矿与不同类型花岗岩的成因联系，具低 K/Rb 值的锡石-石英型矿床与晚造山花岗岩有关，而高 K/Rb 值的锡石-硫化物型矿床则与物质来源较深的（可能为上地幔）岩浆分异形成的花岗岩类有关（Ставров，1981）。

　　除微量元素外，石英中同位素组成研究也越来越受到人们的重视。氧同位素组成研究开始很早并积累了大量有关成岩、成矿的资料。近年来，石英中 $\delta^{30}Si$、Rb-Sr、U-Pb、Sm-Nd 等同位素组成研究也逐渐开展，为成矿溶液的性质、来源及矿化时间提供了有价值的资料。

### （二）钙矿物

　　萤石、方解石、白钨矿和磷灰石等钙矿物在自然界多种矿床类型中常作为脉石或矿石矿物产出，许多研究表明（Möller et al.，1974，1976，1979；Möller，1983；王中刚等，1989；赵振华，2010；赵振华等，2010），萤石和方解石由于稀土元素离子 $REE^{3+}$ 的半径与 $Ca^{2+}$ 相近而易发生类质同象置换，造成这些钙矿物稀土含量一般较高，其稀土元素的分布特征随矿床形成环境而异。同时，Sm-Nd 同位素年代学方法的建立，也为以这些矿物为测定对象获得成矿年龄提供了重要途径。因此，对其稀土元素分布的研究为探讨矿床成因提供了许多重要地球化学资料，受到广泛关注，在本节中单独对它们进行讨论。

　　稀土元素进入钙矿物的主要方式是

$$2Ca^{2+} \longleftarrow RE^{3+} + Na^{+} \tag{3-119}$$

$$3Ca^{2+} \longleftarrow 2RE^{3+} + \square \tag{3-120}$$

$$Ca^{2+} \longleftarrow RE^{3+} + F^{-} \tag{3-121}$$

　　萤石、方解石和磷灰石是由钙与易挥发组分 F、$CO_2$ 和 $PO_4^{3-}$ 形成的矿物。研究表明，稀土元素在流体体系中易与 $OH^-$、$F^-$、$CO_3^{2-}$、$SO_4^{2-}$、$HPO_4^{2-}$、$HCO_3^-$ 等形成络合物，络合物的稳定性从 La→Lu 逐渐增加，显示了重稀土元素与轻稀土元素的差异。在溶液中络合物稳定性较低的轻稀土元素，如 La 就会比重稀土元素（如 Tb）或 Yb 优先置换 $Ca^{2+}$，与 $Ca^{2+}$ 发生共沉淀，而重稀土元素仍大部分保留在溶液中，这就造成了在早期形成的萤石和方解石中相对富 La 而贫 Tb 或 Yb。随着结晶作用进行，萤石和方解石的大量沉淀导致 $F^-$ 和 $CO_3^{2-}$ 浓度降低，络合物破坏，形成了富 Tb 或 Yb、贫 La 的萤石或方解石。因此，早期形成的，或原始形成的萤石和方解石中 Tb/La 或 Yb/La 值低，而晚期形成的，或由早期原始的萤石或方解石活化而形成的次生萤石或方解石 Tb/La 或 Yb/La 值高。可见 Tb/La 或 Yb/La 值是稀土元素分异的指标，也代表了活化的程度。

由于三价稀土元素的离子半径（1.13~0.94Å）与 $Ca^{2+}$ 的离子半径相似（1.08Å），它们之间容易发生置换反应，因此，Tb/Ca 值是成矿溶液与硅酸盐围岩发生反应的指标，或者说是反映环境的指标，而 Tb/Ca（Yb/Ca）-Tb/La（Yb/La）图解对角线方向则代表了矿化过程中的结晶分异作用（图 3-121）。图中的箭头表明分异作用或流体与围岩相互作用增强的方向。

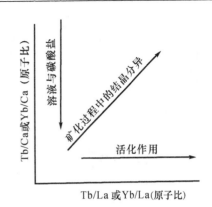

图 3-121　表示钙矿物中稀土元素三种不同分异作用的 Tb/Ca（Yb/Ca）-Tb/La（Yb/La）图解（Möller et al., 1976）

上述图解可根据微量元素的分配规则进行讨论（Möller，1983）。在钙矿物中稀土元素分配可表示为

$$\left(\frac{\Delta REE}{\Delta Ca}\right)_{表面} = \lambda_{op}\left(\frac{REE}{Ca}\right)_{溶液} \tag{3-122}$$

式中，$\lambda_{op} = \dfrac{\lambda}{1+K[x]}$，为有效分配系数，$K$ 为稀土元素络合物形成常数；REE、Ca 为总浓度；$\lambda$ 为稀土离子物理分配系数。

对于不同的稀土元素（$a$，$b$）可分别写成表达式：

$$\left(\frac{a}{A}\right)_x = a_0\lambda_a(1-P)^{\lambda_a-1} \tag{3-123}$$

$$\left(\frac{b}{A}\right)_x = b_0\lambda_a(1-P)^{\lambda_b-1} \tag{3-124}$$

式中，$a$ 为重稀土元素浓度；$b$ 为轻稀土元素浓度；$A$ 为 $Ca^{2+}$ 浓度；$P$ 为 $Ca^{2+}$ 的沉淀程度。

由式（3-123）和式（3-124）可导出：

$$\frac{\alpha}{A} = \beta\left(\frac{a}{b}\right)^{\frac{\lambda_a-1}{\lambda_b-1}} \tag{3-125}$$

式中，

$$\beta = \left[\frac{(b_0\lambda_b)^{\alpha}}{a_0\lambda_a}\right]^{\alpha-1}, \alpha = \frac{\lambda_a-1}{\lambda_b-1}$$

取对数可得

$$\lg\frac{\alpha}{A} = \lg\beta + \frac{\lambda_a-1}{\lambda_b-1}\lg\frac{a}{b} \tag{3-126}$$

式（3-126）给出了稀土元素与钙矿物中 $Ca^{2+}$ 的关系及与轻、重稀土元素关系的定量解释。

**1. 萤石、方解石**

在 Tb/Ca（Yb/Ca）-Tb/La（Yb/La）图解中 Tb 和 Yb 的选择依赖于矿物，对自然界各种不同产状的萤石和方解石的稀土分布型式研究发现，在萤石中以 Tb 和 La 分异最明显（图 3-122a），而在方解石（菱铁矿、菱镁矿、白云石等）中 La 和 Yb 的分异最明显（图 3-122b）。因此，在萤石中采用 Tb/La-Tb/Ca 图解，而方解石采用 Yb/La-Yb/Ca 图解。

Möller 等（1976）将世界各地不同成分的萤石进行了系统稀土元素分析，并投影于 Tb/Ca-Tb/La 图解中（图 3-123），投影点可明显划分为三种不同的成因区域：伟晶岩的、热液的、沉积的。由图可见，伟晶岩型以高 Tb/Ca 值为特征，而沉积岩型萤石以低 Tb/Ca 值为特征，但这仅是一般趋势。从图 3-123 中还可看出，不能仅依据单一的 Tb/Ca 或 Tb/La 值进行萤石成因类型判断，因为对于相同的 Tb/La 值可以有三种不同的成因类型，因此必须综合运用不同产状的萤石或方解石 Tb/Ca-Tb/La 或 Yb/Ca-Yb/La 参数才能有效地判断成因。在这种情况下，重稀土元素总量与轻稀土元素总量比值或与总稀土元素的比值，同样不能作为有效的地球化学指标，因为这种比值掩盖了伟晶和热液过程中稀土元素之间的分异。

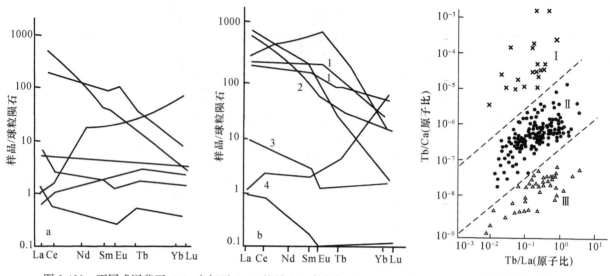

图 3-122　不同成因萤石（a）方解石（b）的稀土元素分布型式
1. 热液型；2. 碳酸盐岩；3. 现代钙质沉积物；4. 阿尔卑斯充填脉

图 3-123　不同成因萤石的 Tb/Ca-Tb/La
图解（Möller *et al.*，1976）
Ⅰ. 伟晶的；Ⅱ. 热液的；Ⅲ. 沉积的

　　活化交代作用和变质作用都可引起稀土元素间的分异。以德国的 Nordliche Kalkalpen 沉积萤石矿为例，在一块标本中可发现三种世代的萤石（图 3-124a）：Ⅰ 为早期成岩阶段同沉积成因的；Ⅱ 为准成岩阶段的重结晶产物；Ⅲ 为最晚期阶段的活化作用产物。这三种类型的萤石具有明显不同的稀土元素分布型式（图 3-124b），从 Ⅰ 到Ⅲ轻稀土元素含量明显下降，而重稀土元素几乎保持不变。这是由于由萤石或方解石溶解所产生的活化溶液中，高的 $F/Ca^{2+}$ 值导致对稀土元素的强烈络合，离开这种溶液就易被矿物表面吸附，而重稀土元素仍保留在溶液中。

　　此外，钙矿物中的 Eu 和 Ce 异常可指示成矿的氧化还原条件。在稀土元素的系统分异中，具有不同价态的 Eu 和 Ce 显示了与其他三价稀土元素不同的地球化学行为。在静海封闭条件下，$Eu^{3+}$ 可被还原成 $Eu^{2+}$，$Ce^{3+}$ 在氧逸度高时可被氧化成 $Ce^{4+}$。由于离子半径的明显差异就产生了稀土元素分布型式中的 Ce 和 Eu 异常。图 3-125 为具有正或负 Eu 和 Ce 异常的萤石和方解石稀土分布型式。在高氧逸度条件下形

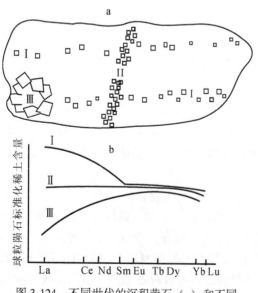

图 3-124　不同世代的沉积萤石（a）和不同
世代萤石的稀土元素分布型式（b）

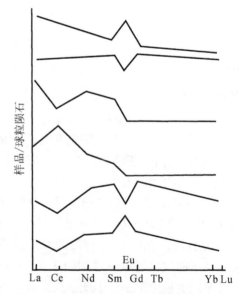

图 3-125　具有正或负 Eu 异常和 Ce 异常
的萤石和方解石稀土分布模式

成的萤石具 Ce 负异常，这主要是由于 $Ce^{4+}$ 容易被氢氧化物吸附，使溶液中亏损 Ce 而造成的。对于 Eu，情况较为复杂，如由长石分解产生的热液，Eu 富集，在氧化条件下萤石可以继承 Eu 正异常，但在还原条件，由于 $Eu^{3+}$ 不易与三价稀土离子共沉淀，使萤石产生了 Eu 负异常。在温度升高时，$Eu^{3+}$ 热化学还原为 $Eu^{2+}$，当结晶温度低于 200℃ 时，热液萤石仅能反映热液流体的 Eu 异常。在 200℃ 以上，由于 $Eu^{2+}$ 的离子半径大，阻止了 Eu 大量进入萤石晶格，造成 200℃ 以上结晶的萤石形成 Eu 亏损而呈负异常，而在 200℃ 以下结晶的萤石则相对富集 Eu，形成 Eu 正异常（Bau，1991；Möller，1998；Möller and Holzbecher，1998）。

### 2. 磷灰石

磷灰石 $[Ca_5(PO_4)_3(F,Cl,OH)]$ 是各种类型岩浆及热液系统常见的副矿物，它是岩石中 REE 和 Sr 主要携带矿物之一，并富含 U、Th。岩石中磷灰石的含量与寄主岩石 $P_2O_5$ 含量成正比，而与 $SiO_2$ 含量成反比。碱性岩中的 $P_2O_5$ 含量高，磷灰石的含量可达 0. n%。磷灰石中含有大量的微量元素 Sr、U、Th、Mn、Si、S、Na 和稀土元素，这些微量组分是以置换 $Ca^{2+}$ 而进入磷灰石晶格的，其置换公式如下（Fleet and Pan，1997；Sha and Chappell，1999；Belousova et al.，2001）：

$$LREE^{3+}+Sr^{4+}\longleftrightarrow Ca^{2+}+P^{5+} \tag{3-127}$$

$$HREE^{3+}+Na^+\longleftrightarrow 2Ca^{2+} \tag{3-128}$$

$$Mn^{2+}\longleftrightarrow Ca^{2+} \tag{3-129}$$

根据磷灰石中 U、Th 同位素组成，可进行同位素定年，特别是磷灰石被广泛用于裂变径迹分析，研究岩石热历史。

磷灰石是结晶相对较早的副矿物，在硅酸盐熔体系列演化过程中达到饱和并长期存在，磷灰石在岩浆演化过程中的稳定性及化学成分的多样性可与锆石媲美，在某些方面甚至优于锆石。大量研究表明，磷灰石中微量元素特别是稀土元素的含量（或比值）特点，灵敏地反映了其赋存体系（岩浆或热液）的特点，因此，磷灰石是成岩过程和条件（氧化-还原）的优良指示剂。同时，磷灰石还是挥发分 $F^-$、$Cl^-$、$OH^-$ 的重要携带矿物，这些挥发组分在磷灰石中含量的变化能反映成矿流体的变化特点。

稀土元素在磷灰石结构中置换 $Ca^{2+}$，而 $Ca^{2+}$ 在晶格中占据两个位置，较大的 9 次配位和较小的 7 次配位，因此，它可以容纳从 La 到 Lu 所有的稀土元素。磷灰石是稀土完全（任意）配分型矿物，即磷灰石型（郭承基，1965；王中刚等，1989），这就是说磷灰石稀土元素的含量不像独居石那样强烈选择轻稀土 LREE（属轻稀土强选择型配分矿物），也不像磷钇矿那样强烈选择重稀土 HREE（属重稀土强选择型配分矿物）。因此，磷灰石稀土元素的组成取决于它形成时体系（岩浆或流体）的稀土组成特点。对自然界火山岩中磷灰石斑晶，以及用不同成分岩浆体系合成的磷灰石所获得的磷灰石对稀土的分配系数测定表明（Nagasawa，1970；Watson and Green，1981；Fujimaki，1986），中组稀土元素（Sm-Ho）的分配系数高于 La-Nd、Er-Lu。这表明在一般情况下磷灰石应当富集中组稀土，但温度和体系成分对磷灰石稀土分配系数影响大，如在 950℃ 时 $SiO_2$ 从 50% 增加到 68%，稀土元素分配系数平均值从 7 增加到 30，温度增加 130℃，REE 分配系数降低 1/2。Belousova 等（2001）对澳大利亚昆士兰花岗岩中磷灰石研究表明，其稀土元素含量与花岗岩 $SiO_2$、$Na_2O$、$K_2O$ 含量以及 Al 饱和度（ASI）密切相关。

### 3. 白钨矿（$CaWO_4$）

白钨矿是接触交代型矿床和热液矿床中较普遍存在的矿物，属四方晶系，二价离子占据八配位多面体，其结构中 $(WO_4)^{2-}$ 为四面体，$(CaO_8)^{14-}$ 为不规则十二面体，稀土元素 REE 进入白钨矿是置换结构中的 $Ca^{2+}$，置换反应如下（Rambault et al.，1993）：

$$2Ca^{2+}\Longrightarrow REE^{3+}+Na^+ \tag{3-130}$$

$$Ca^{2+}+W^{6+}\Longrightarrow REE^{3+}+Nb^{5+} \tag{3-131}$$

$$3Ca^{2+}\Longrightarrow 2REE^{3+}+\square_{Ca} \tag{3-132}$$

式中，$\square_{Ca}$ 代表 Ca 位置的空位。

或

$$2CaWO_{4(s)} + REE^{3+}_{(aq)} + Na^+_{(aq)} = 2REE_{0.5}Na_{0.5}WO_{4(s)} + 2Ca^{2+}_{(aq)} \qquad (Brugger\ et\ al.,2000) \qquad (3-133)$$

式中，s 和 aq 分别为白钨矿和流体相。

稀土元素在矿物–流体间的分配取决于其对矿物中某个或某几个特定结构位置的亲和力和对流体中其络合物的稳定性，Gharderi 等（1999）在研究西澳大利亚太古宙金矿中的白钨矿稀土组成时提出，稀土进入白钨矿中主要受控于 Ca 离子位置的大小及电荷补偿机制，流体中稀土络合物的性质起次要作用。表示白钨矿中稀土置换的公式如下：

$$\ln C_{白钨矿} = A(r_{REE} - r_{位置}) + (B - \ln C_{流体}) \qquad (3-134)$$

对应的线性方程为

$$y = mx + b \qquad (3-135)$$

式中，$C_{白钨矿}$、$C_{流体}$ 分别为白钨矿和流体中某稀土元素含量的球粒陨石标准化值；$r_{REE}$ 为某稀土元素的离子半径；$r_{位置}$ 为白钨矿中稀土置换的最佳位置的大小，即白钨矿稀土分布型式的最高点的位置。

例如，Gharderi 等（1999）计算的西澳大利亚太古宙金矿中白钨矿稀土置换的离子半径为 1.060Å 和 1.055Å，彭建堂等（2005）计算的湘西沃溪金锑矿床中白钨矿为 1.046Å。根据 Shannon（1976）有关稀土离子半径资料（见本书附表9），中稀土 Sm-Tb（八配位）离子半径范围为 1.079~1.040Å，与置换的最佳位置大小最接近，因此，这些矿床中白钨矿形成强烈富集中稀土的分布型式（见下面应用实例讨论）。

### 4. 钙矿物稀土元素分布特征对矿床成因研究的应用实例

#### （1）铅锌矿床

Möller 等（1979）对德国哈茨山 Pb-Zn 矿床中方解石的稀土元素分布特征进行了较系统研究，该矿区有海西期花岗岩–花岗闪长岩侵入，围绕岩体矿化呈较明显带状分布。在矿区沉积岩和岩浆岩体的脉体中系统采集了不同产状的方解石，采样位置如图 3-126a 所示，由岩体向围岩三个矿区的距离排列顺序是：安德瑞斯堡→克劳斯塞尔→巴特格伦德，它们均产于沉积岩中，而巴特哈茨堡和温布瑞则为脉体或产在侵入体中。将上述不同产状方解石的 Yb/Ca 和 Yb/La 参数投影于 Yb/Ca-Yb/La 图解中（图3-126b），可以看到它们分布在一狭窄的对角线范围内，不同产状的方解石在对角线范围内顺序排列，由巴特格伦德→哈茨堡+温布瑞的分异随它们距侵入体距离增加而增加，显示了侵入体热梯度对矿床形成的控制。

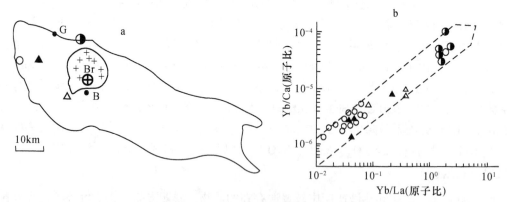

图 3-126　不同产状方解石的产出位置（a）及在 Yb/Ca-Yb/La 图解中的分异趋势（b）

B. Braunlage；G. Goslar；Br. Brocken 侵入体；图中方解石采样点：○巴特格伦德；▲克劳斯塞尔；△安德瑞斯堡

对不同产状的方解石的稀土元素组成进行比较，可以将它们分成三种类型：

Ⅰ型方解石：轻稀土元素含量高，Sm 和 Eu 含量最高，无 Eu 和 Ce 异常，C、O 同位素组成均一，$\delta^{13}C$ $-8.0‰ \sim -5.6‰$；$\delta^{18}O$ $+17.1‰ \sim +17.9‰$。

Ⅱ型方解石：稀土元素含量低，轻稀土元素含量低，有明显的 Eu 和 Ce 异常，C、O 同位素组成变化大，$\delta^{13}C$ -6.1‰~-3.5‰，$\delta^{18}O$ +7.6‰~ +23.5‰。

Ⅲ型方解石：稀土元素含量最低，在中子活化分析检测限之下。$\delta^{13}C$-13.4‰~-7.5‰，$\delta^{18}O$+17.2‰~+20‰。

将上述三种不同类型方解石投影于 Yb/Ca-Yb/La 图解中，可见Ⅰ型方解石均落在分异作用的对角线范围内，而Ⅱ型方解石则落在分异区之外，且非常分散（图3-127）。这些特点表明不同类型的方解石的原始溶液来源不同。Ⅰ型方解石的稀土元素组成和C、O同位素组成特点都说明其溶液来自岩浆岩，这种方解石不存在Eu异常，表明它不可能是在与闪锌矿平衡的强还原条件下形成的。Ⅰ型方解石与条带状矿石中的硫化物来自两个不同的源。而Ⅱ型方解石的稀土元素和C、O同位素组成表明它们是由与沉积岩相平衡的溶液中晶出的，Eu异常的存在表明它们来自由于$H_2S$存在而产生的还原环境，它们与硫化物处于平衡，溶液来自大气降水，硫化物的S、Pb同位素也表明围岩提供了成矿物质。

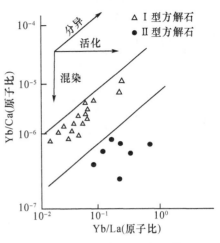

图 3-127  不同类型方解石的
Yb/Ca-Yb/La 图解

上述分析表明，本区矿床的形成应来自两种不同流体的混合：大气降水和岩浆水混合；岩浆水和接触变质流体混合。侵入体在矿床形成过程中起了"热机"作用（Möller *et al*.，1984）。

（2）密西西比河谷型铅锌矿

目前，普遍认为密西西比河谷型铅锌矿是由卤水形成的，但对如何由卤水形成的机理存在争议。Graf（1984）对密西西比东南 Viburnum Trend 铅锌矿区围岩的碳酸盐和白云石、方解石的稀土元素分布进行了系统研究，稀土元素的球粒陨石标准化分布型式如图3-128~图3-130所示。

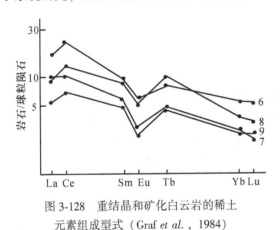

图 3-128  重结晶和矿化白云岩的稀土
元素组成型式（Graf *et al*.，1984）
6、8. 闪锌矿矿化；
7. 闪锌矿+方铅矿的矿化；9. 黄铜矿矿化

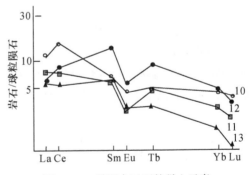

图 3-129  晶洞白云石的稀土元素
组成型式（Graf *et al*.，1984）
图中数字为样品号

由图3-128~图3-130可以看出：围岩（白云岩和灰岩）的稀土元素分布型式与典型的页岩和沉积碳酸盐非常相似，轻稀土元素富集，La/Sm、Sm/Lu 和 Eu/Sm 值与页岩非常相似。不同相白云岩的稀土元素分布型式无明显差异，但重结晶的矿化白云石、晶洞白云石和方解石的稀土元素分布型式明显不同于围岩。以矿区围岩为标准的重结晶白云石稀土元素分布型式（图略）的显著特点是轻稀土元素含量低，围岩的 La/Sm 值平均为5.9，而重结晶白云岩为2.6，晶洞白云石为1.6，晶洞方解石为0.9（甚至低达0.1），分别为围岩的0.44、0.27和0.15倍。

大量研究表明，含矿溶液与围岩发生了反应，围岩的溶解产生了具有与之相似的稀土元素组成的溶液。当矿物从这种溶液中晶出时，由于稀土元素与$CO_3^{2-}$等形成络合物的作用，矿物的稀土元素组成不同于溶液。分配实验表明：方解石沉淀期间发生的分异作用可使方解石La/Sm值比其所赖以淀出的溶液

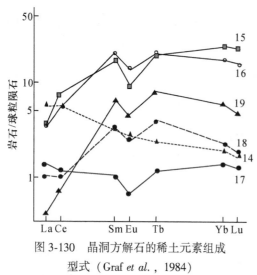

图 3-130　　晶洞方解石的稀土元素组成
型式（Graf *et al.*，1984）

14. 滨外相样品；15. 弱矿化样品；16. 矿带中与
方铅矿伴生；17. 环带晶体外带，黄色带；18. 同一环带
晶体内带白色带；19. 矿带中与方铅矿伴生的白色方解石

增加大约 17%，Sm/Lu 值增加大约 35%。根据这些资料计算，矿区的碳酸盐矿物的稀土元素组成不可能由围岩产生，也不可能直接由围岩的溶解和再沉淀而产生。晶洞方解石和白云石的稀土元素分布可用沉淀分带作用解释。由于稀土元素碳酸络合物的形成，溶液中游离的 La/Sm 值增加，Sm/Lu 值也类似，结果就造成了早期形成的相具有较高的 La/Sm 和 Sm/Lu 值，使溶液进一步富 Sm 和 Lu 而贫 La，继而从这种晚期阶段流体中沉淀的固相将具有低的 La/Sm 值和 Sm/Lu 值。Graf 等（1984）认为，上述重结晶的白云岩、晶洞方解石和白云石的低 La/Sm 值，最好用含矿溶液在到达本矿区时就具有低的 La/Sm 值来解释。这种溶液与围岩反应，产生一种由围岩的高 La/Sm 值和成矿溶液的低 La/Sm 值混合后的稀土元素分布型式，当含矿溶液贡献增加时，应当产生低 La/Sm 值的矿物。因此，由稀土元素组成可以发现，围岩的最大贡献发生在由围

岩重结晶和矿化形成重结晶白云岩时，而在晶洞方解石形成时围岩的稀土元素贡献最小。因此，本区含矿溶液可能未从与围岩碳酸盐的相互作用中获得其主要组分，晚期阶段的脉状充填含矿溶液未受到与围岩相互作用的影响。

含矿溶液的稀土元素组成，取决于溶液与其所通过之岩石的相互作用和源区的稀土元素组成。能产生与矿带中岩石及矿物相一致的稀土元素组成和 Sr 同位素组成的岩石，就可能作为最有价值的溶液通道和金属来源的源岩。

矿区内和矿区外方解石稀土元素组成差异表明，可将晶洞和脉石中方解石的稀土元素组成特征作为南密西西比河谷型铅锌矿床的地质勘探标志。

（3）锡矿床与多金属矿床

德国 Schwarzwald 地区是研究热液过程中稀土元素分异效应的理想地区，在该区分布有 400 多条热液脉，它们主要产于晚古生代的花岗岩和片麻岩中。采用激光等离子质谱 LA-ICP-MS 对其中 63 条多金属热液脉中的单颗粒萤石矿物进行了稀土元素原位定量分析（Schwinn and Markl，2005），发现该区的萤石稀土组成有以下规律：对于单颗粒萤石，从其核心到边部，稀土组成呈现三种类型，第一类是稀土含量和分布型式均保持不变；第二类是稀土分布型式相同，但稀土含量逐渐变化；第三类是稀土分布型式和稀土含量均发生变化。区内各类热液脉中锡石的稀土组成总体呈中稀土 MREE（Sm、Eu、Gd、Tb、Dy、Ho）明显富集，轻和重稀土相对亏损，球粒陨石标准化呈屋顶形（roof-shape）分布，按 Eu 和重稀土分布特点可划分为 A 和 B 两种主要类型。A 型：Eu 强烈富集，Eu/Eu* 1.24~3.99，重稀土明显富集，$(La/Yb)_N$ 0.07~1.07，中稀土 Sm 与轻稀土 Nd 比值低，$(Sm/Nd)_N$ 2~4；B 型：Eu 亏损或无亏损，Eu/Eu* 0.64~1.19，重稀土相对富集，$(La/Yb)_N$ 0.17~5.71，中稀土 Sm 与轻稀土 Nd 比值高，$(Sm/Nd)_N$ 3~15（图 3-131a、b）。在 Tb/Ca-Tb/La 图解中，A 型萤石主要分布在热液萤石区，沿原始结晶作用趋势分布，而 B 型主要集中在沉积成因萤石区，偏离原始结晶作用趋势，反映了它们是活化作用的产物（图 3-123）。A 型萤石主要分布在片麻岩中，B 型主要分布在花岗岩中。有关 Eu 异常的解释见上述方解石和萤石的稀土组成讨论（Bau，1991；Möller，1998；Möller and Holzbecher，1998）。

双燕等（2006）和赵葵东等（2005）对湖南芙蓉锡矿中云英岩、蚀变岩体及构造蚀变和夕卡岩的方解石、锡石-硫化物脉中萤石的稀土组成进行了研究。上述不同类型锡矿石中的方解石稀土组成的特点如下。

云英岩中的方解石稀土含量最高，$\sum REE+Y$ 为 $(92.52~95.94)\times10^{-6}$，轻稀土中度富集，（La/

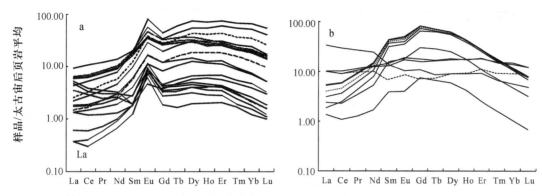

图 3-131　德国 Schwarzwald 地区多金属热液脉中萤石稀土组成（据 Schwinn and Markl, 2005 资料绘制）
a. A 型，热液成因萤石；b. B 型，沉积成因萤石

Yb)$_N$ 1. 76~6. 88，Eu 中度亏损，Eu/Eu$^*$ 0. 31~0. 52；蚀变岩体中的稀土较低，变化较大，$\sum$REE+Y
为（29. 17~36. 98）×10$^{-6}$，个别为 133. 37×10$^{-6}$，相对富重稀土，(La/Yb)$_N$ 0. 95~1. 02，Eu 中度亏损，
Eu/Eu$^*$ 0. 43~0. 61；构造蚀变和夕卡岩的方解石稀土最低，$\sum$REE+Y 为（5. 49~14. 64）×10$^{-6}$，Eu 相
对富集，Eu/Eu$^*$ 0. 66~1. 10；轻稀土中度富集，(La/Yb)$_N$ 2. 47~9. 42（图 3-132c）。

　　锡石-硫化物脉中的萤石的稀土总含量很低，$\sum$REE 为（4. 95~8. 1）×10$^{-6}$；重稀土明显富集，
(La/Yb)$_N$ 0. 64~0. 95，Eu 强烈亏损，Eu/Eu$^*$ 0. 01~0. 09（双燕等，2006）。

　　应指出的一个重要特征是，在上述锡矿的部分方解石和萤石中出现 W 型稀土四分组效应。Monecke 等
（2011）在德国 Erzge Birge 锡矿区的热液萤石脉的绿色萤石中发现了完整的 W 型稀土四分组效应。这些特
点被认为是流体不混溶形成的，从而为认识热液锡矿成因提供了新思路（详见本章稀土四分组讨论）。

　　（4）锑矿床

　　对我国湖南省锡矿山锑矿床和贵州晴隆锑矿床中不同成矿期的方解石的稀土组成进行了较系统研
究。锡矿山锑矿是世界最大的锑矿床，矿床中成矿早期和晚期的方解石稀土组成的共同特点是均强烈富
集中稀土 MREE 和重稀土 HREE，(La/Yb)$_N$ 均≪1，为 0. 01~0. 24，稀土组成型式呈明显左倾。但早期
方解石的轻稀土 La-Nd 明显低于晚期方解石，成矿早期方解石的 (La/Sm)$_N$ 为 0. 07~0. 33，晚期为
0. 10~0. 32（图 3-132a、b；Peng et al., 2003；彭建堂等，2004）。

　　（5）卡林型金矿

　　Su 等（2009）对贵州水银洞卡林型金矿中与成矿有关的方解石和区内与成矿无关的方解石的稀土
元素进行了较系统分析对比，发现成矿期的方解石明显富中稀土 MREE，稀土分布型式为驼峰型或圆丘
型（hump-shape）（图 3-132d）(La/Sm)$_N$<1，为 0. 11~0. 94，(Gd/Yb)$_N$>1，为 3. 28~6. 93；富重稀土
HREE，(La/Yb)$_N$<1，为 0. 30~0. 86，仅一个样品为 3. 35；Eu 无亏损或弱富集，Eu/Eu$^*$ 0. 88~1. 22。
区内与成矿无关的方解石的稀土元素组成虽然也相对富重稀土 HREE，但中稀土 MREE 不富集，甚至出
现 Eu 亏损。因此，明显富集 MREE 的方解石成为本区金矿的找矿标志。

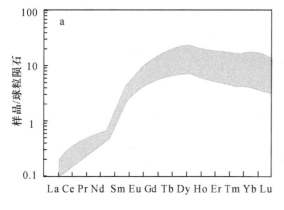

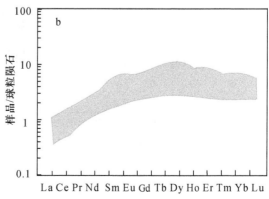

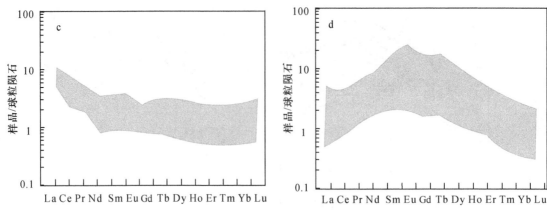

图 3-132　不同类型矿床方解石的稀土组成

a、b. 锡矿山锑矿床（据彭建堂等，2004 资料）；c. 芙蓉锡矿床（据双燕等，2006 资料）；

d. 水银洞金矿床（据 Su *et al.*，2009 资料）

（6）热液型锑矿床和岩浆碳酸岩型稀土矿床

对成矿早期和晚期萤石的稀土组成研究表明（王国芝等，2003），其 $\Sigma$REE 变化很小，稀土组成型式均呈近平坦型（图 3-133a、b），HREE 明显富集，(La/Yb)$_N$ 在成矿早期为 0.85~3.06，晚期为 0.61~1.47，成矿早期与晚期的明显区别是后者富中稀土；成矿早期萤石的 (La/Sm)$_N$ 为 0.63~1.32，晚期为 0.37~0.91；(Gd/Yb)$_N$ 分别为 1.93~2.54 和 2.18~2.95。对产于碳酸岩中的四川牦牛坪稀土矿床中萤石稀土组成较系统的研究表明（许成等，2002），其稀土组成可划分为三种类型（图 3-133c、d、e）：轻稀土 LREE 富集型、LREE 平坦型、LREE 亏损型。从 LREE 富集型到 LREE 亏损型，萤石的 $\Sigma$REE 变化很小，但中稀土 MREE 和重稀土 HREE 逐渐增加，LREE 亏损型的萤石 MREE 最富集。(La/Sm)$_N$ 逐渐降低，平均值分别为 2.85、1.16 和 0.47；(Gd/Yb)$_N$ 变化不大，分别为 4.70、4.29 和 4.93；(La/Yb)$_N$ 明显降低，分别为 10.91~22.41、3.54~10.49 和 1.17~4.47。

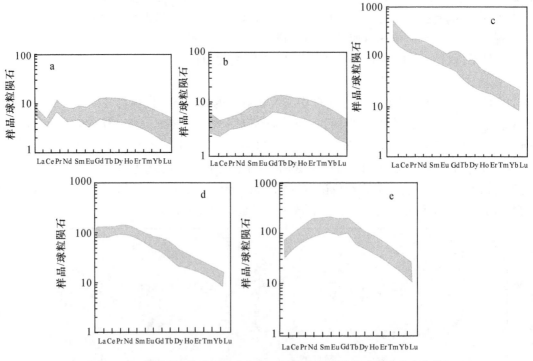

图 3-133　贵州晴隆热液型锑矿床和四川牦牛坪碳酸岩型稀土矿床中萤

石的稀土组成（据王国芝等，2003；许成等，2002 资料）

a. 晴隆锑矿床早期萤石；b. 晴隆锑矿床晚期萤石；c~e. 牦牛坪碳酸岩型稀土矿床

（7）太古宙与元古宙金矿床

西澳大利亚分布多处大型、超大型金矿床，对 Kalgoorlie-Norseman 金矿床中的白钨矿稀土元素进行的系统研究表明（Gharder *et al.*，1999），白钨矿的稀土分布型式可划分为两种类型——Ⅰ型和Ⅱ型，Ⅰ型呈抛物线形，强烈富集中、重稀土，稀土分布型式为驼峰型、圆丘型（hump-shape）或屋顶型（roof-shape）（图 3-134）。$(La/Yb)_N < 1$，范围为 $0.04 \sim 2.35$，$(La/Sm)_N \ll 1$，范围为 $0.03 \sim 0.28$，Eu 无亏损；Na 含量高；该类型又可细分为 $I_a$ 和 $I_b$ 两个亚类（图 3-134a、b），$I_b$ 型比 $I_a$ 型更富 HREE 和 MREE，其 $(La/Yb)_N \ll 1$，为 $0.04 \sim 0.45$，$(La/Sm)_N \ll 1$，为 $0.03 \sim 0.07$；Ⅱ型呈 Eu 明显富集的平坦型，$Eu/Eu^* > 1$，高达 27.1，范围为 $3.4 \sim 27.1$（图 3-134c）。该区 Mt Charlott 和 Drysdale 太古宙金矿床中的白钨矿与 Kalgoorlie-Norseman 金矿床相似（Brugger *et al.*，2000），白钨矿的稀土组成也呈两种类型，第一种为 MREE 明显富集型，无 Eu 亏损或呈弱正异常；第二种为平坦型，或 MREE 亏损，Eu 强正异常。对该矿床中白钨矿颗粒不同颜色的白钨矿作阴极发光，然后进行激光等离子质谱分析，其稀土组成呈带状分布，白色核心部分最富 MREE，边部灰色 MREE 富集程度降低（图 3-135）。

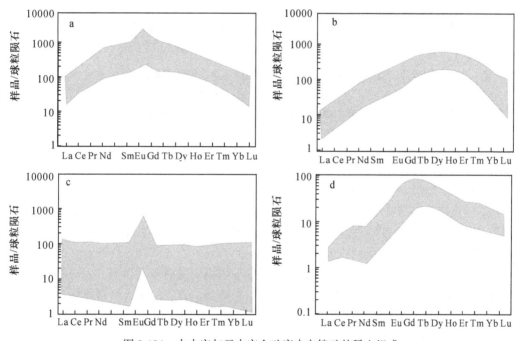

图 3-134　太古宙与元古宙金矿床中白钨矿的稀土组成

a~c. Kalgoorlie-Norseman 金矿床（Gharder *et al.*，1999）；d. 湘西沃溪金锑钨矿床（彭建堂等，2005）

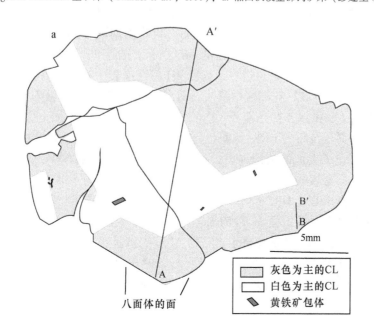

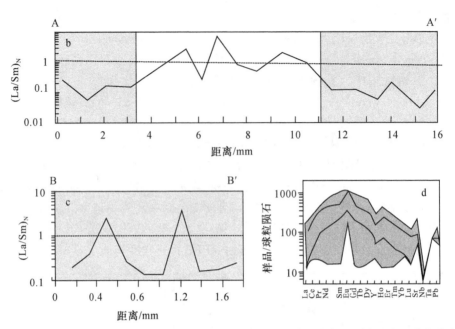

图 3-135　西澳大利亚太古宙 Mt Charlott 和 Drysdale 金矿床中的白钨矿颗粒的稀土带状分布
型式（Brugger et al.，2000）

a. 白钨矿颗粒的阴极发光形态及等离子体质谱分析点位置剖面（A-A′，B-B′）；b、c.（La/Sm）$_N$ 值沿分析
剖面的变化；d. 多元素球粒陨石标准化分布型式，两种类型稀土分布型式形态类似，但含量有明显差别

　　我国湘西分布于元古宙板溪群中的沃溪金锑钨矿床中的白钨矿稀土组成也呈类似型式，MREE 强烈富
集，不同的是 Nd 相对于相邻的 Pr 和 Sm 出现亏损（图 3-134d；彭建堂等，2005）。此外，研究还发现白钨
矿的 $\Sigma$REE 从矿区浅部至深部呈增加趋势，这与哈萨克斯坦北部金矿床的特征类似，该区不同深度的热液
金矿床，随金-石英建造矿床深度增大，白钨矿中的 Y 和 $\Sigma$REE 也明显增加（Sokolova et al.，1997）。
　　（8）磷灰石在成岩成矿研究中的应用
　　王中刚等（1989）曾用（La/Yb）$_N$ 和 δEu 将不同类型岩石中的磷灰石作图，发现不同类型岩石有不
同分布区，碱性岩和碳酸岩磷灰石具有最大的（La/Yb）$_N$ 和 δEu 值，花岗岩类最小，基性和中性岩居于
它们的过渡区。张绍立等（1985）较系统研究了华南不同类型花岗岩中磷灰石的稀土组成，发现不同类
型花岗岩中磷灰石稀土组成明显不同，南岭系列（大致相当于 S 型）花岗岩中磷灰石 $\Sigma$REE 较低，平
均 $4571\times10^{-6}$，相对富重稀土，$\Sigma$Ce/$\Sigma$Y<1（0.68），Eu 强烈亏损，成 "V" 形分布型式。长江系列
（大致相当于 I 型）花岗岩中磷灰石 $\Sigma$REE 高，平均 $8571\times10^{-6}$，轻稀土相对富集，$\Sigma$Ce/$\Sigma$Y$\gg$1（平均
7.15），Eu 富集，呈陡右倾分布型式。Hsieh 等（2008）对华南南岭不同类型花岗岩中磷灰石的稀土元
素地球化学进行了系统研究，并系统地与花岗岩的 Nd 同位素组成和岩石化学特点相结合，探讨花岗岩
形成条件和源区。他们的研究表明，辉长岩、正长岩和 I 型花岗岩中的磷灰石明显富轻稀土，Eu 中等亏
损，而伟晶岩、过铝质（ASI>1.1）花岗岩中磷灰石重稀土明显富集，Eu 强烈亏损。随花岗岩 Al 饱和
度指数 ASI 增加（ASI>1.1）和 $\varepsilon_{Nd}(T)$ 值降低 [$\varepsilon_{Nd}(T)$<-8]，磷灰石的重稀土含量增加并明显富集，Eu
亏损程度明显增加。对跨喜马拉雅的 I 型、S 型花岗岩及后碰撞的埃达克岩中的磷灰石微量和稀土元素
的激光等离子质谱分析获得了类似的结论（Chu et al.，2009），磷灰石的 F、Mn、Sr 和 REE 含量随寄
主岩石的成分而系统变化，全岩的 Al 饱和程度强烈控制了磷灰石的这些微量元素的含量、稀土元素的
球粒陨石标准化型式，包括 LREE/HREE 值、Eu 异常和 Nd 异常。其中，F、Mn 含量与岩浆分异和 Al
饱和程度有关，而与岩石类型无关。而 Sr 和 REE 与 Al 饱和程度及岩石类型均有关，F 含量随寄主岩石
的 Al 饱和程度的增加而增加，Mn 含量随寄主岩石的 Al 过饱和程度的增加而增加（图 3-136）。因此，F
和 Mn 含量提供了寄主岩石 Al 饱和程度的信息。磷灰石中的 Sr 含量与母岩浆相似，一般低于 $200\times10^{-6}$，
因此，由磷灰石的 Sr 含量可判断其母岩浆类型。当磷灰石 Sr 含量变化大并高于寄主岩石时，表明它是

由具有不同微量元素组成的岩浆或有岩浆混合后结晶的。磷灰石 REE 的球粒陨石标准化型式，从强烈富集 LREE 的右倾斜型到 HREE 富集的平坦型，反映了在岩浆结晶过程中磷灰石与造岩矿物及副矿物对稀土的"竞争"结果。当磷灰石的稀土标准化分布型式或出现 Eu 正异常，而与寄主岩石的稀土标准化型式或 Eu 负异常明显不同时，表明岩浆形成过程中发生了岩浆混合、地壳混染或源区不均一。

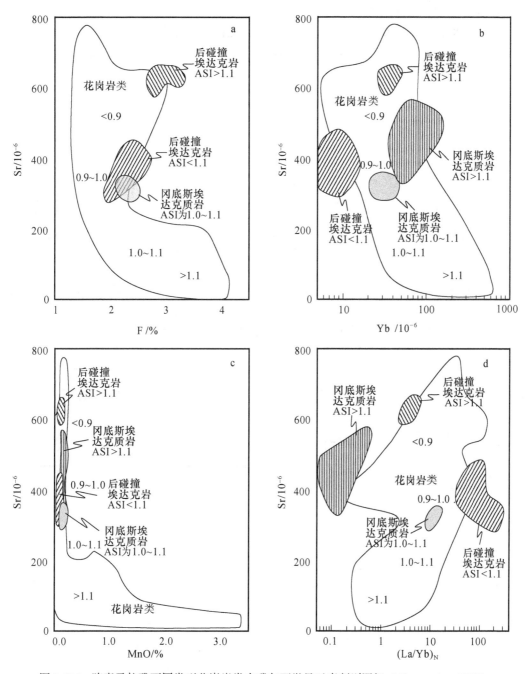

图 3-136 跨喜马拉雅不同类型花岗岩类中磷灰石微量元素判别图解（Chu *et al*.，2009）

磷灰石中稀土组成在成矿作用研究中也有较多的应用。Fleischer（1983）系统研究了不同类型岩浆岩、片麻岩、混合岩和瑞典基鲁钠型铁矿石中磷灰石的稀土组成，研究表明，不同类型的岩浆岩中磷灰石的 La/Nd 值随（La+Ce+Pr）含量增加而增加，而 100Y/（Y+∑REE）值随（La+Ce+Pr）含量增加而减小，均构成平滑曲线，而沉积岩中磷灰石则偏离上述曲线。Fleischer（1983）将基鲁钠型铁矿石中磷灰石稀土分析资料与上述结果对比，均一致地落在岩浆岩曲线上，据此，他认为基鲁钠型铁矿是由侵入岩浆形成，而非 Parak（1975）所认为的属火山喷气–沉积成因。我们对云南迤纳厂铁矿稀土矿石中磷灰石的稀土和 Sr 同位素组成分析表明，它们与幔源岩石差别大，因此，矿床与火成碳酸岩可能无关。Belousova 等（2001）研究澳大利亚昆士兰 Mt Isa 构造窗花岗岩中磷灰石的稀土和微量元素组成，按 La/Sm、La/Ce 值和 Sr、Th、Mn 含量，该花岗岩可划分为两组（图 3-137），强氧化、高分异型和弱分异、还原型，两组中磷灰石的微量元素和稀土元素组成明显不同，强氧化高分异型花岗岩中磷灰石 Sr 含量变化大，（30~400）×10⁻⁶；Th 含量高；LREE 相对于中组 MREE 和重稀土 HREE 富集；LREE 陡倾斜，La/Sm>4；Mn 含量低，<400×10⁻⁶，La/Ce 高（>0.4），这种类型的花岗岩与区内 Cu-Au 成矿有关。

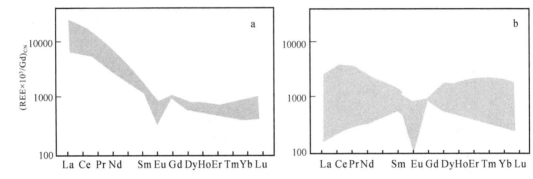

图 3-137　花岗岩中磷灰石的球粒陨石标准化、Gd 校准分布型式（Belousova *et al.*，2001）

a. 强氧化、高分异型；b. 弱分异、还原型

　　赵振华等（2010）对东坪金矿蚀变岩型碱性正长岩的磷灰石的 REE 含量进行了单颗粒激光等离子质谱分析，其稀土元素的组成明显分成两类（图 3-138a、b、c），第一类是轻稀土强烈富集型，形成陡右倾斜的球粒陨石标准化分布型式，与赋矿碱性正长岩相似，属岩浆型（图 3-138a、b）；第二类是中组稀土 Sm-Ho 明显富集，形成明显中凸形的稀土元素分布型式，属热液型（图 3-138c）。在第二种类型中，其轻稀土部分明显分为两种亚类型，第一种的轻稀土元素呈典型的 M 型四分组效应。根据上述特点，我们提出东坪金矿蚀变岩型碱性正长岩矿石的形成经历了两种过程的叠加作用，第一种代表强烈富轻稀土的碱性岩浆作用，而第二种为强烈富中组稀土热液流体交代作用（详见本章第七节关于 MW 复合型稀土四分组效应中有关磷灰石的讨论）。

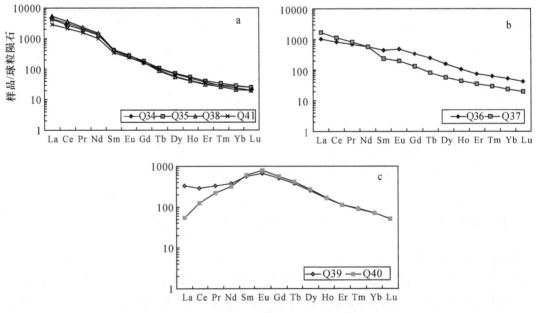

图 3-138　东坪金矿蚀变正长岩中磷灰石稀土元素组成（赵振华等，2010）

a、b. 岩浆型；c. 热液型

挥发分在岩浆演化中起着重要作用，因此，新发展的一种了解挥发分平衡和岩浆过程的技术是提高我们了解火山是如何活动的关键。磷灰石晶格中的 H、F 和 Cl 可作为研究对象，火山喷出岩中磷灰石斑晶和熔融包体对挥发分的分配系数（磷灰石/熔融包裹体），可使我们了解喷发岩浆的复杂历史，磷灰石可作为岩浆湿度计（hydrometer）、氟度计（fluorimeter）和氯度计（chlorimeter）（Boyce and Hervig，2009）。

磷灰石是富挥发分 F、Cl 和 OH 的矿物，可以将其视为三个端元的固体溶液。这三个端元为 F 磷灰石（F-Ap），Cl 磷灰石（Cl-Ap）和羟基磷灰石（OH-Ap），磷灰石化学成分和流体成分之间的交换反应如下（Treloar and Colley，1996）：

$$Ca_5(PO_4)_3F+H_2O \Longleftrightarrow Ca_5(PO_4)_3OH+HF \tag{3-136}$$

$$Ca_5(PO_4)_3Cl+H_2O \Longleftrightarrow Ca_5(PO_4)_3OH+HCl \tag{3-137}$$

$$Ca_5(PO_4)_3F+HCl \Longleftrightarrow Ca_5(PO_4)_3Cl+HF \tag{3-138}$$

对于智利北部的磁铁矿-磷灰石矿床成因，有岩浆热液成因及晚期富 Fe 岩浆与含水流体混合等不同的认识。Treloar 和 Colley 分析了铁矿石中磷灰石 F 和 Cl 的含量和分布特点，根据上述不同挥发分磷灰石的形成机制，发现磷灰石中 Cl 呈明显带状分布：在磷灰石核部 Cl 含量高，而边部明显降低，表明 $X_{F-Ap}/X_{Cl-Ap}$ 从核部到边部增加，而 $X_{Cl-Ap}$ 和 $X_{Cl-Ap}/X_{OH-Ap}$ 呈相反的趋势。由于 F、Cl 在磷灰石-岩浆-蒸汽体系中的分配特点是 $(Cl/F)_{磷灰石} < (Cl/F)_{岩浆} < (Cl/F)_{蒸汽}$（Mathez，1989），区内 Fresia 矿床中存在 Cl 磷灰石表明磷灰石的生长不是简单地受控于岩浆-蒸汽体系的分异作用。本区铁矿石中磷灰石 F、Cl 含量的变化及明显的分布，反映了热液流体中 HCl、HF 原始逸度 $f_{HF}$ 和 $f_{HCl}$ 的变化，这种变化与从富挥发分的晚期阶段分离出富 Fe 岩浆，或所分出的岩浆蒸气中晶出的磷灰石不一致，它们更可能代表了两种明显不同流体的混合：第一种是直接由原始岩浆分异的富 Fe-P 的岩浆蒸气，第二种是含有来自围岩熔岩的 Ca 和 Cl 的热液大气降水流体。这表明，虽然 F 可来自岩浆，但至少部分 Cl 来自围岩。它可以根据矿物化学区分岩浆的和热液的磁铁矿-磷灰石矿床，原先认为是纯岩浆过程形成的磁铁矿-磷灰石矿床的结构，实质是热液改造形成的。岩浆流体的源可能是由原始钙碱性玄武质岩浆分异的富 Fe-P 的酸性岩浆。

# 第七节　地质体含矿性评价

含矿与不含矿地质体的区分是找矿和勘探工作中最感兴趣的问题。目前用于这一目的的地球化学方法主要有全岩地球化学法、矿物-地球化学法和数理统计（多元统计）方法。无论哪种方法，其基本依据是要有大量精确的分析数据，其中微量元素分析数据是最重要的依据之一。

## 一、全岩地球化学法

在火成岩含矿性评价中，除应用常量造岩元素外（如酸碱度和基性度），微量元素应用最为广泛，其中包括成矿元素，因为许多成矿元素在地质体中实际上也呈微量元素存在。花岗岩类是地壳中分布广泛的岩浆岩类之一，许多重要矿产都直接或间接地与之有关，因而积累的地球化学资料，特别是稀土元素最为丰富。

### （一）K/Rb、F（Li+Rb）/（Sr+Ba）及 TiO₂/Ta

多年来，我们对我国南方大面积花岗岩的微量元素、稀土元素地球化学研究发现，与 Be、W、Sb、Nb、Ta 等稀有金属有关的花岗岩，其 K/Rb 值均较低，一般在 100 以下，明显低于花岗岩类平均值 167。而且，K/Rb 值与稀有金属含量呈明显反消长关系（图3-139），因此，K/Rb 值可以作为花岗岩矿化的指标。瑟里措等（1981）曾计算了花岗岩中 Ta 的含量与稀碱金属 Rb、Li 及挥发分 F 的相关系数

$R_{Ta-Li} = +0.88$，$R_{Ta-Rb} = +0.91$；$R_{Ta-F} = +0.86$，可见它们呈强正相关。

判别花岗岩含矿或潜在含矿性的 F-（Li+Rb）-（Sr+Ba）三角图解（Козлов，1981）是基于矿化花岗岩一般经历了高演化、高分异，明显富挥发分 F，富碱金属 Li 和 Rb，而贫 Sr 和 Ba，因而适用于稀有金属的矿化判别。笔者在对我国阿尔泰地区花岗岩类进行含矿性评价时采用了此图解（图3-140）。结果表明，本区白云母碱长花岗岩及二云母钾长花岗岩全部落入含矿区或潜在的含矿区内，这与该区实际地质情况相符合。

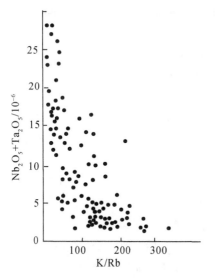

图3-139　华南花岗岩 K/Rb 值与 $Nb_2O_5$+ $Ta_2O_5$ 含量关系（赵振华，1979）

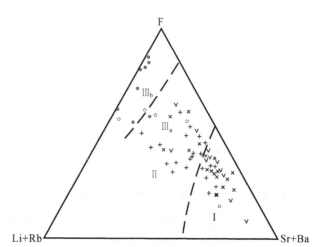

图3-140　新疆阿尔泰花岗岩类含矿性的 F-（Li+Rb）-（Sr+Ba）判别图

Ⅰ. 不含矿岩体区；Ⅱ. 矿化（含矿有限）岩体区；
Ⅲ. 含矿岩体区（Ⅲₐ. 潜在含矿区；Ⅲᵦ. 含矿区）

上述关系也可用参数形式 F（Li+Rb）/（Sr+Ba）表示。计算表明，无矿的由玄武质岩浆分异形成的花岗岩，该参数值仅为2.5，而稀有金属花岗岩高达12750。另外，$TiO_2/Ta$ 值是含锡花岗岩分异程度的标志，该比值与 Sn、W、Rb、Cs、F、Li 等呈反消长，而与 Ti、U、Ba、Sr、Zr、Ni、Co、Sc、RE 等呈同步增长，因此，该比值可以作为选择详查区的区域性指标。

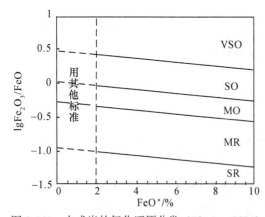

图3-141　火成岩的氧化还原分类（Blevin, 2004）

图中 FeO* 代表以 FeO 形式表示的样品全铁；图中的"用其他标准"指岩石学和磁性指标

## （二）$Fe_2O_3/FeO$ 与花岗岩类相关成矿作用

Ishihara（1977）提出的钛铁矿系列花岗岩——还原性花岗质岩浆，与 S 型花岗岩相当；而磁铁矿系列花岗岩——氧化性花岗质岩浆，与 I 型花岗岩相当。在用 $Fe_2O_3/FeO$ 值探讨澳大利亚 I 型与 S 型花岗岩的划分及相关成矿作用差异时，提出 I 型花岗岩的 $Fe_2O_3/FeO>0.3$，S 型花岗岩的 $Fe_2O_3/FeO < 0.3$（Blevin and Chappell, 1992）。Blevin（2004）根据花岗岩全岩 $Fe_2O_3/FeO$ 与 FeO*（总铁）关系，将花岗岩的氧化还原状态划分为五类：极强强氧化（VSO）、强氧化（SO）、中等氧化（MO）、中等还原（MR）和强还原（SR）（图3-141）。在该分类图中，氧化（O）与还原（R）火成岩的基本划分是依据等于或近于 FMQ（铁橄榄石-磁铁矿-石英）缓冲剂。图中中等氧化（MO）与强氧化（SO）岩石之间的界线与榍石-磁铁矿-石英-钙铁辉石-金红石缓冲剂（TMQHIL）相当，对于中等活度的 Fe 和 Mg，TMQHIL 缓冲剂在700℃时 $lgf_{O_2}$ 约为-15.5，恰好在 NNO（镍-氧化镍）缓冲剂之下。图中中等还原

（MR）与强还原（SR）岩石的界线与典型还原性 S 型与 I 型花岗岩划分相当。根据上述分类图，花岗岩类的氧化参数 ΔOx 可表示为（Blevin，2004）

$$\Delta Ox = \lg(Fe_2O_3/FeO) + 0.3 + 0.03 FeO^* \tag{3-139}$$

式中，$FeO^* = 0.9 Fe_2O_3 + FeO$；$Fe_2O_3$、$FeO$ 和 $FeO^*$ 单位均为%。

　　火成岩的 Cu、Mo、W、Sn 和 Au 及贱金属成矿潜力明显受其氧化还原（$Fe_2O_3/FeO$）和演化程度（Rb/Sr 或 Rb）制约，根据火成岩在 $Fe_2O_3/FeO$-Rb/Sr（或 Rb）图解中的投影位置（图 3-142），可以判断成矿潜力（Blevin and Chappell，1992；Blevin，2004；Champion，2006）。Sn-W 矿床与还原性钛铁矿系列花岗岩类有关，而 Cu-Mo-Au 矿床与氧化的磁铁矿系列花岗岩类有关（图 3-142a、b）。澳大利亚维多利亚花岗岩在 $Fe_2O_3/FeO$-Rb/Sr 图解中显示了类似规律，其 I 型花岗岩与 Au 和贱金属成矿火成岩区大部分重叠，指示其具有明显的 Au 成矿潜力（Champion，2006；图 3-142b）。

　　$Fe_2O_3/FeO$-Rb 图解给出了澳大利亚东南 Lachlan 褶皱带中与花岗岩类有关的 Cu、Mo、W、Sn 和 Au 矿床的投影，可以看出，Au、Mo、Cu 矿床明显分布在 $Fe_2O_3/FeO$>0.3 的氧化性 I 型花岗岩区，而 W、Sn 则主要分布在还原的 S 型花岗岩区（图 3-142c）。

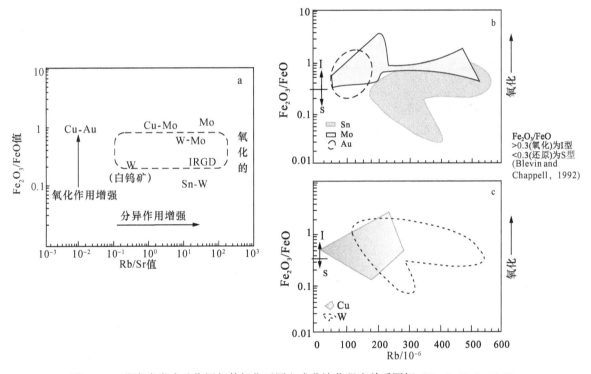

图 3-142　花岗岩类成矿作用与其氧化还原和成分演化程度关系图解（$Fe_2O_3/FeO$- Rb/Sr；

$Fe_2O_3/FeO$- Rb）（Champion，2006；Blevin and Chappell，1992）

图中 IRGD 为 Au 和贱金属成矿火成岩分布区；a. 花岗岩类成矿作用与其氧化还原和成分演化程度关系；

b. 维多利亚花岗岩（Champion，2006）；c. 澳大利亚东南 Lachlan 褶皱带中与花岗岩类有关的 Cu、Mo、

Au、Sn 和 W 矿床的 $Fe_2O_3/FeO$-Rb 投影图（Blevin and Chappell，1992）

　　在南美洲安第斯，与太平洋板块俯冲有关形成了明显的成矿分带，在俯冲带的靠海洋一侧为斑岩 Cu 矿床，而在俯冲带的大陆一侧则分布 Sn-W 矿床。美国西部的科迪勒拉花岗岩与之相似。Barton（1996）将花岗岩岩石类型的演化，从二长闪长岩-二长岩-石英二长岩/二长岩-碱性花岗岩，即从镁铁质-长英质（闪长岩-石英闪长岩/英云闪长岩-花岗闪长岩-花岗岩），以及花岗岩浆从过碱性-准铝质变化与氧逸度结合，构筑了成矿元素组合和矿床类型与这些因素的关系图（图 3-143）。

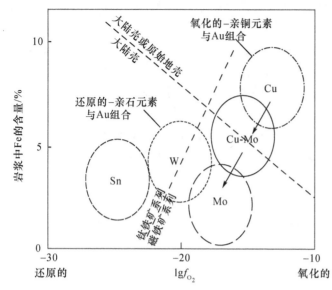

图 3-143 岩浆成分和氧化还原状态与成矿元素组合和矿床类型关系图（据 Barton, 1996; Robb, 2005 修改）

## （三）稀土元素与火山岩含矿性

加拿大安大略地区太古宙 Cu-Zn 块状硫化物矿床的一个重要特点是它们与长英质火山岩紧密相关，这已成为大多数勘探工作的基础，然而并非所有长英质火山岩都成矿。Thurston（1981）对加拿大安大略地区太古宙火山成因块状硫化物矿床中矿化与未矿化的岩石，从拉斑玄武岩到钙碱性流纹岩进行了稀土元素的系统分析和对比，发现长英质火山岩具有较特殊的稀土元素分布型式。未矿化的流纹岩具有高度分异的稀土元素分布型式，轻稀土元素为球粒陨石丰度的 20~150 倍，重稀土元素为球粒陨石的 2~40 倍。矿化的流纹岩具有相对未分异的稀土元素分布型式，轻稀土元素丰度为球粒陨石的 120~340 倍，重稀土元素丰度为球粒陨石的 53~100 倍。在阿比提比带中矿化岩石也呈未分异的稀土元素分布型式。

Campbell 等（1982）对安大略地区长英质火山岩稀土元素地球化学的研究也得到了类似的结果。他们认为含矿与不含矿长英质火山岩的稀土元素分布型式有明显差异，含矿火山岩以其平缓的稀土分布型式（La/Lu 值较低）和较明显的 Eu 异常而与不含矿的火山岩相区别（图 3-144），因而，可以此作为该区勘察 Cu-Zn 矿体的标志。

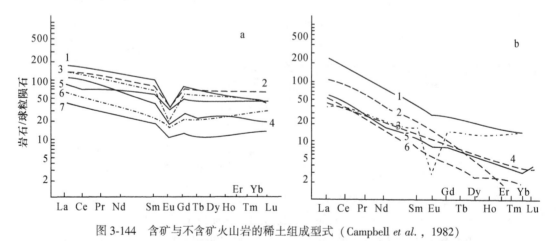

图 3-144 含矿与不含矿火山岩的稀土组成型式（Campbell et al., 1982）

a. 含矿；b. 不含矿；图中数字为样品号

然而，对产生含矿和不含矿火山岩的稀土元素组成差异的原因认识是有分歧的。Thurston（1981）认为这种与火山成因块状硫化物矿床有关的流纹岩中未分异的稀土元素分布型式（重稀土元素富集），可以用矿化过程中富含碳酸盐的流体通过堆积岩时对重稀土元素的络合和固定作用有关来解释。因为形成火山成因块状硫化物的搬运介质可能是 $CO_2$、氯化物或硫酸盐络合物，矿化流体富集重稀土元素，这对太古宙矿化长英质火山岩是有利的。因此，不管哪种情况，与火山成因块状硫化物矿化作用有关的流纹岩都相当均一地富集重稀土元素。这种特点表明，可根据流纹岩的稀土元素组成特点对其含矿性进行判断，不必进行大量样品分析。Campbell 等（1982）认为含矿长英质火山岩的 Eu 异常表明，岩浆在上升到地表途中曾经历了分异作用，在矿体之下存在一个次火山岩浆房。但不能肯定所有含矿长英质火山岩都具有平缓的稀土元素分布型式，要弄清这一规律还需作进一步试验。在对纽芬兰火山成因多金属硫化矿床研究时也得到类似结论（Strong，1984）。

在智利中部和北部安第斯山脉中有大量中性、钙碱性深成岩体，但只有极少部分伴有斑岩铜矿床。Baldwin 和 Pearce（1982）探讨了在缺失明显热液蚀变或矿化现象时，利用全岩地球化学方法评价一个侵入体或者杂岩体的勘探可能性和潜力。他们分析判别了近 100 个矿化和无矿化侵入体中 30 多种主要和微量元素。以一个花岗闪长岩作为典型的无矿花岗岩（它在主要化学成分上与大多数含矿侵入体相似），以此为标准，将所有样品进行标准化作图（图 3-145）。由图可见，矿化岩体的明显特点是稀土元素 Y、Yb 和 Th、Mn 具强烈负异常，Sr 有不大的正异常。根据这种特点，矿化岩体显示较高丰度的为 Y 和 Mn，这些元素在 20 世纪 80 年代容易用 X 射线荧光光谱测定，Yb 和 Th 可用中子活化分析，但在勘探中难以做到，因此采用 Y 和 MnO 进行分析并作图（图 3-146），可清楚显示这些异常的综合效应。用比较新鲜的样品可区分含矿和无矿的侵入体，判别有效率达 92%。但其界线不固定，取决于开采矿床的品位和规模，为此图中划出了一个次含矿区，它们与显著的矿化有关。

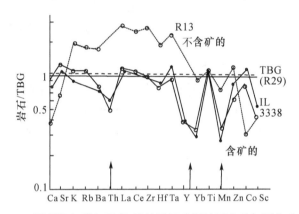

图 3-145　智利埃尔萨尔瓦多-波特雷里略斯地区含矿与不含矿侵入体的微量元素地球化学型式（Baldwin and Pearce，1982）

图中 TBG 为典型无矿花岗闪长岩，IL 和 3338 为含矿的样品号，R13 为不含矿的样品号，箭头指出含矿侵入体中的强负异常；数据用典型无矿花岗闪长岩（TBG）标定

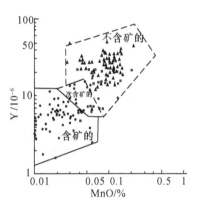

图 3-146　智利埃尔萨尔瓦多-波特雷里略斯地区含矿与不含矿侵入体的 Y 对 MnO 协变图（Baldwin and Pearce，1982）

在应用这种方法时需注意，采样要新鲜，或者是轻微蚀变、轻微风化的样品（强烈蚀变的样可能丢失了 Y 和 Mn）。样品应是在一个剖面或构造省（Y 的丰度与构造省有关）。该方法适用于显生宙汇聚板块边界的主要形成斑岩 Cu 矿的构造区，太古宙地体不适于采用 Y，因为太古宙侵入体中 Y 已贫化（Baldwin and Pearce，1982）。

### （四）稀土元素四分组效应（tetrad effect）与地质体含矿性

#### 1. M 型与 W 型 REE 四分组效应

稀土元素的"四分组效应"（tetrad effect）首先是 Peppard 等（1969）在实验室进行稀土元素在不同溶剂的液-液萃取体系中的分配实验时发现的，稀土元素在两液相之间的分配系数与原子序数之间的关系构成明显四分组效应，即以 Nd、Gd、Er 为分界元素，每四个稀土元素为一组（La、Ce、Pr、Nd），（Pr、Sm、Eu、Gd），（Gd、Tb、Dy、Ho），（Er、Tm、Yb、Lu），构成四条曲线。随后，许多研究发现稀土元素的某些性质，如单位晶胞大小、离子半径、络合物生成自由能等与原子序数关系都构成四分组效应（图 3-147，图 3-150）。

在稀土地球化学研究中，将样品稀土元素含量对球粒陨石进行标准化作图是最基本的方法，球粒陨石标准化后的岩石稀土元素含量对其原子序数 Z 作图建立的分布型式（pattern），即增田-科里尔图解（Masuda-Coryell diagram）（Masuda，1962；Coryell，1963；Henderson，1984），已广泛应用于稀土元素

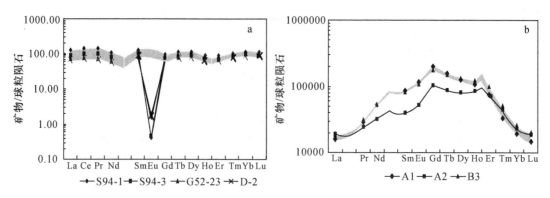

图 3-147　湖南千里山 W-Bi 成矿花岗岩的 M 型 （a）（赵振华，1988a，1988b；Zhao et al.，1988）
和碳钙钇矿 W 型 （b） 稀土四分组效应 （Akagi et al.，1993）

地球化学研究。在这种图解中，各类岩石的稀土元素含量随原子序数的变化构成平滑曲线，曲线的斜率，如 $(La/Yb)_N$ 及 Ce 和 Eu 的富集或亏损 （$Ce/Ce^*$，$Eu/Eu^*$），以及根据矿物的稀土分配系数探讨成岩模型等，已成为岩石稀土元素地球化学的基础。1979 年以来，在自然界海水、海水生物、藻类、珊瑚、贝壳石灰岩等 （Masuda et al.，1979）、热液形成的铀矿物 （晶质铀矿）（Hidaka et al.，1992）、稀土矿物 （碳钙钇矿 kimuraite）（Akagi et al.，1993） 及流经特殊地质体的地下水 （Takahashi et al.，2002） 中，均发现稀土元素的四分组效应 （tetrad effect）。1988 年，作者在与增田彰正 （Masuda） 教授合作研究中发现了我国华南稀有金属花岗岩具有稀土元素四分组效应 （赵振华，1988a，1988b；Zhao and Masuda，1988）（图 147a、b，图 3-149）。

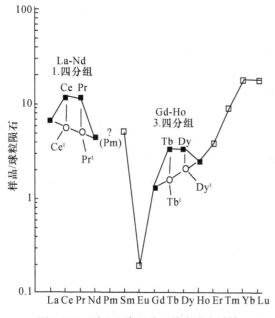

图 3-148　稀土元素四分组效应强度计算
示意图 （Irber，1999）

稀土四分组效应构成四组上凸或下凹曲线，前者称为 M 型稀土四分组效应，后者称为 W 型稀土四分组效应 （Masuda et al.，1987），完整的 M 或 W 型四分组效应分别由四个亚组稀土元素组成 （图 3-147a、b）。

（1） 稀土四分组效应强度的定量计算

为定量识别 M 与 W 型四分组效应，Masuda 等 （1994） 提出了用二次方程式定量计算同位素稀释法获得的稀土数据的四分组效应，随后 Minami 和 Masuda （1997） 用拉格朗日待定乘数法给出了包括全部稀土元素的四分组效应强度的定量计算公式，但不够简易方便。Irber （1999） 和 Monecke 等 （2002b） 先后提出了简便直观的参数和计算方法。这些方法的共同点都是基于四分组曲线对对数直线的偏离，即用最小二乘法近似。Irber （1999） 的参数如图 3-148 所示。

图中：

$$t_1 = (Ce/Ce^t \times Pr/Pr^t)^{0.5} \tag{3-140}$$

$$t_3 = (Tb/Tb^t \times Dy/Dy^t)^{0.5} \tag{3-141}$$

式中，$Ce/Ce^t = Ce_{cn}/(La_{cn}^{2/3} \times Nd_{cn}^{1/3})$，$Pr/Pr^t = Pr_{cn}/(La_{cn}^{1/3} \times Nd_{cn}^{2/3})$，

$Tb/Tb^t = Tb_{cn}/(Gd_{cn}^{2/3} \times Ho_{cn}^{1/3})$，$Dy/Dy^t = Dy_{cn}/(Gd_{cn}^{1/3} \times Ho_{cn}^{2/3})$

式中，$t_1$ 和 $t_3$ 分别为四分组中第一组和第三组曲线的四分组强度；$Ln_{cn}$ 为稀土元素的球粒陨石标准化值。

样品的四分组强度可用第一组和第三组几何平均值代表，$TE_{1,3} = (t_1 \times t_3)^{0.5}$。当该值为 1 时不出现四分组效应，$TE_{1,3} > 1.1$ 时出现四分组效应。Moneck 等 （2002） 对上述公式做了修改，其计算公式

如下：

$$T_i = \sqrt{\frac{1}{2} \times \sum_{i=1}^{N} \left[ \left( \frac{X_{Bi}}{x_{Ai}^{\frac{2}{3}} x_{Di}^{\frac{1}{3}}} - 1 \right)^2 + \left( \frac{X_{Ci}}{x_{Ai}^{\frac{1}{3}} x_{Di}^{\frac{2}{3}}} \right)^2 \right]} \quad (3-142)$$

式中，$T_i$ 为某一组四分组，如 $i$ 为第一组时，$X_{Bi}$、$X_{Ci}$ 分别为中心元素 Ce 和 Pr；$X_{Ai}$、$X_{Di}$ 分别为第一和第四元素 La 和 Nd，它们分别为这些元素的球粒陨石标准化值。

当 $T$ 值为 0 时，稀土的分布型式不属四分组效应，当 $T>0$ 时出现四分组，该值越大，四分组强度越大。由于 Pm 在自然界不存在，Eu 常呈现强烈亏损，因此，四分组中只计算 La-Nd、Gd-Ho、Er-Lu 三组，分别为 $N=1$、2、3，样品的四分组强度计算式为

$$T = \sqrt{\frac{1}{2N} \times \sum_{i=1}^{N} \left[ \left( \frac{X_{Bi}}{x_{Ai}^{\frac{2}{3}} x_{Di}^{\frac{1}{3}}} - 1 \right)^2 + \left( \frac{X_{Ci}}{x_{Ai}^{\frac{1}{3}} x_{Di}^{\frac{2}{3}}} \right)^2 \right]} \quad (3-143)$$

当 $N=2$ 时，式中 B、C、A、D 分别为 Tb、Dy、Gd、Ho，$N=3$ 时分别为 Tm、Yb、Er、Lu。

（2）我国有色、稀有金属矿化花岗岩的稀土元素四分组效应

赵振华等（赵振华，1988a，1988b；赵振华等，1992，1999；Zhao et al.，2002）对我国广泛分布的有色、稀有金属矿化花岗岩的稀土组成进行了较系统研究，发现它们的稀土组成非常特殊，明显与未成矿的花岗岩不同。稀土元素含量较低，变化范围较大，在一个岩体的不同部位，稀土元素含量可能有数量级变化；相对富含重稀土元素，$(La/Yb)_N$ 值低，$(La/Yb)_N \sim 1$，甚至 $<1$；Eu 强烈亏损，$Eu/Eu^* < 0.20$，有时 Eu 含量在检测限之下。在这些岩体中的长石也常失去其典型的 Eu 正异常特征而出现负异常。上述特点使有色、稀有金属矿化花岗岩形成了近水平的 V 型稀土元素分布型式。更为特别的是，这种特殊的稀土元素组成常形成典型的 M 型四分组效应（赵振华，1988a，1988b；赵振华等，1992，1999；Zhao et al.，2002），即（La、Ce、Pr、Nd），（Pm、Sm、Eu、Gd），（Gd、Tb、Dy、Ho），（Er、

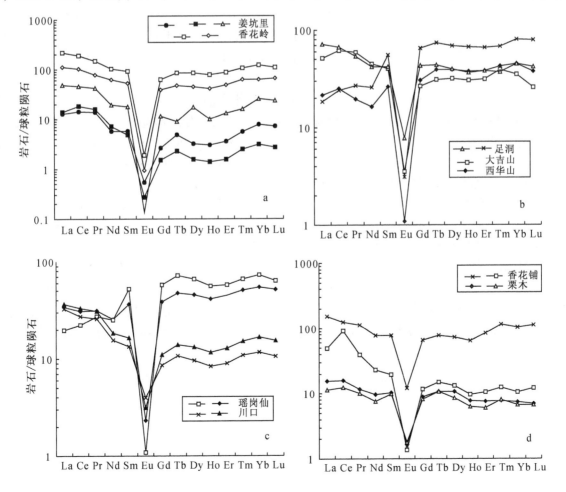

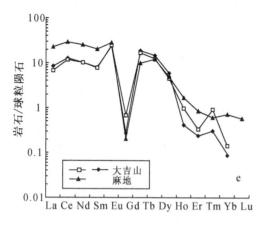
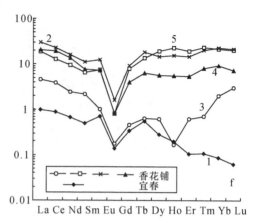

图 3-149　我国稀有金属花岗岩及部分造岩矿物稀土元素四分组型式（赵振华等，1992）

a. Ta-Nb 花岗岩（姜坑里），Sn 花岗岩（香花岭）；b. W-Be 多金属花岗岩，HREE 花岗岩；c. W 花岗岩；d. Sn 花岗岩（栗木），Ta-Nb 花岗岩（香花铺）；e. Nb 花岗岩（麻地），Ta-W 白云母花岗岩（大吉山）；f. 矿体中造岩矿物（1. 锂云母；2、3. 斜长石，4、5. 钾长石）

Tm、Yb、Lu）分别构成四条上凸曲线（Eu 由于强烈亏损而偏离曲线，图 3-149），根据形态可划分为对称型（图 3-149a~d）和非对称型（图 3-149e），分析数据详见表 3-32。由图 3-149 和表 3-32 可见，稀土元素四分组效应普遍存在于我国有色、稀有金属矿化花岗岩中，这种特殊的稀土元素组成型式与普通花岗岩（右倾斜，Eu 中等亏损）明显不同，可作为矿化花岗岩的识别标志。

（3）稀土元素的四分组效应的形成机理

稀土元素的四分组效应偏离了其球粒陨石标准化平滑曲线的常规分布型式，是对稀土元素地球化学最重要理论依据——增田-科里尔规则的重要修正和补充，它反映了岩石的特殊成因机制。自然界发现的具有稀土四分组效应的稀有金属花岗岩均是高演化的浅色花岗岩，本书作者与增田彰正提出，高程度结晶分异的花岗岩浆可产生富 F、$H_2O$、Cl 等挥发分的残余熔体，形成流体-熔体共存的过渡型体系，体系中显著的流体/熔体相互作用形成 M 型稀土四分组效应（赵振华，1988a，1988b；赵振华等，1992；Zhao et al.，2002）。

由于稀土四分组效应首先是 Peppard 等（1969）在化学实验体系中发现的，因此，对纯化学体系稀土四分组形成机理的认识，无疑是探讨稀有金属花岗岩稀土四分组形成机理的重要依据。Peppard 等（1969）的实验体系为有机相（$n$-$C_8H_{17}$）$_2$PO(OH)、（Cl,CH$_2$）PO（$C_6H_{12}$·$C_2H_5$）$_2$和水相（HCl、LiBr、HBr）。增田彰正的实验则均为水相，即饱和的 $CaSO_4$ 溶液。这些实验表明，在一定条件下，稀土元素在液-液相间相互作用过程中形成四分组效应。Nugent（1970）从量子力学研究发现，稀土在液-液相之间平衡分配所产生的四分组效应与稀土离子的电子构型有关，4f 层电子的 1/4、1/2、3/4 充填（即 Nd 与 Pm 之间；Gd；Ho 与 Er 之间）恰恰是四分组的分界点（图 3-150a）。此外，在溶液中稀土离子的 4f 层电子排斥能 Hr 与原子序数之间构成四分组效应。在稀土络合物体系中，如 RE（TTA）$_3$·$2H_2O$，RE—O 力常数 $K$ 以及镧系总轨道角动量与原子序数之间均构成四分组效应（施萧等，1984）（图 3-150b、c）。稀土元素络合物的单位晶胞体积、半径以及生成自由能等均不是原子序数的线性函数。当将镧系络合物单位晶胞体积（$V$）、半径（$r$）及生成自由能（$\Delta G$）实验测定值（exp），与假定这些参数与原子序数为线性关系而由内插法计算的相应数值（Int）之差，如 $r_{exp}-r_{Int}$，$\overline{V}_{exp}-\overline{V}_{Int}$，$\overline{\Delta G}_{exp}-\Delta G_{Int}$，分别对原子序数作图，也均出现四分组效应，其中以络合物生成自由能最为明显（Siekierski，1971）（图 3-150d~f）。

表3-32　华南具有稀土四分组效应的稀有金属花岗岩及部分造岩矿物的稀土组成

（单位：10⁻⁶）

| 岩石名称 | 产地 | La | Ce | Pr | Nd | Sm | Eu | Gd | Tb | Dy | Ho | Er | Tm | Yb | Lu | Y | Σ | (La/Yb)$_N$ | δEu | 备注 |
|---|---|---|---|---|---|---|---|---|---|---|---|---|---|---|---|---|---|---|---|---|
| 白云母钠长石花岗岩 | 香花铺 | 15.3 | 74.0 | 4.8 | 13.7 | 3.8 | 0.10 | 3.0 | 0.7 | 4.2 | 0.7 | 2.2 | 0.4 | 2.2 | 0.4 | 11.4 | 136.9 | 4.68 | 0.09 | 本书 |
| 铁锂云母钠长石花岗岩 | 香花铺 | 16.7 | 56.8 | 4.3 | 11.3 | 2.9 | 0.10 | 2.2 | 0.6 | 3.6 | 0.6 | 2.0 | 0.4 | 3.1 | 0.4 | 5.7 | 110.7 | 3.63 | 0.12 | 本书 |
| 黑鳞云母花岗岩 | 香花铺 | 47.5 | 101.0 | 13.7 | 46.2 | 15.1 | 0.90 | 16.9 | 3.7 | 23.3 | 4.6 | 17.8 | 3.7 | 21.5 | 3.7 | 136.2 | 455.8 | 1.48 | 0.17 | 本书 |
| 黑云母钠长花岗岩 | 姜坑里 | 14.90 | 36.83 | 5.22 | 11.54 | 3.45 | — | 3.01 | 0.43 | 5.54 | 0.72 | 2.76 | 0.52 | 5.31 | 0.79 | 13.91 | 104.92 | 1.89 |  | 本书 |
| 黑云母钠长花岗岩 | 姜坑里 | 4.01 | 11.60 | 1.72 | 3.45 | 1.11 | 0.04 | 0.68 | 0.23 | 1.02 | 0.22 | 0.76 | 0.18 | 1.61 | 0.24 | 3.07 | 29.92 | 1.68 | 0.15 | 本书 |
| 富钠长石花岗岩 | 姜坑里 | 2.60 | 8.72 | 1.33 | 2.62 | 0.94 | 0.02 | 0.55 | 0.20 | 0.96 | 0.19 | 0.70 | 0.17 | 1.54 | 0.22 | 2.87 | 23.63 | 1.13 | 0.09 | 本书 |
| 铁锂云母钠长花岗岩 | 姜坑里 | 4.38 | 14.83 | 1.96 | 4.25 | 0.94 | 0.02 | 0.39 | 0.11 | 0.50 | 0.10 | 0.33 | 0.08 | 0.66 | 0.09 | 1.40 | 30.02 | 4.50 | 0.08 | 本书 |
| 铁锂云母钠长花岗岩 | 姜坑里 | 1.74 | 6.17 | 0.98 | 1.99 | 0.63 | 0.01 | 0.43 | 0.18 | 0.70 | 0.15 | 0.52 | 0.16 | 1.37 | 0.21 | 1.86 | 17.09 | 0.85 | 0.08 | 本书 |
| 锂云母钠长石花岗岩 | 宜春 | 0.095 | 0.72 | 0.020 | 0.076 | 0.062 | 0.0013 | 0.105 | 0.046 | 0.149 | 0.013 | 0.028 | 0.005 | 0.044 | 0.0062 |  |  | 1.04 | 0.03 | 本书 |
| 钠长石花岗岩 | 水溪庙 |  | 0.37 | 0.023 | 0.068 | 0.031 | 0.0009 | 0.030 | 0.044 | 0.052 | 0.009 | 0.030 | 0.007 | 0.081 | 0.013 |  |  | 1.39 | 0.10 | 本书 |
| 黑云母花岗岩 | 栗木 | 4.83 | 12.80 | 1.43 | 5.84 | 1.99 | 0.12 | 2.29 | 0.51 | 3.45 | 0.55 | 1.59 | 0.25 | 1.56 | 0.23 | 18.38 | 55.67 |  | 0.03 | 1) |
| 弱钠化弱钠长花岗岩 | 栗木 | 3.53 | 10.02 | 1.22 | 4.50 | 1.92 | 0.13 | 2.14 | 0.51 | 2.77 | 0.45 | 1.27 | 0.26 | 1.40 | 0.22 | 14.86 | 46.04 |  | 0.04 | 1) |
| 中粒黑云母花岗岩 | 香花岭 | 66.55 | 151.27 | 18.24 | 62.41 | 18.19 | 0.14 | 16.03 | 4.06 | 27.52 | 5.62 | 18.46 | 3.38 | 25.31 | 3.60 | 144.80 | 565.58 | 1.77 | 0.02 | 本书 |
| 弱蚀变黑云母花岗岩 | 香花岭 | 34.40 | 84.03 | 9.59 | 37.30 | 10.40 | 0.07 | 10.11 | 2.26 | 14.54 | 2.92 | 10.30 | 2.04 | 13.22 | 2.22 | 80.42 | 313.45 |  | 0.02 | 1) |
| 细粒斑状黑云母花岗岩 | 大厂 | 34.17 | 72.54 | 8.93 | 29.93 | 6.6 | 0.63 | 5.15 | 0.93 | 3.91 | 0.71 | 1.88 | 0.33 | 1.79 | 0.25 | 18.68 | 186.42 | 12.86 | 0.32 | 本书 |
| 细粒电气石云母花岗岩 | 大厂 | 9.56 | 19.33 | 2.60 | 8.27 | 2.18 | 0.11 | 1.94 | 0.42 | 2.05 | 0.38 | 1.12 | 0.22 | 1.43 | 0.21 | 10.92 | 60.74 | 4.5 | 0.16 | 本书 |
| 黑云母花岗岩 | 大厂 | 16.79 | 34.94 | 4.84 | 14.31 | 3.82 | 0.30 | 3.48 | 0.97 | 3.36 | 0.63 | 1.55 | 0.34 | 1.34 | 0.19 |  | 86.86 | 8.4 | 0.25 | 本书 |
| 二云母碱长花岗岩 | 个旧 | 9.30 | 23.40 | 3.50 | 10.70 | 4.30 | 0.15 | 4.50 | 0.28 | 5.20 | 1.20 | 3.50 | 0.66 | 6.80 | 1.0 | 39.40 | 113.89 | 0.92 | 0.10 | 2) |
| 二云母碱长花岗岩 | 个旧 | 20.34 | 42.47 | 5.31 | 16.26 | 6.65 | 0.34 | 8.51 | 1.59 | 10.21 | 2.58 | 6.37 | 1.25 | 7.69 | 1.78 | 63.51 | 194.86 | 1.78 | 0.13 | 本书 |
| 二云母碱长花岗岩 | 个旧 | 13.21 | 33.22 | 5.27 | 17.81 | 9.07 | 0.22 | 10.31 | 1.95 | 12.01 | 3.02 | 7.33 | 1.14 | 8.25 | 1.30 | 68.36 | 192.47 | 1.07 | 0.06 | 本书 |
| 二云母碱长花岗岩 | 个旧 | 24.20 | 54.10 | 7.30 | 21.90 | 7.20 | 0.54 | 7.50 | 1.40 | 7.10 | 1.05 | 3.80 | 0.62 | 4.90 | 0.69 | 40.40 | 183.15 | 3.32 | 0.22 | 3) |
| 黑云母花岗岩 | 西华山 | 7.65 | 24.00 | 3.42 | 15.56 | 9.52 | — | 15.97 | 3.67 | 27.80 | 6.03 | 20.12 | 3.06 | 24.34 | 3.55 | 195.66 | 360.35 | 0.21 |  | 本书 |
| 黑云母花岗岩 | 西华山 | 3.40 | 10.20 | 1.69 | 8.37 | 6.04 | 0.16 | 10.15 | 2.33 | 17.36 | 3.73 | 11.32 | 1.63 | 11.09 | 1.38 | 131.39 | 220.24 | 0.20 | 0.06 | 本书 |
| 二云母花岗岩 | 西华山 | 6.67 | 20.34 | 2.40 | 9.76 | 5.11 | 0.08 | 7.85 | 1.85 | 12.66 | 2.69 | 7.93 | 1.38 | 9.31 | 1.24 | 96.37 | 185.65 | 0.48 | 0.03 | 本书 |
| 花岗斑岩 | 西华山 | 18.07 | 38.59 | 6.35 | 24.81 | 7.98 | 0.63 | 9.79 | 1.82 | 11.71 | 2.51 | 7.38 | 1.28 | 8.17 | 1.15 | 72.87 | 213.11 | 1.49 | 0.21 | 本书 |
| 斑状黑云母花岗岩 | 西华山 | 13.82 | 36.72 | 4.16 | 16.68 | 5.53 | 0.39 | 7.50 | 1.50 | 10.44 | 2.34 | 6.99 | 1.01 | 7.84 | 1.07 | 69.27 | 185.26 | 1.18 | 0.18 | 本书 |
| 白云母花岗岩 | 浒坑 | 10.33 | 25.26 | 3.90 | 14.47 | 6.29 | 0.19 | 6.74 | 1.21 | 6.05 | 0.96 | 2.44 | 0.53 | 2.28 | 0.35 | 32.58 | 113.46 | 1.14 | 0.08 | 2) |

续表

| 岩石名称 | 产地 | La | Ce | Pr | Nd | Sm | Eu | Gd | Tb | Dy | Ho | Er | Tm | Yb | Lu | Y | Σ | $(La/Yb)_N$ | δEu | 备注 |
|---|---|---|---|---|---|---|---|---|---|---|---|---|---|---|---|---|---|---|---|---|
| 斑状黑云母花岗岩 | 东坡 | 56.63 | 109.32 | 13.22 | 40.57 | 8.82 | 0.78 | 7.72 | 1.54 | 8.45 | 1.72 | 5.47 | 0.97 | 6.88 | 1.06 | 55.91 | 319.06 | 5.54 | 0.28 | 本书 |
| 中细粒斑云母黑云母花岗岩 | 东坡 | 20.78 | 59.36 | 8.78 | 32.47 | 14.66 | 0.13 | 17.30 | 3.87 | 24.82 | 4.78 | 15.19 | 2.67 | 19.24 | 2.77 | 156.13 | 382.95 | 0.72 | 0.02 | 本书 |
| 细粒斑状黑云母花岗岩 | 东坡 | 19.80 | 43.90 | 5.82 | 20.20 | 6.13 | 0.24 | 6.89 | 1.48 | 9.84 | 2.20 | 7.17 | 1.27 | 9.28 | 1.43 | 65.70 | 201.35 | 1.43 | 0.11 | 4) |
| 中粗粒黑云母花岗岩 | 东坡 | 14.50 | 53.90 | 5.11 | 16.70 | 6.86 | 0.13 | 9.55 | 2.24 | 15.20 | 3.33 | 10.60 | 1.71 | 11.60 | 1.64 | 95.40 | 248.47 | 0.84 | 0.04 | 4) |
| 细粒黑云母花岗岩 | 东坡 | 23.20 | 62.65 | 9.11 | 36.35 | 16.95 | 0.11 | 21.75 | 4.70 | 29.40 | 5.85 | 18.55 | 3.29 | 24.10 | 3.55 | 185.00 | 444.56 | 0.64 | 0.01 | 4) |
| 细粒似斑状花岗岩 | 瑶岗仙 | 10.64 | 24.89 | 3.85 | 15.23 | 7.15 | 0.17 | 9.98 | 2.25 | 14.58 | 2.99 | 9.49 | 1.64 | 11.35 | 1.72 | 102.20 | 218.11 | 0.63 | 0.06 | 本书 |
| 细粒花岗岩 | 瑶岗仙 | 6.08 | 17.87 | 3.33 | 15.06 | 10.23 | 0.08 | 15.00 | 3.39 | 21.28 | 4.02 | 12.13 | 2.13 | 15.23 | 2.11 | 158.60 | 286.52 | 0.26 | 0.01 | 本书 |
| 中粒黑云母花岗岩 | 宝山 | 26.45 | 62.41 | 8.20 | 29.91 | 9.42 | 0.21 | 10.29 | 2.27 | 15.31 | 3.18 | 10.12 | 1.74 | 12.83 | 1.82 | 96.20 | 290.36 | 1.38 | 0.06 | 本书 |
| 钾长花岗岩 | 川口 | 11.26 | 26.73 | 3.76 | 10.94 | 3.22 | 0.23 | 2.85 | 0.66 | 4.23 | 0.84 | 2.70 | 0.49 | 3.49 | 0.51 | 24.88 | 96.79 | 2.17 | 0.23 | 4) |
| 钾长花岗岩 | 川口 | 10.19 | 22.19 | 3.17 | 9.30 | 2.60 | 0.29 | 2.24 | 0.51 | 3.08 | 0.60 | 1.89 | 0.35 | 2.42 | 0.35 | 17.44 | 76.22 | 2.83 | 0.36 | 5) |
| 钾长花岗岩 | 川口 | 6.59 | 15.67 | 2,43 | 6.62 | 2.35 | 0.10 | 1.97 | 0.49 | 3.26 | 0.60 | 1.93 | 0.39 | 3.17 | 0.45 | 18.56 | 64.58 | 1.40 | 0.14 | 5) |
| 钾长花岗岩 | 川口 | 4.23 | 10.06 | 1.88 | 4.84 | 1.93 | 0.07 | 1.73 | 0.45 | 2.77 | 0.49 | 1.56 | 0.33 | 2.72 | 0.41 | 16.02 | 49.49 | 1.04 | 0.11 | 5) |
| 二云母花岗岩 | 大吉山 | 15.99 | 49.88 | 7.21 | 26.92 | 7.84 | 0.26 | 6.85 | 1.47 | 10.15 | 2.20 | 6.53 | 1.26 | 7.32 | 0.86 | 79.12 | 223.86 | 1.47 | 0.10 | 本书 |
| 二云母花岗岩 | 大吉山 | 23.35 | 62.20 | 7.48 | 26.06 | 6.33 | 0.78 | 6.81 | 1.12 | 6.94 | 1.31 | 4.24 | 0.77 | 4.92 | 0.67 | 42.38 | 195.36 | 3.19 | 0.36 | 本书 |
| 白云母花岗岩 | 大吉山 | 2.60 | 10.31 | 1.27 | 4.82 | 4.72 | 0.02 | 4.82 | 0.70 | 1.90 | 0.03 | 0.05 | 0.01 | 0.02 |  | 8.62 | 39.89 | 87.64 | 0.01 | 本书 |
| 白云母花岗岩 | 大吉山 | 2.13 | 9.59 | 1.24 | 4.63 | 4.82 | 0.05 | 4.40 | 0.59 | 1.47 | 0.07 | 0.07 | 0.03 | 0.03 |  | 6.70 | 35.80 | 47.86 | 0.03 | 本书 |
| 钠长花岗岩 | 麻地 | 7.11 | 23.68 | 3.10 | 12.33 | 5.60 | 0.015 | 2.56 | 0.58 | 1.56 | 0.12 | 0.18 | 0.02 | 0.15 | 0.019 |  | 14.45 | 37.62 | 0.01 | 本书 |
| 白云母花岗岩 | 牛岭坳 | 15.30 | 50.20 | 7.18 | 25.38 | 10.88 | 0.06 | 12.32 | 2.81 | 17.05 | 2.66 | 7.45 | 1.21 | 8.06 | 0.99 | 156.79 | 318.34 | 1.27 | 0.01 | 本书 |
| 白云母花岗岩 | 牛岭坳 | 14.68 | 34.64 | 6.45 | 24.53 | 11.50 | 0.38 | 14.53 | 2.92 | 18.01 | 3.25 | 8.69 | 1.29 | 10.00 | 1.40 | 172.55 | 324.82 | 0.98 | 0.08 | 本书 |
| 黑云母花岗岩 | 足洞 | 11.13 | 28.54 | 5.29 | 23.78 | 14.35 | 0.26 | 21.87 | 4.88 | 30.74 | 6.28 | 18.05 | 2.77 | 18.61 | 2.56 | 174.43 | 363.54 | 0.40 | 0.04 | 本书 |
| 黑云母花岗岩 | 足洞 | 22.24 | 54.46 | 6.52 | 25.11 | 8.11 | 0.57 | 11.20 | 2.06 | 12.80 | 2.62 | 7.97 | 1.19 | 9.43 | 1.38 | 97.66 | 263.32 | 1.59 | 0.18 | 本书 |
| 黑云母花岗岩 | 足洞 | 5.77 | 19.56 | 3.27 | 15.49 | 10.74 | 0.23 | 16.89 | 3.50 | 22.04 | 4.79 | 13.94 | 2.21 | 16.79 | 2.62 | 125.64 | 263.48 | 0.23 | 0.05 | 本书 |
| 锂云母 | 宜春 | 0.31 | 0.72 | 0.081 | 0.296 | 0.137 | 0.01 | 0.089 | 0.026 | 0.091 | 0.014 | 0.022 | 0.0035 | 0.018 | 0.0021 |  | 1.82 | 11.39 | 0.29 | 本书 |
| 钾长石 | 香花铺 | 5.79 | 10.34 | 1.16 | 3.88 | 1.47 | <0.06 | 2.03 | 0.65 | 6.28 | 1.62 | 4.09 | 0.76 | 4.53 | 0.68 | 39.94 | 83.28 | 0.84 | 0.12 | 6) |
| 钾长石 | 香花铺 | 6.32 | 15.75 | 1.67 | 4.64 | 1.41 | <0.06 | 1.03 | <0.3 | 1.83 | 0.4 | 1.13 | 0.26 | 1.94 | 0.24 | 5.94 | 42.92 | 2.15 | 0.15 | 6) |
| 钾长石 | 足洞 | 2,15 | 4.15 |  | 1.57 | 0.70 | 0.07 |  | 0.26 |  |  |  |  | 1.33 | 0.20 |  |  | 1.06 | 0.22 | 7) |
| 斜长石 | 香花铺 | 9.41 | 18.32 | 1.96 | 6.68 | 2.46 | <0.12 | 2.42 | 0.86 | 4.79 | 1.11 | 3.07 | 0.67 | 4.72 | 0.72 | 21.08 | 76.39 | 1.03 | 0.17 | 6) |

续表

| 岩石名称 | 产地 | La | Ce | Pr | Nd | Sm | Eu | Gd | Tb | Dy | Ho | Er | Tm | Yb | Lu | Y | Σ | (La/Yb)$_N$ | δEu | 备注 |
|---|---|---|---|---|---|---|---|---|---|---|---|---|---|---|---|---|---|---|---|---|
| 斜长石 | 香花铺 | 1.40 | 3.10 | <0.3 | 1.30 | 0.20 | 0.013 | 0.12 | <0.03 | 0.20 | 0.012 | 0.13 | 0.023 | 0.42 | <0.1 | 0.66 | 8.01 | 2.20 | 0.29 | 6) |
| 斜长石 | 足洞 | 2.29 | 3,64 |  | 2.92 | 0.84 | 0.07 |  | 0.30 |  |  |  |  | 1.55 | 0.25 |  |  | 0.97 | 0.18 | 本书 |
| 锡花岗岩平均 | (17*) | 20.17 | 43.29 | 5.69 | 17.64 | 5.42 | 0.29 | 5.37 | 1.13 | 6.13 | 1.37 | 3.67 | 0.69 | 4.68 | 0.77 | 35.93 | 147.9 | 2.90 | 0.20 | 本书 |
| 钨花岗岩平均 | (48*) | 19.58 | 45.79 | 6.02 | 21.62 | 7.52 | 0.25 | 9.03 | 1.83 | 12.5 | 3.13 | 8.44 | 1.39 | 10.46 | 1.58 | 87.93 | 236.9 | 1.94 | 0.11 | 本书 |
| 富重稀土花岗岩平均 | (39*) | 17.86 | 42.16 | 5.85 | 22.02 | 9.47 | 0.47 | 12.61 | 2.64 | 16.97 | 3.50 | 10.44 | 1.76 | 11.52 | 1.68 | 121.14 | 276.9 | 1.05 | 0.14 | 本书 |
| 钽花岗岩平均 | (27*) | 9.03 | 22.95 | 2.71 | 8.77 | 3.19 | 0.08 | 3.88 | 0.81 | 4.96 | 1.05 | 3.45 | 0.65 | 4.44 | 0.60 | 10.35 | 75.69 | 1.37 | 0.17 | 本书 |
| 翁戈岩 |  | 9.5 | 22 | — | 18 | 10 | 0.04 | 19 | — | 24 | 3.5 | — | — | 9.8 | — | — | — | 0.65 | 0.01 | 8) |
| 黄玉流纹岩 | (3*) | 34.63 | 84.2 | — | 39.0 | 10.09 | 0.05 | — | 2.04 | — | — | — | — | 11.37 | 1.93 | — | — | 1.96 | 0.03 | 9) |

资料来源：1）朱金初.1984. 华南某些含锡花岗岩的稀土配分及其成因意义，南京大学学报，总第四期；2）徐士进.1986. 华南锡、钨（稀土、铌-钽）花岗岩的稀土元素地球化学特征及岩石成因研究（博士论文）；3）陆杰，1987；4）王昌烈.1984. 柿竹园式云英岩-夕卡复合岩式 W、Mo、Bi、Sn 多金属矿床.内部通信；6）陈德潜，陈刚，1990；7）袁忠信等，1992；8）Ковалинко，1983；9）Christiansen. 1981. Geology and geochemistry of topazrhyolites. The Western United States Ph D Thesis.

*样品数；(La/Yb)$_N$. 球粒陨石标准化比值。

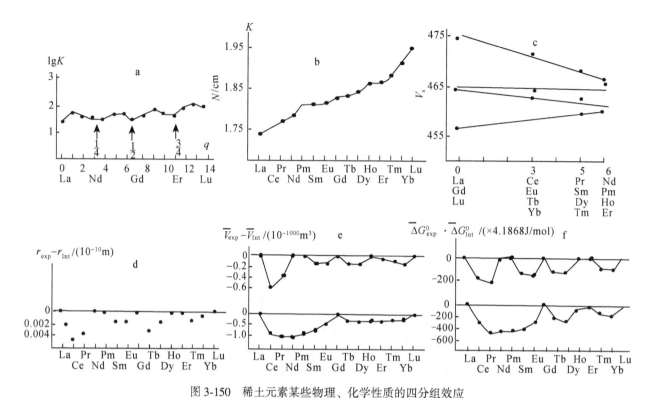

图 3-150　稀土元素某些物理、化学性质的四分组效应

a. 在 0.6FDEH［CIMP］（苯）与 11.4FLiBr+0.5FHBr 体系中稀土分配系数 $K$ 与电子构型 $g$ 的关系（Nugent，1970）；b. RE—O 力常数 $K$ 与原子序数的变化关系（施蒂等，1984）；c. $V_s$（RE—O）与总轨道角动量 $L$ 的变化关系（施蒂等，1984）；d. 稀土元素半径差异（$r_{exp}-r_{Int}$）与原子序数的关系（Siekierski，1971）；e. 稀土元素化合物单位晶胞差异（$\overline{V}_{exp}-\overline{V}_{Int}$）与原子序数的关系（Siekierski，1971）；

f. 稀土元素配合物形成自由能差异（$\overline{\Delta G}^0_{exp}-\overline{\Delta G}^0_{Int}$）与原子序数的关系（Siekierski，1971）

　　综合上述资料可以清楚看出，形成稀土四分组效应的重要控制因素是：不同性质的液相共存；稀土元素形成络合物。稀有金属花岗岩的岩石学、地球化学特征及实验地球化学资料均表明，上述条件在稀有金属花岗岩形成过程中是充分具备的。稀有金属花岗岩所呈现的稀土元素四分组效应表明，其形成过程中出现液-液相的共存。实验岩石学资料表明，水在硅酸盐熔体中的溶解度首先取决于碱的含量，当熔体富碱而且 Al 含量不高时，水可连续不断地溶于熔体中，使岩浆连续向热水溶液转变。Клюк（1980）进行了花岗岩 $H_2O$-MeF 体系（0.1GPa、550~820℃）的实验，表明钾长石-钠长石-黄玉-石英-锂云母等在一定条件下可以共生，这是稀有金属花岗岩的典型矿物组合，其中黄玉是传统所认为的典型气成-热液矿物，这些实验资料提供了花岗岩形成过程中熔体-流体共存的依据。

　　我国稀有金属花岗岩中相继发现熔融包裹体以及熔融体、流体和气体共存的包裹体（夏卫华，1984；卢焕章等，1985[①]；杨武斌等，2011）。夏卫华等（1989）发现稀有金属花岗岩的石英中的熔融包体与铌钽铁矿（或锡石）共生。在自然界还发现了成分与稀有金属花岗岩相近的翁戈岩（ongonite-黄玉石英角斑岩）、黄玉流纹岩，它们同样具有稀土四分组效应的特点（表 3-32）。这些资料提供了稀有金属花岗岩形成于熔体-流体共存体系的直接证据。稀有金属花岗岩的重熔温度明显低于普通黑云母花岗岩，如江西宜春富 Ta 花岗岩熔融温度为 576~630℃，熔融包体开始熔融温度为540~650℃，完全均一温度 700~900℃；我们对具有四分组效应的钠长石花岗岩-HF-$H_2O$ 体系实验（Xiong et al.，1999），获得的固相线温度低达 490℃；岩体多以小岩株、岩盖、岩瘤等形态产出，面积一般在 10km$^2$ 以下，多分

____

　　① 卢焕章，等.1985.内部通信.

布在大岩体（岩基、岩株）的顶部或边部；在化学成分上，稀有金属花岗岩富碱（K、Na、Li）、亲湿岩浆元素 Ta、Nb、W、Sn、Be、Rb 等及挥发分 F、Cl，F 含量超过普通花岗岩两倍，黄玉、萤石等挥发分矿物很常见，因而常被称为 Li-F 花岗岩。它们的包裹体成分（夏卫华，1989）为高盐度（46.4% NaCl，广西栗木）到中等盐度（17.6% NaCl，广东博罗）；实验资料表明（Webster et al.，1988），在过铝花岗质熔体中 Cl 的最高含量可达（2500±100）×10$^{-6}$；与稀有金属花岗岩成分相近的黄玉流纹岩 Cl 含量为 1400×10$^{-6}$。这些资料说明在稀有金属花岗岩形成过程中 Cl 含量也是较高的，但由于在熔体-流体共存体系中 Cl 的分配系数 D 较大（10～100），而 F 较小（0.08～0.18；0.35～0.89，熊小林等，1998），因此，Cl 在岩浆分异过程中大量进入流体相，而 F 则大量保留于熔体中。此外，稀有金属花岗岩相对富重稀土、Eu 强烈亏损，尤其是在一般情况下强烈富集 Eu 的长石也呈现 Eu 强烈亏损（图 3-149f）。

将指示花岗岩类结晶分异演化的指标 Eu/Eu$^*$ 和 K/Rb 值分别对四分组强度 TE$_1$、TE$_3$ 作图，可以看出，随 Eu 亏损程度增加（Eu/Eu$^*$ 值降低，分离结晶程度增强），四分组强度增加（图 3-151a）；随 K/Rb 值降低（分离结晶程度增强），四分组强度增加（图 3-151b）（Zhao et al.，2002）。

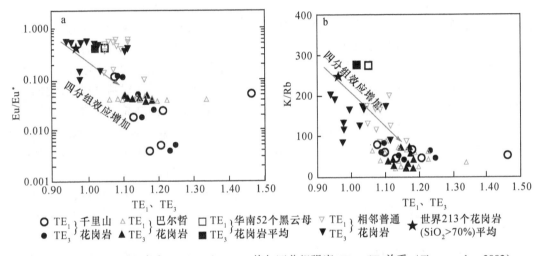

图 3-151　稀有金属花岗岩 Eu/Eu$^*$ 和 K/Rb 值与四分组强度 TE$_1$、TE$_3$ 关系（Zhao et al.，2002）

上述特点表明，稀有金属花岗岩是在富碱、挥发分和稀有金属的熔体-流体共存的较低温体系中形成。F、Cl 等挥发分的大量存在为稀有金属的运移提供了有利条件，也是熔体-流体相互作用的重要控制因素。大量实验资料所证实，稀土元素及 Nb、Ta、W、Sn 等成矿元素在熔体及溶液体系中呈络合物形式迁移，在岩浆条件下，稀土元素可与 Cl 形成络合物运移（Flynn and Burnham，1978），F 同样也与稀土形成络合物。如前述，由于 F、Cl 流体-熔体分配系数的明显差异，Cl 强烈地富集于流体中，而 F 则大量保留在熔体中，因此，在流体相中 Cl 对稀土的作用更重要。有限的分配系数资料表明，不同稀土元素与 F 形成的络合物在流体-熔体之间的分配系数无明显差异，即稀土在分配过程中不发生分异，但对含 Cl 流体，不同稀土元素分配系数有一定差异（表 3-33），这可能是在流体-熔体相互作用过程中形成稀土四分组效应的一种原因。稀土及稀有金属在熔体-流体相互作用中的变化可由通式表示：A$_{熔体}$+$n$X$_{流体}$=AXn$_{流体}$，式中 A$_{熔体}$ 为熔体中的稀土及成矿元素（W、Sn、Ta、Nb 等），X$_{流体}$ 为流体中形成络合物的阴离子（如 F、Cl），$n$ 为摩尔数，AXn 为成矿元素络合物。实验资料表明，Nb、Ta、W、Sn 等的流体-熔体分配系数较低，如 W 为 0.0$n$～3（绝大多数小于1），Sn 为 0.00$n$～0.47。因此，由高程度分离结晶作用所产生的富稀有金属的残余花岗质熔体，在适当条件下（T、P、$f_{O_2}$ 和 pH 的改变），使稀有金属络合物破坏而形成花岗岩型稀有金属矿床。

综合上述，稀土元素四分组效应表明稀有金属花岗岩应是在流体-熔体共存体系中形成，属岩浆晚期-岩浆期后的过渡型矿床。由上述稀土及微量元素组成特点和花岗岩-挥发分实验资料，我们曾尝试用高程度分离结晶-富挥发分流体交代作用复合模型模拟稀有金属花岗岩形成过程（赵振华等，1992）。根据瑞利分馏定律，微量元素在分离结晶作用过程中两液相间相互作用的表述式为

$$C_n^i = C_L^i \left( 1 - \frac{x_j}{x_m} K_D^i \right)^n \tag{3-144}$$

将分离结晶公式（见第二章）代入上式，可得到稀有金属花岗岩的分离结晶-流体交代复合表达式：

$$C_n^i = C_0^i \cdot FD^{i-1} \left( 1 - \frac{x_j}{x_m} K_D^i \right)^n \tag{3-145}$$

式中，$C_0^i$、$C_L^i$、$C_n^i$ 分别为微量元素 $i$ 在初始熔体、高程度分离结晶后的残留熔体以及 $n$ 次流体-熔体相互作用后的熔体中的浓度；$F$ 为分离结晶后残留熔体的比例；$X_j$、$X_m$ 分别为流体与熔体的分数，$X_j + X_m = 1$；$D^i$ 和 $K_D^i$ 分别为微量元素 $i$ 在分离结晶相的矿物-熔体和流体-熔体之间的总分配系数；$n$ 为流体-熔体相互作用次数。

稀土元素的矿物-熔体分配系数明显受体系成分的控制。花岗质岩浆的分离结晶，$SiO_2$ 含量增加，熔体结构紧密，聚合度增高，使稀土元素，特别是半径较大的轻稀土元素不易保持在熔体中，而以独居石、褐帘石等副矿物形成晶出。这时稀土元素由不相容元素转变为相容元素（分配系数>1）（表3-33），造成分离结晶后残余熔体的稀土含量降低，这是形成稀有金属花岗岩岩浆不同于普通花岗岩的特点之一。因此，在稀有金属花岗岩成因模型计算中，必须考虑稀土元素的副矿物，如褐帘石、独居石等。目前，有关褐帘石和独居石分配系数资料很少，数据之间差别也较大。考虑到稀土高浓度时亨利定律的限制，可先从母岩浆的稀土含量中扣除稀土副矿物所分配的稀土含量，而后用瑞利分离结晶公式进行模型计算；也可采用已发表的褐帘石、独居石稀土分配系数，直接用瑞利分离结晶公式进行计算。一些实验资料表明，在分离结晶作用过程中，稀土副矿物含量及其稀土元素的分配系数之乘积基本保持为常数，因此，仍可应用瑞利公式。本书计算时所采用的分配系数列于表3-33，独居石分配系数由矿物/全岩稀土浓度值法计算得出：独居石稀土含量取华南 16 个岩体独居石全分析平均值，母岩浆稀土元素含量取自华南 43 个普通壳型黑云母花岗岩平均值。其他矿物的稀土元素分配系数取自流纹岩体系平均值（Arth，1976），稀土元素的流体-熔体分配系数取自 Flynn 和 Burnham（1978）实验值。如前述，Cl 的流体-熔体分配系数明显大于 F，因此，在流体-熔体相互作用过程中 Cl 对稀土的影响大。分离结晶相矿物组成为：石英 0.25，斜长石 0.35，钾长石 0.30，黑云母 0.08，角闪石 0.02，独居石 0.0002，褐帘石 0.0001，磷灰石 0.0001；分离结晶程度 $F$ 为 0.20。流体-熔体比为 5/95；$n = 100$、200、400。计算结果列于表3-34，模型计算值与实测值比较如图3-152 所示。

**表 3-33　复合模型计算中采用的分配系数**

| 矿物或体系 | Ce | Nd | Sm | Eu | Gd | Dy | Yb | 备注 |
|---|---|---|---|---|---|---|---|---|
| 褐帘石 | 2494 | 1840 | 977 | 100 | 130 | 150 | 37 | Mahood and Hildreth, 1983 |
| 独居石 | 3397 | 3152 | 2735 | 1290 | 1859 | 770 | 1020 | 赵振华等，1992 |
| 独居石 | 3413 | 3926 | 2859 | 228 | 2144 | 1429 | 273 | Yurimoto et al., 1990 |
| 斜长石 | 0.27 | 0.21 | 0.13 | 2.15 | 0.097 | 0.064 | 0.049 | Arth, 1976 |
| 钾长石 | 0.044 | 0.025 | 0.018 | 1.13 | 0.011 | 0.006 | 0.012 | Arth, 1976 |
| 黑云母 | 0.32 | 0.29 | 0.26 | 0.24 | 0.28 | 0.29 | 0.44 | Arth, 1976 |
| 角闪石 | 1.52 | 4.26 | 7.77 | 5.14 | 10.0 | 13.0 | 8.38 | Arth, 1976 |
| 磷灰石 | 34.7 | 57.1 | 62.8 | 30.4 | 56.3 | 50.7 | 23.9 | Arth, 1976 |
| 石英 | 0.0062 | | 0.0069 | 0.0265 | 0.008 | | 0.0035 | Arth, 1976 |
| 含 F 流体 流体-熔体 | 0.02 | 0.02 | 0.02 | 0.02 | 0.02 | 0.02 | 0.02 | Flynn and Burnham, 1978 |
| 含 Cl 流体 流体-熔体 | 0.033 | 0.032 | 0.030 | 0.07 | 0.025 | 0.023 | 0.022 | Flynn and Burnham, 1978 |

**表 3-34 华南稀有金属花岗岩的分离结晶-富挥发分交代成因模型计算**

| 元素 | Ce* | Nd | Sm | Eu | Gd | Dy | Yb |
|---|---|---|---|---|---|---|---|
| 母岩浆浓度/10⁻⁶ | 80.89 | 31.91 | 6.58 | 0.93 | 6.13 | 5.53 | 2.94 |
| 总分配系数 | 1.35 | 1.19 | 098 | 1.50 | 0.66 | 0.53 | 0.45 |
| 残余熔体浓度/10⁻⁶ | 46.05 | 23.50 | 6.80 | 0.42 | 10.60 | 11.78 | 7.12 |
| 富 F 流体分配系数 | 0.02 | 0.02 | 0.02 | 0.02 | 0.02 | 0.02 | 0.02 |
| 富 Cl 流体分配系数 | 0.033 | 0.032 | 0.03 | 0.07 | 0.025 | 0.023 | 0.022 |
| $n=100$ 模式浓度/10⁻⁶ | 38.70 | 19.85 | 5.81 | 0.32 | 9.29 | 10.44 | 6.34 |
| $n=200$ 模式浓度/10⁻⁶ | 32.53 | 16.77 | 4.95 | 0.22 | 8.15 | 9.24 | 5.65 |
| $n=400$ 模式浓度/10⁻⁶ | 22.97 | 11.97 | 3.61 | 0.11 | 6.26 | 7.26 | 4.48 |
| 钨花岗岩实测浓度*/10⁻⁶ | 45.97 | 21.62 | 7.52 | 0.25 | 9.03 | 12.5 | 10.46 |
| 锡花岗岩实测浓度*/10⁻⁶ | 43.29 | 17.64 | 5.42 | 0.29 | 5.37 | 6.13 | 4.68 |
| 富重稀土花岗岩实测浓度*/10⁻⁶ | 42.16 | 22.02 | 9.47 | 0.47 | 12.61 | 16.97 | 11.52 |
| 钽花岗岩实测浓度*/10⁻⁶ | 22.95 | 8.77 | 3.19 | 0.08 | 3.88 | 4.96 | 4.44 |

*平均浓度。

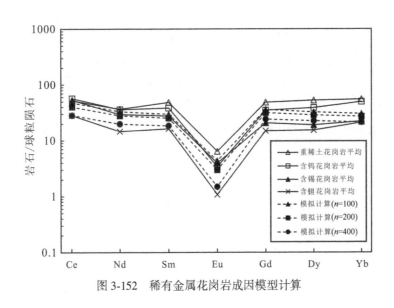

图 3-152 稀有金属花岗岩成因模型计算

由表 3-34 和图 3-152 可见, 采用高程度分离结晶-富挥发分流体交代复合模型, 模拟计算结果与实测数据基本一致, 表明稀有金属花岗岩的形成可以用高程度分离结晶和富挥发分的流体交代复合作用模拟。由模型计算中的 $n$ 值可以看出, 不同类型的稀有金属花岗岩形成机理有一定差异, W、Sn 和富重稀土花岗岩形成过程中富挥发分流体的作用 ($n=100$) 比富 Ta 花岗岩 ($n=400$) 弱。应该指出的是, 模型计算过程中的母岩浆稀土元素初始浓度、结晶相矿物组成均是根据华南具体矿床的岩石学、地球化学资料的统计平均值, 因此, 上述模型计算中的具体参数, 如分离结晶程度、矿物组成、流体/熔体比例、$n$ 值等, 对于每一个具体的矿体均有一定差异。本书提出的高程度分离结晶-富挥发分流体交代复合模型, 较成功地模拟了稀土四分组效应的基本轮廓, 但未能给出四分组效应的细微结构。这是由于, 目前缺乏足够的稀土元素在酸性岩浆体系的矿物-熔体和流体-熔体分配系数资料和精确的富含稀土元素的副矿物的矿物-熔体分配系数; 实际的分离结晶作用以及流体-熔体相互作用过程是复杂的, 流体中 F、Cl 等挥发分是同时作用于熔体中的微量元素, 但模型中一次计算只能考虑一种挥发分; 分离结晶作用过程中流体/熔体比例是变化的, 矿物的分配系数与体系成分、温度、压力有密切关系, 但计算过程中这些数值均取恒定值。

综合上述, 对于稀有金属花岗岩的稀土组成及形成机理可概括如下。

1) 稀有金属花岗岩 (W、Sn、Ta、重稀土和部分 Nb 花岗岩) 具有与黑云母花岗岩明显不同的稀土组成，不同类型的稀有金属花岗岩构成了最典型的稀土四分组效应。强烈的 Eu 亏损、相对富重稀土和稀土含量较大的变化范围等特点，形成了形态多样的稀土四分组曲线：近对称的（水平的）和非对称的（右倾斜或左倾斜）。

2）稀土元素四分组效应表明，稀有金属花岗岩是在液-液相（流体-熔体相）相互作用的体系中形成的，高程度分离结晶（有富稀土的副矿物晶出）与富挥发分（Cl、F）流体交代（稀土络合物形成和破坏）复合模型可以较成功地模拟稀有金属花岗岩的形成过程。这种成因特点表明，稀有金属花岗岩属于岩浆晚期-岩浆期后过渡的矿床成因类型。

3）稀土元素四分组效应可作为识别矿化花岗岩的重要标志之一。

（4）稀土元素四分组效应形成机理的不同认识

目前，对稀土四分组效应的形成机理还存在不同认识。

根据伟晶岩和晚期浅色花岗岩中独居石、磷钇矿和磷灰石等具有与全岩类似的扭结型稀土分布型式（kinked REE patterns，类似于 M 型四分组效应），Walker 等（1986）、Jolliff 等（1989）和 McLennan（1994）认为伟晶岩和花岗岩的扭结型稀土分布型式是由磷灰石等富稀土副矿物结晶以及特定的稀土元素挥发分络合物所形成。

我们对具有明显 M 型稀土四分组效应的湖南千里山黑云母花岗岩和内蒙古巴尔哲钠铁闪石花岗岩全岩及造岩矿物（长石、黑云母、钠闪石）和副矿物（独居石、黄玉、兴安石、烧绿石、锆石）进行了系统分析，发现组成花岗岩的造岩矿物和副矿物均具有稀土四分组效应（表3-35，图3-153），认为花岗岩稀土四分组效应不是由某一种稀土副矿物引起的，而是一种整体效应，这种效应随花岗岩浆演化和分离结晶作用增强而增强（赵振华等，1999；Zhao et al.，2002）。

**表 3-35　湖南千里山和内蒙古巴尔哲花岗岩古单矿物的稀土元素含量**　（单位：$10^{-6}$）

| 元素 | 千里山 | | | | 巴尔哲 | | | |
|---|---|---|---|---|---|---|---|---|
| | 长石 | 黑云母 | 黄玉 | 独居石 | 长石 | 钠闪石 | 兴安石 | 烧绿石 |
| La | 13.85 | 9.64 | 68.72 | 42723.8 | 3.86 | 301.60 | 27409.8 | 7973.0 |
| Ce | 38.13 | 27.57 | 215.80 | 86584 | 13.19 | 907.60 | 129713.9 | 29363.9 |
| Pr | 4.02 | 3.59 | 30.44 | 7784.3 | 1.74 | 107.30 | 21348.6 | 2940.3 |
| Nd | 15.14 | 14.79 | 135.90 | 16948.8 | 6.51 | 451.80 | 83912.1 | 7551.3 |
| Sm | 5.86 | 5.64 | 54.87 | 1849.2 | 2.28 | 125.44 | 28627.9 | 1369.5 |
| Eu | 0.014 | 0.017 | 0.04 | 9.15 | 0.05 | 1.38 | 234.2 | 9.3 |
| Gd | 6.59 | 5.80 | 52.99 | 1340.6 | 2.55 | 126.14 | 25730.2 | 975.8 |
| Tb | 1.56 | 1.20 | 11.73 | 109.4 | 0.55 | 21.05 | 4040.4 | 168.4 |
| Dy | 11.10 | 7.98 | 73.79 | 481.0 | 3.93 | 129.40 | 19731.1 | 1228.1 |
| Ho | 2.09 | 1.46 | 12.85 | 144.3 | 0.80 | 23.80 | 3061.1 | 257.8 |
| Er | 6.72 | 4.43 | 40.06 | 450.5 | 2.40 | 59.40 | 6036.4 | 1156.7 |
| Tm | 1.29 | 0.84 | 7.43 | 64.4 | 0.37 | 8.00 | 497.4 | 193.1 |
| Yb | 9.34 | 5.77 | 51.58 | 329.7 | 2.22 | 49.40 | 1889.2 | 1571.1 |
| Lu | 1.36 | 0.87 | 7.76 | 48.9 | 0.30 | 8.00 | 189.9 | 214.3 |
| Y | 59.40 | 42.41 | 327.20 | 1952.4 | 27.47 | 816.80 | 70919.9 | 9604.7 |
| Σ | 171.44 | 132.00 | 1090.76 | 160884 | 68.20 | 3137.1 | 401994.1 | 64578 |
| Eu/Eu* | 0.007 | 0.009 | 0.002 | 0.027 | 0.057 | 0.034 | 0.028 | 0.026 |
| (La/Yb)$_N$ | 1.00 | 1.13 | 0.90 | 73.34 | 1.17 | 4.12 | 9.78 | 3.42 |
| 分析方法 | ICP-MS | ICP-MS | ICP-AES | ICP-MS | ICP-MS | ICP-AES | ICP-MS | ICP-AES |

Bau（1996）根据等价微量元素对的比值受离子电价和半径控制（简称 CHARAC）的特点，认为具有稀土四分组效应的系统 Y/Ho、Zr/Hf 值明显偏离球粒陨石比值，前者高于 28，后者低于 25，属非 CHARAC 微量元素行为，是一种受高演化的富挥发分 $H_2O$、Li、B、F、P 和/或 Cl 控制的岩浆。

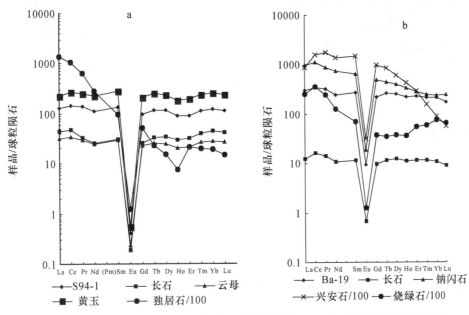

图 3-153　湖南千里山（a）和内蒙古巴尔哲花岗岩（b）单矿物的稀土组成型式

　　Irber（1999）认为，德国中东部过铝质花岗岩稀土四分组效应的出现，表明花岗岩浆结晶的最后阶段似水流体系统（aqueous-like fluid system）的作用增加，稀土 F 络合物对四分组形成具有重要作用。当 F 形成络合物时，体系的 Y/Ho>28，而双碳酸形成络合物时，Y/Ho<28。稀土副矿物的晶出不是形成四分组效应的因素，只是继承了体系的特点。

　　Monecke 等（2002a，2002b）认为，德国 Eezgebirge 锡矿省有关的海西期花岗岩的稀土四分组效应是岩浆结晶前岩浆-流体系统的特点，或是继承了岩浆侵位期间或侵位后外部流体的特点，岩体的上凸型（M 型）稀土四分组效应的形成不能用具有凹型（W 型）四分组效应的矿物在热液中沉淀来解释。热液中稀土四分组效应的强度随时间增加而降低，随与含矿花岗岩的距离增加而消失。

　　新疆阿尔泰三号稀有金属伟晶岩脉蚀变的斜长角闪岩围岩发育微弱稀土四分组效应（Liu and Zhang，2005），Liu 等认为水/岩作用（熔体-流体）反应有助于形成稀土四分组，但伟晶岩各结构带磷灰石及共生的绿柱石、锂辉石、电气石、碱性长石、锰铝榴石均存在稀土四分组效应，因而认为在流体从岩浆中出溶之前的岩浆结晶阶段就已存在四分组效应，其形成机制应与伟晶岩母岩浆有关。对挪威和纳米比亚伟晶岩中的石英稀土分析也发现 M 型四分组效应，它们是由原始成矿流体形成的（Gotze et al.，2004）。

　　我国湘西产出的大量低温层控辉锑矿和中低温层控金锑钨矿床中，辉锑矿、白钨矿具有 M 型稀土四分组效应（季峻峰，1993；彭建堂等，2005），这些矿床均与花岗岩无明显时空联系。彭建堂等认为可能与矿化剂 F 有关。日本东浓（Tono）铀矿花岗岩具有 M 型四分组效应，而循环于花岗岩中、花岗岩与沉积岩间不整合面附近的地下水及赋矿沉积岩存在 W 型稀土四分组效应（Takahashi et al.，2002）。一些热液型稀土矿床中的独居石中出现 W 型稀土四分组效应（洪文兴等，1999）。Liu 等（1993）认为我国北方河流沉积物中 M 型四分组效应是在风化和水搬运过程中与沉积颗粒之间相互作用形成。

　　Veksler 等（2005）的实验指出，稀土元素在富 F 流体分离形成的铝氟化物熔体（冰晶石 $Na_3AlF_6$）和不混溶的硅酸盐熔体两相间分配，形成了稀土四分组效应。Mayanovic 等（2009）在 25℃，一个大气压到 500℃，520MPa 条件下对含水稀土元素在热液中的结构和稳定性进行了实验研究，发现稀土元素的活动性和分异受 $Cl^-$、$F^-$、$PO_4^{3-}$、$CO_3^{2-}$，$SO_4^{2-}$ 等络合基可利用性及形成络合物的程度、热液 pH 及氧化-还原程度等控制。含水的 Nd 与 Cl 形成络合物 $[Nd(H_2O)_{\delta-n}Cl_n^{+3-n}]$ 的稳定性高于理论推测。$\delta$ 和 $n$ 为含水 Nd 氧化物结构参数，150℃时 $\delta=9$，500℃时为6；$n=0$，1，2，3，可能有4。随温度增加，$Nd^{3+}$ 的第一壳层水分子数降低程度居 Gd、Eu 和 Yb 之间（Yb>Eu>Nd>Gd）。而 Nd 和 Gd 是四分组的分界点，这表明 $Nd^{3+}$ 水离子稳定性与四分组效应一致。

综合上述，目前对自然界中不同体系稀土四分组效应的基本认识是：①在某些特殊类型的岩石、水及海相生物贝壳中存在稀土四分组效应，这种四分组效应不是由于分析误差造成，也不完全由某一种稀土副矿物质结晶分异而形成；②自然界中稀土四分组效应主要出现在高演化的岩浆体系及相关成矿作用有关的花岗岩型、伟晶岩型、夕卡岩型、热液改造型层控矿床及水体系中；③稀土四分组效应可以划分为两种基本类型——M 型和 W 型；④高演化的岩浆体系，岩浆与富挥发分（Cl、F、$CO_2$）流体相互作用，富挥发分流体分离后形成的熔体不混溶以及流体（包括热液）等都可能是形成稀土四分组的控制因素。

**2. M 与 W 复合型稀土元素四分组效应**

至今所报道的在自然界发现的 M 型与 W 型稀土四分组效应均是单独存在的，即天然样品中的稀土四分组效应不是 M 型，就是 W 型。赵振华等（2010）发现了 M 型与 W 型同时存在的 MW 复合型稀土四分组效应。这是一种新的类型，它为深入探讨稀土四分组效应提供了新的内容。

（1）M 与 W 复合型稀土四分组效应

赵振华等（2010）发现，河北省东坪金矿水泉沟钾长石化-硅化的碱性正长岩的稀土元素球粒陨石标准化型式，既不同于同一杂岩体中未蚀变的角闪碱性正长岩（表 3-33，图 3-154a），也不同于华南地区稀有金属花岗岩的 M 型和碳钙钇矿的 W 型稀土四分组型式（图 3-147a、b；图 3-149a~f），而是一种近水平正弦曲线型（表 3-33，图 3-154b、c）。这是一种很特殊的稀土组成型式，它同时具有 M 型和 W 型稀土四分组效应：第一组元素 La-Ce-Pr-Nd 构成典型 M 型四分组的第一亚组（1/2 M）；第二组元素 Pm-Sm-Eu-Gd 处于 M 型和 W 型四分组过渡，部分样品形成明显 M 型第二组亚组或 W 型四分组第二亚组（1/2M 或 1/2W）；第三组 Gd-Tb-Dy-Ho 和第四组 Er-Tm-Yb-Lu 构成典型的 W 型四分组第三和第四亚组（2/2W），结果是在一个样品的球粒陨石标准化曲线中同时出现 M 型和 W 型稀土四分组型式（1/2M+过渡+2/2W；1/2M+3/2W；2/2M+2/2W）。这是一种 M 型和 W 型复合的稀土四分组型式，是自然界岩石中的一种新类型的稀土四分组效应。为定量识别 M 与 W 型四分组效应，参考 Irber（1999）和 Monecke 等（2002a，2002b）提出的参数，采用对每个四分组亚组的两个中心元素 B、C，如 Ce、Pr 或 Tb、Dy 等，计算它们的球粒陨石标准化值 $B_N$、$C_N$（如 $Ce_N$、$Pr_N$）与该四分组亚组起始元素 A（如 La、Gd）和结束元素 D（如 Nd、Ho）连线上的内插值 $B^*$、$C^*$ 的比值 $B_N/B^*$、$C_N/C^*$（如 $Ce_N/Ce^*$、$Pr_N/Pr^*$），当此值大于1，曲线上凸，为 M 型；小于1，曲线下凹，为 W 型。为衡量其强度，分别用 Moneck 和 Iber 方法计算了 $T_1$、$T_3$ 和 $t_1$、$t_3$，计算结果如表 3-36 所示。可以看出，本书所研究的新类型四分组在第一亚组中心元素参数 $Ce_N/Ce^*$、$Pr_N/Pr^*$ 明显大于1，呈明显 M 型，而第三组中心元素参数 $Tb_N/Tb^*$、$Dy_N/Dy^*$ 则明显小于1，呈 W 型，相对应的 $T_1$、$T_3$ 均明显大于0，$t_1$ 大于1，$t_3$ 小于1，均一致表明其第一组 M 和第三组 W 型四分组效应较明显，而第四亚组的 W 型较弱。

**表 3-33　河北水泉沟蚀变碱性正长岩 M 与 W 型四分组效应参数**

| 样号 | $Ce_N/Ce^*$ | $Pr_N/Pr^*$ | $Tb_N/Tb^*$ | $Dy_N/Dy^*$ | $Tm_N/Tm^*$ | $Yb_N/Yb^*$ | $T_1$ | $T_3$ | $t_1$ | $t_3$ |
|------|------|------|------|------|------|------|------|------|------|------|
| B1 | 1.17 | 1.08 | 0.84 | 0.91 | 0.99 | 0.98 | 0.16 | 0.13 | 1.12 | 0.87 |
| B3 | 1.93 | 1.23 | 0.86 | 0.73 | 0.92 | 0.80 | 0.68 | 0.68 | 1.52 | 0.79 |
| B4 | 1.43 | 1.25 | 0.97 | 1.14 | 0.86 | 0.99 | 0.25 | 0.067 | 1.34 | 1.05 |
| B5 | 1.15 | 1.18 | 0.92 | 0.88 | 0.96 | 0.99 | 0.17 | 0.10 | 1.16 | 0.90 |
| B6 | 1.12 | 1.09 | 0.85 | 0.75 | 0.98 | 1.02 | 0.11 | 0.21 | 1.10 | 0.80 |
| B7 | 1.42 | 1.26 | 0.93 | 0.97 | 0.94 | 0.91 | 0.35 | 0.05 | 1.34 | 0.95 |

续表

| 样号 | $Ce_N/Ce^*$ | $Pr_N/Pr^*$ | $Tb_N/Tb^*$ | $Dy_N/Dy^*$ | $Tm_N/Tm^*$ | $Yb_N/Yb^*$ | $T_1$ | $T_3$ | $t_1$ | $t_3$ |
|------|------|------|------|------|------|------|------|------|------|------|
| B8 | 1.04 | 1.01 | 0.98 | 0.91 | 0.98 | 1.00 | 0.063 | 0.32 | 1.02 | 0.94 |
| D2 | 1.17 | 1.04 | 0.68 | 0.62 | 1.02 | 1.08 | 0.12 | 0.35 | 1.10 | 0.65 |
| D3 | 1.00 | 1.06 | 0.65 | 0.66 | 0.69 | 0.46 | 0.04 | 0.34 | 1.03 | 0.65 |
| D4 | 1.08 | 1.09 | 0.74 | 0.57 | 1.32 | 1.09 | 0.08 | 0.35 | 1.08 | 0.79 |
| D12 | 1.12 | 1.05 | 0.77 | 0.81 | 1.07 | 1.06 | 0.09 | 0.21 | 1.08 | 0.75 |
| D13 | 1.91 | 1.45 | 0.67 | 0.85 | 1.09 | 1.06 | 0.66 | 0.26 | 1.66 | |
| D14 | 1.69 | 1.43 | 0.85 | 0.71 | 1.06 | 1.07 | 0.57 | 0.23 | 1.55 | 0.78 |
| D15 | 1.61 | 1.05 | 0.67 | 0.80 | 1.19 | 1.13 | 0.45 | 0.27 | 1.69 | 0.73 |
| BDP4 | 1.29 | 1.09 | 0.95 | 0.90 | 1.01 | 0.93 | 0.22 | 0.10 | 1.19 | 0.92 |

注：$Ce^* = La_N^{2/3} \times Nd_N^{1/3}$；$Pr^* = La_N^{1/3} \times Nd_N^{2/3}$；$Tb^* = Gb_N^{2/3} \times Ho_N^{1/3}$；$Dy^* = Gb_N^{1/3} \times Ho_N^{2/3}$；

$T_1 = \{1/2 [(Ce_N/Ce^* - 1)^2 + (Pr_N/Pr^* - 1)^2]\}^{0.5}$；$T_2 = \{1/2 [(Tb_N/Tb^* - 1)^2 + (Dy^*N/Dy - 1)^2]\}^{0.5}$（据 Moneck et al., 2002）；

$t_1 = [Ce_N/Ce^* \times (Pr_N/Pr^*)]^{0.5}$；$t_3 = [Tb_N/Tb^* \times (Dy_N/Dy^*)]^{0.5}$（据 Irber, 1999）。

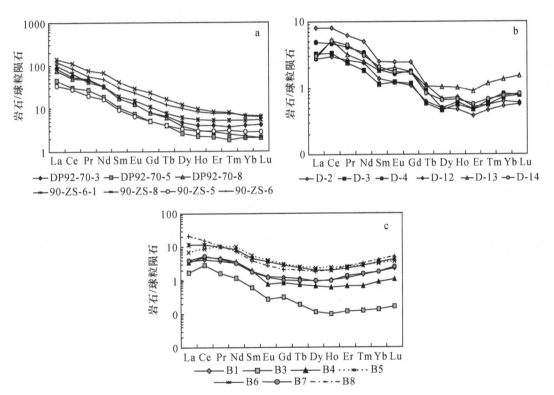

图 3-154　河北水泉沟钾长石化-硅化碱性正长岩 MW 复合型稀土四分组型式及与碱性角闪正长岩的对比

a. 水泉沟碱性正长杂岩；b、c. 钾长石化-硅化碱性正长岩

（2）MW 复合型稀土四分组效应分析方法及比较

为了确证这种新的稀土四分组类型，我们从以下几方面进行了研究。①用不同方法溶样：考虑到这种特殊类型的稀土组成可能会受岩石中某些特殊类型的副矿物控制，我们用不同方法对代表性样品溶样，包括 Teflon 杯密封（HF+HNO₃）酸溶样（常规）法和碱溶法（四硼酸锂 Li₂B₄O₇+硼酸 H₃BO₃），不同溶样方法所获得溶液均用等离子质谱（ICP-MS）测试其 REE 含量，分析结果均证实它们具有 MW 复合型稀土组成型式（表 3-37，图 3-155a、b）。②国外实验室检验对比：将上述样品送法国 Nancy 岩石地球化学研究中心实验室（CRPG Nancy），用化学-ICP-MS 进行对比分析，所获得的结果与本所实验室

一致，不同的仅是系统误差（表 3-37，图 3-155）。③用更精确的分析方法——同位素稀释质谱法（ID-TIMS）对上述样品进行对比分析，样品送韩国大田环境地质实验室（Environmental Geology Division, Kigam, Daejeon）分析，获得了同样的结果（表 3-37）。通过上述不同溶样方法、国内外实验室及同位素稀释法分析对比和检验，可以确认东坪蚀变碱性正长岩的 MW 复合型稀土四分组型式是真实存在的。

**表 3-37　河北水泉沟蚀变碱性正长岩稀土元素含量（10⁻⁶）不同分析方法比较**

| 样号分析方法/元素 | B5 | | | | BDP4 | | | |
|---|---|---|---|---|---|---|---|---|
| | 酸溶法 G | 酸溶法 F | 稀释法 K | 碱溶法 G | 酸溶法 G | 酸溶法 F | 稀释法 K | 碱溶法 G |
| La | 2.14 | 2.05 | 2.57 | 2.02 | 1.47 | 1.94 | 1.08 | 2.11 |
| Ce | 7.27 | 6.95 | 8.61 | 7.11 | 4.4 | 4.64 | 4.67 | 4.18 |
| Pr | 1.26 | 1.14 | | 1.32 | 0.5 | 0.58 | | 0.53 |
| Nd | 5.95 | 5.19 | 5.29 | 6.3 | 2 | 2.32 | 2.36 | 1.96 |
| Sm | 1.06 | 0.98 | 0.96 | 1.1 | 0.43 | 0.46 | 0.46 | 0.42 |
| Eu | 0.29 | 0.25 | 0.30 | 0.24 | 0.037 | 0.063 | 0.16 | 0.05 |
| Gd | 0.77 | 0.67 | 0.73 | 0.91 | 0.37 | 0.43 | 0.49 | 0.35 |
| Tb | 0.12 | 0.10 | | 0.16 | 0.057 | 0.058 | | 0.05 |
| Dy | 0.72 | 0.60 | 0.65 | 0.89 | 0.32 | 0.34 | 0.37 | 0.36 |
| Ho | 0.17 | 0.14 | | 0.18 | 0.07 | 0.07 | | 0.08 |
| Er | 0.52 | 0.46 | 0.47 | 0.55 | 0.21 | 0.23 | 0.22 | 0.23 |
| Tm | 0.088 | 0.085 | | 0.11 | 0.04 | 0.04 | | 0.04 |
| Yb | 0.66 | 0.63 | 0.64 | 0.80 | 0.29 | 0.31 | 0.27 | 0.29 |
| Lu | 0.12 | 0.14 | 0.11 | 0.15 | 0.06 | 0.06 | 0.05 | 0.05 |

注：G. 中国科学院广州地球化学研究所；F. 法国 Nancy 岩石地球化学研究中心；K. 韩国大田环境地质实验室。

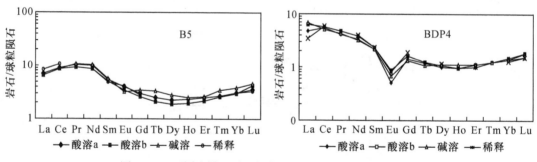

图 3-155　不同溶样和测试方法测定稀土四分组样品的对比

B5 与 BDP4 为蚀变碱性正长岩样品号

（3）MW 复合型稀土四分组效应形成机理探讨

从具有 MW 复合型稀土四分组效应的河北东坪金矿钾长石化、硅化碱性正长岩（采自 70 号脉 1200 中段）分选出磷灰石和锆石，用激光等离子质谱对单矿物颗粒进行原位稀土元素含量定量分析（表 3-38），分析方法见 Yuan 等（2004）。选择这两种矿物是基于：磷灰石在岩石中含量较高（0.n%）对稀土元素分配系数很高（n~n×10），岩石中绝大部分稀土元素集中于磷灰石中。更重要的是，磷灰石是一种典型的稀土元素完全配分型矿物（郭承基，1965；王中刚等，1989），在不同体系中，如磷灰石/水流体与磷灰石/硅酸盐熔体，磷灰石对稀土元素的分配系数相近（其中中组稀土 Sm-Ho 略高，Watson and Green，1981；Fujimaki，1986；Ayers and Watson，1993），即对稀土元素无明显的选择性。这种特点决定了磷灰石的晶出不会明显改变熔体或流体体系稀土组成型式，因此，磷灰石成为示踪岩浆或热液体系稀土元素组成的重要副矿物。锆石是最稳定的副矿物，在岩浆作用条件下它的 REE 组成保持不变，但受到热液作用时其 REE 组成将发生规律性变化。因此，对钾长石化、硅化碱性正长岩中单颗粒磷灰石和锆石 REE 组成的系统研究可揭示 MW 复合型 REE 组成的形成机制。

1）磷灰石的稀土元素组成

稀土元素可置换与其离子半径相似的 $Ca^{2+}$ 而进入磷灰石 $Ca_5(PO_4)_3(OH、F、Cl)$ 晶格中（$2REE^{3+} \rightarrow 3Ca^{2+}$）。磷灰石中稀土元素的含量可达 12%，形成锶铈磷灰石 $(Sr,Ce,Na,Ca)_5(PO_4)_3(OH)$。多数情况下磷灰石的 $RE_2O_3$ 含量为 0.n%，以碱性伟晶岩和正长岩中最高。

对东坪金矿具有 MW 复合型稀土四分组效应的蚀变碱性正长岩岩中单颗粒磷灰石作了激光等离子质谱原位分析，其稀土元素含量主要特点如下（表 3-38）。

表 3-35　河北东坪金矿磷灰石中稀土与某些微量元素的含量　　　（单位：$10^{-6}$）

| 编号\元素 | APR21Q34 | APR21Q35 | APR21Q36 | APR21Q37 | APR21Q38 | APR21Q39 | APR21Q40 | APR21Q41 |
|---|---|---|---|---|---|---|---|---|
| La | 1675.03 | 1544.4 | 371.17 | 616.41 | 1954.15 | 122.28 | 20.36 | 1053.29 |
| Ce | 2948.36 | 2639.83 | 793.66 | 1082.35 | 3440.22 | 279.63 | 121.95 | 2050.07 |
| Pr | 292.64 | 264.25 | 96.32 | 115.18 | 321.61 | 45.64 | 30.56 | 212.57 |
| Nd | 977.15 | 923.05 | 406.88 | 411.53 | 1050.14 | 271.8 | 225.12 | 704.35 |
| Sm | 89.66 | 95.58 | 103.91 | 55.66 | 98.14 | 131.2 | 139.43 | 77.08 |
| Eu | 21.97 | 23.16 | 41.94 | 17.03 | 24.89 | 58.88 | 69.61 | 20.39 |
| Gd | 49.11 | 54.77 | 103.86 | 40.44 | 52.08 | 155.14 | 174.18 | 48.8 |
| Tb | 5.36 | 6.17 | 14.16 | 4.7 | 5.03 | 22.34 | 24.63 | 5.88 |
| Dy | 22.28 | 27.67 | 61.9 | 21.71 | 21.22 | 96.98 | 102.47 | 26.48 |
| Ho | 3.58 | 4.64 | 9.24 | 3.76 | 3.49 | 14.23 | 14.39 | 4.34 |
| Er | 8.1 | 9.86 | 18.78 | 8.63 | 7.57 | 28.65 | 28 | 9.02 |
| Tm | 1.03 | 1.2 | 2.25 | 1.04 | 0.9 | 3.3 | 3.25 | 0.99 |
| Yb | 6.73 | 7.08 | 12.94 | 5.91 | 5.15 | 17.47 | 17.54 | 5.89 |
| Lu | 0.95 | 0.92 | 1.6 | 0.75 | 0.75 | 1.96 | 1.96 | 0.75 |
| Ti | <0.63 | <0.74 | 8.48 | 0.79 | 1.67 | <0.49 | <0.83 | <0.92 |
| Y | 116.61 | 151.63 | 266.94 | 110 | 115.04 | 425.19 | 396.99 | 132.41 |
| Zr | 3.16 | 2.54 | 0.351 | 0.83 | 2.84 | 0.126 | <0.028 | 1.77 |
| Th | 28.58 | 162.45 | 50.48 | 9.39 | 75.72 | 3.33 | 0.073 | 37.9 |
| U | 15.18 | 32.67 | 7.17 | 3.24 | 19.54 | 1.04 | 0.0223 | 10.78 |
| ∑REE+Y | 6101.95 | 5602.58 | 2038.61 | 2385.1 | 6985.34 | 1249.5 | 973.45 | 4219.9 |
| Eu/Eu* | 1.01 | 0.98 | 1.23 | 1.10 | 1.06 | 1.26 | 1.36 | 1.02 |

稀土元素含量较高，∑REE+Y（1370~7100）×$10^{-6}$；稀土元素的组成明显分成两类，第一类是轻稀土强烈富集型，球粒陨石标准化呈陡右倾斜的分布型式，$(La/Yb)_N$ 70.5~256.6，稀土元素总含量高，∑REE+Y（2495~7100）×$10^{-6}$，Eu 无亏损，Eu/Eu* 0.98~1.23，与未蚀变的碱性正长岩相似 [$(La/Yb)_N$ 16.2~35.0. Eu/Eu* 1.01~1.07]，反映了岩浆成因磷灰石特点（图 3-138a）；第二类是中组稀土 Sm-Ho 明显富集，轻稀土明显亏损，$(Sm/La)_N$ 1.70~10.88，$(Gd/Yb)_N$ 7.20~8.13，稀土元素总含量低，∑REE+Y（1370~1674）×$10^{-6}$，形成明显中凸形的稀土元素分布型式，反映了热液成因磷灰石特点（图 3-138b）。在第二种类型中，其轻稀土部分明显分为两种亚类型，第一亚组轻稀土明显亏损，轻稀土元素呈典型的 M 型四分组效应，$La_N < Ce_N < Pr_N < Nd_N < Sm_N < Eu_N$，$Eu_N > Gd_N$；第二亚组轻稀土亏损程度略低于第一亚组，为 WM 复合型，即 $La_N > Ce_N$，$Ce_N < Pr_N < Nd_N$；形成 W 型四分组，$Sm_N < Eu_N$，$Eu_N > Gd_N$，形成 M 型四分组。

2）热液改造的和热液锆石的稀土元素组成

锆石可在上地幔高温高压条件到近地表的热液条件的广泛范围形成，具有高度稳定性。但近十多年来发现在热液条件下锆石可发生蚀变作用，甚至可从热液中结晶形成热液锆石（hydrothermal zircon）（Rubin et al.，1989；Kerrich and King，1993；Geisler et al.，2007；Hoskin and Schaltegger，2003；Hoskin，2005；Fu et al.，2008）。热液改造的和热液锆石可用于确定流体加入事件及水/岩相互作用的特点，因此，其微量元素，特别是稀土元素组成特点成为探讨成岩或成矿地球化学过程的重要示踪。

已有的研究资料表明，热液锆石在形态（背散射 BSE；阴极发光 CL）及稀土元素组成上与岩浆锆石均有较明显差异（Hoskin and Schaltegger，2003；Hoskin，2005；吴元保、郑永飞，2004；谢磊等，2006）。在形态上，热液锆石颗粒呈半月形至他形，晶体棱柱不明显；内部结构呈多孔状；阴极射线发光很弱等。与岩浆锆石相比，稀土元素组成明显不同：热液锆石稀土总含量（特别是轻稀土）增加，稀土元素球粒陨石标准化型式为近平坦形，$(Sm/La)_N$ 值低，为 1.5~4.4（岩浆锆石为 22~110）；Ce 正异常降低，$Ce/Ce^*$ 1.8~3.5（岩浆锆石为 32~49）（图 3-156~图 3-158）。

具有 MW 复合型稀土四分组效应的蚀变碱性正长岩中的锆石，在矿物颗粒形态上，其阴极发光图均呈他形，晶体形态极不规则，晶体棱柱极不发育（图 3-156），除少数颗粒具有岩浆锆石的震荡环带外，大部分具有典型热液蚀变的和热液锆石的特点。

图 3-156　河北东坪蚀变碱性正长岩中锆石的阴极发光图

我们对单颗粒锆石 REE 组成进行了激光等离子质谱原位分析，表 3-39 和图 3-157 是其稀土元素球粒陨石标准化分布型式。可以看出，稀土元素总含量（$\Sigma$REE）高，在所分析的 15 个颗粒中，除一个颗粒 $\Sigma$REE 为 $112.6\times10^{-6}$ 外，其余颗粒的 $\Sigma$REE 范围为 $(509.7~9933)\times10^{-6}$。仅三个颗粒有岩浆锆石特有的较明显的 Ce 正异常（$\delta$Ce 19.63~91.9），其余颗粒 Ce 正异常均不显著，$\delta$Ce 范围为 1.83~5.05，均明显低于岩浆锆石（$\delta$Ce 32~49）；Eu 均呈弱正异常，$\delta$Eu 0.96~1.27，明显不同于岩浆锆石的 Eu 负异常（$\delta$Eu<1）；轻稀土相对富集，$(Sm/La)_N$ 值为 7.62~29.46（仅两个颗粒分别为 79.36 和 48.67），明显低于岩浆锆石的 22~110（Hoskin，2005）。综合上述特点，具有 MW 复合型稀土四分组效应的蚀变碱性正长岩中锆石的稀土组成呈较平滑的平缓（Ce 异常不明显、重稀土弱富集）型式，并在轻稀土形成似 M 型稀土四分组效应，这些特点与呈明显 Ce 正异常、陡左倾式（强烈富集重稀土）的岩浆型锆石明显不同（图 3-157c）。

表 3-39　东坪钠变碱性正长岩中锆石的 REE 组成

（单位：$10^{-6}$）

| 元素 | APR21Q43 | APR21Q44 | APR21Q45 | APR21Q46 | APR21Q47 | APR21Q48 | APR21Q49 | APR21Q50 | APR21Q52 | APR21Q53 | APR21Q54 | APR21Q55 | APR21Q56 | APR21Q57 | APR21Q58 |
|---|---|---|---|---|---|---|---|---|---|---|---|---|---|---|---|
| La | 13 | 44.4 | 2.206 | 4.45 | 12.97 | 21.73 | 16.43 | 36.51 | 1.819 | 1.019 | 7.8 | 2.63 | 0.0172 | 11.78 | 99.65 |
| Ce | 345.8 | 488.54 | 410.03 | 103.65 | 192.3 | 270.85 | 267.74 | 473.59 | 37.33 | 346.45 | 188.34 | 106.84 | 16.89 | 246.9 | 1619.6 |
| Pr | 36.55 | 87.72 | 10.86 | 14.44 | 22.9 | 46.86 | 32.2 | 76.12 | 3.64 | 6.44 | 23.74 | 9.33 | 0.108 | 35.77 | 256.09 |
| Nd | 247.52 | 558.69 | 98.95 | 101.14 | 156.36 | 296.84 | 212.44 | 482.43 | 26.58 | 57.52 | 166.01 | 69.99 | 1.073 | 245.27 | 1702.7 |
| Sm | 104.28 | 212.2 | 67.58 | 35.58 | 100.77 | 111.19 | 102.59 | 169.38 | 14.93 | 18.65 | 75.04 | 48.79 | 0.862 | 102.42 | 733.96 |
| Eu | 49.24 | 94.22 | 36.09 | 14.21 | 56.7 | 46.58 | 49.62 | 72.44 | 5.5 | 6.69 | 33.78 | 22.74 | 0.526 | 43.6 | 339.6 |
| Gd | 137.75 | 235.2 | 125.75 | 43.91 | 183.82 | 123.39 | 150.08 | 187.22 | 20.41 | 18.44 | 104.8 | 78.18 | 2.5 | 130.46 | 919.71 |
| Tb | 26.23 | 45.5 | 23.75 | 8.26 | 34.28 | 22.5 | 31.47 | 33.79 | 4.71 | 2.443 | 21.77 | 15.94 | 0.754 | 26.39 | 176.91 |
| Dy | 180.82 | 321.2 | 157.81 | 64.74 | 236.15 | 147.48 | 236.77 | 224.58 | 42.68 | 15.15 | 163.38 | 116.44 | 7.48 | 200.76 | 1196.92 |
| Ho | 44.27 | 76.46 | 36.52 | 18.77 | 60.08 | 34.91 | 64.43 | 54.21 | 14.39 | 3.32 | 44.79 | 29.37 | 2.96 | 54.84 | 282.16 |
| Er | 149.43 | 248.54 | 102.64 | 74.1 | 214.79 | 110.85 | 247.91 | 175.53 | 64.42 | 10.22 | 168.31 | 99.73 | 14.61 | 210.27 | 893.58 |
| Tm | 32.02 | 51.9 | 16.67 | 17.13 | 45.07 | 21.29 | 55.29 | 32.74 | 15.75 | 1.817 | 35.65 | 19.55 | 4.01 | 46.24 | 161.75 |
| Yb | 320.99 | 503.11 | 124.5 | 184.28 | 449.67 | 193.08 | 556.28 | 292.28 | 170.76 | 17.88 | 340.6 | 177.11 | 49.08 | 461.05 | 1346.55 |
| Lu | 46.07 | 73.03 | 18.43 | 37.2 | 87.65 | 33.55 | 102.44 | 51.88 | 35.46 | 3.62 | 61.09 | 30.7 | 11.74 | 82.84 | 203.85 |
| Ti | 435.45 | 26.2 | 36.27 | 9.68 | 5.78 | 14.33 | 18.93 | 27.19 | 24.7 | 434.68 | 3.84 | 5.43 | 18.14 | 3.43 | 22.74 |
| Y | 1543.98 | 2597.22 | 1208.24 | 712.81 | 2092.57 | 1258.52 | 2317.72 | 1979.23 | 494.64 | 139.66 | 1604.46 | 964.81 | 146.32 | 1986.64 | 10105.8 |
| Zr | 361276.97 | 364210.88 | 443784.28 | 428803.38 | 405834.44 | 419780.75 | 401409.13 | 411299.47 | 436557.88 | 442538 | 443377.59 | 424744.34 | 423398.56 | 377264.78 | 443150.66 |
| Th | 931.95 | 1349.51 | 941.28 | 224.62 | 1590.61 | 553.21 | 4313.27 | 1014.55 | 187.58 | 1070.77 | 758.99 | 321.61 | 38.46 | 754.93 | 2458.69 |
| U | 3820.95 | 2277.66 | 1076.61 | 1226.52 | 2290.28 | 986.32 | 3421.69 | 2088.47 | 688.86 | 772.88 | 2190.17 | 813.81 | 222.96 | 2181.41 | 4869.88 |
| Ce/Ce* | 3.72 | 1.83 | 19.63 | 3.03 | 2.61 | 1.99 | 2.73 | 2.1 | 3.4 | 31.67 | 3.24 | 5.05 | 91.9 | 2.82 | 2.38 |
| (Sm/La)$_N$ | 12.74 | 7.62 | 48.67 | 12.71 | 12.35 | 8.12 | 9.92 | 7.37 | 13.02 | 29.04 | 15.27 | 29.46 | 79.36 | 13.8 | 11.7 |
| Eu/Eu* | 1.26 | 1.29 | 1.19 | 1.10 | 1.27 | 1.22 | 1.22 | 1.24 | 0.96 | 1.10 | 1.16 | 1.13 | 1.10 | 1.15 | 1.26 |
| Th/U | 0.24 | 0.57 | 0.87 | 0.18 | 0.69 | 0.56 | 1.26 | 0.49 | 0.27 | 1.39 | 0.35 | 0.40 | 0.17 | 0.35 | 0.50 |

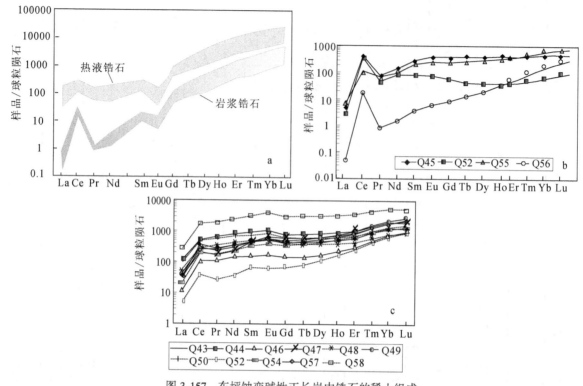

图 3-157　东坪蚀变碱性正长岩中锆石的稀土组成

a. 岩浆及热液锆石；b. 岩浆及热液改造锆石；c. 热液改造锆石

$(Sm/La)_N$-La 及 $Ce/Ce^*$-$(Sm/La)_N$ 图解清楚显示了上述特点（图 3-158），具有 MW 复合型稀土四分组效应的蚀变正长岩锆石分布于岩浆锆石与热液锆石的过渡区，并靠近热液锆石区，显示了热液改造锆石的特点。

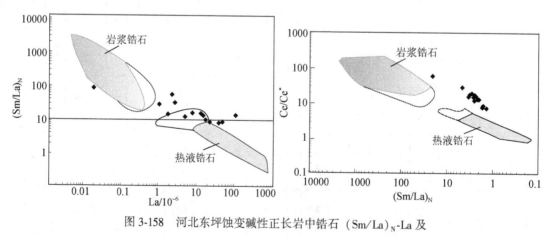

图 3-158　河北东坪蚀变碱性正长岩中锆石 $(Sm/La)_N$-La 及

$Ce/Ce^*$-$(Sm/La)_N$ 图解（底图据 Hoskin, 2005）

3）MW 复合型稀土四分组效应形成机理

①多期次的岩浆-流体叠加系统

由上述，具有 MW 复合型稀土四分组效应的碱性正长岩石中存在热液蚀变的和岩浆磷灰石、锆石，指示 MW 复合型稀土四分组效应的形成与热液蚀变的叠加作用有关，是开放型体系。由于磷灰石对形成体系特点的示踪作用，其稀土元素组成的特点揭示具有 MW 复合型稀土四分组效应的蚀变碱性正长岩的形成经历了两种过程（体系）的叠加作用，第一种类型代表强烈富轻稀土的碱性岩浆结晶作用，第二种类型指示了热液流体对轻稀土（La-Nd）的强烈淋滤交代作用，而两亚类磷灰石的稀土元素组成（轻稀土亏损程度不同）暗示了可能有两种成分不同的（两期）热液活动。

　　显然，确定岩浆和热液叠加作用的时间序列是重要的。自20世纪90年代以来，已用多种定年方法测定了东坪金矿赋矿水泉沟碱性正长杂岩体年龄，岩体年龄变化范围很大，为300～1718Ma（表3-40）。其中的锆石SHRIMP年龄为390±6Ma（Miao *et al.*，2002）和389.9±1.7Ma（赵振华等，2010）代表了水泉沟碱性杂岩体成岩年龄。与水泉沟碱性正长岩杂岩体相邻的岩浆岩单颗粒锆石U-Pb年龄资料表明（表3-40），从水泉沟碱性杂岩体形成，区内先后发生了三期岩浆活动（李惠民等，1997；Jiang *et al.*，2007）：390Ma左右（中泥盆世），形成水泉沟碱性正长杂岩，235Ma左右（中三叠世）和130Ma左右（早白垩世），在约250Ma时间内，先后形成了黑云母花岗岩和碱性花岗岩、酸性火山岩。

　　与该碱性杂岩体有关的金矿成矿年龄也显示较大变化范围（表3-40）。李惠民等（1997）对钾化含金石英脉中的锆石用蒸发法测定其U-Pb年龄为350.9±0.9Ma，认为代表了金矿成矿年龄。我们对MW复合型稀土四分组效应的蚀变岩中的锆石进行单颗粒U-Pb定年（LA-ICP-MS），61个锆石的年龄显示了较大的变化范围：394～189Ma（图3-159），其中19个颗粒的$^{206}Pb/^{238}U$加权平均年龄为389.9±1.7Ma，与岩体成岩年龄一致，9个颗粒锆石$^{206}Pb/^{238}U$加权平均年龄为357.6±3.5Ma，与单颗粒锆石蒸发法U-Pb年龄350.9±0.9Ma一致，它可能是本区一次重要成矿期。

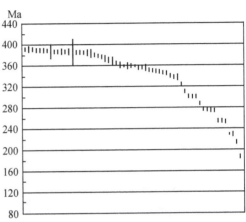

图3-159　MW复合型稀土四分组效应碱性
正长岩锆石U-Pb年龄谱

　　具有MW复合型稀土四分组效应的成矿的蚀变岩的钾长石、绢云母、石英的$^{40}Ar/^{39}Ar$给出了300～153Ma年龄（王蓉嵘，1992；卢德林等，1993；胡达骧、罗桂玲，1994；宋国瑞、赵振华，1996；李惠民等，1997；江思宏、聂凤军，2000；徐兴旺等，2001；Hart *et al.*，2002）。这些资料表明，本区岩浆及热液活动时间（金成矿作用）从晚古生代到晚中生代，约250Ma，与本区岩浆活动跨度一致，$^{40}Ar/^{39}Ar$年龄谱应与本区390Ma、235Ma和130Ma多期次岩浆活动热事件有关。这种长期的岩浆及热液活动明显地记录在上述蚀变碱性正长岩中的热液改造型锆石年龄谱中（394～189Ma）。长期、多期次的岩浆-热液相互作用系统是稀土元素在熔体（岩石）与流体间的重新分配、形成MW复合型稀土四分组效应的关键控制因素。

　　②熔体-流体及流体系统的特点

　　如上述，目前国内外发现的具稀土四分组效应的岩浆岩的共同特点是岩体均经历了高度演化，并常常形成W、Sn及稀有金属矿化、矿床。这些岩浆岩富碱，常发育碱和硅等的交代、蚀变作用，碱金属及稀土元素与岩浆高演化所产生的大量卤素元素（F、Cl）及$CO_2$、P的络合（complex）作用是形成稀土四分组效应的重要控制因素。水泉沟碱性正长杂岩体主体为碱长正长岩，按暗色矿物含量可划分为辉石角闪碱长正长岩、角闪碱长正长岩和少量石英二长岩。它们从西向东展布，不同类型岩石之间无明显界限，呈渐变关系。不同类型岩石的主元素呈系统变化，从辉石角闪碱长正长岩、角闪碱长正长岩到少量石英二长岩，Si含量增加，镁铁质降低，长英质增加，这些特点显示碱性正长杂岩体的形成经历了明显的分离结晶作用，REE总量逐渐降低，但球粒陨石标准化型式不变，REE之间未发生明显分异（宋国瑞、赵振华，1996）。在碱性杂岩体中的石英中发现了熔融包裹体（莫测辉，1996；王蓉嵘，1992；向树元等，1992）和流体、气体包裹体（莫测辉，1996）；熔融包裹体有玻璃+气相、玻璃+晶体和玻璃+气相+晶体，均一温度900～925℃。在金矿石英脉中的石英中，有两相液体包裹体（液相和气相$H_2O$）、两相富$CO_2$包裹体（液相和气相$CO_2$）及三相含$CO_2$包裹体（液相和气相$CO_2$，液相$H_2O$）。包裹体为中低盐度（5%～13%NaCl）（Hart *et al.*，2002）；石英中包裹体均一温度范围为140～390℃，主成矿温度372～306℃。石英包裹体气相组分中，F含量（0.05～10.7）×$10^{-6}$，Cl含量（0.22～40.7）×$10^{-6}$，Cl/F值为1.24～54.0，个别达到202，$CO_2$含量（4.5～129）×$10^{-6}$（宋瑞先等，1992；王郁等，1994；

表 3-40 水泉沟碱性正长岩、周围花岗岩及成矿年龄

| 采样地点 | 测年用岩石和矿物 | 测年方法 | 年龄/Ma | 资料来源 |
|---|---|---|---|---|
| 水泉沟碱性正长杂岩 | | | | |
| 下两间房 | 角闪正长岩，角闪石 | $^{40}Ar/^{39}Ar$ | 327.4±9 | 宋国瑞、赵振华，1996a |
| 水泉沟 | 正长岩，钾长石 | $^{40}Ar/^{39}Ar$ | 305.9±0.5 | 汪思宏、聂凤军，2000 |
| 后沟 | 正长岩，钾长石 | $^{40}Ar/^{39}Ar$ | 304.5±0.5 | 汪思宏、聂凤军，2000 |
| 黄土梁 | 正长岩，钾长石 | $^{40}Ar/^{39}Ar$ | 304.9±0.5 | 汪思宏、聂凤军，2000 |
| 东坪 | 正长岩，锆石 | 锆石 U-Pb | 1718±65（上交点）454±40（下交点） | 莫测辉等，1997 |
| 东坪 | 钾化、硅化正长岩，锆石 | LA-ICP-MS | 389.9±1.7 | 本书 |
| 下三道河 | 石英正长岩，锆石 | 单颗粒锆石 U-Pb 法 | 410.2±1.1 | 李惠民等，1997 |
| 中山沟 | 角闪正长岩，锆石 | 单颗粒锆石 U-Pb 法 | 410.5±1.4 | 沈宝丰等，2000 |
| 东坪 | 正长岩，锆石 | SHRIMP U-Pb | 390±6 | Miao et al., 2002 |
| 后沟 | 正长岩，锆石 | SHRIMP U-Pb | 386±7 | Miao et al., 2002 |
| 水泉沟碱性正长杂岩周围的花岗岩岩类 | | | | |
| 舍咽子 | 斑状花岗岩，锆石 | SHRIMP U-Pb | 236±2 | Miao et al., 2002 |
| 红花梁 | 花岗岩，锆石 | SHRIMP U-Pb | 235±2 | Jiang et al., 2007 |
| 转枝莲 | 闪长岩，锆石 | SHRIMP U-Pb | 139.5±0.9 | Jiang et al., 2007 |
| 上水泉 | 碱性花岗岩，锆石 | SHRIMP U-Pb | 142.5±1.3 | Miao et al., 2002 |
| 金矿成矿年龄 | | | | |
| 东坪 | 含金石英脉，钾长石 | $^{40}Ar/^{39}Ar$ | 177.4±5 | 宋国瑞、赵振华，1996a |
| 东坪 | 含金石英脉，钾长石 | $^{40}Ar/^{39}Ar$ | 156.7±0.88 | 卢德林，1993 |
| 后沟 | 含金石英脉，石英 | $^{40}Ar/^{39}Ar$ | 177.6±1.9 | 胡达骧、罗桂玲，1994 |
| 后沟 | 含金石英脉，钾长石 | $^{40}Ar/^{39}Ar$ | 172.9±5 | 王蓉，1992 |
| 东坪 | 金脉旁蚀变岩，绢云母 | $^{40}Ar/^{39}Ar$ | 186.8±0.3 | 胡达骧、罗桂玲，1994 |
| 后沟 | 金脉旁蚀变岩，绢云母 | $^{40}Ar/^{39}Ar$ | 187.9±0.4 | 汪思宏、聂凤军，2000 |
| 黄土梁 | 金脉旁蚀变岩，绢云母 | $^{40}Ar/^{39}Ar$ | 187.4±0.3 | 汪思宏、聂凤军，2000 |
| 后沟 | 含金石英脉，钾长石 | 激光探针 $^{40}Ar/^{39}Ar$ | 202.6±1.0~176.7±1.6 | 徐兴旺等，2001 |
| 东坪 | 含金石英脉，锆石 | 锆石 U-Pb | 350.9±0.9 | 李惠民等，1997 |
| 中山沟 | 金脉旁蚀变岩，钾长石 | $^{40}Ar/^{39}Ar$ | 241±1（最大），180（最小） | Hart et al., 2002 |
| 东坪 70 号脉 | 金脉旁蚀变岩，白云母 | $^{40}Ar/^{39}Ar$ | 153±3（有少量过剩 Ar） | Hart et al., 2002 |
| 东坪 70 号脉 | 金脉旁蚀变岩，白云母 | $^{40}Ar/^{39}Ar$ | 153±2（有少量过剩 Ar） | Hart et al., 2002 |

张招崇，1996；邓乃达，1988）。包裹体水的氢氧同位素组成位于岩浆水与大气降水过渡，并靠近岩浆水区，具有混合源特征。

综合上述，可以看出，东坪具有 MW 型复合型稀土四分组效应的蚀变碱性正长杂岩体经历了岩浆-热液共存和热液体系的演化过程，其热液体系富 Cl、$CO_2$，其次有 $SO_4^{2-}$，属 $NaCl$-$CO_2$-$H_2O$ 型高温、中低盐度流体（范宏瑞等，2001）。

③流体改造（蚀变）作用

按蚀变岩石组合及主要蚀变岩石的发育程度，具有 MW 复合型稀土四分组效应的碱性正长杂岩可分为两大类：一是以钾长石化为主的钾化蚀变，钾长石主要沿金矿脉上下盘发育，以 1 号矿脉为代表，还有 2 号及 22 号脉等。二是以硅化、钾长石化和黄铁矿化组成的复合型蚀变，蚀变作用沿密集的小型裂隙、解理发育，以 70 号脉为代表。以钾长石化为主的蚀变在石英脉两侧呈对称分布（图 3-160）。与上述蚀变作用相关的还有绢云母化和碳酸盐化。

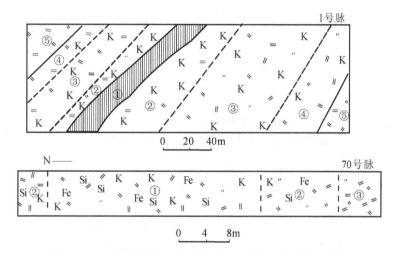

图 3-160　水泉沟碱性正长杂岩主要类型蚀变作用素描图

1 号脉 1464 中段：①含金石英脉；②强钾化蚀变带；③中–强钾化蚀变带；④弱钾化蚀变带；⑤碱性正长岩。70 号脉：①强钾化、硅化蚀变带；②弱钾化、硅化蚀变带；③碱性正长岩

用巴尔特法计算了上述蚀变作用过程中常量元素带入带出的特点，以 70 号脉为例，从未蚀变岩石到蚀变岩石系统采样分析计算，钾化蚀变过程中 $SiO_2$ 带入 4%，$Al_2O_3$ 和 $K_2O$ 分别带入 23% 和 13%，而 $Fe_2O_3$、$FeO$ 和 $CaO$ 分别带出 71%、19% 和 60%；对于钾化和硅化，$SiO_2$ 带入达 24%，当硅化强烈时，各组分的带出为：$K_2O$ 23%，$Fe_2O_3$ 20%，$FeO$ 86%，$CaO$ 68%，$Na_2O$ 22%。1 号含金石英脉的系统剖面也呈现出类似特点。

稀土元素在不同成分的岩浆活动中是一组稳定的不活动元素，但大量研究表明，在有流体存在的热液蚀变作用过程中，特别是随流体相对于熔体或岩石的比例增加，稀土元素表现出明显的活动性（Alderton *et al.*，1980；Humphris，1984；Grauch，1989；包志伟、赵振华，1998；Wood and Blundy，2003；Mayanovic *et al.*，2009）。在东坪碱性正长杂岩中，从（辉石）角闪正长岩到碱长正长岩，稀土元素总含量明显降低，轻、重稀土元素比值及 Eu 异常变化均不明显，反映了碱性岩浆演化的特点。但具有 MW 型稀土四分组效应的蚀变的碱性正长杂岩稀土元素总含量明显降低，如硅化蚀变型金矿石的稀土总含量最低，$\sum REE < 10 \times 10^{-6}$，特别是轻稀土元素降低明显，$(La/Yb)_N < 10$；Eu 异常变化不明显（图 3-154）。本区的未蚀变角闪正长岩 Y/Ho 均值 ~28（25.6~31.7，平均 29.4，近于球粒陨石值 28），而具有 MW 型四分组效应的蚀变正长岩 Y/Ho > 28（28.3~39.0，平均 32.8），当硅化强烈时，Y/Ho < 28（21.8~25.6，平均 23.7）。这些特点显示了 Bau（1996）提出的明显非 CHARAC（电荷和半径控制）行为，是一种受高演化的富挥发分 $H_2O$、Li、B、F、P 和/或 Cl 的岩浆。此外，当 F 形成络合物时，体系的 Y/Ho > 28，而双碳酸形成络合物时，Y/Ho < 28（Irber，1999）。因此，形成 MW 型四分组效应的应

是富挥发分、强络合作用的体系。

磷灰石稀土组成是体系稀土组成特点的反映，因此，从轻稀土元素明显富集的岩浆型磷灰石到中组稀土元素明显富集的 M 型和 WM 复合型热液型磷灰石，是钾化、硅化蚀变过程中稀土元素组成变化形成 MW 复合型稀土元素四分组效应的"缩影"，它显示了从轻稀土元素明显富集的碱性正长杂岩，到形成重稀土元素相对富集的蚀变岩的过程明显分为两个阶段，第一阶段是轻稀土元素的强烈"淋失"，导致轻稀土元素含量降低约 2/3，$(La/Yb)_N$ 值降低 3/4～5/6，重稀土元素含量增加近一倍；第二阶段是重稀土元素含量明显增加，轻稀土进一步降低，$(La/Yb)_N$ 值降低达 2～3 个数量级。与此形成对比的是锆石，由岩浆型锆石到热液改造型锆石，稀土元素总含量增加，特别是轻稀土元素含量增加明显，$(La/Yb)_N$ 值由 0.0002 增加到 0.084（增加 400 多倍）。上述蚀变过程中"淋失"的部分轻稀土元素进入到热液改造锆石中，并显示了明显不同于岩浆锆石的较典型的 M 型四分组效应（图 3-158）。

本区热液改造锆石的另一明显特点是 U、Th 显著富集，U、Th 含量范围除四个颗粒较低外 [U $(93.83～459)\times10^{-6}$，Th $(13.05～71.55)\times10^{-6}$]，其余均很高，U 范围 $(537.5～26844)\times10^{-6}$，$n\times1000\times10^{-6}$；Th 范围 $(132.6～12244)\times10^{-6}$，大部分在 ~$1000\times10^{-6}$，明显高于未蚀变碱性正长岩中岩浆锆石 U $(43～564)\times10^{-6}$、Th $(6～308)\times10^{-6}$。Th/U 值较高、变化范围较大 $(0.08～2.07)$，在所分析的 61 个颗粒中仅 3 件<0.10，平均 0.45。而未蚀变碱性正长岩中岩浆锆石 Th/U 值较低、变化范围较小 $(0.08～0.51)$，平均 0.22，低于蚀变岩中的锆石。上述特点与一般情况下变质或热液锆石 Th/U 值低于岩浆锆石不同（<0.10, Schaltegger et al., 1999；Hoskin et al., 2000；Rubatto et al., 2001；Rubatto, 2002）。在一般情况下，由于 Th 离子半径比 U 大，Th 比 U 在锆石晶格中不稳定，在变质过程中 Th 比 U 更容易被带出，使锆石 Th/U 值降低。上述蚀变碱性正长岩锆石 Th/U 值的反常变化，反映本区形成 MW 复合型四分组效应的蚀变流体富含氯化物和碳，这与包裹体成分的研究提供的蚀变流体成分特点一致。在这种富 Cl 和 C 流体中 Th 的溶解度特别低，受这种流体蚀变的锆石 Th/U 值增加（Kebede et al., 2007）。

在锆石热液改造过程中，放射成因 Pb* 发生丢失，锆石的 U-Pb 年龄降低（Whitehouse and Kamber, 2002），使热液锆石呈现了复杂的不和谐年龄谱，上述锆石 U-Pb 年龄较大的变化范围 $(394～189Ma)$ 是这种作用的结果。

已有的模拟实验资料为探讨蚀变体系中稀土元素四分组效应形成提供了依据。我们曾采用不具有稀土四分组效应的黑云母花岗岩为初始物质，加入 NaCl 溶液，在 150MPa、850℃ 条件下的实验淬火玻璃中获得 M 型四分组效应（赵振华等，1999）。Veksler 等（2005）的实验表明，富 F 岩浆流体的分异（形成 AlF 络合物）造成了火成岩中出现稀土元素四分组效应，而富 $CO_2$（$CO_3^{2-}$）的熔体-流体及热液体系有利于形成 W 型四分组效应。上述 Mayanovic 等（2009）对在热液中含水的稀土元素与 Cl 形成络合物 [REE $(H_2O)_{\delta-n}$ $Cl_n^{+3-n}$] 结构和稳定性的实验表明，随温度增加，四分组的分界点元素 Nd 和 Gd 的第一壳层水分子数降低程度（即 $Nd^{3+}$、$Gd^{3+}$ 水离子稳定性）与四分组效应一致。稀土元素的活动性和分异受 $Cl^-$、$F^-$、$PO_4^{3-}$、$CO_3^{2-}$、$SO_4^{2-}$ 等配合基可利用性及形成络合物的程度、热液 pH 及氧化-还原程度等控制。结合上述本区流体包裹体成分的 $NaCl-CO_2-H_2O$ 型和高温、中低盐度特点，可以推测，富 Cl、$CO_2$ 和 Si、K、Al 的复杂高温热液流体多期蚀变作用控制了 MW 型四分组效应的形成，这与以富 F 流体与熔体（岩石）作用一般形成 M 型和从低温流体中形成 W 型四分组效应的体系明显不同。

综合上述，MW 复合型稀土四分组效应的形成机理可概况如下：

1）在河北东坪金矿水泉沟钾化、硅化蚀变的碱性正长岩中发现了一种新的稀土四分组效应——MW 复合型稀土四分组效应，它兼具 M 型与 W 型稀土四分组效应的特点。

2）具有 MW 复合型稀土四分组效应的岩石中磷灰石、锆石单矿物稀土组成一致显示了熔体结晶（岩浆）及热液流体交代叠加作用的特点；磷灰石和锆石中的稀土元素组成变化暗示了可能至少有两期热液活动。

3）熔体-流体共存及富 Cl、$CO_2$ 和 Si、K、Al、高温、中低盐度流体热液流体交代蚀变作用的叠加是形成 MW 复合型稀土四分组效应的主要控制因素。这种新类型稀土四分组效应为探讨与碱性岩浆岩有关的改造型 Au 矿的成矿过程提供了重要资料，并可作为岩体改造型 Au 矿的成矿标志。

4) 对单颗粒锆石的 U-Pb 定年及蚀变矿物[40]Ar/[39]Ar 定年资料揭示,本区与 Au 成矿作用密切的热液蚀变作用(钾长石化、硅化),以及 MW 复合型稀土四分组效应的形成可能经历了较长期的多期热液改造过程,是一种典型的碱性杂岩体热液改造型 Au 矿成矿。

由于热液成分及对岩石蚀变交代作用的复杂性,为深入探讨 MW 复合型稀土四分组效应形成机理,应进一步开展单颗粒蚀变矿物的包裹体成分、同位素年龄和氧同位素组成等测试及研究工作。

**3. M 型与 W 型稀土四分组效应共存**

对德国 Erzgebirge 锡矿区中的热液脉中的萤石的系统研究发现,完整的 M 型与 W 型稀土四分组效应共存在热液脉中不同成矿阶段的不同颜色的萤石中(Monecke et al.,2011)。热液脉中的萤石分三种颜色:早期的为褐色-玫瑰色,产在脉体边部;晚期的为绿色,呈立方体,产在脉体内部;最晚期的绿色萤石晶体一般带有浅绿色-无色萤石边。用激光等离子体质谱对这些不同颜色的萤石的稀土进行分析(图 3-161),早期的褐色-玫瑰色萤石明显富集重稀土,轻稀土含量低,稀土球粒陨石标准化型式呈明显陡左倾,Eu 呈正异常,第三组四分组(Gd-Td-Dy-Ho)较明显(图 3-161a)。绿色萤石的稀土含量变化大,重稀土中到高度富集,稀土球粒陨石标准化型式呈 W 型或 M 型,其中 W 和 M 型四分组的第三组四分组均很明显,第一和第四组较弱但仍明显。M 型四分组的 Eu 为正异常,而 W 型的 Eu 为负异常(图 3-161b)。最晚期的带有浅绿色-无色萤石边的绿色萤石稀土含量最低,具有 W 型和明显 Eu 正异常的稀土球粒陨石标准化型式呈平坦状(图 3-161c)。

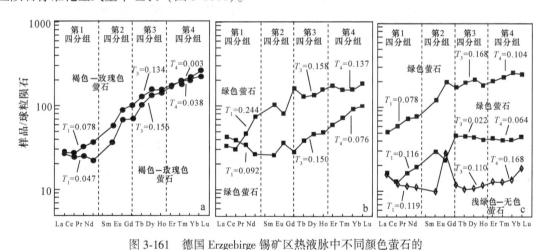

图 3-161　德国 Erzgebirge 锡矿区热液脉中不同颜色萤石的
稀土球粒陨石标准化型式(Monecke et al.,2011)
a. 早期的褐色-玫瑰色萤石;b. 绿色萤石;c. 带有浅绿色-无色萤石边的绿色萤石

为探讨 M 型与 W 型稀土四分组效应共存的形成机理,对上述三种颜色的萤石的包裹体进行分析。早期的褐色-玫瑰色萤石中为两相包裹体,均一温度 330℃,盐度高:22.8% NaCl 和 0.1% NaHCO₃;绿色萤石中包裹体为两相或三相,后者含有子矿物晶体(碳酸盐,苏打石,六方碳钙石,氟碳钙铈矿)。均一温度 275~295℃,盐度变化大:5.5%~14.6% NaCl 和 1.5%~2.8% NaHCO₃,纯气相包裹体较少,气相主要由 CO₂ 组成,这提供了萤石沉淀时发生相分离的条件。带有浅绿色-无色萤石边的绿色萤石是从低盐度、低温热液流体中晶出的,包裹体均一温度低,为 125~170℃,盐度变化大:3.2~4.6% NaCl 和 2.5%~2.8% NaHCO₃。

在与演化的花岗岩相关的热液脉中的矿物普遍出现的是 M 型或凸型稀土四分组,难以见到应该简单地与之互补的 W 型或凹型四分组,Monecke 等(2011)认为,Erzgebirge 锡矿区热液脉中的萤石出现的这种互补的 W 型与 M 型四分组共存完全是在热液环境中形成的,它不是过去所提出的流体-熔体反应的必然结果,它与一种特殊的热液体系的演化有关。本区萤石-石英脉的结构特点表明热液矿物是在伸展背景下沉淀的,随着压力突然降低,环境条件从地压(lithostatic)向水压(hydrostatic)转变。高温热液流体在浅成条件下受到明显冷却作用,流体冷却伴随着盐度降低,如果与冷的富水流体混合,在约

300℃时可发生流体不混溶，这可能与张性脉体中压力突然降低有关。原来均一的流体分离成高盐度的流体与盐度明显低的气相共存，可以推测萤石是在原来盐度均一的 $CO_2$ 含量高的富水流体中沉淀的。互补的 W 或凹型与 M 或凸型四分组共存与稀土在流体–气相间分配有关。少量的实验（Shmulovich *et al.*，2002）和地热调查（Möller *et al.*，2009）提供了低盐度的气相可大量迁移 REE，是 REE 在这两个共存相中的络合作用控制的。在富 F 的岩浆–热液系统中主要是稀土与 F 的络合作用，由于缺乏稀土在流体–气相间的分配系数，Monecke 等采用了模拟计算进行检验，模型体系为 Na-K-Ca-Cl-F-O-OH-REE，用 GEM-Selektor 编码，盐度为 20% NaCl 的流体，在 300~400℃，1kbar 条件下与花岗岩和萤石平衡。模拟计算结果如图 3-162 所示，可见在 REE-Cl 和 REE-F 络合物中，分别发育的 M 型或凸型与 W 型或凹型四分组中稀土元素均发生了分异。REE-Cl 络合形成 M 型或凸型四分组，REE-F 络合特点为 W 型或凹型四分组。在热液条件下，$Eu^{2+}$ 强烈与 $Cl^-$ 络合形成 $[EuCl_3]^-$ 和 $[EuCl_4]^{2-}$（Haas *et al.*，1995），在稀土以 REE-Cl 络合物形式被搬运时，促进了 Eu 正异常的形成。相反，模拟计算结果 REE-F 络合形成 Eu 负异常。Monecke 等认为，流体–流体反应结果是 REE-Cl 优先进入流体相，而 REE-F 络合物优先进入含 $CO_2$ 的气相，因此，从流体中晶出的绿色萤石形成 M 型或凸型四分组，Eu 为正异常，而从气相中晶出的萤石具有 W 型或凹型四分组。漂浮的含 $CO_2$ 的气相在开放体系中会很快逃逸，这也解释了为什么在岩浆–热液体系中的矿物很少出现 W 型或凹型四分组。这种发现也为探讨与热液锡矿有关的花岗岩的成岩作用提供了依据，这表明四分组完全可在热液环境形成，并进一步支持了稀土四分组记录了花岗岩受到了一个分异的热液流体在次固相线下的热液叠加的假设。因此，由于具有稀土四分组的岩浆岩体系受到了热液蚀变的扰动，给重建其微量元素和同位素标志带来不确定性。

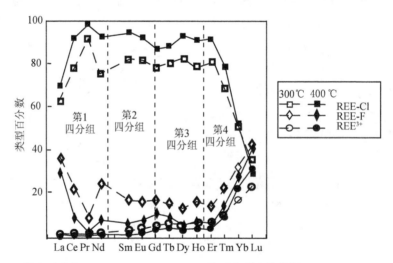

图 3-162　稀土元素在 Na-K-Ca-Cl-F-O-OH-REE 体系中形态的模拟（Monecke *et al.*，2011）

贵州水银洞金矿构造蚀变体（SBT）为产于茅口租（$P_2m$）和龙潭组（$P_3l$）之间不整合接触面附近的一套强硅化灰岩、灰岩角砾岩、硅化黏土岩组合。对水银洞金矿区钻孔揭露的 SBT 稀土元素组成进行分析（杨成富等，2012），其稀土组成具有较明显的 W 型四分组效应。SBT 稀土组成型式及特征值与围岩相似，不同于区域岩浆岩和现代海底热水系统流体，表明热液流体来源于地壳而非幔源，认为 SBT 为构造–热液产物。

（五）铂族元素与 Cu-Ni 硫化物矿床

铂族元素（Ru、Rh、Pd、Os、Ir、Pt）的性质相近，构成了与稀土元素类似的一组元素，缩写为 PGE。它们具有亲铁性、耐熔和相容性而明显不同于常用微量元素。由于这种特点，它们在地幔演化中受后期事件影响远小于 Sr、Nd、Pb 等体系，成为研究壳幔相互作用、地球演化与计时等较理想的示踪体系。但由于它们在地球岩石中的含量很低（$10^{-9}$ng/g），通常用于分析微量元素的方法难以获得可靠的结果，因而难于实际应用。具高分辨率探测器的多道能谱和等离子体质谱仪的发展并配合以高效的化学分离技术，使得 PGE 的准确分析成为现实。铂族元素化学性质的递变特点使得其组合型式（PGE pattern）的变化及异常参数，如 $Pt/Pt^0$，与稀土元素中的 $Eu/Eu^*$ 相似，成为成岩、成矿，特别是壳幔相互作用及相关 Cu、Ni 硫化物矿床成矿的灵敏示踪剂。

PGE 的硫化物/硅酸盐分配系数增加顺序为 Os>Ir>Ru>Rh>Pt>Pd。按相容性可将其分为两组：Ir 组（IPGEs），包括 Os、Ir、Ru，在地幔熔融时呈相容性，不仅受硫化物控制，还受橄榄石、尖晶石、铬铁矿分异控制；第二组为 Pd 组（PPGEs），包括 Rh、Pt、Pd（Au 常包括在此组内），在地幔熔融中相容性比 Ir 组低，主要受硫化物控制，集中于晚期结晶岩石中。在流体中特别是富 Cl 流体存在时，Pd 组较 Ir 组更易于迁移。Naldrett 等（1979）发现，硫化物 PGE 的含量用球粒陨石标准化后，按熔点降低顺序排列为 Os→Ir→Ru→Rh→Pt→Pd→Au，得到一平滑曲线。Barnes 等（1985）将其扩大到硅酸盐体系，并在 PGE 系列中加入 Ni 和 Cu，Ni 放在首位，Cu 放在末位（Au 之后），这样就构成了 Ni-Os-Ir-Ru-Rh-Pt-Pd-Au-Cu 九元素图，纵坐标为样品的地幔标准化值。还有一种按地幔熔融中不相容性增加顺序排列：Cu→Au→Pd→Ru→Os→Ir→Ni。不同岩石在这种图解中显示不同型式（图 3-163）。在地幔部分熔融过程中，硫化物的析出将使所形成的岩浆形成凹形 PGE 分布，相反，含这些硫化物的岩石形成凸形。因此，凹形（槽形）显示了 PGE 的亏损，这种岩石不能作为勘探的目标。在地幔熔融过程中铬铁矿的晶出将使岩浆中贫 Os、Ir、Ru，其 PGE 模式从 Os 到 Pd 为正倾斜，Pd 到 Cu 平坦，Ni 具正异常，而含铬铁矿堆积的岩石将富 Os、Ir、Ru，形成负倾斜型式。此外，还常用元素比值作图，如 Pd/Ir、Ni/Cu、Ni/Pd、Cu/Ir 等（图 3-164），它可以很好地区分不同地幔岩石和矿化。将这两种作图法（地幔标准化法和元素比值法）相结合，可很好地鉴别部分熔融效果、硫化物的分离、铬铁矿和橄榄石的晶出等。由于 PGE 强烈进入硫化物相，所以它们是熔体中硫饱和度的量度，也是地幔部分熔融的量度。

Re 和 Os 有不同的地球化学性质，前者为中等不相容元素，后者为相容元素，因此，Re/Os 值在地壳、地幔岩石中有很大差异。Os 的相容特征使得 Re-Os 同位素组成为研究壳幔相互作用的有利工具。例如，喀麦隆地幔包体的 PGE 分布模式是很均一的，表明其上地幔在几百千米范围是均一的并具有与球粒陨石相近的比值；而坦桑尼亚的橄榄岩和蛇绿岩中的超镁铁岩相似。这两处地幔岩 PGE 分布模式的差异反映坦桑尼亚岩石圈是处在一富流体的俯冲带环境，而喀麦隆岩石圈仅是从无水的橄榄岩中汲取的成熟的熔体。

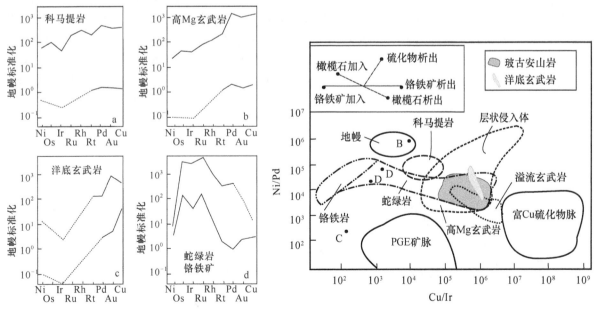

图 3-163　不同类型幔源岩石的 PGE 分布型式
（Barnes，1985）

图 3-164　不同类型幔源岩石的 Ni/Pd-Cu/Ir 分布与演化趋势
（Barnes et al.，1985）

对我国东部五个地区碱性玄武岩中的 20 多个橄榄岩包体进行了 PGE 和 Au 的研究（徐义刚等，1998），发现 PGE 在上地幔分布不均一，中国东部上地幔具有特殊的 PGE 分异，呈倒 U 型分布，富 Pt

而亏损 Ir（图 3-165），明显不同于世界其他地区上地幔包体中常见的平坦型或负斜率型分布，认为中国东部上地幔中 Ir 的强烈亏损在一定程度上与地球早期演化中深部地幔或地核富 Ir 合金的残留有关，Pt-Pd 之间的分异表明汪清橄榄岩经历了与一含合金和硫化物的熔体平衡过程。

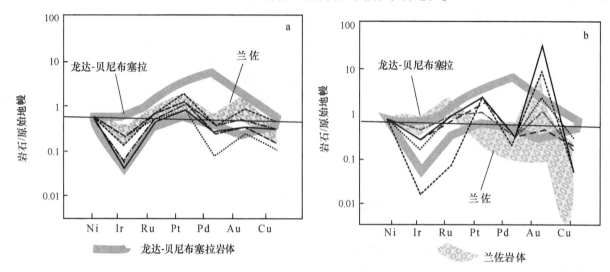

图 3-165　汪清橄榄岩包体 PGE 原始地幔标准化分布型式（徐义刚等，1998）

a. 饱满型和弱亏损橄榄岩（CaO>2%）；b. 强亏损橄榄岩（CaO<2%）

峨眉山二叠纪玄武岩的 PGE 元素地球化学特征为研究该大火成岩省有关的 Cu-Ni 硫化物矿床的成矿机制提供了重要依据（Song et al.，2004，2006，2008），PGE 和 Ni 在矿石中的富集与在玄武岩中的亏损特征有明显互补联系（图 3-166）。在所有剖面中的高 Ti 玄武岩都未出现 PGE 亏损，Pt 和 Pd 含量为 $(5 \sim 15) \times 10^{-9}$，随 Ir 减少，Pd 含量增加，而 Pt、Rh 微弱降低（图 3-167），符合硅酸盐造岩矿物分离结晶趋势。这是由于在 S 不饱和条件的分离结晶过程中，Pt、Pd 是强亲铜的和不相容元素，其硫化物/硅酸盐分配系数非常高（$10^3 \sim 10^5$ 数量级，Barnes et al.，1985），明显高于 Cu、Ni，因此，高 PGE 含量指示熔体中 S 不饱和。Ni、Cr 与之相反，它们是橄榄石、铬铁矿的相容元素，在岩浆早期 S 不饱和条件下因分离结晶作用而降低，并随 Pd/Cr 值增加 Ni/Pd 值降低。杨柳坪地区分布有 Cu-Ni-PGE 硫化物矿床，主要为低 Ti 玄武岩，这些低 Ti 玄武岩（宾川、平川）PGE 都有不同程度的亏损，并伴随高 Cu/Pd 值。其 1 型（低 Ti1）Pt、Pd 含量 $<2 \times 10^{-9}$，随 Ir 减少，其他 PGE 含量均显著降低（图 3-168），指示发生了硫化物熔离，而 PGE 亏损与 Zr/Nb 值和 Th/Nb 值呈正相关，表明地壳混染是导致硫化物熔离的关键因素。Pt 组 PGE（PPGE）与相容元素 Cr 和不相容元素 Y 的关系是判断硫化物熔离的重要指标，在 S 不饱和条件下，硫化物的熔离导致 Pd/Cr 值和 Pt/Y 值同时降低，而 Pd/Pt 值不变，Cu/Pd 值迅速增加。但分离结晶导致 Pd/Cr 和 Pd/Pt 值升高，Pt/Y 值降低（图 3-168）。

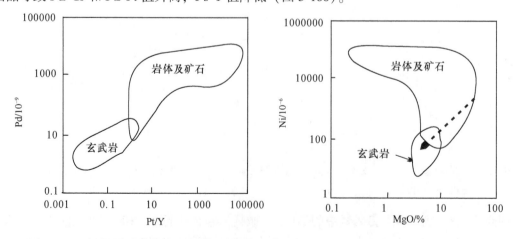

图 3-166　峨眉山玄武岩与含矿岩体和矿石的 Pd-Pt/Y 及 Ni-MgO 关系（Song et al.，2008）

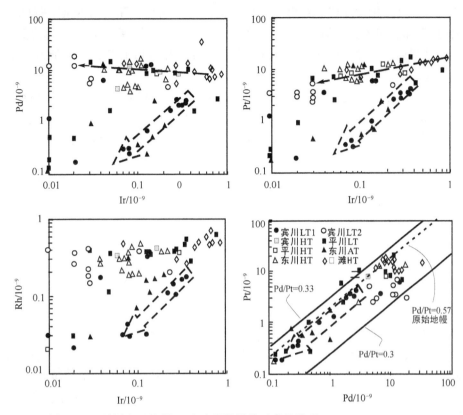

图 3-167 峨眉山 Ir 和低 Ti 玄武岩的铂族元素的关系（Song et al., 2008）

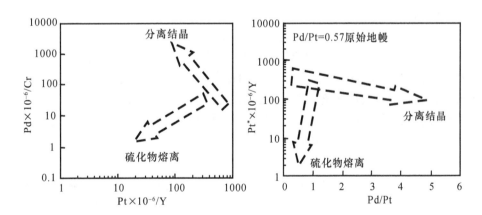

图 3-168 峨眉山玄武岩的硫化物熔离和分离结晶作用识别（Song et al., 2008）

综合上述特点，峨眉山低 Ti 玄武岩的 PGE 以及其橄榄石 Ni 出现亏损多伴有含 Cu、Ni 矿岩体出现，因此，这种特点可作为判断是否有硫化物熔离成矿的标志，以及判断深部可能形成哪种岩浆硫化物矿化的依据。

上述与峨眉山玄武岩有关的云南金宝山 Pd-Pt 矿床产于异剥橄榄岩中，矿床除具有岩浆成因外，热液蚀变也备受关注（Wang et al., 2008），其铂族矿物含 Te、Sn、As、Bi 和 Sb 等，形成 Pt-Te 铋化物、Pt-Pd-Sn 合金，少量 Pt 碲化物（碲铂矿 $PtTe_2$）、Pt 砷化物（砷铂矿 $PtAs_2$）、Pd 锑化物（六方锑钯矿 PdSb）。这些铂族矿物是在低温热液蚀变（如蛇纹石化）过程中伴随 Te、Sb、Bi、As、Hg 和 Sn 的加入，铂族元素从贱金属硫化物中排出，重结晶形成。它们靠近贱金属硫化物分布，表明它们被搬运不远。在晚期热液脉中，六方锑钯矿的存在表明热液蚀变过程中 Pd、Pt 是活动的，Pd 的活动性比 Pt 强，但没有证据表明在形成晚期方解石和石英的蚀变过程可形成铂族矿物（Wang et al., 2008）。PGE 在热液存在乃至地表条件下被活化、迁移也在世界其他地区出现，如美国怀俄明 New Ramble，加拿大安大略 Rahbun 湖热液型矿床；澳大利亚加拿大不整合脉型 U 矿；在黑色岩系中 Pt、Pd 也很高，如我国南方寒武系黑色页岩、俄罗斯、美国及加拿大等地黑色页岩。造成上述 PGE 活动性的原因是 PGE 与氯、硫、氨、氰、氢氧及硫代硫酸形成络合物。

Zhou 等（1998）对祁连、昆仑和西藏等地的透镜状铬铁矿中的 PGE 分布进行了研究，发现了两种类型的 PGE 分布型式。Ⅰ型为高 Cr 型，富 Os、Ir、Rd 和 Rh，形成于岛弧环境；Ⅱ型为高 Al 型，Os、Ir、Ru、Rh 低于Ⅰ型，形成于弧后环境。两种类型的 Pd、Pt 含量均低于上地幔橄榄岩。Xu 等（2003）研究了四川牦牛坪碳酸岩的 PGE 含量（$\times 10^{-9}$）：Ir $0.50 \sim 0.78$，Ru $1.61 \sim 6.75$，Rh $0.08 \sim 0.14$，Pt $2.62 \sim 12.15$，Pd $1.11 \sim 3.65$，Au $1.24 \sim 8.61$，均高于 MORB 和 OIB 的平均含量，反映它们经历了多源演化，交代和俯冲作用的流体可将 PGE 搬运至碳酸岩浆中。

# 二、矿物-地球化学法

用于岩体含矿性评价的主要是造岩矿物黑云母、钾长石、石英及副矿物锆石、石榴子石、榍石等。

## 1. 云母

有关云母类矿物的研究积累资料较多，云母类矿物晶格特殊的类质同象能力，使它的成分，特别是微量元素成分包含了丰富的地球化学内容。在花岗岩类中，分布广泛的含铁较高的黑云母是演化的各种云母的最原始起点，它们可确定为 Li-Al-Fe 类质同象演化系列（孙世华、于洁，1984）。向富 Li 方向演化的有 Li-Fe 系列：黑云母、铁叶云母→锂黑云母→锂铁叶云母→黑鳞云母→铁锂云母→绿鳞云母→锂云母；Li-Al 系列：白云母、铁白云母→锂铁白云母、锂白云母→铝锂云母→锂云母；向富铝方向演化的则为 Al-Fe 系列：黑云母、铁叶云母、铝铁叶云母→铁白云母。此外还有 Al-Li-Fe 系列。研究发现，花岗岩类 Nb 的富集成矿与黑鳞云母、铁锂云母有关；Ta 则与锂铁白云母、锂云母有关；稀土元素与富铁黑云母有关；重稀土元素与铁白云母、锂铁白云母或黑鳞云母有关。

含矿不同的花岗岩类岩体中黑云母的微量元素含量不同，如含金花岗岩的黑云母 Cr、Ni、Ba 含量高，稀有金属花岗岩的黑云母则富含 Fe、Sn、Ta、Hf、Nb、Sc、U、Th、REE 等稀有、稀土、放射元素，含量高于含金花岗岩的黑云母几倍。英格兰西南康沃尔矿化花岗岩的黑云母 Pb、Zn、Sn 含量比无矿化花岗岩的黑云母明显富集，而 Sr 明显低。美国亚利桑那州含铜花岗岩中黑云母的 Cu 含量明显高于无矿化花岗岩的黑云母，因此，黑云母中成矿元素含量可作为矿化花岗岩的标志。

白云母研究主要用于稀有金属花岗岩和伟晶岩。

顾雄飞等（1996）根据云母类矿物的结构和主、微量元素成分特点，将我国华南花岗岩类的成矿类型划分为三组（含锂云母花岗岩、富镁云母花岗岩和黑白云母花岗岩）、17 个成矿类型。

涂光炽在为《中国大陆东南部花岗岩类的云母》专著（顾雄飞等，1996）作的序中，对云母在花岗岩类成岩、成矿中的重要意义作了高度概括：花岗岩类岩石中的云母，虽在含量上远不如石英和长石，但由于它的矿物成分、晶体结构等方面的可变性与多变性，却是一个重要的、敏感的示踪矿物；它可以从不同角度和方面给花岗岩类的形成机制、物质来源、发育演化、物化条件和矿化关系等提供不少信息，因而多年来吸引了不少矿物学家和岩石学家对它的关注和研究。

## 2. 钾长石

钾长石主要用于稀有金属伟晶岩。常用的标型元素是 Li、Rb、Cs、Tl，从早世代的钾长石到晚世代，上述元素有规律地增加。无矿伟晶岩中的钾长石中上述元素明显低（表 3-41）。

**表 3-41 不同类型伟晶岩中钾长石的微量元素含量** （Загорский，1983） （单位：$10^{-6}$）

| 伟晶岩的地球化学类型 | Li | Rb | Cs | Tl |
|---|---|---|---|---|
| Li 型 | 460 | 3200 | 65 | 26 |
| Ta-Be 型 | 63 | 3300 | 180 | 14 |
| 综合型 | 24 | 5700 | 600 | 46 |
| 无矿伟晶岩 | 21 | 1500 | 42 | 3.5 |

钾长石的结构状态受侵入体结晶期间和结晶之后流体的控制。温度、流体与岩石相互作用的持续时间和流体成分也是控制有序化的重要参数，研究表明（Badejoke，1986）具有高三斜度值的钾长石往往具有高 Rb 含量，以钾长石的三斜度对其 Rb 含量作图，显示明显的正相关关系（图 3-169）。对 Nb、Li、Sn、F 也有类似的趋势。研究还发现，矿化花岗岩的钾长石三斜度值高，因此，造成岩体富集 Rb、Sn、Li、Nb、F 流体，也促使岩体中钾长石有序化。反过来，钾长石的有序化可用来确定岩石-流体相互作用强度和这些岩石逐渐冷却期间含水流体的性状。钾长石的三斜度与主岩中微量元素富集是正相关关系，可作为圈定无矿花岗岩和矿化花岗岩的一种标志。

### 3. 榍石

榍石是花岗岩中的重要富 Ti 副矿物（$CaTiSiO_5$），Sn 有两种价态，$Sn^{2+}$ 和 $Sn^{4+}$，$Sn^{4+}$ 与 $Ti^{4+}$ 可发生类质同象置换，形成锡石-金红石及锡石-马来西亚石固溶体系列。在榍石中，$Sn^{4+}$ 对 $Ti^{4+}$ 的类质同象置换为：$2Ti^{4+} + O^{2-} \Longleftrightarrow Sn^{4+} + (Al, Fe)^{3+} + (F, OH)^-$（王汝成等，2011），当 $Ti^{4+}$ 完全被 $Sn^{4+}$ 置换时就形成马来西亚石（$CaSnSiO_5$），在 650~700℃ 榍石与马来西亚石形成连续固溶体系列。王汝成等（2011）对南岭中段骑田岭、花山、姑婆山、连阳、大东山及九峰等花岗岩中的榍石 Sn 含量进行了较系统分析，发现岩浆早期榍石 $SnO_2$ 含量一般较低，<1%，岩浆晚期榍石 Sn 含量高，一般为 3%~26%，而热液榍石最低，一般<0.2%。骑田岭、花山、姑婆山三个含 Sn 花岗岩的岩浆和热液中榍石 $SnO_2$ 含量都较高，>0.4%，而未发现 Sn 成矿的连阳、大东山花岗岩中岩浆榍石 $SnO_2$ 含量低，<0.1%，九峰花岗岩中的榍石 Sn 含量与花山相似，岩浆榍石 $SnO_2$ 含量~3%，热液榍石 $SnO_2$ 含量~2%，预示有较好 Sn 成矿前景。

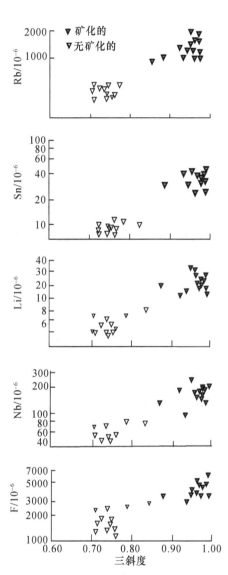

图 3-169 岩石中 Rb、Sn、Li、Nb、F 含量与钾长石三斜度关系（Badejoke，1986）

### 4. 石榴子石

在金刚石勘查中最常用的指示矿物是铬镁铝榴石，然而，用这种矿物评价金伯利岩含金刚石程度往往是模棱两可。20 世纪 90 年代以来，在澳大利亚发展了金刚石勘查的新方法——石榴子石 Ni 温度计（Griffin *et al.*，1993），用于金刚石勘探的区域选择和靶区评价。该方法依据是用质子显微探针分析石榴子石中 Ni、Zn、Ga、Y、Zr 含量，这些微量元素含量变化范围大，如 Ni 含量（10~150）×$10^{-6}$，Ni

在石榴子石和橄榄石之间的平衡分配对温度非常灵敏。在石榴子石橄榄岩中，石榴子石的 Ni 含量与温度呈正比，据此可建立石榴子石 Ni 温度计，其精度为±50℃。这种温度计用于金刚石找矿，依据为温度与深度的转换。在克拉通地热线（40mV/m²），与金刚石共存的石榴子石 Ni 温度在 950~1000℃。以此对坦桑尼亚的金伯利岩进行了研究，结果表明，不含金刚石的金伯利岩含有大量低温石榴子石，其 Ni 温度计温度均在 950℃以下，几乎没有 950~1100℃的，相反，含金刚石的金伯利岩中，石榴子石 Ni 温度计具有 950~1100℃的高峰，并有较明显的高温高峰值，几乎没有低温峰值。

石榴子石 Ni 温度计还可用于金伯利岩金刚石品位的半定量计算，这是基于岩筒的金刚石品位与岩筒中不同温度的石榴子石含量有关。

Canil（1994，1999）用实验方法建立了石榴子石 Ni 温度计（详见本章第五节）。

### 5. 锆石

锆石的 Ce 异常程度，$Ce^{4+}/Ce^{3+}$ 值可作为斑岩 Cu 矿成矿标志（表 3-22）。

### 6. 矿物地球化学勘查法

澳大利亚塔斯马尼亚大学国家矿床研究中心（CODES）开发了矿物地球化学勘查方法，据陈华勇报告资料（2011），该方法是在研究矿床蚀变带中典型蚀变矿物组合，建立蚀变-矿化顺序基础上，对蚀变矿物主、微量元素进行激光等离子体质谱分析，获得其元素含量定量数据，将元素，特别是微量元素矢量化和参数化。该方法极大地提高了元素异常幅度和范围，可以指示隐伏或深部矿体的方向、判断成矿系统的规模（大小）、区分矿化类型、测算矿体距离和深度。

以较普遍存在的蚀变矿物绿泥石微量元素为例，全岩 Cu、Mo、Au 仅在近 1km 范围里产生明显异常，而绿泥石中 Ti 含量可将异常扩展到 ~2.5km，Mg、V、Al、Ca 和 Sr 含量则可将异常范围扩展到 ~4.5km。绿泥石 Ti/Sr 值向侵入体（矿体）方向明显升高，该比值与侵入体（矿体）距离有很强的相关关系（$R^2=0.83$），在<2.5km 范围内距离测算非常准确；而 Mg/Ca 值则可以扩展此类测算至 4~5km。绿泥石的多种微量元素还可能帮助区分成矿系统，Mn-Zn 可能指示矿化强弱。

目前，该方法已应用于斑岩 Cu 矿床和浅成低温热液矿床，取得了良好找矿效果，并在斑岩-浅成低温系统中尝试了更多的特征蚀变矿物，例如，斑岩矿床：磁铁矿、方解石、黄铁矿；浅成低温矿床：黄铁矿、石英。尝试不同成矿系统：夕卡岩矿床、造山带型矿床、IOCG（铁氧化物铜金）矿床、VMS 矿床、SEDEX 矿床及 MVT 矿床等。

# 三、岩体含矿性评价的多元统计分析法

对岩体含矿性评价趋向于应用综合地球化学指标，用计算机对多指标、多因素进行统计分析，比用少量参数所作的含矿性评价要好得多。目前采用较多的是元素的含量频率分布形式、因子分析、群分析、判别分析等。

一定的地球化学指标，在一定的地质作用过程之后，总会形成一个统计学上的母体，并对应着某种理论上的概率分布。微量元素的分布特征（分布类型及分布参数）的变化，明显地反映了成岩、成矿作用特征。单一的地球化学作用形成正态分布，多次地球化学作用叠加，其分布是偏斜的。如果一元素在岩体中的概率分布是偏斜的，则表示该元素有可能富集。具有含矿潜力的岩体其成矿元素含量一般较高，而且分布不均匀，即元素分布具有高方差。因此，偏态分布、高方差是岩体含矿性的重要标志。偏态系数 $G=M_3/S^3$ 用于衡量分布偏倚（不对称）的程度（$M_3$ 为三阶中心矩，$S$ 为均方差），赵振华（1979）在研究华南花岗岩含矿性时发现，Nb、Ta、Sn、Li、Rb、Cs 等元素在燕山期花岗岩中的偏态系数明显高于加里东期花岗岩，如前者 Nb、Ta、Sn 分别为 2.35、9.36、3.51，后者为 0.75、0.32、0.50，明显指示了燕山期花岗岩中 Nb、Ta、Sn 等元素的矿化潜力高。

综合岩体中元素平均含量、标准离差、元素对比值及相关系数，可以区分超基性岩的含矿性（表 3-42）。

**表 3-42　与铜镍矿化有关的超基性岩体中成矿元素的含量（$10^{-6}$）及其他参数值**

| 岩体类型 | | 无矿超基性岩<br>（40 个地段，616 个样） | | | | 矿化超基性岩<br>（5 个地段，91 个样） | | | | 含矿超基性岩<br>（16 个地段，372 个样） | | | |
|---|---|---|---|---|---|---|---|---|---|---|---|---|---|
| 平<br>均<br>含<br>量 | Cu | 25.9 | | | | 52.2 | | | | 439 | | | |
| | Ni | 579 | | | | 842 | | | | 1875 | | | |
| | Co | 43.9 | | | | 43.5 | | | | 83.7 | | | |
| | S | 590 | | | | 1770 | | | | 5820 | | | |
| 标<br>准<br>离<br>差 | Cu | 74.5 | | | | 166 | | | | 1111 | | | |
| | Ni | 483 | | | | 687 | | | | 3577 | | | |
| | Co | 33.3 | | | | 45.4 | | | | 84.5 | | | |
| | S | 1070 | | | | 5590 | | | | 13700 | | | |
| 元素对<br>比值 | S/Ni | 1.0 | | | | 2.1 | | | | 3.0 | | | |
| | Ni/Co | 13.2 | | | | 19.1 | | | | 22.4 | | | |
| | Ni/Cu | 22.1 | | | | 16.1 | | | | 4.3 | | | |
| 元素之间<br>相关系数 | | Cu | Ni | Co | S | Cu | Ni | Co | S | Cu | Ni | Co | S |
| | Cu | 1 | -0.19 | 0.18 | 0.38 | 1 | 0.05 | 0.43 | 0.52 | 1 | 0.36 | 0.42 | 0.63 |
| | Ni | | 1 | 0.56 | 0.20 | | 1 | 0.81 | 0.44 | | 1 | 0.39 | 0.67 |
| | Co | | | 1 | 0.40 | | | 1 | 0.64 | | | 1 | 0.67 |
| | S | | | | 1 | | | | 1 | | | | 1 |

在含矿性分析中常用判别分析。判别分析是对所研究对象进行分类和判别的一种数学方法，判别分析可以有不同的数学模型。赵振华等（1979）在对华南花岗岩成矿进行判别分析时，采用在贝叶斯准则下建立判别模型，在正态母体下导出判别函数（中国科学院地球化学研究所，1979）。逐步判别分析是将可供分类判别的变量逐一代入判别函数，使之组成的判别函数比其他变量具有更好的判别效果，并随之进行显著性检验，直至选入的变量经检验不显著为止。判别函数的表达式为

$$Y_g(X) = \ln q + C_{0g} + C_{1g}X_1 + C_{2g}X_2 + \cdots + C_{mg}X_m \tag{3-146}$$

式中，$C_{ig}$ 为判别系数：

$$C_{ig} = \sum_{j=1}^{M} \delta^{ij} \mu_{ig} \quad j=1, 2, \cdots, m \tag{3-147}$$

式中，$\delta^{ij}$ 为母体期望值；$\mu_{ig}$ 为母体的方差；$G$ 个母体可建立 $G$ 个判别函数，为了分类，把个体 $X=(X_1, X_2, \cdots, X_m)$ 值代入判别函数可得 $G$ 个 $Y_g(X)$，若 $Y_{*g} = \max [Y_g(X)]$，则可把 $X$ 划归母体 $^*g$。

选择 Nb、Ta、RE、Zr、Ba、Be、Co、Cr、Cu、Ga、N、Pb、Sn、Sr、V、Ti、F 17 种微量元素对华南花岗岩进行轻、重稀土元素矿化花岗岩判别，获得判别函数如表 3-43 所示（赵振华等，1979）。

**表 3-43　稀土元素矿化花岗岩判别步骤及判别函数**（赵振华等，1979）

| 步骤 | 引入变量 | 变量判别能力及检验 | | 判别函数 | 母体判别效果及检验 | | |
|---|---|---|---|---|---|---|---|
| | | $U$ | $F$ | | $X^2$ | $D^2$ | $F$ |
| 1 | Ga | 0.23 | 88.13 | $Y_{\Sigma Ce} = -2.04 + 3530.8X_{Ga}$<br>$Y_{\Sigma Y} = -16.94 + 10164.6X_{Ga}$ | 37.72 | 14.43 | 88.13 |
| 2 | Sn | 0.11 | 28.88 | $Y_{\Sigma Ce} = -3.29 + 4853.1X_{Ga} + 383.2X_{Sn}$<br>$Y_{\Sigma Y} = -36.31 + 15382.7X_{Ga} + 1512.4X_{Sn}$ | 56.18 | 36.02 | 105.75 |

从判别函数中还可以看出轻、重稀土元素矿化花岗岩微量元素组合特征的不同，重稀土元素花岗岩

明显富 Sn 和 Ga。

法国地质调查局 1980 年从 11 个国家采集 712 个基性–超基性样品[①]，每个样品进行了 30 多种主、微量元素分析，通过判别分析揭示杂岩富集硫化物的能力，建立了含矿和不含矿的判别函数。在判别分析中，主要是岩体各类岩石元素含量的算术平均值和均方差。例如，对于纯橄榄岩相样品建立了判别函数：

$$不含矿样品 = 0.09SiO_2 + 0.29Al_2O_3 + 0.32Fe_2O_3 + 0.25MnO + 0.30CaO + 0.08Na_2O$$
$$+ 0.16MgO + 0.61B + 0.28V + 0.63Cr + 0.04Zn + 0.51Pb \tag{3-148}$$
$$含矿样品 = 0.50MgO + 0.45S \tag{3-149}$$

## 四、元素丰度与矿产储量和资源潜力

元素丰度不仅是地球化学的基础研究，而且也广泛在矿产资源研究中得到应用。Mckelvey（1960）建立了美国矿产储量 $R$ 与地壳元素丰度 $A$ 的关系：$R = A（\%）\times 10^{9\sim10}$，式中 $R$ 为短吨，后修改为一般公式：$R（t）= A（10^{-6}）\times 10^6$。Erickson（1973）在上述基础上研究了地壳元素丰度–矿产储量和资源关系，他利用黎彤发表的地壳质量和丰度值，计算了世界和美国 31 种元素的资源潜力（表3-44）。表中的资源（resources）和储量（reserves）是两个不同的概念，储量是指在已确定的矿床中经济上可以回收的物质的量，而资源不仅包括已发现的矿床，而且也包括目前还未能发现的矿床中可回收的物质的量，Erickson 给出的世界资源潜力公式为

$$R = 2.45A（10^{-6}）\times 10^6 \times 17.3 \tag{3-150}$$

式中，17.3 为世界陆地面积对美国陆地面积的倍数。

该式是基于微量元素在地壳中呈对数正态分布。以 Pb 为基础，其可采矿石储量大于 Mckelvey 公式计算值的 2.45 倍。在计算资源量时取陆壳深度为 1km，用上述公式计算的美国金矿储量为 2098t，可回收资源潜力为 $8.6 \times 10^3 t$。

表 3-44 美国和世界元素丰度与资源及储量关系（Erickson，1973）

| 元素 | 美国地壳 | | 美国 1km 深地壳质量/($10^9$t) | 美国储量/($10^6$t) | 美国可回收的潜在资源/($10^6$t) | 潜在资源与储量比 | 世界 | | |
|---|---|---|---|---|---|---|---|---|---|
| | 丰度/$10^{-6}$ | 质量/($10^{12}$t) | | | | | 储量/($10^6$t) | 可回收的潜在资源/($10^6$t) | 潜在资源与储量比 |
| Sb | 0.45 | 0.41 | 11.2 | 0.1 | 1.1 | 11 | 3.6 | 19 | 5 |
| Be | 1~5 | 1.4 | 38 | 0.073 | 3.7 | 50 | 0.016 | 64 | 4000 |
| Bi | 0.0029 | 0.0025 | 0~0.7 | 0.013 | 0.007 | 0.5 | 0.081 | 0.12 | 1.5 |
| Co | 18 | 16 | 440 | 0.025 | 44 | 1760 | 2.14 | 763 | 360 |
| Cu | 50 | 45 | 1230 | 77.8 | 122 | 1.6 | 200 | 2120 | 10 |
| Au | 0.0035 | 0.003 | 0.085 | 0.002 | 0.0086 | 4.1 | 0.011 | 0.15 | 14 |
| Pb | 13 | 12 | 330 | 31.8 | 31.8 | 1 | 0.54 | 550 | 1000 |
| Li | 22 | 20 | 550 | 4.7 | 54 | 12 | 0.78 | 933 | 1200 |
| Hg | 0.08 | 0.072 | 2 | 0.013~0.028 | 0.20 | 6.8~15 | 0.11 | 3.4 | 30 |
| Mo | 1.1 | 1 | 27 | 2.83 | 2.7 | 1 | 2 | 46.6 | 23 |
| Ni | 61 | 55 | 1500 | 0~18 | 149 | 830 | 68 | 2590 | 38 |

---

[①] 亨利 B，等 .1984. 硫化镍矿化杂岩体的地球化学判别试验 . 马成发译 . 国外火成岩含矿性地球化学评价标志研究 . 地质科技资料选编 .174-192.

续表

| 元素 | 美国地壳 | | 美国 1km 深地壳质量/($10^9$t) | 美国储量/($10^6$t) | 美国可回收的潜在资源/($10^6$t) | 潜在资源与储量比 | 世界 | | |
|---|---|---|---|---|---|---|---|---|---|
| | 丰度/$10^{-6}$ | 质量/($10^{12}$t) | | | | | 储量/($10^6$t) | 可回收的潜在资源/($10^6$t) | 潜在资源与储量比 |
| Nb | 20 | 20 | 550 | 未知 | 49 | 未知 | 未知 | 848 | 未知 |
| Pt | 0.028 | 0.026 | 0.71 | 0.00012 | 0.07 | 560 | 0.009 | 1.2 | 133 |
| Se | 0.059 | 0.055 | 1.5 | 0.025 | 0.14 | 6 | 0.695 | 2.5 | 36 |
| Ag | 0.065 | 0.059 | 1.6 | 0.05 | 0.16 | 2~3 | 0.16 | 2.75 | 18 |
| Ta | 2.3 | 2.1 | 57.5 | 0.0015 | 5~6 | 4000 | 0.274 | 97 | 354 |
| Te | 0.00036 | 0.00031 | 0.0085 | 0.0077 | 0.0009 | 0.11 | 0.054 | 0.015 | 0.3 |
| Th | 6.8 | 6 | 0.160 | 0.54 | 16.7 | 31 | 1 | 288 | 228 |
| Sn | 1.6 | 1.4 | 38 | — | 3.9 | ? | 5.8 | 68 | 12 |
| W | 1.2 | 1.1 | 30 | 0.079 | 2.9 | 37 | 1.2 | 51 | 42 |
| U | 2.2 | 2 | 55 | 0.27 | 5.4 | 20 | 0.83 | 93 | 112 |
| Zn | 81 | 73 | 2000 | 31.6 | 198 | 6.3 | 81 | 3400 | 42 |
| Al | 83000 | 74.5 | 2000 | 8.1 | 203000 | 24000 | 1160 | 3519 | 3000 |
| Ba | 400 | 0.37 | 10 | 30.6 | 980 | 32 | 76.4 | 17 | 223 |
| Cr | 77 | 0.070 | 1.92 | 1.8 | 189 | 387 | 696 | 3.26 | 47 |
| F | 470 | 4.30 | 11.8 | 4.9 | 1151 | 235 | 35 | 20 | 600 |
| Fe | 48000 | 43.5 | 1200 | 1800 | 118000 | 65 | 87000 | 2035 | 23 |
| Mn | 1000 | 0.9 | 24.9 | 1 | 2450 | 2450 | 630 | 420 | 67 |
| P | 1200 | 0.98 | 26.8 | 931 | 2940 | 3 | 15000 | 51 | 34 |
| Ti | 5300 | 4.9 | 1.30 | 25 | 13000 | 516 | 117 | 225 | 2000 |
| V | 120 | 0.11 | 3 | 0.115 | 294 | 2560 | 10 | 5.1 | 500 |

黎彤（1992）[①] 根据元素丰度资料提出的资源预测公式：

$$R_3 = MAF/h - (R_1 + R_2) \tag{3-151}$$

式中，$M$ 为地壳质量；$A$ 为元素丰度；$h$ 为计算所取的陆壳深度；$F$ 为元素成矿率；$R_1$ 为历史上已开采的储量；$R_2$ 为现有储量。

对于我国金矿来说 $F = (2+0.15) \times 10^{-4}$，如取 $h = 1km$，中国地壳质量为 1.24 万地克（1 地克 = $10^{20}$g 或 $10^{14}$t），则可得出我国金矿资源量 $R_3 = 3.25(R_1 + R_2)$。

元素丰度还用于矿床规模的估计，如超大型矿床，加拿大 Laznicka（1983）提出用元素丰度的 $10^{11~12}$ 作为划分超大型矿床的标准。

元素丰度还可作为形成矿物的元素供给量的一般量度，以每种元素形成的矿物种数作成直方图，矿物种数近似呈对数正态分布（图 2-3），以元素地壳丰度 $X$ 和矿物种数 $Y$ 分别为直角坐标作图（图 2-2），可获得元素丰度 $X$ 与矿物种数 $Y$ 的回归方程式［式（2-3）和式（2-4）］。

---

① 黎彤.1992.关于 Au 的丰度（在辽宁朝阳做的学术报告）.

# 第四章　微量元素与构造背景判别

## 第一节　微量元素识别板块构造背景的地球化学依据

板块构造理论是全球构造学，是 20 世纪中期地球科学最伟大的成就之一。板块学说中构造，强调的是块体的水平运动。作为地球科学体系的支柱，板块构造是在地质学、地震学、海洋地质学、地球物理学和地球化学等学科的综合基础上发展、创立的全新理论，在解释地球上岩浆活动的分布规律、不同块体离散—拼合以及造山带的形成等方面获得了空前的成功。地幔柱假说强调了地球的垂向运动，它的发展使全球构造更为完善。板块之间及板块内部构造运动与岩浆活动、变质及沉积作用有密切关系，它们所形成的岩石必然留下能反映这些构造背景的岩石地球化学烙印。在全球规模上，从地球化学资料，特别是微量元素地球化学探讨这些关系，进而恢复岩浆岩、沉积岩等形成的古构造背景（tectonic setting）已取得丰硕成果。牛耀龄（2013）将这种从全球规模上寻找岩石（洋中脊玄武岩 MORB 和洋岛玄武岩 OIB）化学组成和某些全球地质现象或变量之间的相关关系，从而找到岩浆起源和演化的物理控制因素，进一步获得有普遍意义的、有助于真正理解岩石成因和地质地球物理过程的模型，称为全球模式识别（global pattern recognition）。

本章从分布在不同构造背景的岩浆岩的微量元素组合形成机理出发，进而介绍识别不同类型岩浆岩、沉积岩形成的古构造背景的微量元素地球化学指标。

## 一、俯冲带微量元素组合的极性

随着板块学说研究的深入，恢复地壳中各种岩石或矿床形成时的构造背景研究越来越引起人们的广泛注意。在宏观条件下，一般是根据地球物理资料（如重力、天然或人工地震）研究地壳结构，并根据岩石类型组合恢复古构造背景（俯冲带、岛弧、洋中脊、弧后、板块内部等）。近年来的研究表明，不同构造背景下形成的各种岩石的微量元素含量与组合、同位素组成均有较明显差异。一般情况下，富集在洋壳中的元素为 Ti、Mn、P、Co、Ni、Cr、V、Cu、Zn、Au、Ag、Mo 等；富集在陆壳中的元素为 REE、W、Sn、U、Th、Be、Rb、Cs、Ta 等。由于板块运动，洋壳与陆壳之间及它们与上地幔之间不断发生物质交换，它们的成分不断发生变化。覆盖在海洋板块上的沉积物随板块俯冲而被带到上地幔，在地幔高温下熔融并与板块上面的大陆岩石圈地幔物质混合，造成俯冲带大陆地幔楔的成分变得十分复杂。在靠近深海沟一侧主要形成拉斑玄武岩，在俯冲带内侧则形成高铝玄武岩和碱性玄武岩。板块俯冲越深，地幔交代作用越发育。根据部分熔融过程中元素的分配特点，在上述条件下大离子亲石元素，如 K、Rb、Sr、U、Th、REE 等向上部越来越富集，造成在这些不同构造背景下形成的玄武岩类在微量元素含量上有明显差异：岛弧岩浆岩系列富集大离子亲石元素，洋中脊玄武岩则恰相反。例如，稀土元素组成有明显差异，洋中脊玄武岩为轻稀土元素亏损型，$(La/Sm)_N<1$，而岛弧玄武岩则相对富集轻稀土元素 $(La/Sm)_N>1$。过渡族元素 Cr、Ni、Sc、Ti、V、Co、Cu、Zn 等含量也有明显差异。洋中脊玄武岩 Ni 含量可达 $300\times10^{-6}$，Cr 为 $700\times10^{-6}$，即使高度演化后 Ni 含量也可达 $25\times10^{-6}$，Cr 为 $100\times10^{-6}$，一般情况下 Ni 含量为 $135\times10^{-6}$，Cr 为 $270\times10^{-6}$。岛弧玄武岩相对贫 Ni 和 Cr，Cr 含量变化范围为（15～

109)×10⁻⁶，平均 45×10⁻⁶。图 4-1 是这种过程中微量元素变化的概括。由图可见，由于地幔对流作用，俯冲带大陆地幔下贫大离子亲石元素的物质回到洋壳下面的地幔，形成洋中脊玄武岩的母源物质，造成洋中脊玄武岩更严重亏损大离子亲石元素。

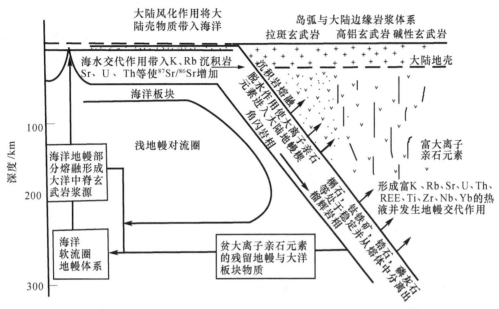

图 4-1　洋-陆俯冲带剖面中岩浆岩与微量元素的分布（Muller and Groves，1997，修改）

由上述不难看出，在一个横穿不同构造单元的不同剖面上，化学成分特别是微量元素含量及组合随空间和时间呈规律性变化，即成分极性（compositional polarity），例如，岛弧的极性（正常极性、倒转极性）不仅可以从岛弧与海沟的位置关系，岛弧弧形凸面的指向及贝尼奥夫带的倾向等方面显示出来，而且可根据横越岛弧或活动大陆边缘的火山岩（有时还有深成岩）的岩石类型及某些成分发生规律性递变。例如，从海洋向大陆由拉斑玄武岩系列→钙碱性系列→碱性系列依次排列，化学成分也发生规律性变化，从而也可以反映出岛弧的极性，称为岛弧的成分极性。这种成分极性与俯冲的角度（高角度或平板俯冲）、方向（正面或斜向）、深度以及俯冲速度有关。

综合上述，在俯冲带，从大洋向大陆方向，微量元素也显示出横越岛弧的成分递变现象。

大洋————————————————————————————→大陆

K，K+Na，Rb，Sr，Ba，Cs，P，Pb，U，Th，REE，Rb/Sr，La/Yb

Fe，Y，HREE，K/Rb，Na/K

←————————————————————————————

一些典型的元素对比值，如 B/Be、Ce/Pb、U/Zr、Th/U、Cs/Th、Ba/Th 和 Be/Th 也发生系统变化。横越岛弧所出现的这种地球化学"梯度"显然与向陆侧倾斜俯冲的深度、温度和压力有关。图 4-2 显示了这些元素对比值随俯冲带变质程度和深度的系统变化（Morris et al.，2003），可以看出，随变质程度增加（1→10），B/Be、Cs/Th、Th/U、U/Zr 等值降低，Ce/Pb 值增加。随俯冲带深度增加，B/Be、Cs/Th、Ba/Th、Be/Th 等值和 B、Pb 含量降低，Ce/Pb、U/Zr、Th/U 等值和 Cs、Ba、Be、Th 等含量增加。

俯冲倾角越缓，板块俯冲速度越慢，产生的成分极性就越明显；相反，俯冲倾角越陡，在俯冲带上的成分极性则越弱，甚至不出现。在这种情况下，岛弧火山岩趋向于呈"地层柱"型排列，从下向上依次为岛弧拉斑、钙碱性及橄榄玄粗岩系（shoshonite），如所罗门群岛。

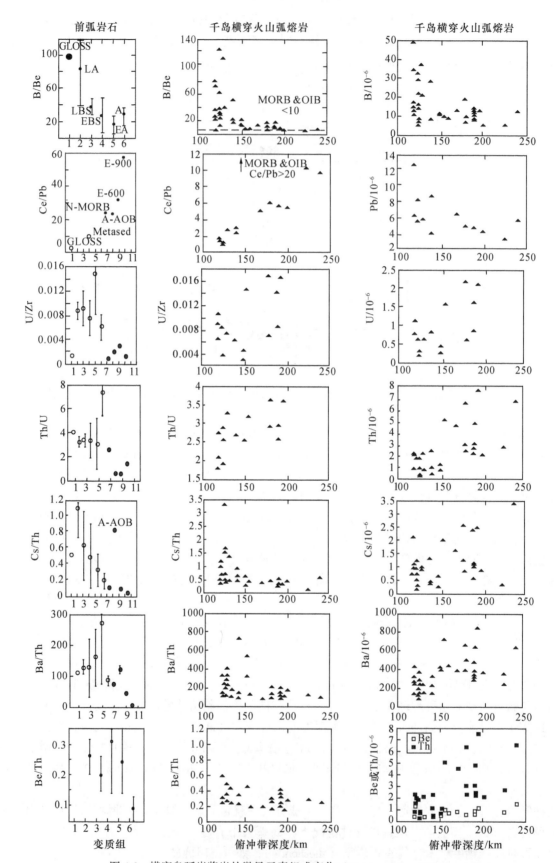

图 4-2　横穿岛弧岩浆岩的微量元素组成变化（Morris et al.，2003）

GLOSS. 计算的全球俯冲沉积物平均（1）；LA. 硬柱石-钠长石级（2）；LBS. 硬柱石-绿片岩级（3）；EBS. 绿帘石-绿片岩级（4）；
EA. 绿帘石-角闪岩级（5）；A. 角闪岩级（6）；N-MORB. 未蚀变洋中脊正常玄武岩（7）；A-AOB. 蚀变海洋玄武岩平均（8）；E600.
在 500~600℃模拟蚀变的 N-MORB 榴辉岩（9）；E900. 在>900℃模拟蚀变的 N-MORB 榴辉岩（10）；Metased. 变沉积岩

在一些洋中脊与热点靠近的地方，火山岩中 Pb、Sr 同位素和 La/Sm 值随其距离呈系统变化，近热点区比值高，大洋中脊则发生亏损。如冰岛位于洋中脊热点上，其 La/Sm、$^{87}Sr/^{86}Sr$、$^{206}Pb/^{204}Pb$、$^{208}Pb/^{204}Pb$ 都随距离呈现系统变化（图 4-3）。

上述岛弧成分极性为判断古岛弧、海沟及俯冲带等空间配置关系提供了重要依据。

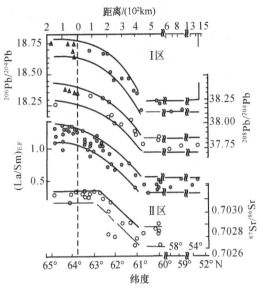

I 区：1. ● $^{206}Pb/^{204}Pb$　2. ▲ 引自孙贤鉥，1975
II 区：1. ● La/Sm　2. ○ $^{87}Sr/^{86}Sr$

图 4-3　冰岛雷克雅内斯大洋中脊区玄武岩 Pb、Sr 同位素及 La/Sm 相对于球粒陨石富集值 $(La/Sm)_{E.F}$ 随距离的系统变化（Sun *et al.*，1975）

## 二、俯冲带深度、地壳厚度及岩浆形成深度

### 1. 俯冲带深度

横越岛弧或活动大陆边缘，随俯冲深度加大，拉斑玄武岩系列、钙碱系列和碱性系列的火山岩依次排列。相应的成分变化以碱含量最为显著，对于 $SiO_2$ 含量相同的火山岩，$K_2O+Na_2O$、$K_2O$ 含量和 K/Na 值向俯冲带深度（$h$）增大方向递增，这被称为 K-$h$ 或钾-深度关系（Dickson，1975）。在大洋板块向大陆板块俯冲地带，岛弧岩浆系列中的 K、Rb、Cs、LREE 等元素含量随板块俯冲深度增加而增加。Condie 等（1973）给出以 $SiO_2$ 为 60% 标定 $K_2O$ 含量来判断俯冲带深度 SZ，其经验公式为

$$SZ(km) = 89.3(K_2O) - 14.3 \tag{4-1}$$

安山岩类的稀土元素含量与俯冲带深度之间有较密切关系。对印度尼西亚爪哇和巴厘岛玄武质安山岩的稀土元素组成研究表明，轻稀土元素（La）含量与俯冲带深度 $h$ 呈明显正相关关系，即随俯冲带深度增加，La 含量增加，但重稀土元素 Y 含量变化不大。随俯冲带深度增加，Y 含量基本保持不变（图 4-4）。

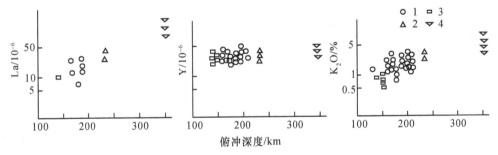

图 4-4　印度尼西亚爪哇和巴厘岛玄武质安山岩的（$SiO_2$ 含量为 52% ~ 57%）
La、Y 和 $K_2O$ 与俯冲深度关系（Whitford *et al.*，1979）
1. 钙碱性熔岩；2. 拉斑质熔岩；3. 高钾钙碱性熔岩；4. 高钾碱性熔岩

在以原始地幔为标准，用 Rb、Ba、Th、Ta、K、La、Ce、Sr、Nb、Sm、Tb、Y、Yb 等按不相容性程度降低为横坐标的微量元素蛛网图解中（NAP 图解），Nakamura 等（1985）提出用 $K^*$ 表示火山岩受岛弧作用影响的程度，这是基于 K 富集和 Nb 亏损是岛弧火山作用的主要特征。根据上述元素不相容性排列顺序，$K^*$ 值由相邻元素 Ta、La 标准化值计算：

$$K^* = 2K_N/(Ta_N + La_N) \tag{4-2}$$

离俯冲带越远，$K^*$ 越小，$K^*$ 反映了钾富集的程度，可作为岛弧岩浆加入的程度。大陆碱性玄武岩、洋岛玄武岩 $K^* < 1$，相对于 La 和 Ta，K 亏损，在日本东北亚碱玄武岩 $K^* > 2.8$，西南日本中部的玄武岩 $K^*$ 值平均 1.1 ~ 1.2，而朝鲜和我国东北的玄武岩 $K^*$ 值低于 1.0，表明远离俯冲带使 $K^*$ 值越来越低。

对日本北海道南部和本州岛东北的第四纪火山岩（主要为安山岩）的稀土元素分析表明（Fujitani and Masuda，1981），轻稀土元素的斜率与其距火山弧前缘的距离密切相关。用 $S$ 代表火山岩岩石稀土元素分布型式图中轻稀土元素的斜率（可用轻稀土元素球粒陨石标准化值的对数值随原子序数增加一个单位的变化率来表示），将各分析样品的 $S$ 值和其相应的距第四纪火山弧前缘的距离作图（从太平洋向日本海方向，图 4-5），可以看出，随样品距第四纪火山弧前缘的距离增加，轻稀土元素的斜率（$S$）明显增加。用最小二乘法在图上划出 $A$、$B$、$C$ 三条直线，$A$、$C$ 是近于平行的，表明千岛火山弧的东部末端与日本东北部火山弧的北部的稀土元素，特别是轻稀土元素的分布，在从海沟向大陆边缘方向是非常相似的。而日本东北部火山弧的南部与其北部的稀土元素与火山弧前缘的依赖关系上是不同的，这表明所研究区域，即千岛火山弧与日本东北火山弧南部的上地幔结构是相似的。

上述图 4-2 显示了随俯冲带深度增加 B/Be、Cs/Th、Ba/Th、Be/Th 值和 B、Pb 降低，Ce/Pb、U/Zr、Th/U 值和 Cs、Ba、Be、Th 等增加。日本伊豆岛弧火山岩 Li/Y 值随俯冲带深度增加呈规律性降低（图 4-6），其 $\delta^6Li$ 也有类似规律。

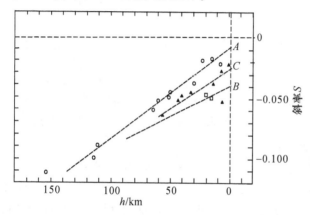

图 4-5　日本第四纪火山弧轻稀土元素斜率 $S$ 与距火山弧前缘距离 $h$ 的关系（Fujitani and Masuda，1981）

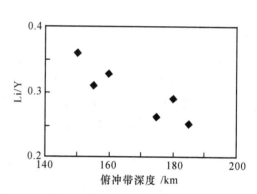

图 4-6　日本伊豆岛弧火山岩 Li/Y 值随俯冲带深度的变化（Moriguti and Nakamura，1998）

## 2. 地壳厚度

由上述，岛弧火山岩的成分极性表明，它们的成分变化是其岩浆形成深度的反映。俯冲带有关的年轻火山岩中 $K_2O$、Rb、Sr 分布对地壳厚度 $C$ 很灵敏，其经验关系式为（Condie，1982）

$$C(\text{km}) = 18.2(K_2O) + 0.45 \tag{4-3}$$

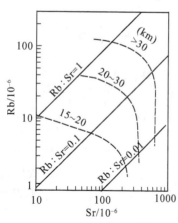

图 4-7　Rb-Sr 分布与地壳厚度图（Condie，1973）

利用环太平洋带年轻火山岩中 Rb-Sr 变化曲线与可靠的地壳厚度数据，绘制 Rb-Sr 地壳厚度格子图（图 4-7）。Condie（1973）指出，岛弧钙碱亚系火山岩中 Rb-Sr 数据能精确反映地壳厚度，其次是岛弧拉斑玄武岩亚系。对于活动的陆缘，钙碱性亚系和钾玄武亚系火山岩中 Rb、Sr 均能较好地反映地壳厚度。根据式（4-3）和划分岩浆岩系列 $SiO_2$-$K_2O$ 图解中的分区边界的关键点坐标，可以得出形成低钾钙碱、中钾钙碱、高钾钙碱和橄榄玄粗岩系列的地壳厚度分别为 <17km，17~40km，40~67km 和 >67km（邓晋福等，2004）。

在多数情况下，岛弧岩浆是由于俯冲板片脱水产生的流体交代地幔楔发生部分熔融形成。因此，岛弧岩浆中的成分来自两个部分，一是俯冲板片脱水产生的流体，主要是带来大离子亲石元素，如 Ba、Rb、K、Sr、Pb 等。二是地幔楔，主要贡献是相容的高场强元素，如 Zr、Ti、Hf、Y 和 HREE。大离子亲石元素与高场强元素的解偶（decoupling），形成了特征的尖峰状的岛弧玄武岩的普通洋中脊玄武岩（N-MORB）标准化多元素分布型式。更重要的是，岛弧玄武岩这种多种微量元素，特别是 REE 的标准化图解形成的曲线的斜率（Ce/Y，La/Yb），随弧的厚度增加而增加（Mantle and Collins，2008；图4-8）。

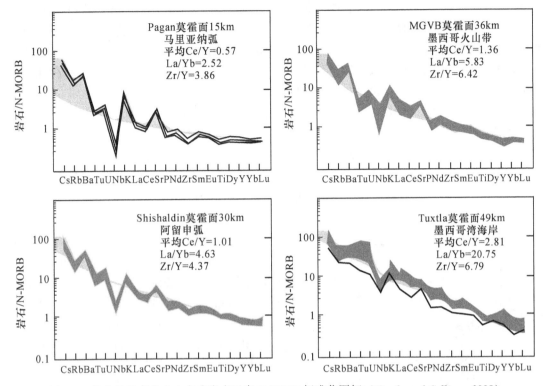

图4-8　代表性的现代火山玄武岩多元素 N-MORB 标准化图解（Mantle and Collins，2008）

图中莫霍面深度由地震反射测定。随莫霍面深度增加，元素标准化分布型式更为倾斜、平滑，这与洋岛玄武岩很类似。

图中浅色阴影代表板片通量的贡献，深色阴影为微量元素标准化值范围

在薄的弧下面，火山玄武岩的多元素 N-MORB 标准化图解的型式为与 N-MORB 类似的平坦型，斜率低，而在厚的大陆弧下面，形成类似于洋岛玄武岩（OIB）型的倾斜型式。Mantle 和 Collins（2008）收集了全球主要火山体系的 50 多个火山、1100 多个玄武岩岩石化学资料，这些火山的莫霍面深度已经过地震反射等方法测定，玄武岩的成分范围是 $SiO_2$ 44% ~ 53%，MgO>4%，烧失量<4%，所有这些样品都是亚碱性的、低 K 和中 K 钙碱性系列。由图4-9 可见，这种多元素洋中脊玄武岩的标准化图曲线的斜率与这些岛弧岩石形成的莫霍面深度呈函数关系。选择其中有代表性的元素对比值，如 Ce/Y、La/Yb、Zr/Y 值，随莫霍面深度增加，这些元素对比值增加，其函数为指数关系［图4-9；式（4-4）］。选择轻、重稀土元素对比值 Ce/Y 为代表（这是由于与 Yb 相比，Y 有更多数据可利用），其最大值与莫霍面的关系式为

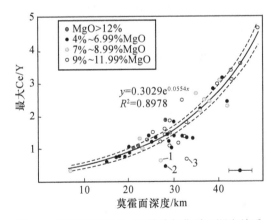

图4-9　岛弧玄武岩 Ce/Y 等值与莫霍面深度关系

（Mantle and Collins，2008）

图中 Ce/Y 为每组火山岩中的最大值，可见该值是莫霍面深度的函数。由地震反射所获得的莫霍面深度误差为±3km

$$y = 0.3029e^{0.0554x} \qquad (4-4)$$

式中，$y$ 为 Ce/Y 值；$x$ 为莫霍面深度。

该式的相关系数 $R^2 = 0.90$，置信度为 95%。

重稀土，特别是 Yb 在石榴子石中是强相容元素，而轻稀土，如 La 是强不相容元素，Yb 与 La 的分配系数分别为 6.6 和 0.0016 (Johnson，1998)。因此，在源区部分熔融形成岩浆的过程中，熔融深度越大，残留相中石榴子石含量就越多，以石榴子石二辉橄榄岩为源岩部分熔融形成的岩浆岩的 La/Yb 值就越高；反之，以尖晶石二辉橄榄岩为源岩的部分熔融则形成 La/Yb 值较低的岩浆。因此，岩浆岩的 La/Yb 值与地壳厚度（或莫霍面深度）之间存在正相关函数关系，这种关系在埃达克岩研究中得到了证实。

埃达克岩主要形成于岛弧带，少部分与底侵作用形成的加厚地壳有关。其形成的压力范围较广，10~26kbar (33~86km)，由低钾拉斑玄武岩部分熔融形成，其残留相主要为辉石和石榴子石 (Drummond and Defent，1990；Rapp et al.，1991；Atherton and Petford，1993；Peacock et al.，1994)。它们的显著地球化学特点之一是 La/Yb 值高，>20，高硅的埃达克岩 La/Yb>40 (Martin，2005)；弱 Eu 负异常。这些特点决定了可将埃达克岩的形成与地壳厚度相联系。

Chung 等 (2009) 对安第斯造山带大陆弧火山岩的地壳厚度和 La/Yb 值之间的关系进行了统计，发现两者之间密切相关，结合西藏冈底斯岩带埃达克岩的研究，给出了 La/Yb、地壳厚度与成岩年龄关系，La/Yb 值高，地壳厚度大，认为青藏高原的增厚一直保持到晚渐新世—中中新世。

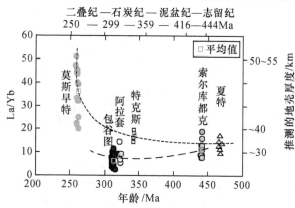

图 4-10　新疆北部晚古生代埃达克岩同位素年龄、
La/Yb 与地壳厚度关系
纵坐标地壳厚度数据 Chung et al.，2009

笔者对新疆北部西天山及阿尔泰南缘地区的埃达克岩作了系统的地球化学研究（熊小林等，2001，2005a，2005b；土强等，2003，2006；赵振华等，2004，2006；张海祥等，2004；Xiong et al.，2005），其中最年轻的晚二叠世与底侵作用有关的埃达克岩 La/Yb 值最高，范围为 20.0~50.0，平均 36.2，相当的地壳厚度为 40~55km，平均约 40km。阿尔泰南缘晚志留世（441Ma）与洋壳板片俯冲作用有关的埃达克岩 La/Yb 值为 8~19，平均 11.5，相当的地壳厚度为 25~40km，平均 32km。西天山北部阿拉套山晚石炭世埃达克岩 La/Yb 值为 6.1~14.7，平均 9.0，相当的地壳厚度为 18~27km，平均约 24km。西准噶尔晚石炭世埃达克岩 La/Yb 值为 2.7~11.6，平均 5.2，相当的地壳厚度为 8~32km，平均约 16km（图 4-10）。

上述地壳厚度资料与新疆北部用地震和重力联合反演测定的地壳厚度资料基本一致，如测定资料显示西天山（独山子—西昆仑泉水沟）地壳最厚为 62km，最浅 52km，是新疆北部最厚的地壳。从岩石地球化学资料提供了在晚古生代末，即二叠纪时期，西天山地区的地壳发生了显著的增厚，这可能与南部的塔里木早二叠世形成的地幔柱相关的大火成岩省的形成有关，该时期在西天山发生了较广泛的底侵作用，使地壳发生了明显增厚（赵振华等，2006；Zhao et al.，2008，2009），而西准噶尔地区薄的地壳反映了晚石炭世该区的洋内弧环境。

我国学者还从火成岩的稀土地球化学讨论中国东部高原问题。自任纪舜等（1990）提出中国东部在中生代是高原以来，邓晋福等（1996）根据燕辽地区中生代火成岩不存在 Eu 负异常，推测燕辽地区的地壳厚度为 60~70km，是一个具有山根的造山带，2000 年他们把高原范围扩展到整个中国东部。张旗等（2001）发现中国东部燕山晚期（晚侏罗世—早白垩世）的岩浆岩具有埃达克岩特征，根据埃达克岩大多形成于 50km 或更深的位置，推测中国东部在燕山运动晚期存在一个高原，但范围比任纪舜等和邓晋福等所提出的范围小。

但运用 Sr/Y 和 La/Yb 值确定地壳厚度时必须注意，有些岩浆岩虽然具有高 Sr 低 Y 或高 Sr/Y 和 La/Yb 值的特征，但不是在高压下含石榴子石和贫斜长石、含少量金红石的玄武质源区部分熔融形成，而是在下列岩浆过程中形成，如分离结晶、岩浆混合、麻粒岩熔融、高 Sr/Y 源区熔融、富集地幔熔融等，在这些情况下判断地壳厚度是有困难的（详见第三章第二节有关埃达克岩的讨论）。

### 3. 岩浆形成深度

（1）Na/Ti 值

玄武岩 Na/Ti 值是其岩浆形成深度的灵敏指标（Putirka，1999），其原因是 Na 在单斜辉石与熔体之间中的分配系数随压力升高而增加（Blundy *et al.*，1995；Kinzler，1997），而 Ti 在单斜辉石、石榴子石与熔体之间的分配系数随压力升高保持恒定或降低（Kinzler，1997；Putirka，1999），因此，玄武岩岩浆的 Na/Ti 值随其形成的平均压力增加而降低，即岩浆形成的深度越大，Na/Ti 值越低。华北克拉通西部中新世汉诺坝碱性玄武岩的 Na/Ti 值约为 2.5，而大同第四纪碱性玄武岩为 2.7~4.6，平均为 3.8，这表明该区玄武岩形成深度随时代变新而变浅（Xu *et al.*，2005），用 Kinzler（1997）

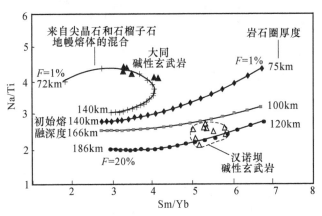

图 4-11　汉诺坝和大同碱性玄武岩形成的
岩石圈厚度模拟计算（Xu *et al.*，2005）

和 Putirka（1999）提出的地幔熔融计算方法，用 Na/Ti-Sm/Yb 图解对汉诺坝和大同碱性玄武岩岩浆的形成进行了模拟计算（图 4-11；Xu *et al.*，2005），可见大同碱性玄武岩形成时的岩石圈厚度约为 72km，而汉诺坝碱性玄武岩形成时的岩石圈厚度为 100~200km。

（2）Ti/V 值

V 有三个价态的变价元素（$V^{3+}$、$V^{4+}$、$V^{5+}$），在斜方辉石、单斜辉石和磁铁矿等矿物中的分配系数是氧逸度的函数，其分配系数变化范围可达几个数量级，高价态的 V 比低价态更不相容。与 MORB、洋岛玄武岩 OIB 及大陆溢流玄武岩 CFB 相比较，岛弧岩浆形成于富水、高氧逸度 $f_{O_2}$ 环境，V 富集而 Ti/V 值低，岛弧拉斑玄武岩 IAB 为 10~20，MORB、弧后玄武岩及大陆溢流玄武岩为 20~50，OIB 及碱性玄武岩为 50~100。Ti/V 值的变化实质上受玄武岩形成深度的控制（Hoddes，1985），大陆溢流玄武岩和洋岛玄武岩是从地幔羽形成的（源深度 150~200km），洋脊玄武岩（MORB）形成深度>200km，岛弧玄武岩是由亏损的洋脊玄武岩母体物质和消减的洋壳混合熔融而形成，它们的形成深度顺序为 IAB>MORB>OIB（CFB），Ti/V 值按 IAB→MORB→CFB 逐渐增加，因此，Ti/V 值可作为玄武岩形成深度的判据，并可区分不同构造背景形成的玄武岩（Shevais，1982；图 4-19）。分异作用，特别是磁铁矿和角闪石的分离结晶作用可造成 Ti/V 值增加。

（3）Gd/Yb 或 Tb/Yb 值

在岩石圈垂直剖面中，在地壳下面到约 50km 为尖晶石二辉橄榄岩，其下面为石榴子石二辉橄榄岩，在两相之间存在尖晶石向石榴子石转变的过渡带（中国东部岩石圈上地幔在 55~70km，樊祺诚等，1997；樊祺诚、隋建立，2009），该转变的实验值为 2.8~3.1GPa（Robinson and Wood，1998；Klemme and O'Neill，2000），相当的深度大于 90km。尖晶石和石榴子石是地幔岩中两个非常重要的矿物相，随深度增加，稳定的矿物相由尖晶石转变为尖晶石与石榴子石共存，进而为石榴子石。这两种矿物对稀土元素的分配系数有非常明显差别，重稀土元素 Yb 对石榴子石是强相容的（$D_{Yb} \gg 1$）（Arth，1976；Carlos，1977；Shaw，2006），而对尖晶石是强不相容的（$D_{Yb} \ll 1$），因而岩浆岩的 Gd/Yb 或 Tb/Yb 的高比值指示其形成深度大。用 $(Tb/Yb)_N$-$(La/Sm)_N$ 和 Gd/Yb-FeO/MgO 作图给出了岩浆形成的相对深度（图 4-12a、b）。

### 4. 洋中脊玄武岩 MORB 与洋脊水深关系

Klein 和 Langmuir（1987）首次提出洋中脊玄武岩 MORB $Fe_8$ 与 $Na_8$（校正到 MgO 含量=8% 时的 FeO 和 $Na_2O$ 的含量（%），这是为了消除洋中脊玄武岩岩浆低压分异对岩浆成分所造成的影响）与洋脊软流圈地幔部分熔融程度、压力（深度）及地幔温度有关，被称为 KL87。图 4-13a 表明，全球范围的洋

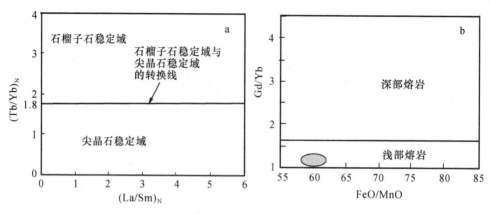

图 4-12　岩浆形成相对深度的稀土元素图解

a. $(Tb/Yb)_N$-$(La/Sm)_N$，N 为原始地幔（PM）标准化比值（Wang *et al.*，2002；Jowitt *et al.*，2014；PM 值取自 Sun and McDonough，1989）；b. 橄榄石斑晶 FeO/MgO 对以寄主熔岩标准化的 Gd/Yb 图解（Sobolev *et al.*，2011），图中椭圆区为所有纯的浅部橄榄岩地幔源参考值，并表示橄榄岩和源区含有很少量再循环洋壳的洋中脊熔岩的成分

中脊玄武岩与洋脊水深相关，在洋脊水浅地区，MORB 的 CaO 高，$Al_2O_3$ 低（$CaO/Al_2O_3$ 高），$Na_2O$ 低，FeO 高，$SiO_2$ 低，Sc 高，Sm/Yb 低，Ni 低。在洋脊水深区则恰恰相反。图 4-13a 表明，随洋脊水深变浅，熔融压力增大，$Fe_8$ 升高，而熔融程度增加，$Na_8$ 降低。这些关系是因为从冷的深脊到热的浅脊，固相线下的地幔温度变化达 250℃，从而导致了熔融程度和压力变化的结果。因此，可用 MORB 的这些参数推测地幔熔融深度、地幔温度等。

但 Niu 和 O'Hara（2008）认为，上述参数，尤其是 $Fe_8$ 不能用来推测地幔过程（如熔融深度、地幔温度等），必须将 MORB 岩浆演化的效应校正到 $Mg^\# = 0.72$ 或更高，$Mg^\# = Mg/(Mg+Fe)$，因为 $Mg^\# \geqslant 0.72$ 的熔体与地幔橄榄岩平衡，可记录地幔过程（图 4-13b），图中的数据点是全球 MORB 喷发洋脊水深每隔 250m 的平均值。

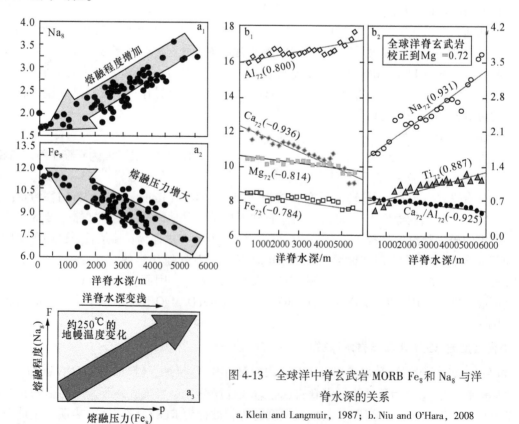

图 4-13　全球洋中脊玄武岩 MORB $Fe_8$ 和 $Na_8$ 与洋脊水深的关系

a. Klein and Langmuir，1987；b. Niu and O'Hara，2008

#### 5. 洋岛玄武岩 OIB 成分与岩石圈厚度关系

对从全球挑选的 115 个岛 12996 个洋岛玄武岩 OIB（太平洋 67 个岛，大西洋 38 个岛，印度洋 10 个岛）样品主量和稀土元素比值平均值与大洋岩石圈厚度（$L$）的关系研究表明（Humphrey and Niu, 2009），其稀土地球化学参数（La/Sm）$_N$、（Sm/Yb）$_N$（N 指原始地幔标准化值）及标准化到 $Mg^\# = 0.72$ 的 $Si_{72}$、$Ti_{72}$、$Al_{72}$、$Fe_{72}$、$Mg_{72}$、$P_{72}$ 等参数与岩石圈厚度呈明显线性关系，其中（La/Sm）$_N$、（Sm/Yb）$_N$ 及 $Si_{72}$、$Ti_{72}$、$Al_{72}$、$Fe_{72}$、$Mg_{72}$ 和 $P_{72}$ 等呈正相关，$Si_{72}$ 及 $Al_{72}$ 呈负相关（图 4-14，仅显示 Ti、P 和稀土元素比值）。这种关系表明，OIB 的化学成分随岩石圈厚度变化而变化，岩石圈产生了一种盖层效应（Niu and O'Hara，2008；Humphreys and Niu，2009）。

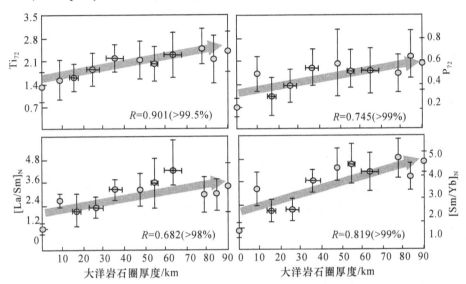

图 4-14　全球洋岛玄武岩平均成分与大洋岩石圈厚度关系（据牛耀龄，2013，有取舍）

图中 $Ti_{72}$ 和 $P_{72}$ 分别代表校正分离结晶作用至 $Mg^\# = 0.72$ 的 $TiO_2$ 和 $P_2O_5$ 的质量百分数；$R$ 为岩石圈厚度与相应地球化学参数的相关系数，括号中百分数为统计学上的可信度；[La/Sm]$_N$、[Sm/Yb]$_N$ 为原始地幔标准化值

# 三、岩石构造组合

岩石在地表的分布并非杂乱无章，而是受源区物质成分和所形成的构造背景控制，基于此，不同学者提出了岩石构造组合（petrotectonic assemblege）的相关概念，体现了构造背景与岩浆作用之间的内在联系。

火成岩岩石构造组合是指表示板块边界或特定的板块内部环境特征的岩石组合（Dickinson，1971）。从柏林（1979）提出了火成岩的共生组合，即发育于一定的大构造背景中的，时间上和空间上紧密共生的，有共同成因联系的一组火成岩。它包括了地壳演化过程中的、大洋盆地的、造山前和早期造山阶段的、同造山的、晚造山的和造山后的多种组合。Condie（1982）认为岩石构造组合概念是表征板块边界或特定板块内部环境特征的岩石组合，包括五种类型：①大洋（ocean）组合，为蛇绿岩套，代表古洋残片，构造定位于大陆造山带中；②与俯冲带相关的组合，包括海沟、弧-沟间隙（或弧前盆地），火山岛弧本身和弧后区岩石；③克拉通裂谷组合，不成熟陆相碎屑沉积（以长石砂岩、长石石英砂岩和砾岩为主）和双峰式火山岩（玄武岩-流纹岩）；④克拉通组合，成熟的碎屑岩（石英岩、页岩）和碳酸盐、碱性岩，双峰系列；⑤与碰撞相关的组合，长石质砂岩和硬砂岩，发育于前陆盆地，双峰系列钙碱性岩、碱性岩。Condie 的岩石构造组合包括火成岩、沉积岩和变质岩。邓晋福等（1996）将其中的火成岩组合称为火成岩构造组合。岩石构造组合是将岩石的源区成分与构造背景相结合，在此认识上与 Pearce 和 Cann（1973）及 Pearce 等（1984）建立构造背景地球化学判别图解的原理相一致，因而，在使用构造背景地球化学判别图时应综合考虑使用岩石构造组合。莫宣学等（2001）和邓晋福等（2004）

对不同类型的构造岩浆组合进行了概括，他们认为，岩石构造组合是探索造山带壳幔结构及深部过程的"探针"（lithoprobe）。岩石探针研究，运用岩石的物理化学、同位素和微量元素地球化学资料及相关的理论和方法，不仅从火成岩和其深源包体中获取壳幔结构、物质组成及状态等深部信息，反演壳幔过程，也对判断其构造背景提供重要信息。

## 1. 洋中脊岩浆岩组合

主要岩石类型有 N-MORB（亏损型）、E-MORB（富集型）、T-MORB（过渡型）；地球化学特点的明显特征是亏损：$^{87}Sr/^{86}Sr$ 初始值很低（0.7035）；$(La/Yb)_N$ 值低，REE 球粒陨石标准化型式为平坦型；亏损不相容元素；$K_2O$ 明显低；来源于亏损型地幔。

在这里有必要提及蛇绿岩，它虽不是一个岩石名称，但它是产于扩张洋脊的洋壳+地幔的岩石组合（或洋壳和地幔的碎片，Coleman，1977），N-MORB、T-MORB 和 E-MORB 是蛇绿岩的重要组成部分。蛇绿岩是造山带研究中寻找古洋壳，恢复古板块构造格局的核心问题之一（张旗，2001）。目前，已建立了蛇绿岩的构造背景分类及地球化学识别标志（Delek and Furnes，2014）（详见本章第二节二）。蛇绿岩套中的斜长花岗岩岩石地球化学为其形成时代及构造背景研究提供了重要资料（详见本章第二节五和第五章第五节四及附表 10-6）。

## 2. 洋岛岩浆岩组合

为富集型的海洋岩浆岩组合，以洋岛玄武岩为代表（OIB）。岩石类型为碱性玄武岩与富集型拉斑玄武岩及相应的侵入岩。富不相容元素，$(La/Yb)_N$ 值可达 10，$^{87}Sr/^{86}Sr$ 初始值较高，可达 0.707。玄武岩之上常为灰岩覆盖。OIB 来源于富集型地幔，与地幔柱或超级地幔柱活动有关。

## 3. 俯冲带岩浆岩组合

为钙碱性系列及岛弧拉斑系列火山岩组合，岩石由玄武岩、玄武安山岩、安山岩、闪长岩和流纹岩（B-BA-A-D-R）及钙碱性系列花岗岩类岩石组合。岩浆混合作用发育。

岩石中 $Al_2O_3$ 较高，$TiO_2$ 低（在玄武岩中 1% 左右），亏损高场强元素（Nb、Ta、Zr、Hf）。横跨岩浆弧方向显示成分极性（图 4-1，图 4-2）。岩浆弧类型呈多样性，包括了岛弧-陆缘弧、大洋岛弧-大陆岛弧、成熟岛弧-不成熟岛弧、压型岛弧-张性岛弧和滞后弧岩浆岩等。

## 4. 碰撞带岩浆岩组合

关于大陆碰撞的相关概念、划分在国内外有多种用法，首先是碰撞，一般是指洋盆消失后的两个陆块的碰撞，Harris 等（1986）在对花岗岩的讨论中将陆-陆碰撞及其继续汇聚统称为同碰撞，有的称为主碰撞。邓晋福等（2004）认为是指陆间的大陆碰撞（inter-collision），而大陆内相对独立的块体的碰撞称为陆内碰撞（intracontinental collision）。特征岩石：高铝花岗岩，尤其是含白云母花岗岩；高 $Al_2O_3$、高 $SiO_2$、高 $K_2O$ 酸性火山岩。$^{87}Sr/^{86}Sr$ 初始值高，$\varepsilon_{Nd}$ 值低（<0），表明陆壳组分的显著贡献。常与磨拉石建造相伴。

对于碰撞以后的过程用法和划分也很不同。首先是命名，有的将 post-collision 译为后碰撞（本书采用），有的译为碰撞后。但国外不同学者对 post-collision 的概念是不同的，Harris 等（1986）的概念包括了晚或后碰撞，板内的碱性岩也包括在后碰撞中；Liegeois（1998）认为后碰撞是指在时间上比碰撞作用晚，但仍与碰撞作用有关，包括了碰撞后的继续汇聚，它通常开始于板内环境，主要海洋已关闭，但伴有大陆块体沿巨大剪切带的大规模水平运动（这与板内环境明显不同）、合拢（docking）、岩石圈拆沉、小型海洋板块的俯冲和裂谷产生等（见图 4-49），由于这些事件包括了连续的或幕式的伸展作用，相应地形成了多种类型的岩浆作用，其共同特点是：在体积上，主要是富钾的，特别是高钾钙碱性岩浆最为发育，少量的橄榄玄粗岩。强过铝和碱性-过碱性花岗岩也较多。Pearce（1996b）在花岗岩构造环境判别的 Rb-（Y+Nb）图解中划出了后碰撞（post-collision）构造环境的区域，它位于同碰撞、火山弧和板内三区域的交界处（图 4-48），表明这种环境是相当广泛的。

后碰撞陆内岩浆岩组合：特征岩石有高钾火山岩（高钾钙碱到橄榄玄粗岩系列）、大面积熔结凝灰岩、碰撞后（滞后型）弧火山岩等。同位素、微量元素地球化学显示出陆壳组分对岩浆的明显贡献。区域地质的综合分析表明为碰撞后陆内环境。

### 5. 非造山、大陆裂谷岩浆岩组合

早期岩浆岩富碱、富不相容元素，随着裂谷的发展，碱度及富集程度逐渐降低，最后可达 MORB（洋壳）。常出现双峰式岩浆岩组合。岩石呈对称分布：两侧老，富碱；中央新，贫碱。

## 四、地质历史中板块构造启动时间

由上所述，板块构造是不同类型岩石形成的构造背景中最主要的内容，然而，板块构造在约 45 亿年的地质历史中是何时开始启动的存在着激烈的争论，不同学者的认识有很大差异。表 4-1 是对该问题不同认识的综合（Arndt，2014）。不难看出，在地质历史中，板块构造启动时间从约 800Ma 到约 4.2Ga 的很长的时间范围，多数学者认为板块构造在太古宙末开始启动。最近，Polat（2012）、Dhuime 等（2012）和 Naeraa 等（2012）将板块构造启动时间放在更早，大约或早于 3.0Ga，Griffin 等（2013）则将时间放在 3.3~3.5Ga。在这些不同认识中，最极端的是认为板块构造在新元古代的 800Ma 前（Stern，2008，2013；Hamilten，2008，2011）和冥古宙 4.3Ga（Harrison et al.，2008）启动。这些争论的基础主要涉及两方面（Arndt，2014）：第一，在理论上，太古宙地幔是否对于形成俯冲的大洋岩石圈太热了（或太湿，或太干），可以用另一种解释，即太古宙存在可以形成花岗质岩浆的动力学背景；第二，一些学者认为，基于地质观察所确定的记录现代板块构造的一套岩石构造（petrotectonic）标志，在太古宙，甚至在元古宙地体中不存在，因此，在此期间不存在板块构造。

表 4-1　地质历史中板块构造开始时间（Arndt，2014 及相关文献，略有修改）

| 时间 | 作者 |
| --- | --- |
| 800Ma 前 | Stern，2009，2013；Hamilton，2008，2011 |
| 1.8~2.7Ga | Bedard，2006；Rollinson，2010；Brown，2007；Keller and Schoene，2012 |
| 2.7Ga 前 | Condie and Kroner，2008；O'Nell et al.，2007；Korenaga，2006；Davies，2007）；van Hunen and Moyem，2012 |
| 3.0Ga | Condie and Benn，2008；Cawwood et al.，2006；Pearce et al.，2008；Richard and Shirey，2008；Polat，2012；Dhuime et al.，2012；Naeraa et al.，2012 |
| 3.3~3.5Ga | Zegers and van Keken，2001；Moyen et al.，2006；Smithies et al.，2007；van Kranendonk，2007；Griffin et al.，2013 |
| 3.8Ga | Arndt，2014 |
| 4.3Ga | Harrison et al.，2008 |

冥古宙锆石的地球化学研究为板块构造何时启动的争论提供了大量证据。

冥古宙锆石（U-Pb 年龄 4404±8Ma）的氧同位素和稀土组成分析资料显示了轻稀土 LREE 的过富集，表明这些锆石源自演化了的花岗质岩浆，其 $\delta^{18}O$ 值高于地幔，表明当时地球表面存在海洋（Hinton and Lpton，1991；Wilde et al.，2001）（详见第五章第四节一）。

对西澳大利亚 Jack Hills 冥古宙锆石进行了 Ti 温度计计算，69 个测点的温度范围为 801~644℃，平均 696±33℃，该温度与花岗岩类中锆石的结晶温度无差异，这表明在 4.35Ga 时的地球表面存在潮湿、最低熔融的条件，地球进入了地壳形成、剥蚀和循环的模式（Watson and Harrison，2005）。

>3.0Ga 的锆石 Hf 同位素组成与其形成年龄关系的综合资料（图略，Bell et al.，2011）表明，这些锆石的 $\varepsilon_{Hf}$ 值随年龄的变化显示了很大的范围，从靠近禁区带到高正值，几乎所有 $\varepsilon_{Hf}$ 值均落在亏损上地幔 DMM 演化线下面。其总体趋势是，随年龄变年轻 $\varepsilon_{Hf}$ 值降低，但其中在 3.8Ga 后 $\varepsilon_{Hf}$ 值变化进入另一个区域，虽然仍保留了之前的变化趋势，但 3.8Ga 时 $\varepsilon_{Hf}$ 值显示明显高正值，并在 3.8Ga 时与 DMM 演化线相交。Arndt（2014）认为这是来自地幔的新生物质再次加入，而 $\varepsilon_{Hf}$ 值随年龄变年轻的降低是由于

同一富集的原始地壳连续再生造成的。在 3.8Ga 之前的 4.0~3.9Ga 是大量陨石撞击地球的时期，强烈的撞击破坏了形成 Jack Hills 长英质岩石的镁铁质地壳，因而改变了全球的动力学体制，这种动力学体制的变化表明，板块构造在 3.8Ga 开始启动。

## 第二节　不同类型岩石的构造背景判别

基于上述岩石类型、组合及微量元素地球化学特点与构造背景之间的关系，目前已建立了针对不同岩石类型形成构造背景的系列判别图解，下面按基性→中性、中酸性→酸性岩浆岩、沉积岩顺序介绍、讨论。

# 一、玄武岩类

Pearce 和 Cann（1973）及 Pearce（1982）根据玄武岩类型与构造背景之间的关系，将其划分为三种主要类型：洋中脊玄武岩（MORB，在板块边缘深海环境喷发）；火山弧玄武岩（VAB，在汇聚板块边缘喷发）；板内玄武岩（WPB，在远离板块边缘喷发）。每一种类型又可划分为不同的亚类，如 MORB 和 WPB 可划分为拉斑玄武岩和碱性玄武岩。不同构造背景产出的玄武岩具有不同的微量元素组合特征（表 4-2）。以标准洋中脊玄武岩为基准，对上述各种不同构造背景的玄武岩作图，可见它们具有不同的地球化学型式，其主要特点如下。

表 4-2　各主要构造岩浆背景的重元素的平均含量（$10^{-6}$）和原始地幔的标准化值

| 元素名称 | OIT | | CT | | OFT | | LKT | | n |
| --- | --- | --- | --- | --- | --- | --- | --- | --- | --- |
| | $\bar{x}$ | $\bar{x}_n$ | $\bar{x}$ | $\bar{x}_n$ | $\bar{x}$ | $\bar{x}_n$ | $\bar{x}$ | $\bar{x}_n$ | |
| Rb | 8.77 | 10.2 | 20 | 23 | 2.42 | 2.8 | 6.26 | 7.3 | 0.86 |
| Ba | 143 | 19 | 234 | 31 | 29.2 | 3.9 | 99 | 13 | 7.56 |
| Th | 1.31 | 13.6 | 2.5 | 26 | 0.315 | 3.3 | 0.447 | 4.7 | 0.096 |
| U | 0.38 | 14.1 | 0.73 | 27 | 0.145 | 5.4 | 0.189 | 7.0 | 0.027 |
| K | 4 158 | 16.5 | 6 300 | 25 | 1 663 | 6.6 | 2 797 | 11.1 | 252 |
| Nb | 20 | 33 | 7.7 | 12.4 | 4.35 | 7.0 | 1.26 | 2.0 | 0.62 |
| La | 15.8 | 22 | 12.8 | 18 | 3.6 | 5.1 | 2.9 | 4.1 | 0.71 |
| Ce | 38 | 20 | 29 | 15.3 | 10.5 | 5.5 | 8.22 | 4.3 | 1.90 |
| Sr | 350 | 15.2 | 216 | 9.4 | 119 | 5.2 | 267 | 11.6 | 23 |
| P | 1 284 | 14.2 | 868 | 9.6 | 615 | 6.8 | 470 | 5.2 | 90.4 |
| Zr | 174 | 15.8 | 114 | 10.4 | 96 | 8.7 | 37 | 3.4 | 11 |
| Sm | 6.24 | 16.2 | 4.24 | 11.0 | 3.19 | 8.3 | 1.65 | 4.3 | 0.385 |
| Ti | 15 728 | 10.3 | 7 940 | 5.2 | 8 704 | 5.7 | 4 581 | 3.0 | 1 527 |
| Y | 30.7 | 6.3 | 29.7 | 6.1 | 35 | 7.2 | 15.6 | 3.2 | 4.87 |
| Yb | 2.27 | 5.3 | 2.58 | 6.0 | 3.28 | 7.6 | 1.58 | 3.7 | 0.43 |

注：$\bar{x}$. 绝对值，$10^{-6}$；$\bar{x}_n$. 原始地幔的标准化值；OIT. 洋岛拉斑玄武岩；CT. 大陆拉斑玄武岩；OFT. N-MORB 型；LKT. 贝尼奥夫带的低钾拉斑玄武岩；n. 原始地幔成分。

1）拉斑玄武质的洋中脊玄武岩具有平坦的分布型式（图 4-15a）；

2）拉斑玄武质的板内玄武岩呈"隆起"型，除 Y、Yb、Sc、Cr 外所有元素均富集（图 4-15b）；

3）碱性 MORB 呈"隆起"型，但 Ti、Y、Yb、Sc、Cr 不富集（图 4-15a）；

4）碱性 WPB 呈双"隆起"，既有 Ba、Th、Ta 和 Nb 的强烈富集，又有 Hf、Zr、Sm 的富集（图 4-15b）；

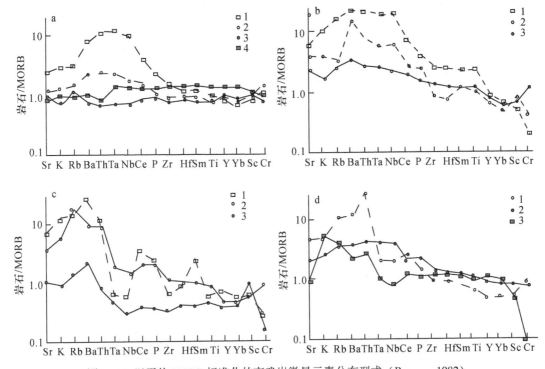

图 4-15　以平均 MORB 标准化的玄武岩微量元素分布型式（Pearce，1982）

a：洋中脊玄武岩，1. 碱性的；2. 拉斑-碱性的；3. 拉斑质缓慢扩张洋脊；4. 拉斑质快速扩张洋脊。b. 板内玄武岩，1. 碱性的；
2. 拉斑-碱性的；3. 拉斑质。c. 火山弧型，1. 碱性的；2. 拉斑-碱性的；3. 拉斑质。d. 过渡型，1. 钙碱性-碱性的；2. 拉斑质
（MORB－板内玄武岩）；3. 拉斑质（MORB－火山弧玄武岩）

5）拉斑玄武质 VAB 以 Sr、K、Rb、Ba 的选择性富集（Th 较弱）及 Ta 到 Yb 所有元素丰度低为特征（图 4-15c）；

6）钙碱性 VAB 以 Sr、K、Rb、Ba、Th 较强富集和 Ce、P、Sm 富集为特征（图 4-15c）；

7）过渡型岩浆兼有其相应端元组分的特征，例如，冰岛雷克雅内斯洋脊样品的微量元素组合特征介于拉斑玄武质 MORB 和拉斑玄武质 WPB 之间（图 4-15d）；

8）快速扩张的洋脊玄武岩投影点高于标准 MORB，而缓慢扩张的洋脊玄武岩则相反（图 4-15a）；

根据上述特点可以归纳出不同构造背景中玄武岩微量元素组合特点，并据此构筑特征判别图。

**1. 板块内部背景**

富集 Sr、Rb、K、Ba、Th、Ta、Nb、Ce、P、Sm、Zr、Hf、Ti，但这些元素也可在岛弧和碱性的洋中脊玄武岩中富集，而板内岩浆类型具有较高的 $M_1/M_2$ 值（$M_1$ =Ti、Zr、Hf；$M_2$ =Y、Yb、Sc）。因此，用 Ti/100-Zr-3Y 三角图和 Ti/Y-Zr/Y 图解，可以将板内玄武岩与其他类型玄武岩区分开，并可部分地将 MORB 与 VAB 区分开（图 4-16）。

**2. 火山弧背景**

富集 Sr、Rb、K、Ba、Th，有时 Ce、P、Sm 也富集；Ti、Y、Yb 亏损，有时 Zr、Hf、Nb、Ta、P、Sm 也亏损。因此，最有效的判别标准应是 $M_1/M_2$ 值高（$M_1$ = Sr、Rb、K、Ba、Th；$M_2$ = Ta、Nb）。由于 Sr、K、Rb、Ba 活动性高，$M_1$ 中以 Th 最有效。Wood 等（1979a，1979b）、Wood（1980）以 Th/Ta 值为基础建立了 Hf/3-Th-Ta 图解（图 4-17）；Pearce（1983）和 Condie（1989）建立了 Th/Yb-Ta/Yb 图解研究前寒武纪绿岩带玄武岩（见本节图 4-31）；Noire 建立了 Hf/Ta-Hf/Th 图解。由图 4-17 可见，火山弧玄武岩（VAB）明显靠近三角形的 Hf-Th 边和 Th 角。

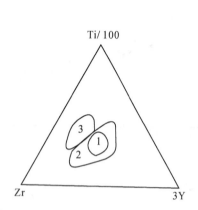

图 4-16　鉴别板内玄武岩的 Ti-Zr-3Y 图解
1. 洋岛玄武岩，洋中脊玄武岩；2. 火山弧玄武岩（包括钙碱性玄武岩和低钾拉斑玄武岩）；
3. 洋岛和板内玄武岩

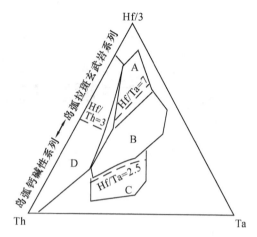

图 4-17　鉴别火山弧型玄武岩的 Hf/3-Th-Ta
图解（Wood，1980）

A. N-MORB；B. E-MORB 和板内拉斑玄武岩；C. 碱性
板内玄武岩；D. 火山弧玄武岩，其中岛弧拉斑玄武岩
Hf/Th>3，钙碱性玄武岩 Hf/Th<3。图中断线表示不同
类型玄武岩的过渡带

　　此外，也可根据火山弧玄武岩 VAB 亏损 Ti、Y、Yb 的特点建立 Cr-Y 图解（图 4-18），类似的图解有 Ti-Cr、Ni-Y 和 Ti/Cr-Ni 等。用 Zr/Y-Zr 图解可以区分大陆火山弧型和大洋火山弧型玄武岩，前者以高 Zr/Y 值为特征。

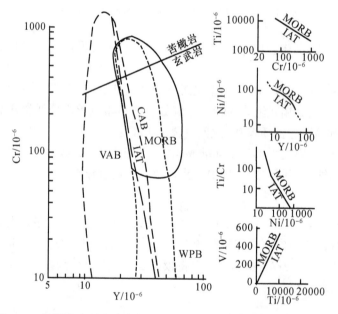

图 4-18　鉴别火山弧玄武岩与 MORB 及板内玄武岩的 Cr-Y 和 Ti-Cr、
Ni-Y、Ti/Cr-Ni、V-Ti 图解（Pearce，1982）

VAB. 火山弧玄武岩；WPB. 板内玄武岩；IAT. 岛弧拉斑玄武岩；CAB. 钙碱性玄武岩

　　Shevais（1982）提出了 Ti-V 图解，该图解一个很重要的特点是 V 有三个价态的变价元素（$V^{3+}$、$V^{4+}$、$V^{5+}$），V 的分配系数变化大，在斜方辉石、单斜辉石和磁铁矿等矿物中的分配系数是氧逸度的函数，变化范围达几个数量级，高价态的 V 比低价态更不相容。与 MORB、OIB（CFB）相比较，岛弧岩浆形成于富水、高氧逸度 $f_{O_2}$ 环境，V 富集而 Ti/V 值低，岛弧拉斑玄武岩为 10~20，MORB，弧后玄武岩及大陆溢流玄武岩（CFB）为 20~50，OIB 及碱性玄武岩为 50~100。因此，不同构造背景中形成的

玄武岩 Ti/V 值不同，在图解中它们占据不同的位置（图4-19）。Hodder（1985）认为，Ti/V 值的变化实质上受玄武岩形成深度的控制。大陆溢流玄武岩（CFB）和洋岛玄武岩（OIB）是从地幔羽形成的（源深度150~200km），洋脊玄武岩（MORB）形成深度>200km，岛弧玄武岩（IAB）是由亏损的洋脊玄武岩母体物质和消减的洋壳混合熔融而形成，它们的形成深度顺序为 IAB>MORB>OIB（CFB），Ti/V 值按 IAB→MORB→CFB 逐渐增加（图4-19），因此，Ti/V 值可作为玄武岩形成深度的判据。分异作用，特别是磁铁矿和角闪石的分离结晶作用可造成 Ti/V 值增加。

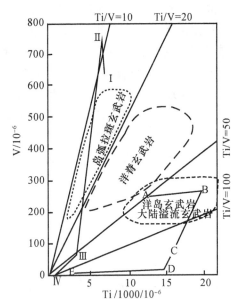

图4-19　不同类型玄武岩的 Ti/V 值变化
（Shevais，1982）

A. 苦橄玄武岩；B. 玄武岩；C. 安第斯安山岩；D. 奥长粗面岩；E. 粗面岩和岛弧喷出岩；Ⅰ. 橄榄玄武岩；Ⅱ. 拉斑玄武岩；Ⅲ. 石英粗面岩；Ⅳ. 流纹岩

总的来看，Hf-Th-Ta 图解对鉴别钙碱性玄武岩最有效；Y-Cr 图解对区分岛弧拉斑玄武岩最有效。Holm（1985）考虑到上述不同构造环境火山岩判别图一般都包括了拉斑玄武岩类和碱性玄武岩，对洋岛和大陆环境来说，在某些图上常出现双峰分布，两种玄武岩难以区分。另外，有些构造背景如大陆和大洋板内玄武岩的区分是较困难的，因此，他提出只要把拉斑玄武岩投影到 Wood 等（1979a，1979b）给出的亲湿岩浆元素图中，上述问题可得到解决。在大多数板块构造背景中拉斑玄武岩均有出现，它是由高程度部分熔融形成的，其化学成分能真实地反映出构造背景，而且，由于省去了碱性玄武岩，避免了与双峰分布发生混淆。拉斑玄武岩可能有四种构造背景：板块内部的洋岛拉斑玄武岩（OIT）、大陆拉斑玄武岩（CT）；板块边缘的洋脊和洋底拉斑玄武岩（OFT）、破坏性板块边缘的低钾拉斑玄武岩（LKT）。它们的15个重元素的平均含量列于表4-2。

直观对比被认为是识别这些背景重元素模式（平均浓度对原始地幔成分标准化图解）相似性和差异性的好方法，包括估价重元素绝对值，重元素模式趋势，模式图的正、负斜率，偏离总趋势值的大小、数目和方向。图4-20a、b 分别是洋岛和大陆背景拉斑玄武岩和玄武安山岩的重元素丰度图。由图可以看出：

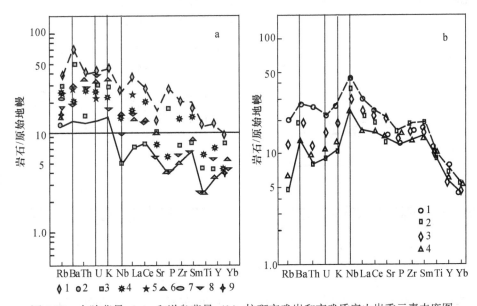

图4-20　大陆背景（a）和洋岛背景（b）拉斑玄武岩和玄武质安山岩重元素丰度图

a：1. 亚基马亚组哥伦比亚河区；2. 达尔斯兰德盆地玄武岩；3. 西伯利亚高地玄武岩；4. 东北美洲辉绿岩区；5. 基维诺玄武岩区；6. 塔斯马尼亚玄武岩区；7. 印度卡鲁玄武岩；8. 南极玄武岩；9. 摩洛哥粒玄武岩。b：1. 留尼旺；2. 复活节岛；3. 夏威夷；4. 皇帝海山链

洋岛拉斑玄武岩：具有弱 U 负异常，Nb 正异常，Sm-Yb 具明显负斜率；

大陆拉斑玄武岩：总斜率为负，Nb 具负异常；

洋脊和洋底玄武岩：具正斜率，模式线从左到右趋于拉平；

岛弧和大陆边缘拉斑玄武岩：具负斜率，Nb 为负异常，Sr 为正异常。

除上述构造背景外，还可以判断次级板块构造背景。

富集洋中脊玄武岩：重元素模式为负斜率、K 和 Sr 负异常，Nb 正异常，而正常洋中脊玄武岩恰恰相反；

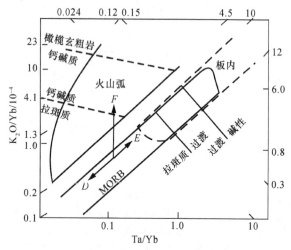

图 4-21　不同类型玄武岩产出的构造背景
$K_2O/Yb \times 10^{-4}$-Ta/Yb 图解（Pearce，1982）

弧后型：主要弧后盆地和边缘海盆，重元素模式斜率平缓，Rb-Ba-Th-U 具正向梯度，Nb 具负异常。

由于 K 和 Ta 都是不相容元素，在 $K_2O/Yb \times 10^{-4}$-Ta/Yb 图解中（Pearce，1982；图 4-21），地幔成分相对于原始地幔的演化将沿图中对角线方向变化，向 D 方向代表地幔亏损方向，向 E 方向代表地幔富集方向。在岛弧背景下，由于流体存在，K 和 Ta 的行为出现明显差异，K 在流体中明显富集，因此，图 4-21 中 F 方向代表了流体富集方向。基于此，可将火山弧玄武岩与 MORB 和板内玄武岩区分开。由于 K 在溶液中是活动的，因此，该图不能用于蚀变火山岩。

我国东北弓长岭变火山沉积岩系中，变玄武岩为拉斑玄武岩和安山岩互层。这些拉斑玄武岩为轻稀土元素富集型，表明它们不是洋壳的一部分，不可能发育于洋中脊环境。而 Cr、Ni 含量又高于岛弧拉斑玄武岩，Cr-MgO、Ni-MgO 为线性演化趋势，表明它们不可能是岛弧环境，最可能产于水下硅铝层的裂谷环境（李曙光，1986）。

### 3. Nb、Ta 亏损与岛弧构造背景关系

高场强元素 HFSE，特别是 Nb、Ta 等，在岛弧系统岩浆岩中的含量较低，在以原始地幔（primitive mantle）标准化微量元素蛛网图（spidergram）中，相对于相邻元素 K、La 和 Eu、Dy 呈现亏损（图 4-22）。据此，Ti、Nb、Ta 的亏损（TNT 异常）成为岛弧构造环境的重要标志之一。

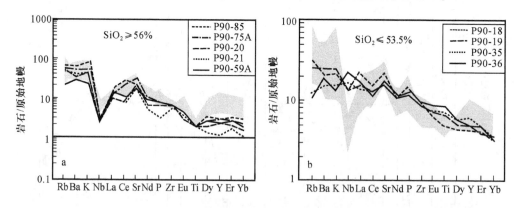

图 4-22　岛弧岩浆岩微量元素的原始地幔标准化图解（Sajona *et al.*，1996）
图中阴影区为菲律宾棉兰老岛正常安山岩-英安岩-闪长岩

根据上述特点，Condie 提出了 Th/Ta-La/Yb 图解（Condie 图解），区分不同类型的玄武岩（图 4-23）。

上述岛弧火成岩的特征可用 La/Nb 值表示，原始地幔 La/Nb 值为 0.98~1，岛弧岩浆 La/Nb>1（1~8），平均为 3。Condie（1999）统计了不同构造环境的玄武岩，他以 La/Nb=1.4 为界线，洋中脊玄

武岩（MORB）、洋岛玄武岩（OIB）和大洋玄武岩 La/Nb<1.4，Ni>30×10⁻⁶，岛弧玄武岩 La/Nb>1.4（图4-24）。

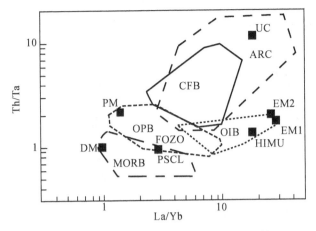

图4-23 不同类型玄武岩的 Th/Ta-La/Yb 图解
（Condie, 1997）

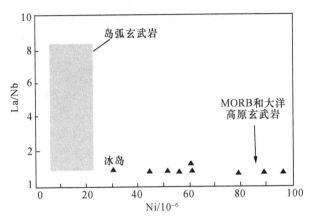

图4-24 不同构造背景的玄武岩（Condie, 1999）

ARC. 岛弧玄武岩；CFB. 大陆溢流玄武岩；OPB. 大洋板块玄武岩；OIB. 洋岛玄武岩；MORB. 洋中脊玄武岩；UC. 上地壳；PM. 原始地幔；DM. 亏损地幔；EM1. 富集1型地幔；EM2. 富集2型地幔；HIMU. 高 U/Pb 值地幔；FOZO. 不同类型的地幔端元（或地幔集中带）；PSCL. 后太古代次大陆岩石圈

应该指出的是，Nb、Ta 在岩浆形成和演化过程中的行为是复杂的，造成岛弧岩浆 Nb、Ta、Ti 亏损可能有多种过程（详见本书第五章第五节），岛弧玄武岩具有 Nb、Ta、Ti 亏损，反过来，出现 Nb、Ta、Ti 亏损的并不一定是岛弧背景。出现 Nb、Ta、Ti 亏损可以有多种过程产生，如当一古地幔楔或残留地幔楔岩石，由于后来的构造热事件（受拆沉作用进入地幔，或受底侵岩浆作用等）而发生部分熔融时，所形成的岩浆也将具有 Nb、Ta、Ti 亏损，但这种特点是继承性的，并非反映其岛弧背景。因此，在具体应用 Nb、Ta、Ti 亏损识别构造背景时必须予以注意。

### 4. 辉石、尖晶石、黑云母成分与玄武岩构造背景判别

除全岩微量元素组成外，一些单矿物的微量元素组成在玄武岩类岩石的构造背景判别中也发挥了重要作用。

（1）单斜辉石

单斜辉石的化学成分随着其寄主岩石的化学成分而变化，对于单斜辉石的斑晶更为明显。不同类型玄武岩的单斜辉石斑晶成分之间的差别比相应的基质成分之间的差别更大。该特征已经用作识别不同大地构造背景的判别要素，同时也提供了判别蚀变岩石构造背景的可靠手段，因为蚀变岩石的单斜辉石斑晶核心的化学成分可能没有变化（Rollinson, 1993）。Leterrier 等（1982）对 Nisbet 和 Pearce（1977）提出的单斜辉石 $MnO-TiO_2-Na_2O$ 含量判别图解进行了修改完善，构筑了新的 Ti-Cr-Ca-Al-Na 投影图解，其图解是根据一系列更大数据库为基础的 Ti、Cr、Ca、Al 和 Na 资料（图4-25）。Leterrier 等（1982）提出的三个图解可以区别碱性玄武岩、扩张中心拉斑玄武岩和岛弧玄武岩。单斜辉石分析数据按六个氧进行晶体化学计算，换算出阳离子数，并且只用那些 Ca 原子数大于 0.5（每个单斜辉石分子中）的分析数据。为了提供计量比例，需对 $Fe^{3+}$ 和 $Fe^{2+}$ 进行计算（Cameron and Papike, 1981）。第一个图解（图4-25a）利用 Ti-（Ca+Na）投影，区分碱性玄武岩（A：大洋岛和大陆碱性玄武岩）和拉斑玄武岩及钙碱性玄武岩 T。第二个图解（图4-25b）是（Ti+Cr）-Ca 的投影，区分非碱性玄武岩及非造山玄武岩（D：MORB，大洋岛拉斑玄武岩和弧后盆地拉斑玄武岩）与火山弧玄武岩（O）。第三个图解（图4-25c）是 Ti-Al$_总$ 的投影图解，区分火山弧玄武岩和钙碱性玄武岩

（C）与岛弧拉斑玄武岩（I）。

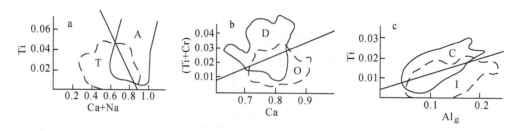

图 4-25　玄武岩的单斜辉石斑晶对构造背景的 Ti-（Ca+Na）、（Ti+Cr）-Ca 和 Ti-Al$_总$ 判别图解

（据 Leterrier *et al.*，1982）

单斜辉石的成分表示为以六个氧为基础的阳离子。a. Ti-（Ca+Na）投影说明了碱性玄武岩（A）和拉斑玄武岩及钙碱性玄武岩（T）的分布区。这两个岩石分布区间的界线方程是 Ti=-0.4（Ca+Na）；b.（Ti+Cr）-Ca 的投影作用表示 MORB 的其他拉斑玄武岩及扩张带（D）与火山弧玄武岩（O）的分布区，两个区的边界线方程是（Ti+Cr）=0.08Ca-0.04；c. Ti-Al$_总$ 的投影表明钙碱性玄武岩 C 和岛弧拉斑玄武岩 I 的分布区，这两个岩石分布区间的界线方程是 Ti=0.075Al$_总$+0.05

　　这些图解不能只用一个单斜辉石的分析数据；Leterrier 等（1982）推荐最少不得少于 10 个分析数据。如用 20 个分析数据投影到图解上将会获得更可靠的结果。此方法甚至可以应用于绿片岩相的变基性岩，其中的单斜辉石成分可能经受了变质反应的调整。

　　Le Bas（1962）曾用单斜辉石的四面体中 Al 所占比例 Al$_z$ 与 Ti 含量关系划分镁铁岩浆系列。Loucks（1990）认为，单斜辉石的 Al$_z$ 与 Ti 关系可用于区分不同构造背景的镁铁-超镁铁岩石，其依据是在非造山区（如洋中脊、弧后盆地、大陆裂谷、热点）的拉斑玄武质和硅不饱和岩石中，单斜辉石晶格结合的 Al 大部分是通过电荷补偿 $^{VI}Mg^{IV}Si_2 \Longleftrightarrow ^{VI}Ti^{IV}Al_2$，以 CaTiAl$_2$O$_6$ 分子型式进入单斜辉石。这种置换方式由于在熔体中 Ti 的活度比 Si 高，在硅不饱和镁铁-超镁铁岩石中更为典型。在汇聚板块边缘（拉斑玄武岩、钙碱性辉长岩和玄武岩），镁铁质火成岩的特点是大部分 Al 以 CaFeAlSiO$_6$ 分子结合在单斜辉石中，置换方式是 $^{VI}Mg^{IV}Si_2 \Longleftrightarrow ^{VI}Fe^{3+}+Al^{IV}$，这是由于在岛弧轴部水和氧的逸度高。将辉长岩和超镁铁岩堆积岩的辉石中四面体 Al 对八面体中的 Ti 作图，可见与岛弧有关的堆积岩中的单斜辉石 Al/Ti 值比与裂谷有关的拉斑玄武岩中的单斜辉石高，约为其两倍。因此，单斜辉石 Al/Ti 值可用于区分造山带中蛇绿岩质和非蛇绿岩质的镁铁-超镁铁外来体。我们用这种方法对新疆克拉玛依地区晚石炭世哈图玄武岩的形成构造背景进行了讨论（Tang *et al.*，2012；图 4-26），样品分布于岛弧和裂谷之间区域，并从岛弧趋势偏向裂谷，结合该区早石炭世典型岛弧背景及与哈图玄武岩同时期的埃达克岩的存在，认为哈图玄武岩形成于洋内弧中与洋脊俯冲有关的板片窗。对天山骆驼沟辉长岩中单斜辉石的研究也得出了类似的认识。

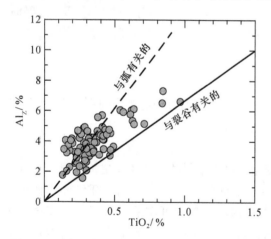

图 4-26　克拉玛依哈图玄武岩单斜辉石 Al$_z$ 与 TiO$_2$ 含量与构造背景关系（底图据 Loucks，1990 修改）

（2）尖晶石

　　由于尖晶石的化学成分对于其母岩浆的地球化学非常灵敏，是其母岩浆形成的构造背景的函数，因此，尖晶石的 Cr、Al、Fe、Mg 和 Ti 的比值广泛用于识别其母岩浆性质和铬铁岩形成的构造背景。然而，不同构造背景形成的铬铁岩中尖晶石在 Cr-Al-Fe$^{2+}$、（Cr/Cr+Al）/（Mg/Mg+Fe$^{2+}$）、TiO$_2$-Al$_2$O$_3$、TiO$_2$-Cr$_2$O$_3$ 等图解中出现大量重叠，Gonzalez-Jimenez 等（2012）用 LA-ICP-MS 对已知构造背景的铬铁岩中的尖晶石进行微量元素分析，并以 MORB 中的尖晶石为标准进行作图，发现可以清楚地将科马提岩、层状镁铁质侵入体及蛇绿岩区分开，蛇绿岩中的尖晶石以富 Ni、Mg 而与亏损 Ni、Mg 的科马提岩、

层状镁铁质侵入体中的尖晶石区分开，层状镁铁质侵入体中的尖晶石则明显富集 Sc、V 而与科马提岩、蛇绿岩中的尖晶石相区分（图 4-27）。

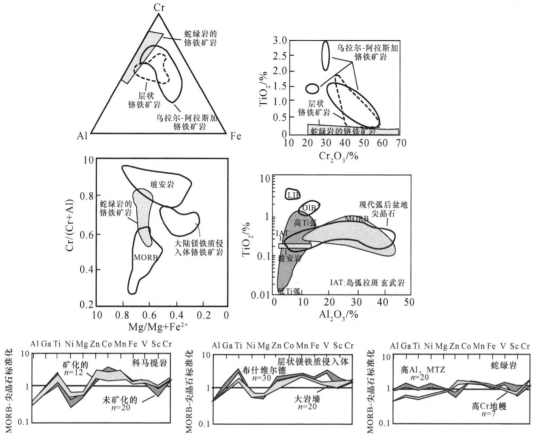

图 4-27　以 MORB 中尖晶石为标准的不同构造背景铬铁岩中的
尖晶石主量、微量元素图解（Gonzalez-Jimenez *et al.*，2012）

（3）黑云母

在 Debon 和 Le Fort（1982）提出的侵入体化学-矿物分类中，提出了特征矿物图解（characteristic mineral diagram），图解参数由 $A = Al - (K+Na+2Ca)$，$B = (Fe+Mg+Ti)$ 和矿物组成，该图解包含了对火成岩含 Al 特点和对其矿物学的解释，它将火成岩划分为钙铁镁质（cafemic，主要或全部源于地幔）、Al 质（主要或全部源于陆壳深熔）及钙铁镁质- Al 质过渡三种类型。这种特征矿物图解包含了岩石所固有的构造背景信息，据此，对碱性、钙碱性和过铝质岩浆中的 325 个黑云母典型成分进行了分析（Abdel-Rahman，1994），用 $FeO^* - MgO$、$FeO^* - Al_2O_3$、$Al_2O_3 - MgO$ 和 $Al_2O_3 - MgO - FeO^*$ 分别作图，获得了两个判别函数，分别为

$$F_1 = 0.407MgO - 0.239FeO^* + 0.946Al_2O_3 \tag{4-5}$$

$$F_2 = 1.149MgO + 0.302FeO^* - 0.173Al_2O_3 \tag{4-6}$$

用上述 $F_1 - F_2$ 作图（图略，见 Abdel-Rahman，1994 图 8），图中划分出 A、C 和 P 三部分，分别代表伸展背景、俯冲有关背景和碰撞背景。该图解与火成岩全岩主、微量元素构造背景判别图相结合，可以更确切地判断火成岩形成的构造背景。

**5. 分类树（classification tree）对玄武岩构造背景的判别及图解的修正**

在上述有关玄武岩构造背景的传统判别图解中，不同构造背景分类之间界线的确定是用两个或三个变量数据，不是数值化的，在统计上不严格，由此划分的界线常常是不准确的。为了将玄武岩构造背景的判别分析建立在更严格的基础上，Vermeesch（2006a，2006b）收集了 756 件已知构造背景的、有全岩 45 种主、微量元素定量分析数据的海洋玄武岩样品（洋岛玄武岩 259 件、洋中脊玄武岩 241 件、岛弧玄武岩 256 件），建立了分类树（classification tree），进而进行构造属性判别分析。Vermeesch（2006a）的分类树的理论是假设对于属于一个类型（如岛弧）、有 $N$ 个（样品数）、$J$ 维数据（主、微量元素，同位素比值），则有

$$X^n = \{x_1^n, \cdots, x_j^n, \cdots, x_j^n\} \tag{4-7}$$

式中，$1 \leqslant n \leqslant N$。

对于 $K$ 个分类（这里 $K=3$，即洋岛、洋中脊和岛弧），

$$Y^n = c_1 | \cdots | c_k | \cdots | c_k \tag{4-8}$$

式中，$c_1$、$\cdots$、$c_k$ 代表上述构造属性。

随后的分类和回归树（classification and regression tree，CART）是用一个分段常值函数（piecewise constant function）逼近参数空间。关于此方法的详细原理及建立过程详见 Vermeesch（2006a）的论述。用这种方法，给出了两组分类树判别玄武岩的构造背景，第一组是用 51 种主、微量元素及 Sr、Nd、Pb 同位素比值，该树适用于新鲜玄武岩（图 4-28a）；第二组分类树只用稀土和高场强元素（共 23 个元素）和 Sr、Nd、Pb 同位素比值，它可用于受到蚀变的玄武岩（图 4-28b）。用这两组分类树判别玄武岩构造背景的成功率分别为 89% 和 84%。图中给出的是原始分支节点的元素含量（或同位素比值）参数，还可以用替代参数（表 4-3）。

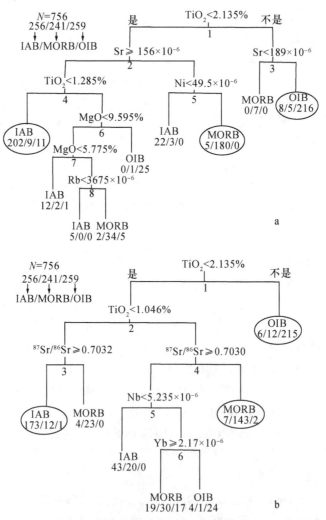

图 4-28　用 51 个元素（a）和用高场强元素和同位素比值（b）分析建立的玄武岩构造最佳分类树（Vermeesch，2006a）

每一分类下面的数字代表各类玄武岩的样品数，如 202/9/11 分别代表 IAB 202 件、MORB 9 件，OIB 11 件，"最重"的终结点用圆圈圈出

**表 4-3　玄武岩构造背景分类树分类节点的元素和替代参数**（Vermeesch，2006a）

| 分支号 | IAB/MORB/OIB | 原始分支参数 | 替代参数 1 | 替代参数 2 |
|---|---|---|---|---|
| | | 用 51 个元素的分类（图 4-28a） | | |
| 1 | 256/241/259 | $TiO_2<2.135\%$ | $P_2O_5<0.269\%$ | $Zr<169.5/10^{-6}$ |
| 2 | 248/229/43 | $Sr\geqslant156/10^{-6}$ | $K_2O\geqslant0.275\%$ | $Rb\geqslant3.965/10^{-6}$ |
| 3 | 8/12/216 | $Sr<189/10^{-6}$ | — | — |
| 4 | 221/46/42 | $TiO_2<1.285\%$ | $Al_2O_3\geqslant15.035\%$ | $SiO_2\geqslant46.35\%$ |
| 5 | 27/183/1 | $Ni<49.5/10^{-6}$ | $Cr<82/10^{-6}$ | $TiO_2<0.71\%$ |
| 6 | 19/37/31 | $MgO<9.595\%$ | $SiO_2\geqslant46.605\%$ | $Al_2O_3\geqslant113.945\%$ |
| 7 | 19/36/6 | $MgO<5.775\%$ | $Al_2O_3\geqslant17.03\%$ | $CaO<10.02\%$ |
| 8 | 7/34/5 | $Rb<3.675/10^{-6}$ | $Na_2O\geqslant4\%$ | |
| | | 用稀土、高场强元素和同位素比值分类（图 4-28b） | | |
| 1 | 256/241/259 | $TiO_2<2.135\%$ | $Zr<169.5/10^{-6}$ | |
| 2 | 250/229/44 | $TiO_2<1.0455\%$ | $Zr<75.5/10^{-6}$ | $Y<22.9/10^{-6}$ |
| 3 | 177/35/1 | $^{87}Sr/^{86}Sr\geqslant0.703175$ | — | — |
| 4 | 73/197/43 | $^{87}Sr/^{86}Sr\geqslant0.703003$ | $^{143}Nd/^{144}Nd<0.5130585$ | $Nd\geqslant12.785/10^{-6}$ |
| 5 | 66/51/41 | $Nb<5.235/10^{-6}$ | $TiO_2<1.565\%$ | $Zr<100.5/10^{-6}$ |
| 6 | 23/31/41 | $Yb\geqslant2.17/10^{-6}$ | $La\geqslant0.325/10^{-6}$ | $Sm\geqslant3.705/10^{-6}$ |

　　Vermeesch（2006b）用上述分析资料对有关玄武岩构造背景的传统判别图解进行了修正，对上述已知构造属性、测定了 45 个主、微量元素含量的 756 件玄武岩样品采用了更严格的统计方法——线性判别分析和二次判别分析。判别分析是假定多变量正态性（multivariate normality），如果所有的构造背景分类具有相同的协方差结构，则所确定的分类界线是线性的，称为线性判别分析（linear discriminant analysis，LDA），与此相反则为二次判别分析（quadratic discriminant analysis，QDA），它允许构造背景分区有不同的协方差结构。为了避免地球化学数据的零和（constante-sum）所产生的统计问题，所选择的数据在统计分析前均转换为对数比值。用上述方法产生了 14190 个三元判别图解，对它们的穷举分析（exhaustive exploration）获得了 Ti-Si-Sr 系统为最好的线性判别图（LDA），Na-Nb-Sr 系统为最好的二次判别图解（QDA）。Vermeesch（2006b）认为它们中最好的线性和二次判别图解分别是不活动元素 Ti-V-Sc 和 Ti-V-Sm 三元图解（图 4-29）。上述方法减少了判别分析的错判，判别函数是线性结合，它使不同构造背景分类之间相对于每一类型内部的变化最大化。

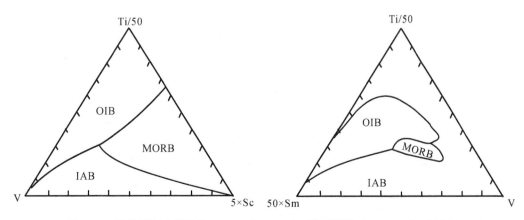

图 4-29　玄武岩构造背景的 Ti-V-Sc 与 Ti-V-Sm 判别图解（Vermeesch，2006b）

OIB. 洋岛玄武岩；IAB. 岛弧玄武岩；MORB. 洋中脊玄武岩

### 6. 前寒武纪玄武岩构造背景的识别

对太古宙和元古宙绿岩带中的玄武岩研究表明（Condie，1986，1989），其地球化学特点与现代弧系统的玄武岩很相似，因此，形成这些岩石的构造背景可以用不活动元素的浓度和比值进行识别。图4-30是识别不同构造背景玄武岩的流程，表4-4是流程各步骤节点相关元素的浓度和比值。根据该流程，可用五个连续步骤将不同构造背景的玄武岩区分开，第一步的参数可有效区分板内玄武岩（WPB）与弧玄武岩（ARCB），过渡型洋中脊玄武岩（T-MORB）和富集型洋中脊玄武岩（E-MORB）与板内玄武岩分在一组，而多数普通型洋中脊玄武岩（N-MORB）与弧玄武岩在一组；第二步是将第一步中与板内玄武岩在一组的普通型洋中脊玄武岩分开；第三和第四步是将普通型洋中脊玄武岩与弧玄武岩和岛弧玄武岩-岛弧中钙碱性玄武岩与大陆边缘钙碱性玄武岩分别分开；第五步分辨能力最低，可将岛弧中钙碱性玄武岩与大陆边缘钙碱性玄武岩分开。

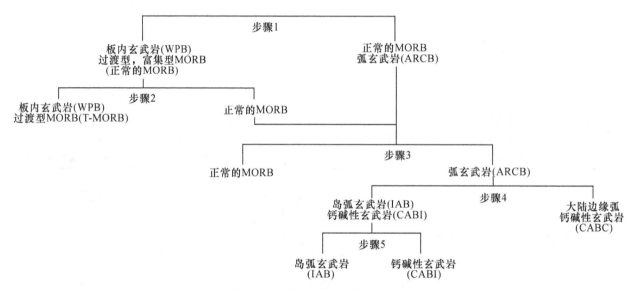

图 4-30　太古宙—元古宙界线玄武岩构造背景分类流程（Condie，1989）

**表 4-4　太古宙—元古宙分界玄武岩的构造背景分类筛选的相关参数**（Condie，1989）

| 步骤 1 | WPB-MORB | ARCB-NMORB |
| --- | --- | --- |
| 一级 | | |
| Nb/La | >1 | ≤1 |
| Hf/Ta | <5 | ≥5 |
| La/Ta | ≤15 | >15 |
| Ti/Y | ≥350 | <350 |
| 二级 | | |
| Ti/V | >30 | ≤30 |
| $TiO_2$/% | >1.25 | ≤1.25 |
| Ta/$10^{-6}$ | >0.7 | ≤0.7 |
| Nb/$10^{-6}$ | >12 | ≤12 |
| 步骤 2 | WPB, T-EMORB | NMORB |
| Hf/Th | <8 | ≥8 |
| Ce/Nb | ≤2 | >2 |
| 步骤 3 | NMORB | ARCB |
| Th/Yb | ≤0.1 | >0.1 |

续表

| 步骤3 | NMORB | ARCB |
|---|---|---|
| Th/Nb | ≤0.07 | >0.07 |
| Nb/La | >0.8 | ≤0.8 |
| Hf/Th | ≥8 | <8 |
| 步骤4 | IAB-CABI | CABC |
| Zr/Y | <3 | ≥3 |
| Ta/Yb | ≤0.1 | >0.1 |
| 步骤5 | IAB | CABI |
| Th/Yb | ≤0.3 | >0.3 |
| Ti/Zr | ≥85 | <85 |
| La/Ta | >50 | ≤50 |

注：WPB. 板内玄武岩；ARCB. 弧玄武岩；IAB. 岛弧玄武岩；CABC. 大陆边缘钙碱性玄武岩；CABI. 岛弧钙碱性玄武岩。

　　根据上述地球化学特点，构建了太古宙和元古宙不同构造背景的玄武岩的 Th/Yb-Ta/Yb 识别图（Condie，1989；图 4-31a、b），可以看出，多数样品投影于或靠近于与弧有关的区域，与元古宙玄武岩相比较，太古宙玄武岩的 Th/Yb 值较低，Ta/Yb 值较高。

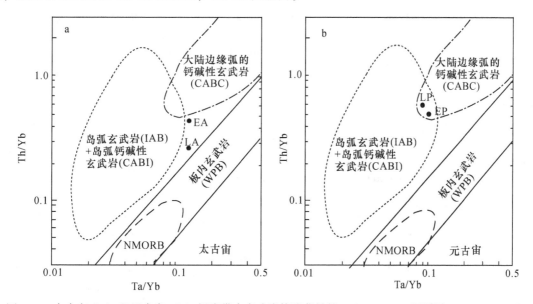

图 4-31　太古宙（a）和元古宙（b）绿岩带中玄武岩构造背景的 Th/Yb-Ta/Yb 识别图（Condie，1989）
EA. 早太古代玄武岩平均；LA. 晚太古代玄武岩平均；EP. 早元古代玄武岩平均；LP. 晚元古代玄武岩平均

## 二、蛇绿岩（ophiolite）

　　蛇绿岩不是一个岩石名称，在 1972 年的彭罗斯（Penros）会议上给出了蛇绿岩的定义，它是产于扩张洋脊的洋壳+地幔的岩石组合或岩套（或洋壳和地幔的碎片），从下向上包括：超镁铁岩，如方辉橄榄岩、二辉橄榄岩、纯橄岩等；块状或层状辉长杂岩，包括橄榄岩和辉石岩；镁铁质席状岩墙杂岩；镁铁质火山岩，一般具枕状构造。与其共生的有条带状放射虫硅质岩、薄层页岩和少量深海碳酸盐、豆荚状铬铁矿及富钠长英质火山岩和深成岩（Coleman，1977）。蛇绿岩是造山带研究中寻找古洋壳，恢复古板块构造格局的核心问题之一（张旗，2001）。

　　蛇绿岩的内部构造、地球化学特性及侵位机制变化很大，它们的差别受控于四种因素（Dilek and Furnes，2014）：①其岩浆形成阶段是靠近地幔柱还是海沟；②洋脊扩张的速度、几何学和性质；③地幔的成分、温度和饱满度；④可利用的流体。保存在蛇绿岩中的洋壳可以在洋盆演化的任何一种构造背景形成，从裂解-漂移和洋底扩张阶段到俯冲开始（subduction inition）和终端闭合（terminal closure）。一个蛇绿岩可由下行大洋岩石圈通过俯冲增生侵位，或在俯冲带上通过海沟-大陆碰撞侵位。俯冲带构造是蛇绿岩中火成岩演化的和其侵位到大陆边缘的最重要控制因素。

　　蛇绿岩的分类方案很多，2014 年 Dilek 和 Furnes 根据与俯冲作用的关系，将蛇绿岩分成两大类，一是与俯冲无关的，二是与俯冲有关的。它们又可再划分为五类，其中与俯冲无关的可划分为大陆边缘型（CM）、洋中脊型（MOR）和地幔柱型（P）三类；与俯冲有关的可划分为俯冲带上型（SSZ）和火山弧型（VA）两类，这些类型又可再细分出五个亚类（表 4-5）。

**表 4-5　蛇绿岩构造背景的类型和地球化学特征**（Dilek and Furnes，2014）

| 蛇绿岩类型与构造背景 | | | 蛇绿岩/现代实例 | 地球化学亲和性 | 矿物结晶顺序 |
|---|---|---|---|---|---|
| 与俯冲无关 | 大陆边缘型 CM | | Ligurian 和西阿尔卑斯蛇绿岩；Jormua（芬兰） | N-MORB；E-MORB；P-MORB 和 C-MORB 熔岩 | 橄榄石+斜长石+单斜辉石 |
| | 洋中脊型 MOR | 地幔柱末端的 MOR | Macquarie 脊；Masiriah（阿曼） | N-MORB（DMM）到 E-MORB 熔岩 | 橄榄石+斜长石 |
| | | 靠近地幔柱的 MOR | 冰岛 | N-MORB 和 P-MORB 熔岩 | 橄榄石+斜长石+单斜辉石 |
| | | 靠近海沟的 MOR | Taitao（智利） | N-MORB，E-MORB±C-MORB 熔岩 | 橄榄石+斜长石+单斜辉石 |
| | 地幔柱型 P | | Nicoya（哥斯达黎加）；Bolivar（哥伦比亚） | P-MORB 熔岩 | 橄榄石+斜长石+单斜辉石±斜方辉石 |
| 与俯冲有关 | 俯冲带上型 SSZ | 弧前型 | 特鲁多斯（塞浦路斯）；Kizildag（土耳其）；Semail（阿曼）；Betts Cove（加拿大） | 弧前玄武岩 FAB（似 MORB），岛弧拉斑质（IAT）到玻安质熔岩 | 橄榄石+斜长石+单斜辉石+斜方辉石和橄榄石+单斜辉石+斜长石 |
| | | 弧后型（大陆或海洋） | Rocas Verdes（智利）；Solund-Stavjord（挪威） | 弧后盆地玄武岩 BABB | 橄榄石+斜长石+单斜辉石和橄榄石+单斜辉石+斜长石 |
| | 火山弧型 VA | | Smartville（加利福尼亚）；Itogon（菲律宾） | 岛弧拉斑质（IAT）到钙碱质熔岩，英云闪长岩，闪长岩中地壳 | 橄榄石+斜长石+单斜辉石和橄榄石+单斜辉石+斜长石 |

　　这些不同构造背景的蛇绿岩在微量元素蛛网图（对洋中脊玄武岩 MORB 标准化）及不活动元素图解 Th/Yb-Ta/Yb 中显示了不同的型式和较大的变化范围，因而可用此图解区分它们（Dilek and Furnes，2014；Pearce，2014）（图 4-32）。在图 4-32a 中，与俯冲无关的蛇绿岩，从大陆边缘型的近平坦型，变化到地幔柱型的陡倾斜型，洋中脊型的特点处于两者过渡。与俯冲有关的蛇绿岩，火山弧型与俯冲带上型相比，不相容元素明显降低，Pb 呈明显正异常，Nb 呈负异常。俯冲历史的长短可能是控制因素，火山弧型一般经历了较长的俯冲历史（20~30Ma），而俯冲带上型则较短（<10Ma）。

　　按洋脊类型，Pearce 等（1984）将蛇绿岩分为四种类型，2014 年又进一步将蛇绿岩划分为六种类型（Pearce，2014）：①正常洋脊型，N-MORB，不受地幔柱和俯冲影响；②地幔柱有关的洋脊型，P-MORB；③大陆边缘型，E-MORB；④俯冲开始-弧前玄武岩，FAB；⑤弧后盆地型-弧后盆地玄武岩，BABB；⑥洋脊俯冲型，洋脊俯冲也能形成蛇绿岩 C-MORB，混染的蛇绿岩。Pearce（2008，2014）强调要用不活动的微量元素做蛛网图（以 N-MORB 标准化），图中剔除了常用的 Rb、K、Ba、Sr、P、Pb

等，因为它们是活动的。在不活动微量元素蛛网图中，这六种类型蛇绿岩的分布型式明显不同（图4-33）。该图的斜率Nb/Yb是岩浆碱度的代表；图中右半边的Ti/Yb的高低（正或负斜率）是与地幔柱关系的代表；图中左边开始的Th/Nb是俯冲输入物质的代表，Nb负异常，以及高Th/Nb值和低Ti指示与俯冲带有关。

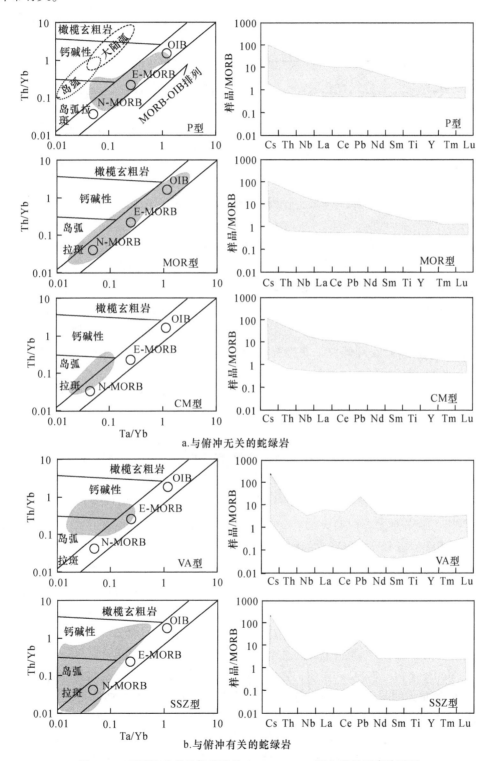

图4-32 不同构造背景蛇绿岩的Th/Yb-Ta/Yb图和微量元素蛛网图
（Dilek and Furnes，2014，略有简化）

图中深色阴影区为相关类型蛇绿岩的分布范围，浅色阴影区为相应的微量元素分布，特点见表4-5

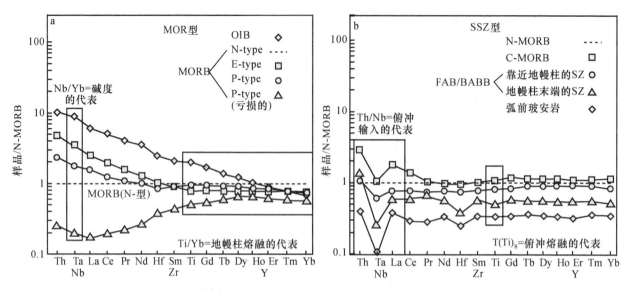

图 4-33　不同类型蛇绿岩的不活动微量元素蛛网图（Pearce，2014）

我国蛇绿岩分布较广，主要分布于西部、西南部和北部，形成时代从元古宙至新生代。肖序常等（1991，1995）按扩张速度将蛇绿岩的构造背景分为快速、中速、中慢速和极慢速四种类型。在我国蛇绿岩文献中，MORB 型和俯冲带之上型（SSZ）较为常见。

西藏地区存在南北两条蛇绿岩带。南带（日喀则）蛇绿岩中玄武岩稀土元素分析结果均显示稀土元素亏损型型式，$(Ce/Sm)_N$ 范围为 0.57~0.83，平均 0.72，表明南带玄武岩应属洋中脊型，这条蛇绿岩带应代表古地中海大洋型岩石圈碎块。北带玄武岩则具有三种稀土元素分布型式：N 型（正常型），$(La/Sm)_N = 0.5$；T 型（过渡型），$(La/Sm)_N \sim 1$；E 型（富集型），$(La/Sm)_N > 2$。表明此带可能代表大陆裂谷转化为小洋盆阶段形成了大洋岩石圈的一部分，小洋盆的封闭没有伴随俯冲作用，蛇绿岩属热点或热地幔柱，有的学者认为这里属弧后盆地。

# 三、钾质火成岩

钾质火成岩（$K_2O/Na_2O$ 分子比 ≥1；在 $SiO_2$ 为 50% 时，$K_2O > 1\%$，$K_2O/Na_2O$ 分子比 <1），其中常见的是橄榄玄粗岩（或称钾玄岩）系火成岩（shoshonite），它常由 $K_2O$-$SiO_2$ 图解确定（Peccirello and Taylor，1976）。橄榄玄粗岩系火成岩形成的构造背景主要有两种，大多数是岛弧及活动大陆边缘，它与岛弧拉斑玄武岩系、钙碱系、高钾钙碱系岩石密切伴生，但在层位上更高、时代更趋年轻，产出位置距海沟较远，位于较深的俯冲带上。如地中海 Aeolian 岛弧，斐济、巴布亚新几内亚、印度尼西亚巽他岛弧等；另一种为大陆边缘内侧或大陆内部活动带，如深大断裂、裂谷或类裂谷带，实例为东非裂谷、外贝加尔、我国郯庐断裂带、长江中下游、新疆西天山等（王德滋等，1992；赵振华等，2002；Zhao et al.，2004；赵振华等，2006）。对世界各地新生代（<60Ma）的钾质火成岩的综合研究（Joplin，1968；Marrison，1981；Muller et al.，1992）表明，它们产出的构造背景较多样，从大陆到洋壳和板内等均有分布，其中一些与俯冲无明显关系。综合起来，它们产出的构造背景可划分五种主要类型：大陆弧 CAP、后碰撞弧 PAP、初始洋弧 IOP 和晚期洋弧 LOP、板块内部 WIP（图 4-34）。Gill 等（2004）将其构造环境划分为三类：洋内岛弧、弧后盆地中的传播裂谷（propagating rift）及后碰撞造山环境。

由于其成分的特殊性，不能用普通火成岩的构造背景判别图，这是因为钾质火成岩的显著特点是亏损高场强元素（HSFE）中的 Ti、Nb、Ta，即呈 TNT 负异常。在 Ti-Zr 和 Ti-Zr-Y 图解中钾质火成岩处于所确定的各种构造之外，而 Ti-Zr-Sr 图解不能将产于板内背景的和产于与俯冲有关的钾质火成岩区分开，在这种图解中多数钾质火成岩被错投于钙碱性区域，后碰撞背景被错划为洋壳玄武岩区。此外，由

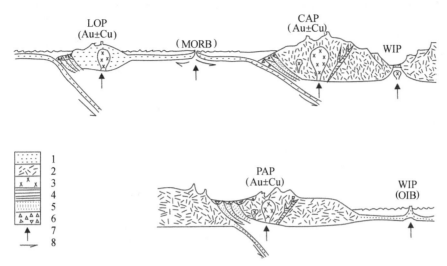

图 4-34 钾质火成岩产出的构造背景简图（据 Muller and Groves，1997 的图修改）

1. 洋壳；2. 大陆壳；3. 钾质岩浆侵位；4. 煌斑岩脉；5. 细粒碎屑沉积物；6. 角砾；7. 岩浆上升带；
8. 板块相对运动；WIP. 板块内部；CAP. 大陆弧；PAP. 后碰撞弧；LOP. 晚期洋弧

于 Sr 的活动性也使该判别图应用受到限制。对于 Zr/Y-Zr 图解，产在大陆弧和洋内构造背景和与俯冲有关的钾质火成岩被错判为洋中脊内（MORB）玄武岩和板内玄武岩。在 Hf/3-Th-Ta 图解中几乎所有钾质火成岩，即使那些已知产于板内构造的，都被错误地判别为与俯冲有关。

鉴于上述原因，Muller 等（1992）提出了用于钾质火成岩的构造背景判别图，它主要基于不活动元素的简单比值，并制定了一个判别流程图（图 4-35）：第一步在确认样品主成分属钾质火成岩后，将样品投入 Zr/Al$_2$O$_3$-TiO$_2$/Al$_2$O$_3$ 图和 TiO$_2$-Al$_2$O$_3$ 图或 Y-Zr 图（图 4-36a、e、f），区分出板内构造背景的样品；第二步将非板内构造背景的样品投入 Zr/Al$_2$O$_3$-TiO$_2$/Al$_2$O$_3$ 图（图 4-36b）或 TiO$_2$/100-La-Hf×10 图（图 4-36g），区分出大洋弧岩 LOP+IOP 石；第三步将属于大洋弧的样品投入 Zr/Al$_2$O$_3$-P$_2$O$_5$/Al$_2$O$_3$（图 4-36c）或 TiO$_2$/10-La×10-P$_2$O$_5$/10 图（图 4-36h），区分出初始和晚期洋弧；最后，将剩余样品投入到 Ce/P$_2$O$_5$-Zr/TiO$_2$（图 4-36d）或 Zr×3-Nb×50-Ce/P$_2$O$_5$ 图解中（图 4-36i），区分出大陆弧和后碰撞弧的钾质火成岩。

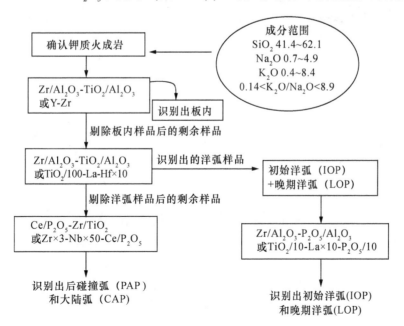

图 4-35 钾质火成岩构造背景判别步骤图（据 Muller and Groves，1997 改编）

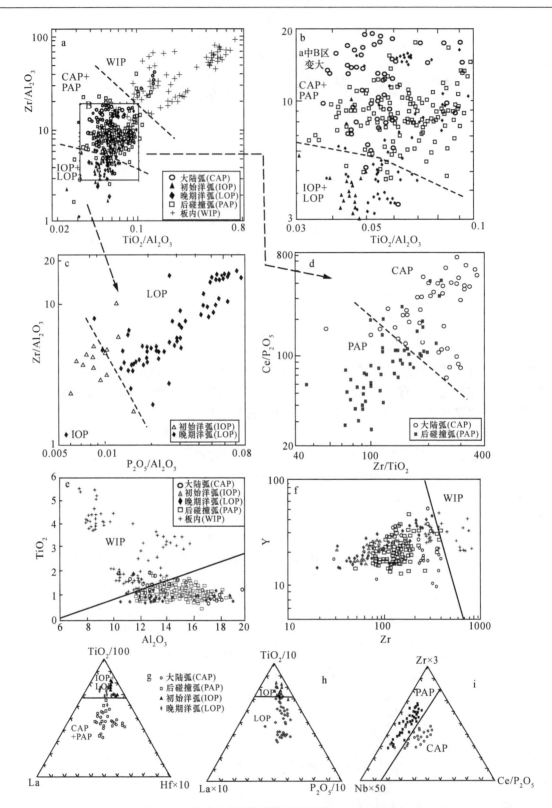

图 4-36　钾质火成岩构造背景判别图（Muller，1997）

a. Zr/Al$_2$O$_3$-TiO$_2$/Al$_2$O$_3$；b. Zr/Al$_2$O$_3$-TiO$_2$/Al$_2$O$_3$；c. Zr/Al$_2$O$_3$-P$_2$O$_5$/Al$_2$O$_3$；d. Ce/P$_2$O$_5$-Zr/TiO$_2$；e. TiO$_2$-Al$_2$O$_3$；f. Y-Zr；g. TiO$_2$/100-La-Hf×10；h. TiO$_2$/10-La（10-P$_2$O$_5$/10；i. Zr×3-Nb×50-Ce/P$_2$O$_5$。WIP. 板块内部；CAP. 大陆弧；PAP. 后碰撞弧；IOP. 初始洋弧；LOP. 晚期洋弧

　　在世界范围内，大陆弧钾质火成岩的代表是安第斯火山带以及地中海中意大利 Aeolian 群岛和罗马省火山岩。这种构造背景与平缓角度的俯冲和较宽的贝尼奥夫带有关。后碰撞弧的典型代表是西阿尔卑

斯、东阿尔卑斯（奥地利）、巴布亚新几内亚、伊朗和罗马尼亚的火山岩。这种构造背景代表了与俯冲有关的岩浆作用的复杂情况。例如，由于复杂的岩浆活动和构造隆起产生地壳加厚，在碰撞后钾质火成岩侵位，随后为碱性火山岩。在这种构造背景下，伸展构造体制的发展是隆升构造发展的结果。

　　南太平洋的斐济群岛、巽他弧和新赫布里底群岛是晚期洋弧的代表。钾质火成岩是低钾拉斑玄武岩或钙碱性岩石之后喷发的，它们是一个海洋岩石圈俯冲到另一个海洋岩石圈之下，与大陆弧相比其俯冲角度较陡，俯冲距离较短。

　　Gill 等（2004）提出橄榄玄粗岩主要形成于三种构造背景：第一是洋内岛弧和弧后盆地中的传播裂谷（propagating rift），常与钙碱性火山岩组合，如斐济和伊豆-小笠原-马里亚纳弧系统；第二是大陆弧中的裂解作用，常与低-中-高钾钙碱性火山岩组合，如 Cascades 以及后俯冲裂解作用区；第三是后碰撞造山环境，如西藏和阿尔卑斯，与此密切的侵入体在古碰撞带也有发现。Gill 等（2004）用 Ce-Yb 区分各种不同构造背景的橄榄玄粗岩和与之组合的钾质火成岩。区分大陆弧或后碰撞与大洋弧的 Ce/Yb 值为 46.5。在图 4-37 中，不同环境的钾质和橄榄玄粗岩位于多个不同区域，显示了其形成构造环境的多样性。目前，需要一个统一的假说来解释橄榄玄粗岩形成构造背景的多样性（Gill，2010）。

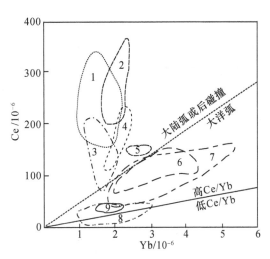

图 4-37　钾质和橄榄玄粗岩构造背景 Ce-Yb 图

（Gill *et al.*，2004）

1. 西藏；2. 西北阿尔卑斯超钾岩；3. 卡斯卡德斯（Cascades）；4. 巽他弧钾质系列岩石；5. 西北阿尔卑斯橄榄玄粗岩；6. 马里亚纳橄榄玄粗岩；7. 意大利埃奥利弧（Aeolian）；8. 斐济；9. 波多黎各

# 四、安　山　岩

## 1. 安山岩

　　目前，有关安山岩的构造背景判别图很少。Bailey（1981）提出用 La/Yb-Sc/Ni 区分四种构造类型的安山岩：低钾大洋岛弧安山岩、大陆岛弧安山岩、其他大洋岛弧安山岩、安第斯型（活动大陆边缘）安山岩（图 4-38）。La/Yb 值可作为度量岩浆形成过程中大陆地壳物质参与的程度。Condie（1986，1989）用现代安山岩的分析资料给出了不同构造背景安山岩的微量元素地球化学参数（表 4-6），包括了原始弧安山岩 PAA、岛弧安山岩 IAA、大陆边缘弧安山岩 CMA 和安第斯安山岩 AA。前寒武纪安山岩地球化学特点基本与现代安山岩相似，但太古宙安山岩突出特点是亏损 HREE 和 Y。根据上述参数，用 La/Yb-Th 和 La/Yb-Th/Yb 图解划分了早元古代和元古宙—太古宙边界的安山岩的构造背景（图 4-39），可见从原始弧安山岩→岛弧安山岩→大陆边缘弧安山岩→安第斯安山岩，La/Yb 值明显增加，早、晚太古代安山岩主要投影于大陆边缘弧，而早、晚元古代安山岩主要投影于岛弧，只有很少太古宙和元古宙的安山岩样品投影于安第斯安山岩区，没有样品投影于原始弧安山岩中。另一特点是太古宙安山岩的 La/Yb 和 Th/Yb 平均值高于元古宙安山岩，这种差异是由于太古宙安山岩是由下沉的镁铁质地壳部分熔融形成，残留相为角闪石/石榴子石，而元古宙安山岩是由玄武岩分离结晶形成（Condie，1989）。

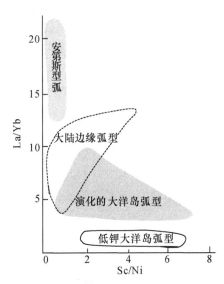

图 4-38　安山岩的构造背景 La/Yb-Sc/Ni 判别图解（Bailey，1981；Condre，1986）

表 4-6　现代安山岩的构造背景分类筛选参数（Condie，1989）

| 参数 | PAA（原始弧安山岩） | IAA（岛弧安山岩） | CMA（大陆边缘弧安山岩） | AA（安第斯安山岩） |
|---|---|---|---|---|
| Th | ≤1 | 1~3 | 2~5 | 4~8 |
| La | 2~5 | 5~15 | 10~25 | 20~40 |
| La/Yb | ≤0.8 | 0.5~3 | 1~4 | 3~7 |
| Zr/Y | ≤3 | 3~7 | 4~12 | 12~50 |
| Ti/V | ≤30 | 20~40 | 20~50 | 20~70 |
| Hf/Yb | ≤1 | 1~3 | 1~3 | ≥3 |
| Ti/Zr | >50 | 40~50 | 40~50 | ≤40 |

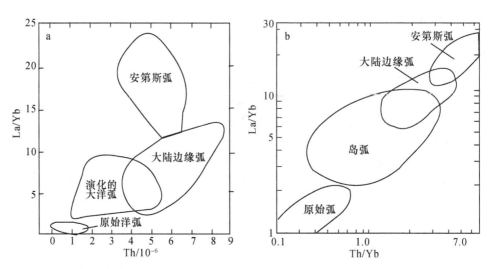

图 4-39　早元古代（a）和元古宙—太古宙边界（b）的安山岩构造背景的 La/Yb-Th
和 La/Yb-Th/Yb 判别图解（Condie，1986，1989）

### 2. 中性岩—中酸性岩

对已发表的 26 个不同地区的产于洋弧、活动陆缘和板内火山带等构造背景的长英质到中性火山岩进行微量和稀土元素分析，不相容元素 Ta、Th 与 Yb 被选为构造背景判别标准，建立了这类火成岩的构造背景的 Th/Yb-Ta/Yb 和 Th/Ta-Yb 判别图（Goton and Schandl，2000）。由于 Ta、Th 和 Yb 在中性到长英质岩石中不相容程度的差异，产于与俯冲背景有关的弧岩石，与产于其他构造背景的地幔来源的岩石相比较，其 LREE/HFSE（轻稀土元素比高场强元素）和 LILE/HFSE（大离子亲石元素比高场强元素）值明显高，分析资料表明，产于不同构造背景的长英质和中性火山岩的 Th/Ta 值有明显差异，板内为 1~6，活动陆缘>6~20，洋弧>20~90。可见，Th 含量的增加是弧岩浆成分加入的明显标志（Th 主要来自俯冲板片上的沉积物）。在 Th/Yb-Ta/Yb 图解中，与俯冲有关的玄武岩基本沿平行于 Th/Yb 轴方向分布，而板内玄武岩 WPB 和洋中脊玄武岩 MORB 沿斜率为 1 的对角线分布。因此，在 Th/Yb-Ta/Yb 图解（图 4-40a）和 Th/Ta-Yb（图 4-40b）中可将产于洋弧、活动陆缘和板内的中性岩-长英质岩石区分开。

# 五、埃 达 克 岩

埃达克岩（adakite）是 20 世纪 90 年代发现的一种新类型的中酸性岛弧火成岩（Defant and Drummond，1990），随后引起了广泛关注。在岛弧带，埃达克岩及与其密切组合的富铌岛弧玄武岩（NEB）和富镁安山岩（MA 或 HMA）的发现，使得对俯冲带地区的火成岩组合及其岩浆形成作用有了更深刻

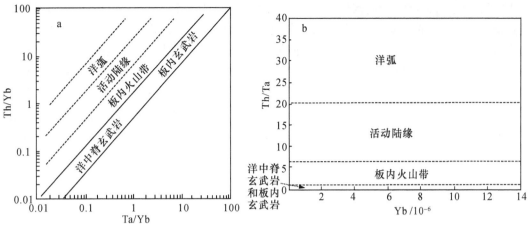

图 4-40　区分中性岩-长英质岩石构造背景的 Th/Yb-Ta/Yb（a）和 Th/Ta-Yb（b）
图解（据 Goton and Schandl，2000，略有修改）

的认识。

埃达克岩家族的发现，表明它们是由俯冲洋壳板片熔融形成，该模式打破了俯冲带火成岩单一成因的传统模式，即俯冲板片脱水，形成富水和大离子亲石元素的流体，这种流体与地幔楔相互作用而使地幔楔部分熔融成地幔楔熔体，形成正常的岛弧钙碱性火山岩：玄武岩-安山岩-英安岩-流纹岩组合（BADR）。随着研究的深入，非岛弧环境形成的埃达克岩也相继发现，如与底侵作用有关的埃达克岩（Atherton and Petford，1993；Petford and Atherton，1996；赵振华等，2006；Zhao et al.，2008）。Defant（2001）提出了形成埃达克岩的六种构造背景：①地幔中的残留板片（remnant slabs）熔融，即过去俯冲的板片加入到地幔中，如希腊 Evia，加利福尼亚湾 San Esteban 岛；②斜或快速俯冲（8~10cm/a），如阿留申、堪察加、菲律宾棉兰老岛东；③弧-弧碰撞，如巴布亚新几内亚，棉兰老岛中部；④俯冲开始（initiation of subduction），冷板片首次插入到热地幔中，温度升高、发生部分熔融形成，如棉兰老岛东部和南部；⑤板片撕裂（slab tears），如堪察加、格林纳达 Lesser Antillies、哥斯达黎加；⑥平缓俯冲（flat subduction），如厄瓜多尔、秘鲁。

# 六、花岗岩类

## （一）花岗岩类

花岗岩类分类的重要发展趋势是按其形成的构造背景进行分类。早在 1976 年，Streckeisen 依据标准矿物进行的花岗岩分类就提出了构造背景的信息，Debon 和 Le Fort（1982）提出的特征矿物图解也包含着化学成分的矿物分类所固有的构造背景信息。最为突出的是 Pitcher（1983）把 I 型和 S 型花岗岩原来的成因概念扩展为构造背景，S 型是大陆碰撞产物，I 型是科迪勒拉和造山后隆起背景的产物，A 型和 M 型则分别是非造山和大洋弧背景。在上述各种分类中一般仅是依据少数变量，且变量不是按构造背景分类目的而选择的。英国学者 Pearce 等（1984）从已经过详细地质、地球化学研究的构造背景出发，以它们的地球化学和矿物组合特征为基础，同时以构造背景为判别目标，建立了包括 600 个化学成分的数据库，其中微量元素是主要的，包括 K、Rb、Sr、Y、Zr、Nb（有时包括 Ce、Ba）、RE、Hf、Ta、Th。Pearce 等（1984）所选择的这些花岗岩的构造背景是经多种研究资料确定的，分别为洋脊型、火山弧型、板块内部型和板块碰撞型四种。它们的主要特点如下。

洋脊型（ORG）：包括正常洋脊（N 型）、异常洋脊、弧后盆地洋脊和弧前盆地（俯冲带上）洋脊；

火山弧型（VAG）：拉斑玄武岩为主的大洋弧、钙碱性火山岩为主的大洋弧、活动大陆边缘火山弧；

板块内部型（WPG）：陆内环状杂岩和地堑、减薄陆壳、大洋岛屿；

　　板块碰撞型：包括陆-陆碰撞同构造，陆-陆碰撞构造后，陆-弧碰撞同造山。

　　在建立花岗岩类的构造背景判别图中，采用理想的洋脊花岗岩为作图标准化成分，因为它是由正常洋中脊玄武岩经分离结晶作用形成的，这种标准成分代表的是未受地幔富集影响的对流上地幔，经历了斜长石-橄榄石-单斜辉石-磁铁矿的简单结晶作用，未受地壳熔融、同化或挥发分作用过程影响。

　　当所研究的花岗岩用这种标准成分的花岗岩进行标准化作图时，若图形偏离平坦图式，则表明该花岗岩偏离了上述形成过程。此外，由一种构造背景到另一种构造背景，花岗岩的标准成分发生系统变化。上述四种构造背景花岗岩微量元素标准化后的形式如图 4-41 所示。

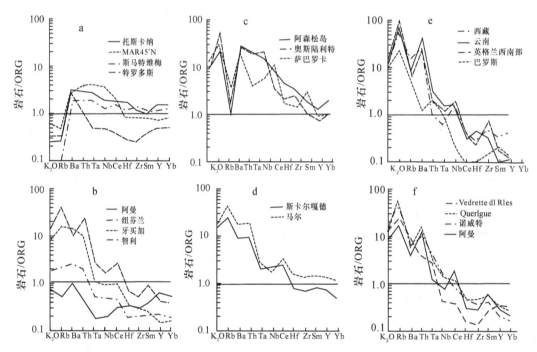

图 4-41　以洋脊花岗岩（ORG）为标准的不同构造背景花岗岩的微量元素分布型式（Pearce *et al.*, 1984）

a. 洋脊花岗岩；b. 火山弧花岗岩；c. 板内花岗岩；d. 板内花岗岩（侵入衰减的大陆岩石圈）；e. 同碰撞型花岗岩；f. 后碰撞花岗岩

　　不同构造背景花岗岩的微量元素组合特点如下。

　　洋脊花岗岩：标准化后图式呈平坦型，大多数正常洋脊花岗岩微量元素标准化值近于 1，K、Rb 明显亏损；异常洋脊花岗岩（大西洋中脊 45°N）以 Th、Ta、Nb、Ce 丰度高而偏离平坦图式；俯冲带洋脊花岗岩（特罗多斯）Ta、Ba 含量高，K、Rb 含量较低。

　　火山弧花岗岩：Ta、Nb、Ce、Hf、Sm、Zr、Y、Yb 等含量低，均低于标准洋脊花岗岩，Ba、Th 略有富集。

　　板内花岗岩：以明显亏损 Ba 和富集其余 11 种微量元素为特征，其中 K、Rb、Th、Ta 富集更为明显。

　　碰撞型花岗岩：与大多数钙碱性火山弧花岗岩微量元素相似，以 Rb 明显富集为特征，K、Th 含量也较高，Ba 相对亏损，但 Ce、Hf、Zr、Sm、Y、Yb 等明显低于洋脊花岗岩。

　　Pearce 等（1984）认为，在上述图解中不能判别后碰撞（post-collision）花岗岩。

　　根据上述不同构造背景所产生的花岗岩微量元素组成可以看出，Rb、Y（或 Yb）、Nb（Ta）等元素是判别花岗岩构造背景最有效的元素，据此，Pearce 等（1984）提出了 Nb-Y、Ta-Yb、Rb-（Y+Nb）、Rb-（Yb+Ta）等判别图解（图 4-42）。1996 年，Pearce 在花岗构造背景判别的 Rb-（Y+Nb）图解中划出了后碰撞（post-colliesion，图 4-42 中圆圈圈出的区域）构造背景的区域，它位于同碰撞、火山弧和板内三区域的交界处，该区域处于火山弧与板内背景的过渡，它是板块活动边缘→板块碰撞到板内构造演化的重要过渡，是造山晚期到后造山→非造山的重要过渡期，在构造体制演化中具有重要意义（讨论见后）。

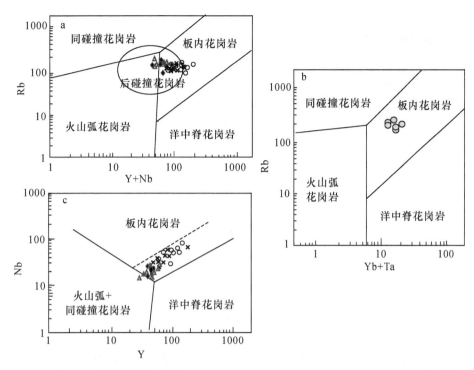

图 4-42　花岗岩构造背景的 Rb-Y+Nb（a）、Rb-Yb+Ta（b）和 Nb-Y（c）判别图
（Pearce *et al.*，1984，1996；赵振华等，2006）

在这些图解中，根据花岗岩成岩模型（部分熔融，分离结晶）计算出不同构造背景条件下花岗岩成岩轨迹参数，结合已知构造背景，可在上述各判别图解中划分出不同构造背景的分界线，图中给出了不同构造背景花岗岩的分布区及其坐标参数。

Harris 等（1986）提出了用 Hf-Rb/10-Ta×3 三角图解区分洋脊花岗岩、火山弧花岗岩和板内花岗岩，但碰撞花岗岩落在火山弧花岗岩和板内花岗岩界线上（图 4-43a），用 Hf-Rb/30-Ta×3 三角图解（图 4-43b）可区分火山弧花岗岩、板内花岗岩和碰撞花岗岩，并将碰撞花岗岩划分为同碰撞花岗岩、晚期碰撞花岗岩和后碰撞花岗岩。

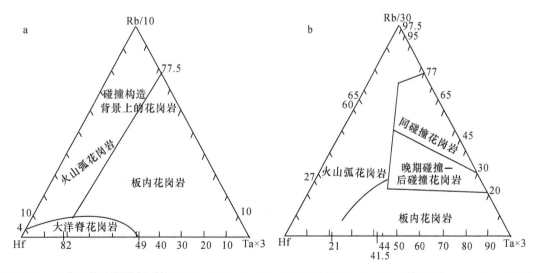

图 4-43　花岗岩构造背景判别的 Hf-Rb/10-Ta×3（a）和 Hf-Rb/30-Ta×3（b）图解（Harris *et al.*，1986）

## （二） 碱性（A 型）花岗岩

碱性（A 型）花岗岩特点是富碱，高 $K_2O/Na_2O$ 和 $Na_2O$，低 CaO 和 $Al_2O_3$，高 Fe/ (Fe+Mg)，$(Na_2O+K_2O)/Al_2O_3$（分子比）>1.0 或 >0.95、>0.90。主要矿物有石英、钾长石，少量斜长石和富铁黑云母，常含碱性角闪石（详见本书第三章第二节）。其 "A" 代表富碱、非造山和无水（Loiselle and Wones，1979）。碱性（A 型）花岗岩是由较高温、水不饱和、完全熔融（无残留体）的岩浆形成的，它是花岗岩类中重要的岩石类型，在高侵位的深成岩中常见与之相当的火山岩，如我国闽浙沿海的 A 型流纹岩。由于碱性花岗岩产在特殊的构造背景而成为地球动力学研究的重要 "岩石探针"。对于其构造背景的研究，如果用普通花岗岩类的构造判别图，它们一般落在板内或同碰撞，或火山弧，不能反映其确切的构造背景。因此，在根据岩石化学和微量元素、稀土元素特征确定岩性属碱性花岗岩后，应采用下述图解确定其构造背景。

在 Loiselle 和 Wones 1979 年提出 A 型花岗岩的概念时，认为它形成于非造山背景（anorogenic）。随着研究的深入，A 型或碱性花岗岩还可形成于造山作用的晚期（Whalen et al.，1987；Eby，1992）。Eby（1992）提出了用于碱性花岗岩构造背景的判别图（图 4-44，图 4-45），即 Rb/Nb-Y/Nb、Sc/Nb-Y/Nb、Nb-Y-Ce、Nb-Y-3Ga 等，这些元素均是碱性花岗岩非常特征的元素，如 Nb、Rb、Ga、Y 的明显富集。图中将 A 型花岗岩划分为两种构造背景：$A_1$ 型，形成于热点、地幔柱及大陆裂谷或板内等非造山背景，具有洋岛玄武岩的地球化学特征；$A_2$ 型，形成于后碰撞、大陆边缘、岛弧或非造山等多种构造背景，具有平均陆壳到岛弧玄武岩之间的地球化学特征，源自大陆壳或经陆-陆碰撞循环的底侵地壳，或岛弧岩浆作用。

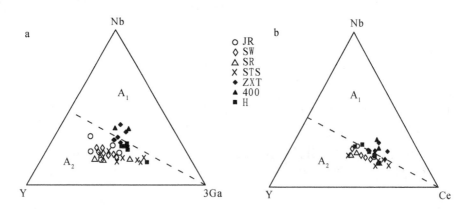

图 4-44 新疆阿尔泰碱性花岗岩类产出构造背景的 Nb-Y-3Ga (a) 和 Nb-Y-Ce (b) 判别图
（底图据 Eby，1992；赵振华等，2006）

$A_1$. 板内裂谷，地幔热点；$A_2$. 大陆边缘；JR、SW、SR 和 STS. 乌伦古地区样品；ZXT、400 和 H. 布尔根地区样品

新疆北部阿尔泰地区沿额尔齐斯-乌伦古断裂带广泛分布富碱侵入岩，主要为碱性花岗岩，其次为碱性岩、含碱性暗色矿物和不含碱性暗色矿物的正长岩类。我们（赵振华等，1993，2006；Zhao et al.，2010）对这些富碱侵入岩进行了构造背景分析，在以洋脊花岗岩标准化的图解中，富碱侵入岩明显富集 K、Rb、Th、Ta、Nb、Ce 等，而 Zr、Y、Yb 相对亏损，其分布型式与板内花岗岩相似，它们产出的构造背景分别概括如下。

在 Eby 的 Nb-Y-Ce、Nb-Y-3Ga 和 Rb/Nb-Y/Nb、Sc/Nb-Y/Nb 图解中（图 4-44，图 4-45），乌伦古岩带中带和卡拉麦里碱性花岗岩均落入 $A_2$ 区，属大陆边缘型，而乌伦古岩带东北的布尔根地区钠闪石碱性花岗岩均落入 $A_1$ 区及 $A_1$ 与 $A_2$ 过渡区，属板内裂谷或地幔热点型。这种特点也反映在它们的微量元素原始地幔标准化分布的蛛网图上，布尔根地区钠闪石碱性花岗岩无 Nb、Ta 亏损或亏损较弱，而乌伦古岩带钠闪石碱性花岗岩 Nb、Ta 亏损则较明显。因此，本区碱性花岗岩类产出的构造环境可以划分为两类，一是大陆边缘的乌伦古型，二是板内裂谷或地幔热点的布尔根型，前者属于造山晚期，而后者

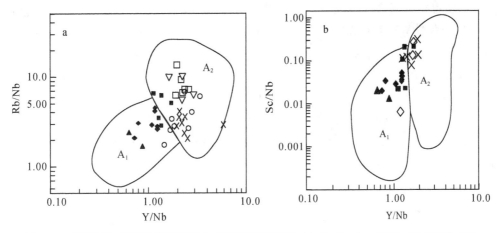

图 4-45　新疆阿尔泰碱性花岗岩类产出构造背景的 Rb/Nb-Y/Nb（a）和 Sc/Nb-Y/Nb（b）
判别图（底图据 Eby，1992；赵振华等，2006）
A₁. 板内裂谷，地幔热点；A₂. 大陆边缘；图例同图 4-44

所指地幔热点应是由于俯冲板片断离，或俯冲板片后撤，或洋脊俯冲造成的软流圈上涌，产生伸展和高热背景（讨论见后）。

根据地球物理资料，本区额尔齐斯断裂以北的阿尔泰山地壳厚度大于 55km，其南部北准噶尔地壳厚度仅为 43～44km，它们之间的地壳厚度一般为 45～50km，表明本区的富碱侵入岩带处于地幔上拱地带。同时，古地磁资料也反映，从二叠纪起额尔齐斯以南地区开始向南移动。总之，诸多资料一致说明本区富碱侵入岩带是在地壳减薄的张性背景下形成，微量元素组合的构造分析与这些结果一致。

在碱性花岗岩构造环境研究中，副矿物往往具有重要作用，我们在对浙江北部道林山钠闪石碱性花岗岩研究时，在钛铁氧化物矿物中发现了原生钛磁铁矿，在岩浆结晶过程中它形成较早，形成顺序为红闪石、铁钠透闪石、锆石、钛磁铁矿、钛铁矿。根据矿物组合，原生钛磁铁矿的形成温度很高，近于 1000℃，是在缺水环境下形成的，这为道林山碱性花岗岩形成于裂谷背景提供了重要的矿物学证据（Wang et al.，2010）。

虽然碱性花岗岩类已被广泛用作构造背景的识别标志，如非造山、裂谷、后碰撞伸展或地幔柱等，但越来越多的资料表明碱性（A 型）花岗岩类形成的构造背景是复杂多样的。目前，A 代表的意义就多种多样，可概括为（Bonin，2007），Alkaline：碱性；Anorogenic：非造山；Anhydrous：无水；Aliuminous：铝质；After：在早期花岗岩体之后的后碰撞火成岩套；Atlantic：大西洋周围的非造山区；Ambiguos：模糊的，对 A 型岩浆来源缺乏一致解释。这也相应产生了 A 型花岗岩形成构造背景的多样性。早在碱性花岗岩提出后早期的论文中，Whalen 等（1987）就提出"把 A 型花岗岩与非造山的克拉通裂谷作用相联系这一传统概念需要修正"，"这些条件绝不仅限于板内裂谷作用，也可以与平移断层作用有关，甚至与俯冲作用有关"。在 Eby（1992）的 A 型花岗岩构造背景判别图中，A₁ 和 A₂ 不是两个不连续的组，而是从后碰撞移动到跨 A₁—A₂ 的后造山，然后到板内。Bonin 等（Bonin，1990；Bonin et al.，1998）认为"PO"后造山（造山结束后很短时间）一般为 A₂，早期非造山"EA"一般跨在 A₁—A₂ 界线上。

我们对新疆北部阿尔泰布尔根钠闪石碱性花岗岩及西准噶尔克拉玛依西碱性花岗岩的同位素年龄、微量元素和同位素地球化学进行了较系统研究，布尔根钠闪石碱性花岗岩形成于 350Ma 左右，属早石炭世，区内同时期（343～360Ma）产出的有富 Nb 玄武岩、闪长岩、花岗闪长岩和石英二长岩，它们也具有偏碱-富碱特征，并呈面状分布，与区内早二叠世岩浆岩（300±Ma）之间有约 50Ma 的岩浆活动间断。据区域构造演化资料，在早石炭世本区还处于哈萨克斯坦板块向西伯利亚板块俯冲时期，很显然，用传统的碱性花岗岩形成的构造背景-板内非造山期或造山晚期难以解释。根据上述特征岩浆岩组合及空间展布特征，我们提出用俯冲板片后撤（roll back）或板片窗模型可较好解释本区碱性花岗岩的形成，俯冲板片后撤（roll back）或断离（break off）、撕裂（tear）形成板片窗（slab window），造成软流圈上涌。这种特殊的构造背景与洋岛玄武岩形成背景相似（即 $A_1$ 型），即伸展、拉张作用，同时具有高温、弱亏损–饱满的源区，如阿尔泰布尔根钠闪石花岗岩的锆石饱和温度为 880~1025℃，$\varepsilon_{Nd}(T)$ +6.78~+7.74，$\varepsilon_{Hf}(T)$ +9.86~+12.54，充分显示了其源区高温及亏损地幔的特点（Zhao et al.，2010）。西准噶尔克拉玛依西碱性花岗岩形成于 309~304Ma，同时期或略早的有 I 型花岗岩、基性岩脉群（316~309Ma）、埃达克岩（315~310Ma）和玄武岩（~315Ma），这些类型复杂、几乎同时出现的岩浆岩的形成，可用洋脊俯冲–板片窗环境解释（详见本章有关洋脊俯冲的讨论）。Geng 等（2009）认为克拉玛依西的碱性花岗岩形成与俯冲板片后撤有关。

### （三）碱性岩

涂光炽等（1984）提出了富碱侵入岩概念，它包括碱性花岗岩和传统定义的碱性岩（$SiO_2$ 不饱和、含副长石、碱性暗色矿物）。Fitton 和 Upton（1987）从构造背景上将碱性岩分为三类：大陆裂谷碱性岩、大洋和大陆板内碱性岩、与俯冲有关的碱性岩。大陆裂谷碱性岩是出露最多也是最重要的一类碱性岩，如著名的东非裂谷几乎出露所有类型的碱性岩。大陆裂谷碱性岩的形成与地壳减薄或地幔上涌有密切的关系。大洋和大陆板内碱性岩的一个重要特征是没有明显的构造控制，但这些碱性岩随着时间变化而逐渐远离活动中心，其形成可能与地幔柱有关，如夏威夷碱性岩（大洋板内）、尼日利亚和巴西 Serra do Mar 的碱性岩（大陆板内）。与俯冲有关的碱性岩则较为复杂，Box 和 Flower（1989）曾将与大洋板块俯冲有关的碱性岩的岩浆命名为"碱性弧岩浆（alkaline arc magmas）"。一些研究表明，与俯冲有关的碱性岩最有可能与下列构造背景共生：弧裂解（arc rifting）、弧陆碰撞、弧结束阶段（near arc termini）、深部俯冲带的上部、碰撞后。

### （四）大洋斜长花岗岩（ocean plagiogranite）

大洋斜长花岗岩（Coleman and Peterman，1975）是蛇绿岩的组成部分，它呈浅色侵入体，以脉状、岩墙或网脉状存在于蛇绿岩中，其岩石类型主要为钠长花岗岩、更长花岗岩、英云闪长岩、石英闪长岩等，统称斜长花岗岩。根据它们产出的构造背景可以划分为四种类型（Pearce et al.，1984）：①正常洋中脊型，主要与 N 型 MORB 组合，如法国科西嘉岛，意大利的 Tuscany；②异常洋脊型，主要与 T 型或 E 型 MORB 组合，如中大西洋洋脊（45°N）；③弧后盆地洋脊型，如智利 Sarmiento 杂岩；④俯冲带上（弧前盆地）洋脊型（SSZ 型），如塞浦路斯的 Troodos，阿曼的 Semail Nappe。

大洋斜长花岗岩的地球化学特点主要为 $K_2O$ 含量非常低，一般<1.0%，低 Rb，一般<$5×10^{-6}$，Sr 低，一般<$100×10^{-6}$，Rb/Sr 值很低，一般低于 0.10，西藏、新疆蛇绿岩中斜长花岗岩（36 个样品）平均为 0.008。SSZ 型、弧后盆地型 Rb 含量可高于 $10×10^{-6}$。大洋斜长花岗岩的稀土组成明显不同于 I、S 和 A 型花岗岩，其典型特征是稀土总量低，一般在 $50×10^{-6}$ 左右，弧后盆地型较高；重稀土相对富集明显，$(La/Yb)_N$ 一般<5；Eu 中–弱异常，在 SSZ 型中常见明显 Eu 正异常（图 4-46）。

大洋斜长花岗岩的（$^{87}Sr/^{86}Sr$）$_i$ 和 $\varepsilon_{Nd}(T)$ 值与共生的 MORB 相近，如 $\varepsilon_{Nd}(T)$ 值为明显的正值。上述特点表明，大洋斜长花岗岩是大洋玄武岩浆强烈结晶分异，或高温剪切岩石部分熔融，或蛇绿岩中基性岩经蚀变深熔作用的产物。虽然大洋斜长花岗岩在蛇绿岩中所占体积很小，但其特殊的岩石学和地球化学特征属典型的幔源花岗岩，其形成与蛇绿岩的形成、演化密切相关，是一种重要的"岩石探针"。因此，研究蛇绿岩中大洋斜长花岗岩的同位素年龄（LAI-CP-MS 测定锆石或斜锆石 U-Pb 年龄）及岩石地球化学特征，可为探讨蛇绿岩的形成年龄，进而探讨相关板块构造演化及大洋地幔地球化学特征提供重要依据。基于此，Pearce 等（1984）计算了洋脊花岗岩（ORG）的标准成分，并以此为标准给出了不同构造背景花岗岩的微量元素蛛网图和判别图解（图 4-41，图 4-42）。

西藏、新疆及国外部分不同类型大洋斜长花岗岩的微量元素和稀土资料列于附表 10-6。

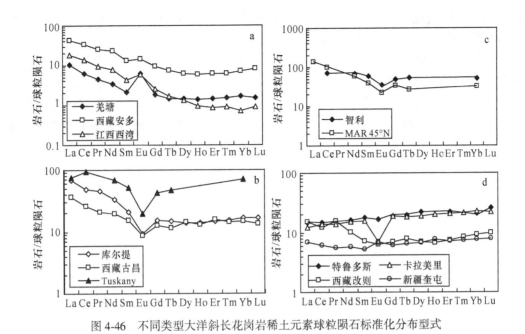

图 4-46　不同类型大洋斜长花岗岩稀土元素球粒陨石标准化分布型式

## （五）微量元素构造背景判别图对花岗岩类成岩过程的示踪意义

微量元素构造背景判别图不仅仅用于岩石形成构造背景的识别，有些图解还可以示踪岩浆岩成岩过程，这是基于构成构造图解的微量元素参数是岩石源区物质及成岩过程（交代富集、部分熔融、分离结晶等）的指标。例如，在 Pearce1982 年建立的玄武岩 $K_2O/Yb \times 10^{-4}$-$Ta/Yb$ 图解中（图 4-21），由于 K 和 Ta 都是不相容元素，所以以地幔成分相对于原始地幔的演化沿图中对角线方向变化，向 $D$ 方向代表地幔亏损方向，向 $E$ 方向代表地幔富集方向。岛弧环境中流体的存在，造成 K 和 Ta 的行为出现明显差异，K 在流体中明显富集，图 4-21 中 $F$ 方向代表了流体富集方向。基于此，该图可将火山弧玄武岩与洋中脊玄武岩 MORB 和板内玄武岩区分开。

Pearce（1996b）对花岗岩类的构造背景判别图解 Rb-（Y+Nb）和源区及成岩过程进行了较系统总结，他指出，作为一级近似，花岗岩岩浆来自两个端元源区（即地幔和地壳），一些花岗岩分别源自这两个纯端元的熔融和分离结晶，但大多数花岗岩浆来自这两个端元不同比例的混合。

花岗岩 Rb-（Y+Nb）构造背景判别图解中不仅区分了不同构造背景的花岗岩，而且还可根据样品的投影位置解释花岗岩的源区及其成岩途径（petrogenetic pathway）。Pearce 等（1984；Pearce，1996b）的花岗岩构造背景图解不仅给出了不同构造背景花岗岩的分布区域，而且不同区域之界线是花岗岩成岩过程的反映。正常和异常洋脊花岗岩（ORG）的成岩轨迹如图 4-47 所示，在绘制该图时，假定地幔不均一性对 Nb、Rb 影响相同，而对 Y 含量几乎无影响。图中 $B_M$ 点代表原始地幔总成分，$ab$ 线代表幔源成分，当由原始地幔成分经 15% 部分熔融、残余相矿物成分为橄榄石（67.5）+斜方辉石（22.5）+单斜辉石（10），产生的洋中脊玄武岩（MORB）原始岩浆成分沿 $cd$ 线分布（对角线方向），如北纬 45° 大西洋中脊玄武岩则以 $M_E$ 为起点，部分熔融形成的岩浆位于 $P_T$ 和 $P_E$，这种岩浆分离结晶作用形成基性岩浆成分（$B_T$ 和 $B_E$）、中性岩浆（$I_T$ 和 $I_E$）及产生酸性岩浆（$A_T$ 和 $A_E$）。与此相类似，对于意大利托斯卡内 N 型 MORB，其源区为 $M_T$ 点，按上述同样成岩方式，其成岩轨迹沿 $M_T$-$P_T$-$B_T$-$I_T$-$A_T$ 方向分布。不难看出，判别图解中洋中脊型与火山弧花岗岩之间的分界应是 $P_E$-$P_T$ 并通过 $B_T$-$I_T$ 与 $B_E$-$I_E$ 之间的一条线，其上端界线理论上应沿 $B_E$-$A_E$。板内花岗岩与火山弧花岗岩成岩轨迹也可用上述图解描述（图略，可参考 Pearce et al.，1984 fig.5b、c）。同位素证据表明，产于板内背景的花岗岩（如尼日利亚、阿森松岛钠闪石花岗岩），其源区为富集地幔受到不同程度的地壳混杂。据此，Pearce（1996b）在上述构造背景判别图中概括了不同构造背景花岗岩的成岩过程（图 4-48b）：洋脊花岗岩是由亏损的 MORB 地幔

DMM 经部分熔融和分离结晶作用形成；与被动裂谷有关的花岗岩投影在板内区和洋中脊区的交界处，是由源于 DMM 源的岩浆经分离结晶作用和受地壳混染的分离结晶混染作用（AFC）形成；对于同碰撞背景的花岗岩，其源区有整个陆壳（BCC）以及俯冲带所形成的熔体，对于前者，花岗岩通过陆-陆碰撞形成，而后者则是弧-陆碰撞；对于火山弧型花岗岩，由于上、下和整个陆壳成分（UCC、LCC、BCC）均落在此区，因此成岩过程较复杂：有俯冲脱水而形成流体所发生的熔融；有俯冲板片熔融形成的熔体；还有受交代富集的地幔的熔融。这些岩浆又都有可能经历 AFC 过程和 MASH 过程（mixing 岩浆混合，assimilation 混染，segration 分离和 homogeneous 均一化过程）。

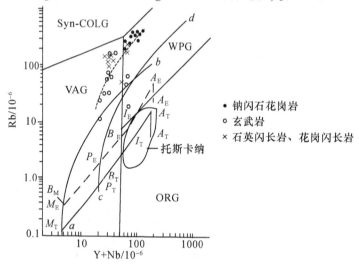

图 4-47 洋脊花岗岩及新疆布尔根钠闪石花岗岩的成岩轨迹模拟（底图据 Pearce et al.，1984；赵振华等，1996）

VAG. 火山弧花岗岩；ORG. 洋脊花岗岩；WPG. 板内花岗岩；Syn-COLG. 同碰撞花岗岩

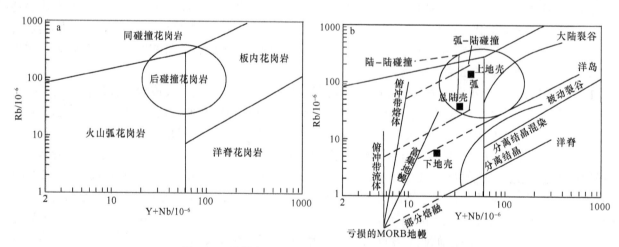

图 4-48 花岗岩源区及成岩过程（Pearce，1996b）

在 Rb-（Y+Nb）、Y-Nb 判别图中（图 4-47），新疆北部阿尔泰地区布尔根断裂带广泛分布的早石炭世钠闪石花岗岩位于板内区。与之空间上密切组合、形成时间相近的富 Nb 玄武岩、石英闪长岩、花岗闪长岩、二长花岗岩和碱性辉长岩也具有偏碱-富碱特征，属高钾钙碱系列，并呈面状分布，位于图中火山弧区。很明显，本区钠闪石碱性花岗岩和这些偏碱、富碱岩浆岩形成与图中地幔演化线 cd 线近于平行的演化线（图中虚线箭头），表明本区钠闪石碱性花岗岩及富碱火成岩的形成与幔源物质（或大量新生地壳的成分）熔融、分异有关，这些火成岩的 Sr、Nd 和 Hf 同位素组成 [$(^{87}Sr/^{86}Sr)_i < 0.710$；$\varepsilon_{Nd}(T) > 0$，$\varepsilon_{Hf}(T) > 0$] 为此提供了证据（赵振华等，1996；Zhao et al.，2010）。

关于后碰撞构造背景岩浆作用，Pearce（1996b）在花岗岩构造背景判别的 Rb-（Y+Nb）图解中划分出了后碰撞（post-colliesion）构造背景的区域，由图 4-42 和图 4-48 可见，它位于同碰撞、火山弧和板内三区域的交界处，表明这种环境是相当广泛的。而由于地壳的加厚使得在这种环境中产生的岩浆具有明显壳-幔相互作用的特点，成分变化范围大，其特点有俯冲的地幔，或火山弧，或板内岩浆的特点，这种复杂性决定了对于投影于该区的岩石不能仅仅用地球化学图解判断其构造背景，还必须结合其地质产出特点。

将后碰撞作用作为一个独立的构造背景是大陆碰撞及花岗岩类形成研究的重大进展，在此之前并未引起足够注意。Bonin 等（Bonin，1990；Bonin *et al.*，1998）认为后碰撞比碰撞年轻，但仍与碰撞有关。1997 年在法国召开的"后碰撞岩浆作用"国际会议上，将后碰撞作用单独划分出来，*Lithos* 杂志 1998 年出版了会议专辑，Liegeoiset 给出了造山过程图（图 4-49），并对后碰撞岩浆作用做出了总结性论述：碰撞作用是指两个或多个"大陆"板块最初的主碰撞，以大型逆冲断层和高压变质作用为特征。后碰撞是指在时间上比碰撞作用晚，但仍与碰撞作用有关，通常开始于板内环境，主要海洋已关闭，但伴有大陆块体沿巨大剪切带的大规模水平运动（这与板内环境明显不同）、合拢（docking）、岩石圈拆沉、小型海洋板块的俯冲和裂谷产生等，由于这些事件包括了连续的或幕式的伸展作用，相应地形成了多种类型的岩浆作用，其共同特点是：①在体积上，主要是富钾的，特别是高钾钙碱性岩浆最为发育，少量的橄榄玄粗岩。强过铝和碱性-过碱性花岗岩也较多，但相互分离。②后碰撞岩浆作用与沿剪切带的大规模水平运动有关。③源区含有大量新生的成分（juveneile component）、地幔的或新形成的火成岩或沉积特征的地壳。这些特点对我们认识后碰撞构造背景很有意义。

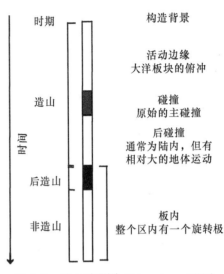

图 4-49　造山过程图（Liegeoiset，1998）

不同类型火成岩构造背景判别的微量元素图解概括于表 4-7 中。

表 4-7　不同类型岩石构造背景的微量元素判别图解

| 岩石类型 | 判别图解 | 区分的构造背景 | 文献 |
|---|---|---|---|
| 玄武岩 | Ti/100-Zr-Y×3 | 岛弧拉斑玄武岩；MORB；岛弧拉斑和钙碱性玄武岩，板内玄武岩 | Pearce *et al.*，1973 |
| 玄武岩 | Ti/100-Zr-Sr/2 | 岛弧玄武岩；钙碱性玄武岩；MORB | Pearce *et al.*，1973 |
| 玄武岩 | Ti-Zr | 火山弧玄武岩；板内玄武岩，MORB | Pearce *et al.*，1973 |
| 玄武岩 | Zr/Y-Ti/Y | 板内玄武岩；板缘玄武岩 | Pearce *et al.*，1977 |
| 玄武岩 | Zr/Y-Zr | 火山弧玄武岩；MORB；板内玄武岩；MORB+火山弧；MORB+板内玄武岩 | Pearce *et al.*，1977 |
| 玄武岩 | Hf/3-Th-Ta | 板内；E 型 MORB；N 型 MORB；火山弧 | Wood，1980 |
| 玄武岩 | Ti/Y-Nb/Y | 火山弧；板内；MORB | Pearce *et al.*，1982 |
| 玄武岩 | Ti-V | 岛弧；大陆溢流玄武岩；洋岛及碱性玄武岩；MORB+弧后 | Shervais，1982 |
| 玄武岩 | 2Nb-Zr/4-Y | 板内；N 型 MORB+火山弧；E 型 MORB；板内+火山弧 | Meschede，1986 |
| 玄武岩 | La/10-Y/15-Nb/8 | 火山弧；弧后；大陆裂谷；E 型 MORB；N 型 MORB | Cabanis and Papike.，1989 |
| 玄武岩 | Ti-V-Sc | 洋岛；岛弧；洋中脊 | Vermeesch，2006 |
| | Ti-V-Sm | 洋岛；岛弧；洋中脊 | Vermeesch，2006 |

| 岩石类型 | 判别图解 | 区分的构造背景 | 文献 |
|---|---|---|---|
| 火山弧玄武岩 | Cr-Y | 火山弧；板内；MORB | Pearce et al., 1982 |
| | Cr-Ce/Sr | 火山弧；板内；MORB | Pearce et al., 1982 |
| | $(K_2O/Yb) \times 10^{-4}$-Ta/Yb | 火山弧；板内；MORB | Pearce et al., 1982 |
| 火山弧玄武岩 | Th/Yb-Ta/Yb | 岛弧玄武岩；岛弧钙碱性玄武岩；大陆边缘弧钙碱性玄武岩；板内玄武岩；MORB | Condie, 1989 |
| 碱性玄武岩–拉斑玄武岩 | Nb/Y-Zr/ $(P_2O_5 \times 10^{-4})$ | 大洋碱性玄武岩；大陆碱性玄武岩；大陆拉斑玄武岩；大洋拉斑玄武岩 | Floyd et al., 1975 |
| 钾质火成岩 | $Zr/Al_2O_3$-$P_2O_5/Al_2O_3$ | 早期洋弧；晚期洋弧 | Muller et al., 1992 |
| 钾质火成岩 | $TiO_2$-$Al_2O_3$ | 板内 | Muller et al., 1992 |
| 钾质火成岩 | $Ce/P_2O_5$-$Zr/TiO_2$ | 大陆弧；后碰撞弧 | Muller et al., 1992 |
| 钾质火成岩 | Y-Zr | 板内 | Muller et al., 1992 |
| 钾质火成岩 | $TiO_2/100$-La-Hf×10 | 早期洋弧+晚期洋弧；大陆弧+后碰撞弧 | Muller et al., 1992 |
| 钾质火成岩 | Zr×3-Nb×50-Ce/$P_2O_5$ | 大陆弧；后碰撞弧 | Muller et al., 1992 |
| 钾质火成岩 | $TiO_2/10$-La×10-$P_2O_5/10$ | 早期洋弧；晚期洋弧 | Muller et al., 1992 |
| 安山岩 | La/Yb-Sc/Ni | 大洋岛弧（低钾的和其他）；大陆岛弧；安第斯型（活动陆缘） | Bailey, 1981 |
| 安山岩 | La/Yb-Th | 演化的大洋弧；大陆边缘弧；安第斯型弧；原始弧 | Condie, 1986, 1989 |
| 安山岩 | La/Yb-Th/Yb | 岛弧；大陆边缘弧；安第斯型弧；原始弧 | Condie, 1986, 1989 |
| 中性–中酸性岩 | Th/Yb-Ta/Yb | 洋弧，活动陆缘，板内火山岩，板内玄武岩和洋脊玄武岩 | Goton and Schandl, 2000 |
| 中性–中酸性岩 | Th/Ta-Yb | 洋弧，活动陆缘，板内火山岩，板内玄武岩和洋脊玄武岩 | Goton and Schandl, 2000 |
| 花岗岩 | Nb-Y | 板内；火山弧+同碰撞+洋中脊 | Pearce et al., 1984 |
| 花岗岩 | Ta-Yb | 板内；同碰撞；火山弧；洋中脊 | Pearce et al., 1984 |
| 花岗岩 | Rb-Y+Nb | 同碰撞；火山弧；板内；洋中脊 | Pearce et al., 1984 |
| 花岗岩 | Rb-Y+Ta | 同碰撞；火山弧；板内；洋中脊 | Pearce et al., 1984 |
| 花岗岩 | Rb/10-Hf-Ta×3 | 火山弧；碰撞；洋中脊；板内 | Pearce et al., 1984 |
| 花岗岩 | Rb/30-Hf-Ta×3 | 火山弧；同碰撞；碰撞晚期–碰撞后；板内 | Pearce et al., 1984 |
| 花岗岩 | Rb-Y+Nb | 同碰撞；后碰撞；板内；火山弧；洋中脊 | Pearce, 1996b |
| 碱性花岗岩 | Rb/Nb-Y/Nb | $A_1$：非造山，大陆裂谷或板内；$A_2$：大陆边缘，后造山，热点 | Eby, 1992 |
| 碱性花岗岩 | Sc/Nb-Y/Nb | $A_1$：非造山，大陆裂谷或板内；$A_2$：大陆边缘，后造山，热点 | Eby, 1992 |
| 碱性花岗岩 | Nb-Y-Ce | $A_1$：非造山，大陆裂谷或板内；$A_2$：大陆边缘，后造山，热点 | Eby, 1992 |
| 碱性花岗岩 | Nb-Y-Ga×3 | $A_1$：非造山，大陆裂谷或板内；$A_2$：大陆边缘，后造山，热点 | Eby, 1992 |
| 杂砂岩 | La-Th-Sc | 大洋岛弧；大陆岛弧；活动陆缘；被动陆缘 | Bhatia et al., 1986 |
| 杂砂岩 | Th-Sc-Zr/10 | 大洋岛弧；大陆岛弧；活动陆缘；被动陆缘 | Bhatia et al., 1986 |
| 杂砂岩 | $TiO_2$-$Fe_2O_3$ + MgO 和 Th-Hf-Co | 大洋弧；大陆边缘弧；克拉通盆地；大陆壳内裂谷和弧后盆地 | Condie, 1986 |
| 浊积岩 | Th/Sc-Zr/Sc | 活动边缘；被动边缘 | McLennan et al., 1993 |

# 七、沉 积 岩

沉积岩的成分对恢复中生代以前的板块位置发挥了重要作用，这是因为许多源区已经被破坏，而唯一的记录保留在它所形成的沉积岩中，一方面，不同的大地构造背景具有一定的物源区特征，另一方面，又以特定的沉积过程为特征。例如，沉积盆地可能存在于下列板块构造背景（Bhatia *et al.*，1986）：大洋岛弧（主要沉积盆地为弧前或弧后盆地），靠近发育在大洋或薄的大陆地壳背景的火山弧；大陆弧（主要沉积盆地为弧间、前弧或弧后盆地），靠近发育在厚的大陆地壳或薄的大陆边缘上的火山弧；活动大陆边缘（主要沉积盆地为安第斯型盆地），发育在（或靠近）厚的大陆边缘。走滑盆地也发育在这种背景上；被动大陆边缘（主要沉积盆地为裂陷的大陆边缘），发育在大陆边缘厚的地壳上；在大陆后缘上的沉积盆地；碰撞背景——发育在巨厚陆壳上的沉积盆地；裂谷背景——发育在厚地壳上的克拉通之间的盆地。因此，沉积岩的组成和板块位置之间的关系，对重建古构造背景可提供有力手段。许多研究表明，砂岩的结构和主要元素的地球化学，均可作为判断构造背景和源区的参数，但微量元素，特别是不活动的微量元素更为有效。

La、Ce、Nd、Y、Th、Zr、Hf、Nb、Ti 和 Sc 对于确定源区和构造背景是较为合适的，这是因为它们在沉积过程中具有较低的活动性，并且在海水中停留时间也较短。在风化和搬运过程中，这些元素定量地进入碎屑沉积岩中，因而也可反映母体物质的特点。然而，由于缺乏现代大陆边缘和洋盆的沉积资料，给这种研究带来一定困难。Bhatia 等（1986）根据对澳大利亚东部研究程度较高的古生代杂砂岩带的上述微量元素地球化学研究，提出了判断在大陆边缘和洋盆中沉积系列的构造位置和源区特征的标志。杂砂岩构造背景是根据所处区域构造格架和与现代深海砂矿的矿物模式进行比较而确定的，同时也将现代造山带的火山岩与杂砂岩的稀土元素组成进行了对比。主要来自钙碱性安山岩的杂砂岩稀土元素分布型式与海洋岛弧安山岩非常相似（富轻稀土元素，Eu 无异常，$\delta Eu \sim 1.0$），此外，它们的 La、Ce、Th、U、Th/U、Nb、Zr/Y、Ni/Co、Sc/Ni、La/Y 等含量和比值也非常相似。主要来自英安质火山岩的砂岩，Nb、U、La/Y、Ni/Co、Sc/Ni 含量和比值与大陆岛弧安山岩相似，其稀土元素分布型式具有弱 Eu 异常（$\delta Eu \sim 0.79$），轻稀土元素中度富集的特点，与大陆岛弧或薄的大陆边缘发育的安山岩很相似。来自花岗片麻岩的杂砂岩，其 La、Ce、Zr、La/Y、Ni/Co、Sc/Ni 含量和比值与安第斯型安山岩很相似，因此其构造背景属活动的大陆边缘。主要来自沉积岩和变质沉积岩的杂砂岩，它们的稀土元素分布型式与现代大西洋浊积岩和其他来自克拉通的岩石相似（明显 Eu 异常，高 La/Yb 值），因此其构造背景属于被动边缘或板块后缘（trailing edge）型。

基于上述研究，Bhatia 等（1986）给出了不同构造背景的杂砂岩的微量元素丰度和比值（图 4-50），由图可见，从海洋岛弧→大陆岛弧→活动大陆岛弧边缘→被动边缘，LREE（La、Ce、Nd）、Hf、Ba/Sr、Rb/Sr、La/Y 和 Ni/Co 系统增加，而镁铁质元素如 Sc、V、Cu、Co、Zn 和 Ba/Rb、K/Th、K/U 值减少，这与源区的变化（从安山岩→英安岩→花岗片麻岩→沉积岩）是同步的。从海洋岛弧→大陆岛弧→活动大陆边缘的杂砂岩，Ba、Rb、Pb、Th、U、Nb 系统增加，Ba/Sr、Rb/Sr 等比值的变化也与造山带安山岩（从海洋岛弧→大陆岛弧→安第斯型构造背景）的变化类似。

Bhatia 等（1986）建立了 La-Th、La-Th-Sc、Th-Zr、V-Sc、Ti/Zr-La/Sc、La/Y-Sc/Cr、Th-Sc-Zr 和 Th-Co-Zr 等图解。图 4-50 给出了构造背景的判别流程图。海洋岛弧型杂砂岩的特点是 La、Th、U、Zr、Nb 含量低，Th/U、La/Y 值低，La/Sc 值高。大陆岛弧型杂砂岩 La、Th、U、Zr、Nb 含量高。可用 La-Th、La-Th-Sc、La/Sc-Ti/Zr 等图解区分它们。活动大陆边缘型杂砂岩富集大离子亲石元素（K、Rb、Pb、Th、Zr、REE），可用 Th-Sc-Zr/10、Th-Co-Zr/10 图解并结合 Th/Zr、Th/Sc 等参数，将它们与大陆岛弧和海洋岛弧型杂砂岩区分开。被动边缘型杂砂岩特点是 Zr、Zr/Nb、Zr/Th 值高，Ba、Rb、Sr、V、Sc、Sc/Cr、Ti/Zr 值低，可用 Th-Sc-Zr/10 和 La/Y-Sc/Cr 及 La/Y-Sc/Cr、Ti/Zr-La/Sc 等图解将其与其他三种构造背景区分开（图 4-51）。

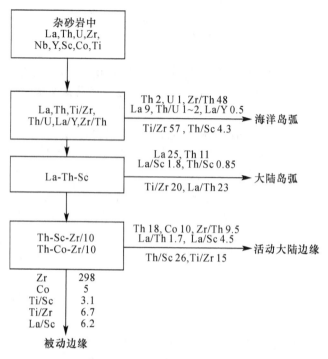

图 4-50　杂砂岩构造背景判别框图（Bhatia et al.，1986）

图中数字代表在相应构造背景的杂砂岩微量元素含量（$10^{-6}$）或比值的平均值，数据来自澳大利亚东部

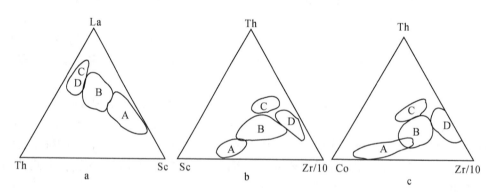

图 4-51　杂砂岩 La-Th-Sc、Th-Sc-Zr/10、Th-Co-Zr/10 构造背景判别图（Bhatia et al.，1986）

A. 大洋岛弧；B. 大陆岛弧；C. 活动大陆边缘；D. 被动边缘

对产于不同构造背景的细粒碎屑岩（砂岩、杂砂岩、石英岩等）可用 $TiO_2$-（$Fe_2O_3$+MgO）和 Th-Hf-Co 图解判别（图 4-52；Condie，1986）。McLennan 等（1993）通过研究不同构造背景的现代浊积岩的 Th/Sc-Zr/Sc 变化关系认为，Th 是火成岩系统中的典型不相容元素，而 Sc 是相容元素，因此，Th/Sc 值是源区总成分的灵敏指标，也是火成岩化学分异过程的总指标。产于活动边缘的浊积岩受沉积过程影响很小，Th/Sc-Zr/Sc 变化呈简单关系，与火成岩分异趋势一致，而产于被动边缘，如板块后缘的浊积岩，由于沉积分选作用（重矿物锆石含量增加），其 Zr/Sc 值增加，而 Th/Sc 值增加缓慢（图 4-53）。

除其他微量元素外，稀土元素在确定沉积岩所处构造背景方面也发挥着重要作用，目前已有的研究成果主要限于对板块边缘类型的鉴别。对于大陆板块边缘，一般可划分为活动和被动两种类型。活动边缘亦称安第斯型大陆边缘，它是板块俯冲边界，有海沟-贝尼奥夫带及钙碱性火山活动，火山-深成岩带是其重要标志之一，火山活动以钙碱系列为主，深成岩从海沟向陆侧呈明显分带。被动边缘亦称大西洋型大陆边缘、拖曳大陆边缘和离散大陆边缘，在构造上长期处于相对稳定的大陆边缘，被动地随着板块移动而移动。其特点是缺少海沟和俯冲带，无强烈地震、火山和造山运动。

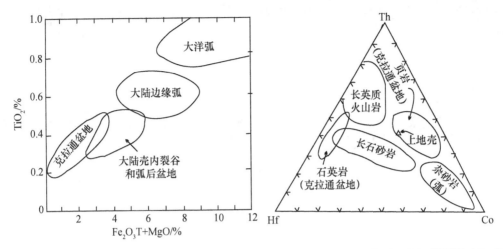

图4-52 元古宙不同构造背景的砂岩、杂砂岩、石英岩的$TiO_2$-（$Fe_2O_3T+MgO$）和Th-Hf-Co判别图（Condie，1986）

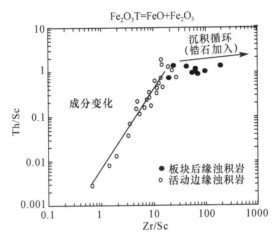

图4-53 不同构造背景现代浊积岩的Th/Sc-Zr/Sc变化关系（McLennan et al.，1993）

对于被动大陆边缘，沉积物的源区由再循环的沉积碎屑、古老侵入岩及变质岩组成，火山物质的比例很小，因此，在被动大陆边缘沉积的沉积物具有与太古宙以后的平均页岩相似的稀土元素组成，即富集轻稀土元素、重稀土元素分布型式平坦并普遍存在Eu负异常，图4-54为在被动边缘构造背景下形成的现代和显生宙沉积岩的稀土元素组成型式。

对于活动边缘，如岛弧或大陆弧，在这种构造背景下形成的沉积岩，其源区主要是分异程度很低的火山岩。因此，它们的稀土元素组成与安山岩相似，即稀土元素丰度低，La/Sm、La/Yb值低，无Eu异常，这种特点恰恰与被动边缘背景相反。然而，在活动大陆边缘的沉积物常常具有典型安山岩与太古宙后平均页岩之间过渡型的稀土元素组成，甚至在某些情况下与太古宙后平均沉

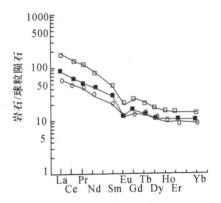

图4-54 被动边缘的现代和显生宙浊积岩的稀土元素组成型式

积岩无明显区别（图4-55）。多数活动大陆边缘形成的沉积物的稀土元素组成特点是稀土元素丰度中等；轻稀土元素富集程度可变；Eu负异常，变化范围为0.60~1.00。对于活动边缘来说，沉积物源区主要有两个，一是古上陆壳（火成岩、变质岩或再循环沉积岩）；二是年轻的岛弧或大陆弧本身，火成岩的分异程度低，这是主要的源区，基本上相当于年轻的上地壳；此外，可能被卷入到火山喷发的沉积物中，或者更可能是成熟的弧，或者是已切割到暴露出侵入体根部的地带，这种源区的特点是稀土元素

组成型式是变化的，但一般显示地壳内的分异作用：Eu 负异常，它们可能成为第三个源区。

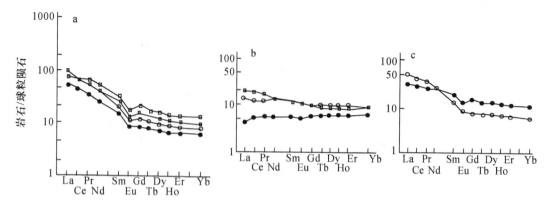

图 4-55　大陆弧和岛弧的现代和显生宙浊积岩的稀土元素组成型式

a. 大陆弧；b、c. 弧前

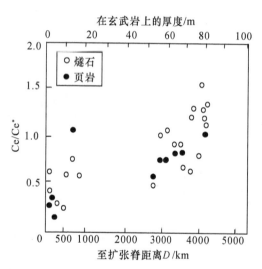

图 4-56　加利福尼亚海岸 Marin 岬剖面燧石和页岩的 Ce/Ce* 值分布（Murray et al.，1990）

通过分析扩张脊近源区、洋盆区到大陆边缘沉积区的燧石和页岩，可以了解这些典型构造背景中沉积物 REE 组成的变化规律。加利福尼亚海岸圣弗兰西斯科湾的燧石和页岩（侏罗纪—白垩纪）的 $Al_2O_3$、$TiO_2$、$Fe_2O_3$ 和稀土元素组成，明显与它们沉积的构造背景有关（Murray et al.，1990），$Al_2O_3$ 和 $TiO_2$ 含量受陆源物质的输入影响，可作为大陆边缘沉积背景的识别标志。$Fe_2O_3$ 的富集与洋中脊热水组分活动有关，可反映洋中脊成分的影响程度。燧石和页岩的 Ce 异常：Ce/Ce*（Ce* 指以北美、欧洲和俄罗斯页岩组合样平均值为标准的 La 和 Pr 标准化值的内插值）沿地层层序由下向上减弱；Ce 异常与洋中脊的位置有关，由整个剖面的平均沉积速率 82m/Ma 和太平洋盆地洋脊扩张速率（~43km/Ma）计算，沉积在扩张脊附近（400km 之内）的燧石和页岩显示最大的 Ce 负异常（燧石 ~ 0.30，页岩 ~ 0.8），距洋中脊 400~500km，Ce 异常

发生变化，异常程度降低。在 500~2880km，Ce 为中等负异常（燧石为 0.55，页岩为 0.56）；在距扩张脊 300km 左右，缺乏明显 Ce 负异常，并出现 Ce 正异常（0.79~1.54）（图 4-56）。根据上述 Ce/Ce* 值，Murray 等（1990）将燧石和页岩的沉积背景划分为三种，扩张脊附近区：距洋脊顶 400km 之内，Ce 明显负异常，Ce/Ce* 值 ~0.29；大洋盆底：具有中等 Ce 负异常，Ce/Ce* 值 ~0.55，稀土元素总含量中等；大陆边缘区（陆块约 1000km 之内）：Ce 负异常消失或为正异常，Ce/Ce* 值 0.90~1.30，稀土元素总含量低。这三种显然不同的 Ce 异常是三种不同的沉积背景的结果，因为海水中 REE 在整个海盆中的变化，主要受陆源和扩张脊的影响，海水中 REE 通过细粒沉积物吸附作用固定下来。与上述研究类似，Murray（1994）用参数 $(La/Ce)_N$（N 代表用上述页岩标准化值）分析了产自不同构造区、不同时代（早古生代—上新世）和不同成岩历史的燧石，产于大陆边缘的燧石 $(La/Ce)_N$ 比值最低，~1，近洋中脊区 ~3.5，深海燧石处于两者之间（图 4-57）。这些资料也为构造和地层重建提供了重要手段。

燧石中其他微量元素也随沉积环境的改变而成规律性变化，如 V、Ni 和 Cu 含量由洋中脊→远洋盆地→大陆边缘依次降低，而 Ti、Y 增加，V/Y 降低，Ti/V 增加（Murray，1994）。

应当指出的是，沉积岩构造背景识别的基本假设是板块构造背景与沉积岩物源之间有密切联系，因此，在沉积岩构造背景识别中选用不成熟沉积岩，如杂砂岩和浊积岩是很重要的，它们更能真实地记录源区性质和盆地构造环境，而泥岩由于受源区风化、搬运沉积及成岩作用等多种作用影响而对构造背景

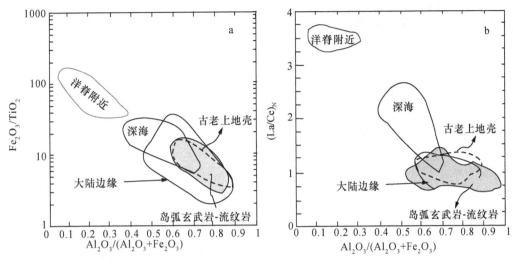

图4-57　产于不同构造背景燧石的 $Fe_2O_3/TiO_2$-$Al_2O_3/$（$Al_2O_3+Fe_2O_3$）和
（$La/Ce$）$_N$-$Al_2O_3/$（$Al_2O_3+Fe_2O_3$）图解（Murray，1994）

的识别意义很弱。此外，沉积岩物源区的构造背景可能与其沉积盆地不同，这为沉积岩的构造背景判别带来不确定性（McLennan et al.，1990）。Bhatia 等（1986）对澳大利亚、南非和格陵兰太古宙的沉积岩（主要是杂砂岩和泥岩）的微量元素地球化学也做了大量研究，根据这些资料用 La-Th-Sc 和 Th-Sc-Zr/10 图解进行了构造背景识别，这些地区的太古宙沉积岩的构成矿物由于受到埋藏和变质作用而发生明显蚀变，微量元素含量显示了很大的变化范围，在上述图解中主要分布在大洋岛弧内或围绕大洋岛弧和大陆弧分布。

# 第三节　一些特殊类型构造背景的识别

## 一、底侵作用

底侵作用（underplating）（Fyfe and Leonados，1973）已被广泛接受为大陆地壳生长和改造的一种重要方式，它是指幔源物质（强过热基性岩浆，约1200℃）呈岩床形式横向二维添加到大陆地壳底部的一种过程。在该过程中，约有90%的玄武质岩浆将滞留于壳-幔边界（O'Reilly et al.，1996）。底侵作用也包括了下地壳岩石在基性岩浆侵入加热和流体作用下发生部分熔融向中上地壳侵位和添加的过程（金振民、高山，1996）。因此，地壳的这种生长过程不同于俯冲带地幔楔部分熔融形成岛弧岩浆填加到地壳的侧向增生，底侵作用是地壳的一种垂向增生，是壳-幔相互作用的一种新方式，壳-幔物质交换和再循环的纽带。

底侵作用在岩石学和地球化学方面的主要标志为：下地壳是壳-幔相互作用的重要场所，当下地壳物质具双峰式分布，特别是基性麻粒岩占70%以上，被视为幔源熔体底侵于壳-幔边界。表现在地球化学特征上，高的 $\varepsilon_{Nd}$ 值，明显的 Eu 正异常，以及下地壳大离子亲石元素和生热元素的不同程度亏损，显示了幔源岩浆的底侵作用（Voshage et al.，1990；金振民、高山，1996）。韩宝福等（1999）根据准噶尔盆地及周边大量幔源岩浆活动特点，提出了该区在晚古生代后碰撞阶段存在广泛的底侵作用。我们在西天山地区相继发现了俯冲期（岛弧型）和后碰撞期两类埃达克岩和富 Nb 岛弧玄武岩及橄榄玄粗岩（熊小林等，2001；王强等，2003；赵振华等，2006；Zhao et al.，2009b），结合西天山巨厚地壳（52～62km，平均52km）（贺日政等，2001；李秋生等，2001）以及由7～8个薄互层叠合而成、厚2～3km 的复杂的壳幔过渡带（赵俊猛等，2001）等，都是西天山地区幔源岩浆底侵作用的重要标志。据此，赵振华等（2006）提出了底侵型埃达克岩，其不同于俯冲型埃达克岩的显著特点是属高硅型（HSA），缺乏与富（高）镁安山岩、富铌玄武岩组合。地球化学特点是 Cr、Ni 含量较低，Sr/Y、La/Yb 和 La/Nb 值高，$Sr^{87}/^{86}Sr$ 值高，$(^{143}Nd/^{144}Nd)_i$ 值低，$\varepsilon_{Nd}(T)$ 值低，显示了幔源底侵玄武质下地壳成分的加入（表 4-8）。在秘鲁的科迪勒拉的 Blanka 岩基，时代为晚中新世，主要由准铝质 I 型和高硅质岩石组成，其地球化学特点与典型的钙碱性英云闪长岩-花岗闪长岩不同，而与埃达克岩类似（表 4-8）。此外，它们产在 50～60km 厚的地壳中，这些特点排除了它们的形成与俯冲板片部分熔融有关，而是与新底侵的玄武质地壳有关（Atherton and Petford，1993；Petford and Atherton，1996）。在墨西哥 Baja 和新几内亚分别分布有 5ka 和<2Ma 的埃达克岩，但在这些区域没有现代洋壳俯冲作用，这些埃达克岩的形成与底侵加厚的镁铁质下地壳和过去俯冲的洋壳（死亡的板片）有关。由此，埃达克岩的研究可以帮助我们重建古板块，区别现代板片的熔融和过去底侵的 MORB 的熔融（水化成角闪岩）（Peacock et al.，1994）。

**表 4-8　底侵型与俯冲型埃达克岩地球化学特点对比**

| 岩石组合 | 底侵型（西天山，$N=18$）[1] 中性-中酸性斑岩，英安岩 高硅型（HSA） | 底侵型（秘鲁等地，$N=35$）[2] 浅色花岗闪长岩，英云闪长岩 | 俯冲有关[3]（新生代，$N=140$）中性-中酸性斑岩，低硅型（LSA）高硅型（HSA），富镁安山岩（MA），富铌玄武岩（NEB） |
|---|---|---|---|
| $Mg^\#$ | 0.35～0.56 | | 0.56 |
| Cr | 4.95～16.41 | 4～13.3 | 24～132 |
| Ni | 2.9～25.8 | 3～50 | 2.28～45.8 |
| Sr | 303～1096 | 355～1512 | 869 |
| Y | 3.9～7.0 | 2.0～15.0 | 9.5 |
| Yb | 0.32～1.67 | 0.07～1.03 | 0.91 |
| Sr/Y | 51～336 | 38.1～617.5 | 121 |
| $Eu/Eu^*$ | 1.01～1.27 | ≥0.60 | 1.18 |
| La/Yb | 7.36～50.0 | 26.9～142.9 | 21.8 |
| La/Nb | 2.0～8.0 | | 2.1 |
| $^{87}Sr/^{86}Sr$ | 0.7041～0.7082 | 0.7052～0.7056 | 0.704[4]（12） |
| $(^{143}Nd/^{144}Nd)_i$ | 0.5125～0.5126 | 0.5125～0.5126 | 0.5124～0.5127 |
| $\varepsilon_{Nd}(T)$ | +0.75～+5.7 | | +3.4～+11.6 |

注：①Zhao et al.，2008；②Atherton and Petford，1993；Petford and Atherton，1996；③Drummond et al.，1996；④Wang et al.，2007。

樊祺诚等（樊祺诚、刘若新，1996；樊祺诚等，1998，2001）通过对汉诺坝玄武岩中麻粒岩包体及榴辉岩相石榴辉石岩的岩石学、地球化学详细研究，提供了该区幔源岩浆底侵作用的证据，其中的稀土元素组成显示为从麻粒岩相的 Eu 正异常，变化到榴辉岩相的无 Eu 异常。表明石榴辉石岩是由幔源岩浆侵位于上地幔顶部经分异堆晶和榴辉岩相变质作用形成。在华北克拉通多处发现了 25 亿年及 140～90Ma 的基性麻粒岩捕房体，表明 25 亿年发生了底侵事件，而 140～90Ma 在华北发生了相当广泛的底侵作用，在华北北部、燕山地区、华北东部及东南部都有明显记录（路凤香、侯青叶，2012）。Zhou 和 Li（2000）及李武显和周新民（2001）根据中国东南部晚中生代火成岩的地质学、地球化学和地球物理资料，提出了镁铁质岩浆的底侵作用及花岗岩成因模型。浙闽沿海中生代火成岩具有双峰式火山岩和双峰式侵入杂岩，岩石地球化学显示大离子亲石元素 Rb、Sr、Ba、Th 和 Ce 富集，高场强元素 Nb、Zr、Ta、Hf 和重稀土 Y、Yb 亏损，这可能与底侵作用有关。在广东麒麟玄武质角砾岩筒中发现辉长质麻粒岩捕房体，其主元素相当于玄武岩，Sm-Nd 等时线年龄（112Ma）与东南沿海大规模火山-侵入岩浆活动一致，微量元素 Sr 和轻稀土富集，Zr、Hf 亏损（图 4-58），相当于板内玄武岩，因此，它是基性岩浆底侵于下地壳结晶变质作用的产物。

　　铂族元素 PGE 也可提供底侵作用的证据。汉诺坝二辉麻粒岩的 Pd/Os（5.0～5.1）和 Pd/Ru（2.8～3.0）与碱性玄武岩相近（分别为 5.0～5.4 和 2.0～2.1），明显高于地幔橄榄岩（分别为 0.3～0.6 和 0.4～0.6），强烈支持这些麻粒岩的形成与幔源玄武质岩浆的底侵作用有关（储学蕾等，1999）。

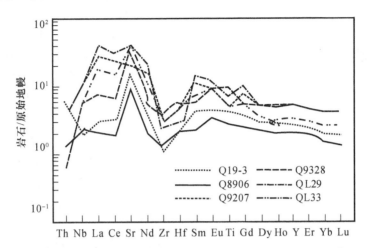

图 4-58　麒麟辉长质麻粒岩微量元素原始地幔标准化蛛网图（徐夕生等，2002）

图中数字为样品号

# 二、拆沉作用

　　拆沉作用（delamination）主要是指大陆下岩石圈由于温度较低，密度较大而产生重力不稳定性，沉入软流圈地幔中（Bird，1978，1979），该概念已被广泛接受并得到进一步发展。当今，它是指由于重力的不稳定性导致岩石圈地幔、大陆下地壳或大洋地壳沉入下伏软流圈或地幔的过程。拆沉作用发生在 20～25km 以下的下地壳和岩石圈地幔，它涉及了下地壳、岩石圈地幔和软流圈的相互作用。Nelson（1992）总结了拆沉作用的含义、机制、识别标志及壳-幔动力学意义。

　　由于被拆沉的下地壳物质，无论是榴辉岩或底侵作用产物还是部分熔融后的残留物，其成分都是基性的，因此，下地壳的拆沉作用将导致下地壳和地壳整体成分向长英质方向演化，这与现今大陆地壳总体成分为安山质或英云闪长质是矛盾的，这是最初提出识别拆沉作用的地球化学标志的主要依据。世界上对下地壳拆沉作用研究依据较充分的主要有两个地区，一是美国西部的 Sierra Nevada 岩基地区，二是包括秦岭-大别和华北克拉通在内的我国东部地区。

　　与底侵作用相比，难以获得拆沉作用产生的直接样品，因而研究难度较大，间接的地球化学标志为研究拆沉作用提供了有力工具。Wedepohl（1991）、Gao 和 Wedepohl（1995）、高山和金振民（1997）、高山（1999）、Kay（1994）、Taylor 和 Mclennan（1995）、Rudnick（1995）及 Boecaletti 等（1997）提出了识别拆沉作用的稀土及微量元素地球化学标志，其中常用的是 Eu 异常（Eu/Eu*）。Sr 与 Eu 地球化学性质相似，均在长石中富集。大陆地壳整体成分长英质含量高，向 Eu 负异常（Eu/Eu* <1）及 Sr/Nd 降低方向演化，相对亏损 Sr 及过渡族元素 Cr、Ni、Co、V 和 Ti 等对下地壳拆沉作用灵敏元素，是下地壳发生拆沉作用的重要标志，这是基于幔源岩石一般无 Eu 异常；大陆上地壳 Eu 为负异常（Eu/Eu* 为 0.65～0.75）。抽提花岗质岩浆后，底侵作用造成下地壳具有 Eu 正异常。例如，高山和刘勇胜（1999）的研究表明（图 4-59；本书附表 5），我国中东部整个地壳成分具有较明显的 Eu 负异常（Eu/Eu* 0.80），相对富轻稀土，（La/Yb）$_N$ 9.73～9.98，Sr/Nd 10.2～11.3；下地壳也类似，Eu/Eu* 0.88，（La/Yb）$_N$ 9.09～9.73，Sr/Nd 11.5～15.2，整个地壳的主成分 $SiO_2$ 为 61.93%，Wedepohl（1995）也给出了类似结果。此外，华北克拉通和大别造山带镁铁质下地壳仅有 3～6km，分别占两个构造单元整个下地壳厚度的 1/3 和 1/2，东秦岭则无高速的镁铁质下地壳。东秦岭-大别造山带和华北克拉通现今地壳

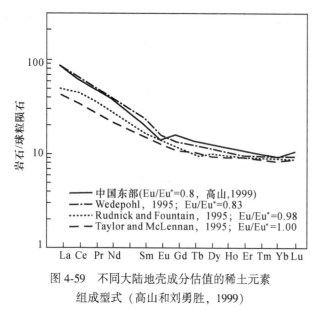

图 4-59    不同大陆地壳成分估值的稀土元素
组成型式（高山和刘勇胜，1999）

厚度均很薄（34～36km）。在汉诺坝发现的中性和长英质麻粒岩包体占该区发现的下地壳麻粒岩包体的45%，明显高于全球麻粒岩中这两类包体所占比例（高山，2005）。上述特点一致表明中国东部下地壳曾发生过拆沉作用。

Kay（1994）研究了阿根廷 Puna 高原火山熔岩的主、微量元素和同位素组成，认为它们的空间分布指示了大陆岩石圈拆沉作用。橄榄玄粗岩分布在最北部，是产于岩石圈厚度最大、部分熔融程度最低的产物，强烈富集强不相容元素，轻重稀土元素分异强烈（La/Yb 值高）。洋岛火山岩在南部分布最广，La/Yb 值低，部分熔融程度最高。钙碱系火山岩分布在洋岛火山岩两侧，数量较少，La/Yb 中等，Ba/Ta、La/Ta 类似于岛弧火山岩，代表了较冷地幔中等程度部分熔融的产物。美国西部的 Sierra Nevada 岩基地区的新生代火山岩中含有地幔或下地壳包体，岩基以下存在约70km 厚的榴辉岩质下地壳根，地质、地球物理和地球化学研究表明，该区在 8～12Ma 和 3～4Ma 被快速拆沉（Ducca and Saleeby，1996，1998a，1998b）。

# 三、俯 冲 剥 蚀

俯冲剥蚀（subduction erosion）是指从俯冲板块上面的弧前楔剥蚀搬运地壳物质返回到地幔或加入到弧岩浆源区的一种过程。对于地壳生长来说，它是俯冲增生作用的一种相反过程。它发生在所有的汇聚板块边界，甚至增生边界。它与沉积物俯冲、大陆下地壳拆沉、陆陆碰撞时地壳的俯冲（A 型俯冲）和/或风化岩石产生的溶解在洋壳中的化学溶解俯冲四种主要过程共同造成了地壳的损失（详见第五章第五节壳幔相互作用讨论）。俯冲剥蚀作用包括弧前楔前缘的剥蚀和弧前楔基底的剥蚀。这些作用包括弧前楔结构崩塌产生的碎屑、碎块及海洋沉积物的搬运、弧前楔基底被俯冲通道（subduction channel）的侵蚀和水力破碎等，这些物质充填在俯冲通道上向地幔转移（Stern，1991，2011；von Huene and Scholl，1991；von Huene et al.，2004）。

由于俯冲剥蚀是将地壳物质伴随俯冲的洋脊玄武岩（MORB）搬运到地幔的不同深度，如弧岩浆源区、上下地幔间的 670km 界面，甚至可达核-幔边界（Stern，2012），因此，与俯冲剥蚀有关的幔源岩浆地球化学特征中显示了地壳组分的贡献。安第斯中-南部火山岩带（SVZ，南纬 32°～38°）火山岩的微量元素和同位素组成研究为俯冲剥蚀作用对该区火山岩形成研究做出了贡献（Stern，1991，2011；Kay et al.，2005；Goss and Kay，2006）：大离子亲石元素 LIL、稀土元素 REE 和高场强元素 HFSE 之间的比值呈规律性变化，从安第斯中部 SVZ 的火山前锋（AW），到前锋弧东（Ae）和新生代弧火山作用区的弧后碱性玄武岩（过渡带碱性玄武岩）以及克拉通区碱性玄武岩（未受到新生代弧火山作用影响），Ba/La、La/Nb 和 Ba/Nb 值降低（图 4-60），反映了穿过安第斯 SVZ 弧到弧后区俯冲地壳物质及板片流体通量降低。这是由于地壳中相对较高的大离子亲石元素 LIL、稀土元素 REE 含量以及在流体中大离子亲石元素 LIL 溶解度高于稀土元素 REE 和高场强元素 HFSE。$\varepsilon_{Nd}$ 值降低和 $^{87}Sr/^{86}Sr$ 值增加也指示了地壳物质的加入，例如，一般认为弧下地幔的 $\varepsilon_{Nd}$ 值约为 +10（Clift et al.，2009），在本区，俯冲剥蚀加入的地壳物质使本区火山岩 $\varepsilon_{Nd}$ 值从 +6（20Ma，侵入杂岩）降低到 -2（2Ma，熔岩），$^{87}Sr/^{86}Sr$ 从 0.7035 左右增加到 0.7048 左右（Kay et al.，2005）。在安第斯南段的智利，俯冲剥蚀作用使地壳物质卷入 3.3～5.1Ma 的埃达克岩岩浆的形成，低的 $\varepsilon_{Nd}$ 值（+1.5），高的 $^{87}Sr/^{86}Sr$ 值（0.7045）表明，加入的地壳物质为 10%~20% (Guivel *et al.*, 1999; Lagabrielle *et al.*, 2000)。

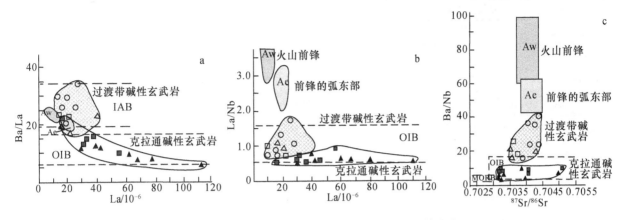

图 4-60 安第斯中部 SVZ 的火山岩从西向东的 Ba/La、La/Nb 和 Ba/Nb 值变化 (Stern *et al.*, 2011)

深海沉积物进入岩浆岩地幔源区可由 Be、Pb 同位素组成识别，高 $^{10}$Be/Be 值（平均可达 $5\times10^{-8}$）是海洋沉积物的特点，明显高于洋壳和海水，Ce 的显著亏损也是深海沉积物的典型特征（封闭海洋例外）。

# 四、地 幔 柱

Morgan（1971）提出地幔柱（mantle plume）概念，它是指从地幔深部垂直上升的一股或一排热流，以及在热流里运动着的气、液和固态物质组成的整体。它起源于核幔边界，在地表表现为热点（hot sport）。大面积溢流玄武岩（如西伯利亚暗色岩）或大火成岩省（large igneous provinces, LIPs）是地幔柱的重要标志。地幔柱是地幔物质运动的重要形式之一，具有全球影响和宏大尺度的深地幔柱称为超级地幔柱（supper plume）（Cox, 1991; Larson, 1991; Fuller and Weeks, 1992）。全球超大陆的聚合和裂解，尤其是裂解，可能是超级地幔柱活动导致的结果。5 亿年以来，全球存在两个超级地幔柱，一个在非洲，一个在西南太平洋。Hill（1993）和 Maruyama（1994）以地幔柱为基础，提出了一种新的全球构造观——地幔柱构造（plume tectonics）。

识别古地幔柱的标志主要有（Campbell, 2001; 徐义刚等, 2007）：大规模火山作用前的地壳抬升（峨眉山抬升>1km）；放射状岩墙群；火山作用的物理特征是：高温，黏度低，挥发分低，火山碎屑岩少，产出苦橄岩；火山链的年代学特征呈顺序变化；地幔柱产出岩浆的特征化学组成等（表4-9）。

地幔柱提供了深部地幔的样品，因而是研究深部地幔的探针。一个理想的地幔柱省包括高温和高压的岩浆，前者如苦橄岩或科马提岩，后者如金伯利岩和碱性玄武岩。地幔柱构造独立于板块系统，反过来它影响板块的裂解和运动，如新元古代 Rodinia 超大陆裂解和红海张开。微量元素地球化学对识别古地幔柱发挥了重要作用。来自地幔柱的岩浆具有与一般岩浆明显不同的化学特点，这是基于地幔柱岩浆来源于地幔的热异常带，属高温、高压和干的岩浆，它们形成于板内的张性环境，而洋中脊玄武岩（MORBs）和岛弧玄武岩（IBAs）是形成于挤压环境的温热和湿的岩浆。

大火成岩省是地幔柱活动的直接产物，是连续的、体积庞大的、快速形成的（一般 10Ma 左右），由镁铁质火山岩及伴生的侵入岩构成的岩浆建造，岩石类型以玄武岩熔岩为主，少量苦橄岩、霞石正长岩及流纹岩。大陆和海洋大火成岩省代表地幔柱的头，而洋岛玄武岩（OIBs）代表地幔柱的尾。Campbell（2001）总结了地幔柱岩浆岩与岛弧玄武岩和洋中脊玄武岩之间的地球化学差异（表4-9，表4-10）。在以原始地幔为标准的多元素蛛网图中（图4-61），地幔柱来源的玄武岩类（如西伯利亚暗色岩 Sib. Traps 和洋岛玄武岩 OIB）富集强不相容元素，无 Nb、Ta、Ti 异常；而洋中脊玄武岩（N-MORB）则亏损强不相容元素，弧苦橄岩（arc picrate）虽也富集强不相容元素，但亏损 Nb、Ta、Ti、Rb、Cs、Ba、K 和 Pb。

**表 4-9　地幔柱岩浆与岛弧玄武岩的差别**（Campbell，2001）

| 地幔柱岩浆 | 岛弧玄武岩 |
|---|---|
| 高温干岩浆 | 低温湿岩浆 |
| 火成碎屑很少 | 大量火成碎屑 |
| 相关地层超过几十到几百千米 | 中心火山，仅在很短距离范围内有关联 |
| 在给定 MgO* 时 Ni 含量高 | 在相同 MgO 时，Ni 含量很低 |
| Nb/La 和 Ce/Pb** 值与球粒陨石相近 | Nb/La、Ce/Pb 值低 |
| 橄榄石中 Cr 含量>800/10⁻⁶ | 橄榄石中 Cr 含量<800/10⁻⁶ |
| 在镁铁质和长英质火山之间有成分间断 | 在镁铁质和长英质火山之间无成分间断 |

＊ 包括在受到地壳混染所产生的任何程度的稀释作用。

＊＊ 假定地幔柱岩浆未受陆壳混染。

**表 4-10　地幔柱岩浆与洋中脊玄武岩（MORB）的差别**（Campbell，2001）

| 地幔柱岩浆 | 洋中脊玄武岩 |
|---|---|
| 包括了 MgO>14% 的高温岩浆 | MgO<14% 的中温岩浆 |
| 主要为陆上的 | 水下的 |
| 富轻稀土 LREE* | LREE 亏损 |
| 碱性玄武岩普遍 | 没有碱性玄武岩 |
| 产于板内 | 是蛇绿岩序列的一部分 |
| 长英质火山岩较丰富 | 斜长花岗岩很少 |

＊少数地幔柱岩浆亏损 LREE，如 Gorgona；只有在扩张中心接近地幔柱时，MORB 才富集 LREE。

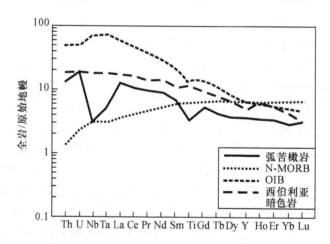

**图 4-61　不同类型典型玄武岩的原始地幔标准化蛛网图**（Campbell，2001）

图中符号解释见正文

　　但是，当地幔柱岩浆受到大陆下面岩石圈和地壳混染时，则可产生与弧苦橄岩相似的 Nb、Ta、Ti 亏损的微量元素分布型式（如南非的 Karoo 溢流玄武岩），因此，必须结合其他元素，如高 MgO 含量（>12%）或与高 Mg 岩浆组合，才可以鉴别地幔柱来源岩浆。Nb/U、Ta/U 和 Ce/Pb 值可以作为识别陆壳贡献的指标（Hofmann，1997）。在大陆壳和岛弧火山岩中，这些比值明显低，大陆壳中 Nb/U 值为 9.7，而在 OIB 和 MORB 中为 47，球粒陨石和原始地幔为 34。Th/Ta 和 La/Yb 值也用于地壳或洋壳对地幔柱成分影响的识别标志，高 Th/Ta 值（>2）反映地壳的混染或陆壳在地幔柱中再循环，低 Th/Ta 和高 La/Yb 值反映在地幔柱中不同深度的熔融或在地幔柱中洋壳的再循环（Tomlinson et al.，2001）。由于岩石圈组分的加入，峨眉山大火成岩省玄武岩具有较复杂的元素和同位素组成，通过对高 Ti 和低 Ti 玄武岩的系统微量元素和 Nd 同位素研究，未受混染或混染程度较小的高 Ti 和低 Ti 玄武岩及苦橄岩的微量元素蛛网图为平滑型，与洋岛玄武岩（OIB）很相似（图 4-62a），在 La/Ba-La/Nb 图解中（图 4-62b）落入 OIB 区，$\varepsilon_{Nd}(T)$ 为 +2 ~ +5，也与 OIB 范围一致，这些地球化学特点揭示了地幔柱参与峨眉山玄武岩形成。低 Ti 玄武岩是地幔柱在浅部（<60km）高程度部分熔融（16%）形成，而高 Ti 玄武岩是地幔柱在相对深部低程度部分熔融形成（Xu et al.，2001；徐义刚等，2007）。Re-Os 同位素组成表明低 Ti 玄武岩主要来自地幔柱，而高 Ti 玄武岩主要来自大陆岩石圈地幔或是地幔柱熔体受大量岩石圈地幔混染（Xu et al.，2007）。上述特点表明，高 Ti 和低 Ti 玄武岩均来自地幔柱，可能来自不同的母岩浆，两者的结晶分异过程也不同，受到地壳混染程度也不同（徐义刚等，2013）。

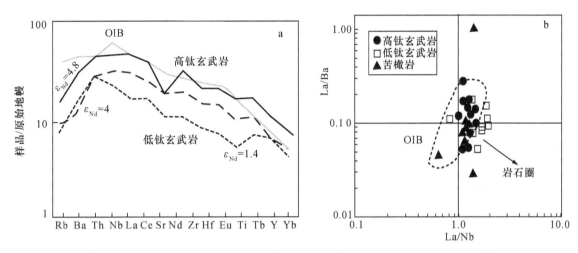

图 4-62　未受污染或污染程度较小的高 Ti 和低 Ti 玄武岩微量元素与 OIB 对比（徐义刚等，2007）
a. 微量元素原始地幔标准化蛛网图；b. La/Ba-La/Nb 图

将冰岛地幔柱玄武岩和正常的洋中脊玄武岩 N-MORB 投影在 Zr/Y 对 Nb/Y 图解中（Fitton et al.，1997；图 4-63），它们形成了平行的紧密排列，N-MORB 由于 Nb 含量低而位于冰岛玄武岩的下方。该图解对低压分离结晶作用不敏感，由于部分熔融程度和深度不同以及由熔体分离产生的源区亏损所造成的冰岛玄武岩和 N-MORB 的所有变化都包括在该图中。图解中的线性排列的上边线用下式表示：

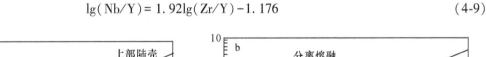

$$\lg(Nb/Y) = 1.92\lg(Zr/Y) - 1.176 \tag{4-9}$$

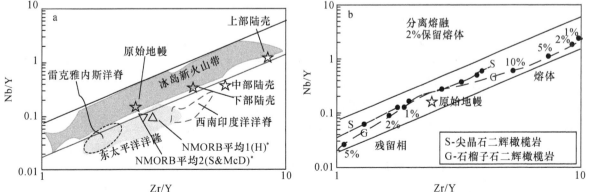

图 4-63　冰岛地幔柱玄武岩和正常的洋中脊玄武岩 N-MORB 的 Zr/Y 对 Nb/Y 图解（对数级，Fitton et al.，1997）
＊据不同参考文献

下边线可表示为

$$lg(Nb/Y)=1.92lg(Zr/Y)-1.740 \tag{4-10}$$

单个玄武岩样品的 Nb 相对于冰岛玄武岩 Zr/Y 对 Nb/Y 图解中线性排列底线的变化(对数级)可用公式表示:

$$\Delta Nb=lg(Nb/Y)+1.74-1.92lg(Zr/Y) \tag{4-11}$$

$\Delta Nb$ 是玄武岩源区的基本特点,它比用同位素比值识别蚀变的或可能受混染的玄武岩的源区更可靠。$\Delta Nb>0$ 表明源区与地幔柱有关,$\Delta Nb<0$ 表明源区与亏损地幔有关。这个参数有助于判断镁铁质熔岩中的深部地幔组分,但在解释时不应绝对化,应结合其他对大陆壳混染灵敏的元素对(如 Th/Ta)和同位素 Sr-Nd-Pb-Hf 组成(Baksi,2001)。

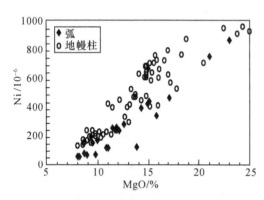

图 4-64　地幔柱来源的岛弧苦橄岩和太古宙科马提岩的 Ni-MgO 图解(Campbell, 2001)

在给定全岩 MgO 含量时,地幔柱来源的玄武岩 Ni 含量明显高于 MORBs 和 IABs(图 4-64),这是由于在高温高压条件下 Ni 强烈进入熔体,而在低温低压条件下,大量 Ni 保留在地幔橄榄岩中。地幔柱岩浆温度、压力均高于 MORB 岩浆,其开始和结束熔融的深度均比 MORB 大。来自 16 个弧(大陆弧和洋弧)的 9000 个弧玄武岩的 Ni 和 MgO 含量呈明显相关关系,将弧玄武岩标准化为 MgO 含量 10% 时的 Ni 含量为 $(110\sim170)\times10^{-6}$,明显低于地幔柱有关的玄武岩 Ni 含量。

与铬铁矿平衡的橄榄石中的 Cr 含量可以区分高温和低温,Cr 含量超过 $1500\times10^{-6}$ 的橄榄石,其结晶温度在 1500℃以上,而 Cr 含量低于 $1000\times10^{-6}$ 的橄榄石结晶温度应低于 1250℃。高 Mg 的太古宙科马提岩中的橄榄石 Cr 含量为 $2300\times10^{-6}$,表明它们来自高温的地幔柱岩浆作用。而 MORB 和玻古安山岩中的橄榄石 Cr 含量低于 $200\times10^{-6}$ 和 $800\times10^{-6}$,表明它们的结晶温度低于 1250℃,因而可与地幔柱玄武岩相区别。据此,橄榄石中 Cr 含量大于 $800\times10^{-6}$ 可用以区分地幔柱来源和非地幔柱来源的玄武岩(Campbell,2001)。

综上所述,与板块构造理论强调水平运动不同,地幔柱学说强调物质和能量的垂向运动。地幔柱理论较好地解释了大火成岩省、热点、大陆裂谷、大规模成矿和生物灭绝事件等很难用板块构造理论解释的现象,是板块构造学说的重要补充。

# 五、洋脊俯冲

## 1. 洋脊俯冲(ridge subduction)及地质效应

洋脊是洋壳中广泛分布的裂谷系统,当两翼板块相互分开时,新的岩石圈在洋脊形成,它们高出洋底,在构造上是不稳定的。每个洋盆和成熟的弧后盆地也都具有洋中脊。冰岛是唯一露出海面的现代洋脊。洋脊被大量转换断层切割,是海底扩张的中心,也称为离散板块边界生长边界。因此,在威尔逊旋回中,大洋岩石圈俯冲过程中扩张的洋脊最终会俯冲到消减带之下而消亡(Sisson,2003)。海洋扩张中心(洋脊)与俯冲带之间的碰撞在整个地质历史中是经常发生的(Klein and Karstern,1995)。洋脊俯冲是一个较普遍的地质现象,它是洋底扩张与俯冲带的交叉,最早见于美国西部造山带及南美安第斯造山带研究,例如,Kula-Farallon 洋脊从 83Ma 开始俯冲,持续到 41Ma。

近几年,我国在新疆阿尔泰和西准噶尔及长江中下游的岩浆岩研究中提出了洋脊俯冲模型(赵振华等,2006,2007,2008;Windley et al.,2007;孙敏等,2009;Geng et al.,2009;Ling et al.,2009;Tang et al.,2012)。当扩张的洋脊俯冲到消减带之下时,来自俯冲板片的沉积物和蚀变的洋壳碎块与洋脊下的地幔对流混合作用,使洋脊上的玄武岩的源区发生复杂化,不仅产出典型的洋中脊玄武岩 MORB,还产生了富集的、亲岛弧性质的岩石,这在南智利洋脊特别典型(Klein and Karstern,1995;详见下述)。此外,由于活动的洋脊是热的并有浮力,俯冲带的阻力使沿离散的洋中脊板块边缘形成板片窗。在这种条件下，软流圈地幔物质将沿板片窗打开的通道上涌，产生高温环境，导致俯冲洋壳板片边缘以及上覆地幔楔发生部分熔融，发生壳幔间的物质交换，并形成复杂的不同于正常岛弧钙碱性岩浆岩组合。在板片窗形成后，由于喷灯效应（blowtorch effect），俯冲洋脊的前缘熔融形成埃达克岩［如东太平洋洋脊（EPR）俯冲到 Baja California 下面 30~50km，形成埃达克岩］，该岩浆与地幔楔相互作用形成与之组合的富铌玄武岩和富镁安山岩（Rogers et al.，1985；Rogers and Saunders，1989；Abratis and Worner，2001）；与地幔楔和软流圈相互作用、熔融有关的拉斑玄武岩到碱性玄武岩、N-MORB 到 OIB（Hole et al.，1991；Cole and Basu，1992，1995；D'Orazio et al.，2001；Gorring and Kay，2001；Gorring et al.，2003；Cole et al.，2006，2007；Cole and Stewart，2009）；与下地壳熔融有关的 A 型花岗岩（Mortimer et al.，2006；Huang et al.，2007）或 TTG（Pearce，1996a；Anma et al.，2009）。

**2. 洋脊俯冲的地质地球化学识别标志**

对洋脊俯冲产生的各种地质表征、成矿和热效应的理论和数值开展模拟，对正经历洋脊俯冲的地区（北美、中美、南美、南极和日本等地）的洋脊消减历史和成矿效应也进行了相应的研究，但对古老造山带中洋脊俯冲过程的研究却相当有限。目前已有研究表明，识别洋脊俯冲的地质地球化学标志主要有：洋脊的显著特点是高热源区，热流值>3mcal[①]/（cm²·s）；普通弧岩浆的停止，这是由于热洋脊俯冲时，俯冲带摩擦热降低，或下降板片挥发分丢失，造成与洋壳俯冲有关的正常钙碱性岛弧岩浆作用减少或停止；大洋地幔上隆；还将导致洋脊上板块的应力机制由挤压转变为伸展和弧后盆地打开；无浅层地震（Condie，1997）；高温岩浆组合，如埃达克岩、高镁安山岩和富铌玄武岩等，大洋中脊型（N-MORB）玄武岩的出现；高温低压变质作用（Browman et al.，2003；Zunsteg et al.，2003）；地壳的快速抬升；软流圈地幔组分的出现；由于来自俯冲洋脊热的不断加入以及化学成分对弧下地幔的改造反应，造成由洋脊俯冲所形成的火山岩具有分异型的稀土组成和亲弧火山岩地球化学特征；低 Rb/Sr，高 K/Rb、Sr/Zr、La/Rb，以及与 MORB 型高场强元素特征相重叠的 La/Nb 值（Rogers，1985）。明显低的 Nb/U、Ce/Pb 和 Rb/Cs 值，高的 Th/La 值（Klein and Karstern，1995）。下面列举几个研究实例。

（1）南智利脊

太平洋东部靠智利的智利脊呈东西向，它将 Nazca 板块与南极板块分开，它现在正俯冲到向西迁移的南美板块下面（图4-65）。在靠近智利海沟的南智利脊的四条脊段采集了 48 件熔岩样品，并进行了系

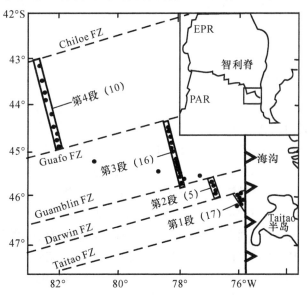

图 4-65　靠近智利海沟的南智利洋脊构造要素图（Klein and Karstern，1995）

EPR. 东太平洋隆起；PAR. 太平洋-南极脊；虚线表示断裂带

---

① 1cal=4.1868J，卡［路里］。

统地球化学分析（Klein and Karstern，1995），

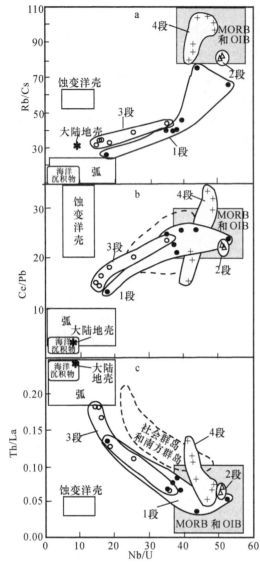

图 4-66　智利洋脊熔岩玻璃的 Rb/Cs、Ce/Pb、Th/La 对 Nb/U 图解（Klein and Karstern，1995）

发现这些样品除具有典型亏损型洋脊玄武岩地球化学特点外，一些样品显示了汇聚板块边缘弧火山岩的地球化学特点。这些特点包括：$Mg^\#$ 值变化范围大，为 0.42～0.65（多数>0.60）；第一段和第三段洋脊样品显示明显不同的稀土组成型式，第三段洋脊样品轻稀土从亏损到富集，La/Sm 0.6～1.5，第一段洋脊样品轻稀土均亏损 $(La/Sm)_N < 0.7$；更为特别的是用于区分 MORB、OIB 和岛弧熔岩 IAB、陆壳的微量元素比值图解 Rb/Cs、Ce/Pb、Th/La 对 Nb/U（图 4-66）中清楚地显示了第一段和第三段洋脊样品投影于 MORB 和 OIB 区外，靠近弧火山岩和陆壳投影区，第四段洋脊样品多数投影于 MORB 和 OIB 区，但其 Th/La 值比 MORB 和 OIB 高。在微量元素蛛网图中第一段和第三段洋脊样品中显示多数不相容元素含量高，如 Pb 明显正异常，Nb、Ta 亏损。上述特点反映了南智利脊熔岩的地幔源区存在微量元素异常。Klein 和 Karstern（1995）认为，海洋沉积物+蚀变洋壳与洋脊下面的地幔发生混合，形成该区洋脊熔岩的岩浆岩源区，而形成这种混合的构造背景是活动的洋脊俯冲作用。

在与智利脊靠近的智利三联点（Chile Triple Junction，CTJ），与俯冲前峰斜交并在过去 14Ma 期间由南向北移动，相邻的即为智利海岸的最西端海角-Taitao 半岛及 Taitao 脊（图 4-65）。Guivel 等（1999）在该区发现了 6 种不同类型的火山岩和侵入岩：N-MORB；E-MORB；具有典型岛弧玄武岩某些微量特征的 LREE 亏损型 MORB；Nb 中度亏损的 E-MORB；钙碱性安山岩、英安岩，流纹岩；具有埃达克岩特点的安山岩、英安岩。上述玄武岩的 Sr-Nd-O 同位素组成特点与本区幔源岩浆与地壳混染不符，而与智利洋脊俯冲有关（Guivel et al.，1999）。

（2）北美 Vizcaino 半岛和中美洲哥斯达黎加

Aquillon-Robles 等（2001）对该区南部 Vizcaino 半岛的火成岩进行了系统的岩石地球化学研究，确定它们为典型的埃达克岩和富 Nb 玄武岩组合，它们的形成与东太平洋洋脊俯冲到南加利福尼亚半岛（Baja California）下部所产生的异常高热有关。Abratis 等（2001）提出，中美洲哥斯达黎加东南的 5.8～2.0Ma 的埃达克质和碱性熔岩的形成过程是：Cocos 洋脊俯冲、与海沟碰撞，形成板片窗（slab window），随之软流圈通过该板片窗进入加勒比地幔楔，进而导致俯冲的洋脊边缘发生熔融。Nb/Zr 值对部分熔融程度不敏感，也在很大程度上不受来自板片脱水的活动组分的影响，因此是识别地幔岩浆源富集或亏损的有效参数。与此相反，弧岩浆源的 Ba/La 值很容易受俯冲板片脱水贡献的影响。在上述中美洲哥斯达黎加洋脊俯冲前（8Ma）形成的岩石为拉斑质和钙碱性喷出岩或侵入岩，它们的 Ba/La 值高，Nb/Zr 值低（0.03～0.09），为典型的正常弧岩浆。但在 5.8Ma 到全新世，在弧后和弧前形成的碱性火山岩和侵入岩只具有很弱的弧岩浆特点，Ba/La 值为 13～19，但 Nb/Zr 值高（0.17～0.46），表明它们来自 OIB 型富集地幔的部分熔融（图 4-67）。本区的埃达克岩则具有较高的 $Mg^\#$（60～70），重稀土分异的型式（La/Yb＝23～66），Sr 富集（达 $1500 \times 10^{-6}$），Sr/Y 73～116。与此相关的是 Pb 同位素组成的变化，在 5.8Ma 后形成的火山岩和侵入岩无一例外地具有高 $^{206}Pb/^{204}Pb$ 值（19.06～19.28），明显高于早期的钙碱性和拉斑质弧岩石（18.72～18.87）。这些地球化学特点在时间上与岩浆间断

和该区的隆起发生有关，这种新岩浆源的出现是突然的（6Ma后），并在空间上靠近碱性岩甚至叠加在弧前埃达克岩上，其唯一的岩浆源应是Galapagos热点的地幔柱成分（White et al.，1993）。

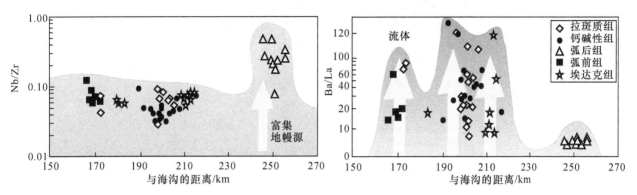

图4-67　哥斯达黎加Cocos洋脊俯冲产生的岩石类型及地球化学特征（Abratis and Womer，2001）

（3）新疆阿尔泰和西准噶尔

对新疆北部，古生代，特别是晚古生代产出的埃达克岩、富镁安山岩、富铌玄武岩、苦橄岩、高温变质岩以及广泛分布的碱性花岗岩也提出了洋脊俯冲及相关的板片窗构造模型（赵振华等，2006，2007，2009；Windley et al.，2007；孙敏等，2009；Geng et al.，2009；Tang et al.，2010），这种模型可以解释这些高温岩石的形成以及它们不同于典型岛弧火成岩的地球化学特点。例如，孙敏等（2009）系统研究了该区花岗岩、沉积岩和片麻岩中的岩浆成因锆石的Hf同位素组成及U-Pb年龄，发现420Ma是一界线，420Ma之前$\varepsilon_{Hf}(T)$值有正值和负值，但此后Hf同位素组成发生突变，$\varepsilon_{Hf}(T)$均为正值。这表明之前的岩浆岩主要为古老物质与新生物质混合，而此后为幔源物质为主的急剧加入的新生物质，这种特点可用早泥盆世的洋脊俯冲解释，洋脊俯冲可以提供大量具地幔特征的新生物质和热能，使岩石圈物质被改造。我们对西准噶尔地区的包谷图埃达克岩和高镁闪长岩、哈图拉斑玄武岩及庙尔沟等碱性花岗岩进行了较系统的岩石和地球化学研究，在西准噶尔包谷图识别出晚石炭世埃达克岩-高镁闪长岩组合（310~315Ma）以及克拉玛依西部A型花岗岩；更重要的是庙尔沟紫苏花岗岩（张立飞等，2004）以及成分类似于赞岐岩的大量中基性脉岩（Yin et al.，2010），均指示了本区在晚古生代高温岩浆岩的特点。我们的最新研究发现（Tang et al.，2012），区内哈图玄武岩（锆石U-Pb年龄315Ma）具有典型的大洋拉斑玄武岩特点，它形成于软流圈地幔-岩石圈地幔的相互作用。包谷图埃达克岩与非洋脊俯冲的洋壳熔融形成的埃达克岩相比，Sr含量略低［(346~841)×10⁻⁶］和Sr/Y值（31~67）、重稀土和Y含量较高，而与洋脊俯冲作用有关的埃达克岩具有相近的Sr含量和Sr/Y值，如上述墨西哥Vizcaino半岛的埃达克岩（620~820)×10⁻⁶，其Nb/Ta及Zr/Sm值较低（Nb/Ta 10.7~18.0，平均13.4；Zr/Sm 16.9~75.7，平均40.2）。西准噶尔上述几种类型火成岩的地球化学系统变化及洋脊俯冲模型如图4-68和图4-69所示。

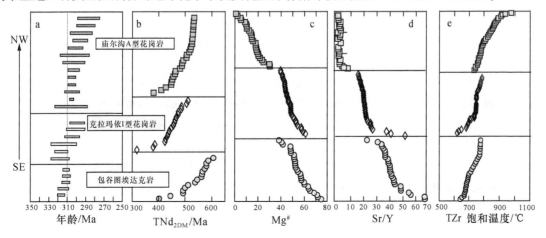

图4-68　西准噶尔不同类型火成岩的地球化学系统变化

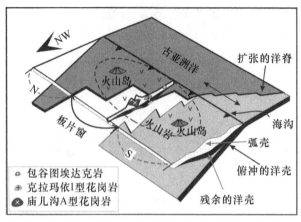

图 4-69　西准噶尔不同类型火成岩的洋脊俯冲模型

# 六、通道流（channel flow）

当造山过程产生地壳加厚、地壳变得足够热时就会发生部分熔融，导致其岩石强度明显降低，这种脆弱的地壳非线性流变物质可向侧向或向上流动。在中地壳通道，这种侧向流动可达几百千米（Jamieson et al.，2011）。在重力梯度产生的侧向压力驱动下的（中）下地壳物质的水平流动，包括：①泊肃叶（Poiseuille）通道流——在压力梯度驱动下在稳定的刚性边界间的通道流。②库爱特（Couett）通道流——是两个平行板之间流动的简化，其中一个板运动，而另一个板静止。这是受上地壳挤出或岩石圈俯冲驱动的在移动刚性边界间的通道流。③泊肃叶与库爱特结合的通道流。

近年来，作为地壳薄弱层的通道流被用来解释青藏高原地壳加厚、向外生长和地表变形，根据对青藏高原的构造-岩浆及地球物理研究，对高原隆升提出了通道流模型（Bird，1991；Royden et al.，1997；Klemperer，2006；Jamieson et al.，2011；Wang et al.，2012）。花岗岩类研究，特别是地壳物质熔融形成的浅色花岗岩可能会给通道流模型提供岩石学证据。在喜马拉雅-西藏系统中，特别是在喜马拉雅最高峰珠穆朗玛，从顶峰向下主要为灰岩→大理岩→花岗岩，在冈底斯南呈带状分布有几十个浅色花岗岩类，它们由白云母花岗岩、二云母花岗岩、电气石花岗岩和含石榴子石花岗岩等组成。这些花岗岩的锆石、独居石 U-Pb 定年和白云母 K-Ar 定年表明它们形成在印度-欧亚板块碰撞之后，年龄<30Ma。对这些花岗岩的系统岩石学、地球化学研究表明（王中刚等，1981；张玉泉等，1981；赵振华等，1981；廖忠礼等，2006；莫宣学等，2009），它们具有高 Si（$SiO_2$ 平均 73.27%）、$K_2O$（平均 4.17%）和 $Al_2O_3$（14.48%），A/CNK≥1.10（高达 1.38，平均 1.16），$K_2O$≥$Na_2O$，属典型过铝质花岗岩。强烈富集轻稀土，$(La/Yb)_N$≥10，明显的 Eu、Sr 和 Ba 负异常；高（$^{87}Sr/^{86}Sr$）$_i$（普遍>0.707），喜马拉雅带曲珍白云母花岗岩为 0.72699~0.73844（莫宣学等，2009）；告乌电气石白云母花岗岩岩体高达 0.7581~0.7640（于津生等，1990）。这些特点均提供了这些浅色花岗岩是"纯"的地壳熔融的产物。在缺乏流体的情况下，白云母的分解可产生挥发分，降低地壳岩石的熔点。碰撞造山产生地壳加厚（如喜马拉雅地壳为超厚地壳）以及生热元素的富集，都可使地壳温度升高，甚至产生高温（900~1000℃）（Clark et al.，2011），形成花岗质岩浆。地球物理证据也表明在西藏高原下面存在熔融体，中地壳的岩石发生向南流动（Unswort et al.，2005；Harris，2007；Jamieson et al.，2011）。

Wang 等（2012）对青藏高原北部—昆仑山南部布喀大坂-马兰山冰川出露区的含电气石二云母和黑云母流纹岩进行了研究，这些岩石形成于中新世—第四纪（9.0~1.5Ma），地球化学特点与南部喜马拉雅淡色花岗岩相似，如明显的 Eu、Sr、Ba 负异常，其 Sr-Nd-Pb-Hf 同位素组成与全球海洋沉积物和藏北元古代—三叠纪沉积岩相似。温度压力计算表明这些流纹岩由变质沉积岩在 0.5~1.2GPa（相当于地壳16.5~40km 深处）、740~863℃条件下白云母+黑云母脱水熔融形成。这表明青藏高原北部中下地壳从中新世持续到第四纪存在部分熔融层，证实了该区中下地壳薄弱层是地壳熔融的结果。在青藏高原北部厘定出的这条沿昆仑山南部断裂带呈东西向分布的中新世—第四纪地壳熔融岩浆岩带的存在，表明深部地壳流动在高原生长中发挥了重要作用，如熔融弱化的中下地壳向北流动，受冷的柴达木地块阻挡，导致地表隆升和高原北向生长；而软弱化的中下地壳向北流动，受西北部冷的塔里木地块阻挡诱发地壳向东流动，导致昆仑山南部断裂带的左旋走滑运动、地震和高原的向东扩展。

华北克拉通东南缘安徽蚌埠隆起位于我国著名的大别-苏鲁超高压变质带北约 150km，隆起内自西向东分布有荆山、涂山、蚂蚁山和老山等弱片麻状浅色花岗岩。系统的同位素年代学和地球化学研究（Li et al.，2013）发现它们属准铝质，低 Rb、高 Sr、低 Rb/Sr 值。含大量新元古代和三叠纪变质岩的继承锆石，年龄与大别-苏鲁超高压变质岩一致，与围岩明显不同。锆石的生长环带年龄为 167~148Ma，与苏鲁造山带混合岩化年龄一致。侏罗纪变质锆石稀土含量低，不含柯石英，表明浅色花岗岩源区岩石仅受到高温，未受超高压变质。结合其 Sr-Nd-Pb 同位素组成 [低 $\varepsilon_{Nd}(T)$：-14.9~-13.0；高（$^{87}Sr/^{86}Sr$）$_i$：0.708487~0.711690]，表明它们主要是由俯冲的长英质片麻岩（贫云母的正片麻岩）熔融，不是大别-苏鲁的玄武质榴辉岩熔融形成。锆石 Ti 温度计和 Zr 饱和温度计测得温度为 700~710℃。根据上述资料，Li 等（2013）提出苏鲁造山带向北移动，蚌埠隆起的浅色花岗岩是受东部的郯庐断裂影响，在晚侏罗世产生了形态上响应、在中下地壳产生侧向压力梯度，促进了地壳部分熔融，在苏鲁造山带向西流动进入蚌埠中下地壳，重力作用促使熔体上升到蚌埠中上地壳，形成浅色花岗岩侵入体。因此，蚌埠隆起中晚侏罗世浅色花岗岩的北西西-南东东分布，指示了古通道流的方向。

# 第四节　微量元素用于构造背景判别的限制

和任何方法一样，岩石的微量元素组合特征作为一种指标，或作为一种辅助手段判断岩石形成时构造背景是有一定限制和适应范围的。

### 1. 岩石类型

目前已发表了用于岩浆岩、沉积岩形成构造背景的各种微量元素图解，在对某一未知岩石的形成构造背景进行判别时，一定要用与其相同的或近似的岩石类型的判别图，即不能将用于玄武岩构造背景的判别图用于酸性岩或沉积岩，反之亦然。

### 2. 岩石的时代

几乎所有对岩浆形成构造背景的判别都是建立在地幔不均一性的基础上。目前的研究表明，地幔不均一性可达到中元古代。太古宙地幔不均一性程度尚不清楚，至少不可能达到与现代同等的规模。太古宙地幔的分异程度比现代差，岩浆很少有从极其富集或极其亏损的源区产生。因此，目前所建立的岩浆岩构造背景判别图解多数仅适宜于讨论显生宙岩石，Condie（1989）提出了前寒武纪绿岩带中玄武岩及安山岩构造背景的判别参数和图解（见图 4-30，图 4-31，图 4-35）。

### 3. 岩浆演化、蚀变和混染作用

在适宜条件下，岩浆可能发生一定的分异作用，在演化晚期往往造成大离子亲石元素或不相容元素的富集，挥发分也明显富集，因此常常发生交代蚀变作用。另外，在岩浆上升过程中也可能受到地壳物质的混染。这些作用会改变正常演化岩石的成分，造成根据微量元素组合进行构造背景判断的效果不佳。例如，混染作用增强，会造成将板块内部的花岗岩判断为火山弧或同碰撞型花岗岩，有时也会将火山弧花岗岩判断为同碰撞型花岗岩。MASH 过程使花岗岩类的地球化学组成发生复杂变化，也给花岗岩类的构造背景判别带来不确定性和争议。

### 4. 晶体堆积

所有图解都要求岩石样品不能有明显的堆积层。斜长石和铁镁质矿物的明显堆积会造成全岩地球化学特征不能代表岩浆的组成，影响判别效果。例如，斜长石的堆积造成 Y、Nb、Rb 在板块内花岗岩和洋脊花岗岩中的含量降低，而将它们判断为火山弧花岗岩。镁铁矿物的堆积会造成将火山弧花岗岩和同碰撞花岗岩判断为板内花岗岩或洋脊花岗岩。对于辉长岩等基性侵入岩更应注意堆晶问题，应对其进行矿物结晶顺序和岩浆成分研究，如富水的岛弧基性岩浆体系中矿物结晶顺序是橄榄石/尖晶石→辉石→斜长石，而贫水的裂谷基性岩浆体系中矿物结晶顺序是橄榄石/尖晶石→斜长石→辉石，因此，贫水和富水体系形成的基性岩石组合不同（李献华等，2012）。纯橄榄岩、橄长岩、异剥橄榄岩、辉长岩、辉长苏长岩等都是玄武岩浆演化过程形成的堆晶岩，不能用玄武岩的判别图解判别构造背景（牛耀龄，2013）。

### 5. 样品的采集

基于上述原因，在采集样品时应选择新鲜的、非堆积的岩石。对于侵入岩还应是无斑晶的、非细晶质的含明显游离石英的岩石。

### 6. 复杂的构造体系

复杂的构造体系所建立的判别图解一般可直接反映源区而不是构造体系。对于同碰撞型、火山弧型、正常洋脊型和板内花岗岩，它们的源区和构造体系之间有明显的关系，但对于碰撞后的花岗岩可能被投影在同碰撞、火山弧或板内花岗岩区，洋脊花岗岩可能被投影在火山弧花岗岩区。因此，应注意这些图解并非对各种构造类型的判别均有效。许多蛇绿岩杂岩不仅含有在洋脊形成的花岗岩，也含有与俯冲和碰撞有关的花岗岩；许多火山弧不仅含有海洋岩石圈消减所形成的花岗岩，也含有弧后、弧间碰撞和裂谷事件所形成的花岗岩。因此，在应用上述图解时必须考虑自然界复杂的地质情况。Pearce 等（1984）和 Pearce（1996b）所建立的花岗岩类构造背景判别图是广义花岗岩（即含 5% 以上石英的粗粒火成岩），其图解的基础是将源区与构造背景相联系，因此，在使用时要注意样品投影点在图中的位置（即某一环境区的上、下部位），它们的具体投影位置反映了成岩过程。在某些情况下，投影点位置反映的是源区而不是构造背景。例如，对于在俯冲带上（supra-subduction zone），由于洋中脊发生俯冲，使之在增生杂岩中形成的花岗岩具有增生棱柱中火山沉积岩和 MORB 的成分，Y 和 Nb 含量低，Rb 含量较高，投影点落在火山弧区的底部，显然它显示的是源区成分而不是构造背景（洋脊）。又如对于碰撞型花岗岩，当熔融作用的发生是由于没有流体参与的减压作用时，产生的熔体成分近于火山弧区中平均陆壳成分，这种情况下显示的也是源区成分，而不是构造背景（同碰撞）（Pearce，1996b）。

在判别结果出现多解的情况下，应结合地质证据进行解释，如投影在钙碱性火山弧玄武岩 VAB 范围的玄武岩应该与相当大体积的中性岩伴生，如果伴生的岩石仅包括很小部分的流纹岩，则此玄武岩应属变薄的大陆岩石圈的板内环境。

### 7. 构造背景转化

随着板块的运动或地球的动力学体制的变化，构造背景也相应发生转变，威尔逊旋回描述了板块构造背景的变化。对于特殊的构造背景也具有类似特点，例如，在洋壳板片俯冲过程中，当俯冲到深部的板片达到榴辉岩相时，可能会发生断离形成板片窗，软流圈会沿板片窗上升产生高温岩浆。而如果板片俯冲角度增大，会使俯冲板片发生后撤（roll back），会在已形成的岛弧中形成伸展环境，在岛弧上发生裂解，称为弧裂解（arc rifting；Gill，2010）。此外，增厚岩石圈会发生坍塌，软流圈上升，发生热侵蚀，进而转变为底侵作用。

### 8. 数据库或专家系统

还应该强调的是，用于揭示岩石形成构造背景的图解是基于一种统计规律，不能只根据单个样品的几个元素分析值投影判别整个岩套。目前，建立数据库或专家系统是构造背景判别的重要趋势。Pearce在 1987 年就提出了建立火山岩专家系统——多学科协同方法，它包括了火山岩野外产状、岩石学、矿物学及地球化学多方面信息，称为 ESCORT。在数据库中，计算机对每一套火山岩中每个样品逐个进行评价和判定构造背景，然后对整个岩套做累计评估，确定所属大地构造背景。Muller 1997 年提出了钾质火成岩数据库 SHOSH1（2222 个样品，24 种微量元素，11 种主量元素）和工作数据库 SHOSH2，并据此构建了钾质火成岩的构造背景判别程序和图解（图4-35，图4-36）。又如玄武岩构造背景判别分析中，Vermeesch（2006a，2006b）收集了756件已知构造环境的、有45个主、微量元素全岩定量分析数据的海洋玄武岩样品（洋岛玄武岩259件、洋中脊玄武岩241件、岛弧玄武岩256件），建立了分类树（classification tree；图4-28），进而进行构造背景判别分析。这些判别图解的建立不仅依据的样品数量多，分析数据质量高，而且是在众多元素（或比值）中经数理统计筛选出最合适元素（或比值）建立图解。因此，图解中的划分界线更准确（图4-29）。

由于不同构造背景产出的相同岩石类型（如岛弧玄武岩、洋岛玄武岩和大洋中脊玄武岩）的地球化学特点有重叠性，因此，没有一种构造背景地球化学判别图解是解决这一问题的唯一基础。

"地球系统科学"的思想已成为现代地球科学的核心，即地球的各圈层是相互关联的不可分割的整体，地球是一个统一的大系统，地球科学不仅要研究不同圈层各自的性质与特征，更要研究各圈层之间的相互关系和相互作用。用这种思想研究不同构造背景的构造-岩浆组合，进而探讨该区的构造背景才能得出合理的结论。

# 第五章　地球形成演化过程中的微量元素

20 世纪 70 年代以来，综合应用同位素地球化学、微量元素地球化学及地球物理手段研究地球的各个圈层，如地壳、地幔（岩石圈、软流圈、上地幔、下地幔、地核）、大气圈、水圈的化学成分、结构及地球化学演化，形成了一个地球化学新分支——化学地球动力学。该分支的发展，已形成了研究地球一系列过程的新方法，这种方法把地球看作一个完整的动力学体系，各部分不是彼此孤立的一种集合体。把了解地球系统的过去、现今及未来的行为，包括从地表环境、地壳及其流体包层（水圈、气圈）之间的相互作用，向下扩展到地幔和外核，并一直到内核。在地球的动力学系统中，岩石圈动力学和全球变化是其研究主题，微量元素，特别是微量元素与同位素相结合组成的化学地球动力学，在上述研究中起着重要作用。

## 第一节　太阳系星云、陨石与地球成分

### 一、太阳系星云、陨石

元素的太阳系丰度（也称宇宙丰度）是根据太阳光球的光谱测定和 C1 型碳质球粒陨石的分析得出的，对于太阳系各行星的化学成分，由于观察资料不足，只能根据假定的模式进行推算。Morgan 和 Anders（1980）以元素太阳系丰度为基础，根据均一的太阳星云凝聚过程，分析形成行星各区域化学成分、物理化学环境，并参照已有的陨石、行星的元素与同位素观测数据，提出了计算类地行星模式。该模式认为，根据元素在星云凝聚各阶段的性质（难熔、亲铁、挥发等），可选择一个具有代表性的元素作为计算的指标性元素，如 U 代表早期凝聚阶段难熔元素，Fe 代表金属硅酸盐分馏阶段凝聚形成行星核的元素，K 和 Tl 代表挥发性元素，以 $FeO/(FeO+MgO)$ 分子比代表金属 Fe 被氧化形成的含铁硅酸盐环境（表 5-1），计算类地行星——水星、金星、地球和火星的模式化学成分。

**表 5-1　指标性元素及其比值**（Morgan and Anders，1980）

| 组分 | 凝聚温度/K | 指标性元素 | 水星 | 金星 | 地球 | 火星 |
|---|---|---|---|---|---|---|
| 早期凝聚 | >1400 | $U/10^{-9}$ | 11[1] | 15[1] | 14.3 | 28 |
| 金属凝聚 | 1400~1300 | 行星核/% | 68 | 32 | 32.4 | 19 |
| 非重熔组分 | 1300~600 | K/U[2] | 2 000 | 10 000 | 9 440 | 2 214 |
| 挥发分富集 | <600 | Tl/U[2] | 0.004 | 0.27 | 0.27 | 0.005 |
| FeO | ~900~500 | $FeO/(FeO+MgO)$[3] | 0.03[3] | 0.07 | 0.12 | |

注：① 实验数据较少；②重量比；③分子比。

太阳星云是太阳系的母体，它经历了极其复杂的演化过程才形成了目前的太阳系。早期太阳星云的化学分离作用以及各类天体物质的吸积温度是天体化学家感兴趣的问题之一。考察元素的凝聚温度以及各类陨石中挥发与不挥发元素丰度型式是解决这类问题的重要依据。

按在行星演化过程中的行为而言，稀土元素是目前了解最多的元素。根据地球、月球及各类陨石中

稀土元素丰度型式对比，它们虽然在稀土元素含量上有较大的差别，但稀土元素丰度型式近于一致（图5-1），图5-1还表明，在太阳星云分馏过程中，稀土元素丰度型式并未发生明显变化。这些特点表明，太阳系各成员来自同一团星云物质，太阳、月球、地球、火星和各类陨石中大部分元素同位素组成一致的资料支持这种认识。此外，稀土元素是难熔元素，在太阳星云凝聚过程中为最早凝聚的元素之一，也是研究太阳星云早期过程的最灵敏的元素。任何晚期的行星分异都不会消除在星云凝聚期间产生的稀土元素分布异常。稀土元素还能提供太阳系形成早期历史中产生的气/固分异机制的证据。富Ca、Al气体的陨石中稀土元素组成的研究，可以了解早期太阳星云分异过程的特征。例如，20世纪90年代对碳质球粒陨石中包体成分的研究发现了许多异常现象，

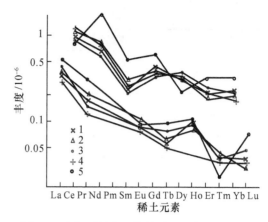

图5-1　太阳系某些天体的稀土元素丰度型式
（欧阳自远，1988）
1. 宇宙丰度；2. C1球粒陨石；3. 普通球粒陨石；
4. 普通球粒陨石；5. 地球

包体的稀土元素等难熔元素比全岩富集了11倍左右，Sm、Nd等同位素组成有明显异常。C1球粒陨石包体的$^{144}$Sm与$^{145}$Sm比异常，达（$1.5\pm5$）$\times10^{-3}$，默奇森（Mochison）碳质球粒陨石包体强烈富重稀土元素，亏损Eu和Yb，难熔的Dy、Ho、Lu富集近100倍；阿连德（Allend）陨石包体中也发现$^{147}$Sm、$^{149}$Sm、$^{152}$Sm和$^{154}$Sm异常，这些异常的发现表明，在太阳星云凝聚过程中，临近超新星爆发形成的物质加入到太阳星云中，造成微量元素和同位素组成异常。非均一性太阳星云凝聚模型就是根据上述资料提出的。

确定在太阳星云或后来热事件中气-固原始分离过程中是否发生分异，需要定量地研究凝聚过程。凝聚过程可考虑为在一定温度和压力下气固分离过程。对于纯元素来说，其凝聚温度可以定量地由下式表示（Larimer，1967）：假设气体为理想气体，在一气体混合物中，气体E的分压$p(E)$等于它的原子比例$N(E)$乘以总压：

$$p(E) = N(E)P_T \tag{5-1}$$

元素E的原子比例可简单表示为其原子数$n(E)$除以体系中所有原子和气体分子的总和：

$$n(E) = nE/\sum_{i=h}^{i=k} n_i \tag{5-2}$$

如果气体是宇宙成分，某一指定元素的原子数就等于该元素的宇宙丰度，例如$n(H)_2 = 1/2A(H)$，$n(He) = A(He)$；$n(Li) = A(Li)$。

太阳系中H是最丰富的元素，其次是He，它们共占原子总数的99%以上。因此，上述原子比例还可以近似表示为

$$N(E) \approx 2A(E)/A(H) \tag{5-3}$$

由式（5-1）和式（5-3）可以得出：

$$p(E) = 2A(E)/A(H) \cdot P_T \tag{5-4}$$

知道了元素E的宇宙丰度，就可以由式（5-4）计算元素E的分压。当一元素的蒸汽分压等于由式（5-4）计算出的分压时，该元素就开始从气体中凝聚出来。表5-2给出了在不同压力下各种元素的凝聚温度。

**表5-2　纯元素的凝聚温度**（Larimer，1967）

| 元素 | 温度/K（条件：$P_T = 1\text{atm}$） | 温度/K（条件：$P_T = 6.6\times10^{-3}\text{atm}$） |
| --- | --- | --- |
| Fe | 1790 | 1620 |
| V | 1760 | 1500 |
| Ni | 1690 | 1440 |

| 元素 | 温度/K（条件：$P_T = 1\text{atm}$） | 温度/K（条件：$P_T = 6.6 \times 10^{-3}\text{atm}$） |
|---|---|---|
| Cu | 1260 | 1090 |
| Se | 1250 | 1045 |
| Mn | 1195 | 980 |
| Ge | 1150 | 970 |
| Au | 1100 | 920 |
| Ga | 1050 | 880 |
| Sn | 940 | 806 |
| Ag | 880 | 780 |
| In | 765 | 670 |
| Pb | 655 | 570 |
| Bi | 620 | 530 |
| $Sb_2$ | 590 | 515 |
| Tl | 540 | 475 |
| $Te_2$ | 517 | 460 |
| Zn | 503 | 430 |
| $S_2$ | 489 | 400 |
| $Se_2$ | 416 | 375 |
| Cd | 356 | 318 |
| Hg | 196 | 181 |
| $I_2$ | 185 | 169 |

根据元素的凝聚特点，可划分为两个凝聚系列，快速凝聚系列：形成纯元素和化合物；缓慢凝聚系列：形成固溶体。

这两个凝聚系列与普通球粒陨石中所看到的元素亏损模式很相似（这种亏损是相对于 I 型碳质球粒陨石或太阳系，或宇宙丰度而言）。

强亏损的元素：Pb、Bi、In、Tl，这些元素在最后凝聚，凝聚温度<500K；

弱强亏损的元素：Zn、Cd、Hg，凝聚温度为680K；

中等亏损的元素：Sn、Ga、Ge、Au、Cu，凝聚温度700~1000K；

锰和轻碱金属：Na、K、Rb，在普通球粒陨石中并不亏损，它们的凝聚温度高，为1100~1300K。

在球粒陨石中有近三分之一的元素发生了亏损，因此，一个宇宙物体（如行星、陨石）中挥发与不挥发元素的比例必然反映了它们的凝聚温度以及在太阳系中的位置。内行星和陨石明显亏损挥发性元素，而外行星则保留了大部分挥发性元素。由此 Anders（1964）曾提出根据两种类型的物质进行讨论：一种是未亏损部分 A，是在低温下形成，它含有所有亏损的元素；二是亏损部分 B，不含任何亏损的元素，是在高温下形成。对陨石中 31 种挥发性元素丰度进行比较表明，在 I、II、III 型碳质球粒陨石和 I 型顽辉石球粒陨石中，其丰度降低为一个常数。比值分别为1、0.6、0.3、0.7。

在普通球粒陨石和 II 型顽辉石球粒陨石中有9种元素 Au、Cu、F、Ga、Ge、S、Sb、Se、Sn 的丰度亏损常数为~0.25 和~0.50，而另18种元素 Ag、Bi、Br、C、Cd、Cl、Cs、H、Hg、I、In、Kr、N、Pb、Te、Tl、Xe、Zn 亏损更为明显，亏损常数为0.002。显然，球粒陨石是两种类型物质的混合物：低温部分（即基质）含有大多数挥发性元素，而高温部分（球粒、金属颗粒）则失去了大部分挥发性元素。因此，这种分异发生在太阳星云从高温冷却时，不可能发生在陨石母体中（Larimer and Anders，1967）。

根据上述，由各类陨石中元素丰度特点，可以推断它们的凝聚温度。选择一个具有代表性的元素作为计算该类指标性元素，每种元素不同的含量代表不同的凝聚温度。利用 Pb、Bi、Tl、In 4 种挥发性元素在固溶体中的含量来计算温度，对不同类型陨石用 Tl、Bi、In 微量元素温度计计算形成温度（图 5-2，图 5-3），如普通球粒陨石形成温度区间为 420~500K，其中，5、6 型比 3、4 型形成温度高；根据 100 多块陨石中 Tl、Bi、In 含量测定（欧阳自远，1988），粗略地计算出 E 群顽火辉石的形成温度为 470~480K，H 群普通球粒陨石形成温度为 470~480K，L 和 LL 群普通球粒陨石形成温度为 450~460K，碳质球粒陨石 ≤400K。由上述特点也可以推断各类陨石在小行星带的相对位置，如顽火辉石球粒陨石来自小行星带内部边缘，普通球粒陨石来自中心或内部带，碳质球粒陨石则来自外部边缘或彗星。

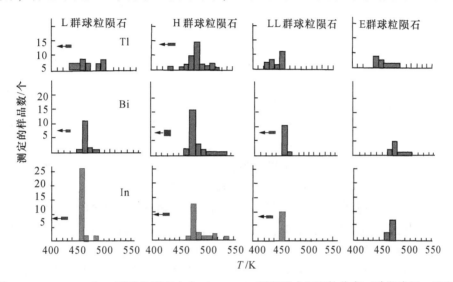

图 5-2　L、H、LL 和 E 群球粒陨石中由 Tl、Bi、In 测定形成温度的分布（欧阳自远，1988）

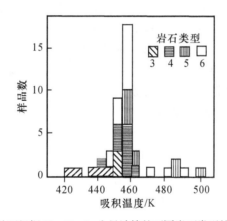

图 5-3　在 $10^{-5}$ bar 条件下根据 Tl、Bi、In 含量计算的不同岩石类型的普通球粒陨石吸积温度
（Anders，1982；欧阳自远，1988）
图中数字 3、4、5、6 代表普通球粒陨石类型

# 二、地核成分

用地球化学方法研究地核的成分的基本假设是地球由碳质球粒陨石成分的物质组成，根据前述元素的凝聚温度特点，将硅酸盐地球的元素（亲石的、亲硫的、亲铁的）与球粒陨石对比，建立地球的挥发性曲线。该曲线显示了地壳形成过程中的挥发性元素的缺失，亲铁及亲硫元素进入地核中，它们在挥发曲线下方，计算出将亲铁和亲硫元素归并到该挥发曲线上所需的量，即为这些元素在地核中的含量（McDonough，2003）。按含量大小顺序排列的主要元素有（%）：Fe 85.5，Si 6.0，Ni 5.20，S 1.90，Cr 0.90，P 0.20，C 0.20；按含量大小顺序排列的微量元素有（×10^{-6}）：H 600，Cl 200，V 150，Cu 125，

N 75, Ge 20, Se 8, Pt 5.7, As 5, Mo 5, Ru 4, Pd 3.1, Os 2.8, Ir 2.6, Rh 0.74, Te 0.85, Br 0.7, Au 0.5, Sn 0.5, W 0.47, Pb 0.4, Co 0.25, Re 0.23, Ag 0.15, Cd 0.15, I 0.13, Cs 0.065, Hg 0.05, Tl 0.03。

可见 Fe、Si、Ni、S、Cr、P 和 C 在地核中占 99.90%，而微量元素中主要有 H、Cl 等挥发性元素和铂族元素。

## 三、对硅酸盐地球的球粒陨石模型的挑战与难题

### 1. 挑战

普遍接受的硅酸盐地球总体成分（BSE，bulk silicate earth）模型，是与球粒陨石（C1 型碳质球粒陨石）相似，即硅酸盐地球具有与球粒陨石相同的难熔亲石元素（RLEs，refractory lithosphere element）比值（除亏损挥发性元素外）。但是，这种地球成分的球粒陨石模型受到了近年来一些研究成果的挑战。其中最具代表性的成果是普通球粒陨石和碳质球粒陨石的$^{142}$Nd/$^{144}$Nd 值比地幔岩石低约（20±5）%（Boyet and Carson，2005，2006；Carson and Boyet，2008）。$^{142}$Nd 是 $^{146}$Sm 的衰变子体，Sm 和 Nd 属难熔元素，$^{146}$Sm/$^{142}$Nd 体系存留时间短，它被存留时间长的$^{147}$Sm/$^{143}$Nd 体系弥补。地幔岩石与球粒陨石之间$^{142}$Nd/$^{144}$Nd 值的差异，需要用地幔岩石的 Sm/Nd 值高于球粒陨石平均值6%来解释，地幔岩石的高于球粒陨石$^{142}$Nd/$^{144}$Nd 值相当于其$^{143}$Nd/$^{144}$Nd 值为 0.5130，球粒陨石则为 0.51263。如何解释这种差异成为地球化学讨论的热点，Campbell 和 O'Nell（2012）认为有两种可能的解释，最简单的解释认为，地球不是球粒陨石质的，所测定的地球样品的$^{142}$Nd/$^{144}$Nd 值就是硅酸盐地球的总体成分值。许多地球化学家选择另一种解释，认为地幔经历了早期的分异事件，分别形成具有低 Sm/Nd 值的早期富集储源和具有高 Sm/Nd 值的早期亏损储源（EDR）。低 Sm/Nd 值的早期富集储源是富集不相容元素的玄武质地壳沉入到核-幔边界，成为地幔 D 底部地震异常区中独立地覆盖在地核上的不规则的 200~250km 厚的层。这种早期的分异事件发生在太阳系形成的最初 10Ma（Boyet and Carson，2005，2006）。这种模型，即在地幔深部隐藏着一个富集不相容元素的层是对硅酸盐地球总体成分非球粒陨石质的解释，但这与由地幔柱带来的热通量不一致。Campbell 和 O'Nell（2012）认为，一是形成地球的物质不是球粒陨石质的，或者是地球在行星形成晚期阶段由于碰撞剥蚀作用而发生了物质丢失。

He 是保持在地幔中原始物质的重要示踪剂，它由两种同位素组成，$^3$He 是地幔中原始形成的，$^4$He 是既有原始形成的，也有 U、Th 衰变形成的，高$^3$He/$^4$He 值的熔岩长期被认为是代表了受去气作用的低（Th+U）/He 值地幔区的熔体。Lackson 和 Jellinek（2013）提出在全球喷发的、具有最高$^3$He/$^4$He 值的熔岩，如 Baffin 岛玄武岩，是早期形成的具有高$^3$He/$^4$He 值的亏损地幔储源的熔体，其$^{143}$Nd/$^{144}$Nd 值与 0.5130 相当。因此，高$^3$He/$^4$He 值的地幔代表了非球粒陨石值硅酸盐地球（BSE）的亲石元素成分，可用此探讨非球粒陨石质硅酸盐地球的主、微量元素成分，该模型称为 super-chondritic earth model——SCHEM，其结果显示，非球粒陨石值硅酸盐地球的高度不相容元素（Rb、Ba、Th、U、K 等）比球粒陨石质硅酸盐地球低约 30%。

### 2. 难题

确定地球成分的可靠的途径是对地球本身采样，如地幔柱头夹带了原始的下地幔，其熔融形成的玄武岩，特别是与科马提岩组合的太古宙玄武岩，可提供不受地壳混染的样品（Campbell and O'Nell，2012）。

地球化学家们着迷的地球化学难题，或悖论问题概括于表 5-3 中，它是基于硅酸盐地球总体成分为球粒陨石质（具有与球粒陨石相同的难熔元素比值）而确定的，表中列出了两种解释，如果将硅酸盐地球总体成分是球粒陨石质的基本假设"松绑"，表中的多数难题将消失（Campbell and O'Nell，2012）。

**表 5-3 地幔的地球化学难题**（悖论问题）（Campbell and O'Neill，2012）

| 难题 | 球粒陨石质硅酸盐地球模型的解释 | 非球粒陨石质硅酸盐地球模型的解释 |
|---|---|---|
| 球粒陨石的 $^{142}Nd/^{144}Nd$ 值比地幔岩石低（20±5）% | 一个低 Sm/Nd 值的隐藏储源在地球形成的 10Ma 内与对流的地幔隔离 | 原始地球的 Sm/Nd 值高于球粒陨石值约 6% |
| 地球最古老岩石提供了证据，它是在第一个保留的大陆地壳形成之前，从具有 $+\varepsilon_{Nd}$ 和 $+\varepsilon_{Hf}$ 的地幔中分出的 | 广泛的大陆地壳是在第一个保存的大陆壳之前形成，并通过地幔循环，或者存在一隐藏的玄武质的低 Sm/Nd 值的储源 | 原始地球的 Sm/Nd 值高于球粒陨石值约 6% |
| 地幔中的 Ar 含量约为球粒陨石模型推测值的一半 | 只有 50% 的地幔是去气的 | 按碰撞剥蚀假设预测，地幔 K 含量明显低于用球粒陨石模型的预测值，取而代之的是地球是非球粒陨石质的 |
| 陆壳和亏损地幔的 Nb/Ta 值低于原始地幔值（17.5），其 Nb/La 值高于原始地幔值（0.9） | 隐藏着一个具有高于球粒陨石 Nb/Ta 值和低于球粒陨石 Nb/La 值的富 Nb、Ta 和 Nb 的储源 | 原始地幔 Nb/Ta、Nb/La 值介于亏损地幔（分别为 15.5、1.2）和大陆壳（分别为 12.5、2.2）之间 |
| 海洋产生的 $^4He$ 比由热液推测的值低，大约为用球粒陨石地球模型预测值的一半 | $^4He$ 储藏在可传递热、但不能传递 $^4He$ 的边界层隔开的下部地幔中 | 碰撞剥蚀模型预测，整个硅酸盐地球的 Th-U 含量为球粒陨石的一半 |

# 第二节 月球的形成与演化

## 一、月岩的微量元素组成

美国 1969 年开始的 Apollo 登月计划实施了 9 次登月，采集月岩达 382kg，苏联用月球车采回 300g 月壤。此外，目前在地球上还发现了 26 块月球陨石。对大量月岩样品的同位素和微量元素地球化学研究，使人类对月球的形成和演化轮廓有了较明确的认识。月球表面主要由三部分岩石组成：月球高地岩石（不同成分的玄武岩、斜长岩类、克里普岩、斜长辉长岩、斜长苏长岩等）、月海玄武岩（高钛玄武岩 HT，Ti>35mg/g、低钛玄武岩 LT，Ti 10~35mg/g、极低钛玄武岩 VLT，Ti<10mg/g；高铝玄武岩）、月壤（岩石碎屑、粉末、角砾冲击熔融玻璃）。这三部分岩石类型可概括为玄武岩、斜长岩和混合质岩石，它们的微量元素组成有较明显的差异。

月海玄武岩稀土元素组成资料列于表 5-4 中。图 5-4 是其稀土元素球粒陨石标准化分布型式，可见其明显的特点是各种类型月海玄武岩均具有不同程度的 Eu 负异常，而且，Eu 负异常程度随 REE 含量增加而增强，即从极低钛—低钛—高钛，Eu 异常增强。高钛玄武岩 REE 含量高，LREE 富集程度较高。低钛玄武岩 LREE 和 HREE 较亏损，而中稀土 MREE 相对富集。多数极低钛玄武岩 LREE 相对亏损。与地球玄武岩相比，月海玄武岩亏损碱性元素 K、Rb、Cs 及亲铁元素 Ir 和 Ni。

**表 5-4 月海玄武岩稀土元素丰度**（Taylor，1975） （单位：$10^{-6}$）

| 项目 | 绿色玻璃 | 橄榄玄武岩 | 橄榄玄武岩 | 石英玄武岩 | 石英玄武岩 | 高钾玄武岩 | 低钾玄武岩 | 高钛玄武岩 | 富铝月海玄武岩 |
|---|---|---|---|---|---|---|---|---|---|
| $La^{3+}$ | 1.4 | 6.1 | 3.5 | 5.4 | 6.3 | 27 | 11.4 | 6.0 | 14 |
| $Ce^{3+}$ | 3.8 | 16.8 | 8.06 | 15.1 | 18.8 | 76 | 36 | 19.2 | 36 |
| $Pr^{3+}$ | 0.53 | 3.0 | 1.2 | 2.2 | 2.6 | 13 | 7 | 3.2 | 5.3 |
| $Nd^{3+}$ | 2.2 | 12 | 6.3 | 10.6 | 14.7 | 63 | 33 | 17.4 | 26 |
| $Sm^{3+}$ | 0.76 | 4.5 | 2.1 | 3.52 | 4.9 | 21 | 12 | 6.85 | 9.4 |

续表

| 项目 | 绿色玻璃 | 橄榄玄武岩 | 橄榄玄武岩 | 石英玄武岩 | 石英玄武岩 | 高钾玄武岩 | 低钾玄武岩 | 高钛玄武岩 | 富铝月海玄武岩 |
|---|---|---|---|---|---|---|---|---|---|
| Eu | 0.21 | 0.94 | 0.69 | 0.98 | 1.04 | 2.2 | 1.9 | 1.45 | 2.6 |
| $Gd^{3+}$ | 0.91 | 6.9 | 2.90 | 4.95 | 6.87 | 27 | 17 | 10.3 | 13 |
| $Tb^{3+}$ | 0.15 | 1.11 | 0.51 | 0.83 | 1.2 | 4.6 | 2.5 | 1.87 | 2.9 |
| $Dy^{3+}$ | 1.1 | 7.13 | 3.27 | 5.6 | 7.74 | 32 | 20 | 11.8 | 15 |
| $Ho^{3+}$ | 0.27 | 1.4 | 0.78 | 1.24 | 1.34 | 6.8 | 3.3 | 3.16 | 3.9 |
| $Er^{3+}$ | 0.8 | 3.6 | 1.7 | 3.4 | 4.55 | 19 | 12 | 8.40 | 9.9 |
| $Tm^{3+}$ | 0.15 | 0.60 | 0.24 | 0.35 | 0.70 | 3.0 | 1.6 | 1.41 | 1.6 |
| $Yb^{3+}$ | 0.93 | 3.74 | 1.60 | 2.77 | 4.3 | 19 | 10 | 8.55 | 9.0 |
| $Lu^{3+}$ | 0.14 | 0.55 | 0.22 | 0.33 | 0.65 | 2.6 | 1.5 | 1.33 | 1.5 |
| ΣREE | 13.4 | 71 | 33 | 59 | 76 | 315 | 173 | 101 | 150 |
| $Y^{3+}$ | 7.2 | 34 | 18 | 29 | 40 | 184 | 104 | 75 | 80 |
| ΣREE+Y | 20.6 | 105 | 56 | 88 | 116 | 500 | 277 | 176 | 188 |

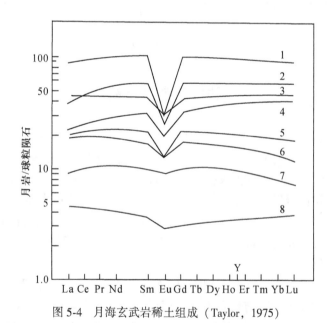

图 5-4　月海玄武岩稀土组成（Taylor，1975）

1. 高钾玄武岩；2. 低钾玄武岩；3. 富铝月海玄武岩；4. 高钛玄武岩；5. 橄榄玄武岩；6. 石英玄武岩；7. 橄榄玄武岩；8. 绿色玻璃

月球高地岩石的微量元素及稀土元素组成列于表 5-5，其稀土元素组成与月海玄武岩明显不同，除低 K 和中等 K 含量的弗拉摩罗玄武岩外，均具有较明显的 Eu 正异常，斜长岩高达 51.6（图 5-5）。除富斜长岩样品外，所有稀土分布型式均具有相近的 La/Yb 值（3.1），不同类型岩石的稀土分布型式曲线基本平行。此外，月海玄武岩和高地岩石的许多微量元素组合呈有规律变化，特别是挥发元素/不挥发元素值，如 K/La、K/Zr、Rb/Ba 具有明显的线性关系，不同类型岩石的上述元素比值相近。一些月海玄武岩具有大量孔洞，表明其岩浆含有较多挥发分。Saal 等（2008）对月壤中火山玻璃的 H、F、Cl 和 S 等挥发分进行离子探针分析，表明它们含量较高，计算给出的岩浆水含量高达 $750×10^{-6}$。而且，从玻璃球中心向表面挥发分含量降低，表明这些组分不是由太阳风注入的。

**表 5-5 月球高地各主要类型岩石的微量元素（Taylor，1982）** （单位：$10^{-6}$）

| 岩石和样品号 | 斜长岩 | | 辉长斜长岩 | | 斜长辉长岩 | 苏长岩 | 尖晶石橄长岩 | 橄长岩 | 纯橄岩 | 弗拉摩罗 | |
|---|---|---|---|---|---|---|---|---|---|---|---|
| | | | | | | | | | | 低钾 | 中钾 |
| | 15415 | 65315 | 68415 | 65055 | 15455 | 77075 | 73215,32 | 76535 | 72417 | 14310 | 15386 |
| Cs | 0.02 | 0.015 | — | — | 0.12 | — | 0.007 | 0.001 | 0.014 | 0.54 | — |
| Rb | 0.22 | 0.17 | 1.7 | — | 1.1 | — | 0.30 | 0.24 | 0.045 | 12.8 | 18.5 |
| K | 151 | 58 | 650 | 1100 | 830 | 1500 | 620 | 220 | 16 | 4080 | 5600 |
| Ba | 6.3 | 5 | 76 | 80 | 42 | 160 | 61 | 33 | 4.1 | 630 | 840 |
| Sr | 173 | 170 | 182 | 140 | 220 | — | — | 115 | 8.2 | 250 | 190 |
| Pb | 0.27 | — | 0.78 | — | 1.0 | — | 1.9 | — | — | 6.2 | — |
| La | 0.12 | 0.12 | 6.8 | 6.2 | 3.0 | 7.2 | 4.2 | 1.51 | 0.15 | 56 | 84 |
| Ce | 0.33 | — | 18.3 | 16.0 | 6.7 | — | 12 | 3.8 | 0.37 | 144 | 210 |
| Pr | | | | | | | 1.54 | — | — | 17 | — |
| Nd | 0.18 | — | 10.9 | — | 3.73 | 8.5 | 6.3 | 2.3 | — | 87 | 130 |
| Sm | 0.046 | 0.04 | 3.09 | 2.6 | 0.88 | 3.0 | 1.82 | 0.61 | 0.080 | 24 | 38 |
| Eu | 0.81 | 0.74 | 1.11 | 1.0 | 1.67 | 0.98 | 0.50 | 0.73 | 0.061 | 2.15 | 2.72 |
| Gd | 0.05 | — | 3.78 | — | 0.95 | — | 2.05 | 0.73 | — | 28 | 45 |
| Tb | — | — | — | 0.55 | 0.14 | 0.74 | 0.42 | — | 0.017 | 5.1 | 7.9 |
| Dy | 0.044 | 0.056 | 4.18 | — | 0.84 | — | 2.71 | 0.80 | 0.11 | 33 | 46 |
| Ho | — | — | — | — | 0.17 | — | 0.57 | — | 0.023 | 6.5 | — |
| Er | 0.019 | — | 2.57 | — | 0.46 | — | 1.62 | 0.58 | — | 20 | 27 |
| Yb | — | 0.026 | 2.29 | 2.1 | 0.36 | 3.9 | 1.66 | 0.56 | 0.074 | 18 | 24 |
| Lu | — | 0.004 | 0.34 | 0.29 | 0.06 | 0.59 | 0.26 | 0.08 | 0.012 | 2.5 | 3.4 |
| Y | — | — | 22 | 19 | 4.8 | — | 20 | — | — | 175 | — |
| La/Yb | 3.4 | 4.6 | 3.0 | 3.0 | 3.0 | 1.8 | 2.5 | 2.7 | 1.9 | 3.1 | 3.4 |
| Eu/Eu* | 51.6 | 51.6 | 0.99 | 1.08 | 5.58 | 0.87 | 0.80 | 3.34 | 2.1 | 0.25 | 0.20 |
| U | 0.0017 | — | 0.32 | 0.31 | 0.05 | 0.5 | 0.23 | 0.020 | 0.006 | 3.1 | 2.8 |
| Th | 0.0036 | — | 1.26 | 1.18 | 0.23 | 1.57 | 0.80 | — | — | 10.4 | 10.0 |
| Zr | — | 15 | 100 | 72 | 11 | 210 | 79 | 24 | — | 840 | 970 |
| Hf | — | 0.49 | 2.4 | 2.1 | 0.17 | 3.5 | 2.0 | 0.52 | 0.10 | 21 | 32 |
| Nb | — | — | 5.6 | — | 0.95 | — | 6.3 | — | — | 52 | — |
| Cr | — | — | 700 | 500 | 440 | 2650 | — | — | — | 1250 | 2400 |
| V | — | — | 20 | 35 | 16 | — | — | — | 50 | 36 | — |
| Sc | — | 0.39 | 8.2 | 7.2 | — | 17 | — | — | 4.3 | 20 | 24 |
| Ni | 1.0 | 1.4 | 180 | 390 | 12 | 6 | 247 | 44 | 160 | 270 | 13 |
| Co | — | 0.058 | 11 | 29 | 10 | 33 | — | — | 55 | 17 | 18 |
| Cu | — | 2.1 | 12 | 2.4 | 1.3 | — | — | — | — | 5.0 | — |
| Mn | — | 47 | 470 | 390 | — | 1320 | — | 540 | 850 | 850 | 124 |
| Zn | 0.26 | — | 4.8 | 0.56 | 1.9 | 3.3 | 6.2 | 1.2 | 2 | 1.8 | — |
| Ga | — | — | 2.0 | 3.0 | 2.6 | 4.0 | — | — | — | 3.2 | 3.5 |
| Li | — | — | 5 | 2.2 | — | — | — | 3.0 | — | 22 | 27 |

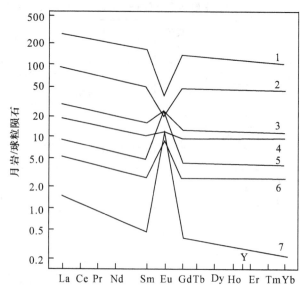

图 5-5　月球高地岩石稀土元素分布型式（Taylor，1982）

1. 中等钾含量弗拉摩罗玄武岩；2. 低钾弗拉摩罗玄武岩；3. 高地岩石平均
4. 橄长岩；5. 高地玄武岩；6. 辉长斜长岩；7. 斜长岩

　　月壤由岩石碎屑、粉末、角砾冲击熔融玻璃等组成，其微量元素组成也有较大变化（表 5-6），其稀土组成变化也大（图 5-6），多呈 Eu 负异常，$Eu/Eu^*$ 0.22~0.38，它们类似于低钛玄武岩、高铝玄武岩和月球高地低钾、中钾弗拉摩罗玄武岩，但 Apollo-16 月壤富集 Eu，$Eu/Eu^*$ 1.38，重稀土富集，La/Yb 2.9。这些特点反映了月壤的多来源。

表 5-6　月壤中微量元素平均含量*　　　　　　　（单位：$10^{-6}$）

| 阿波罗 | 11 | 12 | | 14 | 15 | | 16 | | 17 |
|---|---|---|---|---|---|---|---|---|---|
| 样品号 | 10 084 | 12 001 | 12 033 | 14 163 | 15 221 | 15 271 | 64 501 | 67 461 | 70 009 |
| Rb | 3.2 | 23 | 14 | 14.6 | | 5.7 | 2.0 | | |
| Ba | 170 | 430 | 600 | 800 | 240 | 300 | 130 | 60 | 120 |
| Pb | 1.4 | | 4.0 | 10 | | 2.8 | | | |
| Sr | 160 | 140 | 160 | 170 | 120 | 130 | 170 | 170 | 210 |
| La | 15.8 | 35.6 | 50 | 67 | 20.5 | 25.8 | 10.8 | 4.7 | 7.9 |
| Ce | 43 | 85 | 133 | 170 | 54 | 70 | 28 | 12 | 28 |
| Nd | 37 | 57 | 85 | 100 | 36 | 45 | 19 | 7.2 | 23 |
| Sm | 11.4 | 17.3 | 22.8 | 29.1 | 9.7 | 12 | 4.8 | 2.0 | 8.1 |
| Eu | 1.60 | 1.85 | 2.45 | 2.45 | 1.30 | 1.50 | 1.05 | 1.00 | 1.76 |
| Tb | 2.9 | 3.7 | 4.9 | 5.9 | 2.0 | 2.6 | 1.0 | 0.45 | 1.9 |
| Dy | 17 | 22 | 30 | 36 | 12 | — | 6.0 | 2.8 | 11.4 |
| Ho | 4.1 | 5.0 | 7.2 | 8.6 | 2.9 | 3.9 | 1.4 | — | 2.9 |
| Tm | 1.6 | 1.8 | 2.6 | 3.2 | 1.1 | 1.4 | 0.55 | 0.25 | — |
| Yb | 10.0 | 13.0 | 17 | 21 | 6.9 | 8.5 | 3.4 | 1.6 | 7.1 |
| Lu | 1.39 | 1.85 | 2.45 | 3.00 | 0.97 | 1.20 | 0.49 | 0.22 | 1.1 |
| $Eu/Eu^*$ | 0.37 | 0.30 | 0.30 | 0.22 | 0.38 | 0.35 | 0.60 | 1.38 | 0.59 |
| Y | 99 | — | 160 | 190 | 86 | — | — | — | — |
| Th | 2.1 | 5.40 | 8.50 | 13.3 | 3.0 | 4.6 | 1.85 | 0.83 | 0.95 |
| U | 0.54 | 1.7 | 2.4 | 3.5 | — | 1.2 | 0.4 | | 0.23 |
| Zr | 320 | — | 760 | 850 | — | 390 | — | — | — |

续表

| 阿波罗 | 11 | 12 | | 14 | 15 | | 16 | | 17 |
| --- | --- | --- | --- | --- | --- | --- | --- | --- | --- |
| 样品号 | 10 084 | 12 001 | 12 033 | 14 163 | 15 221 | 15 271 | 64 501 | 67 461 | 70 009 |
| Hf | 9.0 | 11.8 | 16.6 | 23 | 6.7 | 8.6 | 3.3 | 1.6 | 6.6 |
| Nb | 118 | — | 44 | 46 | — | 25 | — | — | — |
| V | 70 | 110 | 100 | 45 | 80 | 80 | 20 | 20 | 100 |
| Sc | 60 | 40 | 36 | 22 | 21 | 24 | 8.0 | 7.8 | 57 |
| Ni | 200 | 310 | 210 | 330 | 273 | 220 | 380 | — | — |
| Co | 28 | 43 | 34 | 33 | 41 | 41 | 20 | 9 | 32 |
| Cu | 10 | 7.2 | 8 | 8 | — | 9 | — | — | — |
| Zn | 23 | — | 14 | 34 | — | 21 | — | — | 44 |
| Li | 10 | 18 | 24 | 27 | — | — | — | — | — |
| Ga | 5.1 | 4.2 | 3.1 | 8.3 | — | 4.4 | — | — | 6.3 |
| $Au/10^{-9}$ | 2.4 | 2.6 | — | 5.4 | — | 4 | 14 | — | 3 |
| $Ir/10^{-9}$ | 6.9 | 11 | — | 14 | — | 9 | 12 | — | — |

\* Laul *et al.*, 1978; Laul and Papike, 1980。

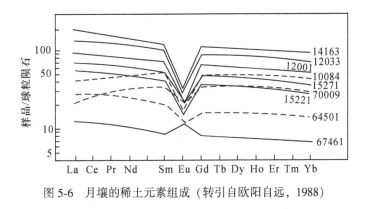

图 5-6  月壤的稀土元素组成（转引自欧阳自远，1988）

表 5-7 列出了月球岩石的主要微量元素比值，这些近恒定的比值关系为探讨月球形成机理提供了依据。

表 5-7　月球岩石的主要微量元素比值

| 地球化学相关元素 | 比值 | 挥发元素/不挥发元素 | 比值 |
| --- | --- | --- | --- |
| K/Ba | 6.10 | K/Zr | 4.23 |
| Rb/Cs | 23 | K/Nb | 67 |
| K/Tl | $2×10^5$ | K/La | 70 |
| Th/U | 3.8 | Cs/U | 0.23 |
| Tl/Cs | $4×10^{-2}$，$1.2×10^{-2}$ | K/Hf | 210 |
| $Sr^{2+}/Eu^{2+}$ | 100 | K/Th | 500 |
| Cr/V | 28 | K/U | 2500 |
| Zr/Hf | 45（高地），35（月海） | 不挥发元素 | |
| FeO/Sc | 5400 | Ba/Zr | 0.69 |
| Ba/Rb | 60 | Zr/Ba | 1.44 |
| FeO/MnO | 80 | Zr/Nb | 14 |

月球总体成分的计算是在上述基础上结合其他资料进行的。月壳热流值测定约为 0.7HFU，表明月球 U 的总丰度为 $(60\pm15)\times10^{-9}$，I 型碳质球粒陨石为 $12\times10^{-9}$，由此得出月球总成分约比 I 型碳质球粒陨石富集 5 倍。月球高地岩石 Th 含量为 $1.5\times10^{-6}$，高地月壳厚 60km，约占月球体积的 1/10，大约四倍 I 型碳质球粒陨石即可符合月壳成分。根据上述挥发与不挥发元素恒定比值，如果非挥发元素丰度为 I 型碳质球粒陨石的 5 倍，则月球 K 的浓度为 $100\times10^{-6}$。用挥发元素/不挥发元素恒定比值特点计算月球中高温和低温组分的比例，其高温部分的成分以阿连德陨石代表，低温部分以 I 型碳质球粒陨石代表。月球总体成分的计算主要依据高地岩石，因其体积占月球的 10%，而月海玄武岩只占 0.5%，可以忽略。

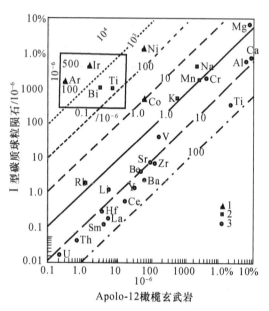

图 5-7　I 型碳质球粒陨石与月球橄榄玄武岩的对比
1. 亲铁元素；2. 挥发元素；3. 难熔元素

整个月球的稀土元素丰度为 I 型碳质球粒陨石的 5 倍，月壳更富稀土元素，为球粒陨石的 10~20 倍。整个月球富难熔微量元素和亏损挥发性元素，这从月球玄武岩与 I 型碳质球粒陨石的对比获得了证据。Apollo-12 采集的橄榄玄武岩（是月球内部未分异的原始熔体的最好代表）与 I 型碳质球粒陨石对比（图 5-7），明显亏损挥发性元素和亲铁元素（$10^3$~$10^4$ 级，左上方），富集难熔元素 10~20 倍。

月岩 K 和 Rb 的密切相关性提供了月球部分熔融和分离结晶过程的证据，挥发与不挥发元素的恒定比值关系则提供了月球凝聚过程的资料。Taylor（1975）根据月球的均一增生模式给出了 4.5Ga 前月球各层的地球化学模式（图 5-8）。由图可见，U、Th、Ba、Zr 和 REE 大部分富集在 300km 以上层中。在 40~60km 带最富集。Eu 和 Sr 主要富集在 10~40km 带中。月球总的稀土元素分布型式与陨石平行，高地月壳的稀土元素分布型式与月球内部明显呈"互补"关系。

大量资料支持高地月壳是月球早期熔融和分异形成的，根据月海玄武岩和高地月壳岩石稀土元素分布型式的差异（前者 Eu 亏损，后者 Eu 富集），认为月球的早期熔融形成高地月壳。Sr、Eu 主要进入斜长石晶格，富集在高地岩石中。形成于月球高地斜长岩之后的岩石应该具有 Eu 负异常（亏损），在高地月壳下与之成分成互补关系的富铁堆积体（Eu 亏损）则成为月海玄武岩的源区。

月球玄武岩的 Sm-Nd 同位素资料表明，其 $\varepsilon_{Nd}$ 值对于球粒陨石均一储源（CHUR）有较大离散，表明月球形成后不久就由于熔融而变得高度不均一了。这是由于月球质量较小（为地球的 1/10）而冷却快，因此，很快保留了典型化学分层结构。而这与地球明显不同，其形成后的最初 1.0~1.5Ga 是相当均一的。

Krotov 等（1988）根据月球高地不同地点的复矿碎屑岩中 Eu 含量的质量平衡计算，对月球的物质组成及形成机理提出了不同的认识。在 Sm/Eu-Th 图解中，恰好处于无 Eu 异常部位，Eu 没有明显的富集和亏损，或者说上月壳平均没有明显 Eu 异常，表明月球表面从未有过厚的富斜长岩的壳（有关月球形成的岩浆海模型认为有一富斜长岩的壳），从未有过斜长石明显地从其残余液相中发生垂直分异，即使发生过，也被后来的岩浆活动、冲击混合有效地消除了，因此，Eu 资料不支持月壳成因的岩浆海模型。

Re-Os 体系反映了月球氧逸度低的特点。月球玄武岩中 Re、Os 含量一般非常低，Os 一般显示亲铁元素特点，而 Re 比 Os 更易受氧逸度影响。在低氧逸度条件下 Re 显示亲铁元素特点，在高氧逸度时显示亲硫、亲石元素特点，为中等不相容元素，而 Os 为相容元素。因此，在地球样品中 Re/Os 发生强烈分异，斜率近于 -1，而在月球及陨石样品中比值基本保持恒定值（0.1 左右；图 5-9），表明月球的氧逸度明显低于地球，因为在低氧逸度条件下 Re、Os 均为亲铁元素，彼此不发生分异（Sun et al.，2003；Birck，1994）。

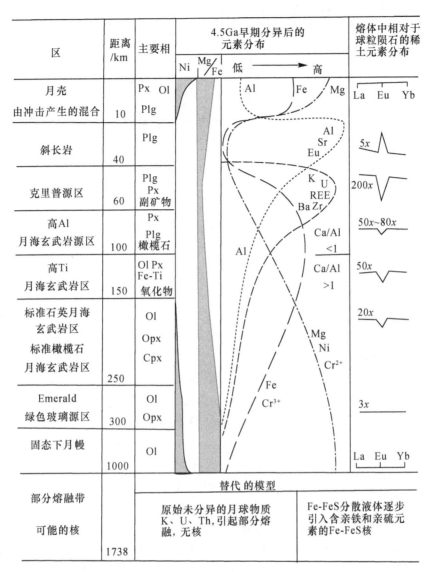

图 5-8　4.5Ga 前时月球内部的地球化学模型（Taylor，1975）

x. 球粒陨石标准化值；Px. 辉石；Ol. 橄榄石；Plg. 斜长石；Opx. 斜方辉石；Cpx. 单斜辉石

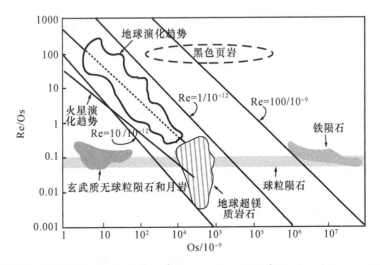

图 5-9　地球和月球、陨石的 Re/Os-Os 图解（据 Sun *et al.*，2003 和 Birck and Auegre，1994 的图修改）

# 二、月球形成的 Nb/Ta 证据

　　类地行星增生历史的晚期经受了频繁、巨大的撞击作用，形成了广泛的大面积岩浆海，金属和硅酸盐在岩浆海中的有效分离形成了类地行星的核。月球起源的流行模式是大撞击假说（giant impact）。大撞击说的证据之一是月岩非常亏损挥发性组分，金属核很小甚至没有。月球主要岩石玄武岩和斜长岩挥发分含量明显低于地球、火星以及来自灶神星的陨石。用地球化学性质相似但挥发程度不同的元素对 K-La、Mn-Fe 作图，可清楚反映月岩相对地球贫挥发分的特征。来自不同行星母体的样品 K、La 含量沿不同直线变化，反映了岩浆结晶和熔融分异趋势及各行星母体初始物质中挥发 K 的亏损程度（Lagos et al.，2008）。巨大的火星大小的撞击体与原始地球碰撞（Cameron，2001；Canup and Asphaug，2001），相关的问题是撞击物质对月球总质量的贡献有多少及撞击事件与地球核形成的相对时间。月球总质量是由原始地球和撞击体的硅酸盐地幔混合而成，难熔元素 Nb 和 Ta 是可以提供月球物质中来自撞击体的质量分数及其年龄的唯一限制。Nb、Ta 之所以能起到这种作用是由于其特殊的地球化学行为。

　　在类地行星硅酸盐部分的岩浆分异过程中，Nb-Ta 和 Zr-Hf 是地球化学性质非常相似的元素对，它们都是亲石和难熔的，因此，在行星的硅酸盐部分它们的比值恒定并与球粒陨石一致。然而，新的分析表明，在地球的硅酸盐储源中这两个元素对比值的变化达 60%（Niu and Batiza，1997；Münker，1998；Barth et al.，2000；David et al.，2000）。实验资料表明，在高压（>20GPa）条件下 Nb 为中等亲铁元素（Ta 与 Si 相似，更为亲石），在 ~25GPa 时，Nb 的金属/硅酸盐分配系数为 0.06~0.6（Wade et al.，2001），这与传统所认为的 Nb、Ta 属亲石元素完全不同。与 Zr/Hf 完全不同，硅酸盐地球的所有储源都显示低于球粒陨石的 Nb/Ta 值，这与地球的 Nb/Ta 值是矛盾的。从质量平衡要求，地球上应有一个未被抽取的具有高于球粒陨石 Nb/Ta 值的储源。对此有三种可能的解释：在下地幔存在一俯冲洋壳的独立储源，即由俯冲板片熔融产生的难熔的榴辉岩（Nb 含量 >$2 \times 10^{-9}$，Nb/Ta 19~37，Nb/La ≥ 1.2；Rudnick et al.，2000）；下地幔中存在一高于球粒陨石 Nb/Ta 值的含 Ti 相（El-Goresy et al.，2001）；Nb 以中等亲铁元素在高压下分配进入地核（Wade et al.，2001）。

　　Münker 等（2003）对球粒陨石和地球、月球、火星、小行星 Vesta 以及钛辉无球粒陨石体中的硅酸盐样品进行了高精度 Nb、Ta、Zr、Hf 分析，所有样品均用多接收 ICP-MS（MC-ICP-MS）同位素稀释法进行分析。结果表明，在地球熔融过程中 Nb/Ta 受单斜辉石和富 Mg 石榴子石控制，Nb/Ta 与 Zr/Hf 成正相关（图 5-10）。由于它们均是难熔元素，因此，在所有类地行星的总比值应与球粒陨石相同，在硅酸盐中 Nb/Ta 的"收支"应平衡。如果所有 Nb 都在硅酸盐储源中，任何一个行星的 Nb/Ta 对 Zr/Hf 的排列应与球粒陨石重叠。对 15 个球粒陨石的测定表明，整个太阳系 Nb/Ta 和 Zr/Hf 应分别为 19.9±0.6 和 34.3±0.3，该 Nb/Ta 值比已有的数据高约 13%，而 Zr/Hf 与大多数新数值一致。对地球样品的测定包括了主要的硅酸盐储源，如洋中脊玄武岩（MORB）、洋岛玄武岩（OIB）、大陆玄武岩及太古宙绿岩和大陆壳，它们的 Nb/Ta 为 6~19，Zr/Hf 为 10~45（图 5-10）。洋岛玄武岩中低于球粒陨石的 Nb/Ta 值表明，在下地幔不存在高于球粒陨石 Nb/Ta 值的储源，高 $\mu$（HIMU）的洋岛玄武岩 Nb/Ta 值表明，不支持在下地幔中隐藏有一个高于球粒陨石 Nb/Ta 值的俯冲的榴辉岩。太古宙绿岩的 Nb/Ta 值低于球粒陨石并与洋中脊玄武岩重叠，表明 Nb 在硅酸盐地球中的亏损早在太古宙开始之前就已经存在了，在亏损地幔和地壳中，也不存在由于地球 45 亿年历史中不断的俯冲过程造成 Nb/Ta 值发生重大改变的证据。

　　地球显示了低于球粒陨石的 Nb/Ta 值，火星和小行星 Vesta 的 Nb/Ta 值则与球粒陨石相交，火星和月球的 Nb/Ta 和 Zr/Hf 值均显示明显的分异（Nb/Ta 12~22，Zr/Hf 23~41；图 5-11）。

月球上的 KREEP 岩（一种高 K、REE 和 P 的岩石）Nb/Ta 值高于球粒陨石，而月海玄武岩则低于球粒陨石。如上述，高压实验表明，Nb 是中等亲铁元素而进入地核，造成硅酸盐地球的 Nb/Ta 值降低。铁陨石中 Nb 的测定表明，即使在小行星的金属核中，Nb 的含量也可达 $40 \times 10^{-9}$。

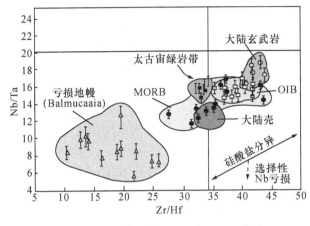

图 5-10　主要储源的 Nb/Ta 与 Zr/Hf 关系
（Münker *et al.*，2003）
图中横、纵直线分别为球粒陨石的 Nb/Ta（19.9±0.6）和
Zr/Hf（34.3±0.3）

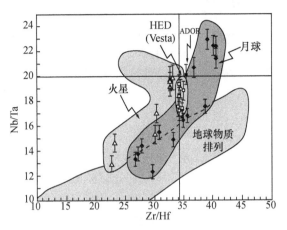

图 5-11　月球、火星、小行星 Vesta 及钛辉无球粒陨石
（ADOR）的 Nb/Ta-Zr/Hf 图解（Münker *et al.*，2003）

根据月球和整个硅酸盐地球 Nb/Ta 值的差异（分别为 17.0±0.8、14.0±0.3），可以对月球冲击形成动力学过程给出新的定量限制。由月球中的 Nb/Ta 值可以计算撞击体对月球物质的贡献比例，如果初始 Nb/Ta 为地球值 14±0.3，则与地球相撞天体（体积与火星相近）在月球物质中的贡献占（51±13）%，即<65%。这个结果排除了由许多地球物理模型所提出的月球物质中有高于 70% 来自于地球相碰撞天体的认识（图 5-12）。根据月球的 Nb/Ta 值还可得出巨型星体撞击地球及地球核形成的时间，如果原始地球的地幔与现在硅酸盐地球的 Nb/Ta 值相同，那么撞击及地球核的形成极可能是同时的。结合核-幔平衡的 $^{182}$Hf-$^{182}$W 模式年龄，由巨型天体撞击地球形成月球的最低年龄应为 4.533±2Ga。

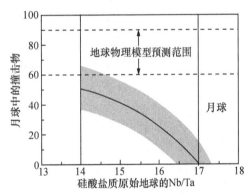

图 5-12　月球物质中与地球相撞天体的
贡献计算图（Münker *et al.*，2003）
阴影区指示了来自月球和球粒陨石
不确定性所衍生的误差

# 第三节　玻璃陨石的成因

玻璃陨石是一种很特殊的陨石，它的成因与其他类型陨石不同，是许多陨石学家和地球化学家感兴趣的问题之一，因此作为一节单独讨论。它有特定的分布区域，不像陨石那样呈随机分布，是一种介于地球和天体物质之间的冲击综合过程的产物。目前，世界范围内发现的玻璃陨石分布于四个散布区：北美区、中欧区、非洲科特迪瓦和澳大利亚区，其中以中欧区散布面积最小，澳大利亚散布区最大，它包括了澳大利亚、我国海南和广东、越南及泰国。

对玻璃陨石的研究可提供天体物质冲击地球表面产生的各种效应，探讨其他天体表面冲击演化过程。一些研究者认为，玻璃陨石来源于月球的冲击作用，即陨石等天体物质对月球表面的冲击作用所产生的熔融物质，溅落到地球表面而形成。随着对地球表面许多冲击坑的深入研究，玻璃陨石的地球成因说被越来越多的人所接受，其中主要证据之一是由玻璃陨石的微量元素组成研究提供的。

判断玻璃陨石的母体物质首先是根据玻璃陨石的同位素年龄和地理位置与冲击坑进行比较，例如，北美玻璃陨石同位素年龄约 34.9Ma，与 Chesapeake Bay 冲击坑有关；中欧玻璃陨石年龄为 14.5Ma，与德国的 Rise 冲击坑有关；非洲科特迪瓦玻璃陨石年龄为 1.07Ma，与波苏姆特（Busumtwi）冲击坑有关；澳大利亚玻璃陨石年龄为 0.77Ma，相关冲击坑还未确定，可能位于印度尼西亚。此外，确定其母体物质的判断线索重要依据之一，是根据玻璃陨石的微量元素平均丰度。Jones（1985）曾将非洲科特迪瓦石和距其 250km 的波苏姆特湖（冲击坑）的靶击岩石进行了微量元素比较，发现它们之间非常相似，认为科特迪瓦石的形成与波苏姆特陨石坑有关。Engelhardt 等（1987）对捷克斯洛伐克的莫尔达维石的成因进行了研究。莫尔达维石和远在 350km 外德国的 Rise 陨石冲击坑在同位素年龄上很相近。Gentner 等（1963）报道的 K-Ar 年龄分别为 14.7±0.7Ma 和 14.8±0.7Ma。Engelhardt 等（1987）对 Rise 坑的沉积物与莫尔达维石的主、微量元素含量对比表明，后者的母体物质应是 Rise 坑中古近纪（中中新统）的砂，它们的 Nd、Sr 同位素组成很相似，莫尔达维石的 $^{143}Nd/^{144}Nd$ 值为 $0.511345±24$，$^{87}Sr/^{86}Sr$ 值为 $0.7202\sim0.7227$，Rise 坑的中中新统砂分别为 $0.511317±26$ 和 $0.7215\sim0.7230$。在微量元素含量与组合上它们之间很相似但不完全相同（表 5-8），将它们进行比较，在 25% 范围内，下列主要元素和微量元素含量相似：$SiO_2$、$Al_2O_3$、$FeO$、$MnO$、$MgO$、$CaO$；Th、U、W、REE（La-Ho）；而莫尔达维石的 $TiO_2$、$P_2O_5$、Zr、Hf、Sc、Cr、Co、Ni、Ta、REE（Tm-Lu）含量低 25%；$K_2O$、Rb、Cs、Sr、Ba 则高出 25%。莫尔达维石的氧同位素组成 $\delta^{18}O$ 值为 11.5‰，低于与之 $SiO_2$ 含量相近的冲击坑中砂的 $\delta^{18}O$ 值 15.9‰。根据上述特点，莫尔达维石应是 Rise 冲击坑的中中新统砂受冲击后熔融并经历化学分导作用的产物（Engelhardt et al.，1987）。这种认识不同于某些学者提出的直接熔融说，这是基于上述某些微量元素在莫尔达维石中富集和亏损而提出的。这种熔融分异说表明，莫尔达维石是从液相中冷却形成的，熔融温度最低限是石英的熔点（1710℃），用硅酸盐熔体中组分的选择性挥发不能解释这种玻璃陨石中微量元素的富集和亏损。根据微量元素在砂和玻璃之间的分配系数（$q$）大小，Engelhardt 等（1987）发现不是氧化物的挥发性，而是离子半径大小（$R$）控制了分配系数 $q$，$q$ 值与 $R$ 成线性关系，可用下述关系式表达：

$$q=2.21R-1.18(±0.27) \tag{5-5}$$

**表 5-8　莫尔达维石和中中新世中氧化物（%）和微量元素含量（$10^{-6}$）及比较**

| 成分 | 莫尔达维石（$a$） | 砂（$b$） | $a:b$ | 成分 | 莫尔达维石（$a$） | 砂（$b$） | $a:b$ |
|------|------|------|------|------|------|------|------|
| $SiO_2$ | 78.57 | 80.41 | 0.99 | W | 1 | 1.23 | 0.81 |
| $TiO_2$ | 0.34 | 0.76 | 0.45 | Ta | 0.53 | 0.86 | 0.55 |
| $Al_2O_3$ | 9.55 | 10.08 | 0.95 | Th | 11.4 | 9.10 | 1.25 |
| $FeO$ | 1.72 | 1.97 | 0.87 | U | 2.07 | 2.47 | 0.84 |
| $MnO$ | 0.07 | 0.07 | 1.00 | La | 28.8 | 32.5 | 0.89 |
| $MgO$ | 1.74 | 1.98 | 0.90 | Ce | 55.8 | 61.2 | 0.91 |
| $CaO$ | 2.70 | 2.59 | 1.04 | Nd | 28.3 | 27.2 | 1.04 |
| $Na_2O$ | 0.38 | 0.40 | 0.95 | Sm | 4.96 | 5.12 | 0.97 |
| $K_2O$ | 3.36 | 1.69 | 1.99 | Eu | 1.01 | 0.97 | 1.04 |
| $P_2O_5$ | 0.03 | 0.09 | 0.33 | Gd | 3.20 | 3.64 | 0.88 |

续表

| 成分 | 莫尔达维石（$a$） | 砂（$b$） | $a:b$ | 成分 | 莫尔达维石（$a$） | 砂（$b$） | $a:b$ |
|------|------|------|------|------|------|------|------|
| Rb | 130 | 89 | 1.46 | Tb | 0.69 | 0.65 | 1.06 |
| Cs | 15.0 | 5.26 | 2.85 | Ho | 0.71 | 0.76 | 0.93 |
| Sr | 136 | 69 | 1.97 | Tm | 0.24 | 0.35 | 0.69 |
| Ba | 691 | 271 | 2.55 | Yb | 1.65 | 2.76 | 0.60 |
| Zr | 197 | 315 | 0.73 | Lu | 0.28 | 0.42 | 0.67 |
| Hf | 6.22 | 10.6 | 0.59 | Y | 13.1 | 未测 | — |
| Se | 4.80 | 9.62 | 0.50 | As | <1 | 10.6 | 0.09 |
| Cr | 24.3 | 53 | 0.46 | Sb | 0.25 | 0.65 | 0.38 |
| Co | 5.01 | 11.5 | 0.44 | Ga | <5 | 1.2 | <0.24 |
| Ni | 15.3 | 31 | 0.49 | Br | <1 | 3.55 | <0.28 |

可见，砂受冲击发生部分熔融后，在熔滴中将富集离子半径大的阳离子，而离子半径小的阳离子发生亏损。Engelhardt 等（1987）把这种机理概括为冲击→熔融气化→等离子体抛射→冷凝等过程，在这些过程中微量元素发生了一定程度的化学分异，如 K、Rb、Sr、Ba 等的富集，Co、Ni、Cr、Ta、HREE、Zr、Hf 等的亏损等。而氧同位素组成的降低是由于砂粒间大气降水混合所造成的。根据这种假设过程，莫尔达维石是从气化砂的等离子体物质凝聚的，仅代表了原始抛射物的一部分，还有一部分保留在熔融后膨胀的蒸汽中，它们最后凝聚成更小的"雾滴"，即微玻璃陨石，分布在更大范围内，这已被野外调查所证明。

Nance 等（1977）对澳大利亚石的微量元素（主要是稀土元素）作了系统分析并与月球各种岩石进行了对比，玻璃陨石在成分上明显不同于月海玄武岩，后者的 Cr 含量比玻璃陨石高两倍，稀土元素组成也不同，具有明显的 Eu 亏损，图 5-13 是玻璃陨石 REE 以月球岩石为标准绘制的比较图，可见它们的差异是明显的。它们的 K/U 值也明显不同。因此，由月海玄武岩经熔融或选择性分馏都难以形成玻璃陨石。月球的另一种主要岩石——高地岩石的成分与玻璃陨石也明显不同，如克里普岩（KREEP），尽管 U、Th 含量相近，但 Cr 含量高，Eu 明显亏损（图 5-13），因此，也不可能作为玻璃陨石的母体。此外，玻璃陨石氧同位素组成 $\delta^{18}O$ +7‰~+9‰，也明显高于月岩 $\delta^{18}O$ +4‰~+7‰。上述对比表明，玻璃陨石的合适母体在月球上不存在或者是很少。

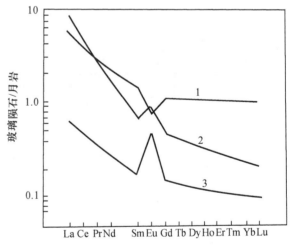

图 5-13　玻璃陨石与月球玄武岩稀土元素
组成比较（Nance *et al.*，1977）
1. 高地岩石；2. 月海玄武岩；3. 弗拉摩罗玄武岩

欧阳自远等（1976）、李斌（1982）对"中国石"的微量元素组成作了较系统的研究（表 5-9），并与地球岩石如花岗岩、砂岩和亚杂砂岩等进行了对比（图 5-14）。可以看出，花岗岩中 CaO、MgO、FeO、Cr、Ni、Co、Sc 等比玻璃陨石低，而 $K_2O$、$Na_2O$、U、Th、Rb、Sr、Zr 等比玻璃陨石高；页岩 $SiO_2$ 略低，而 $Al_2O_3$、FeO、MgO、$K_2O$、$Na_2O$、Rb、Sr、Cr、Ni、B、Co、Th、Ga、Cu 及大部分稀土元素高于玻璃陨石。"中国石"的 Fe、Cr、Co 略高于砂岩。这与

"中国石"的主、微量元素富集系数在 0.5 ~ 2 范围内是吻合的。Lee 等（2004）与 Lin 等（2011）分别对东亚，包括海南岛的文昌和蓬莱、广东茂名、广西桂林、泰国的孔敬（Khon-Kaen）、越南的保禄（Bao Loc）、菲律宾吕宋岛的 Rizal 等地的玻璃陨石进行了较系统的主、微量和稀土元素分析，其平均值列于表 5-10，可以看出，其微量元素比值，如 Ba/Rb（平均 3.74）、Th/Sm（平均 2.31）、Sm/Sc（平均 0.43）、Th/Sc（平均 0.99）以及 REE 元素组成均与上部陆壳相似，均来自同一撞击靶击岩。结合它们的 Sr 同位素组成和同位素年龄〔（736.6±55.5）×$10^3$ ~（814.6±24.4）×$10^3$ a〕，表明它们与所有澳大利亚玻璃陨石应来自同一撞击事件，撞击区可能在泰国-老挝边界。根据上述微量和稀土组成，认为它们的撞击源区由 61% 杂砂岩+32% 砂岩+7% 页岩组成（Ho and Chen，1996）。Lin 等（2011）认为广西和海南的玻璃陨石撞击源区由 20% 杂砂岩+2% 砂岩+41% 页岩+37% 的石英岩组成。

表 5-9　不同玻璃陨石群微量元素平均含量与有关岩石对比[*]　　　　　　（单位：$10^{-6}$）

| 样品<br>元素 | 中国石<br>(9) | 印度支<br>那石<br>(10) | 菲律<br>宾石<br>(3) | 澳大利<br>亚石<br>(2) | 贝迪亚<br>斯石<br>(2) | 莫尔达<br>维石<br>(2) | 科特迪<br>瓦玻璃<br>陨石<br>(2) | 月海玄<br>武岩 | 高地斜<br>长岩 | 花岗岩 | 流纹岩 | 页岩 | 亚杂<br>砂岩 |
|---|---|---|---|---|---|---|---|---|---|---|---|---|---|
| Ba | 496 | 440 | 488 | 535 | 564 | 855 | 718 | 64 | 730 | 840 | 870 | 580 | 430 |
| Co | 15.0 | 16.8 | 15.0 | 13.5 | 14.0 | 5.0 | 22.0 | 50 | 34 | 1 | — | 19 | 11 |
| Cr | 69 | 97 | 92 | 56 | 41 | 20 | 201 | 4500 | 1220 | 4.1 | 1.7 | 90 | 58 |
| Cs | 6.5 | 9.3 | 7.0 | 9.3 | 4.4 | 13.9 | 3.0 | 0.07 | 1.0 | 4 | 3.3 | 5 | 2.1 |
| Hf | 6.6 | 6.8 | 7.5 | 6.1 | 5.5 | 5.4 | 2.76 | 4.3 | 17 | 3.9 | 4.5 | 2.8 | 8.5 |
| Rb | 136 | 120 | 117 | 81 | 80 | 133 | 69 | 1.2 | 15 | 170 | 108 | 140 | 93 |
| Sb | 0.26 | 0.36 | 0.33 | 0.19 | 3.3 | — | — | 0.010 | — | 0.2 | 0.43 | 1.4 | 0.28 |
| Sc | 11.0 | 10.9 | 12.1 | 10.6 | 12.5 | 4.6 | 15.2 | 43 | 23 | 7 | 4.7 | 13 | 10 |
| Ta | 1.3 | 1.4 | 1.7 | 1.3 | 0.85 | 0.7 | 0.4 | 0.33 | — | 4.3 | — | 0.8 | — |
| Th | 15 | 16 | 17 | 12.5 | 8.5 | 12 | 3.6 | 0.77 | 12 | 13 | 11.3 | 12 | 9.5 |
| U | 2.7 | 3.4 | 3.6 | 2.3 | 2.2 | 2.45 | — | 0.27 | 3 | 3 | 2.53 | 3.7 | 4.1 |
| Zr | 245 | 318 | 328 | 319 | 298 | 240 | 146 | 120 | 928 | 175 | 160 | 160 | 390 |
| Zr/Hf | 37 | 46.7 | 43.7 | 52.3 | 54.2 | 44.4 | 52.9 | 27.9 | 54.9 | 44.9 | 35.6 | 57.1 | 45.9 |
| K/U | 7132 | 6249 | 5764 | 8588 | 2663 | 11924 | — | 1763 | 1250 | 14000 | 10632 | 7189 | 4657 |
| Th/U | 5.6 | 4.7 | 4.7 | 5.4 | 3.9 | 4.9 | — | 2.9 | 3.8 | 4.3 | 4.47 | 3.24 | 2.3 |
| K/Rb | 143 | 180 | 179 | 247 | 250 | 222 | 204 | 397 | 267 | 247 | 250 | — | 247 |
| La | 38.5 | 43 | 46 | 40 | 36 | 29 | 22 | 5.5 | 80 | 55 | 28.4 | 92 | 36 |
| Ce | 62 | 63.6 | 72.3 | 63.7 | 61.2 | 50.4 | 25 | 19 | 214 | 92 | 43.5 | 59 | 50 |
| Nd | 32 | 30 | 29 | 47 | 32 | 21 | 26 | 14 | 102 | 37 | 18.2 | 24 | 27 |
| Sm | 6.8 | 7.5 | 7.8 | 7.7 | 57.7 | 5.4 | 4.8 | 4.2 | 28 | 10 | 5.5 | 6.4 | 5.9 |
| Eu | 1.3 | 1.3 | 1.5 | 1.5 | 1.6 | 1.0 | 1.2 | 1.0 | 2.6 | 1.6 | 1.0 | 1.0 | 1.9 |
| Tb | 1.56 | 1.39 | 1.41 | 1.32 | 1.12 | 1.0 | 0.57 | 1.3 | 4.7 | 1.6 | 1.15 | 1.6 | 1.5 |
| Yb | 4.4 | 3.7 | 4.3 | 3.8 | 3.6 | 2.1 | 2.3 | 5.0 | 19 | 4 | 3.6 | 2.6 | 3.3 |
| Eu/Eu[*] | 0.59 | 0.56 | 0.62 | 0.65 | 0.74 | 0.58 | 0.95 | | | | | | |

[*] 李斌，1982；Taylor，1966；Turekian and Wedepohl，1961；Ewart et al.，1968。

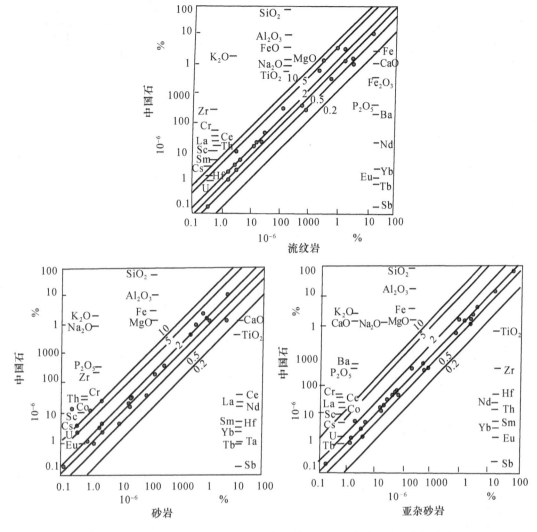

图 5-14　玻璃陨石 "中国石" 与不同类型岩石微量元素含量的比较（欧阳自远，1988）

表 5-10　东亚玻璃陨石的主元素（%）、微量和稀土元素含量（$10^{-6}$）及其与上部陆壳的比较

| 元素 | A | B | C | D | E | F | G | H | I | J | K |
|---|---|---|---|---|---|---|---|---|---|---|---|
| SiO$_2$ | 72.49 | 73.06 | 73.25 | 72.93 | 78.53 | 75.87 | 74.36 | 78.93 | 72.70 | 74.75 | 66.00 |
| Al$_2$O$_3$ | 13.73 | 13.54 | 13.75 | 12.61 | 7.06 | 6.07 | 11.13 | 10.18 | 13.37 | 13.08 | 15.20 |
| MgO | 3.38 | 1.70 | 2.69 | 2.62 | 2.31 | 2.87 | 2.59 | 1.43 | 2.14 | 1.69 | 2.20 |
| ΣFeO | 5.16 | 4.55 | 5.15 | 4.52 | 5.11 | 5.45 | 4.99 | 3.74 | 4.85 | 4.40 | 4.50 |
| CaO | 1.10 | 1.97 | 0.43 | 1.76 | 3.01 | 4.58 | 2.14 | 1.21 | 1.98 | 1.81 | 4.20 |
| Na$_2$O | 1.40 | 1.53 | 1.40 | 1.32 | 1.30 | 1.62 | 1.43 | 0.92 | 1.05 | 0.93 | 3.90 |
| K$_2$O | 2.30 | 2.61 | 2.15 | 2.45 | 2.27 | 2.54 | 2.39 | 2.42 | 2.62 | 2.69 | 3.40 |
| MnO | 0.10 | 0.09 | 0.10 | 0.11 | 0.11 | 0.11 | 0.10 | 0.08 | 0.08 | 0.06 | 0.08 |
| TiO$_2$ | 0.75 | 0.77 | 0.74 | 0.83 | 0.78 | 0.82 | 0.78 | 0.63 | 0.78 | 0.69 | 0.50 |
| P$_2$O$_5$ | 0.09 | 0.09 | 0.04 | 0.04 | — | — | 0.04 | — | — | — | — |
| 总计 | 100.49 | 99.98 | 99.71 | 99.20 | 100.49 | 99.92 | 99.97 | 99.54 | 99.57 | 100.07 | 99.98 |
| Li | 49.0 | 55.6 | 54.1 | 42.7 | 45.1 | 61.7 | 51.4 | 42.1 | 47.1 | | 20.0 |
| Sc | 10.6 | 13.7 | 13.4 | 9.9 | 17.8 | 39.4 | 17.5 | 7.7 | 10.5 | 38.76 | 11.0 |
| V | 81 | 99 | 80 | 66 | 95 | 668 | 181 | 72 | 63 | 76.19 | 60 |
| Cr | 91.4 | 85.1 | 77.3 | 53.0 | 67.8 | 103.5 | 79.7 | 60.6 | 63.0 | 78.23 | 35.0 |
| Co | 13.0 | 15.9 | 11.9 | 10.6 | 23.1 | 30.2 | 17.4 | 12.6 | 11.0 | | 10.0 |

| 元素 | A | B | C | D | E | F | G | H | I | J | K |
|------|-----|------|------|------|------|------|------|------|------|-------|------|
| Ni | 29.1 | 36.4 | 20.1 | — | — | — | 14.3 | 48.6 | 19.0 | 12.97 | 20.0 |
| Cu | 4.72 | 10.02 | 5.56 | 5.80 | — | — | 4.4 | 14.3 | 4.0 | — | 25.0 |
| Zn | 21 | 36 | 18 | 10 | 17 | 26 | 21 | 67 | 6 | | 71 |
| Ga | 11.9 | 11.8 | 10.1 | 6.7 | 18.0 | 24.0 | 13.7 | 24.2 | 8.2 | | 17.0 |
| Rb | 109 | 133 | 130 | 97 | 103 | 118 | 115 | 110 | 130 | 91.83 | 112 |
| Sr | 150 | 147 | 134 | 141 | 141 | 183 | 150 | 135 | 90 | 120 | 350 |
| Y | 37.4 | 39.1 | 41.2 | 27.4 | 48.4 | 90.9 | 47.4 | — | — | 26.74 | — |
| Zr | 265 | 323 | 273 | 245 | 429 | 974 | 418 | 280 | 252 | 277 | 190 |
| Nb | 17.9 | 16.4 | 17.9 | 12.9 | 25.0 | 39.3 | 21.6 | — | — | 7.31 | — |
| Cs | 6.42 | 8.00 | 6.68 | 5.76 | 5.96 | 9.88 | 7.12 | 5.09 | 6.50 | | 3.70 |
| Ba | 389 | 385 | 419 | 370 | 417 | 603 | 430 | 341 | 360 | 346 | 550 |
| La | 40.4 | 41.5 | 40.3 | 35.2 | 49.8 | 86.3 | 48.9 | 28.2 | 36.5 | 35.21 | 30.0 |
| Ce | 84.0 | 87.6 | 80.7 | 72.1 | 97.6 | 157.0 | 96.5 | 60.7 | 73.1 | 65.58 | 64.0 |
| Nd | 37.2 | 37.7 | 37.8 | 29.9 | 41.6 | 51.4 | 39.2 | 29.1 | 33.2 | 28.90 | 26.0 |
| Sm | 7.5 | 7.5 | 7.2 | 5.9 | 7.4 | 9.2 | 7.5 | 4.9 | 6.6 | 5.63 | 4.5 |
| Eu | 1.28 | 1.21 | 1.24 | 0.98 | 0.50 | 0.68 | 0.98 | 1.01 | 1.22 | 1.11 | 0.88 |
| Gd | 5.73 | 5.56 | 5.58 | 5.40 | 5.25 | 6.81 | 5.72 | 4.30 | 5.24 | 4.56 | 3.80 |
| Tb | 0.95 | 0.94 | 0.95 | 0.83 | 0.64 | 0.99 | 0.88 | 0.75 | 0.85 | 0.75 | 0.64 |
| Dy | 5.83 | 5.98 | 5.68 | 4.47 | — | — | 3.66 | 4.75 | 5.58 | 4.74 | 3.50 |
| Yb | 2.87 | 3.21 | 2.89 | 2.46 | 2.82 | 3.92 | 3.03 | 2.71 | 2.90 | 3.05 | 2.20 |
| Lu | 0.50 | 0.48 | 0.49 | 0.40 | 0.47 | 0.68 | 0.50 | 0.42 | — | 0.46 | 0.32 |
| Hf | 6.63 | 7.92 | 6.65 | 6.81 | 9.21 | 12.66 | 8.31 | 8.13 | 6.95 | 7.76 | 5.80 |
| Ta | 1.6 | 0.6 | 1.5 | 1.0 | 1.3 | 1.8 | 1.3 | 1.17 | 1.6 | | 2.2 |
| W | 0.70 | 1.15 | 0.45 | 0.79 | — | — | 0.52 | 1.02 | 0.29 | | 2.00 |
| Th | 14.2 | 16.8 | 14.0 | 12.9 | 18.1 | 27.2 | 17.2 | 11.1 | 14.0 | | 10.7 |
| U | 2.34 | 2.50 | 2.17 | 2.04 | 2.35 | 4.47 | 2.65 | 2.48 | 2.07 | | 2.8 |

注：A. 中国海南岛文昌玻璃陨石平均；B. 中国蓬莱玻璃陨石平均；C. 泰国孔敬玻璃陨石平均；D. 越南保禄玻璃陨石平均；E. 中国茂名玻璃陨石平均；F. 菲律宾吕宋岛 Rizal 玻璃陨石平均；G. 30 个溅落型东亚玻璃陨石平均；H. 印支 Mung Nong 型玻璃陨石平均；I. 印支溅落型玻璃陨石平均；J. 桂林玻璃陨石平均；K. 上陆壳平均。

综合上述有关玻璃陨石微量元素组成及有关同位素组成和年代学资料，可以看出，玻璃陨石的地球成因说比月球成因说更具有说服力，这种认识是基于微量元素并结合同位素组成（O、Sr、Nd）以及年代学资料建立的。

# 第四节　地壳与大气圈地球化学与演化

## 一、陆壳与洋壳的形成

### （一）地壳形成的不同模型

地壳起源于地幔，但地壳在何时及有多少量形成，地幔在多大程度上被卷入了（或被提取了）地壳的形成，这是壳-幔演化的重要研究内容。自 20 世纪 60 年代提出盒子模型（box model）以来，Sr、Pb、Nd、Os、Hf 同位素组成研究在这方面起了重要作用。早太古代至近代的镁铁质-超镁铁质火山岩的化学成分和同位素组成，可用于估计可能与核幔分异和其后地幔熔融有关的地幔过程。大约在地球形成的最初 100Ma 时，地核开始有硅酸盐、氧化物和金属的混合物分离出来，大量亲铁元素和几乎所有贵金属元素进入地核（Ringwood，1977）。研究发现，来源于饱满地幔的岩浆和团块中的难熔元素 Al、Ca、Ti、Zr、Hf 等之间具有与球粒陨石相近的比值和恒定的 $TiO_2/P_2O_5$ 值（10±1）（图 5-15；Sun，1984），核-幔分离作用在 3.8Ga 前结束。

因此，"整个地球具有与球粒陨石相当的成分"已普遍被接受［Campbell 和 O'Nell（2012）根据地球具有高于球粒陨石的 $^{142}Nd/^{144}Nd$ 值约 20% 的资料，认为硅酸盐地球成分与球粒陨石不同。见本章第一节讨论］。但是地核、地幔（上、下）、地壳之间微量元素的组成明显不同，地壳明显富稀土元素（特别是轻稀土元素）；而地幔稀土元素含量低，相对富重稀土元素，这种差异是地球形成过程中曾发生分异的结果。分析测试技术的进步使微量元素，特别是 Nb、Ta、Th、U 及 REE 的测

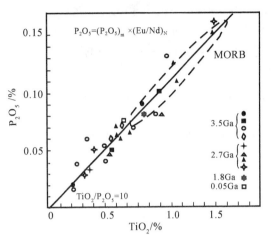

图 5-15　太古宙至近代镁铁质和超镁铁质岩石的 $TiO_2$-$P_2O_5$ 关系（Sun，1984）

定更精确，在壳-幔形成演化研究中发挥了越来越重要的作用。目前，一个最基本的认识是地壳是通过消耗地幔上层形成亏损地幔而产生的，但下地幔也参与了这个过程，如洋岛玄武岩（OIB）、大陆溢流玄武岩（CFB）可能以地幔柱形式加入到地壳而使下地幔发生不同程度亏损。

不同学者对地壳从地幔中形成并导致地幔亏损的过程提出了不同的模型。

Masuda 等（1966）认为，地球形成过程中曾发生完全熔融，在分异过程中稀土元素按各自不同的分配系数在固液相之间发生再分配，形成固体型（重稀土元素相对富集）和液体型（轻稀土元素相对富集）稀土元素分布型式。地壳及许多火成岩、沉积岩相当于液体型型式，而地幔则相当于固体型。很明显，从微量元素组成看地壳与地幔恰成互补关系。Rb-Sr 和 Sm-Nd 同位素资料表明，现代上地幔 $\varepsilon_{Nd}$ 为+12，估计大陆地壳 $\varepsilon_{Nd}$ 平均值为-15，而整个地球与球粒陨石相当（球粒陨石均一储源 $\varepsilon_{Nd}$ 为 0）。对地球太古宙岩石的研究表明，Sm/Nd 值为 0.31、0.325，$^{143}Nd/^{144}Nd$（4.5Ga 或 4.6Ga）初始值分别为 0.50682、0.50663，$\varepsilon_{Nd}$ 为 0，而大量年轻岩石的 $^{143}Nd/^{144}Nd$ 值为 0.51330~0.51113。根据上述微量元素组合和同位素组成特点，可以将地球的演化分为两个阶段：第一阶段为与球粒陨石类似的均一储源；第二阶段为形成稳定的大陆地壳和亏损的洋中脊地幔。对于大陆壳和亏损地幔的形成提出了不同的模型（Jacobsen and Wasserburg，1979）：

1）新的大陆壳是由未亏损的或原始地幔的平衡部分熔融形成，留下亏损地幔残留体。除了产生新地壳外，三者（地壳、原始地幔、亏损地幔）储源之间没有后继的相互反应，并且随时间推移，未亏损地幔逐渐消耗，而地壳和亏损地幔的质量增加。

2）地壳从地幔中分出，每一次地壳形成事件之后，这种地幔再次变得均一，由此形成的地壳量越大，整个储源亏损就越严重。

大陆地壳和亏损地幔在地球历史相对晚期才达到稳定而明显的同位素差异，由模式年龄计算得出大陆地壳的 $T_{CHUR}^{Nd}$ 为 1.7Ga，亏损地幔的 $T_{CHUR}^{Nd}$ 为 1.8Ga。陆壳中亲石元素的丰度只要 30%~50% 亏损地幔提供就够了。由 Sm-Nd 同位素资料计算发现，不是整个地幔都与新地壳的形成有关，要使有较大 $\varepsilon_{Nd}$ 负值（-15）的大陆地壳与正 $\varepsilon_{Nd}$ 值（+12）的上地幔达到平衡（$\varepsilon_{Nd}=0$），可根据大陆地壳的质量（约 $2\times10^{25}$g）、地壳 Nd 丰度比现代上地幔高 50~60 倍，计算得出与地壳平衡的地幔质量约 $100\times10^{25}$g，相当的地球厚度为 600~700km，约为整个地幔质量的四分之一。这与根据地球物理资料所给出的上地幔层是一致的。由此可以认为只是上地幔参与地壳形成过程，下地幔不相容元素的亏损程度明显小于洋中脊玄武岩（MORB）源区。

O'Nions 等（1979）用数值法对若干元素的研究得出，上半部地幔的亏损可形成目前洋中脊玄武岩的地球化学特点。Jacobsen 和 Wasserburg（1979）提出陆壳不断从地幔中形成，一种方式是上地幔亏损程度不变，但体积逐渐增加；另一种方式是亏损地幔体积不变，但亏损程度随时间增加。McCulloch 和

Bennett（1994）提出了亏损地幔渐进增长、体积逐渐增大的动态演化模型，并根据 Sr、Nd、Os 和 Hf 同位素组成与微量元素（REE、Pb、Cs、Sr、Ba、Th、U、Nb、Co、Cr、Ni、V、Ti、Sc 等）相结合，根据它们在两相（地幔熔融析出形成地壳的熔体和残留地幔）的分配原理和相关公式，得到了不同地质时期地幔亏损程度：4.5~3.6Ga，亏损地幔占整个地幔 10%，约相当于地表下 220km；3.6~2.7Ga，亏损地幔占 20%，约相当于地表下 410km；2.7~1.8Ga，亏损地幔占 30%，约相当于地表下 660km；1.8Ga 至今，亏损地幔占 40%~50%，亏损地幔的底界已延伸到 800~1000km（图 5-16）。与之相对应，大陆地壳则不断增长，如果以现代大陆地壳为 100，则早太古代（4.5~3.6Ga）约为 22；3.6~2.8Ga 为 32；2.8~1.8Ga 为 72；1.8Ga 以来为 100。

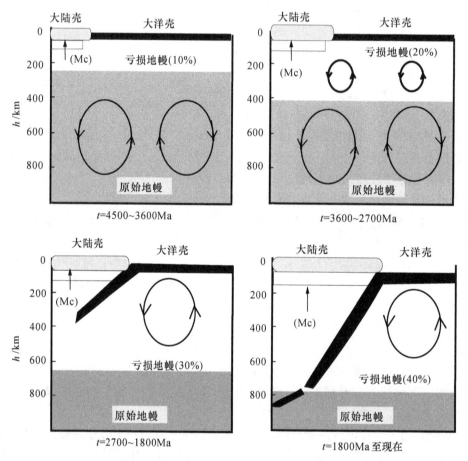

图 5-16　地幔亏损的动态过程（McCulloch and Bennett，1994）

Mc. 大陆地壳的质量

　　Hofmann（1997）给出了析出地壳后亏损地幔质量分数的表达式：

$$X_d = [X_c C_c (R_d - R_c)/(R_d - R_p)] - X_c \tag{5-6}$$

式中，d 为亏损地幔；c 为陆壳；p 为原始地幔；$R$ 为同位素（如 $^{143}Nd/^{144}Nd$）比值或元素比值（如 Nb/U）；$C$ 为元素的浓度；$X$ 为质量分数。

　　与此类似，Campbell（2002）提出了根据微量元素比值计算所析出的地壳的质量分数的公式：

$$\frac{C_r^i}{C_r^j} = \frac{C_0^i - fC_c^i}{C_0^j - fC_c^j}$$

上式可改写成：

$$f = \frac{C_r^i C_0^j - C_r^j C_0^i}{C_r^j C_c^i - C_r^i C_c^j} \tag{5-7}$$

式中，$C_r^i$、$C_r^j$ 为元素 $i$、$j$ 在析出地壳后的地幔残留物中的浓度；$C_0^i$、$C_0^j$ 为元素 $i$、$j$ 在熔融前的地幔中的浓度；$C_c^i$、$C_c^j$ 为元素 $i$、$j$ 在析出的地壳中的浓度；$f$ 为析出的地壳的质量分数。

Nb/U 值在原始地幔中平均为 34，在陆壳中为 9.7；Th/U 值在原始地幔中为 4.04，在陆壳中为 3.96（Campbell，2002）。因此，陆壳从地幔中的析出将明显影响 Nb/U 值，而对 Th/U 值影响小。相反，洋中脊玄武岩从地幔中析出将使地幔残留物的 Th/U 值降低，而对 Nb/U 值影响很小。据此，Nb/U、Th/U 值随 Sm/Nd 值的变化可作为评价陆壳和玄武质地壳在亏损地幔（富 Sm/Nd）形成中的相对重要性。Campbell（2002）对西澳大利亚 Yilgarn 地区的太古宙科马提岩、Onego 高原元古宙溢流玄武岩和冰岛、Reunion 和 Malaita 岛现代海洋玄武岩的 Nb/U、Nb/Pr、Th/U 和 Sm/Nd 等值的变化趋势进行了系统比较研究，在 Nb/Th-Nb/U、Nb/Pr-Nb/U、Th/U-Sm/Nd 和 Sm/Nd-Nb/U 等图解中，均显

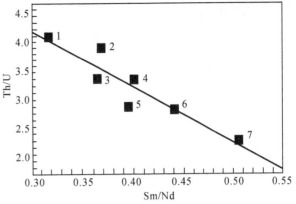

图 5-17 太古宙科马提岩的
Th/U-Sm/Nd 图解 （Campbell，2002）

1. 巴布顿；2. Norsman-Wiluma；3. Sumozero-Kenozero；
4. Alex；5. Kostomuksha；6. Pyke；7. Gorgona

示在亏损地幔中析出了大陆壳和洋壳（图 5-17~图 5-19）。例如，对太古宙科马提岩作 Th/U-Sm/Nd 图，两比值明显的负相关关系指示了玄武质地壳的析出（图 5-17）。太古宙科马提岩的 Nb/Pr-Nb/U 图解显示了玄武质地壳和陆壳的析出趋势。玄武岩的析出将使地幔的 Nb/Pr 值降低到平均值 2.63 以下，而 Nb/U 值不变；陆壳从地幔中的析出则使 Nb/U 值增加而 Nb/Pr 值不变（图 5-18），表明在太古宙地幔源区中析出了大陆壳和玄武质地壳。

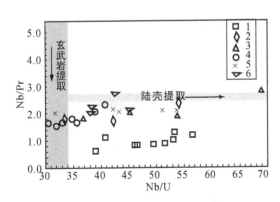

图 5-18 太古宙科马提岩的 Nb/Pr-Nb/U 图解
（Campbell，2002）
图中阴影区为陆壳和玄武质地壳析出的趋势。1. Gorgno；2. Norseman-Wiluna；3. Munro；4. Kostomuksha；5. Sumozero；6. 巴布顿

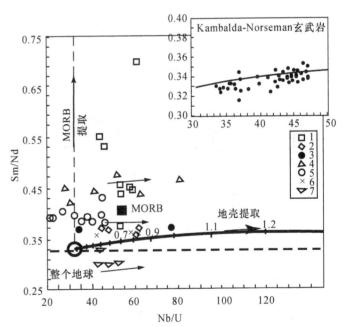

图 5-19 科马提岩的 Sm/Nd-Nb/U 图解 （Campbell，2002）
地壳提取线上的数字为陆壳提取百分比；■MORB 代表玄武质地壳提取。
1. Gorgona；2. Norseman-Wiluna；3. Belingwe；4. Munro；5. Kostomuksha；6. Sumozero；7. Barberton。右上小图为 Norseman-Wiluna 绿岩带区的 Kambalda-Norseman 玄武岩趋势

科马提岩的 Sm/Nd-Nb/U 图解可以评价陆壳和玄武质地壳的提取对亏损地幔 Sm/Nd 值影响的相对重要性。图 5-19 中显示了陆壳和玄武质地壳提取呈明显不同的趋势，陆壳的析出对 Nb/U 值有明显影响（上升到 47 以上），而对 Sm/Nd 值影响小，从 0.328 上升到 0.347，玄武质地壳的析出则与之相反。由

上述，陆壳的提取并未使 Sm/Nd 值达到现代上地幔的 0.38，因此，亏损地幔的形成，除陆壳外，还必须包括玄武质地壳的形成。

### （二）44 亿年前存在陆壳和海洋——锆石稀土元素地球化学证据

对西澳大利亚 Yilgarn 克拉通 Narryer 片麻岩地体中 Mt Narryer 和 Jack Hills 变质沉积物中的碎屑锆石的测定（Wilde *et al.*，2001），获得了 SHRIMP U-Pb 年龄为 4404±8Ma，比以前的 ~4276Ma（Compston and pidgeon，1986）提前了 130Ma。Wilde 等还系统测定了该锆石的稀土元素和氧同位素组成（表 5-11），根据稀土元素和氧同位素组成特点提出地球上在 44 亿年前存在陆壳和海洋。

表 5-11　西澳大利亚 44 亿年前碎屑锆石 REE 含量（$10^{-6}$）及 $\delta^{18}O$（‰）（Wilde *et al.*，2001）

| 点号 | La | Ce | Pr | Nd | Sm | Eu | Gd | Tb | Dy | Ho | Yb | Lu | 点号 | $\delta^{18}O$ |
|---|---|---|---|---|---|---|---|---|---|---|---|---|---|---|
| M2-13 | 5.5 | 134 | 9.4 | 55 | 41.4 | 6.3 | 100 | 34 | 338 | 106 | 666 | 135 | M2-1 | 4.8 |
| M2-14 | 9.2 | 122 | 9.5 | 59 | 42.6 | 5.6 | 155 | 47 | 518 | 173 | 1065 | 225 | M2-2d | 5.3 |
| M2-17 | 0.6 | 61 | 1.1 | 9 | 12.3 | 1.0 | 85 | 28 | 347 | 124 | 768 | 159 | | 平均 5.0 |
| M2-30 | 13.6 | 226 | 21.8 | 119 | 78.4 | 12.7 | 170 | 49 | 424 | 119 | 672 | 130 | M2-3 | 6.8 |
| M2-31 | 0.3 | 69 | 0.6 | 9 | 18.4 | 1.4 | 108 | 36 | 438 | 149 | 877 | 182 | M2-4d | 8 |
| | | | | | | | | | | | | | 平均 7.4 | |

锆石是岩浆中最稳定的副矿物，它具有很特殊的稀土元素组成：强烈富集 HREE，Ce 呈明显正异常（图 5-20）。锆石中 $REE^{3+}$ 置换 $Zr^{4+}$ 进入十二面体位置。由于 $Zr^{4+}$ 的有效离子半径比最重的稀土元素 Lu 还小，因此，$Lu^{3+}$ 对 $Zr^{4+}$ 的置换最容易。由于镧系收缩，$LREE^{3+}$ 置换 $Zr^{4+}$ 相对困难，而 $Ce^{4+}$ 与 $Zr^{4+}$ 电价相似，使锆石中富集 HREE 和 Ce。由表 5-11 和图 5-20 可见，该锆石比常见锆石富集 LREE，Eu 负异常，Ce 为正异常。根据锆石的稀土分配系数 $D_{REE}^{锆石/熔体}$（Hinton and Upton.，1991）计算出结晶出该锆石的岩浆的稀土元素含量，岩浆的 $(Lu/La)_N$ 为 238~616，Eu 为负异常。这些特点表明 44 亿年的锆石源自一

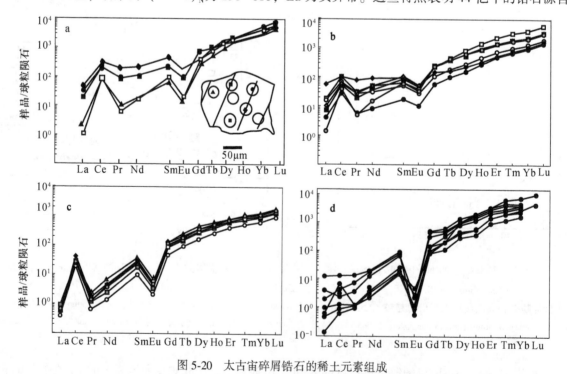

图 5-20　太古宙碎屑锆石的稀土元素组成

a. 西澳大利亚 44 亿年碎屑锆石的稀土元素组成（Wilde *et al.*，2001），图中右下角为所测定的碎屑锆石。b、c. 西南格陵兰 3.81Ga 和 3.64Ga 的英云闪长片麻岩和花岗闪长片麻岩杂岩中的锆石；d. 冥古宙月球锆石（Whitehouse *et al.*，2002）

演化了的花岗质岩浆。而锆石中 $SiO_2$ 包裹体（直径 $20\mu m$）的存在表明，锆石是在硅饱和环境中生长的。对该锆石 LREE 较富集的点（年龄为 $4353\pm 9Ma$）和 LREE 较低的点（年龄为 $4339\pm 3Ma$）分别进行了氧同位素测定，$\delta^{18}O$ 分别为（$7.4\pm 0.7$）‰ 和（$5.0\pm 0.7$）‰，表明与锆石平衡的岩浆 $\delta^{18}O$ 应为 8.5‰~9.5‰。Wilde 等认为锆石的 REE 及 $\delta^{18}O$ 值表明它来自于一个 44 亿年前已存在的古老地壳部分熔融形成的花岗质岩浆，是典型的经历了演化作用的岩浆（如轻稀土相对富集，明显的 Eu 负异常，硅饱和等），与原始的镁铁质岩石的 REE 组成明显不同。随 LREE 含量从高到低的变化，$\delta^{18}O$ 降低 2.4‰。高的 $\delta^{18}O$ 值不可能由封闭的正常地幔熔体的分离结晶作用形成，在简单熔融情况下，熔体中的锆石应具有与其源区中锆石相同的 $\delta^{18}O$ 值。因此，锆石的上述 REE 及 $\delta^{18}O$ 资料表明，其原始的高 $\delta^{18}O$（~9‰）、富 LREE 的岩浆是由低温下发生热液蚀变的洋壳熔融产生，或者是由蚀变的陆壳或沉积物熔融形成。不管哪一种过程，都表明在 44 亿年前地球表面存在陆壳和海洋。这种认识也得到 Mojzsis 等（2001）对西澳大利亚同一地区 4300Ma 碎屑锆石的 $\delta^{18}O$ 测定资料（1.5‰~5.4‰）的支持。Mojzsis 等认为这种古老锆石是从含有大量受改造的陆壳成分的岩浆中晶出的，这种陆壳是在近地表有水存在条件下形成，即在 4300Ma 前存在水圈与地壳相互作用。

对上述 Jack Hills 冥古宙锆石做了 Ti 温度计计算，69 个测点的温度范围为 801~644℃（平均 $696\pm 33$℃）。该温度与现代花岗岩类锆石的结晶温度没有差别，表明在 4.35Ga 时的地球表面存在潮湿的、最低熔融条件，地球进入了地壳形成、剥蚀和循环的模式（Watson and Harrison，2005）。

对西南格陵兰年龄为 3.81Ga 和 3.64Ga 的 Itsaq 英云闪长片麻岩和花岗闪长片麻岩杂岩中的锆石进行了 REE 系统分析（Whitehouse et al.，2002），也发现了 LREE 的过富集（overabundance），他们同时将月球高地上年龄>4Ga 的锆石稀土资料与地球上已有的冥古代（Hadean）锆石进行对比（图 5-20b~d），它们均显示了 LREE 的类似富集。如果用锆石的稀土分配系数 $D_{REE}^{锆石/熔体}$ 计算晶出锆石的岩浆的 LREE 含量，与实测值相差达两个数量级。因此，Whitehouse 等认为造成太古宙锆石中 LREE 的过富集原因是复杂的，有可能是由于锆石中 Th 和 U 的存在（西南格陵兰 3.81Ga 和 3.64Ga 的英云闪长片麻岩和花岗闪长片麻岩杂岩中的锆石 U+Th 含量大于 $1000\times 10^{-6}$，明显高于西澳大利亚 44 亿年碎屑锆石，导致锆石晶格损伤，而使 LREE 进入锆石晶格），不能简单地将其归结为是来自一个演化了的由俯冲作用及含水洋壳熔融产生的岩浆，因为月球高地并没有发生过俯冲作用和有水圈存在。

### （三）太古宙早期陆壳形成的不同模型

太古宙地体中高级变质区（灰色片麻岩）和低级变质区（花岗绿岩带）的长英质岩石主要由英云闪长岩（tonalite）、奥长花岗岩（trandhjemite）和花岗闪长岩（granodiorite）组成，即 TTG，太古宙陆壳 70% 以上由 TTG 片麻岩组成，它们属钠质花岗岩类。其主成分特点是，$SiO_2$ 65%~73%，$Mg^{\#}$ 30~50，Al 饱和指数 A/CNK $1.0\pm 0.05$。微量元素显著特点是 Nb/Ta 值是变化的，低于球粒陨石或现代大洋玄武岩和地幔岩的比值，Nb/La 值低，Zr/Sm 值高，轻、重稀土元素强烈分异（La/Yb 值高），Sr 相对 Y 强烈分异，富集大离子亲石元素 LIL。这些特点与埃达克岩相似。目前，根据微量元素，特别是 Nb、Ta 等高场强元素的实验地球化学资料，提出了不同成岩模型，解释了太古宙早期陆壳的上述地球化学特点。它们可概括为：角闪岩模型（Foley et al.，2002）、榴辉岩模型（Rapp et al.，2003）和含金红石含水榴辉岩模型（Xiong，2006）。

#### 1. 角闪岩模型

Foley 等（2002）认为，代表太古宙早期陆壳的 TTG 的地球化学特点，具有与现代埃达克岩相似的低 Nb/Ta 值和高 Zr/Sm 值。根据角闪石 Nb、Ta 分配系数资料，低 $Mg^{\#}$ 的角闪石 $D_{Nb}/D_{Ta}>1$，而金红石 $D_{Nb}/D_{Ta}<1$，因此，含金红石榴辉岩形成的熔体 Nb/Ta 值高。用角闪岩和榴辉岩进行批式熔融实验和分离熔融实验，在 0.8GPa、1.0GPa 和 1.6GPa 熔融的超固相线中都有角闪石出现，1%~15% 的批式熔融产生的熔体都分布在 Nb/Ta-Zr/Sm 图解的右下象限（图 5-21），即太古宙 TTG 分布区。角闪岩 10% 分离熔融的结果与此相似。实验结果表明，角闪石对 Nb、Ta 的分配系数与其 Mg、Ti 含量有关，定量关系式为

$$\ln D^{\mathrm{Nb/Ta}} = 2.45 - 1.26\mathrm{Mg} - 0.84\mathrm{Ti} \tag{5-8}$$

只有 $\mathrm{Mg}^{\#} < 70$ 的角闪石才能使共存熔体的 Nb/Ta 值降低，这种角闪石可在俯冲带高流体/岩石比、富 Si 的流体中形成，而在加厚洋壳下面形成的 $\mathrm{Mg}^{\#} > 80$ 的角闪石或榴辉岩则不能使共存熔体的 Nb/Ta 及 Nb/La 值降低，与 TTG 特点不一致。Foley 等认为，在俯冲带环境中形成的为低 $\mathrm{Mg}^{\#}$ 角闪石，由其组成的角闪岩的部分熔融形成的熔体具有与 TTG 相似的地球化学特点，而榴辉岩相部分熔融的熔体则由于是高 $\mathrm{Mg}^{\#}$ 的，与 TTG 特点不一致。另外，在俯冲带中各种年龄的火成岩的低 Nb/Ta 值也表明，含金红石榴辉岩的部分熔融产生的熔体在体积上也不重要。不同类型岩石的 Nb/Ta 与 Zr/Sm 关系及角闪岩、榴辉岩熔融模型的比较如图 5-21 所示，可以看出，俯冲板片低 $\mathrm{Mg}^{\#}$ 角闪岩部分熔融产生的熔体符合太古宙 TTG 低 Nb/Ta、高 Zr/Sm 值特点。

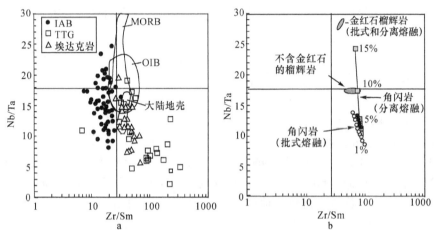

图 5-21 不同类型岩石的 Nb/Ta 与 Zr/Sm 关系（a）及角闪岩、
榴辉岩熔融模型的比较（b）（Foley et al.，2002）

### 2. 榴辉岩模型

用天然变玄武岩在 2~4GPa 条件下与榴辉岩残留相平衡和与角闪岩残留相平衡进行比较，前者产生的熔体的主、微量元素特点与太古宙 TTG 相似（Rapp et al.，2003），据此，Rapp 等提出太古宙早期陆壳是由含水玄武岩在榴辉岩相条件下部分熔融形成。

上述实验中的 Nb、Ta、Zr、Hf、Sm、Sr、La、Y 和 Yb 等的分配系数表明，Sr、La 对石榴子石和斜方辉石都是强不相容元素（$D \ll 1.0$），而 Y、Yb 对石榴子石是强相容元素（$D \gg 1.0$），因此，与榴辉岩平衡的熔体具有高 La/Yb 和 Sr/Y 值。相反，角闪石对 Sr、La 的分配系数比石榴子石高一个数量级，Y、Yb 低一个数量级，因此，以角闪石为主的残留相对 Sr/Y 和 La/Yb 值影响小，产生的熔体与太古宙 TTG 强烈亏损 Y、Yb 特点不同。对于备受关注的 Nb/Ta 值，Rapp 等（2003）认为，太古宙 TTG 的源区 Nb/Ta 值变化较大，导致太古宙 TTG 比值低于球粒陨石的可能解释是，在俯冲环境中与洋壳平衡产生的板片流体 Nb/Ta 值低，这种流体交代了地幔楔中亏损的海洋岩石圈，与此过程平衡的是含金红石的海洋地壳，Nb 在这种过程中在金红石和富水流体之间的分配高于 Ta，使得流体中 Nb/Ta 值低，当这种流体交代亏损的洋壳地幔而发生部分熔融时，产生的熔体的 Nb/Ta 值是变化的，并低于球粒陨石。在上述初始物质在 3~4GPa、低-中等程度部分熔融（5%~30%）时，由于单斜辉石对 Sm 的分配系数高于 Zr，形成的熔体 Nb/Ta 值低，Zr/Sm 值高，与其平衡的残留相为含金红石的榴辉岩。因此，太古宙 TTG 变化的、低的 Nb/Ta 和 Zr/Sm 值可用具有变化的、低于球粒陨石 Nb/Ta 值的海洋玄武岩部分熔融产生，与其平衡的残留相为含金红石的榴辉岩。Nb 在金红石与花岗质熔体之间的分配系数为 55~60，Ta 为 85~90，$D_{\mathrm{Nb}}/D_{\mathrm{Ta}} \sim 0.68$，因此，残留相中金红石的存在对与之平衡的熔体的 Nb/Ta 值影响很小。Rapp 等认为，Foley 等（2002）的角闪岩模型关键是角闪石对 Nb、Ta 的分配能力，并假设其源区具有球粒陨石的 Nb/Ta 值，所采用的金红石对 Nb、Ta 的分配系数值太高了，特别是 Nb，因而产生的与角闪岩平衡的熔体

Nb/Ta 值低于球粒陨石。另外，将源区假设为具有球粒陨石的 Nb/Ta 值，也必然认为与含金红石的榴辉岩平衡的熔体与 TTG 比值不一致。

Rapp 等（2003）还认为，用平均 Nb/Ta 值代表太古宙 TTG 是误导，因为太古宙 TTG 与其平衡的榴辉岩 Nb/Ta 值范围很大，反映了源区具有多样性。来自克拉通地幔的榴辉岩包体或金刚石中的包裹体代表了 TTG 岩浆作用和部分熔融的残留相，太古宙 TTG 的源区应是具有变化的 Nb/Ta 值、与洋内俯冲有关的不同环境下形成的洋壳，叠瓦状逆冲及和俯冲有关的不同地体的构造增生形成了 TTG 岩浆。伴随加厚的新生弧地壳底部的脱水部分熔融，形成与榴辉岩残留相平衡的、成分上与 TTG 相当的花岗岩类。

### 3. 含金红石含水榴辉岩模型

Foley 等（2002）的角闪岩模型强调了角闪石 $D_{Nb} > D_{Ta}$ 是形成 TTG 低 Nb/Ta 值的关键，而 Rapp 等（2003）的榴辉岩模型则用石榴子石解释 TTG 的低 Nb/Ta 值和重稀土的强烈亏损。两种模型的分歧关键在于微量元素的分配系数。目前，有关 TTG 体系中石榴子石、角闪石和金红石的微量元素分配系数资料很少，主要为 REE 和 HFSE，LIL 和过渡族元素（TE）资料少。Xiong（2006）用变玄武岩为初始物质，在 1.0~2.0GPa，900~1100℃ 条件下测定了 Cs、Rb、Nb、Ta、Zr、Sm、Lu 和 Sc 等 27 种重要微量元素的石榴子石、角闪石与英云闪长岩熔体间的分配系数，结合已发表的分配系数资料和太古宙地温，提出了新的模型——太古宙 TTG 由含金红石含水榴辉岩熔融形成。这种熔融由角闪石不断分解释放出水而被触发。实验表明，在变玄武岩熔融时，金红石稳定在 ≥1.5GPa，角闪石在 2.2~2.5GPa，无水熔融分解在 850~1050℃。因此，形成大规模 TTG 岩浆的温-压条件是 1.5~2.5GPa（约 50~80km），850~1050℃，即玄武岩体系中角闪石和金红石的稳定边界。与不含金红石的以角闪石为主的残留相平衡的熔体与太古宙 TTG 的 Nb、Ta、LIL 及 HREE 地球化学特点不一致，该实验结果不支持角闪岩模型。一些与无水榴辉岩平衡或与含水榴辉岩平衡的熔体，虽然其各种微量元素特点与 TTG 熔体相似，但需限定最合适的熔融过程和形成 TTG 的特殊 P-T 条件。对于无水榴辉岩熔融，只有 HREE 分配系数较低的（$D_{Yb}=7.7$）石榴子石适合 TTG 的形成（其形成温度>1100℃），这与太古宙地温不一致，因此，无水榴辉岩熔融形成太古宙 TTG 可能性不大。Xiong（2006）用上述实验所获得的各种矿物分配系数，用含水榴辉岩 5%~20% 部分熔融，残留相为角闪石（5%~40%），石榴子石（10%~30%），单斜辉石（35%~55%），金红石（~0.7%）±斜长石（0~10%），模拟计算所产生的熔体的微量元素丰度型式如图 5-22 所示。

由图 5-22 可见，只有与含金红石残留相平衡的熔体才显示 Nb、Ta 负异常，与 TTG 成分一致，而角闪岩熔融或无水榴辉岩熔融产生的熔体与 TTG 成分不一致。由于金红石的 Nb、Ta 分配系数高，并且 $D_{Nb}/D_{Ta}<1.0$，因此，金红石的存在可提高所产生熔体的 Nb/Ta 值，但实验资料表明，随熔体 $SiO_2$ 增加，金红石的 $D_{Nb}/D_{Ta}$ 增加，当熔体 $SiO_2$ 达 68%~70% 时，$D_{Nb}/D_{Ta}\approx1.0$。上述实验中（部分熔融程度为 5%~20%），0.5% 的金红石 $D_{Nb}/D_{Ta}$ 为 0.73，比初始物质增加 15%，如用金红石的 $D_{Nb}/D_{Ta}\approx1.0$，则熔体的 Nb/Ta 值几乎不变。因此，金红石或角闪石对所产生的熔体的 Nb/Ta 值影响不大，可见，TTG 的低 Nb/Ta 值可能是继承了源区特点。Jochum（2001）确定的 6 个太古宙科马提质玄武岩的 Nb/Ta 值平均为 13~14，表明太古宙地幔 Nb/Ta 值低。

金红石在解释太古宙 TTG 的 Nb/Ta 值变化时有重要作用。最新的有关金红石在英云闪长岩-奥长花岗岩体系中的对 Nb、Ta 分配系数实验表明（表 5-29；Xiong *et al.*，2011），金红石的 $D_{Nb}$、$D_{Ta}$ 及 $D_{Nb}/D_{Ta}$ 随熔体的 $H_2O$ 含量和温度降低而增加，在熔融温度<1000℃，$H_2O$ 含量低于 10wt% 时，金红石的 $D_{Nb}/D_{Ta}$ 由<1.0 变到>1.0。这些资料表明，Nb、Ta 分异的方向取决于熔融程度（温度）、初始 $H_2O$ 含量，Nb、Ta 的分异程度依赖于初始 $H_2O$ 和 $TiO_2$ 含量。低程度（<20%）的部分熔融不会造成含金红石榴辉岩残留相 Nb/Ta 值明显不同于其玄武岩源区，而高程度部分熔融将导致残留相的 Nb/Ta 值降低。因此，含水变玄武岩的部分熔融在任何条件下都不能产生高于球粒陨石 Nb/Ta 值的含金红石榴辉岩。在流体存在时，<20% 的部分熔融将明显提高所产生熔体的 Nb/Ta 值，而初始 $H_2O$ 含量<1.2%，但 $TiO_2$ 含量高的初始物质将导致熔体 Nb/Ta 值降低。某些 TTG 岩浆中高的 Nb/Ta 值只能用金红石和含水流体存在时的低程度部分熔融解释（Xiong *et al.*，2011）。

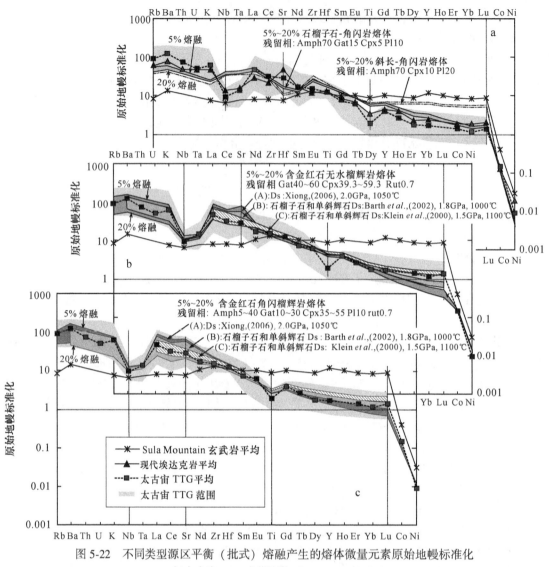

图 5-22　不同类型源区平衡（批式）熔融产生的熔体微量元素原始地幔标准化

与太古宙 TTG 成分比较（Xiong ，2006）

a. 角闪岩熔融；b. 无水榴辉岩熔融；c. 含水榴辉岩熔融

# 二、陆壳生长的模型

## 1. 陆壳生长的不同模型

对于陆壳是何时以及如何生长的一直存在争议，概括起来主要有以下三种模型（图 5-23）。

第一种为 Amstrong 稳态模型：认为现今陆壳形成于地球演化早期（>4.0Ga），其后，新生陆壳量与再循环进入地幔的陆壳消耗量相等或略低，陆壳累计增长曲线呈稳态变化（Armstrong，1968，1981，1991），或呈下降趋势（Fyfe，1978）。

第二种模型认为陆壳在整个地质历史一直处于增长状态，太古宙早期陆壳增长速度最快，以后渐慢（Taylor and McLennan，1986）。

第三种模型处于前两种之间，即陆壳一直以稳定速度增长（Hurley，1968；Hurley and Rand，1969；O'Nions et al.，1979；Allegre，1982）。

碎屑锆石的 U-Pb 定年及 Hf 同位素组成的分析资料为探讨地壳的形成与演化提供了重要依据。Wang 等（2009，2011）用 LA-ICP-MS 技术对北美密西西比河及东欧和俄罗斯的大俄罗斯河（叶尼塞

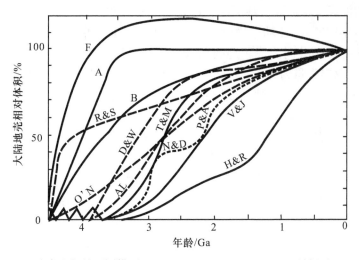

图 5-23　陆壳生长的不同模型（Taylor and Mclennan，1985；吴福元，1999）

H&R. Hurley and Rond，1969；F. Fyfe，1978；B. Brown，1979；V&J. Veizer and Jansen，1979；A. Armstrong，1981；
D&W. Deway and Windley，1981；O'N. O'Nions，1981；AL. Allegre，1982；T&M. Taylor and McLennan，1985；R&S. Reymer and
Schubert，1984；N&D. Nelson and DePaolo，1985；P&A. Patchert and Arndt，1986

河、勒拿河、阿穆尔河、伏尔加河、第聂伯河、顿河、伯朝拉河）河流中的碎屑锆石（分别为 566 颗和 1366 颗锆石）进行 U-Pb 定年及 Hf、O 同位素组成分析，根据幔源锆石的 Hf 模式年龄，得出北美大陆地壳有两个明显生长期，分别为 1.6Ga 和 2.9~3.4Ga，而大俄罗斯（包括东欧克拉通和西伯利亚克拉通）的陆壳生长期为 0.8~0.6Ga 和 3.6~3.3Ga，这些结果表明与第三种模型类似，也揭示了各个大陆的主要增生期是有差别的。

对前寒武纪岩浆岩的锆石 U-Pb 年龄统计表明，大陆地壳的生长速率是不均一的，主要集中于 2.7Ga、1.9Ga 和 1.2Ga（Condie，1998），它们都对应于全球性的重大地质事件，其中 2.7Ga 是最重要的地壳生长期，而在我国华北克拉通略晚，主要在 2.5Ga（沈其韩等，2005；耿元生、周喜文，2010）。上述陆壳发展的模型可划分为两种，一是早期形成的陆壳的循环，二是整个地质历史中稳定的或幕式生长。多数认为在 1.0Ga 后的新元古代—显生宙陆壳的增长量很少，可忽略不计。但 20 世纪 90 年代的研究表明显生宙的陆壳生长也是很重要的，如中亚造山带（Jahn *et al.*，2000；Zhao *et al.*，2000，赵振华等，2001，2006，2007）。

陆壳生长主要通过两种方式，第一是在板块汇聚边界，由于洋壳俯冲产生岛弧或安第斯型岩浆作用，使得陆壳发生增生，即侧向的水平增生（安山岩模式），以板块的水平运动为主要方式，是陆壳增生的主要途径，被称为陆壳的水平增生安山岩模式。第二是由地幔岩浆的底侵作用和地幔柱作用造成的垂向增生（Rudnick，1990；Taylor and McLennan，1995）。但在地质历史中，陆壳增生的方式并不是一成不变的。

**2. 地壳的损失**

在整个地质历史中，地壳不仅在生长，也在损失。俯冲剥蚀（subduction erosion）对于地壳生长来说，就是一种与俯冲增生作用相反的过程，它造成了地壳的损失。陆壳的生长与损失主要通过板块构造过程，是密切联系的难分难解的过程，Stern 和 Schooll（2010）曾用我国古代的阴（yin）和阳（yang）概念来概括陆壳的同时生长与损失（见图 6-10）。

40 亿年以来，地壳呈线性净增长率近于 1.75km³/a，或为 1.75AU（AU 为 Amstrong Unite，1AU＝1km³/a）（Kay and Kay，2008），其结果形成了今天的 7.0×10⁹km³ 的大陆地壳。而这个结果也可以由地壳的线性净破坏率为 2.6km³/a 产生，其假设是地球曾存在一个厚 40km 的原始陆壳盖层。Stern 和 Scholl（2010）认为这两个端元都是不可信的。

详细分析造成地壳形成和损失的板块构造和非板块构造过程，是了解地壳形成和损失的质量平衡的关键。俯冲剥蚀是指从俯冲板块上面的弧前楔剥蚀搬运地壳物质返回到地幔或加入到弧岩浆源区的一种过程。它发生在所有的汇聚板块边界，甚至增生边界（Stern，2011）。俯冲剥蚀与沉积物俯冲、大陆下地壳拆沉（详见第四章第三节）、陆陆碰撞时地壳的俯冲（A 型俯冲）和/或风化岩石产生的进入到洋壳中的化学溶解物俯冲等作用共同造成了地壳的损失。据最新的研究资料（Clift et al.，2009；Stern，2011，2012），地壳每年总损失量约为 5.25AU，即 5.25km³/a，其中 33% 由俯冲剥蚀造成，即俯冲剥蚀造成的地壳损失>1.7AU，高于上述其他造成地壳损失的作用，其中沉积物俯冲为 1.65AU，大陆下地壳拆沉≥1.65AU，大陆碰撞时地壳俯冲为 0.4AU，风化产生的化学溶解物俯冲为 0.4AU。由此可以看出，俯冲剥蚀在壳幔相互作用中起了很重要的作用。

俯冲剥蚀量与俯冲剥蚀速率有关，不同作者对不同板块边缘的俯冲剥蚀速率的计算结果列于表 5-12 中，可见不同板块边缘的俯冲剥蚀速率变化较大，最大可达>440km³/（km·Ma）（Bourgois et al.，1996）。俯冲剥蚀速率与板块汇聚速率、沉积物对海沟的供给速率、俯冲角度及具有漂浮性质的海山、洋脊俯冲等有关（Stern，2011）。前新元古代的蓝片岩很少或缺乏表明，全球俯冲剥蚀速率在很久以前是较高的，这可能与较高的板块汇聚速率有关。其他因素还有俯冲通道宽度、板块俯冲角度及具有漂浮特点的俯冲，如扩张的洋脊和海山、新生海洋岛弧、海洋断裂带等（Gutscher et al.，2000）。在安第斯，由于俯冲角度减小，向北安第斯和向海沟供给的沉积物减少，都使俯冲剥蚀速率减小。

表 5-12　挑选的板块边缘俯冲剥蚀速率修正后的计算结果（Stern，2011）

| 弧段 | 长度/km | 不同学者计算的俯冲剥蚀速率/［km³/（km·Ma）］ | | |
|---|---|---|---|---|
| | | Scholl 等（2007，2009） | Clift 等（2009a，2009b） | Stern（2011） |
| 日本东北 | 1000 | 64 | 120 | 120 |
| 日本西南 | 1000 | 0 | 0 | 30 |
| 美国西南 | 600 | 0 | 0 | 30 |
| 秘鲁 | 2200 | 70 | 15 | 70 |
| 智利北部（18°~33°S） | 2200 | 34 | 15 | 50 |
| 智利中部（33°~38°S） | 500 | 90 | 0 | 115 |
| 智利南中部（38°~46°S） | 1500 | 90 | 0 | 35 |
| 智利南端（46°~54°S） | 1000 | 0 | 0 | 30 |
| 弧总长度 | 10000 | | | |
| 每百万年总剥蚀量/km³ | | 427800 | 186000 | 572000 |

俯冲剥蚀将地壳物质伴随俯冲的洋脊玄武岩（MORB）搬运到地幔的不同深度，如弧岩浆源区、上下地幔间的 670km 界面，甚至可达核-幔边界。俯冲的地壳和沉积物的 90% 以上（>3.0AU）进入地幔，弧岩浆作用只能使俯冲沉积物和弧前地壳的 10% 返回到地壳（Stern，2012）。

现代大陆地壳的损失速率等于或大于增生速率，表明现代地壳在缓慢缩小，即在显生宙，或更长时间，陆壳的生长与损失相比为净损失，但这种过程是不稳态的，地壳长期生长速率和破坏依赖于超大陆的循环（Clift et al.，2009；Stern and Scholl，2010）。

# 三、大陆地壳的化学组成和演化

在 20 世纪 80 年代，上、下地壳及整个地球的化学组成及其随时间的演化特点是根据稀土元素组成和地壳生长模型计算的（Taylor et al.，1985）。90 年代，对地壳化学成分的研究扩展到对其不同构造单元，如造山带、岛弧、裂谷、地台、地盾（Ruduick et al.，1995）及大陆壳不同结构层（Wedpohl，1995；Taylor et al.，1995；Gao et al.，1992）。

## （一）大陆地壳平均成分

大陆地壳由演化的、低密度的岩石组成，它的化学成分是认识地球形成和演化、制约化学地球动力学模型的基本边界条件。因此，从地球化学学科诞生以来，研究大陆地壳的化学组成及演化一直是地球化学的重要研究内容之一。在对大区域范围不同岩石系统取样分析，或者对细粒碎屑岩，如冰川黏土、黄土系统分析获得陆壳平均成分研究中，学者们发现大陆上地壳与后太古宙细粒碎屑岩的稀土组成型式相同（Taylor and McLennan，1985），其丰度比为 0.7～0.8（Gao and Zhang，1991；Gao et al.，1992）。Rudnick 和 Gao（2003）概括了这种关系（图 5-24）。细碎屑岩中元素比值的恒定关系与大陆地壳相近，据此，Taylor 和 McLennan（1985）用碎屑沉积岩估计了上地壳的 REE、Sc、Co 等元素的丰度。Rudnick 和 Gao（2003）考虑了上述大区域范围不同岩石系统取样和细粒碎屑岩沉积岩-黄土系统分析方法的优缺点，对不同元素采用了不同方法获得估值，如对易溶元素采用大区域范围不同岩石系统取样获得的结果，对不溶元素主要采用细碎屑岩、沉积岩-黄土方法取得的结果。对于大陆中、下地壳化学成分主要通过出露于地表的下地壳剖面（麻粒岩相变质岩）、产于基性火山岩中的麻粒岩包体和地球物理等方法。大陆超深钻（科拉半岛、我国江苏）可获得中地壳上部样品。高山（2005）研究认为，麻粒岩地体可代表下地壳中上部，麻粒岩包体可能代表下地壳底部至壳-幔过渡带。

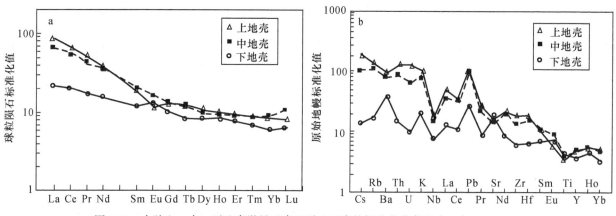

图 5-24　大陆上、中、下地壳微量元素和稀土元素的标准化分布型式（高山，2005）

a. 大陆上、中、下地壳 REE；b. 大陆上、中、下地壳微量元素

根据上、中、下地壳的成分（本书附表 5-1～附表 5-4）和厚度可计算出整个大陆地壳成分（本书附表 5-5），其微量元素和稀土元素的标准化分布型式如图 5-24 和图 5-25 所示。

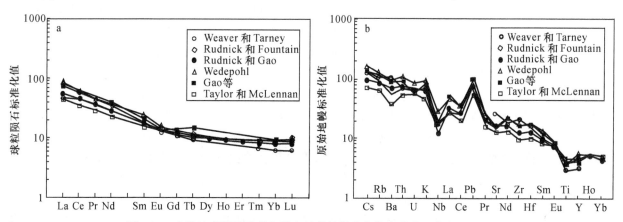

图 5-25　大陆地壳微量元素和稀土元素的标准化分布型式（高山，2005）

a. 大陆地壳 REE；b. 大陆地壳微量元素

大陆地壳化学成分的总体特点可概括如下（高山，2005）。

1）大陆地壳总体成分是安山质或花岗闪长质的，$SiO_2$ 变化范围为 57% ~ 63%；

2）大陆地壳中高度不相容元素（如 Rb、Ba、K、Pb、Th、U 等）的含量占地球中这些元素质量的 30% 以上；

3）上、中、下地壳或整体地壳明显亏损 Nb、Ta 等高场强元素，富集 Pb，在原始地幔标准化图解上分布分别呈明显负异常和正异常，这与洋壳明显不同，与岛弧岩浆岩特征相似，与板内岩浆不同；

4）大陆地壳成分呈明显分层，从上向下，$SiO_2$ 含量逐渐降低，不相容元素含量逐渐降低，相容元素含量逐渐增加；

5）大陆上地壳具有明显 Eu 负异常，下地壳一般具有弱的 Eu 负异常（$Eu/Eu^* = 0.93$）。

## （二）大陆地壳化学演化的稀土元素证据及不同认识

从微量元素探讨地壳的化学演化，一般是从计算不同时代，主要是太古宙和太古宙后地壳的平均成分着手的。在地球这样大的范围内求得其平均组成显然是困难的，早在 1964 年，Taylor 就发现沉积过程中稀土元素不发生明显分异。Taylor（1964，1966，1975，1979a，1979b，1982）及 Taylor 和 McLennan（1985，1995）（1978~1985 年）多年一直致力于由沉积岩的微量元素组合研究地壳化学演化，主要基于下述两个前提：①在沉积过程中稀土元素不发生显著分异，细粒陆源沉积岩中的稀土元素，反映了源区的稀土元素平均含量；②太古宙以后的沉积岩稀土元素组成非常一致。来自广泛分布的复杂源区的陆源沉积岩，其稀土元素分布型式反映了裸露的大陆壳的平均成分。*The Continental Crust：Its Composition and Evolution*（《大陆壳——化学成分和演化》）（Taylor and McLennan，1985）一书，是由微量元素组合研究陆壳化学演化的系统总结。

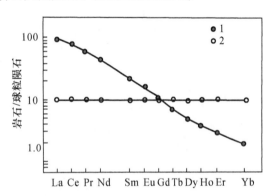

图 5-26　太古宙双峰式岩套的稀土元素分布型式
（Taylor and McLennan，1985）
1. 奥长花岗岩，英云闪长岩，英安岩；
2. 镁铁质火山岩

对早太古代岩石的调查发现，火成岩主要由双峰态岩套（镁铁质和长英质）或奥长花岗岩-英云闪长岩组成，缺乏中性岩。奥长花岗岩、英云闪长岩、英安岩具有右倾斜的轻稀土元素富集型型式，而镁铁质火山岩则为平坦型（图 5-26）。太古宙沉积岩可由这种双峰态岩石以不同比例混合而成。在 Th-Hf-Co、La-Th-Sc 图解中（图 5-27），太古宙页岩和变质岩明显呈线性排列，两端元分别为长英质火山岩、奥长花岗岩-英云闪长岩（TT）和太古宙镁铁质火山岩（AMV），表明太古宙沉积岩是这两个端元混合的产物。据 Taylor 等（1985）计算，太古宙地壳可用两份镁铁质和一份长英质火山岩混合而成。太古宙和太古宙以后的沉积岩成分明显不同，对澳大利亚中生代、古生代、元古宙和太古宙各种沉积岩（砂岩、杂砂岩、页岩、板岩、灰岩等）的稀土元素及其他微量元素组合特点研究表明，太古宙后沉积岩稀土元素含量虽有明显差异，但稀土元素分布型式很相似：富稀土元素、相对富轻稀土元素、Eu 亏损，它们的稀土元素地球化学参数相近，$La/Yb = 13.6 \pm 2$，$Eu/Eu^* = 0.67 \pm 0.05$，$\Sigma LREE/\Sigma HREE = 9.7 \pm 1.8$。这些特点决定了太古宙后沉积岩岩性虽然不同，稀土元素含量有差异，但稀土元素分布型式呈平行变化，这些特点在澳大利亚可回溯到 1.5Ga，在加拿大可回溯到 2.2Ga，即这种均一的稀土元素分布型式始于早元古代。太古宙沉积岩的稀土元素分布型式则明显不同，具有稀土元素总含量低，轻稀土元素富集程度低，不存在 Eu 亏损等特点。

从总体来看，太古宙地壳主要是基性-长英质的双峰式，为这两个端元 2∶1 的混合，相当于现代岛弧火山岩成分（安山质或英云质），太古宙后沉积岩则相当于花岗闪长岩。

因此，太古宙与元古宙分界的 2.5Ga 左右是地壳成分发生明显变化的时期，界线之前稀土元素总含

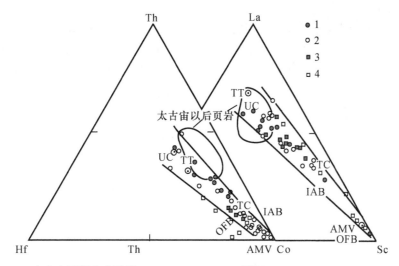

图 5-27　太古宙页岩和变质岩 Th-Hf-Co，La-Th-Sc 图解（Taylor and McLennan，1985）

UC. 现今上部陆壳；TC. 现今整个陆壳；IAB. 典型岛弧玄武岩；OFB. 典型大洋玄武岩；TT. 典型太古宙
长英质岩石；AMV. 典型太古宙镁铁质岩石；1. 皮尔巴拉；2. 伊尔冈；3. 南非；4. 格陵兰

量在 $100×10^{-6}$ 左右，之后逐渐增加到 $200×10^{-6}$ 左右；轻重稀土元素比值从 7 左右增加到 10 左右；La/Yb 从 10 增加到 15 左右；Eu/Eu* 从 1 左右降低到 0.60 左右。根据这些特点，可用沉积岩，即太古宙后页岩平均（PAAS）值扣除 20% 后计算上部陆壳的元素平均含量。整个陆壳的平均成分根据地壳生长模式计算，即由 75% 的太古宙地壳加上 25% 的安山岩模式成分计算获得。不同时代陆壳成分见本书附表 4（Taylor and McLennan，1985）。

　　Condie（1997）对上部陆壳的地球化学演化提出了不同认识。页岩是细粒沉积物，它由一个大陆上很大地理范围内的岩石风化剥蚀、沉积混合而形成，因此可用其化学成分研究上部陆壳地球化学演化。所研究的元素选择原则是在自然界水体中相对不溶解、能全部转移到沉积物中，如 Th、Sc 和 REE。用沉积物监控地壳演化的另一个限制来自古老地壳的循环，它掩盖了新生地壳成分的变化。为使沉积地球化学结果有意义，必须将沉积物按平均粒度和岩石学组合进行分组，同时也能反演构造环境。

　　（1）主元素

　　只有三个元素或元素对，即 Ti、Mg 和 K/Na 的变化趋势有较确切认识。它们的数据来自前寒武纪克拉通，即从太古宙到元古宙，Ti 增加，Mg 降低，K/Na 值在临近太古宙结束时上升（图 5-28）。Ti、Mg 的变化似乎反映了太古宙后大陆源区中科马提岩和高 Mg 玄武岩总量的减少，K/Na 值的增加则是源于在后太古宙上地壳中占主导的花岗岩，它们的平均成分中，K 增加，Na 降低。

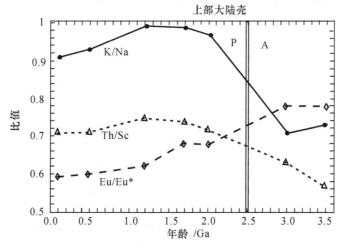

图 5-28　上陆壳 K/Na、Th/Sc 和 Eu/Eu* 随时代的变化（Condie，1997）

（2）REE 和相关元素

在太古宙结束时，上部大陆壳平均成分中 LIL、P、Nb、Ta、Rb/Sr、Ba/Sr 增加，Zr 和 Hf 在某种程度上增加，Th/Sc 值在太古宙—元古宙界线显示中度增加，但明显低于 Taylor 等（1985）根据与沉积物不同的样品比较所给出的值。Th/U 值变化不大。在太古宙结束时 REE 的分异明显降低，(La/Yb)$_N$ 比值降低，Sm/Nd 值少量增加（图 5-29）。这两个比值的变化与 Taylor 等（1985）的认识相反。大陆页岩的 Sm/Nd 值随时间的变化近于常数 0.18，这与现代上地壳平均值一致。

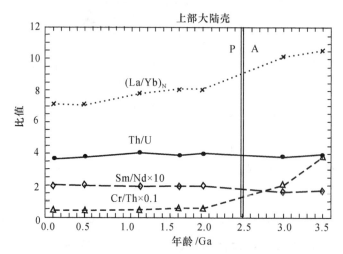

图 5-29　上陆壳 Cr/Th、Th/U、Sm/Nd 和 (La/Yb)$_N$ 值随时代的变化（Condie，1997）

A. 太古宙；P. 元古宙

Taylor 等（1985）认为后太古宙与太古宙沉积物的区别是有 Eu 负异常，但 Condie（1997）认为这个结论难以检验，因为该结论是依据大量来自太古宙的绿岩与后太古宙的克拉通沉积物的比较。前寒武纪地盾的研究结果表明，太古宙页岩和太古宙上地壳都有明显的 Eu 负异常（Condie，1993；Gao and Wedepohl，1995），在太古宙结束时 Eu 负异常仅有中度增强，Eu 负异常的增强反映了太古宙结束后 Eu 异常在长英质火成岩及其沉积产物中的重要性。与太古宙 TTG 不同，后太古宙 TTG 一般具有明显的 Eu 负异常，这是造成上述结果的一个因素。然而，Eu 负异常不仅限于后太古宙岩石，太古宙页岩和花岗岩都显示明显的 Eu 负异常。因此，虽然看起来后太古宙上陆壳确实比太古宙陆壳有显著的 Eu 负异常，但清楚的是：太古宙上地壳和太古宙沉积物都具有 Eu 负异常；由克拉通页岩给出的在太古宙结束后形成的上地壳 Eu 负异常增强的建议还需更多研究。

目前，有关地球大氧化事件的最新研究成果，均一致表明太古宙—元古宙界线（2.5Ga±）是岩石圈成分发生明显变化的时期（详见本节四大气圈的化学氧化，图 5-56~图 5-58；Frei et al.，2009；Konhauser et al.，2009，2011；Keller and Schoene，2012）。

（3）Ni、Cr 和 Co

在太古宙—元古宙界线处上陆壳和细粒的克拉通沉积物中，都观察到 Ni、Cr、Co 含量和 Co/Th、Cr/Th、Ni/Co 值降低（图 5-29，图 5-30）。这种变化似乎反映了太古宙结束后高 Mg 玄武岩和科马提岩在大陆区的总量减少。这种降低的实例，如南非 Kaapvaal 克拉通前寒武纪克拉通沉积物，其太古宙—元古宙界线附近沉积物中的 Cr/Th 值降低似乎反映了科马提岩——高 Mg 玄武岩源的减少。

（4）燧石和条带状铁建造（BIF）Eu 异常

要研究海水成分随时代变化，应选择硅质的化学沉积物——燧石和条带状铁建造（Condie，1997），特别是它们

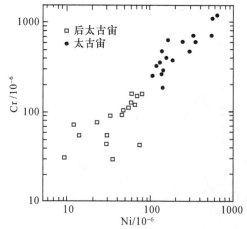

图 5-30　克拉通细粒碎屑沉积物中 Cr-Ni 的分布

可以保留形成这些沉积物的海水的稀土组成，而且稀土及其 Nd 同位素还可研究海水中地幔和地壳的相互作用。应指出的是，燧石和 BIF 的 REE 及 Nd 同位素组成，可受其中的碎屑组分及成岩或变质作用的改造，消除其作用的方法是比较在同一构造环境中不同年龄的样品，以及用元素/同位素值，这种比值在成岩或变质过程中的变化比其绝对值变化小。

太古宙燧石和条带状铁矿（BIF）趋于 Eu 正异常（Eu/Eu*>1），而在后太古宙的这些沉积物中不存在 Eu 正异常，或者呈 Eu 负异常（图 5-31）。尚不清楚的是这是否反映了这个时期海水成分的变化，还是继承了在绿岩带和大陆构造环境沉积的燧石和 BIF 之间的差异。许多研究将这种特点解释为太古宙结束时大陆源的增加。Condie（1997）认为，绿岩带中燧石的 Eu 正异常似乎是继承了源自地幔的热泉，这可由现代海洋下面洋脊的热泉得到证明。同时，大陆环境或大陆壳附近沉积的燧石和 BIF 常常具有大陆壳典型的 Eu 负异常。因此，绿岩带中的燧石和 BIF 可能仅仅记录了热液脉附近的组分，而不是平均海水，这从 REE 以泉水中 Fe 的氢氧化物沉淀物形式被迅速带走得到证明。因此，这种燧石和 BIF 不能代表大体积的海水成分，但大陆或其附近沉积的燧石反映的可能是受碎屑沉积物混染的陆源，来自最古老的大陆燧石（如南非 Moodies 组，3.2Ga）支持这种解释。图 5-31 中在太古宙—元古宙界线（2.6Ga）的 Eu/Eu* 的明显下降可能是不真实的，而可能是构造环境发生变化造成。如果是从地幔控制改变为地壳控制海水成分，应发生在更早期的太古宙，可能是在 43 亿年前（Condie，1997）。

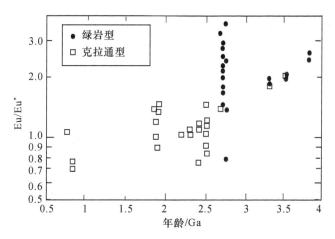

图 5-31　不同时代燧石和条带铁建造的 Eu/Eu* 变化（Condie，1997）

由于 Nd 在海水中停留时间很短，约为 1000 年，因此难以用 Nd 同位素示踪海水平均成分随时间的变化。现代海水中 Nd 的收支主要受陆源河水控制，洋脊热源的贡献仅为 Nd 总量的 1%。已有的不同时代燧石和 BIF 的 Nd 同位素组成变化相互重叠，难以发现其随时间变化规律。

我国学者们对我国西藏南部古生代—新生代沉积剖面（赵振华，1985；图 5-32），山西五台太古宙—元古宙剖面（吴素珍等，1988），辽宁清原太古宙变沉积岩（翟明国，1983），内蒙古白云鄂博群（元古宙）及我国主要稀土铁建造（裴愉卓等，1981；涂光炽等，1985；图 5-33）的各种沉积岩、变质岩的稀土元素组成进行了系统分析，尽管受论文发表时分析测试技术的限制，分析误差较大，但仍可发现我国的地壳化学演化也具有上述"幕式"特点。即太古宙后沉积岩稀土元素分布型式基本呈平行变化，而阜平群、红透山组具有太古宙沉积岩稀土元素组成特点，如红透山组变黏土岩 Eu/Eu* 为 0.94～1.26，而五台群具有太古宙—早元古代过渡性质，Eu/Eu* 0.73～1.7，滹沱群具明显太古宙后沉积岩的稀土元素组成特点。

DePaolo（1988）从研究不同时代花岗岩的 Sm-Nd 同位素组成来探讨地壳化学演化特点，认为花岗岩是地壳深部平均取样的最好代表，代表了整个地壳的平均成分（花岗岩岩浆源区体积很大，一般在 $10^4 km^3$ 数量级）。

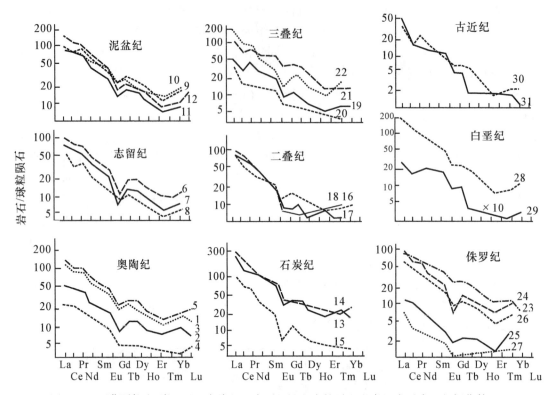

图 5-32　西藏聂拉木-岗巴地区奥陶纪—古近纪沉积岩的稀土元素组成型式（赵振华等，1985）

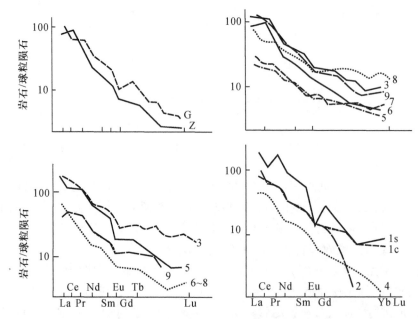

图 5-33　白云鄂博群变质岩、沉积岩中稀土元素分布型式（涂光炽等，1985）

曲线上数字（1c~9）代表白云鄂博群 $H_{1c} \sim H_9$

采用 $^{143}Nd/^{144}Nd$ 初始值 $\varepsilon_{Nd}(T)$ 计算不同时代大陆地壳的 Sm/Nd 值变化。$\varepsilon_{Nd}$ 反映了岩浆源区地壳岩石年龄和 $f_{Sm/Nd}$ 值，其随时间变化可用下式表示：

$$\frac{d\varepsilon_{Nd}}{dt} = Q_{Nd} f_{Sm/Nd} \tag{5-9}$$

式中，$Q_{Nd} = 25.13Ga^{-1}$；$f_{Sm/Nd} = \left[ (Sm/Nd)_{样品} / (Sm/Nd)_{CHUR} \right] - 1$，$(Sm/Nd)_{CHUR} = 0.325$，CHUR 为球

粒陨石均一储源。

计算表明，从早太古代到晚元古代，陆壳中花岗岩源区的 Sm/Nd 值由球粒陨石的 0.47 倍增加到 0.64 倍，即 $f_{Sm/Nd}$ 绝对值自太古宙后到 1.5Ga 前逐渐降低（图 5-34），$f_{Sm/Nd}$ 值的变化可能有三种趋势：一是继续保持 1.5Ga 前的降低速度；二是沿某种速率变化到现代岛弧值 −0.3；三是 1.5Ga 后 $f_{Sm/Nd}$ 值不发生变化，保持恒定。上述认识与 Taylor 等（1985）从沉积岩研究得出的结论是不同的。Taylor 等（1985）认为从太古宙到太古宙后，$f_{Sm/Nd}$ 绝对值增加，2.0Ga 后保持恒定。DePaolo（1988）认为这种不一致认识可能是由于太古宙沉积岩并不真正代表整个太古宙地壳，太古宙地壳热流高，镁铁质火山作用强烈，地表被大量镁铁质火山岩覆盖，因而在太古宙沉积岩中占的比例较大，但在整个地壳中镁铁质火山岩实际上并不占优势。另外一个原因是太古宙后的页岩也不能代表年轻地壳，它们的模式年龄为 1.2~2.0Ga。

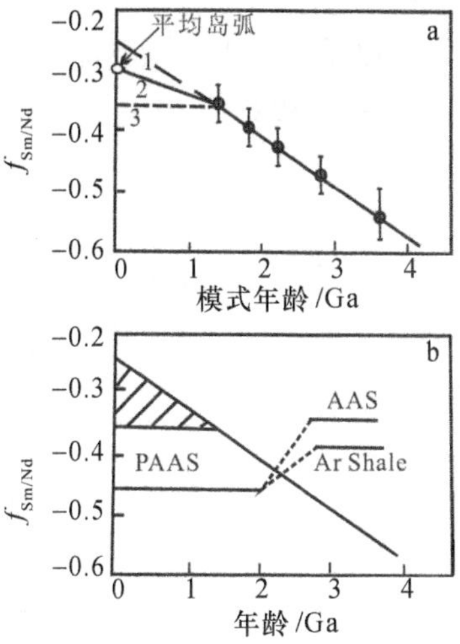

图 5-34　$f_{Sm/Nd}$ 值随地质时代的变化（DePaolo，1988）

1、2、3.$f_{Sm/Nd}$ 随时间变化的三种趋势；PAAS. 太古宙后澳大利亚页岩平均；AAS. 澳大利亚太古宙页岩平均；Ar Shale. 太古宙页岩；水平线代表 $f_{Sm/Nd}$ 值并指示其用于太古宙（>2.5Ga）或后太古宙时的 $f_{Sm/Nd}$ 值

### （三）造岩矿物与副矿物的微量元素与地壳演化

造岩矿物与副矿物的化学成分变化对探讨地壳的化学演化也可提供重要信息，苏联学者 Jlяxович（1987）称副矿物是岩石圈演化的指示剂。他指出，矿物化学成分不是保持不变的，而是随母岩或岩浆成分的变化而有规律地变化。

（1）造岩矿物

根据对波罗的地盾（太古宙）古老花岗岩的黑云母中稀碱金属（Li、Rb，Cs）的分析，发现其含量比显生宙中黑云母低 1/3 ~ 1/2（表 5-13），造岩矿物中其他微量元素也有类似规律（表 5-14；Jlяxович，1987）。

**表 5-13　前寒武纪与显生宙花岗岩黑云母稀碱金属含量对比**（Jlяxович，1987）　（单位：$10^{-6}$）

| 样品 | Li | Rb | Cs |
|---|---|---|---|
| 波罗的地盾紫苏花岗岩中黑云母 | 194.6 | 619 | 88.4 |
| 苏联显生宙花岗岩中黑云母 | 916.0 | 1054.0 | 107.0 |
| 前寒武纪二云母花岗岩中白云母 | 1104.0 | 2211.0 | 28.2 |
| 显生宙蚀变花岗岩中白云母 | 2672.0 | 2898.6 | 518.1 |

**表 5-14　前寒武纪（1）与显生宙花岗岩（2）中造岩矿物微量元素含量对比**　（单位：$10^{-6}$）

| 矿物 | 黑云母 | | 斜长石 | | 钾长石 | | 石英 | |
|---|---|---|---|---|---|---|---|---|
| | 1 | 2 | 1 | 2 | 1 | 2 | 1 | 2 |
| W | 0.7 | 5.2 | 1.2 | 1.9 | 1.0 | 2.0 | 0.8 | 2.9 |
| Mo | 0.8 | 4.3 | 1.4 | 1.6 | 0.7 | 2.0 | 0.7 | 3.6 |
| Nb | 36.8 | 168.4 | 4.9 | 7.9 | 5.2 | 6.5 | 5.0 | 4.9 |
| Sn | 15.0 | 43.1 | 6.4 | 7.8 | 2.5 | 8.8 | 5.6 | 16.6 |
| Li | 89.0 | 916.0 | 9.3 | 32.0 | 3.0 | 20.4 | 3.2 | 13.2 |
| Be | 1.1 | 5.6 | 4.1 | 11.4 | 3.0 | 1.8 | 1.1 | 0.9 |
| F | 2450.0 | 9683.1 | — | — | — | — | — | — |

（2）副矿物

不仅是矿物中的微量元素含量，而且副矿物的种类及组合也从前寒武纪到显生宙呈现有规律变化（JІяхович，1987）。元古宙黑云母花岗岩、黑云母角闪石花岗岩和浅色花岗岩以含有较多的锆石、独居石、方铅矿、闪锌矿以及高含量的磁铁矿、榍石和钛铁矿而区别于显生宙花岗岩，而铌钽酸盐矿物、磷钇矿、晶质铀矿、钛石、锂辉石、白钨矿、黑钨矿及锡石、电气石、萤石等则较少，表5-15为前寒武纪与显生宙不同成分花岗岩中副矿物的平均含量（g/t）。

**表 5-15　前寒武纪与显生宙不同成分花岗岩中副矿物的平均含量**　　　　（单位：g/t）

| 矿物 | 花岗闪长岩-英云闪长岩-斜长花岗岩 | | 黑云母花岗岩和黑云母-角闪石花岗岩 | | 淡色花岗岩和白岗岩 | |
|---|---|---|---|---|---|---|
| | 太古宙（52） | 显生宙（46） | 元古宙（9） | 显生宙（170） | 元古宙（5） | 显生宙（58） |
| 锆石 | 202.2 | 182.3 | 219.2 | 115.6 | 192.2 | 129.8 |
| 铌钽酸盐类 | — | — | 0.5 | 4.8 | 0.1 | 20.0 |
| 独居石 | 6.6 | 2.6 | 30.4 | 30.7 | 112.0 | 17.6 |
| 磷稀土矿 | — | — | 1.7 | 0.1 | 24.3 | 0.1 |
| 褐帘石 | 36.9 | 35.9 | 4.9 | 65.3 | 77.4 | 14.3 |
| 氟碳铈矿 | — | — | 44.3 | — | 4.4 | 2.0 |
| 磷钇矿 | — | — | 0.2 | 1.7 | 0.3 | 3.2 |
| 晶质铀矿 | — | — | 0.6 | — | — | 1.6 |
| 钛石 | — | — | 1.2 | 1.4 | 0.1 | 5.3 |
| 锂辉石 | — | — | — | 0.7 | 0.1 | 0.9 |
| 白钨矿 | — | — | — | 0.3 | — | 3.1 |
| 黑钨矿 | — | — | — | 0.3 | — | E.3. |
| 锡石 | — | — | E.3. | 0.1 | 0.1 | 1.5 |
| 辉钼矿 | 0.1 | 0.4 | 0.9 | 0.2 | 1.0 | 12.1 |
| 方铅矿 | — | — | 1.3 | 0.2 | 0.4 | 0.2 |
| 闪锌矿 | — | — | 0.4 | 0.2 | 1.4 | 0.5 |
| 黄铜矿 | 0.6 | 0.1 | 1.1 | 0.7 | E.3. | 2.7 |
| 毒砂 | — | — | 0.1 | 0.8 | E.3. | 1.2 |
| 黄铁矿 | 60.1 | 39.3 | 18.0 | 9.1 | 7.3 | 38.5 |
| 磁铁矿 | 4697.0 | 7798.2 | 1341.3 | 1396.7 | 1064.8 | 1039.1 |
| 赤铁矿 | 13.1 | 187.8 | 32.2 | 38.3 | 2.4 | 550.6 |
| 钛铁矿 | 130.1 | 216.1 | 201.0 | 360.3 | 383.0 | 93.8 |
| 榍石 | 2664.7 | 1769.0 | 1635.0 | 312.6 | 1224.0 | 53.0 |
| 白钛矿 | 25.0 | 7.8 | 28.3 | 15.2 | 100.4 | 18.2 |
| 金红石 | 2.3 | 4.3 | 0.8 | 5.9 | 0.6 | 10.0 |
| 磁黄铁矿 | 6.7 | — | — | — | — | — |
| 锐钛矿 | | | 189.3 | 4.6 | 32.0 | 5.5 |
| 磷灰石 | 1252.8 | 884.8 | 583.1 | 447.6 | 324.3 | 140.2 |
| 萤石 | 1.8 | 3.5 | 0.2 | 77.5 | 1.1 | 70.6 |
| 电气石 | | | 19.7 | 262.2 | E.3. | 94.6 |
| 石榴子石 | 23.0 | 8.1 | 27.4 | 67.3 | 11.0 | 259.0 |
| 绿帘石 | 4609.0 | 5774.0 | 81.4 | 147.9 | 12.6 | 69.7 |

| 矿物 | 花岗闪长岩-英云闪长岩-斜长花岗岩 | | 黑云母花岗岩和黑云母-角闪石花岗岩 | | 淡色花岗岩和白岗岩 | |
|---|---|---|---|---|---|---|
| | 太古宙（52） | 显生宙（46） | 元古宙（9） | 显生宙（170） | 元古宙（5） | 显生宙（58） |
| 碳硅石 | — | — | — | E.3. | 0.9 | E.3. |
| 尖晶石 | — | — | 0.1 | E.3. | E.3. | — |
| 红柱石 | — | — | 0.1 | 0.2 | — | 0.1 |
| 夕线石 | — | — | E.3. | 1.1 | — | E.3. |
| 十字石 | — | — | — | 0.7 | 0.2 | E.3. |
| 蓝晶石 | — | — | 0.1 | 0.7 | — | E.3. |
| 刚玉 | — | — | 0.3 | 0.4 | — | — |

注：括号中数字为样品数；E.3. 表示少量；—表示未测。

副矿物中稀土元素含量对于地壳演化的反映更为灵敏，显生宙花岗岩中的副矿物重稀土元素含量增加较明显（表5-16）。除稀土元素外，其他微量元素也是有规律变化，例如，太古宙花岗岩中磁铁矿与显生宙花岗岩磁铁矿相比较，过渡族元素富集而不相容元素含量低（表5-17）。

**表 5-16　波罗的地盾太古宙花岗岩与显生宙花岗岩副矿物稀土元素含量**　　　　（单位：$10^{-6}$）

| 矿物 | 太古宙 | 显生宙 |
|---|---|---|
| 褐帘石 | 162220.50 | 210252.0 |
| 锆石 | 1440.0 | 3895.4 |
| 磷灰石 | 457.0 | 6629.8 |
| 榍石 | 4803.3 | 17694.1 |

**表 5-17　不同时代花岗岩类磁铁矿中微量元素含量**（Пяхович，1987）　　　（单位：$10^{-6}$）

| 岩石 | V | Cr | Co | Ni | Cu | Zn | Pb | Sn | Nb |
|---|---|---|---|---|---|---|---|---|---|
| 前寒武纪花岗岩（卡累利阿，30*） | 2080.0 | 343.7 | 147.6 | 154.2 | 266.3 | 463.2 | 119.0 | 32.0 | 63.5 |
| 显生宙花岗岩（苏联，159*） | 1091.0 | 354.0 | 33.4 | 42.5 | 144.5 | 267.5 | 489.5 | 36.5 | 117.5 |

＊样品数。

（3）碎屑锆石微量元素对弧岩浆体系成分演化的示踪

在一岩浆弧区，火成岩中锆石的少量和微量元素地球化学特点可以灵敏地反映锆石饱和时熔体和源区成分的变化，锆石还具有在热液蚀变和沉积成岩过程中保持稳定的特点，而碎屑锆石记录了一个以火成岩为主体的上部弧地壳剥蚀作用的加权平均特点。因此，对于一长期存在的弧岩浆体系成分的演化，可用与该体系有关的碎屑锆石微量成分进行示踪。美国西海岸的加利福尼亚弧岩浆经历了从三叠纪—白垩纪近180Ma的演化，它由北部的弧-边缘（arc-fringing）弧段和南部大陆弧段组成，Bath 等（2013）对该弧岩浆中火成岩中的岩浆锆石和后退-前陆盆地碎屑岩（包括弧外面侏罗纪—中渐新世沉积系列、弧前沉积物、底侵的海沟沉积物及上侏罗统到上白垩统后退弧沉积物）中的碎屑锆石进行了较系统的锆石U-Pb定年和微量元素分析。所获得的锆石U-Pb年龄表明，加利福尼亚弧岩浆是长期存在的和周期性的，可划分为五种平均岩浆态（图5-35），其中有三个主岩浆脉动期p1、p2和p3，p1为三叠纪，p2为中和晚侏罗世，p3为中早到晚白垩世，在这三个主脉动期之间为岩浆间歇期。Bath 等（2013）以10Ma为统计窗口，对该弧区的岩浆锆石和碎屑锆石微量元素比值进行统计分析（图5-35），由图可见，三个

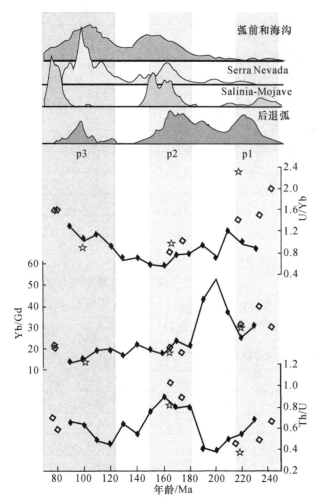

图 5-35　加利福尼亚弧岩浆地球化学指标随
时间的变化（Bath *et al.*，2013）

图上部为从边缘弧和大陆弧中侵入岩的锆石 U-Pb 年龄概率投影；
图下部为图上部同时期的锆石地球化学特征参数；菱形点连线为碎
屑锆石的微量元素比值随时间的变化；空心菱形代表大陆弧中出露
的侵入岩中的锆石平均成分；星号代表大陆-边缘弧中出露的侵入
岩和喷出岩的锆石平均成分

主脉动期微量元素的丰度和比值随时间呈规律变化，三叠纪岩浆岩中的锆石具有比侏罗纪侵入岩和喷出岩锆石明显低的 Th/U 值和高的 Yb/Gd 值，碎屑锆石具有类似的特点。

图 5-35 中菱形点连线为碎屑锆石的微量元素比值随时间的变化，Yb/Gd 值随时间降低的趋势表明 HREE 随时间变得相对亏损，在大陆弧情况下，表明在弧开始形成后，早期地壳就开始加速加厚，弧下的大陆地壳随时间的加厚引起了含石榴子石的多硅白云母斑晶集合体发生高压分异和/或与下地壳部分熔融体与幔源岩浆混合，残留相含石榴子石。在现代弧中，高 Th/U 值及高 $^{208}Pb/^{204}Pb$ 值指示有古老岩石圈组分加入，加利福尼亚弧的特点是长期的高 Th/U 值，表明有富集的地壳岩石加入。高 U/Yb 值是弧岩浆的特征指标，表明有源自板片流体的加入。p1 和 p3 脉动期 U/Yb 值高，p2 期 U/Yb 值低，表明在 p1 和 p3 时板片流体加入量大，p2 期流体量降低。间歇期低的 Th/U 及 U/Yb 值，表明间歇期贫流体，加入到岩浆中的地壳物质最少。

综合上述，可见加利福尼亚弧从三叠纪到白垩纪越来越被幔源岩浆的高压分异和/或高压地壳熔体的混合所控制，伴随俯冲作用，岩浆体积逐渐加大，弧壳不断加厚，地壳物质加入增加，在 p3（白垩纪）时，上覆岩石圈富 Th 地壳较大量加入并伴有大量流体加入。

上述特点表明，造岩矿物、副矿物中的微量元素含量及副矿物种类组合的研究，都可为地壳的演化提供有价值的地球化学资料。

### （四）元素（化学）地层学

自 1913 年 Gradau 发表《地层学原理》至今已一个世纪，许多新技术、新理论、新方法引入到地层学研究中，相继产生了一系列分支学科，如古生物地层学、磁性地层学、年代地层学、分子地层学、生态地层学、化学地层学、事件地层学等。

化学地层学是基于化学元素在地层中的系统变化。早在 1958 年，我国著名的地球化学家侯德封就已指出"元素的生活是地层演变的物质基础"，因此，可利用元素的活动与集结说明地层的自然条件和历史发展。1964 年，著名沉积学家叶连俊教授指出：元素组合与含量在地史发展过程中的演化与更替具有一定的规律性，具有一定的方向性和阶段性，这种阶段性与地质时代的分界常常互相吻合。1980 年第 26 届和 1984 年第 27 届国际地质学大会上，均使用了化学地层学（Chemistratigraphy）这一概念。

由上述可以看出，与古生物化石记录类似，通过地层的化学元素含量、组合变化，可以进行地层对比、划分地层界线，这对于占地球 2/3 以上时间的前寒武纪尤为重要。1985 年作者提出了元素地层学，把元素地球化学、数学地质和地层学密切结合，通过研究元素含量及组合沿地层剖面的演化规律、时空结构，进行地层对比、划分，并探讨沉积环境。例如，在干燥气候地区，沉积物化学组分中易溶元素明显减少，不活动元素含量增加，则表明沉积作用有间断。作者于 1985、1987 和 1989 年相继对我国西藏南部寒武纪—古近纪以及河北、浙江、吉林寒武纪—奥陶纪界线层型剖面进行了较系统的元素地球化学研究，为我国建立国际寒武纪—奥陶纪界线层型剖面提供了重要的地球化学依据。这些研究表明，元素沿地层剖面的系统变化与地层分层吻合，例如，浙江江山碓边的寒武纪—奥陶纪界线剖面，从下寒武统→中寒武统→上寒武统→下奥陶统，与地壳碳酸盐平均成分相比较，均富集 Zn、Cu、Co、Ti、Ba、Cr、V、Th、B、F 等元素（表 5-18），Th/U 和 Co/Ni 值较高，Sr/Ba 值较低。与整个剖面比较，下寒武统富 Cr、Zn、Mn、Cu、Ti、Ba、Th、B 等。与寒武系相比，下奥陶统以富集多种微量元素为特征，下寒武统大陈岭组的微量元素是三个剖面中最低的。从微量元素含量沿剖面垂直方向变化看，除 Co 外，其他微量元素均呈明显变化，并显示周期性，各种微量元素含量变化一致，协调地表现为两个剧烈变化期和两个平缓期（图 5-36）。第一剧烈变化期出现在中寒武统上部和上寒武统底部，第二剧烈变化期出现在上寒武统顶部和下奥陶统底部。下寒武统上部和上寒武统下部微量元素含量均呈平缓变化。上寒武统上部的西阳山组则具有剧烈变化前的"前峰"特征，即处于从平缓变化到剧烈变化的"过渡时期"，显示了从寒武纪到奥陶纪沉积作用的渐变关系特点。上述周期性变化特征，可由剖面中元素含量变化的方差值（$\sigma_x$）定量反映出来。由表 5-18 可见，中寒武统杨柳岗组上部和下奥陶统印渚埠组，元素含量变化方差值最大，上寒武统西阳山组居中。因此，微量元素含量方差变化特点与寒武系—奥陶系分界吻合。

**表 5-18　浙江江山碓边的寒武系—奥陶系界线剖面微量元素含量**（赵振华等，1987）　　　　（单位：$10^{-6}$）

| 元素或比值参数 | | 下寒武统（Є₁）荷塘组 | 下寒武统（Є₁）大陈林组 | 下寒武统（Є₁）平均 | 中寒武统（Є₂）杨柳岗组 | 上寒武统（Є₃）华严寺组 | 上寒武统（Є₃）西阳山组 | 上寒武统（Є₃）平均 | 寒武统平均（Є） | 下奥陶统（O₁） | 地壳平均值 | 地壳碳酸盐平均值 |
|---|---|---|---|---|---|---|---|---|---|---|---|---|
| Zn | $\bar{x}$ | 24.9 | 3.5 | 12.1 | 56.6 | 110.2 | 35.8 | 75.0 | 64.5 | 75.1 | 83 | 20 |
| | $\sigma_x$ | 16.9 | 1.8 | | 38.9 | 219.7 | 31.8 | | | 108.9 | | |
| Mn | $\bar{x}$ | 140 | 68 | 97 | 827 | 224 | 296 | 258 | 396 | 316 | 1000 | 1100 |
| | $\sigma_x$ | 72 | 17 | | 983 | 308 | 172 | | | 136 | | |
| Cu | $\bar{x}$ | 21.5 | 5.3 | 11.8 | 14.0 | 15.7 | 12.3 | 14.1 | 13.9 | 18.9 | 47 | 4 |
| | $\sigma_x$ | 2.5 | 0.5 | | 10.2 | 19.2 | 10.6 | | | 11.5 | | |
| Co | $\bar{x}$ | 6.5 | 28.3 | 19.6 | 27.3 | 26.1 | 26.1 | 26.1 | 25.8 | 28.9 | 18 | 0.1 |
| | $\sigma_x$ | 2.5 | 0.5 | | 3.4 | 4.5 | 4.9 | | | 2.9 | | |
| Ni | $\bar{x}$ | 21.5 | 9.3 | 14.2 | 22.7 | 18.1 | 13.7 | 16.0 | 17.5 | 16.9 | 58 | 20 |
| | $\sigma_x$ | 13.5 | 0.5 | | 11.5 | 12.3 | 6.9 | | | 7.0 | | |
| Sr | $\bar{x}$ | 13 | 371 | 228 | 494 | 1036 | 458 | 763 | 643 | 356 | 340 | 610 |
| | $\sigma_x$ | 0 | 22 | | 227 | 426 | 185 | | | 103 | | |
| Ti | $\bar{x}$ | 2159 | 82 | 913 | 1030 | 739 | 679 | 711 | 737 | 1325 | 4500 | 400 |
| | $\sigma_x$ | 325 | 25 | | 1029 | 1037 | 782 | | | 851 | | |
| Ba | $\bar{x}$ | 484.0 | 62.3 | 231 | 330.5 | 255.2 | 404.6 | 325.8 | 318.6 | 667.0 | 650 | 10 |
| | $\sigma_x$ | 118.0 | 5.9 | | 246.3 | 242.2 | 465.9 | | | 793.2 | | |
| Cr | $\bar{x}$ | 40.5 | 17.3 | 26.6 | 33.5 | 26.2 | 28.5 | 27.3 | 28.9 | 42.7 | 83 | 11 |
| | $\sigma_x$ | 11.5 | 0.9 | | 17.2 | 18.8 | 19.2 | | | 18.4 | | |
| V | $\bar{x}$ | 217.0 | 30.3 | 105 | 81.3 | 101.1 | 65.2 | 84.2 | 82.3 | 61.8 | 90 | 20 |
| | $\sigma_x$ | 90.0 | 0.5 | | 56.9 | 142.5 | 70.9 | | | 27.8 | | |

续表

| 元素或比值参数 | | 寒武系（Є） | | | | | | | 寒武统平均（Є） | 奥陶系 下奥陶统（O₁） | 地壳平均值 | 地壳碳酸盐平均值 |
| | | 下寒武统（Є₁） | | | 中寒武统（Є₂） | 上寒武统（Є₃） | | | | | | |
| | | 荷塘组 | 大陈林组 | 平均 | 杨柳岗组 | 华严寺组 | 西阳山组 | 平均 | | | | |
| U | $\bar{x}$ | 5.1 | 1.6 | 3.0 | 4.2 | 2.5 | 2.2 | 2.4 | 2.9 | 1.6 | 2.5 | 2.2 |
| | $\sigma_x$ | 4.3 | 0.6 | | 1.6 | 2.1 | 2.3 | | | 1.4 | | |
| Th | $\bar{x}$ | 5.3 | 0.6 | 2.5 | 4.6 | 3.2 | 2.8 | 3.0 | 3.4 | 5.1 | 13 | 1.7 |
| | $\sigma_x$ | 0.1 | 0 | | 4.6 | 3.9 | 2.8 | | | 3.4 | | |
| B | $\bar{x}$ | 52 | 11 | 28 | 39 | 45 | 44 | 45 | 42 | 57 | 12 | 20 |
| | $\sigma_x$ | 1 | 3 | | 24 | 17 | 16 | | | 15 | | |
| F | $\bar{x}$ | 595 | 193.3 | 354 | 668.7 | 712.6 | 365.9 | 548.9 | 563.6 | 436.1 | 660 | 330 |
| | $\sigma_x$ | 95 | 104 | | 530.0 | 723.3 | 489.3 | | | 293.4 | | |
| Co/Ni | $\bar{x}$ | 0.4 | 3.0 | 2.0 | 1.4 | 1.8 | 2.3 | 2.1 | 1.9 | 2.1 | 0.31 | 0.005 |
| | $\sigma_x$ | 0.1 | 0.2 | | 0.5 | 0.6 | 1.1 | | | 0.9 | | |
| Sr/Ba | $\bar{x}$ | 0.03 | 6.0 | 3.6 | 2.6 | 8.9 | 3.4 | 6.3 | 5.1 | 1.1 | 0.52 | 61 |
| | $\sigma_x$ | 0.01 | 1.0 | | 2.3 | 6.3 | 3.9 | | | 1.0 | | |
| Th/U | $\bar{x}$ | 3.6 | 0.4 | 1.7 | 1.0 | 1.2 | 1.7 | 1.4 | 1.4 | 3.9 | 5.2 | 0.77 |
| | $\sigma_x$ | 3.0 | 0.1 | | 0.9 | 0.8 | 0.9 | | | 2.7 | | |
| Ca/Mg | $\bar{x}$ | 0.71 | 15.19 | 9.4 | 14.3 | 25.72 | 62.08 | 42.89 | 32.24 | 28.27 | 1.58 | 6.43 |
| | $\sigma_x$ | 0.06 | 4.97 | | 10.37 | 20.49 | 36.58 | | | 21.84 | | |
| 样品数/个 | | 2 | 3 | 5 | 15 | 19 | 17 | 36 | 56 | 31 | | |

注："样品数"指对每一个微量元素分析的样品数；$\bar{x}$ 为平均值；$\sigma_x$ 为方差。

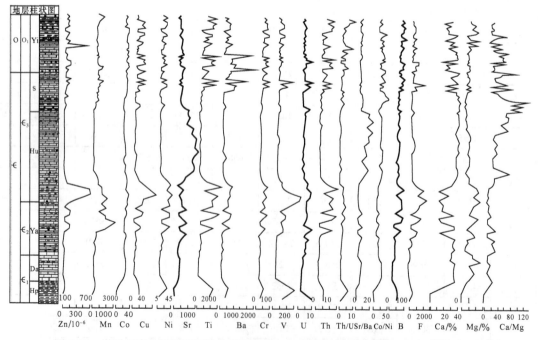

图 5-36　微量元素含量沿浙江江山碓边寒武纪—奥陶纪剖面的变化（赵振华等，1987）

从寒武系到下奥陶统，元素组合演化呈明显继承性。剖面的每个组均富集 Zn、Cu、Co、Ti、Ba、Cr、V、Ti、B 和 F，我们称这些元素为"主微量元素"，以 R 代表，则在碓边剖面从中寒武统—下奥陶统，各组主微量元素的演化式为：R+Ni+U→R+U+Sr→R→R，各组中均存在共同的主微量元素 R，表明微量元素组合沿剖面演化的继承性是明显的。

对碓边剖面寒武系—奥陶系界线上下样品的稀土元素分析表明，稀土元素含量均低于北美页岩，以此类岩石为标准的分布型式无明显差异，均为近水平的相互平行的曲线，稀土元素地球化学参数值相近，如 Eu 为中等亏损，Eu/Eu* 0.6~0.74，而轻、重稀土元素的比值逐渐降低，La/Yb 为 3.6~1.17，寒武系相对富轻稀土元素，反映了从寒武系→奥陶系的逐渐变化及它们之间的差异（图5-37）。

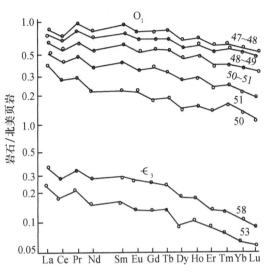

图 5-37 浙江江山碓边上寒武统—下奥陶统剖面岩石稀土元素分布型式（赵振华等，1987）

综合上述，碓边寒武系—奥陶系剖面界线上下地层的微量元素地球化学特征明显不同，微量元素含量、含量变化的方差、元素组合等均有明显差异。用数学模型分析，以 Cr/Cu、Ti/V 为变量作频谱分析，可发现下奥陶统有长周期变化（>100m），而上寒武统缺乏这种长周期。Ti/V 值相反，上寒武统有长周期，而下奥陶统没有。选用 Ti/V、Cr/V、Sr/Ba、V/Zn、Cr/Cu、Ni/Co、Pb/Zn 等为变量作判别分析，建立判别函数，或进行多维图解滑动分析，以距离系数 α 最大为最佳分界点，用这些数学模型，以微量元素组合为变量所划分的寒武系—奥陶系界线与生物地层的分界一致。

对河北卢龙及吉林浑江大阳岔等寒武系—奥陶系界线剖面也进行了同样的分析，所获得的结果十分相似。例如，吉林浑江大阳岔寒武系—奥陶系界线剖面，微量元素含量变化也出现两个剧烈变化期，这种剧烈变化与地层分界一致，而用最优分割数学模型，以微量元素含量为变量，所划分的地层界线与以古生物为标志划分的界线一致（赵振华等，1989）。

由上述可见，与古生物化石记录相类似，通过地层的化学元素含量及组合变化，可以进行地层的对比并划分地层界线，这对于占地球历史 2/3 以上时间的前寒武纪或缺乏生物化石的"哑地层"尤为重要。化学地层学把元素地球化学、同位素地球化学、数学地质和生物地层学等密切结合起来，它不仅给出了地壳地球化学演化的资料和规律，也成为近代地层学研究的一种重要手段。我国在广西、河北、湖南、浙江、吉林等省区已开展了部分工作，取得了可喜成果。

（五）微体化石中的微量元素

自 Elderfield 和 Greaves（1982）提出 Ce 异常可作为氧化状态的函数以来，Ce 异常已大量用于海洋氧化还原状态研究。如用前寒武纪燧石 Ce 异常资料恢复太古—元古宙古环境。20 世纪 80 年代，在化学地层学研究中出现了一个新的研究领域——生物化石地球化学，其中研究海相沉积物中微体生物化石磷灰石或碳酸盐的微量元素组成特点，探讨古海洋的氧化还原条件等方面取得了显著成果。选择化石磷灰石作为研究对象是基于下述原因：海相脊椎或无脊椎动物化石多由磷灰石组成，尤其是在生物地层研究中常作为指示剂化石的牙形石（它们从古生代到三叠纪都存在）是由磷灰石组成的。磷灰石是较稳定和易保存的矿物，Nd 和氧同位素组成研究表明，其原始同位素组成未发生重新分布，它保留了与其同时期海水的特点。生物磷灰石易于制成薄片供扫描电镜或电子探针和 ICP-MS 观察测试，特别是磷灰石具有特殊的晶体结构，可以容纳许多种微量元素。据资料统计，磷灰石中从 $10^{-6}$ 级到 1% 浓度的至少有 40 种微量元素，其中可被稀土元素置换的 $Ca^{2+}$ 有七配位和九配位两种位置。对于任一给定配位数的 Ca，

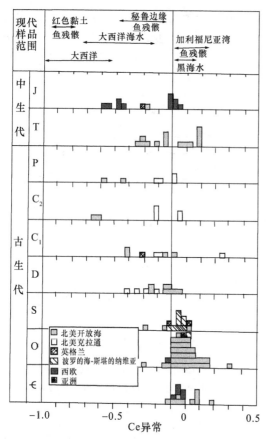

图 5-38　生物磷灰石 Ce 异常变化直方图
（Wright *et al*., 1987）

由于轻稀土元素半径大，重稀土元素半径小，处于过渡位置的 Nd 与 Ca 的离子半径很相近，其他相近的是 $Ce^{3+}$ 和 $Sm^{3+}$。从磷灰石的稀土元素分布型式可以看出，其形态为上凸形（即帽子型，cap type），即 Nd、Sm、Ce 最为富集，重稀土元素相对强烈亏损，轻稀土元素亏损较弱。对现代深海海洋中鱼骨碎屑（鱼牙齿、骨骼）的稀土元素分析表明（Wright *et al*., 1987），其稀土元素分布型式与海水一致，但浓度要高得多（七个数量级）。从现代大西洋、太平洋和地中海的水–沉积物界面和岩心中采取的鱼骨碎屑的 Ce 异常变化如图 5-38 所示，图中给出了这些样品所处的海水氧化还原条件。氧化还原所依据的标准之一是 Ce 异常的变化。与其他稀土元素不同，Ce 为变价元素，在氧化条件下形成 $Ce^{4+}$，$Ce^{4+}$ 容易发生水解和被 Fe、Mn 氧化吸附而发生沉淀，造成海水中 Ce 的亏损。在缺氧还原环境中，铁的氧化物溶解，$Ce^{4+}$ 还原为 $Ce^{3+}$ 被释放出来，使海水中 Ce 的亏损消失，甚至出现相对富集。这种特点可用 δCe 表示，其计算公式为

$$\delta Ce = \lg \frac{3Ce_N}{2La_N + Nd_N} \quad (5-10)$$

式中，N 为以北美页岩组合样（NASC）为标准时化石中稀土元素含量的标准化值。

δCe 为负值是由于 Ce 的亏损或由于金属氧化物的沉淀而造成的分异作用，表明氧化条件；δCe 为正值表示正常的、准氧化和非氧化条件。根据现代海洋的实际分析，氧化与还原的界线值取 δCe = −0.10，大于 −0.10 为还原环境，小于 −0.10 为氧化环境。

基于上述特点，生物成因磷灰石可作为古海洋氧化还原特征的指示剂，其稀土元素组成在埋藏及成岩过程中保持不变。

Wright 等（1984，1987）系统研究了早古生代到中生代侏罗纪的牙形石和无铰纲腕足类稀土元素的分布，这些样品主要产生在氧化条件下沉积的碳酸盐中。部分采自砂岩，部分采自正常盐度和氧含量的浅水碳酸盐中（水深<100m），上述样品的稀土元素分布型式如图 5-39 所示。

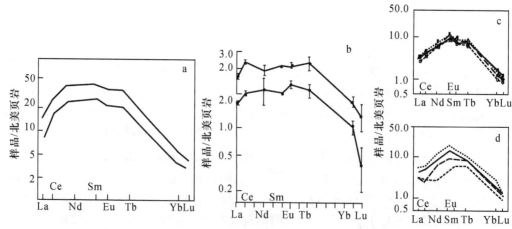

图 5-39　显生宙牙形石的稀土元素组成（Wright *et al*., 1987）
a. 寒武纪；b. 奥陶纪；c、d. 泥盆纪

由图5-39可以看出，早古生代化石磷灰石的稀土元素分布型式的基本形态是向上凸，重稀土元素亏损，Nd、Sm富集，无Ce和Eu异常。从中到上古生代和新生代的样品的稀土元素分布型式逐渐变平坦，La浓度增加。Ce和Eu出现亏损或富集，其中Ce的变化具有明显时间特点。在古生代、中生代和现代海洋生物磷灰石样品的Ce异常变化直方图中（图5-38），92%的寒武纪—奥陶纪样品有Ce异常，异常值大于-0.10，即在早古生代Ce异常值接近或大于零值的占优势，表明当时的海洋条件以还原环境占优势。下寒武统的黑色页岩是深海还原条件的证据，在泥盆纪Ce异常值明显向负值方向移动，一直延续到上古生代，表明这个时期海洋向氧化条件转化。在中生代的三叠纪和侏罗纪，Ce异常值变化范围较大，呈现双峰态（-0.50~-0.10）变化，反映了环境的动荡。黑海海水均大于-0.10，在10m深处为-0.03~0.04，20m深处为0.02，在300m深处为-0.09；1720m处为-0.06，这些数值表明黑海是以还原条件占优势。正常大西洋海水剖面（28°01′N，25°58′N）Ce异常范围-0.56~-0.22。正常的东太平洋海水剖面Ce异常范围为-1.66~-0.54。这些数据表明太平洋比大西洋海水更亏损Ce。对海相生物磷灰石的稀土元素和微量元素分布研究，为恢复大陆古地理和海洋板块位置提供了重要参考资料。

赵振华等（1989）对我国吉林浑江大阳岔寒武系—奥陶系界线层型剖面的无铰纲腕足类化石进行了微量元素地球化学研究，电子探针分析表明它们属氯磷灰石（Cl含量1.65%~3.50%），其稀土元素及Sc、Au、As、Co、Th、U等含量（中子活化分析）沿剖面变化如表5-19和图5-40所示。大阳岔剖面中的无铰纲腕足类生物成因磷灰石的稀土元素等微量元素含量有以下特点：

**表5-19　吉林浑江大阳岔寒武系—奥陶系界线层型剖面无铰纲腕足类**

**生物磷灰石稀土元素含量**（赵振华等，1989）　　　　　　　　（单位：$10^{-6}$）

| 项目＼样品号 | HDA3 (40) | HDA7 (55) | HDA8 (43) | HDA9$_{3-9}$ (33) | HDA$_{A-E}$ (65) | HDA10$_{I-S}$ (68) | HDA10 A$_{1-6}$ (31) | HDA11A (59) | HDA11B (57) | HDA13 (80) | HDA15 (47) | HDA17 (38) |
|---|---|---|---|---|---|---|---|---|---|---|---|---|
| La | 125.00 | 292.00 | 301.00 | 185.00 | 188.00 | 346.00 | 217.00 | 382.00 | 900.00 | 361.00 | 244.00 | 619.00 |
| Ce | 391.00 | 987.00 | 1190.00 | 643.00 | 590.00 | 1926.00 | 715.00 | 1034.00 | 2934.00 | 1237.00 | 783.00 | 2520.00 |
| Pr | 46.50 | 149.00 | 174.00 | 103.00 | 102.00 | 316.00 | 88.80 | 149.00 | 411.00 | 157.00 | 149.00 | 356.00 |
| Nd | 477.00 | 1391.00 | 1206.00 | 635.00 | 798.00 | 2916.00 | 867.00 | 1035.00 | 2574.00 | 1277.00 | 1159.00 | 2736.00 |
| Sm | 69.20 | 186.00 | 171.00 | 95.60 | 227.00 | 462.00 | 153.00 | 316.00 | 465.00 | 222.00 | 200.00 | 524.00 |
| Eu | 16.80 | 45.00 | 41.20 | 14.90 | 24.90 | 98.80 | 38.80 | 45.80 | 97.20 | 45.70 | 44.20 | 112.00 |
| Tb | 6.46 | 23.90 | 20.70 | 11.10 | 13.20 | 43.40 | 14.60 | 24.00 | 61.90 | 30.80 | 33.60 | 66.60 |
| Ho | 2.33 | 7.02 | 4.88 | 3.02 | 4.99 | 8.56 | 4.65 | 9.64 | 27.00 | 22.50 | 11.70 | 9.36 |
| Yb | 3.07 | 7.19 | 22.10 | 7.87 | 2.53 | 35.10 | 6.81 | 10.50 | 53.80 | 13.70 | 8.32 | 45.90 |
| Lu | 0.749 | 1.04 | 1.66 | 0.48 | 0.615 | 1.48 | 1.34 | 1.85 | 2.88 | 1.90 | 1.21 | 2.30 |
| $\Sigma$10REE | 1138.11 | 3089.15 | 3132.54 | 1698.97 | 1951.24 | 6153.34 | 2107.00 | 3007.79 | 7526.78 | 3368.60 | 2634.03 | 6991.16 |
| $\delta$Ce | -0.34 | -0.17 | -0.054 | -0.066 | -0.17 | -0.14 | -0.13 | -0.11 | -0.047 | -0.081 | -0.20 | -0.070 |
| $\delta$Eu | 1.03 | 0.83 | 0.81 | 0.55 | 0.60 | 0.78 | 1.04 | 0.70 | 0.78 | 0.86 | 0.69 | 0.61 |

注：各括号内为样品的质量，单位为μg。

1）稀土元素含量很高，10个稀土元素总含量范围为$1100\times10^{-6}$~$7500\times10^{-6}$；

2）以页岩为标准的稀土元素分布型式为富中稀土元素、贫轻稀土元素和重稀土元素的倒"U"形曲线（图5-41）；

3）无铰纲生物成因磷灰石的$\delta$Ce值沿剖面出现两个明显变化区，一个在剖面下部（上寒武统中部），另一个在剖面中部（下奥陶统底部），均表现为Ce从较弱亏损向富集方向变化（从<-0.10向>-0.10变化），这两个明显变化区与剖面沉积岩中微量元素变化相一致；

4）Sc、As、Au等的变化也有类似规律，Sc和As的两处明显变化与$\delta$Ce变化相一致。

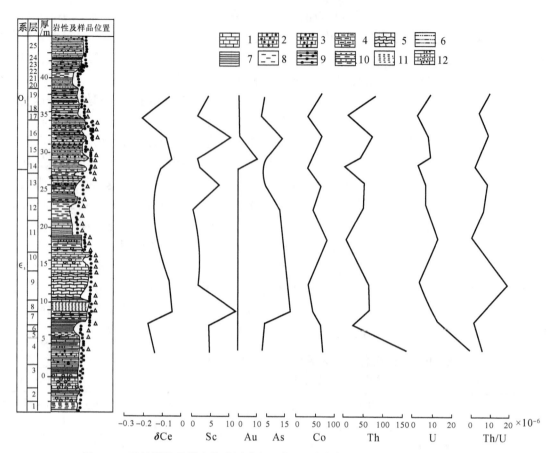

图 5-40　无铰纲腕足类生物成因磷灰石的 Ce 异常与微量元素含量沿吉林浑江
大阳岔寒武系—奥陶系剖面垂直变化（赵振华等，1989）

1. 灰岩；2. 钙质砾岩；3. 生物泥晶灰岩；4. 泥灰岩；5. 泥晶灰岩；6. 黏土质粉砂岩；7. 页岩；8. 钙质泥灰岩；
9. 半结核状泥晶灰岩；10. 粉砂质泥岩；11. 叠层石黏结灰岩；12. 粉砂质泥晶灰岩

　　由于无铰纲属于底栖类，更适于反映海洋环境特点。剖面底部无铰纲 $\delta Ce$ 值<-0.10，反映了海水的弱氧化环境。向上变为叠层石黏结灰岩的 $\delta Ce$>-0.10，反映为还原环境；在寒武系—奥陶系分界，$\delta Ce$ 由近于-0.10 变为>-0.10，反映环境由弱氧化变化为还原环境，与此相对应的是沉积岩中有较高含量海绿石出现。无铰纲的 Th/U 值也反映了海水环境的变化，U、Th 是地球化学性质很相似的元素对，在还原条件下 Th/U 值增加，而在氧化环境中，Th/U 值降低（讨论详见第三章第五节），因此，Th/U 值的系统变化可反映环境的氧化还原状况。在剖面下部无铰纲的 Th/U 值由高向低变化，反映了弱氧化环境，向上在叠层石黏结灰岩处 Th/U 值增加，反映了海水的还原环境；在寒武系—奥陶系分界处，Th/U 值增加，反映了环境向还原的变化。这些特征与 Ce 异常变化相一致。

　　对海洋沉积物中的介形虫和珊瑚等（成分为碳酸盐）微量组分及碳、氧等同位素的研究，为海洋环境的恢复提供了重要参数。例如，珊瑚是重要的海洋生物，它生长速度快，具有与树木类似的年轮，因而其定年可以很准确，分辨率可达一周或数天，而珊瑚中 Sr/Ca、Ba/Ca、Cd/Ca、Pb/Ca、Mn/Ca 等元素对比值，是海洋气候环境变化的灵敏指标，显示盐度、水均衡、径流、人为输入、营养循环等特征。目前，珊瑚等海洋生物的研究已成为海洋环境变化研究的重要领域之一。

### （六）页岩全岩 Ce 异常与海平面变化

　　海平面变化是古海洋学、古气候研究的重要内容之一。Vail 等（1977）根据大陆架地震记录的解释，提出了地质历史时期海平面的变化曲线，虽然该曲线存在质疑，但仍被视为 20 世纪 90 年代地质学的重要进展。作为氧化状态函数的 Ce 异常已大量用于海洋氧化还原状态研究，如上述前寒武纪燧石 Ce

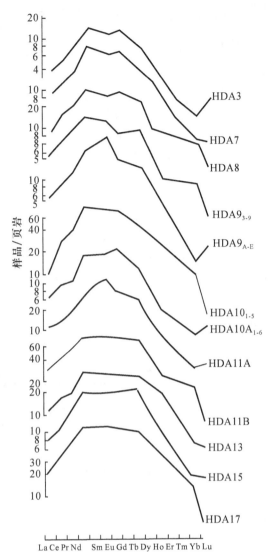

图 5-41　无铰纲腕足类生物成因磷灰石的稀土元素分布型式（赵振华等，1989）

HDA3 等为样品号

异常资料恢复太古—元古宙古环境；古生代牙形石磷灰石 Ce 异常与海洋氧化还原环境；新元古代和早古生代磷块岩 Ce 异常与磷块岩形成古海洋环境（Morad and Felitsyn，2001；Shields et al.，2001；Chen et al.，2003）；前寒武纪条带状铁建造（Bau and Dulski，1996）等。必须强调的是，在上述研究中海水和其底部的沉积物是海洋的一个相互作用的系统，在海水处于氧化环境时，Ce 发生氧化并沉淀进入海底的沉积物，造成海水中 Ce 亏损，Ce 呈负异常，而海底富铁氧化物的沉积物，如红黏土 Ce 则富集，呈正异常。因此，生活于氧化海水中的生物通过有机作用提取海水中的 P，形成能强烈富集 REE，特别是 MREE 的生物磷灰石，如牙形石和鱼骨等化石，其 Ce 呈现负异常。相反，在缺氧环境下，沉积物中 Ce 可溶解进入海水，沉积物 Ce 亏损，呈负异常，而在这种环境下形成的生物成因磷灰石，如牙形石和鱼骨骼化石等则富集 Ce（Wright et al.，1987；Grandjean-Lecuyer et al.，1993）。根据上述特点，海水沉积物系统中的化石和沉积物 Ce 异常应呈互补关系。据此，Wilde 等（1996）提出全岩的 Ce 异常可作为海平面变化的潜在指标，这基于海水体系中海水、生物及沉积物 Ce 异常的不同特点，其条件是所研究的样品应是在缺氧条件下的沉积物，基本不含磷酸盐、不含化石、低碳酸盐的页岩。不含磷酸盐和化石是因为它们代表的是海水的 Ce 异常，它们在沉积物中的存在必然造成所分析的全岩的 Ce 异常是一混合值。Wilde 等（1996）选择苏格兰 Dob's Linn

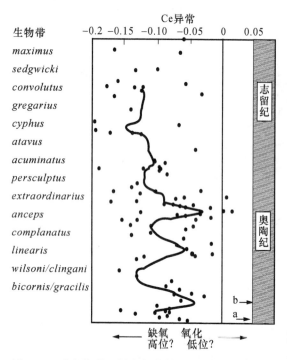

图 5-42　晚奥陶世—早志留世剖面 Ce 异常与作为笔石生物带函数的海平面变化关系（Wilde *et al.*，1996）

a、b 表示已超出本图标度，Ce 异常分别为 +0.066 和 +0.147 的两个点

奥陶纪—志留纪界线层型的晚奥陶世—早志留世剖面，该剖面已经充分研究，它跨过了晚奥陶世冰期，并可用笔石带确定。用中子活化分析该剖面的 110 个页岩全岩样品的 REE 含量，用 ICP-MS 分析样品的磷酸盐含量，其有机磷含量很低，排除了牙形石或贝壳等的影响。由于中子活化分析不能给出全部 REE 含量，因此其分析结果的 Ce 异常计算采用 $Ce_{异常} = lg [5Ce^*/(4La^* + Sm^*)]$，式中 * 代表该元素对球粒陨石的标准化值。将计算的 Ce 异常值按在剖面中的顺序投在上述剖面柱状图中对 Ce 异常原始值用 Spencer 21-term 法过滤，所获得的结果如图 5-42 所示。在该图中，$Ce_{异常}$ 随时间的正向变化指示氧化环境，海平面降低，即海退期；相反，$Ce_{异常}$ 随时间的负向变化指示缺氧环境，海平面上升，即海进期。缺氧相页岩全岩 Ce 异常可提供第三级（分辨率 1~10Ma）或更细尺度的海平面变化曲线，并可作为冰期—间冰期气候序列的指标。上述方法只有在构造稳定的间隔期，在陆架外和大陆边缘的相对深水沉积速率低的区域有效，在这种区域海水的密度跃层和较低的混合层是缺氧的，来自牙形石或贝壳的有机矿化磷酸盐很少。

# 四、大气圈的化学演化

本部分重点讨论地质历史中大气圈的氧含量变化——大氧化事件。

## （一）地球大氧化事件

地球大氧化事件（Great Oxidation Event，简称 GOE），也称氧的突变、氧危机或大氧化，是指约 2.4Ga 前的地球大气圈中甲烷 $CH_4$ 降低，触发了 $O_2$ 连续增加。这是地球历史上的一个转折点（重大时刻），它标志着地球上开始了从未经历过的一系列重要化学变化，大陆氧化风化阶段及随后的海洋化学变化及多细胞生物出现（Zahnle *et al.*，2006；Saito，2009；Konhauser，2009；Kouhouser *et al.*，2009）。因此，地球大气圈中 $O_2$ 的变化成为地球化学和地质生物学近年来的研究热点（Catling *et al.*，2006）。然而，对于地球大氧化事件发生的时间、条件及成因模型至今仍存在争论。多数人认为大氧化事件发生的时间在 2.4Ga 前左右。Cloud（1968，1973）及随后的 Walker（1985），Kasting（1987）和 Holland（1992，1994）认为 2.2~1.9Ga 大气圈中 $O_2$ 明显增加，而后逐渐增加到现代大气圈 $O_2$ 含量水平；Dimroth（1976）和 Ohmoto 等（1992，1996a，1996b，1997）则认为大气圈中 $O_2$ 含量水平自 40 亿年来近于常数，在现代大气圈 $O_2$ 含量水平的 50% 范围内变化。

在地球化学特征上，地球大氧化事件的重要标志是 C 同位素发生明显正向漂移（+0.8‰ ~ +14.8‰），应是一次全球事件（Schidlowski *et al.*，1975；Godfrey *et al.*，2009）。从南非 Camobellrand-Malinani 克拉通 2.67Ga 前的蚀变页岩中提取干酪根进行 N 同位素测定，发现 $\delta^{15}N$ 在 2.67Ga 上升约 2‰，这表明在海洋表面发生了只有在游离氧存在时才能发生的硝化与去硝化或厌氧氨氧化菌作用，也表明海洋比大气圈中氧出现至少早 0.2Ga；在 2.5Ga 太古宙与元古宙分界的澳大利亚页岩的稀土元素组成发生明显变化（Taylor *et al.*，1985）；陈衍景等（1996）根据沉积岩稀土组成认为地球环境在 2.3Ga 发生突变。澳大利亚 Hamesley

盆地页岩中发现的生物分子表明地球上氧的光合作用出现在 2.7Ga（Brocks *et al.*，1999）。

前寒武纪 Fe 建造是地球早期演化历史的较理想记录，涂光炽等（1985）、裴愉卓等（1981）认为前寒武纪 Fe 建造的稀土地球化学（特别是 Eu 的异常变化）特点反映了前寒武纪大气圈的氧化-还原变化（详见下述）。2003 年，美国国家航空和宇宙航行局（NASA）天体生物学研究所（NAI）的天体生物钻探计划（ADP）实施了太古宙生物圈钻探计划（ABDP），美国、澳大利亚和日本科学家参与了该计划。该计划调查了西澳大利亚的 Pilbara 克拉通中 3.56~2.7Ga 的未风化的沉积岩，重点围绕蓝藻、真核生物，硫酸盐的还原和其他有机物出现的时间和分布，与质量无关的硫同位素分馏（S-MIF）$\Delta^{33}S$ 机制等取得了一系列重要成果。Hoashi 等（2009）在西澳大利亚太古宙 3.46Ga 富铁燧石中发现赤铁矿包裹体，大小为 $0.1~0.6\mu m$，有时达 $1\mu m$，他们认为大气圈中游离氧出现在 3.46Ga。对西北澳大利亚太古宙条带状铁建造（BIF）中 Ni/Fe 值研究表明游离氧出现在 2.7Ga（Konhauser *et al.*，2009）。这些成果为研究前寒武纪地球演化提供了重要资料。目前的研究成果将大氧化事件发生的事件提前到 2.48Ga（Konhauser *et al.*，2011）。

## （二）地球大氧化事件的不同成因模型

对于地球大氧化事件形成存在各种截然不同的成因模型。Ohmoto（1997）认为，大气圈中游离氧 $O_2$ 形成主要受光合作用 $H_2O+CO_2 \rightleftharpoons CH_2O+O_2$ 控制，有机质甲醛气 $CH_2O$ 埋藏在沉积物中时，沉积物中有机质的风化将导致大气圈中 $O_2$ 增加。但是，对于大气圈中 $O_2$ 出现、增加发生在何时则存在明显不同模式，2000 年以前最有代表性的模型概括为图 5-43（Ohmoto，1997）。这两类模型分别从大陆壳演化、页岩中的黄铁矿及 2.2Ga 前某些冲积角砾层中的沥青铀矿和黄铁矿、2.2Ga 前古土壤和 C 同位素 $\delta^{13}C_{carb}$ 明显正向漂移以及元古宙条带状铁矿等方面论证了大气圈氧演化证据。

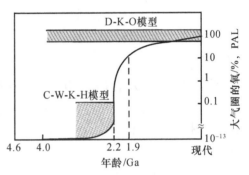

图 5-43 大气圈氧化的不同模型
（Ohmoto，1997）

### 1. C-W-K-H 模型

一些研究认为在 2.2Ga 时大气圈缺氧（Cloud，1968，1973；Walker，1968，1985；Kasting，1987；Holland，1992，1994；Dimroth and Kimbebericy，1976）其 $P_{O_2}$ 为 $10^{-13}$，仅为现代大气圈氧含量（PAL）的 0.1%，但在 22 亿~19 亿年前，大气圈中 $O_2$ 明显增加到高于 PAL 的 15%，而后逐渐增加到现代大气圈 $O_2$ 含量水平，这被称为 C-W-K-H 模型（图 5-43）。

（1）大陆壳的演化

大气圈中氧的变化实际上与大陆壳的形成演化有关，大气圈中氧的变化与地壳生长的几种模型是一致的，这是由于来自大陆的营养物质和磷酸盐通量控制了海洋中生物的产生，而通过岩石风化消耗 $O_2$ 的速度依赖于陆壳的规模，陆壳的演化受板块构造及陆壳物质在地幔中再循环控制。C-W-K-H 模型认为，太古宙时的陆壳明显比现代面积小、薄，该模型认为板块构造和大陆壳的生长开始于 2.2Ga。在早元古代广泛、稳定的浅海台地使原始生物生产力增加，来自埋藏有机质形成的 $O_2$ 的增加，伴随有火山气对 $O_2$ 的消耗速度的减少，结果在约 2Ga 时大气圈中 $O_2$ 增加（Knoll，1979）。

（2）页岩中的黄铁矿

现代海洋是富硫酸盐的，因为硫酸盐是由火山气中 $SO_2$ 和 $H_2S$ 及岩石中硫化物氧化形成的。现代海洋沉积物中的黄铁矿主要是由硫酸盐被细菌还原形成的。C-W-K-H 模型认为，卷入在前生物大气圈火山气中的光化学反应可产生浓度达约 $1mM$[①] 的 $SO_4^{2-}$（即现代海洋含量的 1/30）。基于约 2.2Ga 前沉积岩中硫酸盐和黄铁矿的 $\delta^{34}S$ 值变化范围比更年轻沉积岩小（多在 0±5% 狭窄范围），该模型认为，在约

① $1M=1md/dm^3$（当以分子作为基本单元时），克分子浓度，摩尔浓度，表示物质的量浓度。

2.2Ga 前不存在还原硫酸盐的细菌，海水贫 $SO_4^{2-}$，沉积物中的黄铁矿是由岩浆 $H_2S$ 形成。

（3）2.2Ga 前冲积沉积物中的沥青铀矿和黄铁矿

C-W-K-H 模型认为，产于南非和加拿大 2.2Ga 前某些冲积角砾层中的沥青铀矿和黄铁矿晶体是碎屑矿物，因为它们在氧化条件下是不稳定的，这些碎屑矿物对 C-W-K-H 模型是很关键的，因为该模型认为 2.2Ga 前大气圈是还原性的。这些矿物成因的重要证据来自 2.2Ga 前形成的 Witwatersrand Au-U 矿床中的圆形黄铁矿卵石，它们是在河床搬运过程中被磨圆的。

（4）2.2Ga 前古土壤

C-W-K-H 模型认为，古土壤中 Fe 的丢失或保存可提供大气圈氧化或还原的证据，因为含 $Fe^{2+}$ 的硅酸盐容易溶解在不含 $O_2$ 的水中，但 $Fe^{3+}$ 的氢氧化物–针铁矿在含 $O_2$ 的水中是不溶的。多数 2.2Ga 前的古土壤丢失了 Fe，但 2.2Ga 后的古土壤保存了 Fe，因此，该模型强调 2.2~2Ga$P_{O_2}$ 明显增加。

（5）C 同位素 $\delta^{13}C_{carb}$ 明显正向漂移

碳酸盐的 $\delta^{13}C_{carb}$ 值在 3.9Ga 以来基本在 0 左右，但在 2.33~2.06Ga 沉积碳酸盐的 $\delta^{13}C_{carb}$ 发生明显正向漂移（+0.8‰~+14.8‰）（Schidlowski et al.，1975，1992）。C-W-K-H 模型据此计算有机碳与碳酸盐碳的相对比 $f_{org}/f_{carb}$ 为 0.6~1.2，该值的现代值为 0.25，因此，在 2.2~2Ga 期间 $O_2$ 的产率比现代高 2~3 倍，表明其大气圈氧的含量在 2.2~2Ga 期间明显上升。陈衍景等（2000）认为，这种正向漂移与大量有机质（大量石墨矿）堆埋有关。

**2. D-K-O 模型**

一些研究认为大气圈中 $O_2$ 含量水平自 4Ga 来近于常数（Dimroth and Kimberiely，1976；Ohmoto，1992，1996a，1996b，1997），在现代大气圈 $O_2$ 含量水平的 50% 范围内变化，称为 D-K-O 模型（图 5-43）。

（1）大陆壳演化

D-K-O 模型与 Amstrong（1981，1991）的陆壳增生模型一致。该模型虽未将大气圈 $O_2$ 与陆壳演化相联系，但该模型认为依据 Pb、Sr、Nd 和 Hf 同位素建立的 Amstrong 地壳生长模型是正确的，即约 4.5Ga 时地壳就达到现代规模，其后只是通过地幔发生再循环，地壳基本不再生长。对澳大利亚太古宙和元古宙页岩的稀土组成研究表明，在太古宙—元古宙界线 Eu 异常发生明显变化（图 5-44）（Taylor and McLennan，1985）。该资料与 C-W-K-H 和 D-K-O 模型均不一致。

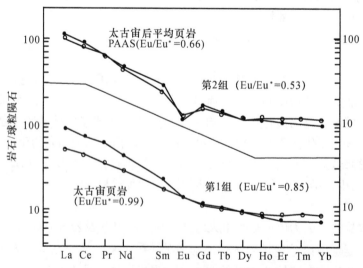

图 5-44 澳大利亚太古宙页岩和 Pine Creek 地槽早元古代沉积岩

稀土组成（Taylor and McLennan，1985）

（2）页岩中的黄铁矿

D-K-O 模型认为，根据 3.4~2.4Ga 沉积物（南非、澳大利亚和加拿大）中单个黄铁矿颗粒的 $\delta^{34}S$ 值的微小变化，太古宙海洋沉积物中的黄铁矿晶体是由细菌硫酸盐减少而形成的，太古宙海洋 $SO_4^{2-}$ 的含量高于 10mM，这种特点要求太古宙大气圈具有高氧分压 $P_{O_2}$。

（3）2.2Ga 前冲积沉积物中的沥青铀矿和黄铁矿

D-K-O 模型认为，结构证据表明，2.2Ga 前冲积沉积物中的黄铁矿卵石实质上是被磨圆的页岩和燧石，而页岩和燧石在热液和成岩过程中被黄铁矿晶体集合体替代。如果这些黄铁矿和沥青铀矿不是碎屑成因，它们不能作为还原性大气圈的证据。

（4）2.2Ga 前古土壤

在 D-K-O 模型中，Ohmoto（1996b）研究了古土壤深部剖面中 $Fe^{2+}/Ti$ 和 $Fe^{3+}/Ti$ 值的变化，发现在 2.2Ga 前后的古土壤中均保持了在氧化性的大气圈中形成的土壤的特点，在剖面中 $Fe^{3+}/Ti$ 值向上增加。Ohmoto 根据实验资料认为，$Fe^2$ 和 $Fe^{3+}$ 的丢失是与在 <100℃ 时的有机酸或在 >100℃ 时的热液流体有关，而非不含 $O_2$ 的缺氧水。对 2.2Ga 古土壤的 $\delta^{18}O$ 分析也支持这种认识。

（5）C 同位素 $\delta^{13}C_{carb}$ 明显正向漂移

D-K-O 模型认为，约 2.2Ga 时的 $\delta^{13}C_{carb}$ 明显正向漂移与埋藏有机碳 $C_{org}$ 无关，当大陆流向海洋的总碳通量增加时，以及海洋中碳酸盐沉积速率减少，甚至 $C_{org}$ 埋藏速率不变，都会使 $f_{org}/f_{carb}$ 值增加。发生在 2.2Ga 前的低纬度全球冰期造成大陆流向海洋的总碳通量减少和碳酸盐沉积速率降低。

（6）太古宙页岩中有机碳含量

D-K-O 模型提出，计算 $O_2$ 产率的直接方法基于测量沉积岩中有机碳含量。在南非 Kaapvaal 克拉通中 3~2Ga 的页岩中有机碳含量约为 2%，与显生宙页岩相当，这可能是在整个地质历史中 $O_2$ 产率不变的最好证据，也表明大气圈中 $O_2$ 保持不变。

上述两类有关大气圈与海洋的氧产生的顺序可用三阶段表示（图 5-45）（Ohmoto，1997）。

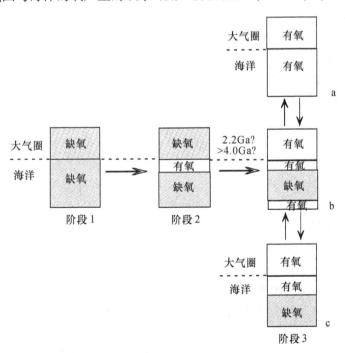

图 5-45 大气圈和海洋中氧产生的顺序（Ohmoto，1997）

### 3. 大气圈氧演化的现代模型

上述回顾表明，两类明显不同模型使得有关大气圈中游离 $O_2$ 产生的时间、机理自 2000 年以来一直成为地质、地球化学、生物，特别是地质微生物和生物地球化学的研究热点，研究成果主要发表在 *Nature*、*Science* 和 *Nature Geoscience* 等非常重要的刊物上，可见这些成果备受关注。2000 年以来研究成果的总趋势是，大气圈中氧的出现时间比 C-W-K-H 模型所认为的 2.2Ga 至少提前 0.2~0.3Ga。

2003 年，美国国家航空和宇宙航行局（NASA）天体生物学研究所实施了太古宙生物圈钻探计划（ABDP），2005 年在加拿大卡尔古里召开了地球系统过程会议，*Geobiology* 期刊 2006 年出版了会议有关专题的论文专辑《前寒武纪的氧和生命》（Catling and Buck，2006），这些论文从野外和实验室研究到大气圈的计算机模型均有涉及。这个时期的重要进展之一是发现在古老岩石中 S 同位素的分馏与质量无关，称为 S-MIF（mass-independent fractionation of sulfur isotopes）（Farquhar *et al.*，2000），这与多数过程中由质量差异造成同位素的分馏明显不同。据此，在一缺氧的大气圈中，光化学作用可产生 S 同位素分馏作用：S-MIF。当海水中硫酸盐浓度 >0.2nM 时，微生物的分异很明显。因此，有限的由质量差异产生的同位素分馏表明，太古宙海洋中缺乏还原硫微生物，或硫酸盐含量很低。对 S 的三个同位素 $^{32}S$、$^{33}S$ 和 $^{34}S$ 进行了 S-MIF 检测，结果与 37.7 亿年前很大程度上是一个缺氧和弱还原的大气圈一致（Papineau *et al.*，2006）。大量证据表明，大气圈变得富氧是在 2.4~2.2Ga（Carting *et al.*，2005）。是什么因素触发了氧的增加？一种观点认为是与同时成氧的光合作用有关，它是游离氧的唯一重要来源；然而，生物标记表明产生 $O_2$ 的蓝藻的出现和大气圈中大量 $O_2$ 的出现至少滞后 3 亿年。Claire 等（2006）用定量的生物地球化学模型对地球大气圈转变为富 $O_2$ 做了模拟，$O_2$ 的上升发生在 2.4~2.2Ga，该模型中涉及甲烷 $CH_4$ 的破坏及随后的雪球地球。在 2.45~2.32Ga，由于富 $O_2$ 大气圈的产生，S-MIF 标志消失（Pavlov and Kasting，2006）。但 Zahnle 等（2006）否定了这种认识，他们认为，当氧含量很低时，S-MIF 的产生依赖于一个有足够还原气体的大气圈，可使火山 $SO_2$ 还原成元素 S 颗粒，这些不溶的颗粒散落在大气圈外并保留了 S-MIF 标记。当大气圈中甲烷的含量从几百 $\mu g/g$ 降低到 $10\mu g/g$ 左右时，S-MIF 标记消失。这与 2.4Ga 左右时在低纬度发生的雪球地球一致。甚至在大气圈中 $O_2$ 上升到可检测水平之前，海洋中硫酸盐的升高可扼制甲烷的生物产生的通量，造成甲烷降低，只有在甲烷破坏之后，$O_2$ 才能在大气圈中大量聚集。

## （三）太古宙、元古宙页岩与地球大氧化事件

### 1. Mo 及其同位素证据

在西澳大利亚 Mount McRae 太古宙页岩实施的太古宙生物圈钻探计划（ABDP）中，Anbar 等（2007）用高分辨化学地层学方法揭示了 Mo、Re 的明显富集段。Mo 和 Re 是对氧化还原很灵敏的过渡族金属，比较而言，在缺氧的地球的风化过程中，Mo 应大部分保留在未风化地壳的硫化物矿物中。Anbar 等（2007）对 Mount McRae 太古宙页岩的分析表明，在钻孔剖面中 125.5~153.3m 和 173.0~189.65m 为含黄铁矿的碳质页岩 S1 和 S2 段，它们均含有百分之几的 S 和 >3% 的有机碳（TOC）。Mo 在 S1 段变化最明显，从 S1 段底界向上 143m 处，达到峰值 ~40×10⁻⁶，而后降低到 <10×10⁻⁶，在 S1 下面 Mo 含量 <5×10⁻⁶，与地壳平均值相当，是太古宙含碳酸盐的页岩的典型值。在 S1 及 S2 层底界线处 Mo 和 Re 含量明显增加，在 S1 层，Mo 的含量在约 2m 间隔内急剧降低前，Mo 含量增加约 50 倍。如果将 Mo 和 Re 对 Al 标准化，即 MoEF=（Mo/Al）样品/（Mo/Al）地壳，ReEF=（Re/Al）样品/（Re/Al）地壳，这种变化更明显。Mo 的含量变化与总有机碳 TOC 和 Re 的富集相关，也与 S 和碳酸盐含量变化一致，但 U 变化较小。

Anbar 等（2007）认为，在现代氧化环境中，Mo 在河流和海洋中是以惰性的 $MoO_4^{2-}$ 存在，Re 和 Mo 是通过地壳硫化物矿物氧化提供给太古宙海洋，导致了海洋中 Mo 和 Re 的增加，成为海洋中最丰富的过渡族元素，浓度可达 ~105nM。这反映了在缺氧条件下含黄铁矿沉积物的沉积，Mo 与有机碳结合，与 $H_2S$ 反应形成硫代钼酸根（$MoO_{4-x}S_x^{2-}$）从溶液中析出。由图 5-46 可以看出，Mo 与有机碳变化同步。

用 Re/Mo 地质年代学可检验金属是否受再活化的影响，如果在沉积后 Re 和 Mo 有加入或丢失，将造成等时线的分散。对剖面中 Mo 含量明显变化段的 Re/Os 同位素分析构成等时线年龄为 2501.0±8.2Ma，该等时线特点即反映了 Mo 的富集是原始沉积的，也表明这种富集发生在太古宙与元古宙分界处，至少比大氧化事件开始时间早 50Ma。此外，Mo 的增加与有机碳 TOC 总含量呈正相关是自生沉积的

有力证据（图 5-46），该图中显示两组正相关，一组为剖面的 Mo 明显富集段 143~153m，另一组为 Mo 降低但仍高于地壳值的 125~143m 段。在南非 Ghaap Group 也发现自生沉积的 Mo 和 Re 增加出现在 2.64~2.5Ga（Will et al.，2007）。S 同位素也显示类似特点（Kaufman et al.，2007）。理论模型表明在富氧大气圈形成前可产生氧化条件（Claire et al.，2006）。据此，Anbar 等（2007）认为，25 亿年前开始的氧化作用可能是很广泛的，在太古宙 Mount McRae 页岩中的微量（whiff）氧预示了全球性不可逆地向一富氧的世界转变，这种转变是逐渐的而不是突变。

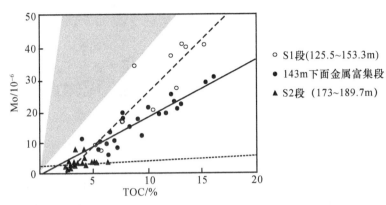

图 5-46 西澳大利亚太古宙 Mount McRae 页岩的富有机碳黄铁矿质
段中 Mo 与 TOC 关系（Anbar et al.，2007）
图中阴影区为 Mo/TOC 斜率范围（过原点）

由上可见，沉积物中微量金属，如 Mo 与 TOC 含量的比值，可以深刻理解水团限定的程度和计算深部水更新的时间。Algeo 和 Rowe（2012）的研究表明，显生宙全球海水中保存的微量金属的浓度变化较小（尽管在受大洋缺氧事件 OAEs 影响时可发生短期变化）。从寒武纪（524Ma）至今，Mo 浓度变化不大，在泥盆—寒武纪页岩（50 个样品）的 $[Mo/TOC]_S$ 比值变化范围为 2~65，平均约为 20，在现代和古代被限制的海相沉积物中几乎是相同的。只有在大气圈-海洋氧化还原条件明显与现代不同时，当大气圈 $O_2$ 分压低于现代值 10% 时，太古宙缺氧的海相页岩 $[Mo/TOC]_S$ 比值均一，<3，元古宙平均值为 6，最大可达 25。太古宙的 Mo 浓度和 $[Mo/TOC]_S$ 比值非常低，这反映了地表风化缺乏氧化，供给海洋的 Mo 是有限的。伴随着大氧化事件（2.45~2.32Ga），氧化风化作用加强，在元古宙缺氧海相沉积物的 $[Mo/TOC]_S$ 比值有轻微变化，从 2.3~1.7Ga 该比值为 10~15，从 1.7~0.7（？）Ga 降低到<5，随后从 0.7（？）~0.54Ga 再次上升到 10~15（图 5-47）。这种变化不是由于大气圈中氧分压（$P_{O_2}$）的变化，而是由于中元古代到晚元古代早期硫化物质的深部海水，是 Mo 进入沉积物的量增加，海水 Mo 浓度降低，Mo 在海水中停留时间变短。在晚元古代 $[Mo/TOC]_S$ 比值升高到现代水平，这可能是由于大气圈中氧分压（$P_{O_2}$）迅速增加（Canfield，2005；Lyons et al.，2009），复细胞动物卷入，埋藏有机碳增加的结果。在新元古代与显生宙界线（542Ma）的 Mo 同位素也有明显变化，$\delta^{98}Mo$ 从约为+2.0‰ 变化到 0，这是一个早先的层状海洋与硫化物深水团快速混合的指标（<$100×10^3$ 年；Wille et al.，2008），可用于大演化（marcroevolutionary）模式和"寒武纪大爆发"的事件。

对 2.6~2.5Ga 页岩中 Mo 同位素和 Re-PGE（铂族元素）丰度，特别是 Re/O 值、Mo 浓度和 Mo 同位素分异的研究表明（Wille et al.，2007），Mo、Re 和 Os 的溶解度依赖于氧化还原条件，因此，这些元素对早期大气圈和海洋的氧含量水平很灵敏，特别是只在有游离氧存在时 Mo 同位素才以可溶的氧阴离子存在而发生分异。在 3.23Ga 前的巴布顿绿岩带，与大陆壳相比 Mo 是未分异的，PGE-Mo 的丰度型式反映的是科马提岩，表明是纯碎屑输入，没有游离氧存在。与大陆壳和 3.23Ga 的 Fig Tree 组相比，Mo 浓度和其同位素的普遍增加和分异，以及 Re 的富集出现在 2.64~2.5Ga，表明氧含量在 2.64~2.5Ga 期间逐渐上升。局部沉积条件变化（氧化还原和输入）和/或全球氧化、缺氧的波动可引起 Mo 的变化。Mo 进入海洋主要是大陆壳化学风化和以溶解态被河流搬运到海洋中，这是由于 Mo 有多个价态、配位数

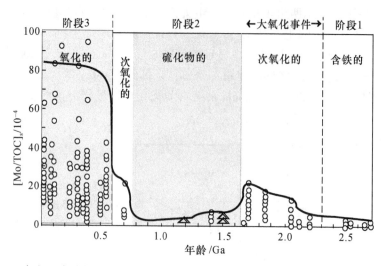

图 5-47　27 亿年以来缺氧相的［Mo/TOC］$_s$ 比值随时间变化趋势（Algeo and Rowe，2012）

以及受氧化还原控制的溶解度。在 pH 为 8 时的低离子强度（0.6M NaCl）海水中，几乎所有的 Mo 以 $MoO_4^{2-}$ 形式存在，其溶解度很高。铂族元素 PGE 和 Re 的丰度型式可对氧化还原条件提供重要信息，其中 Ir 可作为其他 PGE 元素的参数，因为 Ir 在缺氧海相沉积物中是不富集的。在缺氧条件下 Re 在海水中的保存行为与 Mo 相似，但与 Mo 相反，Re 在氧化的沉积物中不富集，与硫化物沉积物相比较，Re 在低氧化（suboxic）条件下被强烈清除。现代/新元古代黑色页岩富集 Os，这是因为 Os 溶解在富氧海水中。基于上述资料，Wille 等（2007）认为游离氧的增加发生在 2.6~2.5Ga。

铂族元素 Os 是对氧化-还原很敏感的元素，当大气中氧气浓度高的时候，Os 转变为易溶于水的离子，可再被河流带到海洋，沉积在海底的地层中，使沉积物中 Os 含量明显增加，Re 和 Mo 含量与之相似。日本东京大学关根康人等（Sekine，2011）研究了加拿大安大略省 Huronian 超组距今约 2.2~2.45Ga 前的海底地层[192]Os 及 Re、Mo、U 和 S 含量的变化，发现[187]Os/[188]Os 初始值和氧化-还原元素 Re、Mo、U，及总 S 沿剖面的急剧变化发生在约 2.3Ga 前的大规模冰河期地层和此后的温暖期地层交界处（图 5-48）。在此交

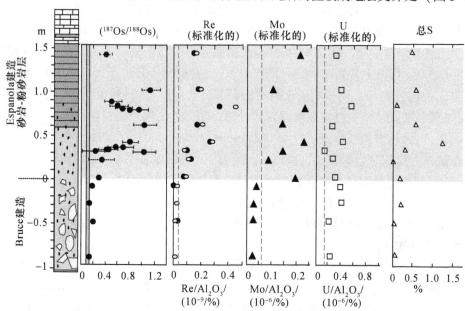

图 5-48　[187]Os/[188]Os 初始值和氧化-还原敏感元素 Re、Mo、U 及总 S 沿剖面的变化（Sekine *et al.*，2011）

阴影代表了砂岩-粉砂岩层中的含量；虚线代表用上部陆壳中 $Al_2O_3$ 标准化的 Re、Mo 和 U 的

平均浓度；（[187]Os/[188]Os）$_i$ 按沉积年龄为 2.3±0.2Ga 的计算值，数据点为沉积时地幔[187]Os/[188]Os 值

界处，Os 的浓度急剧上升，这表明地球大气中的氧气大量形成于约 2.3Ga 前，那时冰河期结束，地球逐渐变暖，光合成生物大量繁殖，从而使氧气爆发性增加，最终形成含氧的大气。研究小组还发现，光合作用导致氧气增加并非只有一次，约 2.2Ga 前，另一个冰河期结束的时候，又出现了氧气的爆发性增加。

**2. Ce、Mn 与大氧化事件**

Ce 的氧化还原电位与 Mn 相近，变价元素 Ce 和 Mn 的地球化学行为也可反映大气圈中氧的迅速增加。Holland 等（1989）对加拿大陆块 Flin Flon-snow 湖绿岩带中 1.8~1.9Ga 的古土壤剖面进行了化学元素含量系统分析，结果表明，与其他稀土元素含量沿剖面基本保持不变的特点不同，Ce 含量非常低，低于中子活化分析方法探测限之下，与此相对应的是，该古土壤剖面中 Fe 发生了强烈变化，Fe 对 $O_2$ 和 $CO_2$ 需求量的比值（$R$）变化强烈，表明相关大气圈中 $P_{O_2}/P_{CO_2}$ 在 2.2~1.8Ga 有明显变化。Bau 等（1999）对南非穿过太古宙—古元古代界线的 Trans vaal 超组上部 Mooridraai 白云岩（年龄为 2394±26Ma）的系统主、微量元素分析表明，Ce 出现较弱负异常（δCe 0.81），与此相对应的是其 C 同位素组成在此后发生强烈正偏移，$\delta^{13}C_{碳酸盐}$（PDB）从 +0.8‰ 增加到 +12.5‰，这反映了大气圈中 $O_2$ 的明显增加，其时间为约 2.4Ga 前（Bau et al.，1999）。

Mn 类似于 Ce，MnO 平均含量为（0.26±0.02）%，此值高于显生宙沉积白云岩，与其他古元古代白云岩类似。

## （四）条带状铁建造（BIF）与地球大氧化事件

前寒武纪年表中 2.3~2.5Ga 是成铁纪（Siderian），2.05~2.3Ga 为层侵纪（Rhyacian）。前寒武纪条带状铁建造 BIF 最早形成于 3.8Ga 前，2.5Ga 达到高峰，1.8Ga 结束。BIF 是典型的无碎屑状岩屑的化学沉积物，它是前寒武纪地球环境演化的重要地质载体，保存了前寒武纪海洋元素丰度，可使我们深入了解早期微生物生命及它们对地球早期演化的影响。

**1. 澳大利亚的元古宙与太古宙条带状 Fe 建造（BIF）**

太古宙条带状 Fe 建造已成为大氧化事件的主要研究对象。前述 C-W-K-H 模型来自澳大利亚哈默斯利（Hamersly）盆地中形成于约 1.9Ga 的 Brockman 苏必利尔型条带状 Fe 建造（BIF），这种条带状 Fe 建造形成于稳定台地的浅水盆地，火成活动不存在或很弱；同时，来自深海的富 $Fe^{2+}$ 氢氧化物被带到浅水盆地与光合作用形成的 $O_2$ 反应，$Fe^{2+}$ 从深海的搬运需要全球缺氧，深海中的 $Fe^{2+}$ 可由陆地岩石的风化补充，这需要一个缺氧的大气圈。苏必利尔型条带状 Fe 建造的稀土和 Nd 同位素研究表明，含 $Fe^{2+}$ 溶液来自洋中脊热液，这种热液可远距离搬运到在大陆边缘发育的浅水盆地，这种模型也需要一个全球性的缺氧海洋。

前述 D-K-O 模型认为，苏必利尔型条带状 Fe 建造（BIF）的形成环境和成矿过程与现代红海相似，是在由加厚的大陆地壳裂解所产生的盆地中形成，缺氧、富 $Fe^{2+}$ 和硅的热液流体在盆地中卸载并聚集成卤水池。因此，只是在盆地底部，而不是整个海洋是缺氧的，盆地的表面水可能是富氧的。在西澳大利亚太古宙 Pilbara 克拉通 3.46Ga 富铁燧石（低品位的阿尔戈马型条带状 Fe 建造）中实施的太古宙生物圈钻探计划中，Hoashi 等（2009）发现赤铁矿包裹体和与其组合的矿物，直径约 0.1~0.6μm，有的达 1μm，它们仅为哈默斯利（Hamersley）条带状 Fe 建造中典型赤铁矿的 1/10。扫描电镜分析表明这些赤铁矿颗粒是由单个赤铁矿晶体组成，不是纳米级赤铁矿集合体。他们认为这些赤铁矿形成过程是：局部释放的富 Fe 流体的热液流体在 >200m 深处、非常接近热液喷口处高于 60℃ 的条件下，迅速与上覆的含氧海水混合，发生赤铁矿沉淀，反应式为：$4Fe^{2+}$（热液）$+O_2$（海水）$+4H_2O \longrightarrow 2Fe_2O_3+8H^+$。这表明有显著量的分子氧存在，即赤铁矿是在 3.46Ga 前富氧的海洋中形成，其时间要比传统认识早 0.7Ga。

**2. 海洋中 Ni 的亏损与产甲烷菌的饥荒（famine）**

大气圈中甲烷含量的降低触发了大气圈中氧的增加，即大氧化事件。陆源硫化物的氧化作用、海洋硫酸盐增加以及超过产甲烷菌的还原硫酸盐微生物的生态兴旺（eclogical success），是引起甲烷破坏的可能原因，但这种解释与岩石记录不一致。Konhauser 等（2009）分析了西澳大利亚 2.7Ga 前的 BIF 中的 Ni 含量，通过 Ni 在模拟的前寒武纪海水和不同的 Fe 氢氧化物的分配系数确定（图 5-49），获得了整个太古宙海水中 Ni 浓度约为 400nM，Ni/Fe 约为 $4.5×10^{-4}$，2.5Ga 前 Ni 强烈降低到约 200nM 以下，Ni/Fe 分子比明显减少，Ni/Fe<$2.2×10^{-4}$，在 0.55Ga 前 Ni 达到现代水平（约为 9nM）（图 5-50，图 5-51）。Konhauser 等认为，Ni 是产生甲烷菌的众多酶中重要的辅酶，Ni 的降低抑制了古海洋中产甲烷菌的活性，破坏了生物成因甲烷的供给，甲烷发生灾变性的降低，触发了大气圈中的氧增加（Konhauser *et al.*，2009）。

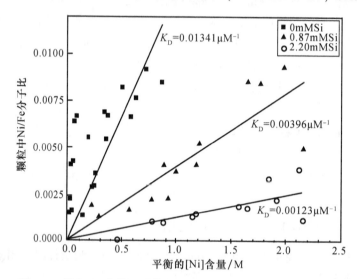

图 5-49　溶解 Ni 的分配系数实验测定（Konhauser *et al.*，2009）

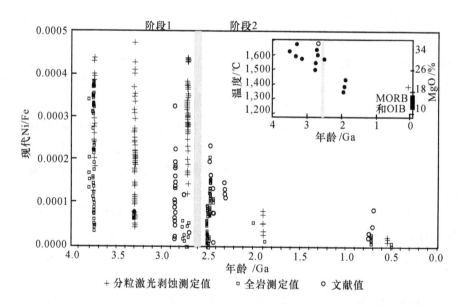

图 5-50　条带状铁建造 BIF 的 Ni/Fe 分子比与年龄及原始科马提岩液体性质的关系
（Konhauser *et al.*，2009）

　　海洋中 Ni/Fe 值随时代的变化可分为两个阶段，第一阶段：3.8～3.7Ga，海水中 Ni 浓度约为 400nM，Ni/Fe 约为 $4.5×10^{-4}$。经约 0.2Ga 过渡到第二阶段：2.5Ga 前降到约 200nM 以下，Ni/Fe<$2.2×10^{-4}$（图 5-50）。

　　上述 Ni 的降低是由于地幔演化，上地幔的冷却使富 Ni 的超镁铁岩浆（如科马提岩）的喷发量降低，造成进入海洋中的 Ni 降低。根据超镁铁岩浆 MgO 含量计算的温度显示，太古宙火山喷发温度>

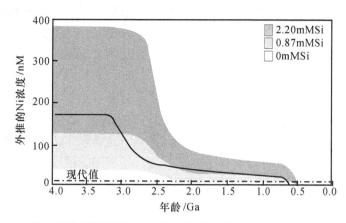

图 5-51　海水中最大溶解的 Ni 浓度随时间的变化（Konhauser *et al.*，2009）
图中数值是用实验测定的 Ni 分配系数将固相 BIF 的 Ni/Fe 值资料外推获得。图中可分为三个区域，
代表在不同溶解 Si 浓度时溶解 Ni 的浓度。图中虚线为现代海洋中 Ni 浓度，为 9nM

1500℃，2Ga 时为 1300~1400℃±，现代为 1300℃±［$T = 1000 + 20MgO$（%）］（图 5-50）。

**3. Cr 的同位素证据**

目前，有关大气圈中氧的出现时间提前到 2.48Ga，这主要来自 Cr 及其同位素依据。在陆地上，$Cr^{3+}$ 的氧化作用伴随着活动性的 $Cr^{6+}$ 在重同位素中的富集（Frei *et al.*，2009），活动性的 $Cr^{6+}$ 是以活动性的铬酸盐阴离子（$CrO_4^{2-}$，碱性 pH）或重铬酸盐阴离子（$HCrO_4^-$，酸性 pH），由河流搬运到海洋中。现代海洋中 Cr 的含量范围为 2~10nM，其停留时间较短，为 2.5 万~4 万年。土壤中 Cr 的氧化和溶解强烈依赖于 $MnO_2$ 的存在，它在氧逸度增加时是稳定的，但在早前寒武纪，由于受大气圈中低氧分压控制，不存在 $Mn^{4+}$，能进入到海水中的 Cr 是很有限的，因此，Cr 在海水中的地球化学行为对大气圈中氧的含量水平是高度灵敏的。记录海水中可溶性 $Cr^{6+}$ 存在的 Cr 同位素的前提主要是可溶性 $Fe^{2+}$ 占优势。在 $Fe^{2+}$ 存在时 $Cr^{6+}$ 可有效地还原为 $Cr^{3+}$，并以（Fe，Cr）(OH)$_3$ 沉淀下来，当有催化剂 MnO 存在时可迅速再氧化为 $Cr^{6+}$。据此，Frei 等（2009）根据对 BIF 中 Cr 同位素研究，提出了地球大气圈-水圈系统中充氧史的时间展布景象，将前寒武纪 BIF 中 Cr 同位素变化划分为六个阶段，第一阶段：3.7~2.8Ga，Cr 同位素未出现分异，表明在太古宙主期缺乏氧化的大陆风化作用；第二阶段：2.84~2.45Ga，出现 Cr 同位素的正分异，$\delta^{53}Cr + 0.04‰ \sim +0.29‰$，Cr 同位素的富集显示了氧短暂的轻微增加，这与 Mo 的富集和 S 同位素证据一致；第三阶段：2.45~1.9Ga，BIF 出现少，只有在 2.5~2.4Ga 的 BIF 样品的沉积样品中才显示 Cr 的富集；第四阶段：未显示 Cr 明显的正分异；第五阶段：1.8~0.7Ga，此阶段硫化物质海洋占主导，BIF 沉积被阻止；第六阶段：新元古代至 750Ma 和 542Ma，所有 BIF 均显示 Cr 同位素强正分异，范围 +0.9‰ ~ +4.9‰，表明在晚新元古代有氧化作用（充氧）。Frei 等认为将 Cr 同位素与其他氧化还原敏感元素 S、C、Fe、Mo 结合，将会大大提高对早期地球的化学和生物演化复杂历史的理解。Cr 同位素系对 $O_2$ 是灵敏的，但不是线性的。

对前寒武纪铁建造样品（特别是条带状铁建造 BIF）的 Cr 含量和其同位素 $\delta^{53}Cr$ 组成的系统分析（Konhauser *et al.*，2011），将大气圈中氧的出现提前到 2.48Ga，Cr 在富 Fe 沉积建造中的浓度达到最高值 $1300 \times 10^{-6}$。由于与 Cr 一起被河流搬运入海洋的还有陆地上的碎屑物质，为排除地壳碎屑物质的贡献，采取以陆壳为标准化值计算了 Cr/Ti 值，Cr/Ti 值在 2.48Ga 达到最大值，为地壳的 $10^4$ 倍（图 5-52）。此外，Cr 同位素出现正的异常。综合上述最新研究，提出大气圈中的氧出现在 2.48Ga。

对大氧化事件年代学研究中关键的富铁建造，如 3.25Ga 的 Fig Tree，2.96Ga 的 Pongol 建造和 2.71~2.70Ga 的 Beardmore-Geroldon 绿岩带的分析表明，Cr 的富集程度都很低，表明在 2.48Ga 前 Cr 的自生富集的大陆供给是很有限的。2.48Ga 的富铁沉积建造中，Cr 的高度富集、高的 Cr/Ti 值表明：一直到 2.48Ga 前，陆地上的 Cr 大部分是不活动的，但在其后的 160Ma 期间，Cr 以历史上空前的规模被

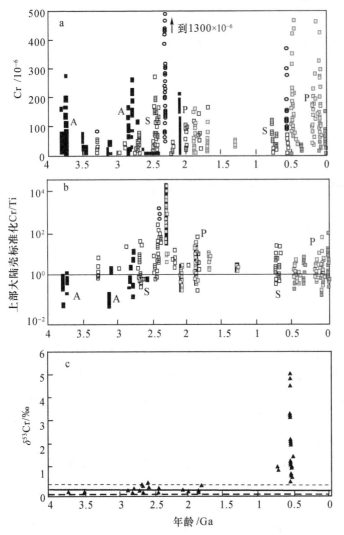

图 5-52 不同类型富 Fe 沉积物中 Cr 随时间的变化

(Konhauser *et al.*，2011)

A. 阿尔戈马型铁建造；S. 苏必利尔型铁建造；P. 元古宙鲕状铁建造；
c 中实线为平均值，虚线为 2 倍误差

溶解、活化，被河流搬运到海洋中，造成海洋中 Cr 浓度急剧升高。而造成这一重大变化的是陆地上发生了重大事件——大氧化事件，大气圈中 $O_2$ 的增加，使陆地上超镁铁岩和古土壤中的铬铁矿（Fe，Cr）$Cr_2^{3+}O_4$ 发生氧化：$Cr^{3+} \rightarrow Cr^{6+}$，$Cr^{6+}$ 在中性到碱性条件下是活动的、可溶性的。Cr 在前寒武纪沉积物中的组成应反映 $Cr^{3+}$ 在陆地上氧化风化作用的量级，以及 $Cr^{6+}$ 输入到古海洋中的通量。但在 2.32Ga 后，多数富 Fe 沉积岩都显示高的 Cr 浓度，结合 Cr-Ti-Al 体系，对上部陆壳标准化后（Cr/Ti 值），表明陆源碎屑输入可忽略不计。在 2.32Ga 后年轻富 Fe 的沉积物具有明显高的 $Al_2O_3$，Cr/Ti 值接近于平均陆壳（图 5-52）。这些资料说明，2.48 ~ 2.32Ga，Cr 自生富集浓度最高，同时，Cr 同位素的正偏移（Frei *et al.*，2009）是由于早元古代 Cr 的自生富集与氧化风化作用有关。只有丰富的、已稳定存在的地壳中的黄铁矿储源被喜氧呼吸、化学无机自营养的细菌氧化，才能产生溶解超镁铁岩和残余土壤中 Cr 的酸。由此，在 2.48Ga 开始的风化机制的重大改变构成了最早的耐酸微生物和酸性岩排水的地球化学证据，并可作为在 2.48Ga 可溶性硫酸盐和硫化物中微量元素向海洋输送增加的独立证据。因此，太古宙—古元古代界线是陆地地球化学和生物学发生本质变化的界线。

### 4. 太古宙—古元古代铁建造的稀土组成

Planavsky 等（2010）用 ICP-MS 分析了采自美国、加拿大、澳大利亚、南非、津巴布韦和挪威的 3.8 ~ 1.8Ga 的太古宙—古元古代铁建造（BIF）全岩样品（18 个）的稀土含量，分析数据用澳大利亚后太古代页岩平均值（PAAS）为标准进行作图，计算 Ce、Pr 等异常值 $(Ce/Ce^*)_{SN}$ 和 $(Pr/Pr^*)_{SN}$。Ce 的氧化还原电位与 Mn 相近，$Ce^{3+}$ 氧化很大程度上降低了 Ce 的溶解度，并优先转移到 Fe-Mn 氢氧化物、有机质和黏土颗粒上。但是，对海水和海相沉积物中 Ce 异常的解释是复杂的，这是因为在海洋中 Ce 的相邻元素 La 呈现非保存行为而出现异常，如在现代海水中，从 Sm 经 Nd 后外推到 Pr，La 显示高异常。同样的现象也出现在古代和现代含金属的沉积物（Barrett *et al.*，1988；Fralick *et al.*，1989；Bau and Dulski，1996）和洋中脊的高温热液流体中（Klinkhammer *et al.*，1994）。因此，由 $Ce_{SN}/(0.5La_{SN}+Pr_{SN})$ 计算的 Ce 异常由于 La 的异常而不真实（Bau and Dulski，1996），为避免由 La 异常而造成的 Ce 异常，判断真实的 Ce 异常，Bau 和 Dulski（1996）提出计算 $(Pr/Pr^*)_{SN}$，$(Pr/Pr^*)_{SN} = Pr_{SN}/(0.5Ce_{SN}+Nd_{SN})$。由于化学沉积物的以页岩为标准的稀土分布型式从未出现 Pr、Nd 的异常，因此，真实的 Ce 负异常必然是 $(Pr/Pr^*)_{SN}>1$，而 Ce 正异常则是 $(Pr/Pr^*)_{SN}<1$；而 $(Ce/Ce^*)_{SN}<1$，同时 $(Pr/Pr^*)_{SN}\approx1$，则表明 $La_{SN}$ 为正异常（见图 3-82）。由图 5-53 可见，太古宙和古元古代 BIF 的稀土组成特点随时代呈明显规律性变化，太古宙和早古

元古代（>2.4Ga）BIF 均未出现 Ce 的负或正异常，Y/Ho 值高，LREE/HREE 值低，而比 1.9Ga 年轻的晚古元古代 BIF 样品呈明显 Ce 正异常，Y/Ho 值低，LREE/HREE 值高。几乎所有样品都具有 $Eu_{SN}$ 正异常，范围 -4.29~1.01，平均 2.1，晚古元古代 $Eu_{SN}$ 值较低，范围 1.05~2.46，平均 1.5。高的 $Eu_{SN}$ 正异常表明有铁建造中的稀土有高温热液成分存在。

根据上述特点，Planavsky 等（2010）建立了从太古宙到现代海洋的氧化还原结构演化模型（图 5-53），认为太古宙和古元古代铁建造稀土组成的差异可以用水柱中稀土的不同循环解释，与现代氧化还原分层的盆地相似，晚古元古代（约 1.9Ga）铁建造 REE+Y 型式记录了金属和 Ce 氧化物梭子（shuttle）从含氧的浅层海水，穿过氧化还原变层（redoxcline）到深部缺氧海水，在缺氧海水中氧化物（主要是 Mn 氧化物）的溶解降低了溶解的 Y/Ho 值，并使 LREE/HREE 值升高，Ce 相对于相邻元素 La、Pr 的浓度升高。晚古元古代铁建造是通过次氧化和缺氧条件下，新陈代谢的微生物铁氧化作用与铁在氧化还原界面非生物氧化作用相结合形成的。相反，在太古宙和早古元古代铁建造缺乏明显的氧化还原分层和这种氧化物梭子的存在，表明在早古元古代大气圈氧上升之前，太古宙海洋中不存在 Fe-Mn 氧化还原变层。因此，在地球早期缺氧海洋中，是新陈代谢铁氧化作用造成铁建造的氧化作用（最可能是光铁合作用，photoferrotrophy），铁在这个时期海洋中的分布是受微生物获取铁控制，而不是受海洋环境的氧化还原能力控制。这种认识对有关铁建造形成需要游离氧在氧化还原变层，或在该层之上发生氧化作用的传统模型提出了质疑。

### 5. 我国的条带状铁建造

条带状铁建造 BIF 在世界铁矿中占有非常重要的地位，它们在 3.6~1.6Ga 几乎连续产出，其中以 2.8~2.7Ga、2.5~2.4Ga 和 1.9~1.8Ga 为铁矿床数量和储量的高峰。条带状铁建造 BIF 在我国铁资源中也占有重要地位，已有的 10 个超大型 Fe 矿中 BIF 型占 6 个。与国外相似，我国 BIF 型 Fe 矿可分为两个亚类（沈保丰，2009）：阿尔戈马型，与海相火山作用密切，主要分布在鞍本、冀东-密云、五台-恒山及鲁西等地区，形成于太古宙，主要是新太古代；苏必利尔型，与沉积作用有关，主要分布在山西吕梁和山东济宁地区，形成于元古宙。锆石 U-Pb 定年资料表明，我国 BIF 主要形成于 2.5Ga 左右，少数为 2.7Ga 和 3.0~3.3Ga（Zhang et al.，2012），这与国外 BIF 主要形成于太古宙—古元古代（2.7Ga 为高峰）不同。

涂光炽（1977，1978）[①]，根据我国条带状铁建造 BIF 常常富稀土的特点提出了稀土铁建造，其稀土含量可达 0.n%~n% 或更高。我国和国外太古宙 BIF 的稀土含量一般仅为数十 μg/g（$9.9×10^{-6}$~$78×10^{-6}$），但元古宙铁建造稀土含量增加，使稀土铁建造主要集中在元古宙。我国以白云鄂博 Fe-Nb-REE 矿床为代表，国外以澳大利亚 Olympic Dam Cu-Au-U-RE-Fe 矿床为代表。太古宙铁建造贫稀土与元古宙富稀土形成鲜明对照。由于前寒武纪条带状铁建造是典型的无碎屑状岩屑化学沉积物，它的稀土元素组成反映了当时海水的地球化学，进而可推测大气圈氧化状态（Ce、Eu 异常）。因此，系统研究太古宙及其后不同时代条带状铁建造稀土元素的特殊地球化学特点，沉积铁建造中稀土元素地球化学，特别是对氧化-还原敏感的 Eu 和 Ce 的异常变化，对探讨地球早期大氧化事件及大气圈在地质历史中氧的含量变化有重要意义。许多学者（裴愉卓等，1981，涂光炽等，1985；Tu et al.，1985）曾较系统地研究了我国太古宙和元古宙 BIF 及不同类型沉积型稀土铁建造的稀土元素地球化学，这些稀土铁建造可划分为三种类型：以碳酸盐为围岩的，如白云鄂博、云南迤纳厂、福建松政，它们典型成矿元素组合为 Fe-REE-Nb，迤纳厂还富 Cu，松政富 P；产于变质和混合岩化钠质火山岩和火山沉积岩，如辽宁生铁岭、翁泉沟（富 B）；产于未变质碎屑岩中，如吉林临江式铁矿，主要为鲕状赤铁矿、菱铁矿及菱锰矿，稀土元素主要吸附在铁、锰矿物上，形成时代为晚元古代。我国稀土铁建造的成矿或矿化主要发生在元古宙，在太古宙及显生宙还未发现。稀土元素主要以稀土独立矿物如氟碳酸盐、磷酸盐及吸附态存在。将上述太古宙 BIF 和元古宙稀土铁建造及稀土矿床的稀土地

---

①　涂光炽．1977．富铁矿科研情况反映；1978．铁矿的元素组合与矿床组合．

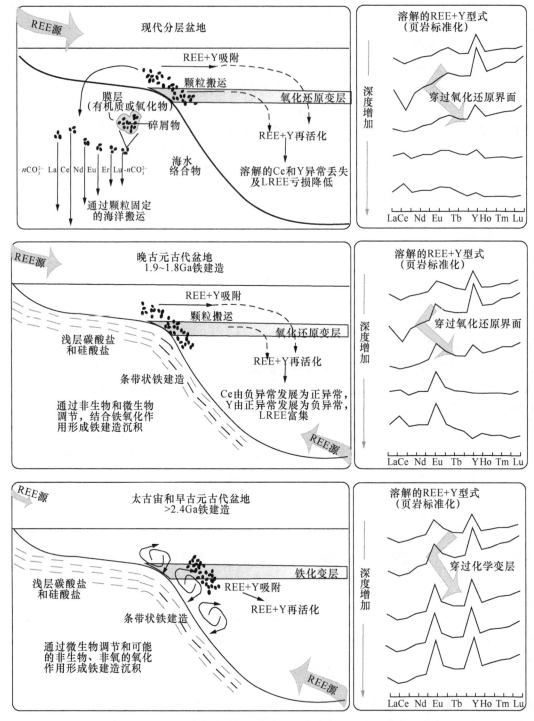

图 5-53 由 3.8~1.88Ga 铁建造稀土组成建立的太古宙—早古元古代、晚古元古代
和现代海洋的氧化还原结构演化模型 (Planavsky *et al.*, 2010)

球化学进行系统对比，发现 Eu 异常与 BIF 及稀土铁建造时代密切相关（表 5-20）。太古宙鞍山式 BIF 型铁矿（鞍山、冀东）的稀土总含量低，$\Sigma REE$ $(5.5 \sim 61.8) \times 10^{-6}$，重稀土相对富集，$(La/Yb)_N$ $2.5 \sim 11.4$，Eu 呈明显正异常，$Eu/Eu^*$ $1.34 \sim 2.78$（图 5-54a、b）；在西澳大利亚太古宙富铁燧石中也显示明显 Eu 正异常（Kato and Nakamura, 2003）；早元古代（>1.9Ga），出现稀土铁建造，稀土总含量达 $1000 \times 10^{-6}$，如云南迤纳厂稀土铁建造，吉林大栗子铁矿稀土总含量也达 $170 \times 10^{-6}$，Eu 仍显示正异常，$Eu/Eu^*$ $1.49 \sim 2.85$，轻稀土富集，$(La/Yb)_N$ $12.2 \sim 22.4$（图 5-54c、d）；早中元古代

（1.7~1.9Ga）的辽宁生铁岭和河北宣龙式庞家堡铁矿，Eu 无亏损，Eu/Eu* 0.98~1.08；时代较新的中元古代稀土铁建造（1.4~1.5Ga），如白云鄂博、松政，稀土总含量强烈增加，达（2800~74483）×10⁻⁶，Eu 出现亏损，呈负异常，Eu/Eu* 0.56~0.86（多数为 0.80±），轻稀土强烈富集，(La/Yb)_N 50~184（图 5-54，图 5-55）；晚元古代临江式稀土铁建造仍保持了中元古代稀土铁建造的特点；到显生宙晚古生代，如泥盆纪宁乡式铁矿，Eu 亏损明显，Eu/Eu* 0.71~0.76，稀土总含量降低（图 5-54f）。在湖北大冶夕卡岩型铁矿发现了稀土的明显富集矿段，稀土含量 4%~12%，主要以褐帘石的形式存在（李建威，2013，会议报告）。

表 5-20　我国不同时代 BIF 及稀土铁建造的稀土元素地球化学参数（赵振华等，2010）

| 产地 | 样品名称（样品数） | 时代 | Eu/Eu* | (La/Yb)_N | ΣREE/10⁻⁶ |
|---|---|---|---|---|---|
| 鞍山 | 条纹状富铁矿（2） | 晚太古代≥2.5Ga | 1.93 | 6.3 | 18.73 |
| | 磁铁石英岩（4） | 晚太古代≥2.5Ga | 1.97 | 4.2 | 61.87 |
| | 磁铁石英岩（1） | 晚太古代≥2.5Ga | 1.90 | 2.5 | 19.32 |
| 河北遵化杏山* | 含石英磁铁矿石（1） | 太古代≥2.5Ga | 1.34 | 5.1 | 10.32 |
| | 含石英磁铁矿石（1） | | 1.45 | 3.8 | 5.50 |
| 水厂* | 含石英磁铁矿石（1） | | 1.75 | 3.0 | 9.49 |
| | 含石英磁铁矿石（1） | | 2.78 | 3.1 | 6.54 |
| 石人沟* | 含石英磁铁矿石（1） | 2515~2540Ma | 1.46 | 11.3 | 45.59 |
| | 含石英磁铁矿石（1） | | 1.56 | 10.0 | 43.31 |
| 云南迤纳厂 | 条带状磁铁菱铁矿（8） | 早元古代>1.9Ga | 1.49 | 14.7 | 1025 |
| | 条带状磁铁菱铁矿（6） | | 2.49 | 14.9 | 1288 |
| | 条带状磁铁菱铁矿（7） | | 2.56 | 22.4 | 1727 |
| | 条带状磁铁菱铁矿（5） | | 2.85 | 17.4 | 3239 |
| 吉林大栗子 | 块状赤铁矿（1） | 早中元古代 | 2.43 | 12.2 | 170.8 |
| 辽宁生铁岭 | 重晶石磁铁矿（3） | 中元古代 | 1.08 | 19.2 | 28412 |
| 河北庞家堡 | 鲕状赤铁矿（4） | 中元古代 | 0.98 | 43.1 | 273.6 |
| 内蒙古白云鄂博 | 块状铌稀土铁矿石 MF（7） | 1.5Ga | 0.57 | 90.9 | 16584 |
| | 条带状铌稀土铁矿石 ZF（9） | 1.5Ga | 0.56 | 184 | 74483 |
| | 钠辉石铌稀土铁矿石 AF（6） | 1.5Ga | 0.67 | 178 | 28977 |
| | 钠闪石铌稀土铁矿石 RF（3） | 1.5Ga | 0.74 | 54.4** | 12401 |
| | 白云石铌稀土铁矿石 DF（1） | 1.5Ga | 0.86 | 65.7 | 2927 |
| | 钠辉石型铌稀土铁矿石 F（1） | 1.5Ga | 0.80 | 98.8** | 9446 |
| 福建松政 | 含稀土磁铁矿白云岩（2） | 中元古代 | 0.85 | 50.0 | 2801 |
| | 含稀土磁铁矿白云岩（1） | | 0.82 | 14.0** | 5447 |
| 吉林临江 | 含锰鲕绿泥石菱铁赤铁矿石（5） | 晚元古代 | 0.94 | 4.42 | 12568 |
| | 含锰鲕绿泥石菱铁赤铁矿石（4） | | 0.78 | 6.86 | 3637 |
| 宁乡式潞水 | 块状赤铁矿石（1） | 泥盆纪 | 0.76 | 16.7 | 3886 |
| | 块状磁铁矿（2） | 泥盆纪 | 0.71 | 17.3 | 4126 |

*张连昌个人通信资料；**为 ΣLREE/ΣHREE 值。

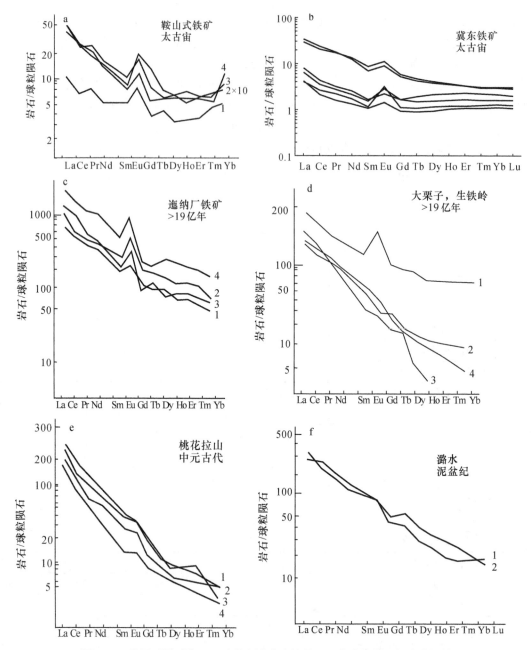

图 5-54　我国不同时代 BIF 及稀土铁建造的稀土元素球粒陨石标准化型式

　　由上可见，不同时代条带状铁矿的稀土组成，特别是变价元素 Eu 异常，从太古宙→早元古代→中元古代→晚元古代→显生宙呈系统变化，从太古宙正异常，到中、晚元古代到显生宙呈逐渐增强的负异常，这种特点揭示了大气圈从缺氧向富氧的变化。Eu 是变价元素，有 $Eu^{2+}$ 和 $Eu^{3+}$。在大气圈以 $CO_2$ 为主时，海水呈明显酸性，pH 为 4~5，Eh 为负值，而 $Eu^{2+}$→$Eu^{3+}$ 的氧化电位为 0.43V，在这种条件下 Eu 主要呈 $Eu^{2+}$，与其他呈三价的稀土元素性质不同，很容易在富 $Ca^{2+}$、$Mg^{2+}$ 的太古宙 BIF 中形成相对富集而呈正异常。Ce 也有两种价态 $Ce^{3+}$ 和 $Ce^{4+}$，$Ce^{4+}$ 是难溶的，而 $Ce^{3+}$→$Ce^{4+}$ 需要高氧化电位（在酸性介质中为 1.3~1.7V，碱性介质内为 0.3V），因此，在上述条件下 Ce 很难被氧化成 $Ce^{4+}$ 而形成 Ce 负异常。我国主要 BIF 均未呈现明显 Ce 负异常，表明其形成于缺氧环境，这些特点也表明，太古宙—元古宙界线可能是大气圈氧化-还原的重要转变期。

**6. 火成岩地球化学记录的岩石圈长期演化突变与大氧化事件**

　　最新的研究成果是从地球深部岩浆活动探讨约 2.5Ga 前出现的大气圈大氧化事件形成机制。Keller 和 Schoene（2012）建立了一个包括约 70000 个大陆火成岩样品地球化学资料的数据库，这些样品有产出位置、结晶年龄（含误差），将这些资料叠加在地球物理模型上，计算现代地壳和岩石圈参数，用地

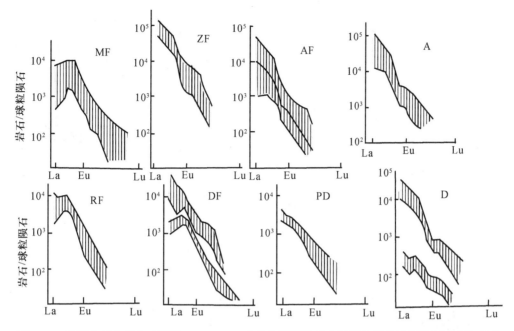

图 5-55　我国古元古界白云鄂博 REE-Fe-Nb 矿床的不同类型矿石稀土元素球粒陨石标准化型式

MF. 块状 REE-Fe-Nb 矿石；ZF. 条带状 REE-Fe-Nb 矿石；AF. 霓石 REE-Fe-Nb 矿石；RF. 钠闪石 REE-Fe-Nb 矿石；

DF. 白云石 REE-Fe-Nb 矿石；PD. 白云石 Nb 矿石；A. 霓石 Nb-REE 矿石；D. 白云石 Nb-REE 矿石

球化学统计学方法（蒙特卡洛法，Monte-Carlo），加权平均计算火成岩平均地球化学参数随时间的变化，平均的时间间隔为 100Ma。用 $SiO_2$ 含量区分原始地幔熔融和随后的演化和分离结晶过程，以 $SiO_2$ 含量 43%~51% 代表弱分异的镁铁质岩性样品（图 5-56a~c）；$SiO_2$ 含量 62%~74% 代表演化、分异后的中性-长英质岩性样品（图 5-57），然后将岩石圈演化参数与大气圈氧化参数作图（图 5-58）。统计结果清楚地显示，岩石圈的长期演化在太古宙—元古宙界线（约 2.5Ga 左右）普遍存在不连续变化，火成岩的一些地球化学参数值，如 Na/K、La/Yb、Eu/Eu* 等比值，$K_2O$、$Na_2O$、MgO、Ni 和 Cr 等含量，均出现显著不连续变化，明显降低或升高。由主元素地球化学推算的地幔视（apparent）熔融程度也由太古宙的 35% 降低到现代的 10%，特别是在约 2.5Ga 时地幔视熔融程度由 27% 降低到 17%，降低了 10%（图 5-56g）。另一个显著特点是，地壳和岩石圈厚度、地幔平均熔融程度等参数的变化，与用大气圈氧变化曲线表示的大气圈氧化之间在时间上存在明显的一致性（图 5-58）。

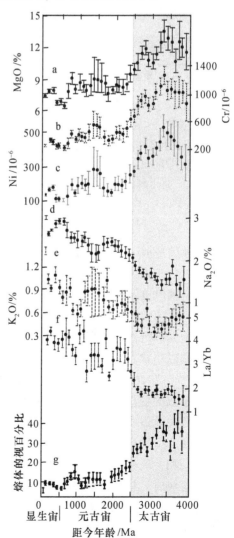

图 5-56　镁铁质岩性样品（$SiO_2$ 含量 43%~51%）成分演化的长期变化（Keller and Schoene，2012）

a、b、c：相容元素（MgO、Ni、Cr）含量随时间的变化趋势；d、e：不相容元素（$K_2O$、$Na_2O$）含量随时间的变化趋势；f. La/Yb 值随时间的变化趋势；g. 由主元素地球化学推算的地幔视（apparent）熔融程度随时间的变化趋势。

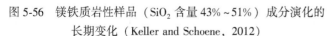

图中统计误差为 2 个标准平均差

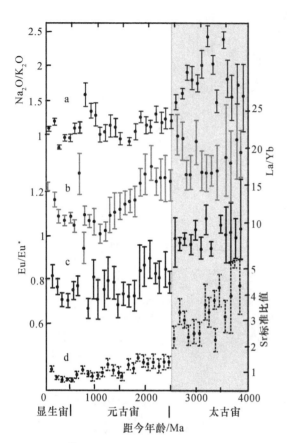

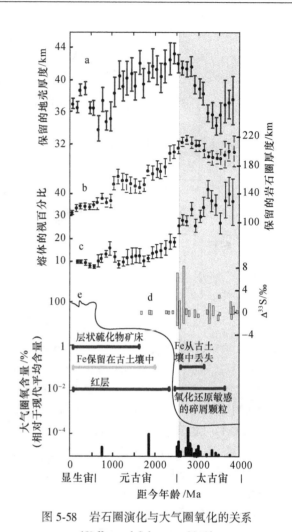

图 5-57　长英质岩性样品（SiO$_2$ 含量 62%~74%）成
分演化的长期变化（Keller and Schoene，2012）

约 25 亿年时岩石圈演化的改变如下：a. 主元素（K$_2$O、Na$_2$O）
变化趋势；b、c. 长英质岩石的微量元素（La/Yb、Eu/Eu*）
变化趋势；d. 以镁铁质岩石（SiO$_2$ 含量 43%~51%）为标准的
长英质岩石 Sr 丰度。图中统计误差为 2 个标准平均差

图 5-58　岩石圈演化与大气圈氧化的关系
（Keller and Schoene，2012）

图解显示：保存的地壳和岩石圈厚度、地幔平均熔融程度与
大气圈氧化之间在时间上存在明显的一致性。大气圈的氧化
由图中概括的大气圈氧变化曲线、$^{33}$S 分馏及沉积物氧化还原
指标的存在表示

　　什么原因造成了上述火成岩地球化学统计资料揭示的岩石圈长期演化在 2.5Ga 左右发生明显不连续性改变？这种不连续性变化为何与大气圈氧化在时间上一致？Keller 和 Schoene（2012）认为，保存的地壳和岩石圈厚度及地幔熔融程度的变化，可能是地球的构造和地壳形成方式在太古宙—元古宙界线发生了改变，太古宙深部地壳熔融（或高压分离结晶）对地壳的形成作用影响比元古宙强烈，太古宙较广泛的下地壳拆沉作用与高程度地幔熔融以及太古宙地壳主要岩石 TTG 的丰度，造成了现今保存的太古宙岩石圈以非常薄的地壳为特点；地幔逐渐冷却而使温度降低也可能是因素之一。但 La/Yb、La/Sm 和 Sm/Yb 等参数在 2.5Ga 时的不连续变化不能单用熔融程度变化解释，源区微量元素组成的改变或有效总分配系数的变化也应考虑。岩浆去气方式的改变，如近地表还是在水下，或地幔氧逸度的改变（见本章五节有关地幔氧化还原的讨论）也应是控制因素。岩浆去气方式的改变以及地幔氧逸度的变化，都是通过地幔产生的挥发分通量影响大气圈。有关 Fe 价态的试验资料表明，与太古宙广泛分布的 TTG 岩浆形成密切相关的榴辉岩矿物石榴子石和钠质单斜辉石可以容纳大量 Fe$^{3+}$，因而在太古宙广泛分布的 TTG 岩浆形成时，就会以 Fe$^{3+}$ 形式将强氧化能力留在其榴辉岩或石榴子石辉石岩残留相中，而更强的还原能力被 TTG 以 Fe$^{2+}$ 形式带到地表，并释放与之平衡的 H$_2$S、CH$_4$ 和 CO，这表明太古宙深部地壳岩浆作用明显影响了地表氧逸度。Keller 和 Schoene（2012）的研究成果建立了深部地球化学过程与大气圈

氧含量之间的联系。

### 7. U 矿床中 U、Th 关系与大气圈氧化还原关系

U 矿床中 U、Th 关系的变化也提供了大气圈氧化还原特点演化的资料。20 亿年前形成的铀矿床，U 矿物含大量 Th，但 20 亿年后形成的铀矿物基本不含 Th，U、Th 由共生演变为 U、Th 分离。这种转变是由于氧化还原条件的变化，U 有 $U^{4+}$、$U^{6+}$，但 Th 仅有 $Th^{4+}$，$Th^{4+}$ 与 $U^{4+}$ 地球化学特点相似，因此在还原环境中不发生分异，但在富氧条件下，U 呈 $U^{6+}$，$U^{6+}$ 及其络合物是高度溶解的，U、Th 发生分离（Rising and Frei，2004）。

### 8. 大气圈中氧含量变化不是"一帆风顺"

地质历史中大气圈氧含量的变化不是"一帆风顺"的，0.175～0.275Ga 时，全球氧含量很低，只有 10%～11%（相当于现今的一半），导致了二叠纪到三叠纪物种大灭绝。白垩纪出现了多次大洋缺氧事件（ocean anoxic event，OAE）：OAE1a（120.5Ma）；OAE1b（113～109Ma）；OAE1c（102Ma）；OAE1d（99.2Ma）；OAE2（93.5Ma）。这些缺氧事件导致大量有机 $\delta^{13}C$ 偏移，碳埋藏，黑色页岩、红层形成，大气圈氧增加，$CO_2$ 降低（Schlanger and Frei，1976；Jenkyns，1980；Arthur and Sageman，1994）。

氧在地球演化过程中起着非常重要的作用，生命的出现、矿床的形成均与大气圈、水圈和岩石圈中氧演化还原状态密切相关。郭承基教授在 1965 年曾提出地球侵入岩金属阳离子 R（包括 H，不包括 Si）的平均原子价为 2.02±0.11；喷出岩平均原子价 1.96±0.10。氧离子为负二价，所有火成岩主要化学组成均可表示为 $mR^{2+}O \cdot nSiO_2$，这可能显示了氧对岩石形成的控制作用。

Fe 同位素的研究也为不同价态 Fe 的关系提供了资料，当 $Fe^{2+} \rightarrow Fe^{3+}$，Fe 同位素可发生分馏。初步研究表明对我国鞍山-本溪地区晚太古代条带状铁建造的 Fe 同位素研究表明，均显示重的 Fe 同位素富集，$\delta^{56}Fe$ 为正值 0.08‰～1.27‰，表明本区 BIF 中 Fe 来源与海底热液有关，是 $Fe^{2+}$ 溶液经部分氧化沉淀形成，结合 BIF 缺乏 Ce 负异常，表明当时是低氧逸度环境（李志红等，2008）。

综合上述分析，大气圈中氧的演化是当今地球科学的重要研究课题，不同的模型对大气圈中游离氧的出现时间给出了不同的认识，争论并未结束。越来越多的最新证据表明，大气圈中氧的出现可能早于 2.5Ga。条带状铁矿（BIF）是典型的无碎屑状岩屑化学沉积物，它是前寒武纪地球环境演化的重要地质载体，记录了大气圈、水圈氧化还原状态的重要信息。特别是这些铁矿的稀土元素组成，如 Eu 及 Ce 异常及轻稀土富集程度（La/Yb）呈现随时代的规律变化。我国条带状铁矿分布较广，特别是与国外 BIF 主要形成于太古宙—古元古代（2.7Ga 为高峰）不同，我国 BIF 主要形成于 2.5Ga 左右，少数为 2.7Ga 和 3.0～3.3Ga。我国主要发育了太古宙鞍山式铁矿，在河北遵化地区更有可能产出最古老的铁矿。因此，系统开展我国沉积-变质型、沉积型铁矿的地球化学研究，特别是稀土、微量元素、过渡族元素及 S、C、Fe 等同位素地球化学研究，不仅可为大气圈、水圈的演化提供重要参考资料，也对研究我国铁矿的形成和分布规律有重要意义。涂光炽教授在 20 世纪 70 年代我国寻找富铁矿的会战中，根据我国地壳演化特点，提出了我国不具备产出国外广泛分布的古风化壳型富铁矿的条件；1977 年，他又提出了我国独具特色的稀土铁建造并开展了其形成特点和规律的研究，为我国铁矿的研究开辟了新的领域。

## 第五节　地幔化学组成及地球化学演化的微量元素制约

对地幔化学组成及地球化学演化的研究主要基于两方面：一是同位素组成，如 Sr、Nd、Pb、Hf 和 Os 同位素，通过建立它们的同位素体系探索地幔地球化学特征；二是微量元素含量与组合。最常用的是微量元素与同位素的结合。近代地球化学研究的一项重大成果是发现了地幔的不均一性，这种发现是同位素和微量元素地球化学的贡献，地幔化学和化学地球动力学均以此为基础。各种来自地幔的岩浆岩微量元素和同位素组成有明显差异：二辉橄榄岩包体强烈亏损轻稀土元素，洋中脊玄武岩轻稀土元素亏

损程度略小些；洋岛碱性玄武岩和拉斑玄武岩强烈富集轻稀土元素，大部分微量元素在海岛区比在洋中脊高十到几十倍。在同位素组成上，洋中脊玄武岩$^{143}$Nd/$^{144}$Nd 值最高，如印度洋、大西洋、太平洋海盆为 0.51310～0.51323，大陆玄武岩则较低。这些明显差异表明这些玄武岩类不可能是一个均匀的地幔部分熔融的产物，而是来自化学组成不同的地幔源，洋中脊岩石来自亏损大离子元素的源区，而洋岛岩石来自未发生大离子亲石元素亏损的正常地幔源区或不同类型的富集地幔。

从较小范围看，地幔不均一性也是较显著的。在一些洋中脊与热点靠近的地方，火山岩 Pb、Sr 同位素组成和 La/Sm 值随其距离而系统变化，近热点区比值高，大洋中脊则发生亏损，如，冰岛位于洋中脊热点上，其 La/Sm、$^{87}$Sr/$^{86}$Sr、$^{206}$Pb/$^{204}$Pb、$^{208}$Pb/$^{204}$Pb 都随距离系统变化（图 4.3）（Sun et al.，1975）。现已发现在大西洋洋中脊轴部和北部（29°～64°N）的玄武岩中，微量元素和同位素组成随纬度而系统变化。用不同的地幔源（地幔柱、低速带）的两组分模型不容易解释这些数据。最新证据表明大西洋雷克雅内斯半岛下面至少存在两种独立的地幔源。

在更小范围内也发现了地幔不均一性。沿大西洋中脊（～37°N）、法罗群岛和冰岛的局部地区，在几米到距离为千米范围的拉斑玄武岩中，具有很不相同的不相容元素丰度，同位素组成在一些样品中也不相同。微量元素丰度的差异不能简单地用分离结晶或部分熔融程度的不同解释，一些学者用地幔小范围内的不均匀性解释这种变化。

由上述，地幔不均一性是显著的：在横向上大到几百千米（地体级），小到几千米，甚至几米、几厘米（幔源捕虏体及气液包裹体）；从极端亏损的岩石圈地幔碎片到与原始未分异地幔相近的似原始地幔，到交代富集地幔；纵向上地幔也是不均一的，在不均一的岩石圈地幔及不同深度，可能存在亏损程度不等的软流圈地幔和地幔柱。

# 一、地幔的不均一性——不同类型的地幔端元或储源

在幔源岩石中相继发现地壳岩石的信息，最典型的是地幔橄榄岩捕虏体中发现 Ce 的负异常（Neal et al.，1989），这是由于 Ce$^{4+}$存在造成的。在地幔条件下，大量 Fe$^{2+}$存在使高氧化态的 Ce$^{4+}$不可能存在，即不可能出现 Ce 的亏损［见式（5-11）］。因此，地幔岩中 Ce 负异常的存在是来自地壳，表明地壳物质通过俯冲或其他途径进入了地幔，如受海水蚀变的洋壳玄武岩、洋底沉积物都具有 Ce 亏损特征，6%～7%的这些物质加入到地幔橄榄岩中就可以产生所观察到的 Ce 亏损。通过分析现代海相沉积物（锰结核、生物成因软泥、深海和半深海黏土）中的 K、Rb、Cs、Ba、Sr、U、Th、Pb 及稀土元素丰度，发现其 Sr、Nd 同位素比值和 Sr/Nd 值可以是俯冲的沉积物与亏损地幔（或俯冲洋壳）的混合结果（Ben Othman et al，1989）。源区中含有俯冲沉积物的岛弧火山岩，其 Cs/Rb、Rb/Ce 值高于大洋玄武岩。在俯冲带这个"工厂"中，俯冲带脱水所产生的交代作用以及地壳物质加入到地幔中等壳幔相互作用，使地幔变得成分上很不均匀。

根据对海洋玄武岩 Sr-Nd-Pb-Hf 同位素组成的研究，Zindler 和 Hart 1986 年提出地幔中存在 5 种端元成分。根据同位素和微量元素组成，在地球化学上至少可划分为以下 6 个地幔端元（end-member）或储源（reservoirs），通过这些地幔端元广泛的混合作用，可以解释所有观察到的各种幔源岩浆岩的同位素和微量元素组成。

1）DMM：亏损地幔，是洋中脊玄武岩 MORB 源区的主要成分，存在于洋中脊下面，可能延伸到海洋盆地下面。主要特征是低 Rb/Sr，高 Sm/Nd；$^{143}$Nd/$^{144}$Nd 值高，$^{87}$Sr/$^{86}$Sr 值低，其 $\varepsilon_{Nd}(T)$ 为高正值，$\varepsilon_{Sr}(T)$ 为负值。$^{206}$Pb/$^{204}$Pb 值也低。我国汉诺坝玄武岩中发现的地幔岩包体最为亏损，其$^{87}$Sr/$^{86}$Sr 0.702215～0.704300，$^{143}$Nd/$^{144}$Nd 0.512491～0.513585（Song and Frey，1989）。MORB 的 Hf 同位素组成具有较大的变化范围，表明亏损地幔是不均一的。通常将 DMM 作为大陆地壳从地幔分异出后均一化的残留。

2）EM I：I 型富集地幔，特点是 Rb/Sr 值较高，Sm/Nd 值较低；Ba/Th 和 Ba/La 值高，分别为 103～154 和 13.2～16.9；$^{87}$Sr/$^{86}$Sr 值变化大；$^{143}$Nd/$^{144}$Nd 值较低，对于给定的$^{206}$Pb/$^{204}$Pb，其$^{207}$Pb/$^{204}$Pb 和

$^{208}$Pb/$^{204}$Pb 值高。典型的 EM I 实例是在南半球的 DUPAL 异常〔由 Dupre 和 Allegre 确定的南大西洋和印度洋的洋岛熔岩具有高$^{87}$Sr/$^{86}$Sr 值（>0.7035）和在给定$^{206}$Pb/$^{204}$Pb 值时比北大西洋和东太平洋岛熔岩有高$^{207}$Pb/$^{204}$Pb 和 $^{208}$Pb/$^{204}$Pb 值，称为 Dupal 异常，其 Pb 同位素指标为（$\Delta^{206}$Pb/$^{204}$Pb）>+60；Hart，1984〕。对于 EM I 端元的形成机理还存在争论，它是与地幔本身分异联系的交代富集。多数人认为它存在于岩石圈地幔中，是软流圈来源的小体积富钾和挥发分的熔体，或下插板块脱水所释出富大离子亲石元素、贫高场强元素流体交代岩石圈地幔而形成。因此，EM I 与下部陆壳有相似性，可能代表了再循环的地壳物质。Weaver（1991）提出 EM I 是由高 $\mu$ 值地幔（HIMU 地幔）和少量（<5%）俯冲大洋深海沉积物混合而成。Hart 等（1992）认为有两个主要储源可作为候选，一是强亏损的海洋岩石圈地幔；二是循环到地幔的古老沉积物。较低的 Pb 同位素比值被认为是岩石圈地幔，但较高的$^{187}$Os/$^{188}$Os 值表明岩石圈地幔不可能是形成 EM I 型地幔的主要物质来源（Rehkamper and Hofmann，1997；Escrig *et al.*，2004）。Ernst 等（2003）认为 EM I 代表岩石圈地幔。

3）EM II：II 型富集地幔，特点是 Rb/Sr 值高，Sm/Nd 值低，Th/Nb、K/Nb 和 Th/La 值较高，分别为 0.111~1.157、248~378 和 0.122~0.163；$^{143}$Nd/$^{144}$Nd 和 $^{87}$Sr/$^{86}$Sr 值均高于 EM I。EM II 为壳-幔再循环相联系的交代成因。EM II 与上部陆壳有亲缘关系，与平均大陆壳或现代俯冲大陆沉积物有相似的同位素比值，可能代表了陆源沉积岩、陆壳、蚀变的大洋地壳或洋岛玄武岩的再循环作用，也可能是大陆岩石圈进入地幔与之混合。与 EM I 不同，EM II 可由 HIMU 地幔与少量（<5%）陆源沉积物混合而成（Weaver，1991）。Ernst 和 Buchan（2003）认为 EM II 代表了陆壳成分。

4）HIMU：为具有高 U/Pb 值的地幔，U 和 Th 相对于 Pb 是富集的，Rb/Nb、Ba/Th、Ba/Nb、La/Nb 和 Zr/Nb 等的比值均低于上述几种地幔端元。$^{87}$Sr/$^{86}$Sr 值低（与 DMM 相当），$^{143}$Nd/$^{144}$Nd 中等。HIMU 的成因可能是由于蚀变的大洋地壳进入地幔并与之混合，丢失的 Pb 进入地核，地幔中交代流体也使 Pb 和 Rb 流失（Rollinson，1993）。Ernst 等（2003）认为 HIMU 代表洋壳。在 Hf 同位素组成上也有特殊性，在给定 $\varepsilon_{Nd}$ 值时，其 $\varepsilon_{Hf}$ 值低于其他地幔端元，即偏离 EM I 和 EM II 在 Nd-Hf 同位素图解中构成的 OIB 趋势线。

5）PREMA：为 PREvalent Mantle 的缩写，称为流行的或普通地幔，为经常观察到的普通地幔成分（Zindler and Hart，1986）。其特点是$^{206}$Pb/$^{204}$Pb 为 18.2~18.5，高于 DMM 和 EM I，低于 EM II 和 HIMU 地幔，$^{87}$Sr/$^{86}$Sr 值低于 EM I 和 EM II，高于 DM 型地幔。$^{143}$Nd/$^{144}$Nd 高于 EM I 和 EM II，低于 DMM。

6）FOZO：为地幔集中带，由 Hart 等 1992 年提出。它在 DM-EM I-HIMU 所构成的三角形底部，它是 DM 和 HIMU 的混合物，可能起源于下地幔，由起源于核-幔边界的地幔热柱捕获。其重要特征是$^3$He/$^4$He 高，Sr-Nd 同位素组成亏损。

Meibom 和 Anderson 2003 年提出上地幔在中-小尺度（$10^2$~$10^5$m）是不均一的，称为统计的上地幔集合体 SUMA（statistical upper mantle assemblege），它是沉积岩和地壳组分长期板块构造循环的产物。在上述常用模型中，均匀的 MORB 地幔储源是由地幔对流和混合形成的，在地幔大尺度区域，如对流的上地幔、大陆岩石圈和下地幔被视为明显不同的、可识别的（accessible）地球化学储源，相反，在 SUMA 模型中，MORB 和 OIB 的同位素组成是由小到中尺度不均匀分布的上地幔部分熔融和岩浆混合形成。因此，SUMA 也代表的是在熔融和平均基础上取样（sampling upon melting and averaging）。该模型不需要用不同的地幔储源（如下地幔）解释 OIB 的成分。

在文献中常提到肥沃（或饱满）地幔（fertile mantle），它指地幔玄武岩浆源区尚未熔融之前的物质的统称，与其组成是否相对富集或亏损无关（牛耀龄，2013）；相对于玄武质组分是饱满的，相对于原始地幔是亏损的（Roden and Murthy，1985）；或者说过去没有提取过熔体的地幔，可用简单的二辉橄榄岩代表（Gill，2010）。

对是否存在原始地幔有两种不同的认识：一种认为由于长期的地幔分异（如地壳的增生）使地幔很难保持原始组成；另一种观点认为地幔的分异主要发生在上层，其下层仍保留原始组成，即双层地幔模式，上层亏损，下层为原始组分。其主要依据是发现了不少具有与原始地幔成分相近的火山岩（大陆溢流玄武岩，如西伯利亚、哥伦比亚河，或幔源岩包体），如在我国东北地区发现与原始地幔岩 Sr、Nd、Pb 同位素组成相近的火山岩（拉斑玄武岩及橄榄岩包体），在福建明溪发现的石榴子石二辉橄榄岩的稀土元素组成为饱满型，$\Sigma REE\ 11.08\times10^{-6}$，$(La/Yb)_N\ 1.57$。近年来，渗透性强、易逸失且具化学惰性的 He 同位素组成 $^3He/^4He$ 值研究支持了原始地幔的存在，因为任何地幔分异机制均涉及热扰动，原始成因 $^3He$ 同位素记号的检出应是原始地幔的灵敏判据。部分洋岛玄武岩具有平坦的 REE 分布型式以及较高的 $^3He/^4He$ 值，这提供了原始地幔存在的证据，但只是近于原始特征。但是，球粒陨石和大洋各类玄武岩 Hf-Nd 同位素研究表明（Blichert-Toft and Albarede，1997），没有任何大洋玄武岩显示来源于硅酸盐地球（BSE）或原始地幔的迹象。因此，Nd-Hf 同位素不支持原始地幔能保留下来。部分玄武岩的高 $^3He/^4He$ 值，可能是其源区未经历 He 去气压力的过程。

　　不同地幔端元在地幔中的分布有一定的规律性，如大多数富集地幔端元出现在印度洋和南半球，其 MORB 显示的 Pb、Sr 同位素组成明显高于北半球 MORB（上述 DUPAL 异常；Hart，1984）。地幔地球化学填图并结合地球物理信息为此提供了重要资料。Anderson 等（1998）认为地幔的富集储源及亏损地幔位于上地幔而不是深部地幔。

　　稀有气体（He、Ne）同位素组成资料显示，深部地幔并不是原始的，只是近于原始特征，Nb/U 值高，Pb/Nd 值低，MORB 和 OIB 相似。据地震层析资料，俯冲作用可达下部地幔，一些主要地幔柱已达最底部地幔（Hofmann，2003），这表明，上、下地幔之间发生了物质交换，它们在化学上不是相互隔离的。

　　表 5-21 和表 5-22 汇总了不同类型地幔端元的微量元素比值和 Sr、Nd、Pb 同位素组成。图 5-59 为不同地幔端元的 Ba/Th-Rb/Nb 及 Ba/La-Ba/Nb 关系，图 5-60 为不同类型地幔端元及地壳之间相互作用可能方式示意图。不同类型地幔物质的不相容元素丰度列于表 5-23。与洋岛玄武岩有关的地幔端元微量元素对比值列于表 5-24。

**表 5-21　地壳和地幔储库的不相容元素的比值**（据 Saunders et al.，1988；Weaver，1991）

| 比值 | Zr/Nb | La/Nb | Ba/Nb | Ba/Th | Rb/Nb | K/Nb | Th/Nb | Th/La | Ba/La |
|---|---|---|---|---|---|---|---|---|---|
| 原始地幔 | 14.8 | 0.94 | 9.0 | 77 | 0.91 | 323 | 0.117 | 0.125 | 9.6 |
| N-MORB | 30 | 1.07 | 1.7~8.0 | 60 | 0.36 | 210~350 | 0.025~0.071 | 0.067 | 4.0 |
| E-MORB | | | 4.9~8.5 | | | 205~230 | 0.06~0.08 | | |
| 大陆地壳 | 16.2 | 2.2 | 54 | 124 | 4.7 | 1341 | 0.44 | 0.204 | 25 |
| HIMU OIB | 3.2~5.0 | 0.66~0.77 | 4.9~6.9 | 49~77 | 0.35~0.38 | 77~179 | 0.078~0.101 | 0.107~0.133 | 6.8~8.7 |
| EM I OIB | 4.2~11.5 | 0.86~1.19 | 11.4~17.8 | 103~154 | 0.88~1.17 | 213~432 | 0.105~0.122 | 0.107~0.128 | 13.2~16.9 |
| EM II OIB | 4.5~7.3 | 0.89~1.09 | 7.3~13.3 | 67~84 | 0.59~0.85 | 248~378 | 0.111~0.157 | 0.122~0.163 | 8.3~11.3 |

**表 5-22　地幔储库的同位素特征**（据 Saunders et al.，1988；Weaver，1991）

| 同位素 | $^{87}Rb$-$^{86}Sr$ | $^{147}Sm$-$^{143}Nd$ | $^{238}U$-$^{206}Pb$ | $^{235}U$-$^{207}Pb$ | $^{232}Th$-$^{208}Pb$ |
|---|---|---|---|---|---|
| 亏损地幔 DM | 低 Rb/Sr<br>低 $^{87}Sr/^{86}Sr$ | 高 Sm/Nd<br>高 $^{143}Nd/^{144}Nd$<br>（正 epsilon） | 低 U-Pb<br>低 $^{207}Pb/^{206}Pb$<br>（17.2~17.7） | 低 U-Pb<br>低 $^{207}Pb/^{204}Pb$<br>（15.45） | Th/U = 2.4±0.4<br>低 $^{208}Pb/^{204}Pb$<br>（37.2~37.4） |
| HIMU | 低 Rb/Sr<br>低 $^{87}Sr/^{86}Sr$<br>0.70285 | 中等 Sm/Nd<br>$^{143}Nd/^{144}Nd$<br>（<0.51285） | 高 U-Pb<br>高 $^{206}Pb/^{204}Pb$<br>（>20.8） | 高 U-Pb<br>高 $^{207}Pb/^{204}Pb$<br>15.81 | 高 Th/U<br>$^{208}Pb/^{204}Pb$<br>40.8 |
| 富集地幔<br>EM I | 低 Rb/Sr<br>低 $^{87}Sr/^{86}Sr$<br>0.70530[a,e] | 低 Sm/Nd<br>$^{143}Nd/^{144}Nd$<br>0.51233[e]<br>0.51236[a] | 低 U-Pb<br>$^{206}Pb/^{204}Pb$<br>（17.6~17.7）<br>17.40[a]，17.5[e] | 低 U-Pb<br>$^{207}Pb/^{204}Pb$<br>（15.46~15.49） | 低 Th/U<br>$^{208}Pb/^{204}Pb$<br>38.1[a]，39.0[e] |

续表

| 同位素 | $^{87}Rb/^{86}Sr$ | $^{147}Sm\text{-}^{143}Nd$ | $^{238}U\text{-}^{206}Pb$ | $^{235}U\text{-}^{207}Pb$ | $^{232}Th\text{-}^{208}Pb$ |
|---|---|---|---|---|---|
| 富集地幔<br>EM Ⅱ | 高 Rb/Sr<br>低 $^{87}Sr/^{86}Sr$<br>$0.70780^a$ | 低 Sm/Nd<br>$^{143}Nd/^{144}Nd$<br>$0.51258^a$ | $^{206}Pb/^{204}Pb$<br>$19.00^a$ | 高 $^{207}Pb/^{204}Pb$<br>$15.85^a$ | 高 $^{208}Pb/^{204}Pb$<br>$39.5^a$ |
| PREMA | $^{87}Sr/^{86}Sr =$<br>0.7033 | $^{143}Nd/^{144}Nd =$<br>0.5130 | $^{206}Pb/^{204}Pb =$<br>(18.2~18.5) | | |
| FOZO | $0.703 \sim 0.704^b$ | $0.51280 \sim 0.51300^b$ | $18.50 \sim 19.50^b$ | $15.50 \sim 15.65^c$ | $38.8 \sim 39.3^c$ |
| 全地球 | $^{87}Sr/^{86}Sr$<br>0.7052 | $^{143}Nd/^{144}Nd =$<br>0.51264<br>（球粒陨石） | $^{206}Pb/^{204}Pb$<br>18.4±0.3 | $^{207}Pb/^{204}Pb$<br>15.58±0.08 | Th/U = 4.2<br>$^{208}Pb/^{204}Pb$<br>38.9±0.3 |

注：a. Hart, 1988；Hart *et al.*, 1992；b. Hauri *et al.*, 1994；c. Hart *et al.*, 1992；其他据 Zindler and Hart, 1986。

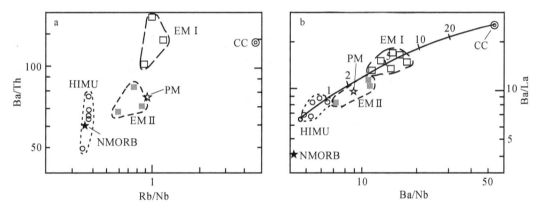

图 5-59　不同类型地幔端元的 Ba/Th-Rb/Nb 及 Ba/La-Ba/Nb 关系（Weaver, 1991）

b 中曲线上数字为陆壳 CC 与 HIMU 混合物中沉积物百分比

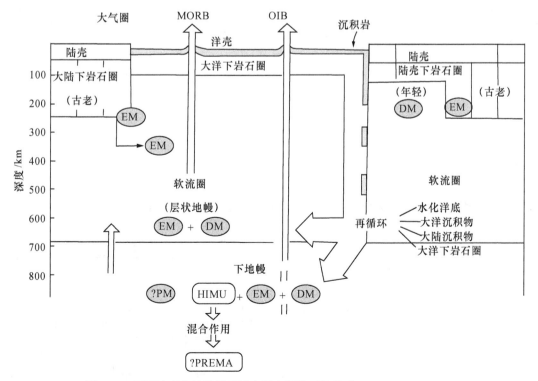

图 5-60　不同地壳和地幔端元及它们之间的可能关系（Rollinson, 1993）

**表 5-23　不同类型地幔物质的不相容元素丰度**（Roden and Murthy，1985）　　　（单位：$10^{-6}$）

| 元素和比值 | 原始地幔 | 亏损而又饱满的地幔* | | 交代地幔** | |
|---|---|---|---|---|---|
| Rb | 0.48 | 0.02~0.31 | NUN | 0.042~2.83 | (8) |
| | | | STP | 0.079~3.36 | (12) |
| Ba | 4.9~7.6 | 2.3~6.1 | NUN | 3.8~42 | (8) |
| K | 180~252 | 8.1~140 | NUN | 80~1070 | (8) |
| | | | STP | 63~970 | (11) |
| La | 0.50~0.71 | 0.051~0.51 | NUN | 0.28~8.3 | (8) |
| | | | DW | 1.6~4.2 | (8) |
| | | | VIC | 0.88~3.4 | (3) |
| | | | SC | 0.98~1.4 | (4) |
| | | | STP | 0.58~8.1 | (10) |
| Sr | 16~23 | 5.9~28 | NUN | 12~82 | (8) |
| | | | STP | 8.0~43 | (10) |
| Yb | 0.34~0.44 | 0.32~0.50 | NUN | 0.037~0.40 | (8) |
| | | | STP | 0.088~1.1 | (10) |
| | | | DW | 0.068~0.19 | (8) |
| | | | VIC | 0.024~0.12 | (3) |
| | | | SC | 0.083~0.27 | (4) |
| Rb/Sr | 0.030~0.037 | 0.0034~0.029 | NUN | 0.0027~0.12 | (10) |
| | | | STP | 0.012~0.16 | (7) |
| | | | ATQ | 0.012~0.064 | (5) |
| Sm/Nd | 0.30~0.33 | >球粒陨石 | NUN | 0.12~0.25 | (7) |
| | | | STP | 0.077~0.31 | (7) |
| | | | DW | 0.084~0.20 | (8) |
| (La/Yb)$_N$ | 1 | 0.12~0.79 | NUN | 3.3~29 | (8) |
| | | | STP | 2.4~26 | (9) |
| | | | DW | 5.7~23 | (8) |
| | | | SC | 2.1~7.9 | (4) |
| | | | VIC | 19~25 | (3) |

注：NUN. 阿拉斯加努尼瓦克岛；STP. 大西洋赤道上的圣保罗岩；DW. 德国德莱泽魏厄尔；VIC. 澳大利亚的维多利亚；SC. 亚利桑那的圣卡洛斯；ATQ. 南也门阿塔克。

\* 饱满指相对于玄武质组分是饱满的，相对于原始地幔是亏损的。

\*\* 交代地幔橄榄岩中的丰度范围，括号中为样品数。

**表 5-24　洋岛玄武岩的不同类型地幔端元和主要化学储源的不相容元素比值**（Saunders et al.，1988；Weaver，1991）

| 地幔端元 洋岛 | Zr/Nb | La/Nb | Ba/Nb | Ba/Th | Rb/Nb | K/Nb | Th/Nb | Th/La | Ba/La |
|---|---|---|---|---|---|---|---|---|---|
| HIMU OIB | 3.2~5.0 | 0.66~0.77 | 4.9~6.9 | 49~77 | 0.35~0.38 | 77~179 | 0.078~0.101 | 0.107~0.133 | 6.8~8.7 |
| SH（32） | 4.5 | 0.69 | 5.9 | 77 | 0.38 | 179 | 0.078 | 0.112 | 8.7 |
| | 4.3~5.1 | 0.66~0.75 | 5.0~6.3 | 61~85 | 0.36~0.43 | 171~185 | 0.071~0.085 | 0.106~0.118 | 8.2~9.3 |
| 芒艾亚岛 （3） | 3.8 | 0.77 | 6.5 | 64 | 0.38 | 166 | 0.101 | 0.131 | 8.4 |
| | 3.8 | 0.77 | 6.0~6.9 | 60~68 | 0.38 | 156~175 | 0.100~0.101 | 0.131 | 7.9~8.9 |

| 地幔端元洋岛 | Zr/Nb | La/Nb | Ba/Nb | Ba/Th | Rb/Nb | K/Nb | Th/Nb | Th/La | Ba/La |
|---|---|---|---|---|---|---|---|---|---|
| 土布艾岛（8） | 3.2 | 0.72 | 4.9 | 49 | 0.35 | 77 | 0.093 | 0.133 | 6.9 |
| | 2.7~3.7 | 0.65~0.77 | 4.7~5.2 | 39~58 | 0.30~0.41 | 66~124 | 0.083~0.123 | 0.128~0.164 | 6.2~7.4 |
| 鲁鲁土岛（4） | 5.0 | 0.77 | 5.3 | 63 | 0.38 | 125 | 0.083 | 0.107 | 6.8 |
| | 4.6~5.5 | 0.73~0.82 | 5.0~5.6 | 59~66 | 0.35~0.41 | 113~134 | 0.081~0.085 | 0.99~0.113 | 6.4~7.3 |
| 赖瓦瓦埃岛（3） | 4.2 | 0.66 | 5.4 | 68 | 0.38 | 174 | 0.080 | 0.121 | 8.3 |
| EMⅠ OIB | 4.2~11.5 | 0.86~1.19 | 11.4~17.8 | 103~154 | 0.88~1.17 | 213~432 | 0.105~0.122 | 0.107~0.128 | 13.2~16.9 |
| Hole525A（3） | 11.5 | 1.19 | 17.8 | | | 213 | | | 14.9 |
| | 10.3~13.1 | 1.01~1.32 | 15.5~22.1 | | | 194~232 | | | 12.6~16.7 |
| 沃尔维斯 Hole527 海岭（3） | 8.4 | 0.92 | 14.0 | | | 267 | | | 15.1 |
| | 6.1~10.7 | 0.86~0.97 | 12.3~15.6 | | | 207~302 | | | 14.3~16.5 |
| Hole528（4） | 6.1 | 0.87 | 14.7 | | | 373 | | | 16.9 |
| | 4.7~7.5 | 0.83~0.92 | 12.8~17.5 | | | 335~402 | | | 15.0~19.1 |
| 戈夫岛（15） | 6.8 | 0.97 | 16.1 | 154 | 0.99 | 432 | 0.105 | 0.110 | 16.6 |
| | 5.2~8.1 | 0.82~1.28 | 13.1~23.4 | 132~204 | 0.75~1.23 | 357~523 | 0.094~0.126 | 0.089~0.122 | 14.4~19.1 |
| 特里斯坦-达库尼亚岛（19） | 4.2 | 0.86 | 11.4 | 103 | 0.88 | 307 | 0.108 | 0.128 | 13.2 |
| | 3.5~5.7 | 0.78~0.95 | 9.1~12.9 | 80~126 | 0.69~1.00 | 232~234 | 0.095~0.127 | 0.110~0.147 | 11.3~15.7 |
| 凯尔盖朗岛（4） | 5.3 | 1.14 | 14.4 | 126 | 1.17 | 355 | 0.122 | 0.107 | 13.5 |
| | 5.0~5.5 | 1.02~1.21 | 12.0~16.0 | 113~134 | 0.97~1.41 | 339~380 | 0.111~0.130 | 0.105~0.109 | 12.2~14.6 |
| EMⅡ OIB | 4.5~7.3 | 0.89~1.09 | 7.3~13.3 | 67~84 | 0.59~0.85 | 248~378 | 0.115~0.157 | 0.122~0.163 | 8.3~11.3 |
| 图图伊拉岛、萨摩亚群岛（3） | 7.3 | 0.89 | 7.3 | 67 | 0.59 | 248 | 0.111 | 0.126 | 8.3 |
| | 6.9~7.8 | 0.79~0.97 | 6.4~7.9 | 57~75 | 0.58~0.85 | 203~302 | 0.105~0.115 | 0.108~0.142 | 8.1~8.6 |
| 乌波卢岛、萨摩亚群岛（2） | 4.5 | 1.09 | 11.0 | 84 | 0.76 | 254 | 0.133 | 0.122 | 10.4 |
| | 4.4~4.6 | 0.99~1.19 | 8.8~13.3 | 63~105 | 0.65~0.87 | 227~280 | 0.127~0.139 | 0.116~0.128 | 7.3~13.5 |
| 塔哈岛、社会群岛（2） | 6.5 | 0.97 | 10.9 | 71 | 0.85 | 378 | 0.157 | 0.163 | 11.3 |
| | 5.4~7.5 | 0.92~1.02 | 10.5~11.3 | 63~78 | 0.84~0.85 | 378 | 0.145~0.168 | 0.143~0.183 | 11.1~11.4 |

# 二、地幔交代作用

## （一）地幔交代作用的概念和分类

上述不同类型地幔端元的存在揭示了地幔的不均一性，目前，普遍认为地幔交代作用是造成地幔不均一性的重要原因。如对金伯利岩、钾镁煌斑岩和碱性玄武岩携带的地幔橄榄岩和辉石岩捕虏体的研究发现，地幔交代作用是岩石圈地幔普遍存在的现象。地幔交代作用（低的熔流体/岩石比），或橄榄岩-熔体相互作用（高的熔流体/岩石比）不仅造成岩石圈地幔的不均一性，而且使岩石圈地幔组成发生转变，因此倍受关注。Bailey（1970）提出了地幔交代作用概念，是指在有 $H_2O$ 和 $CO_2$ 等活动性流体参与下原始地幔发生富集（特别是微量元素和同位素），并最终导致地幔化学不均一的过程。根据交代作用的特点，可将其划分为两种类型——隐（cryptic）交代作用和显（model）交代作用。隐交代作用是指只出现不相容元素（如 LREE）的富集，而不出现交代结构和交代矿物（角闪石、金云母、碳酸盐和磷灰石等）的地幔交代作用（Dawson，1984）。显交代作用又称实际交代作用，指出现不相容元素富集和交代矿物的地幔交代作用，交代相既有弥散状，也有细脉状。这两种交代作用密切相关（Roden and Murthy，1985）。周新华（1987；周新华、朱炳泉；1992）将隐交代作用称为地幔富集事件，将显交代作用称为地幔交代作用。

### （二）地幔交代作用的识别标志

富集地幔存在是地幔交代作用的重要标志，不相容元素，如轻稀土 LREE 和大离子亲石元素 LILE 富集，以及角闪石、金云母等含水矿物相的出现是识别富集地幔和地幔交代作用的重要标志。

对某些幔源火成岩或地幔岩包体，如尖晶石二辉橄榄岩和石榴子石二辉橄榄岩包体的分析揭示，它们明显富含大离子亲石元素或不相容元素，诸如 K、Rb、Sr、Ba、LREE、Ti、Nb、Zr、P、U、Th 等元素，显著高于原始地幔或球粒陨石。岩石中不相容元素与主元素含量不相"匹配"，不能根据主元素丰度推测微量元素丰度［相容微量元素是岩石 Mg/（Mg+Fe）的函数］。此外，Sr、Nd 同位素组成也发生变化（明显比原始地幔降低或升高），具长周期亏损特征的 Sr-Nd-Pb 同位素体系，与包括其母体、子体元素在内的不相容元素高度富集的情况之间明显不一致。拥有这些特点的岩石不能由具有原始地幔或球粒陨石丰度的源岩熔融所形成，因为根据其不相容微量元素的高含量，由部分熔融公式［式（2-24）］可知，必须非常低程度的部分熔融才有可能。而实验表明，如果部分熔融程度小于 2% 时，所产生的熔体很难从矿物中析出并聚集，这是由表面张力所决定的，这可形象地用干毛巾中放入少量水后，如欲把水从毛巾中"拧"出来是几乎不可能的来比拟。因此，上述事实表明存在一种特殊的富集地幔。Sm-Nd、Rb-Sr 同位素组成表明，地幔不相容元素的富集作用是大陆地幔所特有的。对南印度洋凯尔盖朗（Kerguelun）岛火成岩的 Sm-Nd 和 Rb-Sr 同位素测定结果，$\varepsilon_{Sr} > 0$，$\varepsilon_{Nd} < 0$，落在 Sr-Nd 同位素体系图解的富集象限，而这些样品被公认为产在亏损地幔源区。因此，这些火成岩无疑来自一种富集地幔岩浆库，它位于亏损的海洋地幔岩浆库下面，通过地幔柱上升到地表。

地幔交代作用的矿物学标志是与地幔主要矿物相处于平衡的含水、富钾矿物的出现，如角闪石、金云母、磷灰石及碳酸盐矿物，如方解石等，是流体交代的直接证据。

Rb、Ba、K、Nb 及其他不相容元素富集，Nd 同位素比值降低，实例是在意大利 Tyrrhenian 海南部 Aeolian 弧熔岩，其 Ba/La、La/Nb、Zr/Nb 和 Rb/Sr 等比值，从弧西部向中部增加，高场强元素降低，从弧中部向东北部则呈相反趋势（Francelanci et al.，1993）。在我国华北，新生代玄武岩的地球化学特点显示微量元素和同位素组成发生脱偶（decoupling），即岩石明显富集以 LREE 为代表的不相容元素，$(La/Yb)_N$ 显著大于 1，但 Nd、Sr 同位素组成明显亏损（周新华等，1985）。

赵振华等（1993，2002，2006）、赵振华和周玲棣（1994）较系统研究了我国富碱火成岩，将它们划分为 15 条岩带，我国许多大型、超大型 Cu、Au 矿床与这些富碱火成岩在空间、时间上密切相关，这些富碱火成岩的微量元素和同位素组成均显示了它们的地幔源区发生了交代作用，为富集地幔。如辽宁赛马碱性岩，其稀土元素总含量（600~3300）×10⁻⁶，其中 La（110~740）×10⁻⁶，Ce（250~1500）×10⁻⁶。根据部分熔融模式，在总分配系数 $D$ 为 0 的极端条件下，极低的部分熔融程度（如 $F = 0.01 \sim 0.005$），所形成的熔体中微量元素浓度为 Ce=（140~280）×10⁻⁶，即使在这种极限条件下，也未能达到岩体中所测定的不相容元素浓度。经模式计算，要达到上述稀土含量，其源区地幔轻稀土元素浓度应为球粒陨石的 8 倍，重稀土元素为 5 倍。与此类似，对某些与幔源有关的超大型矿床的研究发现，与矿床形成有关的岩浆岩体或成矿流体中，成矿元素或相关微量元素的富集也难以用普通地幔的部分熔融或分离结晶模型解释。例如，内蒙古扎鲁特旗巴尔哲超大型稀土-铍、锆矿床；白云鄂博超大型稀土-铁-铌矿床；新疆尉犁超大型蛭石矿床等，均具有异常高含量的微量元素和特殊的 C、O、Sr、Nd 等同位素组成。以扎鲁特旗巴尔哲超大型矿床为例，该矿床赋矿岩体的钠闪石花岗岩样品中，Rb 含量（450~1366）×10$^{-6}$，Nb 含量（270~1876）×10$^{-6}$，Ta 含量（15~134）×10$^{-6}$，Zr 含量（5448~15000）×10$^{-6}$，Be 含量（23~580）×10$^{-6}$，$\Sigma$REE（465~3940）×10$^{-6}$，并强烈富集重稀土元素，（La/Yb）$_N$ 为 1.4~8.9。其同位素组成也很特殊，$^{87}$Sr/$^{86}$Sr 初始值为 0.698，$^{143}$Nd/$^{144}$Nd 值范围 0.512706~0.512761，$\varepsilon_{Nd}(T)$ 为 +1.9~+2.05。这些地球化学特征显示该矿床的形成与富集地幔有关。白云鄂博超大型稀土-铌矿床也有类似特征，其稀土元素含量（氧化物）非常高，为（3600~90000）×10$^{-6}$，且强烈富轻稀土元素（LREE/HREE 为 17~62），Sm/Nd 值异常低（0.066~0.168，平均 0.08974），明显低于地壳平均值 0.12，稀土矿物的 Nd、Sr 同位素组成证明稀土源区自中元古代以后，经历了 1.2Ga 演化，并具富集地幔特征：（$^{143}$Nd/$^{144}$Nd）$_i$ = 0.511252~0.511278，1.85Ga 时 $\varepsilon_{Nd}(T)$ = 1.3~2.4，4Ga 时 $\varepsilon_{Nd}(T)$ = -16.9~-15.9，稀土氟碳酸盐和伴生硫化物的 C、O、S 同位素组成直接证明稀土成矿溶液并非传统概念上的地壳热液。而是富含 CO$_2$ 的地幔流体，与地幔流体的交代作用有关（曹荣龙，1993：$\delta^{13}$C 为 -4.83‰，$\delta^{18}$O 为 +10.46‰，$\delta^{34}$S 为 -0.73‰）。新疆尉犁超大型蛭石矿中金云母 $^{87}$Sr/$^{86}$Sr = 0.706，$\delta^{18}$O = 6.42‰~6.85‰，方解石的 $\delta^{13}$C -3.65‰~-3.51‰，表明在其形成过程中地幔交代流体的活动与深源碳酸盐熔体活动紧密伴随。澳大利亚布罗肯希尔超大型铅锌矿床形成与裂谷构造有关，并具有地幔交代作用，主要特点是富含大离子亲石元素 U、Th，富轻稀土元素和 Eu，贫重稀土元素，其喷气岩稀土元素组成特点与太平洋中脊热液流体很相似，而与海水和建造水（贫 LREE、Eu、Ce，富 HREE 素）明显不同（图 3-93）。

我国东北广泛分布着新生代火山岩，常见各类成因的地幔岩捕房体，火山岩成分中少见钙碱系列岩石，多见钾质甚至高钾质岩石。对区内各类火山岩的 Sr、Pb、Nd 和 O 同位素和微量元素（Sr-Nd-Pb，K/Rb，La/Nb-Sr/Nd，Ba，La，Rb/Nb）等多维变量定量示踪研究（刘北玲等，1988；周新华、朱炳泉，1992），揭示了东北大陆地幔存在 PREMA、EM I 和低 $\mu$ 值等组分端元，表明东北大陆存在富集地幔 EM I，并提出用亏损-原始-富集三重的地幔结构模式解释控制本区各类源区的形成和演化。

地幔交代作用研究依据微量元素以及微量元素与 Sr-Nd-Pb 同位素体系的特征，所研究的岩石主要是玄武岩和地幔岩包体。常选择的微量元素主要是非活动性的 Nb、Zr、Y，它们在地幔-玄武质熔浆间的总分配系数近于 1，又由于它们的不活动性，不受交代、蚀变或风化作用的影响，因而可基本上代表源区地幔的成分，用微量元素划分地幔类型一般是三类：亏损型、富集型、过渡型。可由玄武岩的 Nb-Zr、Y-Zr、Zr/Nb-Zr/Y-Y/Nb、Zr/Y-Zr/Nb 等划分地幔类型（图 5-61，表 5-21，表 5-24）。

用微量元素判别地幔类型的方法之一是以 Nb 为标准（Nb = 0.62×10$^{-6}$）进行标准化作图，选择 Nb、

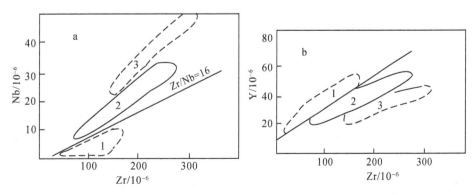

图 5-61　由玄武质岩石 Nb、Zr、Y 丰度划分地幔类型（Le Roex *et al.*，1983，1989）

1. 亏损地幔；2. 过渡型地幔；3. 富集型地幔；直线为原始地幔（$R^2$ = 0.96）

La、Ce、P、Zr、Ti、Y 七个微量元素。其中 Nb 的分配系数最小，是地幔不均一性的指标（Myers *et al.*，1989），其作图方法是将岩石和原始地幔各自用 Nb 标准化，然后求两者比值，其判别标准如表 5-25所示。Breitkopf（1989）在研究纳米比亚的变质玄武岩时，利用 Nb 标准化作图研究了该区地幔特征。该区 Swakop 组下段大陆拉斑玄武岩，其 Nb 标准化作图为负斜率，表明来自均一的富集地幔（图 5-62a），其上段（图 5-62b、c）玄武岩为正向斜率并呈发散状放射线，表明它们形成于亏损地幔。赵振华等（1994）用上述比值研究了湖南燕山期玄武岩，它们形成负斜率、近平行分布曲线，表明本区地幔受到交代富集。

表 5-25　用 Nb 标准化作图的地幔类型判别（Myers and Breitkopf, 1989）

| 曲线排列方式 | | 曲线倾斜方式 | |
| --- | --- | --- | --- |
| 近平行 | 放射状 | | |
| 曲线分布范围小 | 曲线分布范围大 | 正斜率倾斜 | 负斜率倾斜 |
| 地幔均一 | 地幔不均一 | 亏损地幔 | 富集地幔 |

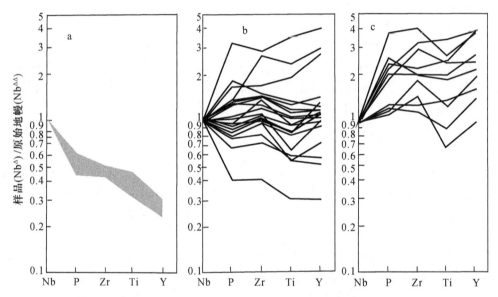

图 5-62　纳米比亚 Swakop 组裂谷玄武岩微量元素组成的 Nb 标准化图（Breitkopf, 1989）

a. Swakop 组下段；b. Swakop 组上段西部；c. Swakop 组上段东部；Δ 样品 Nb；ΔΔ 原始地幔 Nb

### （三）地幔交代作用形成的机理和模式

在板块俯冲带，俯冲洋壳板片脱水，形成富 $H_2O$ 和 $CO_2$ 的流体，或发生部分熔融形成板片熔体，最常见的地幔交代作用是这些流体或熔体上升交代上覆地幔楔的地幔橄榄岩。此外，通过拆沉作用发生下地壳或岩石圈物质（包括流体）进入地幔的再循环作用，是发生地幔交代的另一种重要作用。地幔交代作用的模式可概括为先驱交代（precursory）和后随（续）交代（consequant）两类。前者是指碱性镁铁质岩浆的上地幔源区长期处于不相容元素亏损状态，但在岩浆产生前该源区发生过交代作用，不相容元素富集，因此，即使较大程度（≥5%）的部分熔融也可以产生富集不相容元素的碱性岩浆（Menzies and Murthy，1980）。后者是指来自地幔的先期碱性岩浆在向上侵入过程中交代了通道中的橄榄岩，后期的岩浆在上升过程中使受交代的橄榄岩破碎，呈捕虏体被包裹在岩浆中到达地表（Roden *et al.*，1984）。Wyllei（1987）强调地幔交代作用是岩浆作用之后的后续事件，是由富挥发分岩浆或与岩浆作用有关的挥发分运动引起的。

**1. 地幔交代作用的介质**

地幔交代的介质主要可概括为流体和熔体两种类型。

（1）流体交代

交代流体的组成主要为 $H_2O$ 和 $CO_2$，它们的类型受地幔氧化还原状态控制，在相对氧化的软流圈，$f_{O_2}$ 介于 FMQ（铁橄榄石-磁铁矿-石英）与 WM（方铁矿-磁铁矿）缓冲剂之间。对具还原性的岩石圈地幔 $f_{O_2}$ 近于 IW（自然铁-方铁矿）-WM（方铁矿-磁铁矿）缓冲剂范围，地幔流体为 $H_2O$、$CH_3$ 和 $H_2$ 混合物（Bergman et al.，1984；Harggerty，1987；Balhaus et al.，1993；喻学惠，1995）。与钾镁煌斑岩有关的地幔交代流体含有 $H_2O$ 和显著数量的 F，与碳酸岩、霞石岩有关的地幔交代流体主要由 $CO_2$ 和 $H_2O$ 组成（Edger，1992）。综合上述，地幔交代流体组成是复杂的，除 $H_2$ 和 $CO_2$ 外，还有 CO、$CH_4$、$N_2$、F、$H_2S$，碳水化合物和碱金属 K、Na 等。Wyllei（1987）强调气相在交代中的作用，它是以挥发分为主的蒸汽相，具有超临界流体性质，对碱和不相容元素具有很强的萃取作用。

（2）熔体交代

俯冲洋壳板片部分熔融形成板片熔体以及地幔低程度部分熔融产生的熔体富集大离子亲石元素，在上升过程中可交代地幔岩石，使其富集大离子亲石元素，如富 Fe-Ti 氧化物的玄武岩熔体、霞石岩-碳酸岩熔体。有时，由流体和熔体结合产生地幔交代作用。

越来越多的研究分析，岩石圈地幔中存在来自软流圈熔体的交代作用。在岩石圈地幔中存在金云母、角闪石和磷灰石等矿物，由于含水和挥发分而易发生熔融，产生少量熔体，它们可形成脉体或在上地幔分散分布（McKenzie，1989；Peccerillo，1992；Ionov and Hofmann，1995；Conceicao and Green，2004；Niu and O'Hara，2008）。大洋岩石圈漂浮在对流软流圈上，其下部不断受到软流圈释放的富挥发分、体积小的熔体交代而富集大离子亲石元素，这些元素可能储存在上述角闪石等含水矿物中，或在辉石脉中。这种在大洋岩石圈底部的富集组分在俯冲过程中受影响较小，能进入深部地幔，成为洋岛玄武岩的源区物质（Niu et al.，2002）。

**2. 地幔交代作用介质的识别**

（1）碳酸岩熔体与硅酸盐熔体交代

如何识别地幔交代作用的介质是研究地幔交代作用的重点之一。在各种交代介质中，碳酸岩熔体黏度低，是上地幔中搬运不相容元素的有效介质。对坦桑尼亚北部 Olmanni 橄榄岩包体的矿物学和地球化学研究表明，它们受到明显地幔交代作用，特点是含有非常低 Al 的单斜辉石，缺乏顽火辉石，轻稀土强烈富集，Eu 相对于 Ti 强烈亏损。同时出现富 F 磷灰石（富 F 贫 Cl，$F/Cl \approx 1.0 \sim \gg 1$）（Rudniek et al.，1993）。实验资料表明（Sweeney et al.，1992），原始碳酸岩熔体中与中稀土 MREE 相比贫 Ti，因此，源自地幔的碳酸岩熔体 Ca/Al 和 La/Yb 高，Zr/Hf 更高，Ti/Eu 非常低，据此，橄榄岩的高场强元素的分异型式反映了碳酸岩熔体的交代作用。Rudnick 等认为（1993），具有低 Ti/Eu 值的天然交代作用是碳酸岩熔体，而不是硅酸盐熔体。Ti/Eu 值在橄榄岩部分熔融过程中基本不发生分异，因此，多数地幔来源的尖晶石橄榄岩及原始玄武岩具有与原始地幔相似的 Ti/Eu 值 7740（Yaxley et al.，1998）。在无水"干系统"的橄榄岩中，单斜辉石的熔点最低，因而可记录地幔发生部分熔融和交代作用的信息。Klemme 等（1995）在上地幔条件下，对微量元素在碳酸岩熔体和单斜辉石之间的分配系数进行了测定，并与硅酸盐熔体的分配系数进行了比较。实验结果表明，除 Ti、Ba、Nb 和 Ta 外，其他微量元素在单斜辉石与碳酸岩熔体和硅酸盐熔体间分配系数很相似，但在碳酸岩熔体中 Ti 的分配系数明显高于硅酸盐熔体，而 Eu 的分配系数低于硅酸盐（图 5-63），这就导致在一个封闭的地幔交代系统中，碳酸岩熔体的加入将导致共存熔体中 Ti/Eu 值降低。据此，Ti/Eu 值是区分地幔交代作用介质的有效指标。

Coltorti 等（1999）对澳大利亚东南岩石圈的碳酸岩熔体交代作用进行了研究，并对世界各地碳酸岩和硅酸盐熔体的地幔交代作用用 Ti/Eu 和 $(La/Yb)_N$ 参数作图进行比较（图 5-64），认为高 $(La/Yb)_N$ 值（>3~4）和低 Ti/Eu 值（<1500）是碳酸岩熔体为介质的地幔交代，而低 $(La/Yb)_N$、高 Ti/Eu 值属硅酸盐熔体介质的地幔交代。

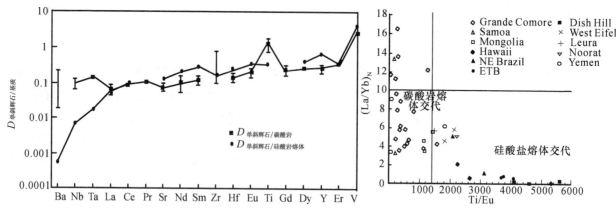

图 5-63　微量元素在单斜辉石与碳酸岩熔体和硅酸盐熔体间分配系数的比较（Klemme et al.，1995）

图 5-64　单斜辉石（La/Yb）$_N$-Ti/Eu 对碳酸岩熔体和硅酸盐熔体地幔交代作用的比较（Coltorti et al.，1999）

图中符号为超镁铁岩包体产地

郑建平（2009）对华北克拉通东部不同时代地幔岩包体中单斜辉石的微量元素组成进行了较系统的总结，结果表明，多数地区的单斜辉石显示地幔交代作用的介质以碳酸岩熔体交代作用为主，如古生代—早中生代的山东蒙阴、辽宁复县、江苏东海；早中生代的河南信阳、鹤壁等地的地幔橄榄岩捕虏体中单斜辉石均记录了碳酸岩熔体交代作用，而早白垩世以来的地幔单斜辉石则记录了硅酸盐交代作用（图 5-65），表明难熔地幔中单斜辉石均记录了大陆稳定克拉通区特有的碳酸岩熔体交代作用，而饱满地幔中的单斜辉石记录了硅酸盐熔体的交代作用。应该指出，在俯冲带，如果亏损的地幔楔受到碳酸岩熔体交代，其 Nb 相对于 La 并不发生亏损，这与岛弧玄武岩普遍亏损 Nb 明显不同，因此，在汇聚板块边缘，碳酸岩熔体交代作用对岛弧成岩作用并不重要（Rudnick et al.，1993）。

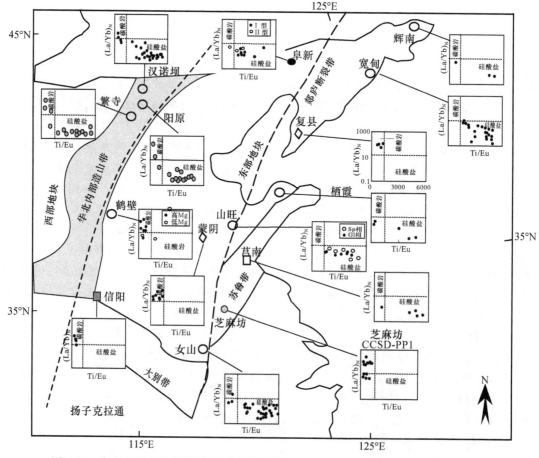

图 5-65　华北东部不同时代地幔中单斜辉石的 Ti/Eu-（La/Yb）$_N$ 图解（郑建平，2009）

（2）俯冲带板片熔体交代作用——以埃达克岩、富 Nb 玄武岩及富 Mg 安山岩为例

埃达克岩（adakite）和富 Nb 岛弧玄武岩（详见本书第三章第二节）的发现为岛弧岩浆岩成岩的传统模型增添了新机制——俯冲板片部分熔融形成埃达克岩浆，板片熔体上升过程中交代地幔楔中的橄榄岩形成富 Nb 岛弧玄武岩，即俯冲板片熔融及其熔体交代作用。

Defant 和 Drummond（1990）认为，埃达克岩不可能由基性岩浆的分离结晶、地壳岩石的熔融、分离结晶和混染、岩浆混合以及受板片俯冲脱水交代的地幔楔的部分熔融等作用形成，它只可能是俯冲的玄武质洋壳部分熔融的产物。近年来又发现在增厚（>40km）的下地壳环境中，底侵的玄武质岩石部分熔融也可形成与埃达克质岩石地球化学特征类似的岩石（Atherton and Petford，1993；Petford and Atherton，1996；Peacock et al.，1994；Muir et al.，1995；赵振华等，2006）。

表 5-26 为埃达克岩地球化学特征所指示的岩石成因意义。俯冲板片在高压、超高压（>1.0GPa）和缺流体的情况下可以发生部分熔融，其残留相矿物组合为石榴子石+含 Ti 相矿物+辉石±角闪石，很少或不含斜长石。其熔融过程的特点是随熔融程度增加，斜长石消失，角闪石逐渐消失，残留相为石榴子石角闪岩或榴辉岩，从而形成埃达克岩明显低 Yb、Y，高 Sr/Y、La/Yb 值等特点。这些特点得到了实验岩石学的支持（Sen and Dunn，1994；Rapp and Watson，1995），在 1.6GPa 条件下，蚀变玄武岩的无挥发分熔融，残留相为石榴子石+角闪石±斜长石±单斜辉石±钛铁矿，熔体具有埃达克岩特征。在 >1.6GPa 条件下形成的熔体仍具埃达克岩特征，残留相为石榴子石+单斜辉石±金红石。

**表 5-26　埃达克岩地球化学特征的含义**（本书；Peacock et al.，1994）

| 地球化学特征 | 岩石成因特征 |
| --- | --- |
| 低 HREE | 源区含石榴子石 |
| 低 Y | 源区含角闪石、石榴子石和辉石 |
| 高 Sr | 斜长石可能熔融 |
| 高 Sr/Y | 明显不同于分离结晶作用形成的安山岩、流纹岩 |
| 低高场强元素（Nb、Ta 等） | 源区存在含钛矿物相（金红石）或角闪石 |
| Eu 正异常或弱负异常；高 $Al_2O_3$、$Na_2O$ | 源区很少或没有斜长石 |
| 高 $\varepsilon_{Nd}$，低 $^{87}Sr/^{86}Sr$ | 源区以 N-MORB 为主 |

埃达克岩的厘定丰富了对俯冲带壳幔相互作用的认识，它表明：形成埃达克岩的位置是年轻板片俯冲在火山弧下 70~90km 深处。当俯冲量不超过 200km 时，板片的熔融才可能发生，当超过 200km 时，板片熔融不可能发生（Peacock et al.，1994）。此外，埃达克岩浆上升过程中会与地幔楔、地壳发生反应，成为研究壳幔相互作用的重要岩石探针。

富 Nb 岛弧玄武岩：产于岛弧环境，岩石类型为玄武岩和玄武质安山岩，富 Na，$Na_2O/K_2O>1.0$，与正常的岛弧玄武岩相比，具有较高的 $P_2O_5$ 和 $TiO_2$，La/Nb 值低，原始地幔标准化值 $(La/Nb)_{PM}<2.0$，高场强元素绝对丰度值高（Nb>20×$10^{-6}$）（Sajona et al.，1996；Hollings and Kerrich，2000；Polt and Kerrich，2001；Aquill on-Robles et al.，2001；Defant et al.，1992），图 5-66 为作者在新疆阿拉套山发现的富 Nb 岛弧玄武岩的微量元素组合特征，其主、微量元素含量及组合特征见第三章表 3-10。富 Nb 岛弧玄武岩是板片熔体上升穿过地幔楔过程中交代地幔橄榄岩熔融所形成，它的形成与传统的岛弧钙碱性玄武-安山岩-英安岩-流纹岩的成因明显不同，后者的形成是俯冲洋壳沉积物脱水所产生的流体交代地幔楔橄榄岩发生部分熔融所形成的。富 Nb 岛弧玄武岩的厘定表明在俯冲带的壳幔相互作用中除流体交代作用外，熔体交代也是不可忽视的一种重要作用。

由上可见，板片熔体的交代作用的显著特点是难熔元素 Mg 含量增加，高场强元素 Nb、Ta、Ti 增加。

（3）富 $H_2O$ 流体交代

传统认为岛弧岩浆岩是由俯冲带俯冲板片脱水，形成富大离子亲石元素的流体交代上覆地幔楔发生部分熔融形成，是壳幔相互作用的主要形式。识别地幔交代流体是否富水的标志是 $K_2O/TiO_2$ 与 Zr/Ba

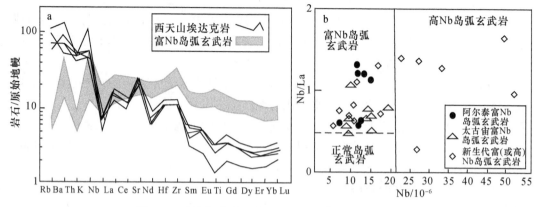

图 5-66　新疆阿拉套山富 Nb 岛弧玄武岩微量元素原
始地幔标准化蛛网图和 Nb-Nb/La 图

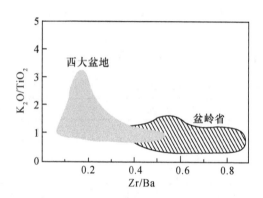

图 5-67　美国西部玄武岩的 $K_2O/TiO_2$ 与 Zr/Ba 关
系 （Kempton *et al.*，1991；Rogers *et al.*，1985）

值关系，当 $K_2O/TiO_2$ 随 Zr/Ba 值降低而升高时，表明地幔源区受到富 $H_2O$ 流体交代，因此，高 $K_2O/TiO_2$ 是富 $H_2O$ 流体交代的特征 （Hawkesworth *et al.*，1984）。美国西部玄武岩的地球化学研究表明，其 $K_2O/TiO_2$ 与 Zr/Ba 值关系明显显示其西大盆地玄武岩源区受到富水流体交代作用 （图 5-67；Kempton *et al.*，1991；Rogers *et al.*，1985）。

流体的地球化学特点是富集易活动的微量元素，如富大离子亲石元素 LILE 和轻稀土元素 LREE，贫高场强元素 Nb、Ta、Ti、Zr 等。因此，流体交代的显著特点是使所形成的岩浆岩富大离子亲石元素和轻稀土元素，贫高场强元素，La/Nb 值高 （一般岛弧岩浆岩 La/Nb 值>1.4） （Rudnick，1995；Condie，1999），在微量元素原始地幔标准化蛛网图上形成明显的 Nb、Ta、Ti 负异常。一般情况下，用 La/Nb 值>1.4 可将洋中脊、洋岛及高原玄武岩与岛弧玄武岩区分开 （图 5-68），这是由于在洋壳俯冲过程中 Nb 在流体中不活动，仍保留在俯冲板片中，而 La 则相反，大量进入

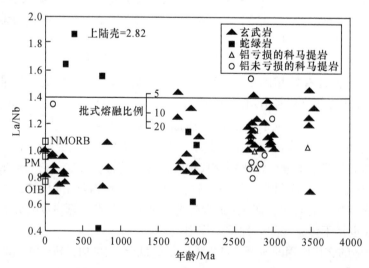

图 5-68　不同类型玄武岩和科马提岩 La/Nb 对年龄图解 （Condie，2003）
图中 La/Nb=1.4 是洋中脊、洋岛及高原玄武岩与岛弧玄武岩界线

流体，使流体交代的地幔楔及由其形成的岛弧岩浆岩 La>Nb。因此，该指标可作为识别岛弧岩浆以及陆壳成分加入的标志（讨论见本章 Nb、Ta 地球化学问题）。

**3. 地幔交代作用模式**

关于地幔交代作用有两种极端模式：一是认为交代作用是一种局部现象，通常与玄武质岩浆作用有关；二是认为交代作用是岩石圈内普遍现象，交代储集库可能相当巨大。因此，在对地壳与地幔之间不相容元素的分馏进行质量平衡计算时必须考虑这一储集库。计算表明，用近于 1/3 或 1/2 的地幔亏损可以解释地壳不相容元素的丰度。若地幔有一相当部分受交代并富集了不相容元素，那么将有更多的地幔发生亏损。

孙贤鉥（1987）根据已有资料对地幔化学演化提出了三种概念：①地球历史早期通过幔-核分异和相伴的广泛熔融，造成由密度控制的全地幔范围内分层而发育了地幔内的化学分层和矿物分层。②板块构造和地壳重循环形成"葡萄干布丁"型地幔，即不同大小和不相容元素富集程度不同的地幔区域，随机地分布在亏损的洋中脊玄武岩型地幔中。③原始均一的地幔岩型物质通过连续的岩浆提取作用和地幔对流作用形成了化学分层地幔。

孙贤鉥（1987）认为，如果地幔内发育了由密度控制的矿物分层和化学分层，则可以预料，由于晶体化学的控制，亲石元素 Al、Ga、Ti、Zr、Hf、Y、REE、Sc 等可分离到不同的层中，结果不再保存这些元素之间的球粒陨石比值。但在"饱满"的超镁铁地幔包体中，这些元素常常具有球粒陨石比值，只有轻稀土元素亏损，而巴布顿型科马提岩的 $Al_2O_3/TiO_2$ 值（~10）是球粒陨石的一半，亏损重稀土元素 $(Lu/Sm)_N<0.7$。由此，他指出似乎已有的化学和同位素数据不支持地幔中存在受密度控制的、持久大规模的化学和矿物学分层模式。Hofmann 等（1986）提出了一种利用微量元素比值讨论和制约目前地幔成分及其演化条件的方法，这个方法与已建立的利用同位素和微量元素比值的方法不同。在此前已有的微量元素比值方法中选用的是 Zr/Hf，Nb/Ta、Ba/Rb、Cs/Rb、K/U、Y/Ho 等，这些比值在所有类型大洋玄武岩中都很均匀，与绝对浓度无关。这表明在目前地幔中这些比值不仅没有发生分馏，而且还代表了总体硅酸盐地球（与原始地幔成分一致），在所有影响元素浓度的地质作用过程中，这些元素地球化学行为极其相似，以致它们的原始比值仍得以保留。而 Hofmann 等（1986，2003）选用的比值是 Nb/U 和 Ce/Pb，其中，Nb 的地球化学行为很像所有大洋玄武岩中不相容性很高的元素，而在从地幔中提取大陆物质过程中 Nb 仅表现出中等不相容性。在太古宙大陆形成过程中 Pb 的行为像一种不相容性高的元素（与 Rb 类似），而地幔分异过程中又变成不相容性中等的元素（与 Ce 类似），Pb 可以迁移并储存在大陆壳中，Nb 存储于洋岛玄武岩中。Nb/U 和 Ce/Pb 值在火成岩中与原始地幔值截然不同。由洋中脊玄武岩中 Nb/U-Nb 图解（图 5-69）可以看出，所有样品的投影构成一水平线，166 个 MORB 的 Nb/U 平均值为 47±11，500 个非富集地幔型（non-EM）OIB 平均值为 52±15（Hofmann，2003），与球粒陨石的 Nb/U 值（30）和大陆壳平均值（9~12）相差较大。Ce/Pb-Ce 图解也类似（图 5-70），Ce/Pb 值为一水平线，平均 25，比原始地幔平均值大。这些特点表明，在洋中脊和洋岛玄武岩的地幔源中 Nb/U 和 Ce/Pb 值基本相同，但与碳质球粒陨石和原始地幔以及大陆壳中相应比值截然不同。这与上述一般微量元素比值方法恰恰相反，表明目前地幔中存在着均匀的，但非原始比值的微量元素组合。根据这一事实，Hofmann 等（1986）对地幔演化过程提出了一个新的制约条件。Nb/U、Ce/Pb 与地幔值（原始）的不同表明其发生过分异，而比值的相同则表明其受到了均匀化作用。这就是说，地幔的演化过程经历了化学分异和均匀化作用，与这种制约条件相一致的最简单模型涉及下列主要阶段。

1）亏损：由于不相容元素的迁移，地幔发生化学亏损；

2）均匀化作用：在第一阶段亏损事件发生过程中或之后，地幔内部再次均匀化；

3）内部分异作用：在初始亏损和再均匀化作用之后，地幔分异成元素亏损程度较高（洋中脊玄武岩，MORB 源区）和比较富集（洋岛玄武岩，OIB 源区）的两个源区。在这一重新分异过程中 Nb/U 和 Ce/Pb 值不再发生分馏，而保持不变，与地幔绝对富集或亏损量无关。

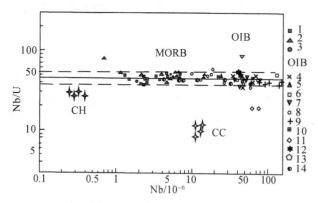

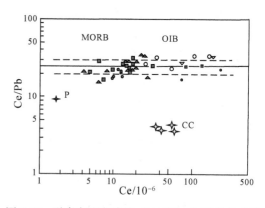

图 5-69　洋中脊玄武岩玻璃（MORB）和洋岛玄武岩（OIB）的 Nb/U-Nb 图解（Hofmann et al., 1986）

CH. 碳质球粒陨石；CC. 大陆地壳；1. 大西洋；2. 太平洋；3. 印度洋；4. 亚速尔；5. 加拉帕戈斯；6. 圣海伦纳；7. 萨摩亚；8. 夏威夷；9. 特里斯坦–达库尼亚；10. 戈夫；11. 社会群岛；12. 科摩罗；13. 雷乌尼翁；14. 麦夸里群岛

图 5-70　洋脊玄武岩玻璃（MORB）和洋岛玄武岩（OIB）的 Ce/Pb-Ce 图解（Hofmann et al., 1986）

P. 流行地幔；CC. 大陆地壳

阶段 1 与陆壳形成有关系，其结果就是目前地壳与地幔之间在 Nb/U、Ce/Pb 值上的差异。阶段 3 与陆壳形成无关。地球中正在进行的最重要的分异作用是洋壳的形成，它每年形成约 $20km^3$ 的富集岩石并留下约 $200km^3$ 的亏损残余物，板块运动的消减作用将大量亏损型和富集型物质带回到地幔中。MORB 和 OIB 的化学同位素资料表明，地幔目前并不处于完全均匀化状态，因而双层地幔模式（亏损层和较原始的下伏层）被一些作者相继提出。但 Nb/U 和 Ce/Pb 值表明 OIB 不是来自原始地幔源，而是消减的和储存的洋壳，这与 He 同位素资料一致。

### 4. 地壳物质进入地幔的微量元素限制

洋壳俯冲可以穿透地幔 660km 的界面进入下地幔，成为地幔柱源区（van de Voo et al., 1999），较轻的大陆地壳也可以俯冲（A 型俯冲），可达地幔深度 200km 以下（Ye et al., 2000），这就产生了壳-幔相互作用或物质交换。近年来已相继在幔源岩石中发现 Ce 的负异常。根据稀土元素地球化学性质，在岩浆过程中难以产生 Ce 的负异常。实验表明，由于下述过程，$Ce^{4+}$ 不可能形成：

$$Ce^{4+} + Fe^{2+} \longrightarrow Fe^{3+} + Ce^{3+} \tag{5-11}$$

在岩浆中 $Fe^{2+}$ 含量高，反应向右进行，$Ce^{4+}$ 在岩浆条件不可能存在。Neal 和 Taylor（1989）在所罗门群岛的地幔捕虏体（橄榄岩）中发现 Ce 的负异常，由于地幔本身是不存在 Ce 的亏损的，这种 Ce 的亏损只能来自地壳。它表明在地幔演化过程中，壳幔物质相互作用集中出现于汇聚板块边缘，地壳物质通过俯冲带的循环作用进入到地幔中。即在地幔中加入了亏损 Ce 的地壳物质，受海水蚀变的洋底玄武岩、洋底沉积物及少量流体（由俯冲到地幔中的地体脱水产生），这些地壳物质都不同程度的亏损 Ce。Neal 和 Taylor（1989）用三种物质源的混合解释岩石中 Ce 亏损的形成，这三种组分是：海水蚀变的玄武岩（SMAB），深海沉积物和地幔橄榄岩（PAN）。海水蚀变的玄武岩是很重要的俯冲消减物质，常具有一定程度的 Ce 亏损，如大西洋中脊的蚀变玄武岩 $Ce/Ce^* = 0.38$；深海沉积物的 Ce 亏损明显。用东太平洋隆起的沉积物 A-29（$Ce/Ce^* = 0.27$）以及太平洋自生沉积物（PAWMS）的加权平均（包括 95% 的纤化石海泥，5% 的含铁黏土）作为海底沉积物代表。他们用两种不同模型进行模拟，均取得了与实测值相同的稀土元素组成。模型 A 为 3% 的海水蚀变玄武岩和 3% 的太平洋自生沉积物加入到地幔中，地幔橄榄岩占 94%，三者混合可形成上述实测地幔岩。模型 B 则为 5% 的海水蚀变玄武岩，2% 东太平洋隆起沉积物，地幔橄榄岩占 93%（图 5-71）。

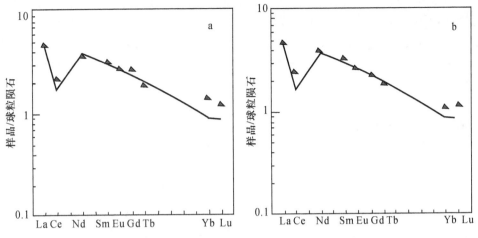

图 5-71　不同模型计算的地壳物质加入地幔后的稀土元素组成型式（Neal *et al.*，1989）

Be 同位素组成及 Be、B 元素浓度测定提供了海洋沉积物是否进入岛弧岩浆发生再循环的证据。利用 $^{10}$Be 浓度在海洋沉积物与幔源岩浆岩之间的差别，测定岛弧熔岩的 Be 同位素组成，就可以追踪深海沉积物在汇聚板块边缘的俯冲及以后进入岛弧岩浆的历史。这是基于 $^{10}$Be 在最上部的海洋沉积物中浓度最高，平均约为 $5×10^9$ 原子/g，海洋沉积物中 $^{10}$Be/$^9$Be 值高，平均为 $5×10^{-8}$。相反，产于洋中脊、岛弧和活动大陆断裂的幔源岩浆岩 $^{10}$Be 浓度低于 $1×10^6$ 原子/g，$^{10}$Be/$^9$Be $< 5×10^{-11}$。岛弧岩浆岩 $^{10}$Be 为 $1×10^6 \sim 2.4×10^7$ 原子/g，$^{10}$Be/$^9$Be 值高（$1×10^{-11} \sim 8×10^{-10}$），这表明有年轻沉积物加入，但对于年龄大于 5~6 倍 $^{10}$Be 半衰期（1.5Ma）的较老沉积物则检验不出。与 Be 类似，B 也强烈富集于海洋沉积物中，其浓度为 $5×10^{-5} \sim 1.5×10^{-4}$，海水中为 $4.6×10^{-6}$，均明显高于洋中脊和岛弧玄武岩（$1×10^{-6} \sim 3×10^{-6}$）。当发生蚀变时，洋壳玄武岩 B 浓度增加，可达 $1×10^{-5} \sim 3×10^{-4}$。$^9$Be 浓度变化小，在洋中脊、海岛和岛弧玄武岩及海洋沉积物、大陆地壳中浓度为 $0.3×10^{-6} \sim 1.5×10^{-6}$。据此，综合 $^{10}$Be、$^9$Be 和 B 组成，可研究俯冲带的地质过程，例如，火山物质均直接来自地幔，则在 $^{10}$Be/Be-B/Be 图解中（图 5-72）位于左下方框区，即低 $^{10}$Be 和低 B 浓度，而左上方是部分火山岩加入海洋沉积物，是俯冲带典型特征，右下方则是高 B 区，为洋壳加海水。

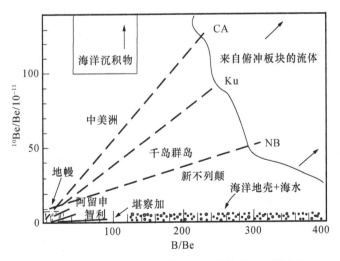

图 5-72　不同地区火山岩的 $^{10}$Be/Be 与 B/Be 值的关系（郑永飞，1999）
CA. 中美洲；Ku. 千岛群岛；NB. 新不列颠

陆源沉积物再循环加入地幔会破坏由单纯岩浆分异形成的 Sm/Nd、U/Pb 和 Rb/Sr 之间的相关性（徐义刚，2005）。

上述资料表明壳幔之间的物质交换是明显的，在俯冲带循环的地壳物质对地幔的演化起着重要作用。目前，壳-幔相互作用的主要方式可概括为两种类型，一是拆沉作用，二是底侵作用。

底侵作用（underplating）（Fyfe and Leonardos，1973）已被广泛接受为大陆地壳生长和改造的一种重要方式，它是指幔源物质（强过热基性岩浆，约1200℃）呈岩床形式横向二维添加到大陆地壳底部的一种过程。在该过程中，约90%的玄武质岩浆将滞留于壳-幔边界（O'Reilly and Griffin.，1996）。它包括下地壳岩石受基性岩浆侵入加热和流体作用，发生部分熔融向中上地壳侵位和添加的过程（金振民、高山，1996）。因此，地壳的这种生长过程不同于俯冲带地幔楔部分熔融形成岛弧岩浆填加到地壳的侧向增生，底侵作用是地壳的一种垂向增生，是壳幔相互作用的一种新方式。

拆沉作用（delamination；Bird，1978，1979）主要是指大陆下岩石圈由于温度较低，密度较大而产生重力不稳定性，沉入软流圈地幔中，该概念已被广泛接受并得到进一步发展。当今，它是指由于重力的不稳定性导致岩石圈地幔、大陆下地壳或大洋地壳沉入下伏软流圈或地幔的过程。拆沉作用发生在20~25km以下的下地壳和岩石圈地幔，它涉及了下地壳、岩石圈地幔和软流圈的相互作用。

与此类似的过程有俯冲剥蚀（subduction erosion），它也是地壳物质进入地幔的一种重要作用。有关底侵与拆沉作用和俯冲剥蚀过程中壳-幔相互作用的特点及识别标志，详见本书第四章第三节和本章第四节有关内容。

### 5. 地幔交代作用发生的时间

地幔交代作用在地质历史中曾广泛存在，可以是近代的，或前寒武纪。例如，用Sm-Nd法对地幔包体定年获得德国西部Eifel地区超镁铁岩地幔包体年龄为300Ma，即地幔交代作用的上限年龄。周新华和朱炳泉（1992）、张明等（1992）和涂勘等（1992）对我国东部和海南岛新生代玄武岩的Sm-Nd、Rb-Sr和Pb同位素组成研究，认为我国东部新生代玄武岩发生过近期富集事件。微量元素比值不能告诉我们地幔交代作用发生的时代，但结合同位素比值可以获得这方面的信息。如果玄武岩高LILE/HFSE值是古老富集岩石圈部分熔融形成，其岩浆与软流圈混合会导致$Ba/Nb$和$^{87}Sr/^{86}Sr$或$^{143}Nd/^{144}Nd$之间存在相关性。相反，如果高LILE/HFSE值是由近代形成的，由于时间太短，不足以影响同位素比值，同位素比值与微量元素比值之间不存在相关性。美国西部玄武岩$\varepsilon_{Nd}$与$La/Nb$之间良好的相关性表明其富集作用与新生代俯冲无关，而形成于更老的俯冲作用（Fitton et al.，1991；Kempton et al.，1991；徐义刚，1999）。地幔交代富集结果产生了Sm-Nd的分馏，即地幔交代作用通常导致$Sm/Nd$值下降。Sm和Nd地球化学性质相似，并都富集于单斜辉石和角闪石，都是非挥发性的，这就决定了$^{147}Sm$-$^{143}Nd$同位素体系对确定地幔交代作用的年代很有用。一些含金云母的被交代橄榄岩具有很高的$Rb/Sr$值，而许多其他被交代的橄榄岩却具有相当低的$Rb/Sr$值。被交代包体的Sr和Nd同位素组成的结果可分成两组：碱性玄武岩中被交代包体一般具有低$^{87}Sr/^{86}Sr$和高$^{143}Nd/^{144}Nd$值，而金伯利岩中被交代石榴子石橄榄岩则具有高$^{87}Sr/^{86}Sr$和低$^{143}Nd/^{144}Nd$值。碱性玄武岩中包体与球粒陨石相比具有较高的$^{143}Nd/^{144}Nd$值和较低的$Sm/Nd$值。这些特征表明体系中轻稀土富集时间很短，通过包体中$^{143}Nd/^{144}Nd$值随时间演化与地幔演化的关系可确定$Sm/Nd$值降低事件（即交代作用）的年龄上限，这些模型表明交代作用是近期发生的。相反，南非金伯利岩中石榴子石橄榄岩一般具有低$^{143}Nd/^{144}Nd$值和高$^{87}Sr/^{86}Sr$值，如果封闭体系存在，则交代作用是很古老的，大于1Ga。在南非，这种富集储集库源已存在了1~1.4Ga。这种特点表明，古老大陆岩石圈可能存在含有富集不相容元素的区域，即富集不相容元素的被交代地幔储集库可能在稳定的大陆地壳之下已保持了很长时间。

在时间上，地幔的不均一性可追溯到2.7Ga或更早，其主要依据是对地幔高程度部分熔融（>90%）产物科马提岩的地球化学研究。对芬兰三个绿岩带中科马提岩稀土元素组成的研究表明，它们来自三种不同的上地幔源区：轻稀土元素轻微亏损的；轻稀土元素强烈亏损的；无亏损的（平坦的球粒陨石型）。加拿大和津巴布韦的科马提岩也显示上述特点。Sun（1979）研究了太古宙橄榄质科马提岩和玄武岩，其$(La/Ce)_N$值变化范围较大，不均匀性可以和现代大洋火山岩相比。这些特点表明，地幔不均一性至少可出现在晚太古代，并且不均一性是全球性的。在小范围内，地幔不均一性可出现在几百万年前。解广轰等 1992 年对我国青藏高原周边地区新生代火山岩研究发现，其岩石类型较复杂，分属钙碱系列和碱性系列（以钾质为主），属轻稀土元素富集型，如新疆康苏拉克火山岩高度富集轻稀土元素，$(La/Yb)_N$ 40~60，Rb、Ba、Th、K、U 等大离子亲石元素也高度富集，高出海岛和大陆玄武岩 2~8 倍。相容元素 Cr、Ni、Co 则相反，低于我国东部新生代火山岩，Nb/U 值（1~10）明显低于海岛及洋中脊玄武岩（47±10）。Sr 同位素比值较高（$^{87}Sr/^{86}Sr$ 0.70866~0.70899），Nd 同位素较低（$^{143}Nd/^{144}Nd$ 0.512195~0.512308）。藏北、云南腾冲等火山岩也具有类似的特征（腾冲火山岩具 Eu 负异常）。这些特点表明它们均源自较古老且不同程度富集不相容元素的富集地幔，其特点类似于 1.8Ga 左右的古老的平均上地壳岩石。

# 三、地质历史中地幔的地球化学演化

## （一）地幔化学组成的地球化学演化

### 1. 科马提岩和苦橄岩

科马提岩和苦橄岩是地幔高程度部分熔融的产物，是除地幔包体外最能代表地幔成分的岩石，它也是地幔柱最热部位熔融产物。通过对不同时代的、无明显地壳混染的苦橄岩和科马提岩的研究，可以获得地幔柱源区下地幔物质性质及演化特点。图 5-73 是 Campbell（1998）根据不同时代苦橄岩和科马提岩地球化学特点所提出的核幔边界的地幔柱源区演化示意图，可见，太古宙科马提岩强烈亏损强不相容元素，$\varepsilon_{Nd}(T)$ 为正值(1~4.3)，表明太古宙岩浆岩源区为亏损地幔，多数元古宙苦橄岩富集强不相容元素，$\varepsilon_{Nd}(T)$ 值较低（>2.5），但 Cape Smith Chukotat 苦橄岩亏损强不相容元素，$\varepsilon_{Nd}(T)$ 值较高，表明元古宙地幔柱源区有富集的，也有亏损的。大多数显生宙苦橄岩富集强不相容元素，$\varepsilon_{Nd}(T)$ 值较低。由此，在 3.5Ga 时，核幔边界物质是亏损地幔与弱亏损地幔的混合；2.7Ga 时以亏损地幔为主；0.5Ga 至今，主要为 OIB 型地幔和少量亏损地幔。地幔柱源区中出现大量 OIB 型物质主要在太古宙末（徐义刚，2005）。

大量研究表明，华北克拉通东部岩石圈自早古生代 200km 厚的亏损型地幔转变为新生代饱满型地幔，岩石圈大规模减薄伴随着地幔地球化学特点的变化（Fan and Menzies，1992；Menzies et al.，1993；邓晋福等，1994；Griffin et al.，1998；郑建平，1999；Xu，2001；郑永飞、吴福元，2009；Zhu et al.，2012）。其中生代岩浆岩具有高度不均一的地球化学组成，中基性岩浆的 $\varepsilon_{Nd}(T)$ 均为负值，如辽西义县组玄武粗面安山岩，主要源于富集的岩石圈地幔，最晚期的中基性岩浆 $\varepsilon_{Nd}(T)$ 多为正值，如阜新组碱性玄武岩，主要源于软流圈地幔（Xu，2001；Zhang et al.，2002；Yan et al.，2003；徐义刚，2006）。这些特点表明，中生代以来，华北克拉通岩石圈地幔的组成性质发生了明显转变，并存在明显的时空不均一性（张宏富，2009），与古生代相比，其东部中生代岩石圈地幔主要由主元素相对饱满、大离子亲石元素富集、高场强元素亏损、Sr 同位素比值高、Nd 同位素比值低的二辉橄榄岩和辉石岩组成（Zhang et al.，2002，2010；Xu et al.，2004a）。综合上述，华北克拉通东部自早古生代以来发生了百余千米的岩石圈减薄，这种作用使克拉通原有的属性不复存在，朱日祥等（2012）将这种克拉通属性整体丧失的地质现象称为克拉通破坏，并认为太平洋板块俯冲是导致华北克拉通破坏的主要动力学因素。

### 2. 地幔岩石的铂族元素（PGE）

虽然地幔包体可以提供有关地幔的重要地球化学信息，但由于最古老岩石的分布有限，再加上在其漫长的地质历史中会受到不同程度的风化、蚀变或变质作用，其早期地球化学信息的保存受到明显影响，要探讨地球形成以来地幔的地球化学演化有很大困难。因此，寻找最古老岩石中具有抗后期风化、蚀变或变质影响，能保留地球早期地球化学特点的元素或同位素体系，是追索地幔地球化学演化的关键。徐义刚（2005）概括了铂族元素（PGE）在探索地球早期历史中的应用。

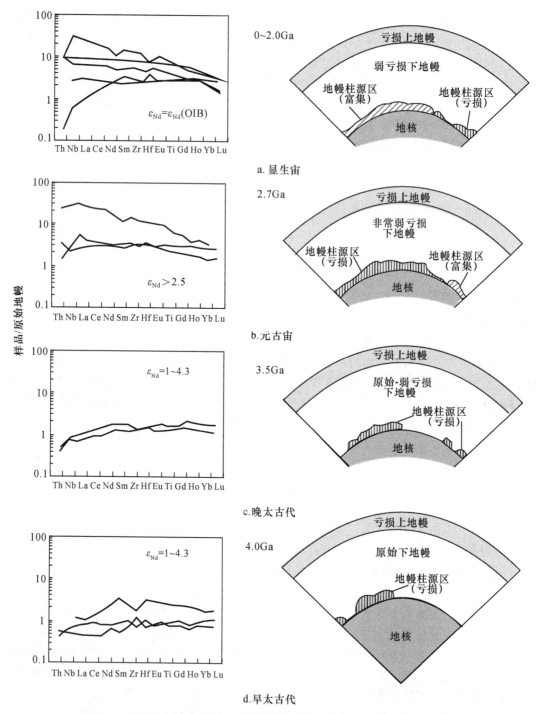

图 5-73　不同时代科马提岩和苦橄岩的地球化学特点与核幔边界的地幔
柱源区演化示意图（Campbell, 1998）

　　PGE 具有强烈的亲硫性，在核幔分异过程中，99% 以上的 PGE 进入地核，只有少量 PGE 留在地幔中。对饱满的二辉橄榄岩分析发现，地幔岩石中的 PGE 丰度明显高于根据实验测定的金属/硅酸盐分配系数而计算得出的金属-硅酸盐平衡值（Mitchell and Keays, 1981; Morgan *et al.*, 1981; Wilson *et al.*, 1993）。更为重要的是，大多数地幔橄榄岩的球粒陨石标准化 PGE 含量呈平坦分布，而且 Pd/Ir（1.16）和 Pd/Pt（0.57）值都为球粒陨石值。据此，Kimura 等（1974）提出地球中 PGE 是在地球基本形成之后陨石碰撞提供的，该模型认为，在地核形成之后地幔加入了 0.5% ~ 1% 原始球粒陨石物质。PGE 高精度分析显示橄榄岩 Pd/Ir 和 Pd/Pt 值均超过球粒陨石值，揭示了上地幔 PGE 分布在数百千米尺度上的不均一性（Pattou $et$ $al.$, 1996），从而对地球 PGE 的地外来源提出了质疑。这些数据表明，地幔某些部分的 PGE 可能具有较为复杂的演化历史，不能简单地归结为球粒陨石撞击成因。一些学者认为这可能与非原始陨石的撞击有关，或与地核向地幔物质的传输有关（Pattou $et$ $al.$, 1996；Snow and Schmidt, 1998），一些学者则认为地幔橄榄岩中的非球粒陨石 Pd/Ir 值是成岩过程造成的（Rehkamper $et$ $al.$, 1999；Rehkamper, 2000）。

Alard 等（2000）研究了橄榄岩中单颗粒硫化物，并用激光剥蚀等离子体质谱分析了其中的 PGE 含量，以其回答橄榄岩中 PGE 组成能否用来探讨地球早期历史，他们鉴别出两种结构类型的硫化物，它们并具有截然不同的 PGE 组成（图 5-74）。在硅酸岩矿物中的硫化物包裹体 Pd/Ir 值很低，PGE 分配型式与方辉橄榄岩极为相似，这类硫化物被认为代表了熔融残余。另一种硫化物以粒间充填物的形式出现，具有高 Pd 含量，但 Os、Ir 和 Ru 含量很低，与玄武岩中的 PGE 成分相似。Alard 等（2000）认为这类硫化物是熔/流体结晶的产物，两类硫化物具有互补的 PGE 地球化学特征，分别代表了熔融残余和熔体（图 5-74）。粒间充填型硫化物的高 Pd/Ir 值暗示地幔岩中非球粒陨石型的 Pd/Ir 值可能是与上地幔过程，如熔体的渗入有关，而不是原先想象的地核物质的记录，橄榄岩全岩分析显示 PGE 空间分布的不均一性也不是撞击陨石的不均一性造成的。

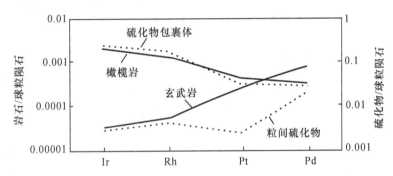

图 5-74　玄武岩、橄榄岩及其中硫化物的 PGE 分布型式（Alard $et$ $al.$, 2000）

上述硫化物成因的复杂性要求在用橄榄岩 PGE 组成探讨地球早期历史时，首先要对地幔样品中 PGE 的赋存状态进行研究。而有些没有显示任何后期改造痕迹的橄榄岩样品的 PGE 组成，仍可视为地球形成后陨石撞击的记录（Rehkamper $et$ $al.$, 1999）。

### （二）地质历史中上地幔氧化还原状态的演化

**1. 太古宙科马提岩和玄武岩的 V/Sc 值**

Canil（1997，2002）和 Delano（2001）采用 V、Cr 研究了地质历史中地幔氧化还原状态的演化。Canil（1997）研究的是太古宙科马提岩中橄榄石堆积或分离结晶过程中 V 的行为，Delano（2001）研究了太古宙科马提岩和玄武岩的 Cr。他们的研究结论是太古宙与现代地幔岩浆的氧逸度差异在 0.5 对数单位，表明地幔的氧化还原状态在地质历史中基本保持不变。

Li 和 Lee（2004）认为，科马提岩的分离结晶作用可能会改变 V 的地球化学行为，此外，在岩浆上升过程中由于岩浆可能会与地壳岩石发生反应而使氧逸度发生改变。太古宙科马提岩和玄武岩的 Cr 反映的是铬尖晶石饱和时岩浆的 Cr 浓度，因此，它们不是地幔源区氧逸度的直接反应。采用 V/Sc 值可以避免上述缺陷（原理详见第三章第四节有关 V/Sc 值对氧化还原应用的叙述）。另外，实验结果表明，在不同的氧逸度条件下 V、Sc 相容性有很大差别，在 $f_{O_2}$ 低时，V 比 Sc 更相容，导致熔体中 V/Sc 值低，而 $f_{O_2}$ 高时恰恰相反。用 1.5GPa、$f_{O_2}$ 不变的实验资料，将 V/Sc 值对部分熔融程度 $F$ 作图（图 3-69），可见 V/Sc 值与 $F$ 有关，也表明氧逸度与 $F$ 值有关。在基性岩浆系统中，Na 和 Ti 是高度不相容元素，它们的倒数可代表部分熔融程度。由于玄武岩的 V/Sc 值可以记录其地幔源区的氧逸度 $f_{O_2}$（Li and Lee, 2004），因此，对比不同时代玄武岩的 V/Sc 值就可以获得地质历史中上地幔的氧化还原状态变化。他们系统研究了太古宙玄武岩（达35亿年）和现代洋中脊玄武岩（MORB）的V/Sc值（图3-69），图中a显示MgO含量低于8%的MORB的氧逸度随MgO含量降低而增加，这是由于Sc比V更容易进入单斜辉石，单斜辉石的结晶可造成V/Sc值增加。为了避免单斜辉石结晶的影响，选用MgO含量为8%~12%的样品，但这种选择不能消除早期橄榄石结晶的影响，而由于橄榄石对V和Sc都是高度不相容的，橄榄石的结晶不会明显改变熔体的V/Sc值。Li和Lee（2004）选择MgO含量8%~12%的玄武岩的V/Sc值进行对比，发现现代洋中脊玄武岩的V/Sc值平均为6.74±1.11（$1\sigma$），其限制的现代上地幔氧逸度$f_{O_2}$约比铁橄榄石–磁铁矿–石英缓冲剂（FMQ）低0.3±0.5（$1\sigma$）对数单位（图5-75a），太古宙玄武岩V/Sc值与现代MORB相近，平均为6.34±0.62（$1\sigma$），其限制的现代上地幔氧逸度$f_{O_2}$与现代对流地幔差异不大于0.3对数单位（图5-75b）。综合上述资料，玄武岩的V/Sc值系统可以作为代表地幔源区氧逸度的灵敏工具，对比太古宙玄武岩和现代洋中脊玄武岩的V/Sc值变化，显示太古宙和现代地幔的氧逸度是相近的，其差别仅为0.5~1对数单位，表明上地幔的氧逸度至少自早太古代以来仅发生了很小的变化或没有长期改变（Li and Lee，2004）。

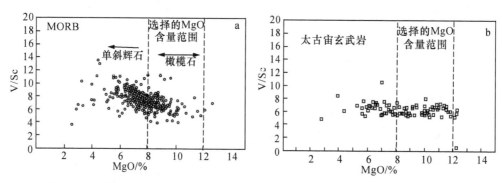

图5-75　现代MORB（a）与太古宙玄武岩（b）V/Sc值对比（Li and Lee，2004）

### 2. 冥古宙锆石稀土元素Ce异常与地质历史早期上地幔氧化还原状态

冥古宙（Hadean）属于太古宙前的一个宙，指自从地球形成距今4.5~3.85Ga这段时期，是地球前地质时期或前太古宙、原太古宙。这一时期地球历史包括原始地壳、原始陆壳的性质，以及原始生命的形式和出现等复杂问题。然而，对4.5Ga前地球形成到3.85Ga这个时期，即冥古宙岩浆作用及地球大气圈成分缺乏直接的证据。地球内部岩浆中挥发分的去气对决定4Ga前早期大气圈的成分起了关键作用，其中氧分压（氧逸度）对于大气圈成分的组成起控制作用，例如，与Fe-方铁石（IW）缓冲剂相近的还原性熔体产生$CH_4$、$H_2$、$H_2S$、$NH_3$和$CO_2$等挥发组分，而氧逸度接近铁橄榄石–磁铁矿–石英（FMQ）缓冲剂的熔体，即与现代条件相似，产生的挥发分以$H_2O$、$CO_2$、$SO_2$和$N_2$为主。由于在冥古宙岩石记录稀少或缺乏，对3.85Ga前地球岩浆的氧化状态的直接控制因素是不清楚的。

Trail等（2011）认为，锆石是一超常稳定的矿物，能保留其从火成岩中晶出时的多数元素和同位素组成的原始特点。他们分析了澳大利亚Jack Hill 44亿年的锆石的稀土元素，这是目前所知地球历史中最早5亿年保留下来的唯一的地球固体物质，也成为认识地球太古宙前熔体的氧化状态的唯一样品。更为重要的是锆石中含有变价的、对氧化还原灵敏的元素Ce，它是唯一可以以$Ce^{3+}$或$Ce^{4+}$形式进入锆石晶格的阳离子。Ce在锆石中富集的程度依赖于$Ce^{4+}/Ce^{3+}$值，由于$Ce^{4+}$在锆石中比$Ce^{3+}$更相容，因此，更氧化的熔体晶出的锆石Ce含量高。为了评价锆石中Ce含量与氧逸度的关系，进而根据冥古宙锆石了解地球最早时期岩浆的氧化状态，并探讨当时大气圈的成分，Trail等（2011）在不同温度、压力和稀土成分（La、Ce、Pr）条件下进行了锆石合成实验研究，测定不同条件下锆石的La、Ce、Pr分配系数变化，定量了解其随体系氧逸度$f_{O_2}$变化。实验结果显示（表5-27），Ce的富集程度（Ce异常）随体系的$f_{O_2}$而变化，其异常程度的定量表达式可用其分配系数$D_{Ce}^{锆石/熔体}$对相邻元素$D_{La}^{锆石/熔体}$和$D_{Pr}^{锆石/熔体}$的富集程度表示：

$$(Ce/Ce^*)_D = D_{Ce}^{锆石/熔体} / \sqrt{D_{La}^{锆石/熔体} \times D_{Pr}^{锆石/熔体}} \tag{5-12}$$

式中，$Ce^*$ 为根据 La 和 Pr 分配系数的内插值，当 $(Ce/Ce^*)_D \approx 1$ 时，表明在锆石熔体中不存在 $Ce^{4+}$。实验获得的 Ce 异常与温度呈负相关（图 5-76），其关系式为

$$\ln(Ce/Ce^*)_D = (0.1156 \pm 0.0050) \times \ln f_{O_2} + (13860 \pm 780)/T - (6.125 \pm 0.484) \tag{5-13}$$

式中，$T$ 为绝对温度，可用锆石的 Ti 温度计计算。

**表 5-27　冥古宙锆石 $\delta^{18}O$、$Ce/Ce^*$ 和 $f_{O_2}$（Trail et al., 2011）**

| 年龄/Ma | $\delta^{18}O_{SMOW}$（锆石） | $T/K$ | $(Ce/Ce^*)_{CHUR}$ | $\lg f_{O_2}$（锆石） | $\lg f_{O_2}$（FMQ）[#] | $\Delta$FMQ |
|---|---|---|---|---|---|---|
| 4116 | 6.4 | 980 | 45.01 | −15.81 | −16.94 | 1.13 |
| **4178** | **5.2** | **1142** | **22.13** | **−10.94** | **−13.34** | **2.40** |
| 4084 | 6.5 | 929 | 16.58 | −22.48 | −18.35 | −4.13 |
| 4165 | 6.5 | 984 | 18.01 | −19.04 | −16.84 | −2.20 |
| 4036 | 6.7 | 1020 | 52.30 | −13.18 | −15.95 | 2.77 |
| 4063 | 6.8 | 1005 | 29.04 | −16.14 | −16.32 | 0.18 |
| 4156 | 6.7 | 927 | 36.95 | −19.59 | −18.40 | −1.19 |
| 4170 | 6.4 | 1014 | 9.73 | −19.79 | −16.10 | −3.69 |
| 4159 | 6.6 | 927 | 48.32 | −18.58 | −18.40 | −0.18 |
| 3950 | 6.5 | 1111 | 7.62 | −16.22 | −13.95 | −2.27 |
| 4098 | 6.5 | 1052 | 25.40 | −14.33 | −15.21 | 0.88 |
| **4348** | **5.4** | **1010** | **67.87** | **−12.69** | **−16.19** | **3.50** |
| 4116 | 6.5 | 1019 | 11.16 | −19.02 | −15.97 | −3.05 |
| 4040 | 6.6 | 927 | 44.75 | −18.87 | −18.40 | −0.47 |
| **4364** | **5.1** | **913** | **72.79** | **−17.90** | **−18.81** | **0.91** |
| **4104** | **5.3** | **984** | **41.04** | **−15.95** | **−16.85** | **0.89** |
| **4133** | **5.3** | **958** | **70.00** | **−15.38** | **−17.53** | **2.15** |
| **4163** | **5.3** | **968** | **73.25** | **−14.65** | **−17.26** | **2.61** |
| 4008 | 6.3 | 961 | 57.39 | −15.95 | −17.45 | 1.50 |
| 4017 | 7.1 | 905 | 17.75 | −23.71 | −19.06 | −4.65 |
| 4112 | 7.2 | 944 | 30.68 | −19.28 | −17.92 | −1.36 |
| **4029** | **5.5** | **938** | **28.72** | **−19.88** | **−18.08** | **−1.79** |
| 4075 | 6.1 | 1004 | 15.35 | −18.58 | −16.34 | −2.25 |
| 4164 | 5.9 | 1002 | 14.73 | −18.84 | −16.39 | −2.46 |

注：表中黑体是幔源锆石数据。

[#] 在锆石结晶温度计算的 $\lg f_{O_2}$。

对于天然样品 $(Ce/Ce^*)_D$ 是不能计算的，因为在锆石饱和时熔体的 REE 浓度是不知道的。Trail 等（2011）用对球粒陨石均一储源（CHUR）进行标准化，用 $(Ce/Ce^*)_D$ 对 $(Ce/Ce^*)_{CHUR}$ 作图（图 5-77），其相关系数近于 1，即 $(Ce/Ce^*)_D \approx (Ce/Ce^*)_{CHUR}$，表明只要 LREE 之间未发生分异，Ce 异常的大小与熔体中微量元素浓度无关。

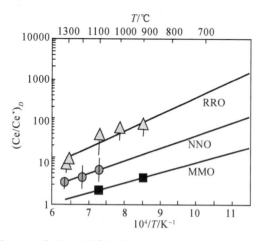

图 5-76　锆石 Ce 异常与温度关系（Trail *et al.*，2011）

RRO. Ru-RuO$_2$缓冲剂；NNO. Ni-NiO 缓冲剂；MMO. Mo-MoO 缓冲剂

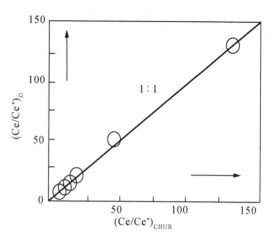

图 5-77　锆石（Ce/Ce*）$_D$-（Ce/Ce*）$_{CHUR}$关系图

（Trail *et al.*，2011）

根据上述资料，Trail 等（2011）给出了冥古宙熔体氧逸度平均值比铁橄榄石-磁铁矿-石英（FMQ）缓冲剂（±2.3 对数单位）低 0.5 对数单位，而其中源自地幔熔体的 ~4.35Ga 锆石的氧逸度与太古宙和现代源自地幔的熔岩相似，表明冥古宙锆石可能在瞬间晶出。这个结果也表明比太阳系形成历史晚约 2 亿年的地球内部去气不会形成还原的大气圈，在冥古宙的火山气体与现代喷气一样是高氧化的。因此，Trail 等认为在 4.35Ga 前地幔已达到现代的氧化状态，这个解释与地核的形成模式一致，该模型要求在地球形成 ~30Ma 后地核与上地幔在物理和化学上分离。

上述资料首次提供了 3.9Ga 前对地球氧化状态的认识，同时也开辟了对含锆石的岩石在地质历史中的氧化状态研究的可能性。

**3. 不同时代弧岩浆的氧化还原状态**（相关原理详见本书第三章第四节有关氧化还原部分）

由上述，现代 MORB 的 V/Sc 值为 6.74±1.11（1σ），其相当的地幔氧逸度大约低于 FMQ 0.3±0.5（1σ 对数单位），太古宙玄武岩（到 3.5Ga）具有与之相近的 V/Sc 值，为 6.34±0.62（1σ），在误差范围内与之相近，这表明上地幔的氧逸度至少从太古宙以来未发生系统变化或变化很小（Li and Lee，2004）。Lee 等（2010）提出，Zn/Fe$_T$（Fe$_T$ = Fe$^{2+}$+Fe$^{3+}$总含量）元素对也是一个对氧化还原状态灵敏的示踪剂，能保存 Fe 在原始弧玄武岩及其地幔源区中 Fe 的价态。Lee 等（2010）对文献中不同洋中脊系统中的玄武岩统计表明，洋中脊玄武岩和橄榄岩具有相同的 Zn/Fe$_T$，近于常数 [质量比为（9.0±1）×10$^{-4}$]（图 5-78）。统计不同类型的火山弧玄武岩及侵入岩的 Zn/Fe$_T$ 系统资料，将 FeO$_T$ 和 Zn/Fe$_T$ 对 MgO 作图（图 5-78），可见原始岩浆的 Zn/Fe$_T$（MgO>8%）集中在（8~11）×10$^{-4}$，相当的 Fe$^{3+}$/Fe$^{2+}$值在 0.1~0.15。根据上述资料认为，最上部地幔的 $f_{O_2}$ 是相对恒定的。

对太平洋、大西洋、印度洋和红海扩张中心的洋中脊玄武岩 MORB 玻璃的 Fe$^{3+}$/∑Fe 值进行的系统研究表明，在给定的岩浆温度和主要元素成分条件下，计算体系的 $f_{O_2}$，98 个 MORB 的计算平均 ΔFMQ=-0.41±0.43 对数单位，其中太平洋为-0.24±0.33（N=17），大西洋为-0.47±0.24（N=19），印度洋为-0.44±0.51（N=58），红海为-0.37±0.33（N=5），可见，这些大洋区之间的相对氧逸度 ΔFMQ 非常接近，没有明显差异。各大洋的 MORB 的 Fe$^{3+}$/∑Fe 资料表明，其 $f_{O_2}$ 比 FMQ 缓冲剂低 0.41±0.43 对数单位（Bezos and Humler，2005）。

**4. 地幔的氧化还原缓冲作用**

由上述，全球大洋 MORB Fe$^{3+}$/∑Fe 值非常一致，Fe$^{3+}$/∑Fe = 0.12±0.02，对应的 $f_{O_2}$ 比 FMQ 缓冲剂低 0.41±0.43 对数单位，MORB 的这种特点反映了一个缓冲的地幔熔融过程，描述这种过程的模型是地幔熔体中的 Fe$^{3+}$/∑Fe 值在部分熔融过程中是缓冲的（Bezos and Humler，2005；详见本书第三章第四节氧化还

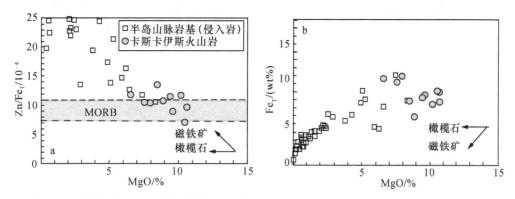

图 5-78　不同类型的火山弧玄武岩及侵入岩 $Fe_T$ 和 $Zn/Fe_T$ 与 MgO 关系（Lee *et al.*，2010）

原状态的 $Fe^{2+}/Fe^{3+}$）。Holloway（1998）认为，碳的种类对部分熔融过程中 $Fe^{3+}/\sum Fe$ 值的演化起重要作用，例如，与 C-O 流体平衡的元素碳，可以缓冲上地幔 $f_{O_2}$（Blundy *et al.*，1991）。这个过程表明，石墨在部分熔融过程被消耗掉了，因此，$f_{O_2}$ 是由称为"CCO 缓冲剂"的平衡式表示：$C+O_2 \Longrightarrow CO_2$，即一个分子的 $CO_2$ 溶解在硅酸盐熔体中，会有一个分子的 $Fe_2O_3$ 还原成一个分子的 FeO，平衡式为

$$C_{地幔}+Fe_2O_{3熔体}\longrightarrow FeO_{熔体}+CO_{2熔体}（Holloway，1998）\tag{5-14}$$

Bezos 和 Humler（2005）认为，地幔释放到大气圈中的挥发分通量对调节 MORB 氧逸度可起重要作用。

**5. 地质历史过程中地幔的氧化还原状态演化**

综合上述研究成果，可以勾画整个地质历史过程中地幔的氧化还原状态演化轮廓（图 5-79）（Scaill and Gaillard，2011）。由图 5-79 可以看出，在第一阶段，地幔在化学上是高度还原的，但在地球增生加快和核-幔氧化还原达到平衡时，地幔变得更为氧化（图中实线箭头）。当地幔与地核分离时（图中点线箭头，约 4.4Ga 前），陨石对地球的撞击使地幔的氧化作用发生变化（图中虚线箭头），此后，在地幔发生了大氧化事件（图中点线箭头，约 4.4Ga 时），在地幔大氧化事件中，$f_{O_2}$ 迅速上升。根据上述最古老锆石（4.4Ga）研究（Trail *et al.*，2011），在核-幔分离约 0.1Ga 后，即 ~4.35Ga 地幔的氧化还原状态与现代岩石圈地幔相似。最高氧化的地幔熔体是近代的弧岩浆，它们是由俯冲作用引起的壳幔交换作用的结果。

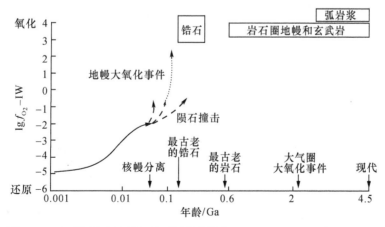

图 5-79　地质历史中地幔氧化还原状态演化（Scaillet and Gaillard，2010）
纵坐标为氧逸度 $\lg f_{O_2}$ 相对于铁-方铁矿（IW）缓冲剂差

此外，实验结果表明（Frost and McCammon，2008），在下地幔压力条件下，$Fe^{2+}$ 氧化物转变为金属 Fe 和 $Fe^{3+}$，这表明，一个巨大的物体，如地球，可以自己氧化它的地幔，但小的物体不能。因此，小的、干的地幔被氧化需要在整个地幔范围内，在短时间内（<0.1Ga）对流和混合。或者，地球早期岩

浆海结晶和去气，地幔氧化还原状态可以发生改变，这是由于去气的氧化还原效应以及 $Fe^{3+}$ 对液体的亲和性比矿物强，即 $Fe^{3+}$ 富集在残余液体中，使残余液体的氧化态增加。这种过程可能影响了整个地幔，并不需要大规模对流。

# 四、Nb、Ta 地球化学与壳-幔演化问题

Nb、Ta 均属高场强元素，它们在地球化学作用中的稳定性和相似性为研究壳-幔相互作用提供了重要参考资料，而 Nb、Ta 在壳-幔分异过程中质量平衡的悖论（paradox），即自相矛盾，是地球化学讨论的热点之一，为此，在本章中单独讨论。

## （一）地球圈层 Nb、Ta 质量平衡的悖论

Nb、Ta 具有相同的电价（+5）和离子半径（0.64Å）（Shannon and Prewitt，1969），负电性相近（Nb 为 1.6，Ta 为 1.5），因此，它们是地球化学性质非常相似的元素对，在各种地质过程中具有非常相似的化学行为。Nb/Ta 值在多种地质体系，如岩浆体系中基本保持恒定，成为判别源区物质的重要地球化学指标之一（Green，1995；Hofmann，1988；Dostal and Chattjee，2000；Weyer et al.，2003）。

在 Nb、Ta 地球化学研究中存在一个悖论，即地球圈层的 Nb、Ta 质量平衡难题。大量研究表明，CI 型球粒陨石的 Nb/Ta 值为 17.3～17.6 ［Munker 等（2003）用同位素稀释多接收等离子体质谱 MC-ICP-MS 分析的 15 个球粒陨石值为 19.9±0.6，高于传统值 13%］，它代表了地球的平均值，原始地幔（PM）的 Nb/Ta 值为 17.5（Sun and McDonough，1989；McDonough and Sun，1995；Jochum et al.，2000），亏损地幔（DM）为 15.5±1（Rudnick et al.，2000），大陆地壳 Nb/Ta 值明显低于上述值，为 10～14（Rudnick et al.，2000；Taylor and McLennan，1985）（表 5-28）。

**表 5-28　Nb、Ta 在自然界的分布**

| 项目 | Nb/$10^{-6}$ | Ta/$10^{-6}$ | Nb/Ta | 资料来源 |
|---|---|---|---|---|
| C1 型球粒陨石 | 0.246 | 0.014 | 17.6～17.3 | Sun and McDonough，1989 |
| 原始地幔（PM） | 0.713 | 0.041 | 17.5 | McDonough and Sun，1995 |
| 硅酸盐地球 | | | 17.8 | 同上 |
| 亏损地幔（DM） | 0.12～0.35 | 0.007～0.022 | 15.5 | Rudnick et al.，2000 |
| 大陆地壳 | 8.6 | 0.7 | 12.3 | 同上 |
| 大陆地壳 | 11 | 1.0 | 11 | Taylor and Mclennan，1985 |
| 洋岛玄武岩（OIB） | 48.0 | 2.70 | 17.8 | Sun and McDonough，1989 |
| N-MORB | 2.33 | 0.132 | 17.7 | 同上 |
| E-MORB | 8.30 | 0.47 | 17.7 | 同上 |

因此，根据上述资料，按质量平衡考虑，在下地幔深部应该存在一个具有高于原始地幔 Nb/Ta 值的储库。Rudnick 等（2000）认为该储库为由俯冲板片熔融后形成的含金红石的榴辉岩，由于金红石具有高于球粒陨石的 Nb/Ta 值，使榴辉岩的 Nb/Ta 值为 19～37，它存在于核-幔边界。Wade 和 Wood 等（2001）则认为 Nb 是弱亲铁元素，它可以进入到地核中，因此，高 Nb/Ta 值的储库应在地核中。Aulbach 等（2008）提出受流体交代的地幔榴辉岩 Nb/Ta 值高于球粒陨石。

然而，近些年来的研究成果不支持上述解释。本章第二节图 5-10 给出了地球不同类型储源，如亏损地幔、MORB、OIB、大陆玄武岩、大陆壳及太古宙绿岩带的 Nb/Ta-Zr/Hf 关系，可以看出，在地球的各种储源中 Nb/Ta 值有较大变化范围。

在宏观上，对各种不同类型、不同来源、不同构造环境形成的岩浆岩的 Nb、Ta 含量特点分析，结合微观上对不同成分体系、不同温度、压力条件下的 Nb、Ta 分配的实验模拟研究，有助于解开 Nb-Ta

这个元素对在整个地球中的地球化学行为之谜。这些资料表明，Nb、Ta 在岩浆、热液及变质等作用过程中显示了较复杂的地球化学行为。许多情况下，如地壳内岩石部分熔融过程、板块俯冲过程及超高压变质等过程，Nb、Ta 之间发生了明显的分异。西班牙和意大利地壳包体为研究壳内深熔过程中 Nb、Ta 地球化学提供了理想场所（Acosta-Vigil et al.，2010），西班牙的 EL Hoyazo 的英安岩麻粒岩相包体矿物和熔融包体 Nb、Ta 分析表明，熔融包体 Nb、Ta 含量及 Nb/Ta 值均低于全岩，钛铁矿 Nb/Ta 值（10~12）与全岩相近，但黑云母 Nb、Ta 含量及 Nb/Ta 值均高于全岩（图 5-80a）。意大利的 Ivrea-Verbano Zone（IVZ）代表了传统的下地壳，其角闪岩相 Nb/Ta 值为 11~13，但与麻粒岩相相当的残留体 Nb/Ta 值高，为 18~20，角闪岩相麻粒岩相中浅色体 Nb 含量低（<10×10⁻⁶），Nb/Ta 值低（3~6）。GLOSS 为全球俯冲沉积物，其 Nb/Ta 值为 14.2（Plank and Lang muir，1998）（图 5-80b）。

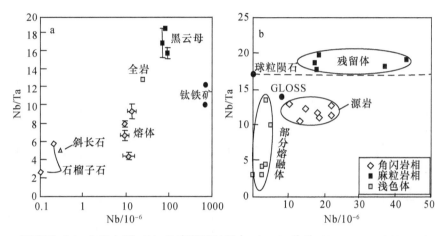

图 5-80　西班牙（a）和意大利（b）地壳深熔过程中 Nb、Ta 分异（Stepanov and Hermann，2013）

Stepanov 和 Hermann（2013）进行了 Nb、Ta 在黑云母–熔体（2.5GPa，750℃，800℃）及在多硅白云母（phengite）–熔体（4.5GPa，900℃，1000℃）分配的实验［详见本节（三）：岩浆过程中 Nb、Ta 地球化学的实验研究］，表明 Nb 在黑云母和多硅白云母中是相容的，而且对 Nb 的亲和性明显强于 Ta，即 $D_{Nb}^{Bi/melt} > D_{Ta}^{Bi/melt}$，$D_{Nb}^{phen/melt} > D_{Ta}^{phen/melt}$。这种特点造成富黑云母的地壳岩石的早期部分熔融后产生的残留体（restite）Nb/Ta 值升高，这种岩石的进一步熔融导致黑云母消耗，形成金红石或钛铁矿包晶，它们能保持高 Nb/Ta 值特征。据此，Stepanov 和 Hermann（2013）提出中到下地壳麻粒岩是富 Nb、高 Nb/Ta 的储源。与此类似，在俯冲带，深俯冲沉积物中的高 Ti 多硅白云母对 Nb 的亲和性也明显强于 Ta，残留多硅白云母存在的高压早期部分熔融也产生高 Nb/Ta 值的残留体，这种残留体可俯冲到地幔深部。因此，地壳内分异作用是形成富 Nb、高于球粒陨石 Nb/Ta 值岩石的重要过程，这种岩石代表了能平衡低于球粒陨石 Nb/Ta 值的上地壳和亏损地幔的一个丢失的储源。

## （二）不同类型岩浆岩及相关成岩过程的 Nb、Ta 地球化学

Nb、Ta 在岩浆及相关过程中的异常地球化学行为——明显富集或亏损，可导致 Nb/Ta 值强烈偏离原始地幔、亏损地幔及地壳比值，出现 Nb/Ta>17.5 或 Nb/Ta<10 的异常特点，这为探索 Nb-Ta 在地球圈层中的质量平衡提供了重要参考资料。

### 1. 高压变质带中的榴辉岩

榴辉岩是玄武岩的高压等效体，常在俯冲带形成并含金红石。自然界中榴辉岩的 Nb/Ta 值并不高，有关榴辉岩相条件下 Nb、Ta 的主要携带矿物金红石的实验资料，也不支持 Rudnick 等（2000）认为高 Nb/Ta 值的储库应在核–幔边界的认识。这些资料表明，在多数情况下，金红石的 Ta 分配系数高于 Nb，即 $D_{Ta} > D_{Nb}$（表 5-29），因此，含金红石的榴辉岩不具有高 Nb/Ta 值（Foley et al.，2002；Xiong et al.，2005；Xiong et al.，2011）。

表 5-29 不同体系中金红石的 Nb, Ta 分配系数实验资料

| 资料来源 | 熔体成分 | P/GPa | T/℃ | H₂O/%** | $D_{Nb}$ | $D_{Ta}$ | $D_{Nb}/D_{Ta}$ |
|---|---|---|---|---|---|---|---|
| Green and Pearson, 1987 | 安山质 | 1.6 | 1000 | 5 | 26.5 | 44 | 0.60 |
| | 粗面质 | 0.4 | 1000 | 5 | 29.8 | 44.7 | 0.67 |
| | 英云闪长质 | 3.5 | 1000 | 5 | 52.6 | 99.5 | 0.53 |
| Jenner et al., 1993 | 玄武质 | 3.0 | 1100 | 5 | 6.1 | 14 | 0.44 |
| | 安山质 | 3.0 | 1000 | 5 | 30 | 40 | 0.75 |
| | 流纹质 | 3.0 | 1000 | 5 | 52 | 63 | 0.83 |
| | 碳酸盐 | 2.5 | 1000 | 5 | 29 | 84 | 0.35 |
| | 流纹质 | 1.7~2.0 | 950~960 | 3~4 | 112~156 | 116~209 | 0.75~0.97 |
| | 英安质 | 2.5 | 1050 | 3~4 | 85.8~134 | 85.7~142 | 0.94~1.00 |
| | 安山质 | 2.0~2.5 | 1050~1117 | 3~4 | 26.2~73.7 | 44~119-6 | 0.58~0.62 |
| Schmidt et al., 2004 | 英安质 | 2.0 | 1300 | 1.7 | 28.2 | 39.6 | 0.71 |
| | 安山质 | 2.0 | 1300 | 1.7 | 21.7 | 39.2 | 0.55 |
| | 玄武质 | 2.0 | 1300 | 1.7 | 14.7 | 30 | 0.49 |
| | 英安质 | 2.5 | 1050 | 3~4 | 70.2 | 170 | 0.41 |
| Xiong et al., 2005 | 奥长花岗质 | 2.0 | 925 | 5 | 307 | 417 | 0.74 |
| | 英云闪长质 | 2.0 | 975~1075 | 2~5 | 51~216 | 65~288 | 0.67~0.78 |
| Bromiley and Redfern, 2008 | 玄武岩-金红石 | 2.0~6.0 | 1200~1600 | 干 | 5.38~14.8 | 16.95~28.01 | 0.32~0.53 |
| | 玄武质-TiO₂ (Ⅱ)* | 8.0~10.0 | 1800~1900 | 干 | 2.38~2.50 | 5.48~6.90 | 0.36~0.43 |
| Wendlandt, 1990 | 玄武质 | 1atm | 1425 | 干 | 2.1 | 5.0 | 0.42 |
| | 花岗质 | 1atm | 1425 | 干 | 13.1 | 16.6 | 0.79 |
| Horng and Hess, 2000 | 人造花岗岩 | 1atm | 1400 | 干 | 0.66~11.82 | 2.07~20.67 | 0.32~0.57 |
| Klemme et al., 2005 | 安山质 | 1atm | 1250 | 干 | 22~96 | 80~210 | 0.21~0.46 |
| | 花岗质 | 1atm | 1250 | 干 | 51 | 113 | 0.45 |
| | 玄武质 | 1atm | 1300 | 干 | 8.7~24.7 | 24~115 | 0.27~0.36 |
| Xiong et al., 2011 | 奥长花岗质 | 2.0 | 1250 | 4.51~16.35 | 30 (1) ~43 (2) | 54 (6) ~59 (2) | 0.55 (0.07) ~0.73 (0.05) |
| | 奥长花岗质 | 2.0 | 1350 | 12.1 | 17 (1) | 34 (2) | 0.51 (0.04) |
| | 奥长花岗质 | 2.0 | 1200 | 20.15 | 29 (1) | 56 (4) | 0.52 (0.04) |
| | 奥长花岗质 | 2.0 | 1150 | 7.4~14.75 | 44 (2) ~56 (2) | 74 (4) ~82 (4) | 0.59 (0.04) ~0.68 (0.04) |
| | 奥长花岗质 | 1.5~3.5 | 1050 | 8.36~21.46 | 38 (2) ~86 (2) | 75 (6) ~113 (5) | 0.50 (0.05) ~0.76 (0.04) |
| | 奥长花岗质 | 1.5~2.0 | 900~950 | 9.2~19.62 | 68 (2) ~158 (8) | 103 (7) ~208 (16) | 0.65 (0.05) ~0.92 (0.07) |
| | 奥长花岗质 | 2.0 | 850~875 | 12.96~20.57 | 117 (7) ~202 (25) | 149 (35) ~243 (43) | 0.79 (0.19) ~0.88 (0.17) |
| | 英云闪长质 | 2.0 | 1000~1050 | 14.86~16.58 | 58 (2) ~99 (6) | 95 (5) ~157 (32) | 0.61 (0.04) ~0.63 (0.13) |
| | 英云闪长质 | 2.0 | 900~950 | 4.4~11.79 | 137 (9) ~246 (13) | 138 (22) ~232 (25) | 0.98 (0.17) ~1.06 (0.13) |

* TiO₂ (Ⅱ) 为金红石高压多型；分配系数及比值栏中括号内为标准误差。

** 初始物质中的 $H_2O$。

　　脱水作用是板块俯冲（洋-陆、陆-陆）过程中的重要作用之一。近年来的研究表明，在这种俯冲带深部，形成高压变质带岩石的脱水过程可形成富 Ti、Nb、Ta 等高场强元素的流体。例如，Gao 等（2007a）在西天山高压变质带榴辉岩中发现了含厘米级放射状、柱状金红石的分凝体和脉体。从榴辉岩到分凝体和脉体，按不同距离（7.3cm—5.7cm—3.7cm—2.8cm—1.5cm—分凝体）作了系统分析，发现 Ti、Nb、Ta 等元素含量逐渐降低，$TiO_2$（%）：$0.80 \rightarrow 0.87 \rightarrow 0.69 \rightarrow 0.52 \rightarrow 0.41 \rightarrow 0.36$；Nb（$\times 10^{-6}$）：$2.77 \rightarrow 2.87 \rightarrow 2.22 \rightarrow 1.42 \rightarrow 1.14 \rightarrow 1.02$；Ta（$\times 10^{-6}$）：$0.21 \rightarrow 0.20 \rightarrow 0.16 \rightarrow 0.11 \rightarrow 0.088 \rightarrow 0.078$；Nb/Ta 值变化不明显，范围为 14.7~12.8，平均 14.2，而榴辉岩为 16.9，显示从榴辉岩向分凝体和脉体 Nb/Ta 值呈逐渐降低的趋势。对脉体中矿物的结构和成分分析表明，受裂隙控制，富 Nb、Ta、Ti 的流体迁移的距离达米级，$F^-$ 和 NaAl 硅酸盐配位体是促成 Ti-Nb-Ta 溶解的重要催化剂，富水流体中 $CO_2$ 的加入诱发了金红石的沉淀。Henry 等（1996）发现一条含金红石的榴辉岩脉的 Nb/Ta 值比围岩低，认为这可作为在金红石存在时 Nb、Ta 是活动的标志。上述资料表明，俯冲过程中由蓝片岩相到榴辉岩相释放的流体具有多样性，既有传统认识的富大离子亲石元素（LIL）、贫高场强元素的流体，也有富高场强元素（Ti-Nb-Ta）的流体，并且，脱水作用可使 Nb、Ta 发生分异，Ti、Nb、Ta 可随流体长距离迁移（至少达米级）（Gao *et al.*，2007a）。

　　在陆-陆俯冲的大别-苏鲁超高压变质带中，Xiao 等（2006）对我国苏鲁超高压变质带大陆超深钻含水含金红石榴辉岩中的单颗粒金红石进行了 Nb、Ta 原位分析（边-核-边），发现 Nb、Ta 含量变化范围较大，范围分别为 $(338 \sim 280) \times 10^{-6}$、$(23.8 \sim 248) \times 10^{-6}$。Nb/Ta 值在颗粒核部低于球粒陨石和大陆壳，在近边缘 Nb/Ta 值明显增加，高于球粒陨石值，形成 Nb/Ta 值峰，而在边缘，Nb、Ta 含量增加，Nb/Ta 值迅速降低。Nb/Ta 变化范围为 5.4~29.1，平均 9.8±0.6（图5-81）。这种变化表明，在金红石不存在的从蓝片岩→角闪岩→榴辉岩的前进变质作用过程中，Nb、Ta 发生了明显的分异，过程中释放出低于球粒陨石 Nb/Ta 值的流体，迁移并被保存在较冷区域的榴辉岩区中的含水含金红石榴辉岩里；而在高热区中的较干的榴辉岩 Nb/Ta 值高于球粒陨石，表明俯冲板块的 Nb/Ta 值发生了分化。由于在金红石存在时 Nb、Ta 的溶解度很低（Brenan *et al.*，1994），含水含金红石榴辉岩的脱水不能将低的 Nb/Ta 值带到大陆壳中，因此，这可解释作为陆壳主要成分的 TTG 低 Nb/Ta 值的原因。

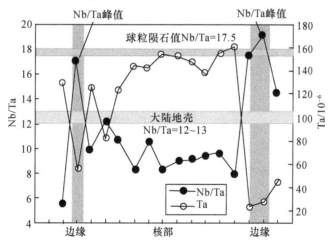

图 5-81　榴辉岩中金红石颗粒内的 Nb/Ta 值变化（Xiao *et al.*，2006，略有修改）
金红石颗粒内的 Nb/Ta 值可分三组；核及具有两组 Nb/Ta 峰值的不同边缘

　　氧逸度 $f_{O_2}$ 也对 Nb/Ta 值有控制作用，Liu 等（2014a）在对我国大别-苏鲁超高压变质带的 9 件样品中 86 个金红石颗粒研究中发现，Nb 与 V 在金红石中含量呈明显负相关，该关系不是受控于岩石或矿物成分，而是氧逸度。氧逸度的变化影响了金红石中具有多价态的 V（$V^{3+}$、$V^{4+}$、$V^{5+}$）和 Nb 的分配系数，使金红石 Nb/Ta 值发生改变。因为金红石中不同价态 V 的进入金红石先后顺序不同，其顺序为 $V^{4+} > V^{3+} > V^{5+}$。大陆深俯冲过程脱水反应使氧化流体丢失而导致氧逸度降低，这可以解释大别苏鲁造山带中金红石的 Nb-V 关系。当氧逸度足够低时，$V^{3+}$ 占优势，$V^{3+}$ 比例增加（$V^{3+}/\sum V$），$V^{3+}$ 与 $Nb^{5+}$ 一起置换金红石晶格中 2 个 $Ti^{4+}$ 位置，这可在个别颗粒中看到 Nb 与 V 含量呈正相关。当氧逸度增加时，进入金红石的 V 由 $V^{3+}$ 占优势变为 $V^{4+}$，$V^{4+}/\sum V$ 值增加，伴随金红石中 V 总分配系数增加，进而导致金红石晶格中可容纳 $Nb^{5+}$ 的位置减少（阶段 A），造成 Nb 与 V 含量呈明显负相关。在氧逸度仍然较高时，$V^{5+}/\sum V$ 增加，$V^{4+}/\sum V$ 降低，导致金红石中 V 总分配系数降低，Nb 含量显著增加（阶段 B）。上述阶段 A 和阶段 B 分别可在大别–苏鲁榴辉岩和南非 Kaapvaal 克拉通受到高度交代和氧化的地幔包体的金红石中看到。上述氧逸度对金红石中 V 分配系数的影响，不仅影响 Nb 的分配系数，也使 Nb/Ta 值发生变化。

对来自大陆岩石圈地幔金伯利岩熔体中榴辉岩碎块的金红石 Nb、Ta 含量和 $^{176}$Hf/$^{177}$Hf 同位素比值研究（Aulbach et al.，2008），发现具有高 $^{176}$Hf/$^{177}$Hf 值的金红石一般具有低于球粒陨石的 Nb/Ta 值（<19.9）（图 5-82），这与玄武质母体未受扰动的熔体残留物相似，而具有低 $^{176}$Hf/$^{177}$Hf 值的金红石一般具有高于球粒陨石的 Nb/Ta 值。这表明有来自流体或主要为古老（≥2.9Ga）的化学上受到改造（交代）的岩石圈地幔的 Hf 加入，它们具有低的 $^{176}$Hf/$^{177}$Hf 值。Aulbach 等（2008）认为，榴辉岩不能代表高 Nb/Ta 值的储源，一些具有高 Nb/Ta 值特点的榴辉岩，可能是大陆岩石圈地幔中长期停留期间受交代作用形成的。因此，解决 Nb/Ta 的悖论问题不在大陆岩石圈地幔或俯冲洋壳，需要另外一个或几个储源来平衡在多数硅酸盐储源中低于球粒陨石的 Nb/Ta 值。

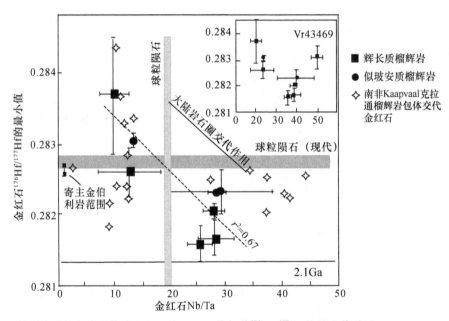

图 5-82　金伯利岩的榴辉岩包体中金红石的 Nb/Ta 值与其 $^{176}$Hf/$^{177}$Hf 的最小值关系（Aulbach et al.，2008）
Vr43469 为加拿大 Lacde Gras 区金伯利岩中榴辉岩包体中的金红石

在占太古宙陆壳 70% 以上的 TTG 片麻岩（英云闪长岩、奥长花岗岩、花岗闪长岩）岩套中也发现了 Nb/Ta 值的变化（Liang et al.，2009；Schmidt et al.，2009；Hofman et al.，2011；John et al.，2011），其 Nb/Ta 值变化范围为 6～30，这表明在地球早期地壳形成过程中 Nb-Ta 发生了明显分异。John 等（2011）对源自金红石和含榍石榴辉岩的熔体的研究表明，Nb/Ta 值受控于源区中金红石与榍石的实际含量比，高金红石/榍石产生的熔体 Nb/Ta 值高（>60），低金红石/榍石产生的熔体 Nb/Ta 值低（≤30）。在高程度部分熔融、所有含 Ti 的矿物消耗完时，产生的熔体 Nb/Ta 值很低（<16）。由于金红石/榍石值是压力的函数，因此，熔体 Nb/Ta 值是熔融深度的函数。通过对 TTG 的 Nb/Ta 值分析，并结合其 Zr/Sm、Zr/Hf 值，这些比值的较大变化范围表明 TTG 是在大范围的 P-T 条件下形成，包括石榴子石–角闪岩和榴辉岩残留相，是明显不同源区的熔体的混合（Hofmann et al.，2011），简单的单阶段熔融模型不能有效解释 TTG 的形成（John et al.，2011）。

## 2. 基性岩墙（脉）群

基性岩墙（脉）群是在伸展背景下、来自岩石圈或软流圈地幔的岩浆侵入体，是岩石圈伸展的重要标志。1985 年在多伦多召开了第一届国际岩墙群大会，1987 年设立了国际对比 IGCP257 计划。基性岩墙（脉）群在地质历史中均有分布，以元古宙规模最大，其延伸可达几百甚至千余千米，如加拿大克拉通的 Mackenzie 岩墙群长达 1500km，一般也达数千米。岩墙群的伸展量多为 5%~10%，有的甚至超过 30%（李江海等，1997）。岩墙（脉）群是地幔过程的重要构造-热事件产物，因而为研究地幔演化提供了一个窗口。

我国不同时代的岩墙（脉）群分布广泛，研究较多的是元古宙和晚中生代的基性岩墙（脉）群，如南太行山（Wang et al.，2004）（~1.8Ga）；中条山、嵩山（胡俊良，2007）（1.75Ga）及武当山（张成立等，1999）（782Ma）等。对晚中生代基性岩墙（脉）群的研究主要集中在华南和东部沿海、地区涵盖了辽东、山东东部、闽浙粤沿海、海南岛、湘东北、赣西北，以及北京北等地（李献华等，1997；程小九等，1998；邵济安等，2001；谢桂青等，2001，2002；贾大成等，2002；葛小月等，2003；张贵山等，2004；刘燊等，2005a，2005b；刘畅等，2006；钱青等，2006；Zheng et al.，2006；秦社彩，2007；Yang et al.，2007）。这些岩石主要属基性岩，少量属中基性，在岩石系列上主要属拉斑质或橄榄玄粗质（shoshonitic），有的甚至达到超钾质（如辽东半岛）（Yang et al.，2007）。这些基性岩墙（脉）群的显著特点是 Nb/Ta 值较高，近于或明显高于原始地幔值17.5，多数在 20 左右（表5-30），也明显高于岛弧火山岩，这与地壳，特别是花岗岩的低 Nb/Ta 值形成鲜明对比。

**表5-30　我国基性岩墙（脉）群 Nb、Ta 地球化学及相关资料**（赵振华等，2008）

| 产地 | 岩石类型 | 年龄/Ma | 样品数 | $Nb/10^{-6}$ | $Ta/10^{-6}$ | Nb/Ta | 平均 | $(^{87}Sr/^{86}Sr)_i$ | $\varepsilon_{Nd}(T)$ | 资料来源 |
|---|---|---|---|---|---|---|---|---|---|---|
| 武夷山 | 玄武岩，玄武安山岩 | 782±164（Sm-Nd） | 22 | 4.2~53 | 0.14~3.28 | 15.2~42.7 | 22.4 | 0.7030~0.7061 | −3.83~0.51 | 张成立等，1999 |
| 南太行山 | 拉斑质 | 1765~1780（Ar/Ar） | 7 | 3.76~4.67 | 0.21~0.26 | 17.8~18.9 | 18.2 | 0.7040~0.7050 | −5.52~−2.75 | Wang Y J et al.，2004 |
| | 拉斑质 | 同上 | 15 | 3.99~6.41 | 0.25~0.62 | 13.4~17.3 | 15.3 | 0.7045~0.7053 | −5.14~−0.60 | 同上 |
| 中条山-嵩山 | 玄武粗面安山岩 | 1750 | 10（高分异） | 6.76~19.9 | 0.30~1.03 | 17.7~23.4 | 20.30 | 0.7046~0.7066 | −8.1~−6.5 | 胡俊良，2007 |
| | 玄武安山岩 | 1750 | 8（低分异） | 5.92~10.2 | 0.33~0.61 | 17.9~20.6 | 18.90 | 0.7006~0.7064 | −8.1~−6.2 | 同上 |
| 湘东北 | | 86.19~136.6（Rb-Sr） | 8 | 9.31~94.96 | 0.51~5.54 | 17.9~26.9 | 19.2 | | | 贾大成等，2002 |
| 琼南 | 橄榄玄粗质 | 80.5~81.4 | 18 | 13.7~19.4 | 0.65~0.92 | 20.4~22.2 | 21.5 | 0.7079~0.7084 | −3.22~−2.27 | 葛小月等，2003 |
| 胶东蓬家夼 | 橄榄玄粗质 | 119.6（Rb-Sr） | 16 | 6.46~13.02 | 0.30~0.57 | 16.1~22.6 | 19.9 | 0.7096~0.7118（$^{87}Sr/^{86}Sr$） | −20.2~+1.3（$\varepsilon_{Nd}$） | 程小久等，1999 |
| 锡矿山 | | | 5 | 26.3~31.4 | 1.35~1.47 | 19.1~21.4 | 20.2 | | | 谢桂青等，2001 |
| 甘肃北山 | 煌斑岩 | 220~240（Rb-Sr） | 3 | 10.8~20.92 | 0.63~1.26 | 16.2~19.4 | 17.3 | | | 刘畅等，2006 |
| 新疆昭苏北 | 辉绿岩 | | 3 | 4.88~5.85 | 0.26~0.37 | 14.8~18.9 | 16.6 | | | 钱青等，2006 |
| 山东威海 | 斜煌岩 | 88（K-Ar）~96 | 5 | 6.97~13.5 | 0.35~0.63 | 19.7~20.6 | 20.4 | 0.7076~0.7084 | −11.0~−10.4（5） | 刘燊等，2005b |
| 山东烟台 | 斜煌岩 | 93（K-Ar） | 4 | 8.21~9.17 | 0.38~0.43 | 19.5~22.7 | 20.9 | 0.7087~0.7098 | −16.5~−7.6（2） | 刘燊等，2005b |

续表

| 产地 | 岩石类型 | 年龄/Ma | 样品数 | Nb/$10^{-6}$ | Ta/$10^{-6}$ | Nb/Ta | 平均 | $(^{87}Sr/^{86}Sr)_i$ | $\varepsilon_{Nd}(T)$ | 资料来源 |
|---|---|---|---|---|---|---|---|---|---|---|
| 山东龙口 | 辉长岩 | 93~96 (K-Ar) | 13 | 4.42~13.0 | 0.32~1.29 | 19.2~24.1 | 21.6 | 0.7087~0.7098 | −16.2~ −12.7 (4) | 刘燊等, 2005b |
| 山东淄川 | 辉长岩, 辉绿岩 | | 4 | 4.53~7.73 | 0.21~0.33 | 18.0~23.8 | 20.8 | | | 刘燊等, 2005b |
| 山东蒙阴 | 辉长岩 | | 2 | 2.97~4.73 | 0.14~0.20 | 21.2~23.7 | 22.5 | | | 刘燊等, 2005b |
| 赣西北 | | | 11 | 2.12~14.0 | 0.13~0.73 | 15.1~19.7 | 17.4 | | | 谢桂青等, 2002 |
| 南口-古崖居 | 橄榄玄粗质 | 128 (Rb-Sr) | 12 | 17.97~33.88 | 0.88~1.93 | 17.6~21.4 | 19.9 | 0.7055~0.7059 | −13.9~ −8.6 (3) | 邵济安等, 2001 |
| 闽西 | 辉绿岩 | | 17 | 6.09~12.9 | 0.36~0.79 | 15.5~18.8 | 16.8 | | | 张贵山等, 2004 |
| 福建文成 | 辉绿岩 | 94 | 8 | 8.64~11.33 | 0.50~0.63 | 16.3~19.3 | 17.8 | 0.7090~0.7097 | −7.7~−4.7 | 秦社彩, 2007 |
| 福建永泰 | 辉绿岩 | 87 | 3 | 9.65~10.97 | 0.54~0.61 | 17.7~17.9 | 17.8 | 0.7080~0.7084 | −4.6~−3.4 | 秦社彩, 2007 |
| 辽东半岛 | 拉斑质 | 213 | 12 | 12.9~47.7 | 0.8~2.5 | 16.5~19.1 | 17.7 | 0.7060~0.7153 | −6.5~−0.8 | Yang *et al.*, 2007 |
| | 高镁安山质 | 213 | 3 | 5.6~6.4 | 0.3~0.3 | 18.7~21.3 | 20.0 | 0.7063~0.7072 | −9.5~−3.0 | Yang *et al.*, 2007 |
| | 橄榄玄粗质 | 213 | 2 | 26.1~30.8 | 0.9~1.2 | 25.7~29.0 | 27.4 | 0.7061~0.7063 | −13.4~−13.2 | Yang *et al.*, 2007 |
| 华北克拉通 | 基性火山岩 | 太古宙 | 102 | 3.78~7.31 | 0.21~0.47 | 16.2~20.6 | 18.8± 1.2 | | | 刘勇胜等, 2004 |
| | 基性火山岩 | 元古宙 | 56 | 4.61~8.05 | 0.28~0.92 | 8.9~17.9 | 15.6± 2.9 | | | 刘勇胜等, 2004 |
| 西南天山托云 | 基性麻粒岩 | 80~125 (下交点) LA-ICP-MS | 9 | 0.58~52.4 | 0.04~2.85 | 14.5~24.4 | 22.0 | | | Zheng *et al.*, 2006 |

上述基性岩墙 (脉) 群的 Sr、Nd 同位素组成资料 (表 5-30) 提供了源区物质组成特点。由表 5-30 可以看出, 它们的 $(^{87}Sr/^{86}Sr)_i$ 值一般较高, 多在 0.7050~0.710, $\varepsilon_{Nd}(T)$ 值均为负值, 多数近于−10。根据这些特点, 可以推测它们的源区应为受软流圈小体积熔体交代的岩石圈地幔。已发表的少量 Hf 同位素组成 $[\varepsilon_{Hf}(T) <0]$ 表明其源自拆沉的下地壳在岩石圈发生熔融形成的熔体交代岩石圈地幔, 或古老的再富集的岩石圈地幔重熔形成高 Nb/Ta 值熔体 (Yang et al., 2007)。

刘永胜等 (2004) 较系统研究了华北克拉通新太古代和古元古代基性火山岩的 Nb、Ta 和 Nb/Ta 值变化特点, 发现它们的 Nb/Ta 值具有明显的太古宙—元古宙界线变化特点, 新太古代基性火山岩高场强元素与 $TiO_2$ 相关性较弱, Nb/Ta 值高 (18.8±1.2), 古元古代基性火山岩 Nb、Ta 含量明显高于新太古代, 并与 $TiO_2$ 呈高度正相关, Nb/Ta 值降低为 15.6±2.9。研究结果显示, 新太古代基性火山岩应源于正常橄榄岩在石榴子石稳定域内的部分熔融, 而古元古代的基性火山岩的源区发生了富 Ti 矿物参与的交代富集作用。全球范围 Nb/Ta 在亏损地幔和大陆地壳中的非补偿性特点应主要形成于后太古宙。

综合上述, 基性岩墙 (脉) 群及太古宙基性火山岩源区可能分别是平衡这种 Nb/Ta 补偿特征的地球化学储库之一。

### 3. 碱性岩

沿深大断裂或裂谷带常分布有 $SiO_2$ 不饱和、含多种碱性暗色矿物和副长石矿物的碱性杂岩 (包括碳酸岩), 它们的显著特点是强烈富集 Nb 和 Ta, 特别是 Nb, 可大于 $100×10^{-6}$, Nb/Ta 值很高, 可达 30, 显著高于原始地幔值 17.5 (表 5-31)。如秦岭嵩县-卢氏的辉石正长岩 Nb/Ta 值 15.5~27.9, 平均值为 18.4。而西藏北部羌塘、松潘-甘孜到北昆仑地区的新生代钾质、超钾质火山岩 Nb 可达 $80×10^{-6}$, Nb/Ta 值高达 65.6, 平均值 30 (表 5-31) (邱家骧, 1993; 喻学惠等, 2004; 季建清等, 2006;

Gao *et al.*，2006，2007a，2007b；迟清华、鄢明才，2007；Ying *et al.*，2007）。西秦岭的钾霞橄英长岩，Nb 高达 $152×10^{-6}$，Nb/Ta 值高达 29，平均值 20（Gao *et al.*，2007a，2007b）。秦-巴地区的岩浆碳酸岩明显富集 Nb，$～200×10^{-6}$，Nb/Ta 值可高达 194，平均值 112，显示了 Nb 的强烈富集（邱家骧，1993）。上述岩石的大量 Sr、Nd 同位素和少量 Hf 同位素组成，均说明了这些碱性岩源区密切与软流圈地幔有关，软流圈地幔交代岩石圈地幔是控制这些强烈富集 Nb 和 Ta 及高 Nb/Ta 值的碱性岩岩浆形成的重要因素。

**表 5-31　我国某些碱性岩 Nb、Ta 地球化学及相关资料**

| 产地 | 岩石类型 | 年龄/Ma | 样品数 | Nb/$10^{-6}$ | Ta/$10^{-6}$ | Nb/Ta | 平均 | $(^{87}Sr/^{86}Sr)_i$ | $\varepsilon_{Nd}(T)$ | 资料来源 |
|---|---|---|---|---|---|---|---|---|---|---|
| 安徽南部 | 橄榄玄粗岩 | 110~130 | 7 | 10.56~44.54 | 0.52~2.67 | 14.8~20.3 | 16.9 | 0.7059~0.7125 | -4.98~-10.4 | 赵振华等，2008 |
| 西南天山，托云 | 碧玄岩 | 120~50 | 2 | 35.13~38.97 | 2.58~4.50 | 22.7~25.8 | 24.3 | | | 季建清等，2006 |
| | 响岩 | 120~50 | 3 | 141.6~153.6 | 5.18~5.68 | 26.6~30.8 | 28.2 | 0.7051 | +5.31 | 季建清等，2006 |
| | 碱玄岩 | 120~50 | 6 | 26.12~71.05 | 1.10~2.36 | 23.6~51.5 | 30.9 | 0.7041~0.7047 | +3.46~+3.94 | 季建清等，2006 |
| 西秦岭 | 钾霞橄黄长岩 | 22 | 15 | 98.0~152.0 | 4.32~9.30 | 15.7~28.5 | 20.4 | 0.7038~0.7094 | -3.4~+5.58 | 喻学惠等，2004 |
| 西藏南部米巴勒 | 超钾煌斑岩 | | 10 | 34.0~63.0 | 1.83~3.24 | 18.0~19.8 | 18.8 | | | Gao *et al.*，2007 |
| 西藏南部茶孜 | 超钾煌斑岩 | | 12 | 50.4~80.6 | 2.70~4.54 | 17.2~19.8 | 18.2 | | | Gao *et al.*，2007 |
| 羌塘，松潘-甘孜，北昆仑 | 钾质-超钾质火山岩 | 0.28~39.9 | 20 | 21.9~80.5 | 0.69~3.72 | 17.2~65.6 | 29.6 | 0.7072~0.7090 | -11.77~-4.04 | Guo *et al.*，2006 |
| 秦巴地区 | 碳酸岩类 | 206~305 | 6 | 6.4~135 | 0.1~1.1 | 64~194 | 112 | 0.7057 | | 邱家骧等，1993 |
| 秦巴地区 | 超镁铁煌斑岩 | | 5 | 118~129 | 4.4~5.7 | 22.0~25.5 | 23.3 | | | 邱家骧等，1993 |
| 山西紫金山 | 二长岩，透辉正长岩，含霞石正长岩 | 127 | 10 | 7.9~17.4 | 0.57~1.04 | 16.7~36.6 | 18.3 | 0.7043~0.7052 | -11.6~-3.5 | Ying *et al.*，2007 |
| 河南嵩山-卢氏 | 辉石正长岩 | 中元古代 | 7 | 6.1~122 | 0.36~7.21 | 15.5~27.9 | 18.4 | | | 赵振华等，2008 |
| 中国正长岩（15 个样品组合） | | 4 | | 19 | 1.1 | 17.3 | 17.3 | | | 迟清华等，2007 |
| 中国碱性正长岩（33 个样品组合） | | 4 | | 48 | 2.6 | 18.5 | 18.5 | | | 迟清华等，2007 |

### 4. 大火成岩省火山岩

Coffin 和 Eldgolm（1994）提出的大火成岩省（LIPs）是指连续的、体积庞大的、持续时间短（<1Ma）、由镁铁质火山岩及其伴生的侵入岩所构成的岩浆建造。它包括了溢流玄武岩、镁铁-超镁铁质层状岩体、岩墙群、碱性杂岩体、碳酸岩等，其中大陆溢流玄武岩（CFB）和大洋高原玄武岩最引人注目，前者如西伯利亚暗色岩、德干高原玄武岩、北美哥伦比亚河玄武岩，我国的峨眉山玄武岩；后者如西太平洋的 Ontong Java 大洋高原玄武岩和印度洋的 Kerguelen 高原玄武岩等。如此大规模的幔源岩浆活动在很大程度上与地幔柱活动有关，它们主要通过地幔柱头减压熔融、产生岩浆结晶分异、热传递引发地壳熔融等方式形成（徐义刚等，2013a）。我国峨眉山玄武岩和 Ontong Java 玄武岩的 Nb、Ta 及相关地

球化学资料列于表5-32（Coffin and Eldholm，1994；肖龙等，2003a，2003b；Tejada *et al.*，2004；Fitton and Godard，2004；Xiao *et al.*，2004；张招崇等，2006；Wang *et al.*，2007）。峨眉山玄武岩被认为是晚古生代（二叠纪）与地幔柱活动有关的最重要的大火成岩省之一（Chung and Jahn，1995；He *et al.*，2003；Xu *et al.*，2001，2004，2007a，2007b；Xiao *et al.*，2004；肖龙等，2002，2003a，2003b），其玄武岩划分为高钛（HT）和低钛（LT）两种类型，前者形成时间略早于后者。它们的 Nb/Ta 值近于或低于原始地幔值（15.5~18.4），其中 LT$_2$ 型低钛玄武岩的 Nb/Ta 值（17.0~18.4）略高于 LT$_1$ 型低钛玄武岩（15.5~16.4）和高钛玄武岩（16.4）。Sr-Nd 同位素组成显示低钛和高钛玄武岩的岩浆源区有一定差异，低钛玄武岩 $\varepsilon_{Nd}(T)$ 值较低，为 -3.76~-0.34，$(^{87}Sr/^{86}Sr)_i$ 较高为 0.705~0.708；而高钛玄武岩 $\varepsilon_{Nd}(T)$ 值略高，为 -1.17~0.43，$(^{87}Sr/^{86}Sr)_i$ 值低，为 0.705~0.706，表明低钛玄武岩可能为富集的岩石圈地幔，而高钛玄武岩主要源自地幔柱，总体特征上，它们是地幔柱-岩石圈相互作用的产物（Fitton and Godard，2004；Tejada *et al.*，2004）。

**表 5-32　大火成岩省及溢流玄武岩 Nb、Ta 地球化学及相关资料**

| 产地 | 岩石类型 | 年龄/Ma | 样品数 | Nb/10$^{-6}$ | Ta/10$^{-6}$ | Nb/Ta | 平均 | $(^{87}Sr/^{86}Sr)_i$ | $\varepsilon_{Nd}(T)$ | 资料来源 |
|---|---|---|---|---|---|---|---|---|---|---|
| 峨眉山金平 | 低钛玄武岩(LT$_1$) | 258 | 5 | 13.96~17.39 | 0.88~1.08 | 13.6~16.1 | 15.5 | 0.7073~0.7078 | -6.74~-5.56 | 肖龙等,2003 |
| 峨眉山金平 | 低钛玄武岩(LT$_2$) | 258 | 9 | 14.34~26.43 | 0.81~1.49 | 15.7~17.8 | 17.0 | 0.7060 | -4.49 | |
| 峨眉山宾川 | 低钛玄武岩(LT$_1$) | 258 | 19 | 7.9~20.5 | 0.50~1.12 | 15.5~18.3 | 16.4 | 0.7063~0.7068 | -3.76~-0.34 | |
| 峨眉山宾川 | 低钛玄武岩(LT$_2$) | 258 | 9 | 11.0~21.0 | 0.66~1.40 | 16.7~19.6 | 18.4 | 0.7050~0.7060 | -1.18~-0.35 | Xiao *et al.*,2004 |
| 峨眉山宾川 | 高钛玄武岩(HT) | 258 | 15 | 25.8~68.0 | 1.47~4.14 | 16.0~17.0 | 16.4 | 0.7049~0.7064 | -1.17~+0.43 | |
| 峨眉山丽江 | 苦橄岩 | 250 | 18 | 8.0~31.5 | 0.56~2.06 | 11.1~16.9 | 14.3 | 0.7039~0.7052 | -1.0~+4.0 | 张招崇等,2006 |
| 峨眉山丽江 | 低钛玄武岩 | 250 | 15 | 20.0~45.3 | 0.29~2.80 | 15.5~19.6 | 16.5 | 0.7042~0.7052 | -1.1~+3.8 | |
| Ontong Java, CODP Leg 192 | 玄武岩 | 122 | 47 | 2.06~5.87 | 0.127~0.363 | 12.2~18.0 | 16.3±1.6 | 0.7025~0.7098 | +4.0~+6.5 | Fitton *et al.*, 2004 |
| Ontong Java, Site289, 803,807 | 玄武岩 | 122 | 30 | 2.48~6.73 | 0.156~0.380 | 14.1~18.4 | 15.6±1.8 | | | |
| 北京西山南大岭 | 溢流玄武岩 | 197±6 | 13 | 11.87~34.57 | 0.61~1.58 | 15.8~21.9 | 19.1 | 0.6985~0.7081 | -13.8~-5.0 | Wang *et al.*, 2007 |

　　峨眉山地幔柱中苦橄岩的 Nb/Ta 值较低，为 14.3，但 Sr、Nd 同位素显示了较为亏损的特点，由其所含铬尖晶石计算的初始熔融温度为 1630~1680℃（张招崇等，2006），在这种高温下，与亏损岩石圈地幔反应强烈可能是导致 Nb/Ta 值降低的主要因素。

　　西太平洋 Ontong Java 大洋高原（OJP）玄武岩的 Nb/Ta 值显示了与峨眉山玄武岩非常相似的特点，近于或低于原始地幔值（平均值 15.6~16.3），Sr、Nd 同位素显示了较明显的亏损特点。更为特别的是，这个世界上面积最大的大火成岩省（面积 2×10$^6$km$^2$）的 Nb/Ta 值非常均一，在发表的 77 个数据中，Nb/Ta 值平均误差（2$\sigma$）仅为 1.6~1.8。解释这种大规模的均一的大洋高原玄武岩成分的流行模式是源于下地幔和地幔柱头，即橄榄岩质原始地幔在非常热的地幔柱头作用下经 30% 部分熔融形成（Fitton and Godard，2004；Tejada et al.，2004）。

### 5. 岛弧火成岩

岛弧系统岩浆岩中的 Nb、Ta 含量较低，Nb/Ta 值平均 15.46（Elliott，2003），在以原始地幔（primitive mantle）标准化蛛网图中，相对于相邻元素 K、La 和 Eu、Dy 呈现明显亏损（见图 4-22）。据此，Ti、Nb、Ta 的亏损（TNT 异常）成为识别岛弧构造环境的重要标志之一。

然而，研究表明，造成岛弧环境岩浆岩 Nb、Ta、Ti 的亏损的原因是多种多样的：早在 1987 年，Ryeson 和 Watson 实验研究了饱和金红石在玄武质-流纹英安质熔体中 $TiO_2$ 的含量，实验条件为：压力 0.8~3GPa，1000~1300℃，含水，$CO_2$ 饱和及无挥发分。结果表明熔体中 $TiO_2$ 的溶解度与温度呈正相关，但系统总压力的影响并不强烈。在温度和压力固定时，$TiO_2$ 的含量随熔体成分变为长英质而降低，其在金红石与液体之间的含量（%）比 $D$ 的表达式为

$$\ln D = -3.16 + 9373/T + 0.026P - 0.152FM \tag{5-15}$$

式中，$T$ 为绝对温度；$P$ 单位为 kbar；FM = ［Na+K+2（Ca+Fe+Mg）］/Al×1/Si，元素的单位为阳离子分数。

实验结果还表明金红石的溶解度与水含量无关。对于可能的固相线范围，金红石在玄武质、安山质和英安质液体中的饱和需要 $TiO_2$ 的含量分别为 7%~9%、5%~7% 和 1%~3%，这些浓度超过了相对应的岩石中 $TiO_2$ 的含量。因此，Ryeson 和 Watson 认为板块汇聚边缘火山岩的 Nb、Ta、Ti 亏损不是由源区中金红石残留而引起，而是源区继承性特点，即源区原先周期性的熔体提取，如洋中脊玄武岩、带状精炼或与渗透的熔体或流体的平衡作用等，都可造成 Nb、Ta、Ti 的亏损。Selters 和 Hart（1991）也认为，岛弧岩浆中高场强元素 Nb、Ta、Ti、Zr、Hf 的变化不是由于熔融过程，也不是来自板片成分，而是继承了弧下地幔的高场强元素的不均一性。Ayers 和 Watson（1993）发现，在超临界流体中金红石的溶解度随温度升高而增加，随压力降低而增加。因此，俯冲板片在低温和高压脱水过程中 Nb、Ta 可保留在残留金红石中。另一种解释是，板片流体能从地幔楔深部热地幔中溶解金红石及其他 Ti 矿物，随后在浅部再沉淀，其结果是地幔楔底部的熔融将形成亏损 Nb、Ta 的熔体。这种解释存在的问题是地幔橄榄岩中一般不含金红石，这就要求在地幔最上部和下地壳存在一个互补的、含金红石的富 Nb、Ta 的富集区。

早在 1988 年，Hofmann 就提出角闪石是浅部地幔最普遍的携带 Nb、Ta 的矿物，但 Adam 等（1993）实验表明，Nb、Ta 在角闪石与硅酸盐熔体之间的分配系数很低，因此对 Nb、Ta 分配的影响小，金红石和 Ti 矿物才是 Nb、Ta 的主要携带矿物。然而，Ionov 和 Hofmann（1995）在碱性玄武岩地幔橄榄岩包体中发现了强烈富集 Nb、Ta 的角闪石和金云母脉，角闪石和金云母 Nb、Ta 含量为原始地幔的 50~200 倍，表明地幔角闪石的 Nb、Ta 分配系数 ≥1，而碱性玄武岩中浸染状角闪石的 Nb、Ta 含量不高。Nb、Ta 在角闪石与辉石之间的分配系数比值为 10~85。他们认为已报道的角闪石对 Nb、Ta 分配系数很低，其原因在于角闪石的成分或流体相成分（富 Si 的含水流体，而不是硅酸盐或碳酸盐熔体）。他们认为，在任何情况下，角闪石和云母都是 Nb、Ta 的重要携带矿物，在讨论与俯冲有关的火山岩 Nb、Ta 亏损根本原因时不能忽视角闪石和云母。基于这种原因，岛弧岩浆岩源区 Nb、Ta 的亏损（相对于 Th、U 和 LREE）的交代模型应是：俯冲洋壳在一定深度发生脱水作用形成俯冲带流体，这种流体进入上覆地幔楔开放体系并发生角闪石沉淀。高度不相容元素，包括 Nb、Ta、Ti 被流体搬运到地幔楔中，角闪石的沉淀使微量元素发生分异，形成（Nb、Ta）/（Th、U、LREE）值低的残留流体。当这种流体继续运移，可在地幔楔的热区直接引发部分熔融，或者由于在橄榄岩的浸染状角闪石封闭系统的结晶而被消耗掉，这种橄榄岩也可在随后发生部分熔融。在上述任何一种情况下，俯冲产生的岩浆的源区应富集强不相容元素，而 Nb、Ta 不富集。这种模型可考虑作为已发表的对弧岩浆化学解释的互补或替代模型。

Ringwood（1990）的实验资料表明，在 80~100km 以上的深度范围，地幔岩中的 Ti、Nb、Ta 的主要矿物相金红石是稳定的，因而在岛弧岩浆形成的温度、压力条件下，Nb、Ta、Ti 保留在残余相金红石、榍石等矿物中，进入熔体很少，造成岛弧岩浆亏损 Nb、Ta、Ti。

Kelemen（2003）总结造成岛弧岩浆 Nb、Ta、Ti 亏损主要包括七种过程：地壳中 Fe-Ti 氧化物的结晶分离；地壳或地幔中富 Ti 含水的硅酸盐，如金云母和角闪石的分异；上升熔体与亏损地幔之间广泛的"色层"分离式相互作用；地幔楔中金红石、榍石相的存在；在由俯冲物质析出的流体中，Nb、Ta 相对于 REE 及其他元素的不活动性；从俯冲沉积物中继承了低的 Ta/Th 和 Nb/Th 值；在俯冲物质部分熔融过程中，金红石作为残留相。Kelemen 认为最后一种过程最为可能。

角闪石是了解俯冲带上方地幔楔中熔体和流体运移特点的理想工具的代表（Coltorti et al., 2007），并可与板内环境的熔体/流体地球化学特点进行对比：产于俯冲带上方地幔楔中的角闪石称作 S 型，特点是亏损 Nb（<10×10⁻⁶），Ti/Nb、Zr/Nb 值高于球粒陨石，Nb/Ta 值较低，变化大（5.6~19.8）；而产于板内环境中的角闪石称为 I 型，特点是富 Nb（10×10⁻⁶~1000×10⁻⁶），Ti/Nb、Zr/Nb 低于球粒陨石，Nb/Ta 值高（16.5~24.5）。

在哥斯达黎加、墨西哥、巴拿马和菲律宾棉兰老岛发现了与埃达克岩密切相关的高铌（HNB）或富铌（NEB）玄武岩（Sajona, 1994, 1996；Prouteau et al., 2000），HNB 的 Nb 含量>20×10⁻⁶，NEB 的 Nb 含量（7~16）×10⁻⁶，本书作者及其同事在东、西天山和阿尔泰发现了富 Nb 玄武岩，Nb 最高含量达 20×10⁻⁶（Wang et al., 2003；张海祥等，2004）。富铌玄武岩与普通岛弧玄武岩的明显不同是 Nb 含量高，即具有相对高的 Nb（一般>7×10⁻⁶）和 Ti（1%~2%），大离子亲石元素（LILE）与高场强元素（HFSE）的 LILE/HFSE 值低，La/Nb<2（Hollings and Kerrich, 2000；Polt and Kerrich, 2001）。在原始地幔标准化的微量元素蛛网图中表现为 Nb 的相对富集（或弱的 Nb 负异常），以及无到正 Ti 的异常。与此相关，Nb/Ta 值明显升高，如东天山土屋-延东富 Nb 玄武岩的 Nb/Ta 值达 29.0，阿尔泰富蕴南的富 Nb 玄武岩 Nb/Ta 值 14.5~19.2（平均 17.4）；西天山阿拉套富 Nb 玄武岩 Nb/Ta 值 13.9~17.2（平均 15.9），均高于同区的岛弧火山岩和埃达克岩 16.6 和 9.2（表5-33）。这种特点与普通岛弧玄武岩明显的 Nb、Ta、Ti 亏损（明显负异常，La/Nb>1.4；Condie, 2003）形成显明对比。由于富 Nb 玄武岩密切与埃达克岩共生，因此，Nb 的富集是由于俯冲板片熔融形成的埃达克岩浆交代地幔楔橄榄岩而成，Nb、Ta、Ti 在这种钠质的埃达克熔体中的分配系数明显高于共存的流体，如 Nb、Ti 在流体与安山质熔体间的分配系数分别小于 0.004~0.005 和 0.005~0.026（Keppler, 1996）。富 Nb、Ta、Ti 的熔体交代地幔楔，可形成富 Nb、Ta、Ti 和 Nb 的角闪石-钛铁矿或角闪石、富铁斜方辉石（Sajona et al., 1996；Hollings and Kerrich, 2000；Polt and Kerrich, 2001），所形成的熔体 Nb/Ta 值可高达 33（Stolz et al., 1996），这种受熔体交代的地幔楔的熔融形成富 Nb 玄武岩。相反，受俯冲板片流体交代的地幔楔熔融，由于流体 Nb、Ta、Ti 等高场强元素的强烈亏损，是造成普通岛弧火成岩 Nb、Ta、Ti 亏损的主要原因（赵振华，2005）。

表 5-33　新疆北部富 Nb 玄武岩（NEB）Nb、Ta 地球化学及相关资料

| 产地 | 年龄/Ma | 样品数 | Nb/10⁻⁶ | Ta/10⁻⁶ | Nb/Ta | 平均 | ($^{87}Sr/^{86}Sr$)ᵢ | $\varepsilon_{Nd}(T)$ | 资料来源 |
|---|---|---|---|---|---|---|---|---|---|
| 西天山阿拉套 | 320 | 4 | 5.87~12.90 | 0.40~0.72 | 13.9~17.2 | 15.9 | 0.7046~0.7063 | +6.41~+8.04 | 赵振华等，2008 |
| 西天山骆驼沟 | 320 | 3 | 4.81~10.6 | 0.40~0.82 | 12.1~13.8 | 13.0 | 0.7031~0.7067 | +3.46~+6.20 | 赵振华等，2008 |
| 土屋-延东 | 320 | 3 | 6.9~7.5 | 0.24~0.49 | 15.2~29.0 | 24.4 | 0.7034~0.7038 | +5.59~+9.65 | 赵振华等，2008 |
| 富蕴 | 441 | 5 | 12.6~20.9 | 0.81~1.14 | 14.5~19.2 | 17.4 | 0.7039 | +4.84~+5.24 | 张海祥等，2004 |

Castillo 等（2007）对菲律宾南部的岛弧火山岩研究揭示，地幔楔是不均一的，存在似 MORB 亏损高场强元素和不相容元素的区域和似 OIB 的富集区域，它们不同程度的混合可形成富 Nb 玄武岩。

**6. 洋岛玄武岩**

洋岛玄武岩（OIB）形成深度在 50~300km，金红石在这种深度不再是稳定矿物，在部分熔融时进

入熔体，因而洋岛玄武岩不出现 Nb、Ta、Ti 的亏损，其 Nb 含量达 $48\times10^{-6}$，Ta $2.7\times10^{-6}$，Nb/Ta 值 17.8，与球粒陨石相当（Sun and McDonough，1989）。但在洋岛玄武岩中也发现了 Nb/Ta 值发生变化（Pfander et al.，2007），用同位素稀释-ICP-MS 方法对采自南太平洋的鲁鲁土（Rurutu）岛（1.1~1Ma，13~10.8Ma，属 HIMU 型）、土布艾岛（Tubuai）（12~5.7Ma，属 HIMU 型）、萨摩亚岛（0~$10\times10^{3}$ 年，属 EM Ⅱ型）、社会岛（4.51~4.35Ma）、Pitcain 岛（0.95~0.62Ma，属 EM Ⅰ型），以及北大西洋葡萄牙的亚速尔岛（属 HIMU-EM Ⅱ型）的 48 个玄武岩（MgO 含量>4%）进行了 Nb、Ta、Zr、Hf 分析，其 Nb/Ta 值变化范围为 14.6~17.6，平均值为 15.9±0.6（$1\sigma$）；Zr/Hf 范围为 35.5~45.5。Nb/Ta 对 Nb 的投影呈明显直线关系，相关系数近于 1，为 0.95±0.03，Zr/Hf 对 Zr 的相关系数略低，为 0.88±0.09。这表明这些洋岛玄武岩（OIB）的源区 Nb/Ta 值为 15.9±0.6。石榴子石橄榄岩和/或尖晶石橄榄岩集合体的部分熔融可以解释上述洋岛玄武岩的 Nb/Ta、Zr/Hf 特点，但其源区应有富钙铝榴石的石榴子石存在，即在 OIB 的源区中有再循环的榴辉岩或石榴子石榴辉岩存在（Pfander et al.，2007）。

传统上，对 OIB 高度富集的地球化学特点成因解释是与热点或地幔柱有关，其源区来自循环古洋壳（ROC）（Hofmann and White，1982），或循环陆壳（RCC）。牛耀龄（2010）在系统分析全球 OIB 微量和稀土元素基础上，认为上述源区不能完全解释其地球化学特点，提出 OIB 的源区可能有三种组分：①来自"肥沃"（fertile）易溶的 OIB 源区物质，橄榄岩占主导，可能本身来自循环的古老大洋岩石圈深部的交代橄榄岩；②形成于大洋岩石圈和低速带（LVZ）边界、聚集在（LVZ）中的熔体层；③岩石圈中早期形成的交代熔体岩脉。

### 7. 洋中脊玄武岩 MORB 和洋中脊橄榄岩 MORP

用等离子体质谱 ICP-MS 对占地球 70% 表面积的洋壳中长达 55000km 的洋中脊玄武岩 MORB 和洋中脊橄榄岩 MORP 的 Nb、Ta、Zr、Hf 含量进行了分析，发现 MORB 的 Nb/Ta 和 Zr/Hf 值并非保持不变，其变化范围达两倍，Nb/Ta 值变化范围为 9~18，Zr/Hf 值为 25~50，MORP 的 Nb/Ta 和 Zr/Hf 值变化超过两倍（图 5-83a、b；Niu and Batiza，1997；Niu and Hekinian，1997；Niu，2004，2012）。在一些地幔包体中也发现 Nb/Ta 值的变化（Kalfoun et al.，2002；Aulbach et al.，2011）。

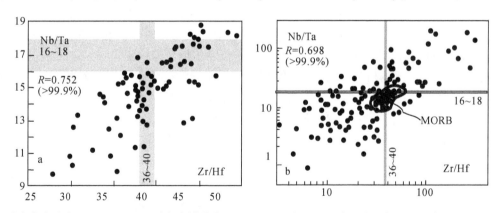

图 5-83　洋中脊玄武岩 MORB（a）和洋中脊橄榄岩 MORP（b）的 Nb/Ta 值变化及与 Zr/Hf 值的关系（Niu，2012）

图 b 中圈出的为图 a 的 MORB 分布区

MORB 和 MORP 的 Nb/Ta 对 Nb 的投影图解表明（Niu，2012），Nb、Ta 属不相容元素，在地幔熔融或熔体结晶过程中它们进入熔体的量超过进入矿物中的量，并且，Nb 的不相容性高于 Ta，即 $D_{Nb}<D_{Ta}$，在洋中脊橄榄岩中与之类似。该结果出乎预料，因为 Nb、Ta 两元素具有相同的电价（+5）和相同的离子半径（在配位数为 6、7、8、12 时均为 0.64Å，$R_{Nb}/R_{Ta}=1.00$）。玄武岩浆体系的实验表明（Green et al.，2000），Nb、Ta 在单斜辉石中的分配系数不同，$D_{Nb}/D_{Ta}\approx0.5$。由于单斜辉石是玄武岩浆中控制 Nb、Ta 的矿物，因此，这可以定性地解释上述 Nb/Ta 值的变化，但难以解释在洋中脊橄榄岩中 Nb/Ta 值超过两倍的变化。Niu 认为，由于 Nb、Ta 具有相同的电价和离子半径，它们原子量的明显差异，即 $M_{Nb}/M_{Ta}=0.513$，可能是造成它们在 MORB 和 MORP 形成过程中发生较大分异的原因，这是

因为化学性质相似的两个元素，轻的比重的元素更不相容，Nb、Ta 约 50% 的质量差异造成的分异，应比一般考虑的在相对低温下轻的同位素分异大。扩散或质量传递系数明显依赖于质量，$K_A/K_B = (M_A/M_B)^{1/2}$，$K_A$ 和 $K_B$ 分别为质量为 $M_A$ 和 $M_B$ 的 A、B 两元素的扩散系数。对于质量比为 2 的 Nb 和 Ta，其扩散系数应为 $K_{Nb}/K_{Ta} = 1.414$，即在理想条件下，由质量差异引起的扩散系数就可使 Nb、Ta 产生约 41% 的分异。类似的在印度洋玄武岩中发现的 Y/Ho 值的变化（MORB 平均值应为 27.33）也可用 Y、Ho 的质量差异解释。上述解释还需要实验研究证实（Niu，2012）。

### 8. 花岗岩类

花岗岩类是地壳中分布广泛的岩浆岩，一般按其成分将其划分为 I 型、S 型（Chappell and White，1974）和 A（碱性）型（Loiselle and Wones，1979）及 M 型（幔源）（Pitcher，1983）等地球化学类型，它们之间在 Nb、Ta 地球化学上显示不同的特点，也明显不同于其他岩浆岩，其 Nb/Ta 值变化较大，特别是高演化的浅色花岗岩。

（1）碱性花岗岩

碱性花岗岩（A 型）以含碱性暗色矿物或明显富 K、Na 和高场强元素为特征，它们主要源于地幔与下地壳的相互作用或地幔，其形成的构造背景主要是地幔柱热点或在非造山阶段的板内裂谷，地球化学特点与洋岛玄武岩相似（$A_1$ 型），或板块汇聚带的后碰撞走滑、伸展环境（$A_2$ 型）。与此相关，它们的 Nb/Ta 值呈现不同变化：产于板内非造山环境的碱性花岗岩（$A_1$ 型），如内蒙古巴尔哲（王一先、赵振华，1997）、安徽南部及秦岭龙玉瞳，阿尔泰布尔根（赵振华等，1993，1996），由于其源区中有较多地幔物质或富集地幔物质的加入，其 Nb/Ta 值较高 15.7~17.5；而在后碰撞环境中形成的碱性花岗岩（$A_2$ 型，源区有大量下地壳物质）Nb/Ta 值较低，一般在 12±（表 5-34）（邱检生等，2000；Li et al.，2003；苏玉平等，2006；唐红峰等，2007b）。

（2）斜长花岗岩

产于蛇绿岩套中的斜长花岗岩（大洋斜长花岗岩），被普遍认为是源自地幔岩石，20 世纪 80 年代以来的大量研究表明它们的形成机制具多样性，包括了玄武岩浆结晶分异、高温剪切、俯冲洋壳脱水熔融和仰冲下沉积岩熔融等（David et al.，1981；Pedersen and Malpas，1984；Whitehead et al.，2000；Li et al.，2003）。综合分析我国产于不同构造背景下蛇绿岩中的斜长花岗岩发现，在新疆和江西一些蛇绿岩套中的斜长花岗岩和剪切熔融形成的斜长花岗岩（新疆库尔提、卡拉麦里）Nb/Ta 值低（牛贺才等，2006；徐学义等，2006），平均值分别为 10.6 和 11.0，而俯冲洋壳熔融形成的斜长花岗岩（西天山巴音沟、江西西湾）Nb/Ta 值高，平均值分别为 15.0 和 19.7（表 5-34）（徐学义等，2006；唐红峰等，2007a）。西藏的羌塘、改则、安多和古昌等蛇绿岩中斜长花岗岩 Nb/Ta 值很低，为 4.6~9.7（张宽忠、陈玉禄，2007；樊帅权等，2010；孙立新等，2011；Zhai et al.，2013）。

（3）高演化花岗岩

I 型和 S 型花岗岩类的 Nb、Ta 含量较高，特别是 Ta，一般可达 $n \times 10^{-6}$，Nb/Ta 值 ≤10，是岩浆岩中最低的（中国科学院地球化学研究所，1979；Turekian and Wedepohl，1961；Vinogradov，1962）。尤其是高演化的花岗岩，Nb、Ta 含量明显增加，Ta 更为富集，形成花岗岩型 Nb、Ta 矿床。在我国已发现了多处中生代花岗岩型 Nb、Ta 矿床，如江西宜春、姜坑里、葛源，湖南香花铺，广西栗木，内蒙古巴尔哲等。高演化作用还形成了一些与 W、Sn 有关的花岗岩，如江西西华山、大吉山，湖南柿竹园、香花岭等。这些高演化的花岗岩共同特点是 Nb/Ta 值很低，Nb/Ta 值的变化明显随岩浆演化程度增强而显著降低，如 Nb/Ta 值随 K/Rb、Eu/Eu* 降低而同步降低（表 5-35，表 5-36）（中国科学院地球化学研究所，1979；Turekian and Wedepohl，1961；Vinogradov，1962；徐世进，1986；陈毓川等，1989），其稀土元素的组成呈现显著的四分组效应（赵振华，1988a，1988b；赵振华等，1992，1999，2000）。在一个岩体中，如江西宜春、姜坑里 Ta（Nb）矿床，西华山、大吉山 W-Nb-Ta 矿床等，从早期到晚期，或从岩体下部到顶部（垂直变化），随演化程度增强，岩体由黑鳞云母花岗岩演变为二云母花岗岩→白云母花岗岩→铁锂云母花岗岩（宜春岩体演化为锂云母花岗岩），Nb/Ta 值均明显降低，Nb/Ta 值甚至降低到 <1（图 5-84）。

**表 5-34 我国不同类型碱性花岗岩和斜长花岗岩 Nb、Ta 及相关地球化学资料**

| 产地 | 岩石类型 | 年龄/Ma | 样品数 | Nb/10⁻⁶ | Ta/10⁻⁶ | Nb/Ta | 平均 | (⁸⁷Sr/⁸⁶Sr)ᵢ | $\varepsilon_{Nd}(T)$ | 资料来源 |
|---|---|---|---|---|---|---|---|---|---|---|
| | | | | | 碱性花岗岩 | | | | | |
| 新疆布尔根 | 钠闪石花岗岩 | 342~358 | 7 | 43~98 | 4.3~8.5 | 19.9~14.5 | 12.2 | 0.7049 | +6.78~+7.74 | 本书 |
| 新疆西准噶尔 | 铝质碱性花岗岩 | 296~305 | 13 | 2.64~12.4 | 0.36~0.97 | 9.1~17.2 | 12.8 | 0.6890~0.7030 | +7.15 | 苏玉平等，2006 |
| 新疆萨北 | 碱性花岗岩 | 3.6±3 | 4 | 16.1~23.4 | 1.37~2.09 | 11.1~11.8 | 11.5 | | +4.9~+5.3 | 唐红峰等，2007 |
| 内蒙古巴尔哲 | 钠闪石花岗岩 | 125±2 | 14 | 137~1563 | 3~116 | 11.6~27.0 | 15.7 | 0.698 | +1.88~+2.4 | 本书 |
| 安徽南部 | 碱性花岗岩 | 130~150 | 3 | 48.69~63.52 | 2.75~3.58 | 17.2~17.7 | 17.5 | 0.7056~0.7062 | -4.9~-6.6 | 本书 |
| 江西全南 | 碱性花岗岩 | 164.6±2.8 | 3 | 375~424 | 3.36~3.73 | 11.2~11.4 | 11.2 | 0.7094~0.7097 | -3.15~-3.54 | Li et al., 2003 |
| 江西寨背 | 碱性花岗岩 | 176 | 11 | 21.5~50.5 | 1.64~4.80 | 7.7~15.0 | 10.0 | 0.7110 | -0.78~+6.55 | Li et al., 2003 |
| 福建新村 | 铝质碱性花岗岩 | 103.0±1.1 | 3 | 17~24 | 1.85~2.24 | 8.2~10.9 | 9.8 | 0.7060 | -6.12 | 邱检生等，2000 |
| 福建金刚山 | 铝质碱性花岗岩 | 92±3 | 4 | 22~32 | 2.38~2.88 | 9.7~11.1 | 10.8 | 0.7043~0.7104 | -4.28~-4.36 | 邱检生等，2000 |
| 福建魁歧 | 碱性花岗岩 | 93±1 | 3 | 31.0~45.0 | 2.70~4.37 | 10.3~11.5 | 10.9 | 0.7030~0.7080 | -2.54~-5.21 | 邱检生等，2000 |
| 福建桃花岛 | 碱性花岗岩 | 92.9±6 | 3 | 17.96~36.10 | 1.71~2.58 | 10.5~14.0 | 12.6 | 0.7125~0.7136 | -9.05~-9.27 | 邱检生等，2000 |
| | | | | | 斜长花岗岩（蛇绿岩套中） | | | | | |
| 江西西湾 | 斜长花岗岩 | 968±23 | 10 | 1.88~3.69 | 0.10~0.21 | 17.6~23.5 | 19.7 | | +4.9~+6.7 | Li et al., 2003 |
| 新疆巴音沟 | 斜长花岗岩 | 324.8±7.1 | 2 | 0.7~0.8 | 0.05~0.05 | 14.0~16.0 | 15.0 | 0.7037~0.7041 | +8.36~+8.52 | 徐学义等，2006 |
| 新疆卡拉麦里 | 斜长花岗岩 | 373±10 | 3 | 1.30~1.77 | 0.14~0.14 | 9.3~12.6 | 10.6 | | +9.42 | 唐红峰等，2007 |
| 新疆库尔提 | 斜长花岗岩 | 372±19 | 6 | 4.35~7.21 | 0.4~0.7 | 10.9~11.6 | 11.0 | | | 牛贺才等，2006 |
| 西藏古昌 | 斜长花岗岩 | 124~128（Ar/Ar） | 3 | 2.42~2.49 | 0.5~0.6 | 4.2~4.9 | 4.6 | | | 张宽忠等，2007 |
| 西藏安多 | 斜长花岗岩 | 188±2（锆石 U-Pb） | 2 | 1.44~1.33 | 0.16~0.24 | 5.5~9.3 | 7.4 | | | 孙立新等，2011 |
| 西藏羌塘 | 斜长花岗岩 | 356（锆石 U-Pb） | 3 | 0.6~1.99 | 0.04~0.29 | 2.9~15.0 | 9.7 | 0.7048~0.7055 | +1.0~+2.3 | Zhai et al., 2.13 |
| 西藏改则 | 斜长花岗岩 | 189.8（锆石 U-Pb） | 3 | 1.50~1.65 | 0.21~0.22 | 7.1~7.9 | 7.4 | | | 樊帅权等，2010 |

表 5-35　华南某些中生代高演化花岗岩 Nb、Ta 及相关元素地球化学资料

| 地点 | | 岩石类型 | Nb/10⁻⁶ | Ta/10⁻⁶ | Nb/Ta | K/Rb | Eu/Eu* |
|---|---|---|---|---|---|---|---|
| 西华山（据 徐士进， 1986） | 早 | 粗粒黑云母花岗岩（A） | 23.5 | 5.0 | 4.7 | 91.9 | 0.13 |
| | ↓ | 中粒黑云母花岗岩（B） | 29.0 | 10.0 | 2.9 | 50.0 | 0.03 |
| | 晚 | 细粒黑云母花岗岩（C） | 30.5 | 10.5 | 2.9 | 54.2 | 0.04 |
| 姜坑里 （本书） | 早 | 含铁锂云母花岗岩（A） | 74 | 127 | 0.58 | 10 | 0.07 |
| | ↓ | 含铁锂云母钠长石花岗岩（B） | 90 | 91 | 0.98 | 23 | 0.08 |
| | ↓ | 含铁锂云母钠长石花岗岩（C） | 77 | 82 | 0.94 | 16 | 0.09 |
| | ↓ | 铁锂云母富钠长石花岗岩（D） | 81 | 45 | 1.8 | 36 | 0.15 |
| | 晚 | 铁锂云母钠长石花岗岩（E） | 88 | 44 | 2.0 | 28 | |
| 宜春 （本书） | 早 | 二云母花岗岩（A） | 36 | 9 | 4.0 | 23.0 | 0.24 |
| | ↓ | 白云母花岗岩（B） | 63 | 58 | 1.1 | 19.0 | 0.12 |
| | ↓ | 含锂云母花岗岩（C） | 35 | 58 | 0.60 | 18.0 | 0.17 |
| | 晚 | 锂云母钠长石花岗岩（D） | 60 | 146 | 0.41 | 7.0 | 0.03 |
| 世界高钙花岗岩（Turekian and Wedepohl, 1961） | | | 20 | 3.6 | 5.6 | 229 | |
| 世界低钙花岗岩（Turekian and Wedepohl, 1961） | | | 21 | 4.2 | 5.0 | 267 | |
| 酸性花岗岩（Vinogradov, 1962） | | | 20 | 3.5 | 5.7 | 167 | |
| 华南花岗岩（352 个样平均）* | | | 29 | 7 | 4.1 | 167 | |

＊中国科学院地球化学研究所，1979。

表 5-36　高演化花岗岩 Nb、Ta 及相关参数垂直变化（赵振华等，2008）

| 至地表深度或标高/m | 岩石类型 | Nb/10⁻⁶ | Ta/10⁻⁶ | Nb/Ta | K/Rb | Eu/Eu* |
|---|---|---|---|---|---|---|
| 内蒙古巴尔哲，年龄 125Ma，本书资料 | | | | | | |
| 67 | 富钠长石钠闪石花岗岩 | 1502 | 116 | 13 | 23 | 0.03 |
| 92 | 霓石钠闪石花岗岩 | 1563 | 114 | 14 | 21 | 0.03 |
| 110 | 钠闪石花岗岩 | 651 | 57 | 11 | 29 | 0.03 |
| 117 | 似斑状钠闪石花岗岩 | 478 | 28 | 17 | 40 | 0.03 |
| 121 | 钠闪石花岗岩 | 746 | 57 | 13 | 34 | 0.03 |
| 151 | 钠闪石花岗岩 | 333 | 23 | 15 | 37 | 0.03 |
| 190 | 钠闪石花岗岩 | 445 | 24 | 19 | 44 | 0.03 |
| 214 | 钠闪石花岗岩 | 305 | 17 | 18 | 72 | 0.04 |
| 245 | 钠闪石花岗岩 | 169 | 11 | 15 | 69 | 0.04 |
| 286 | 钠闪石花岗岩 | 109 | 6 | 18 | 84 | 0.04 |
| 大吉山，年龄 159±5Ma | | | | | | |
| 457 | 细粒白云母碱长花岗岩 | 59 | 152 | 0.39 | 23.6 | 0.12 |
| 417 | 细粒白云母碱长花岗岩 | 61 | 151 | 0.40 | 28.6 | |
| 367 | 细粒白云母碱长花岗岩 | 52 | 96 | 0.54 | 32.7 | 0.07 |
| 下伏 | 中细粒白云母碱长花岗岩 | 52 | 46 | 1.13 | 67.2 | 0.27 |
| 下伏 | 中粗粒黑云母二长花岗岩 | 29 | 11 | 2.64 | 144.2 | 0.55 |

注：第一列数据内蒙古巴尔哲为至地表深度，大吉山为标高。

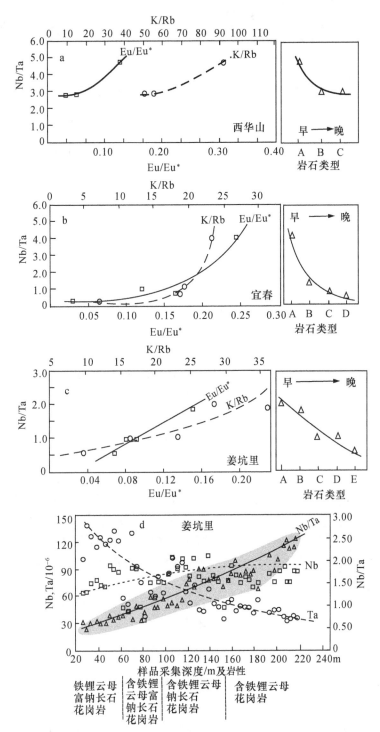

图 5-84 西华山 W 矿床、江西宜春 Ta（Nb）矿床、姜坑里 Ta（Nb）矿床相关花岗岩 Nb/Ta 值变化（赵振华等，2008）

A、B、C、D、E 意义同表 5-35

　　加拿大 Nova Scotia 与 Sn 成矿有关的过铝花岗岩由浅色二长花岗岩及少量含黄玉的浅色花岗岩和赋存在浅色花岗岩中的云英岩组成（Dostal and Chatterjee，2000），Nb、Ta 含量随分离结晶作用增强（Eu/Eu* 及 K/Rb 值降低）而明显增加：Nb（9～2.5）×$10^{-6}$；Ta（1～10）×$10^{-6}$，Nb/Ta 值明显降低（从浅色二长花岗岩的 14 降低到云英岩的 2.3），变化约 7 倍，以云英岩为最低（图 5-85）。Nb、Ta 特别是 Ta 的这种强烈富集和分异显示了与碱金属 Rb、Li 和挥发分 F 明显的正相关关系（图 5-85）。Nb/Ta 值从岩体东北部（弱分异）向西南部（强分异）呈明显带状变化。

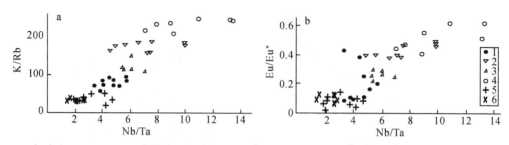

图 5-85　加拿大 Nova Scotia 花岗岩 Nb/Ta 值与碱金属及分离结晶作用的关系（Dostal and Chatterjee，2000）

1～4. 浅色二长花岗岩；5. 浅色花岗岩；6. 云英岩

　　花岗岩类中包裹体成分分析为探讨 Nb、Ta 富集和分异作用提供了依据。Rickers 等（2006）对德国 Ehrenfriedersdorf 富 $H_2O$、B 和 F 的花岗岩包裹体进行了研究，在该体系的石英中发现了两类成分共轭的熔融包裹体 A 型和 B 型，其特点如下。

　　A 型：富 Si、过铝、贫水；Rb（14～5436）$\times10^{-6}$；Nb（1～232）$\times10^{-6}$，Ta（16～1033）$\times10^{-6}$，Nb/Ta<1（0.004～0.16）。

　　B 型：贫 Si、过碱、富水；Rb（143～5775）$\times10^{-6}$；Nb（2～165）$\times10^{-6}$，Ta（66～1559）$\times10^{-6}$，Nb/Ta<1（0.03～0.19）。

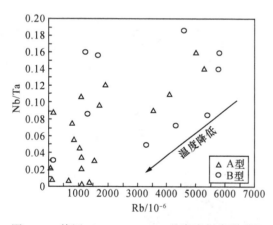

图 5-86　德国 Ehrenfriedersdorf 花岗岩两类熔融包裹体 Nb/Ta 值与碱金属 Rb 的关系（Rickers et al.，2006）

　　可以看出 Nb、Ta 在熔融包裹体中高度富集，特别是 Ta，B 型包裹体中 Ta 含量高于 A 型，更显著的特点是 Nb/Ta 值均小于 1（0.004～0.19），显示出 Nb、Ta 含量和 Nb/Ta 值与碱金属 Rb 呈明显正相关（图 5-86）。多数微量元素主要分配于 B 型包裹体中，这与前述 Ta（Nb）主要富集在过碱、富 $H_2O$ 的浅色花岗岩相一致。成鲜明对比的是仅在伟晶阶段和早期（低温）热液阶段（中温）流体包裹体中检测到 Nb，含量为（10～29）$\times10^{-6}$，晚期热液则在检测限之下；Ta 在各阶段流体包裹体中均未能检测出。

　　上述包裹体中 Nb、Ta 含量和比值的特点为 Nb、Ta 在高演化花岗岩岩浆中的地球化学行为提供了依据。

## （三）岩浆过程中 Nb、Ta 地球化学的实验研究

　　Nb、Ta 在不同类型岩浆形成过程中的地球化学行为模拟实验资料，特别是在不同矿物中分配系数的研究，为探讨 Nb、Ta 在不同岩浆过程中的复杂地球化学特点提供了依据。由于 Nb、Ta 与富 Ti 矿物的强亲和性，金红石、钛铁矿、黑云母、榍石、高铁多硅白云母等是 Nb、Ta 的主要携带矿物，因此，对这些矿物的 Nb、Ta 分配系数测定是讨论 Nb、Ta 地球化学的关键问题，为在地球各圈层 Nb、Ta 质量平衡的悖论讨论提供重要依据。

### 1. 金红石饱和 TTG 熔体 $TiO_2$ 溶解度和金红石/熔体 Nb、Ta 分配实验

　　金红石是火成岩中最富集微量元素 Nb、Ta 的副矿物，它的存在控制着共存岩浆的 $TiO_2$ 含量和 Nb、Ta 丰度以及 Nb/Ta 值。因此，在金红石稳定条件下，$TiO_2$ 在岩浆中的溶解度以及 Nb、Ta 在金红石和熔体之间分配，对理解部分熔融和岩浆分离结晶过程中 $TiO_2$ 演化、Nb/Ta 分异以及大陆壳形成和演化具有重要的意义（Green and Pearson，1987；Jenner et al.，1993；Foley et al.，2000；Klemme et al.，2005；Xiong et al.，2005；Xiong，2006）。我们近年来的实验证明，金红石控制变质玄武岩部分熔融过程中

Nb、Ta 的分配行为，是导致太古宙大陆壳 TTG（英云闪长岩、奥长花岗岩、花岗闪长岩）Nb、Ta 负异常的必要残留相，并限定金红石仅仅在压力大约 1.5GPa 以上才能稳定，金红石稳定的压力下限（1.5GPa）指示 TTG/埃达克熔体必定产生在大约 50km 以上，证明 TTG/埃达克岩浆是在相对较深的含金红石榴辉岩相条件下熔融产生。

为了限定 TTG 岩浆的产生温度以及金红石和熔体之间 Nb、Ta 分配行为和 Nb/Ta 分异作用，使用活塞圆筒高压实验技术以及电子探针和 LA-ICP-MS 分析手段，在 1.5~3.5GPa，750~1250℃ 和 5%~30% $H_2O$ 条件下，实验研究了金红石饱和条件下 TTG 岩浆中 $TiO_2$ 溶解度以及金红石和 TTG 溶体之间 Nb、Ta 分配系数（熊小林等，2005a，2005b；Xiong et al.，2005）。结果表明：①$TiO_2$ 在金红石饱和 TTG 熔体中溶解度主要由温度和熔体组成控制，压力和 $H_2O$ 含量具有轻微的影响；通过对比天然的 TTG 岩石 $TiO_2$ 含量和实验的 TTG 熔体 $TiO_2$ 溶解度，限定 TTG 岩浆产生在 850~1000℃（大部分可能在 900~950℃）。②Nb 和 Ta 在金红石与熔体之间的分配系数（$D_{Nb}$ 和 $D_{Ta}$）也主要由温度控制（Green and Pearson，1987；Jenner et al.，1993；Foley et al.，2000；Xiong et al.，2005），随着温度的下降，$D_{Nb}$ 和 $D_{Ta}$ 以及 $D_{Nb}/D_{Ta}$ 均增加，从温度 ≥1050℃ 到 900℃，$D_{Nb}$ 和 $D_{Ta}$ 从小于 100 增加到大于 200，$D_{Nb}/D_{Ta}$ 从小于 0.6~0.7 增加到大于 1.0~1.1；在大部分 TTG 岩浆产生的温度 900~950℃，$D_{Nb}$ 和 $D_{Ta}$ 总体在 100~200，而 $D_{Nb}/D_{Ta}$ 总体在 0.9~1.1；在温度小于 900℃ 条件下，实验很难达到平衡，没有获得理想的结果，但根据 $D_{Nb}$ 和 $D_{Ta}$ 随温度变化趋势，$D_{Nb}/D_{Ta}$ 应当能够比 1.1 更大。③在 1.5~3.5GPa 压力范围和 67%~72% $SiO_2$ 熔体组成范围，压力和熔体组成对金红石/熔体 Nb、Ta 分配系数没有明显的影响；$H_2O$ 含量的增加能导致 $D_{Nb}$ 和 $D_{Ta}$ 以及 $D_{Nb}/D_{Ta}$ 均轻微地减少。

**2. 金红石的 Nb、Ta 分配系数变化**

金红石的 Nb、Ta 分配系数高，并在多数情况下 $D_{Ta}/D_{Nb}>1.0$（表 5-29）。然而，最新的实验资料表明（Xiong et al.，2011），金红石的 Nb、Ta 分配系数随体系的温度、压力和水含量而变化。实验初始物质为含水变玄武岩，实验条件为 1.5~3.5GPa、900~1350℃，$H_2O$ 含量 5.0%~20%。实验结果表明，金红石的 $D_{Nb}$、$D_{Ta}$ 和 $D_{Nb}/D_{Ta}$ 均有较大变化范围，分别为 17±1~246±13、34±2~232±25、0.51±0.04~1.06±0.13。体系成分对分配系数没有明显影响，压力的影响也很小，但温度和水含量影响明显，$D_{Nb}$、$D_{Ta}$ 和 $D_{Nb}/D_{Ta}$ 随温度和水含量降低而增加，$D_{Nb}/D_{Ta}$ 从 <1.0 变化到 >1.0。金红石对 Nb、Ta 分配系数定量关系式如下：

$$\ln(D_{Nb})_{金红石/熔体} = -2.846(\pm0.453) + 9621(\pm470)/T \\ + 0.207(\pm0.101)P - 0.042(\pm0.009)H_2O \tag{5-16}$$

$$\ln(D_{Ta})_{金红石/熔体} = -0.075(\pm0.398) + 6954(\pm413)/T \\ + 0.140(\pm0.089)P - 0.009(\pm0.007)H_2O \tag{5-17}$$

$$\ln(D_{Nb}/D_{Ta})_{金红石/熔体} = -2.075(\pm0.289) + 2657(\pm301)/T + 0.075(\pm0.065)P \\ - 0.033(\pm0.006)H_2O \tag{5-18}$$

式中，$T$ 为绝对温度，K；压力单位为 GPa；$H_2O$ 含量单位为%。

上述公式表明，在温度 <1000℃，$H_2O$ 含量 <10%，金红石的 $D_{Nb}/D_{Ta}>1.0$。低程度的部分熔融不能使含金红石榴辉岩残留体 Nb/Ta 值高于初始物质，而高程度部分熔融导致残留体的 Nb/Ta 值降低。流体存在的、低于 20% 的部分熔融将导致熔体的 Nb/Ta 值升高；而初始 $H_2O$ 含量低（<1.2%），但 $TiO_2$ 含量高，将导致熔体的 Nb/Ta 值降低。

上述实验结果对探讨 TTG 岩浆的产生条件和大陆壳 Nb/Ta 演化有重要的应用（Xiong，2006）：①温度和 $H_2O$ 是触发板片熔融的关键，板片熔融要求 $H_2O$ 降低变质玄武岩的熔融温度，在变质玄武岩的部分熔融域，可能触发板片熔融的 $H_2O$ 源包括来自板片之下橄榄岩层中蛇纹石的脱水作用以及板片变质玄武岩本身角闪石、金云母和黝帘石的脱水作用，由哪一个或哪些含水矿物的脱水作用引起部分熔融，取决于板片俯冲的 P-T 途径。$TiO_2$ 在金红石饱和 TTG 熔体中溶解度限定 TTG 岩浆产生在 850~1000℃，在产生 TTG 最可能的压力范围（1.5~3.0GPa），除角闪石外，其他含水矿物的稳定温度均小于 800℃，表明仅仅是角闪石的脱水作用触发了板片熔融和 TTG 熔体的产生。前人的热模拟计算表明现代俯冲带年轻的洋壳熔融仅仅发生在玄武岩湿固相线附近低温条件，可能由蛇纹石、角闪石和黝帘石的脱水作用引起，而 Xiong（2006）证明 TTG 岩浆产生在 $850 \sim 1000$℃，仅仅由角闪石的脱水作用引起。因此，这从实验的角度论证了太古宙俯冲带与现代俯冲带板片熔融条件是有差异的，并且太古宙俯冲带的地温梯度比现代俯冲带地温梯度要高得多。②Nb 和 Ta 在金红石与熔体之间的分配系数主要由温度控制，当温度 ≥1050℃时，$D_{Nb}/D_{Ta}$ 小于 $0.6 \sim 0.7$（表 5-29），表明在相对贫 $H_2O$ 的高温熔融条件下（如拆沉下地壳熔融），部分熔体的 Nb/Ta 将被抬升（这种熔体对上地幔的交代作用将导致其 Nb/Ta 增高，如富 Nb 玄武岩的形成），而含金红石榴辉岩残留体的 Nb/Ta 将降低；在 $900 \sim 950$℃（在部分 TTG 岩浆产生的温度区间），$D_{Nb}/D_{Ta}$ 总体在 $0.9 \sim 1.1$，表明在这一温度区间部分熔融将不导致含金红石残留体和部分熔体 Nb/Ta 值明显的变化。由于天然 TTG 总体上是低 Nb/Ta 的（比球粒陨石和 MORB 的 Nb/Ta 更低），因此，假如 TTG 是俯冲洋壳熔融的产物，那么一个重要的结论是太古宙的 MORB 和地幔必定也是低 Nb/Ta 的。地球上所有能够取到样品的储库（大陆壳、MORB、亏损地幔等）均显示比球粒陨石低的 Nb/Ta，质量平衡要求地球内部有高 Nb/Ta 值的储库存在。上述金红石/熔体的 Nb、Ta 分配实验表明，变质玄武岩部分熔融不可能导致含金红石榴辉岩残留体比其原岩明显更高的 Nb/Ta 值。即使在温度 900℃以下，$D_{Nb}/D_{Ta}$ 可能比 1.1 更大，可能产生低 Nb/Ta 的部分熔体，但由于 $D_{Nb}$ 和 $D_{Ta}$ 均大于 200，Nb、Ta 主要保存在含金红石榴辉岩残留体中，残留体的 Nb/Ta 不可能显著升高，因此，地球核-幔边界不存在 Rudnick 等（2000）认为的"高 Nb/Ta 含金红石榴辉岩储库"。

**3. 黑云母和多硅白云母 Nb、Ta 分配实验研究**

对地壳岩石造岩矿物和副矿物的微量元素分配实验资料表明（Nash and Crecraft，1985；Acosta-Vigil *et al.*，2010；Stepanov and Hermann，2013）（表 5-37），黑云母对 Nb、Ta 均是相容的，并且对 Nb 的亲和性超过 Ta，$D_{Nb} > D_{Ta}$，$D_{Nb}/D_{Ta}$ 范围为 $1.8 \sim 3.2$。Acosta-Vigil 等（2010）的实验物质为变泥质岩包体及其寄主岩英安岩，实验条件为 $850 \pm 50$℃，$0.5 \sim 0.7$GPa。这些实验资料表明黑云母可以使 Nb、Ta 发生分异，含黑云母地壳岩石的熔融的残留体具有高 Nb/Ta 值特征。表中还列出了 Nash 和 Crecraft（1985）用斑晶-基质法测定的黑云母对流纹英安岩质和流纹质熔体的分配系数（775℃，865℃），其 $D_{Nb}/D_{Ta}$ 范围为 $3.0 \sim 4.8$。

**表 5-37　Nb、Ta 在黑云母和多硅白云母中分配系数实验资料**（Stepanov and Hermann，2013）

| 矿物 | 温度/℃ | 压力/GPa | Nb*<br>熔体 | Ta*<br>熔体 | Nb*<br>云母 | Ta*<br>云母 | TiO₂<br>/% | $D_{Nb}$ | $D_{Ta}$ | $D_{Nb}/D_{Ta}$ |
|---|---|---|---|---|---|---|---|---|---|---|
| 黑云母 | 750 | 2.5 | 38 | 27 | 19 | 4.3 | 2.15 | 0.50 | 0.16 | 3.2 |
| 黑云母 | 800 | 2.5 | 26 | 21 | 50 | 19 | 2.40 | 1.96 | 0.91 | 2.2 |
| 多硅白云母 | 900 | 4.5 | 145 | 103 | 23 | 5.7 | 1.18 | 0.15 | 0.06 | 2.8 |
| 多硅白云母 | 1000 | 4.5 | 63 | 57 | 84 | 26 | 2.08 | 1.32 | 0.45 | 2.9 |
| 黑云母** | | | 19 | 1.4 | 68 | 1.6 | 4.54 | 3.58 | 1.18 | 3.0 |
| 黑云母** | 775 | | 13 | 1.8 | 118 | 3.5 | 4.28 | 9.08 | 1.91 | 4.8 |
| 黑云母 | 865 | | 19 | 1.6 | 93 | 2.5 | 4.46 | 4.89 | 1.56 | 3.1 |
| 黑云母 | 700~850 | 0.6 | 9.5 | 1.3 | 83 | 4.8 | 5.27 | 8.71 | 3.64 | 2.4 |
| 黑云母 | 700~850 | 0.6 | 9.1 | 1.1 | 84 | 4.2 | 5.59 | 9.21 | 3.93 | 2.3 |
| 黑云母 | 700~850 | 0.6 | 13 | 1.3 | 64 | 3.5 | 4.39 | 4.85 | 2.64 | 1.8 |

*含量为 $10^{-6}$；**Nash and Crecraft，1985。

对多硅白云母的 Nb、Ta 分配实验的初始物质为变沉积岩（Stepanov and Hermann，2013），其成分与全球海洋俯冲沉积物平均值相似，实验温度为 900℃和 1000℃，实验结果列于表 5-37，图 5-87 是黑云母、多硅白云母、角闪石、单斜辉石、石榴子石、金红石、钛铁矿及金云母等矿物 Nb、Ta 分配比较。由表可见多硅白云母明显富 Nb、Ta，并且对 Nb 的亲和性超过 Ta，$D_{Nb} > D_{Ta}$，$D_{Nb}/D_{Ta}$ 范围为 $2.8 \sim 2.9$。由于多硅白云母可含 2% 以上的 TiO₂，在超高压条件下，在熔融发生前仅有很少量金红石存在。在早期发生熔融过程中，Nb 优先保留在多硅白云母中，形成高 Nb/Ta 值的残留体。富多硅白云母变沉积物熔融后形成的含金红石残留体是一潜在的高 Nb/Ta 值的储源，它可以俯冲到更深部的地幔，并有时可形成高 Nb/Ta 值、高 Nb 和高 K 的与俯冲有关的岩浆。这种沉积物在俯冲带深部的进一步熔融可形成具有高 Nb、高 K 和高 Nb/Ta 值的板片熔体，贡献到少数弧岩浆成分中，这也可成为形成高 Nb/Ta 值弧岩石的另一途径。

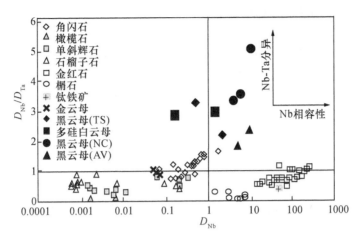

图 5-87　Nb、Ta 在黑云母、多硅白云母、角闪石、单斜辉石及金红石
等矿物中分配系数比较（Stepanov and Hermann，2013）

### 4. 花岗岩浆中 Nb、Ta 地球化学实验研究

早在 20 世纪 60 年代，苏联学者就在常温常压下研究了 Nb、Ta 在碱性及酸性介质中的存在状态。在酸性溶液中，$F^-$、$Cl^-$、$SO_4^{2-}$ 对 Nb、Ta 的络合能力逐渐降低，$Cl^-$、$SO_4^{2-}$ 对 Nb 的络合能力大于 Ta，只有在酸性氟化物介质中，Nb、Ta 才能以真溶液的形式稳定存在。

王玉荣等（1979，1992）用钠长石花岗岩为初始物质，在 800℃、1.3kbar 条件下模拟 Nb、Ta 在浅色花岗岩浆结晶过程中的分配特点，实验表明，钠长石花岗质岩浆在 800℃ 与饱和水或 HF 气热溶液平衡时，分配到气热相的 Nb、Ta 很少，主要分配在熔体中。Nb、Ta 分配系数分别为：$D_{Ta}^{L/m}$ 0.01～0.14，$D_{Nb}^{L/m}$ 0.004～0.015，$D_{Ta}^{L/m} > D_{Nb}^{L/m}$；Nb、Ta 氟络合物可在超临界气相中存在。Ta 从熔体或从液相转入气相的能力强于 Nb，而且碱金属 Li、Na 有利于 Ta 在气相中富集，这为 Nb、Ta 在气热相中分离、Ta 在钠长花岗岩侵入体顶部富集提供了依据，随温度下降，Nb、Ta 的氟络合物发生水解而形成矿化。

赵劲松等（1996）在 700～1000℃、1～4kbar 进行了 Nb、Ta 在熔体和气液流体之间的实验，结果也显示 Nb、Ta 在碱金属氟化物水溶液中溶解度均很低，一般为 $n×10^{-6}$。在 900℃ 高温条件下，Nb、Ta 在流体中的溶解度比 800℃ 时高 1～3 倍，但 Nb、Ta 主要分配进入铝硅酸盐熔体中。Ta 在流体和熔体间分配系数高于 Nb，$D_{Ta}^{L/m} > D_{Nb}^{L/m}$，$D_{Nb}^{L/m}$ 0.0019～0.081，$D_{Ta}^{L/m}$ 0.023～0.103。

Horng 和 Hess（2000）开展了 Nb、Ta 等高场强元素在无水人造花岗岩熔体（$K_2O$-$Al_2O_3$-$SiO_2$）和湿的与过铝流纹岩类似体系中溶解特征的实验，结果显示 $NbAlO_4$ 在过铝质熔体中活度高，KONb 在过碱熔体中活度高，而 $NbAlO_4$ 活度低；在过铝质熔体中容易发生 $Al^{3+}+Nb^{5+} \Longleftrightarrow 2Ti^{4+}$ 的置换反应，因而使 Nb、Ta 容易进入金红石。在一个大气压、1400℃ 条件下，Ta、Nb 在金红石（R）和熔体（m）间的分配系数 $D_{Ta}^{R/m} > D_{Nb}^{R/m}$，分别为 2.07～20.67 和 0.66～11.82。因此，金红石的晶出将导致含金红石岩石 Nb/Ta 值明显降低，而与之平衡的残余溶液的 Nb/Ta 值增加。与 Nb 相比，Ta 在金红石和熔体间的分配系数大于 Nb，几乎是 Nb 的两倍，这是由于 Ta 的分子极化能力（αG）比 Nb 弱（Ta 为 24.27，Nb 为 26.24），Nb—O 共价键强于 Ta—O，易于破坏金红石的结构。

孙卫东等（2007）[①] 的初步实验显示，在 0.5GPa、950～750℃ 温度梯度，并有 $H_2O$ 和 F 存在的情

---

① 孙卫东，2007. 铌钽分异与陆壳形成. 2007 年全国岩石学与地球动力学研讨会报告.

况下，Nb、Ta 可发生明显分异。

在花岗岩质岩浆–热液体系中（熊小林等，1998；Xiong et al.，1999），F 的流体/熔体分配系数小于 1（$D_F^{L/m}$ 0.35~0.89）。F 在残余熔体中的不断富集，将导致熔体结构改变，岩浆的固相线明显降低到 490℃，固相线温度的降低影响高场强元素在熔体中的活度系数，减小了 Nb、Ta 等元素的晶体/熔体分配系数，成为强不相容元素。Keppler（1993）实验表明，这将增大锆石、金红石、锰铌铁矿、锰钽铁矿等副矿物的溶解度，抑制这些矿物的生长和晶出，从而使 Nb、Ta 等在残余熔体中达到富集，而黄玉等富 F 矿物的析出，使熔体中 F 明显降低，破坏 Nb、Ta 等在熔体中的平衡，导致 Nb、Ta 等独立矿物析出成矿。

然而，有关花岗岩浆体系 Nb、Ta 的地球化学实验还存在困难，因为在低于 900℃ 条件下，对于富 Ti 矿物难以达到平衡，影响了 Nb、Ta 分配系数的测定。目前，有关金红石在流体中的分配系数资料是矛盾的，如 Brenan 等（1994）给出的 $D_{Nb}^{金红石/流体}/D_{Ta}^{金红石/流体} > 1$，而 Green 和 Adam（2003）给出的 $D_{Nb}^{金红石/流体}/D_{Ta}^{金红石/流体} < 1$。

Nb、Ta 分配于熔体中的可能形式是与 F、O 碱金属形成络合物，如 $NbO_3^-$、$TaO_3^-$ 等大阴离子团；在酸性溶液中，$F^-$、$Cl^-$、$SO_4^{2-}$ 对 Nb、Ta 络合能力逐渐降低，$Cl^-$ 及 $SO_4^{2-}$ 对 Nb 的络合能力大于 Ta（赵劲松等，1996）。

### （四）小结

综合上述分析，Nb、Ta 地球化学与壳幔演化的特点有以下初步认识。

1）Nb、Ta 在源于不同源区（地壳、岩石圈、软流圈）的岩浆岩中的分布显示了复杂的图像，表明在地球形成和演化过程中 Nb、Ta 发生了强烈分异。形成于不同时代的基性岩墙（脉）群、强烈富碱的碱性岩类及太古宙基性火山岩具有明显高于球粒陨石的 Nb/Ta 值，而地壳中广泛分布的花岗岩类，特别是高演化的花岗岩，Nb、Ta，尤其是 Ta，可能发生明显富集，Nb/Ta 值明显低于球粒陨石和陆壳平均值，甚至 Nb/Ta<1，形成 Nb、Ta 矿床。

2）在俯冲带，俯冲板片部分熔融形成富集 Nb、Ta 等高场强元素的熔体，而俯冲板片脱水产生的流体既有富大离子亲石元素，贫 Nb、Ta 等高场强元素的，也有富 Nb、Ta 等元素的。流体中组分的变化可导致 Nb、Ta 的分异。太古宙陆壳 TTG 岩浆产生在 850~1000℃，在产生 TTG 最可能的压力范围（1.5~3.0GPa），除角闪石外，其他含水矿物的稳定温度均小于 800℃，表明仅仅角闪石的脱水作用触发了板片熔融和 TTG 熔体的产生，也表明太古宙俯冲带的地温梯度比现代俯冲带地温梯度要高得多。

3）不同类型岩浆岩 Nb/Ta 值及同位素组成的明显变化，表明在地壳、岩石圈地幔、软流圈地幔，其热状态及流体含量均有差异，可能存在不同 Nb/Ta 值的地球化学储库，它们类似于亏损地幔（DM）、富集地幔（EM）、高 U/Pb 值（HIMU）或混合形成的 FOZO 等端元。这些储库可能呈"布丁"状散布在不均匀地幔圈层中，它们不同比例的混合可形成不同 Nb/Ta 值的岩浆岩源区。

4）金红石稳定压力下限为 1.5GPa，Nb、Ta 在金红石与熔体间的分配系数主要由温度控制。有关金红石稳定性及 Nb、Ta 分配的实验资料不支持地球深部（核幔边界）存在高于球粒陨石 Nb/Ta 值的含金红石的榴辉岩储库。

5）Nb、Ta 在富 $H_2O$ 流体中的活动性表明，在运用 Nb/Ta 值进行源区示踪时必须慎重。

6）应提高 Nb、Ta 的分析测试技术，进一步开展花岗质岩浆体系（<900℃、≥0.1GPa）的 Nb、Ta 地球化学实验研究，以便获得 Nb、Ta 更精确的矿物/流体分配系数资料。

## 第六节　地质历史中灾变事件的微量元素地球化学依据

在地质历史中发生过多次全球性的生物大灭绝，如奥陶纪末、泥盆纪末、二叠纪末和白垩纪末，探讨导致生物大灭绝的原因是古生物学家乃至地球科学家关注的热点之一。20 世纪 80 年代以来，在地质历史中已几乎被人遗忘的灾变论，在围绕白垩纪末期大量陆生恐龙和海洋浮游生物（有孔虫等）灭绝原因的讨论中又重新提出来，被称为新灾变论。目前，关于导致地球生物大灭绝原因的假说很多，主要可概括为小行星撞击说和火山爆发说。在这些假说的依据中，大量地球化学（特别是微量元素、同位素）资料的积累起了关键作用，引起地学界普遍关注。

# 一、小行星撞击说

## （一）微量元素地球化学依据

1980 年，诺贝尔奖获得者美国科学家 Alvarez 领导的小组，在意大利亚平宁山脉的古比奥（Gubbio）镇附近的白垩纪—古近纪界线的海相地层内约 2cm 厚的黏土层中发现铱（Ir）含量很高，达到 $9.1 \times 10^{-9}$（测定黏土层中 $2N$ $HNO_3$ 不溶残余物）。这层黏土层的下面是含典型晚白垩世微体浮游生物（有孔虫）化石的白色石灰岩层，上面是含古近纪化石（抱球虫）的淡灰红色石灰岩层。黏土层的 Ir 含量比上、下石灰岩层高 30 倍，与某些球粒陨石的 Ir 含量相近。在丹麦、新西兰和突尼斯的白垩纪—古近纪界线黏土层中也发现类似结果，Ir 含量比富集值高 20~160 倍。Alvarez 等（1982）排除了 Ir 的这种富集是由某种化学作用产生的可能，因为在这层黏土层上下的黏土层中都没有发现沉积速率发生突然改变的证据。因此，这种异常高含量的 Ir 只能来自球外物质。根据对陨石的分析，其 Ir 含量相当于地球的 1000 倍，Alvarez 等（1982）推测是一个直径约 $10 \pm 4km$ 的小行星坠落到地球表面而造成的，这种冲击发生在 65Ma 前。陨星的冲击掀起大量尘埃，将阳光遮蔽数月甚至数年，破坏了生物赖以生存的环境（光合作用、食物链），在 $5 \times 10 \sim 1 \times 10^4$ 年期间内恐龙和有孔虫等大量灭绝。根据这种推断，应有 $5 \times 10^{11}t$ 球外物质降落在地球表面，据此，在全世界各地的海相和陆相白垩纪—古近纪界线地层中都应有 Ir 丰度异常。在 Alvarez 等（1982）的结果发表不到三年时间，已在全世界 16 个地区 30 多个海相和两个陆相地层中相继发现了 Ir 异常。目前，全球已在 120 多个白垩纪—古近纪界线发现 Ir 异常，包括深海到大陆湖泊环境，Ir 的含量范围从几百微微克（$10^{-12}$）到近 100 毫微克（$10^{-9}$）（Schulte et al.，2010）。我国西藏的海相白垩纪—古近纪地层中也报道了 Ir 异常的存在。图 5-88 是全球部分 K—T 界线 Ir 异常含量及分布图。

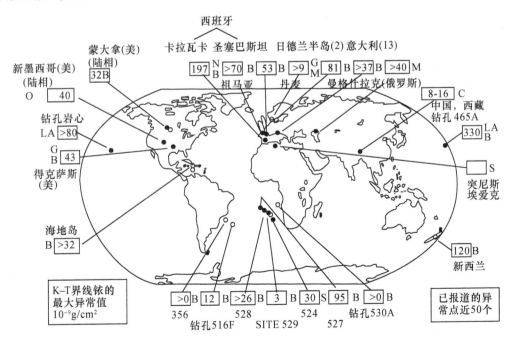

图 5-88　全球 K—T 界线 Ir 异常含量及分布（Alvarez et al.，1982；欧阳自远，1988 修改）

目前，在世界范围内已发现 183 个陨石坑，这些陨石坑中，最引人瞩目的是在北海海底发现的距今 6500 万年形成的直径 20km 的陨石坑，以及在墨西哥尤卡坦半岛发现的距今 6500 万年形成的直径 198km 的 Chicxulub 陨石坑。这些陨石坑的发现和研究提供了小行星撞击地球的确切证据，特别是墨西哥尤卡坦半岛的 Chicxulub 陨石坑形成事件被认为是造成白垩纪—古近纪恐龙等大灭绝的小行星撞击地点（Schulte et al.，2010）。我国 2009 年在辽宁省丹东市岫岩县苏子沟镇古龙村发现了我国第一个陨石坑，但它形成于约 5 万年前，已被列入世界陨石坑目录（陈鸣等，2009）。

陆相 K—T 界线地层中 Ir 富集是球外物质冲击作用的有力证据，因为它不存在可能在海洋中发生物理或化学过程造成 Ir 的次生富集。美国科罗拉多和新墨西哥陆相 K—T 界线地层中 Ir 含量达 $5.6 \times 10^{-9}$，在整个剖面中 Pt/Ir 值与作为地球初始物质代表的 C1 型碳质球粒陨石一致。

Re/Os 值也提供了球外物质来源的依据，地壳的 $^{187}Os/^{186}Os$ 比陨石高得多，白垩纪—古近纪界线黏土层的 $^{187}Os/^{186}Os$ 值很低（$1.654 \pm 0.004$、$1.29 \pm 0.04$），太平洋的锰结核则高得多（$8.38 \pm 0.19$、$5.95 \pm 0.18$）。此外 Ir/Au 值也用于区分球外与地壳物质，这是基于球外物质 Au 含量高，而 Au 的高温挥发比 Ir 严重，地壳物质 Ir/Au 值低，为 0.02，而球外物质 Ir/Au 值高，为 3.3。

除了典型的或部分为陨石来源的元素，如 Ir、Ni、Cr、Fe、Co 外，在白垩纪—古近纪界线黏土层中还有三种非陨石来源的元素 As、Sb、Zn 也有明显富集，其含量超过白垩纪背景值 10～100 倍（表 5-38），它们与 Ir 的比值 As/Ir、Sb/Ir、Zn/Ir 保持在 100 左右。Gilmour 和 Anders（1989）认为没有一种源可以造成这种富集，火山喷气中的微量元素模式不能与 K—T 黏土层相比，这些元素与 Ir 比值不到1～2个数量级；地球表面的岩石也达不到足够的浓度要求；海水中 Zn 含量太低，但由于冲击作用受到蒸发而增加。因此，这几种元素的富集是白垩纪末期撞击事件所形成的溅射物和发生全球大火产生的烟灰（碳），在平流层聚集后一起落入海洋中，将海洋中的生物清除，在厌氧条件下沉淀出异常富集的 As、Sb、Zn。这里有意义的测定结果是，如果将在白垩纪—古近纪界线（KTB）富集的五种组分 Ir、As、Sb、Zn 和 C 与它们在水圈和生物圈的丰度相比较（KTB/全球），很明显，比值集中在 1 左右。根据灾变假说，冲击作用所产生的溅落物不仅包括了世界海洋中的 As、Sb、Zn，而且也包括了海洋生物和陆地生物的生物量（以烟灰形式），白垩纪—古近纪界线上的生物量大约相当于一个世代的陆地与海洋生物量。这些事实表明，白垩纪—古近纪界线事件发生在不到一年的短暂时间内。而渐变论以及火山喷发假说难以解释 K—T 界线上的元素富集。

表 5-38　白垩纪—古近纪界线黏土层富集的微量元素（Gilmar and Anders，1989）

| 剖面名称 | Ni | Cr | Co | Fe* | Zn | As | Sb | Ir** |
|---|---|---|---|---|---|---|---|---|
| 古比奥（GB） | 177 | 149 | 48.3 | 6.5 | 166.5 | 18.5 | 2.5 | 9.1 |
| 比亚里特（BZ） | 172 | 136 | 58.7 | 3.4 | — | 7.2 | 1 | 12 |
| 斯蒂文克林特（SK） | 1 370 | 225 | 146 | 6.4 | 810 | 82.6 | 9.4 | 47.4 |
| 卡拉瓦卡（CV） | 946 | 474 | 230 | 4.9 | 374 | 256 | 6 | 36 |
| 祖马亚（ZY） | 66 | 76 | 35.4 | 2 | — | 17.9 | 0.9 | 4 |
| 拉顿盆地（RB） | — | 67 | 9.8 | — | — | 36 | 6.3 | 1.7 |
| 约克峡谷（YC） | — | 85 | 54 | 2.8 | 390 | — | 5 | 5.6 |
| 苏嘎里特（SG） | 50 | 100 | 7 | 8 | — | — | — | 3.2 |
| 伍德塞得克瑞尔（WC） | 207 | 213 | 118 | 4.6 | 382 | 186 | 7.3 | 54 |
| 弗雷本河（FR） | 208 | 130 | 197 | 1.7 | 541 | 22.1 | 4.1 | 21 |
| DSDP 465A（DS） | 461 | 146 | 77 | 3 | 318 | 33.8 | 7.3 | 15.6 |
| 地壳 | 75 | 100 | 25 | 5.0 | 70 | 1.8 | 0.2 | 0.2 |
| 地幔 | 1 610 | 1 969 | 91 | 6.2 | 63 | 0.1 | 0.03 | 3.4 |
| 基拉韦厄火山 | 2 | 2 | — | 0.007 | 4.5 | 8 | 0.03 | 6.4 |
| C1 型碳质球粒陨石 | 11 000 | 2 650 | 509 | 18.5 | 308 | 1.9 | 0.16 | 473 |

*单位为%；**单位为 $10^{-9}$；其余为 $10^{-6}$。

除白垩纪—古近纪界线外，在寒武纪—前寒武纪，始新世—渐新世也相继发现了 Ir 等微量元素丰度异常，因此，有关这些全球事件的研究常被称为事件地层学。

尽管科学工作者们从各种不同的角度探讨白垩纪末期恐龙大量灭绝的原因，但 K—T 界线地层中某些微量元素的异常丰度（或同位素组成异常）都是最基本的依据，这充分显示了微量元素在地球演化研究中的重要作用（表5-38，表5-39）。

**表 5-39　广东南雄盆地恐龙蛋壳微量元素含量**（赵资奎等，1991）　　　（单位：$10^{-6}$）

| 样号 | Sr | V | Cr | Cu | Ni | Co | Zn | Pb | Na | K | Mn | Fe | Mg |
|---|---|---|---|---|---|---|---|---|---|---|---|---|---|
| 101a | 3702 | 11 | 13 | 7 | 4 | 5 | 7 | — | 700 | 400 | 426 | 1010 | 900 |
| 101b | 3130 | 5 | 7 | 6 | 3 | 3 | 3 | 3 | 600 | 300 | 452 | 850 | 700 |
| 101e | 1230 | 7 | 17 | 2 | 4 | 9 | 7 | 13 | 900 | 400 | 813 | 1000 | 2000 |
| 102a | 1071 | 5 | 9 | 10 | 2 | 2 | 2 | — | 1000 | 500 | 658 | 1160 | 2200 |
| 102b | 1850 | 7 | 6 | 7 | 3 | — | 10 | 10 | 700 | 300 | 826 | 1060 | 960 |
| 103 | 1240 | 6 | 4 | 13 | 2 | 2 | 5 | 2 | 600 | 300 | 564 | 1320 | 780 |
| 104b | 2309 | 6 | 3 | 9 | — | — | 6 | — | 600 | 300 | 550 | 1100 | 603 |
| 107c | 2923 | 4 | 4 | 7 | 1 | 1 | 15 | — | 600 | 100 | 393 | 260 | 603 |
| 108b | 889 | 12 | 12 | 12 | 4 | 3 | 17 | 5 | 500 | 600 | 1167 | 3100 | 1690 |
| 109b | 1993 | 6 | 8 | 32 | 2 | 2 | 9 | 6 | 500 | 300 | 852 | 1000 | 965 |
| 110a | 1307 | 18 | 11 | 88 | 11 | 15 | 12 | 29 | 300 | 500 | 1980 | 1340 | 3070 |
| 111a | 1565 | 15 | 8 | 10 | 2 | 7 | 13 | 7 | 600 | 200 | 1206 | 750 | 780 |
| 112a | 2053 | 7 | 9 | 5 | 2 | 2 | 6 | 5 | 600 | 100 | 864 | 450 | 603 |
| 114a | 1510 | 76 | 14 | 10 | 1 | 4 | 4 | 1 | 700 | 100 | 515 | 1030 | 660 |
| 115a | 1538 | 9 | 10 | 5 | 3 | 2 | 11 | 0 | 600 | 300 | 695 | 1150 | 900 |
| 116a | 1224 | 6 | 12 | 7 | 4 | 3 | 14 | 4 | 700 | 400 | 537 | 1690 | 1190 |
| 118a | 1094 | 12 | 18 | 12 | 2 | 8 | 4 | | 600 | 600 | 656 | 2010 | 1150 |
| 119a | 1118 | 6 | 12 | 6 | 4 | 1 | 7 | 4 | 600 | 200 | 585 | 2010 | 900 |
| 121a | 1224 | 5 | 14 | 3 | 2 | 1 | 8 | 4 | 400 | 300 | 733 | 2810 | 1270 |
| 124a | 1367 | 5 | 10 | 5 | 2 | 2 | 8 | 2 | 500 | 300 | 950 | 1700 | 840 |
| 125a | 1077 | 3 | 10 | 4 | 1 | 1 | 3 | 1 | 500 | 100 | 534 | 490 | 500 |
| 202b | 942 | 7 | 15 | 14 | 3 | 1 | 8 | 1 | 600 | 300 | 1072 | 1430 | 1000 |
| 204a | 1760 | 5 | 24 | 11 | 2 | 2 | 10 | 2 | 600 | 400 | 724 | 1540 | 1270 |
| 205a | 1568 | 3 | 26 | 5 | 2 | 2 | 10 | 2 | 700 | 300 | 448 | 2160 | 1210 |
| 207a | 1701 | 4 | 19 | 4 | 3 | 3 | 8 | — | 400 | 400 | 780 | 1310 | 1270 |
| 207b | 926 | 7 | 23 | 4 | 2 | 2 | 5 | — | 700 | 300 | 575 | 1400 | 900 |
| 208a | 1958 | 5 | 18 | 3 | 2 | 2 | 5 | — | 500 | 200 | 737 | 670 | 840 |
| 208b | 1478 | 4 | 67 | 2 | 14 | 2 | 6 | — | 600 | 200 | 526 | 1330 | 780 |
| 209a | 1074 | 9 | 25 | 5 | 8 | 9 | 12 | 27 | 500 | 400 | 1196 | 1590 | 1150 |
| 209b | 1134 | 5 | 21 | 5 | 3 | 3 | 13 | — | 700 | 400 | 525 | 1050 | 1030 |
| 270a | 1267 | 4 | 27 | 5 | 5 | 9 | 16 | 10 | 700 | 400 | 681 | 1710 | 1390 |
| ESB | 282 | — | 12 | | | | 5 | | 800 | 400 | 2 | — | 4700 |
| ESA* | ≥1000 | | | | | | | | | | <10 | | ≥1000 |
| ESJ* | ~500 | | | | | | | | | | <10 | | ≥3000 |
| ESG* | ~300 | | | | | | | | | | <10 | | ≥3000 |
| ESC* | ~200 | | | | | | | | | | <10 | | ≥3000 |

注：ESB. 德国波恩鸡蛋壳；ESA. 美国"艾维茵"鸡阴蛋壳；ESJ. 贵州毕节鸡蛋壳；ESG. 贵阳鸡蛋壳；ESC. 中国科学院地球化学研究所内圈养鸡鸡蛋壳。

*资料引自蒋九余。

赵资奎等（1991）曾对我国广东南雄白垩系—古近系盆地的恐龙蛋化石进行过系统的微量元素和碳、氧同位素组成研究，探讨恐龙灭绝原因。研究表明，南雄盆地发现的恐龙蛋壳有 6 属 12 种，用等离子体光谱和原子吸收光谱对恐龙蛋壳化石进行了 Sr、V、Cr、Cu、Ni、Co、Zn、Pb、Na、K、Mn、Fe、Mg 13 种微量元素分析，其常量元素主要为 Ca、C 和 O，CaO 含量 48.83% ~ 53.96%，$CO_2$ 38.84% ~ 42.91%，与方解石理论成分相当，X 射线衍射分析结果为标准方解石。恐龙蛋化石的采集按剖面（杨梅坑、大塘）自下（上白垩统）向上（古近纪）系统进行。由表 5-39 可见，南雄恐龙蛋化石微量元素含量与鸡蛋壳（亦为方解石）成分有明显差异，贫 Mg（低 3 ~ 5 倍），富 Mn（高两个数量级）和 Sr（高两倍）。另一显著特点是各种微量元素含量沿剖面呈同步变化，除 Sr 外，其他 9 种微量元素均不同程度地出现含量最高值并剧烈变化，这种剧烈变化与氧同位素组成（$\delta^{18}O$）、蛋壳厚度的剧烈变化一致（图 5-89，图 5-90），均发生在剖面 60 ~ 90m 厚度。

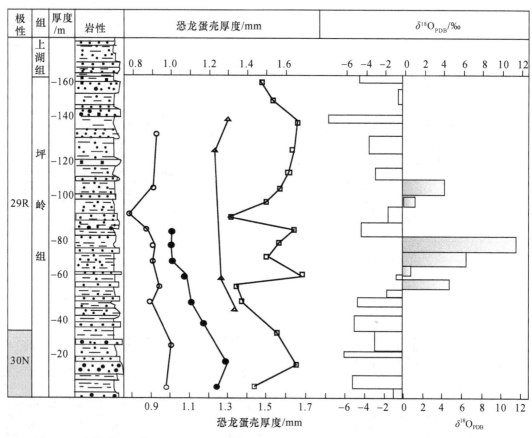

图 5-89　南雄盆地坪岭组 CGD 剖面不同类型恐龙蛋壳厚度与 $\delta^{18}O_{PDB}$ 变化（赵资奎等，1991）

生物化学研究指出，Sr 在动物生理中属骨骼元素，Mn 为催化元素，Mg 为生命元素。上述恐龙蛋壳微量元素含量与组合特征是恐龙蛋生活环境的反映。Erbeny 等（1979）曾将世界不同气候条件下（干旱、半干旱、潮湿）鸡蛋壳的 Sr 含量进行了分析，结果可明显分为两组：干旱、半干旱地区的鸡蛋壳富 Sr，平均含量高于 $1000 \times 10^{-6}$；另一组取于德国，属亚大西洋型潮湿气候，Sr 含量很低，一般为 $500 \times 10^{-6}$。世界不同地区恐龙蛋壳的 Sr 含量一般较高，多在 $1000 \times 10^{-6}$ 以上，按 Sr 含量可明显分为两组：Sr 富集组，平均含量达 $4830 \times 10^{-6}$，这些恐龙蛋产于西班牙的上白垩统中下部沉积物中；另一组 Sr 含量较低，一般低于 $1000 \times 10^{-6}$，产于法国南部普旺斯上白垩统上部。本书研究的南雄盆地的恐龙蛋壳 Sr 含量略低于西班牙而高于法国南部。Sr、Mg 易进入方解石晶体中，南雄恐龙蛋贫 Mg 富 Sr 的特点是其干燥生活环境的反映，这可从上述干燥条件下鸡蛋壳 Sr 高含量特点以及本区恐龙蛋壳 Sr 含量与其氧同位素组成（$\delta^{18}O$）关系清楚看出。由图 5-91 可见，南雄恐龙蛋壳 Sr 含量与其 $\delta^{18}O$ 值存在较明显的正相关关系，Sr 的较高含量和 $\delta^{18}O$ 较高正值显示了较干燥的环境。由于蛋壳氧同位素组成除受食物、空气影响外，饮水是重

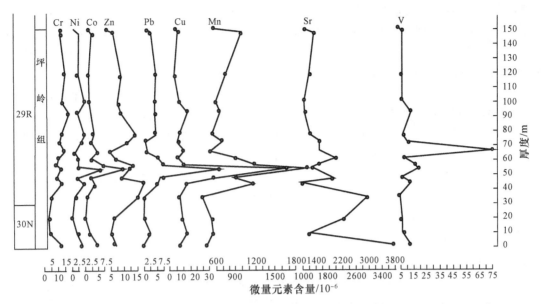

图 5-90　南雄盆地坪岭组 CGD 剖面不同类型恐龙蛋壳微量元素含量沿剖面垂直变化（赵资奎等，1991）

要因素，而水的氧同位素组成与纬度、海拔、温度有密切关系，饮用蒸馏水所生产的鸡蛋壳富 $^{18}O$。我们根据 Erben 给出的世界各地鸡蛋壳与产地水同位素组成之间的线性关系图及年平均气温，得出广东南雄恐龙蛋对应的年平均气温在 27.6℃ 左右，因此，恐龙蛋 Sr 含量和 $\delta^{18}O$ 值特点表明在白垩纪晚期南雄盆地处于干热环境。此外，骨骼元素 Sr 的富集对蛋壳有机基质和碳酸钙形成发生影响，形成异常结构的蛋壳，如在母鸡产卵期饲料中 Sr 含量超过正常含量 30% 时。就会产生易脆的薄壳蛋。催化元素 Mn 的过剩也影响蛋壳结构，使之出现异常。而生命元素 Mg 的明显亏损可能强烈影响恐龙的遗传基因，Mg 被视为"生命火种"，Mg 的缺乏造成遗传

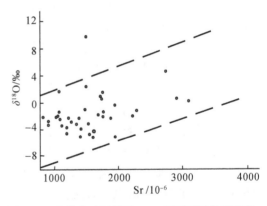

图 5-91　南雄盆地坪岭组 CGD 剖面不同类型恐龙蛋壳 Sr 含量与 $\delta^{18}O$ 的关系（赵资奎等，1991）

基因破坏，现代鸡蛋中的阴蛋（即不能孵化雏鸡）就有类似缺 Mg 现象。南雄恐龙蛋壳明显富 Sr、Mn 和贫 Mg 的特点，可能是导致恐龙灭亡的重要原因之一。对本区恐龙蛋壳电子扫描电镜分析发现大量病态蛋壳，如锥体层和柱状层厚度比例、双层锥体及多层锥体、不规则形或圆形的腔隙、柱状体中不规则排列的方解石晶体等（赵资奎等，1991）的出现就是证据。

## （二）鉴别撞击作用类型的地球化学标志

如何根据地球化学，特别是微量元素地球化学标志，鉴别撞击作用的类型，是生物大灭绝地球化学研究中的一个重要问题。地球岩石受撞击后的产物（角砾、岩石熔融物）的化学成分是受被撞击岩石的成分及其在撞击产物中的比例，以及撞击体——地球外物质的类型所控制的。不同地区的撞击坑中地球外物质所占比例是不同的，例如，在 Saakazarvi 撞击坑中，C1 球粒陨石物质占 0.5%，而在 Mieu 和 Dellen 坑中，约为 0.1% （Schimidt et al.，1997）；在 Gardaos 撞击产物的含熔体角砾中，球外物质成分占 ≤0.15%，但在加拿大 Clearwater East 撞击物中，根据铂族元素资料，C1 球粒陨石的量可达 8%（McDonald，2002）。因此，陨石类型的鉴别标志可用于鉴别撞击物类型（Munoz-Espadas et al.，2003）。目前，应用最多的是检测亲铁元素，特别是铂族元素 PGE 的正异常，以及应用 Re-Os、Mg-Cr 和 W-Hf 同位素体系。Cr、Ni、Co（$10^{-6}$ 级）及铂族元素 Os、

Re、Ir、Ru、Pd 和 Au（$10^{-9}$ 级）的富集，表明有富集这些元素的非地球物质组分存在，而上述元素的比值可以帮助鉴别撞击体的类型——是球粒陨石还是铁陨石，但不可能鉴别无球粒陨石。

用亲铁及铂族元素作为鉴别地球外物质的标志，是基于这些元素在陨石中的丰度比地球岩石高得多，如铂族元素高达 2~5 个数量级（表 5-40），铂族元素之间的比值也明显不同。然而，由于撞击时产生的高温可以使直径大于 40m 的撞击体蒸发，此外，陨石在地球表面抗风化能力非常弱，石陨石一般是几千年，铁陨石是几万到几十万年。陨石碎片一般仅保留在年轻的小的陨石坑（<0.1Ma，直径<1.5km）。球粒陨石 Cr 丰度高，而铁陨石的 Cr 含量变化大，其典型值比球粒陨石低 100 倍，因此，Cr 的富集和低 Ni/Cr 或 Co/Cr 值可以区分球粒陨石和铁陨石的撞击物（铁陨石为 Ni/Cr~4000，Co/Cr~100）（Evans et al.，1993）。铂族元素 PGE（Ru、Rh、Pd、Os、Ir、Pt）和 Au 非常适于鉴别陨石的类型，在球粒陨石和铁陨石中，这些元素的丰度比地球高几个数量级。例如，在球粒陨石中，Ir 和 Os 的典型含量一般为（400~800）$\times 10^{-9}$，然而，必须指出的是，在地幔来源的岩石中的铂族元素型式与球粒陨石很相似。在确定撞击熔体中的地球外物质时必须了解基底岩石中的亲铁元素的量，用混合方法可以计算不同类型的受撞击岩石的相对比例。谐波最小二乘法混合计算程序（HMX-harmonic least-squares mixing calculation program）可用于此种计算（Stöckelmann and Reimold，1989）。然而，这种计算由于受冲击岩周围岩石确切类型识别和成分的不确定性限制而使计算变得很复杂，剥蚀或部分被年轻岩石覆盖也使其很困难。相关性分析方法是较好的替代方法，常采用 PGE-Ir 的回归分析，如果陨石的成分均匀分布，受撞击岩石原来固有的 Ir 又是可忽略不计的，这时的相关性及它们的斜率（主要由 PGE 组分中 PGE/Ir 值控制）就可确定，它代表了冲击体（球外物质）的 PGE 比值（如 Ru/Ir、Pt/Ir 等），其 Y 轴在 Ir 为 0 的截距可用来限定原来固有的 PGE 的贡献。McDonald（2002）用这种方法重新解释了加拿大 Clearwater East 陨石坑中的撞击熔体中的 PGE 组成（图 5-92）。Rh/Ir 和 Ru/Rh 值对于区分碳质球粒陨石、顽火陨石和普通球粒陨石很有效。用 Os/Ir 对 Ru/Ir，Pd/Ir 对 Ru/Ir 和 Rh/Ir 对 Ru/Rh 作图（图 5-93），然后将 Clearwater East 的撞击熔体与不同类型球粒陨石对比，发现撞击熔体只有与 LL 型球粒陨石相似的 Os/Ir 和 Ru/Ir 值，但 Pd/Ir 低，Ru/Ir 和 Pd/Ir 值比 H 型球粒高，Os/Ir 值低，而 Rh/Ir 比任何球粒陨石都高，Ru/Rh 值则都低（L 型和 LL 型除外），这表明，根据 PGE 比值比较，最合适的撞击体是普通的（最可能是 L 型）球粒陨石，而不是原来认为的碳质球粒陨石，这与 Cr 同位素资料一致。对俄罗斯西伯利亚波皮盖（Popigai）陨石坑的铂族元素组成的系统分析研究表明（Tangle and Claeys，2005），在陨石坑熔融岩石的 Ru/Rh-Pt/Pd 等比值图解中，波皮盖（Popigai）陨石坑冲击熔体的分布与普通球粒陨石（L 型）重叠（见本书第三章图 3-101），该结果与 Cr 同位素资料一致，表明它形成于普通球粒陨石的撞击作用，可能的源区为 S 型小行星（Tangle and Claeys，2005；Koeberl et al.，2012；详见本书第三章第五节中特殊成矿作用）。

表 5-40　地球岩石、陨石及撞击产物的亲铁和铂族元素含量比较（Munoz-Espadas et al.，2003）

| 元素 | 玄武岩[1]JB-1A | 花岗岩[2]G-1 | 橄榄岩[1]JP | 上地壳[3] | C1[4] | 斜长辉长无球粒陨石[5] | Clearwater East 撞击熔融岩石[6] |
|---|---|---|---|---|---|---|---|
| Co/$10^{-6}$ | 38.6 | 2.3 | 116 | 173 | 508[7] | 3.3 | — |
| Cr/$10^{-6}$ | 392 | 20 | 2807 | 92 | 2650[7] | 2330 | — |
| Ni/$10^{-6}$ | 139 | 3.4 | 2458 | 47 | 10700[7] | 1.1 | — |
| Au/$10^{-9}$ | 0.71 | 3.2 | 2300 | 1.5 | 148 | 7.1 | 4.90 |
| Ir/$10^{-9}$ | 0.023 | 2 | 20 | 0.002 | 480 | 0.028 | 25.19 |
| Os/$10^{-9}$ | 0.018 | 0.11 | 79 | 0.031 | 492 | 0.018 | 26.94 |
| Pd/$10^{-9}$ | 0.6 | 1.9 | 13 | 0.52 | 560[7] | 4 | 32.20 |
| Pt/$10^{-9}$ | 1.6 | 8.2 | 49 | 0.5 | 980 | — | 153[8] |
| Re/$10^{-9}$ | 0.18 | 0.63 | 0.15 | 0.198 | 39 | 0.01 | 0.58 |
| Rh/$10^{-9}$ | — | <5 | — | 0.38 | 140 | — | 9.58 |
| Ru/$10^{-9}$ | — | <400 | 65 | 0.34 | 683 | — | 38.12 |

注：[1]Terashima et al.，1993；[2]Gladney et al.，1991；[3]Schimidt et al.，1997；[4]Jochunm，1996；[5]Morgan et al.，1978；[6]Schimidt et al.，1997（5 个样品平均值）；[7]Wasson and Kallemeyn，1988；[8]Evans et al.，1993。

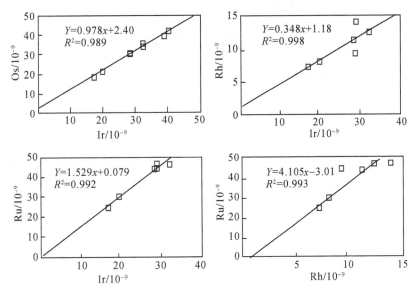

图 5-92　加拿大 Clearwater East 撞击熔体 PGE 之间的关系（McDonald，2002）

当撞击熔体仍然是熔融状态时亲铁元素可能会发生分异。在一个大的冲击坑中，熔体可以保持几千年仍是热的，不同的矿物，如辉石、磁铁矿和铬铁矿可以含有不同比例的亲 Fe 元素 Ni、Co 和 Cr，但没有 PGE，这就导致了这些元素的不均匀分布和元素比值发生变化，如 Cr/Ni、Ni/Ir 和 Cr/Ir 就被限制了应用。然而，在很多的撞击形成的熔体和全球性撞击物中，PGE 分异是不强的，因此，在更大的样品中，PGE 是很少分异的。

然而，与热的撞击熔融有关的热液过程可使撞击岩石中 PGE 浓度改变（溅出物不受影响），因此，在用这些元素的比值时必须考虑 PGE 的活动性，因为其活动性可以产生非球粒陨石比值，如 Au/Ir（Palma，1982）。由于 Au 在地球条件下比 Ir 更易活动，使得 Au/Ir 值比其他 PGE 元素的用途减小。撞击物在不同环境中，如在海相（水下撞击）和陆相活动性也有区别，在海相白垩纪/古近纪（K/T 界限），PGE 的活动性顺序是 Rh>Au>Pd>Pt>Ru>Ir，而在陆相条件下是：Au>Pd>Pt≈ Rh>Ru>Ir（Evans et al.，1993）。由于 Ru 和 Ir 是最不活动的 PGE，因此，用 Ru/Ir 值可以使因 PGE 活动性所产生的鉴别问题最小化。

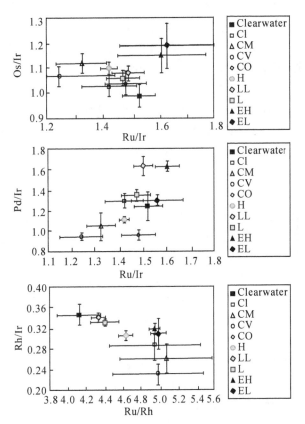

图 5-93　加拿大 Clearwater East 撞击熔融岩石与不同类型陨石 PGE 比值的比较（McDonald，2002）

目前，PGE 分析方法的进步使得其测定精度大大提高，并积累了大量有关陨石的 PGE 资料。用 PGE 资料结合 Re-Os、Mn-Cr 和 W-Hf 同位素体系，可以更精确地确定撞击的类型。

虽然小行星撞击说对生物大灭绝提供了解释，但是，为何在白垩纪末期的小行星撞击只造成恐龙的灭绝，而其他生物却免遭灭顶之灾？为何在全球白垩纪与古近纪界线 Ir 异常未普遍存在？鉴于此，提出了火山爆发说，其中，最具代表性的是大火成岩省研究。

# 二、火山爆发说

由于 Ir 易与 F 反应而具有挥发性，可在火山喷气中富集，近几年提出了火山爆发造成恐龙等生物灭绝的新认识，认为陨星冲击不可能造成 Ir 在地球表面均匀分布。美国马里兰大学的科学家 1983 年发现基拉韦厄火山物质 Ir 含量比普通火山岩高 1.7 万倍，认为 Ir 的富集可能来自地幔，只要有几次这种类型的火山喷发，就可以达到地壳岩石中 Ir 含量。Koeberl（1989）在南极兰冰区（blue ice）的尘埃中发现 Ir 含量高达 $7.5×10^{-9}$，Ir 含量与 Se 呈正相关，As、Sb 也明显富集。这些尘埃颗粒很细，表明 Ir 可能是由蒸汽中凝聚而达到富集，Koeberl（1989）认为这可能是火山喷发而造成的，南极冷和干燥的环境可以使火山喷发物质保存下来，而在地球其他地区则难以保存。因此，白垩纪—古近纪界线黏土中 Ir 的富集不一定是由宇宙物体的冲击造成。苏联列宁格勒的科学家对内蒙古恐龙骨骼化石分析，发现 F、S、Ba，尤其是稀土元素和放射性元素含量均很高，这些元素含量与火山熔岩和火山喷气中的含量很相似，也认为是火山活动毁灭了恐龙。

大规模火山喷发导致生物大灭绝的代表性研究来自大火成岩省。大火成岩省是地幔柱在地幔深部大规模熔融（$>10^6 km^2$）和在短时间喷发（$<1Ma$）活动的产物。这种在地球核-幔边界约 2900km 处的地幔柱源区被称为大规模生物灭绝的定时炸弹。研究发现，物种大规模灭绝与大火成岩省存在惊人的联系（Courtillot，1994；Wignol，2001；Sobolev et al.，2011）。二叠纪是地球历史中岩浆活动最活跃的时期之一，包括 250~280Ma 期间的三个大火成岩省（西伯利亚暗色岩系、峨眉山玄武岩和塔里木及中亚西段的大规模岩浆活动）。与 ~260Ma 峨眉山大火成岩省同时的瓜德鲁普世末生物灭绝事件相对应的是全球最大规模的海平面下降、地球磁场发生 Illawarra 反转事件和海水 Sr 同位素比值的巨幅降低。与 ~250Ma 西伯利亚暗色岩系同时，发生了显生宙以来最大规模的双生物灭绝事件，即造成 95% 以上的海洋生物和 75% 以上的陆地生物灭绝，全球生物地球化学循环遭到严重破坏，海洋广泛缺氧，这可能与二叠纪末的西伯利亚和峨眉山大火成岩省有关。全球二叠纪以来 11 次与地幔柱有关的大火成岩省喷发中，7 次与生物灭绝年龄吻合，5 次对应大规模生物灭绝，两次与中规模生物灭绝事件一致，如三叠纪末的非洲 Karoo 大火成岩省，白垩纪末的印度德干大火成岩省等（Courtillot，1994；徐义刚，2002）。Sobolev 等（2011）详细研究了大火成岩省对环境灾变的岩石学证据，他们证明，地幔柱头冠中存在大量高密度的大洋地壳物质，用模型计算表明，在主火山相之前，循环地壳的去气作用释放出大量 $CO_2$、HCl、$SO_2$ 和 $H_2S$，其结果是对大气臭氧层破坏，紫外线加强，形成酸雨。在水圈导致全球海平面上升，海水 Sr 同位素组成 $^{87}Sr/^{86}Sr$ 大幅降低以及地球出现短期冰期等。这些对生物生存环境的破坏，诱发了生物异变，进而死亡。Grasby 等（2011）认为，西伯利亚暗色岩喷发的火山作用引起含碳沉积物发生热变质，形成煤飞灰伴有有毒元素释放到海洋中。有毒元素 Hg 的异常导致二叠纪末的生物大灭绝，Sanei 等（2012）对加拿大北极地区 Buchanan 湖二叠纪末沉积物 130m 厚剖面中 103 件样品的系统分析表明，Hg 含量在生物灭绝的界线出现显著高异常，达 $(0.4~0.6)×10^{-6}$，同时，Hg 与总有机碳的正相关明显破坏。他们的计算表明，西伯利亚暗色岩喷发的 Hg 约为 $3.8×10^9$ Mg（Mg 为 $10^6$ g），是现代火山喷发水平的 30 倍。高含量的 Hg 打击了海洋系统，破坏了有机物质调节 Hg 的下降过程，导致溶解 Hg 在二叠纪生物灭绝边界的堆积。西伯利亚暗色岩的火山作用可在现代火山喷发找到依据，如 1991 年的菲律宾皮纳图博火山喷发，使奥地利阿尔卑斯大气中 Hg 含量增加了 2 倍，在 18 个月内向大气层喷射了 2000 万 t 硫酸盐颗粒，使地球温度下降了 0.5℃。对我国二叠纪峨眉山大火成岩省的苦橄岩中熔融包裹体 S 含量分析表明（Zhang et al.，2013），在该大火成岩省形成过程中，火山喷发释放到大气中的 $SO_2$ 气体量至少为 $1.5×10^2~10^3$ Mt/a，产生硫酸盐气溶胶 $3.1×10^2~10^3$ Mt/a。快速、大量排放至大气中的含硫气体强烈吸收和反射太阳辐射，导致气温下降和"火山冬天"异常气候出现，进而导致了二叠纪瓜德鲁普统末的生物灭绝。

因此，不同时代大火成岩省火成岩地球化学研究对探讨地质历史中生物大灭绝原因有重要意义。

# 第六章　微量元素的分析测试技术与数据整理

大量精确数据的迅速积累是近代地球化学发展的重要特征之一。如何快速获得大量精确数据并揭示数据间的内在联系（相关关系、演化趋势）或重要地球化学参数，是微量元素地球化学研究的重要内容之一。本章拟从微量元素的分析测试方法、数据作图、参数选择与计算及研究方法四部分进行讨论。

## 第一节　分析测试方法简述

微量元素分析测试方法的特点是快速、准确、灵敏。由于微量元素量微，或者某些情况下难以获得充足样品等特点，因此，要求分析测试技术的精确度及灵敏度高，对样品量少或难以获得纯样品的情况下还需要进行"无损"分析。本节重点介绍在微量元素分析测试中所用方法的适用范围、分析灵敏度等，不涉及分析方法的具体技术。

## 一、主（常量）元素

### 1. X 射线荧光光谱法（XRF）

各种元素在受到外界因素激发时可发射出特征 X 射线，这种 X 射线的波长（或能量）与被激发元素的原子序数的平方成正比。在一定条件下，特征 X 射线的强度与被激发元素的浓度成正比，这是 XRF 法定量分析的基础（原子特征、X 射线光谱）。XRF 法分析的浓度范围广（0.005%~100%），可直接测定固体、溶液或粉末试样。用于 X 射线荧光光谱分析的样品可为致密块状样品（表面要光滑）；可用熔融法制成固熔体试样，或将样品溶解后经沉淀或离子交换在薄载体（滤纸、薄膜），或加入惰性稀释剂压制成片；植物和生物组织样品一般要经灰化或冷冻、干燥处理变成粉末样。

XRF 法对周期表中原子序数 1~9 的元素一般还不能测定，或测定灵敏度很低；对一些气态元素和原子序数大于 92（U）的元素一般也不能测定。近代 XRF 法分析发展了多道 X 射线荧光光谱仪，采用能量色散技术及半导体检测器。微型计算机用于程序控制、谱图识别、背景扣除、干扰校正及数据处理。目前已制定出一套完整的多元素分析方法，可同时测定多种主、微量元素，如 Na、Mg、Al、Si、Ga、As、Y、Zr、Nb、Sn、U、Th 等 30 多种主、微量元素。我国区域化探样品的分析测试中已广泛采用 XRF 法。

XRF 法分析含量高的元素时，相对偏差 2%~5%，含量较低的在 10%~20%。当被测元素接近探测限时相对偏差可达 50% 以上。对于稀土元素，XRF 法的探测限为 0.5~1μg。

XRF 法分析的一个特殊优点是测定元素的重现性好，已成为对地质分析标样均匀性检查的一种有效方法；在价态分析上也将占一席之地。

目前，我国地质科研、教学、勘查等部门已普遍建立了 X 射线荧光光谱分析方法，并广泛应用于岩石、土壤等常量及部分微量元素分析。手提式 X 荧光光谱仪重量仅 1.5kg，可定量分析的元素超过 40 种，更为地质调查、矿床快速评价及环境调查提供了简便、快速的手段。

### 2. 电子探针分析（EPA）

电子探针是运用电子所形成的聚焦电子束（探测针）作为 X 射线的激发源进行显微 X 射线光谱的

波长和强度分析，它建立在 X 射线光谱分析和电子显微镜两种技术基础之上。

电子探针的分析对象是固体物质表面细小颗粒或微小区域（最小范围直径为 $1\mu m$），可测量原子序数 4~92 的元素，感量可达 $10^{-14}$~$10^{-15}g$，相对灵敏度一般为 $(1~5)\times 10^{-4}$，由于它测量的是一个微区，若按全样品平均计算，其灵敏度是相当高的。

电子探针分析的优点是不破坏样品、制样简单、分析速度快、结果直观。它不仅能给出元素含量，由于还能进行扫描分析，因而可以直接显示 $1\mu m^2$~$n\,mm^2$ 范围内元素的分布状态，具有优良的空间分辨率。

由于上述优点，电子探针在地学中得到广泛应用。主要包括以下几方面：矿物全分析，鉴定疑难矿物，发现新矿物，矿物化学组成的不均匀性，矿物的环带结构等。例如，在 20 世纪 70 年代，我们曾对锆石单颗粒晶体中 Hf 的分布进行扫描分析，发现 Hf 含量从晶体核部向边缘逐渐增加。电子探针还用于矿物中固相包裹体成分、固溶体析离体、交代蚀变矿物元素赋存状态（单矿物、类质同象）的分析。作为地质温度计、压力计的矿物成分分析、分配系数实验测定等也有广泛应用。

# 二、微 量 元 素

## 1. 中子活化分析（NNA）

与依据元素的电子结构变化测定其含量的其他仪器分析方法不同，中子活化分析是根据元素的核性质设计的，它的分析基础是核反应。将样品和标样同时在中子流（一般在反应堆）中照射，使稳定的原子核转变为放射性原子核，然后测量 γ 射线强度而进行定量分析。其主要优点是：样品用量少，一般几十到一百毫克，甚至可达微克量级；分析灵敏度高、精密度好、准确度高；对周期表中大多数元素的分析灵敏度在 $10^{-6}$~$10^{-13}$；属非破坏性分析；可同时测量多种微量元素，以仪器中子活化分析（INAA）为例，一般情况下可测定下列元素：Na、Mg、Al、K、Ca、Ti、V、Cr、Mn、Fe、Co、Ni、Cu、Zn、Ga、Ge、As、Se、Br、Rb、Sr、Zr、Nb、La、Ce、Nd、Sm、Eu、Tb、Yb、Lu、Au 等。中子活化分析的缺点是给出分析结果的时间长、分析灵敏度因元素而异（表6-1）。

### 表 6-1 中子活化分析灵敏度

| 元素 | 灵敏度/（$10^{-9}$g） | 元素 | 灵敏度/（$10^{-9}$g） | 元素 | 灵敏度/（$10^{-9}$g） |
|---|---|---|---|---|---|
| Na | 0.1~1 | Zr | 10~100 | Tb | 1~10 |
| Mg | 10~100 | Nb | 1~10 | Dy | $10^{-4}$~$10^{-3}$ |
| Al | 0.1~1 | Mo | 1~10 | Ho | 0.01~0.1 |
| K | $10^3$~$10^4$ | Ru | 1~10 | Er | 0.1~1 |
| Ca | 10~100 | Rh | 0.01~0.1 | Tm | 1~10 |
| Sc | 1~10 | Pd | 0.1~1 | Yb | 0.1~1 |
| Ti | 10~100 | Ag | 0.1~1 | Lu | 1~10 |
| V | 0.01~0.1 | Cd | 1~10 | Hf | 0.01~0.1 |
| Cr | 10~100 | In | 0.001~0.01 | Ta | 1~10 |
| Mn | 0.001~0.01 | Sn | 10~100 | W | 0.1~1 |
| Fe | $10^3$~$10^4$ | Sb | 1~10 | Re | 0.01~0.1 |
| Co | 0.1~1 | Te | 10~100 | Os | 1~10 |
| Ni | 10~100 | I | 0.1~1 | Ir | 0.01~1.0 |
| Cu | 0.1~1 | Cs | 1~10 | Pt | 1~10 |
| Zn | 10~100 | Ba | 0.1~1 | Au | 0.001~0.01 |
| Ga | 0.1~10 | La | 0.01~0.1 | Hg | 0.1~1 |
| Ge | 1~10 | Ce | 1~10 | Tl | 10~100 |

续表

| 元　素 | 灵敏度/ ($10^{-9}$g) | 元　素 | 灵敏度/ ($10^{-9}$g) | 元　素 | 灵敏度/ ($10^{-9}$g) |
|---|---|---|---|---|---|
| As | 0.1~1 | Pr | 0.1~1 | Pb | 100~1000 |
| Se | 10~100 | Nd | 1~10 | Bi | 10~100 |
| Br | 0.1~1 | Sm | 0.01~0.1 | Th | 1~10 |
| Rb | 10~100 | Eu | $10^{-4}$~$10^{-3}$ | U | 0.1~1 |
| Sr | 1~10 | Gd | 1~10 | | |

中子活化分析包括仪器中子活化分析（INAA）、超热中子活化分析（ENAA）、放射化学中子活化分析（RNAA）等。其中以仪器中子活化分析 INAA 应用最广，它的优点是样品不需进行放射化学分离，仪器中子活化分析的准确度对稀土元素一般可达 5%，精密度 2%~4%，但对于含量很低的微量元素，如稀土元素总含量在 $10×10^{-6}$ 以下甚至 $1×10^{-6}$，并存在 Cr、Co、Sc、Fe 等元素干扰的情况下，INAA 的分析误差可达百分之几十，即使采用超热中子活化分析也难达到分析要求。在这种情况下，需进行放射化学分离，以达到去掉干扰杂质、提高待测元素的相对浓度的目的，这是 RNAA 分析技术。

中子活化分析已广泛用于地球岩石和单矿物样品、陨石、宇宙尘等样品的微量元素分析，以及环境样品分析和本底调查等。

### 2. 等离子体光谱和质谱分析（ICP-AES，ICP-MS，LA-ICP-MS）

等离子体光谱和质谱分析是以电感耦合为激发源、原子化装置或离子源的一类新型光谱分析法。目前在微量元素分析中常用 ICP 原子发射光谱法（ICP-AES）和 ICP 质谱法（ICP-MS）。主要特点是 ICP 光谱法比经典光谱法有较高的检出限，特别是对于难熔元素和非金属元素更优于经典光谱法。其分析精密度（百分相对标准偏差 RSD%）一般小于 10%，分析准确度（系统误差）一般不大于 10%。干扰水平低、准确度高，如采取化学预处理，可进一步提高检出能力和选择性，减少基体效应。ICP 光谱法还具有线性分析范围宽的特点，多数场合可达 4~6 个数量级，因此，可用一条标准曲线分析从痕量到较大浓度的样品。具有同时或顺序多元素测定能力。由微型计算机控制的多道固定狭缝式和单道扫描式 ICP 发射光谱仪，每个样品分析时间仅需要 1 分钟。显然，干扰水平低、精密度好、线性分析范围宽、同时或顺序多元素测定能力强、分析速度快是 ICP 光谱的主要优点。

1976 年前 ICP 光谱法主要用于金属合金分析，此后在地质样品分析中的应用越来越广泛。我国自 20 世纪 80 年代开始在地质地球化学分析中逐渐应用和发展了 ICP 光谱分析，特别是对火成岩、变质岩、火山岩的稀土元素及其他微量元素分析，发表了大量数据。以稀土元素为例，Lu、Yb、Eu、Y 在水溶液中的检出限均小于 1ng/mL，其余稀土元素几乎都在 1~10ng/mL，1g 样品经化学处理后制成 10mL 溶液，其稀土元素检出限如下（$×10^{-6}$）：La 0.03，Ce 0.12，Pr 0.11，Nd 0.08，Sm 0.07，Eu 0.009，Gd 0.04，Tb 0.04，Dy 0.02，Ho 0.02，Er 0.02，Tm 0.02，Yb 0.05，Lu 0.003，Y 0.01。对于一般地球化学样品，取 1g 样品可测出 15 个稀土元素含量，但对一些稀土元素总含量低于 $10×10^{-6}$ 的样品则必须加大取样量，减少最后待测溶液体积，并解决由此带来的一些技术问题。因此，将化学分离富集技术与 ICP-AES 法相结合，可高质量给出地质样品中微量元素分析结果。

等离子体质谱法（ICP-MS）是 20 世纪 80 年代发展的一项新的分析技术，该方法是将等离子体作为质谱分析的离子源。ICP-MS 除保留了 ICP 光谱法的优点外，还有以下优点：光谱干扰比 ICP-AES 小；可在大气压下连续操作、分析速度快，避免了火花质谱法高真空和不连续操作的困难；比 ICP-AES 具有较低的检出限，特别是不同元素的 ICP-MS 检出限差别很小；其测定灵敏度比等离子体光谱法高出 1~2 个数量级，分析精度一般为 2%~5%。表 6-2 列出了若干元素的检出限并与 ICP-AES 作了对比。ICP-MS 还可以进行同位素比值测定，这是 ICP-AES 无法相比的。

表 6-2　若干元素的 ICP-MS 检出限（ng/mL）及与 ICP-AES 对比

| 离子 | ICP-MS | ICP-AES | 离子 | ICP-MS | ICP-AES |
|------|--------|---------|------|--------|---------|
| $^7$Li | 0.4 | 857 | $^{75}$As | 0.1 | 53 |
| $^{24}$Mg | 0.2 | 0.15 | $^{85}$Rb | 0.2 | 37500 |
| $^{27}$Al | 0.3 | 23 | $^{88}$Sr | — | 0.42 |
| $^{52}$Cr | 0.1 | 6.1 | $^{107}$Ag | 0.1 | 7 |
| $^{55}$Mn | 0.06 | 1.4 | $^{114}$Cd | 0.2 | 2.5 |
| $^{56}$Fe | 0.5 | 6.2 | $^{138}$Ba | 0.2 | 1.3 |
| $^{57}$Co | 0.1 | 6 | $^{202}$Hg | 2.0 | 25 |
| $^{63}$Cu | 0.2 | 5.4 | $^{208}$Pb | 0.2 | 42 |
| $^{64}$Zn | 2.0 | 1.8 | $^{270}$UO$_2$ | 0.05 | 250 |
| $^{67}$VO | 0.3 | 5 |  |  |  |

稀土元素分析是 ICP-MS 的重要研究领域之一，检测限可达 $0.000X \times 10^{-6} \sim 0.00X \times 10^{-6}$。许多学者致力于地质样品酸分解后溶液的直接测定。Hirata 等（1988）将 HF+HClO$_4$ 酸分解岩石样品后的溶液分别用内标法、离子交换法和基质校正法等进行稀土元素测定，并与作为稀土元素分析比较标准的同位素稀释法结果比较，如热离子源质谱同位素稀释法（TIMS-ID），内标法的 Pr、Nd、Eu、Gd、Tb、Ho 和 Yb 相对偏差低于 5%，La、Ce、Er 为 5%～10%，Lu 约 10%；基质比较法与内标法结果相当或低于内标法的误差。阳离子交换分离基质元素或加入内标元素则相对误差一般在 5% 以内。

激光剥蚀等离子体质谱（LA-ICP-MS）是将激光剥蚀系统与等离子体质谱联机，主要应用于锆石等单矿物的 U-Pb 年龄测定，为岩浆岩的成岩年龄提供了可靠数据。此外，在测定这些矿物年龄的同时，也越来越多地用于锆石、磷灰石、黄铁矿、磁铁矿和辉石等单矿物的微量元素及 Hf、O 稳定同位素原位定量分析，如锆石的 REE 分析，其典型的 HREE 强烈富集、明显的 Ce 正异常为锆石成因及成矿作用的氧逸度特征提供了重要依据（详见本书第三章和第五章的相关讨论）。

**3. 离子探针质谱分析**（SIMS）

近年来，在电子探针、电子显微镜和质谱仪等现代分析技术基础上发展了离子探针质谱分析（SIMS），它是用聚焦很细（1～2μm）的高能量离子束轰击样品，产生二次离子，通过质量分析质荷比，给出元素含量和同位素比值数据。它的优点是检测灵敏度高，能测量包括 H 在内的周期表中的全部元素，绝对灵敏度为 $10^{-19} \sim 10^{-15}$g，可检测相对含量为 $10^{-9} \sim 10^{-6}$ 原子浓度的微量杂质。它可进行同位素组成分析，精度为 0.1%～1%，样品用量小，消耗样品量为 1ng。可进行表面和薄膜分析、深度分析（深度分辨率 50～100Å），因此能提供包括轻元素在内的三维空间分析图像。

离子探针质谱在地质上的应用除进行少量样品的微量元素含量分析外，最重要的应用是年代测定。近年来单颗粒锆石的离子探针质谱测定（如 Sensitive High Resolution Ion Microprobe-SHRIMP 灵敏高分辨离子探针和 Cameca），已发现了地球上最古老的岩石年龄（西澳大利亚 Yilgarn 克拉通 Jack Hills 变质沉积岩中的碎屑锆石年龄为 4404±8Ma），并同时可进行 Hf、O 等同位素组成原位分析。目前，这种分析技术在测定和发现古老岩石的年龄信息，以及地球的地球化学演化方面发挥着越来越重要的作用。

**4. 同位素稀释质谱分析**（ID）

同位素稀释质谱法（Isotopic Dilution，ID）是用一种与探测元素的天然同位素组成有区别的稳定同位素（稀释剂）作为指示剂与待测样品混合并平衡后，用质谱测定同位素组成的变化，以获得样品中元素含量。因此，这种方法首先要有稀释剂，它是一把"尺子"，其浓度和同位素组成必须准确标定。

目前，同位素稀释质谱法具有任何其他方法不能相比的高精度、高灵敏度和选择性；不受其他元素干扰；当达到同位素均匀化后，不需要对稀释剂和正常元素的混合物作定量回收。该方法所需样品量少，一般 50~100mg，因而也适用于单矿物分析。对于稀土元素，在离子流稳定时，同位素比值在0.1~10.0，精确度为 0.1%；当有未知量的同量异位素干扰时为 0.25%~0.5%，当离子流达不到正常精确度要求，或同量异位素干扰>20%时，精度降到 5%。

同位素稀释质谱法适用于有两个以上天然同位素的所有元素。只要能得到富集该元素的某一同位素稀释剂就可以应用这种方法。例如，稀土元素 Pr、Tb、Ho、Tm 只有一种同位素，不能应用同位素稀释质谱法测定，其余十个稀土元素都可用同位素稀释质谱法测定。

同位素稀释质谱法的分析速度慢，一般一个元素分析需 1~2h，由于一般质谱实验室多是用于地质年代学测定，因此，要想快速获得大量精确数据，此法难以满足。另外，稀释剂的浓度可能随时间而改变（由于水分的蒸发），或被测元素与稀释剂未完全混合以及加入的稀释剂量不适合等都会造成分析误差。一般只有在特别需要高精度、灵敏分析和作为其他方法的最后校准时才采用同位素稀释质谱法，它是同位素年代学测定不可缺少的部分。目前，化学剥蚀-同位素稀释-热离子质谱分析 CA-ID-TIMS，其同位素年龄的测定误差低于 0.1%，使同位素定年和同位素地球化学的发展进入了一个全新的时代。

# 三、矿物微量元素含量与分布的原位定量分析

上述电子探针、（多接受）激光剥蚀等离子质谱（LA-ICP-MS）、（纳米）离子探针质谱（SIMS）以及微钻取样与热电离质谱结合（Microdrilt TIMS）等的相继问世，实现了单颗粒矿物微区、原位多种微量元素含量的定量测定，也实现了 O、Sr、Hf 与 S 等同位素组成原位测定。同步辐射光源技术的迅速发展使 X-射线技术取得了突破性进步，也相继广泛应用于微量元素测定，不同价态变价元素含量定量分析，如 X-射线吸收精细结构（XAFS），可以定量测定矿物中变价元素，如 $Fe^{2+}$、$Fe^{3+}$、$Eu^{2+}$、$Eu^{3+}$、$V^{4+}$、$V^{5+}$等的比值。这些分析方法的进步可概括为八个字：量微、原位、快速、准确。这些测定常选择火山岩中的斑晶矿物以及岩浆岩中的副矿物、矿床中矿石与主要脉石矿物等，其测定一般从矿物的核到边部逐点进行分析。矿物多种微量元素含量的原位定量测定，实现了从全岩微量元素含量向矿物的转变以及微量元素与同位素年代学、同位素地球化学的密切结合，其结果是揭示了岩石中微量元素的更深层次的特征，更能反映成岩、成矿，乃至地壳、壳-幔相互作用及地球形成和演化的特征。例如，微量元素赋存状态［分散（类质同象）或富集（单矿物）］、成岩成矿温度、压力、氧逸度等。特别是岩浆岩或矿石的矿物中微量元素从核部到边缘的成分或变价元素比值突变或环带分布，同位素年龄或同位素组成的明显改变（如图版 I，图版 VIII，图版 X-3，图版 X-8），一致揭示了成岩、成矿过程中岩浆混合或流体成分的改变。

表 6-3 综合了矿物微量元素、同位素原位定量分析测试的类型、应用与对比。表 6-4 综合了矿物微量元素、同位素原位定量分析测试在本书中的应用实例，本书附录中的图版（图版 I~图版 XII）。给出了用上述不同方法所测定的，锆石、辉石、磁铁矿、金红石、黄铁矿、磷灰石、榍石、铌钽铁矿、石榴子石、磷钇矿等单矿物的微量元素、稀土元素含量或同位素定年资料，其中图版 X 集中给出了从冥古宙、元古宙到中生代不同类型锆石的稀土含量和 U-Pb 定年资料，图版 XI 为卡林型金矿中石英单个包裹体的微量元素含量，图版 XII 为火星陨石充填颗粒的元素及同位素组成资料。

快速、准确、原位分析方法的建立和不断完善，使得微量元素在自然界分布的资料在数量和质量上都大大提高，从而使对微量元素地球化学行为的认识建立在更坚实的基础上，使微量元素与同位素定年和同位素地球化学的发展进入了一个全新的时代。

**表 6-3　矿物微区原位微量元素与同位素组成分析方法特点及应用对比**

| 仪器及技术方法类型 | 电子探针（EPMA） | 等离子体质谱 | | 热电离质谱,正（负）热电离质谱[P(T)-TIMS]（与微钻技术结合） | 二次离子探针质谱 | |
| --- | --- | --- | --- | --- | --- | --- |
| | | 激光剥蚀等离子体质谱（LA-ICP-MS） | 多接收激光剥蚀等离子体质谱（MC-LA-ICP-MS） | | 双聚焦离子探针 SIMS | 纳米离子探针质谱 Nano-SIMS |
| 技术特点 | 可分析原子序数 4~92 号元素；分辨率高,最小可达 $1\mu m$；主元素分析相对误差一般为 1%~3%；原子序数>11,含量>10%的元素,相对误差<2%($2\sigma$) | 离子束 30~40$\mu m$,取样深度 20~30$\mu m$；元素检出限 $10^{-9}$~$10^{-6}$；锆石 U-Pb 年龄测定；分析速度快,操作简便,避免了繁琐化学提纯和化学试剂干扰。存在同位素分馏效应 | 将多接受杯与激光剥蚀等离子体质谱联机,分辨率高,检出限低；质量歧视校正较简单；可对多种元素同位素组成进行测定。同质异位素干扰难以完全校正 | 空间分辨率高,为 10~20$\mu m$,分析灵敏度高,Sr、Nd、Pb 同位素一般<1ng；Re-Os 同位素测定相对误差 0.01%~0.2%；同质异位素干扰小；化学剥蚀 CA-TIMS 或同位素稀释前处理 ID-TIMS 提高了测试精度,但分析时间长 | 离子束 10~30$\mu m$,取样深度 1~2$\mu m$；元素检出限 $10^{-9}$~$10^{-6}$,可分析 H-U 所有同位素；锆石 U-Pb 年龄测定误差低,一般为 1%($2\sigma$)。质量歧视和干扰校正复杂 | 空间分辨率优于 50nm；可分析周期表中除稀有气体外全部元素和同位素；可对样品实现点、线分析、同位素面扫描以及深度剖面分析 |
| 应用 | 观察矿物之间关系,内部结构；用背散射图像 BSE 观察元素分布；单矿物阴极射线发光 CL 图像用于激光等离子体质谱定年和同位素分析；造岩及金属矿物元素全分析；F、Cl、S 等挥发性元素分析 | 锆石,榍石、磷灰石等 U-(Th)-Pb 体系定年；辉钼矿 Re-Os 定年。单矿物、包裹体微量元素、稀土元素含量分析 | 锆石,榍石、磷灰石等 U-(Th)-Pb 体系定年；辉钼矿 Re-Os 定年。Hf、O、Sr、Nd 及 Li、B、Fe、Mg、Mo、Cu、Zn、W、Ca 等同位素组成测定 | 与微钻技术结合,可实现原位分析；负热电离质谱(N-TIMS)广泛用于辉钼矿等 Re-Os 定年）；Sr、Nd、Pb、Sm、Nd 及 B、Fe、Mg、Mo 等同位素组成测定 | 锆石、磷灰石、榍石等 U-(Th)-Pb 体系定年；Hf、O、Sr、Nd 等同位素组成原位测定。仪器以 SHRIMP 和 CAMECA 为代表 | 亚微米—纳米级颗粒或矿物 C、N、H、S 及 Li、Mg、Fe、Cu 等同位素组成分析；灭绝核素(如 $^{26}Al$、$^{53}Mn$、$^{60}Fe$、$^{36}Cl$)同位素组成分析；稀土等微量元素定量分析；亚微米锆石 Pb-Pb 定年 |

**表 6-4　矿物中微量元素含量及分布原位定量分析的应用**

| 成岩成矿及地球演化要素 | 矿物 | 微量元素含量及分布原位定量分析 | 在本书中的实例 |
| --- | --- | --- | --- |
| 温度 | 石英 | Ti、Al、P、Fe | 图 3-117 |
| | 单斜辉石-橄榄石 | Ni、Cr | 式(3-23) |
| | 金云母-透长石 | Rb | 式(3-24) |
| | 方铅矿、闪锌矿、黄铁矿 | Cd、Co、Ni、Se | 表 3-18 |
| | 石榴子石 | Ni | 式(3-46),式(3-47) |
| | 石榴子石-磷钇矿；石榴子石-独居石 | Y、Gd、Dy | 式(3-48),式(3-50) |
| | 金红石 | Zr | 式(3-31),式(3-38);图 3-54 |
| | 褐帘石 | LREE/Ti | 式(3-46) |
| | 珊瑚 | Mg/Ca、U/Ca、Sr/Ca | 式(3-56) |
| | 锆石 | Ti | 式(3-30),式(3-35);图 3-54;图版 X-5,图版 X-6 |

续表

| 成岩成矿及<br>地球演化要素 | 矿物 | 微量元素含量及分布<br>原位定量分析 | 在本书中的实例 |
|---|---|---|---|
| 压力 | 石榴子石 | Li | 式(3-59) |
| | 榍石 | Zr | 式(3-64);图3-61 |
| | 单斜辉石 | Cr | 式(3-60) |
| 氧逸度 | 氧化还原缓冲剂 | 组成矿物主元素与氧反应 | 式(3-65)~式(3-75);图3-62 |
| | 斜长石 | Eu | 式(3-90);图3-74;表3-21 |
| | 尖晶石 | Cr | 式(3-96);图3-75 |
| | 石榴子石 | $Fe^{3+}/\sum Fe$ | 第三章第五节三;图版Ⅷ |
| | 化石磷灰石 | $Ce/Ce^{*}$ | 图5-38,图5-39;式(5-10) |
| | 锆石 | $Ce^{4+}/Ce^{3+}$ | 式(3-91);表3-22 |
| | | $Eu/Eu^{*}$ | 式(3-95) |
| | 磷灰石 | Mn | 式(6-5) |
| 构造背景 | 尖晶石 | Cr、Al、Fe、Mg、Ti | 图4-27 |
| | 单斜辉石 | Ti-(Ca+Na);(Ti+Cr)-Ca;Ti-Al | 图4-25,图4-26 |
| 地幔交代作用类型 | 地幔包体中单斜辉石 | $Ti/Eu-(La/Yb)_{N}$ | 图5-64,图5-65 |
| 成岩成矿过程 | 方解石,萤石 | Tb/Ca-Yb/La;REE | 图3-123~图3-133 |
| | 石英 | K/Rb;REE | 图3-118~图3-120;表3-28 |
| | 磷灰石 | REE | 图3-136~图3-138;图版Ⅳ |
| | 白钨矿 | REE | 图3-134,图3-135 |
| | 磷钇矿 | U、Th、REE | 图3-115;图版Ⅸ |
| | 金红石,榍石 | Nb、Ta、Nb/Ta;REE | 第五章第五节四(二);图5-81;图版Ⅶ |
| | 黄铁矿 | REE、Co、Ni、As、Se、Au、Ag、Pb、<br>Zn、Cu、V、U | 图3-106,图3-107;表3-30;图版Ⅴ-1,图版Ⅴ-2 |
| | 磁铁矿 | Ni、V、Ti、Cr、Si、Mn、Al | 图3-108~图3-114;图版Ⅱ |
| | 单斜辉石 | REE、Nb、Zr、Sr、Ti | 图2-41;图版Ⅰ,图版Ⅱ |
| 源区示踪 | 锆石 | REE;U/Yb-Hf;U/Yb-Y;U-Yb;<br>$Yb/Sm;\delta^{18}O;\varepsilon_{Hf}$ | 图3-42~图3-46,图3-157,图3-158,表3-11;图版<br>X-4 |
| | 石英 | Al、Ti、Fe | 第三章三节二(二) |
| 地壳形成演化 | 锆石,金红石 | REE,$Ce/Ce^{*}$;U/Yb;Th/U;Yb/<br>Gd、Nb/Ta | 图5-20,图5-27,图5-80,图5-82,表5-27;图版X-3,<br>图版X-6,图版X-8,图版X-7 |
| 找矿示踪 | 方解石 | REE | 图3-132 |
| | 榍石 | Sn | 第三章第七节二3 |
| | 石榴子石 | Ni、Zn、Ga、Y、Zr | 第三章第七节二4 |
| | 绿泥石 | Ti、Mg、V、Al、Ca、Sr、Ti/Sr | 第三章第七节二5 |

# 第二节　微量元素分析数据的地球化学图解法

在用上述各种分析方法对某一岩体、矿体或矿物进行元素含量和同位素组成分析时，可以获得包括微量元素在内的大量分析数据，即地球化学变量。地球化学变量的基本特点是具有随机性和统计规律性，大量样品的多项地球化学变量可以用数据矩阵表示［式（6-1）］。例如，用 ICP-MS 分析花岗岩样品可以获得 REE、Nb、Ta、Zr、Hf、Rb、Sr、Ba 等 30 多个微量元素含量（设为 $P$），如果测定或收集了 20 个样品（设为 $n$），则可构成一个 30 行、20 列的矩阵。这种地球化学变量矩阵在统计数学上可以有两种空间表示方法：一是以变量（如微量元素含量）名称为坐标轴，则有 $P$ 维（这里为 30）空间，每个样品按其 $P$ 个变量的测定值为空间中的一个点或矢量（这里为 20），所有样品点构成空间中的一个点群。在 $P$ 维空间中 $n$ 个样品之间的距离远近反映了各样品之间的亲疏关系，可据此进行样品之间相关性分析和分类，称为 Q 型分析。二是以样品为坐标轴构成 $n$ 维空间（这里为 20），每个变量为空间中的一个点（这里为 30）。$n$ 维样品空间的 $P$ 个变量之间的距离远近反映了各变量点之间的亲疏关系，可据此进行变量之间相关性分析和分类，称为 R 型分析（赵振华等，1979），这些数据亦经常表示成数据矩阵形式（周永章等，2012）：

$$X = \begin{bmatrix} x_{11} & x_{12} & \cdots & x_{1P} \\ x_{21} & x_{22} & \cdots & x_{2P} \\ \vdots & \vdots & \vdots & \vdots \\ x_{n1} & x_{n2} & \cdots & x_{nP} \end{bmatrix} = (x_{ij})_{n \times P} \tag{6-1}$$

式中，$x_{ij}$ 为第 $i$ 个样品的第 $j$ 个变量的测试数据。

根据上述原理，如何简单、直观地从这些地球化学变量数据中"提取"重要的地球化学信息，图解法是首选途径。

图解法又称协变图解（variation diagrams），这是最常用的并被证明是很有效的剖析地球化学数据的图解方法，是通过各种微量元素地球化学变量（一般是元素浓度或浓度比值，或同位素比值）之间在各种图解中的相互关系，探讨岩石的分类、演化或成因等问题。例如，如果两岩石从母体物质中发育的程度和时间是有顺序的（即演化关系），则它们之间的变化应是"平滑"的。一般说来，协变图解多采用相对独立的变量（如岩浆岩侵入的时间或顺序，$SiO_2$ 或 MgO 百分含量等）和相依变量（如岩浆岩中除 Si 或 Mg 以外的其他氧化物、微量元素等）构成横坐标与纵坐标作图。变量（参数）的选择在很大程度上依赖于所要达到的目的，变量的选择要适当，如元素-元素（浓度）图；比值-比值图解；直角坐标系（两组变量）、三角图解（三组变量）；对数-对数图解（双对数）及半对数图解等。其目的是在一个图解中尽可能"容纳"更多的信息量和更清楚地显示变量之间的关系，使大量定量地球化学数字数据得到"浓缩"和"条理化"。目前，在微量元素地球化学研究中常见的图解主要有下述几种类型。

## 一、常量元素-微量元素图解

这种图解一般包括两种类型：一是选用样品中较为稳定的主元素变量 $SiO_2$ 为独立变量（$x$ 轴），微量元素和主元素（为 $y$ 轴）则随 $SiO_2$ 含量的改变而变化。这种图解最早（1909 年）由 Harker 在其著作《火成岩的自然历史》（*The Natural History of Igneous Rocks*）中使用，被称为哈克图解。在这种图解中，一般氧化物随 $SiO_2$ 含量改变而呈线性相关变化，这为不同成分岩浆混合或岩浆分异过程中成分变化的计算提供了依据（图 6-1）。目前，在镁铁-超镁铁火成岩研究中，常用 MgO 代替 $SiO_2$ 为独立变量（$x$ 轴），并以 MgO 含量 8% 为界限研究岩浆分异演化特点。

第二种是依据微量元素地球化学行为，选择主要是在晶体化学上与之相似的常量元素（它们之间常发生类质同象置换关系）作图，常见的有 K-Rb、Mg-Li、Al-Ga、Ca-Sr 等图解。这种类型图解对探讨岩浆演化有重要意义。例如，K/Rb、Mg/Li、Al/Ga、Ca/Sr、Rb/Sr 等值随岩浆分异程度的增加而系统降低，因此，在这些图解中可清楚显示岩浆演化趋势（本书第三章图 3-47～图 3-51）。

## 二、微量元素-微量元素图解

主要分为两种类型：地球化学性质相似的微量元素图解和地球化学性质截然相反的微量元素图解。

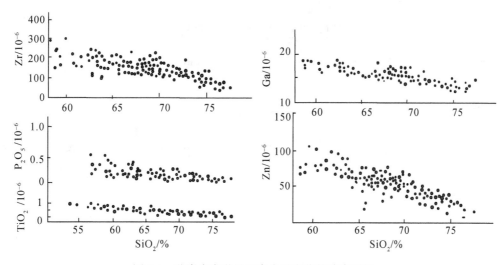

图 6-1 花岗岩类微量元素含量变化的哈克图解

**1. 地球化学性质相似的微量元素图解**

最常用的是选择以下地球化学性质相似的元素对作图，如 Ti-Cr、Cr-Ni、Th-U、Co-Ni、Sr-Ba、Zr-Hf、Nb-Ta、Rb-Sr 等。这些图解一般用于岩浆演化、变质作用、成岩构造背景等研究，这些元素的选择取决于所研究的过程。例如，在进行变质岩原岩恢复时，所选择的是不活动元素对，如 Cr-Ti、Ni-Ti、Zr/Ti-Nb/Y 等，而对于岩浆分异演化程度的探讨则主要依据元素在岩浆结晶分异过程中固-液相之间分配性质，如强不相容元素或亲湿岩浆元素 Nb、Ta、Rb 等。

**2. 地球化学性质截然相反的微量元素图解**

一般是采用强不相容元素或亲湿岩浆元素对岩浆元素作图，如 LREE（Ce、La、Sm）对 Cr、Ni、Co 等作图，由于它们相反（或差异较大）的地球化学行为，在图解中构成不同形态的曲线（水平线、斜线、双曲线等），这主要用于岩浆岩成岩过程（部分熔融、分离结晶、混合等）的鉴别（如本书第二章图 2-23~图 2-24，图 2-34，图 2-36）。

用挥发元素对不挥发元素作图是本类型图解中的另一种构图途径，这在月岩研究中应用较多，如 K-Ba、Rb-Ba、K-Zr、K-La，在这些图解中 K、Rb 是挥发性元素，La、Zr、Ba 是不挥发性（难熔）元素，这些图解可以清楚地将月岩与地球岩石区分开，［月岩富不挥发（难熔）元素］；揭示月岩的形成机理（如在上述图解中月球高地岩石构成明显的线性关系，表明月球高地岩石是由高地玄武岩、斜长辉长岩或高钾 Fra Maura 和高铝玄武岩等岩石端元的混合）。陨石中挥发与不挥发元素图解提供了其凝聚过程的资料。

# 三、地球化学参数图解

由微量元素与微量元素，或微量元素与常量元素所构成的元素组，常常是某些地质地球化学过程的灵敏指标，因此，选择恰当的微量元素地球化学参数作图可收到较佳的效果。例如，Tb/Ca-Tb/La 图解（本书第三章图 3-123），其中 Tb/La 反映了成矿溶液的分异演化程度，Tb/Ca 则反映了混染程度。因此，在 Yb/Ca-Yb/La 图解（本书第三章图 3-126、图 3-127）中可以限定某些典型热液矿物（如方解石/萤石）的形成环境（沉积、热液、伟晶岩等）。利用微量元素进行成岩模型探索时，常用亲湿岩浆元素（H 元素）与亲岩浆元素（M 元素）作图，如 La/Sm-La、Th/RE-Th、K/Rb-Sr、$^{87}Sr/^{86}Sr$-Sr、Ce/Yb-Eu/Yb 等。在变质岩原岩恢复研究中，以不活泼元素或对次生变化不敏感的元素对（组），如 Zr/Y-Ti/Y、Ti/Y-Ti、Zr/Y-Zr 等作图，在这些图解中沉积岩和火成岩投影在不同的区域，因而可以互相区别。

此外，也可以采用地球化学性质相似的微量元素浓度加和或浓度乘积作为参数作图，如 Ti+V、Co+Ni、Zr+Nb+Sr、Li+Rb、Sr+Ba 等。除常用直角坐标外也有三角图解，如 (ΣLa-Nd)-(ΣSm-Ho)-(ΣEr-Lu)；F-(Sr+Ba)-(Li+Rb)（图 3-140）等。这种方法扩大了在一个图解中的信息量，而三角图解更便于在一个图解中对更多样品同时进行比较。

# 四、"标准化" 作图法

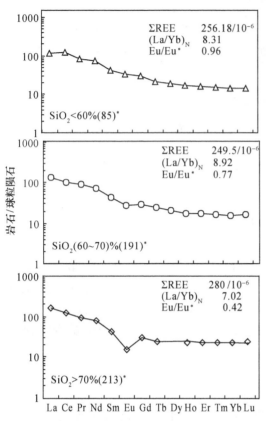

图 6-2　不同 $SiO_2$ 含量的花岗岩稀土元素球粒陨石标准化图解（数据取自 Haskin *et al.*，1968）

\* 样品数

这是在微量元素地球化学研究中较为流行的作图方法。所谓标准化（normalized）是基于某种理论模式或某种特定的研究目的而设计的。如球粒陨石标准化（Chondrite-normalized）作图就是最典型的例子之一，它是稀土元素地球化学研究中最基本的图解形式（即 Masuda-Coryell 图解）。这种图解是基于地球初始物质与球粒陨石相类似这一前提而提出的，这种图解的对数形式（图 6-2，图 3-29，图 5-24，图 5-25 等）构成直线，某些元素如 Eu、Ce 因特殊地球化学行为而偏离直线的程度 Eu/Eu\*、Ce/Ce\*（异常），以及直线的斜率（La/Sm、La/Yb、Ga/Yb）是反映成岩过程特征的重要参数。由图 6-2 可见，不同 $SiO_2$ 含量的花岗岩稀土元素球粒陨石标准化图形的上述参数明显不同（数据见附表 10-3）。

以原始地幔（PM）成分为标准的 NAP 图解（normalized abundance pattern），常称为原始地幔标准化微量元素蛛网图解（spidergram）。该图解与球粒陨石标准化图解类似，在火成岩岩石研究中常用，最常用的原始地幔值取自 Sun 和 McDonough（1989）（见本书附录表 3）。有的学者以单元素为标准进行标准化作图，如以 Yb 为标准（Dupuy and Dostal，1984），以 Nb 为标准（Myers and Breitkopf，1989），它们用于地幔类型识别（详见本书关于地幔地球化学演化，图 4-22，表 5-25，图 5-62）。图 6-3 为不同类型大洋火成岩（包括洋岛玄武岩 OIB；N 型及 E 型洋中脊玄武岩 MORB；岛弧玄武岩 IAB；下地壳辉长岩和洋壳等的微量元素平均值）的微量元素原始地幔标准化蛛网图解（原始数据见附表 10-1），由图可见，不同的岩石显示了明显不同程度的 Nb、Ta、Pb 和 Ti 的异常。

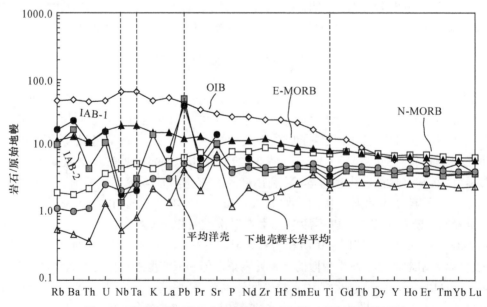

图 6-3　不同类型大洋火成岩的微量元素原始地幔标准化蛛网图

OIB（Sun and McDough，1989）；N-MORB 和 E-MORB（Niu，2002a）；IAB-1（Elliott，2003）；IAB-2（Ewart *et al.*，1998；牛耀龄，2013）；平均洋壳（牛耀龄，2013）；下地壳辉长岩平均（Bach *et al.*，2001；Niu *et al.*，2002b）

在研究不同构造背景产出的玄武岩时，采用 MORB 平均值进行标准化作图（Pearce，1982，图 4-15，图 4-32，图 4-33）。在研究洋中脊玄武岩 MORB 岩时，著名的 KL87（Klein and Langmuir，1987）为了排除岩浆分异作用造成的影响，采取将岩石化学成分标准化到 MgO 含量为 8%，标准化后的 $Fe_8$ 和 $Na_8$ 值与洋脊的水深相关，根据全球 MORB 的 $Fe_8$ 和 $Na_8$ 值变化，可推测洋脊软流圈地幔熔融程度、压力及地幔潜在温度等特征，Niu 和 O'Hara（2008）则将 MORB 修正到 $Mg^\# = 0.72$ [$Mg^\# = Mg/(Mg+Fe)$]，而不是 MgO = 8%（见本书第四章图 4-13）。

在成矿作用研究中最常用的标准化作图是以典型无矿化岩石为标准，在这种图解中，根据某些元素的"富集"或"亏损"确定成矿与成矿过程的标志元素，如对智利铜矿的研究，在这种图解中 Mn、Y 明显为亏损元素（图 3-145，图 3-146），因此，可选择这两种元素作为含矿与不含矿岩石的判别标志。如对土耳其斑岩铜矿、美国科罗拉多斑岩铜矿的研究也是较典型的实例（见本书第三章图 3-90~图 3-92）。

在花岗岩类成岩构造背景研究中采用理想的洋脊花岗岩（ORG）标准化，以区分不同构造背景形成的花岗岩（见图 4-41）。

"标准化"图解的另一种形式是在直角坐标系中，选用主、微量元素种类和含量的坐标量度单位等完全一致，将要讨论的对象（岩石、矿石等）的有关元素含量按图解中顺序投影，分别对应于纵、横坐标，如果两类岩石（或矿石等）相似或具有成因联系，它们的投影应沿 45° 对角线分布。例如，将太阳光球元素丰度与 I 型碳质球粒陨石相应元素丰度对比，它们均分布在 45° 对角线或近两侧，由此得出太阳系元素丰度可用 I 型碳质球粒陨石代表。玻璃陨石与流纹岩、砂岩微量元素对比，揭示了玻璃陨石来自砂岩的冲击熔融（图 5-14）。赵振华等（1979）曾用此种作图法，根据微量元素之间的关系研究华南变质岩与花岗岩成因关系。

应该指出，在各种形式的"标准化"作图中，"标准化"值是作为纵坐标，而横坐标的选择则多种多样，往往不是元素浓度或比值，而是与之有密切关系的变量。例如，在稀土元素的球粒陨石标准化图解中，横坐标是将稀土元素按原子序数由小到大排列（等距离），或按离子半径倒数值排列（不等距）。目前用得较多的是按元素的不相容程度排列，即从左到右元素不相容程度降低，如依次为 Rb、Ba、Th、K、Ta、Nb、La、Ce、Pb、Sr、Nd、Hf、Zr、P、Sm、Eu、Ti、Gd、Dy、Y、Yb。在天体化学研究中，横坐标常按挥发性增加顺序排列，如 Zr、Hf、Sc、Ti、Th、Al、Ta、Ca、Ba、Sr、U、V 或 Re、W、Os、Ir、Mo、Ru、Pt、Ni、Co、Fe、Au、As、S、Ti、Bi 等。有的横坐标是某一种重要变量，如 $SiO_2$ 或 MgO（哈克图解）、时间；有的则是距离、深度（水平或垂直地质剖面）。纵、横坐标的量度除常用算术级外，对数坐标（半对数或双对数）也较普遍。对数坐标的作用一是缩短变量的变化范围，二是可使变量关系简单化，如指数关系可变为直线关系。

"标准化"作图法的原理也常见于微量元素地球化学参数计算中，与同位素地球化学参数相似（如 Rb-Sr 同位素中的标准为 BABI 等，氧同位素为 SMOW，Sm-Nd 为 CHUR 等），许多微量元素参数计算常引入某一标准（模式成分），计算相对于该标准的正、负偏离（或称异常），如 Eu 正负异常，Nb、Ta、Pb、Sr 正负异常等。

## 五、地球化学变量间关系及图解中"目标"区域的圈定

各种微量元素地球化学图解基本上有如下几种目的：探讨变量之间的关系（如相关关系、演化关系）；"目标"判别，如模型识别（根据所选变量在图解中构成的曲线形态判别部分熔融、分离结晶、混合模型等）。此外，在图解中圈定出目标标准区域，如变质岩原岩恢复研究的正、副变质岩标准区域；成矿作用中的含矿和不含矿区域的划分；成岩构造背景等。

对于变量之间相关关系、演化关系的讨论是通过数学模型模拟（如多元统计分析、模糊数学模型等）。聚类分析、因子分析、多元线性回归分析、判别分析等是研究地球化学变量之间定量关系的数学地球科学的统计分析，如本书第三章第七节的岩体含矿性的多元统计分析中表 3-42，表 3-43 和式（3-146）。

这些方法的共同特点是采用了综合指标法（integrated index analysis），即用统计方法，选择单项和多项指标，综合评价所研究的体系。

直接法（direct method）、反演法（inverse method）、拓扑法（topological approch）则用于岩浆岩成岩模型识别（部分熔融、分离结晶、混合模型等），如本书第二章第五节。

递归分割法（recursive partitioning，RP）也是多变量统计分析，递归常用于描述自相似方法重复事物的过程。例如，当两面镜子相互近似平行时，镜子中嵌套的图像是以无限递归的形式出现。本书中介绍了用递归分割法对锆石微量元素数据进行分析，建立分类和回归树 CART（classification and regression trees）探讨其母岩类型，如第三章第三节图 3-45 和图 3-46。该方法也用于岩浆岩构造背景判别。在构造背景判别中，某一构造背景标准区域的圈定基本遵循理论模型计算与经验相结合来确定。例如，在花岗岩形成构造背景的皮尔斯（Pearce）判别图解中，不同构造背景（如板块内部与洋中脊）之间的分界就是按部分熔融和分离结晶作用模型进行计算后得出成岩轨迹线（第四章图 4-47 中的 *cd* 线），同时结合已知典型岩体（其构造背景已由野外地质观察确定无疑）在图中的分布所确定的。因此，由于实际地质作用的复杂性，图解中的判断区域往往有一部分发生重叠，消除或缩小判别区域（如正、负变质岩）的重叠区的途径是提高理论模型的"精度"（减少"近似"计算），或尽量选择足够多的、具有统计意义的样品进行投影。为此，利用海量地球化学分析数据建立地球化学数值化指标，是当今分类或成因研究的主要趋势。例如，为了将玄武岩构造背景的判别分析建立在更严格的基础上，Vermeesch（2006a，2006b）收集了 756 件已知构造环境的，有全岩 45 种主、微量元素定量分析数据的洋岛玄武岩、洋中脊玄武岩和岛弧玄武岩样品，建立了分类树（classification tree），进而进行构造属性判别分析。随后的分类和回归树 CART 是用一个分段常值函数（a piecewise constant function）逼近参数空间。用上述方法产生了 14190 个三元判别图解，对它们的穷举分析（exhaustive exploration）获得了 Ti-V-Sc、Ti-V-Sm 系统，为玄武岩构造背景最好的线性判别图（本书第四章图 4-28，图 4-29）。

# 六、使用地球化学图解的限制

各种地球化学图解的构筑都是基于不同的研究体系和目的，有的图解还有一定的假设或前提条件。因此，在应用各种图解时首先应了解图解所适用的体系、目的、前提条件等。例如，在岩石形成构造背景判别图解中，对于不同类型的岩石（基性岩、花岗岩、沉积岩）分别有相应的图解，不能用玄武岩的构造背景图解去判别花岗岩。由于构造背景判别的前提是地幔不均一性，而太古宙时地幔不均一性的有关资料积累较少，因此，除一些用于前寒武纪的图解外，构造背景的判别图解基本适用于显生宙以来的样品。

由于单一图解的局限性，在实际应用过程中，如有可能，应综合运用不同类型的图解，如果不同类型的图解都得出相同（或大部分相同）的结论，则这种结果是理想的。

# 第三节　微量元素地球化学参数的选择与计算

图解法形象、直观地显示了元素（或样品）之间的关系或某些理论模型，地球化学参数则定量地描述了元素（或样品）之间或某些地球化学过程之间的关系。参数的选择决定于研究目的和对象。在介绍有关参数的选择之前，首先要了解和掌握与地球化学分析数据有关的一些基本概念。

## 一、地球化学数据中的有效数字问题

### 1. 有效数字

从一个数左边第一个非零数字开始直到最右边的正确数字，叫做这个数的有效数字。有效数字位数的具体确定可归纳如下。

从 1 到 9 计位数，如 129 的有效数字为 3 位；数字开头的 0 不计位数，如 019 有效数字为两位；其后面的 0 计位数，如 190 有效数字为 3 位；中间夹 0 记入位数，如 0.004050，有效数字为 4 位。应特别强调的是，虽然 0.004050 的有效数字是四位，但作为一个测量数据，它的测量精度显然是很高的，比具有同样有效数字的 0.4050 要精确两个数量级。

在地球化学数据中，有效数字的位数主要取决于所使用的仪器和方法的测量检出限或测定限。

**2. 有效数字运算规则**

加减运算以小数位数最少的数确定，即由测量相对精度最低的一个数决定，如 $(58.62+11.4)\times10^{-6} = 70.0\times10^{-6}$。乘除运算以有效数字最少的数为准；乘方开方运算与原数值的有效数字位数一致；对数运算由尾数部分的位数确定，如 lg1758 为 4 位有效数字，其对数值为 3.2450，尾数部分保留 4 位。

运算中首位为 8 或 9 的数字，有效数字可增加一位。由于有效位数以后的数字是无效的，应按四舍五入原则取舍。

**3. 误差**

数据的不确定性是与数据本身一样重要的（Ludwig，2003）。任何不同分析测试方法所获得的数据都有一定的误差（errors），它是指测量值与真值之间的差，由于测量仪器的限制，真值是难以获得的，只能最大限度地逼近，或以理论值代替。误差包括随机误差、过失误差和系统误差。

1）随机误差：由一系列偶然因素引起的不易控制的测量误差，在实际过程中难以避免，可通过测量次数的增加而降低。

2）系统误差：实验过程中服从确定性规律的误差，在多数情况下是一个常量，可以通过一定的方法识别消除这类误差，但不能通过增加实验次数的算术平均值来消除。

3）过失误差：明显歪曲实验结果，一般是由实验观测系统测错、传错或记错等不正常原因造成的。在实验过程中必须消除这类过失误差。

最常用的误差表示用均方差 $S$，它是反映一组测量数据分散程度的参数，或称标准差、相对标准差［式（6-2）］。

$$S = \sqrt{\frac{1}{N-1}\sum_{n=1}^{i}(X_i - \bar{X})^2} \tag{6-2}$$

式中，$X_i$ 为每一样品中元素 $i$ 的分析测量值；$\bar{X}$ 为 $i$ 的分析测量平均值；$N$ 为样品数。

在同位素组成或年龄测量中常用 $\sigma$ 表示均方差，同位素年龄测量中，一般给出 $2\sigma$ 误差（双误差），这种情况下的误差常为两位数。例如，La Jolla 的 Nd 标样 $^{143}$Nd/$^{144}$Nd 测量值为 0.511862±11，NBS Sr 标准测定 $^{87}$Sr/$^{86}$Sr 为 0.710265±12。与此相应，对岩石样品的同位素组成，依据测定值的双误差最小二乘法进行线性拟合，所获得的直线为等时线，等时线的斜率为年龄值。分析数据点偏离拟合的程度一般用加权平均方差（mean squared weighted deviates，MSWD）来衡量，如果数据点的散布在平均线上，正好等于实验分析误差所预期的散布，则 MSWD＝1，过度的散布则 MSWD>1，当其 >2.5 时为误差等时线。常见的年龄值表达是带有误差值，如某花岗岩的 Rb-Sr 等时线年龄为 152.3±3.7Ma，是输入带有 2 倍误差（$2\sigma$）到 Isoplot 程序计算的结果。

**4. 检出限（limits of detection）和灵敏度（sensitivity）**

检出限是指分析测试仪器能准确测定的量值的下限，它代表了仪器本身的检测能力，是指一个能可靠的被检出的分析信号所需的被测组分的最小浓度或含量。例如，Elan 6000 型 ICP-MS 对 40 余种微量元素浓度的检出限在 $(0.n\sim n)\times10^{-9}$。实际应用中采用测定限（limits of determination），即连续测定 10 次之标准偏差 3 倍所对应的浓度值，如上述仪器的现代测定限为 $(0.n\sim n)\times10^{-9}$。

灵敏度 $m$ 是指被测组分的浓度或量的微小变化所产生的分析信号的变化，即指仪器测量最小被测量的能力。可用 $m = dx/dc$ 表示，$x$ 为分析信号，$c$ 为浓度或含量。它实质是工作曲线（标准曲线）的斜率，斜率越大，灵敏度越高（察冬梅，2011）。在常见文献中检出限与灵敏度常不加区分，一般是灵敏度越高，其检出限越低。

地球化学数据有效数字的位数主要取决于测量检出限或测定限，仍以 ICP-MS 测量为例，由于其测定限在 $(0.n \sim n) \times 10^{-9}$，因此，在以 $\times 10^{-6}$（或 $\mu g/g$）表示某样品的测量值时，最多写到小数点后 3 位有效数字，这就决定了一般表示为 3 位有效数字，对于高浓度值可用 $10^n$ 表示，如 $144 \times 10^2$，而一般情况下为 $0.xx \times 10^{-6}$、$x.xx \times 10^{-6}$ 或 $xxx \times 10^{-6}$。

**5. 准确度**（accuracy）

即分析测试值与"真值"（true quantity value）的差距，或逼近"真值"的程度。它反映在一个测定数值所含有效数字的位数上。在实际应用中，一般是指相对于标准样推荐值的相对偏差，如常用的 ICP-MS 对多数微量元素的分析值的相对偏差小于 5%。

**6. 精确度**（precision）

它是指 $n$ 次重复测量之间一致性的程度，即指测定数据的重现性，以 $n$ 次测量值之间的相对标准偏差表示。它可表现在一个数的最后一位可靠数字相对于小数点的位置。以中国科学院广州地球化学研究所 Elan 6000 型 ICP-MS 为例，它对国家标样 GSR-3 的七次平行测定的相对标准偏差（RSD），绝大多数元素 <3%。例如，101.7 准确度是（或准确到）4 位有效数字，具有一位小数的精确度或精确到一位小数；而 0.0752 准确到 3 位有效数字，精确到四位小数；10.7 和 0.107 的准确度相同，都是 3 位有效数字，但后者的精确度比前者高两个数量级。这就告诉我们，在给出一组样品的地球化学数据时，必须注意有效数字的表达，应严格按所使用的仪器测量精度，不能随意给出有效数字。例如，一组花岗岩的 La 含量范围为 $(5.70 \sim 11.15) \times 10^{-6}$，其平均含量计算值为 $8.756 \times 10^{-6}$，但这不是正确的表达，正确表达应为 $8.76 \times 10^{-6}$，否则会人为提高测量精度。

图 6-4 解释了理想和实际测定样品的不同程度准确度和精确度的组合，同心圆部分是借用靶标示意的准确度与精确度，可见，靶点越集中并接近靶心，准确度和精确度越高（Schoene *et al.*，2013）。

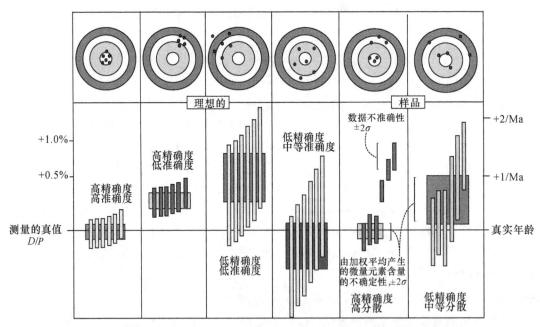

图 6-4　理想和实际测定样品的不同程度准确度和精确度的组合图解（以同位素年龄测定为例）（Schoene *et al.*，2013）
图中顶靶标是不同程度准确度和精确度示意图；图中每个平行于 $y$ 轴的竖长方形代表一次测定，其高度代表此次分析误差（$2\sigma$）；
图中平行于 $x$ 轴的长方条代表测定值的加权平均值，其高度代表平均值的误差（$2\sigma$）；$D/P$ 为子体与母体的比值

**7. 微量元素分析精度的重要性**

在利用微量元素进行地球化学过程探讨时，其含量数据测定精度是很重要的，Ludwig（2003）曾说

过"数据的不确定性与数据本身一样重要"。Arth（1976）曾列举了一个很有说服力的例子：有甲、乙两个实验室对一均匀的玄武岩体进行 Rb、Sr 含量测定，甲实验室测定精度高，Rb、Sr 含量分别为 $(5.0\pm0.1)\times10^{-6}$、$(150\pm3)\times10^{-6}$；乙实验室分析精度较低，Rb、Sr 分别为 $(5\pm4)\times10^{-6}$、$(150\pm30)\times10^{-6}$。据地质观察，距该玄武岩体不远有一均匀的英安岩岩体，甲实验室对英安岩岩体 Rb、Sr 含量分析结果分别为 $(35\pm0.7)\times10^{-6}$、$(500\pm10)\times10^{-6}$；乙实验室分析值分别为 $(35\pm4)\times10^{-6}$、$(500\pm100)\times10^{-6}$。根据地球化学资料，该英安岩可能由两种成因过程形成：一是在深部由成分上与玄武岩类似的岩石经部分熔融形成，残留相为等量的石榴子石和单斜辉石；二是由玄武岩浆分离结晶作用形成，结晶相为等量的斜长石和单斜辉石。用上述两种过程模型（部分熔融和分离结晶作用）进行计算，用 Sr-Rb 作图（图 6-5），由图可见，对于分析精度高的甲实验室，所提出的这两种机制对英安岩都不适合，英安岩的数据投影 A 落在两种计算区之外。而分析精度低的乙实验室的数据表明，英安岩是由玄武岩部分熔融形成。这个实例表明，对于同一样品，由于所采用分析方法对微量元素分析的精度和灵敏度有高低，可以得到明显不同的结论。

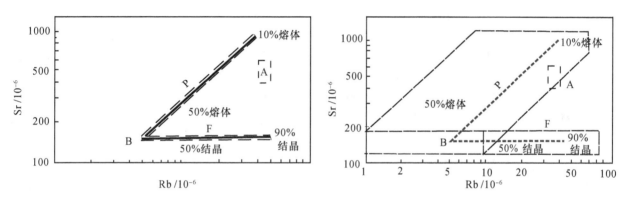

图 6-5 分析测试精度对判断岩石形成过程的影响（Arth，1976）

A. 英安岩；B. 玄武岩；P. 部分熔融型；F. 分离结晶型

# 二、原始岩浆成分与岩浆分离结晶演化

在研究岩浆岩成分时我们常关注的是两个问题，一是原始岩浆成分；二是岩浆分异演化的程度。

### 1. 原始岩浆成分

著名的鲍文（Bowen，1928）系列揭示了岩浆演化的规律，它表明岩浆从源区抽取后上升到岩浆房或浅部过程中，由于冷却、结晶作用而导致其成分发生明显变化，最常见的就是结晶分异作用，这些岩浆又都有可能经历分离结晶混染（AFC）过程和 MASH 过程（Mixing 岩浆混合，Assimilation 混染，Segration 分离和 Homogeneous 均一化过程）。其结果是，我们所采集的各种岩浆岩并不代表原始岩浆，它们的成分与原始岩浆［primitive 或 primary magma；邓晋福等（2004）称后者为原生岩浆］相比都发生了不同程度的变化。在实际应用中，常常是用一些特征样品近似代表原始岩浆成分。例如，对于钙碱性系列岩浆岩中，分异程度最低的常被当做初始岩浆成分；可用岩体边缘冷却边近似替代原始岩浆成分，实例是 Skaergaard 层状侵入体，从早期辉长苦橄岩和钙长辉长岩，再到晚期花斑岩，其成分呈规律性变化，其冷却边被用来代表原始岩浆成分（Wager and Mitchell，1951；见本书第二章第六节一）。基性岩系列常常选择苦橄岩（或科马提岩，出露很少）近似代表，但有过剩橄榄石加入时则不能选用苦橄岩。Frey 和 Green（1978）提出原始玄武岩浆的三条标志：含橄榄岩包体；$Mg^{\#}$ 值为 $0.68\sim0.72$；NiO>$0.03\%$；邓晋福等对此作了详细论述。

电子探针和激光等离子体质谱分析技术的发展实现了单个熔融包体成分的定量分析，为不同岩浆岩系列原始岩浆成分研究提供了重要资料（Soblev，1996；Ren et al.，2005），但岩浆演化过程中的不混溶作用可能对熔融包体成分产生影响。

恢复玄武岩原始岩浆成分成为岩石学和地球化学研究的热点（Klein and Langmuir，1987；Langmuir et al.，1992；Herzberg and O'Hara，2002；Herzberg et al.，2007；Herzberg and Asimov，2008）。对于玄武岩来说，其原始岩浆是与地幔源区平衡、成分未经改变的岩浆，它很少能直接喷出地表，理论上原始岩浆只能在实验室获得。Herzberg 等（2007）将原始岩浆定义为地幔源熔融形成的熔体，比母岩浆（parental magma）更原始，即更高 MgO 含量的熔体。其中，Herzberg 等根据质量平衡法，于 2002 年和 2008 年先后提出了原始岩浆成分的计算方法和相关程序，即 PRIMELT1 和 PRIMELT2。该方法的核心依据是橄榄石的结晶分异造成了熔岩成分的改变，因此，MgO 含量是恢复原始岩浆成分的关键参数，对所研究的熔岩，通过不断加入橄榄石来恢复原始岩浆成分，这个过程相当于结晶分异的反过程。在这个过程中自然涉及 Mg、Fe 等在橄榄石与熔体之间的分配系数，它们可参考实验资料。

由于在基性岩原始岩浆成分恢复过程中 MgO 是非常重要的参数，因此，对于用于恢复原始岩浆成分的熔岩样品要经过严格筛选，一般是要剔除遭同化混染的样品，其标志是严重蚀变，烧失量高，MgO 含量低，一般是 MgO 含量低于 8%（或 $Mg^{\#} < 0.35$）。对符合要求的样品可采用 Langmuir 等（1992）的方法，将 MgO 含量统一校正到 MgO 含量为 8%。张招崇和王福生（2003）用橄榄石和熔浆 Fe-Mg 分配系数，制作 MgO-Fo-FeO 图解，判别原始岩浆；李永生等（2012）用 Herzberg 和 Asimov（2008）的方法对峨眉山玄武岩原始岩浆成分进行了恢复。

基性岩浆侵入体冷凝边（未受热液或交代作用蚀变），在用地球化学图解检验 [ 如 $\varepsilon_{Nd}(T)$ 及（Nb/La）$_{PM}$ 与 MgO、$SiO_2$ 之间缺乏相关性 ] 排除岩体未受围岩混染后，可用作原始岩浆成分代表（见第二章第六节）。

### 2. 岩浆岩分离结晶演化指标

岩浆分异演化特征是岩石学、矿床学家关心的问题之一。本书第三章第四节作了专门讨论，主要选择地球化学性质非常相似的元素或元素对作为岩浆分异程度的指标，其中，稀土元素是岩浆地球化学演化的重要指标，虽然地球不同类型岩浆岩的稀土组成受其源区、成岩过程等因素的控制，但从超基性→基性→中性→酸性→碱性，其稀土元素的地球化学参数明显反映其岩浆分异的地球化学特点（图 6-2，图 6-6），如稀土元素总含量 ΣREE 逐渐增加，以碱性岩稀土元素总含量最高。例如，我国一些碱性正长岩 ΣREE 一般在 $300 \times 10^{-6}$，辽宁凤城霓霞正长岩和湖北庙垭的碳酸岩达几千×$10^{-6}$；轻、重稀土元素之间分异增强，（La/Yb）$_N$ 值逐渐增加，在碱性岩也达到最高，如湖北庙垭的铁白云石碳酸岩（La/Yb）$_N$ 值达 841；Eu 在花岗质岩浆演化过程中变化规律明显，随岩浆演化程度增加，Eu 亏损（负异常）逐渐增加，Eu/Eu$^*$ 值逐渐降低，以碱性花岗岩（A 型）和 W、Sn、Nb、Ta 成矿花岗岩 Eu 最为亏损，Eu/Eu$^*$ 为 0.20 左右，其含量甚至在分析方法检测限之下（图 3-51，图 3-149），而这种特点也成为花岗岩及火山岩成矿的识别标志之一。

下、中、上大陆地壳的稀土组成变化也明显反映了上述岩浆岩的演化，而上部陆壳泥质沉积岩，如页岩明显反映了陆壳表面的稀土平均成分，使页岩成为陆壳表面平均成分的代表。

海水中稀土含量极低（比页岩低 6~7 个数量级，图 6-6h），海水特征的强烈 Ce 亏损（负异常）是变价元素 Ce 在表生氧化过程中保留在陆地风化壳、难以进入海洋以及被海洋中 Fe、Mn 沉积物吸附沉淀，造成与其他稀土元素分离的结果。

对于两种地球化学性质相似的元素，它们的比值在岩浆分异演化过程中的特征差异只是在晚期，即高分异程度时才显示出来。对微量元素来说，主要是在固相（结晶相）和液相（残余熔体或流体）之间的分配系数差别。常用的分离结晶参数有 K/Rb、Eu/Eu$^*$、Nb/Ta、Zr/Hf、Ba/Sr、Th/U、Ni/Co 等，它们的比值随岩浆分异程度的增加而降低。相反，Ga/Al、Ga/Sc、Rb/Sr、Li/Mg、La/Yb、Zr/$TiO_2$ 等值增加（见本书第三章第四节图 3-47~图 3-50）。

一些常量元素如 Mg，常被用做基性岩原始岩浆的识别标志，一般将 MgO 含量≥8% 作为原始镁铁质

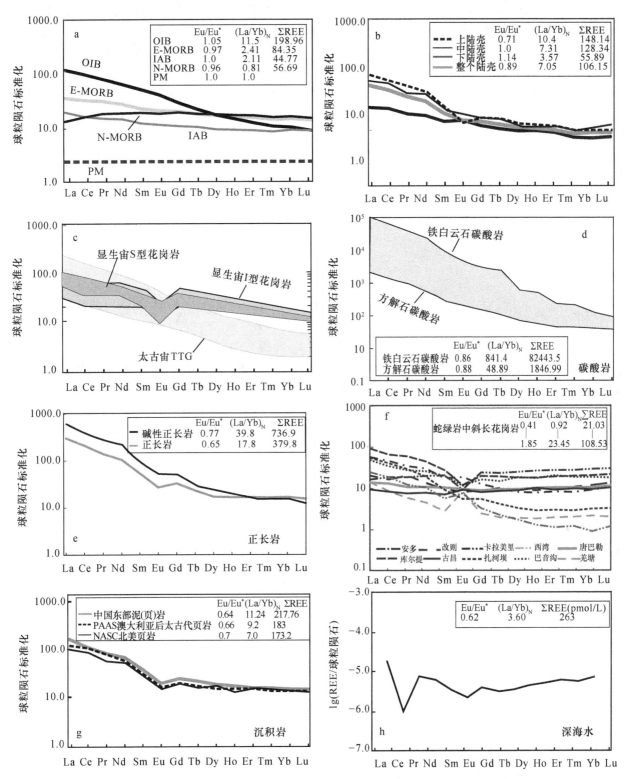

图 6-6　陆壳、岩浆岩与沉积岩稀土元素组成变化

a. 原始地幔与不同类型玄武岩（据牛耀龄，2013，资料综合）；b. 上、中、下和整个陆壳平均（据高山，2005）；c. 格陵兰、非洲斯威士兰与西澳大利亚太古宙 TTG 及东澳大利亚显生宙 I 型和 S 型花岗岩（Taylor and McLennan，1985）；d. 湖北庙垭碳酸岩（本书）；e. 中国正长岩及碱性正长岩平均（迟清华、鄢明才，2007）；f. 西藏和新疆蛇绿岩中斜长花岗岩平均；g. 北美页岩（Haskin and Haskin.，1968）、澳大利亚后太古代页岩（Nance and Taylor，1976）及中国东部泥（页）岩（迟清华、鄢明才，2007）；h. 太平洋深部海水（Douville et al.，1999）。除注明外 $\Sigma$REE 为 $10^{-6}$

岩浆的标志。据此，由于不知道确切的分异过程，要精确校正结晶分异对原始岩浆的影响是困难的，Klein 和 Langmuir（1987）根据 $Na_2O\text{-}MgO$ 和 $FeO\text{-}MgO$ 变化图解，将 $MgO<8\%$ 和 $>8\%$ 的样品回算到 $MgO=8\%$，剔除 $MgO<5\%$ 的样品。在洋中脊玄武岩 MORB 熔体结晶分异校正时，$Na_8$ 和 $Fe_8$ 即为 $MgO=8\%$ 时的 $Na_2O$ 和 FeO 值，该值被广泛应用于指示形成 MORB、洋岛和其他构造背景玄武岩（包括大陆溢流玄武岩）所需地幔熔融程度和压力（见本书第四章 图 4-13）。用总分配系数相同或相近，对同化混染敏感的元素对比值间的协变关系，可以检验岩浆是否受到同化混染及其程度，如 Ce/Pb、Th/Yb、Nb/La、Th/La 等。

应该指出的是，内生成矿作用常与岩浆岩结晶分异程度有关，在讨论岩浆岩含矿性时，常用几个性质相似的微量元素浓度相加或相乘，来"强化"其一种参数的作用，如 Li+Rb、Sr+Ba、Zr+Nb+Sr、Cr+Ni、Ti+V 等，它们可分别构成一个参数，参与对含矿性、岩石分类等问题的讨论（如对新疆阿尔泰花岗岩含矿性研究，见本书第三章图 3-140）。

# 三、氧化还原参数

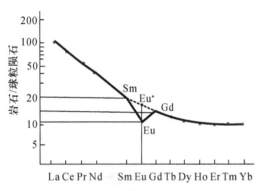

图 6-7　Eu 异常值计算图解（赵振华，1985，1993b）

主要指氧化还原条件，目前主要采用的是变价元素，如 Fe（$Fe^{2+}$、$Fe^{3+}$）、V（$V^{3+}$、$V^{4+}$、$V^{5+}$）、Eu（$Eu^{2+}$、$Eu^{3+}$）、Ce（$Ce^{3+}$、$Ce^{4+}$）、Mn（$Mn^{2+}$，$Mn^{3+}$）的比值。如 $Fe^{2+}/Fe^{3+}$、$Eu/Eu^*$、$Ce/Ce^*$ 是常见的，它们表示稀土元素 Eu、Ce 在以球粒陨石或其他某种岩石作标准时，与其理论含量（$Eu^*$，$Ce^*$）相比较亏损与富集的程度，其计算原理如图 6-7。按理论模型，岩石的稀土元素球粒陨石标准化值对数应为一直线，但实际上在 Ce 和 Eu 处常出现"峰"或"谷"，"峰"为正异常、"谷"为负异常，$Eu^*$ 和 $Ce^*$ 的计算与相邻稀土元素有关。

图中：

$$Eu^* = \sqrt{Sm_N Gd_N} \tag{6-3}$$

$$Eu/Eu^* = \frac{Eu_N}{\sqrt{Sm_N Gd_N}} \tag{6-4}$$

式中，$N$ 为球粒陨石标准化值。

如 $Eu/Eu^*>1$ 则为正异常，表示 Eu 富集；$<1$ 则为负异常，表示 Eu 亏损。有的用 $\delta Eu = Eu/Eu^* - 1$ 表示，此值为正值表示正异常，为负值表示负异常。$Ce/Ce^*$ 的计算与 Eu 类似，但由于分析中常常不能获得 Pr 含量，因此常用 Nd 代替 Pr，这时的 Ce 异常计算如下公式（Elderfield et al.，1982）：

$$Ce/Ce^* = \lg[3\,Ce_N/(2La_N + Nd_N)] \tag{6-5}$$

在以北美页岩为标准化值时，此值 $>-0.10$ 为还原环境，$<-0.10$ 时为氧化环境（见本书第五章图 5-38）。

除上述元素外，Mo（$Mo^{4+}$、$Mo^{6+}$）、U（$U^{4+}$、$U^{6+}$）、Re（$Re^{4+}$、$Re^{7+}$）和 S（$S^{6+}$、$S^{2-}$）等变价元素及与它们地球化学性质相似元素的比值，如 Re/Mo、$Zn/Fe_T$、Cd/U、V/Sc 等值，在恢复古沉积环境、俯冲带氧化还原和成矿作用特征上均有广泛应用（详见第三章第五节和第五章第四节大氧化事件）。

一些单矿物中变价微量元素的比值或含量，在岩浆、热液等体系氧化还原特点研究中显示了重要作用，如磷灰石中 $Ce^{3+}/Ce^{4+}$、石榴子石中 $Fe^{2+}/Fe^{3+}$、尖晶石中 Cr 指数 [$Cr^*/(Cr+Al)$ 原子比] [式（3-96）]；磷灰石中 Mn 含量（Miles et al.，2014）：

$$\lg f_{O_2} = -0.0022\,(\pm 0.0003)\,Mn - 9.75\,(\pm 0.46) \tag{6-6}$$

Mo、Cr 同位素组成在地球大氧化事件研究中提供了重要依据（第五章第四节四）。

# 第四节　微量元素地球化学研究方法论

## 一、过程模拟

### 1. 模式（model）

近代地球化学研究的迅速发展与整个地球科学领域一样，在研究方法上已脱离了传统的将今论古还是将古论今的方法之争，进入模式化阶段。在数、理、化等自然科学中，很多原理、规律可以用数学公式表达，但在地学中，很多规律难以用数学公式表达，而是用文字或图表表述，即模式原则（model theory）。所谓模式的基本含义应是对自然界复杂变化的高度概括，是对于现实世界事物、现象、过程或系统的简化描述，或其部分属性的模仿。它也是指某种过程、作用或物体的标准形式，是在同一类过程、作用或物体，大量实验、观察所获大量资料基础上综合、概括出来的。例如，矿床模式、成岩模式、地壳演化模式、壳幔循环模式等。建立一个较完善的模式要经过建立体系→获取信息→确定制约条件和过程机制→模式分析（正演、反演）等一系列过程。在科学发展的初期，观察一般是零星的、随机的。随着科学的发展，研究方法也进入一个新阶段，在工作之初，应在分析现有资料基础上作出假设或工作假说（working hypothesis），然后在实际研究工作过程中，根据所获得的观察资料对原假设按工作模式进行演绎、推理，反复进行修正，将观测事实的不完全之处进行补充，使模式或结论更加逼近实际。这就是说，不能仅根据事实，还应有模式，避免用局部"瞎子摸象"代替整体。模式的建立涉及体系、信息、制约等过程（朱炳泉等，1998）。在模式（模型）原则中，最常用的研究方法是系统方法，即把研究对象作为系统或体系，"从系统和要素，要素和要素，系统与环境之间的相互关联和相互作用关系中加以综合而精确考察，以寻求最佳答案"。

### 2. 体系（system）

体系或称系统，通常指"以一定方式联结的要素所构成的具有新质的整体"。例如，岩石、矿床、地质、地球化学过程等，以及为研究这些体系的变化而采用的示踪物质体系，如微量元素示踪体系、同位素示踪体系等。例如，成矿系统是指在一定时空域中，控制矿床形成和保存的全部地质要素和成矿作用动力学过程，以及所形成的矿床系列、异常系列构成的整体，是具有成矿功能的一个自然系统（翟裕生等，1999）。对于所研究的体系（或系统），如果人们对系统的结构不了解，而且又不能直接观察其内部状态，这种体系相当于一个不能打开的黑色箱子，称为"黑箱"，如地球就可作为一个"黑箱"体系。当我们经过一系列研究，对黑箱有了确定认识后，"黑箱"可转变为"白箱"。但实际上许多体系是不同程度地处于"黑箱"与"白箱"之间，即"灰箱"，或灰色系统。目前，我国学者邓聚龙（1987）创立的研究灰色系统的理论和方法得到快速发展。灰色系统理论认为，任何系统在一定范围和时间内，其中部分信息是已知的，部分是未知的，这样的系统称为灰色系统。灰色系统理论认为，尽管客观数据随机、离乱，但它总有整体功能，必然蕴含某种内生规律，关键是如何选择适当方式去挖掘和利用它。目前建立的灰色关联分析（GRA），基本思想是根据序列曲线几何形态的相似程度或差异，来判断其关联的紧密程度。灰色关联分析弥补了回归分析等数理统计分析需要大量数据样本和服从某个典型分布的限制。

在地质、地球化学研究中，我们面临的地球及在地球中发生的各种过程是一个复杂的巨系统，它漫长的时间及巨大能量特征是难以在实验室模拟的。因此，探索地球及其地质、地球化学过程这个形形色色的"黑箱"或"灰箱"，示踪体系研究是其重要途径之一。其中示踪体系的基础理论研究最为重要，如微量元素示踪体系本身在地质、地球化学过程中的变化规律，不同类型微量元素的选择，示踪体系适应的对象、范围和限制及不同体系之间的组合（如与同位素示踪体系的组合）等，是微量元素地球化学最基本的理论内容。

### 3. 信息（information）

在上述示踪体系研究中，地质、地球化学作用所产生的变化（如同位素、微量元素组成变化），称为信息源。如何从体系中获得这些信息源是信息研究中最主要的目的。常常选择一种体系作为标准体系或参考体系。例如，在同位素体系中，将原始地幔作为参考体系，将 Rb、Sr 同位素测量值与之比较。其相对偏差更能反映地幔的演化特点。在微量元素理论中，如直接用稀土元素，由于元素丰度的偶数规则使得数据分布呈锯齿状，增田-科里尔方法（Masuda-Coryell）用球粒陨石作标准将数据标准化，并以对数值对原子序数作图，消除了锯齿状分布（同时，由于球粒陨石的稀土含量代表地球的初始值，反映了地球演化的初始信息），形成平滑直线。直线的斜率（轻、重稀土元素比值 La/Yb）以及某些稀土元素（如 Eu、Ce）由于其地球化学特殊性质偏离直线，出现异常（富集或亏损），这些特点对探讨岩石、矿床成因以及地壳演化等都具有重要意义，从而积累了大量地球化学信息。在上述例子中，稀土元素含量测定值属反射信息（图 6-6）。

目前，大科学和大数据时代的到来，多学科交叉、海量数据积累，为地球化学，特别是微量元素地球化学的发展提供了难得的机遇。

### 4. 制约（constraint）

地球化学的各种模式或理论是在一定的或一系列条件下得出的。按照不同的理论，地球化学研究获得的地球化学信息可分别给出相应的制约。例如，地球平均热流制约地球中 K 平均含量上限应小于 $440 \times 10^{-6}$；根据岩石 Sr、Nd、Pb 同位素组成可对其源区物质给出限制，如低 $^{87}Sr/^{86}Sr$ 和高 $^{143}Nd/^{144}Nd$ 值（与球粒陨石均一储源 CHUR 相比）的源区应属亏损地幔。又如在微量元素地球化学研究中，如一种岩石是由分离结晶作用形成，根据瑞利分馏定律 $C_1^i/C_0^i = f^{D_i-1}$，在总分配系数 $D = 0$ 极端条件下，即微量元素 $i$ 全部保留于残余熔体中，即可得 $C_1^i/C_0^i = f^{-1}$。在这个极端公式中可分别对源区中和熔体中微量元素 $i$ 的浓度给出限制。由于 $f$ 不能为零，而 $C_0^i$ 在一般情况下是地球上常见的各种岩类的某微量元素浓度，因此，如果获得的 $C_1^i$ 值很大，就限制了 $C_0^i$ 不是一般的普通源，而是特殊的源，如交代富集地幔。

由于具体地质、地球化学过程的复杂性，从一个角度（一种信息）给出的条件制约往往具有片面性（例如，仅根据 Sr 同位素或稀土元素组成）。因此，科学的合理的制约应是多重的，或是联合制约，在前面所举的多种例子中，如 Sr-Nd-Pb-Hf 同位素体系制约，微量元素-同位素联合制约等，都是多重制约。例如，判别岩浆岩形成过程的模型，用 $^{87}Sr/^{86}Sr$-Sr（或 1/Sr）分别识别岩浆混合模型（图 2-38）、分离结晶混染模型（AFC 模型）（图 2-19）和玄武质岩浆侵入上地壳和下地壳时能量限制-分离结晶混染模型（energy-constrained assimilation fractional crystallization，EC-AFC）（图 2-44）；用 B/Be-$^{10}$Be/Be 识别俯冲带壳幔相互作用（图 5-72）；用 $\varepsilon_{Nd}(T)$ 结合微量元素原始地幔标准化蛛网图探讨核幔边界演化（图 5-73）；用高场强元素与 Sr、Nd、Pb 同位素组成结合制约岩石形成构造背景（图 4-28），都属多重制约。图 6-8 是用微量元素比值 La/Nb 对 $^{207}Pb/^{206}Pb$ 结合识别火山灰来源的实例（Ukstins et al.，2003），用激光剥蚀等离子体质谱对印度洋 ODP Leg 钻孔中火山灰沉积样品 5W 和 4W 中单颗粒玻屑进行原位微量元素、稀土元素和 Pb、Nd 同位素组成分析，并将其数据进行稀土元素球粒陨石标准化、La/Nb-Zr/Nb、La/Nb-$^{207}$Pb/$^{206}$Pb、$^{208}$Pb/$^{206}$Pb-$^{207}$Pb/$^{206}$Pb、$^{206}$Pb/$^{204}$Pb-$\varepsilon_{Nd}$ 等系列作图，图解中投影了全球火山弧硅质火山岩（筛选了 2000 个样品，$SiO_2$ > 60%）、墨西哥及非洲 Afro-Arabian 溢流火山岩省样品（图 6-8，本节仅绘制了 La/Nb-$^{207}$Pb/$^{206}$Pb

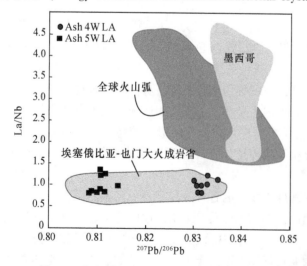

图 6-8　印度洋 ODP 火山灰与不同区域火山岩
La/Nb-$^{207}$Pb/$^{206}$Pb 对比图解（Ukstins et al.，2003）

图），由图可见，其投影落入埃塞俄比亚–也门大火成岩省的区域。此外，还对样品进行精确$^{40}$Ar/$^{39}$Ar定年（5W和4W分别为29.4±0.4Ma和29.47±0.14Ma）。综合微量元素、稀土元素、Pb-Nd稳定同位素组成及同位素年龄资料的多重限制，均一致表明上述印度洋火山灰来自埃塞俄比亚–也门大火成岩省的硅质火山喷发。

**5. 建立模式**

在过程机制判定后即可建立模式，简称"建模"。模式的建立要经过过程的反演、模式分析。例如，在成岩模型建立后，要进行计算，这种计算是基于过程机制，由此所获得的数据，属于模式参数。将模式参数与实测值进行比较，如果基本一致，可以认为模式合理，如不一致，应进一步改变模式参数；如相差甚远，就应改变过程机制。例如，在成岩模型计算时，改变源区成分，或改变矿物的组成，或改变成岩机制（部分熔融、分离结晶、混合等）等（详见本书第二章第七节）。

# 二、辩证思维："非此即彼"与"亦此亦彼"

地球演化的行为具有整体性，其不同的圈层通过多种途径发生相互作用，导致了"地球系统科学"思想的产生和发展。"地球系统科学"强调地球不同圈层、不同单元相互作用的整体性和关联性。恩格斯在《自然辩证法》中指出：辩证法不知道什么绝对分明和固定不变的界限，不知道什么无条件的普遍有效的"非此即彼！"，也使固定的形而上学差异互相过渡，除了"非此即彼！"，又在适当的地方承认"亦此亦彼！"，并且使对立互为中介……涂光炽（1981，1986）多次强调要打破根深蒂固的非此即彼的传统思维的束缚，如在矿床成因分类中，不是内生矿床就是外生矿床，不是岩浆矿床就是热液矿床。他强调，许多矿床既有内生的过程，也有外生的过程，是亦此亦彼的，层控矿床就属此类（图6-9）。在内生矿床中，我国南方分布的花岗岩型铌钽矿床，是岩浆与热液共存形成的岩浆–热液过渡型矿床，也是一种亦此亦彼的矿床类型，它兼有岩浆矿床和热液矿床的特点。因此，在成矿物质来源上，也应将内生与外生融合起来考虑，如外生矿床中与热水沉积有关的矿床，特别是与海底深循环的热卤水有关。

类似的情况，如地幔分异形成地壳（俯冲带的侧向增生；底侵及地幔柱等方式的垂向增生），而俯冲剥蚀、拆沉及A型俯冲（陆–陆俯冲）等又使地壳破坏、返回地幔。地壳的这种增生与破坏过程是相互联系、"难分难解"的。Stern和Scholl（2010）用中国传统的阴（yin）、阳（yang）概念形象解释了地壳的增生和破坏关系。板块构造，如俯冲过程，在汇聚板块边缘形成陆壳（阴），同时也破坏陆壳（阳）（图6-10）。

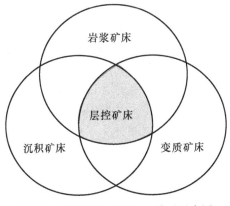

图6-9 不同矿床类型概念关系示意图

图6-10 陆壳形成与破坏的阴阳概念示意图（Stern and Scholl，2010）

"世界不是一成不变的事物集合体，而是过程集合体，其中各个似乎稳定的事物以及它们在我们头脑中的思想映像，即概念，都处在生长和灭亡的不断变化中，在这种变化中前进的发展，不管一切表面的偶然性，也不管一切暂时的倒退，终究会给自己开辟出道路"（恩格斯《路德维希·费尔巴哈和德国古典哲学的终结》）。因此。我们必须学会辩证思维。著名实验岩石学家 Wyllie（2005 年）在与著名岩石地球化学家牛耀龄的通信中说"岩石成因学的历史就是不断改写岩石成因的历史"（牛耀龄，2010）。上述这些论述对我们依据微量元素地球化学资料探讨岩石、矿床及地球演化都有深刻的指导意义。

# 三、地球化学中的悖论

悖论（paradox），或称吊诡，简单说就是自相矛盾，即指在逻辑上可以同时推导或证明出互相矛盾之结论，但表面上又能自圆其说。由一个被承认是正确的命题为前提，设为 $B$，进行正确的逻辑推理后，得出一个与前提 $B$ 互为矛盾的结论，即非 $B$；而以非 $B$ 为前提，亦可推得 $B$。即如果承认这个说法正确，就能推导出这个说法不正确，反之，如果承认这个说法不正确，却又能推导出这个说法正确。说明悖论的一个通俗的故事是在《唐·吉诃德》里描写了一个国家，它有一条奇怪的法律：每个他国人到访这个国家都要回答一个问题：你来做什么？回答对了，一切好办，如果答错了，就要被绞死。有一个来访者回答：我来是为了被绞死。士兵听后不知所措，如果绞死他，他就说对了，按法律，他不应该死；如果放过他，他又错了，按法律该绞死。这就是说无论怎么做都不对。可见，悖论不是存在于现实中，而是存在于我们对现实的认识和表述中，但是两者不能分开。悖论有三种主要形式：一是一种论断看起来好像是错了，但实际上是对的；二是一种论断看起来好像是对的，但实际上是错了；三是一系列推理看起来无法打破，而在逻辑上又自相矛盾。

在地球化学研究中，存在地球的 Nb、Ta 平衡以及大洋玄武岩中的 Pb、He 同位素组成异常等问题。本书第五章第五节介绍了 Nb、Ta 地球化学研究中存在一个悖论，即地球圈层的 Nb、Ta 质量平衡难题。大量研究表明，C1 型球粒陨石的 Nb/Ta 值为 17.3 ~17.6，它代表了地球的平均值，即原始地幔（PM）的 Nb/Ta 值为 17.5（Sun and McDonough，1989；McDonough and Sun，1995；Jochum et al.，2000），亏损地幔（DM）为 15.5±1（Rudnick et al.，2000），大陆地壳 Nb/Ta 值明显低于上述值，为 10~14（Rudnick et al.，2000；Taylor and McLenann，1985）（表 5-28）。因此，按质量平衡考虑，在下地幔深部应该存在一个具有高于原始地幔 Nb/Ta 值的储库，该储库为由俯冲板片熔融后形成的含金红石的榴辉岩，由于金红石具有高于球粒陨石的 Nb/Ta 值，使榴辉岩的 Nb/Ta 值为 19~37，它存在于核-幔边界（Ruduick et al.，2000）。Wade 和 Wood（2001）则认为 Nb 是弱亲铁元素，它可以进入到地核中，因此，高 Nb/Ta 值的储库应在地核中。然而，近年来的研究成果不支持上述解释。本书第五章第二节图 5-10 给出了地球不同类型储源，如亏损地幔、MORB、OIB、大陆玄武岩、大陆壳及太古宙绿岩带的 Nb/Ta-Zr/Hf 关系，可以看出，在地球的各种储源中 Nb/Ta 有较大变化范围。在宏观上，对各种不同类型、不同来源、不同构造背景形成的岩浆岩的 Nb、Ta 含量特点分析，结合微观上对不同成分体系、不同温度、压力条件下的 Nb、Ta 分配的实验模拟研究，有助于解开 Nb-Ta 这个元素对整个地球中的地球化学行为之谜。这些资料表明，Nb、Ta 在岩浆、热液及变质等作用过程中显示了较复杂的地球化学行为，许多情况下，如板块俯冲过程、超高压变质过程，Nb、Ta 之间发生了明显的分异。Nb/Ta 值并非传统认识的保持常数，而是在变化，有时变化较大。

Stepanov 和 Hermann（2013）根据黑云母和多硅白云母的 Nb、Ta 分配实验资料，发现它们对 Nb、Ta 是相容的，并且对 Nb 的亲和性明显强于 Ta，$D_{Nb}>D_{Ta}$，据此提出中到下地壳麻粒岩是富 Nb、高 Nb/Ta 的储源。在俯冲带与此类似，深俯冲沉积物中的高 Ti 多硅白云母对 Nb 的亲和性也明显强于 Ta，残留多硅白云母存在的高压早期部分熔融也产生高 Nb/Ta 值的残留体，这种残留体可俯冲到地幔深部。因此，地壳内分异是形成富 Nb、高于球粒陨石 Nb/Ta 值岩石的重要过程，这种岩石代表了能平衡低于球粒陨石 Nb/Ta 值的上地壳和亏损地幔的一个丢失的储源。

Campbell 和 O'Nell（2012）根据地球具有高于球粒陨石的 $^{142}Nd/^{144}Nd$ 值约 20% 的资料，认为整个硅酸盐地球成分（bulk silicate earth-BSE）与球粒陨石不同，或者说地球的原始成分不同于球粒陨石，即球粒陨石的 Nb/Ta 值不代表地球平均值。

与此相类似的还有地幔的 Ar 含量为球粒陨石推测值的一半，以及大洋玄武岩的 Pb 及 He 同位素组成异常问题。本书第五章表 5-3 综合给出了地幔地球化学特点的难题（悖论）。

上述这些相互矛盾的解释对流行的地球化学认识提出了挑战，也为地球化学研究的深化提供了机遇。

## 四、扎实认真的野外观察是地球化学研究的基础

地质学的突出特点，野外调查是其基础，恩格斯说过：地质学按其性质来说主要是研究那些不但我们没有经历，而且任何人都没有经历过的过程，所以要挖掘最后的、终极的真理就要费很大力气（恩格斯《反杜林论》）。分析测试技术的迅速发展使地球科学进入了数字化的全新时代，但仔细认真的野外观察，如岩石（矿石）的空间产出关系、蚀变作用等，仍是地球科学研究的基础。这就是要"大处着眼，小处着手"。国际地质科学联合会前主席杜伦佩在第 26 届地质大会（1980）开幕式上指出：归根结底，计算机输出的质量仍然决定于所输入数据的质量。当我们欢庆那些用大标题刊登在专业杂志和报纸上的惊人发现时，我们不能忘记地质学的发展要立足于地面工作，立足于耐心地、勤奋收集扎实的资料。

在强调扎实认真的野外观察时，系统的室内研究则是揭示研究对象内在规律的关键。20 世纪 80 年代在国内颇受批评的"粉末地球化学"，就是对不重视系统的室内研究的尖锐批评。将采集来的岩石样品破碎后做全岩的主、微量元素含量分析，有条件时做某些同位素组成分析，而后讨论其成因等，成了通行的研究模式。这显然忽视了对岩石（矿石）的野外产状和显微结构、矿物种类及组合关系，更重要的是其成分及成分变化（如辉石、锆石等矿物环带，从矿物颗粒中心到边缘）的研究。

对于做任何一门学问，我们的先辈不仅谆谆教诲，而且身体力行。陆游在《冬夜读书示子律》中说：古人学问无遗力，少壮功夫老始成。纸上得来终觉浅，绝知此事须躬行。孟子说"尽信书不如无书"，强调了读书要善于独立思考，也从另一个侧面要求人们不唯书，要唯实。

1993 年著名的矿床学、地球化学家涂光炽院士曾为自己和青年人提出了座右铭："设想要海阔天空，观察要全面细致；实验要准确可靠，分析要客观周到；立论要有根有据，推理要适可而止；结论要留有余地，表达要言简意赅。"

我们应将它贯穿在微量元素地球化学科学研究的实践中！

# 参 考 文 献

白正华. 1989. 岩浆作用过程中的稀土元素地球化学模型//王中刚, 于学元, 赵振华, 等. 稀土元素地球化学. 北京: 科学
　出版社: 384-404

包志伟, 赵振华. 1998. 东坪金矿床成矿过程中稀土元素活动性. 地球化学, 27: 81-90

曹荣龙. 1993. 白云鄂博-稀土矿床的物质来源和成因理论问题// 第五届全国矿床会议论文集. 北京: 地质出版社:
　179-182

察冬梅. 2011. 浅议灵敏度、检出限和测定限. 大学化学, 26: 84-86

陈德潜, 陈刚. 1990. 实用稀土元素地球化学. 北京: 冶金工业出版社: 103-104

陈光远, 孙岱生, 邵伟, 等. 1989. 胶东金矿成因矿物学. 重庆: 重庆科技出版社

陈骏, 王鹤年. 2004. 地球化学. 北京: 科学出版社: 190-191

陈鸣, 肖万生, 谢先德, 等. 2009. 岫岩陨石撞击坑的证实. 科学通报, 54: 3507-3511

陈衍景, 刘丛强, 陈华勇, 等. 2000. 中国北方石墨矿床及赋矿孔兹岩系碳同位素特征及有关问题讨论. 岩石学报, 16:
　233-244

陈衍景, 杨秋剑, 邓健, 等. 1996. Taylor 模式的进展与问题. 地质地球化学, 3: 106-128

陈衍景, 张成, 李诺, 等. 2012. 中国东北钼矿地质. 吉林大学学报 (地球科学版), 42: 1223-1267

陈毓川, 裴荣富, 张宏良, 等. 1989. 南岭地区与中生代花岗岩有关的有色及稀有金属矿床地质//中华人民共和国地质矿
　产部, 地质专报, 第四集 (第10号). 北京: 地质出版社: 58-215

程小久, 程景平, 王江海. 1998. 胶东蓬家夼金矿区钾玄质煌斑岩元素地球化学研究. 地球化学, 27: 91-100

迟清华, 鄢明才. 2007. 应用地球化学元素丰度数据手册. 北京: 地质出版社: 1-15

储雪蕾, 李晓林, 徐九华, 等. 1999. 汉诺坝玄武岩及其地幔橄榄岩麻粒岩捕虏体的 PGE 分布. 科学通报, 44: 859-863

从柏林. 1979. 岩浆活动与火成岩组合. 北京: 地质出版社: 41, 203-277

邓晋福, 刘厚祥, 赵海玲. 1996. 燕辽地区燕山期火成岩与造山模型. 现代地质, 10: 137-148

邓晋福, 罗照华, 苏尚国, 等. 2004. 岩石成因、构造环境与成矿作用. 北京: 地质出版社: 3-129

邓晋福, 莫宣学, 罗照华, 等. 1999. 火成岩构造组合与壳-幔成矿系统. 地学前缘, 6: 259-268

邓晋福, 莫宣学, 赵海岭, 等. 1994. 中国东部大陆岩石圈根/去根作用与大陆活化. 现代地质, 8: 349-355

邓聚龙. 1987. 灰色系统基本方法. 武汉: 华中理工大学出版社

董少华, 毕献武, 胡瑞忠, 等. 2014. 湖南瑶岗仙复式花岗岩石成因与钨成矿关系. 岩石学报, 30: 2749-2765

恩格斯. 1972. 路德维希·费尔巴哈和德国古典哲学的终结// 马克思恩格斯选集 (第四卷). 北京: 人民出版社:
　239-240

恩格斯. 1973a. 反杜林论//马克思恩格斯选集. 北京: 人民出版社: 127

恩格斯. 1973b. 自然辩证法//马克思恩格斯选集. 北京: 人民出版社: 535

樊祺诚, 刘若新. 1996. 汉诺坝玄武岩中高温麻粒岩捕虏体. 科学通报, 41: 235-238

樊祺诚, 隋建立. 2009. 中国东部上地幔岩石相转变及其意义. 地球科学——中国地质大学学报, 34: 387-391

樊祺诚, 刘若新, 林卓然, 等. 1997. 上地幔尖晶石-石榴石相转变实验研究及意义. 中国科学 (D辑), 27: 109-114

樊祺诚, 刘若新, 李惠民, 等. 1998. 汉诺坝麻粒岩的锆石年代学及稀土元素地球化学. 科学通报, 43: 133-137

樊祺诚, 隋建立, 刘若新, 等. 2001. 汉诺坝榴辉岩相石榴辉石岩——岩浆底侵作用新证据. 岩石学报, 17: 1-7

樊帅权, 史仁灯, 丁林, 等. 2010. 西藏改则蛇绿岩中斜长花岗岩地球化学、锆石 U-Pb 年龄及构造意义. 岩石矿物学杂
　志, 29: 467-478

范宏瑞, 谢奕汉, 翟明国. 2001. 冀西北东坪金矿成矿流体研究. 中国科学 (D辑), 31: 537-544

范蔚茗, Menzies M A. 1992. 中国东部古老岩石圈下部的破坏和软流圈地幔的增生. 大地构造与成矿学, 16: 171-180

丰成友, 张德全, 项新葵, 等. 2012. 赣西北大湖塘钨矿床辉钼矿 Re-Os 定年及其意义. 岩石学报, 28: 3858-3868

高山. 2005. 大陆地壳组成研究的进展//张本仁, 傅家谟. 地球化学进展. 北京: 化学工业出版社: 44-78

高山, 金振民. 1997. 拆沉作用 (delamination) 及其壳幔演化动力学意义. 地质科技情报, 16: 1-9

高山, 刘勇胜. 1999. 大陆地壳深部结构与组成//郑永飞. 化学地球动力学. 北京: 科学出版社: 168-197

葛小月，李献华，周汉文. 2003. 琼南晚白垩世基性岩墙群的年代学、元素地球地球化学和 Sr、Nd 同位素研究. 地球化学，32：11-20

耿元生，周喜文. 2010. 阿拉善地区新元古代岩浆事件及其地质意义. 岩石矿物学杂志，29：779-795

顾雄飞，梅厚钧，等. 1996. 中国大陆东南部花岗岩类的云母. 北京：科学出版社：129-149

郭承基. 1965. 稀有元素矿物化学. 北京：科学出版社：58-69

韩宝福，何国琦，王世洸. 1999. 后碰撞幔源岩浆活动、底侵作用及准噶尔盆地基底的性质. 中国科学（D 辑），1：16-21

何起祥. 1978. 沉积岩和沉积矿床. 北京：地质出版社

贺日政，高锐，李秋生，等. 2001. 新疆天山（独山子）-西昆仑（泉水沟）地学断面地震与重力联合反演地壳构造特征. 地球学报，22：553-558

贺同兴，卢兆良，李树勋. 1988. 变质岩岩石学. 北京：地质出版社

洪文兴，何松裕，黄舜华，等. 1999. 独居石 W 型稀土四分组效应及其地质意义研究. 自然科学进展，9（增刊）：1287-1290

侯德封. 1958. 地层的地球化学概念. 地质科学，3：68-71

胡达骧，罗桂玲. 1994. 河北张宣金矿区含金石英脉 $^{40}Ar/^{39}Ar$ 年龄. 地质科学，29：151-158

胡建，邱检生，王汝成，等. 2006. 广东龙窝和白石冈岩体锆石 U-Pb 年代学、黑云母矿物化学及其成岩指示意义. 岩石学报，22：2464-2474

胡俊良. 2007. 中条山-嵩山地 Ca 基性岩墙群的成因和构造意义. 广州：中国科学院广州地球地球研究所硕士学位论文

胡瑞忠，毕献武，彭建堂，等. 2007. 华南地区中生代以来岩石圈伸展及其与铀成矿关系研究的若干问题. 矿床地质，26：139-152

胡修棉. 2005. 白垩纪中期异常地质事件与全球变化. 地学前缘，12：222-230

黄舜华，赵振华. 1989. 稀土元素地球化学实验//王中刚，等. 稀土元素地球化学. 北京：科学出版社：133-246，427-462

季建清，韩宝福，朱美妃，等. 2006. 西天山托云盆地周边中-新生代岩浆活动的岩石学、地球化学与年代学. 岩石学报，22：1324-1340

季峻峰. 1993. 湘西低温辉锑矿的稀土元素 M 型四分组效应及其地球化学意义. 矿物岩石地球化学通讯，2：70

贾大成，胡瑞忠，谢桂青. 2002. 湘东北中生代基性岩脉岩石地球化学及其构造意义. 大地构造与成矿，26：179-184

江思宏，聂凤军. 2000. 冀西北水泉沟杂岩体有关金矿床的 $^{40}Ar/^{39}Ar$ 同位素年代学研究. 地质论评，46：621-627

姜齐节. 1994. 论岩浆岩含钾性的地质意义. 地质与勘探，30：1-6

蒋少涌，赵葵东，姜耀辉，等. 2008. 十杭带湘南-桂北段中生代 A 型花岗岩成岩成矿特征及成因讨论. 高校地质学报，14：496-509

金持跃. 2006. 解读地球元素和离子周期表. 金华职业技术学院学报，1：22

金振民，高山. 1996. 底侵作用及其壳-幔演化动力学意义. 地质科技情报，15：1-7

赖少聪，伊海生，刘池阳. 2002. 青藏高原北羌塘新生代火山岩黑云母地球化学及其岩石学意义. 自然科学进展，12：311-314

勒斯勒 H J，朗格 H. 1972. 地球化学表. 卢焕章，徐仲伦译. 1985. 北京：科学出版社：277-299

雷源保，赖健清，陈随，等. 2011. 铜陵凤凰山铜多金属矿磁铁矿单矿物稀土元素特征. 地质找矿论丛，26：367-372

黎彤，倪守斌. 1990. 地球和地壳的化学元素丰度. 北京：地质出版社：111-114

李宝利. 1995. 硼元素古盐度计算方法的改进. 复式油气田，6：55-58

李斌. 1982. 玻璃陨石的化学组成及其成因. 贵阳：中国科学院地球化学研究所硕士学位论文

李昌年. 1992. 火成岩微量元素岩石学. 武汉：中国地质大学出版社：94-120

李超，肖文交，韩春明，等. 2013. 新疆北天山奎屯河蛇绿岩斜长花岗岩锆石年龄及其构造意义. 地质科学，48：815-826

李惠民，李怀坤，陆松年，等. 1997. 用矿脉中热液锆石的 U-Pb 定年确定东坪金矿的成矿时代. 地球学报，18（增刊）：176-178

李江海，何文渊，钱祥麟. 1997. 元古代基性岩墙群的成因机制、构造背景及其古板块再造意义. 高校地质学报，3：272-281

李进龙，陈东敏. 2003. 古盐度定量研究方法综述. 油气地质与采收率，10：1-3

李诺，陈衍景，张辉. 2007. 东秦岭斑岩 Mo 矿床的地质特征和成矿背景. 地学前缘，14：186-198

李秋生，卢德源，高锐，等. 2001. 新疆地学断面（泉水沟-独山子）深地震测深成果综合研究. 地球学报，22：534-540

李曙光. 1986. 太古代绿岩带拉斑玄武岩与现代岛弧拉斑玄武岩 Cr、Ni 含量差异的构造环境意义. 国际前寒武纪地壳演化

讨论会论文集（二）. 北京：地质出版社：80-94

李曙光，林树道，李彬贤，等. 1989. 弓长岭太古代条带状铁建造中长英质变质岩的原岩恢复及地层意义. 岩石学报，5：66-75

李文达. 1987. 稀土元素在矿床研究中的应用. 北京：地质出版社：192-202

李武显，周新民. 2001. 古太平洋岩石圈消减与中国东南晚中生代火成岩成因——岩石圈消减与玄武岩底侵相结合模式的补充证据. 大地构造与成矿学，25：55-63

李献华，胡瑞忠，饶冰. 1997. 粤北白垩纪基性岩脉的年代学和地球化学. 地球化学，26：14-31

李献华，李武显，何斌. 2012. 华南陆块的形成与 Rodinia 超大陆聚合-裂解——观察、解释与检验. 矿物岩石地球化学通报，31：543-559

李岩，潘小菲，赵苗，等，2014. 景德镇朱溪钨（铜）矿床花岗斑岩的锆石 U-Pb 年龄、地球化学特征与成矿关系探讨. 地质论评，60：693-706

李永生，张招崇，聂保锋，2012. 一种改进的估算原始岩浆的方法——以峨眉山大火成岩省丽江苦橄岩为例. 地质论评，58：653-659

李志红，朱祥坤，唐索寒. 2008. 鞍山-本溪地区条带状铁建造的铁同位素特征及其对成矿机理和地球早期海洋环境的制约. 岩石学报，28：3545-3558

利亚霍维奇 B B. 1988. 副矿物是岩石圈演变的指示剂. 地质地球化学，3：16-24

廖忠礼，莫宣学，潘桂棠，等. 2006. 西藏过铝花岗岩的岩石化学特征及成因研究. 地质学报，80：1329-1341

林师整. 1982. 磁铁矿矿物化学、成因及演化的探讨. 矿物学报，3：166-174

林振文. 2014. 南秦岭勉略带铧丁沟造山型金矿床地质地球化学. 广州：中国科学院广州地球化学研究所博士学位论文

刘宝珺. 1980. 沉积岩石学. 北京：地质出版社

刘北玲，朱炳泉，陈毓蔚. 1988. 低 $\mu$ 值地幔的存在及其意义——一种解释壳幔系统中 U-Pb 体系演化的新观点. 科学通报，33：1164-1167

刘畅，赵泽辉，郭召杰. 2006. 甘肃北山地区煌斑岩的年代学和地球化学及其壳幔作用过程讨论. 岩石学报，22：1294-1306

刘丛强，解广轰，增田彰正. 1992. 压力对稀土元素分配系数相对变化的影响——以宽甸汉诺坝玄武岩中巨晶矿物为例. 地球化学，1：19-33

刘燊，胡瑞忠，赵军红，等. 2005a. 胶北晚中生代煌斑岩的岩石地球化学特征及其成因研究. 岩石学报，21：947-1004

刘燊，胡瑞忠，赵军红，等. 2005b. 山东中生代基性脉岩的元素地球化学及其成因. 地球化学，34：339-350

刘英俊，曹励明. 1984. 元素地球化学导论. 北京：地质出版社

刘勇胜，高山，王选策，等. 2004. 太古宙—元古宙界线基性火山岩 Nb/La 比值变化及其对地球 Nb/La 平衡的指示意义. 中国科学（D 辑），34：1002-1014

卢德林，罗修泉，汪建军，等. 1993. 东坪金矿成矿时代研究. 矿床地质，12：182-188

陆杰. 1987. 个旧花岗岩的微量元素和稀土元素地球化学演化特征. 地球化学，16：249-259

路凤香，侯青叶. 2012. 由深源捕虏体限定的华北克拉通下地壳特征. 地学前缘，19：176-187

毛光周，华仁民，高剑锋，等. 2006a. 江西金山含金黄铁矿的稀土元素赋存状态. 矿物学报，26：409-418

毛光周，华仁民，高剑锋，等. 2006b. 江西金山金矿床含金黄铁矿的稀土元素和微量元素特征. 矿床地质，25：412-425

莫测辉. 1996. 张家口地区金矿床地球化学及成因研究. 广州：中国科学院广州地球化学研究所博士学位论文

莫宣学，邓晋福，董方浏，等. 2001. 西南三江造山带火山岩-构造组合及其地质意义. 高校地质学报，2：121-138

莫宣学，赵志丹，喻学惠，等. 2009. 青藏高原新生代碰撞-后碰撞火成岩. 北京：地质出版社：1-16，118-155

牛贺才，于学元，许继峰，等. 2006. 中国新疆阿尔泰晚古生代火山作用及成矿. 北京：地质出版社

牛耀龄. 2010. 板内玄武岩（OIB）成因的一些基本概念和存在问题. 科学通报，55：103-114

牛耀龄. 2013. 全球构造与地球动力学-岩石学与地球化学方法应用实例. 北京：科学出版社：1-256

欧阳自远. 1988. 天体化学. 北京：科学出版社：93-145

欧阳自远，宗普和，易惟熙. 1976. 海南岛玻璃陨石中某些微量元素组成. 地球化学，2：144-147

彭建堂，胡瑞忠，漆亮，等. 2004. 锡矿山热液方解石的 REE 分配模式及其制约因素. 地质论评，50：25-32

彭建堂，胡瑞忠，赵军红，等. 2005. 湘西沃溪金锑钨矿床中白钨矿的稀土元素地球化学. 地球化学，34：115-122

契特维里科夫. 1956. 岩石化学计算指南. 刘智星，等译. 1963. 北京：地质出版社

钱凯，王素民，刘淑范，等. 1982. 东营凹陷早第三纪湖水盐度的计算. 石油学报，4：95-102

钱青，高俊，熊贤明，等. 2006. 西天山昭苏石炭纪火山岩的岩石地球化学特征、成因及形成环境. 岩石学报，22：1307-1323

钱让清，杨晓勇，周文雅，等. 2002. 质子探针研究微细粒金的赋存状态及其黄铁矿标型特征——以皖南地区金矿成矿带为例. 中国科学技术大学学报，32：481-492

秦社彩. 2007. 浙闽白垩纪镁铁质火山岩的地球化学特征及其深部动力学意义. 广州：中国科学院广州地球化学研究所博士学位论文

邱家骧，等. 1993. 秦巴碱性岩. 北京：地质出版社：94-125

邱检生，王德滋，蟹泽聪史，等. 2000. 福建沿海铝 A 型花岗岩的地球化学及岩石成因. 地球化学，29：313-321

裘愉卓，高计元，王一先，等. 2003. 铅和稀土暴发性超大型矿床的形成//赵振华，涂光炽，等. 中国超大型矿床（Ⅱ）. 北京：科学出版社：97-153

裘愉卓，王中刚，赵振华. 1981. 试论稀土铁建造. 地球化学，10：220-231

任纪舜，陈挺愚，牛宝贵. 1990. 中国东部及邻区大陆岩石圈构造演化与成矿. 北京：科学出版社

瑟里措（Сырицо），等. 1981. 铷是稀有金属花岗岩含钽的标志. 孙昭旭译. 国外科技动态，22

邵济安，李献华，张履桥，等. 2001. 南口、古崖居中生代双峰式岩墙群形成机制的地球化学制约. 地球化学，30：517-524

沈保丰. 2009. 环渤海地区铁矿资源特征及远景分析. 地质调查与研究，32：273-283

沈吉，王苏民，Matsumoto R，等. 2000. 内蒙古岱海古盐度定量复原初探. 科学通报，45：1885-1889

沈其韩，耿元生，宋彪，等. 2005. 华北和扬子陆块及秦岭-大别造山带地表和深部太古宙基底的新信息. 地质学报，79：616-627

施鼐，金天柱，翁诗甫，等. 1984. 稀噻吩甲酰三氟丙酮络合物的傅里叶红外光谱. 应用化学，1：52-53

双燕，毕献武，胡瑞忠，等. 2006. 芙蓉锡矿方解石稀土元素地球化学特征及其对成矿流体来源的指示. 矿物岩石，26：57-65

宋国瑞，赵振华. 1996. 河北省东坪碱性杂岩金矿地质. 北京：地震出版社：1-170

宋学信，张景凯. 1986. 中国各种成因黄铁矿的微量元素特征//中国地质科学院矿床地质研究所文集，18

苏玉平，唐红峰，侯广顺，等. 2006. 新疆西准噶尔达拉布特构造带铝质 A 型花岗岩的地球化学. 地球化学，35：55-67

孙健，倪艳军，柏道远，等. 2009. 湘东南瑶岗仙岩体岩石化学特征. 华南地质与矿产，3：12-17

孙立新，白志达，徐德斌，等. 2011. 西藏安多蛇绿岩中斜长花岗岩的地球化学特征及锆石 U-Pb 年龄. 地质调查与研究，34：10-15

孙敏，龙晓平，蔡克大，等. 2009. 阿尔泰早古生代末期洋中脊俯冲：锆石 Hf 同位素组成突变的启示. 中国科学（D 辑），39：935-948

孙世华，于洁. 1984. Fe-Al 云母及铁锂云母. 矿物学报，3：226-235

孙贤鉥. 1987. 地球演化模式的一些地球化学约束. 支霞臣译. 1990. 痕量元素地球化学译文集. 北京：地质出版社：172-183

孙镇城，杨藩，张枝焕，等，1997. 中国新生代咸化湖泊沉积环境与油气生成. 北京：石油工业出版社：193-202

唐红峰，屈文峰，苏玉平，等. 2007a. 新疆萨惹什克锡矿与萨北碱性花岗岩成因关系的年代制约. 岩石学报：23：1987-1997

唐红峰，苏玉平，刘丛强，等. 2007b. 新疆北部卡拉麦里斜长花岗岩的锆石 U-Pb 年龄及其构造意义. 大地构造与成矿学，31：110-117

涂光炽. 1981. 地质学中的若干思维方法. 地质与勘探，7：2-5

涂光炽. 1984. 地球化学. 上海：上海科学技术出版社：3-13

涂光炽. 1986. 谈地学中的"亦此亦彼". 矿物岩石地球化学通讯，2：59-60

涂光炽. 1987. 热水沉积矿床. 四川地质科技情报，5：1-5

涂光炽. 1989. 我国南方几个特殊的热水沉积矿床//中国矿床学——纪念谢家荣诞辰 90 周年文集. 北京：学术出版社：189-198

涂光炽. 1991. 地球化学走向何方？南京大学学报（地球科学），3：203-209

涂光炽. 1994. 分散元素可以形成独立矿床——一个有待开拓深化的新矿床领域//中国矿物岩石地球化学新进展. 兰州：兰州大学出版社：234

涂光炽. 1997. 九十年代固体地球科学及超大型矿床研究若干进展. 矿物学报，17：357-363

涂光炽. 2003. 成矿与找矿. 石家庄：河北教育出版社：1-8

涂光炽, 等. 1987. 层控矿床地球化学（二卷）. 北京：科学出版社：154-155

涂光炽, 高振敏, 胡瑞忠, 等. 2003. 分散元素地球化学及成矿机制. 北京：地质出版社：1-406

涂光炽, 赵振华, 裴愉卓. 1985. 前寒武纪稀土矿化的演化//中国地质学会, 中国地质科学院. 国际前寒武纪地壳演化讨论会论文集（第二集, 变质岩地球化学与成矿作用）. 北京：地质出版社：200-216

汪凯明, 罗顺社. 2010. 冀北坳陷高于庄组含锰岩层地球化学特征. 矿床与地质, 24：187-192

王德滋, 周新民, 徐夕生, 等. 1992. 微粒花岗岩类包体的成因. 桂林冶金地质学院学报, 12：235-241

王汾连, 赵太平, 陈伟, 等. 2013. 峨眉山大火成岩省赋 Nb-Ta-Zr 矿化正长岩脉的形成时代和锆石 Hf 同位素组成. 岩石学报, 29：3519-3532

王国芝, 胡瑞忠, 刘颖, 等. 2003. 黔西南晴隆锑矿区的萤石稀土元素地球化学特征. 矿物岩石, 23：62-65

王俊文, 成忠礼, 桂训唐. 1981. 西藏南部某些中酸性岩铷-锶同位素地球化学研究. 地球化学, 10：242-246

王濮, 潘兆橹, 翁玲宝, 等. 1982. 系统矿物学（上册）. 北京：地质出版社：476-493

王强, 赵振华, 白正华, 等. 2003. 新疆阿拉套山石炭纪埃达克岩富铌岛弧玄武岩：板片熔体与地幔橄榄岩相互作用及地壳增生. 科学通报, 48：1342-1349

王强, 赵振华, 许继峰, 等. 2006. 天山北部石炭纪埃达克岩-高镁安山岩-富铌玄武岩对中亚造山带显生宙地壳增生与铜金成矿意义. 岩石学报, 22：11-30

王仁民, 贺高品, 陈珍珍, 等. 1987. 变质岩原岩图解判别法. 北京：地质出版社：31-38, 113-118

王蓉嵘. 1992. 河北金家庄地区长英质碱性杂岩的特征及成因. 桂林冶金地质学院学报, 12：12-20

王汝成, 谢磊, 陈骏, 等. 2011. 南岭中段花岗岩中榍石对锡成矿能力的指示意义. 高校地质学报, 17：368-380

王一先, 赵振华, 1997. 巴尔哲超大型稀土铌铍锆矿床地球化学和成因. 地球化学, 26：24-35

王益友, 郭文莹, 张国栋. 1979. 几种地球化学指标在金湖凹陷阜平群沉积环境中的应用. 同济大学学报, 7：51-60

王玉荣, 顾复, 袁自强. 1992. Nb、Ta 分配系数和水解实验研究及其在成矿作用中的应用. 地球化学, 1：57-62

王玉荣, 李加田, 卢家烂, 等. 1979. 花岗岩浆结晶过程晚期铌钽富集成矿的地球化学机理探讨. 地球化学, 4：283-290

王郁, 蒋心明, 商木元, 等. 1994. 冀西北与偏碱性岩有关的金矿床地质特征及成因. 地质论评, 4：68-376

王中刚, 于学元, 赵振华. 1989. 稀土元素地球化学. 北京：科学出版社：76-93, 133-275, 384-426, 463-495

王中刚, 张玉泉, 赵惠兰. 1981. 西藏南部花岗岩类岩石化学研究. 地球化学, 10：19-25

王忠诚, 吴浩若, 邝国敦. 1995. 广西晚古生代硅质岩的地球化学及其形成的大地构造环境. 岩石学报, 11：449-455

韦刚健, 李献华, 刘海臣, 等. 1998a. 珊瑚中微量铀的 ID-ICP-MS 高精度测定及其在珊瑚 U/Ca 温度计研究中的应用. 地球化学, 27：125-131

韦刚健, 李献华, 聂宝符, 等. 1998b. 南海北部滨海珊瑚高分辨率 Mg/Ca 温度计. 科学通报, 43：1658-1661

吴福元. 1999. 大陆地壳的形成时间及增生机制//郑永飞. 化学地球动力学. 北京：科学出版社：224-261

吴素珍. 1988. 五台山地区前寒武纪变质岩的稀土元素地球化学特征. 地球化学, 2：118-128

吴元保, 郑永飞. 2004. 锆石成因矿物学研究及其对年龄解释的制约. 科学通报, 49：1589-1603

夏卫华, 等. 1989. 南岭花岗岩型稀有金属矿床地质. 武汉：中国地质大学出版社：97-98

向树元, 叶俊林, 刘杰. 1992. 后沟-水泉沟碱性正长岩体的成因及其与金矿成矿的关系. 现代地质, 6：55-62

肖波, 秦克章, 李光明, 等. 2009. 西藏驱龙巨型斑岩 Cu-Mo 矿床的富 S、高氧化性含矿岩浆——来自岩浆硬石膏的证据. 地质学报, 83：1860-1868

肖龙, 徐义刚, 何斌. 2003a. 峨嵋地幔柱-岩石圈相互作用：来自低钛和高钛玄武岩的 Sr-Nd 和 O 同位素证据. 高校地质学报, 9：207-217

肖龙, 徐义刚, 梅厚钧, 等. 2003b. 云南金平晚二叠纪玄武岩特征及其与峨嵋地幔柱关系——地球化学证据. 岩石学报, 19：38-48

肖序常. 1995. 从扩张速度试论蛇绿岩的类型划分. 岩石学报, 11（增刊）：10-23

肖序常, 汤耀庆, 李锦轶, 等. 1991. 古中亚复合巨型缝合带南缘构造演化//肖序常, 等. 古中亚复合巨型缝合带南缘构造演化. 北京：北京科学技术出版社：1-29

谢桂青, 胡瑞忠, 贾大成. 2002. 赣西北基性岩脉的地球化学特征及其意义. 地球化学, 31：329-337

谢桂青, 彭建堂, 胡瑞忠, 等. 2001. 湖南锡矿山锑矿区煌斑岩的地球化学特征. 岩石学报, 17：629-636

谢磊, 王汝成, 王德滋, 等. 2006. 热液锆石———一种非传统的锆石//陈骏. 地质与地球化学研究进展. 南京：南京大学出版社：325-333

熊小林，Adam J，Green T H，等. 2005a. 变质玄武岩部分熔体微量元素特征及埃达克熔体产生条件. 中国科学（D辑），35：837-846

熊小林，蔡志勇，牛贺才，等. 2005b. 东天山晚古生代埃达克岩成因及铜金成矿. 岩石学报，21：967-976

熊小林，赵振华，白正华，等. 2001. 西天山阿吾拉勒 Adakite 型钠质中酸性岩及地壳垂向增生. 科学通报，46：281-287

熊小林，赵振华，朱金初，等. 1998. 钠长花岗岩-H₂O-HF 体系中流体/熔体间氟的分配实验研究. 地球化学，27：66-73

徐士进. 1986. 华南锡钨（稀土、铌-钽）花岗岩的稀土元素地球化学特征及岩石成因研究. 南京：南京大学博士学位论文

徐夕生，周新民，唐红峰. 2002. 玄武岩浆的底侵作用与花岗岩的形成//王德滋，周新民，等. 中国东南部晚中生代花岗质火山-侵入杂岩成因与地壳演化. 北京：科学出版社：219-229

徐兴旺，蔡新平，刘玉林，等. 2001. 冀西北水泉金矿交代成因钾长石激光探针⁴⁰Ar/³⁹Ar 年龄. 中国科学（D辑），31：496-500

徐学义，夏林圻，马中平，等. 2006. 北天山巴音沟蛇绿岩斜长花岗岩 SHRIMP 锆石 U-Pb 年龄及蛇绿岩成因研究. 岩石学报，22：83-94

徐义刚. 1999. 拉张环境中的大陆玄武岩浆作用：性质及动力学过程. //郑永飞. 化学地球动力学. 北京：科学出版社：119-158

徐义刚. 2002. 地幔柱构造，大火成岩省及地质效应. 地学前缘，9：341-353

徐义刚. 2005. 地幔地球化学研究进展//张本仁，傅家谟. 地球化学进展. 北京：化学出版社：79-107

徐义刚. 2006. 用玄武岩组成反演中-新生代华北岩石圈地幔氧化. 地学前缘，13：93-104

徐义刚，Orberger B，Reeves S J. 1998. 上地幔铂族元素的分异——吉林汪清橄榄岩包体提供的证据. 中国科学（D辑），28：201-207

徐义刚，何斌，黄小龙，等. 2007. 地幔柱大辩论及如何验证地幔柱假说. 地学前缘，14：1-9

徐义刚，何斌，罗振宇，等. 2013a. 我国大火成岩省和地幔柱研究进展与展望. 矿物岩石地球化学通报，32：25-39

徐义刚，王焰，位荀，等. 2013b. 与地幔柱有关的成矿作用及其主控因素. 岩石学报，29：3307-3322

徐子沛. 2012. 大数据. 南宁：广西师范大学出版社：1-334

许成，黄智龙，漆亮，等. 2002. 四川牦牛坪稀土矿床萤石稀土元素、同位素地球化学. 中国科学（D辑），32：635-643

杨成富，刘建中，陈睿，等. 2012. 贵州银洞金矿构造蚀变体稀土元素地球化学特征. 岩石矿物地球化学通报，31：404-411

杨进辉，吴福元，邵济安，等. 2006. 冀北张宣地区后城组、张家口组火山岩锆石 U-Pb 年龄和 Hf 同位素. 地质科学——中国地质大学学报，31：71-80

杨武斌，苏文超，廖思平，等. 2011. 巴尔哲碱性花岗岩中的熔体和熔体-流体包裹体：岩浆-热液过渡的信息. 岩石学报，27：1493-1499

叶连俊，范德廉，杨哈莉. 1964. 华北地层震旦系、寒武系、奥陶系化学地史. 地质科学，3：211-229

于津生，桂训唐，黄琳，等. 1990. 中国某些花岗岩的 Sr-O 同位素体系. 中国科学（B辑），7：738-746

于学元，赵振华. 1989. 火成岩中的稀土元素. 见：王中刚，等. 稀土元素地球化学. 北京：科学出版社：133-246

喻学惠. 1995. 地幔交代作用：研究进展、问题及对策. 地球科学进展，10：330-334

喻学惠，赵志丹，莫宣学，等. 2004. 甘肃西秦岭新生代钾霞橄黄长岩和碳酸岩的微量、稀土和 Sr，Nd，Pb 同位素地球化学：地幔柱-岩石圈交换的证据. 岩石学报，20：483-494

袁忠信，吴澄宇，徐磊明，等. 1992. 南岭地区花岗岩类的痕量元素分配特征. 地球化学，21：333-345

曾志刚. 2011. 海底热液地质学. 北京：科学出版社：35-40，260-306，550-555

翟明国. 1983. 清原太古代花岗-绿岩带及其地球化学研究//国际前寒武统地壳演化讨论会论文集（第二集，变质岩地球化学与成矿作用）. 北京：地质出版社：68-79

翟裕生，邓军，崔斌，等. 1999. 成矿系统及综合地质异常. 现代地质，13：99-104

张本仁，傅家谟. 2005. 地球化学进展. 北京：化学工业出版社：44-108，199-248

张成立，周鼎武，刘颖宇. 1999. 武当山地块基性岩墙群地球化学研究及其大地构造意义. 地球化学，28：126-135

张德全，雷蕴芬. 1992. 大兴安岭南段主要金属矿物成分标型特征. 岩石矿物学杂志，11：167-177

张贵山，温汉捷，裘愉卓. 2004. 闽西晚中生代基性岩脉的地球化学研究. 地球化学，3：243-253

张海祥，牛贺才，Sato H，等. 2004. 新疆北部晚古生代埃达克岩、富铌玄武岩组合：古亚洲洋板块南向俯冲的证据. 高校地质学报，10：106-113

张海祥，牛贺才，Terada K，等. 2003. 新疆北部阿尔泰地区库尔提蛇绿岩中斜长花岗岩的 SHRIMP 年代学研究. 科学通

报，48：1350-1354

张宏福. 2009. 橄榄岩-熔体相互作用：克拉通型岩石圈地幔能够被破坏之关键. 科学通报，54：2027-2032

张辉，唐勇，刘从强，等. 2009. 1kbar、800℃下 REE 在富磷过铝质熔体/流体间分配的实验研究. 地学前缘，16：114-124

张宽忠，陈玉禄. 2007. 古昌蛇绿岩中的斜长花岗岩. 沉积与特提斯地质，27：32-37

张立飞，冼伟胜，孙敏. 2004. 西准噶尔紫苏花岗岩成因岩石学研究. 新疆地质，22：36-42

张旗. 1990. 如何正确使用玄武岩判别图. 岩石学报，2：87-94

张旗. 2001. 中国蛇绿岩. 北京：科学出版社：1-140

张旗，钱青，翟明国，等. 2005. Sanukite（赞岐岩）的地球化学特征、成因及其地球动力学意义. 岩石矿物学杂志，24：117-125

张绍立，王联魁，朱为芳，等. 1985. 用磷灰石中稀土元素判别花岗岩成岩成矿系列. 地球化学，14：45-47

张玉泉，戴橦谟，洪阿实. 1981. 西藏高原南部花岗岩类同位素地质年代学. 地球化学，10：8-17

张招崇. 1996. 东坪金矿床氢、氧同位素特征与成矿流体演化. 黄金地质，2：36-41

张招崇，王福生. 2003. 一种判别原始岩浆的方法——以苦橄岩和碱性玄武岩为例. 吉林大学学报（地球科学版），33：130-134

张招崇，Mahoney J J，王福生，等. 2006. 峨眉山大火成岩省西部苦橄岩及其共生玄武岩的地球化学：地幔柱头部熔融的证据. 岩石学报，22：1538-1552

赵劲松，赵斌，饶冰. 1996. 初论铌钽和钨的成矿作用实验研究. 地球化学，25：286-295

赵葵东，蒋少涌，姜耀辉，等. 2005. 湖南芙蓉锡矿萤石 Sr-Nd 同位素. 地球学报，（增刊）：171-173

赵振华. 1982. 稀土元素地球化学研究方法. 地质地球化学，1：26-33

赵振华. 1984. 微量元素地球化学//涂光炽. 地球化学. 上海：上海科学技术出版社：190-267

赵振华. 1985. 某些常用稀土元素地球化学参数的计算方法及其地球化学意义. 地质地球比学，（增刊）：126

赵振华. 1987. 层控黄铁矿矿床地球化学//涂光炽，等. 中国层控矿床地球化学. 北京：科学出版社：134-156

赵振华. 1988a. 花岗岩中发现稀土元素四重分布效应的初步报导. 地质地球化学，1：71-72

赵振华. 1988b. 稀土的四重分布-水（流体）与岩（溶体）相互作用的重要地球化学标志//全国第三届矿物岩石地球化学学术交流会议论文摘要汇编. 北京：中国科学技术出版社：47-48

赵振华. 1989a. 稀土元素地球化学研究方法//王中刚，于学元，赵振华，等. 稀土元素地球化学. 北京：科学出版社：78-93

赵振华. 1989b. 沉积岩中的稀土元素//王中刚，于学元，赵振华，等. 稀土元素地球化学. 北京：科学出版社：247-278

赵振华. 1989c. 地球形成和演化过程中的稀土元素//王中刚，于学元，赵振华，等. 稀土元素地球化学. 北京：科学出版社：463-495

赵振华. 1993a. 超大型矿床的地球化学背景//肖庆辉. 当代地质科学前沿——我国今后值得重视的前沿研究领域. 北京：中国地质大学出版社：371-379

赵振华. 1993b. 铕（Eu）地球化学特征的控制因素. 南京大学学报（地球科学），5：271-280

赵振华. 2005. 微量元素地球化学研究进展//张本仁，傅家谟. 地球化学进展. 北京：化学工业出版社：199-248

赵振华. 2007. 关于岩石微量元素构造环境判别图解使用的有关问题. 大地构造与成矿学，31：92-103

赵振华. 2010. 副矿物微量元素地球化学特征在成岩成矿作用研究中的应用. 地学前缘，17：267-286

赵振华，周玲棣. 1994. 我国某些富碱侵入岩的稀土元素地球化学. 中国科学（B 辑），24：1109-1120

赵振华，白正华，熊小林，等. 2001. 新疆北部富碱火成岩的地球化学//中国地质学会. 第 31 届国际地质大会中国代表团论文集. 北京：地质出版社：137-144

赵振华，白正华，熊小林，等. 2006a. 中国新疆北部富碱火成岩及其成矿作用. 北京：地质出版社：1-256

赵振华，王强，熊小林，等. 2006b. 新疆北部的两类埃达克岩. 岩石学报，22：1249-1265

赵振华，包志伟，乔玉楼. 2010. 一种特殊的"M"与"W"复合型稀土四分组效应：以水泉沟碱性正长岩为例. 科学通报，55：1474-1488

赵振华，陈南生，董振生，等. 1985. 西藏南部聂拉木-冈巴地区奥陶纪老第三纪沉积地层稀土元素地球化学. 地球化学，2：123-133

赵振华，涂光炽，等. 2003. 中国超大型矿床（Ⅱ）. 北京：科学出版社：1-608

赵振华，王强，熊小林，等. 2004. 俯冲带复杂的壳幔相互作用. 矿物岩石地球化学通报，23：277-284

赵振华，王强，熊小林，等. 2007. 新疆北部的富镁火成岩. 岩石学报，23：1696-1707

赵振华，王一先，钱志鑫，等. 1981. 西藏南部花岗岩类稀土元素化学研究. 地球化学，10：26-35

赵振华，王中刚，刘义茂，等. 1979. 花岗岩类微量元素的地球化学//中国科学院地球化学研究所. 华南花岗岩类的地球化学. 北京：科学出版社：225-356

赵振华，王中刚，邹天人，等. 1993. 阿尔泰花岗岩 REE 及 O、Pb、Sr、Nd 同位素组成及成岩模型//涂光炽. 新疆北部固体地球科学新进展. 北京：科学出版社：230-239

赵振华，王中刚，邹天人，等. 1996. 新疆乌伦古富碱侵入岩成因探讨. 地球化学，25：205-220

赵振华，熊小林，韩小东. 1999. 花岗岩稀土四分组效应形成机理探讨——以千里山和巴尔哲花岗岩为例. 中国科学（D辑），29：331-338

赵振华，熊小林，王强，等. 2002. 我国富碱火成岩及有关的大型-超大型金铜成矿作用. 中国科学（D辑），32（增刊）：1-10

赵振华，熊小林，王强，等. 2008. 铌与钽的某些地球化学问题. 地球化学，37（4）：304-320

赵振华，增田彰正，夏巴尼. 1992. 稀有金属花岗岩的稀土元素四分组效应. 地球化学，3：221-233

赵振华，赵惠兰，柴之芳，等. 1989. 大阳岔寒武-奥陶系界线层型剖面的无铰纲及沉积岩微量元素地球化学. 中国科学（B辑），8：878-887

赵振华，赵惠兰，杨蔚华，等. 1987. 碓边和武山寒武-奥陶系界线剖面微量元素地球化学特征. 地球化学，2：99-112

赵资奎，叶捷，李华梅，等. 1991. 广东南雄陆相白垩纪—第三纪交界恐龙灭绝问题. 古脊椎动物学报，29：1-20

郑建平. 1999. 中国东部地幔置换与中-新生代岩石圈减薄. 武汉：中国地质大学出版社：1-126

郑建平. 2009. 不同时空背景幔源物质对比与华北深部岩石圈破坏与增生置换过程. 科学通报，54：1990-2007

郑建平，路凤香. 1994. 金刚石中的流体包裹体研究. 科学通报，39：253-256

郑永飞. 1999. 化学地球动力学：从同位素到板块构造//郑永飞. 化学地球动力学. 北京：科学出版社：1-14

郑永飞，吴福元. 2009. 克拉通岩石圈的生长和再造. 科学通报，54：1945-1949

支霞臣. 1987. 痕量元素地球化学译文集. 北京：地质出版社：48-66

支霞臣. 1990. 仪征第三纪大陆碱性玄武岩微量元素地球化学. 岩石学报，2：30-42

中国科学院地球化学研究所. 1979. 华南花岗岩类地球化学. 北京：科学出版社：267-278

周新华. 1987. 初论中国东部大陆地幔地球化学特征. 矿物岩石地球化学通讯，2：52

周新华，朱炳泉. 1992. 中国东部新生代玄武岩同位素体系和地球化学区划//刘若新. 中国新生代火山岩年代学与地球化学. 北京：地震出版社：366-389

周永章. 1990. 丹池盆地热水成因硅岩的沉积地球比学特征. 沉积学报，8：75-76

周永章，王正海，侯卫生. 2012. 数学地球科学. 广州：中山大学出版社：1-50

朱炳泉. 2003. 大陆溢流玄武岩成矿体系与基韦诺型铜矿床. 地质地球化学，2：1-8

朱炳泉，等. 1998. 地球科学中同位素体系理论与应用. 北京：科学出版社：1-4，305-316

朱炳泉，毛存孝. 1983. 印度与欧亚板块东部碰撞边界. 地球化学，12：1-14

朱日祥，徐义刚，朱光，等. 2012. 华北克拉通破坏. 中国科学（D辑），42：1135-1159

Abdel-Rahman A M. 1994. Nature of biotite from alkaline, calk-alkaline and peraluminous magmas. Jour. Petrol., 35: 525-541

Abratis M, Womer G. 2001. Ridge collision, slab-window formation, and the flux of Pacific asthenosphere into the Carribbean realm. Geology, 29: 127-130

Acosta-Vigil A, Buick I, Hermann J, et al. 2010. Mechanisms of crustal anatexis: A geochemical study of partial melted metapellitic enclaves and host dacite, SE Spain. Jour. Petrol., 51: 785-821

Adachi M, Yamamoto K, Suigiaki R. 1986. Hydrothermal chert and associated siliceous rocks from the northern pacific: their geological significance as indication of oceanic ridge activity. Sedim. Geol., 47: 125-148

Adam J, Green T H, Sie S H. 1993. Proton microprobe determined partitioning of Rb, Sr, Ba, Y, Zr, Nb and Ta between experimentally produced amphiboles and silicate melts with variable F contents. Chem. Geol., 109: 29-49

Ahrens L H. 1954. The log-normal distribution of the elements, II. Geochim Cosmochim Acta, 5: 49-73

Ahrens L H, Press F, Runcom S K, et al. 1968. Physic and Chemistry of the Earth. London: Pergamon Press: 7

Aigner-Torres M, Blundy J, Ulmer P, et al. 2007. Laser ablation ICPMS Study of trace element partitioning between plagioclose and basaltic melts: an experimental approach. Contrib. Mineral. Petrol., 153: 647-667

Akagi T, Shabani M B, Masuda A. 1993. Lanthanide tetrad effect in kimuraite [CaY$_2$(CO$_3$)$_4$·6H$_2$O]: Implication for a new geochemical index. Geochim Cosmochim Acta, 57: 2899-2905

Alard O, Griffin W L, Lorand J P, et al. 2000. Non-chondritic distribution of the highly siderophile elements in mantle sulphides. Nature, 407: 891-894

Albarede F, Bottinga Y. 1972. Kinetic disequilibrium in trace element partitioning between phenocrysts and host lava. Geochim Cosmochim Acta, 36: 141-156

Alderton D H M, Pearce J A, Pous P J. 1980. Rare earth element mobility during granite alteration: evidence from southwest England. Earth Planet Sci. Lett., 49: 149-165

Aleinikoff J N, Hayes T S, Evans K V, et al. 2012. SHRIMP U-Pb ages of xenotime and monazite from the Spar Lake red bed-associated Cu-Ag deposit, western Montana: implications for ore genesis. Econ. Geol., 107: 1251-1274

Algeo T J, Rowe H. 2012. Paleoceanographic applications of trace-metal concentration data. Chem. Geol., 324-325: 6-18

Allegre C J. 1982. Chemical geodynamics. Tectonophysics, 81: 109-132

Allegre C J, Condomines M C. 1976. Fine chronology of volcanic processes using $^{238}U/^{230}$Th systematics. Earth Planet Sci. Lett., 28: 395-406

Allegre C J, Minster J F. 1978. Quantitative models of trace element behavior in magmatic processe. Earth Planet Sci. Lett., 38: 1-25

Allegre C J, Treuil M. 1977. Systematic use of trace element in igneous processes: Part 1: Fractional crystallization process in volcanic suites. Contrib Mine Petrol, 60: 57-75

Alvarez L W, Alvarez W, Asaro F, et al. 1980. Extraterrestrial cause for the Cretaceous-Tertiary extinction. Science, 208: 1095-1108

Alvarez W, Alvarez L W, Asaro F. 1982. Current status of the impact theory for the terminal Cretaceous extinction. Geol. Sci., 190: 306

Anbar A D, Duan Y, Lyons T W, et al. 2007. A whiff of oxygen before the Great Oxidation Event. Science, 317: 1903-1906

Ander E, Grevesse N. 1989. Abundances of the elements: meteoritic and solar. Geochim Cosmochim Acta, 53: 198-200

Anderson A T. 1976. Magma mixing petrological process and volcanological tool. Jour. Volcan. Geotherm. Res., 1: 3-33

Anma R, Armstrong R, Orihashi Y, et al. 2009. Are the Taitao granite formed due to subduction of the Chile ridge? Lithos, 113: 246-258

Appel P W U. 1983. Rare earth elements in early Archean Isua iron-formation, west Greenland. Precam Res., 20: 243-258

Aquillon-Robles A, Calmus T, Benoit M, et al. 2001. Late Miocene adakites and Nb-enriched basalts from Vizcaino Peninsula, Mexico: indicators of east Pacific Rise subduction below southern Baja California? Geology, 29: 531-534

Armstrong R L. 1968. A model for the evolution of strontium and lead isotopes in a dynamic Earth. Rev. Geophy, 6: 175-199

Armstrong R L. 1981. Radiogenetic isotopes: the case for crustal recycling on a near-steady-state no-continental-growth earth. Phil. Trand Roy. Soc. Lond., A301: 443-472

Armstrong R L. 1991. The persistent myth of crustal growth. Aust. Jour. Earth Sci., 38: 613-630

Arculus R J, Lapierre H, Jallard E. 1999. Geochemical window into subduction and accresion processes: Raspas metamorphic complex, Ecuador. Geology, 27: 547-550

Arndt N T. 2014. Formation and evolution of the continental crust. Geochem. Perspec., 2: 405-511

Arth J G. 1976. Behaviour of trace elements during magmatic processes—a summary of theoretical models and their applications. Jour. Res. USGS, 4: 41-47

Arth J G, Barker F. 1976. Rare earth partitioning between hornblende and dacitic liquid and implications for the genesis and trondhjemitic—tonalitic magma. Geology, 4: 534-536

Arthur M A, Sageman B B. 1994. Marine black shales: depositional mechanisms and environments of ancient deposits. Annu. Rev. Earth Planet Sci., 22: 499-551

Atherton M P, Petford N. 1993. Generation of sodium-rich magmas from newly underplated basaltic crust. Nature, 362: 144-146

Audetat A, Pettke I, Dolejs D. 2004. Magmatic anhydrite and calcite in the ore-forming monzodiorite magma of Santa Rita, New Mxcico (USA): genetic constraints on porphyry-Cu mineralization. Lithos, 72: 147-161

Aulbach S, O'Reilly S Y, Griffin W L, et al. 2008. Subcontinental lithospheric mantle origin of high niobium/tantalum rations in eclogites. Nature Geoscience, 1: 468-472

Ayers J C, Watson E B. 1993. Apatite/fluid partitioning of rare-earth elements and strontium: experimental results at 1.0 GPa and 1000℃ and applications to models of fluid-rock interaction. Chem. Geol., 110: 299-314

Ayers J C, Dittmer S K, Layne G D. 1997. Partitioning of elements between peridotite and H$_2$O at 2.0-3.0GPa and 900-1100℃, and application to models of subduction zone process. Earth Planet Sci. Lett., 150: 381-398

Badejoke T A. 1986. Triclinicity of K-feldspar and trace-element content of Mesozoic granites of Central Negeria. Chem. Geol., 54: 43-52

Bailey D K. 1970. Volatile flux, heat focusing and the generation of magma. Geo. Jour. Spec., 2: 177-186

Bailey J C. 1981. Geochemical criteria for a refined tectonic discrimination of orogenic andesites. Chem. Geol., 32: 139-159

Baksi A K. 2001. Search for a deep-component in mafic lavas using a Nb-Y-Zr plot. Can. Jour. Earth Sci., 38: 813-824

Baldwin J A, Pearce J A. 1982. Discrimination of productive and nonproductive porphyritic intrusions in the Chilean Andes. Econ. Geol., 77: 664-674

Baldwin J A, Brown M, Schmitz M D. 2007. First application of titanium-in-zircon thermometry to ultrahigh- temperature metamorphism. Geology, 35: 295-298

Ballard J R, Palin J M, Campbell I H. 2002. Relative Oxidation states of magmas inferred from Ce (Ⅳ)/Ce (Ⅲ) in zircon: application to porphyry copper deposits of northern Chile. Contrib. Mine Petrol, 144: 347-374

Bao Z W, Zhao Z H, Guha J, et al. 2004. HFSE, REE, and PGE geochemistry of three sedimentary rock-hosted disseminated gold deposits in southwestern Guizhou Province, China. Geochi. Jour., 38: 363-381

Barca D, Crisci G M, Ranieri G A. 1988. Further developments of the Rayleigh equation for fractional crystallization. Earth Planet Sci. Lett., 89: 170-172

Barnes H L. 1962. Mechanisms of mineral zoning. Eco. Geol., 57: 30-37

Barnes S J, Naldrett A J, Gorton M P, et al. 1985. The origin of the fractionation of platinium-group elements in terrestrial magma. Chem. Geol., 53: 303-323

Barrett T J, Fralick P W, Jarvis I. 1988. Rare earth element geochemistry of some Archean iron formations north of Lake-superior, Ontario. Can. Jour. Earth Sci., 25: 570-582

Barth M G, McDonough W F, Rudnick R L. 2000. Tracking the budget of Nb and Ta in the continental crust. Chem. Geol., 165: 197-213

Barth T F M. 1952. Theoritical Petrology. New York: John Wiley and Sons: 308

Bartley J M. 1986. Evaluation of REE mobility in low-grade metabasalts using mass-balance calculations. Norsk Geol. Tidssk, 66: 145-152

Barton M D. 1996. Granitic magmatism and metallogeny of southwestern North America. Transaction of the Royal Society Edinbough, Earth Science, 87: 261-280

Bath A P, Woodm J L, Jacobson C E, et al. 2013. Detrital zircon as a proxy for tracking the magmatic arc system: the California arc example. Geology, 41: 223-226

Bau M. 1991. Rare-earth element mobility during hydrothermal and metamorphic fluid-rock interaction and the significance of oxidation state of europium. Chem. Geol., 93: 219-230

Bau M. 1996. Controls on the fractionation of isovalent trace elements in magmatic and aqueous systems: evidence from Y/Ho, Zr/Hf and lanthanide tetrad effect. Contrib Mineral Petrol, 123: 323-333

Bau M, Dulski P. 1996. Distribution of Yttrium and rare-earth elements in the Pange and Kuruman iron-formation, Tansvaal suppergroup, South Africa. Precam. Reser., 79: 37-55

Bau M, Remer R L, Luders V, et al. 1999. Pb, O and C isotopes in silicified Moodraraai dolomite (Trasvaal Superoup, South Africa): implications for the composition of Paleoproterozoic seawarter and "dating" the increase of oxygen in the Precambrian atmosphere. Earth Planet Sci. Lett., 174: 43-57

Bea F, Pereira M D, Stroh A. 1994. Mineral/lecosome trace element partitioning in a peraluminous migmatite (a laser ablation-ICP-MS study). Chem. Geol., 117: 291-312

Beaudoin G, Dupuis C, Gosselin P, et al. 2007. Mineral chemistry of iron oxides: application to mineral exploration. In: Andrew C J (ed). Ninth Biennial SGA Meeting, SGA, Dublin: 497-500

Bebout G E. 2007. Metamorphic chemical geodynamics of subduction zones. Earth Planet Sci. Lett., 260: 373-393

Becher L, Bada J L, Winans R E. 1994. Fullerences in the 1.85 billion years old Sudbury impact structure. Science, 265: 642-645

Becker H, Jochun K P, Carlson R W. 2000. Trace element fractionation during dehydration of eclogties from high-pressure terranes and the implications for element fluxes in subduction zones. Chem. Geol., 163: 65-99

Bell E A, Harrison T M, McCulloch M T, et al. 2011. Early Archean crustal evolution of the Jack Hills zircon source terrane inferred from Lu-Hf, $^{207}$Pb/$^{206}$Pb, and $\delta^{18}$O systematics of Jack Hills zircons. Geochim Cosmochim Acta, 75: 4816-4829

Belousova E A, Griffin W L, Suzanne Y, et al. 2002. Igneous zircon: trace element composition as an indicator of source rock type. Contrib. Mine Petrol, 143: 602-623

Belousova E A, Walters S, Griffin W L, et al. 2001. Elements signatures of apatites in granitoids from the Mt lsa lnlier, northwestern Queensland. Austr. Jour. Earth Sci., 48: 603-619

Ben Othman D, White W M, Patchett J. 1989. The geochemistry of marine sediments, island arc magma genesis and crust-mantle recycling. Earth Planet Sci. Lett., 94: 1-21

Bergman S C, et al. 1984. $CO_2$-CO fluid inclusions in a composite peridotite xenolith: implications for upper mantle oxygen fugacity. Contrib Mineral Petrol, 85: 1-13

Bernard-Griffiths J, Peocal J J, Gil Ibarguchi J I. 1985. U-Pb, Nd isotope and REE geochemistry in eclogites from the Cabo Ortegai Complex, Galicia Spain: an example of REE immobility conserving MORB-line patterns during high-grade metamorphism. Chem. Geol., 52: 217-225

Bernstein S, Kelemen P B, Brooks C K. 1996. Evolution of the Kap Edvard Holm complex: a mafic intrusion at a rift continental margin. Jour. Petrol, 37: 497-519

Berry A J, Danyushevsky L V, O'Neill H S C, et al. 2008. Oxidation state of iron in komatiite melt inclusions indicates hot Archean mantle. Nature, 455: 960-962

Berry A J, Yalex G M, Hange B J, et al. 2013. Quantitative mapping of the oxidative effects of mantle metasomatism. Geology, 41: 683-686

Beswick A E. 1973. An experimental study of alkali metals distribution in feldspars and mics. Geochim Cosmochim Acta, 37: 193

Bethke P M, Barton P B. 1971. Distribution of some minor elements between coexisting sulfide minerals. Econ. Geol., 66: 140-163

Bezos A, Humler E. 2005. The $Fe^{3+}/\Sigma Fe$ ratios of MORB glasses and their implications for mantle melting. Geochim Cosmochim Acta, 69: 711-725

Bhatia M R, Crook K A W. 1986. Trace element characteristics of graywackes and tectonic setting discrimination of sedimentary basins. Contrib Mine Petrol, 92: 181-193

Bindeman I N, Eilerb J M, Yogodzinski G M, et al. 2005. Oxygen isotope evidence for slab-derived in modern and ancient subduction zones. Earth Planet Sci. Lett., 235: 480-496

Birck J L, Allegre C J. 1994. Contrasting Re/Os magmatic fractionation in planetary basalts. Earth Planet Sci. Lett., 124: 139-148

Bird P. 1978. Initiation of intracontinental subduction in Himalaya. Jour. Geophys Res., 83: 4975-4987

Bird P. 1979. Continental delamination and the Cororado plateau. Jour. Geophys Res., 83: 7561-7571

Bird P. 1991. Lateral extrusion of lower crust from under high topography in the isostatic limit. Jour. Geophys Res., 96: 10275-10286

Blevin P L. 2004. Redox and compositional parameters for interpreting the granitoid metallogeny of eastern Australia: imoplications for gold-rich ore system. Resouce Geol., 54: 241-252

Blevin P L, Chappell B W. 1992. The role of magma source, oxidation states and fractionation in determining the granite metallogeny of eastern Australia. Transaction of the Royal Society Edinbough, Earth Science, 83: 305-316

Blichert-Toft J, Albarede F. 1997. The Lu-Hf isotope geochemistry of chondrite and the evolution of the mantle-crust system. Earth Planet Sci. Lett., 148: 243-258

Blundy J D, Brodholt J P, Wood B T. 1991. Carbon-fluid equilibria and the oxidation state of upper mantle. Nature, 349: 321-324

Blundy J D, FaLLoon D J, Wood B J, et al. 1995. Sodium partitioning between clinopyroxene and silicate melts. Jour. Geophys Res., 100: 15501-15515

Blundy J, Wood B. 1994. Prediction of crystal-melt partition coefficients from elastic moduli. Nature, 372: 452-454

Bohrson W A, Spera F J. 2001. Energy-constrained open-system magmatic processes II: application of energy-constrained assimilation-fractional crystallization (EC-AFC) model to magma system. Jour. Petrol, 42: 1019-1041

Bonen D, 1980. The evolution of trace element concentrations in basic rocks from Isreal and their petrogenesis. Contrib Mineral Petrol, 72: 397-414

Bonin B, Azzouni-Sekkal A, Bussy F, *et al.* 1998. Alkali-calcic and alkaline post-orogenic (PO) granite magmatism: petrologic constraints and geodynamic settings. Lithos, 45: 45-70

Bonin B. 1990. From orogenic to anorogenic settings: evolution of granitoids suites after a major orogenesis. Geol. Jour. WS Pitcher Spec. Issue, 25: 261-270

Bonin B. 2007. A-type granites and related rocks: evolution of a concept, problems and prospects. Lithos, 97: 1-29

Borchert M, Wilke M, Schmidt C, *et al.* 2010. Partitioning of Ba, La, Yb and Y between haplogranitic melts and aqueous solutions: An experimental study. Chem. Geol., 276: 225-240

Bourgois J, martin H, Lagabrielle Y, *et al.* 1996. Subduction erosion related to spreading-ridge subduction: Taitao peninsula (Chile margin triple junction area). Geology, 24: 723-726

Bowen N L. 1928. The evolution of the igneous rocks. Princeton: Princeton University Press: 332

Box S E, Flower M F J. 1989. Introduction to special section on alkaline arc magmatism. Jour. Geophy Res., 94: 4467-4468

Boyce J W, Hervig R L. 2009. Apatite as a monitor of late-stage magmatic processes at Volcano Irazu, Costa Rica. Contrib Mine Petrol, 157: 135-145

Boyet M, Carson R W. 2005. $^{142}$Nd evidence for early (>4. 55Ga) global differentiations of the silicate Earth. Science, 309: 576-581

Boyet M, Carson R W. 2006. A new geochemical model for the Earth's mantle inferred from $^{146}$Sm-$^{142}$Nd systematics. Earth Planet Sci. Lett. , 250: 254-268

Boynton W V. 1984. Cosmochemistry of the rare earth elements: Meteorite studies. In: Henderson P (ed). Rare Earth Element Geochem. Amsterdam: Elsevier: 63-114

Breitkopf J. 1989. Geochemical evidence for magma source heterogeneing and activity of a mantle plume during advanced rifting in the Southern Damara orogen, Namibia. Lithos, 23: 115-122

Brenan J M, Shaw H F, Phinney D L, *et al.* 1994. Rutile-aqueous fluid partitioning of Nb, Ta, Hf, Zr, U and Th: implications for high field strength element depletions in island-arc basalts. Earth Planet Sci. Lett., 128: 327-339

Brice J C. 1975. Some thermodynamic aspects of the growth of strained crystals. Jour. Crystal Growth, 28: 249-253

Brocks J J, Logan G A, Summons R E. 1999. Archean molecular fossils and the early rise of eukaryotes. Science, 285: 1033-1036.

Bromiley G D, Redfern S A T. 2008. The role of $TiO_2$ phase during melting of subduction-modified crust: implications for deep mantle melting. Earth Planet Sci. Lett., 267: 301-308

Brookings D G. 1989. Aqueous geochemistry of rare earth elements. In: Lipin BR, Mckay GA eds. Geochemistry and mineralogy of rare earth elements. Min. Soc. Am. Rev. Mineral, 21: 221-225

Brooks C K, Henderson P, Ronsbo J G. 1981. Rare earth partition between allanite and glass in the obsidian of Sandy Braes, Northern Ireland. Mineral Mag, 44: 157-160

Browman J B, Sisson V B, Valley J W, *et al.* 2003. Oxygen isotope constraints on fluid infiltration associated with high-temperature-pressure metamorphism (Chugach metamorphic complex) within the Eocene southern Alaska forearc. In: Sisson V B, *et al* (eds). Geology of a transpressional orogen developed during ridge-trench interaction along the North Pacific margin. Geol. Soc. Am. Spec. Paper, 371: 237-252

Brown G C, Thorpe R S, Webb P C. 1984. The geochemical characteristics of granitoids in contrasting arc and comments on magmas arc. Jour. Geol. Soc. London, 141: 411-426

Brugger J, Etschmann B, Pownceby M, *et al.* 2008. Oxidation state of europium in scheelite: tracing fluid-rock interaction in gold deposit. Chem. Geol. , 257: 26-33

Brugger J, Lahaye Y, Costa S, *et al.* 2000. Inhomogeneous distribution of in scheelite and dynamics of Archean hydrothermal systems (Mt Charlotte and Drydale gold deposits, Western Australia). Contrib Miner Petrol, 139: 251-264

Burnham A D, Berry A. 2012. An experimental study of trace element partitioning between zircon and melt as a function of oxygen fugacity. Geochim Cosmochim Acta, 95: 196-212

Burns R G. 1970. Mineralogical Applications of Crystal Field Theory. London: Cambridge University Press

Burt D M. 1989. Compositional and phase relations among rare earth elements. Rev. Mineral, 21: 259-307

Burton J A, Prim R C, Slichter W P. 1953. The distribution of solute in crystals grown from the melt. Jour. Chem. Phys., 21:

1987-1990

Cabanis B, Papike J J. 1989. Le diagramme La/10-Y/15-Nb/8: un outil pour la discrimination de series volcaniques et la mise en evidence des processus de mélange et/ou de contamination crustal. CRAcad Sci. Ser. II, 309: 2023-2029

Cameron M, Papike J J. 1981. Structural and chemical variations in pyroxene. Am. Mineral, 66: 1-50

Campbell I H. 1998. The mantle's chemical structure: insight from the melting products of mantle plumes. In: Jackson I. The Earth's Mantle: Composition, Structure and Evolution. Cambrige: Cambridge University Press: 259-310

Campbell I H. 2001. Identification of ancient mantle plumes. In: Ernst R, Buchan K L (eds). Mantle plumes: Their identification through time. Special paper 352, Boulder: Geological Society of America: 5-21

Campbell I H. 2002. Implications of Nb/U, Th/U and Sm/Nd in plum magmas for the relationship between continental and oceanic crust formation and the development of the depleted mantle. Geochim Cosmochim Acta, 66: 1651-1661

Campbell I H, O'Neill H S C. 2012. Evidence against a chondritic Earth. Nature, 483: 553-558

Campbell I H, Coad P, Franklin J M, et al. 1982. Rare-earth elements in volcanic-rocks associated with Cu-Zn massive sulfide mineralization-a preliminary report. Cana. Jour. Earth Sci., 19: 619-623

Canfield D E. 2005. The early history of atmospheric oxygen. Annu. Rev. Earth. Plan. Sci., 33: 1-36

Canil D. 1994. An experimental calibration of Ni in garnet geothermometer with applications. Contrib Mineral Petrol, 117: 410-420

Canil D. 1997. Vanadium partitioning and the oxidation state of Archean komatiite magma. Nature, 389: 842-845

Canil D. 1999. The Ni-in-garnet geothermometer: calibration at natural abudances. Contrib Mineral Petrol, 136: 240-246

Canil D. 2002. Vanadium in peridotites, mantle redox and tectonic environments: Archean to present. Earth Planet Sci. Lett., 195: 75-90

Cann J R. 1970. Rb, Sr, Y, Zr and Nb in some ocean floor basaltic rocks. Earth Planet Sci. Lett., 10: 7-11

Canup R M, Asphaug E. 2001. Origin of the Moon in a giant impact near the end of the Earth's formation. Nature, 412: 708-712

Cardenas C, Ayers P, de Proft F, et al. 2011. Should negative electron affinities be used in evaluating the chemical hardness? Physi. Chemi. Chemi. Physic., 13: 2285-2293

Carlos A R. 1977. Geochemistry of the tonalitic and granitic rocks of the Nova Scotia southern plutons. Geochim Cosmochim Acta, 41: 1-13

Carmichael I S E. 1991. The redox states of bastic and silicic magmas: a reflection of their source regions? Contrib Mineral Petrol, 106: 129-141

Carmichael I S F, Hgorso M S. 1986. Oxidation-reduced relations in basic magmas: A case for homogeneous equilibria. Earth Planet Sci. Lett., 78: 200-210

Carmichael S E, Turney F J, Verhoogen J. 1974. Igneous Petrology. New York: McGraw-Hill Book Co

Caro G, Bourdon B, Birck J L, et al. 2003. $^{146}Sm$-$^{142}Nd$ evidence from Isua metamorphosed sediments for early differentiation of the Earth's crust. Nature, 423: 428-431

Caroll M R, Rutherford M J. 1987. The stability of igneous anhydrite: experimental results and implications for sulfur behavior in the 1982 E1 Chichon trachyandesite and other evolved magmas. Jour. Petrol, 28: 781-801

Carson R W, Boyet M. 2008. Composition of the earth's interior: the importance of early events. Phil. Trans R. Soc. A. 366: 4077-4103

Castillo P R, Rigby S J, Solidum R U. 2007. Origin of high-field strength element in volcanic arcs: geochemical evidence from the Sulu Arc, southern Philippines. Lithos, 97: 271-288

Catling D C, Buick R. 2006. Introduction to special issue oxygen and life in the Precambrian. Geobiology, 4: 225-226

Catling D C, Claire M W. 2005. How Earth's atmosphere evolved to an oxic state: a status report. Earth Planet Sci. Lett., 237: 1-20

Cerny P, Fryer B J, Longsstaffe F J, Tammemagi H Y. 1987. The Archean Lac du Bonnet batholith, Manitoba? igneous history, metamorphic effects, and fluid overprinting. Geochim Cosmochim Acta, 51: 421- 438

Champion D. 2006. New datasets target gold and base-metal mineralization. Aus. Geol. News, 83: 1-3

Chappell B W, White A J R. 1974. Two contrasting granite types. Pacific Geol., 8: 173-174

Chappell B W, Bryant C J, Wybon D, et al. 1998. High- and low-temperature I-type granite. Resource Geol., 48: 225-236

Chappell B W, Compston W, Arriens P A, et al. 1969. Rubidium and strontium determination by X-ray fluorescence spectrometry and isotopic dilution below the part per million level. Geochim Cosmochim Acta, 33: 1002-1006

Chappell B W, White A J R, Willams I S, *et al*. 2004. Low- and high-temperature granites. Trans. Roy. Soc. Edinburgh Earth Sci., 95: 125-140

Chen B, Jahn B M, Arakawa Y, *et al*. 2004. Petrogenesis of the Mesozoic intrusives complex from the southern Taihang Orogen, north China croton: elemental and Sr-Nd-Pb isotopic constraints. Contrib Mineral Petrol, 148: 489-501

Chen D F, Dong W Q, Qi L, *et al*. 2003. Possible REE constraints on the depositional and diagenetic environment of Doushantuo formation phosphorites containing the metazoan fauna. Chem. Geol., 201: 103-118

Christie D M, Carmichael I S E, Langmuir C H. 1986. Oxidation states of mid-ocean ridge basalt glasses. Earth Planet Sci. Lett., 79: 397-411

Chu M F, Wang K L, Griffin W L, *et al*. 2009. Apatite composition: tracing petrogenetic process in Transhimalayan granitoids. Jour. Petrol, 50: 1829-1855

Chung S L, Jahn B M. 1995. Plume-lithosphere interaction in generation of the Emeishan flood basalts at the Permian-Triassic boundary. Geology, 23: 889-892

Chung S L, Chu M F, Ji J Q, *et al*. 2009. The nature and timing of crustal thickening in southern Tibet: geochemical and zircon Hf isotopic constrants from postcollisional adakites. Tectonophysics, 477: 36-48

Church W R. 1987. REE mobility due to alteration of Indian Ocean basalt discussion. Canadian Jour. Earth Sci. , 24: 192

Claire M W, Catling D C, Zahnle K J. 2006. Biogeochemical modeling of the rise in atmospheric oxygen. Geobiology, 4: 239-269

Clark C, Fitzsimons I C W, Healy D, *et al*. 2011. How does the continental crust get realy hot? Element, 7: 235-240

Clift P D, Vannucchi P, Morgan J P. 2009a. Crustal redistribution, crustal-mantle recycling and Phanerozoic evolution of the continental crust. Earth Science Rev., 97: 80-104

Clift P D, Schouten H, Vannucchi P. 2009b. Arc-continent collisions, sediment recycling and the maintenance of continental crust. In: Cawood P A, Kröner A (eds). Earth accretionary systems in space and time. Geol. Soc. London, Spec. Publ., 318: 75-103

Cloud P. 1968. Atmospheric and hydrospheric evolution on the primitive Earth. Science, 160: 729-736

Cloud P. 1973, Paleoeclogical significance of the banded iron-formation. Econ. Geol., 68: 1135-1143

Cocherine A. 1986. Systematic use of trace element distribution patterns in log-log diagrams for plutonic suites. Geochim Cosmochim Acta, 11: 2517-2522

Coffin M F, Eldgolm O. 1994. Large igneous province: crustal structure, dimensions, and external consequence. Rew. Geophy, 32: 1-36

Cole C S, James R H, Connelly D P, *et al*. 2014. Rare earth elements as indicators of hydrothermal processes within the east Scotia subduction zone system. Geochim Cosmochim Acta, 140: 20-38

Cole R B, Basu A R. 1992. Middle Tertiary volcanism during ridge-trench interactions in western California. Science, 258: 793-796

Cole R B, Basu A R. 1995. Nd-Sr isotopic geochemistry and tectonics of ridge subduction and middle Cenozoic volcanism in western California. Geol. Soc. Ame. Bull. , 107: 167-179

Cole R B, Stewart B W. 2009. Continental margin volcanism at sites of spreading ridge subduction: examples from southern Alaska and western California. Tectonophysics, 464: 118-136

Cole R B, Layer P W, Hooks B, *et al*. 2007. Magmatism and deformation in a terrene suture zone south of the Denaili fault, northern talkeetna Mountain, Alaska. In: Ridgway K D, Trop J M, Glen J M G , *et al* (eds). Tectonic growth of a collisional continental margin: crustal evolution of southern Alaska. Geol. Soc. Ame. Spec. Paper, 431: 477-506

Cole R B, Nelson S W, Layer P W, *et al*. 2006. Eocean volcanism above a depleted mantle slab window in southern Alaska. Geol. Soc. Ame. Bull, 118: 140-158

Coleman R G. 1977. Ophiolites, Ancient Oceanic lithosphere? New York: Springer Verlag: 78

Coleman R G, Peterman Z E. 1975. Oceanic plagiogranite. Jour. Geophy Res., 80: 1099-1108

Collerson D, Fryer B J. 1978. The role of fluids in the formation and subsequent development of early continental crust. Contrib Mine Petrol, 67: 151-167

Coltorti M, Bonadiman C, Faccini B, *et al*. 2007. Amphiboles from suprasubduction and intraplate lithospheric mantle. Lithos, 99: 68-84

Coltorti M, Bonadiman C, Hinton K W, *et al*. 1999. Carbonatite metasomatism of the ocean upper mantle: evidence from clinopyroxenes and glasses in ultramafic xenoliths of Grande Comore, Indian Ocean. Jour. Petrol, 40: 133-165

Compston W, Pidgeon R T. 1986. Jack Hills, evidence of more very old detrital zircons in Western Australia. Nature, 321: 766-769

Conceicao R V, Green D H. 2004. Derivation of potassic (shoshonitic) magmas by decomposition melting of phlogopite+ pargasite lherzolite. Lithos, 72: 209-229

Condie K C. 1973. Archean magmatism and crustal thickening. Geol. Soc. Ame. Bull. , 84: 2981- 2992

Condie K C. 1982. Tectonic and Crustal Evolution. New York: Pergmon Press: 1-310

Condie K C. 1986. Geochemistry and tectonic setting of early Proterozoic suprocrustal rocks in the southwestern United States. Jour. Geol. , 94: 845-864

Condie K C. 1989. Geochemical changes in basalts and andesites across the Archean-Proterozoic boundary: identification and significance. Lithos, 23: 1-18

Condie K C. 1993. Chemical composition and evolution of the upper continental crust: contrasting results from surface samples and shales. Chem. Geol. , 104: 1-37

Condie K C. 1997a. Plate Tectonics and Crustal Evolution. Oxford: Butterworth-Heinemann: 144-180

Condie K C. 1997b. Source of Proterozoic mafic dyke swams: constraince from Th/Ta and La/Yb ratios. Precam Res. , 81: 3-14

Condie K C. 1998. Episodic continental growth and supercontinents: A mantle avalanche connection. Earth Planet Sci. Let. , 163: 97-108

Condie K C. 1999. Mafic crustal xenoliths and the origin of the lower continental crust. Lithos, 46: 95-101

Condie K C. 2003. Incompatible element ratios in oceanic basalts and komatiite: Tracking deep mantle source and continental growthrates with time. Geochim Geophy Geosyst, 4: 1-28

Condie K C, Viljoen M J, Kable E J D. 1977. Effects of alteration on element distributions in Archean tholeiites from the Barberton greenstone belt. South Africa. Contrib Mine Petrol, 64: 75-89

Connor J J, Shacklette H T. 1975. Background Geochemistry of Some rocks, Soils, Plants and vegetables in the Conterminous United States. United States Government Printing Office, Washington.

Coogan L A, Hinton R W. 2006. Do the trace element compositions of detrital zircons require Hadean continental crust? Geology, 34: 633-636

Cooper L B, Ruscitto D M, Plank T, et al. 2012. Global variations in $H_2O/Ce$: 1. Slab surface temperatures beneath volcanic arcs. Geochim Geophy Geosys, 13 (3), doi: 10. 1029/2011GC003902

Core D P, Kesler S E, Essen E J. 2006. Unusually Cu-rich magma associated with giant porphyry Copper deposits: evidence from Bingham, Utah. Geology, 34: 41-44

Corliss J B. 1979. Submarine thermal springs on the Galapagos rift. Science, 203: 1073-1083

Coryell C G, Chase J W, Winchest J W. 1963. A procedure for geochemical interpretation of terrestrial rare-earth abundances. Geophys Res. , 688: 559-566

Couch E L. 1971. Calculation of paleosalinities from boron and clay mineral data. AAPG Bulltein, 55: 1829-1839

Courtillot V. 1994. Mass extinction in the last 300 million years: one impact and seven flood basalts. Isr Jour. Earth Sci. , 43: 255-266

Cox K G A. 1991. Superplume in the mantle. Nature, 352: 564-565

Crerar D A, Namson J, Chyi M S. 1982. Manganiferous chert of the Franciscan assemblage: 1, general geology , ancient and modern analogues and implications for hydrothermal convection at oceanic spreading centers. Econ. Geol. , 77: 519-540

Crocket J H, Fleet M E, Stone W E. 1992. Experimental portitioning of osmium, iridium and gold between basalt melt and sulphide liquid at 1300℃. Austal. Jour. Earth Sci. , 39: 427-432

Crusius J, Calvert S, Pedersen T, et al. 1996. Rhenium and molybdenium enrichments in sediments as indicators of oxic, suboxic and sulfidic conditions of deposition. Earth Planet Sci. Lett. , 145: 65-78

Cullers R L, Basu A, Suttner L J. 1988. Geochemical signature of provenance in sand-size material in soils and stream sediments near the Tobacco root batholith, Montana, USA. Chem. Geol. , 70: 335-348

Cullers R L, Medaris L G Jr, Haskin L A. 1970. Gadolinium: distribution between aqueous and silicate phases. Science, 169: 580-583

Cullers R L, Medaris L G, Haskin L A. 1973. Experimental studies of the distribution of rare earth as trace elements among silicate minerals and liquid and water. Geochim Cosmochim Acta, 37: 1499-1512

Cullers R L, Yen L T, Chaudhuri S, et al. 1974. Rare earth elements in Silurian pelitic schists from N. W. Maine. Geochim Cosmochim Acta, 38: 389-400

Cullers R L, Barrett T, Carlson R, et al. 1987. Rare earth element and mineralogical changes in Holocene soil and stream sediment: a case study in the West Mountaints, Corolado, USA. Chem. Geol., 63: 275-297

David C G, Willianm P L, Hans G A I. 1981. Petrology and geochemistry of plagiogranite in the Canyon Mountain ophiolite, Oregon. Contrib Mineral Petrol, 77: 82-89

David K, Schiano P, Allegre C J. 2000. Assessment of the Zr/Hf fractionation in oceanic basalts and continental materials during petrogenetic processes. Earth Plan. Sci. Lett., 178: 285-301

Dawson J B. 1984. Contrasting types of upper mantle metasomatism. In: Kornoprost J (ed). Kimberlites Ⅱ: The Mantle and Crust-mantle Relationships. Amsterdam: Elsevier: 289-294

De Baar H J W, Bacon M P, Brewer P G. 1985a. Rare earth elements in the Pacific and Atlantic oceans. Geochim Cosmochim Acta, 49: 1943-1959

De Baar H J W, Brewer P G, Bacon M P. 1985b. Anomalies in rare earth distribution in seawater: Gd and Tb. Geochim Cosmochim Acta, 49: 1961-1969

De Sitter J, Govaert A, De Grave E, et al. 1977. Mossbauer study of $Ca^{2+}$-containing magnetites. Phys Status Solidi (a), 43: 619-634

Debon F, Le Fort P. 1983. A chemical -mineralogical classification of common plutonic rocks and associations. Trans. Royal. Soci. Edin: Earth Sci., 73: 135-149

Deckker P, Chivas A R, Shelley J M G, et al. 1988. A new paleoenvironmental indicator applied to a regressive/transgressive record from the gulf of Carpentaris. Paleogeogr Paleoclimato Paleoecol, 60: 231-241

Deer N A, Howie R A, Zussma J. 1992. An Introduction to Rock-forming Minerals. 2$^{nd}$ edn. New York: Longman Harlow, Wiley

Defant M J, Drummond M S. 1990. Derivation of some modern arc magmas by melting of young subducted lithosphere. Nature, 347: 662-665

Defant M J, Kepezhinskas P. 2001. Evidence suggests slab melting in arc magmas. EOS, 82: 65-69

Defant M J, Jackson T E, Drummond M S, et al. 1992. The geochemistry of young volcanism throughout western Panama and southeastern Costa Rica: an overview. Jour. Geol. Soc. (London), 149: 569-579

Degeling H S. 2003. Zr equilibria in metamorphic rocks. Australian National University PhD Thesis: 231

Degens E T. 1958. Environmental studies of Carboniferous sediments, 2, applications of geochemical creteria. Geol. Soc. Ame. Bull. , 42: 981-987

Delano J W. 2001. Redox history of the Earth's interior since ~3900Ma: implications for prebiotic molecules origins of life and evolution of the biosphere. Kluwer Academic Publishers , Printed in the Netherlands, 31: 311-341

Dennen B H, Blachburn W H, Queseda A. 1970. Aluminium in quartz geothermometer. Contrib Mineral Petrol, 27: 332-342

DePaolo D J. 1985. Isotopic studies of processes in mafic magma chambers. I. The Kiglapait intrusion, Labrador. Journal of Petrology, 26 (4): 925-951

DePaolo D J. 1981. Trace element and isotopic effects of combined wallrock assimilation and fractional crystalligation. Earth Plnet Sci Lett, 53: 189-202

DePaolo D J. 1988. Age dependence of the composition of continental crust: evidence from Nd isotopic variations in granitis rocks. Earth Planet Sci. Lett., 90: 263-271

Dhuime B, Hawkesworth C J, Cawood P A, et al. 2012. A change in the geodynamics of continental growth 3 billion years ago. Science, 335: 1334-1336

Dickin A P, Richardson J M, Crocket J H, et al. 1992. Osmium isotope evidence for a crustal origin of platinum group elements in the Sudbury nickel ore, Ontario, Canada. Geochim Cosmochim Acta, 56: 3531-3537

Dickin A P. 1988. Evidence for limited REE leaching from the Roffna gneiss, Switzerland, a discussion of the paper by Vocke et al. (1987) (CMP95: 145-154). Contrib Mine Petrol, 99: 273-275

Dickin A P. 1995. Radiogenetic Isotopic Geology. Cambridge: Cambridge University Press

Dickinson W R. 1971. Plate tectonics in geologic history. Science, 174: 107-113

Dickinson W R. 1975. Potash-depth ($K$-$h$) relation in continental margin and intra-oceanic magmatic arcs. Geology, 3: 53-56

Dietz R S. 1964. Sudbury structure as an astrobleme. Jour. Geol. , 72: 412-434

Dilek Y, Furnes H. 2014. Ophiolite and their origin. Elements, 10: 93-100

Dimroth E, Kimbebericy M M. 1976. Precambrian atmospheric oxygen: Evidence in the sedimentary distributions of carbon, sulfur, uranium and iron. Cana. Jour. Earth Sci., 13: 1161-1185

Dostal J, Capedri S. 1979. Rare earth elements in high-grade metamorphic rocks from the western Alps. Lithos, 12: 41-49

Dostal J, Chatterjee A K. 2000. Contrasting beheviour of Nb/Ta and Zr/Hf ratios in a peraluminous granitic plution (Nova Scotia, Canada). Chem. Geol., 163: 207-218

Dostal J, Dupuy C, Carron J P, et al. 1983. Partition coefficients of trace elements application to volcanic rocks of st. Vincet west Indies. Geochim Cosmochim Acta, 47: 525-533

Douville E, Bienvenu P, Charlou J L, et al. 1999. Yittrium and rare earth elements in fluids from various deep-sea hydroyhermal systems. Geochim Cosmochim Acta, 63: 627-643

Drake M J. 1975. The oxidation state of europiun as an indicator of oxygen fugacity. Geochim Cosmochim Acta, 39: 55-64

Drake M J, Holloway J R. 1981. Partitioning of Ni between olivine and silicate melt: the "Henry's Law problem" reexamined. Geochim Cosmochim Acta, 45: 431-438

Drake M J, Hollway J R. 1978. "Henry law" behaviour of Sm in a natural plagioclase/melt system, importance of experimental procedure. Geochim Cosmachim Acta, 42: 679-683

Drake M J, Weill D F. 1975. Partition of Ba, Ca, Sr, Y, $Eu^{2+}$, $Eu^{3+}$ and other REE between plagioclase feldspar and magmatic liquids an experimental study. Geochim Cosmochim Acta, 39: 689-712

Drummond M S, Defant M J. 1990. A model for trondhjemite-tonalite-dacite genesis and crustal growth via slab melting: Archean to modern compositions. Jour. Geophy Res., 95: 21503-21521

Drummond M S, Defant M J, Kepezhinskas P K. 1996. Petrogenesis of slab-derived trondhjiemite-tonalite-dacite /adakite magmas. Trans Royel Soci. Edinb: Earth Sci. , 87: 205-215

Ducca M, Saleeby J. 1996. Bouyancy sources for a large, unrooted mountain range, the Sierra Nevada, California: evidence from xenolith thermobarometry. Jour. Geograph Res., 101: 8229-8244

Ducca M, Saleeby J. 1998a. A case study for delamination of the deep batholithic crust beneth the Sierra Nevada, California. Int. Geol. Rev., 40: 78-93

Ducca M, Saleeby J. 1998b. Crustal recycling beneth continental arcs: silica-rich glass inclusion in ultramafic xenoliths from the Sierra Nevada, California. Earth Planet Sci. Lett. , 156: 101-116

Dupuis C, Beaudoin G. 2011. Discriminant diagrams for iron oxide trace element fingprinting of mineral deposit types. Mine Depo., 46: 319-335

Dupuy C, Dostal J. 1984. Trace element geochemistry of some continental tholeiites. Earth Planet Sci. Lett., 67: 61-69

D'Orazio M, Agostini S, Innocenti F, et al. 2001. Slab window-related magmatism from southernmost South America: the late Mioceene mafic volcanics from the Estancia Glencross area (~52°S, Argentina-Chile). Lithos, 57: 67-89

Eby G N. 1992. Chemical subdivision of the A-type granitoids, petrogenetic and tectonic implicatios. Geology, 20: 641-644

Edger A D. 1992. Implications of experimental petrology to the evolution of ultrapotassic rocks. Lithos, 28: 205-220

Eichelberger J C. 1980. Vesiculation of mafic magma during replacement of silica magma reservoirs. Nature, 288: 446-450

El Goresy A, Chen M, Gillet P, et al. 2001. A natural shock-induced dense polymorph of rutile with $\alpha$-$PbO_2$ structure in the suevite from the Ries crater in Germany. Earth Planet Sci. Lett. , 192: 485-495

Elderfield H, Hawkesworth C J, Greaves M J, et al. 1982. Rare earth element geochemistry of oceanic ferromanganese nodules. Geochim Cosmochim Acta, 45: 513-528

Elliott T. 2003. Tracers of the slab. Geophy Monog, 238: 23-45

Engelhardt W V, Luft E, Arndt J, et al. 1987. Origin of moldavites. Geochim Cosmochim Acta, 51: 1425-1443

Erbeny H K, Hoefs J, Wedepohl K H. 1979. Paleobiological and isotopic studies of eggshells from a declining Dinosaur species. Paleobiology, 5: 380-414

Erickson R L. 1973. Crustal abundance of elements and mineral reserves and resources. U. S. Geol. Surv. Profess Paper

Ernst R E, Buchan K L. 2003. Recognizing mantle plumes in the geological record. Ann. Rev. Earth Planet Sci., 31: 469-523

Ernst W G. 1976. Petrologic Phase Equilibria. San Francisco: WH Freeman Compony

Escrig S, Campas F, Dupre B, et al. 2004. Osmium isotopic constrans on the DUPAL anomaly from Indian midocean-ridge basalts.

Nature, 431: 59-63

Evans N J, Gregoire D C, Grieve R A F, et al. 1993. Use of platinum-goup elements for impactor identification: terrestrial impact craters and Cretaceous-Tertiary boundary. Geochim Cosmochim Acta, 57: 3737-3748

Ewart A, Collerson K D, Regelous M. 1998. Geochemical evolution within the Tonga-Kemadec-Lau arc-backarc system: the role of varying mantle wedge composition in space and time. Jour. Petrol, 39: 331-368

Ewart A, Taylor S R, Capp A C. 1968. Trace minor element geochemistry of the rhyolitic volcanic rocks, central north island, New Zealand. Contrib Mineral Petrol, 18: 76-104

Faggart B E, Basu A R, Tatsumoto M. 1985. Origin of the Sudbury complex by meteoritic impact: Neodymium isotopic evidence. Science, 230: 436-439

Fan W M, Menzies M A. 1992. Destruction of aged lower lithosphere accretion of asthenospheric mantle beneath eastern China. Geotectonics et Metalloenesis, 16: 171-180

Farmer G L. 2003. Continental basaltic rocks. In: Rudnick R L (ed). The crust. Oxford: Elsevier-Pergamon: 239-263

Farquhar J, Bao H, Thiemans M. 2000. Atmospheric influence of Earth's earliest of sulfate levels in the Archean ocean sulfur cycle. Science, 289: 756-758

Faure G. 1986. Principles of Isotope Geology. New York: John Wiley and Sons: 142-247

Faure G, et al. 1967. Strontium isotope composition and trace element concentrations in Lake Huron and its principle tributaries. Rept. No. 2. Laboratory for Isotope Geology and Geochemistry. The Ohio State University, Columbus Ohio: 9-109

Feigensen M D, Carr M J. 1993. The source of central American lavas: inferences from geochemical invers modeling. Contrib Mineral Petrol, 113: 226-235

Ferry J M, Watson E B. 2007. New thermodynamic models and revised calibration for the Ti-in-rutile thermometers. Contrib Mineral Petrol, 154: 429-437

Field C N, Zhang L C, Dilles J H, et al. 2005. Sulfide and oxygen isotopic recod in sulfade and sulfide minerals of early, deep, pre-Main stage porphyry Cu-Mo and late Main stage base-metal mineral deposits, Butte district, Mountana. Chem. Geol., 215: 61-93

Fitton J G, Godard M. 2004. Origin and evolution of magmas on the Ontong Java Plateau. In: Fitton J G, Mahoney J J, Wallace P J, et al (eds). Origin and Evolution of the Ontong Java Plateau. London: The Geological Society: 151-178.

Fitton J G, James D, Leeman W P. 1991. Basic magmatism associated with late Cenozoic extension in the western United States: compositional variation in space and time. Jour. Geophys Res. , 96: 13693-13711

Fitton J G, Sauders A D, Norry M J, et al. 1997. Thermal and chemical structure of the Iceland plume. Earth Planet Sci. Let., 153: 197-208

Flagler P A, Spray J G. 1991. Generation of plagiogranite by amphibolite anatexis in oceanic shear zones. Geol. , 19: 70-73

Fleet M E, Crocket J H, Stone W E. 1996. Partitioning of platinum-group elements (Os, Ir, Ru, Pt, Pd) and gold between sulfide liquid and basalt melt. Geochim Cosmochim Acta, 60: 2397-2412

Fleet M E, Pan Y. 1997. Site preference of rare earth elements in fluor-apatite. Ame. Mineral, 80: 329-335.

Fleischer M. 1983. Distribution of the lanthanides and Ytribium in apatites from iron ores and its bearing on the genesis of ores of the Kiruna type. Econ. Geol., 78: 1007-1010

Fleischer M, Altschuler Z S. 1969. The relashionship of the rare-earth composition of minerals to geological environment. Geochim Cosmochim Acta, 33: 725-732

Floyd P A, Leveridge B E. 1987. Tectonic environment of the Devonian Gramscatho basin, south Cornwall: mode and geochemical evidence from turbiditic sandstones. Jour. Geol. Society, London, 144: 531-542

Floyd P A, Winchester J A, Park R G. 1989. Geochemistry and tectonic setting of Lowisian clastic metasediments from the Early Proterozoic Loch Maree group of Gairloch, NW Scotland. Precam Reser, 45: 203-214

Flynn R T, Burnham C W. 1978. An experimental determination of rare earth partition coefficients between a chloride containing vapor phase and silicate melts. Geochim Cosmochim Acta, 42: 685-701

Foley S F, Barth M G, Jenner G A. 2000. Rutile/melt partition coefficients for trace elements and assessment of the influence of rutile on the trace element characteristics of subduction zone magmas. Geochim Cosmochim Acta, 64: 933-938

Foley S, Tiepolo M, Vannucci R. 2002. Growth of early continental crust controlled by melting of amphibolite in subduction zones. Nature, 417: 837-840

Fralick P W, Kronberg B J. 1997. Geochemical discrimination of clastic sedimentary rock sources. Sedim. Geol., 113: 111-124

Fralick P W, Barrett T J, Jarvis K E, et al. 1989. Sulfide-facies iron formation at the Archean Moreley occurrence, northeastern Ontario: contrasts with oceanic hydrothermal deposits. Can Miner, 27: 601-616

Francelanci L, Taylor S R, McCulloch M T, et al. 1993. Geochemical and isotopic variations in the calc-alkaline rocks of Aeolianarc, Southern Tyrrhenian sea, Italy: Constraints on magma genesis. Contrib Mineral Petrol. , 113: 300-313

Frei R, Gacher C, Pouiton S W, et al. 2009. Fluctuations in Precambrian atmospheric oxygenation recorded by chromium isotopes. Nature, 461: 250-253

Frey F A. 1969. Rare earth abundances in a high-temperature peridotite inclution. Geochim Cosmochim Acta, 33: 1429-1447

Frey F A, Bryan W B, Thompson G. 1974. Atlantic ocean floor: Geochemistry and petrology o£ basalts from legs 2 and 3 of the deep- sea drilling project. Jour. Geophys Res. , 79: 5507-5527

Frey F A, Green D H. 1978. Integrated models of basalt petrogenesis: a study of quartz tholiiites to olivine melilities from south eastern Australia utilizing geochemical and experimental petrological data. Jour. Petrol, 19: 463-513

Frey F A, Haskin M A, Poetz J A. 1968. Rare earth abundances in some basic rocks. Jour. Geophys. Res. , 73: 6085-6098

Frietsch R, Perdahl R. 1995. Rare earth elements in apatite and magnetite in Kiruna-type iron ores and some other iron ore types. Ore Geol. Rev., 9: 489-510

Frost B R. 1991. Oxidate minerals: petrologic and magnetitic significance. In: Lindlsley D H (ed). Mineral Society America. Rev. Min. , 25: 1-9

Frost C D, Frost B R. 2011. On ferroan (A-type) granitoid: their compositional variability and modes of origin. Jour. Petrol, 52: 39-53

Frost D J, McCammon C A. 2008. The redox state of Earth's mantle. Annu. Rev. Earth Planet Sci. , 36: 389-420

Frost T P, Mahood G A. 1987. Field, chemical and physical constrains on mafic-felsic magma interaction in the Lamarck granodiorite, Serra Nevada, California. Geol. Soci. Ame. Bull. , 99: 272-291

Fryer B J. 1979. Trace element geochemistry: applications to the igneous petrogenesis of terrestrial rocks. Rev. Geophy Space Phy. , 17: 801-804

Fu B, Page F Z, Cavosie A J, et al. 2008. Ti-in-zircon thermometry : applications and limitations. Contrib Mineral Petrol, 156: 197-215

Fujimaki H. 1986. Partition coefficients of Hf, Zr and REE between zircon, apatite and liquid. Contrib Mineral Petrol, 94: 42-45

Fujitani T, Masuda A. 1981. Light REE inclination and distance from volcanic front: a case of volcanic rocks in north eastern Japan. Geochem Jour., 15: 269-281

Fuller M, Weeks R. 1992. Superplumes and superchrons. Nature, 356: 16-17

Fyfe W S, 1978. The evolution of the earth's crust: modern plate tectonics to ancient hot spot tectonics? Chem. Geol., 23: 89-114

Fyfe W S, Leonardos O H. 1973. Ancient metamorphic-migmatite belts of the Brazilian African coasts. Nature, 224: 501-502

Galer S J G, et al. 1989. Limits on chemical and convective isolation in the Earth's interior. Chem. Geol., 75: 257-290

Gao J, John T, Klemd R, et al. 2007a. Mobilization of Ti-Nb-Ta during subduction: evidence from rutile-bearing dehydration segregations and veins hosted in eclogite, Tianshan NW China. Geochim Cosmochim Acta, 71: 4974-4996

Gao Y F, Hou Z Q, Kamber B S, et al. 2007b. Lamproitic rocks from a continental collision zone: evidence for recycling of subducted Tethyan oceanic sediments in the mantle beneath Southern Tibet. Jour. Petrol, 48: 729-752

Gao S, Wedepohl K H. 1995. The negative Eu anomaly in Archean sedimentary rocks: implications for decomposition, age and importance of their granitic sources. Earth Plant Sci. Lett. , 133: 89-94

Gao S, Zhang B R, Luo T C, et al. 1992. Chemical composition of the continental crust in the Qinling orogenic belt and its adjacent North China and Yangtze cratons. Chem. Geol. , 56: 3933-3950

Gao S, Zhang B R. 1991. Al$_2$O$_3$-REE correlations in sedimentary rocks. Geochem Jour. , 25: 147-161

Garmann L B, Brunfelt A O, Finstad K G, et al. 1975. Rare earth element distribution in basic and ultrabasic rocks from west Norway. Chem. Geol., 15: 103-116

Gast P W. 1968a. Trace element fractionation and the origin of tholeiitic and alkaline magma types. Geochim Cosmochim Acta, 32: 1057-1086

Gast P W. 1968b. Upper mantle chemistry and evolution of the Earth's crust. In: Phunney (ed). The History of the Earth's Crust. Princeton: Princeton University Press: 15

Geisler T, Schaltergger U, Tomascher F. 2007. Re-equilibration of zircon in aqueous fluids and melts. Elements, 3: 43-50

Geng H Y, Sun M, Yuan C, et al. 2009. Geochemical, Sr-Nd and zircon U-Pb-Hf isotopic studiesof late Caboniferous magmatism in the west Junggar, Xinjiang: implications for ridge subduction? Chem. Geol., 266: 373-379

Gentner W, Lippolt H J, Schaeffer O A. 1963. Argonbestimmungen an Kaliummineralien-XI DieKalium- Argon-Aler der Ghäser des Nördinger Rieses und der böhnisch-mährisden Tektite. Geochim Cosmochim Acta, 27: 191-200

German C R, Elderfield H. 1990. Application of the Ce anomaly as a paleoredox indicator: The ground rules. Paleoceanography, 5: 823-833

Gertisser R, Keller J. 2003. Trace element and Sr, Nd, Pb and O isotope variations in medium-K and high-K volcanic rocks from Merapi volcano, Central Java, Indunisia: evidence for the involvement of suducted sediments in Sunda arc magma genesis. Jour. Petrol, 44: 457-489

Gharderi M, Palin J M, Campbell J H, et al. 1999. Rare earth element systematics in scheelite from hydrothermal gold deposits in the Kalgoorlie-Norseman region, Western Australia. Econ. Geol., 94: 423-438

Gill B C O, Aparicio A, El Azzouzi M, et al. 2004. Depleted arc volcanism in the Alboran Sea and shoshonitic volcanism in Morocco: geochemical and isotopic constraint on Neogene tectonic processes. Lithos, 78: 363-388

Gill R. 2010. Igneous Rocks and Process, Malaysia: Wiley Blackwell: 343-344

Gilmour I, Anders E. 1989. Cretaceous-Tertiary boundary event: evidence for a short time scale. Geochim Cosmochim Acta, 53: 503-511

Girty G H, Ridge D L, Knaack C, et al. 1996. Provenance and depositional setting of Paleozoic chert and argillite, Sierra Nevada, Califonia. Sed. Geol., 66: 107-118

Gladney E S, Jones E A, Nickell E J, et al. 1991. 1988 compilation of elemental concentration data for USGS DTS-1, G-1, PCC-1 and W-1. Geostandards Newsletter, 15: 199-396

Godfrey L V, Falkowski P G. 2009. The cycling and redox state of nitrogen in the Archaean ocean. Nature Geoscience, 2: 725-729

Goni J, Guillemin C. 1968. Nouvelles donnees sur la lecalisation des elements, en traces dans les mineraux et dans les roches XXII congres. New Delhi: Intern Section Geochime

Gonzalez- Jimenez J M G, Griffin W L, Locmelis M, et al. 2012. Contrasted minor-and trace-element compositions of spinel in chromitites of different tectonic settings. 22$^{nd}$ VM Goldshmidt Conference, Post

Gorring M L, Kay S M. 2001. Mantle processes and sources of Neogene slab window magmas from southern Patagonia, Argentina. Jour. Petrol, 42: 1067-1094

Gorring M L, Singer B, Govers J, et al. 2003. Plio-Pleistocene basalts from the Meseta del Lago Buenos Aires, Argentina: evidence for asthenosphere-lithosphere interactions during slab window magmatism. Chem. Geol. , 193: 215-235

Gorton M P, Schandl E. 2000. From continents to island arcs: a geochemical index of tectonic setting for arc-related and within-plate felsic to intermediate volcanic rocks. The Cana. Mineral, 38: 1065-1073

Goss A R, Kay M S. 2006. Steep REE patterns and enriched Pb isotopes in southern Central American arc magmas: evidence for forearc subduction erosion? Geochem Geophys Geosys, 7, doi: 10. 1029/2005 GC00116

Gosselin P, Beaudoin G, Jebrak M. 2006. Application of the geochemical signature of iron oxides to mineral exploration. GAC-MAC Annual Meeting Prog Abs: 31

Gotze J, Plötze M, Graupner T, et al. 2004. Trace element incorporation into quartz: A combined study by ICP-MS, electron spinresonance, cathodliuminescence, capillary ion analysis, and gas chromatography. Geochim Cosmochim Acta, 68: 3741-3759

Graf J L Jr. 1977. Rare earth elements as hydrothermal tracers of the formation of massive sulfide deposits in volcanic rocks. Econ. Geol., 72: 527-548

Graf J L Jr. 1984. Effects of Mississippi valley-type mineralization on REE patterns of carbonate rocks and minerals, Viburnum trend, Southeast Missouri. Jour. Geol., 92: 307-324

Grandjean-Lecuyer P, Freist R, Albarade F. 1993. Rare earth elements in old biogenic apatite. Geochim Cosmochim Acta, 57: 2507-2514

Grant J A. 1986. The isocon diagram—a simple solution to greisen's equation for metasomatic alteration. Econ. Geol. , 81: 1976-1982

Grasby S E, Sanei H, Beauchamp B. 2011. Catastrophic dispersion of coal fly-ash into oceans during the latest Permian extinction. Nature Geoscience, 4: 104-107

Grauch R I. 1989. Rare earth elements in metamorphic rocks. In: Lipin B R, McKay G A (eds). Geochemistry and rare earth elements. Rev. Mineral, 21: 147-167

Green T H. 1995. Significance of Nb/Ta as an indicator of geochemical processes in the crust-mantle system. Chem. Geol., 120: 347-359

Green T H. 2000. New partition coefficient determinations pertinent to hydrous melting processes in subduction zones. In: Davidson J A, et al (eds). In: State of the Arc 2000: Processes and Timescales. Wellington: Carolyn Bain Pub House: 92-95

Green T H, Adam J. 2003. Experimentally-determined trace element characteristics of aqueous fluid from partially dehydrated mafic oceanic crust at 3. 0GPa, 650-700℃. Eur. Jour. Mineral, 15: 185-201

Green T H, Pearson N J. 1983. Effect of pressure on rare earth element partition coefficients in common magmas. Nature, 305: 414-416

Green T H, Pearson N J. 1987. An experimental study of Nb and Ta partitioning between Ti-rich minerals and silicate liquids at high pressure and temperature. Geochim Cosmochim Acta, 51: 55-62

Green T H, Blundy J D, Adam J. 2000. SIMS determination of trace element partition coefficients between garnet, clinopyroxene and hydrous basaltic liquids at 2-7. 5GPa and 1080-1200℃. Lithos, 53: 165-187

Green T N, Brunfelt A O, Heier K S. 1972. Rare earth element distribution and K/Rb ratios in granulites, mangerites and anorthosites, Lofoten-Vesteralen, Norway. Geochim Cosmochim Acta, 36: 241-257

Greenland L P. 1970. An equation for trace element distribution during magmatic crystallization. Am. Mineral, 55: 455-465

Griffin W I, Zhang A D, O'Reilly S Y, et al. 1998. Phanerozoic evolution of the lithosphere beneath the Sino-Korean Craton. In: Flower M, Chung S L, Lo C H (eds). Mantle dynamics and plate interactions in east Asia. Washington DC: Amm. Geophy. Union Geodyn. Ser., 27: 107-126

Griffin W L, Ryan C G. 1993. Trace elements in garnets and chromites: evaluation of diamond exploration targets. In: Diamonds: exploration, sampling and evaluation. Prospecting Dev Assoc Can Toronto: 185-213

Griffin W L, Ryan C G. 1999. Trace elements in indicator mineral: area selection and target evaluation in diamond exploration. Jour. Geochem Explo., 53: 311-337

Griffin W L, Zhang A, O'Reilly S Y, et al. 1998. Phanerozoic evolution of the lithosphere beneath the Sino-Korean craton. In: Flower M, Chung S L, Lo C H, et al (eds). Mantle dynamics and plate interactions in East Asia. Am. Geophys Union Geodyn Ser., 27: 107-126

Grimes C B, John B E, Kelemen P B. 2007. Trace element chemistry of zircon from oceanic crust: A method for distinguishing detrital zircon provenance. Geology, 35: 643-646

Grmet L P, Dymek R F, Haskin L A, et al. 1984. The "north American shale composite": Its compilation, major and trace element characteristics. Geochim Cosmochim Acta, 48: 2469-2482

Grove T L, Parman S W, Bowring S A, et al. 2002. The role of an H₂O-rich fluid component in the generation of primitive basaltic andesites and andesites from the Mt. Shasta region, N California. Contrib Miner Petrol, 142: 375-396

Groves D I. 1993. The crustal continuum model for late-Archean lode-gold deposits of the Yilgan Block, western Australia. Mine Deposita, 28: 366-374

Grutzeck M W, et al. 1973. REE partitioning between diopside and silicate liquid. EOS, 554: 1222

Guivel C, Lagabrielle Y, Bourgois J, et al. 1999. New geochemical constraints for the origin of ridge-subduction-related plutonic and volcanic suites from the Chile Triple Junction (Taitao Penensula and Site 862, LEG ODP 141 on the Taitao Ridge). Tectonophysics, 311: 83-111

Guo F, Amuru E N, Fan W M, et al. 2007. Generation of Palaeocean adakitic andesites by magma mixing, Yanji area, NE China. Jour. Petrol, 48: 661-692

Guo Z F, Wilson M, Liu J Q, et al. 2006. Post-collisional, potassic and ultrapotassic magmatism of the northern Tibetan Plateau: Constraints on characteristics of the mantle source, geodynamic setting and uplift mechanism. Jour. Petrology, 47: 1177-1220

Götze J, Plötze M. 1997. Investigation of trace element distribution in detrital quartz by electron paramagnetic resonance (EPR). Eur. Jour. Mineral, 9: 529-537

Haas J R, Shock E L, Sassani D C. 1995. Rare earth elements in hydrothermal systems: estimates of standard partial molal thermodynamic properties of aqueous complex of the rare earth elements at high pressure and temperature. Geochim Cosmochim Acta, 59: 4329-4350

Hajash A Jr. 1984. Rare earth element abundances and distribution patterns in hydrothermally altered basalts: experimental results. Contrib Mine Petrol, 85: 409-412

Halter W F, Heinrich C A, Pettke T. 2005. Magma evolution and the formation of porphyry Cu-Au ore fluids: evidence from silicate and sulfide melt inclutions. Miner Depos. , 39: 845-863

Hamade T, Konhauser K O, Raiswell R, et al. 2003. Using Ge/Si ratios to decouple iron and silica fluxes in Precambtian banded iron formation. Geology, 31: 35-38

Hamilton W B. 2008. Archean magmatism and deformation were not products of plate tectonics. Precam Res., 91: 143-179

Hamilton W B. 2011. Plate tectonics began in Neoproterozoic time, and plumes from deep mantle have never operated. Lithos, 123: 1-20

Hanchar J M, Westren W V. 2007. Rare earth element behavior in zircon-melt systems. Elements, 3: 37-42

Hanranhan M, Brey G, Woodland A. 2009. Li as a barometer for bimineralic eclogites: Experiments in natural systems. Lithos, 112: 992-1001

Hanson G H. 1975. REE analyses of the Merton and Montevideo gneisses from the Minnesota River valley. Geol. Soc. America Abstr. Programs, 7: 1099

Hanson G N. 1978. The application of trace element to the petrogenesis of igneous rocks of granitic composition. Earth Planet Sci. Lett., 38: 26-43

Hanson G N. 1980. Rare earth elements in petrogenetic studies of igneous system. Annu. Rew. Earth Plan. Sci., 8: 371-406

Hardarson B S, Fitton J G. 1991. Increased mantle melting beneath Snaetellsjokull volcano during Late Pleistocene deglaciation. Nature, 353: 62-64

Harggerty S E. 1987. Metasomatic mineral titanates in upper mantle xenoliths. In: Nixon P H (ed). Mantle Xenoliths. John Wiley and Sons Ltd: 671-690

Harker A. 1909. The Natural History of Igneous Rocks. London: Methuen

Harris N B W, Pearce J A, Tindle A G. 1986. Geochemical characterristics of collision-zone magmatism. In : Coward M P, Reis A C (eds) . Collision tectonics. Spec. Publ. Geol. Soc. Lond., 19: 67-81

Harris N. 2007. Channel flow and the Himalaya-Tibetan orogeny: a critical review. Jour. Geol. Soci. , 164: 111-123

Harrison T M, Blichect-Toft J, Muller W, et al. 2005. Hetrogeneous hadean hafnium: evidence of continental crust at 4.4 to 4.5Ga. Science, 310: 1947-1950

Harrison T M, Schmitt A K, McCulloch M T, et al. 2008. Early (≥4.5Ga) formation of terrestrial crust: Lu-Hf, $\delta^{18}O$ and Ti thermometry results for Hadean zircons. Earth Planet Sci. Lett., 268: 476-486

Harrison T M, Watson E B, Aikman A B. 2007. Temperature spectra of zircon crystallization in plutonic rocks. Geology, 35: 635-638

Harrison W J. 1981. Partitioning of REE between mineral and coexisting melts during partial melting of a garnet lherzolite. Am. Mineral, 66: 3-4, 242-259

Hart C J R, Goldfarb R J, Qiu Y M, et al. 2002. Gold deposits of the northern margin of the North China Craton: multiple late Paleozoic-Mesozoic mineralizing events. Mineral Depo. , 37: 326-351

Hart S R. 1984. A large-scale isotope anomaly in the Southern Hemisphere mantle. Nature, 309: 753-757

Hart S R. 1988. Hetrogeneous mantle domains: signatures, genesis and mixing chronologies. Earth Planet Sci. Lett., 90: 273-296

Hart S R, Allegre C J. 1980. Trace element constraints on magma genesis. In: Hargraves R B (ed). Physics of Magmatic Processes. Princeton: Princeton University Press: 10

Hart S R, Hauri E H, Oschmann I A, et al. 1992. Mantle plumes and entrainment: isotopic evidence. Science, 26: 517-520

Haskin L A. 1979. On rare earth element behavior in igneous rocks. Physics and Chemistry of the Earth, 11: 186-187

Haskin L A, Haskin M A. 1968. Rare-earth elements in the Skaergaad intrusion. Geochim Cosmochim Acta, 32: 433-447

Haskin L A, Haskin M A, Frey F A, et al. 1968. Relative and absolute terrestrial abundances of the rare earths. In: Ahrens L H (ed). Origin and Distribution of Elements. Oxford: Pergamon: 889-912

Hastie A R, Kerr A G, Pearce J A, et al. 2007. Classification of altered volcanic island arc rocks using immobile trace elements: development of the Th-Co discrimination diagram. Jour. Petrol, 48: 2341-2357

Hauri E. 2002. SIMS analysis of volatiles in silicate glasses, 2: isotopes and abundances in Hawaiian melt inclusions. Chem. Geol. , 183: 115-141

Hauri E H, Wanger T P, Grove T L. 1994. Experimental and natural partitioning of Th-U-Pb and other trace elements between garnet, clinopyroxene and basaltic melts. Chem. Geol., 117: 149-166

Hawkesworth C, Turner S, Peater D, et al. 1997. Element U and Th variations in island arc rocks: implications for U-series isotopes. Chem. Geol., 139: 207-221

Hawkesworth C J, Rogers N, van Calstern P, et al. 1984. Mantle enrichment processes. Nature, 311: 331-335

Hayashi K, Fujisawa H, Holland H D, et al. 1997. Geochemistry of ~1.9Ga sedimentary rocks from northeastern Labrador, Canada. Geochim Cosmochim Acta, 61: 4115-4137

Hayden L A, Watson E B. 2007. Rutile saturation in hydrous siliceous melts and its bearing on Ti-thermometry of quartz and zircon. Earth Planet Sci. Lett., 258: 561-568

Hayden L A, Watson E B, Wark D A, 2008. A thermobarometer for sphene (titanite). Contrib Mineral Petrol, 155: 529-540

He B, Xu Y G, Chung S L, et al. 2003. Sedimentary evidence for a rapid, kilometer-scale crustal doming prior to the eruption of the Emeishan flood basalts. Earth Planet Sci. Lett., 213: 391-405

He Y S, Li S G, Hoefs J, et al. 2011. Post-collisional granitoids from the Dabie orogeny: New evidence for partial melting of a thickened continental crust. Geochim Cosmochim Acta, 75: 3815-3838

Heilman P L, Henderson P. 1977. Are rare elements mobile during spilitization. Nature, 267: 38-40

Heilman P L, Smith R E. 1979. The mobility of rare earths: evidence and implications from selected terrains affected by burial metamorphism, Contrib. Mine Petrol, 71: 23-44

Heilman P L, Smith R E, Henderson P. 1977. Rare earth element investigation of the Cliefden outcrop, NSW, Australia. Contrib. Mineral Petrol, 65: 155-164

Hekisian R, Fouqur Y. 1985. Volcanism and metallogenesis of axial and offaxial structure of the East Pacific rise near 13°N, Econ. Geol., 80: 2221-2249

Helvaci C, Griffin W L. 1983. Metamorphic feldspathization of metavolcanics and granitoids, Avnik area, Turkey. Contrib Mine Petrol, 183: 309-319

Henderson L M, Kracek F C. 1927. The fractional precipitation of barium and radium chromates. Jour. Am. Chem. Soc., 49: 739-749

Henderson P. 1984. General geochemical properties and abundances of the rare element. In: Henderson P (ed). Rare Earth Element Geochemistry. New York: Elsevier: 1-30

Henry C, Burkhard M, Goffe B. 1996. Evolution of synmetamorphic veins and their wallrocks through a western Alps transect: No evidence for large-scale fluid flow, stable isotope, major and trace-element systematics. Chem. Geol., 127: 81-109

Henry D J, Guidotti C V. 1985. Tourmaline as a petrogenetic indicator mineral: An example from the staurolite-grade metapelites of NW Maine. Amer. Miner, 70: 1-15

Hermann J, Rubatto D. 2009. Accesory phase control on the trace element signature of sediment melts in subduction zones. Chem. Geol., 265: 512-526

Hermann J, Spandler C. 2008. Sediment melts at sub-arc depth: an experimental study. Jour. Petrol, 49: 717-740

Hermann J, Spandler C, Hack A. 2006. Aqueous fluids and hydrous melts in high-pressure and ultra-high pressure rocks: Implications for element transfer in subduction zones. Lithos, 92: 399-417

Herrmann A G, Potts M J, Knake D. 1974. Geochemistry of the rare earth element in spilites from oceanic and continental crust. Mine Petrol, 44: 1-16

Hertogen J, Gijbels R. 1976. Calculations of trace element fractionation during partial melting. Geochim Cosmochim Acta, 40: 313-322

Herving R L. 1982. Temperature dependent distribution of Cr between olivine and pyroxenes in lherzolite xenoliths. Contrib Mine Petrol, 81: 184-189

Hervig R L, Peacock M S. 1989. Implications of trace elements zoning in deformed quartz from the Santa Catalina mylonite zone. Jour. Geol., 89: 343-350

Herzberg C, Asimow P D. 2008. Petrology of oceanic island basalts: PRIMELT2. XLS software for primary magma calculation. Geochem Geophys Geosys, 9, doi: 10.1029/2008GC002057

Herzberg C, O'Hara M J. 2002. Plum-associated ultramafic magmas of Phanerozoic age. Jour. Petrol, 43: 1857-1883

Herzberg C, Asimow P D, Arndt N, et al. 2007. Temperatures in ambient mantle and plumes: constraints from basalts, picrites, and komatiites. Geochem Geophys Geosys, 8, doi: 10. 1029/2006GC001390

Hidaka H, Holliger P, Shimizu H, et al. 1992. Lanthanide tetrad effect observed in the Oklo and ordinary uraninites and its application for their forming processes. Geochem Jour., 26: 337-346

Hill R I. 1993. Mantle plume and continental tectonics. Lithos, 30: 193-206

Hinton R W, Upton B G. 1991. The chemistry of zircons: variations within and between large crystals from syenite and alkali basalt xenoliths. Geochim Cosmochim Acta, 55: 3287-3320

Hirata T, Shimizu H, Akagi T, et al. 1988. Precision determination of rare-earth elements in geological standard rocks by inductively coupled plasma source-mass spectrometry. Analy Sci., 4: 637-643

Ho K S, Chen J C. 1996. Geochemistry and origin of tektite from the Penglai area, Hainan province, southern China. Jour. Asia Earth Sci., 13: 61-72

Hoashi M, Bevacqua D C, Otake T, et al. 2009. Primary hematite formation in an oxygenated sea 3. 46 billion years ago. Nature Geoscience, 2: 301-306

Hoddes A P. 1985. Depth of origin of basalts inferred from Ti/V ratios and a comparison with the $K_2O$-depth relationship for island-arc volcanics. Chem. Geol., 48: 3-16

Hofmann A W. 1988. Chemical differentiation of the Earth: the relationship between mantle, continental crust and oceanic crust. Earth Planet Sci. Lett., 90: 297-314

Hofmann A W. 1997. Mantle geochemistry: the massage from oceanic volcanism. Nature, 385: 219-229

Hofmann A W, White M W. 1982. Mantle plumes from ancient oceanic crust. Earth Planet Sci. Lett., 57: 421-436

Hofmann A W, Jochum K P, Seufert M. 1986. Nd and Pb in oceanic basalts: new constrains on mantle evolution. Earth Planet Sci. Lett., 79: 33-45

Hofmann J E, Munker C, Naerass T, et al. 2011. Mechanism of Archean crust formation inferred from high-precision HFSE systematics in TTG. Geochim Cosmochim Acta, 75: 4157-4178

Hofstra A H. 2000. Characteristics and models from Carlin-type gold deposits (Chapter 5). SEG Rev., 13: 163-220

Hole M J, Rogers G, Sauders A D, et al. 1991. Relation between alkali volcanism and slab-window formation. Geology, 19: 657-660

Holland H D. 1967. Gangue minerals in hydrothermal system. In: Barners H L (ed). Geochemistry of Hydrothermal Ore Deposits. New York: Wiley: 382-436

Holland H D. 1972. Granites, Solutions and base metal deposits. Econ. Geol., 67: 281

Holland H D. 1992. Distribution and paleoenvironmental interpretation of Proterozoic paleosols. In: Schopf J W, et al (eds). The Proterozoic Biosphere. Cambridge: Cambridge University Press: 153-155.

Holland H D. 1994. Early life on Earth. Nobel Symposium No 84, Bengston Sed., New York: Columbia University Press: 237-244

Holland H D, Kulp J L. 1949. The distribution of accessory elements in pegmatite, I. Theory. Amer. Geol. , 34: 35-60

Holland H D, Freakes C R, Zbinden E A. 1989. The Flin Flon paleosol and the compostion of the atmosphere 1. 9 by bp. American Jour. Sci., 289: 362-389

Hollings P, Kerrich R. 2000. An Archean arc basalt-Nb-enriched basalt-adakite association: the 2. 7Ga confederation assemblage of Birch-Uchi greenston belt, Superiou Province. Cintrib Miner Petrol, 139: 208-226

Holloway J R. 1998. Graphile-melt equilibria during mantle melting: constraint on $CO_2$ in MORB magmas and the carbon content of the mantle. Chem. Geol., 147: 89-97

Hollway J R. 2004. Redox reactions in seafloor basalts: possible insights into silicic hydrothermal systems. Chem. Geol., 210: 225-230

Holm P E. 1985. The geochemical fingerprints of different tectonomagmatic environments using hydromagmatophile element abundances of tholeiitic basalts and basaltic andesites. Chem. Geol., 51: 303-323

Hoover J D. 1989. The chilled marginal gabbro and other contact rocks of the Skaergaad intrusion. Jour. Petrol, 30: 441-476

Horng W S, Hess P C. 2000. Partition coefficients of Nb and Ta between rutile and anhydrous haplogranite melts. Contr. Mine Petrol, 138: 176-185

Hoskin P W O. 2005. Trace-element composition of hydrothermal zircon and the alteration of hadean zircon from the Jack Hills, Australia. Geochim Cosmochim Acta, 69: 637-648

Hoskin P W O, Black J P. 2000. Metamorphic zircon formation by solid state recrystallization of protolith igneous zircon. Jour. Metamo Geol., 18: 423-439

Hoskin P W O, Schaltegger U. 2003. The composition of zircon and igneous and metamorphic petrogenesis. In: Hanchar J M, Hoskin P W O (eds). Zircon. Reviews in Mineralogy and Geochemistry, 53: 27-62

Hsieh P S, Chen C H, Yang H J, *et al*. 2008. Petrogenesisof the Nanling mountains granites from south China: constraints from systematic apatite geochemistry and whole-rock geochemical and Sr-Nd isotope compositions. Jour. Asian Earth Sciences, 33: 428-451

Huang F, Gao L L, Lundstrom C C. 2008. The effect of assimilation, fractionational crystallization and ageing on U-series disequilibria in subduction zone lavas. Geochim Cosmochim Acta, 72: 4136-4145

Huang X L, Xu Y G, Lo C H, *et al*. 2007. Exsolution lamellae in a clinopyroxene megacryst aggregate from Cenozoic basalt, Leizhou Peninsula, south China: petrography and chemical evolution. Contrib Mineral Petrol, 154: 691-705

Humphreys E R, Niu Y L. 2009. On the composition of ocean island basalts (OIB): the effects of lithospheric thickness variation and mantle metasomatism. Lithos, 112: 118-136

Humphris S E. 1984. The mobility of the rare earth element in crust. In: Henderson P (ed). Rare Earth Element Geochemistry. Amsterdam: Elsevier: 317-342

Humphris S L, Morrison M A, Thompson R N. 1978. Influence of rock crystallization history upon subsequent lanthanide mobility during hydrothermal alteration of basalts. Chem. Geol., 23: 125-137

Hurley P M. 1968. Absolute abundance and distribution of Rb, K and Sr in the Earth. Geochim Cosmochim Acta, 32: 273-283

Hurley P M, Rand J R. 1969. Pre-drift continental nuclei. Science, 164: 1229-1242

Imai A. 2002. Metallogenesis of porphyry Cu deposits of western Luzon arc, Philippnes: K-Ar ages, $SO_3$ contents of microphenocryctic apatite and significance of intrusive rocks. Resour. Geol., 52: 147-161

Imai A. 2004. Variation of Cl and $SO_3$ contents of microphenocryctic apatite in intermediate to silisic igneous rocks of Cenozoic Japanese island arcs: implications for porphyry Cu metallogeneses in the western Pacific island arcs. Resour. Geol., 54: 357-372

Ionov D A, Hofmann A W. 1995. Nb-Ta-Ti-rich mantle amphibles and mics: implications for subduction-related metasomatic trace element fractionations. Earth Planet Sci. Lett., 131: 341-356

Irber W. 1999. The lanthanide tetrad effect and its correlation with K/Rb, Eu/Eu *, Sr/Eu, Y/Ho and Zr/Hf of evolving peraluminous granite suites. Geochim Cosmochim Acta, 63: 489-508

Irvine T N, Sharpe M R. 1982. Source rock compositions and depth of origin of Bushveld and Stilwarter magmas. Carnegie Inst, Washington Yearbk, 81: 294-303

Irving A J. 1978. A review of experimental studies of crystal-liquid trace element partitioning. Geochim Cosmochim Acta, 42: 743-770

Irving A J. 1980. Petrology and geochemistry of composite ultramafic xenoliths in alkalic basalts and implications for magmatic processes with in the mantle. Am. Jour. Sci., 280 A: 389-426

Irving A J, Frey F A. 1978. Distribution of trace elements between garnet megacrysts and volcanic liquids of limberlitic to rhyolitic composition. Geochim Cosmochim Acta, 42: 771-787

Ishihara S. 1977. The magnetite-series and ilmenite-series granitic rocks. Mining Geol., 26: 293-305

Ishihara S. 1981. The granitoids and mineralization. Economic Geology, 75th Anniversary Volume: 458-484

Jacobsen S B, Wasserburg G J. 1979. The mean age of mantle and crustal reservoirs. Jour. Geophy. Res., 84: 7411-7427

Jacobsen S B, Pimentel-Klose M R. 1988. A Nd isotope study of the Hamersley and Michipicotten banded iron formation: the source of REE and Fe in Archean ocean. Earth Planet Sci. Lett., 87: 29-44

Jahn B M, Grifffin W L, Windley B F. 2000. Continental growth in the Phanerozoic: evidence from Central Asia. Tectonophysics, special issue 328: Ⅶ-Ⅹ

Jahn B M, Sun S S. 1979. Trace element distribution and isotopic composition of Archean greenstones. In: Ahrens L H (ed). Origin and Distribution of the Element. Physics and Chemistry of the Earth 11. Oxford, England: Pergamon Press: 597-618

Jahn B M, Zhang Z Q. 1984. Archean granulite gneisses from eastern Hebei Province, China: rare earth element geochemistry and tectonic implications. Contrib Mineral Petrol, 85: 224-243

James D E. 1981. The combined use of oxygen and radiogenic isotopes as indicators of crustal contamination. Ann. Rev. Earth Plory. Sci., 9: 311-340

James D E, Murcia L A. 1984. Crustal contamination in northern Andean volcanics. Jour. Geol. Soc. London, 141: 823-830

Jamieson R A, Unsworth M J, Harris N B W, *et al*. 2011. Crustal melting and the flow of mountains. Element, 7: 253-260

Jedwab J. 1953. Sur la deffinition des eiements typochehimiques. Bull Soc. Beige Geol., 62: 173-179

Jenkyns H C. 1980. Cretaceous anoxic events: From continents to oceans. Jour. Geol. Soc. London, 137: 171-188

Jenner G A. 1981. Geochemistry of high-Mg andesites from Cape Vogel, PNG. Chem. Geol., 33: 307-332

Jenner G A, Foley S F, Green T H, *et al*. 1993. Determination of partition coefficients for trace elements in high pressure-temperature experimental run products by lasser ablation microprobe-inductively coupled plasma-mass spectrometry (LA-ICP-MS). Geochim Cosmochim Acta, 57: 5099-5103

Jiang N, Liu Y S, Zhou W G, *et al*. 2007. Derivation of Mesozoic adakitic magmas from ancient lower crust in the North China craton. Geochim Cosmochim Acta, 71: 2591-2608

Jochunm K P. 1996. Rhodium and other platinum-group elements in carbonaceous chondritees. Geochim Cosmochim Acta, 60: 3353-3357

Jochum K P. 2001. Low Nb/Ta in the Archean mantle: ancient missing niobium in the silicate Earth. EOS (Transaction, Amer Geophy Union), 82: 1314

Jochum K P, Pfander J, Snow J E. 1997. Nb/Ta in mantle and crust. EOS, 78: 804

John T, Klemd R, Klemme S, *et al*. 2011. Nb-Ta fractionation by partial melting of the titanite-rutile transition. Contrib. Mine Petrol, 161: 35-45

John T, Scherer E E, Haase K, *et al*. 2004. Trace element fractionation during fluid-induced eclogitization in a subducting slab: Trace element and Lu-Hf-Sr-Nd isotope systematics. Earth Planet Sci. Lett., 227: 441-456

Johnson M G, Plank T. 1999. Dehydration and melting experiments constrain the fate of subducted sediments. Geochim Geophy Geosys, 1, 1999GC000014

Johnson T M. 1998. Experimental determination of partition coefficient for rare earth and high-field strength elements between clinopyroxene, garnet and basaltic melt at high pressure. Contrib Mineral Petrol, 133: 60-68

Jones B, Manning D A C. 1994. Comporison of geochemical indices used for the interpretation of paleoredox conditions in ancient mudstones. Chem. Geol., 111: 111-129

Jones W B. 1985. Chemical analyses of Bosumtwi crater tagged rocks compares with the Ivory Coast tektites. Geochim Cosmochim Acta, 41: 225-231

Joplin G A. 1968. The shoshonite association-a review. Jour. Geol. Soc. Austr., 15: 275-294

Jowitt S J, Wiliamson Marie-Claude, Ernst R E. 2014. Geochemistry of the 130-80 Ma Canadian high arctic large igneous province (HALIP) event and implications for Ni-Cu-PGE prospectivity. Econ. Geol., 109: 281-307

Jugo P J, Luth R W, Lichards J P. 2005. Experimental data on the speciation of sulfur as a function of oxygen fugacity in basaltic melts. Geochim Cosmochim Acta, 69: 497-503

Kalfoun F, Ionov D, Merlect C. 2002. HFSE residence and Nb/Ta ratios in metasomatized, rutile-bearing peridotite. Earth Planet Sci. Lett., 199: 49-65

Kamber B S, Ewart A, Collerson K D, *et al*. 2002. Fluid-mobile trace element constraints on the role of slab melting and implications for Archean crustal growth models. Contrib Mineral Petrol, 144: 38-56

Kamei A, Miyake Y, Owada M, *et al*. 2009. A pseudo adakite derived from partial melting of tonalatic to granodioritic lower crust, Kyusuhu, southwestern Japan. Lithos, 112: 615-625

Kamei A, Owada M, Nagao T, *et al*. 2004. High-Mg diorites derived from sanukitic HMA magmas, Kyushu island, southwest Japan arc: evidence from clinopyroxene and whole rock compositions. Lithos, 75: 359-371

Kasting J F. 1987. Theoretical constrants on oxygen and carbondioxide concentrations in the Precambrian atmosphere. Precam. Res., 34: 205-229

Kato Y, Nakamura K. 2003. Origin and global tectonic significance of Early Archean cherts from the Marble Bar greenstone belt, Pilbara Craton, Western Australia. Precam. Res., 125: 191-243

Kaufman A J, Johnson D J, Farquhar J, *et al*. 2007. Late Archean biospheric oxygenation and atmospheric evolution. Science, 317: 1900

Kay R W, Kay M S. 2008. The Amstrong unit (AU = km³/Yr) and processes of crust -mantle mass flux. Geochim Cosmochim Acta, 72: 455 (abstract)

Kay R W, Senechal R G. 1976. The rare earth geochemistry of the Troodos ophiolite. Jour. Geophy Res., 81: 964-969

Kay R W, Hubbard N J, Gast P W. 1970. Chemical characteristics and origin of oceanic ridge volcanic rocks. Jour. Geophys Res., 75: 1585-1613

Kay S M. 1994. Young mafic back arc volcanic rocks as indicators of continental lithospheric delamination beneath the Argentine Puna plateau, central Andes. Jour. Geophys Res., 99: 24323-24339

Kay S M, Gody E, Kurtz A. 2005. Episodic arc migration, crusral thickening, subduction erosion, and magmatism in the south-central Andes. GSA Bull, 117: 67-88

Kebede T, Horie K, Hidaka H, et al. 2007. Zircon micro vein in peralkaline granitic gneiss, western Ethiopia: origin, SHRIMP U-Pb geochronology and trace element investigations. Chem. Geol., 242: 76-102

Kelemen P. 2003. One view of the geochemistry of subduction-related magmatic arcs with emphasis on primitive andesite and lower crust. In: Holland H D, Turekian K K (eds). Treatise on Ggeochemistry. Amsterdan: Elsevier, 3: 612-615, 626-627

Keller C B, Schoene B. 2012. Statistical geochemistry reveals disruption in secular litjospheric evolution about 2. 5Ga ago. Nature, 485: 490-495

Kelley K A, Cottell E. 2009. Water and the oxidation state of subduction zone magmas. Science, 325: 605-607

Kempton P D, Fitton J G, Howkesworth C J, et al. 1991. Isotopic and trace element constraints on the composition and evolution of the lithosphere beneath the southwestern United States. Jour. Geophys Res. , 96: 13713-13735

Keppler H. 1993. Influnce of fluorine on the enrichment of high field strength trace elements in granitic rocks. Contrib Mineral Petrol, 114: 479-488

Keppler H. 1996. Constrants from partitioning experiments on the composition of subduction-zone fluids. Nature, 380: 237-240

Kerrich R, King R. 1993. Hydrothermal zircon and baddeleyite in Val-d' Or Archean mesothermal gold deposits: characteristics, compositions and fluid-inclusion properties, with implications for timing of primary gold mineralization. Can. Jour. Earth Sci., 30: 2334-2352

Kessel R, Schimidt M W, Ulmer P, et al. 2005a. Trace element signature of subduction zone fluids, melts and supercritical liquids at 120-180km depth. Nature, 437: 724-727

Kessel R, Ulmer P, Pettke T, et al. 2005b. The water-basalt system at 4-6 Gpa: phase relation and second critical endpoint in a K-free eclogite at 700 to 1400°C. Earth Planet Sci. Lett. , 237: 873-892

Kettrup B, Deutsch A, Massatis V L. 2003. Homogeneous impact melt produced by heterogeneous tagets? Sr-Nd isotopic evidence from the Popigai crater, Russia. Geochim Cosmochim Acta, 67: 733-750

Kimura H, Watanabe Y. 2001. Oceanic anoxia at the Precambrian-cambrian boundary. Geology, 29: 995-998

Kimura K, Lewis R S, Anders E. 1974. Distribution of gold and rhenium between nickel-iron and silicate melts: implications for the abundance of siderophile elements on the Earth and Moon. Geochim Cosmochim Acta, 38: 683-701

Kinzler R J. 1997. Melting of mantle peridotite at pressure approaching the spinel to garnet transition: application to midocean ridge petrogenesis. Jour. Geophy Res. , 102: 813-874

Kirkpatrick R J. 1976. Towards a kinetic model for the crystallization of magma bodies. Jour. Geophy Res., 81: 2565-2571

Klein C, Huribut C S Jr. 1993. Manual of Mineralogy. New York: John Wiley and Sons Inc: 107-132

Klein E M. 2003. Geochemistry of the igneous oceanic crust. In: Holland H D, Turekian K K (eds). Tretise on geochemistry. Vol 3, The Crust (Rudnick RL ed. ), Oxford: Elsevier-Pergamon: 433-464

Klein E M, Karstern J L. 1995. Ocean ridge basalts with convergent margin geochemical affinities from the southern Chile Ridge. Nature, 374: 52-57

Klein E M, Langmuir C H. 1987. Global correlations of ocean ridge basalt chemistry with axial depth and crustal thickness. Jour. Geophy Res., 92: 8089-8115

Klemm K, Blundy J D, Green H. 2008. Trace element partitioning and accessary phase saturation during $H_2O$-saturated melting of basalt with implications to subduction zone chemical fluxes. Jour. Petrol. , 49: 523-553

Klemme S, O'Neill S H C. 2000. The near-solidus transition from garnet lherzolite to spinel lherzolite. Contrib M: neralPetrol, 138: 237-248

Klemme S, Prowatke S, Hametner K, et al. 2005. Partitioning of trace elements between rutile and silicate melts: implications for subduction zones. Geochim Cosmochim Acta, 69: 2361-2371

Klemperer S I. 2006. Crustal flow in Tibet: geophysical evidence for the physical state of Tibatan lithospheric , and inferred patterns of active flow. In: Law R D, Scarle , Gordin I (eds). Channel flow, ductile extrusion and exhumation in continental collision zone. Geol. Soc. London Spec. Publ., 268: 39-70

Klinkhammer G P, Elderfield H, Edmond J M, et al. 1994. Geochemical implications of rare - earth element patterns in hydrothermal fluids from mid-ocean ridges. Geochim Cosmochim Acta, 53: 1035-1040

Knoll A H. 1979. Archean photoautotrophy: Some alternatives and limits. Origins of Life and Evolution of Biospheres, 9: 313-327

Koeber L. 1989. Iridium enrichment in volcanic dust from blue ice fields Antarctica, and possible relevant to the K/T boundary event. Earth Planet Sci. Lett., 92: 317-322

Koeberl C, Claey P, Heche L, et al. 2012. Geochemistry of impectites. Elaments, 8: 37-42

Kogiso T, Tatsumi Y, Nakano S. 1997. Trace element transport during dehydration processes in the subducted oceanic crust: 1. Experiments and implications for the origin of ocean island basalts. Earth Planet Sci. Lett., 148: 193-205

Konhauser K O. 2009. Deepening the early oxygen debate. Nature Geoscience, 2: 241-242

Konhauser K O, Laloned S V, Planavsky N J, et al. 2011. Aerobic bacterial pyrite oxidation and acid rock drainage during the Great Oxidation Event. Nature, 478: 369-373

Konhauser K O, Pecoits E, Lalonde S V, et al. 2009. Oceanic nickel depletion and a methanogen famine before the Great Oxidation Event. Nature, 458: 750-752

Kositcin N, Menaughton N J, Griffin B J, et al. 2003. Textural and geochemical discriminationbetween xenotime of different origion in the Archean Witwatersand Basin, South Africa. Geochim Cosmochim Acta, 67: 709-731

Kress V C, Carmichael I S E. 1991. The compressibility of silicate liquids containing $Fe_2O_3$ and the effect of composition, temperature, oxygen fugasity and pressure on their redox states. Contrib. Mineral Petrol, 108: 82-92

Krotov R L, Haskin L A. 1988. Europium mass balance in polymict samples and implications for plutonic rocks of the lunar crust. Geochim Cosmochim Actat, 52: 1795-1813

Lackson M G, Jellinek A M. 2013. Major and trace element composition of the $High^3He/^4He$ mantle: implications for the composition of a non-chondritic Earth. Geochem Geophy Geosys, Doi 10: 1002/ggge. 20188

Lagabrielle Y, Guivel C, Maury R C, et al. 2000. Magmatic tectonic effects of high thermal regime at the site of active ridge subduction: the Chile Triple Junction. Tectonophysics, 326: 255-268

Lagos M, Balhaus C, Muenker C, et al. 2008. The Earth's missing lead may not be in the core. Nature, 456: 89-92

Langmuir C H, Klein E M, Plank T. 1992. Petrological systematics of mid-ocean ridge basalts: constraints on melt generation beneath ocean ridge. In: Mogan J P, Blackman D J, Sinton J M (eds). Mantle flow and melt generation at mid-ocean ridges. AGU Monograph Washington DC, 71: 183-280

Langmuir C H, Vockke R D, Hanson G N, et al. 1978. A general mixing equation with application to Icelandic basalts. Earth Planet Sci. Lett., 37: 380-392

Large R R, Denyushevsky L, Hollit C, et al. 2009. Gold and trace element zonation in pyrite using a laser imaging technique: implications for the timing of gold in orogenic and Calin-style sediment-hosted deposits. Econ. Geol., 104: 635-668

Large R R, Maslennikov V V, Robert F, et al. 2007. Multistage sedimentary and metamorphic origin of pyrite and gold in the giant Sukhoi Log deposit, Lenn gold province, Russia. Econ. Geol., 102: 1233-1267

Larimer J W. 1967. Chemical fractionations in meteorites — 1, Condensation of the elements. Geochim Cosmochim Acta, 31: 1215-1238

Larimer J W, Anders E. 1967. Chemical fractionation in meteorites- II, Abundance pattern and their interpretation. Cosmochim Acta, 31: 1239-1270

Larsen R B, Henderson I, Ihlen P M, et al. 2004. Distribution and petrogenesis behavior of trace elements in granitic pegmatite quartz from South Norway. Contrib Mine Petrol, 147: 615-628

Larson R L. 1991. Latest pulse of Earth: evidence for a mid-Cretaceous superplume. Geology, 19: 547-550

Lassiter J C, Depaolo D J. 1997. Plume/lithosphere interaction in the generation of continental and oceanic flood basalts: chemical and isotopic constraints. Geophy Monograph, 100: 335-355

Laul J C, Papike J J. 1980. The lunar regolith: comparative chemistry of the Apllo sites. Proce 11th Lunar Sci. Conf., 2: 1307-1340

Laul J C, Vaniman D T, Papike J J. 1978. Chemistry and petrology of size fractions of Apollo-17 deep drill core 7009-70006. Proce 9th Lunar Sci. Conf., 1: 2065-2097

Lausch J, Motler P, Moeteani G. 1974. Die Verteilung der Seltenen Erden in den Karbonaten und penninisc Gneison der Zillertaler

Alpen (Tiro, Osterreich) N. Jahre Mineral Monat, 11: 490-507

Laznicka P. 1983. Giant ore deposits, a quantitative approach. Global Tec. Metall, 2: 41-63

Le Bas M J. 1962. The rock of aluminium in igneous clinopyroxenes with relation to their parentage. Am. Jour. Sci., 260: 267-288

Le Roex A P, Dick H J B, Brlank A J, et al. 1983. Geochemistry, mineralogy and petrogenesis of lavas erupted along the southwest Indian ridge between the Bouvet triple junction and Ⅱ degrees east. Jour. Trol., 24: 267-318

Le Roex A P, Dick H J B, Fisher R L. 1989, Petrology and geochemistry of MORB from 25°E to 46°E along the southwest India ridge: evidence for constrasting styles of mantle enrichment. Jour. Petrol, 30: 947-986

Lear C H, Rosenthal Y, Slowey N. 2002. Benthic foraminiferal Mg/Ca-paleothermermetry: a revised core-top calibration. Geochim Cosmochim Acta, 66: 3375-3387

Lee C T A, Leeman W P, Canil D, et al. 2005. Similar V/Sc systematics in MORB and arc basalts: implications for the oxygen fugasities of their mantle source regions. Jour. Petrol, 46: 2313-2336

Lee C T A, Luffi P, Roux L, et al. 2010. The redox state of arc mantle using Zn/Fe systematics. Nature, 468: 681-685

Lee J I, Clift P D, Layne G, et al. 2003. Sediment flux in the modern Indus river inferred from the trace element composition of detrital amphibole grains. Sediment Geol., 160: 243-257

Lee Y T, Chen J C, Ho K S, et al. 2004. Geochemical studies of tektites from East Asia. Geochem Jour., 38: 1-17

Leeman W P, Budahn J R, Gerlach D C, et al. 1980. Origin of Hawaiian tholeiites: trace element constrains. Am. Jour. Sci., 280A: 794-819

Leroy J L, Turpin L. 1988. REE, Th and U behaviour during hydrothermal and supergene processes granitic environment. Chem. Geol., 68: 239-251

Leterrier J, Maury R C, Thonon P, et al. 1982. Clinopyroxene composition as a method of identification of the magmatic affinities of paleo-volcanic series. Earth Planet Sci. Lett., 59: 139-154

Li J, Agee C B. 1996. Geochemistry of mantle-core differentiation at high pressure. Nature, 381: 686-689

Li S G, Wang S J, Guo S S, et al. 2014. Geochronology and geochemistry of leucogranites from the southern margin of North China block: origion and migration. Gondwana Res., doi: org/10. 1016/j. gr. 2013. 08019

Li W X, Li X H. 2003. Adakatic granites within the NE Jiangxi ophyolites, south China: geochemical and Nd isotopic evidence. Precam Res., 122: 29-44

Li X H, Chen Z G, Liu D Y, et al. 2003. Jurassic gabbro-granite-syenite suites from southern Jiangxi province, SE China: arc, origin and tectonic significance. International Geology Review, 45: 898-921

Li X H, Li Z X, Li W X, et al. 2013. Revisiting the "C-type adakites" of the Lower Yangtze River Belt, central eastern China: In-situ zircon Hf-O isotope and geochemical constraints. Chem. Geol., 345: 1-15

Li Z X A, Lee C T A. 2004. The constancy of upper mantle $f_{O_2}$ through time inferred from V/Sc ratios in basalts. Earth Planet Sci. Lett., 228: 483-493

Liang H Y, Campbell L H, Allen C, et al. 2006. Zircon $Ce^{4+}/Ce^{3+}$ rations and ages for Yulong ore-bearing porphyries in eastern Tibet. Mine Depo., 41: 152-159

Liang H Y, Sun W D, Su W C, et al. 2009. Pophyry copper-gold mineralization at Yulong, China, promoted by decreasing redox potential during magnetite alteration. Econ. Geol., 104: 587-596

Liegeoiset J P. 1998. Some words on the pos-collisional magmatism. Lithos, 45: ⅩⅤ-ⅩⅦ

Lin S, Guang W B, Hsu W B. 2011. Geochemistry and origin of tektite from Guilin of Guangxi, Guangdong and Hainan. Scince in China (Earth Sci.), 54: 349-358

Lin Y T, El Gresy A, Hu S, et al. 2014. NanoSims analysis of organic carbon from the Tissint Martian meteorite: evidence for the past existence of subsurface organic-bearing fluids on Mars. Meteo Planet Sci., 49: 2201-2218

Ling M X, Wang F Y, Ding X, et al. 2009. Cretaceous ridge subduction along the Lower Yangtze River belt, eastern China. Eco. Geol., 104: 303-321

Lipin B R, Mckay G A. 1989. Geochemistry and mineralogy of rare earth elements. Rev. Miner, 2: 147-161, 200-223

Liu C Q, Zhang H. 2005. The lanthanide tetrad effect in apatite from the Altay No. 3 pegmatite, Xinjiang, China: an intrinsic feature of the pegmatite magma. Chem. Geol., 214: 61-77

Liu F L, Gerdes A, Zeng L S, et al. 2008. SHIMP U-Pb dating, trace elements and Lu-Hf isotope system of coesite-bearing zircon from amphibolite in the SW Sulu UHP terrene, eastern China. Geochim Cosmochim Acta, 72: 2973-3000

Liu L, Xiao Y L, Auibach S, et al. 2014. Vanadium and niobium behavior in rutile as a function of oxygen fugacity: evidence from narural samples. Contrib. Mine Petrol, 167: 1026-1047

Liu X C, Xiong X L, Audetat A, et al. 2014. Partitioning of copper between olivine, orthopyroxene, clinopyroxene, spinel, Garnet and silicate melt at upper mantle conditions. Geochim Cosmochim Acta, 125: 1-22

Liu Y G, Miah M R U, Schmitt R A. 1988. Cerium: A chemical tracer for paleo-oceanic redox conditions. Geochim Cosmochim. Acta, 52: 1361-1371

Liyama J T. 1974. Substitution, deformation local de la maiile et equilibre de distribution des elements en traces entre silicates et solution hydrothermale. Bull. Soc. Fr. Mine Cristallogr, 97: 143-151

Loiselle M U, Wones D R. 1979. Characteristics and origion of anorogenic granites. Geolo. Soci. Amer., Abstracr, 11: 468

Lottermoser B G. 1989. Rare earth element study of exhalites within the Willyama supergroup Broken Hill blok, Australia. Mine Dep., 24: 94-97

Loucks R R. 1990. Discrimination of ophiolitic from nonophiolitic ultramafic-mafic allochthons in orogenic belts by the Al/Ti ratio in clinopyroxene. Geology, 18: 346-349

Ludden J N, Thompson G. 1978. Behaviour of rare earth element during submarine weathering of tholeiitic basalt. Nature, 274: 147-149

Ludington S. 1978. The biotite-apatite geothermometer revisited. Amer. Mineral, 5-6: 551-553

Ludwig K R. 2003. Methmatical-statistical treatment of data and errors for $^{230}$Th/U geochronology. Rev. Mineral Geochem., 52: 631-656

Luhr J F. 1990. Experimental phase relations of water and sulfur saturated arc magmas and the 1982 eruptions of EL Chichon Volcano. Jour. Petrol, 31: 1071-1114

Luo Y, Ayers J C. 2009. Experimental measurements of zircon/melt trace-element partition coefficients. Geochim Cosmochim Acta, 73: 3656-3679

Luo Y R, Byrne R H. 2001. Yttrium and rare earth element complexation by chloride ions at 25℃. Jour. Solution Chem., 30: 837-845

Lyons T W, Anbar A D, Severmann S, et al. 2009. Tracking euxinia in the ancient ocean: a multiproxy perspective and Proterozoic case study. Annu. Rev. Earth Planet Sci. , 37: 507-534

Mac Caskie D R. 1984. Identification of petrogenetic processes using covariance plot of trace element data. Chem. Geol. , 42: 325-341

MacLean W H. 1968. Rare earth element mobility at constant inter-REE ratios in the alteration zone at the Phelps Dodge massive sulphide deposit, Metagami, Quebec. Mine Dep., 23: 231-238

MacLean W H, Barrett T J. 1993. Lithogeochemical techniques using immobile elements. Jour. Geochem Explo., 48: 109-133

MacLean W H, Kranidiotis P. 1987. Immobile elements as monitors of mass transfer in hydrothermai alteration: Phelps Dodge massive sulfide deposit, Metagami, Quebec. Econ. Geol. , 82: 951-962

Macphersen C G, Dreher S T, Thirlwall M F, et al. 2006. Adakites without slab melting: high pressure differentiation of island arc magma, Miadanao, the Philippines. Earth Planet Sci. Lett. , 243: 581-593

Mahood G, Hildreth W. 1983. Large partition coefficients for trace element in high-silicate rhyolites. Geochim Cosmochim Acta, 47: 11-30

Mair W D, Barnes S J. 1998. Concentrations of trace elements in silicate rocks of the Lower, Critical and main Zones of the Bushveld Complex. Chem. Geol. , 150: 85-103

Maniar D P, Piccdi P M. 1989. Tectonic discrimination of granitoids. Geol. Soc. Ame. Bull. , 101: 635-643

Mantle G W, Collins W J. 2008. Quantifying crustal thickness variations in evoving orogens: correlation between arc basalt composition and Moho depth. Geology, 36: 87-90

Mao J W, Zhang Z C, Zhang Z H, et al. 1999. Re-Os isotopic dating of molybdenites in the Qilian mountains and it's geological significance. Geochim Cosmochim Acta, 63: 1815-1818

Marching V, Gundiach H, Moller P, et al. 1982. Some geochemical indicators for discrimination between diagenetic and hydrothermal me liferous sediments. Marine Geology, 50: 241-256

Martin H, Smithes R H, Rapp R, et al. 2005. An overview of adakite, tonalite-trendhjiemite-granodiorite (TTG), and sanukitoid: relationship and some implication s for crustal evolution. Lithos, 79: 1-24

Martin R F, Whitey J E, Woolley A R. 1978. An investigation of rare-earth mobility: fenitized quartzi Borraian complex. N. W. Scotland. Contrib Mine Petrol, 66: 69-73

Maruyama S. 1994. Plume tectonics. Jour. Geol. Soc. Japan, 100: 24-49

Masaitis V L. 1994. Impactites from the Popigai crater. In: Dressler B O, Grieve B A F, Sharpton V L (eds). large meteotites impacts and planet evolution. Boulder Crolrado, USA, Geol. Soc. Am. Spec. Pap. , 293: 153-162

Masuda A. 1962. Regularities in variation of relative abundances of lanthanide element and an atempt to analyse se ration index patterns of some minerals. Jour Earth Sci., Nagoya Univ., 10: 173-187

Masuda A. 1965. Geochemical constants for Rb and Sr in basic rocks. Nature, 205: 555-558

Masuda A, Ikeuchi Y. 1979. Lanthanide tetrad effect observed in marine environment. Geochem Jour., 13: 19-22

Masuda A, Kushiro I. 1970, Experimental determination of partition coefficients of the rare earth eleme and Ba between Cpx and liquid in the synthetic silicate system at 20 kbar pressure. Contrib Mine Petrol, 11: 1209-1264

Masuda A, Matsui Y. 1966. The difference in lanthanide abundance pattern between the crust and the chondi and its possible meaning to the genesis of crust and mantle. Geochim Cosmochim Acta, 30: 239-250

Masuda A, Nakamura N. 1971. Rare earth elements in metagabbros from the Mid-Atlantic Ridge and their possible impli tions for the genesis of alkali olivine basalts as well as the lizard peridotite. Contrib. Mine Petrol, 32: 295-306

Masuda A, Kawakami O, Dohmoto Y, et al. 1987. Lanthanide tetrad effects in nature: two mutually opposite types, W and M. Geochem Jour., 21: 119-124

Masuda A, Matsuda, N, Minami M, et al. 1994. Approximate estimation of the degree of lanthanide tetrad effect from precise but partially void data measured by isotope dilution and an electron configuration model to explain the tetrad effect phenomenon. Proc. of Japan Acad. 70 (Ser. B), 10: 169-174

Mathez E, Webster J. 2005. Parttitioning behavior of chlorine and fluorine in the system apatite-silicatemelt-fluid. Geochim Cosmochim Acta, 69: 1275-1286

Matthews S J, Moncrieff D H S, Carroll M R. 1999. Exprical calibration of the sulfur valence oxygen barometer from natural and experimental glasses, method and applications. Mine Maga, 63: 421-431

Mayanovic R A, Anderson A J, Bassett W A, et al. 2009. The structure and stability of aqueous rare-earth elements in hydrothermal fluids: new results on neodymium (Ⅲ) aqua and chloroaqua complex in aqueous solutions to 500 and 520MPa. Chem. Geol., 259: 30-38

McCulloch M T, Bennert V G. 1994. Progressive growth of the Earth's continental crust and depleted mantle: Geochemical constraints. Geochim Cosmochim Acta, 58: 4717-4738

McDonald I. 2002. Clearwater East impact structure: A re-interpretation of the projectile type using new platiunum-group element data from meteorites. Meteori Planet Sci., 37: 459-464

McDonald I, Andreoli M A G, Hart R J, et al. 2001. Platinum-group elements in the Morokweng impact structure, South Africa: evidence for the impact of large ordinary chondrite projectile at the Jurassic-Cretaceous boundary. Geochim Cosmochim Acta, 65: 299-309

McDonough W F. 2003. Compositional model for the Earth's core. In: Holland H D, et al (eds). Treatise of Geochemistry. Oxyford: Elsevier-Pergamon: 547-568

McDonough W F, Sun S S. 1995. The composition of the Earth. Chem. Geol., 120: 223-253

McDougall I M. 1964. Potassium-argon ages from lavas of the Hawaiian islands. Geol. Soc. Ame. Bull. , 75: 107-128

Mckelvey V E. 1960. Relation of reserves of the elements to their crustal abundances. Ame. Jour. Sci. , 258-A: 234-241

Mckenzie D P. 1989. Some remarks on the movement of small melt fractions in the mantle. Earth Planet Sci. Lett., 95: 53-72

McLennan S M. 2001. Relationships between the trace element composition of sedimentary rocks and upper continental crust. Geochem Geophys Geosys, 2, 2000GC000109

McLennan S M, Taylor S R. 1984. Archean sedimentary rocks and their relation to the composition of Archean continental crust. In: Kroner A, et al (eds). Archean Geochemistry. Berlin, Heidburg: Springer-Verlag: 47-67

McLennan S M, Hemming S, McDaniel D E, et al. 1993. Geochemical apporoaches to sedimentation, provenance, and tectonics. Geol. Soci. America Spec Paper, 284: 20-40

McLennan S M, Taylor S R, McCulloch M T, et al. 1990. Geochemical and Nd-Sr isotopic composition of deep sea turbidites: crustal evolution and plate tectonic associations. Geochim Cosmochim Acta, 54: 2015-2050

Mclnnes B I A, Mcbride J S, Evans N J, *et al.* 1999. Osmium isotope constraints on ore metal recycling in subduction zones. Science, 286: 512-516

Meibom A, Anderson D L. 2003. The statistical upper mantle assemblage. Earth Planet Sci. Lett., 217: 123-139

Menzies M A, Murthy V R. 1980. Nd and Sr isotope geochemistry of hydrous mantle nodules and their host alkali basalts: implications for local heterogeneities in metasomatically veined mantle. Earth Planet Sci. Lett., 46: 323-334

Menzies M A, Fan W M, Zhang M. 1993. Paleozoic and Cenozoic lithospheres and the loss of >100km of Archean lithosphere, Sino-Korean craton, China. In: Richard H M, Alabaster T, Harris N B W, *et al* (eds). Magmatic process and plate tectonics. London, Geol. Soc. Spec. Pub., 76: 71-78

Meschede M. 1986. A method of discriminating between different types of mid-ocean ridge basalts and continental tholeiites with the Nb-Zr-Y diagram. Chem. Geol., 56: 207-218

Menzzies M, Seyfried W Jr. 1979. Experimental evidence of rare earth element immobility in greenston. Nature, 282: 398-399

Menzzies M, Blanchard D, Jacobs J. 1977. Rare earth and trace element geochemistry of metabasalts fr the Point Sal ophiolite, California. Earth Planet Sci. Lett., 37: 203-215

Miao L C, Qiu Y M, McNaughton N, *et al.* 2002. SHRIMP U Pb zircon geochronology of granitoids from Dongping area, Hebei province, China: constraints on tectonic evolution and geodynamic setting for gold metallogeny. Ore Geol. Rev., 19: 187-204

Mibe K, Kawamuto T, Matsukage K N, *et al.* 2011. Slab melting versus dehydration in subduction-zone magmatism. PNAS, 108: 8177-8182

Michard A, Albarede F, 1986. The REE content of some hydrothermal fluids. Chem. Geol., 55: 51-60

Michard A, Albarede F, Michard G. 1983. Rare earth elements and uranium in high temperature solutions from East Pacific Rise hydrothermal vent field (13°N). Nature, 303: 795-797

Migdisov A A, Willams-Jones A F, Wagner T. 2009. An experimental study of the solubility and speciation of the rare earth elements (III) in fluoride and chloride-bearing aqueous solutions at temperature up to 300℃. Geochim Cosmochim Acta, 73: 7087-7109

Miles A J, Graham C M, Hawkesworth C J, *et al.* 2014. Apatite: A new redox proxy for silicic magmas? Geochim Cosmochim Acta, 132: 101-119

Miller C F, McDowell S M, Mapes R W. 2003. Hot and cold granites? Implications of zircon saturation temperatures and preservation of inheritance. Geology, 31: 529-532

Min G R, Edwards R L, Taylor F W, *et al.* 1995. Annual cycles of U/Ca in coral skeletons and U/Ca thermometry. Geochim Cosmochim Acta, 59: 2025-2042

Minami M, Masuda A. 1997. Approximent estimation of the degree of lathanide tetrad effect from the data potentially involving all lanthanides. Geochem Jour., 31: 125-137

Minster J F, Allegre C J. 1978. Systematic use of trace elements in igneous process: III, inverse problem of betch partial melting in volcanic suites. Contrib Mineral Petrol, 68: 37-52

Minster J F, Minster J B, Treuil M. 1977. Systematic use of trace element igneous precess. Contrib. Mine Petrol, 61: 49-77

Mitchell R H, Keays R R. 1981. Abundance and distribution of gold, palladium and iridium in some spinel and garnet Iherzolites: implications for the nature and origin of precious metal-rich intergranual components in the upper mantle. Geochim Cosmochim Acta, 45: 2425-2442

Moffet J W. 1990. Microbially mediated cerium oxidation in seawater. Nature, 345: 421-423

Mojzsis S J, Harrison T M, Pidgeon R T. 2001. Oxygen-isotope evidence from ancient zircons for liquid water at the Earth's surface. Nature, 409: 178-181

Monecke T, Kempe U, Gotze J. 2002a. Genetic significance of the trace element content in metamorphic and hydrothermal quatz: a reconnaissance study. Earth Planet Sci. Lett., 202: 709-724

Monecke T, Kempe U, Monecke J, *et al.* 2002b. Tetrad effect in rare earth element distribution patterns: A method of quantification with application to rock and mineral samples from granitic-related rare metal deposits. Geochim Cosmochim Acta, 66: 1185-1196

Monecke T, Kempe U, Trinkler M, *et al.* 2011. Rare earth element fractionation in a tin-bearing magmatic-hydrothermal system. Geology, 39: 295-298

Morad S, Felitsyn S. 2001. Identification of primary Ce-anomaly signatures in fossil biogenic apatite: implication for the Cambrian oceanic anoxia and phosphogenesis. Sedimen Geol., 143: 259-264

Morgan J W. 1971. Convection plumes in the lower mantle. Nature, 280: 42-43

Morgan J W, Anders E. 1980. Chemical composition of Earth, Venus and Mercury. Proceeding of the National Academy of Sciences of The United States of America, 77: 6973-6977

Morgan J W, Higuchi H, Takahashi H, et al. 1978. A chondritic eucrite parent body: inference from trace elements. Geochim Cosmochim Acta, 42: 27-38

Morgan J W, Wandless G A, Petrie R K, et al. 1981. Composition of the Earth's upper mantle-I: siderophile trace elements in ultramafic nodules. Tectonophysics, 75: 47-67

Moriguti T, Nakamura E. 1998. Across-arc variation of Li isotopes in lavas and implications for crust/mantle recycling at subduction zones. Earth Planet Sci. Lett., 163: 167-174

Morlotti R, Ottonello G. 1982. Solution of REE in silicate solid phases, the Henry's Law problem revisited in light of defect chemistry: garnet, clinopyroxene and playgioclase. Phys. Chem. Minerals, 8: 87-97

Morris J D, Ryan J G. 2003. Subduction zone processes and implications for changing composition of the upper and lower mantle. In: Holand H D, Turekian K K (eds). Tretise on Geochemistry. Vol 2, The Mantle and Core (Carlson R W ed), Oxford: Elsevier-Pergamon: 451-467

Morteani G, Moller P, Schley F. 1981. The formation of the magnesite deposite in the northern Grauwacken zone and the Innsbrucker Quarzphyllie (Austria) as deduced from the rare earth element (REE) fractionation. Erzmentall, 34: 559-562

Mortimer N, Hoernle K, Hauff F, et al. 2006. New constraints on the age and evolution of the Wishbone ridge, southwest Pacific Cretaceous microplates, and Zealandia-west Antactica breakup. Geology, 34: 185-188

Moyen J F. 2009. High Sr/Y and La/Yb ratios: the meaning of the "adakitic sibhature". Lithos, 112: 556-574

Muecke G K, Pride C, Sarkar P. 1979. Rare earth element geochemistry of regional metamorphic rocks. In: Abrens L H (ed). Origin and Distribution of the Elements 2. London: Pergamon: 449-464

Muller D, Groves D I. 1997. Potassic Igneous Rocks and Associated Gold-copper Mineralization. New York: Springer: 11-40

Muller D, Rock N M S, Groves D I. 1992. Geochemical discrimination between shoshonitic and potassic volcanic rocks from different tectonic settings: a polot study. Mine Petrol, 46: 259-289

Muller G. 1969. Sedimentary phosphate method for estimating paleosalinities: Limited applicability. Science, 163: 812-814

Mungall J E, Brenan J M. 2014. Partitioning of platinium-group elements and Au between sulfide liquid and basalt and the origion of mantle-crust fractionation of the chalcophile elements. Geichim Cosmochim Acta, 125: 265-289

Mungall J E, Naldrett A J. 2008. Ore deposits of Platinum-Group Elements. Elements, 4: 253-258

Munoz-Espadas M J, Martinez-Frias J M, Lunae R. 2003. Main geochemical signatures related to meteoric impacts in terrestrial rocks: A review. In: Koeberl C, et al (eds). Impact Markers in the Stratigraphic Record Impact Studies. Berlin: Springe: 65-89

Murray R W. 1994. Chemical criteria to identify the depositional environment of chert: general principles and applications. Sedimen. Geol., 90: 215-232

Murray R W, Buchholtz ten, Brink M R, et al. 1990. Rare earth elements as indicators of different marine depositional environments in chert and shale. Geology, 18: 268-271

Myers R E, Breitkopf J H. 1989. Basalt geochemistry and tectonic settings: A new approach to relate tectonic and magmatic processes. Lithos, 23: 53-62

Mysen B O. 1978. Experimental determination of rare earth element partitioning between hydrous silicate melts, amphibole and garnet-peridotite minerals at upper mantle pressure and temperatures. Geochim Cosmochim Acta, 42: 1253-1263

Mysen B O. 1979. Trace element patitioning between garnet peridotite minerals and water-rich vapor: experimental data from 5 to 30 kbar. Amer. Mineral, 64: 274-284

Mysen B O, Kushiro I. 1977. Compsitional variation of coexisting phase with degree of melting of peridotite in the upper mantle. Ame. Miner, 62: 843-865

Möller P. 1983. Lanthanoids as a geochemical probe and problems in lanthanoid geochemistry. Distribution and behaviour of lanthanoids in nonmagmatic phases. In: Sinha S P (ed). Systematics and properties of the Lanthanides, Dordrecht: D. Reidel. Publ. Comp. : 561-616

Möller P. 1998. Europium anomalies in hydrothermal minerals kinetic versus thermodynamic interpretation. Procc Ninth Quadrennial

IAGOD Symposium Schweizerbart, Stuttgart: 39-246

Möller P, Holzbecher E. 1998. Eu anomalies in hydrothermal fluid and minerals, a combined thermochemical and dynamic phenomenon. Freib. Forch. HC, 475: 73-84

Möller P, Muecke G K. 1984. Significance of europium anomalies in silicate melts and crystal-melt equilibria: a re-evaluation. Contrib. Mine Petrol, 87: 242-255

Möller P, Morteani G, Dulski P, et al. 2009. Vapour/liquid fractionation of rare earths, $Y^{3+}$, $Na^+$, $K^+$, $NH_4^+$, $Cl^-$, $HCO_3^-$, $SO_4^{2-}$ and borate in fluids from the Piancastagnaio geothermal field, Italy. Geothermics, 38: 360-369

Möller P, Morteani G, Dulski P. 1984. The origin of the calcites from Pb-Zn veins in the Harz Mountains, Federal Republic of Germany. Chem. Geol., 45: 91-112

Möller P, Parekh P P, Mortiani G. 1974. Petrographic and trace-element distribution studies on the dolomite-calcite in the regional metamorphic marble of the Griesschart Typol, Austria/Italy. Chem. Geol. , 13: 81-96

Möller P, Parekh P P, Schineider H J. 1976. The application of Tb/Ca-Tb/La abundance ration to problems of fluorspar genesis. Mineral Dep., 11: 111-116

Möller P. Mortiani G, Hoefs J. 1979. The Origin of the ore bearing solution in the Pb-Zn veins of the Western Harz/Germany as deduced from rare earth element and isotopic compositions in calcite. Chem. Geol. , 26: 197-215

Münker C. 1998. Nb/Ta fractionation in a Cambrian arc/back arc system, New Zealard: Source constraints and application of refined ICPMS techniques. Chem. Geol., 144: 23-45

Münker C, Pränder J A, Weyer , et al. 2003. Evolution of planetary cores and the Earth-Moon systerm from Nb/Ta systematics. Science, 301: 84-87

Müntener O, Kelemen P B, Grove T L. 2001. The role of $H_2O$ during crystallization of primitive arc magmas under uppermost mantle conditions and genesis of igneous pyroxenites: an experimental study. Contrib. Miner Petrol, 141: 643-658

Nadoll P, Mauk J L, Hayes T S, et al. 2009. Geochemistry of magnetite from hydrothermal ore deposits and their host rocks in the Proterozoic belt supergroup, USA. In: Williams, et al (eds). Smart science for exploration and mining. Proc 10th Biennial Meeting, Townsville: 129-131

Naeraa T, Schersten A, Rosing M T, et al. 2012. Hafnium isotope evidence for a transition in the dynamics of continental growth 3. 2Ga ago. Nature, 485: 627-631

Nagasawa H. 1966. Trace element partition in ionic crystals. Science, 152: 767-769

Nagasawa H. 1970. Rare earth concentrations in zircons and apatites and their host dacites and garnets. Earth Planet Sci. Lett. , 9: 359-364

Nagasawa H. 1971. Partitioning of rare earth distribution in alkaline earth elements between phenocrysts and acidic igneous magma. Geochim Cosmochim Acta, 35: 953-968

Nagasawa H. 1973. Rare earth distribution in alkali rocks from Onidago island Japan. Contrib. Mine Petrol, 39: 301-308.

Nagasawa H, Sawa K. 1986. Rare earth concentrations in 3. 5 billion years old Onverwacht Cherts: An indicator for early precambrian crustal environments. Geochem. Jour., 20: 253-269

Nagasawa H, Schreiber H D, Morris R V. 1980. Experimental mineral/liquid partition coefficients of the rare earth elements (REE), Sc and Sr for perovskite spinel and melilite. Earth Planet Sci. Lett. , 46: 431-437

Nakamura E, Campbell I H, Sun S S. 1985. The influence of subduction processes on the geochemistry of Japanese alkaline basalts. Nature, 316: 55-58.

Naldrett A J, Hoffman E L, Green A H, et al. 1979. The composition of Ni-sulfide ores, with particular reference to their content of PGE and Au. Canada Mineral, 17: 403-415

Nameroff T J, Balistieri L S, Murray J W. 2002. Suboxic trace metal geochemistry in the eastern tropical North Pacific. Geochim Cosmochim Acta, 66: 1139-1158

Nance W B, Taylor S R. 1976. Rare earth element patterns and crustal evolution-I, Australian post-Archean sedimentary rocks. Geochim Cosmochim Acta, 40: 1359-1551

Nance W B, Taylor S R. 1977. Rare earth element patterns and crustal evolution-II, Archean sedimentary rocks from Kalgoorlie Australia. Geochim Cosmochim Acta, 41: 225-231

Nash W, Crecraft H. 1985. Partition coefficients for trace elements in silicic magma. Geochim Cosmochim Acta, 49: 2309-2322

Neal C R, Taylor L A. 1989. A negative Ce anomaly in a peridotite xenolith: evidence for crustal recycling into the mantle or mantle metasomatism? Geochim Cosmochim Acta, 53: 1035-1040

Nelson B. 1967. Sedimentary phosphate method for estimating paleosalinities. Science, 158: 917-920

Nelson K D. 1992. Are crustal thickness variation in old mountain belts like the Applachians a consequence of lithospheric delamination? Geology, 20: 498-502

Nesbitt H W, Young G M. 1982. Early Proterozoic climates and plate motions inferred from major element chemistry of lutites. Nature, 199: 715-717

Neuman H. 1948. On hydrothermal differentiation. Econ. Geol., 43: 77-83

Neuman H, Mead J, Vitaliano C J. 1954. Trace element variation during fractional crystallization as calculated from the distribution law. Geochim Cosmochim Acta, 6: 90-99

Nicholls I A, Harris K L. 1980. Experimental rare earth element partition coefficients for garnet, clinopyroxene and amphibole coexisting with andesite and basaltic liquids. Geochim Cosmochim Acta, 44: 287-308

Nims P, Taylor W B. 2000. Single clinopyroxene thermobarometry for garnet peridotites. Part 1. Calibration and testing of a Cr-in-Cpx barometer and an enstite-in-Cpx thermometer. Contrib Mineral Petrol, 139: 541-554

Nisbet E G, Pearce J A. 1977. Clinopyroxene composition in mafic lavas from different tectonic setting. Contrib Mineral. Petrol, 63: 149-160

Niu Y L. 2004. Bulk-rock major and trace element compositions of abyssal peridotites: implications for mantle melting, melt extraction and post-melting processes beneth ocean ridges. Jour. Petrol, 45: 2423-2458

Niu Y L. 2012. Earth processes cause Zr-Hf and Nb-Ta fractionations, but why and how? RSC Advances, 2: 3587-3591

Niu Y L, Batiza R. 1997. Trace element evidence from seamounts for recycled oceanic a crust in the eastern pacific mantle. Earth Planet Sci. Lett., 148: 471-483

Niu Y L, Hekinian R. 1997. Basaltic liquids and harzburgitic residues in the garnet transform: a case study at fast-spreading ridges 1. Earth Planet Sci. Let., 146: 243-258

Niu Y L, Gilmore T, Makie S, et al. 2002. Mineral chemistry, whole-rock compositions and petrogenesis of Leg 176 gabrros: data and discussion. In: Natland J H, Dick H J B, Miller D J, et al (eds). Proceedings of the ocean drilling program. Scientific Results, 176: 1-60

Niu Y L, O'Hara M J. 2008. Global correlations of ocean ridge basalt chemistry with axial depth: A new perspective. Jour. Petrol, 49: 633-663

Niu Y L, Regelous M, Wendt J I, et al. 2002b. Geochemistry of near-EPR seamounts: importance of source vs process and the origin of enriched mantle component. Earth Planet Sci. Lett., 199: 329-348

Nocklds S R, Allen R. 1953. The geochemistry of some igneous rock series: Part 1 calc-alkali rocks. Geochim Cosmochim Acta, 4: 105-142

Norman M D, Garcia M O, Kamenetsky V S, et al. 2002. Olivine-hosted melt inclusions in Hawaiian picrites: equilibration melting and plum source characteristics. Chem. Geol., 183: 143-168

Nugent L J. 1970. Theory of the tetrad effect in the lanthanide (Ⅲ) and actinide (Ⅲ) series. Jour. Inorg Chem., 32: 3485-3491

Nystrom J O. 1984. Rare eare element mobility in Vasicular lava during low-grade metamorphism Contrib. Mine Petrol, 88: 328-331

Ohmoto H. 1992. Biogeochemistry of sulfur and mechanisms of sulfide-sulfate mineralization in Archean ocean. In: Schidlowski M, Golubic S, Kimbley M M, et al (eds). Early Organic Evolution: Implications for Mineral and Energy Resources. Berlin: Springer Verlag: 378-397

Ohmoto H. 1996a. Formation of volcaogenetic massive sulfide deposits: The Kuroko perspective. Ore Geology Rev., 10: 135-177

Ohmoto H. 1996b. Evidence in pre-2. 2Ga paleosols for the early evolution of atmospheric oxygen and terrestrial biota. Geology, 24: 1135-1138

Ohmoto H. 1997. When did the Earth's atmosphere become oxic ? The Geochemical News, 93: 11-13, 26-2

Onuma N H, Higuchi H, Wakita H, et al. 1968. Trace element partition between two pyroxenes and the host lava. Earth Planet Sci. Lett., 5: 47-51

Onuma N, Ninomiga S, Nagasawa H. 1981. Mineral/ground-mass partition coefficients for nepheline melilite, clinopyroxene and per ovskite in melilite-nepheline basalt, Nyiragongo, Zaire. Geochem. Jour., 15: 221-228

Ottonello G. 1983. Trace elements as monitors of magmatic processes. I: limits imposed by Henry's law problem and I$_s$ compositional effect of silicate liquid. In: Augustithis S S (ed). The Significance of Trace Elements in Solving Petrogenetic Problems and Controversis. Athens: Theophrastus Publ: 40-76

Owen M R. 1987. Hafnium content of detrital zircons, a new tool for provenance study. Jour. Sedimen Petrol, 57: 824-830

O'Nions R K, Pankhurst R J. 1974. Rare earth element distribution in Archean gneisses and anorthosites, Godthab area, west Greenland. Earth Planet Sci. Lett. , 22: 328-338

O'Nions R K, Powell R. 1977. The thermodynamics of trace element distribution. In: Fraser D G (ed). Thermodynamics in geology. NATO Adevaced Study Institutes Series, 30: 349-363

O'Nions R K, Evensen N M, Hamilton P J. 1979. Chemical modelling of mantle differentiation and crustal growth. Jour. Geophys Res., 84: 6091-6101

O'Reilly S Y, Griffin W L. 1996. 4-D lithosphere mapping: methodology and examples. Tectonophysics, 262: 3-18

Page F Z, Fu B, Kita N, et al. 2007. Zircons from kimblite: new insights from oxygen isotopes, trace element, and Ti in zircon thermometry. Geochim Cosmochim Acta, 71: 3887-3903

Palmer H. 1982. Identification of projectiles of largr teristrial impact craters and some implications for the interpretation of Ir-rich Cretaceous/Tetiary boundary layers. In: Siliver L T, Schultz P H (eds). Geological implications of impacts of large asteroids and comets on Earth. Geological Society of America Special Paper, 190: 223-233

Palmer H, O'Neill H S C. 2003. Cosmochemical estimates of mantle composition. In: Holland H D , Turekian K K (eds). Tretise on Geochemistry. Vol 2, The Mantle and Core (Carlson R W ed), Oxford: Elsevier- Pergamon: 1-35

Papinean D, Mojzsis S J. 2006. Mass-independent fractionation of sulfur isotopes in sulfides from the pre-3770Ma Isua Supracrustal Belt, West Greenland. Geobiology, 4: 227-238

Parak T. 1975. Kiruno iron ores are not "intrusive-magmatic ores of the kiruno type. Econ. Geol., 70: 1242

Parkinson I J, Arculus R J. 1999. The rodox state of subductionzones: insight from arc-peridotites. Chem. Geol. , 160: 409-423

Paster T P, Schauwecker D S, Haskin L A. 1974. Behavior of some trace elements during solidification of the Skacrgaard layered series. Geochim Cosmochim Acta, 38: 1549-1577

Pattou L, Lorand J P, Gros M. 1996. Non-chondritic platinum-group element ratios in the Earth's mantle. Nature, 379: 712-715

Pavlov A A, Kasting J F. 2006. Mass-independent fractionation of Sulfur isotopes in Archean sediments: strong evidence for an anoxic Archean atmosphere. Astrobiology, 2: 27-41

Peacock S M, Rushmer T, Thompson A B. 1994. Partial melting of subducting oceanic crust. Earth Planet Sci. Lett. , 21: 227-244

Pearce J A. 1982. Trace element characteristics of lavas from destructive plate boundaries. In: Thorpe R S (ed). Andesites. New York: John Willey and Suns: 525-548

Pearce J A. 1983. Role of the sub-continental lithospherein magma genesis at active continental margins. In: Hawkesworth C J , Norry M J (eds). Continental Basalts and Mantle Xenoliths. Nantwich: Shiva: 230-249

Pearce J A. 1996a. A user's guide to basal discrimination diagrams. Geol. Associ. Cana. Spec. Publ. , 12: 79-113

Pearce J A. 1996b. Source and settings of granitic rocks. Episodes, 19: 120-125

Pearce J A. 2008. Geochemical fingerpringting of oceanic basalts with applications to ophiolite classification and the search for Archean oceanic crust. Lithos, 100: 14-48

Pearce J A. 2014. Immoble element fingerpringting of ophiolites. Elements, 10: 101-108

Pearce J A, Cann J R. 1973. Tectonic setting of basic volcanic rocks investigated using trace element analyses. Earth Planet Sci. Lett. , 9: 290-300

Pearce J A, Peate D W. 1995. Tectonic implications of the composition of volcanic arc magmas. Annu. Rev. Earth Planet Sci. , 23: 251-285

Pearce J A, Harris N B W, Tindle A G. 1984. Trace element discrimination diagrams for the tectonic interpretation of granitic rocks. Jour. Petrol, 25: 956-983

Pearce J A, Stern R J, Bloomer S H, et al. 2005. Geochemical mapping of the Mariyana arc-basin system: Implications for the nature and distribution of subduction components. Geochem. Geophy. Geosys. , 6: Artn. Q07006. doi, 10. 1029/2004gc000895

Pearson R G. 1963. Hard and soft acids and bases. Journal of the American Chemical Society, 85: 3533-3539

Peccerillo A. 1992. Potassic and ultropotassic rocks: compositional characteristics, petrogenesis, and geologic significance. IUGS

Episodes, 15: 243-251

Pedersen R B, Malpas J. 1984. The origin of oceanic plagiogranites from the Karmoy ophiolite, western Norway. Contrib Mine Petrol, 88: 36-52

Peng J T, Hu R Z, Burnard P G. 2003. Samarium-neodinium isotope systematics of hydrothermal calcites from the Xikuangshan antimony deposit (Hunan, China): the potential of calcite as a geochronometer. Chem. Geol., 200: 129-136

Peppard D F, Mason G W, Lewey S. 1969. A tetrad effect in the liquid-liquid extraction ordering of lanthanides (Ⅲ). Jour. Inorg Nucl. Chem., 31: 2271-2272

Perny B, Eberhardt P, Ramseyer K, et al. 1992. Microdistribution of aluminium, lithium and sodium in α-quartz: possible cause and correlation with short lived cathodoluminescence. Ame. Mineral , 77: 534-544

Perry E C. 1971. Implications for geothermometry of aluminium substitution in quartz from Kings Mountain, north Carolina. Contrib Mine Petrol, 30: 125-128

Petersen J S. 1980. Rare earth elements fractionation and petrogenetic modelling in charnockitic rocks, Southwest Norway. Contrib. Mine Petrol, 73: 61-172

Petford N, Atherton M P. 1996. Na-rich partial melts from newly underplated basaltic crust: the Cordillera Blanca Batholith, Peru. Jour. Petrol, 37: 1491-1521.

Pfander J A, Munker C, Stracke A, et al. 2007. Nb/Ta and Zr/Hf in ocean island basalts- implications for crust-mantle differentiation and the fate of niobium. Earth Planet Sci. Lett. , 254: 158-172

Philpotts J A. 1978. The law of constant rejection. Geochim Cosmochim Acta, 42: 909-920

Philpotts J A, Schnetzler C C. 1969. Submarine basalts: some K, Rb, Sr, Ba, rare earth, $H_2O$ and $CO_2$ data bearing on their alteration modification by plagioclase, and possible source materials. Earth Planet Sci. Lett. , 7: 293-299

Philpotts J A, Schnetzler C C. 1970. Phenocryst-matrix partition coefficients for K, Rb, Sr and Ba with applications to anothosite and basalt genesis, Geochim Cosmochim Acta, 34: 307-322

Picher W S. 1983. Granite type and tectonic environment. In: Hsu K (ed). Mountain Bulding Processes. London: Academic Press: 19-40

Piepgras D J, Jacobsen S B. 1992. The behavior of rare earth elements in seawater: precise determination of variations in the North Pacific water column. Geochim Cosmochim Acta, 56: 1851-1862

Pitcher W S. 1983. Granite: Typology, geological environment and melting relationships. In: Aetherton M P, Gribble C D (eds). Migmatites, Melting and Metamorphism. Nantwich: Shiva Publications: 277-287

Planavsky A, Bekker A, Routel O J. 2010. Rare earth element and yttrium compositions of Archean and Paleoproterozoic Fe formations revisited: New perspectives on the significances and mechanisms of deposition. Geochim Cosmochim Acta, 74: 6387-6405

Plank T, Langmuir C H. 1998. The chemical composition of subducting sediment and its consequences for the crust and mantle. Chem. Geol. , 145: 325-394

Plank T, Cooper L B, Manning C E. 2009. Emerging geothermometers for estimating slab surface temperatures. Nature Geoscience, 2: 611-615

Pleet M E, Crocket J H, Stone W E. 1996. Partitioning of platinum-group elements (Os, Ir, Ru, Pt, Pd) and gold between sulfide liquid and basalt melt. Geochim Cosmochim Acta, 60: 2397-2412

Polat A. 2012. Growth of Archean continental crust in oceanic island arcs. Geology, 40: 383-384

Polt A, Kerrich R. 2001. Magnesian andesites, Nb-enriched basalt-andesites and adakites from late-Archean 2.7Ga Wawa greenston belts, Superiour Province, Canada; Implications for late Archean subduction zone petrogenetic processes. Contrib. Miner Petrol, 141: 36-52

Potter P E, Schimp N F, Witters J. 1963. Trace elements in marine and fresh water argillaceous sediments, Geochim Cosmochim Acta, 27: 669-694

Price D J D. 1963. Little Science, Bigscience. New York: Columbia University Press. Proceeding of the National Academy of Sciences of the United States of America, 77: 6973-6977

Prouteau G, Maury R C, Sajona F G, et al. 2000. Behavior of niobium, tantalum and other high field strength elements in adakites and related lavas from the Philippines. The Island Arc. , 9: 487-498

Putirka K. 1999. Melting depth and mantle heterogeneity beneath Hawaii and the East Pacific Rise: constraint from Na/Ti and rare earth element ratios. Jour. Geophy Res. , 104: 2817-2829

Pyle J M, Spear F S. 2000. An empiric garnet (YAG) - xenotime thermometer. Contrib Mineral Petrol, 138: 51-58

Pyle J M, Spear F S, Rudnick L, et al. 2001. Monazite-xenotime-garnet equilibrium in metapelites and a new monazite-garnet thermometer. Jour. Petrol, 42: 2083-2107

Qin K Z, Su B X, Sakyi P A, et al. 2011. SIMS zircon U-Pb geochronology and Sr-Nd isotopes of Cu-Ni-bearing mafic-ultramafic intrusions in eastern Tianshan and Beishan in correlation with flood basalts in Tarim basin (NW China): constraints on a 280 Ma mantle plume. Amer. Jour. Sci., 311: 237-260

Railsback L B. 2003. An Earth scientist's periodic table of elements and their ions. Geology, 31: 737-740

Raimbault L, Baumer A, Dubru M, et al. 1993. REE fractionation between scheelite and apatite in hydrothermal conditions. Amer Mineral, 78: 1275-1285

Rapp R P, Watson E B. 1995. Dehydration melting of metabasalt at 8-32kbar: implications for continental growth and crust-mantle recycling. Jour. Petrol, 36: 891-931

Rapp R P, Shimizn N, Norman M D. 2003. Growth of early continental crust by partial melting of eclogite. Nature, 425: 605-608

Rayleigh J W S. 1896. Theoritical considerations respecting the separation of gases by diffusion and similar processes. Philo. Mag., 42: 77

Rehkamper M. 2000. Tracing the Earth's evolution. Nature, 407: 848-849

Rehkamper M, Hofmann A W. 1997. Recycled ocean crust and sediment in Indian Ocean MORB. Earth Planet Sci. Lett. , 147: 93-106

Rehkamper M, Halliday A N, Alt J, et al. 1999. Non-chondritic platinum-group element ratios in oceanic mantle lithosphere: petrogenetic signature of melt percolation? Earth Planet Sci. Lett., 172: 65-81

Reich M, Kesler S E, Utsunomiys S, et al. 2005. Solubility of gold in arsenian pyrite. Geochim Cosmochim Acta, 69: 2781-2796

Reiners R W, Nelson B K, Nelson S W. 1996. Evidence for multiple mechanisms of crustal contermination of magma from compositionally zoned plutons and associated ultromafic intrusions of the Alaska Range. Jour. Petrol, 37: 261-292

Ren Z Y, Ingle S, Takahashi E, et al. 2005. The chemical structure of the Hawaiian mantle plume. Nature, 436: 837-840

Richards J R, Korrich R. 2007. Spacial paper: Adakite-like rocks: their divers origins and questionable role in metallogenesis. Econ. Geol., 102: 537-576

Rickers K, Thomas R, Heinrich W. 2006. The behavior of trace elements during the chemical evolution of $H_2O$-, B-, and F-rich granite-pegmatite-hydrothermal system at Ehrenfriedersdorf, Germany: a SXRF study of melt and fluid inclusions. Miner Depos., 41: 229-245

Right K, Drake M J. 2003. Partition coefficients at high pressure and temperature. In: Holand H D, Turekian K K (eds). Tretise on Geochemistry. Vol 2, The Mantle and Core (Carlson R W ed). Oxford: Elsevier-Pergamon: 425-449

Ringwood A E. 1966. The chemical composition and origin of the earth. In: Hurley (ed). Advances in Earth Sciences. Cambridge: Massachusetta Institute of Technology Press: 287-326

Ringwood A E. 1970. Petrogenesis of Apllo 11 basalts and implications for lunar origin. Jour. Geophys Res., 75: 6453-6479

Ringwood A E. 1975. Composition and petrology of the earth's mantle. New York : McGraw-Hill

Ringwood A E. 1977. Composition of the core and implications for origin of the earth. Geochem Jour. , 11: 111-135

Ringwood A E. 1979. Composition and origin of the earth. In: McElhinny M W (ed). The Earth: Its Origin, Structure and Evolution. London: Academic Press: 1-58

Ringwood A E. 1990. Slab-mantle interactions, petrogenesis of intraplate magmas and structure of the upper mantle. Chem. Geol. , 82: 187-207

Rising M T, Frei R. 2004. U-rich Achean sea-floor sediments from Greenland-indications of>3700Ma oxygenic photosynthesis. Earth Planet Sci. Lett. , 217: 237-243

Robb L J. 2005. Introduction to ore-forming processes. London: Blackwell Publishing Company: 36-344

Robinson J A, Wood J D. 1998. The depth of the spinel to garnet transition at the peridotite solidus. Earth Planet Sci. Lett., 164: 277-284

Roden M F, Frey F A, Clague D A. 1984. Geochemistry of tholeiitic and alkali lavas from the koolau range, Oahy, Hawaii: implications for Hawaiiay Volcanism. Earth Planet Sci. Lett., 69: 141-158

Roden M F, Murthy R. 1985. Mantle metasomatism. Ann. Rev. Earth Planet Sci. , 13: 269-276

Rogers G, Saunders A D. 1989. Magnisian andesites from Mexico-Chile and the Aleusian islands: implications for magmatism associated with ridge-trench collisions. In: Crawford A J (ed). Boninites and Related Rocks. Boston: London Unwin Hymon: 416-445

Rogers G, Saunders A D, Terrell D J, et al. 1985. Geochemistry of Holocene volcanic rocks associated with ridge subduction in Baja California, Mexico. Nature, 315: 389-392

Rogers J J W, Ragland P C, Nishimori R K, et al. 1978. Varieties of granitic uranium deposits and favourable exploration areas in the Eastern United States. Econ. Geol. , 73: 1539-1555

Rollinson H R. 1993. Using Geochemical Data: Evaluation, Presentation, Interpretation. New York: Longman Scientific Technical: 160-250

Rollinson H R, Windiey B F. 1980. Selective elemental depletion during metamorphism of Archean granulies, Scourie, NW Scotland. Contrib. Mine Petrol, 73: 257-263

Rona P A. 1978. Criteria for recognition of hydrothermal mineral deposits in oceanic crust. Econ. Geol., 73: 135-160

Rona P A, Bosrtrom K, Laubrer L, et al. 1983. Hydrothermal Processes at Seafloor Spreading Centers. New York: Plenum Press: 1-796

Rosler H J, Beuge P. 1983. Geochemistry of trace elements during regional metamorphism. In: Augustithis S (ed). The Significance of Trace Elements in Solving Petrogenetic Problems and Controversies. Athen: Theophrastus: 407-430

Roux J. 1971. Fixation du Rubidium et du cesium dans la nepheline et dans plbite a'600℃ daus les conditions hydrothermales. C R Acad Sci. Fr. Ser. D, 222: 1469-1472

Royden L H, Burchfiel B L, King R W, et al. 1997. Surface deformation and lower crustal flow in Eastern Tibet. Science, 276: 788-790

Rubatto D. 2002. Trace element geochemistry: partitioning with garnet and the link between U-Pb ages and metamorphism. Chem. Geol., 184: 123-138

Rubatto D, Hermann J. 2007. Experimental zircon/melt and garnet/melt and ziron/garnet trace element partitioning and implications for the geochronology of crustal rocks. Chen. Geol. , 241: 38-61

Rubatto D, Willianms lan S, Buick lan S. 2001. Zircon and monazite response to prograde metamorphysim in the Reynolds Range, central Australia. Contrib Mineral Petrol, 140: 458-468

Rubin J N, Henry C D, Price J G. 1989. Hydrothermal zircons and zircon overgrowths, Sierra Blanca Peaks, Texas. Amer. Mineral, 74: 865-869

Rudnick R L. 1990. Continental crust: growth from below. Nature, 347: 711-712

Rudnick R L. 1995. Making continental crust. Nature, 378: 571-578

Rudnick R L, Gao S. 2003. Composition of the continental crust. In: Rudnick R (ed). The Crust, Treatise on Geochemistry. Amsterdam: Elsevier: 3, 1-64

Rudnick R L, Barth M, Horn I, et al. 2000. Rutile-bearing refractory eclogites: missing link between continents and depleted mantle. Nature, 287: 278-281

Rudnick R L, McDonough W F, Chappell B W. 1993. Carbonatite metasomatism in the northern Tanzanian mantle: petrographic and geochemical characteristics. Earth Planet Sci. Lett. , 114: 463-475

Rusk B G, Lowers H A, Reed M H. 2008. Trace elements in hydrothermal quartz: relationships to cathodoluminescence textures and insight into vein formation. Geology, 36: 547-550

Rusk B G, Reed M H, Dilles J H, et al. 2006. Intensity of quartz cathodoluminescence and trace-element content in quartz from the porphyry copper deposit at Butte Montana. Amer. Mineral, 91: 1300-1312

Rusk B, Oliver N, Brown A, et al. 2009. Barren magnetite breccias in the Cloncurry region, Australia: comparisons to IOCG deposits. In: Williams, et al (eds). Smart science for exploration and mining. Proc 10th Biennial Meeting, Townsville: 656-658

Ryan C G, Griffin W L, Pearson N J. 1996. Garnet geotherms: pressure-temperature data from Cr-pyrope garnet xenocrysts in volcanic rocks. Jour. Geophys Res., 101: 5611-5626

Ryerson F J, Hess P C. 1978, Implications of liquid-liquid distribution coefficients to mineral-liquid partitioning. Geochim Cosmochim Acta, 42: 921-932

Ryerson F J, Watson E B. 1987. Rutile saturation in magmas: implications for Ti-Nb-Ta depletion in island-arc basalts. Earth Planet Sci. Lett. , 86: 225-239

Saal A E, Hauri E H, Cascio M L, et al. 2008. Volatile content of Lunnar volcanic glasses and the presence of water in the Moon's interior. Nature, 454: 192-195

Sack R O, Carmichael I S E, River M, et al. 1980, Feric-ferrous equilibria in natural silicate liquids at 1bar.Contrib Mineral Petrol, 75: 369-376

Saito M A. 2009. Less nickel for more oxygen. Nature, 458: 714-715

Sajona F G, Bellon H, Maury R C, et al. 1994. Magmatic response to abrupt changes in geodynamic settings: Pliocene-Quaternary calc-alkaline lavas and Nb enriched basalts of Leyte and Mindanao (Philippines). Tectonophysics, 237: 47-72

Sajona F G, Maury R C, Bellon H, et al. 1996. High field strength element enrichment of Pliocene-Pleistocene island arc basalts, Zamboanga Peninsula, western Mindanao (Philippines). Jour. Petrol, 37: 693-726

Sanei H, Grasby S E, Beauchamp B. 2012. Last Permian mercury anomalies. Geology, 40: 63-66

Sano Y, terada K, Fukuoka T. 2002. High mass resolution iron microprobe analysis of rare earth elements in silicate glass, apatite and zircon: lack of matrix dependency. Chem. Geol. , 184: 217-230

Sauders A D, Rogers G, Marriner G F, et al. 1987. Geochemistry of Cenozoic volcanic rocks, Baja California, Mexico: implications for the petrogenesis of postsubduction magmas. Jour. Volcano Geother Res., 32: 223-245

Sawkings F J. 1989. Anorogenic for magmatism, rift sedimentation and giant Proterozoic Pb-Zn deposits. Geology, 17: 657-660

Scaillet S, Gaillard F. 2011. Redox state of early magma. Nature, 480: 48-49

Scambelluri M, Bottazzi P, Trommsdirff V, et al. 2001. Imcompatible element-rich fluids released by antigorite breakdown in deeply subduction mantle. Earth Planet Sci. Lett. , 192: 457-470

Schaltegger U, Fanning C M, Gunther D, et al. 1999. Growth, annealing and recrystallization of zircon and preservation of monazite in high-grade metamorphism conventional and in-situ U-Pb isotope, cathodoluminescence and microchemical evidence. Contrib Mineral Petrol, 134: 186-201

Schiano P, Monzier M, Eissen J P, et al. 2010. Simple mixing as the major control of the evolution of volcanic suites in the Ecuadorian Andes. Contrib. Mine Petrol, 160: 297-312

Schidlowski M, Echimann R, Junge C E. 1975. Precambrian sedimentary carbonates: Carbon and oxygen isotope geochemistry and implications for the terristerial oxygen budget. Precam. Res., 2: 1-69

Schidlowski M, Golubic S, Kimbley M M, et al. 1992. Early Organic Evolution. New York: Springer: 147-175

Schimidt A, Weyer S, John T, et al. 2009. HFSE systematics of rutile-bearing eclogite: new insight into subduction zone processes and implications for the Earth's HFSE budget. Geochim Cosmichim Acta, 73: 455-468

Schimidt G, Palme H, Kratz K L. 1997. Highly siderophile elements (Re, Os, Ir, Ru, Rh, Pd, Au) in impact melts from three European impact craters (Saaksjarvi, Mien and Dellen): Clues to the nature of the impacting bodies. Geochim Cosmochim Acta, 61: 2977-2987

Schimidt M W, Poli S. 2003. Generation of mobile components during subduction of oceanic crust. In: Holland H D, Turekian K K (eds). Treatise on geochemistry, Amsterdan: Elsevier-Pergamon, 3: 567-592

Schimidt N W, Dardon A, Chazat G, et al. 2004. The dependence of Nb and Ta rutile-melt partitioning on melt composition and Nb/Ta fractionation during subduction process. Earth Planet Sci. Lett. , 226: 415-432

Schimitt W, Palme H, Wanke H. 1989. Experimental determination of metal/silicate partition coefficients for P, Co, Ni, Cu, Ga, Ge, Mo and W and some implications for the early evolution of the Earth. Geochim Cosmochim Acta, 53: 173-186

Schissel D, Smail R. 2001. Deep-mantle plumes and ore deposits. Geol. Soc. Ame. Spec. Paper, 352: 291-322

Schlanger S O, Jenkyns H C. 1976. Cretaceous oceanic anoxic events: Cause and consequence. Geologie en Mijnbouw, 55: 179-184

Schmidt G. 1997. Clues to the nature of the impacting bodies from platinum-group elements 9 Rhenium and gold in borehole samples from the Clearwarter East crater (Canada) and the Boltysh impact crater (Ukraine). Meteorit Planet Sci., 32: 761-767

Schnetzler C C, Philpotts J A. 1968. Partition coefficients of rare-earth elements and barium between igneous matrix material and rock forming phenocrysts, 1. In: Ahens L H (ed). Origin and Distribution of the Element. Oxford: Pergamon: 929-938

Schnetzler C C, Philpotts J A. 1970. Partition coefficients of rare earth elements between igneous matrix material and rock-forming mineral phenocrysts- I, Geochim Cosmochim Acta, 34: 331-340

Schoene B, Condon D J, Morgan L, et al. 2013. Precision and accuracy in geochronology. Elements, 9: 19-24

Schulte P, Alegret L, Arenillas I, et al. 2010. The Chiexulub asteroid impact and mass extinction at the Cretaceous-Paleogene boundary. Science, 327: 1214-1218

Schwarzenbach G. 1961. The general, selective and specific formation of complexes by metallic cations. Adv. Inorg. Radiochem.

Schwinn G, Markl G. 2005. REE systematics in hydrothermal fluorite. Chem. Geol. , 216: 225-248

Scott R J, Maffre S, Woodhead J, *et al*. 2009. Development of framboizal pyrite during diangenesis, low-grade metamorphism, and hydrothermal alteration. Econ. Geol. , 104: 1143-1168

Seifert K E, Cole M R W, Brunotte D A. 1985. REE mobility due to alteration of Indian Ocean basalt. Canadian Jour. Earth Sci. , 22: 1884-1887

Sekine Y, Suzuki K, Senda R, *et al*. 2011. Osimium evidence for synchronicity between a rise in atmosphere oxygen and Paleo-proterozoic deglaciation. Nature Comunications, 2: 502, doi: 10. 1038/ncomms 1507

Sen C, Dunn T. 1994. Dehydration melting of a basaltic composition amphibolite at 1. 5 and 2. 0GPa: implications for the origin of adakites. Contrib Mineral Petrol, 117: 394-409

Sha L K, Chappell B W. 1999. Apatite chemical composition, determined by electron microprobe and laser-ablation inductively coupled plusma mass spectrometry, as a probe into granite petrogenesis. Geochim Cosmochim Acta, 63: 3861-3881.

Shannon R D. 1976. Revised values of effective ionic radii. Acta Crystall Sec A, 32: 751-767

Shannon R D, Prewitt C T. 1969. Elective ionic radii in oxides and fluorides. Acta Crystallogy, 25: 925-946

Sharpe M R. 1981. The chilled marginal gabbro and other contact rocks of the Skergaad intrusion. Jour. Petrol, 30: 441-476

Shaw D M. 1954. Trace elements in pelitic rocks. Bull Geol. Soc. Amer., 65: 1151-1182

Shaw D M. 1968. A review of K-Rb fractionation trend by covariance analysis. Geochim Cosmochim Acta, 32: 573-602

Shaw D M. 1970. Trace element fractionation during anatexis. Geochim Cosmochim Acta, 34: 237-243

Shaw D M. 1972. The origin of Apsley gneiss, Ontario. Can. Jour. Earth Sci., 9: 18-35

Shaw D M. 1978. Trace element behavious during anatexis in the presence of a liquid phase. Geochim Cosmochim Acta, 42: 933-943

Shaw D M. 2006. Trace Elements in Magmas: A Theoretical Treatment. Cambridge: Cambridge University Press: 14-186

Shaw D M, Kudo A M. 1965. A test of the discriminant function in the amphibolite problem. Min. Mag., 34: 423-435

Shcherbakov Y G. 1979. The distribution of elements in the geochemical provinces and ore deposits. Phys. Chem. Earth, 11: 689-695

Shevais J W. 1982. Ti-V plots and the petrogenesis of modern and ophiolitic lavas. Eath Planet Sci. Lett., 59: 101-118

Shields G, Stille P. 2001. Diagenetic constrains on the use of Cerium anomalies as paleoseawater redox proxies : an isotopic and REE study of Cambrian phosphorites. Chem. Geol. , 175: 29-48

Shimizau H, Masuda A. 1977. Cerium in chert as on indication of marine environment of its formation. Nature, 266 (24): 346-348

Shimizu H, Takchikawa K, Masuda A, *et al*. 1994. Cerium and neodymium isotope ratios and REE patterns in seawater from the North Pacific ocean. Geochim Cosmochim Acta, 58: 323-333

Shimizu N. 1974. An experimental study of the partitioning of K, Rb, Cs, Sc and Ba between clinopyroxene and liquid at high pressure. Geochim Cosmochim Acta, 38: 1789

Shmulovich K, Heinrich W, Möller P, *et al*. 2002. Experimental determination of REE fractionation between liquid and vapour in the systems $NaCl-H_2O$ and $CaCl_2-H_2O$ up to 450℃. Contrib Miner Petrol, 144: 257-273

Siekierski S. 1971. The shape of the lanthanide contraction as reflected in the changes of the unit cell volumes, lanthanide radius and the free energy of complex formation. Jour. Inorg. Nuc. Chem. , 33: 377-386

Sillitoe R H. 1974. Tin mineralization above mantle hot sports. Nature, 248: 497-499

Simon A C, Pettke T, Candela P A, *et al*. 2004. Magnetite solubility and iron transport in magmatic-hydrothermal environments. Geochim Cosmochim Acta, 68: 4905-4914

Singoyi B, Danyushevsky L, Davidson G J, *et al*. 2006. Determination of trace elements in magnetites from hydrothermal deposits using the LA-ICPMS technique. SEG Keystone Conference, Denver, USA, CD-ROM

Sisson V B, Pavlis T I, Roeske M S, *et al*. 2003. Introduction an overview of ridge-trench interaction in modern and ancient settings. In: Sisson V B, *et al* (eds). Geology of a transpressional orogeny developed during ridge-trench interaction along the North Pacific margin. Geol. Soc. Am. Spec. Paper, 371: 1-18

Smewing J D, Potts P J. 1976. Rare-earth abundances in basalts and metabasalts from the Troodos Massif, Cyprus. Contrib. Mine Petrol, 57: 245-258

Snow, J E, Schmidt G. 1998. Constraints on Earth accretion deduced from noble metals in the oceanic mantle. Nature, 391: 166-169

Soblev A V. 1996. Melt inclusions in minerals as a source of principle petrological information. Petrology, 4: 209-220

Sobolev A V, Hofmann A W, Kuzumi D V, et al. 2007. The amount of recycled crust in sources of mantle-derived melts. Science, 316: 412-417

Sobolev A V, Hofmann A W, Sobolev S V, et al. 2005. An olivine-free mantle source of Hawaiian shield basals. Nature, 434: 590-597

Sobolev S V, Sobolev A V, Kuzmin D V, et al. 2011. Linking mantle plumes, large igneous provinces and environmental catastrophes. Nature, 477: 312-316

Sokolova N F, Spiridonov E M, Nazmova G N, et al. 1997. Chemical typomophism of scheelite from plutonogenic hydrothermal gold deposits of various depth facies. Geol. Pazvedka, 4: 43-47 (in Russian)

Song X Y, Zhou M F, Cao Z M. 2004. Genetic relationship between base-metal sulfide and Platinum-group minerals in the Yangliuping Ni-Cu-PGE sulfide deposit, southwestern China. The Canad. Mine. , 42: 469-483

Song X Y, Zhou M F, Kears R R, et al. 2006. Geochemistry of the Emeishan flood basalt at Yangliuping, Sichuan, SW China: Implications for sulfide segeragation. Contrib Miner Petrol, 152: 53-74

Song X Y, Zhou M F, Tao Y, et al. 2008. Controls on the metal compositions of magmatic sulfide deposits in the Emeishan large igneous province, SW China. Chem. Geol. , 253: 38-49

Song Y, Frey F A, 1989. Geochemistry of peridotite xenoliths in basalt from Hannuoba, eastern China: implications for subcontinental mantle heterogeneity. Geochim Cosmochim Acta, 53: 97-113

Spandler C, Hermann J, Arculus R, et al. 2004. Geochemical heterogeneity and element mobility in deeply subducted oceanic crust: Insights from high-prssure mafic rocks from New Caledonia. Chem. Geol. , 206: 21-42

Spera F J, Bohrson W A. 2001. Energy-constrained open-system magmatic processes I: general model and energy-constrained assimilation and fractional crystallization. Jour. Petrol, 42: 999-1018

Stahle H J, Raith M, Hoernes S. 1987. Element mobility during incipient granulite formation at Kabbaldurga, Southern India. Jour. Petrol, 28: 803-834

Stein H J, Markey R J, Morgan J W. 1997. Highly precise and accurate Re-Os ages for molybdenite from the East Qinling Molybdenium belt, Shan'xi province, China. Econ. Geol., 92: 827-835

Stepanov A S, Hermann J. 2013. Fractionation of Nb and Ta by biotite and phengite: Implications for the "missing Nb paradox". Geology, 41: 303-306

Stern C R. 1991. Role of subduction erosion in the generation of Andean magmas. Geology, 19: 78-81

Stern C R. 2011. Subduction erosion: rates, mechanisms, and its role in arc magmatism and the evolution of continental crust and mantle. Gondwana Res., 20: 284-308

Stern C R. 2012. The role of subduction erosion in the recycling of continental crust. 22$^{nd}$ VM Goldschimidt Conference Abstruct

Stern C R, Scholl D M. 2010. Yin and yang of continental crust creation and destruction by plate tectonic process. Inter. Geol. Rev., 52: 1-31

Stern G R, Funk J A, Skewes M A. 2007. Magmatic anhydrite in plutonic rocks at the El Tenente Cu-Mo deposit, Chile, and the role of sulfur and copper-rich magma in its formation. Econ. Geol., 102: 1335-1344

Stern R A. 2008. Modern-style plate tectonic began in Neoproterozoic time: an alternative internative interpretation of Earth's tectonic history. In: Condie K, Pease V (eds). When did plate tectonics begin? Geol. Soc. Ame. , Spec Paper, 440: 265-280

Stern R J. 2013. When did plate tectonics begin on Earth, and what came before? GSA Blog: http: // geosocity. wordpress. com/2013/04/28/when-did-plate-tectonics-begin-on-earth-and-what-came-before

Stevenson R, Henry P, Gariapy C. 1999. Assimilation-fractionational crystallization origin of Archean sanukitoid suites: Western Superiou Province, Canada. Precam Res., 96: 83-99

Stille P, Riggs S R, Clauer N, et al. 1994. Sr and Nd isotopic analysis of phosporite sedimentation through one Miocene high-frequency depositional cycle on the North Carroline continental shelf. Mar. Geol., 117: 253-273

Stolz A J, Jochun K P, Spettel B, et al. 1996. Fluid and melt-related enrichment in the subarc mantle: evidence from Nb/Ta variations in island-arc basalts. Geology, 24: 587-596

Stosch H G. 1981. Sc, Cr, Co and Ni partitioning between minerals from spinel peridotite xenoliths. Contrib. Mine Petrol, 78:

166-174

Stosch H G. 1982. Rare earth element partitioning between minetals from anhydrous spinel peridotite xenolith. Geochim Cosmochim Acta, 46: 793-811

Strong D F. 1984. Rare earth elements in volcanic rocks of the Buchans area, Newfounland. Canadian Jour. Earth Sci., 21: 775-780

Stöckelmann D, Reimold W U. 1989. The HMX mixing calculation program. Mathematical Geology, 21: 853-860

Su W C, Hu R Z, Xia B, et al 2009. Calcite Sm-Nd isochron of the Shuiyindong Carlin-type gold deposit, Guizhou, China. Chem Geol, 258: 269-274

Sun C O, Willianms R J, Sun S S. 1974. Distribution coefficients of Eu and Sr for plagioclase-liquid and clinopyroxene-liquid equilibria in ocenic ridge basalt: an experimental study. Geochim Cosmochim Acta, 38: 1415-1434

Sun S S. 1984. Some geochemical constraints on mantle evolution model. In "Proceedings 27th international geological congress", Moscow, VNU BV, Netherlands

Sun S S, McDonough W F. 1989. Chemical and isotopic systematics of oceanic basalts, implications for mantle composition and processes. In: Sauders A D, Norry M J (eds). Magmatism in the Ocean Basins. London: Geol. Soc. Spec. Publ. : 313-345

Sun S S, Nesbitt R W. 1978. Petrogenesis of Archean ultrabasic and basic volcanics: evidence from rare earth element. Contrib. Mine Petrol, 65: 301-325

Sun S S, Nesbitt R W. 1977. Chemical heterogeneity of the Archean mantle composition of the Earth and mantle evolution. Earth Planet Sci. Lett. , 35: 429-448

Sun S S, Tatsumoto M, Schilling J G. 1975. Mantle plum mixing along the Reykjanes ridge alex: Lead isotopic evidence. Science, 190: 143-147

Sun W D, Auculus R J, Kamenesky V S, et al. 2004. Release of gold-bearing fluids in convergent margin magmas promoted by magnetite crystallization. Nature, 431: 975-978

Sun W D, Bennett V G, Eggins D T, et al. 2003. Enhanced mantle-to crust rhenium transfer in undegassed arc magmas. Nature, 422: 294-297

Suzuki K, Adachi M. 1991. Precambrian provenance and Silurian metamorphism of the Tsubonosawa in the south kilakami terrane, northeast Japan revealed by the chemical Th-U-total Pb isochron ages of monazite , zircon and xenotime. Geoch. Jour., 25: 357-376

Sweeney R J, Green D H, Sie S H. 1992. Trace and minor element partitioning between garnet and amphibole and carbonatite melt. Earth Planet Sci. Lett., 113: 1-14

Takahashi Y, Kolonia G R, Shironosova G P, et al. 2005. Determination of the Eu (Ⅱ) /Eu (Ⅲ) ratios in minerals by X-ray absorption near-edge structure (XNES) and its application to hydrothermal deposits. Mine Mag., 69: 179-190

Takahashi Y, Yoshida H, Sato N, et al. 2002. W-and M-type tetrad effects in REE patterns for water-rock systems in the Tono uranium deposit, central Japan. Chem. Geol., 184: 311-335

Tanaka T, Nishizawa O. 1975. Patitioning of REE, Ba and Sc between crystal and liquid phases for a natural silicate system at 20 kbar pressure. Geochem Jour., 9: 161-166

Tang G J, Wyman D A, Wang Q, et al. 2012a. Arthenosphere -lithosphere interaction triggered by a slab window during ridge subduction: trace element and Sr-Nd-Hf-Os isotopeic evidence from late Carboniferous tholiites in the western Junggar area (NW China). Earth Planet Sci. Lett. , 329-330: 84-96

Tang G J, Wang Q, Wyman D A, et al. 2012b. Metasomatized lithosphere-asthenosphere interaction during slab roll-back: evidence from late Carboniferous gabbro in the Luotuogou area, central Tianshan. Lithos, 155: 67-80

Tangle R, Claeys P. 2005. An ordinary chondrite impactor for the Popigai crater, Siberia. Geochim Cosmochim Acta, 69: 2877-2889

Tatsumi Y, Kogiso T. 2003. The subduction factory: its role in the evolution of the Earth's crust and mantle. In: frontier research on Earth evolution (Vol Ⅱ). Tokyo: Ifree, Jamstec: 56-92

Tatsumi Y, Hamilton D L, Nesbitt R W. 1986. Chemical characteristics of fluid phase released from a subducted lithosphere and origion of arc magma: evidence from high pressure experiments and natural rocks. Jour. Volcanol. Geotherm Res., 29: 293-309

Taylor S R. 1964. Abundance of chemical elements in the continental crusta new table. Geochim Cosmochim Acta, 28: 1273-1285

Taylor S R. 1966. Australites, Henbury impact glass and subgreywacke: a composition of the abundances 51 elements. Geochim

Cosmochim Acta, 11: 1121-1136

Taylor S R. 1975. Lunar Science: A post-Apollo View. Pergamon, INC: 306-318

Taylor S R. 1979a. Chemical composition and evolution of the continental crust: the rare earth element evidence. In: McElhinny M W (ed). The Earth, Its Origin, Structure and Evolution. London: Academic Press: 353-372

Taylor S R. 1979b. Trace element analysis of rare earth element by spark source mass spectromentry. In: Gschneidner K A Jr, Eyring L (eds). Handbook on the Physics and Chemistry of Rare Earths, 4. Amsterdam: North-Holland: 359-376

Taylor S R, 1982. Planetary Science: A Iunar Perspective, Lunar and Planetary Institute. Houston: Texas: 481

Taylor S R, McLennan M S. 1985. The Continental Crust: Its Composition and Evolution. Oxford: Blackwell Scientific Publications: 57-114, 143-209-230, 372

Taylor S R, McLennan M S. 1995. The geochemical evolution of the continental crust. Rev. Geophy, 33: 241-265

Tejada M L G, Mahoney J J, Castillo P R, et al. 2004. Pin-pricking the elephant: evidence on the origin of Ontong Java Plateau from Pb-Sr-Hf-Nd isotopic characteristics of ODP Leg 192 basalts. In: Fitton J G, Mahoney J J, Wallace P J, et al (eds). Origin and Evolution of the Ontong Java plateau. London: The Geological Society: 133-150

Terashima A, Imai N, Itoh S, et al. 1994. 1993 composition of analytical data for major elements in seventeen G S J geochemical reference samples. Igneous Rock Series, Bulletin of the Geological Survey of Japan, 45: 305-381

Thibault Y, Walter M J. 1995. The influence of pressure and temperature on the metal/silicate partition coefficients of nickel and cobalt in a model CI chondrite and implications for metal segration in a deep magma ocean. Geochim Cosmochim Acta, 59: 991-1002

Thomas H V, Large R R, Bull S W. 2011. Pyrite and pyrrhotite textures and composition in sediments, laminated quartz veins, and reefs at Bendigo gold mine, Australia, insights for ore genesis. Econ. Geol. , 106: 1-31

Thomas J B, Bornar R J, Shimizu N, et al. 2002. Ditermination of zircon/melt trace element partition coefficients from SIMS analysis of melt inclusions in zircon. Geochim Cosmochim Acta, 66: 2887-2901

Thurston P C. 1981. Economic evaluation of Archean felsic volcanic rocks using REE geochemistry. Spec. Pub. Geo. Soc. Austra, 7: 439-450

Tischendorf G, Harff J. 1985. Dispresive and accumulative elements. Chem. Erde, 44: 79-88

Tomkins H S, Powell P, Ellis D J. 2007. The pressure dependence of the zirconium-in-rutile thermometer. Jour. Metam Geol, 25: 703-713

Tomlinson K Y, Condie K C. 2001 Archean mantle plumes: Evidence from greenstone belt geochemistry. In: Ernst R, Buchan K L (eds) Mantle plumes: Their identification through time. Special paper 352, Boulder: Geological Society of America: 341-357

Trail D, Watson E B, Tailby N D. 2011. The oxidation state of Headean magmas and implication for early Earth's atmosphere. Nature, 480: 79-82

Trail D, Watson E B, Tailby N D. 2012. Ce and Eu anomalies in zircon as proxies for oxidation state of magma. Geochim Cosmochim Acta, 97: 7- 87

Treloar P J, Colley H. 1996. Variations in F and Cl contents in apatites from magnetite-apatite ores in northern Chile and their ore-genetic implications. Mine Magz, 60: 285-301

Treuil M, Joron J M. 1975. Vtilisation des elements hydromagmatophiles pour la simplification de la modelisa- tion quantitative des proccessus magmatiques, Exemples de'l afar et de la dorsade medioatlatique. Soc. It. Mine Petrol, 31: 125

Tribovillard N, Algeo T J, Lyons T W, et al. 2006, Trace metal as paleoredox and paleoproductivity proxies: an update. Chem. Geol. , 232: 12-32

Tricca A, Stille P, Steinmann M, et al. 1999. Rare earth elements and Sr and Nd isotopic compositions of dissolved and suspended loads from small river systems in the Voseges mountains (France), the river Phine and groundwater. Chem. Geol., 160: 139-158

Troitzsch U, Ellis D J. 2004. High P-T study of solid solutions in the system $ZrO_2$-$TiO_2$: the stability of srilankite. Eur. J. Mineral, 16: 577-584

Troitzsch U, Ellis D J. 2005. The $ZrO_2$-$TiO_2$ phase diagram. Jour. Mat. Sci., 40: 577-584

Tropper P, Manning C E, Harlov D. 2011. Solubility of $CePO_4$ monazite and $YPO_4$ xenotime in $H_2O$ and $H_2O$-NaCl at 800℃ and 1 Gpa: Implications for REE and Y transport during high-grade metamorphism. Chem. Geol. , 282: 58-66

Tu G Z, Zhao Z H, Qiu Y Z. 1985. Evolution of Precambrian REE mineralization. Precam. Research, 27: 131-151

Turekian K K, Wedepohl K H. 1961. Distribution of the elements in some major units of the Earth's crust. Geol. Soc. Amet Bull. , 72: 175-192

Turner J S, Campbell I H. 1986. Convection and mixing in magma chamber. Earth Sci. Rev., 23: 255-352

Tyson R V, Pearson T H. 1991. Modern and ancient continental shelf anoxia: an overview. In: Tyson R V, Pearson T H (eds) . Modern and ancient continental shelf anoxia. Geol. Soc. Spec. Publ. , 58: 1-26

Ukstins P I, Baner J A, Kent A J R, et al. 2003. Correlation of Indian ocean tephra to individual silicic eruptions from the Oligocene Afro-Arabian flood volcanic province. Earth Planet Sci. Lett. , 211: 311-327

Unsworth M J. Jones A G, Wei W, et al. 2005. Crustal rheology of the Himalaya and Southern Tibet inferred from magnetotelluric-data. Nature, 438: 78-81

Vail P R, Mitchun R M J. 1977. Seismic stratigraphy and global changes of sea level, Part 4: Global cycles of relative changes of sea level. In: Payton (ed). Seismic stratigraphy-applications to hydrocarbon exploration. Tulsa: Am. Assoc. Petrol. Geol: 83-98

van de Voo R, Sparkman W, Bijwaard H. 1999. Mesozoic subducted slabs under Siberia. Nature, 397: 246-249

van Huene R, Scholl D W. 1991. Observation at convergent margins concerning sediment subduction, subduction erosion, and the browth of continental crust. Revie. Geophys, 29: 279-316

Veksler I V, Dorfman A M, Kamenetsky M, et al. 2005. Partitioning of lanthanides and Y between immiscible silicate and fluoride melts, fluorite and cryolite and the origin of the lanthanide tetrad effect in igneous rocks. Geochim Cosmoch Acta, 69: 2847-2860

Vermeesch P. 2006a. Tectonic discrimination of basalts with classification trees. Geochim Cosmochim Acta, 70: 1839-1848

Vermeesch P. 2006b. Tectonic discrimination diagrams revisited. Geochemi Geophys Geosys, 7: 1-55

Vernon R H. 1983. Restite, xenoliths and microgranitoid enclaves in granites. Jour. Proceed Royal Soc. N. S W, 116: 77-103

Vidal P, Cocherie A, Le Fort P. 1982. Geochemical investigations of the origin of the Manaslu leucogranite (Himalaya, Nepal). Geochim Cosmochim Acta, 46: 2279-2292

Vielreicher N, Groves D, Fletcher I, et al. 2003. Hydrothermal monazite and xenotime geochronology: a new direction for precise dating of orogenic gold mineralization. Society Econ. Geol. News Lett. , 53: 10-16

Vinogradov A F. 1962. Average concentration of chemical element in the cheaf types of igneous rocks of Earth's crust. Geochemistry, 7: 555-571 ( in Russian)

Vishnevsky S, Montanari A. 1999. Popigai impact structure (Artic Aibiria, Russia): geology, petrology, geochemistry and geochronology of glass-bearing impactites. In: Dressler B O, Grieve B A F, Sharpton V L (eds). Large meteorites impacts and planet evolution II. Geol. Soc. Am. Spec. Pap. , 339: 19-59

Vocke R D Jr, Hanson G N, Grunenfelser M. 1987. Rare earth element mobility in the Roffna Gneiss, Switzerland. Contrib. Mine Petrol, 95: 145-154

Volfinger M. 1970. Partage de Na et Li entre sanidine muscovite et sulution hydrothermale a 600°C et 1000bars. C. Roy. Acad Sci. Fr. Ser. D, 271: 1345-1347

Vollmer R. 1976. Rb-Sr and U-Th-Pb systematics of alkaline rocks: the alkaline rocks from Italy. Geochim Cosmochim Acta, 40: 283-295

von Huene R, Ranero C, Vannucchi P. 2004. Genetic model of subduction erosion. Geology, 32: 913-916

Voshage H, Hofmann A W, Mazzucchere M, et al. 1990. Isotopic evidence from the Ivrea zone for a hybrid lower crust formed by magmatic underplating. Nature, 347: 731-736

Wade J, Wood B J. 2001. The Earth's missing niobium may be in the core. Nature, 409: 75-78

Wager L R, Mitchell M. 1951. The distribution of trace elements during strong fractionation of basic magma—a further study of the Skaergaard intrusion, East Greenland. Geochim Cosmochim Acta, 1: 129-208

Wager L R. 1960. The major element variation of the layered series of the Skaergaard intrusion and a re-estimation of the average composition of the hidden layered series and of thesuccessive residual magmas. Jour. Petrol. , 1: 364-398

Walker C T. 1968. Evaluation of boron as a paleosalinity indicator and its application to offshore prospects. AAPG Bull., 52: 751-766

Walker J G G. 1985. Iron and sulfur in the pre-biological ocean. Precam Res., 28: 205-222

Wang C Y, Campbell I H, Charlotte M A, et al. 2009. Rate of growth of the preserved North American continental crust: evidence from Hf and O isotopes in Mississippi detrital zircons. Geochim Cosmochim Acta, 73: 712-728

Wang C Y, Campbell I H, Stepanov A S, et al. 2011. Growth rate of the preserved continental crust: II, constraints from Hf and

O isotopes in detrital zircons from Greater Russia River. Geochim Cosmochim Acta, 75: 1308-1345

Wang C Y, Prichard H M, Zhou M F, *et al.* 2008. Platinum-group minerals from the Jinbaoshan Pd-Pt deposit, SW China: evidence for magmatic origin and hydrothermal alteration. Mine. Depo., 43: 791-803

Wang K, Plank T, Walker J D, *et al.* 2002. A mantle melting profile across the basin and Range. SWUSA. JGR, 107: ECV5-1-ECV5-21

Wang Q, Chung S L, Li X H, *et al.* 2012a. Crustal melting and flow beneath northern Tibet: Evidence from Mid-Miocene to Quarternary strongly peraliuminous rhyolites in southern Kunlun Range. Jour. Petrol, 53: 2532-2566

Wang Q, Wyman D A, Li Z X, *et al.* 2010. Petrology, geochronology and geochemistry of ca 780Ma A-type granites in South China: Petrogenesis and implications for crustal growth during the break of supercontinental Rodinia. Precam Res., 178: 185-208

Wang Q, Xu J F, Jian P, *et al.* 2006. Petrogenesis of adakitic porphyries in an extensinal tectonic settings in Dexing, South China: implications for the genesis of porphyry copper mineralization. Jour. Petrol., 47: 119-144

Wang Q, Xu J F, Zhao Z H, *et al.* 2004. Cretaceous high-potassium intrusive rocks in the Yueshan-Hongzhen area of east China: adakites in an extensional tectonic regime within a continent. Geoche. Jour., 38: 417-434

Wang Q, Zhao Z H, Bai Z H, *et al.* 2003. Carboniferous adakites and Nb-enriched arc basaltic rocks association in the Alataw Mountains, north Xinjiang: interaction between slab melt and mantle peridotite and implications for crustal growth. Chinese Sci. Bull., 48: 2108-2115

Wang Y J, Fan W M, Zhang Y H, *et al.* 2004. Geochemical, $^{40}Ar/^{39}Ar$ geochronological and Sr-Nd isotopic constraints on the origin of Paleoproterozoic mafic dikes from the southern Taihang Mountains and implications for the Ca. 1800Ma event of the North China Craton. Prcam. Res., 135: 55-77

Wang Z H, Zhao Y, Zou H B, *et al.* 2007. Petrogenesis of early Jurassic Nandaling flood basalts in the Yanshan belt, north China craton: A correlation between magmatic underplating and lithospheric thining. Lithos, 96: 543-566

Wark D A, Hildrith W, Spear F S, *et al.* 2007. Pre-eruption recharge of the Bishop magma system. Geology, 35: 235-238

Wark D A, Watson E B. 2006. TitaniQ: a titanium-in-quartz geothermometer, Contrib. Mineral. Petrol, 152: 743-754

Wasson M W, Kallemeyn G W. 1988. Compositios of chondrites: Philosophical Transaction of the Royal Society. London, A325: 535-544

Watson E B. 1976. Two liquid partition coefficients: experimental data and geochemical implications. Contrib Mine Petrol, 56: 119-134

Watson E B. 1977. Patitioning of manganese between forsterite and silicate liquid. Geochim Cosmochim Acta, 41: 1363-1374

Watson E B, Green T H. 1981, Apatite/Liquid partition coefficients for the rare earth elements and strontium. Earth Planet Sci. Lett., 56: 408-421

Watson E B, Harrison T M. 1983. Zircon saturation revisited: temperature and composition effects in a variety of crustal magma types. Earth Planet Sci. Lett., 64: 295-304

Watson E B, Harrison T M. 2005. Zircon thermometer reveal minimum melting condition on earlist Earth. Science, 308: 841-844

Watson F B, Wark D A, Thomas J B. 2006. Crystallization thermometers for zircon and rutile. Contrib Mineral Petrol, 151: 413-433

Weaver B L. 1991. The origin of island basalt end-member compositions: trace element and isotopic constraints. Earth Planet Sci. Lett., 104: 381-397

Webber A P, Roberts S, Taylor R N, *et al.* 2013. Golden plumes: substantial gold enrichment of oceanic crust during ridge-plume interaction. Geology, 41: 87-90

Webster J D, Holloway J R, Hervig R L. 1989. Partitioning of lithophile trace elements between $H_2O$ and $H_2O+CO_2$ fluids and topaz rhyolite melt. Econ. Geol., 84: 116-134

Wedepohl K H. 1970. Handbook of Geochemistry. Berlin, Heidelberg. New York: Springer-Verlag: 1/2 39, 57-71-L-l-31

Wedepohl K H. 1971. Environmental influences on the chemical composition of shales and clays. In: Ahrence L H, Pres F, Runcorn S K, *et al* (eds). Physics and Chemistry of the Earth. Oxford: Pergmon: 305-333

Wedepohl K H. 1991. The composition of the upper Earth's crust and the natural cycles od selected metals. In Merian E (ed): Metals and their Compositions in the Environment. Weinheim: VCH-Verlagage-Sellschafe: 3-17

Wedepohl K H. 1995. The composition of the continental crust. Geochim Cosmochim Acta, 59: 1217-1232

Wei G J, Liu Y, Ma J L, *et al.* 2012. Nd, Sr isotopes and elemental geochemistry of surface sediments from the South China Sea:

implicatios for provenance tracing. Marine Geology, 319-322: 22-34

Weinberg A M. 1961. Impect of large-scale science on the United States. Science, 134: 161-164

Weinberg A M. 1968. Reflection on Big Science. New York: Columbia University Press

Well D F, Mckay G A. 1975. The partitioning of Mg, Fe, Sr, Ce, Sm, Eu, and Yb in lunar igneous systems and a possible origin of KREEP by equilibrium partial melting. Proc. Sixth Lunar Sci. Conf. , 1143-1158

Wendlandt R F. 1990. Partitioning of niobium and tantlium between rutile and silicate melt. EOS, AGU Fall Meeting, 71 (43): 1658

Wetzel K, Remer M, Hirsch K. 1989. Minor element effects of combined fractional partial melting and crystallization. Earth Planat Sci. Lett, 93: 142-150

Weyer S, Munker C, Mezger K. 2003. Nb/Ta, Zr/Hf and REE in the depleted mantle: implications for the differentiation history of the crust-mantle system. Earth Planet Sci. Lett. , 205: 309-324

Whalen J B, Currie K L, Chappell B W. 1987. A-type granites: geochemical characteristics discrimination and petrogenesis. Contrib Mineral Petrol, 95: 407-419

White A J R. 2003. Petrographic characteristics of high and low temperature granites. Hutton Symposium V, Abstract: 163

White W M, McBirney A R, Duncan R A. 1993. Petrology and geochemistry of the Galapagos islands: portrait of a pathlogical mantle plum. Jour. Geopgy Res. , 98: 19533-19563

Whitehead J, Dunning G R, Spray J G. 2000. U-Pb geochronology and origin of granitoid rocks in the Thetford Mines ophiolite, Canadian Applachians. Geol. Soc. Ame. Bull. , 112: 915-928

Whitehead J, Grive R A F, Spray J G, et al. 2002. Mineralogy and petrology of melt rocks from the Popigai structure, Siberia. Meter Planet Sci. , 37: 632-647

Whitehouse M J, Kamber B S. 2002. On the overabundance of light rare earth elements in terrestrial zircons and its implication for Earth's earlist magmatic differentiation. Earth Planit Sci. Lett. , 204: 333-346

Whitford D J, Korsch M J, Porritt P M, et al. 1988. Rare-earth element mobility around the volcanogenic polymetallic massive sulfide deposit at Que River, Tasmania, Austrialia. Chem. Geol. , 68: 105-119

Whitford D J, Nicholls I A, Taylor S R. 1979, Spatial variations in the geochemistry of quaternary lavas across the Sunda arc in Java and Bali. Contrib. Mine Petrol, 70: 341-356

Wide A. 2005. Descriptive ore deposit models: Hydrothermal and supergen Pt and Pd deposits. In: Munall J E (ed). Exploration for Platinum-Group elements deposits. Mineralogical Association of Canada Short Course, 35: 145-161

Wignall P B. 2001. Large igneous province and mass extinctions. Earth Sci. Rev., 53: 1-33

Wilde P, Quinby-Hunt M S, Erdtmann B D. 1996. The whole rock cerium anomaly: a potential indicator of the eustatic sea-level changes in shales of the anoxic facies. Sed. Geol., 101: 43-53

Wilde S A, Valley J W, Peck W H, et al. 2001. Evidence from detrital zircons for the existence of continental crust and oceans on the Earth 4. 4Ga ago. Nature, 409: 175-178

Wilgus C K, Holser W T. 1984. Marine and nonmarine salts of western interior, United States. Am. Assoc. Petroleam Geologists Bull. (AAPG), 68: 765-767

Wilke M, Partzsh G M, Bernhardt A, et al. 2004. Determination of the iron oxidation state in basaltic glasses using XANES at the K-edge. Chem. Geol., 213: 71-87

Will M, Kramers J D, Nägler T F, et al. 2007. Evidence for a gradual rise of oxygen between 2. 6 and 2. 5Ga from Mo isotopes and Re-PGE signatures in shales. Geochim Coschim Acta, 71: 2417-2435

Willams-Jones A E, Migdisov A A, Samson M. 2012. Hydrothermal mobilization of the rare earth elements-a tale of "Ceria" and "Yttria". Elements, 8: 355-360

Wille N T F, Lehmann B, et al. 2008. Hydrogen sulphide release to surface water at the Precambrian/Cambrian boundary. Nature, 453: 767-769

Willians W D. 1966. The relationship between salinity and Sr/Ca in the lake water. Austr. Jour. Mar. Fresh Water Res. , 169-176

Wilson M R, Kyser T K, Gagan R. 1993. Sulphur isotope systematic and platinum element behavior in REE-enriched metasomatic fluids: a study of mantle xenoliths from Dish Hill, California, USA. Geochim Cosmochim Acta, 60: 1933-1942

Winchester J A, Floyd P A, 1977. Geochemical discrimination of different magma series and their differentiation products using immobile elements. Chem. Geol. , 20: 325-343

Winchester J A, Park R G, Holland J G. 1980. The geochemistry of lewisian semipelitic schists from the Gairloch District, Western Ross, Scott. Jour. Geol., 16: 165-179

Windley B F, Alexiev D, Xiao W J, et al. 2007. Tectonic models for accretion of the central asian orogenic belt. Jour. Geol. Soc. London, 164: 31-47

Wood B J, Blundy J D. 2003. Trace element partitioning under crustal and uppermost mantle condition: The influence of ionic radius, cation charge, pressure and temperature. In: Carlson R W (ed). The Mantle and Core, Tretise on Geochemistry Vol 2 (Holand H D, Turekian K K eds). Oxford: Elsevier-Pergamon: 395-424

Wood B J, Virgo D. 1989. Upper mantle oxidation state: ferric iron contents of lherzolite spinels by $^{57}$Fe Mössbauer spectroscopy and resultant oxygen fugacities. Geochim Cosmochim Acta, 53: 1277-1291

Wood D A. 1979. Dynamic partial melting: its application to the petrogenesis of basalts erupted in Icelands, the Faeroe Islands, the Isle of Skye (Scotland) and the Troodos Massif (Cyprus). Geochim Cosmochim Acta, 43: 1031-1046

Wood D A. 1980. The application of a Th-Hf-Ta diagram to problems of tectonomagmatic classification and to establishing the nature of crustal contamination of basaltic lavas of the British Tertiary volcanic province. Earth Planet Sci. Lett., 50: 11-30

Wood D A. 1990. The aqueous geochemistry of the rare-earth elements and yttrium: 2. Theoretical predictions of speciation in hydrothermal solutions to 350℃ at saturation water vapour pressure. Chem. Geol., 88: 99-125

Wood D A, Gibson I L, Thompson R N. 1976. Elemental mobility during zeolite fades metamorphism of the Tertiary basalts of eastern Iceland. Contrib. Mine Petrol, 55: 241-254

Wood D A, Joron J L, Treuil M. 1979a. A re-appraisal of the use of trace elements to classify and discriminate between magma series erupted in different tectonic setting. Earth Planet Sci. Lett., 45: 326-336

Wood D A, Joron J L, Treuil M, et al. 1979b. Element and Sr isotope variations in basic lavas from island and the surrounding ocean floor. Contrib. Mine Petrol, 70: 319-339

Woodhead D J, Hergt J M, Davidson J P, et al. 2001. Hafnium isotope evidence for conservative element mobility during subduction zone processes. Earth Planet Sci. Lett., 192: 331-346

Wright J, Schrader H, Holser W T. 1987. Paleoredox variations in ancient oceans recorded by rare earth elements in fossil apatite. Geochim Cosmochim Acta, 51: 631-644

Wright J, Seymour R S, Shaw H F. 1984. REE and Nd Isotopes in Conodont Apatite: Variations with Geological Age and Depositional Environment. In: Clark D L (ed). Conodont Biofacies and Provinovialism. Geol. Soc. Ame. Spec. Pub., 196: 325-340

Wyllei P J. 1987. Metasomatism and fluid generation in mantle xenoliths. In: Nixon P H (ed). Mantle Xenoliths. John Wiley and Sons Ltd.: 599-621

Xiao L, Xu Y G, Mei H J, et al. 2004. Distinct mantle sources of low-Ti and high-Ti basalts from the western Emeishan large igneous province, SW China: implications for plume-lithosphere interaction. Earth Planet Sci. Lett., 228: 525-546

Xiao Y L, Sun W D, Hoefs J, et al. 2006. Making continental crust through slab melting: Constraints from niobium-tatalum fractionation in UHP metamorpgic ritile. Geochim Cosmochim Acta, 70: 4770-4782

Xiao L, Clemens J D. 2007. Origin of potassic (C-type) adakite magmas: experimental and field constraints. Lithos, 95: 399-414

Xiong X L. 2006. Trace element evidence for growth of early continental crust by melting of rutile-bearing hydrous eclogite. Geology, 34: 945-948

Xiong X L, Adam J, Green T H. 2005. Rutile stability and rutile/melt HFSE partitioning during partial melting of hydrous basalts: Implications for TTG genesis. Chem. Geol., 218: 339-359

Xiong X L, Keppler H, Audetat A, et al. 2011. Partitioning of Nb and Ta between rutile and felsic melt and the fractionation of Nb/Ta during partial melting of hydrous metabasalt. Geochim Cosmochim Acta, 75: 1673-1692

Xiong X L, Zhao Z H, Zhu J C, et al. 1999. Phase relations in albite granite-$H_2O$-HF system and their petrogenetic applications. Geochemical Journal, 33: 199-214

Xu C, Huang Z L, Liu C Q, et al. 2003. PGE geochemistry of carbonatites in Maoniuping REE deposit, Sichuan province, China: preliminary study. Geochemical Journal, 37: 391-400

Xu J F, Shinjo R, Defent M J, et al. 2002. Origin of Mesozoic aidakitic intrusive rocks in the Ningzhen area of east China: partial melting of delamination lower continental crust? Geology, 30: 1111-1114

Xu J F, Suzuki K, Xu Y G. 2007. Os, Pb and Nd isotope geochemistry of the Permian Emeishan continental flood basalts: insight into the source of a large igneous province. Geochim Cosmochim Acta, 71: 2104-2119

Xu Y G. 2001. Thermo-tectonic destruction of the Archean lithospheric keel beneath eadtern China: Evidence, timing and mechanism. Phys. Chem. Earth (A), 26: 747-757

Xu Y G, Chung S L, Jahn B M, Wu G. 2001. Petrologic and geochemical constraints on the petrogenesis of Permian-Triassic Emeishan flood basalts in southwestern China. Lithos, 58: 145-168

Xu Y G, He B, Chung S L, et al. 2004a. The geologic, geochemical and geophysical conseauences of plume involvement in the Emeishan flood basalt province. Geology, 30: 917-920

Xu Y G, Ma J L, Huang X L, et al. 2004b. Early Cretaceous gabbroic complex from Yinan, Shandong province: petrogenesis and mantle domans beneth the north China Craton. Int. Jour. Earth Sci., 93: 1025-1041

Xu Y G, Huang X L, Ma J L, et al. 2004c. Crust-mantle interaction during the tectono-thermal reactivation of the North China Craton: Constraints from SHRIMP zircon U-Pb chronology and geochemistry of Mesozoic plutons from western Shandong. Contrib Mineral Petrol, 147: 750-767

Xu Y G, He B, Huang X L, et al. 2007. Identification of mantle plumes in the Emeishan Large Igneous Province. Episodes, 30: 32-42.

Xu Y G, Ma J L, Frey F A, et al. 2005. The role of lithosphere-asthenosphere interaction in the genesis of Quarternary tholeitic and alkali basalts from Datong, western north China. Chem. Geol., 224: 247-271

Yan J, Chen J F, Xie Z, et al. 2003. Mantle-derived xenolith in the lateCretaceous basalts from eastern Shandong: new constrants on the timing of lithosphere thining in east China. Chinese Sci. Bull., 48: 1570-1574

Yang J H, Sun J F, Chen F K, et al. 2007. Sources and petrogenesis of late Triassic dolerite dikes in the Liaodong Peninsula: implications for post-collisional lithosphere thining of the Eastern North China Craton. Jour. Petrol, 48: 1973-1997

Yarincik K M, Murray R W, Lyons T W, et al. 2000. Oxygenation history of bottom waters in the Cariaco Basin, Venezuela, over the past 578 000 years: Results from redox sensitive metals (Mo, V, Mn and Fe). Paleoceanography, 15: 593-604

Yaxley G M, Green D H, Kamenetsky V. 1998. Carbonatite metasomatism in the southeastern Australian lithosphers. Jour. Petrol, 39: 1917-1930

Ye K, Cong B L, Ye D N. 2000. The possible subduction of continental material to depths greater than 200 km. Nature, 407: 734-736

Yin J Y, Yuan C, Sun M, et al. 2010. Late Carboniferous high-Mg dioritic dikes in western Junggar, NW China: geochemical features, petrogenesis and tectonic implications. Gondwana Research, 17: 145-152

Ying J F, Zhang H F, Sun M, et al. 2007. Petrology and geochemistry of Zijinshan alkaline intrusive complex in Shanxi Province, western North China Craton: implication for magma mixing of different sources in an extensional regime. Lithos, 98: 45-66

Yuan H L, Gao S, Liu X M, et al. 2004. Accurate U-Pb age and trace element determinations of zircon by laser ablination-inductively coupled plasma-mass spectrometry. Geostand Geoanal Res., 28: 353-370

Yurimoto H, Duke E F, Papike J J, et al. 1990. Are discontinuous chondrite-normalized REE patterns in pegmatitic granite systems the results of monazite fractionation? Geochim Cosmochim Acta, 54: 2141-2144

Zack T, Moraes R, Kronz A. 2004. Temperature dependence of Zr in rutile: empirical calibration of a rutile thermometer. Contrib Mineral Petrol, 148: 471-488

Zahnle K J, Claire M W, Catling D C. 2006. The loss of mass-independent fractionation of sulfur due to a Palaeoproterozoic collapse of atmospheric methane. Geobiology, 4: 271-283

Zhai Q G, Jahn B M, Wang J, et al. 2013. The Caboniferous ophiolite in the middle of Qiangtang terrane, North Tibet: SHRIMP U-Pb dating and Sr-Nd-Hf isotopic characteristics. Lithos, 168-169: 186-199

Zhang H F, Nakamura E, Kobayashi K, et al. 2010. Recycled crustal melt injection into lithosphere mantle: implication from cumulative composite and pyroxenoliths. Int. Jour. Earth Sci., 99: 1167-1186

Zhang H F, Sun M, Zhou X H, et al. 2002. Mesozoic lithosphere destruction beneth the North China Craton: evidence from major-, trace-element and Sr-Nd-Pb isotope studies of Fangcheng basalts. Contrib. Mineral Petrol, 144: 241-254

Zhang H, Ling M X, Liu Y L, et al. 2013a. High oxygen fugacity and slab melting linked to Cu mineralization: evidence from Dexing porphyry copper deposits, southeastern China. The Jour. Geol., 121: 289-305

Zhang Y, Ren Z Y, Xu Y G. 2013b. Sulpha in olivine-hosted melt inclusions from the Emeishan picrites: implications for S degassing and it's impact on environment. Jour. Geophy Res. Solid Earth, 118: 4063-4070

Zhang S B, Zheng Y F, Zhao Z F, et al. 2009. Origin of TTG-like rocks from anatexis for Paleoproterozoic metamorphic event in south China. Precanm Res., 151: 265-288

Zhao Z H. 1992. Petrogenetic models of crust type and crust-mantle type granitoids as evidences by REE patterns. In: Tu G Z, *et al* (ed). Petrogenesis and Mineralization of Granitoids. Proceedings of 1987 Guangzhou International Symposium. Beijing: Science Press, China: 54-65

Zhao Z H, Bai Z H, Xiong X L, *et al.* 2000. Geochemistry of alkali-rich igneous rocks of Northern Xinjiang and its implications for geodynamics. Acta Geol. Sinica, 74: 321-328

Zhao Z H, Masuda A. 1988. REE evidence for warter-rock interaction in tin/tungsten granites. In: Shimane University (ed). Fifth International Symposium on Tin/tungsten Granites in Southeast Asia and the Western Pacific (Extended Abstract). Matsue: Japan: 257-258

Zhao Z H, Bao Z W, Qiao Y L. 2010a. A peculiar composite M- and W-type tetrad effect: Evidence from the Shuiquangou alkaline syenite complex, Hebei Province, China. Chinese Sci. Bull. , 55: 2684-2696

Zhao Z H, Wang Q, Bao Z W, *et al.* 2010b. A riebeckite alkaline granite related to subduction setting in Chinese Altay. Geochim Cosmachim Acta, 74 (12) Suppl: 92, A1222

Zhao Z H, Wang Q, Xiong X L, *et al.* 2009b. Magnesian andesites in north Xinjiang, China. Int. Jour Earth Sci., 98: 1325-1340

Zhao Z H, Xiong X L, Han X D, *et al.* 2002. Constrants on the REE tetrad effect in granites: Evidence from the Qianlishan and Baerzhe granites, China. Geochim Jour., 36: 527-543

Zhao Z H, Xiong X L, Wang Q, *et al.* 2004. Association of Late Paleozoic adakitic rocks and shoshonitic rovks in the western Tianshan, China. Acta Geol. Sinica, 78: 68-72

Zhao Z H, Xiong X L, Wang Q, *et al.* 2008. Underplating related adakites in Xinjiang Tianshan, China. Lithos, 102: 374-391

Zhao Z H, Xiong X L, Wang Q, *et al.* 2009a. late Paleozoic underplating in North Xinjiang: evidence from shoshonites and adakites. Gondwana Res., 16: 216-228

Zheng J, Griffin W L, O'Reilly S, *et al.* 2006. Granulite xenoliths and their zircons, Tuoyun, NW China: Insights into south-western Tianshan lower crust. Precam Res., 145: 159-181

Zheng Y F. 2012. Metamorphic chemical geodynamics in continental subduction zone. Chem. Geol. , 328: 5-48

Zheng Y F, Xia Q X, Chen R X, *et al.* 2011. Partial melting fluid superitically and element mobility in ultrahigh-pressure meta-morphic rocks during continental collision. Earth Sci. Rev., 107: 342-374

Zheng Y, Zhang L, Chen Y J, *et al.* 2013. Metamorphosed Pb-Zn- (Ag) ores of the Keketale VMS deposit, NW China: evidence from ore testures, fluid inclusions, geochronology and pyrite compositions. Ore Geol. Rev. , 54: 167-180

Zhou M F, Sun M, Keays R R, *et al.* 1998. Controls on platinium-group elements distributions of podiform chromitites : a case study of high-Al chromitites from Chinese orogenic belts, Geochim Cosmochim Acta, 62: 677-688

Zhou Q, Jiang Y H, Zhou P, *et al.* 2012. SHRIMP U-Pb dating on hydrothermal zircons: evidence for an early Cretaceous epi-thermal event in the middle Jurassic Dexing porphyry copper deposit, South China. Econ. Geol. , 107: 1507-1514

Zhou X M, Li W X. 2000. Origin of late Mesozonic igneous rocks in Southeastern China: Implications for lithosphere subduction and underplating of mafic magmas. Tectonophysics, 326: 269-287

Zhu R X, Yang J H, Wu F Y. 2012. Timing of destruction of the North China Craton. Lithos, 149: 51-60

Zielinski R A. 1975. Trace element evaluation of a suite of rocks from Reunion Island Ocean. Geochim Cosmochim Acta, 39: 713-734

Zindler A, Hart S R. 1986. Chemical geodynamics. Annual Rev. Earth Planet, 14: 493-571

Zumsteg C I, Himmelbery G R, Karl M S, *et al.* 2003. Metamorphism within the Chungach accretionary complex on the southern Baranof islands, southeastern Alaska. In: Sisson V B, *et al* (eds). Geology of a transpressional orogen developed during ridge-trench interaction along the North Pacific margin. Geol. Soc. Am. Spec. Paper, 371: 253-268

Алексиев Е. 1974. Геохимия редкоземельных элементов, Изд. Болгарской Академии Наука: 5-19, 49-53, 54-63, 79-84, 93-97

Балашов Ю А и друг. 1972. Геохимические критерии природ докембрических амфиболитов. Геохимия, 11: 1358-1378

Балашов Ю А. 1976. Геохимия редкоземельных элементов. Наука: 21-45, 128-233, 267

Загорский В Е. 1983. Редкоэлементный состав кальневых шпатов как критерий оценки специализаций и рудносности редкометальных пегмотитов. Докл АН СССР, том 269, №3

Клюк Д С и друг. 1980. Фазовые отиошения в системе гранит $H_2O$-LiF при давления 100кг/см. Геохимия, 9: 1327-1340

Коваленко В И и друг. 1983. К геохимии редкоземльных элементов в интрузивных породах извезстково-щелочной серий. Геохимия, 2: 172-188

Козлов В Д. 1981. Оценка рудности гранитоитных массивов. В кн. Геохимические методылоиссков рудных месторождений, часть 1, Изд Наука

Набоко С И, Главатские С Ф. 1983. Постэруптивнь й метосоматсй и рудообразование. Наука: 1-163

Петровская Н В и друг. 1985. Примеси редких земля в кварде как индикатори источника рудного вещества. Геолоі тиярудных Местораждении, 3: 66-77

Ставров О Д. 1981. Геохимический метод формационного анализа гранитов и критерия связи с нами месторождения. Геохимия, 12: 1845-1867

Черншева Е А. 1981. Минералы карбанатитов как индикаторы условий их фомировация. Изд "Hayka" Сибирское отделение, Новосибирек

# 附　表

## 附表 1　太阳系元素丰度（Anders and Grevesse, 1989）

（单位：原子/10⁶Si）

| 元素 | H | He | Li | Be | B | C | N | O | F | Ne | Na | Mg | Al | Si | P | S | Cl | Ar | K | Ca |
|---|---|---|---|---|---|---|---|---|---|---|---|---|---|---|---|---|---|---|---|---|
| 丰度 | $2.79\times10^{10}$ | $2.72\times10^{9}$ | 57.1 | 0.73 | 21.2 | $1.01\times10^{6}$ | $3.13\times10^{6}$ | $2.38\times10^{7}$ | 843 | $3.44\times10^{6}$ | $5.74\times10^{4}$ | $1.074\times10^{6}$ | $8.49\times10^{4}$ | $1.00\times10^{6}$ | $1.04\times10^{4}$ | $5.15\times10^{5}$ | 5240 | $1.01\times10^{5}$ | 3770 | $6.11\times10^{4}$ |

| 元素 | Sc | Ti | V | Cr | Mn | Fe | Co | Ni | Cu | Zn | Ga | Ge | As | Se | Br | Kr | Rb | Sr | Y | Zr | Nb |
|---|---|---|---|---|---|---|---|---|---|---|---|---|---|---|---|---|---|---|---|---|---|
| 丰度 | 34.2 | 2400 | 293 | $1.35\times10^{4}$ | 9550 | $9.00\times10^{5}$ | 2250 | $4.93\times10^{4}$ | 522 | 1260 | 37.8 | 119 | 6.56 | 62.1 | 11.8 | 45 | 7.09 | 23.5 | 4.64 | 11.4 | 0.698 |

| 元素 | Mo | Ru | Rh | Pd | Ag | Cd | In | Sn | Sb | Te | I | Xe | Cs | Ba | La | Ce | Pr | Nd | Sm | Eu | Gd |
|---|---|---|---|---|---|---|---|---|---|---|---|---|---|---|---|---|---|---|---|---|---|
| 丰度 | 2.55 | 1.86 | 0.344 | 1.39 | 0.486 | 1.61 | 0.184 | 3.82 | 0.309 | 4.81 | 0.90 | 4.7 | 0.372 | 4.49 | 0.4460 | 1.136 | 0.1669 | 0.8279 | 0.2582 | 0.0933 | 0.3300 |

| 元素 | Tb | Dy | Ho | Er | Tm | Yb | Lu | Hf | Ta | W | Re | Os | Ir | Pt | Au | Hg | Tl | Pb | Bi | Th | U |
|---|---|---|---|---|---|---|---|---|---|---|---|---|---|---|---|---|---|---|---|---|---|
| 丰度 | 0.0603 | 0.3942 | 0.0889 | 0.2508 | 0.0378 | 0.2479 | 0.0367 | 0.154 | 0.0207 | 0.133 | 0.0517 | 0.675 | 0.661 | 1.34 | 0.187 | 0.34 | 0.184 | 3.15 | 0.144 | 0.0335 | 0.0090 |

## 附表 2　C1 型碳质球粒陨石元素丰度（Anders and Grevesse, 1989）

| 元素 | Li | Be | B | F | Na | Mg | Al | Si | P | S | Cl | K | Ca |
|---|---|---|---|---|---|---|---|---|---|---|---|---|---|
| 丰度 | 1.50 | 24.9* | 870* | 60.7 | 5000 | 9.89** | 8680 | 10.64** | 1220 | 6.25** | 704 | 558 | 9280 |

| 元素 | Sc | Ti | V | Cr | Mn | Fe | Co | Ni | Cu | Zn | Ga | Ge | As | Se | Br | Rb | Sr | Y | Zr | Nb |
|---|---|---|---|---|---|---|---|---|---|---|---|---|---|---|---|---|---|---|---|---|
| 丰度 | 5.82 | 436 | 56.5 | 2660 | 1990 | 19.04** | 502 | 1.10** | 126 | 312 | 10.0 | 32.7 | 1.86 | 18.6 | 3.57 | 2.30 | 7.80 | 1.56 | 3.94 | 246* |

| 元素 | Mo | Ru | Rh | Pd | Ag | Cd | In | Sn | Sb | Te | I | Cs | Ba | La | Ce | Pr | Nd | Sm | Eu | Gd |
|---|---|---|---|---|---|---|---|---|---|---|---|---|---|---|---|---|---|---|---|---|
| 丰度 | 928* | 712* | 134* | 560* | 199* | 686* | 80* | 1720* | 142* | 2320* | 433* | 187* | 2340* | 234.7* | 603.2* | 89.1* | 452.4* | 147.1* | 56.0* | 196.6* |

| 元素 | Tb | Dy | Ho | Er | Tm | Yb | Lu | Hf | Ta | W | Re | Os | Ir | Pt | Au | Hg | Tl | Pb | Bi | Th | U |
|---|---|---|---|---|---|---|---|---|---|---|---|---|---|---|---|---|---|---|---|---|---|
| 丰度 | 36.3* | 242.7* | 55.6* | 158.9* | 24.2* | 162.5* | 24.3* | 104* | 14.2* | 92.6* | 36.5* | 486* | 481* | 990* | 140* | 258* | 142* | 2470* | 114* | 29.4* | 8.1* |

注：本表丰度的计算是根据 $c=3.788\times10^{-3}HA$；$c$ 为重量浓度（$10^{-6}$）；$H$ 为原子丰度；$A$ 为原子量。
*单位为 $10^{-9}$；**单位为%；其余单位为 $10^{-6}$。

### 附表3　不同作者给出的地幔微量元素含量

（单位：$10^{-6}$）

| 元素 | 原始地幔 | | | | 推荐值 | N型洋中脊玄武岩地幔源 | P型洋中脊玄武岩地幔源 |
|---|---|---|---|---|---|---|---|
| | 1 | 2 | 3（常用） | 4 | | | |
| Cs | 0.023 | 0.019 | **0.032** | 0.008~0.02 | 0.010 | 0.0013 | 0.007 |
| Rb | 0.69 | 0.86 | **0.635** | 0.55~0.70 | 0.62 | 0.1 | 0.39 |
| Ba | 6.81 | 7.56 | **6.989** | 4.9~7.0 | 6.5 | 1.2 | 4.77 |
| Th | 0.088 | 0.096 | **0.085** | 0.064~0.092 | 0.070 | 0.02 | 0.06 |
| U | | 0.027 | **0.021** | 0.018~0.025 | 0.018 | 0.01 | 0.015 |
| K | 240 | 252 | **250** | 180~250 | 200 | 106 | 216 |
| Ta | 0.043 | 0.043 | **0.041** | | | 0.022 | 0.062 |
| Nb | 0.75 | 0.62 | **0.713** | 0.5~0.7 | 0.54 | 0.31 | 0.72 |
| La | 0.71 | 0.71 | **0.687** | 0.50~0.58 | 0.55 | 0.95 | 0.66 |
| Ce | 1.85 | 1.90 | **1.775** | 1.30~1.61 | 1.40 | 13.2 | 1.68 |
| Pr | | | **0.276** | | | | |
| Sr | 23.7 | 23 | **21.1** | 16~23 | 20 | 0.86 | 17.9 |
| Nd | 1.37 | 1.29 | **1.354** | 0.95~1.26 | 1.08 | 73.3 | 1.11 |
| P | 92 | 90.4 | **95** | | | 0.34 | 61.6 |
| Hf | 0.306 | 0.35 | **0.309** | 0.23~0.35 | 0.30 | 11.4 | 0.26 |
| Zr | 11.1 | 11 | **11.2** | | | 0.32 | 11.3 |
| Sm | 0.45 | 0.385 | **0.444** | 0.30~0.38 | 0.35 | 0.08 | 0.42 |
| Ti | 1300 | 1527 | **1300** | | | 1197 | 1044 |
| Tb | 0.107 | 0.099 | **0.108** | | | 4.1 | 0.08 |
| Y | 4.69 | 4.87 | **4.35** | | | | 2.7 |
| Eu | | | **0.168** | | | | |
| Gd | | | **0.596** | | | | |
| Tb | | | **0.108** | | | | |
| Dy | | | **0.737** | | | | |
| Ho | | | **0.164** | | | | |
| Er | | | **0.480** | | | | |
| Tm | | | **0.074** | | | | |
| Yb | 0.477 | 0.43 | **0.493** | | | | |
| Lu | | | **0.074** | 0.052~0.065 | 0.060 | | |
| Pb | | | **0.185** | 0.12~0.20 | 0.155 | | |

资料来源：1. McDonough，1985；2. Wood，1979；3. Sun and McDonough，1989；4. Galer，1989；推荐值为 Galer，1989；＊Wood，1979。

附表 4 地幔、洋壳、陆壳元素丰度 (Taylor *et al.*, 1985)

| 元素与化合物 | 原始地幔 | | 洋壳 | 整个地壳 | 上地壳 | 下地壳 | 太古宙 | |
|---|---|---|---|---|---|---|---|---|
| | 1 | 2 | | | | | 上地壳 | 整个地壳 |
| $SiO_2$/% | 49.9 | 49.3 | 49.5 | 57.3 | 66.0 | 54.4 | 60.0 | 57.0 |
| $TiO_2$/% | 0.16 | 0.21 | 1.5 | 0.9 | 0.5 | 1.0 | 0.8 | 1.0 |
| $Al_2O_3$/% | 3.64 | 3.93 | 16.0 | 15.9 | 15.2 | 16.1 | 15.3 | 15.2 |
| FeO/% | 8.0 | 7.86 | 10.0 | 9.1 | 4.5 | 10.6 | 8.0 | 9.6 |
| MgO/% | 35.1 | 34.97 | 7.7 | 5.3 | 2.2 | 6.3 | 4.7 | 5.9 |
| CaO/% | 2.89 | 3.17 | 11.3 | 7.4 | 4.2 | 8.5 | 6.2 | 7.3 |
| $Na_2O$/% | 0.34 | 0.27 | 2.8 | 3.1 | 3.9 | 2.8 | 3.3 | 3.0 |
| $K_2O$/% | 0.02 | 0.018 | 0.15 | 1.1 | 3.4 | 0.34 | 1.8 | 0.9 |
| Li | 0.83 | 2.1 | 10 | 13 | 20 | 11 | | |
| Be | 60 | | 0.55 | 1.5 | 3 | 1.0 | | |
| B | 0.6 | | 4 | 10 | 15 | 8.3 | | |
| Na | 2500 | 2400 | 2 | 2.3% | 2.89% | 2.08% | 2.45% | 2.23% |
| Mg/% | 21.2 | 21.1 | 4.64 | 3.20 | 1.33 | 3.8 | 7.83 | 3.56 |
| Al/% | 1.93 | 2.08 | 8.47 | 8.41 | 8.04 | 8.52 | 8.10 | 8.04 |
| Si/% | 23.3 | 23.0 | 23.1 | 26.77 | 30.8 | 25.42 | 28.08 | 26.63 |
| K | 180 | 151 | 1250 | 0.9% | 2.8% | 0.28 | 1.50 | 0.75 |
| Ca/% | 2.07 | 2.27 | 8.08 | 5.29 | 3.0 | 6.07 | 4.43 | 5.22 |
| Sc | 13 | 15 | 38 | 30 | 11 | 36 | 14 | 30 |
| Ti | 960 | 1260 | 0.90 | 5400 | 3000 | 6000 | 5000 | 6000 |
| V | 128 | 77 | 250 | 230 | 60 | 285 | 195 | 245 |
| Cr | 3000 | 2342 | 270 | 185 | 355 | 235 | 180 | 230 |
| Mn | 1000 | 1016 | 1000 | 1400 | 600 | 1670 | 1400 | 1500 |
| Fe/% | 6.22 | 6.11 | 8.16 | 7.07 | 3.5 | 8.24 | 6.22 | 7.46 |
| Co | 100 | 101 | 47 | 29 | 10 | 35 | 25 | 30 |
| Ni | 2000 | 1961 | 135 | 105 | 20 | 135 | 105 | 130 |
| Cu | 28 | 29 | 86 | 75 | 25 | 90 | | 80 |
| Zn | 50 | 39 | 85 | 80 | 71 | 83 | | |
| Ga | 3 | 4 | 17 | 18 | 17 | 18 | | |
| Ge | 1.2 | 1.13 | 1.5 | 1.6 | 1.6 | 1.6 | | |
| As | 0.10 | 0.02 | 11.0 | 1.0 | 1.5 | 0.8 | | |
| Se | 41* | | 160* | 0.05 | 0.05 | 0.05 | | |
| Rb | 0.55 | 0.39 | 2.2 | 32 | 112 | 5.3 | 50 | 28 |
| Sr | 17.8 | 16.2 | 130 | 260 | 350 | 230 | 240 | 215 |
| Y | 3.4 | 3.26 | 32 | 20 | 22 | 19 | 18 | 19 |
| Zr | 8.3 | 13 | 80 | 100 | 190 | 70 | 125 | 100 |
| Nb | 0.56 | 0.97 | 2.2 | 11 | 25 | 6 | | |
| Mo | 59* | | 1.0 | 1.0 | 1.5 | 0.8 | | |
| Ru | 4.3* | | 1.0 | | | | | |
| Rh | 1.7* | | 0.2 | | | | | |

续表

| 元素与化合物 | 原始地幔 | | 洋壳 | 整个地壳 | 上地壳 | 下地壳 | 太古宙 | |
| --- | --- | --- | --- | --- | --- | --- | --- | --- |
| | 1 | 2 | | | | | 上地壳 | 整个地壳 |
| Pd | 3.9* | | <0.2* | 1.0* | 0.5* | 1* | | |
| Ag | 19* | 3* | 26* | 80* | 50* | 90* | | |
| Cd | 40* | 20* | 130* | 98* | 98* | 98* | | |
| In | 18* | 6* | 72* | 50* | 50* | 50* | | |
| Sn | <1 | 0.06 | 1.4 | 2.5 | 5.5 | 1.5 | | |
| Sb | 25* | | 17* | 0.2 | 0.2 | 0.2 | | |
| Te | 22* | | 3* | | | 0.1 | | |
| Cs | 18* | 20* | 30* | 1.0 | 3.7 | 0.1 | | |
| Ba | 5.1 | 5.22 | 225 | 250 | 550 | 150 | 265 | 220 |
| La | 551* | 570* | 3.7 | 16 | 30 | 11 | 20 | 15 |
| Ce | 1436* | 1400* | 11.5 | 33 | 64 | 23 | 42 | 31 |
| Pr | 206* | | 1.8 | 3.9 | 7.1 | 2.8 | 4.9 | 3.7 |
| Nd | 1067* | 1020* | 10.0 | 16 | 26 | 12.7 | 20 | 16 |
| Sm | 347* | 320* | 3.3 | 3.5 | 4.5 | 3.17 | 4.0 | 3.4 |
| Eu | 131* | 130* | 1.3 | 1.1 | 0.88 | 1.17 | 1.2 | 1.1 |
| Ga | 459* | | 4.6 | 3.3 | 3.8 | 3.13 | 3.4 | 3.2 |
| Tb | 87* | 90* | 0.87 | 0.60 | 0.64 | 0.59 | 0.57 | 0.59 |
| Dy | 572* | | 5.7 | 3.7 | 3.5 | 3.6 | 3.4 | 3.6 |
| Ho | 128* | | 1.3 | 0.78 | 0.80 | 0.77 | 0.74 | 0.77 |
| Er | 374* | | 3.7 | 2.2 | 2.3 | 2.2 | 2.1 | 2.2 |
| Tm | 54* | | 0.54 | 0.32 | 0.33 | 0.32 | 0.30 | 0.32 |
| Yb | 372* | 320* | 5.1 | 2.2 | 2.2 | 2.2 | 2.0 | 2.2 |
| Lu | 57* | 60* | 0.56 | 0.30 | 0.32 | 0.29 | 0.31 | 0.33 |
| Hf | 0.27 | 0.33 | 2.5 | 3.0 | 5.8 | 2.1 | 3 | 3 |
| Ta | 0.04 | 0.04 | 0.3 | 1.0 | 1.0 | 0.6 | | |
| W | 16* | 12* | 0.5 | 1.0 | 2.0 | 0.7 | | |
| Re | 0.25* | 0.21* | 0.9* | 0.5* | 0.5* | 0.5* | | |
| Os | 3.8* | 2.9* | <0.004 | | | | | |
| Ir | 3.2* | 2.97* | 0.02* | 0.1* | 0.02* | 0.13* | | |
| Pt | 8.7* | | 2.3* | | | | | |
| Au | 1.3* | 0.50* | 0.23* | 3.0* | 1.8* | 3.4* | | |
| Hg | | | 20* | | | | | |
| Tl | 6* | 0.01* | 12* | 360* | 750* | 230* | | |
| Pb | 120* | 120* | 0.8 | 80 | 20 | 4.0 | | |
| Bi | 10* | 3.3* | 7* | 60* | 127* | 38* | | |
| Th | 64* | 76.5* | 0.22 | 3.5 | 10.7 | 1.06 | 5.7 | 2.9 |
| U | 18* | 19.6* | 0.10 | 0.91 | 2.8 | 0.28 | 1.5 | 0.75 |

注：除标明者外，含量单位均为×10⁻⁶；＊为×10⁻⁹。

资料来源：1. Taylor *et al*., 1985；2. Anderson, 1983。

附表 5-1 大陆上地壳主要成分估值（高山, 2005）

（单位: %）

| 元素 | 1<br>Clarke,<br>1889 | 2<br>Clarke and<br>Washington,<br>1924 | 3<br>Goldschmidt,<br>1933 | 4<br>Shaw<br>et al.,<br>1967 | 5<br>Fahrig<br>and Eade,<br>1968 | 6<br>Ronov and<br>Yaroshevsky,<br>1969 | 7<br>Condie,<br>1993 | 8<br>Gao<br>et al.,<br>1998 | 9<br>Borodin,<br>1998 | 10<br>Taylor and<br>McLennan,<br>1985 | 11<br>Wedepohl,<br>1995 | 12<br>Rundick<br>and Gao,<br>2003 |
|---|---|---|---|---|---|---|---|---|---|---|---|---|
| $SiO_2$ | 60.2 | 60.30 | 62.22 | 66.8 | 66.2 | 64.8 | 67.0 | 67.97 | 67.12 | 65.89 | 66.8 | 66.62 |
| $TiO_2$ | 0.57 | 1.07 | 0.83 | 0.54 | 0.54 | 0.55 | 0.56 | 0.67 | 0.60 | 0.50 | 0.54 | 0.64 |
| $Al_2O_3$ | 15.27 | 15.65 | 16.63 | 15.05 | 16.11 | 15.84 | 15.14 | 14.17 | 15.53 | 15.17 | 15.05 | 15.36 |
| $FeO_T^*$ | 7.26 | 6.70 | 6.99 | 4.09 | 4.41 | 5.78 | 4.76 | 5.33 | 4.94 | 4.49 | 4.09 | 5.04 |
| MnO | 0.10 | 0.12 | 0.12 | 0.07 | 0.08 | 0.10 | | 0.10 | 0.00 | 0.07 | 0.07 | 0.10 |
| MgO | 4.59 | 3.56 | 3.47 | 2.30 | 2.23 | 3.01 | 2.45 | 2.62 | 2.10 | 2.20 | 2.30 | 2.48 |
| CaO | 5.45 | 5.18 | 3.23 | 4.24 | 3.44 | 3.91 | 3.64 | 3.44 | 3.51 | 4.19 | 4.24 | 3.59 |
| $Na_2O$ | 3.29 | 3.92 | 2.15 | 3.56 | 3.95 | 2.81 | 3.55 | 2.86 | 3.21 | 3.89 | 3.56 | 3.27 |
| $K_2O$ | 2.99 | 3.19 | 4.13 | 3.19 | 2.91 | 3.01 | 2.76 | 2.68 | 3.01 | 3.39 | 3.19 | 2.80 |
| $P_2O_5$ | 0.23 | 0.31 | 0.23 | 0.15 | 0.16 | 0.16 | 0.12 | 0.16 | 0.00 | 0.20 | 0.15 | 0.15 |
| $Mg^{\#**}$ | 53.0 | 48.7 | 46.9 | 50.1 | 47.4 | 48.1 | 47.9 | 46.7 | 43.2 | 46.6 | 50.1 | 46.7 |

注: 主量元素含量为%（重新计算至 100%不含挥发分的结果）。

* 全 Fe 为 FeO; * * $Mg^{\#}$ =100×Mg/（Mg+$Fe_T$）（原子数），以下各表同。

附表 5-2　大陆上地壳微量元素丰度估值（除标注外均为 $10^{-6}$）（高山，2005）

| 元素 | 1 Shaw et al., 1967, 1976 | 2 Fahrig and Eade, 1971 | 3 Condie, 1993 | 4 Gao et al., 1998 | 5 Sims et al., 1990 | 6 Plank and Langmuir, 1998 | 7 Peucker-Ehrenbrink and JahnB, 2001 | 8 Taylor and McLennan, 1985, 1995 | 9 Wedepohl*, 1995 | 10 Rudnick and Gao, 2003 |
|---|---|---|---|---|---|---|---|---|---|---|
| Li | 22 | | | 20 | | | | 20 | [22] | 21 |
| Be | 1.3 | | | 1.95 | | | | 3 | 3.1 | 2.1 |
| B | 9.2 | | | 28 | | | | 15 | 17 | 17 |
| N | | | | | | | | | 83 | 83 |
| F | 500 | | | 561 | | | | | 611 | 557 |
| S | 600 | | | 309 | | | | | 953 | 621 |
| Cl | 100 | | | 142 | | | | | 640 | 370 |
| Sc | 7 | 12 | 13.4 | 15 | | | | 13.6** | [7] | 14 |
| V | 53 | 59 | 86 | 98 | | | | 107** | [53] | 97 |
| Cr | 35 | 76 | 112 | 80 | | | | 85** | [35] | 92 |
| Co | 12 | | 18 | 17 | | | | 17** | [12] | 17.3 |
| Ni | 19 | 19 | 60 | 38 | | | | 44** | [19] | 47 |
| Cu | 14 | 26 | | 32 | | | | 25 | [14] | 28 |
| Zn | 52 | 60 | | 70 | | | | 71 | [52] | 67 |
| Ga | 14 | | | 18 | | | | 17 | [14] | 17.5 |
| Ge | | | | 1.34 | | | | 1.6 | 1.4 | 1.4 |
| As | | | | 4.4 | 5.1 | | | 1.5 | 2 | 4.8 |
| Se | | | | 0.15 | | | | 0.05 | 0.083 | 0.09 |
| Br | | | | | | | | | 1.6 | 1.6 |
| Rb | 110 | 85 | 83 | 82 | | | | 112 | 110 | 82 |
| Sr | 316 | 380 | 289 | 266 | | | | 350 | [316] | 320 |
| Y | 21 | 21 | 24 | 17.4 | | | | 22 | [21] | 21 |
| Zr | 237 | 190 | 160 | 188 | | | | 190 | [237] | 193 |

| 元素 | 1<br>Shaw et al.,<br>1967, 1976 | 2<br>Fahrig and Eade,<br>1971 | 3<br>Condie, 1993 | 4<br>Gao et al.,<br>1998 | 5<br>Sims et al.,<br>1990 | 6<br>Plank and<br>Langmuir,<br>1998 | 7<br>Peucker-Eherenbrink<br>and JahnB, 2001 | 8<br>Taylor and<br>McLennan,<br>1985, 1995 | 9<br>Wedepohl*,<br>1995 | 10<br>Rudnick and Gao,<br>2003 |
|---|---|---|---|---|---|---|---|---|---|---|
| Nb | 26 | | 9.8 | 12 | | 13.7 | | 12** | [26] | 12 |
| Mo | | | | 0.78 | 1.2 | | | 1.5 | 1.4 | 1.1 |
| Ru/ (ng/g) | | | | | | | 0.34 | | | 0.34 |
| Pd/ (ng/g) | | | | 1.46 | | | 0.52 | 0.5 | | 0.52 |
| Ag/ (ng/g) | | | | 55 | | | | 50 | 55 | 53 |
| Cd | 0.075 | | | 0.079 | | | | 0.098 | 0.102 | 0.09 |
| In | | | | | | | | 0.05 | 0.061 | 0.056 |
| Sn | | | | 1.73 | | | | 5.5 | 2.5 | 2.1 |
| Sb | | | | 0.3 | 0.45 | | | 0.2 | 0.31 | 0.4 |
| I | | | | | | | | | 1.4 | 1.4 |
| Cs | | | | 3.55 | | 7.3 | | 4.6** | 5.8 | 4.1 |
| Ba | 1070 | 730 | 633 | 678 | | | | 550 | 668 | 624 |
| La | 32.3 | 71 | 28.4 | 34.8 | | | | 30 | [32.3] | 31 |
| Ce | 65.6 | | 57.5 | 66.4 | | | | 64 | [65.7] | 63 |
| Pr | | | | | | | | 7.1 | 6.3 | 7.1 |
| Nd | 25.9 | | 25.6 | 30.4 | | | | 26 | | 27 |
| Sm | 4.61 | | 4.59 | 5.09 | | | | 4.5 | 4.7 | 4.7 |
| Eu | 0.937 | | 1.05 | 1.21 | | | | 0.88 | 0.95 | 1.0 |
| Gd | | | 4.21 | | | | | 3.8 | 2.8 | 4.0 |
| Tb | 0.481 | | 0.66 | 0.82 | | | | 0.64 | [0.5] | 0.7 |
| Dy | 2.9 | | | | | | | 3.5 | [2.9] | 3.9 |
| Ho | 0.62 | | | | | | | 0.8 | [0.62] | 0.83 |
| Er | | | | | | | | 2.3 | 1.4 | 2.3 |

续表

| 元素 | 1 Shaw et al., 1967, 1976 | 2 Fahrig and Eade, 1971 | 3 Condie, 1993 | 4 Gao et al., 1998 | 5 Sims et al., 1990 | 6 Plank and Langmuir, 1998 | 7 Peucker-Eherenbrink and JahnB, 2001 | 8 Taylor and McLennan, 1985, 1995 | 9 Wedepohl*, 1995 | 10 Rudnick and Gao, 2003 |
|---|---|---|---|---|---|---|---|---|---|---|
| Tm | | | | | | | | 0.33 | | 0.30 |
| Yb | 1.47 | | 1.91 | 2.26 | | | | 2.2 | [1.5] | 2.0 |
| Lu | 0.233 | | 0.32 | 0.35 | | | | 0.32 | [0.27] | 0.31 |
| Hf | 5.8 | | 4.3 | 5.12 | | | | 5.8 | [5.8] | 5.3 |
| Ta | 5.7 | | 0.79 | 0.74 | | 0.96 | | 1.0** | 1.5 | 0.9 |
| W | | | | 0.91 | 3.3 | | | 2 | 1.4 | 2 |
| Re/10⁻⁹ | | | | | | | 0.198 | 0.4 | | 0.198 |
| Os/10⁻⁹ | | | | | | | 0.031 | 0.05 | | 0.031 |
| Ir/10⁻⁹ | 0.02 | | | | | | 0.022 | [0.02] | | 0.022 |
| Pt/10⁻⁹ | | | | | | | 0.51 | | | 0.5 |
| Au/10⁻⁹ | 1.81 | | | 1.24 | | | | [1.8] | | 1.5 |
| Hg | 0.096 | | | 0.0123 | | | | | 0.056 | 0.05 |
| Tl | 0.524 | | | 1.55 | | | | 0.75 | 0.75 | 0.9 |
| Pb | 17 | 18 | 17 | 18 | | | | 17** | 17 | 17 |
| Bi | 0.035 | | | 0.23 | | | | 0.13 | 0.123 | 0.16 |
| Th | 10.3 | 10.8 | 8.6 | 8.95 | | | | 10.7 | [10.3] | 10 |
| U | 2.45 | 1.5 | 2.2 | 1.55 | | | | 2.8 | [2.5] | 2.6 |

注：第1～4列为根据对地表出露岩石大规模采样方法获得的结果。5～8列为根据碎屑沉积岩和黄土研究获得的结果。

* Wedepohl 的估值中括号内为直接采用 Shaw 等 (1967, 1976) 对加拿大地盾的研究结果；** 引自文献 McLennan et al., 2001 数据。

### 附表 5-3　大陆中地壳主、微量元素成分估值（高山，2005）

| 成分 | 1 Weaver and Tarney，1984 | 2 Shaw，1994 | 3 Rudnick and Fountain，1995 | 4 Gao *et al.*，1998 | 5 Rudnick and Gao，2003 |
|---|---|---|---|---|---|
| $SiO_2$ | 68.1 | 69.4 | 62.4 | 64.6 | 63.5 |
| $TiO_2$ | 0.31 | 0.33 | 0.72 | 0.67 | 0.69 |
| $Al_2O_3$ | 16.33 | 16.21 | 15.96 | 14.08 | 15.0 |
| $FeO_T$ | 3.27 | 2.72 | 6.59 | 5.45 | 6.0 |
| MnO | 0.04 | 0.03 | 0.10 | 0.11 | 0.10 |
| MgO | 1.43 | 1.27 | 3.50 | 3.67 | 3.59 |
| CaO | 3.27 | 2.96 | 5.25 | 5.24 | 5.25 |
| $Na_2O$ | 5.00 | 3.55 | 3.30 | 3.48 | 3.39 |
| $K_2O$ | 2.14 | 3.36 | 2.07 | 2.52 | 2.30 |
| $P_2O_5$ | 0.14 | 0.15 | 0.10 | 0.19 | 0.15 |
| $Mg^{\#}$ | 43.8 | 45.5 | 48.6 | 54.5 | 51.5 |
| Li | | 20.5 | 7 | 16 | 12 |
| Be | | | | 2.29 | 2.29 |
| B | | 3.2 | | 17 | 17 |
| F | | | | 524 | 524 |
| S | | | | 20 | 20 |
| Cl | | | | 182 | 182 |
| Se | | 5.4 | 22 | 15 | 19 |
| V | | 46 | 118 | 95 | 107 |
| Cr | 32 | 43 | 83 | 69 | 76 |
| Co | | 30 | 25 | 18 | 22 |
| Ni | 20 | 18 | 33 | 34 | 33.5 |
| Cu | | 8 | 20 | 32 | 26 |
| Zn | | 50 | 70 | 69 | 69.5 |
| Ga | | | 17 | 18 | 17.5 |
| Ge | | | | 1.13 | 1.13 |
| As | | | | 3.1 | 3.1 |
| Se | | | | 0.064 | 0.064 |
| Br | | | | | |
| Rb | 74 | 92 | 62 | 67 | 65 |
| Sr | 580 | 465 | 281 | 283 | 282 |
| Y | 9 | 16 | 22 | 17.0 | 20 |
| Zr | 193 | 129 | 125 | 173 | 149 |
| Nb | 6 | 8.7 | 8 | 11 | 10 |
| Mo | | 0.3 | | 0.60 | 0.60 |
| Ru /$10^{-9}$ | | | | | |
| Pd/$10^{-9}$ | | | | 0.76 | 0.76 |
| Ag/$10^{-9}$ | | | | 48 | 48 |
| Cd | | | | 0.061 | 0.061 |

续表

| 成分 | 1 | 2 | 3 | 4 | 5 |
|---|---|---|---|---|---|
| | Weaver and Tarney, 1984 | Shaw, 1994 | Rudnick and Fountain, 1995 | Gao et al., 1998 | Rudnick and Gao, 2003 |
| In | | | | | |
| Sn | | | | 1. 30 | 1. 30 |
| Sb | | | | 0. 28 | 0. 28 |
| I | | | | | |
| Cs | | 0. 98 | 2. 4 | 1. 96 | 2. 2 |
| Ba | 713 | 1376 | 402 | 661 | 532 |
| La | 36 | 22. 9 | 17 | 30. 8 | 24 |
| Ce | 69 | 42. 1 | 45 | 60. 3 | 53 |
| Pr | | | 5. 8 | | 5. 8 |
| Nd | 30 | 18. 3 | 24 | 26. 2 | 25 |
| Sm | 4. 4 | 2. 8 | 4. 4 | 4. 74 | 4. 6 |
| Eu | 1. 09 | 0. 78 | 1. 5 | 1. 20 | 1. 4 |
| Gd | | 2. 11 | 4. 0 | | 4. 0 |
| Tb | 0. 41 | 0. 28 | 0. 58 | 0. 76 | 0. 7 |
| Dy | | 1. 54 | 3. 8 | | 3. 8 |
| Ho | | | 0. 82 | | 0. 82 |
| Er | | | 2. 3 | | 2. 3 |
| Tm | 0. 14 | | | | 0. 32 |
| Yb | 0. 76 | 0. 63 | 2. 3 | 2. 17 | 2. 2 |
| Lu | 0. 1 | 0. 12 | 0. 41 | 0. 32 | 0. 4 |
| Hf | 3. 8 | 3. 3 | 4. 0 | 4. 79 | 4. 4 |
| Ta | | 1. 8 | 0. 6 | 0. 55 | 0. 6 |
| W | | | | 0. 60 | 0. 60 |
| Re/$10^{-9}$ | | | | | |
| Os/$10^{-9}$ | | | | | |
| Ir/$10^{-9}$ | | | | | |
| Pt/$10^{-9}$ | | | | 0. 85 | 0. 85 |
| Au/$10^{-9}$ | | | | 0. 66 | 0. 66 |
| Hg | | | | 0. 0079 | 0. 0079 |
| Tl | | | | 0. 27 | 0. 27 |
| Pb | 22 | 9. 0 | 15. 3 | 15 | 15. 2 |
| Bi | | | | 0. 17 | 0. 17 |
| Th | 8. 4 | 6. 4 | 6. 1 | 6. 84 | 6. 5 |
| U | 2. 2 | 0. 9 | 1. 6 | 1. 02 | 1. 3 |

注: 主量单位为%, 微量除说明外均为$10^{-6}$。

续表

附表 5-4　大陆下地壳主、微量元素成分估值（高山, 2005）

| 成分 | 1 Weaver and Tarney, 1984 | 2 Shaw, 1994 | 3 Rudnick and Taylor, 1987 | 4 Condie and Selverstone, 1999 | 5 Villaseca et al., 1999 | 6 Liu et al., 2001 | 7 修改自 Rudnick and Presper, 1990 | 8 Taylor and McLennan, 1985, 1995 | 9 Rudnick and Fountain, 1995 | 10 Wedepohl, 1995 | 11 Gao et al., 1998 | 12 Rudnick and Gao, 2003 |
|---|---|---|---|---|---|---|---|---|---|---|---|---|
| $SiO_2$ | 62.9 | 58.3 | 49.6 | 52.6 | 62.7 | 59.6 | 52.0 | 54.3 | 53.4 | 59.0 | 59.8 | 53.4 |
| $TiO_2$ | 0.5 | 0.65 | 1.33 | 0.95 | 1.04 | 0.60 | 1.13 | 0.97* | 0.82 | 0.85 | 1.04 | 0.82 |
| $Al_2O_3$ | 16.0 | 17.4 | 16.4 | 16.4 | 17.4 | 13.9 | 17.0 | 16.1 | 16.9 | 15.8 | 14.0 | 16.9 |
| $FeO_T$ | 5.4 | 7.09 | 12.0 | 10.5 | 7.52 | 5.44 | 9.08 | 10.6 | 8.57 | 7.47 | 9.30 | 8.57 |
| $MnO$ | 0.08 | 0.12 | 0.22 | 0.16 | 0.10 | 0.08 | 0.15 | 0.22 | 0.10 | 0.12 | 0.16 | 0.10 |
| $MgO$ | 3.5 | 4.36 | 8.72 | 6.04 | 3.53 | 9.79 | 7.21 | 6.28 | 7.24 | 5.32 | 4.46 | 7.24 |
| $CaO$ | 5.8 | 7.68 | 10.1 | 8.50 | 1.58 | 4.64 | 10.28 | 8.48 | 9.59 | 6.92 | 6.20 | 9.59 |
| $Na_2O$ | 4.5 | 2.70 | 1.43 | 3.19 | 2.58 | 2.60 | 2.61 | 2.79 | 2.65 | 2.91 | 3.00 | 2.65 |
| $K_2O$ | 1.0 | 1.47 | 0.17 | 1.37 | 3.41 | 3.30 | 0.54 | 0.64* | 0.61 | 1.61 | 1.75 | 0.61 |
| $P_2O_5$ | 0.19 | 0.24 | 0.17 | 0.21 | 0.16 | 0.13 | 0.13 | | 0.10 | | 0.21 | 0.10 |
| $Mg^{\#}$ | 53.4 | 52.3 | 56.5 | 50.5 | 45.6 | 76.2 | 58.6 | 51.4 | 60.1 | 55.9 | 46.1 | 60.1 |
| Li | | 14 | | | | 3.3 | 5 | 11 | 6 | 13 | 13 | 13 |
| Be | | | | | | | | 1.0 | | 1.7 | 1.1 | 1.4 |
| B | | 3.2 | | | | | | 8.3 | | 5 | 7.6 | 2 |
| N | | | | | | | | | | 34 | | 34 |
| F | | | | | | | | | | 429 | 703 | 570 |
| S | | | | | | | | | | 408 | 231 | 345 |
| Cl | | | | | | | | | | 278 | 216 | 250 |
| Sc | | 16 | 33 | 28 | 17 | 20 | 29 | 35* | 31 | 25 | 26 | 31 |
| V | | 140 | 217 | | 139 | 100 | 189 | 271* | 196 | 149 | 185 | 196 |
| Cr | 88 | 168 | 276 | 133 | 178 | 490 | 145 | 219* | 215 | 228 | 123 | 215 |
| Co | | 38 | 31 | 20 | 22 | 31 | 41 | 33* | 38 | 38 | 36 | 38 |
| Ni | 58 | 75 | 141 | 73 | 65 | 347 | 80 | 156* | 88 | 99 | 64 | 88 |
| Cu | | 28 | 29 | | 40 | | 32 | 90 | 26 | 37 | 50 | 26 |

续表

| 成分 | 1 Weaver and Tarney, 1984 | 2 Shaw, 1994 | 3 Rudnick and Taylor, 1987 | 4 Condie and Selverstone, 1999 | 5 Villaseca et al., 1999 | 6 Liu et al., 2001 | 7 修改自 Rudnick and Presper, 1990 | 8 Taylor and McLennan, 1985, 1995 | 9 Rudnick and Fountain, 1995 | 10 Wedepohl, 1995 | 11 Gao et al., 1998 | 12 Rudnick and Gao, 2003 |
|---|---|---|---|---|---|---|---|---|---|---|---|---|
| Zn | | 83 | | | 83 | 89 | 85 | 83 | 78 | 79 | 102 | 78 |
| Ga | | | | | | 15 | 17 | 18 | 13 | 17 | 19 | 13 |
| Ge | | | | | | | | 1.6 | | 1.4 | 1.24 | 1.3 |
| As | | | | | | | | 0.8 | | 1.3 | 1.6 | 0.2 |
| Se | | | | | | | | 0.05 | | 0.17 | 0.17 | 0.2 |
| Br | | | | | | | | | | 0.28 | | 0.3 |
| Rb | 11 | 41 | 12 | 37 | 90 | 51 | 7 | 12* | 11 | 41 | 56 | 11 |
| Sr | 569 | 447 | 196 | 518 | 286 | 712 | 354 | 230 | 348 | 352 | 308 | 348 |
| Y | 7 | 16 | 28 | | 40 | 8 | 20 | 19 | 16 | 27 | 18 | 16 |
| Zr | 202 | 114 | 127 | 86 | 206 | 180 | 68 | 70 | 68 | 165 | 162 | 68 |
| Nb | 5 | 5.6 | 13 | 7.75 | 15 | 6.4 | 5.6 | 6.7 | 5.0 | 11 | 10 | 5 |
| Mo | | | 0.8 | | | | 0.8 | 0.8 | | 0.6 | 0.54 | 0.6 |
| Ru/(ng/g) | | | | | | | | | | | | 0 |
| Pd/(ng/g) | | | | | | | | | | | 2.78 | 2.8 |
| Ag/(ng/g) | | | | | | | | 90 | | 80 | 51 | 65 |
| Cd | | | | | | | | 0.098 | | 0.101 | 0.097 | 0.1 |
| In | | | | | | | | 0.050 | | 0.052 | | 0.05 |
| Sn | | | | | | | 1.3 | 1.5 | | 2.1 | 1.34 | 1.7 |
| Sb | | | | | | | | 0.2 | | 0.30 | 0.09 | 0.1 |
| I | | | | | | | | | | 0.14 | | 0.1 |
| Cs | | 0.67 | 0.07 | | | 0.15 | 0.19 | 0.47* | 0.3 | 0.8 | 2.6 | 0.3 |
| Ba | 757 | 523 | 212 | 564 | 994 | 1434 | 305 | 150 | 259 | 568 | 509 | 259 |
| La | 22 | 21 | 12 | 22 | 38 | 18 | 9.5 | 11 | 8 | 27 | 29 | 8 |
| Ce | 44 | 45 | 28 | 46 | 73 | 36 | 21 | 23 | 20 | 53 | 53 | 20 |

续表

| 成分 | 1 Weaver and Tarney, 1984 | 2 Shaw, 1994 | 3 Rudnick and Taylor, 1987 | 4 Condie and Selverstone, 1999 | 5 Villaseca et al., 1999 | 6 Liu et al., 2001 | 7 修改自 Rudnick and Presper, 1990 | 8 Taylor and McLennan, 1985, 1995 | 9 Rudnick and Fountain, 1995 | 10 Wedepohl, 1995 | 11 Gao et al., 1998 | 12 Rudnick and Gao, 2003 |
|---|---|---|---|---|---|---|---|---|---|---|---|---|
| Pr | | | 3.6 | | | | [2.1] | 2.8 | | 7.4 | | 2.4 |
| Nd | 19 | 23 | 16 | 24 | 30 | 14 | 13.3 | 13 | 11 | 28 | 25 | 11 |
| Sm | 3.3 | 4.1 | 4.1 | 5.17 | 6.6 | 2.59 | 3.40 | 3.17 | 2.8 | 6.0 | 4.65 | 2.8 |
| Eu | 1.18 | 1.18 | 1.36 | 1.30 | 1.8 | 0.97 | 1.20 | 1.17 | 1.1 | 1.6 | 1.39 | 1.1 |
| Gd | | | 4.31 | 4.67 | 6.8 | | 3.6 | 3.13 | 3.1 | 5.4 | | 3.1 |
| Tb | 0.43 | 0.28 | 0.79 | 0.72 | | 0.33 | 0.50 | 0.59 | 0.48 | 0.81 | 0.86 | 0.5 |
| Dy | | | 5.05 | | 6.7 | | 3.9 | 3.6 | 3.1 | 4.7 | | 3.1 |
| Ho | | | 1.12 | | | | 0.6 | 0.77 | 0.68 | 0.99 | | 0.7 |
| Er | | | 3.25 | | | | 2.0 | 2.2 | 1.9 | | | 1.9 |
| Tm | 0.19 | | | | | | | 0.32 | | | | 0.24 |
| Yb | 1.2 | 1.13 | 3.19 | 2.09 | 4.0 | 0.79 | 1.70 | 2.2 | 1.5 | 2.5 | 2.29 | 1.5 |
| Lu | 0.18 | 0.2 | | 0.37 | 0.65 | 0.12 | 0.30 | 0.29 | 0.25 | 0.43 | 0.38 | 0.25 |
| Hf | 3.6 | 2.8 | 3.3 | 1.9 | | 4.6 | 1.9 | 2.1 | 1.9 | 4.0 | 4.2 | 1.9 |
| Ta | | 1.3 | | 0.5 | 2.1 | 0.3 | 0.5 | 0.7* | 0.6 | 0.8 | 0.6 | 0.6 |
| W | | | 0.5 | | | | 0.5 | 0.6* | | 0.6 | 0.51 | 0.6 |
| Re/(ng/g) | | | | | | | | 0.4 | | | | 0.18 |
| Os/(ng/g) | | | | | | | | 0.05 | | | | 0.05 |
| Ir/(ng/g) | | | | | | | | 0.13 | | | | 0.05 |
| Pt/(ng/g) | | | | | | | | | | | 2.87 | 2.7 |
| Au/(ng/g) | | | | | | | | 3.4 | | | 1.58 | 1.6 |
| Hg/(ng/g) | | | | | | | | | | 0.021 | 0.0063 | 0.014 |
| Tl | | | | | | | | 0.23 | | 0.26 | 0.38 | 0.32 |
| Pb | 13 | 6 | 3.3 | 9.8 | | 12.9 | 4.1 | 5.0* | 4 | 12.5 | 13 | 4 |
| Bi | | | | | | | | 0.038 | | 0.037 | 0.38 | 0.2 |
| Th | 0.42 | 2.6 | 0.54 | 1.64 | 5.74 | 0.49 | 0.50 | 2.0* | 1.2 | 6.6 | 5.23 | 1.2 |
| U | 0.05 | 0.66 | 0.21 | 1.38 | 0.47 | 0.18 | 0.18 | 0.53* | 0.2 | 0.93 | 0.86 | 0.2 |

注：第 9～12 栏为根据出露下地壳剖面、麻粒岩包体和地球物理综合研究结果。括号内的数据为内插结果。主量单位为%，微量除说明外均为 $10^{-6}$。

* 引自文献 McLennan et al., 2001 数据。

附表 5-5　大陆地壳主、微量元素成分估值（高山，2005）

| 成分 | 1 Taylor, 1964 | 2 Ronov and Yaroshevsky, 1969 | 3 Holland and Lambert, 1972 | 4 Smithson, 1978 | 5 Weaver and Tarney, 1984 | 6 Shaw, 1985 | 7 Christensen and Mooney, 1995 | 8 Rudnick and Fountain, 1995 | 9 Wedepohl, 1995 | 10 Gao et al., 1998 | 11 Taylor and McLennan, 1985, 1995 | 12 Rudnick and Gao, 2003 |
|---|---|---|---|---|---|---|---|---|---|---|---|---|
| $SiO_2$ | 60.4 | 62.2 | 62.8 | 63.7 | 63.9 | 64.5 | 62.4 | 60.1 | 62.8 | 64.2 | 57.1 | 60.6 |
| $TiO_2$ | 1.0 | 0.8 | 0.7 | 0.7 | 0.6 | 0.7 | 0.9 | 0.7 | 0.7 | 0.8 | 0.9 | 0.7 |
| $Al_2O_3$ | 15.6 | 15.7 | 15.7 | 16.0 | 16.3 | 15.1 | 14.9 | 16.1 | 15.4 | 14.1 | 15.9 | 15.9 |
| $FeO_T$ | 7.3 | 6.3 | 5.5 | 5.3 | 5.0 | 5.7 | 6.9 | 6.7 | 5.7 | 6.8 | 9.1 | 6.7 |
| $MnO$ | 0.12 | 0.10 | 0.10 | 0.10 | 0.08 | 0.09 | 0.10 | 0.11 | 0.10 | 0.12 | 0.18 | 0.10 |
| $MgO$ | 3.9 | 3.1 | 3.2 | 2.8 | 2.8 | 3.2 | 3.1 | 4.5 | 3.8 | 3.5 | 5.3 | 4.7 |
| $CaO$ | 5.8 | 5.7 | 6.0 | 4.7 | 4.8 | 4.8 | 5.8 | 6.5 | 5.6 | 4.9 | 7.4 | 6.4 |
| $Na_2O$ | 3.2 | 3.1 | 3.4 | 4.0 | 4.2 | 3.4 | 3.6 | 3.3 | 3.3 | 3.1 | 3.1 | 3.1 |
| $K_2O$ | 2.5 | 2.9 | 2.3 | 2.7 | 2.1 | 2.4 | 2.1 | 1.9 | 2.7 | 2.3 | 1.3 | 1.8 |
| $P_2O_5$ | 0.24 | | 0.20 | | 0.19 | 0.14 | 0.20 | 0.20 | | 0.18 | | 0.13 |
| $Mg^\#$ | 48.7 | 47.0 | 50.9 | 49.0 | 50.5 | 50.1 | 44.8 | 54.3 | 54.3 | 48.3 | 50.9 | 55.3 |
| Li | 20 | | | | | | | 11 | 18 | 17 | 13 | 15 |
| Be | 2.8 | | | | | | | | 2.4 | 1.7 | 1.5 | 1.9 |
| B | 10 | | | | | 9.3 | | | 11 | 18 | 10 | 11 |
| N | 20 | | | | | | | | 60 | | | 56 |
| F | 625 | | | | | | | | 525 | 602 | | 553 |
| S | 260 | | | | | | | | 697 | 283 | | 404 |
| Cl | 130 | | | | | | | | 472 | 179 | | 244 |
| Sc | 22 | | | | | 13 | | 22 | 16 | 19 | 30 | 21.9 |
| V | 135 | | | | 56 | 96 | | 131 | 98 | 128 | 230 | 138 |
| Cr | 100 | | | | | 90 | | 119 | 126 | 92 | 185 | 135 |
| Co | 25 | | | | | 26 | | 25 | 24 | 24 | 29 | 27 |
| Ni | 75 | | | | 35 | 54 | | 51 | 56 | 46 | 105 | 59 |
| Cu | 55 | | | | | 26 | | 24 | 25 | 38 | 75 | 27 |
| Zn | 70 | | | | | 71 | | 73 | 65 | 81 | 80 | 72 |

| 成分 | 1<br>Taylor, 1964 | 2<br>Ronov and Yaroshevsky, 1969 | 3<br>Holland and Lambert, 1972 | 4<br>Smithson, 1978 | 5<br>Weaver and Tarney, 1984 | 6<br>Shaw, 1985 | 7<br>Christensen and Mooney, 1995 | 8<br>Rudnick and Fountain, 1995 | 9<br>Wedepohl, 1995 | 10<br>Gao et al., 1998 | 11<br>Taylor and McLennan, 1985, 1995 | 12<br>Rudnick and Gao, 2003 |
|---|---|---|---|---|---|---|---|---|---|---|---|---|
| Ga | 15 | | | | | | | 16 | 15 | 18 | 18 | 16 |
| Ge | 1.5 | | | | | | | | 1.4 | 1.25 | 1.6 | 1.3 |
| As | 1.8 | | | | | | | | 1.7 | 3.1 | 1.0 | 2.5 |
| Se | 0.05 | | | | | | | | 0.12 | 0.13 | 0.05 | 0.13 |
| Br | 2.5 | | | | | | | | 1.0 | | | 0.88 |
| Rb | 90 | | | | 61 | 76 | | 58 | 78 | 69 | 37** | 49 |
| Sr | 375 | | | | 503 | 317 | | 325 | 333 | 285 | 260 | 320 |
| Y | 33 | | | | 14 | 26 | | 20 | 24 | 17.5 | 20 | 19 |
| Zr | 165 | | | | 210 | 203 | | 123 | 203 | 175 | 100 | 132 |
| Nb | 20 | | | | 13 | 20 | | 8* | 19 | 11 | 8* | 8 |
| Mo | 1.5 | | | | | | | | 1.1 | 0.65 | 1.0 | 0.8 |
| Ru/10⁻⁹ | | | | | | | | | 0.1 | | | 0.2 |
| Pd/10⁻⁹ | | | | | | | | | 0.4 | 1.74 | 1 | 1.5 |
| Ag/10⁻⁹ | 70 | | | | | | | | 70 | 52 | 80 | 56 |
| Cd | 0.20 | | | | | | | | 0.10 | 0.08 | 0.10 | 0.08 |
| In | 0.1 | | | | | | | | 0.05 | | 0.05 | 0.05 |
| Sn | 2.0 | | | | | | | | 2.3 | 1.5 | 2.5 | 1.7 |
| Sb | 0.2 | | | | | | | | 0.3 | 0.2 | 0.2 | 0.2 |
| I | 0.5 | | | | | | | | 0.8 | | | 0.7 |
| Cs | 3.0 | | | | | | | 2.6 | 3.4 | 2.8 | 1.5* | 2 |
| Ba | 425 | | | | 707 | 764 | | 390 | 584 | 614 | 250 | 456 |
| La | 30 | | | | 28 | | | 18 | 30 | 31.6 | 16 | 20 |
| Ce | 60 | | | | 57 | | | 42 | 60 | 60.0 | 33 | 43 |
| Pr | 8.2 | | | | | | | | 6.7 | | 3.9 | 4.9 |
| Nd | 28 | | | | 23 | | | 20 | 27 | 27.4 | 16 | 20 |

续表

| 成分 | 1<br>Taylor, 1964 | 2<br>Ronov and Yaroshevsky, 1969 | 3<br>Holland and Lambert, 1972 | 4<br>Smithson, 1978 | 5<br>Weaver and Tarney, 1984 | 6<br>Shaw, 1985 | 7<br>Christensen and Mooney, 1995 | 8<br>Rudnick and Fountain, 1995 | 9<br>Wedepohl, 1995 | 10<br>Gao et al., 1998 | 11<br>Taylor and McLennan, 1985, 1995 | 12<br>Rudnick and Gao, 2003 |
|---|---|---|---|---|---|---|---|---|---|---|---|---|
| Sm | 6 | | | | 4.1 | | | 3.9 | 5.3 | 4.84 | 3.5 | 3.9 |
| Eu | 1.2 | | | | 1.09 | | | 1.2 | 1.3 | 1.27 | 1.1 | 1.1 |
| Gd | 5.4 | | | | | | | | 4.0 | | 3.3 | 3.7 |
| Tb | 0.9 | | | | 0.53 | | | 0.56 | 0.65 | 0.82 | 0.60 | 0.6 |
| Dy | 3 | | | | | | | | 3.8 | | 3.7 | 3.6 |
| Ho | 1.2 | | | | | | | | 0.80 | | 0.78 | 0.77 |
| Er | 2.8 | | | | | | | | 2.1 | | 2.2 | 2.1 |
| Tm | 0.48 | | | | 0.24 | | | | 0.30 | | 0.32 | 0.28 |
| Yb | 3.0 | | | | 1.5 | | | 2.0 | 2.0 | 2.2 | 2.2 | 1.9 |
| Lu | 0.50 | | | | 0.23 | | | 0.33 | 0.35 | 0.35 | 0.30 | 0.30 |
| Hf | 3 | | | | 4.7 | 5 | | 3.7 | 4.9 | 4.71 | 3.0 | 3.7 |
| Ta | 2 | | | | | 4 | | 0.7* | 1.1 | 0.6 | 0.8** | 0.7 |
| W | 1.5 | | | | | | | | 1.0 | 0.7 | 1.0 | 1 |
| Re/10⁻⁹ | | | | | | | | | 0.4 | | 0.4 | 0.19 |
| Os/10⁻⁹ | | | | | | | | | 0.05 | | 0.05 | 0.041 |
| Ir/10⁻⁹ | | | | | | | | | 0.05 | | 0.10 | 0.037 |
| Pt/10⁻⁹ | | | | | | | | | | 1.81 | | 0.5 |
| Au/10⁻⁹ | 40 | | | | | | | | 2.5 | 1.21 | 3.0 | 1.3 |
| Hg | 0.08 | | | | | | | | 0.040 | 0.009 | | 0.03 |
| Tl | 0.45 | | | | | | | | 0.52 | 0.39 | 0.36 | 0.50 |
| Pb | 12.5 | | | | 15 | 20 | | 12.6 | 14.8 | 15 | 8.0 | 11 |
| Bi | 0.17 | | | | | | | | 0.085 | 0.27 | 0.06 | 0.18 |
| Th | 9.6 | | | | 5.7 | 9 | | 5.6 | 8.5 | 7.1 | 4.2 | 5.6 |
| U | 2.7 | | | | 1.3 | 1.8 | | 1.4 | 1.7 | 1.2 | 1.1 | 1.3 |

注：主量单位为%，微量除说明外均为$10^{-6}$。*引自 Barth 中数据。**引自文献 McLenann et al., 2001 数据。

附表 6　常用于稀土元素标准化的球粒陨石及北美页岩的数据

（单位：$10^{-6}$）

| 球粒陨石名称 | La | Ce | Pr | Nd | Sm | Eu | Gd | Tb | Dy | Ho | Er | Tm | Yb | Lu | Y | ΣREE | 资料来源 |
|---|---|---|---|---|---|---|---|---|---|---|---|---|---|---|---|---|---|
| Leedey 球粒陨石 | 0.378 | 0.976 | (0.138) | 0.716 | 0.230 | 0.0866 | 0.311 | (0.0568) | 0.390 | (0.0868) | 0.255 | (0.0399) | 0.249 | 0.0387 | | 3.9218 | Masuda et al., 1973 |
| Leedey 球粒陨石/1.2 | 0.315 | 0.813 | (0.115) | 0.597 | 0.192 | 0.0722 | 0.259 | 0.0473 | 0.325 | (0.0722) | 0.213 | (0.0333) | 0.183 | 0.0323 | | 3.2693 | Jahn, 1980 |
| 9个球粒陨石和9个球粒陨石的组合的平均值 | 0.33±0.013 | 0.88±0.01 | 0.112±0.005 | 0.60±0.01 | 0.181±0.006 | 0.069±0.001 | 0.249±0.011 | 0.047±0.001 | 0.317±0.005 | 0.070±0.001 | 0.200±0.007 | 0.030±0.002 | 0.200±0.007 | 0.034±0.002 | 1.94±0.09 | 5.279 | Haskin et al., 1968 |
| 22个球粒陨石和9个球粒陨石的组合陨石的26次测定的平均值 | 0.32 | 0.94 | 0.12 | 0.60 | 0.20 | 0.073 | 0.31 | 0.050 | 0.31 | 0.073 | 0.21 | 0.033 | 0.19 | 0.031 | 1.96 | 5.42 | Herrmann et al., 1970 |
| 20个球粒陨石的平均值 | 0.30±0.06 | 0.84±0.018 | 0.12±0.02 | 0.58±0.13 | 0.21±0.04 | 0.074±0.015 | 0.32±0.07 | 0.049±0.010 | 0.31±0.07 | 0.073±0.014 | 0.21±0.04 | 0.033±0.007 | 0.17±0.03 | 0.031±0.005 | 1.8±0.3 | 5.12 | Haskin et al., 1968 |
| 40 个 "北美页岩" 的组合样 | 32 (31.1) | 73 (66.7) | 7.9 | 33 (27.4) | 5.7 (5.59) | 1.24 (1.18) | 5.2 | 0.85 (0.85) | 5.8 | 1.04 | 3.4 | 0.50 | 3.1 (3.06) | 0.48 (0.456) | 27 | ~200 | Haskin et al., 1968; Gramet et al., 1984 |
| 推荐的球粒平均值(常用) | 0.310 | 0.808 | 0.122 | 0.600 | 0.195 | 0.0735 | 0.259 | 0.0474 | 0.322 | 0.0718 | 0.210 | 0.0324 | 0.209 | 0.0322 | | | Boynton, 1984 |

### 附表 7-1　不同源区熔融时的稀土元素分配系数

| 序号 | 矿物名称 | 熔体重量/wt% | Ce | Nd | Sm | Eu | Gd | Dy | Er | Tm | Yb | 资料来源 |
|---|---|---|---|---|---|---|---|---|---|---|---|---|
| 地幔熔融 | Cpx | | 0.098 | 0.21 | 0.26 | 0.31 | 0.30 | 0.33 | 0.30 | | 0.28 | Hanson, 1980 |
| | Opx | | 0.0030 | 0.0068 | 0.010 | 0.013 | 0.016 | 0.022 | 0.030 | | 0.049 | |
| | Ol | | 0.0005 | 0.0010 | 0.0013 | 0.0016 | 0.0015 | 0.0017 | 0.0015 | | 0.0015 | |
| | Gar | | 0.021 | 0.087 | 0.217 | 0.320 | 0.498 | 1.00 | 2.00 | | 4.03 | |
| 玄武岩熔融 | Ap | | 16.6 | 21.0 | 20.7 | 14.5 | 21.7 | 16.9 | 16.1 | | 9.4 | Hanson, 1980 |
| | Plag | | 0.20 | 0.14 | 0.11 | 0.73 | 0.066 | 0.055 | 0.041 | | 0.031 | |
| | Cpx | | 0.30 | 0.65 | 0.95 | 0.68 | 1.35 | 1.46 | 1.33 | | 1.30 | |
| | Gar | | 0.35 | 0.53 | 2.66 | 1.50 | 10.5 | 28.6 | 42.8 | | 39.9 | |
| | Hblde | | 0.899 | 2.80 | 3.99 | 3.44 | 5.48 | 6.20 | 5.94 | | 4.89 | |
| | Sph | | 53.3 | 88.3 | 102 | 101 | 102 | 80.6 | 58.7 | | 37.4 | |
| 沉积物熔融 | Or | | 0.044 | 0.025 | 0.018 | 1.13 | 0.011 | 0.006 | 0.006 | | — | Hanson, 1980 |
| | Op | | 0.15 | 0.22 | 0.27 | 0.17 | 0.34 | 0.46 | 0.65 | | 0.86 | |
| | Cpx | | 0.50 | 1.11 | 1.67 | 1.56 | 1.85 | 1.93 | 1.66 | | 1.58 | |
| | Hblde | | 1.52 | 4.26 | 7.77 | 5.14 | 10.0 | 13.0 | 12.0 | | 8.4 | |
| | Ap | | 34.7 | 57.1 | 62.8 | 30.4 | 56.3 | 50.7 | 37.2 | | 23.9 | |
| | Zr | | 2.64 | 2.20 | 3.14 | 3.14 | 12.0 | 45.7 | 135 | | 270 | |
| | Plag | | 0.27 | 0.21 | 0.13 | 2.15 | 0.097 | 0.064 | 0.055 | | 0.049 | |
| | Bi | | 0.32 | 0.29 | 0.26 | 0.24 | 0.28 | 0.29 | 0.35 | | 0.44 | |
| | Gar | | 0.35 | 0.53 | 2.66 | 1.50 | 10.5 | 28.6 | 42.8 | | 39.9 | |
| 石榴子石石二辉橄榄岩熔融 | Cpx | 2.3 | 0.206 | | 0.250 | | | | | 0.216 | | Harrison, 1981 |
| | | 8.0 | 0.239 | | 0.309 | | | | | 0.226 | | |
| | | 20 | 0.314 | | 0.390 | | | | | 0.295 | | |
| | | 37.73 | 0.510 | | 0.513 | | | | | 0.310 | | |
| | Opx | 2.3 | 0.051 | | 0.042 | | | | | 0.050 | | |
| | | 8.0 | 0.056 | | 0.055 | | | | | 0.043 | | |
| | | 20 | 0.072 | | 0.071 | | | | | 0.059 | | |
| | | 37.73 | — | | 0.099 | | | | | 0.059 | | |
| | Ol | 2.3 | 0.028 | | 0.030 | | | | | 0.037 | | |
| | | 8.0 | 0.031 | | 0.033 | | | | | 0.035 | | |
| | | 20 | 0.045 | | 0.047 | | | | | 0.042 | | |
| | | 37.73 | 0.049 | | 0.070 | | | | | 0.046 | | |
| | Gar | 2.3 | 0.008 | | 0.293 | | | | | 1.309 | | |
| | | 8.0 | 0.008 | | 0.321 | | | | | 1.268 | | |
| 花岗闪长岩熔融 | Q | | 0 | | 0 | 0 | | | | | 0 | Show, 1978 |
| | Or | | 0.044 | | 0.018 | 1.13 | | | | | 0.012 | |
| | Plag | | 0.27 | | 0.13 | 2.15 | | | | | 0.049 | |
| | Bi | | 0.32 | | 0.26 | 0.24 | | | | | 0.44 | |
| | Hblde | | 1.52 | | 7.77 | 5.14 | | | | | 8.38 | |

注：Cpx. 单斜辉石；Opx. 斜方辉石；Ol. 橄榄石；Gar. 石榴子石；Plag. 斜长石；Ap. 磷灰石；Hblde. 角闪石；Sph. 榍石。

附表 7-2 基性-超基性岩浆系列稀土元素分配系数

| 序号 | 矿物名称 | La | Ce | Pr | Nd | Sm | Eu | Gd | Tb | Dy | Ho | Er | Tm | Yb | Lu | 资料 |
|---|---|---|---|---|---|---|---|---|---|---|---|---|---|---|---|---|
| 1 | Cpx | 0.069 | 0.098 | — | | 0.26 | 0.26 | | 0.31 | | | | | 0.29 | 0.28 | L |
| | Opx | 0.005 | 0.006 | | | 0.013 | 0.014 | | 0.021 | | | | | 0.056 | 0.068 | |
| | Ol | 0.007 | 0.007 | | | 0.007 | 0.007 | | 0.009 | | | | | 0.014 | 0.016 | |
| | Gar | 0.004 | 0.008 | | | 0.21 | 0.42 | | 1.6 | | | | | 9.3 | 10.5 | |
| | Sp | 0.03 | 0.032 | | | 0.053 | 0.055 | | 0.092 | | | | | 0.17 | 0.091 | |
| | Cs* | 0.361 | 0.410 | | 0.519 | 0.629 | 0.529 | 0.748 | | 0.812 | | 0.813 | | 0.819 | 0.814 | T |
| 2 | Opx-Cpx | 0.007 | 0.0085 | 0.0036 | 0.013 | 0.028 | 0.034 | 0.047 | 0.057 | 0.075 | 0.11 | 0.13 | 0.15 | 0.20 | 0.25 | S |
| | Opx-Cpx** | 0.005 | 0.0016 | 0.0032 | 0.0075 | 0.016 | 0.022 | 0.027 | 0.036 | 0.048 | 0.059 | 0.087 | 0.12 | 0.14 | 0.19 | |
| | Ol-Cpx | 0.0008 | 0.0008 | $9\times10^{-6}$ | 0.0007 | 0.0006 | 0.0007 | 0.0007 | 0.002 | 0.0032 | 0.0048 | 0.008 | 0.012 | 0.019 | 0.028 | |
| | Ol-Cpx** | 0.0003 | 0.0002 | $2\times10^{-6}$ | 0.0001 | 0.0002 | 0.00032 | 0.0003 | 0.001 | 0.0016 | 0.0022 | 0.0045 | 0.008 | 0.011 | 0.019 | |
| | Sp-Cpx | 0.0004 | — | — | — | 0.0002 | — | — | — | — | — | | | 0.0008 | 0.0015 | |
| 3 | 钙质 Cpx (1) | 0.069 | 0.098 | | 0.21 | 0.26 | 0.31 | | 0.31 | | | | | 0.29 | 0.28 | I |
| | 钙质 Cpx (2) | 0.134 | 0.199 | | 0.36 | 0.51 | 0.60 | | 0.73 | | | | | 0.76 | 0.75 | |
| | (3) | 0.026~0.152 | 0.038~0.25 | | 0.105~0.54 | 0.195~0.78 | 0.214~0.86 | | 0.30~0.97 | | | | | 0.31~1.00 | 0.195~0.95 | |
| | 次钙 Cpx (3) | 0.016~0.019 | 0.035~0.037 | | 0.080~0.087 | 0.128~0.138 | 0.145~0.160 | | 0.187~0.25 | | | | | 0.162~0.39 | 0.220~0.3 | |
| | Ol (4) | 0.108 | 0.011 | | 0.0117 | 0.0125 | 0.0132 | | 0.018 | | | | | 0.037 | 0.045 | |
| | Cpx (5) | 0.006 | 0.0075 | | 0.0013 | 0.0175 | 0.022 | | 0.035 | | | | | 0.113 | 0.145 | |
| | Opx (3) | 0.0013~0.0045 | 0.0026~0.0067 | | 0.006~0.0166 | 0.0125~0.028 | 0.017~0.038 | | 0.032~0.068 | | | | | 0.089~0.202 | 0.106~0.224 | |
| | Sp (6) | 0.025 | 0.032 | | 0.037 | 0.052 | 0.055 | | 0.093 | | | | | 0.111 | 0.091 | |
| 4 | Plag | 0.135 | 0.090 | | 0.040 | 0.036 | 0.32 | 0.040 | | | | | | 0.016 | — | H |
| | Hblde | 0.167 | 0.338 | | — | 0.93 | 1.11 | 1.08 | 1.02 | | | | | 0.98 | 0.82 | |
| | Ol | $2.23\times10^{-3}$ | — | | | $2.70\times10^{-3}$ | $4.55\times10^{-3}$ | | $5.18\times10^{-3}$ | | | | | $8.7\times10^{-3}$ | $13.9\times10^{-3}$ | D |
| | Cpx | 0.13 | 0.18 | | 0.69 | 0.68 | 0.53 | | 0.63 | | | | | 0.60 | 0.58 | |
| | 富钙 Cpx | — | 0.359 | | | 0.98 | 0.85 | | | 1.18 | | 1.17 | | 1.05 | 1.12 | Na |
| | Hblde | 0.25 | 0.32 | | | 1.4 | 1.2 | | 1.3 | | | | | 1.2 | 1.1 | D |
| | Plag | — | 0.07 | | | 0.03 | 0.18 | | 0.05 | | | | | 0.02 | — | |

续表

| 序号 | 矿物名称 | La | Ce | Pr | Nd | Sm | Eu | Gd | Tb | Dy | Ho | Er | Tm | Yb | Lu | 资料 |
|---|---|---|---|---|---|---|---|---|---|---|---|---|---|---|---|---|
| 6 | Cpx（Di56%，En14%，Q20%） | 0.391 | 0.502 | | 0.726 | 0.823 | 0.875 | 0.940 | | 0.978 | | 0.939 | | 0.851 | 0.808 | M |
| | Cpx（Di80%，En20%） | 0.211 | 0.2335 | | 0.258 | 0.295 | 0.292 | 0.329 | | 0.294 | | | | 0.266 | 0.245 | S |
| 5 | Aug | | 0.208 | | 0.427 | 0.681 | 0.635 | 0.875 | | 0.980 | | 0.932 | | 0.896 | 0.693 | |
| | Di | | 0.043 | | 0.065 | 0.090 | 0.091 | 0.095 | | 0.105 | | 0.107 | | 0.092 | 0.071 | |
| 7 | Per | 2.62 | | | | 2.70 | 2.34 | | 1.58 | | | | | 0.488 | 0.411 | Nb |
| | Sp | 0.010 | | | | 0.0064 | 0.0061 | | 0.0078 | | | | | 0.0076 | 0.213 | |
| | Mel | 0.475 | | | | 0.608 | 0.578 | | 0.486 | | | | | 0.222 | 0.238 | |
| 8 | Gar | — | | | | 0.85 | | | | | 3.57 | | | 6.56 | | Nc |
| | 钙质 Cpx | 0.05 | | | | 0.40 | | | | | 0.45 | | | 0.45 | | |
| | 钙质 Hblde | 0.22 | | | | 0.80 | | | | | 1.10 | | | 0.80 | | |
| 9 | Py（金伯利岩） | 0.0004 | 0.007 | | 0.026 | 0.105 | 0.187 | 0.46 | 0.53 | 1.94 | 1.30 | 4.7 | | 4.4 | 6.1 | |
| | Py（碧玄岩） | | | | | 0.131 | 0.273 | 0.68 | 0.54 | | | | | 8.0 | 8.5 | IF |
| | Py（碱性橄榄玄武岩） | 0.0005 | | | | 0.101 | 0.185 | | | | 2.11 | | | 6.4 | | |
| | Py 中长玄武岩 | | | | | 0.074 | 0.27 | | 0.87 | | 1.24 | | | 4.1 | 5.4 | IF |

注：1. 拉斑玄武岩；2. 尖晶石橄榄岩包体；3. 碱性玄武岩中的超镁铁质包体；4. 玄武岩；5. 安山-玄武岩；6. CaMgSi$_2$O$_6$（SiO$_2$）系20kbar实验；7. CaO-MgO-SiO$_2$（TiO$_2$）系实验；8. 玄武岩体系的实验（$p$=10~35kbar，$T$=900~1520℃）；
9. Py（镁铝榴石）的 $k_d$ 值 20kbar下的三套实验数据的平均值；Cs$^*$. 总分配系数。Mel. 黄长石；En. 顽辉石；Di. 透辉石；Aug. 普通辉石；Cpx. 单斜辉石，两者压力均为12~20kbar。

* * 来自内蒙古，苏联的包体（对平衡温度1150℃适用）；其余来自 Dreiser Weiker 的包体（对1050℃适用）。

资料来源：L 据 Leeman 等（1980）；T 据 Tanaka 等（1975）；S 据 Stosch（1982）；I 据 Irwing（1980）；H 据 Higuch 等（1969）；D 据 Dostal 等（1983）；Na 据 Nagasawa（1973）；Nb 据 Nagasawa 等（1980）；Nc 据 Nicholis（1980）；S 据
Schnetzler 等（1970）；M 据 Masuda 等（1970）；IF 据 Irving 和 Frey（1978）。

附表7-3 中酸性岩浆系列稀土元素分配系数

| 序号 | 矿物名称 | La | Ce | Nd | Sm | Eu | Gd | Tb | Dy | Ho | Er | Tm | Yb | Lu | 资料来源 |
|---|---|---|---|---|---|---|---|---|---|---|---|---|---|---|---|
| 1 | Ol | | 0.069 (0.0026~0.009) | 0.0066 (0.003~0.010) | 0.0066 (0.003~0.011) | 0.0068 (0.005~0.010) | 0.0077 (0.004~0.012) | | 0.0096 (0.006~0.014) | | 0.011 (0.008~0.017) | | 0.014 (0.009~0.023) | 0.016 (0.009~0.026) | |
| | Opx | | 0.024 (0.0026~0.038) | 0.033 (0.006~0.058) | 0.054 (0.014~0.100) | 0.054 (0.023~0.079) | 0.091 (0.032~0.171) | | 0.15 (0.054~0.293) | | 0.23 (0.076~0.46) | | 0.34 (0.11~0.67) | 0.42 (0.11~0.84) | Arth, 1976a |
| | Di | | 0.070 (0.043~0.096) | 0.12 (0.065~0.18) | 0.18 (0.090~0.26) | 0.18 (0.091~0.26) | 0.19 (0.095~0.27) | | 0.21 (0.105~0.31) | | 0.17 (0.107~0.23) | | 0.16 (0.092~0.23) | 0.13 (0.071~0.19) | |
| | Aug | 0.15 (0.077~0.21) | | 0.31 (0.17~0.43) | 0.50 (0.26~0.74) | 0.51 (0.27~0.75) | 0.61 (0.32~0.87) | | 0.68 (0.50~1.0) | | 0.65 (0.46~1.0) | | 0.62 (0.43~1.0) | 0.56 (0.29~0.95) | |
| | Hblde | 0.20 (0.094~0.34) | | 0.33 (0.16~0.56) | 0.52 (0.24~0.93) | 0.59 (0.26~1.1) | 0.63 (0.28~1.1) | | 0.64 (0.31~1.0) | | 0.55 (0.24~1.0) | | 0.49 (0.23~0.98) | 0.43 (0.22~0.82) | |
| | Plag | 0.12 (0.023~0.28) | | 0.081 (0.023~0.20) | 0.067 (0.024~0.17) | 0.34 (0.055~0.73) | 0.063 (0.017~0.21) | | 0.055 (0.010~0.19) | | 0.063 (0.010~2.4) | | 0.067 (0.006~0.30) | 0.060 (0.0045~0.24) | |
| | Pig | 0.02 | 0.02 | 0.05 | 0.10 | 0.068 | 0.16 | | 0.23 | | 0.32 | | 0.40 | 0.45 | |
| | Fig | 0.034 | 0.034 | 0.032 | 0.031 | 0.030 | 0.030 | | 0.030 | | 0.034 | | 0.026 | 0.046 | |
| | Gar | 0.028 | 0.028 | 0.068 | 0.29 | 0.49 | 0.97 | | 3.17 | | 6.56 | | 11.5 | 11.9 | |
| | Cpx | 0.508 | | 0.645 | 0.954 | 0.681 | 1.35 | | 1.46 | | 1.33 | | 1.3 | — | Schnetzler, 1970 |
| | Pig | 0.020 | | 0.049 | 0.100 | 0.068 | 0.155 | | 0.225 | | 0.318 | | 0.400 | 0.453 | |
| 2 | Op（紫苏辉石安山岩） | 0.038 | | 0.058 | 0.100 | 0.079 | 0.171 | | 0.298 | | 0.461 | | 0.671 | 0.838 | |
| | Hblde | 0.094 | | 0.189 | 0.336 | 0.358 | 0.509 | | 0.636 | | 0.484 | | 0.462 | 0.436 | Harrison, 1981 |
| | Op | 0.031 | | 0.034 | 0.047 | 0.060 | 0.070 | | 0.117 | | 0.164 | | 0.244 | — | |
| | Ol | 0.028 | | | 0.028 | | | | | | | | 0.037 | | |
| | Opx | 0.051 | | | 0.051 | | | | | | | | 0.050 | | |
| | Cpx | 0.21 | | | 0.25 | | | | | | | | 0.23 | | |
| | Py | 0.067 | | | 0.108 | | | | | | | | 0.155 | | |
| | Gros | 0.65 | | | 0.75 | | | | | | | | 4.55 | | |
| | Gar | 0.08 | | | 3.00 | | | | | | | | 10.00 | | |
| 3 | Gar | 0.35 | | 0.53 | 2.66 | 1.50 | 10.5 | | 28.6 | | 42.8 | | 39.9 | 29.6 | |
| | Bi | 0.037 | | 0.044 | 0.058 | 0.145 | 0.082 | | 0.097 | | 0.162 | | 0.179 | 0.185 | Mysen, 1978 |
| | Hblde | 0.899 | | 2.80 | 3.99 | 3.44 | 5.48 | | 6.20 | | 5.94 | | 4.89 | 4.53 | |
| | Plag（1） | 0.24 | | 0.17 | 0.13 | 2.11 | 0.090 | | 0.086 | | 0.084 | | 0.077 | 0.062 | |

续表

| 序号 | 矿物名称 | La | Ce | Nd | Sm | Eu | Gd | Tb | Dy | Ho | Er | Tm | Yb | Lu | 资料来源 |
|---|---|---|---|---|---|---|---|---|---|---|---|---|---|---|---|
| 3 | Gar | | 0.35 | 0.53 | 2.66 | 1.50 | 10.5 | | 28.6 | | 42.8 | | 39.9 | 29.6 | |
| | Bi | | 0.037 | 0.044 | 0.058 | 0.145 | 0.082 | | 0.097 | | 0.162 | | 0.179 | 0.185 | |
| | Hblde | | 0.899 | 2.80 | 3.99 | 3.44 | 5.48 | | 6.20 | | 5.94 | | 4.89 | 4.53 | |
| | Plag (1) | | 0.24 | 0.17 | 0.13 | 2.11 | 0.090 | | 0.086 | | 0.084 | | 0.077 | 0.062 | Arth, 1976a |
| | Plag (2) | | 0.183 | 0.173 | 0.100 | 0.814 | 0.0875 | | 0.0631 | | 0.0588 | | 0.0540 | — | |
| | Plag | | 0.251 | 0.180 | 0.111 | 1.713 | 0.129 | | 0.166 | | 0.259 | | 0.098 | 0.101 | |
| | Op | | 0.138 | 0.198 | 0.246 | 0.162 | 0.223 | | 0.417 | | 0.606 | | 0.832 | 0.896 | |
| | Hblde | | 1.25 | 3.45 | 6.23 | 4.21 | 2.0 | | 10.33 | | 9.60 | | 6.76 | 4.65 | Nagasawa, 1971 |
| | Aug | | 0.362 | 0.94 | 1.52 | 1.11 | — | | 2.63 | | 2.25 | | 2.01 | 1.81 | |
| | Ap | | 16.6 | 21.0 | 20.7 | 14.5 | 21.7 | | 16.9 | | 14.1 | | 9.4 | 7.9 | |
| 4 | Plag | | 0.25 | 0.19 | 0.12 | 2.12 | 0.09 | | 0.066 | | 0.059 | | 0.053 | 0.047 | Carlos, 1977 |
| | Cpx | | 0.50 | 1.11 | 1.67 | 1.56 | 1.85 | | 1.93 | | 1.66 | | 1.58 | 1.55 | |
| | Opx | | 0.14 | 0.20 | 0.25 | 0.16 | 0.33 | | 0.42 | | 0.61 | | 0.83 | 0.90 | |
| | Hblde | | 1.52 | 4.22 | 7.77 | 5.14 | 10.0 | | 13.0 | | 12.0 | | 8.38 | 5.50 | |
| | Bi | | 0.32 | 0.29 | 0.26 | 0.24 | 0.28 | | 0.29 | | 0.35 | | 0.44 | 0.33 | |
| | Gar | | 0.35 | 0.53 | 2.66 | 1.50 | 10.5 | | 28.6 | | 42.8 | | 39.9 | 29.6 | |
| | Op | | 0.15 (0.082~0.26) | 0.22 (0.12~0.35) | 0.27 (0.16~0.38) | 0.17 (0.093~0.27) | 0.34 (0.23~0.46) | | 0.46 (0.33~0.55) | | 0.65 (0.53~0.73) | | 0.86 (0.73~0.99) | 0.90 (0.76~1.14) | Arth, 1976a（流纹岩） |
| | Cpx | | 0.50 (0.36~0.65) | 1.11 (0.94~1.28) | 1.67 (1.52~1.81) | 1.56 (1.11~2.01) | 1.85 (1.5~2.2) | | 1.93 (1.22~2.63) | | 1.80 (1.07~2.25) | | 1.58 (1.14~2.01) | 1.54 (1.28~1.81) | |
| | Hblde | | 1.52 (1.38~1.77) | 4.26 (4.03~4.49) | 7.77 (7.1~8.1) | 5.14 (4.5~5.9) | 10.0 (9.3~10.5) | | 13.0 (12.5~13.5) | | 12.0 (10.8~14.0) | | 8.38 (7.45~9.0) | 5.5 (4.4~6.3) | |
| | Ap | | 34.7 (18.0~52.5) | 57.1 (27.4~81.1) | 62.8 (29.8~89.8) | 30.4 (20.5~50.2) | 56.3 (27.2~78.0) | | 50.7 (25.6~69.2) | | 37.2 (20.0~51.2) | | 23.9 (13.1~37.0) | 20.2 (11.2~30.2) | |
| | Zr | | 2.64 (2.29~3.00) | 2.20 (1.97~2.43) | 3.14 (2.58~3.70) | 3.14 (1.07~5.22) | 12.0 (10.0~14.0) | | 45.7 (37.8~53.5) | | 135 (119~152) | | 270 (242~299) | 323 (281~366) | |
| 5 | Plag | | 0.27 (0.17~0.35) | 0.21 (0.12~0.29) | 0.13 (0.084~0.15) | 2.15 (0.96~2.81) | 0.097 (0.06~0.13) | | 0.064 (0.04~0.08) | | 0.055 (0.038~0.072) | | 0.049 (0.03~0.07) | 0.046 (0.03~0.06) | |
| | K-Fl | | 0.044 | 0.025 | 0.018 | 1.13 | 0.011 | | 0.006 | | 0.006 | | 0.012 | 0.006 | |
| | Bi | | 0.32 | 0.29 | 0.26 | 0.247 | 0.28 | | 0.29 | | 0.35 | | 0.44 | 0.33 | |
| | Fig | | 0.23 | 0.34 | 0.39 | 0.50 | 0.35 | | 0.20 | | 0.17 | | 0.17 | 0.21 | |
| | Cpx（钙质辉石） | | 0.646 | 1.28 | 1.81 | 2.01 | 1.41 | | 1.22 | | 1.07 | | 1.14 | 1.28 | Schnetzler and Philpotts, 1970 |

续表

| 序号 | 矿物名称 | | La | Ce | Nd | Sm | Eu | Gd | Tb | Dy | Ho | Er | Tm | Yb | Lu | 资料来源 |
|---|---|---|---|---|---|---|---|---|---|---|---|---|---|---|---|---|
| 5 | Hed (铁质)(Fed) | PCD | 23±2 | 20.9±0.4 | 16±2 | 14±1 | 12±1 | | 6.9±0.4 | 6.4±1.2 | | | 6.4±0.1 | | 8.1±1.0 | Mahood and Hildreth, 1983 (高硅流纹岩) |
| | | SCD | 2.8±0.2 | 3.5±0.1 | 5.3±0.3 | 6.21±0.03 | 5.2±0.9 | | 5.0±0.3 | 4.5±0.1 | | | 5.0±0.1 | | 6.9±0.3 | |
| | | ORD | 3.5±0.2 | 4.0±0.1 | 5.9±0.1 | 6.21±0.03 | 5.5±0.6 | | 4.0±0.2 | — | | | 4.5±0.1 | | 6.1±0.5 | |
| | | YRD | 24±2 | 21.6±0.3 | 17±2 | 13±1 | 10.5±1.0 | | 6.1±0.2 | 4.8±0.1 | | | 5.5±0.1 | | 7.2±0.82 | |
| | Aug | M | 11.8±0.2 | 10.3±0.1 | 10.8±0.6 | 9.55±0.05 | 4.6±0.2 | | 8.0±0.2 | 7.5±0.5 | | | 4.1±0.1 | | 3.8±0.3 | |
| | | L | 13.1±0.2 | 11.3±0.1 | 11.1±0.4 | 11.75±0.04 | 5.4±0.1 | | 10.5±0.6 | 10.3±0.5 | | | 5.0±0.1 | | 4.8±0.4 | |
| | Hp | M | 18.0±0.4 | 15.6±0.3 | 14±1 | 9.27±0.05 | 3.3±0.3 | | 6.3±0.8 | 4.4±1.1 | | | 2.6±0.3 | | 3.3±1.1 | |
| | | L | 10.8±0.1 | 9.0±0.1 | 7.8±0.3 | 6.47±0.02 | 2.4±0.01 | | 4.7±0.3 | 3.3±0.3 | | | 2.1±0.1 | | 2.1±0.3 | |
| | Bi | E | 3.40±0.7 | 2.77±0.03 | 2.2±0.1 | 1.28±0.004 | 0.73±0.09 | | 0.66±0.05 | 0.50±0.05 | | | 0.32±0.9 | | 0.39±0.05 | |
| | | M | 3.55±0.03 | 3.49±0.02 | 2.7±0.1 | 1.76±0.01 | 0.87±0.03 | | 1.20±0.1 | 0.92±0.03 | | | 0.69±0.02 | | 0.80±0.06 | |
| | | L | 2.59±0.06 | 2.15±0.01 | 1.8±0.1 | 1.61±0.0 | 1.00±0.04 | | 1.30±0.1 | 1.05±0.12 | | | 0.60±0.03 | | 0.65±0.12 | |
| | Fa | SCD | 1.08±0.06 | 0.93±0.02 | 0.77±0.06 | 0.496±0.003 | 0.90±0.21 | | 0.31±0.04 | 0.90±1.5 | | | 0.92±0.08 | | 1.26±0.08 | |
| | | ORD | 2.03±0.09 | 1.78±0.03 | 1.50±0.1 | 1.06±0.006 | 0.42±0.14 | | 0.54±0.05 | 1.10±1.6 | | | 0.98±0.02 | | 1.29±0.08 | |
| | | YRD | 23.3±1.6 | 20.4±0.3 | 14±1 | 8.4±0.5 | 5.8±0.6 | | 2.85±0.15 | 3.3 | | | 1.96±0.04 | | 2.81±0.19 | |
| 6 | Ap | | 30 | | | 60 | 30 | | 50 | | | | | | 20 | Petersen, 1980 |
| | Zr | | 2.5 | | | 3.0 | 3.0 | | 50 | | | | | | 300 | |
| | Aln | | 3000 | | | 2000 | 800 | | 1200 | | | | | | 200 | |
| 7 Alm | 英安岩 | | 0.37 | 0.53 | 0.81 | 5.5 | 1.37 | 13.6 | 19.6 | | 31.1 | | 26.0 | | 23.5 | Irving and Frey, 1978 |
| | 安山岩 | | 0.076 | — | | 1.25 | 1.52 | 5.2 | 7.1 | | 23.8 | | 53 | | 57 | |
| | 流纹英安岩 | | 0.37 | 0.51 | | 0.76 | 0.214 | 5.3 | 8.9 | | 18.4 | | 26.9 | | 24.6 | |
| | 流纹岩 | | 0.54 | 0.93 | 0.73 | 1.04 | 0.310 | 3.7 | 7.2 | | 28.2 | | 54 | | 47 | |

注：1. 玄武岩；2. 安山岩；3. 英安岩-流纹岩；4. 英安岩-流纹岩；5. 流纹岩；6. 紫苏花岗岩；7. 石榴子石；SCD. 中南穹丘；PCD-Precaldera. 塔岩丘；YRD. 年轻环形丘；ORD. 老环形丘；E. 早期 Bishop 凝灰岩；M. 中期 Bishop 凝灰岩；L. 晚期 Bishop 凝灰岩；Hed. 钙铁辉石；Fed. 铁钙辉石；Aug. 普通辉石；Hp. 紫苏辉石；Bi. 黑云母；Fig. 金云母；Fa. 铁橄榄石；Alm. 铁铝榴石；Ap. 磷灰石；Zr. 锆石；Pig. 易变辉石。表中矿物符号同附表 7-1 和附表 7-2。

附表 7-4 碱性岩浆系列稀土元素分配系数

| 序号 | 矿物名称 | La | Ce | Nd | Sm | Eu | Gd | Dy | Er | Yb | Lu | 资料来源 |
|---|---|---|---|---|---|---|---|---|---|---|---|---|
| 1 | Nep (霞石) | 0.041 | 0.047 | | 0.059 | 0.061 | | | | 0.086 | 0.066 | Onuma et al., 1981 |
| | Mel | 0.54 | 0.61 | 0.70 | 0.77 | 0.64 | | 0.52 | | 0.30 | 0.30 | |
| | Cpx | 0.49 | 0.53 | 0.70 | 0.73 | 0.70 | | | | 0.72 | 0.81 | |
| | Per | 20.3 | 22.2 | 25 | 26.8 | 23 | | 14 | | | 5.9 | |
| 2 | Aug | | 0.077 | 0.174 | 0.260 | 0.273 | 0.325 | 0.351 | 0.330 | 0.294 | | Schnetzler et al., 1970 |
| | Ol | | 0.009 | 0.10 | 0.011 | 0.010 | 0.012 | 0.014 | 0.017 | 0.023 | | |
| 3 | Di | | 0.096 | 0.182 | 0.261 | 0.260 | 0.275 | 0.313 | 0.234 | 0.227 | | Schnetzler et al., 1970 |
| | Flg | | 0.034 | 0.032 | 0.031 | 0.030 | 0.030 | 0.030 | 0.034 | 0.042 | | |
| 4 | 富钙 Cpx（粗面岩） | | 1.05 | 2.35 | 2.84 | 1.32 | | 2.68 | 2.72 | 4.03 | 5.02 | Nagasawa, 1973 |
| | Al-Fl（粗面岩） | | 0.108 | 0.104 | 0.103 | 1.96 | | 0.112 | 0.098 | 0.099 | 0.099 | |
| | Ti-Hblde（粗面玄武岩） | | | 0.63 | 0.94 | 1.02 | | 1.19 | 1.05 | 0.88 | 0.89 | |
| | Plag（粗面安山岩） | | 0.57 | 0.192 | 0.146 | 0.96 | | 0.114 | 0.099 | 0.098 | | |

注：1. 黄长霞石玄武岩；2. 黄橄霞玄岩大洋岩；3. 镁铁质陷岩；4. 粗面岩类；Nep. 霞石；Per. 钙钛矿；Di. 透辉石；Aug. 普通辉石；Flg. 金云母。

附表 7-5　不同成分斜长石的稀土元素分配系数（Schnetzler et al., 1970）

| 序号 | 斜长石成分 | | | Ce | Nd | Sm | Eu | Gd | Dy | Er | Yb | Lu |
| --- | --- | --- | --- | --- | --- | --- | --- | --- | --- | --- | --- | --- |
| | Ab | An | Or | | | | | | | | | |
| 1 | 3.2 | 96.7 | 0.4 | 0.079 | 0.023 | 0.026 | 0.055 | 0.017 | 0.010 | | | |
| 2 | 6.5 | 92.8 | 0.7 | 0.295 | 0.240 | 0.203 | — | 0.293 | | | | |
| 3 | 12.1 | 87.3 | 0.6 | 0.278 | 0.199 | 0.166 | 0.438 | 0.214 | 0.199 | 0.242 | 0.299 | 0.241 |
| 4 | 19.3 | 80.3 | 0.4 | 0.062 | 0.051 | 0.041 | 0.194 | 0.034 | 0.029 | 0.027 | 0.024 | 0.027 |
| 5 | 22.2 | 77.1 | 0.7 | 0.202 | 0.140 | 0.107 | 0.732 | 0.065 | 0.055 | 0.041 | 0.033 | 0.034 |
| 6 | 34.1 | 65.2 | 0.7 | 0.023 | 0.023 | 0.024 | 0.232 | 0.017 | 0.018 | 0.020 | 0.030 | 0.037 |
| 7 | 46.3 | 51.4 | 2.46 | 0.241 | 0.172 | 0.125 | 2.11 | 0.090 | 0.086 | 0.080 | 0.077 | 0.062 |
| 8 | 50.5 | 45.8 | 3.6 | 0.113 | 0.069 | 0.035 | 0.392 | 0.026 | 0.019 | 0.010 | 0.006 | — |

注：1、2、5. 安山岩；3. 安山玄武岩；4. 紫苏辉石安山岩；6. 玄武岩；7. 英安岩；8. 碱性玄武岩。

附表 7-6　模拟月球成分分离结晶时的稀土和太阳星云（1150℃）的固/气分配系数

| 矿物名称 | | La | Ce | Pr | Nd | Sm | Eu | Gd | Tb | Dy | Ho | Er | Tm | Yb | Lu | 资料来源 |
| --- | --- | --- | --- | --- | --- | --- | --- | --- | --- | --- | --- | --- | --- | --- | --- | --- |
| 月岩 | Ol | 0.01 | | | | 0.01 | 0.01 | | | | | | | | 0.025 | Drake, 1976 |
| | Opx | 0.03 | | | | 0.07 | 0.07 | | | | | | | | 0.31 | Drake, 1976 |
| | Cpx | 0.07 | | | | 0.26 | 0.31 | | | | | | | | 0.28 | Drake, 1976 |
| | Plag | 0.14 | | | | 0.07 | 0.06 | | | | | | | | 0.03 | Drake, 1976 |
| | Sp | 5 | | | | 0.08 | 0.04 | | | | | | | | 0.04 | Drake, 1976 |
| 太阳星云 S-V | | 1.00 | 0.47 | 2.6 | 0.75 | 1.3 | 0.0014 | 65 | 200 | 350 | 380 | 4300 | 640 | 0.54 | 32000 | Boynton, 1975 |

注：附表 7-1~附表 7-6 各表中矿物名称代号：Cpx. 单斜辉石；Opx. 斜方辉石；Op. 紫苏辉石；Aug. 普通辉石；DI. 透辉石；En. 顽辉石；Hed. 钙铁辉石；Pig. 易变辉石；Plg. 斜长石；Or. 正长石；K-Fl. 钾长石；Sam. 透长石；Ab. 钠长石；An. 钙长石；Al-Fl. 碱长石；Mel. 黄长石；Nep. 霞石；Hblde. 角闪石；Ti-Hblde. 钛角闪石；Bi. 黑云母；Mu. 白云母；Fig. 金云母；Gar. 石榴子石；Alm. 铁铝榴石；Spe. 锰铝榴石；Py. 镁铝榴石；Ol. 橄榄石；Fa. 铁橄榄石；Fo. 镁橄榄石；Ap. 磷灰石；Q. 石英；Sph. 榍石；Sp. 尖晶石；Zr. 锆石；Per. 钙钛矿；Aln. 褐帘石；Il 钛铁矿；Ti-mag. 钛磁铁矿；Sil. 夕线石；Flu. 萤石。

附表 8-1　Sc、Ti、V、Cu、Ba 和 Sr 的橄榄石/液体分配系数（Irving, 1978）

| 元素 | $D$ | 条件 | 成分 |
| --- | --- | --- | --- |
| Sc | 0.37±0.01 | 1112~1134℃，1atm | 天然碱性玄武岩，Olorgesalie |
| | 0.265±0.003 | 1240℃，1atm | 合成低钾弗拉摩罗玄武岩 |
| Ti | 0.024±0.008 | 1122~1134℃，1atm | 天然碱性玄武岩，Olorgesalie |
| | 0.07±0.05 | 1125~1250℃，1atm | $SiO_2$-$Al_2O_3$-FeO-MgO-CaO-$Na_2O$ |
| V | 0.04±0.02 | 1112~1134℃，1atm | 天然碱性玄武岩，Olorgesalie |
| | 0.05±0.03 | 1125~1250℃，1atm | $SiO_2$-$Al_2O_3$-FeO-MgO-CaO-$Na_2O$ |
| | 1.3 | ~1140℃，1atm | 合成的阿波罗月海玄武岩 |
| Cu | 0.47±0.02 | 1300℃，1atm | $SiO_2$-$Al_2O_3$-MgO-CaO |
| | 0.36±0.02 | 1350℃，1atm | $SiO_2$-$Al_2O_3$-MgO-CaO |
| | 0.27±0.04 | 1400℃，1atm | $SiO_2$-$Al_2O_3$-MgO-CaO |
| Ba | 0.005±0.003 | 1240℃，1atm | 合成低钾弗拉摩罗玄武岩 |
| Sr | 0.003±0.02 | 1240℃，1atm | 合成低钾弗拉摩罗玄武岩 |

附表 8-2　Ni、Co、Mn、Sc、Ti、V、Sr、Ba 和 U 的低钙辉石/液体分配系数（Irving, 1978）

| 元素 | $D$ | 条件 | 成分 |
| --- | --- | --- | --- |
| Ni | 3.1±0.07 | 1326~1338℃，1atm | $Fo_{30}An_{40}Sil_{30}$ |
| | 3.03±0.08 | 1300℃，1atm | $SiO_2$-$Al_2O_3$-MgO-CaO |
| | 2.47±0.07 | 1350℃，1atm | $SiO_2$-$Al_2O_3$-MgO-CaO |
| | 1.91±0.06 | 1400℃，1atm | $SiO_2$-$Al_2O_3$-MgO-CaO |

| 元素 | $D$ | 条件 | 成分 |
|---|---|---|---|
| Ni | $1.10\pm0.05$ | $1025\sim1075℃$，$10\sim20kbar$ | $Fo_{30}An_{40}Sil_{30}$+过剩 $H_2O$ |
| | $8\sim10$ | $1140℃$，$1atm$ | $Fo-SiO_2$ |
| Co | $1.3\pm0.04$ | $1326\sim1338℃$，$1atm$ | $Fo_{30}An_{40}Sil_{30}$ |
| | $1.41\pm0.06$ | $1300℃$，$1atm$ | $SiO_2-Al_2O_3-MgO-CaO$ |
| | $1.15\pm0.04$ | $1350℃$，$1atm$ | $SiO_2-Al_2O_3-MgO-CaO$ |
| | $1.00\pm0.05$ | $1400℃$，$1atm$ | $SiO_2-Al_2O_3-MgO-CaO$ |
| Mn | $0.70\pm0.04$ | $1320\sim1326℃$，$1atm$ | $Fo_{30}An_{40}Sil_{30}$ |
| | $0.80\pm0.09$ | $1300℃$，$1atm$ | $SiO_2-Al_2O_3-MgO-CaO$ |
| | $0.68\pm0.08$ | $1350℃$，$1atm$ | $SiO_2-Al_2O_3-MgO-CaO$ |
| Sc | $0.53\pm0.08$ | $1320\sim1326℃$，$1atm$ | $Fo_{30}An_{40}Sil_{30}$ |
| | $1.4\pm0.1$ | $1195℃$，$1atm$ | 合成低钾弗拉摩罗玄武岩 |
| Ti | $0.11\pm0.01$ | $1320\sim1326℃$，$1atm$ | $Fo_{30}An_{40}Sil_{30}$ |
| V | $0.06$ | $1326℃$，$f_{O_2}=10^{-3.3}$ | |
| | $2.8$ | $1320℃$，$f_{O_2}=10^{-10.6}$ | |
| | $3.4$ | $\sim1120℃$，$1atm$ | 合成的阿波罗"月海玄武岩" |
| Sr | $0.018\pm0.003$ | $1200℃$，$1atm$ | 合成的月球"玄武岩" |
| | $0.009\pm0.006$ | $1340℃$，$1atm$ | |
| Ba | $0.011\pm0.005$ | $1200℃$，$1atm$ | 合成的月球"玄武岩" |
| U | $0.005\pm0.002$ | $1375℃$，$1atm$ | 天然橄榄岩 |

**附表 8-3　U、Th、Pu、Cu、K、Rb、Cs、Ba、Zr 和 Nb 的低钙辉石/液体分配系数**（Irving，1978）

| 元素 | $D$ | 条件 | 成分 |
|---|---|---|---|
| U | $0.0016\sim0.0047$ | $1375\sim1390℃$，$20kbar$ | $Di_{50}Ab_{25}An_{25}$+15% $Ca_3(PO_4)_2$ |
| | $0.0008\sim0.0025$ | $1100\sim1200℃$，$10\sim25kbar$ | $Di_{50}Ab_{25}An_{25}$ |
| Th | $0.0016\sim0.0053$ | $1375\sim1390℃$，$20kbar$ | $Di_{50}Ab_{25}An_{25}$+15% $Ca_3(PO_4)_2$ |
| | $0.007$ | $1240℃$，$1atm$ | $Di_{50}Ab_{25}An_{25}$ |
| | $0.006$ | $1150℃$，$25kbar$ | |
| Pu | $0.083\pm0.006$ | $1375\sim1390℃$，$20kbar$ | $Di_{50}Ab_{25}An_{25}$+15% $Ca_3(PO_4)_2$ |
| Cu | $1.5\sim2.5$ | $910\sim950℃$，$1kbar$ | $Di-Na_2Si_2O_5-H_2O$ |
| K | $0.0014\sim0.0026$ | $1100\sim1200℃$，$15\sim30kbar$ | $Di_{50}Ab_{25}An_{25}$ |
| Rb | $0.0010\sim0.0041$ | | |
| Cs | $0.00035\sim0.00036$ | | |
| Ba | $0.00078\sim0.0023$ | | |
| | $0.30$ | $1200℃$，$20kbar$ | |
| Zr | $0.12$ | $1113\sim1128℃$，$1atm$ | 天然拉斑玄武岩 |
| Nb | $0.02$ | | 合成的阿波罗 17 月海玄武岩 |

### 附表 8-4　玄武质岩浆斜长石微量元素分配系数（Aigner-Torres *et al.*, 2007）

| $T$ | 1220℃ | | | 1180℃ | | | |
|---|---|---|---|---|---|---|---|
| $\lg f_{O_2}$ | −11.68 | −8.18 | −0.68 | −12.19 | −8.65 | −8.55 | −0.68 |
| Li | <0.367 | <3.212 | <0.816 | <1.139 | <0.306 | 0.575±0.183 | 0.678 |
| Mg | 0.039±0.003 | 0.050±0.009 | 0.037±0.005 | 0.048±0.005 | 0.052±0.012 | 0.041±0.002 | 0.053±0.004 |
| K | 0.220±0.028 | 0.173±0.002 | 0.169±0.011 | 0.264±0.041 | 0.236±0.053 | 0.234±0.036 | 0.245±0.034 |
| Sc | 0.016±0.002 | <0.077 | 0.035±0.003 | <0.017 | 0.024±0.003 | 0.021±0.002 | 0.114±0.036 |
| Ti | 0.039±0.002 | 0.047±0.014 | 0.034±0.008 | 0.038±0.007 | 0.047±0.010 | 0.041±0.002 | 0.123±0.052 |
| Cr | 0.038 | <0.299 | <0.274 | <0.030 | 0.365 | 0.019±0.004 | 0.064±0.025 |
| Mn | 0.027±0.002 | 0.043±0.009 | 0.034±0.003 | 0.034±0.006 | 0.054±0.014 | 0.026±0.001 | 0.184±0.065 |
| Fe | 0.023±0.002 | 0.146±0.017 | 0.237±0.031 | 0.025±0.003 | 0.123±0.014 | 0.086±0.007 | 0.665±0.068 |
| Rb | <0.093 | <0.676 | <0.143 | <0.154 | 1.217 | 0.058±0.003 | 0.122 |
| Sr | 1.715±0.009 | 1.565±0.038 | 1.420±0.061 | 1.738±0.067 | 1.640±0.048 | 1.714±0.048 | 1.568±0.113 |
| Y | 0.008±0.001 | <0.012 | 0.008 | 0.008±0.001 | 0.008±0.001 | 0.006±0.001 | 0.009±0.002 |
| Zr | 0.003±0.001 | 0.022 | 0.032 | 0.004 | 0.003±0.001 | 0.001±0.000 | 0.009 |
| Nb | <0.029 | <0.336 | 0.114 | <0.051 | 0.039 | <0.017 | 0.139 |
| Cs | <0.771 | <7.134 | 3.838 | <3.284 | <1.262 | <1.074 | <1.093 |
| Ba | 0.301±0.046 | 0.226 | 0.213±0.028 | 0.340±0.068 | 0.244±0.039 | 0.327±0.058 | 0.277±0.054 |
| La | 0.065±0.004 | 0.084 | 0.049±0.012 | 0.059±0.008 | 0.059±0.009 | 0.061±0.009 | 0.071±0.021 |
| Ce | 0.049±0.006 | 0.044 | 0.037±0.008 | 0.051±0.010 | 0.061±0.015 | 0.045±0.004 | 0.045±0.008 |
| Pr | 0.049±0.007 | <0.133 | 0.053 | 0.057±0.018 | 0.057±0.017 | 0.035±0.007 | 0.133±0.049 |
| Nd | 0.040±0.005 | <0.144 | 0.040 | 0.039 | 0.031±0.004 | 0.033±0.006 | 0.104 |
| Sm | <0.044 | <0.428 | 0.112±0.010 | <0.075 | 0.033 | 0.037 | <0.065 |
| Eu | 0.869±0.084 | 0.242±0.072 | 0.117 | 0.966±0.113 | 0.098±0.024 | 0.112±0.012 | 0.156 |
| Gd | <0.03 | <0.348 | <0.089 | <0.05 | 0.071 | 0.021±0.004 | 0.153±0.015 |
| $\lg f_{O_2}$ | −11.68 | −8.18 | −0.68 | −12.19 | −8.65 | −8.55 | −0.68 |
| Tb | <0.029 | <0.268 | <0.060 | <0.055 | 0.037±0.004 | 0.016±0.003 | 0.102 |
| Dy | <0.017 | <0.137 | 0.115 | <0.0245 | 0.015 | 0.012±0.003 | 0.128 |
| Ho | <0.02 | <0.13 | 0.077 | <0.019 | 0.041±0.002 | 0.020±0.010 | 0.106 |
| Er | <0.024 | <0.358 | <0.088 | <0.047 | 0.035 | <0.015 | 0.137 |
| Tm | <0.049 | <0.38 | <0.098 | <0.093 | 0.033 | <0.025 | 0.122 |
| Yb | <0.03 | <0.328 | 0.093 | <0.082 | 0.037 | <0.017 | 0.141 |
| Lu | <0.024 | <0.309 | <0.101 | 0.045 | <0.023 | <0.024 | 0.190 |
| Hf | <0.026 | <0.328 | <0.090 | 0.057 | 0.036 | <0.0157 | 0.153±0.051 |
| Ta | 0.042 | <0.221 | <0.064 | <0.035 | 0.031±0.013 | <0.012 | 0.170 |
| Pb | 2.453 | <12.64 | 0.989±0.200 | <4.87 | 0.533 | 2.533±0.697 | 2.721±0.485 |
| Th | <0.173 | <1.016 | <0.340 | <0.270 | <0.082 | <0.091 | 0.382±0.259 |
| U | <0.43 | <1.934 | <0.182 | <0.571 | <0.050 | <0.198 | 0.105 |

注：分配系数为平均值，上限为 $3\sigma$；误差为 $1\sigma$；实验初始物质：东太平洋南隆起玄武质熔岩。

附表 8-5　花岗质岩浆石榴子石、锆石微量元素分配系数（Rubatto and Hermann，2007）

| $T/℃$ | 800 | 850 | 900 | 950 | 1000 | 1050 |
|---|---|---|---|---|---|---|
| 石榴子石/熔体（±1σ） | | | | | | |
| P | 2.8±0.4 | 1.4±0.4 | 0.64±0.11 | 0.59±0.10 | 0.73±0.17 | — |
| Y | 39±6 | 21±4 | 17±5 | 8.4±1.2 | 12±1 | — |
| Zr | 2.2±0.1 | 1.9±0.2 | —1.1±0.1 | 1.1±0.2 | 1.9±0.2 | |
| La | 0.066±0.037 | 0.009±0.003 | 0.0008±0.0003 | 0.0006±0.0001 | 0.0011±0.006 | — |
| Ce | 0.31±0.08 | 0.065±0.017 | 0.0067±0.0020 | 0.0053±0.0010 | 0.0067±0.0020 | — |
| Pr | 1.23±0.19 | 0.31±0.05 | 0.037±0.12 | 0.030±0.005 | 0.038±0.011 | — |
| Nd | 4.5±0.7 | 1.1±0.2 | 0.16±0.05 | 0.13±0.02 | 0.14±0.03 | — |
| Sm | 15±1 | 5.8±0.6 | 1.4±0.4 | 1.1±0.2 | 1.1±0.2 | — |
| Eu | 9.8±1.5 | 5.2±0.5 | 1.5±0.4 | 1.3±0.2 | 1.1±0.1 | — |
| Gd | 29±4 | 14±1 | 5.3±0.9 | 3.7±0.5 | 3.9±0.4 | — |
| Dy | 36±5 | 20±3 | 13±3 | 7.3±0.9 | 9.5±1.1 | — |
| Er | 40±6 | 22±5 | 22±8 | 9.3±1.5 | 14±2 | — |
| Yb | 43±7 | 22±6 | 27±12 | 10.0±2.2 | 18±2 | — |
| Lu | 40±7 | 21±6 | 28±13 | 9.7±2.2 | 18±3 | — |
| Hf | 1.3±0.2 | 1.1±0.1 | 0.70±0.08 | 0.71±0.15 | 1.3±0.2 | — |
| Th | 0.34±0.11 | 0.074±0.017 | 0.0028±0.0014 | 0.0026±0.0010 | 0.0073±0.0042 | — |
| U | 0.85±0.14 | 0.31±0.05 | 0.036±0.013 | 0.033±0.010 | 0.052±0.020 | — |
| 锆石/熔体（±1σ） | | | | | | |
| P | 10±3 | — | 2.9±1.0 | — | — | 2.5±0.6 |
| Y | 149±9 | 121±11 | 30±1 | 10±1 | 8.7±0.4 | 7.8±0.3 |
| Zr | 2005±248 | 3120±216 | 2497±119 | 1353±55 | 795±24 | 535±18 |
| La | — | — | — | — | — | — |
| Ce | — | — | — | — | — | — |
| Pr | — | — | — | — | — | — |
| Nd | 8.5±1.8 | — | — | — | — | 1.5±0.1 |
| Sm | 16±3 | 12±2 | 1.5±0.2 | — | 1.6±0.2 | 2.0±0.2 |
| Eu | 8.5±0.7 | 6.7±1.2 | — | — | — | 1.5±0.1 |
| Gd | 30±1 | 32±2 | 5.3±0.4 | 3.6±0.7 | 3.1±0.3 | 3.1±0.2 |
| Dy | 100±6 | 75±8 | 18±1 | 6.9±1.2 | 5.8±0.3 | 5.6±0.3 |
| Er | 214±18 | 153±31 | 45±2 | 13±1 | 12±1 | 10±0.4 |
| Yb | 345±41 | 226±64 | 78±3 | 20±3 | 20±1 | 15±0.4 |
| Lu | 445±42 | 274±78 | 98±4 | 23±3 | 26±2 | 18±1 |
| Hf | 3476±476 | — | 1829±122 | 1100±61 | 698±27 | 492±15 |
| Th | 41±4 | 45±5 | 9.4±0.5 | 8.4±1.8 | 5.7±0.3 | 6.1±0.4 |
| U | 167±17 | 157±51 | 24±1 | 23±2 | 18±1 | 15±1 |

注：实验条件：20kbar，800~1000℃，初始物质：合成花岗岩；—表示未测。

### 附表 8-6　过碱流纹质岩浆锆石微量元素分配系数（Luo and Ayers，2009）

| 实验条件 | 800℃-0.1GPa-HM | 800℃-0.1GPa-NNO | 800℃-0.2GPa-HM | 800℃-0.2GPa-HM |
|---|---|---|---|---|
| P | 3.4±0.8（2.6-56） | 3.7±1.0（2.8-6.1） | 3.3±1.3（2.3-7.4） | 2.3±0.7（1.4-3.8） |
| Sc | 2.2 | — | — | 3.1 |
| Ti | 3.2 | — | — | |
| V | 1.3±0.4（0.68-1.9） | 1.0±0.2（0.60-1.3） | 1.2±0.5（0.41-2.3） | 1.0±0.7（0.12-2.3） |
| Y | 31±3（25-34） | 25±2（21-28） | 23±6（13-34） | 57±21（19-82） |
| Zr | 11±1（10-12） | 9.6±0.3（9.1-10） | 9.5±0.7（8.4-11） | 13±1（11-15） |
| La | 0.72±0.56（0.25-2.3） | 0.89±0.58（0.46-2.2） | 0.67±0.80（n.d-3.1） | 0.90±0.69（0.25-2.2） |
| Ce | 2.1±0.5（1.4-3.0） | 1.8±0.5（1.0-2.9） | 2.9±1.4（1.4-6.7） | 3.3±0.9（1.8-4.7） |
| Pr | 1.5±0.4（1.0-2.6） | 1.6±0.4（1.2-2.4） | 1.6±0.9（0.82-4.3） | 1.4±0.4（0.82-2.2） |
| Nd | 1.6±0.3（1.2-2.2） | 1.7±0.2（1.2-2.0） | 1.7±0.7（0.92-3.7） | 2.0±0.6（1.0-2.9） |
| Eu | 13±2.2（8.5-16） | 12±1（10-13） | 13±2（10-16） | 13±4（6-20） |
| Gd | 19±2（16-23） | 17±1（14-18） | 17±3（12-22） | 23±7（10-31） |
| Ho | 36±4（29-45） | 28±3（24-37） | 27±7（13-40） | 70±28（24-105） |
| Yb | 33±3（26-38） | 25±4（19-35） | 24±6（13-37） | 73±32（25-99） |
| Lu | 33±3（27-40） | 24±4（20-35） | 24±6（14-36） | 73±30（22-97） |
| Hf | 12±2（6.0-14） | 11±1（9.5-12） | 11±1（8.8-14） | 13±1（10-14） |
| Th | 18±3（13-23） | 18±3（11-22） | 17±3（10-23） | 12±4（6-18） |
| U | 16±5（7.8-25） | 22±4（12-27） | 9.8±7.2（1.8-23） | 3.3±1.2（1.0-4.9） |
| 实验条件 | 1000℃-1.5GPa-NNO | 1100℃-1.5GPa-NNO | 1200℃-1.5GPa-NNO | 1300℃-1.5GPa-NNO |
| P | 3.9±1.4（1.3-6.2） | 4.7±0.9（2.8-7.2） | 2.4±1.1（0.6-3.8） | 1.9±0.6（1.3-3.2） |
| Sc | 2.3 | 2.5 | 0.86 | 1.9 |
| Ti | 3.8 | — | — | 0.52 |
| V | 0.19±0.17（n.d-0.57） | 0.18±0.19（n.d-0.66） | 0.16±0.13（n.d-0.3） | 0.47±0.72（n.d-1.6） |
| Y | 23±12（3.5-47） | 24±9（11-42） | 12±7（2.7-21） | 6.8±2.1（4.5-12） |
| Zr | 23±3（17-26） | 25±1（22-28） | 20±1（19-21） | 18±n.d（n.d-n.d） |
| La | 0.28±0.45（n.d-1.2） | 0.25±0.21（0.01-0.91） | n.d±n.d（n.d-0.12） | 0.060±0.008（n.d-0.12） |
| Ce | 0.80±0.38（0.28-1.6） | 1.4±0.4（0.74-2.3） | 0.45±0.21（0.11-0.81） | 0.14±0.13（0.0-0.38） |
| Pr | 0.80±0.44（0.20-1.5） | 1.2±0.7（0.31-2.4） | 0.41±0.32（n.d-0.90） | 0.11±0.12（n,d-0.32） |
| Nd | 1.3±0.8（0.16-2.6） | 1.6±0.6（0.44-3.0） | 0.73±0.53（0.10-1.5） | 0.15±0.28（n.d-0.83） |
| Eu | 7.0±3.4（1.2-13） | 9.2±3.1（4.2-15） | 3.6±2.5（0.28-6.8） | 1.5±0.7（0.44-3.2） |
| Gd | 11±5（0.9-19） | 13±4（6.9-22） | 5.1±3.3（0.90-10） | 2.6±1.2（1.6-5.8） |
| Ho | 24±11（5.5-41） | 27±10（12-47） | 12±6（3.5-22） | 6.4±2.4（2.7-11） |
| Yb | 30±16（2.2-61） | 31±9（19-48） | 16±8（4.2-28） | 11±2（7.9-17） |
| Lu | 31±15（6.1-60） | 35±10（19-58） | 18±9（3.3-31） | 12±3（8.3-18） |
| Hf | 17±2（13-21） | n.d±n.d（n.d-n.d） | 18±2（13-21） | 15±2（12-20） |
| Th | 9.0±4.7（0.020-16） | 12±3（6.8-16） | 4.6±3.1（0.94-8.4） | 2.0±1.5（0.018-5.3） |
| U | 17±10（n.d-28） | 16±6（7.6-27） | 8.5±6.6（n.d-17） | 2.1±2.6（n.d-8.5） |

注：HM. 赤铁矿-磁铁矿缓冲剂；NNO. 镍-氧化镍缓冲剂；—. 电子探针检测限以下；n.d. 未测。

附表 8-7　Ni、Co、Mn、Cr 和 Sc 的磁铁矿/液体分配系数（Irving，1978）

| 元素 | D | 条件 | 成分 |
|---|---|---|---|
| Ni | 12.2 | 1300℃，1atm | 天然苦橄质拉斑玄武岩，基拉韦厄，Iki |
| | 19.4 | 1252℃，1atm | |
| | 20~77 | 1111~1168℃，1atm，$f_{O_2} = 10^{-4.2} \sim 10^{-12.9}$ | 天然碱性玄武岩 Olorgesalie |
| Co | 5.8~17 | | |
| Mn | 1.70~1.81 | | |
| Cr | 100~620 | | |
| Sc | 0.80~3.3 | | |

附表 8-8　Sc、Ni、Co、Cr 和 V 的尖晶石/液体分配系数（Irving，1978）

| 元素 | D | 条件 | 成分 |
|---|---|---|---|
| Sc | 0.048±0.001 | 1400℃，1atm | $MgO\text{-}Al_2O_3\text{-}SiO_2$ |
| Ni | 5.9±0.2 | 1350℃，1atm | $SiO_2\text{-}Al_2O_3\text{-}MgO\text{-}CaO$ |
| | 5.1±0.2 | 1400℃，1atm | |
| | 10.7~53 | 1275℃，1atm | 天然的阿连德陨石 |
| Co | 2.3~2.8 | 1350℃，1atm | $SiO_2\text{-}Al_2O_3\text{-}MgO\text{-}CaO$ |
| | 1.9~2.4 | 1400℃，1atm | |
| Cr | 104~5.7 | 1400~1300℃，1atm | |
| | 147~568 | 1450~1300℃，1atm | Fo-An-Sil |
| | 134~187 | 1450~1350℃，1atm | Fo-An-Di |
| | 51~125 | 1350~1175℃，1atm | 合成的 Fo-Ti-Al 辉石 |
| | 102~155 | 1275℃，1atm | 天然的阿连德陨石 |
| | 77 | ~1140℃，1atm | 合成的阿波罗 11 月海玄武岩 |
| V | 38 | | |

附表 8-9　Cu 的硅酸盐矿物/熔体分配系数

| 测定方法 | 矿物 | 熔体类型 | D | 标准差 | 最低值 | 最高值 | 资料来源 |
|---|---|---|---|---|---|---|---|
| 实验 | 橄榄石 | 碧玄岩 | | | 1.19 | 4.1 | Adam and Green，2006 |
| 实验 | 橄榄石 | 玄武岩-安山岩 | | | 0.08 | 0.19 | Gaetani and Grove，1997 |
| 实验 | 橄榄石 | 玄武岩 | | | 0.06 | 0.21 | Fellows and Canil，2012 |
| 斑晶-基质法 | 橄榄石 | 玄武岩 | 0.11 | | | | Bougault and Hekinian，1974 |
| 斑晶-基质法 | 橄榄石 | 玄武岩-安山岩-英安岩 | 0.05 | | | | Dostal et al.，1983 |
| 斑晶-基质法 | 橄榄石 | 安山岩 | | | | 2.2 | Ewart and Griffin，1994 |
| 斑晶-基质法 | 橄榄石 | 白榴岩 | 0.055 | | | | Ewart and Griffin，1994 |
| 斑晶-基质法 | 橄榄石 | 过碱流纹岩 | | | | 2.7 | Ewart and Griffin，1994 |
| 斑晶-基质法 | 橄榄石 | 玄武岩 | 0.55 | | | | Kloeck and Palme，1988 |
| 斑晶-基质法 | 橄榄石 | 玄武岩 | 0.02 | | | | Hoog et al.，2001 |
| 斑晶-基质法 | 橄榄石 | 玄武岩 | 0.023 | | | | Paster et al.，1974 |
| 斑晶-基质法 | 橄榄石 | 玄武岩 | | | 0.4 | 0.5 | Pedersen，1979 |
| 斑晶-基质法 | 橄榄石 | 玄武安山岩 | 0.046 | | 0.02 | 0.071 | Audetat and Pettke，2006 |
| 斑晶-基质法 | 橄榄石 | 玄武岩 | 0.048 | 0.02 | 0.03 | 0.16 | Lee et al.，2012 |
| 实验 | 斜方辉石 | 碧玄岩 | 2.8 | 0 | | | Adam and Green，2006 |

| 测定方法 | 矿物 | 熔体类型 | D | 标准差 | 最低值 | 最高值 | 资料来源 |
|---|---|---|---|---|---|---|---|
| 实验 | 斜方辉石 | 月球玄武岩 | 0.22 | 0.09 | | | Klemme *et al.*，2006 |
| 实验 | 斜方辉石 | 玄武岩 | | | 0.15 | 0.82 | Fellows and Canil，2012 |
| 斑晶-基质法 | 低钙辉石 | 安山岩 | | | | 0.19 | Ewart and Griffin，1994 |
| 斑晶-基质法 | 低钙辉石 | 高硅流纹岩 | | | | 1.4 | Ewart and Griffin，1994 |
| 斑晶-基质法 | 低钙辉石 | 低硅流纹岩 | | | 0.47 | 1.46 | Ewart and Griffin，1994 |
| 斑晶-基质法 | 低钙辉石 | 石英安粗岩 | | | 0.099 | 0.16 | Ewart and Griffin，1994 |
| 斑晶-基质法 | 低钙辉石 | 玄武安山岩 | | | 0.16 | 0.92 | Ewart *et al.*，1973 |
| 斑晶-基质法 | 低钙辉石 | 英安岩 | | | 0.45 | 1.2 | Ewart *et al.*，1973 |
| 斑晶-基质法 | 斜方辉石 | 玄武岩 | 0.034 | | | | Lee *et al.*，2012 |
| 实验 | 单斜辉石 | 碧玄岩 | | | 0.47 | 1.5 | Adam and Green，2006 |
| 实验 | 单斜辉石 | 玄武岩 | 0.36 | | | | Hart and Dunn，1993 |
| 斑晶-基质法 | 单斜辉石 | 玄武岩 | 0.18 | | | | Bougault and Hekinian，1974 |
| 斑晶-基质法 | 单斜辉石 | 玄武安山岩 | | | 0.05 | 0.08 | Dostal *et al.*，1983 |
| 斑晶-基质法 | 单斜辉石 | 安山岩 | 0.66 | | | | Ewart and Griffin，1994 |
| 斑晶-基质法 | 单斜辉石 | 白榴岩 | 0.02 | | | | Ewart and Griffin，1994 |
| 斑晶-基质法 | 单斜辉石 | 低硅流纹岩 | | | 0.8 | 2.2 | Ewart and Griffin，1994 |
| 斑晶-基质法 | 单斜辉石 | 过碱流纹岩 | | | | 1.1 | Ewart and Griffin，1994 |
| 斑晶-基质法 | 单斜辉石 | 石英安粗岩 | | | | 0.46 | Ewart and Griffin，1994 |
| 斑晶-基质法 | 单斜辉石 | 玄武岩-安山岩 | | | 0.12 | 0.69 | Ewart *et al.*，1973 |
| 斑晶-基质法 | 单斜辉石 | 英安岩 | | | 0.51 | 0.87 | Ewart *et al.*，1973 |
| 斑晶-基质法 | 单斜辉石 | 玄武岩 | 0.071 | | | | Paster *et al.*，1974 |
| 斑晶-基质法 | 单斜辉石 | 碱性玄武岩 | 0.36 | | | | Zack and Brumm，1998 |
| 斑晶-基质法 | 单斜辉石 | 玄武安山岩 | 0.03 | | 0.011 | 0.07 | Audetat and Pettke，2006 |
| 斑晶-基质法 | 单斜辉石 | 粗面安山岩 | 0.082 | | 0.009 | 0.142 | Halter *et al.*，2004 |
| 斑晶-基质法 | 单斜辉石 | 玄武岩-安山岩 | 0.038 | | | | Zajacz and Halter，2007 |
| 斑晶-基质法 | 单斜辉石 | 玄武岩 | 0.043 | | | | Lee *et al.*，2012 |
| 实验 | 尖晶石 | 月球玄武岩 | 3.1 | 1.7 | | | Klemme *et al.*，2006 |
| 斑晶-基质法 | 尖晶石 | 玄武岩 | 0.22 | | | | Lee *et al.*，2012 |
| 实验 | 石榴子石 | 碧玄岩 | | | 0.69 | 0.41 | Adam and Green 2006 |
| 实验 | 石榴子石 | 科马提岩，玄武岩 | 0.6 | | | | Yurimoto and Ohtani，1992 |
| 斑晶-基质法 | 石榴子石 | 玄武岩 | 0.0035 | | | | Lee *et al.*，2012 |
| 实验 | 橄榄石 | 科马提岩 | | | 0.038 | 0.143 | Liu *et al.*，2014 |
| 实验 | 斜方辉石 | 科马提岩 | | | 0.039 | 0.094 | Liu *et al.*，2014 |
| 实验 | 单斜辉石 | 洋脊玄武岩 | | | 0.038 | 0.232 | Liu *et al.*，2014 |
| 实验 | 单斜辉石 | 科马提岩 | | | 0.06 | 0.066 | Liu *et al.*，2014 |
| 实验 | 单斜辉石 | Di70An30 | | | 0.018 | 0.039 | Liu *et al.*，2014 |
| 实验 | 尖晶石 | 洋脊玄武岩 | 0.765 | 0.06 | | | Liu *et al.*，2014 |
| 实验 | 尖晶石 | 科马提岩 | 0.401 | 0.08 | | | Liu *et al.*，2014 |
| 实验 | 尖晶石 | Di70An30 | | | 0.186 | 0.232 | Liu *et al.*，2014 |
| 实验 | 石榴子石 | 洋脊玄武岩 | | | 0.038 | 0.046 | Liu *et al.*，2014 |
| 实验 | 斜长石 | 洋脊玄武岩 | 0.023 | 0.01 | | | Liu *et al.*，2014 |

附表 8-10 铂族元素(PGE)硫化物/硅酸盐分配系数

| 分配系数[①] | Ru | Rh | Pd | Os | Ir | Pt | Au | Cu |
|---|---|---|---|---|---|---|---|---|
| D1 | 4.4±2.4 (9)[②] | | 1.8±0.9 (6) | 3.7±1.8 (6) | 2.6±1.4 (19) | 0.9±0.7 (6) | 2.3±1.3 (10) | |
| D2 | 46±30 (2) | | 15±7 (18) | 22±10 (10) | 25±9 (15) | 12±7 (22) | | |
| D3 | | | 120±90 (8) | 430±250 (3) | 200±150 (6) | | | |
| D4 | $(3.03\sim4.85)\times10^5$ (3) | $(5.72\sim59.1)\times10^5$ (7) | $(6.70\sim53.6)\times10^4$ | $(3.52\sim11.5)\times10^5$ | $(4.80\sim50.7)\times10^4$ (6) | $(0.44\sim34.5)\times10^5$ | $(4.51\sim11.2)\times10^3$ | $(1.05\sim2.13)\times10^3$ |
| | $4.19\times10^5$ (3) | $2.1\times10^5$ (7) | $1.64\times10^5$ (7) | $7.48\times10^5$ (3) | $21.8\times10^4$ (6) | $8.45\times10^5$ (8) | $6.3\times10^3$ (7) | $1.53\times10^3$ (11) |

实验条件: 0~17mol% NiS; 硫化物中 PGE (100~1000) $\times10^6$; 48h

| | | | | | | | | |
|---|---|---|---|---|---|---|---|---|
| D5 | 6.4±2.1 (4) | | 17±7 (5) | 30±6 (5) | 26±11 (5) | 10±4 (5) | | |

实验条件: 37 mol% NiS; 硫化物中 PGE<100$\times10^6$; 0.5~2h

| | | | | | | | | |
|---|---|---|---|---|---|---|---|---|
| D6 | 4.4±2.4 (9) | | 5.0±1.8 (2) | 3.7±1.3 (6) | 3.2±1.1 (6) | 4.6±0 (2) | 3.0±1.0 (6) | |

注: 据 Liu 等 (2014) 数据及其综合的文献资料。①D1, D2, D3, D5 据 Fleet 等 (1996) 综合; D4 据 Mungall 和 Brenan (2014) 资料平均; D6 据 Crocket 等 (1992); ②样品数。

附表 8-11 地幔岩熔融矿物/熔体微量元素分配系数 (Shaw, 2006 综合)

| 元素 | 橄榄石 | 斜方辉石 | 单斜辉石 | 尖晶石 | 石榴子石 | 角闪石 | 斜长石 |
|---|---|---|---|---|---|---|---|
| La | 0.000053 | 0.0004 | 0.0536 | 0.00002 | 0.001 | 0.12 | 0.0348 |
| Ce | 0.000105 | 0.001 | 0.0858 | 0.00003 | 0.004 | 0.18 | 0.0278 |
| Pr | 0.000251 | 0.002 | 0.137 | 0.0001 | 0.02 | 0.3 | 0.022 |
| Nd | 0.000398 | 0.0041 | 0.1873 | 0.0002 | 0.057 | 0.45 | 0.0179 |
| Sm | 0.0007 | 0.006 | 0.291 | 0.0004 | 0.14 | 0.6 | 0.0132 |
| Eu | 0.0008 | 0.01 | 0.329 | 0.0006 | 0.26 | 0.7 | 0.3 |
| Gd | 0.0015 | 0.012 | 0.367 | 0.0009 | 0.498 | 0.7 | 0.0125 |
| Tb | 0.0021 | 0.016 | 0.405 | 0.0012 | 0.75 | 0.66 | 0.0116 |
| Dy | 0.0027 | 0.02 | 0.442 | 0.0015 | 1.06 | 0.63 | 0.0112 |
| Ho | 0.005 | 0.026 | 0.415 | 0.0023 | 1.53 | 0.6 | 0.0114 |
| Er | 0.01 | 0.033 | 0.387 | 0.003 | 2.0 | 0.58 | 0.0116 |
| Tm | 0.016 | 0.045 | 0.409 | 0.0038 | 3.0 | 0.55 | 0.014 |
| Yb | 0.027 | 0.055 | 0.43 | 0.0045 | 4.03 | 0.53 | 0.016 |
| Lu | 0.03 | 0.07 | 0.433 | 0.0053 | 5.5 | 0.51 | 0.018 |
| Y | 0.0065 | 0.0096 | 0.467 | 0.004 | 3.08 | 0.46 | 0.0115 |
| Cr | 1.8 | 2.8 | 15.0 | 600.0 | 13.0 | 6.0 | 0.04 |
| Co | 3.8 | 3.2 | 1.5 | 40.0 | 1.9 | 3.8 | 0.1 |
| Ni | 13.0 | 6.6 | 4.0 | 16.0 | 0.8 | 12.0 | 0.26 |
| Ti | 0.015 | 0.082 | 0.38 | 0.15 | 0.63 | 0.69 | 0.04 |
| Zr | 0.001 | 0.021 | 0.16 | 0.06 | 0.5 | 0.07 | 0.0092 |
| Hf | 0.0029 | 0.023 | 0.31 | 0.05 | 0.3 | 0.14 | 0.01 |
| Sr | 0.00015 | 0.075 | 0.12 | 0.00003 | 0.0065 | 0.57 | 2.5 |
| Rb | 0.00018 | 0.0006 | 0.0047 | 0.0 | 0.0007 | 0.1 | 0.1 |

附表9　不同配位数离子半径 (Å) (Shannon, 1976; Klein and Hulbut, 1993)

| 离子 | 配位数 | 离子半径 | 离子 | 配位数 | 离子半径 | 离子 | 配位数 | 离子半径 | 离子 | 配位数 | 离子半径 |
|---|---|---|---|---|---|---|---|---|---|---|---|
| La$^{3+}$ | 6 | 1.032 | Sm$^{3+}$ | 8 | 1.079 | Er$^{3+}$ | 6 | 0.890 | Sr$^{2+}$ | 6 | 1.18 |
|  | 7 | 1.10 |  | 9 | 1.132 |  | 7 | 0.945 |  | 7 | 1.21 |
|  | 8 | 1.160 |  | 12 | 1.24 |  | 8 | 1.004 |  | 8 | 1.26 |
|  | 9 | 1.216 | Eu$^{2+}$ | 6 | 1.17 |  | 9 | 1.062 |  | 9 | 1.31 |
|  | 10 | 1.27 |  | 7 | 1.20 | Tm$^{2+}$ | 6 | 1.03 |  | 10 | 1.36 |
|  | 12 | 1.36 |  | 8 | 1.25 |  | 7 | 1.09 |  | 12 | 1.44 |
| Ce$^{3+}$ | 6 | 1.01 |  | 9 | 1.30 | Tm$^{3+}$ | 6 | 0.880 | Mn$^{2+}$ | 4[a] | 0.66 |
|  | 7 | 1.07 |  | 10 | 1.35 |  | 8 | 0.994 |  | 5[a] | 0.75 |
|  | 8 | 1.143 | Eu$^{3+}$ | 6 | 0.947 |  | 9 | 1.052 |  | 6[a] | 0.830 |
|  | 9 | 1.196 |  | 7 | 1.01 | Yb$^{2+}$ | 6 | 1.02 |  | 7[a] | 0.90 |
|  | 10 | 1.25 |  | 8 | 1.066 |  | 7 | 1.08 |  | 8 | 0.96 |
|  | 12 | 1.34 |  | 9 | 1.120 |  | 8 | 1.14 | Pb$^{2+}$ | 4 | 0.98 |
| Ce$^{4+}$ | 6 | 0.87 | Gd$^{3+}$ | 6 | 0.938 | Yb$^{3+}$ | 6 | 0.868 |  | 6 | 1.19 |
|  | 8 | 0.97 |  | 7 | 1.00 |  | 7 | 0.925 |  | 7 | 1.23 |
|  | 10 | 1.07 |  | 8 | 1.053 |  | 8 | 0.985 |  | 8 | 1.29 |
|  | 12 | 1.14 |  | 9 | 1.107 |  | 9 | 1.042 |  | 9 | 1.35 |
| Pr$^{3+}$ | 6 | 0.99 | Tb$^{3+}$ | 6 | 0.923 | Lu$^{3+}$ | 6 | 0.861 |  | 10 | 1.4 |
|  | 8 | 1.126 |  | 7 | 0.98 |  | 8 | 0.977 |  | 11 | 1.45 |
|  | 9 | 1.179 |  | 8 | 1.040 |  | 9 | 1.032 |  | 12 | 1.49 |
| Pr$^{4+}$ | 6 | 0.85 |  | 9 | 1.095 | Sc$^{3+}$ | 6 | 0.75 | Y$^{3+}$ | 6 | 0.900 |
|  | 8 | 0.96 | Tb$^{4+}$ | 6 | 0.76 |  | 8 | 0.87 |  | 7 | 0.96 |
| Nd$^{2+}$ | 8 | 1.29 |  | 8 | 0.88 | Al$^{3+}$ | 4 | 0.39 |  | 8 | 1.019 |
|  | 9 | 1.35 | Dy$^{2+}$ | 6 | 1.07 |  | 6 | 0.54 |  | 9 | 1.075 |
| Nd$^{3+}$ | 6 | 0.983 |  | 7 | 1.13 | P$^{5+}$ | 4 | 0.17 | Th$^{4+}$ | 6 | 0.94 |
|  | 8 | 1.109 |  | 8 | 1.19 |  | 5 | 0.29 |  | 8 | 1.05 |
|  | 9 | 1.163 | Dy$^{3+}$ | 6 | 0.912 |  | 6 | 0.38 |  | 9 | 1.09 |
|  | 12 | 1.27 |  | 7 | 0.97 | Ca$^{2+}$ | 6 | 1.00 |  | 10 | 1.13 |
| Sm$^{2+}$ | 7 | 1.22 |  | 8 | 1.027 |  | 7 | 1.06 |  | 11 | 1.18 |
|  | 8 | 1.27 |  | 9 | 1.083 |  | 8 | 1.12 |  | 12 | 1.21 |
|  | 9 | 1.32 | Ho$^{3+}$ | 6 | 0.901 |  | 9 | 1.18 | U$^{4+}$ | 6 | 0.89 |
| Sm$^{3+}$ | 6 | 0.958 |  | 8 | 1.015 |  | 10 | 1.23 |  | 7 | 0.95 |
|  | 7 | 1.02 |  | 9 | 1.072 |  | 12 | 1.34 |  | 8 | 1.00 |
|  |  |  |  | 10 | 1.12 | Si$^{4+}$ | 4 | 0.26 |  | 9 | 1.05 |
|  |  |  | Fe$^{2+}$ | 4 | 0.63 | Ga$^{3+}$ | 6 | 0.62 |  | 12 | 1.17 |
| Li$^+$ | 4 | 0.59 |  | 6 | 0.78 | C$^{4+}$ | 4 | 0.15 | F$^-$ | 4 | 1.31 |
|  | 6 | 0.74 |  | 8 | 0.92 |  | 6 | 0.16 |  | 6 | 1.33 |
|  | 8 | 0.92 | Co$^{2+}$ | 6 | 0.74 | Ti$^{4+}$ | 4 | 0.42 | Cl$^-$ | 6 | 1.81 |
| Na$^+$ | 4 | 0.99 |  | 8 | 0.90 |  | 6 | 0.61 | Br$^-$ | 6 | 1.96 |
|  | 5 | 1.00 | Pd$^{2+}$ | 4 | 0.64 |  | 8 | 0.74 | I$^-$ | 6 | 2.20 |
|  | 6 | 1.02 |  |  |  |  |  |  | O$^{2-}$ | 3 | 1.36 |

续表

| 离子 | 配位数 | 离子半径 | 离子 | 配位数 | 离子半径 | 离子 | 配位数 | 离子半径 | 离子 | 配位数 | 离子半径 |
|---|---|---|---|---|---|---|---|---|---|---|---|
| Na$^+$ | 7 | 1.12 | Mg$^{2+}$ | 4 | 0.57 | In$^{3+}$ | 4 | 0.62 | N$^{5+}$ | 6 | 0.13 |
|  | 8 | 1.18 |  | 6 | 0.72 |  | 6 | 0.8 | V$^{5+}$ | 4 | 0.36 |
|  | 9 | 1.24 |  | 8 | 0.89 |  | 12 | 0.92 |  | 5 | 0.46 |
|  | 12 | 1.39 | Cd$^{2+}$ | 4 | 0.58 | Sb$^{3+}$ | 6 | 0.76 |  | 6 | 0.54 |
| K$^+$ | 6 | 1.38 |  | 6 | 0.74 | Bi$^{3+}$ | 5 | 0.96 | As$^{5+}$ | 4 | 0.34 |
|  | 8 | 1.51 |  | 8 | 0.9 |  | 6 | 1.03 |  | 6 | 0.46 |
|  | 12 | 1.64 | Pd$^{2+}$ | 4 | 0.64 |  | 8 | 1.17 | Nb$^{5+}$ | 6 | 0.64 |
| Rb$^+$ | 6 | 1.52 |  | 6 | 0.86 | Ge$^{3+}$ | 4 | 0.47 |  | 8 | 0.74 |
|  | 8 | 1.61 | Ni$^{2+}$ | 4 | 0.55 |  | 5 | 0.55 | Ta$^{5+}$ | 6 | 0.64 |
|  | 12 | 1.72 |  | 6 | 0.69 | Cr$^{3+}$ | 6 | 0.62 |  | 8 | 0.74 |
| Cs$^+$ | 6 | 1.67 | Cu$^{2+}$ | 4 | 0.57 | Cr$^{4+}$ | 4 | 0.41 | Sb$^{5+}$ | 6 | 0.60 |
|  | 8 | 1.74 |  | 5 | 0.65 |  | 6 | 0.55 | W$^{6+}$ | 6 | 0.42 |
|  | 12 | 1.88 |  | 6 | 0.73 | Ge$^{4+}$ | 4 | 0.39 |  | 8 | 0.6 |
| Ag$^+$ | 6 | 1.15 | Zn$^{2+}$ | 4 | 0.60 |  | 6 | 0.53 | S$^{6+}$ | 4 | 0.12 |
|  | 8 | 1.28 |  | 6 | 0.74 | Zr$^{4+}$ | 6 | 0.72 |  | 6 | 0.29 |
| Cu$^+$ | 2 | 0.46 |  | 8 | 0.9 |  | 8 | 0.84 | O$^{2-}$ | 4 | 1.38 |
|  | 6 | 0.77 | Pt$^{2+}$ | 6 | 0.8 | Hf$^{4+}$ | 6 | 0.71 |  | 6 | 1.4 |
| Be$^{2+}$ | 3 | 0.16 | Hg$^{2+}$ | 4 | 0.96 |  | 8 | 0.83 |  | 8 | 1.42 |
|  | 4 | 0.27 |  | 6 | 1.02 | Sn$^{4+}$ | 6 | 0.69 | S$^{2-}$ | 4 | 1.84 |
|  | 6 | 0.45 |  | 8 | 1.14 |  | 8 | 0.81 | Se$^{2-}$ | 6 | 1.98 |
| Ba$^{2+}$ | 6 | 1.35 | B$^{3+}$ | 4 | 0.11 | Mo$^{4+}$ | 6 | 0.65 | Te$^{2-}$ | 6 | 2.21 |
|  | 8 | 1.42 |  | 6 | 0.27 | Re$^{4+}$ | 6 | 0.63 |  |  |  |
|  | 12 | 1.61 | Fe$^{3+}$ | 6 | 0.65 | Rh$^{4+}$ | 6 | 0.60 |  |  |  |
| As$^{3+}$ | 6 | 0.58 |  | 8 | 0.78 |  |  |  |  |  |  |

注：a 表示仅为高自旋态。

## 附表 10-1　大洋岩石的微量元素平均成分　　（单位：10$^{-6}$）

| 元素 | OIB | N-MORB | E-MORB | IAB-1 | IAB-2 | 平均洋壳 | 平均下地壳辉长岩 |
|---|---|---|---|---|---|---|---|
| Rb | 31 | 1.322 | 7.86 | 11.4 | 6.8 | 0.747 | 0.363 |
| Ba | 350 | 13.41 | 99.35 | 172.3 | 125.6 | 7.384 | 3.366 |
| Th | 4 | 0.201 | 0.97 | 0.97 | 0.405 | 0.1 | 0.032 |
| U | 1.02 | 0.083 | 0.37 | 0.35 | 0.245 | 0.056 | 0.03 |
| Nb | 48 | 3.333 | 14.51 | 1.37 | 1.041 | 1.57 | 0.396 |
| Ta | 2.7 | 0.227 | 0.843 | 0.089 | 0.135 | 0.112 | 0.036 |
| K | 12000 | 1163 | 4016 |  | 3811 | 822.7 | 596.1 |
| La | 37 | 4.125 | 11.14 | 6.11 | 3.407 | 2.250 | 1.000 |
| Ce | 80 | 12.9 | 26.69 | 13.21 | 8.546 | 7.161 | 3.335 |
| Pb | 3.2 | 0.494 | 0.938 | 2.91 | 3.696 | 0.39 | 0.321 |
| Pr | 9.7 | 2.252 | 3.829 | 1.85 | 1.384 | 1.27 | 0.615 |
| Sr | 660 | 122.9 | 229.9 | 319 | 237.2 | 146.3 | 161.9 |

续表

| 元素 | OIB | N-MORB | E-MORB | IAB-1 | IAB-2 | 平均洋壳 | 平均下地壳辉长岩 |
|------|------|--------|--------|-------|-------|----------|------------------|
| P | 2700 | 790. 6 | 1181 | | 432. 5 | 387. 6 | 119 |
| Nd | 38. 5 | 11. 32 | 16. 59 | 8. 84 | 6. 7 | 6. 519 | 3. 316 |
| Zr | 280 | 107. 8 | 149. 5 | 50. 57 | 45. 24 | 55. 34 | 20. 35 |
| Hf | 7. 8 | 2. 856 | 3. 45 | 1. 42 | 1. 333 | 1. 537 | 0. 658 |
| Sm | 10 | 3. 752 | 4. 452 | 2. 4 | 2. 112 | 2. 242 | 1. 236 |
| Eu | 3 | 1. 361 | 1. 547 | 0. 85 | 0. 761 | 0. 925 | 0. 635 |
| Ti | 17200 | 10364 | 11517 | 4798 | 3858 | 6034 | 3148 |
| Gd | 7. 62 | 5. 034 | 5. 251 | 2. 842 | 2. 625 | 3. 064 | 1. 744 |
| Tb | 1. 05 | 0. 868 | 0. 86 | 0. 496 | 0. 452 | 0. 536 | 0. 315 |
| Dy | 5. 6 | 5. 783 | 5. 491 | 3. 075 | 3. 045 | 3. 61 | 2. 161 |
| Y | 29 | 33. 28 | 31. 61 | 19. 17 | 17. 59 | 20. 28 | 11. 61 |
| Ho | 1. 06 | 1. 244 | 1. 161 | 0. 666 | 0. 662 | 0. 776 | 0. 464 |
| Er | 2. 62 | 3. 595 | 3. 309 | 1. 907 | 1. 938 | 2. 226 | 1. 314 |
| Tm | 0. 35 | 0. 516 | 0. 469 | 0. 282 | 0. 276 | 0. 324 | 0. 196 |
| Yb | 2. 76 | 3. 42 | 3. 097 | 1. 935 | 1. 908 | 2. 102 | 1. 223 |
| Lu | 0. 30 | 0. 508 | 0. 458 | 0. 303 | 0. 295 | 0. 315 | 0. 185 |

资料来源：OIB. 洋岛玄武岩（Sun and McDonough, 1989）；N-MORB. N 型洋中脊玄武岩（Niu *et al.*, 2002a）；E-MORB. E 型洋中脊玄武岩（Niu *et al.*, 2002b）；IAB1. 岛弧玄武岩（Elliott, 2003）；IAB2. 岛弧玄武岩（Ewart *et al.*, 1998）；平均下地壳辉长岩（Niu *et al.*, 2002b）。

附表 10-2　埃达克岩、赞岐岩主、微量元素平均成分（主成分/%；微量元素/$10^{-6}$）（Martin *et al.*, 2005）

| 元素 | 新生代埃达克岩 $n=140$ | 低硅埃达克岩 $n=77$, $SiO_2<60\%$ | | 高硅埃达克岩 $n=267$, $SiO_2>60\%$ | | 赞岐岩（sanukitoid） $n=31$ | |
|------|------|------|------|------|------|------|------|
| | 平均 | 平均 | 标准差 | 平均 | 标准差 | 平均 | 标准差 |
| $SiO_2$ | 63. 89 | 56. 25 | 3. 4 | 64. 80 | 2. 5 | 58. 76 | 2. 9 |
| $TiO_2$ | 0. 61 | 1. 49 | 0. 7 | 0. 56 | 0. 1 | 0. 74 | 0. 3 |
| $Al_2O_3$ | 17. 40 | 15. 69 | 1. 1 | 16. 64 | 0. 9 | 15. 80 | 0. 9 |
| $FeO^*$ | 4. 21 | 6. 47 | 1. 5 | 4. 75 | 1. 0 | 5. 87 | 1. 5 |
| MnO | 0. 08 | 0. 09 | 0. 02 | 0. 08 | 0. 02 | 0. 09 | 0. 02 |
| MgO | 2. 47 | 5. 15 | 1. 5 | 2. 18 | 0. 7 | 3. 90 | 1. 9 |
| CaO | 5. 23 | 7. 69 | 1. 0 | 4. 63 | 0. 8 | 5. 57 | 1. 5 |
| $Na_2O$ | 4. 40 | 4. 11 | 0. 5 | 4. 19 | 0. 4 | 4. 42 | 0. 7 |
| $K_2O$ | 1. 52 | 2. 37 | 0. 8 | 1. 92 | 0. 5 | 2. 78 | 0. 8 |
| $P_2O_5$ | 0. 19 | 0. 66 | 0. 1 | 0. 20 | 0. 2 | 0. 39 | 0. 1 |
| Sc | 9. 1 | | | | | | |
| V | 72 | 184 | 50 | 95 | 31 | 95 | 19 |
| Cr | 54 | 157 | 81 | 41 | 26 | 128 | 85 |
| Co | 13 | | | | | | |
| Ni | 39 | 103 | 58 | 20 | 10 | 72 | 35 |
| Cu | 24 | | | | | | |
| Zn | 57 | | | | | | |

续表

| 元素 | 新生代埃达克岩 n=140 | 低硅埃达克岩 n=77, SiO₂<60% | | 高硅埃达克岩 n=267, SiO₂>60% | | 赞岐岩 (sanukitoid) n=31 | |
|---|---|---|---|---|---|---|---|
| | 平均 | 平均 | 标准差 | 平均 | 标准差 | 平均 | 标准差 |
| Rb | 30 | 19 | 17 | 52 | 21 | 65 | 22 |
| Sr | 869 | 2051 | 537 | 565 | 150 | 1170 | 638 |
| Y | 9.5 | 13 | 3 | 10 | 3 | 18 | 11 |
| Zr | 117 | 188 | 68 | 108 | 41 | 184 | 129 |
| Hf | 3.5 | | | | | | |
| Nb | 8.3 | 11 | 4 | 6 | 2 | 10 | 8 |
| Ta | 0.53 | | | | | | |
| Ba | 485 | 1087 | 499 | 721 | 286 | 1543 | 563 |
| La | 17.55 | 41.1 | 15 | 19.2 | 8 | 59.9 | 28 |
| Ce | 34.65 | 89.8 | 30 | 37.7 | 16 | 126 | 47 |
| Nd | 20.14 | 47.1 | 16 | 18.2 | 7 | 54.8 | 16 |
| Sm | 3.15 | 7.8 | 2.5 | 3.4 | 1.3 | 9.8 | 3 |
| Eu | 0.97 | 2.0 | 0.6 | 0.9 | 0.3 | 2.3 | 0.62 |
| Gd | 2.25 | 4.8 | 1.3 | 2.8 | 0.3 | 6.0 | 1.4 |
| Tb | 0.37 | | | | | | |
| Dy | 1.43 | 2.8 | 0.7 | 1.9 | 0.5 | 3.2 | 0.8 |
| Er | 0.76 | 1.21 | 0.3 | 0.96 | 0.3 | 1.41 | 0.5 |
| Yb | 0.91 | 0.93 | 0.2 | 0.88 | 0.2 | 1.32 | 0.7 |
| Lu | 0.15 | 0.08 | 0.01 | 0.17 | 0.04 | 0.26 | 0.1 |
| Th | 4.50 | | | | | | |
| U | 0.96 | | | | | | |
| Sr/Y | 121 | 162.21 | | 55.65 | | 63.98 | |

附表 10-3 不同 SiO₂含量的花岗岩类稀土元素含量（Haskin and Haskin, 1968）（单位：$10^{-6}$）

| 花岗岩类 | SiO₂<60% | SiO₂60%~70% | SiO₂>70% |
|---|---|---|---|
| 样品数 | n=85 | n=191 | n=213 |
| La | 37 | 43 | 50 |
| Ce | 97 | 83 | 100 |
| Pr | 10 | 11 | 11.4 |
| Nd | 45 | 44 | 46 |
| Sm | 8.3 | 8.5 | 8.3 |
| Eu | 2.5 | 2 | 1.1 |
| Gd | 7.6 | 7.4 | 7.6 |
| Tb | 1.03 | 1.15 | 1.12 |
| Dy | 6.16 | 6.68 | |
| Ho | 1.21 | 1.27 | 1.62 |
| Er | 3.4 | 3.7 | 4.7 |
| Tm | 0.5 | 0.54 | 0.74 |
| Yb | 3 | 3.25 | 4.8 |
| Lu | 0.48 | 0.54 | 0.78 |
| ΣREE | 256.18 | 249.5 | 280 |
| (La/Yb)ₙ | 8.31 | 8.92 | 7.02 |
| δEu | 0.96 | 0.77 | 0.42 |

附表 10-4　I、S、M 和 A 型花岗岩主、微量元素平均成分（Whalen，1987）

| 主成分 /% | M 型 (n=17) | | I 型 (n=991) | | S 型 (n=578) | | A 型 (n=148) | | 范围 |
|---|---|---|---|---|---|---|---|---|---|
| | $x$ | $1\sigma$ | $x$ | $1\sigma$ | $x$ | $1\sigma$ | $x$ | $1\sigma$ | |
| $SiO_2$ | 67.24 | 4.34 | 69.17 | 4.47 | 70.27 | 2.83 | 73.81 | 3.25 | 60.4~79.8 |
| $TiO_2$ | 0.49 | 0.16 | 0.43 | 0.19 | 0.48 | 0.18 | 0.26 | 0.18 | 0.04~1.25 |
| $Al_2O_3$ | 15.18 | 1.12 | 14.33 | 1.06 | 14.10 | 0.70 | 12.40 | 1.40 | 7.3~17.5 |
| $Fe_2O_3$ | 1.94 | 0.77 | 1.04 | 0.60 | 0.56 | 0.37 | 1.24 | 1.13 | 0.14~8.7 |
| $FeO$ | 2.35 | 1.02 | 2.29 | 1.12 | 2.87 | 1.09 | 1.58 | 1.07 | 0.33~6.1 |
| $MnO$ | 0.11 | 0.04 | 0.07 | 0.03 | 0.06 | 0.03 | 0.06 | 0.04 | 0.01~0.24 |
| $MgO$ | 1.73 | 1.68 | 1.42 | 1.00 | 1.42 | 0.76 | 0.20 | 0.24 | <0.01~1.6 |
| $CaO$ | 4.27 | 1.15 | 3.20 | 1.65 | 2.03 | 0.85 | 0.75 | 0.60 | 0.08~3.7 |
| $Na_2O$ | 3.97 | 0.57 | 3.13 | 0.58 | 2.41 | 0.46 | 4.07 | 0.66 | 2.8~6.1 |
| $K_2O$ | 1.26 | 0.41 | 3.40 | 0.92 | 3.96 | 0.64 | 4.65 | 0.49 | 2.4~6.5 |
| $P_2O_5$ | 0.09 | 0.03 | 0.11 | 0.06 | 0.15 | 0.05 | 0.04 | 0.06 | <0.01~0.46 |
| 微量元素/$10^{-6}$ | | | | | | | | | |
| Ba | 263 | 121 | 538 | 234 | 468 | 182 | 352 | 281 | 2~1530 |
| Rb | 17.5 | 4.5 | 151 | 62 | 217 | 89 | 169 | 76 | 40~475 |
| Sr | 282 | 108 | 247 | 178 | 120 | 42 | 48 | 52 | 0.5~250 |
| Pb | 5 | 2 | 19 | 8 | 27 | 5 | 24 | 15 | 2~141 |
| Th | 1.0 | 0.3 | 18 | 7 | 18 | 5 | 23 | 11 | <1~87 |
| U | 0.4 | 0.2 | 4 | 3 | 4 | 3 | 5 | 3 | <1~23 |
| Zr | 108 | 32 | 151 | 46 | 165 | 44 | 528 | 414 | 82~3530 |
| Nb | 1.3 | 0.4 | 11 | 4 | 12 | 4 | 37 | 37 | 11~348 |
| Y | 22 | 10 | 28 | 12 | 32 | 25 | 75 | 29 | 9~190 |
| La* | | | 29 | | 31 | | | | |
| Ce | 16 | 4 | 64 | 19 | 64 | 17 | 137 | 58 | 18~560 |
| Nd* | | | 23 | | 25 | | | | |
| Sc | 15 | 8 | 13 | 7 | 12 | 6 | 4 | 5 | <1~22 |
| V | 72 | 49 | 60 | 43 | 56 | 30 | 6 | 10 | <1~79 |
| Ni | 2 | 2 | 7 | 9 | 13 | 9 | <1 | 1 | <1~11 |
| Cu | 42 | 62 | 9 | 14 | 11 | 8 | 2 | 3 | <1~19 |
| Zn | 56 | 29 | 49 | 19 | 62 | 20 | 120 | 101 | 11~840 |
| Ga | 15.0 | 1.5 | 16 | 2 | 17 | 2 | 24.6 | 6.0 | 14.0~49.5 |
| Ga/Al | 1.87 | | 2.1 | | 2.28 | | 3.75 | | |
| A·I | 0.52 | | 0.62 | | 0.59 | | 0.95 | | |
| $T_{Zr}$/℃ | | | 770 | | 800 | | 891 | | |

注：$n$. 样品数，其中 La* 和 Nd* 532 个样品；$T_{Zr}$ (℃). Zr 饱和温度；A·I. 碱度指数，A·I= (Na+K) /Al（原子比）。

附表 10-5　英云闪长岩-奥长花岗岩-花岗闪长岩（TTG）主、微量元素平均成分

（主成分/%；微量元素/$10^{-6}$）（Martin et al.，2005）

| 主成分% | TTG (>3.5Ga) n=108 | | TTG (3.5~3.0Ga)，n=320 | | TTG (<3.0Ga)，n=666 | |
|---|---|---|---|---|---|---|
| | 平均 | 标准差 | 平均 | 标准差 | 平均 | 标准差 |
| $SiO_2$ | 65.39 | 3.1 | 69.65 | 3.5 | 68.36 | 3.8 |
| $TiO_2$ | 0.39 | 0.3 | 0.36 | 0.2 | 0.38 | 0.2 |
| $Al_2O_3$ | 15.29 | 0.9 | 15.35 | 1.3 | 15.52 | 1.1 |
| $Fe_2O_3^*$ | 3.26 | 1.2 | 3.07 | 1.6 | 3.27 | 1.6 |
| $MnO$ | 0.04 | 0.03 | 0.06 | 0.05 | 0.05 | 0.05 |

| 主成分% | TTG （>3.5Ga） n=108 | | TTG （3.5~3.0Ga）, n=320 | | TTG （<3.0Ga）, n=666 | |
|---|---|---|---|---|---|---|
| | 平均 | 标准差 | 平均 | 标准差 | 平均 | 标准差 |
| MgO | 1.00 | 0.5 | 1.07 | 0.6 | 1.36 | 0.9 |
| CaO | 3.03 | 0.9 | 2.96 | 1.2 | 3.23 | 1.1 |
| $Na_2O$ | 4.60 | 0.5 | 4.64 | 0.8 | 4.70 | 0.8 |
| $K_2O$ | 2.04 | 0.8 | 1.74 | 0.7 | 2.00 | 0.8 |
| $P_2O_5$ | 0.13 | 0.09 | 0.14 | 0.09 | 0.15 | 0.10 |
| 微量元素/$10^{-6}$ | | | | | | |
| Rb | 79 | 39 | 59 | 29 | 67 | 51 |
| Ba | 449 | 323 | 523 | 327 | 847 | 555 |
| Nb | 8 | 7 | 6 | 4 | 7 | 5 |
| Sr | 360 | 116 | 429 | 178 | 541 | 252 |
| Zr | 166 | 64 | 155 | 76 | 154 | 131 |
| Y | 12 | 9 | 14 | 19 | 11 | 16 |
| Ni | 12 | 9 | 15 | 12 | 21 | 21 |
| Cr | 34 | 22 | 21 | 19 | 50 | 111 |
| V | 39 | 24 | 43 | 26 | 52 | 32 |
| La | 35.3 | 19 | 31.4 | 25 | 30.8 | 24 |
| Ce | 61.7 | 33 | 55.1 | 35 | 58.5 | 400 |
| Nd | 25.8 | 14 | 19.6 | 14 | 23.2 | 19 |
| Sm | 4.2 | 2 | 3.3 | 3 | 3.5 | 2 |
| Eu | 1.0 | 0.39 | 0.8 | 0.36 | 0.9 | 0.45 |
| Gd | 3.2 | 2.2 | 2.4 | 1.3 | 2.3 | 1.4 |
| Dy | 1.8 | 1.1 | 1.9 | 1.0 | 1.6 | 0.9 |
| Er | 0.77 | 0.7 | 0.77 | 0.4 | 0.75 | 0.5 |
| Yb | 0.78 | 0.4 | 0.63 | 0.4 | 0.63 | 0.4 |
| Lu | 0.20 | 0.12 | 0.13 | 0.1 | 0.12 | 0.1 |
| Sr/Y | 30.45 | | 31.44 | | 51.10 | |

**附表 10-6　不同类型大洋斜长花岗岩微量与稀土元素成分**

| 元素 | Tuskany | MAR 45°N | 特鲁 多斯 | 西藏 改则 | 智利 | 卡拉 麦里 | 羌塘 | 库尔提 | 西藏 安多 | 江西 西湾 | 西藏 古昌 | 新疆奎 屯八音 沟 |
|---|---|---|---|---|---|---|---|---|---|---|---|---|
| $K_2O$ | 0.10 | 0.24 | 0.14 | 0.44 | 0.04 | 0.17 | 0.45 | 0.84 | 0.6 | 0.42 | 0.96 | 0.17 |
| Rb | <2 | <2 | <2 | 12.6 | <2 | 2.93 | 12.3 | 1.65 | 26.98 | 3.15 | 44.7 | 1.56 |
| La | 23.4 | 43.8 | 4.64 | 4.75 | — | 3.81 | 3.32 | 21.5 | 13.19 | 5.69 | 11.4 | 2.17 |
| Ce | 76.0 | 81.7 | 11.93 | 9.79 | 56.9 | 11.3 | 5.16 | 38.7 | 27.24 | 11.04 | 20.7 | 4.91 |
| Pr | | | | 1.91 | | 1.72 | 0.54 | 5.49 | 3.16 | 1.15 | 2.52 | 0.69 |
| Nd | 40.8 | 35.1 | 9.65 | 6.16 | 42.0 | 9.16 | 2.05 | 20.3 | 13.83 | 4.78 | 11.6 | 3.51 |
| Sm | 10.0 | 7.7 | 3.5 | 1.41 | 11.6 | 3.08 | 0.41 | 4.09 | 2.63 | 0.85 | 3.00 | 1.04 |
| Eu | 1.45 | 1.62 | 1.25 | 0.46 | 2.62 | 0.51 | 0.47 | 0.67 | 1.05 | 0.43 | 0.64 | 0.51 |
| Gd | 11.0 | 8.8 | 4.92 | 1.80 | 13.1 | 4.85 | 0.48 | 4.01 | 2.51 | 0.65 | 3.3 | 1.59 |
| Tb | 2.27 | 1.3 | 0.94 | 0.37 | 2.6 | 0.86 | 0.07 | 0.7 | 0.36 | 0.08 | 0.55 | 0.31 |
| Dy | | | 7.07 | 2.27 | | 6.14 | 0.46 | 4.52 | 1.99 | 0.42 | 4.55 | 2.17 |
| Ho | | | | 0.49 | | 1.45 | 0.10 | 0.99 | 0.43 | 0.07 | 0.95 | 0.55 |
| Er | | | 4.65 | 1.58 | | 4.40 | 0.31 | 3.06 | 1.33 | 0.18 | 3.28 | 1.49 |

续表

| 元素 | Tuskany | MAR 45°N | 特鲁多斯 | 西藏改则 | 智利 | 卡拉麦里 | 羌塘 | 库尔提 | 西藏安多 | 江西西湾 | 西藏古昌 | 新疆奎屯八音沟 |
|---|---|---|---|---|---|---|---|---|---|---|---|---|
| Tm | | | | 0.27 | | 0.69 | 0.05 | 0.49 | 0.2 | 0.03 | 0.47 | 0.24 |
| Yb | 15.03 | 6.9 | 4.42 | 1.95 | 11.06 | 4.80 | 0.35 | 3.46 | 1.53 | 0.15 | 3.14 | 1.59 |
| Lu | | | 0.85 | 0.33 | | 0.74 | 0.05 | 0.55 | 0.27 | 0.03 | 0.45 | 0.26 |
| ΣREE | | | | 24.47 | | 53.35 | 13.82 | 108.53 | 69.97 | 25.55 | 66.55 | 21.03 |
| $(La/Yb)_N$ | 1.04 | 4.25 | 0.66 | 1.66 | 1.27 | 0.58 | 6.09 | 4.32 | 5.95 | 23.45 | 2.44 | 0.92 |
| $Eu/Eu^*$ | 0.42 | 0.60 | 0.86 | 0.88 | 0.65 | 0.41 | 3.24 | 0.51 | 1.31 | 1.85 | 0.63 | 1.13 |
| $\varepsilon_{Nd}(T)$ | | | | | | | 1.0~2.3 | | 3.7~5.28 | +4.9~+6.7 | | |
| U-Pb 年龄/Ma | | | | 189.8±1.9 | | | 354.7±4.7 | 372±19 | 188.0±2.0 | 968±23 | 侏罗纪 | 342.8±2.6 |

注：$K_2O$ 单位为%，其他单位为 $10^{-6}$。

### 附表 11　某些常用 Sr、Nd、Pb、Hf 同位素标准值

| 球粒陨石均一储源 | CHUR | $^{143}Nd/^{144}Nd = 0.512638$ |
|---|---|---|
| | | $^{147}Sm/^{144}Nd = 0.1967$ |
| | | $^{176}Lu/^{177}Hf = 0.0322±2$ |
| | | $^{176}Hf/^{177}Hf = 0.282772±29$ |
| 亏损地幔 | DM | $^{143}Nd/^{144}Nd = 0.513114$ |
| | | $^{147}Sm/^{144}Nd = 0.222$ |
| | | $^{176}Lu/^{177}Hf = 0.0384$ |
| | | $^{176}Hf/^{177}Hf = 0.28325$ |
| 玄武质无球粒陨石 | BABI | $^{87}Sr/^{86}Sr = 0.69897±0.00003$ |
| | | $Sm/Nd = 0.308$ |
| | | $Rb/Sr = 0.032$ |

| 地球平均现代值 | | | 原始值 |
|---|---|---|---|
| | $^{206}Pb/^{204}Pb$ | 17.33~17.51 | 9.307 |
| | $^{207}Pb/^{204}Pb$ | 15.33~15.43 | 10.294 |
| | $^{208}Pb/^{204}Pb$ | 37.47~37.62 | 39.476 |
| | $^{87}Sr/^{86}Sr$ | 0.7044~0.7047 | 0.69898 |
| | $^{143}Nd/^{144}Nd$ | 0.512638 | 0.50682 |
| | $^{87}Rb/^{86}Sr$ | 0.0839 | |
| | $^{147}Sm/^{144}Nd$ | 0.1967 | |

### 附表 12　全球俯冲沉积物（global subducting sediment-GLOSS）成分及通量（Plank and Langmuir, 1998）

| | 全球俯冲沉积物成分平均 | 标准差 | 通量/（g/a）$E+n=10^n$ |
|---|---|---|---|
| 物质通量/（g/a） | | | $1.30×10^{15}$ |
| 海沟长度/km | | | $2.97×10^4$ |
| $SiO_2$/% | 58.57 | 2.49 | $7.62×10^{14}$ |
| $TiO_2$/% | 0.62 | 0.04 | $8.07×10^{12}$ |
| $Al_2O_3$/% | 11.91 | 0.94 | $1.55×10^{14}$ |
| $FeO^*$/% | 5.21 | 0.42 | $6.78×10^{13}$ |
| MnO/% | 0.32 | 0.13 | $4.19×10^{12}$ |
| MgO/% | 2.48 | 0.16 | $3.22×10^{13}$ |
| CaO/% | 5.95 | 1.75 | $7.74×10^{13}$ |
| $Na_2O$/% | 2.43 | 0.20 | $3.16×10^{13}$ |

| | 全球俯冲沉积物成分平均 | 标准差 | 通量/（g/a）$E+n=10^n$ |
|---|---|---|---|
| $K_2O$/% | 2.04 | 0.16 | $2.65×10^{13}$ |
| $P_2O_5$/% | 0.19 | 0.05 | $2.45×10^{12}$ |
| $CO_2$/% | 3.01 | 1.44 | $3.92×10^{13}$ |
| $H_2O$/% | 7.29 | 0.41 | $9.49×10^{13}$ |
| Sc /$10^{-6}$ | 13.1 | 1.03 | $1.70×10^{10}$ |
| V/$10^{-6}$ | 110 | 10.7 | $1.43×10^{11}$ |
| Cr/$10^{-6}$ | 78.9 | 7.06 | $1.03×10^{11}$ |
| Co/$10^{-6}$ | 21.9 | 9.48 | $2.85×10^{10}$ |
| Ni/$10^{-6}$ | 70.5 | 14.73 | $9.18×10^{10}$ |
| Cu/$10^{-6}$ | 75.0 | 16.07 | $9.76×10^{10}$ |
| Zn/$10^{-6}$ | 86.4 | 8.88 | $1.12×10^{11}$ |
| Rb/$10^{-6}$ | 57.2 | 6.66 | $7.44×10^{10}$ |
| Cs/$10^{-6}$ | 3.48 | 0.50 | $4.53×10^9$ |
| Sr/$10^{-6}$ | 327 | 53.8 | $4.26×10^{11}$ |
| Ba/$10^{-6}$ | 776 | 137.1 | $1.01×10^{12}$ |
| Y/$10^{-6}$ | 29.8 | 9.92 | $3.88×10^{10}$ |
| Zr/$10^{-6}$ | 130 | 8.5 | $1.69×10^{11}$ |
| Hf/$10^{-6}$ | 4.06 | 0.30 | $5.28×10^9$ |
| Nb/$10^{-6}$ | 8.94 | 0.94 | $1.16×10^{10}$ |
| Ta/$10^{-6}$ | 0.63 | 0.06 | $8.20×10^8$ |
| La/$10^{-6}$ | 28.8 | 6.8 | $3.75×10^{10}$ |
| Ce/$10^{-6}$ | 57.3 | 10.3 | $7.46×10^{10}$ |
| Nd/$10^{-6}$ | 27.0 | 8.3 | $3.52×10^{10}$ |
| Sm/$10^{-6}$ | 5.78 | 1.83 | $7.52×10^9$ |
| Eu/$10^{-6}$ | 1.31 | 0.44 | $1.70×10^9$ |
| Gd/$10^{-6}$ | 5.26 | 2.04 | $6.85×10^9$ |
| Dy/$10^{-6}$ | 4.99 | 1.86 | $6.49×10^9$ |
| Er/$10^{-6}$ | 2.92 | 1.06 | $3.80×10^9$ |
| Yb/$10^{-6}$ | 2.76 | 0.88 | $3.59×10^9$ |
| Lu/$10^{-6}$ | 0.413 | 0.133 | $5.37×10^8$ |
| Pb/$10^{-6}$ | 19.9 | 5.4 | $2.59×10^{10}$ |
| Th/$10^{-6}$ | 6.91 | 0.80 | $8.99×10^9$ |
| U/$10^{-6}$ | 1.68 | 0.18 | $2.19×10^9$ |
| $^{87}Sr/^{86}Sr$ | 0.71730 | | |
| $^{143}Nd/^{144}Nd$ | 0.51218 | | |
| $^{206}Pb/^{204}Pb$ | 18.913 | | |
| $^{207}Pb/^{204}Pb$ | 15.673 | | |
| $^{208}Pb/^{204}Pb$ | 38.899 | | |

# 图　版

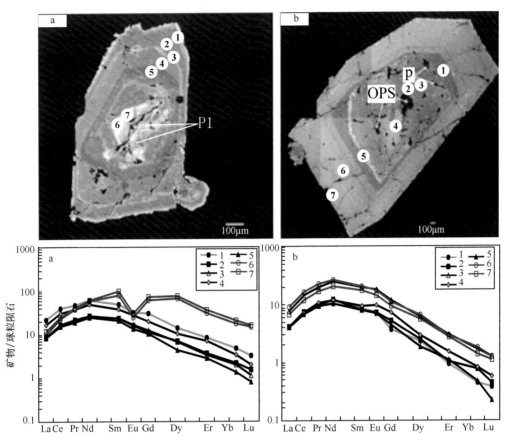

图版 I-1　吉林延吉埃达克岩单斜辉石斑晶背散射图与稀土组成 (Guo *et al.*,2007)

照片 a 为反环带图像；Opx. 斜方辉石包裹体，Pl. 斜长石包裹体，数字为微量元素 SIMS 分析点

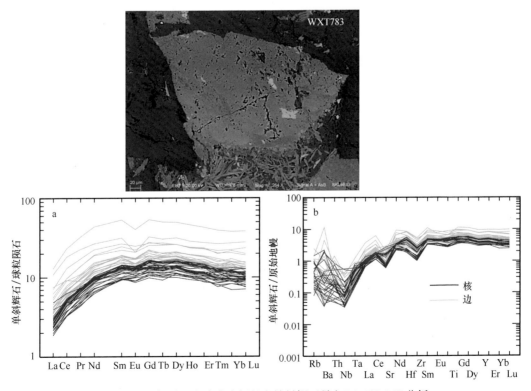

图版 I-2　新疆天山骆驼沟辉长岩单斜辉石稀土 LA-ICP-MS 分析

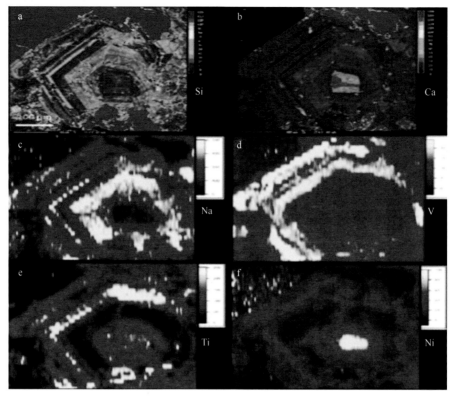

图版Ⅱ　阿根廷夕卡岩磁铁矿微量元素 LA-ICP-MS 分析（Dare *et al.*，2014）

a、b. 电子显微镜图像，电子束大小 3μm；c ~ f. LA-ICP-MS 分析，电子束大小 15μm；图侧颜色浓度柱代表元素含量

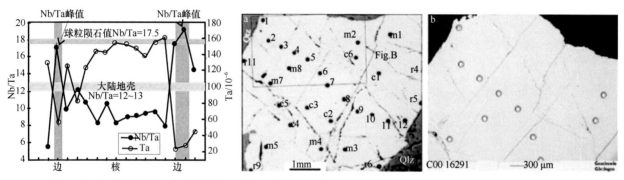

图版Ⅲ　大别-苏鲁超高压变质带榴辉岩金红石核部和边缘 Nb、Ta 含量 LA-ICP-MS 测定（Xiao *et al.*，2006）

图中圆圈和数字为分析点；左图为 Nb、Ta 含量与 Nb/Ta 值

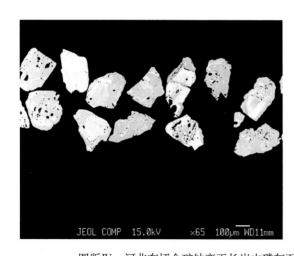

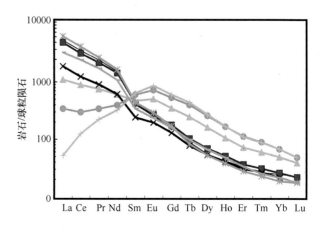

图版Ⅳ　河北东坪金矿蚀变正长岩中磷灰石阴极发光图及其稀土元素组成 (La-ICP-MS 分析 )

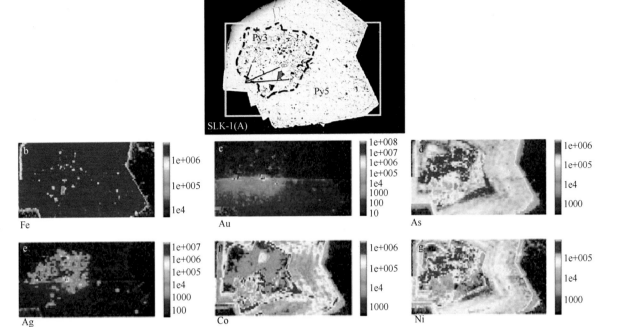

图版 V-1　西伯利亚 Sukhio Log 卡林型金矿中黄铁矿微量元素 LA-ICP-MS 分析（Large *et al.*, 2009）

图侧颜色柱浓度代表元素含量；Py. 黄铁矿

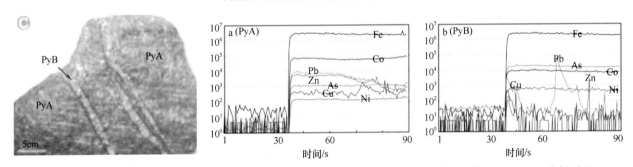

图版 V-2　新疆阿勒泰科克塔勒 VMS 型 Pb-Zn-（Ag）矿床不同世代黄铁矿（Py）微量元素 LA-ICP-MS 分析（Zheng *et al.*，2013）

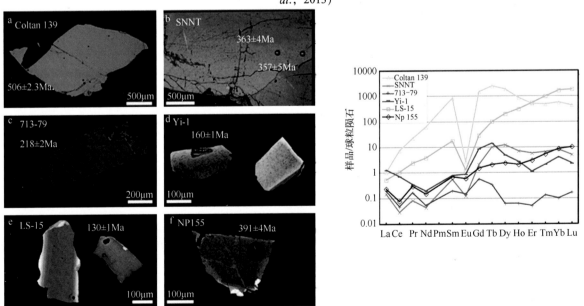

图版VI　铌钽铁矿稀土与年龄 LA-ICP-MS 测定

a.Colton 39：纳米比亚伟晶岩（506±2.3Ma）；b.SNNT：陕西商南伟晶岩（363±4Ma，357±5Ma）；c.713-79：新疆可可托海 3 号伟晶岩脉（218±2Ma）；d.Yi-1：江西宜春 Nb-Ta 花岗岩（160±1Ma）；e.LS-15：安徽黄山花岗岩（130±1Ma）；f.NP155：福建南平伟晶岩（391±4Ma）

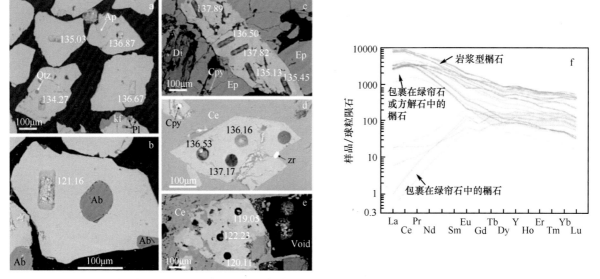

图版Ⅶ　湖北铜绿山夕卡岩型 Cu-Fe-Au 矿床榍石 U-Th-Pb 年龄和稀土组成（Li *et al.*，2010）

a. 石英闪长岩中自形－半自形榍石；c、d、e. 成矿的退化夕卡岩中绿帘石中榍石。图中数字为年龄值（Ma）；f. 榍石的稀土组成型式

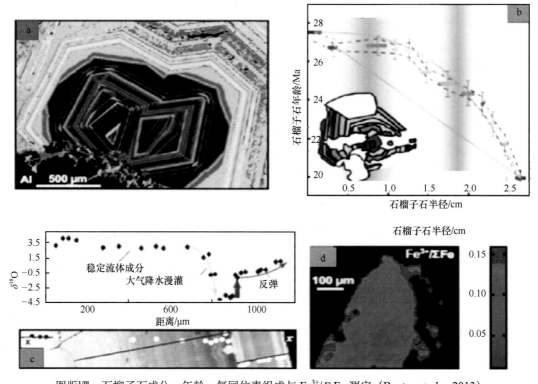

图版Ⅷ　石榴子石成分、年龄、氧同位素组成与 Fe$^{3+}$/ΣFe 测定（Baxter *et al.*，2013）

a. 热液 Ca-Cr-Fe 石榴子石中 Al 的震荡分带，反映了流体成分精细变化；b. 石榴子石年龄分带，反映了 20~28Ma 期间加速生长；c. 石榴子石氧同位素组成变化，反映了在热液成矿过程中大气降水的大量加入；d. 用 X 射线近边吸收（XAFS）测定 Fe$^{3+}$/ΣFe 值从核部 (0.075) 到边部 (0.125) 的变化，记录了岩石圈地幔的氧化交代作用（Berry *et al.*，2013）

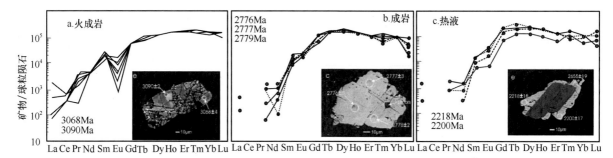

图版Ⅸ　南非 Witwatersrand 太古宙盆地不同源区磷钇矿年龄与稀土组成（Kostcin *et al.*，2003）

a. 火成岩来源磷钇矿；b. 成岩作用形成的磷钇矿；c. 热液成因磷钇矿；图中数字为 SHRIMP 测定的磷钇矿 U-Pb（$^{207}$Pb/$^{206}$Pb）同位素年龄；圆点为离子束测定点；稀土元素为电子探针测定

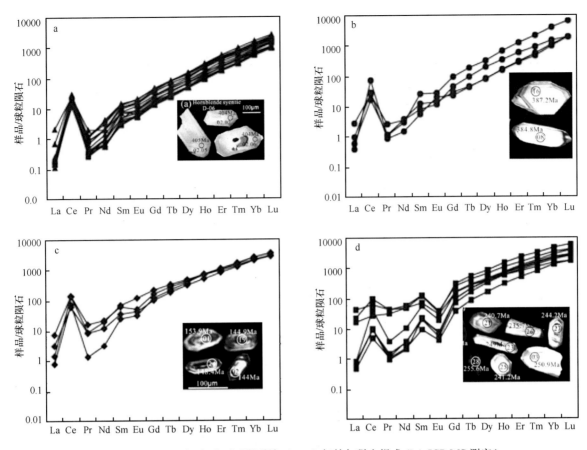

**图版 X-1　河北东坪金矿不同类型锆石 U-Pb 年龄与稀土组成 (LA-ICP-MS 测定 )**
a. 角闪石正长岩中岩浆锆石（400Ma）；b. 灰色石英脉中蚀变锆石（385Ma）；c、d. 乳白色石英脉中蚀变锆石（150Ma, 240Ma）

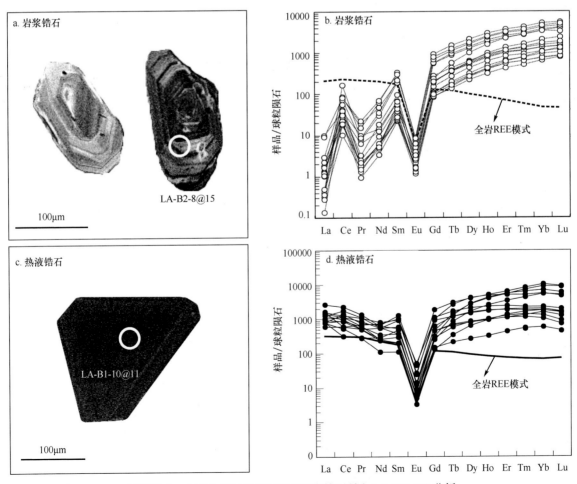

**图版 X-2　内蒙古巴尔哲钠闪石花岗岩锆石稀土 LA-ICP-MS 分析**

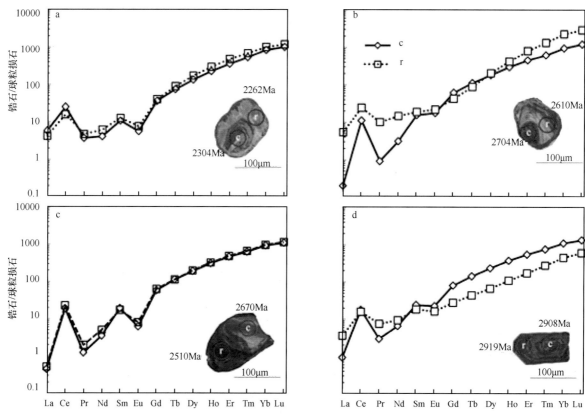

图版 X-3　河南赵案庄变质岩锆石 U-Pb 年龄与稀土组成 LA-ICP-MS 测定（兰彩云等，2014）

a、c.金云斜长片麻岩；b、d.中酸性火山岩条带状混合岩；锆石图像 c.核部；r.边部

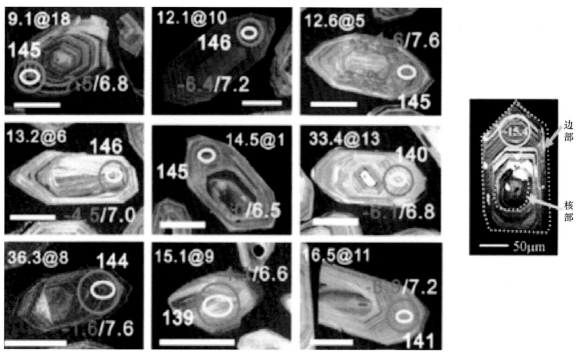

图版 X-4　长江中下游埃达克岩锆石 U-Pb 年龄与 Hf、O 同位素分析（Li *et al.*，2013）

白字为 SIMS 年龄测定值；橙色为 LA-ICP-MS 测定的 $\varepsilon_{Hf}$ 点和值；黄色为测定的 $\delta^{18}O$ 点和值

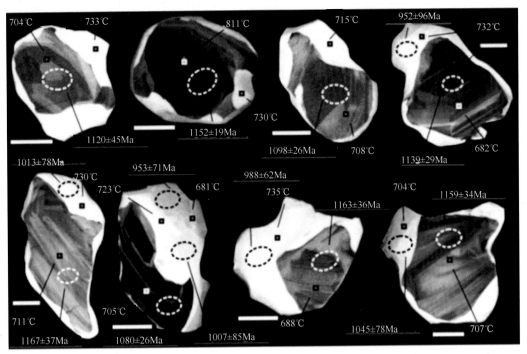

图版 X-5　Woolen Mill 变辉长岩锆石阴极发光图像及 Ti 温度和 U-Pb 年龄（Fu *et al.*，2008）

年龄和 Ti 含量分别为离子探针 SHRIMP 和 CAMECA 测定

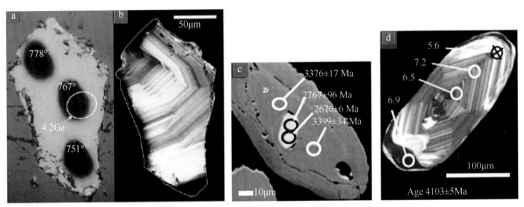

图版 X-6　澳大利亚冥古宙锆石 Ti 温度与 U-Pb 年龄（Watson *et al.*，2005）

b.d. 锆石阴极发光 CL 图像中有明显的岩浆生长环带；d. 锆石晶体中数字为 $\delta^{18}O$ 值

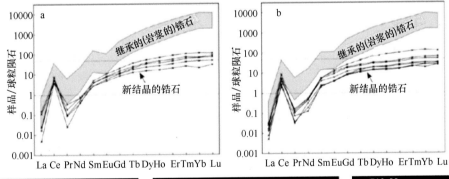

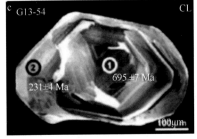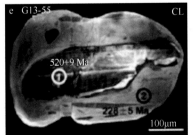

图版 X-7　西南苏鲁超高压变质带角闪岩锆石 SHRIMP U-Pb 年龄与 LA-ICP-MS 稀土组成测定（Liu *et al.*，2008）

c、d、e.核部继承锆石与边部变质形成锆石；a、b.继承锆石与变质形成锆石稀土组成

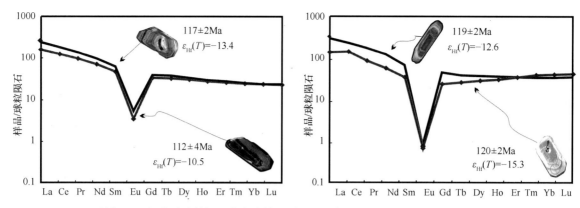

图版Ⅹ-8　河北响山钠闪石花岗岩锆石稀土组成与U-Pb年龄(LA-ICP-MS测定)

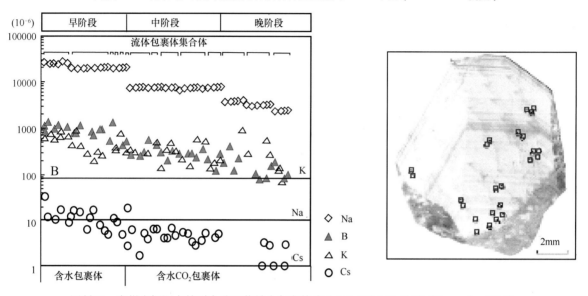

图版Ⅺ　贵州水银洞卡林型金矿石英单个包裹体成分 LA-ICP-MS 分析（Su *et al.*，2009）

红圆点为主成矿阶段石英晶体扫描电镜阴极发光图中的分析点

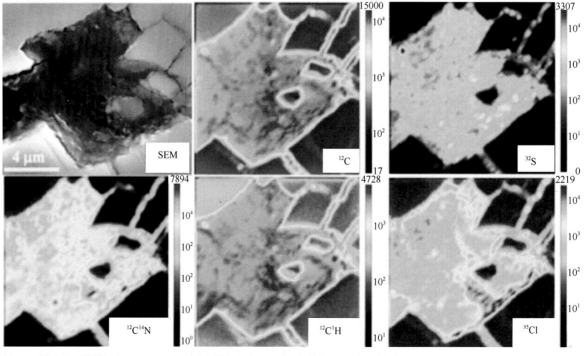

图版Ⅻ　纳米离子探针（Nano-Sims）对火星陨石（Tissint）充填的不可溶颗粒碳的 H、C、N、S、Cl 元素和同位素组成

分析（Lin *et al.*，2014）

SEM. 充填的不可溶颗粒碳的扫描电镜高倍放大图像；图侧颜色柱浓度代表含量